Elektrotechnischer Verein Wien

Zeitschrift für Elektrotechnik

Elektrotechnischer Verein Wien

Zeitschrift für Elektrotechnik

Inktank publishing, 2018

www.inktank-publishing.com

ISBN/EAN: 9783747771099

ZEITSCHRIFT

FÜR

ELEKTROTECHNIK.

Organ des

Elektrotechnischen Vereins in Wien.

REDIGIRT

VON

JOSEF KAREIS

K. K. OBER-BAURATH.

XII. JAHRGANG.

WIEN 1894.

Selbstverlag des Elektrotechnischen Vereins, I., Ni

In Commission bei Lehmann & Wentzel, Buchhandlung für Tech

I., Kärntnerstrasse 34.

.tter-

Inhalts-Verzeichniss.

(Die beigesetzten Ziffern bedeuten die Seitenzahl.)

* = Mit Illustration im Texte.

I. Vereinsnachrichten.

II. Magnetismus und Elektricitätslehre.

a) Allgemeine Theorien.

Kleine Nachrichten:

b) Messinstrumente und Messungen.

Kleine Nachrichten:

c) Atmosphärische Elektricität.

Kleine Nachrichten:

VII. Elektrische Kraftübertragung.

a) Allgemeines.

Kleine Nachrichten:

b) Elektrische Bahnen.

Kleine Nachrichten:

VIII. Elektrolyse.

Kleine Nachrichten:

IX. Telegraphie, Telephonie, Signalwesen und elektrische Uhren.

a) Telegraphie.

Kleine Nachrichten:

b) Telephonie.

Kleine Nachrichten:

X. Sonstige Anwendungen der Elektricität.

XI. Verschiedenes.

XII. Literatur.

XIII. Correspondenz.

XIV. Personalnachrichten.

Namen-Register.

Druck von R. Spies & Co. in Wien.

Zeitschrift für Elektrotechnik.

XII. Jahrg. 1. Jänner 1894. Heft I.

VEREINS-NACHRICHTEN.

Chronik des Vereines.

29. November. — Vereinsversammlung. Vorsitzender Hofrath Volkmer.

Der Redacteur dieser Zeitschrift, Baurath Kareis, ergreift das Wort, um dem am 11. November 1893 zu London verstorbenen Vereinsmitgliede und hervorragenden Elektrotechniker Anthony Reckenzaun einen Nachruf zu halten.

Reckenzaun ist im Jahre 1850 in Graz geboren.*) Im Jahre 1872 ging er nach England, wo er sich bald einen hervorragenden Ruf unter den englischen Ingenieuren zu erwerben wusste. Er führte sich gleich mit einer besonderen technischen Leistung ein, die einen Beweis seiner Tüchtigkeit lieferte.

Eine in grossen Dimensionen construirte Maschine versagte, und selbst die erfahrensten englischen Ingenieure konnten sie nicht in Gang bringen. Reckenzaun, vor diese Aufgabe gestellt, löste sie in überraschender Weise. Ende der Siebzigerjahre hörte er Vorlesungen über Elektrotechnik bei Prof. Ayrton. Bei der Pariser Weltausstellung vertrat er die Faure Accumulator Company. Nach London zurückgekehrt, baute er seine eigenen Accumulatoren. Viele Untersuchungen über elektrisches Transportwesen hat er der elektrotechnischen Welt sowohl in Vorträgen, als auch in Abhandlungen mitgetheilt. Reckenzaun hat uns auch Lehrbücher hinterlassen, so „Electric traction" und andere.

Der Vortragende hebt noch die warme Anhänglichkeit hervor, die der Verstorbene für sein Vaterland bis an sein Ende hegte und bei vielen Gelegenheiten zu erkennen gab.

Die Versammlung erhebt sich zum Zeichen der Trauer.

Hierauf ertheilt der Vorsitzende das Wort Herrn Docenten Dr. J. Sahulka zur Abhaltung seines Vortrages: „Ueber die Ausstellung der Westinghouse Electric and Manufacturing Co. in Chicago."

Der Vortragende gab zunächst einen kurzen Ueberblick über die Ausstellung der Westinghouse Electric and Manufacturing Co. in Chicago und besprach hierauf eingehend die grosse Central-Station, welche diese Firma in der Maschinenhalle der Weltausstellung errichtet hatte. Dieselbe verdient dadurch besonderes Interesse, dass an dieselbe 189.600 Lampen à 16 K. angeschlossen werden konnten, so dass sie die grösste in der Welt war. In dieser Station waren aufgestellt: 12 grosse Doppelmaschinen à 1000 *PS*, welche zweiphasigen Wechselstrom lieferten (2200 V., 2 mal 200 A., 60 Per.), 2 kleinere Maschinen, welche einfachen Wechselstrom lieferten (2000 V., 100 A., 133 Per.), 1 grosser Gleichstrom-Generator von 750 *PS* (500 V.). Der Erregerstrom für die kleineren Wechselstrom-Generatoren wurde von 2 kleinen Dynamos geliefert, der für die 12 grossen Doppelmaschinen von 3 Compound-Dynamos zu je 100 *PS*, die eine Klemmenspannung von 250 V. hatten und parallel geschaltet wurden. Die 12 grossen Wechselstrom-Maschinen waren ausser durch Gleichstrom noch durch commutirten Wechselstrom erregt, so dass sie bei Vollbelastung dieselbe Klemmenspannung

*) Vergl. Heft XXIV, 1893, S. 596.

hatten, wie bei offenem Schliessungskreise. Der Strom wurde an 40 Feeders abgegeben, die in beliebiger Weise mit den Maschinen verbunden werden konnten. Jeder Feeder versorgte einen getrennten Bereich mit Licht. Im Centrum des Bereiches wurde der Strom auf 110 V. transformirt. Die Spannungsverluste in jedem Feeder wurden durch einen in denselben eingeschalteten Stilwell Regulator ersetzt. Ein Voltmeter mit Compensator, das an jeden Feeder angeschlossen war, gestattete die Spannungsdifferenz zu beobachten, welche an dem entfernten Vertheilungs-Centrum herrschte. Mit Hilfe des Stilwell-Regulators wurde diese Spannungsdifferenz constant erhalten. Der Vortragende besprach eingehend das Schaltbrett, die von der Westinghouse Co. gegenwärtig angewendete Form des Compensators und Stilwell-Regulators, den Bühnen-Regulator, das System der Schaltung von Glühlampen in Serie, sowie die von der Westinghouse Co. ausschliesslich verwendeten Stöpsellampen von Sawyer-Man.

Herr Director Ross bemerkte nach Schluss des Vortrages, dass einige der von der Westinghouse Co. angewendeten Apparate von dem anwesenden Vereinsmitgliede, Herrn Director Déri erfunden seien.

Der Vorsitzende sprach dem Vortragenden den Dank für den mit grossem Beifall aufgenommenen Vortrag aus und schloss die Versammlung.

5. December. — Sitzung des Vortrags- und Excursions-Comité.

6. December. — Vereinsversammlung.

Der Vorsitzende, Präsident Volkmer, macht Mittheilung von der dem eifrigen Vereinsmitgliede Oberst Peyerle durch Verleihung der eisernen Krone zu Theil gewordenen Auszeichnung und knüpft daran die besten Glückwünsche, die von den Anwesenden mit lebhaftem Beifalle begleitet werden. Der Vorsitzende fordert weiters zu recht zahlreicher Theilnahme an der Excursion zur Besichtigung der Einrichtungen des k. u. k. Eisenbahn- und Telegraphen-Regimentes in Korneuburg auf.

Oberst Peyerle spricht seinen Dank für die ihm bereitete Ovation aus, die er aber nicht für seine Person allein in Anspruch nehmen will, sondern auch als eine Anerkennung für das unter seiner Leitung stehende Telegraphen-Bureau des Generalstabes auffasst.

Ingenieur Böhm-Raffay erhält das Wort zur Abhaltung des angekündigten Vortrages: „Ueber Blitzschutz-Vorrichtungen". Der Vortragende bemerkt zunächst, dass er dieses Thema gewählt habe in der Erwägung, dass die darauf bezüglichen Arbeiten nicht allgemein zugänglich und öfters auch nicht vollkommen klar gehalten seien. Auf den Gegenstand übergehend, hebt er hervor, dass die Apparate zum Schutze gegen atmosphärische Entladungen derart angeordnet sein sollen, dass sie dem oscillatorischen Charakter der Blitzentladungen (Wechselstrom von hoher Frequenz) Rechnung tragen. Es sollen also in dem vom Blitz zu nehmenden Wege nicht Leiter von grosser Selbstinduction eingeschaltet sein; andererseits schützen sich Betriebs-Apparate mit grossem inductivem Widerstande von selbst und kann der Schutz durch Vorschalten einer Selbstinduction noch erhöht werden. Die Bahn, die dem Blitze angewiesen wird, enthält bei fast allen Vorrichtungen eine Funkenstrecke, welche schon vor der eigentlichen disruptiven Entladung des Blitzes in Folge des hohen Potentialunterschiedes der Elektroden (deren eine mit der Linie, die andere mit der Erde verbunden ist) mit losgerissenen, leitenden Theilchen erfüllt ist, demnach dem Blitze einen verhältnissmässig geringen Widerstand darbietet.

Von den Apparaten der Schwachstromtechnik sind die ältesten die Blitzplatten, die zuerst in Form von Metallelektroden angewendet wurden.

Um die durch Zusammenschmelzen der Platten entstehenden Betriebsstörungen zu vermeiden, wird zwischen dieselben eine isolirende Schichte geschoben. Denselben Zweck soll auch die Einschiebung einer Patrone mit einem Explosivstoffe erfüllen (Voigt & Haeffner). Ein anderes derartiges Mittel ist das Ueberziehen der Platten mit einer schlecht schmelzbaren Mischung von Eisen und Graphit. Sehr gut bewährt haben sich die zuerst in England benützten Platten aus gepresster Kohle, die den eben erwähnten Uebelstand nicht besitzen und in Folge ihrer rauhen Oberfläche eine Saugwirkung ausüben, demnach dem Auftreten höherer elektrischer Spannungen für gewöhnlich vorbeugen. Unter den hierher gehörigen Apparaten, wie solche von Siemens, Cseh, Kohlfürst u. A. herrühren und die sich hauptsächlich durch die Form der Elektroden von einander unterscheiden, ist besonders derjenige von Kohlfürst zu nennen, welcher zwei zugespitzte Kohlenstäbe als Elektroden in einer mit einem Gemisch von Holzkohle und Magnesia gefüllten Glasröhre enthält; dieses Gemisch ist für gewöhnlich nicht leitend, so dass der Betriebsstrom dasselbe nicht passirt, wird aber bei Durchgang des Blitzes glühend und leitend, um sofort darauf wieder zu erkalten. Den Betriebsapparaten sind Spulen aus dünnem Neusilberdraht vorgeschaltet. Eine Anzahl von Apparaten (Lodge etc.) sind ohne Funkenstrecke und so eingerichtet, dass die Blitzentladung das Abschmelzen eines Drahtes bewirkt, wobei dafür gesorgt ist, dass nach Abschmelzen eines Drahtes sofort wieder ein anderer selbstthätig eingeschaltet wird.

Die Blitzableiter für Starkstrom-Anlagen sind meistens amerikanischen Ursprungs. Das in Amerika stark verbreitete System elektrischer Bahnen mit Rückleitung durch die Schienen macht die Anwendung solcher Apparate unabweislich. Diese Vorrichtungen benützen auch fast alle eine Funkenstrecke für den Durchgang der Blitzentladung; zum Unterschiede von den Schwachstrom-Apparaten muss Vorsorge getroffen werden, dass der Maschinenstrom der Blitzentladung nicht nachfolgen kann, dass also nicht dauernd ein Lichtbogen stehen bleibt. Das wird entweder erzielt durch selbstthätige Ausschaltung des vom Blitz passirten und Einschaltung eines anderen gleichen Apparates oder durch selbstthätige Unterbrechung des Lichtbogens nach stattgehabter Blitzentladung. Der Vortragende bespricht eine grosse Anzahl solcher Blitzschutz-Vorrichtungen sehr eingehend, doch dürfte ohne Wiedergabe von Zeichnungen eine detaillirte Beschreibung derselben nicht gut möglich sein.

Hervorzuheben wäre das für die Elektroden angewendete non-arcing metal der Westinghouse Co., das in Folge seiner Beschaffenheit das Stehenbleiben des Lichtbogens nicht gestattet. Bei den Apparaten der Fort Wayne Co., der Union El. Co. und der Standard El. Co. wird die Unterbrechung des Lichtbogens bewirkt durch die Anziehung eines mit der einen Elektrode verbundenen und bei auftretender Blitzentladung magnetisirten Eisenkernes oder -ankers; im Gegensatze dazu geschieht dies bei einer Vorrichtung der Westinghouse Co. durch Loslassen eines im gewöhnlichen Betriebe vom Maschinenstrom magnetisirten und in Folge der Blitzentladung entmagnetisirten Kernes. Das Ablenken und schliessliche Ausblasen des Lichtbogens durch ein magnetisches Feld wird von Thomson-Houston und von der Western El. Co. benützt (bei der Anordnung der letzteren Compagnie ist das wirksame Feld das Streuungsfeld der Maschine selbst). Im Keystone-Arrester der Westinghouse Co. sind die Elektroden in einem luftdicht geschlossenen Gehäuse angebracht, die mit der Erde verbundene fix, die beiden mit den Leitungen verbundenen beweglich. Durch die bei der Blitzentladung auftretende starke Erwärmung wird die Luft in dem

1*

Gehäuse ausgedehnt und dadurch eine solche Bewegung der Elektroden bewirkt, dass Unterbrechung des Funkens eintritt. Eine isolirte Stellung in der Reihe der Blitzschutzvorrichtungen nimmt der Tank-Arrester derselben Compagnie ein, welcher keine Funkenstrecke enthält, sondern directe Ableitung des Blitzes zu einem Wasserreservoir gestattet; die Maschine ist durch eine Reihe von Inductionsspulen geschützt. Der Apparat wird nur während eines Gewitters eingeschaltet.

Vice-Präsident Grünebaum dankt dem Vortragenden für seine interessanten mit lebhaften Beifall aufgenommenen Mittheilungen im Namen des Vereines und insbesondere im Namen des Vortrags-Comités.

11. December. — Sitzung des Juristen-Comités „Wegen Aufstellung gesetzlicher Bestimmungen zur Ermöglichung des Baues und Betriebes von Starkstrom-Fernleitungen".

13. December. — 34. Excursion: „Besichtigung der elektrischen Einrichtungen des k. u. k. Eisenbahn- und Telegraphen-Regimentes in Korneuburg".

Von der gütigen Erlaubniss des Herrn Oberst Carl Trappel, Commandanten des k. u. k. Eisenbahn- und Telegraphen-Regimentes in Korneuburg Gebrauch machend, besichtigten die zahlreich erschienenen Vereinsmitglieder am 18. December v. J. daselbst die elektrotechnischen Einrichtungen dieses Regimentes.

Die Theilnehmer dieser Excursion wurden schon am Bahnhofe in Korneuburg seitens mehrerer Herren Officiere mit ihrem Herrn Oberst an der Spitze begrüsst und in die Kaserne geleitet. In dem elektrisch beleuchteten Hofe derselben harrte ihrer der herzliche Empfang seitens aller übrigen Herren Officiere des Regimentes.

Nach diesem Empfange wurde zur Besichtigung der in das Programm zunächst einbezogenen mobilen elektrischen Beleuchtungsanlage geschritten. Dieselbe wurde seinerzeit von dem elektrotechnischen Etablissement F. Křižík in Prag-Karolinenthal bezogen und umfasst sechs Bogenlampen in Serienschaltung; diese Lampen entnehmen den Strom einer Andring-Serienmaschine, welche von einer, gleich dem Dampfkessel vertical stehenden schnelllaufenden Zwillings-Dampfmaschine von 6 *HP* mittelst Riemens angetrieben wird.

Von den sechs Bogenlampen waren fünf in Function; die sechste befand sich im vollkommen zerlegten Zustande verpackt in einem Beiwagen; diesem entnommen, wurde an derselben vom Herrn Oberlieutenant Rudolf Diem gezeigt, wie rasch eine solche montirt werden kann; gleichzeitig erfolgte unter Anleitung des genannten Herrn Officiers seitens einer Compagnie-Abtheilung die Aufstellung des zugehörigen, ebenfalls in seine Bestandtheile zerlegt gewesenen Lampenmastes. Das alles vollzog sich in der kürzesten Zeit und mit bewunderungswürdiger Ruhe.

Hierauf erfolgte die Besichtigung von Stations- und Materialwagen, welche in mustergiltigen Formen und sehr schön zusammengestellt, bezw. geordnet, alles das enthalten, was zum Baue von Feldtelegraphen-Linien, sowie zur Activirung und zum Betriebe von Telegraphen- und Telephonstationen nothwendig ist. Herr Hauptmann Kalliwoda gab daselbst in klarster Weise die nothwendigen Erläuterungen.

Eine Fortsetzung derselben fand im „Apparatsaale" statt, woselbst die einzelnen Telegraphen- und Telephonapparate in übersichtlicher Weise und zum Theil im Betriebe zu sehen waren und vom Herrn Hauptmann Kalliwoda eingehend besprochen wurden.

Die Telegraphenstationen, sowohl ältere als auch neuere Constructionen, sind durchwegs in einer gefälligen und compendiösen Form ausgeführt; die ersteren lassen in einfacher Weise die Schaltung auf amerikanischen Ruhestrom und auf Arbeitsstrom, letztere überdies noch auf gewöhnlichen Ruhestrom zu.

Sehr interessant sind die Einrichtungen der Feldtelephonie, insbesondere die phonischen Apparatsysteme und Mikrophoncassetten der Cavallerie-Abtheilungen.

Im „Schulzimmer der Telegraphen-Schule" und im „Schulzimmer der Einjährig-Freiwilligen", sowie im Saale für den „Telephoncurs", welche die weiteren Programmpunkte in der Besichtigung dieser äusserst lehrreichen Einrichtungen des Regimentes bildeten, sahen die Theilnehmer der Excursion Einrichtungen und Hilfsmittel zur Förderung des theoretischen und praktischen Telegraphen- und Telephon-Unterrichtes, bei welchem in äusserst kurzer Zeit thatsächlich Ueberraschendes erlernt wird.

Einen ausserordentlich hohen Grad von Interesse nahm das „Betriebszimmer" in Anspruch. Dasselbe ist nach einem Muster der Kaiser Ferdinands - Nordbahn eingerichtet: Im Hintergrunde sind zwei in Bewegung gedachte Eisenbahnzüge durch die Zugsspitze auf einem und durch den Signalwagen auf einem zweiten Geleise bildlich in $^{6}/_{10}$ der natürlichen Grösse dargestellt und für den praktischen Anschauungsunterricht durch wirkliche Zugssignalmittel ergänzt.

Zwei complete Telegraphen- und Signalstationen, die eine am Anfange, die andere am Ende des geräumigen Saales postirt, durch stromführende Leitungen mit einander verbunden, veranschaulichen zwei Nachbarstationen. Was zwischen zwei Stationen an Signalmitteln für den Zugverkehr erforderlich, ist hier getreulich und in natürlicher Grösse zur Anschauung gebracht. Weichensignale, Distanzsignale mit akustischer Controle, Wächterhaus-Läutewerke u. a. m.

Herr Oberlieutenant Bartosch erklärte an der Hand aller dieser Einrichtungen in klarer und überaus leicht fasslicher Weise den Gang des praktischen Unterrichtes und fand lebhaften Beifall seitens der Vereinsmitglieder.

Den letzten Programmpunkt bildete die Besichtigung des Officierscasino. Auf dem Wege dahin wurden den Mitgliedern noch einzelne Ubicationen der Mannschaft und unter anderem auch der Turnsaal gezeigt und alle hatten über das Gesehene nur eine Stimme des Lobes und der Anerkennung.

Aber geradezu mit Bewunderung wurde das Tusculum der Herren Officiere, nämlich ihr Casino in Augenschein genommen. Die einzelnen Einrichtungsstücke dieses mehrere Räume umfassenden Locals, wahre Prachtstücke der Malerei und der Kunsttischlerei, sind sowohl hinsichtlich der Entwürfe als auch der Ausführung durchwegs eigene Erzeugnisse des Regimentes.

Die Vereinsmitglieder waren von dieser Excursion hoch befriedigt und der Vicepräsident des Vereines, Herr Hauptmann Grünebaum, entsprach nur den Empfindungen jedes einzelnen Theilnehmers, als er dies dem Commandanten des k. u. k. Eisenbahn- und Telegraphen-Regimentes Herrn Oberst Trappel und seinem Officierscorps im Namen des Vereins zum Ausdruck brachte und ihm für die Erlaubniss zur Besichtigung der interessanten und mustergiltigen Einrichtungen wärmstens dankte.

So wie der Empfang, war auch der Abschied von dieser Stätte emsigen Zusammenwirkens ein sehr liebenswürdiger und fand eigentlich erst am Bahnhofe von Korneuburg, bis wohin die Herren Officiere den Vereinsmitgliedern das Geleite gaben, seinen Abschluss.

14. December. — Sitzung des Redactions-Comité.

18. December. — Ausschusssitzung.

Programm

für die Vereinsversammlungen im Monate Jänner 1894.

3. Jänner. — Vortrag des Herrn Director Josef Kolbe:

„Ueber die Wiener Centralen der Allgemeinen österreichischen Elektricitäts-Gesellschaft".

10. Jänner. — Vortrag des Herrn Docenten Dr. Hugo Strache: „Ueber Wassergas- und elektrische Beleuchtung" (mit Demonstrationen).

17. Jänner. — Vortrag des Herrn Professor Johann Dechant: „Ueber magnetische Verzögerungen in Folge von Wechselströmen und deren experimentellen Nachweis". (Dieser Vortrag findet im Physiksaale der Staats-Oberrealschule, II., Vereinsgasse 21, statt.)

24. Jänner. — Vortrag des Herrn K. Pichelmayer, Ingenieur der Firma Siemens und Halske in Wien: „Ueber elektrische Strassenbahnmotoren."

31. Jänner. — Vortrag des Herrn G. Metz, Ingenieur der Firma Deckert & Homolka in Budapest: „Ueber neue Telephon-Schaltungen" (mit Demonstrationen).

Neue Mitglieder.

Auf Grund statutenmässiger Aufnahme traten dem Vereine die nachstehend genannten Herren als ordentliche Mitglieder bei:

Spačil Franz, technischer Beamter der Actien-Gesellschaft für Gas und Wasser, Wien.

Hahn, Dr. Carl von, Wien.

Masal Cornel, Ingenieur, k. k. Bauadjunct in der technischen Abtheilung der k. k. Post- und Telegraphen-Direction Graz.

Šandor August, k. k. Bau-Eleve bei der k. k. Staats-Telephon-Centrale, Prag.

Krimmel Carl, k. k. Bauadjunct bei der k. k. Staats-Telephon-Centrale, Prag.

Schleifer Dietrich, k. k. Bau-Eleve bei der k. k. Post- und Telegraphen-Direction Prag.

ABHANDLUNGEN.

Die Theorie und Berechnung der asynchronen Wechselstrom-Motoren.

Von E. ARNOLD, Oerlikon.

Die Theorie dieser Motoren hat mit derjenigen der Transformatoren viel Verwandtes. Ich benütze bei der Entwicklung der Theorie eine graphische Darstellung, die ich in „The Electrical World" vom 13. Mai 1893 in Anwendung auf Mehrphasen-Motoren veröffentlicht habe. Diese Darstellung ermöglicht die Theorie der Ein- und Mehrphasen-Motoren in elementarer Weise abzuleiten und die Berechnung der Wechselstrom-Motoren so einfach zu gestalten, dass dieselben mit derselben Sicherheit wie Gleichstrom-Motoren entworfen werden können.

I. Die Mehrphasen-Motoren.

Die Mehrphasen-Motoren haben das Vermögen aus der Ruhelage mit Zugkraft anzugehen, es ist das einer der wesentlichsten Vorzüge der Mehrphasen-Motoren gegenüber den einphasigen Motoren. Bei dem Entwurfe von Mehrphasen-Motoren liegt nun eine besondere Schwierigkeit darin, dieselben so zu dimensioniren, dass beim Anlaufe eine im Verhältniss zum Wattverbrauche grosse Zugkraft erzeugt wird, und zwar deswegen, weil sich die Bedingungen für den Anlauf mit grosser Zugkraft und für den Arbeitsgang mit grossem Wirkungsgrade zum Theil widersprechen. Ich werde daher zunächst untersuchen, von welchen Bedingungen die Anzugskraft oder das Anzugsmoment des Motors abhängt und setze dabei voraus, dass sowohl das inducirende oder primäre als das inducirte oder secundäre System in der Ruhelage festgehalten werde.

Als Beispiel soll ein Dreiphasen- oder Drehstrom-Motor angenommen werden. In Fig. 1 ist ein solcher Motor schematisch dargestellt, derselbe ist zweipolig und die Winkel der drei Phasen I, II und III sind 0^0, 120^0 und 240^0. Die Feldwicklung besteht aus 6 Spulen, zwei gegenüber liegende Spulen gehören zu derselben Phase, so dass die Phasendifferenz der Ströme von zwei benachbarten Spulen 60^0 beträgt. Der Anker oder Inductor *(A)* enthält eine Anzahl in sich kurz geschlossener Spulen. In der Figur sind vier solche Spulen angenommen.

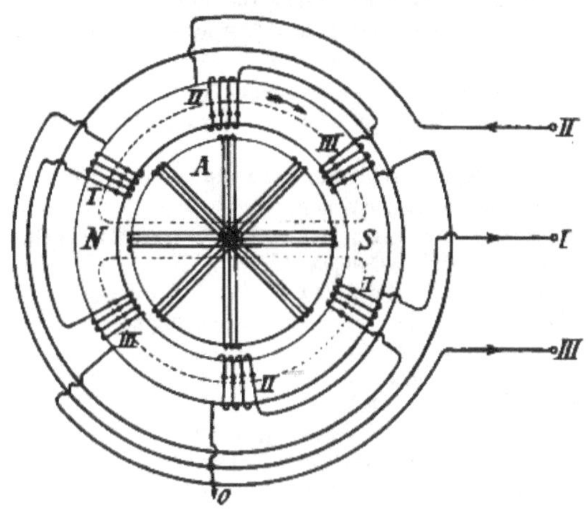

Fig. 1.

Der Winkel, den zwei benachbarte Spulen des Inductors miteinander einschliessen, ist $= \frac{\pi}{4}$, und die in denselben durch das Drehfeld inducirten Ströme haben daher eine Phasendifferenz, die $= \frac{\pi}{4}$ und die Zahl der Phasen ist $= 4$.

Es bezeichne allgemein:

E_1 die Amplitude der primären E. M. K. zwischen den Enden einer Phase (in Fig. 1 z. B. zwischen 1 und *o* und bei Dreieckschaltung zwischen I und II oder I und III);

$\overline{E_1} = E_1 : \sqrt{2}$ die mittlere E. M. K.;

J_1 die Amplitude des primären Stromes pro Phase;

$\overline{J_1} = J_1 : \sqrt{2}$ den mittleren Werth dieser Stromstärke;

$p_1 = 2\pi n_1$, worin n_1 die Periodenzahl des Primärstromes pro Secunde;

L_1 den Coëfficienten der Selbstinduction des primären Stromkreises pro Phase;

R_1 den Widerstand des primären Stromkreises pro Phase;

φ_1 den Winkel der Phasenverschiebung zwischen J_1 und E_1;

N_1 die Anzahl Drähte pro Phase, auf dem dem Anker zugekehrten Umfange;

W_1 der im primären Kupfer verbrauchte Effect in Watt;

m_1 die Zahl der primären Phasen;

E_2 die Amplitude der in einer secundären Phase inducirten E. M. K.;

$\overline{E_2} = E_2 : \sqrt{2}$ die mittlere E. M. K.;

J_2 die Amplitude der zugehörigen Stromstärke;

$\overline{J_2} = J_2 : \sqrt{2}$ die mittlere Stromstärke;

$p_2 = \frac{\pi \cdot n_2}{30}$ die Winkelgeschwindigkeit der Ankerwindungen, wenn n_2 die Tourenzahl des Ankers pro Minute (für zwei Pole);

L_2 den Coëfficienten der Selbstinduction einer secundären Phase;

R_2 den Widerstand pro Phase;

φ_2 den Winkel der Phasenverschiebung zwischen E_2 und J_2;

N_2 die Anzahl Drähte pro Phase auf dem dem Felde zugekehrten Umfange;

W_2 der im secundären Kupfer inducirte Effect in Watt;

m_2 die Zahl der secundären Phasen;

h_1 die maximale Intensität pro cm^2 desjenigen Magnetfeldes, welche eine primäre Phase allein erzeugen würde;

h_2 dasselbe für eine secundäre Phase;

H_1 die Intensität des als homogen vorausgesetzten, resultirenden primären Drehfeldes pro cm^2;

H_2 die Intensität des als homogen vorausgesetzten, resultirenden secundären Drehfeldes pro cm^2;

f_2 die Fläche einer Ankerwindung in cm^2;

M den Maximalwerth des Coëfficienten der gegenseitigen Induction zwischen einer Phase der primären und einer Phase der secundären Wickelung;

D das auf den Anker ausgeübte Drehmoment in Watt;

W die Leistung des Motors in Watt.

Wir machen die Voraussetzung, die Sättigung der Eisenkerne sei so gering, dass die Coëfficienten L_1, L_2 und M als constant angesehen werden können. Unter h_1 und H_1 sind nur diejenigen Kraftlinien zu verstehen, welche in den Anker eintreten. Die Stromstärken und die elektromotorischen Kräfte sollen eine einfache Sinusfunction der Zeit sein.

Die Feldintensitäten h_1 dürfen den momentanen Stromstärken $i_1 = J_1 \sin pt$ proportional gesetzt werden. Unter der annähernd zutreffenden Voraussetzung, dass sich die magnetischen Kräfte nach dem Gesetze des Parallelogrammes zusammensetzen lassen, zerlegen wir die Componenten h_1 in die Richtung von zwei zu einander senkrechten Axen. In Anwendung auf Fig. 1 erhalten wir für drei Phasen in der Richtung der X Axe

$$h_1 \sin p_1 t - h_1 \cos 60^0 . \sin (p_1 t - 120^0) - h_1 \cos 60^0 . \sin (p_1 t - 240^0)$$
$$= \frac{3}{2} \cdot h_1 . \sin p_1 t.$$

In der Richtung der Y Axe

$$h_1 \cos 30^0 . \sin (p_1 t - 120^0) - h_1 \cos 30^0 . \sin (p_1 t - 240^0)$$
$$= - \frac{3}{2} \cdot h_1 . \cos p_1 t.$$

Die Resultirende wird in jedem Momente

$$H_1 = \sqrt{\left(\frac{3}{2} h_1 \sin p_1 t\right)^2 + \left(\frac{3}{2} h_1 \cos p_1 t\right)^2} = \frac{3}{2} \cdot h_1 \quad \ldots \quad 1)$$

Das resultirende Magnetfeld ist somit von constanter Stärke und rotirt mit der Winkelgeschwindigkeit p_1.

In Fig. 1 sind die momentanen Stromrichtungen durch Pfeile markirt; nimmt der Strom der Phase I zu und in II ab, so rotirt das Drehfeld im Sinne des Uhrzeigers.

Ist nun die Zahl der Phasen allgemein $= m_1$ und der Phasenunterschied der Ströme benachbarter Spulen $= \pi : m_1$ so wird

$$H_1 = \frac{m_1}{2} \cdot h_1 \quad \ldots \ldots \quad 2)$$

Es ist auch

$$f_2 \cdot h_1 = M \cdot J_1 \quad \ldots \ldots \quad 3)$$

daher

$$f_2 H_1 = \frac{m_1}{2} \cdot J_1 M \quad \ldots \ldots \quad 4)$$

Um ein Drehfeld von derselben Intensität H_1 zu erhalten, können wir demnach die periodischen Stromstärken der m_1 Phasen, deren Amplitude $= J_1$, durch eine constante Stromstärke einer einzigen Phase ersetzt denken, der Werth

$$= \frac{m_1}{2} \cdot J_1 \quad \ldots \ldots \quad 5)$$

und deren Windungen mit der Winkelgeschwindigkeit p_1 rotiren.

Das Drehfeld H_1 inducirt in den Windungen des feststehend gedachten Ankers Wechselströme, deren Amplitude $= J_2$. Jede Phase des Ankers erzeugt daher ein periodisches Magnetfeld, dessen maximale Intensität $= h_2$. Diese periodischen Magnetfelder mit dem Phasenunterschiede $\pi : m_2$, liefern als Resultante ein zweites Drehfeld,*) das nach Gleichung 5 die constante Stärke

$$H_2 = \frac{m_2}{2} \cdot h_2 \quad \ldots \ldots \quad 6)$$

hat. Dasselbe beschreibt mit der Winkelgeschwindigkeit p_1 während der Dauer einer Periode eine volle Umdrehung und bleibt um $\frac{\pi}{2} + \varphi_2$ hinter dem Drehfelde H_1 zurück und inducirt im primären Stromkreise die Gegen-E. M. K.

$$e_g = p_1 \cdot H_2 \cdot f_2 \sin\left[p t - \left(\frac{\pi}{2} + \varphi_2\right)\right] \quad \ldots \ldots \quad 7)$$

Nun ist

$$f_2 h_2 = M J_2$$

daher

$$f_2 \cdot H_2 = \frac{m_2}{2} \cdot M \cdot J_2 \quad \ldots \ldots \quad 8)$$

Wir können uns somit das Drehfeld H_2 durch eine constante Stromstärke, deren Werth

$$= \frac{m_2}{2} \cdot J_2 \quad \ldots \ldots \quad 9)$$

*) Vergl. hierüber J. Sahulka, „Elektrotech. Zeitschr.“ 1892.

erzeugt denken, welche in einer einzigen gedachten Ankerspule oder Phase, die mit der Richtung des Feldes stets den Winkel φ_2 einschliesst, fliesst.

Aus den Gleichungen 7 und 9 ergibt sich die Amplitude der Gegen-E. M. K.

$$E_g = \frac{m_2}{2} \cdot p_1 M J_2 \quad . \quad . \quad . \quad . \quad . \quad . \quad . \quad . \quad 10)$$

Die primäre E. M. K. muss nun drei elektromotorischen Kräften das Gleichgewicht halten, und zwar

1. der E. M. K., welche der Strom J_1 im Widerstande R_1 verbraucht; deren Amplitude

$$= R_1 J_1;$$

2. der durch das primäre Drehfeld H_1 inducirten E. M. K., deren Amplitude

$$= \frac{m_1}{2} \cdot J_1 \cdot L_1 \cdot p_1;$$

dieselbe hat in Bezug auf $R_1 J_1$ eine Phasenverschiebung von 90°;

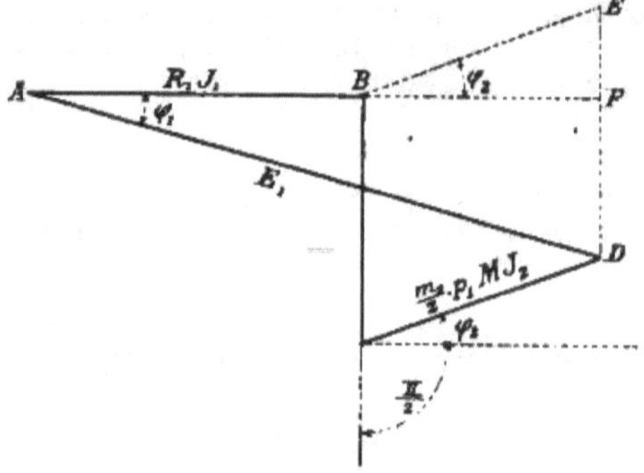

Fig. 2.

3. der durch das secundäre Drehfeld H_2 inducirten Gegen-E. M. K., deren Amplitude

$$= \frac{m_2}{2} \cdot p_1 M \cdot J_2$$

dieselbe hat in Bezug auf die unter 2 angeführte E. M. K. die Phasenverschiebung $\frac{\pi}{2} + \varphi_2$.

Wir tragen nun in Fig. 2

$$R_1 J_1 = \overline{AB}$$

und senkrecht dazu

$$\frac{m_1}{2} p_1 \cdot L_1 J_1 = \overline{BC} \quad \text{auf.}$$

An die Verlängerung von BC legen wir den Winkel $\frac{\pi}{2} + \varphi_2$ an und machen

$$CD = \frac{m_2}{2} \cdot p_1 M J_2;$$

dann bestimmt uns die Schlusslinie CD die Amplitude der primären E. M. K. nach Richtung und Grösse und der Winkel BAD den Winkel φ_1 der Phasenverschiebung zwischen E_1 und J_1.

Die von dem primären Drehfelde im Anker inducirte E. M. K. ist

$$E_2 = \frac{m_1}{2} \cdot p_1 M J_1 \quad \ldots \ldots \ldots \quad 11)$$

Dieser E. M. K. halten zwei E. M. Kräfte das Gleichgewicht:

1. die E. M. K., welche der Strom J_2 im Widerstande R_2 verbraucht und welche

$$= R_2 J_2$$

2. die E. M. K. welche das secundäre Drehfeld H_2 in jeder Phase des Ankers inducirt und welche

$$= \frac{m_2}{2} \cdot p_1 L_2 J_2;$$

dieselbe hat mit $R_2 J_2$ den Phasenunterschied von 90^0.

Die drei E. M. Kräfte bilden, wie Fig. 3 darstellt, ein rechtwinkeliges Dreieck, der Winkel ABC gibt die Phasenverschiebung zwischen E_2 und J_2.

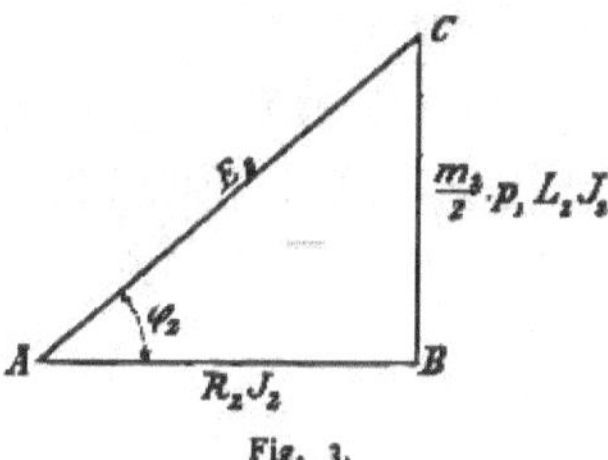

Fig. 3.

Aus Fig. 3 folgt

$$\cos \varphi_2 = \frac{R_2}{\sqrt{R_2^2 + \left(\frac{m_2}{2} \cdot p_1 L_2\right)^2}} \quad \ldots \ldots \quad 12)$$

$$\sin \varphi_2 = \frac{m_2 \cdot p_1 L_2}{2\sqrt{R_2^2 + \left(\frac{m_2}{2} \cdot p_1 L_2\right)^2}} \quad \ldots \quad 13)$$

$$J_2 = \frac{m_1}{2} \cdot \frac{p_1 M J_1}{\sqrt{R_2^2 + \left(\frac{m_2}{2} \cdot p_1 L_2\right)^2}} \quad . \quad 14)$$

Der im Anker inducirte Effect ist

$$W_2 = \frac{m_2}{2} \cdot R_2 J_2^2 = \frac{m_1^2 m_2}{8} \cdot \frac{p_1^2 M^2 J_1^2 R_2}{R_2^2 + \left(\frac{m_2}{2} \cdot p_1 L_2\right)^2} \quad \ldots \quad 15)$$

Dieser Betrag muss gleich demjenigen Effecte sein, welcher aufgewendet werden müsste, um den Anker mit der Winkelgeschwindigkeit p_1 in dem feststehend gedachten Felde von der constanten Stärke H_1 zu rotiren. Wir finden daher das auf den Anker ausgeübte Drehmoment, wenn wir obigen Ausdruck für W_2 mit p_1 dividiren:

$$D = \frac{m_1^2 m_2}{8} \cdot \frac{p_1 . M^2 . J_1^2 . R_2}{R_2^2 + \frac{m_2^2}{4} \cdot p_1^2 L_2^2} \quad . \; . \; . \; . \; . \; . \quad 16)$$

Zu demselben Resultate gelangen wir durch eine andere Rechnung. Die vom Anker consumirte Energie ist auch gleich dem primären Strome $\frac{m_1}{2} J_1$ multiplicirt mit der Projection der Gegen-E. M. K. auf die Richtung dieses Stromes. Somit nach Fig. 2

$$W_2 = \frac{m_1}{2} \cdot J_1 \cdot \frac{m_2}{2} \cdot p_1 M . J_2 . \cos \varphi_2 .$$

Werden die Werthe von J_2 und $\cos \varphi_2$ eingesetzt, so erhalten wir wieder Gleichung 15.

Um nun die Abhängigkeit des Anzugsmomentes von der primären E. M. K. zu bestimmen, gehen wir von Fig. 2 aus. Es ist

$$E_1^2 = \overline{AF}^2 + \overline{FD}^2$$

oder

$$E_1^2 = \left(R_1 J_1 + \frac{m_2}{2} \cdot p_1 M J_2 \cos \varphi_2\right)^2 + \left(\frac{m_1}{2} \cdot p_1 L_1 J_1 - \frac{m_2}{2} p_1 M J_2 \sin \varphi_2\right)^2 \quad 17)$$

Unter Benützung der Gleichung 12, 13 und 14 wird

$$\left.\begin{aligned} E_1^2 = J_1^2 & \left(R_1 + \frac{m_1 m_2}{4} \cdot \frac{p_1^2 M^2 R_2}{R_2^2 + \frac{m_2^2}{4} \cdot p_1^2 L_2^2}\right)^2 + \\ & + \left(\frac{m_1}{2} \cdot p_1 L_1 - \frac{m_1 m_2^2}{8} \cdot p_1^3 \cdot \frac{M^2 L_2}{R_2^2 + \frac{m_2^2}{2} p_1^2 L_2^2}\right)^2 \end{aligned}\right\} \quad . \; . \quad 18)$$

setzt man zur Abkürzung

$$q = \frac{m_1 m_2}{4} \cdot \frac{p_1^2 M^2}{R_2^2 + \frac{m^2}{4} \cdot p_1^2 L_2^2} \quad . \quad . \quad 19)$$

und führt den Werth von J_1^2 aus Gleichung 18 in die Gleichung 16 ein, so wird

$$D = \frac{m_1}{2 p_1} \cdot \frac{q . E_1^2 . R_2}{\left(R_1 + q R_2\right)^2 + p_1^2 \left(\frac{m_1}{2} L_1 - \frac{m_2}{2} \cdot q L_2\right)^2} \quad . \; . \quad 20)$$

In praktischen Fällen kann R_2^2 als klein gegen $p_1^2 L_2^2$ vernachlässigt werden, wir erhalten dann

$$q = \frac{m_1 M^2}{m_2 L_2^2}$$

Es bedeutet aber $M : L_2$ das Uebersetzungs-Verhältniss zwischen einer primären und einer secundären Phase, vorausgesetzt dass sämmtliche Kraftlinien des primären Systems das secundäre System schneiden.

In diesem Falle wäre

$$\frac{M}{L_2} = \frac{N_1}{N_2}$$

Da jedoch die primäre und secundäre Wickelung auf besonderen, durch einen Luftzwischenraum getrennten Eisenkernen aufgewickelt sind, so wird eine beträchtliche Streuung von Kraftlinien stattfinden. Bei stillstehender Armatur, bezüglich beim Angehen des Motors, erreicht die Streuung ihr Maximum, weil die Erregung des Feldes ebenfalls ein Maximum ist.

Der Betrag der Streuung wird auch wesentlich davon abhängen, ob Trommel oder Ringwickelung gewählt wird; dieselbe wächst mit der Grösse des Luftraumes zwischen Feld und Anker, mit der Zunahme der Induction im Feld- und Ankereisen und in der Luft. Ist keine Streuung vorhanden, so wird

$$M^2 = L_1 L_2$$

um die Streuung zu berücksichtigen, sei

$$M^2 = b^2 L_1 L_2 \quad \ldots \ldots \ldots \ldots \quad 21)$$

b heisst der Coëfficient der Streuung, erst ist $b < 1$.

Es wird

$$q = b^2 \cdot \frac{m_1}{m_2} \cdot \frac{L_1}{L_2} = b^2 \cdot \frac{m_1 N_1^2}{m_2 N_2^2} \quad \ldots \ldots \quad 22)$$

Für diesen Werth von q und $b = 1$, d. h. wenn keine Streuung stattfindet, wird in Gleichung 20 das zweite Glied im Nenner $= o$. Da dieses Glied dem Quadrate von p_1 proportional ist und im Zähler zu dem b^2 steht, so zeigt Gleichung 20, dass das Drehmoment durch die Streuung sehr stark verkleinert wird.

Die Gleichung 18 lässt sich auch wie folgt setzen:

$$\left.\begin{aligned} J_1^2 = E_1^2 \left(R_2^2 + \frac{m_2^2}{4} \cdot p_1^2 L_2^2\right) \\ \text{dividirt durch} \\ p_1^2 \left(\frac{m_2^2}{4} \cdot R_1^2 L_2^2 + \frac{m_1^2}{4} \cdot R_2^2 L_1^2 + \frac{m_1 m_2}{2} M^2 R_1 R_2\right) + \\ + \frac{m_1^2 m_2^2}{16} \cdot p_1^4 (L_1 L_2 - M^2)^2 + R_1^2 R_2^2 \end{aligned}\right\} \quad 23)$$

Setzen wir diesen Werth von J_1^2 in Gleichung 16 ein, so wird, wenn wir $R_1^2 R_1^2$ als klein vernachlässigen

$$\left.\begin{aligned} D = \frac{m_1}{2} \cdot b^2 . E_1^2 . R_2 \text{ dividirt durch} \\ p_1 \left(R_1^2 \cdot \frac{m_2 L_2}{m_1 L_1} + R_2^2 \cdot \frac{m_1 L_1}{m_2 L_2} + 2 b^2 R_1 R_2\right) + \\ + \frac{m_1 m_2}{4} \cdot p_1^3 L_1 L_2 (1 - b^2)^2 \end{aligned}\right\} \quad 24)$$

Für $b = 1$, d. h. wenn keine Streuung vorhanden, wird das zweite Glied im Nenner $= 0$.

Das Glied

$$R_1^2 \cdot \frac{m_2 L_2}{m_1 L_1} + R_2^2 \cdot \frac{m_1 L_1}{m_2 L_2} + 2 R_1 R_2$$

wird für ein bestimmtes Verhältniss von $L_1 : L_2$ ein Minimum, und zwar für

$$\frac{m_1 L_1}{m_2 L_2} = \frac{R_1}{R_2} \quad \ldots \ldots \ldots \ldots \quad 25)$$

oder für

$$R_1 = R_1 \cdot \frac{m_2 L_2}{m_1 L_1} = R_1 \cdot \frac{m_2 N_2^2}{m_1 N_1^2} \quad \dots\dots \quad 26)$$

Machen wir daher die Voraussetzung, dass b nahezu $= 1$ so dass das zweite Glied im Nenner vernachlässigt werden kann, so wird das Drehmoment beim Angehen des Motors für das obige Uebersetzungs-Verhältniss oder für einen Widerstand R_2 laut Gleichung 26 ein Maximum.

Die Abhängigkeit des Drehmomentes von R_2 und dem Uebersetzungs-Verhältnisse $N_1 : N_2$ lässt sich am besten graphisch darstellen.

Betrachten wir in Gleichung 24 die Grössen R_2 und $L_1 : L_2$ als die einzigen Variablen und setzen $b = 1$, so wird

$$D = \frac{a \cdot R_2}{R_1^2 \cdot \frac{m_2 L_2}{m_1 L_1} + R_2^2 \frac{m_1 L_1}{m_2 L_2} + 2 R_1 R_2} \; .$$

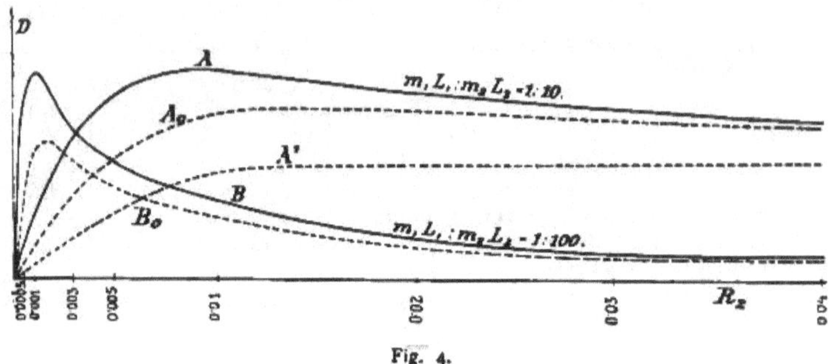

Fig. 4.

worin a eine Constante bedeutet.

Für $R_1 = 0{\cdot}1 \frac{m_1 L_1}{m_2 L_2} = 10$

erhält man für verschiedene Werthe von R_2 die Curve A, Fig. 4.

Für $R_1 = 0{\cdot}1 \frac{m_1 L_1}{m_2 L_2} = 100$

die Curve B.

(Fortsetzung folgt.)

Bericht über die Thätigkeit des Internationalen Elektrotechniker-Congresses in Chicago 1893 betreffend die Feststellung der Einheiten für elektrische Maasse.

Washington D. C. 6. Nov. 1893.

Die Delegirten der Vereinigten Staaten für den Internationalen Elektrotechniker-Congress, der im August 1893 in Chicago abgehalten wurde, unterbreiten hiemit einen kurzen Bericht über die Beschlüsse dieses Congresses in Betreff der Feststellung und Benennung der Einheiten für elektrische Maasse. Die Verhandlungen über diesen wichtigen Gegenstand oblagen der „Delegirten-Kammer“ des Congresses, die nur aus Mitgliedern bestand, die officiell von ihren Regierungen ernannt wurden. Nach einer Berathung mit den ersten Elektrotechnikern Europas, war man übereingekommen, dass ein einzelner Staat höchstens fünf Delegirte entsenden könne und diese Zahl wurde den Vereinigten Staaten, Grossbritannien, Deutschland und Frankreich zuerkannt. Die anderen Nationen durften zwei oder drei, in einzelnen Fällen nur einen Delegirten entsenden. Die Delegirten waren:

Vereinigte Staaten: H. A. Rowland, T. C. Mendenhall, H. S. Carhart, Elihu Thomson, E. L. Nichols.

Grossbritannien: W. H. Preece, W. E. Ayrton, Silvanus P. Tompson, Alex. Siemens.

Frankreich: E. Mascart, T. Violle, De la Touanne, Edouard Hospitalier, S. Leduc.

Italien: Galileo Ferraris.

Deutschland: H. E. Hermann v. Helmholtz, Emil Budde, A. Schräder, Ernst Voit, Otto Lummer.

Mexico: Augustin W. Chavez.

Oesterreich: J. Sahulka.

Schweiz: A. Palaz, René Thury.

Schweden: M. Wennman.

Britisch Nordamerika: Ormond Higman.

Seine Excellenz Dr. H. v. Helmholtz wurde zum Ehrenpräsidenten des Congresses erwählt; Dr. Elisha Gray war Vorsitzender des allgemeinen Congresses und Professor H. A. Rowland war Vorsitzender der Delegirten-Kammer.

Die Sitzungen der Kammer dauerten sechs Tage. Die Mitglieder haben einstimmig folgende Beschlüsse gefasst.

Beschlüsse.

Den einzelnen Regierungen, welche durch Delegirte am Internationalen Elektrotechniker-Congresse in Chicago vertreten sind, möge empfohlen werden, in formeller Weise als gesetzliche Einheiten für die elektrischen Maasse die folgenden Einheiten anzunehmen.

Als Einheit des Widerstandes das internationale Ohm, welches basirt ist auf dem Ohm, welches gleich ist 10·9 elektromagnetischen Widerstandseinheiten des C. G. S. Systemes, und welches dargestellt ist durch den Widerstand, den ein unveränderlicher Strom in einer Quecksilbersäule erfährt, welche 14·4521 Gramm Masse, eine constante Querschnittsfläche, die Länge von 106·3 *cm* und die Temperatur des schmelzenden Eises hat.

Als Einheit des Stromes das internationale Ampère, welches gleich ist dem 10. Theile der elektromagnetischen Stromeinheit des C. G. S. Systemes, und welches für praktische Zwecke hinreichend genau dargestellt ist durch einen unveränderlichen Strom, welcher beim Durchgange durch eine Lösung von Silbernitrat in Wasser bei Einhaltung der unten*) angegebenen Bedingungen in jeder Secunde 0·001118 *g* Silber ausfällt.

*) In der folgenden Erläuterung ist unter Silber-Voltameter ein Apparat verstanden, welcher es ermöglicht, einen elektrischen Strom durch eine Lösung von Silbernitrat in Wasser zu senden. Das Silber-Voltameter misst die gesammte Elektricitäts-Menge, welche während der Dauer des Experimentes durch die Lösung floss; wenn man diese Zeit kennt, so kann man den Mittelwerth des Stromes während dieser Zeit, oder wenn der Strom constant erhalten würde, den Strom selbst ermitteln.

Wenn man das Silber-Voltameter zur Messung von Strömen von ungefähr 1 A. verwendet, soll man die folgenden Anordnungen treffen:

Die Kathode, auf welcher sich das Silber niederschlägt, soll die Form eines Platintiegels haben von nicht weniger als 10 *cm* Durchmesser und 4 bis 5 *cm* Tiefe.

Die Anode soll eine Platte von reinem Silber sein, die ungefähr 30 cm^2 Fläche und 2 oder 3 *mm* Dicke hat.

Als Einheit der elektromotorischen Kraft das **internationale Volt**, welches gleich ist einer elektromotorischen Kraft, die in unveränderlicher Stärke auf einen Leiter vom Widerstande 1 intern. Ohm wirkend, in diesem Leiter einen Strom von 1 intern. Ampère erzeugt, und welche für praktische Zwecke hinreichend genau dargestellt ist durch den $\frac{1000}{1434}$ten Theil der elektromotorischen Kraft, welche zwischen den Polen des als Clark-Elementes bekannten hydroelektrischen Elementes bei 15^0 Celsius besteht, wenn dieses Element nach der unten angegebenen Anweisung *) verfertigt ist.

Als Einheit der Elektricitäts-Menge das **internationale Coulomb**, welches gleich ist der Elektricitäts-Menge, welche dem Strome von 1 intern. Ampère in einer Secunde entspricht.

Als Einheit der Capacität das **internationale Farad**, welches gleich ist der Capacität eines Condensators, welcher durch die Elektricitäts-Menge von 1 intern. Coulomb zum Potentiale von 1 intern. Volt geladen wird.

Als Einheit der Arbeit das **Joule**, welches gleich ist 10·7 Arbeitseinheiten des C. G. S. Systemes, und welches für praktische Zwecke hinreichend genau dargestellt ist durch die Arbeit, welche 1 intern. Ampère in 1 internat. Ohm in der Secunde verbraucht.

Als Einheit der Arbeitsstärke (des Arbeitseffectes) das **Watt**, welches gleich ist 10·7 Arbeitseinheiten des C. G. S. Systemes und welches für praktische Zwecke hinreichend genau dargestellt ist durch die Arbeitsstärke von 1 Joule in jeder Secunde.

Als Einheit der Induction das **Henry**, welches gleich ist der Induction eines Stromkreises, in welchem die E. M. K. von 1 intern. Volt inducirt wird, wenn der inducirende Strom sich um 1 Ampère in der Secunde ändert.

Die Kammer kam auch zu dem Entschlusse, dass man gegenwärtig eine Einheit des Lichtes weder empfehlen noch annehmen könne.

Ein ausführlicherer Bericht der Thätigkeit der Kammer wird bald veröffentlicht werden.

H. A. **Rowland**, T. C. **Mendenhall**, H. S. **Carhart**,
Elihu **Thomson**, E. L. **Nichols**.

Diese Platte ist horizontal in der Flüssigkeit nahe dem Niveau der Lösung von einem Platindrahte gehalten, welcher durch zwei in gegenüberliegenden Ecken der Platte angebrachten Löchern durchgeht. Um zu verhüten, dass Silbertheilchen, die von der Anode abbröckeln, auf die Kathode fallen, soll man die Anode mit reinem Filterpapier umhüllen, welches an der Rückseite mit Siegellack zu befestigen ist.

Die Lösung soll eine neutrale Lösung von reinem Silbernitrat sein; auf 15 Gewichtstheile des Nitrates sollen 85 Gewichtstheile Wasser entfallen.

Der Widerstand des Voltameters ändert sich ein wenig in Folge des durchgehenden Stromes. Um zu verhindern, dass diese Aenderung einen grossen Einfluss auf die Stromstärke hat, soll man ausser dem Voltameter noch einen Widerstand in den Stromkreis einschalten. Der gesammte metallische Widerstand des Stromkreises soll nicht kleiner sein als 10 Ohm.

*) Ein aus den Herren **Helmholtz**, **Ayrton** und **Carhart** bestehendes Comité wurde ermächtigt, die specielle Beschaffenheit des Clark-Elementes festzustellen. Der Bericht dieses Comités ist noch nicht erschienen.

Regulativ betreffend die elektrischen Bahnen.

(Entwurf über ein vom Board of Trade vorgeschlagenes, der Tramway-Acte anzufügendes Gesetz.)

1. Jede als Generator zu Tractionszwecken construirte „Dynamo" soll von solcher Type und Bauart sein, dass sie einen constanten, gleichgerichteten Strom liefert.*)

2. Eine der beiden zur Transmission vom Generator angewendeten Leitungen muss durchgängig und in jedem Falle isolirt sein und heisst in diesem Schriftstück die „Zuleitung"; die andere kann entweder ebenfalls isolirt sein oder sie kann in solchen Theilen und in jenem Ausmaasse, wie es nachfolgend erörtert und bezeichnet wird, nichtisolirt sein und heisst in diesem Schriftstücke die „Rückleitung".

3. Wo immer Schienen, auf denen Wagen laufen oder wo immer Leiter, welche zwischen den Schienen zu liegen kommen, Theile der Rückleitung bilden, brauchen dieselben nicht isolirt zu sein; alle anderen Rückleitungen oder Theile derselben müssen isolirt sein.

4. Wo ein nichtisolirter, einen Theil der Rückleitung bildender Leiter zwischen den Schienen liegt, muss derselbe elektrisch mit den Schienen in Abständen, die 100 Fuss engl. nicht übersteigen, verbunden sein, u. zw. mittelst Kupferstreifen, deren Schnittfläche (sectional area) mindestens $^1/_{16}$ Quadratzoll betragen muss oder durch andere Mittel gleicher Leitungsfähigkeit.

5. Wenn ein Theil der Rückleitung nichtisolirt ist, so muss dieselbe mit dem negativen Pol des Generators verbunden sein; in einem solchen Falle muss dieser negative Pol ebenfalls, u. zw. direct über einen später erwähnten Stromanzeiger, zu zwei separaten Erdverbindungen geführt sein, welche nicht weiter als 20 Yards abstehen.**)

Es kann auch statt zweier solcher Erdverbindungen die Tramway-Unternehmung mit Genehmigung der betreffenden Gesellschaft eine Verbindung zu einem Wasserrohr machen, dessen innerer Durchmesser nicht weniger als 4 Zoll misst.

Solche Erdverbindungen müssen so construirt, geführt und in Stand gehalten werden, dass eine sichere Berührung mit der ganzen Erdmasse (general mass of earth) hergestellt ist, und zwar so, dass eine 4 Volts nicht übersteigende elektromotorische Kraft hinreichen soll, einen von einer Erdverbindung zur anderen fliessenden Strom von mindestens 2 Ampères zu erzeugen. Eine solche, auf Verificirung dieses Zustandes abzielende Messung hat mindestens einmal im Monat vorgenommen zu werden.

Wo irgend ein Theil einer Erdverbindung weniger als 6 Fuss von einem Gas- oder Wasserrohr entfernt ist und die Unternehmung nicht im Stande ist, die Erlaubniss zum Anschluss dieser Erde an das Rohr zu erlangen, muss dieselbe für einen Schirm oder Schutz derart vorsorgen, dass kein Strom zwischen der Erdverbindung und dem Rohre fliessen darf, der nicht mindestens 6 Fuss Erde zu passiren hat.

6. Wenn die Rückleitung zum Theile oder ganz aus isolirtem Materiale besteht, so hat die Unternehmung folgenden Anordnungen zu entsprechen:

a) Es muss die nicht isolirte Rückleitung von der allgemeinen Erdmasse und von jedem Gas- oder Wasserrohr der Nachbarschaft separirt sein.

---

*) Das Board of Trade fasst die Herausgabe eines Regulativs in's Auge, welches die Anwendung von Wechselstrom für Tractionszwecke behandelt.

**) Aus der Fassung im Englischen ist nicht ersichtlich, ob dieses Maass sich auf den Abstand der Erdverbindungen voneinander oder vom Pol bezieht.

b) Die verschiedenen Theile der Schienen müssen miteinander verbunden werden (connect together).

c) Es müssen Mittel getroffen werden, die durch den Strom erzeugten Potentialdifferenzen zwischen verschiedenen Theilen der nicht isolirten Rückleitung zu reduciren.

d) Die Wirksamkeit der Erdverbindungen, wie sie in vorgenannten Anordnungen gesichert ist, muss aufrecht erhalten bleiben und folgende Bedingungen erfüllen:

I. Der von der Erde zum Generator gehende Strom darf die Intensität von 10 Amp. nicht überschreiten.

II. Wann und wo immer zwischen der nicht isolirten Rückleitung und zwischen irgend einem Gas- oder Wasserrohr der Nachbarschaft ein Galvanometer oder ein Stromanzeiger eingeschaltet wird, so soll ein Strom, wenn er überhaupt eintritt, von der Rückleitung zum Rohre — aber nicht in entgegengesetzter Richtung fliessen.

III. Unter den in II. specificirten Bedingungen soll die Umkehrung des irgend vorhandenen Stromes durch Einschaltung von blos drei Leclanché-Elementen in Serie möglich sein.

Behufs Verificirung der in I. aufgestellten Bedingung muss die Unternehmung in gut sichtbarer Position ein geeignetes, gut brauchbares und gut bemerkliches Strom-Anzeige-Instrument einschalten und dasselbe eingeschaltet erhalten, so lange die Linie geladen ist.

Jeder Besitzer eines Gas- oder Wasserrohres soll berechtigt sein, von der Unternehmung die Erlaubniss zu erhalten, die Erfüllung der in II. und III. formulirten Bedingungen zu prüfen.

7. Wenn ein Theil der Rückleitung oder die ganze Rückleitung aus nicht isolirtem Materiale besteht, so muss deren elektrischer Widerstand mindestens einmal vierteljährig gemessen werden. Wenn bei einer solchen Messung eine 15%ige Widerstandserhöhung über die bei Concessionirung der Bahn bewilligte Zahl der Ohms stattgefunden, dann muss die Unternehmung sofort alle Mittel zur Wiederherstellung des bewilligten Widerstands-Ausmaasses der Rückleitung ergreifen und dieselben durchführen.

8. Jede elektrische Verbindung mit einem Gas- oder Wasserrohr soll leicht zugänglich und leicht zu besichtigen sein; dieselbe muss ebenfalls mindestens einmal in drei Monaten geprüft werden.

9. Jede Zuleitung und jede Rückleitung hat in Sectionen hergestellt zu sein, deren Länge eine halbe engl. Meile nicht überschreiten darf; es müssen Vorkehrungen getroffen sein, jeden dieser Abschnitte isoliren zu können.

10. Die Isolation der Zuleitung, der Rückleitung, (wenn letztere isolirt ist) der Speiseleitung und jeder Zuführung soll so gehalten sein, dass pro engl. Meile der Tramway kein grösserer Stromverlust als $^1/_{100}$ Ampère eintreten darf. Dieser Stromverlust soll täglich festgestellt sein vor oder nach der Betriebseröffnung, wenn die Leitung voll belastet ist. Wenn irgendwann gefunden wird, dass der Stromverlust $^1/_{10}$ Ampère pro engl. Meile übersteigt, dann muss der Betrieb der Wagen eingestellt, der Fehler localisirt und beseitigt werden.

11. Die Isolation der Zuleitung, Rückleitung, dann die der Speiseleitung und der Zuführungsleitung, wenn dieselben unterirdisch liegen, darf pro engl. Meile nicht unter 10 Meg-Ohms sinken. Dieser Isolationsstand muss mindestens einmal in einem Monate sichergestellt sein.

12. Wenn in irgend einem Falle und irgend einem Theile der Tramway die Zuleitung oberirdisch und die Rückleitung auf oder unter Erde geführt ist und wo irgend welche Leitungen für andere Zwecke vor Herstellung jener der Tramway gehörenden Linien bestanden haben,

welche mit der Tramwayleitung ganz oder nahezu parallel verlaufen, dann muss die Tramway-Unternehmung, wenn es von einem, mehreren oder allen Besitzern dieser früher bestandenen Linien verlangt wird, gestatten, dass in die Tramwayleitungen Inductions-Apparate oder andere Apparate eingeschaltet werden dürfen, welche die Induction, die von den Tramwaylinien ausgeht, verhüten sollen.

13. Jede isolirte Tramway-Rückleitung soll möglichst parallel zu und nicht weiter als drei Fuss von der Zuleitung geführt werden, wenn Zu- und Rückleitung oberirdisch hergestellt sind; wenn sie aber beide unterirdisch geführt sind, dann genügt ein Abstand von 18 Zoll.

14. Bei Entwurf, Verbindung und beim Betrieb der Speiseleitungen soll jede schädigende Beeinflussung schon existirender Drähte vermieden werden.

15. Die Tramway-Unternehmung soll ihre Anlage so herstellen und in Stand halten, dass ein guter Contact zwischen den Motoren einer- und den Leitungen (Zu- und Rückleitung) andererseits gesichert und das Funkensprühen verhütet sei, welches zwischen den aneinander schleifenden oder rollenden Theilen vorkommen könnte.

16. Beim Wagenbetrieb soll der Strom regulirt werden können und soll der hiezu verwendete Rheostat mindestens 20 Abtheilungen enthalten; wird eine andere Regulirungsmethode angewendet, so soll dieselbe eine gleich allmälige Variation des Stromes, wie die genannte, sichern.

17. Bei den Generatoren und Motoren hat die Unternehmung alle raisonnablen Vorsichten gegen das Funkensprühen zu treffen.

18. Wenn die Zu- oder Rückleitung in einen Canal, eine Rinne oder einen Graben eingebettet wird, dann sind folgende Bedingungen zu erfüllen:

a) Der Graben muss leicht inspicirbar und leicht zugänglich sein, so dass die Leitungen, die Isolatoren und Stützen leicht in Augenschein genommen werden können.

b) Er soll so construirt sein, dass Schmutzabfälle, Wasser etc. leicht zu beseitigen, ja dass die Ansammlung solcher Dinge nicht gut möglich sei.

c) Der Canal ist mit solchem Gefälle anzulegen, dass eindringende Schmutzwässer, Jauchen etc. sich selbstthätig oder unter Anwendung von Wasser derart entfernen lassen, dass die Flüssigkeiten niemals das Niveau der Leitungsdrähte erreichen können.

d) Wenn die unterirdischen Leitungen in Metall (Röhren oder Kästen) geführt sind, so sollen alle getrennten Theile so verbunden werden, dass ein guter Durchgang des elektrischen Stromes durch die metallische Continuität gesichert sei; wo die Schienen als Rückleitung dienen, dort müssen dieselben metallisch gut mit jenen Röhren verbunden werden, und zwar mittelst Metallstreifen von mindestens $^1/_{16}$ Quadratzoll Querschnittsfläche, oder durch gleich gut leitende Mittel, und zwar in Abständen, welche 100 Fuss nicht überschreiten. Wo die Rückleitung in gut isolirtem Zustande innerhalb jener Metallröhren-Gehäuse (conduit) geführt ist, da muss mit diesen letzteren eine Verbindung mit Erde in der Krafterzeugungs-Station über ein Galvanometer von hohem Widerstande hergestellt sein, welches geeignet ist, einen Contact dieser Röhren oder Kästen mit der Zu- oder mit der Rückleitung zur Anzeige zu bringen.

e) Wenn die Zu- oder Rückleitung oder beide in einer nichtmetallischen Umhüllung unterirdisch geführt sind, welche auch für Feuchtigkeit nicht undurchdringlich ist, und diese Umhüllung (conduit) ist in einer weniger als 6 Fuss betragenden Entfernung von einer Gas- oder Wasserröhre geführt oder gelegt, so muss eine nichtleitende Schutz-

2*

oder Schirmvorrichtung zwischen die Umhüllung und die Gas- oder Wasserröhre aus solchem Materiale und in solchen Dimensionen angebracht werden, dass der Strom (die Ableitung) eine Erdschichte von mindestens 6 Fuss passiren muss.

19. Die Tramway-Unternehmung hat nachfolgende Aufzeichnungen, welche ihr System und den Betrieb betreffen, zu machen; diese Aufzeichnungen sind — über Verlangen — dem Board of Trade vorzuweisen.

Tägliche Aufzeichnungen:

Zahl der laufenden Wagen.
Maximum des Betriebsstromes.
Maximum der Betriebsspannung.
Maximum der Ableitung (Punkt 10).
Maximum des sub 6, Bedingung I charakterisirten Stromes.

Monatliche Aufzeichnungen:

Beschaffenheit der Erdverbindungen (Punkt 5).
Isolationszustand der Leitungen (Punkt 11).

Vierteljährige Aufzeichnungen:

Widerstand der Rückleitungen (Punkt 7).
Leitungsfähigkeit der Verbindungen zu den Gas- und Wasserröhren (Punkt 8).

Gelegentliche Aufzeichnungen:

Jede unter Beobachtung des Punktes 6 (II und III) vorgenommene Wahrnehmung.
Beseitigung von Ableitungen; Dauer der Fehler.
Jede die Anlage, sowie den elektrischen Betrieb derselben betreffende Wahrnehmung. D. R.

Der Doppelgegensprecher für Dynamobetrieb von F. W. Jones.

In der Anmerkung auf S. 345 dieses Jahrganges habe ich einen Doppelgegensprecher für Dynamobetrieb erwähnt, welchen der Elektriker F. W. Jones der Postal Telegraph-Cable Co. in New-York 1885 für diese Gesellschaft entworfen hat und welcher mit Erfolg auf Leitungen aller Art und von verschiedenster Länge benützt wird. Derselbe gehört zu den Doppelgegensprechern mit Polwechseln. Bei diesen Doppelgegensprechern liegt, wie a. a. O. angegeben worden ist, die „innere Schwäche" in der Fälschung und Verstümmelung der von dem neutralen oder unpolarisirten Relais, das nur auf die stärkeren Ströme von beiderlei Richtung anzusprechen hat, aufzunehmenden Zeichen. Jones hat dieselbe in eigenartiger Weise zu beseitigen gewusst, wie aus der nachfolgenden Beschreibung seines Doppelgegensprechers, bei welcher wiederum (wie auf S. 346 ff.) der gebende Theil des Amtes von dem empfangenden getrennt dargestellt und besprochen werden mag, hervorgehen wird.

In Fig. 1 ist die Anordnung der Geber skizzirt. Die beiden Geber T_1 und T_2 werden (ebenso wie S. 346 Fig. 1) nicht unmittelbar mit der Hand in Thätigkeit versetzt, vielmehr werden durch die Handtaster nur locale Ströme durch die Elektromagnete m_1 und m_2 gesendet und erst die Ankerhebel dieser Elektromagnete entsenden die Telegraphirströme von q aus in die Telegraphenleitung L. Während der Geber T_1 die Richtung des Telegraphirstromes zu verändern hat, soll T_2 dessen Stärke beeinflussen.

Die beim Telegraphiren zur Verwendung kommenden Ströme haben die Stärke $S_0 = -1$ während der Ruhelage beider Taster, $S_1 = +1$ beim Arbeiten des Gebers T_1, $S_2 = -3$ beim Niederdrücken des zweiten Tasters und $S_3 = +3$, während die Ankerhebel beider Geber von m_1 und m_2 angezogen sind. Weil nun die als Stromquellen benutzten Dynamo gleichzeitig für mehrere Doppelgegensprecher mit Leitungen von ungleicher Länge und verschiedenem Widerstande die Telegraphirströme liefern sollen, wird für jede der vier Stromstärken eine besondere Dynamo aufgestellt. Die eine Bürste der 4 Dynamo D_0, D_1, D_2 und D_3 ist an Erde E gelegt, von der zweiten Bürste einer jeden Dynamo dagegen führt ein Draht durch einen entsprechenden Widerstand w_0, w_1, w_2 und w_3 nach einem der vier Contacte eines Umschalters U mit vier Kurbeln, von denen die vier Drähte d_0, d_1, d_2 und d_3 weiter gehen und zwar nach den vier Contacten des als Polwechsel dienenden Gebers T_1. Der um x_1 drehbare Ankerhebel von T_1 besteht aus zwei bei i gegen einander isolirten Theilen, von denen der eine p zwischen

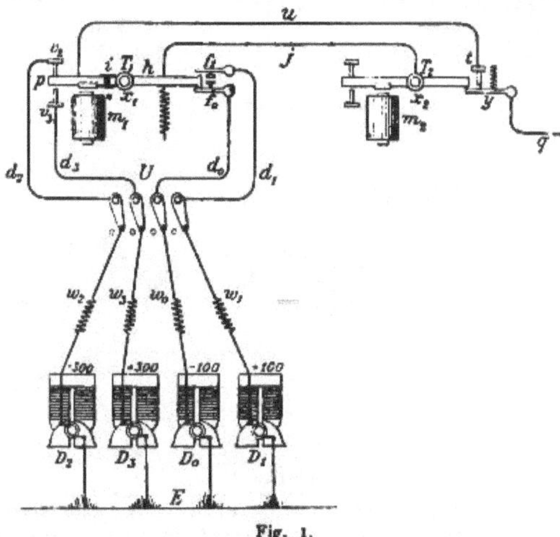

Fig. 1.

den Stellschrauben v_2 und v_3 spielt, während der andere h auf die beiden federnden Hebel f_0 und f_1 wirkt und dieselben bei seiner Bewegung von ihren Anschlagschrauben entfernt; bei dieser Bewegung tritt jedoch eine Unterbrechung des Stromweges nach dem Drahte j hin niemals ein, vielmehr verbindet dieser Theil h des Hebels stets j entweder mit f_0, oder mit f_1 leitend verbindet. Anders ist es bezüglich der Stromableitung in dem Drahte u; hier tritt stets für eine gewisse Zeit eine Unterbrechung des Stromes ein, während sich der Ankerhebel von einer der beiden Stellschrauben v_2 und v_3 an die andere bewegt. Dies macht sich deshalb nöthig, weil die Spannung an v_2 und v_3 eine so hohe ist, dass sonst eine sehr störende Funkenbildung auftreten würde. Bei der Einstellung der beiden Schrauben v_2 und v_3 ist aber darauf zu achten, dass ihre Entfernung nicht zu gross wird; denn wenn die Zeit, welche der Hebel braucht, um von einer zur anderen zu gehen, grösser wäre, als diejenige, welche der Strom in dem Stromkreise braucht, um auf Null herabzusinken, so würde dadurch die Zeit, während welcher bei jedem Wechsel in der Richtung des starken Stromes die zuverlässige Wirkung des auf diesen Strom ansprechenden neutralen Relais gefährdet wird, natürlich noch vergrössert.

Nach Fig. 1 führt der Draht d_0 den Strom S_0 der ersten Dynamo D_0 dem Hebel f_0 zu, der Draht d_1 den Strom S_1 der zweiten Dynamo D_1 dem Hebel f_1; diese Dynamo liefern beide die Spannung 100, die erste jedoch einen negativen, die andere einen positiven Strom. Auch die dritte und vierte Dynamo führen durch die Drähte d_2 und d_3 den Contactschrauben v_2 und v_3 einen Strom von gleicher und zwar dreifacher Stärke zu, aber wiederum die dritte D_2 einen negativen S_2, die vierte D_3 dagegen einen positiven S_3.

Während nun die Stellung des Gebers T_1 darüber entscheidet, ob ein positiver oder ein negativer Strom über q der Telegraphenleitung L zugeführt wird, hängt die Stärke des Stromes von der jeweiligen Stellung des Gebers T_2 ab. Denn so lange der Ankerhebel von T_2, wie in Fig. 1, in seiner Ruhelange den Contacthebel y von der Contactschraube t entfernt hält, kann nur der Strom S_0 oder S_1 über d_0 oder d_1 durch j über T_2 und y nach q gelangen. Wenn dagegen der Elektromagnet m_2 den Ankerhebel anzieht, so entfernt sich derselbe von y und gestattet dem Hebel y, sich an t zu legen, weshalb jetzt nur der Strom S_2 oder S_3 von v_2 oder v_3 aus in dem Drahte u über t, y und q der Leitung L zugeführt werden kann.

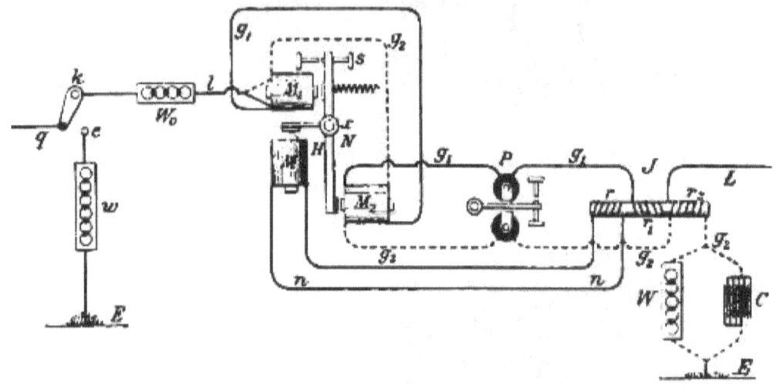

Fig. 2.

Der Draht q (Fig. 1 und 2) endet zunächst an dem einen Contacte eines Kurbelumschalters k, an dessen Kurbel der Draht l geführt ist und für gewöhnlich die an der Linie L liegenden Geber mit den zum Doppelgegensprechen angeordneten Empfängern verbindet. Will man dagegen blos vom Doppelsprechen Gebrauch machen, so stellt man die Kurbel auf einen zweiten Contact, welcher durch einen veränderlichen Widerstand w hindurch unmittelbar mit der Erde E in Verbindung gesetzt ist. Im Drahte l folgt hinter k zunächst noch ein regulirbarer Widerstand W_0, mit dessen Hilfe die Spannung der Dynamoströme vermindert wird, wenn man in einer Linie von geringerer Länge zu arbeiten hat, als bei Bestimmung der normalen Spannung der vier Dynamomaschinen in's Auge gefasst worden ist. Durch die Einschaltung dieses Widerstandes W_0 gerade wird es möglich, mehrere Leitungen von verschiedener Länge von denselben vier Dynamomaschinen aus mit Telegraphirströmen zu speisen. Dieser Widerstand W_0 vermindert zwar auch die Stärke der aus L ankommenden Ströme, dies wird jedoch dadurch ausgeglichen, dass er auch dazu beiträgt, dass ein grösserer Theil des ankommenden Stromes auf dem Wege g_2 zur Erde E geht und somit nochmals in den beiden Relais P und N wirkt, welche die aus L ankommenden Zeichen auf zwei Klopfern K_1 und K_2 vernehmbar zu machen haben.

(Schluss folgt.)

Allgemeine Landesausstellung in Lemberg im Jahre 1894.

Das Kronland Galizien rüstet sich zu einer grossartigen Feier der Arbeit, des Fortschritts. Im Sommer 1894 findet in Lemberg eine allgemeine Landesausstellung statt.

Da von den sieben Millionen Bewohnern Galiziens 75% sich dem Ackerbau ergeben, so nimmt natürlich einen bedeutenden Theil der Ausstellung die Landwirthschaft in Anspruch.

Von den 34 Gruppen, in welche die Ausstellung zerfällt, erwähnen wir hier blos Diejenigen, welche ganz besondere Hervorhebung verdienen: Gruppe IV. Bienenzucht, Honig und Obstgetränke. Gruppe V. Forstwirthschaft. Gruppe VI. Jagdwesen. Gruppe VII. Fischerei. Gruppe VIII. IX. Mineralproducte, Bergwesen. Gruppe XII. XIII. Hausindustrie, Fachschulen, Keramische Industrie.

In Anbetracht des Umstandes, dass sich im Kronlande der Mangel an hinreichender Anzahl von Maschinenfabriken fühlbar macht, hat sich die Direction der Ausstellung entschlossen, diese Gruppe in einer abweichenden Weise zu organisiren. Während nämlich die Ausstellung im Ganzen als Landesausstellung erscheint, wird die Ausstellung des Maschinenwesens, ebenso der Optikerwaaren, chirurgischer Instrumente, wie dem Schulunterrichte dienlicher Apparate für international erklärt und damit den Maschinenfabriken in allen Kronländern sowie im Auslande Gelegenheit geboten, durch Ausstellung ihrer Fabrikate Anerkennung zu erwerben und ein neues Absatzgebiet sich zu erschliessen. Für diese internationale Abtheilung besteht ein besonderes Reglement. Die Ausstellungs-Direction nimmt Anmeldungen bis 1. Jänner 1894 entgegen. Besonders erwünscht sind: Kleinmotoren, Maschinen für Brennereien und Bierbrauereien, Ackerbaugeräthschaften und überhaupt landwirthschaftliche Maschinen, elektrische Anlagen, Maschinen für Holzbearbeitung, für Leder- und Cartonnagearbeiten und überhaupt Hilfsmaschinen für Kleinindustrie, Feuerlöschapparate, Utensilien für Feuerwehren.

Ausdrücklich sei erwähnt, dass in dieser internationalen Abtheilung eine besondere Concurrenz und Preisvertheilung einerseits für die Landes-, andererseits für die fremden Erzeugnisse stattfindet.

Gruppe XXXII. Land- und Wasserverkehrsmittel. Bemerkenswerth die Ausstellung der k. k. österreichischen Staatsbahnen, überhaupt die erste in dieser Ausdehnung. Post- und Telegraphenausstellung, retrospectiv (eigene Pavillons).

Die Eröffnung der Ausstellung ist auf den 1. Juni, der Schluss auf den 1., bezw. 15. October 1894 festgesetzt. Die zu ertheilenden Preise bestehen aus Ehrendiplomen, Gold-, Silber- und Bronzemedaillen (des Comités, des Staates, des Landes, der landwirthschaftlichen Gesellschaften u. s. w.), ehrenden Anerkennungen und Geldpreisen. Für hervorragende Leistung bei Erzeugung der ausgestellten Objecte werden auch Gehilfen und Mitarbeitern besondere Preise zuerkannt.

Die Landeshauptstadt Lemberg, in welcher die Ausstellung stattfindet, zählt 130.000 Einwohner, besitzt eine Reihe monumentaler Bauten, viele schöne Strassen, modernste Communicationsmittel (Omnibus, Pferdebahn, elektrische Stadtbahn). Eine grosse Anzahl vortrefflicher Gasthöfe bietet Reisenden den erwünschten Comfort. Eine Universität, eine polytechnische Hochschule, fünf Gymnasien, eine Real-, eine höhere Staats-Gewerbeschule, zahlreiche Volks- und Bürgerschulen u. s. w., werthvolle Museen (darunter das in seiner Art einzige naturhistorische Museum des Herrenhausmitgliedes Grafen Wladimir Dzieduszycki) und bedeutende Bibliotheken, viele wissenschaftliche und schriftstellerische Vereine geben löbliches Zeugniss von Bildungseifer und Bildungsstufe der Bevölkerung. Die Lage der Stadt ist eine gesunde, gutes Trinkwasser ist überall hinreichend vorhanden. Die Stadt erfreut sich einer sehr schönen Umgebung und trefflich erhaltener Promenaden und Anlagen.

Eine der jüngsten, aber in jeder Beziehung gelungenen Anlagen, der sogenannte Stryjer-Park, steigt allmählich zu einem Plateau an. Dieses Plateau, ohne weitere Erhebungen oder Senkungen sich eben fortziehend, ist zum Ausstellungsterrain ausersehen worden. Eine glückliche Wahl! Kaum vermag man sich ein günstiger gelegenes Terrain für die Ausstellung vorzustellen. Vom Centrum der Stadt 20 Minuten entfernt, durch die elektrische Stadtbahn mit dem Central-Bahnhofe verbunden, überall eine gleichmässige Ebene.

Eine Zierde besonderer Art gewährt der Ausstellung die Fontaine lumineuse, ausgeführt von Křižik, welcher auf der Prager Landesausstellung eine solche zu allgemeinem Beifalle ausführte. Das ganze Ausstellungsterrain erhält elektrische Beleuchtung.

Zum glänzenden Erfolge der Ausstellung wird auch der Umstand beitragen, dass eine grössere Anzahl von Congressen gerade um jene Zeit in Lemberg tagen wird. Es findet statt ein polnischer Schriftsteller- und Journalistentag; ein Juristen- und Nationalökonomen-; ein Aerzte- und Naturforscher-; ein Techniker-; ein Pädagogen-; ein Pomologentag; ein Turnvereins- und Feuerwehrentag; endlich ein internationaler Bergwerkbesitzertag.

Se. Majestät der Kaiser, welcher das Protectorat der Ausstellung allergnädigst anzunehmen geruhte, hat Allerhöchst Seine Ankunft in sichere Aussicht gestellt. Die Redaction.

Die Strassenbahn-Unternehmungen der Allgemeinen Elektricitäts-Gesellschaft in Berlin

nach dem Stande vom 1. October 1893.

Laufende Nummer	Elektrische Strassenbahn in	Jahr der Ausführung	Betriebs-Eröffnung	Der Betrieb wird geführt von	Betriebslänge in km	Geleislänge in km	Spurweite in mm	Schienen-Profil	Grösste Steigung	Art der Stromzuführung	Anzahl der Motorwagen	Anzahl der Anhängewag.	Anzahl d. Wag.-Mot.	Kessel: Anzahl der	Kessel: Heizfläche in m² pro	Dampfmaschine: Anzahl der	Dampfmaschine: HP pro	Anzahl der Primär-Maschinen	Klemmen-Spannung in Volt
A. Im Betriebe.																			
1	Halle	1891	V 1891	Allgemeine Elektricitäts-Gesellschaft	7·74	9·67	1000	Haarmann	1:20	oberirdisch	25	13	50	3	126	2	175	4	500
2	Halle (Erweiterungslinie Halle-Wittekind-Trotha)	1892	IX 1892	dto.	4·82	7·24	1000	Phoenix 7 B	1:20	dto.	10	—	20	—	—	—	—	—	—
3	Gera*)	—	II 1892	Geraer Strassenbahn Actien-Gesellschaft	9·4	10·7	1000	Phoenix 7	1:20	dto.	18	16	36	3	161	3	175	6	500
4	Kiew	—	V 1892	Kiewer Stadtbahn-Gesellschaft	3	4	1512	—	1:9·5	dto.	6	—	12	Gasmotoren		2	60	2	500
5	Breslau	—	VI 1893	Breslauer elektr. Strassenb. Act.-Ges.	17·66	28	1435	Phoenix 14 A u. Hoerde	1:40	dto.	40	25	80	4	106	3	200	6	500
6	Essen Linien: Altenessen-Essen B. M. Bhf. u. B. M. Bhf. Altendorf-Borbeck	—	VIII 1893	Consortium Darmst. Bank u. H. Bachstein	12·3	rd. 13·5	1000	Haarmann	1:16	dto.	13	6	26	2	156	2	200	4	500

B. Im Bau.

7	Essen Linien: Altenessen-Nordstern u. Essen B. Bredeney	1893	—	Consortium Darmst. Bank u. H. Bachstein	6·78	9·15	1000	Haarmann	1:35	ober-irdisch	7	—	14	1	156	—	—	—	—
8	Chemnitz	1893	—	Allgemeine Local- u. Strassenb.-Gesellsch.	11·7	20·8	915	Phoenix 7 B	1:30	dto.	24	20	48	3	156	2	175	4	500
9	Dortmund	1893	—	dto.	10·5	11·95	1435	Hoerde 29	1:40	dto.	26	20	52	3	172	3	200	4	500
10	Christiania	1893	—	Elektr. Sporvei Christiania	6·5	7·5	1435	Phoenix 7 B	1:15	dto.	11	7	22	2	90	2	100	2	500
11	Lübeck	1893	—	Allgemeine Local- u. Strassenb.-Gesellsch.	9·87	13·63	1100	Phoenix 7 A	1:20	dto.	24	20	48	3	101·6	3	150	4	500
12	Berlin**)	1893	—	Grosse Berliner Pferdebahn-Gesellsch.	—	—	1435	Phoenix 14 A	eben	Accumu-latoren Betrieb	3	—	3	1	60	1	60	1	220
13	Kiew Erweiterung	1893	—	Kiewer Stadtbahn-Gesellschaft	7	9	1512	—	1:14·4	ober-irdisch	22	—	44	3	151	3	175	6	500
14	Plauen	—	—	Allgemeine Elektricitäts-Gesellschaft	3·5	5·8	1000	Phoenix 7 B	1:12	dto.	8	—	16	2	100	2	100	2	500

Verträge sind abgeschlossen zwecks Einführung des elektrischen Betriebes mit der Halle'schen Strassenbahn, mit der Nürnberg-Fürther Strassenbahn und der Danziger Strassenbahn.

*) Verwerthung der beim Bahnbetriebe überschiessenden Elektricität für Licht und Kraftlieferung.
**) Versuchs-Ausführung.

Elektricitätswerk in Capstadt.

Nachdem gegen Ende des vergangenen Jahres die Verwaltung von Capstadt mit der Firma Siemens & Halske, Berlin, einen Vertrag über die Errichtung einer elektrischen Centralanlage für Rechnung der Stadt abgeschlossen und der genannten Firma die Lieferung und Ausführung des gesammten elektrischen Theiles übertragen hatte, ist neuerdings dieselbe Firma auch mit der Ausführung des motorischen Theiles der Anlage betraut worden, so dass nunmehr alle Lieferungen und Leistungen für diese umfangreiche Anlage, mit alleiniger Ausnahme der Gebäude und der ca. 2000 *m* langen Druckrohrleitung, Seitens dieser Firma zur Ausführung gelangen.

In kurzer Wiederholung unserer früheren Mittheilung auf S. 416 bemerken wir, dass die in Frage stehende Anlage in der Art zur Ausführung gelangt, dass von einer ausserhalb der Stadt gelegenen Primärstation eine im Centrum des Consumgebietes gelegene Accumulatoren - Unterstation mit Strom versorgt wird, von welch' letzterer die Stromvertheilung nach dem Fünfleitersystem über die ganze Stadt erfolgt.

Die Anordnung der Primärstation ist in der Art vorgesehen, dass jede der beiden zur Aufstellung gelangenden Innenpol-Maschinen-Type *J* der Firma Siemens & Halske sowohl mit einer Turbine, als auch mit einer Dampfmaschine direct gekuppelt werden können, so dass nach Belieben entweder die Turbinen oder die Dampfmaschinen den Betrieb übernehmen können. Die von der Firma J. M. Voith in Heidenheim a. d. Brenz zu liefernden Turbinen sind verticale Partial-Turbinen für je 200 *PS* eff. bei 250 Umdrehungen in der Minute. Das durch eine Druckrohrleitung von ca. 2000 *m* Länge zugeführte Wasser hat ein nutzbares Gefälle von 194 *m*. Die beiden in der Primärstation aufzustellenden Dampfmaschinen liefert die Firma G. Kuhn, Stuttgart-Berg. Zur Verwendung gelangen zwei stehende Compound-Receiver-Dampfmaschinen mit Condensation, von denen jede bei 7½ Atmosphären Anfangsspannung und bei 250 Umdrehungen in der Minute normal 200 *PS* eff. leistet. Der für die Dampfmaschinen erforderliche Dampf wird in zwei Circulations - Röhrenkesseln von je 150 m^2 wasserberührter Heizfläche der Firma Simonis & Lanz in Sachsenhausen bei Frankfurt a. M. erzeugt.

Die Vorarbeiten für die ganze Anlage sind Seitens der Firma Siemens & Halske soweit gefördert, dass ihrerseits voraussichtlich Mitte Februar n. J. mit den umfangreichen Montagearbeiten, von denen namentlich auch die Verlegung des ausgedehnten Leitungsnetzes längere Zeit in Anspruch nehmen wird, begonnen werden wird. Die sämmtlichen Arbeiten werden derartig beschleunigt werden, dass die Anlage noch vor Ablauf des nächsten Jahres in ihrem vollen Umfange in Betrieb genommen werden kann.

Bericht der Accumulatoren-Fabriks-Actiengesellschaft Hagen i. W.

Mit dem in den Hagener, Wiener und Oerlikoner Werken in dem Geschäftsjahre 1892/93 erzielten Gesammtumsatze von Mk. 3,250.000.— haben sich die Erwartungen nicht ganz erfüllt, mit welchen dieses Jahr angetreten wurde.

Man hoffte auf Erhöhung des Umsatzes, wogegen derselbe gegen denjenigen des Jahres 1891/92 um Mk. 450.000.— zurückgeblieben ist.

Die Ursache für diesen Rückgang ist in dem allgemeinen sehr schlechten Geschäftsgange fast aller übrigen Industriezweige während des Jahres 1892 zu suchen.

Der bereits in der ersten Hälfte des Jahres 1893 beginnende lebhaftere Geschäftsgang lässt hoffen, dass einer aufsteigenden Geschäftsperiode entgegen gegangen wird. Es haben die bis Ende September cr. facturirten und noch auszuführenden Aufträge eine Höhe von Mk. 2,250.000.—, gegen die gleiche Periode des Vorjahres von Mk. 1,500.000.— erreicht.

Das am 1. Juli 1892 noch auf dem Conto der Actionäre stehende Capital in Höhe von Mk. 975.000.— wurde in diesem Geschäftsjahre eingezahlt, so dass seitdem mit dem vollen Actiencapital von Mk. 4,500.000.— gearbeitet wird.

1. Bilanz.

Sollseite.

Grundstückscouto. Der Grundstückswerth des Hagener Werkes wurde im Wesentlichen durch die Ausführung eines Bahnanschlusses um Mk. 122,721.16 erhöht.

Gebäudeconto. Die Gebäude des Hagener Werkes haben durch Errichtung verschiedener kleiner Bauten einen Zugang im Werthe von Mk. 5285.22 erfahren. Beim Wiener Werke beträgt diese Erhöhung Mk. 493.82.

Bauconto. Der in der Bilanz per 1892 aufgeführte Betrag dieses Contos ist, nachdem die Bauthätigkeit beendet, theils von dem Grundstücks-, theils von dem Gebäudeconto übernommen, so dass das Bauconto ausgeglichen ist und in dieser Bilanz nicht erscheint.

Maschinen- und Apparatenconto. Unter den Neuanschaffungen auf diesem Conto ist besonders eine Central-Condensationsanlage im Hagener Werke hervorzuheben, welche nicht unwesentliche Vortheile und Ersparnisse in dem Betriebe gebracht hat.

Modellconto. Dieses Conto wurde, wie in den Vorjahren, bis auf eine Mark abgeschrieben.

Elektricitätswerk Gummersbach und Centrale Hagen. Der Betrieb beider Werke zeigt gegen das Vorjahr Aufbesserungen.

Waarenconto. Die Bewerthung der auf Lager befindlichen Materialien wurde zu Einkaufspreisen, bezw. niedrigeren Tagespreisen, und diejenige der halbfertigen und fertigen Fabrikate zu Selbstkostenpreisen vorgenommen.

Cautionsconto und Effectenconto. Durch Coursrückgang erlitt das erste einen Verlust von Mk. 82.55, das zweite einen solchen von Mk. 1648.15.

Auf die Anlage in Wien und die dortigen Aussenstände ist durch den Rückgang der österreichischen Währung ein Verlust von Mk. 36.543.15 entstanden, welcher den Gewinn entsprechend verringerte.

2. Gewinn- und Verlustconto.

Sollseite.

Die Gesammtsumme der Abschreibungen beträgt für dieses Jahr Mk. 168.366.05 gegen Mk. 146.411.92 im Vorjahre.

Habenseite.

Licenzconto. Durch weitere Licenzertheilung erzielte man auf demselben einen Gewinn, welcher zu höherer Abschreibung als im Vorjahre auf Patentconto benutzt wurde.

	Mark
Der sich ergebende Gewinn von	391.084.73
zuzüglich Vortrag v. 1. Juli 1892	2.167.82
wird wie folgt, vertheilt:	
An statutenmässig festgesetzten Reservefond 5% von Mk. 391.084.73 = Mk. 19.553 98, 6% Dividende auf das volleingezahlte Actiencapital von Mk. 4.500.000 = Mk. 270.000, Tantièmen für den Vorstand, 10% von der Dividende Mk. 27.000, Tantièmen für den Aufsichtsrath, 6% von der Dividende Mk. 16.200, Gratification für die Beamten Mk. 15.000	347.753.98
Von dem Reste	45.498.57
wird für den Reservefond II bewilligt	40.000.—
sodann bleibt Vortrag für 1893/4	5.498.57

Der Vorstand.

Adolf Müller. J. Einbeck. L. Gebhardt. Dr. G. Stricker.

Gegen den vorstehenden Bericht nebst Bilanz und Gewinn- und Verlust-Rechnung haben wir nichts zu erinnern und sind damit einverstanden.

Der Aufsichtsrath.

Carl Fürstenberg, stellvertretender Vorsitzender.

Die Pariser Central-Versuchsanstalt für Elektricität.

Das Comité der elektrischen Ausstellung von 1881 zu Paris hatte den nicht unbeträchtlichen Reinertrag des Unternehmens zur Errichtung eines Laboratoriums für Elektricität gewidmet. Provisorisch in Räumen untergebracht, welche von einem Grossindustriellen zur Verfügung gestellt waren, und von anderen Fabrikanten reichlich unterstützt, entwickelte sich die neue Anstalt sehr bald zu einem Centralpunkte, in welchem mannigfache wissenschaftliche und industrielle Interessen zusammenliefen.

Insbesondere für eine ganze Reihe von Industrien, welche sich den technischen Fortschritten anpassen, machte sich das Institut in erspriesslicher Weise dienstbar, denn es liefert alle erforderlich scheinenden Aufschlüsse und Bestimmungen über in der Elektricität vorkommende Materialien; es besorgt die Controle der Messinstrumente, die Erprobung neuer Erfindungen, sowie von Apparaten und Einrichtungen jeder Art, und es zeigte sich, dass manche Schwierigkeiten und Streitfragen, welche zwischen Lieferanten und Abnehmern auftauchten, dank dem Gutachten des Laboratoriums und den von diesem ausgeführten Expertisen sich in einfacher und alle Theile befriedigender Weise schlichten liessen, ohne den gerichtlichen Weg zu betreten.

Nachdem auch ein von der Stadt Paris zur Verfügung gestelltes Local für die Versuchsanstalt zu klein geworden war, schritt man zur Errichtung eines definitiven, den Zwecken des Institutes durchaus angepassten Baues in der Rue de Staël. Der Gemeinderath der Hauptstadt überliess den Grund zu diesem Baue als Geschenk, und viele grosse industrielle Firmen spendeten dem Institute die nöthigen Maschinen und Installations-Gegenstände verschiedenster Art in munificenter Weise. So eine Firma nicht nur eine ausgezeichnete Dampfmaschine von 25 Pferden, sondern auch den 24 m hohen Schlot aus Eisenblech; eine zweite eine zwölfpferdige Gaskraftmaschine u. s. w.

Dynamos der verschiedenen Systeme: Edison, Sautter-Lemonnier, Gramme, Siemens, Transformatoren und Motoren sind im Neubaue installirt. Fünf Säle mit allen nöthigen Einrichtungen sind für die Erprobungen der Metalldrähte, der Kabel, für das Studium der Normalmaasse elektrischer Kräfte, der Elektrochemie und der Experimentirung der Batterien bestimmt. Weitere fünf Säle sind dem Studium von Accumulatoren, den Intensitäten, der Photometrie, der Capacitäten und der Normal-Aichung der Widerstände zugewiesen.

Das neue Gebäude wurde während des letzten Sommers durch den Handelsminister und im Beisein vieler wissenschaftlicher und industrieller Notabilitäten feierlich geöffnet. Bis jetzt hat das Institut keinen Beitrag aus

Staatsmitteln erhalten, indess ist ein solcher neuestens in Aussicht gestellt worden, nachdem jeder Zweifel an der weittragenden Erspriesslichkeit dieses Laboratoire central d'électricité geschwunden ist. Die zu gewährende jährliche Staats-Subvention wird den weiteren Aufschwung dieses Institutes sichern, welches nicht nur den industriellen Bedürfnissen entspricht, sondern auch rein wissenschaftlichen Zwecken in ausgedehntem Maasse dient, denn hier sollen die Hörer der grossen technischen Hochschulen von Paris gleichsam in unentgeltlichen Fortbildungscursen über die heute schon so überaus zahlreichen Anwendungen elektrischer Kräfte praktische Unterweisung finden.

(„Wochenschr. d. n.-ö. Gewerbe-Ver." Nr. 42. 1893.)

Neueste deutsche Patentnachrichten.

Authentisch zusammengestellt von dem Patentbureau des Civil-Ingenieur Dr. phil. **H. Zerener, Berlin W., Eichendorffstrasse 20**, welcher sich zugleich bereit erklärt, den Abonnenten der „Zeitschrift für Elektrotechnik" allgemeine Anfragen in Patentsachen kostenfrei zu beantworten.

Patent-Anmeldungen.

Classe

20. C. 4553. Elektrisch beeinflusste Bremsvorrichtung. — *Milton E. Comp.* in Hamilton.

21. A. 3356. Elektricitätszähler mit Uhrwerk, dessen Unruhe durch ineinander schwingende Spulen beeinflusst wird. — Dr. *H. Aron*, Professor in Berlin.

20. G. 17618. Elektrische Zugdeckungsignal-Einrichtung mit elektrisch bewegtem Achsenzähler. — *Carl Grimsehl* in Weserlingen a. Aller.

21. V. 1935. Schaltvorrichtung für Glühlampenfassungen. — *Alexander Frank Vetter* in New-York.

Gebrauchs-Muster.

Classe

21. Nr. 18708. Tragbare elektrische Glühlampen, gekennzeichnet durch einen auf einem Untersatz angebrachten Blechmantel, welcher die Stromquelle enthält, einen unten konisch ausgedrehten Aufsatz, eine in dem Aufsatz der Länge nach befindliche Bohrung, in der ein Einsatz mit zwei Metallfedern die Verbindung mit der aufzusteckenden Glühlampe herstellt, sowie einen Drahtbügel zum Tragen der Lampe. — *Albrecht Heil* in Fränkisch-Krumbach.

21. Nr. 18941. Absatzweise elektrische Treppenbeleuchtung mit einem Hauptwerk und der Anzahl der Lampen entsprechenden Nebenwerken, welch letztere durch Druckknöpfe ausgelöst werden und ihrerseits das Hauptwerk auslösen. — *Franz Müller* in Berlin.

„ Nr. 18876. Canäle für elektrische Leitungen aus in- oder aufeinander gepassten, beliebig geformten Streifen mit oder ohne isolirendem Ueberzug. — *Norbert Lachmann* und *F. H. Aschner* in Berlin.

LITERATUR.

Vom rollenden Flügelrad. Darstellung der Technik des heutigen Eisenbahnwesens. Von A. v. Schweiger-Lerchenfeld. Mit ca. 300 Abbildungen. In 25 Lieferungen à 30 kr. (60 h.) = 50 Pf. = 70 Cts. = 30 Kop. — A. Hartleben's Verlag in Wien, Pest und Leipzig.

Keine der vielen aus dem modernen Culturleben hervorgegangenen Institutionen ist so innig mit unseren Bedürfnissen verwachsen, als das Verkehrswesen. Den potenzirtesten Ausdruck in Bezug auf Raschheit und Vielgestaltigkeit der das Culturleben durchpulsenden Bewegung findet das Verkehrswesen in den Eisenbahnen. In ihnen verkörpert sich zugleich ein aussergewöhnlicher Aufwand von theoretischem Wissen und praktischem Können, eine grossartige Ausnützung der Naturkräfte.

Wenn die Eisenbahnen als Verkehrsmittel gewissermaassen der Lebensnerv unserer hastigen, die räumlichen Verhältnisse nivellirenden Zeit sind, treten sie andererseits als Object der Ingenieurwissenschaften so eigenartig vor Augen, dass sie nothwendigerweise die Aufmerksamkeit auf sich lenken. Kein Wunder also, dass sowohl die Entwickelung dieses wichtigen technischen Zweiges, sowie alle damit verbundenen Fortschritte, welche mit den Interessen des öffentlichen Lebens inniger in Wechselwirkung stehen, als irgend ein anderer Zweig der praktischen Wissenschaften, jeden Einzelnen nachhaltig beschäftigen.

Demgemäss darf ein Werk, welches sich die Aufgabe gestellt hat, dem gebildeten Leser über die vielerlei Elemente des Eisenbahnwesens — vom Bau der Schienenwege angefangen bis zu der äusserst complicirten Maschinerie eines grossen Betriebes — anschaulich geschrieben und durch zahlreiche Abbildungen unterstützt, vor Augen zu führen, auf Theilnahme und Interesse rechnen.

Aufgaben über Elektricität und Magnetismus. Für Studirende an Mittel- und Gewerbeschulen, zum Selbststudium für angehende Elektrotechniker, Physiker u. A. Von Dr. Eduard Maiss, k. k. Professor an der Staats-Oberrealschule im II. Bezirke Wiens. Mit 58 Figuren im Text. Wien, 1893.

Verlag von A. Pichler's Witwe & Sohn, V. Margarethenplatz 2.

„C'est aux applications, qu'il convient surtout de donner son temps et sa peine" — mit diesem Motto aus Lagrange's Schriften ist die Absicht des Verfassers bei Herausgabe dieses Werkchens gekennzeichnet; dieselbe richtet sich auf das Ziel, beim Unterricht nicht blos mechanisches Gedächtnisswerk in den Köpfen der Studirenden anzuhäufen, sondern letztere in den Stand zu setzen, mit dem geistigen Inhalte abstracter Ausdrücke wie mit einem hochschätzbaren Besitze an Wissen und Können zu gebahren. Nur so wird der Lernende des Erlernten froh und gleichzeitig setzt ihn das durch Bewältigung solcher Aufgaben erlangte Vermögen in den Stand, rationell zu experimentiren, was ja von jeher die beste Vorschule für den künftigen Techniker und Forscher war.

Dem bereits in der Praxis stehenden Elektrotechniker bietet das Werkchen ein Mittel, sich von der naturwissenschaftlichen Gesetzmässigkeit, welche seinen Verrichtungen und Anordnungen zu Grunde liegt, jeden Augenblick überzeugen zu können, daher seine mechanische Arbeit in die Sphäre des Verstehens zu erheben.

Den grössten Nutzen aber werden die Schulen dem Büchlein zu danken haben, obwohl wir nicht anstehen auszusprechen, dass es auch einem, der Schule längst Entwachsenen geistigen Genuss bietet. Wir empfehlen das auch äusserlich vortrefflich ausgestattete Werk auf's Beste.

J. K.

KLEINE NACHRICHTEN.

Personal-Nachrichten.

† **A. Reckenzaun.** In allen Gesellschaften, denen unser braver Landsmann angehörte, wurden demselben ehrende Gedenkreden gehalten; besonders war dies der Fall in der „Society of telegraph engineers and electricians" zu London, wo Mr. Preece, der Präsident dieser berufenen Körperschaft, in wärmster Weise des zu früh Hingeschiedenen gedachte; zugleich wurde eine officielle Beileidskundgebung an die Witwe Reckenzaun's gerichtet.

Frau Reckenzaun drückt in einem Schreiben an uns die Bitte aus, dem Vereine und dessen Mitgliedern, welche an ihrem Verluste Theilnahme und für ihren Schmerz Mitleid bezeugten, den wärmsten Dank auszusprechen. Wir thun dies hiemit mit dem Wunsche, dass sich die Leidtragende durch die Ueberzeugung getröstet fühlen möge, dass Reckenzaun's Andenken in den Herzen seiner Landsleute den lautesten Nachhall findet.

---

† **John Tyndall.** Den älteren Technikern wird es unvergessen sein, welche Belehrung und welchen Genuss die Bücher: „Die Wärme als Bewegung", „Der Schall", „Das Licht" und die „Vorlesungen über Elektricität" von dem berühmten „Lecturer" Tyndall ihnen gewährten. Als Verallgemeinerer subtiler Forschungsresultate, als Vermittler zwischen lernbegierigem, meist jungem Volke und abstracter Wissenschaft, als Verbreiter des Bewusstseins von den ewigen unwandelbaren Gesetzen, unter denen alles Geschehene steht, dürfte Tyndall seines Gleichen nicht haben. Zur Abhaltung von populären Vorlesungen war kaum ein Zweiter so geeignet, wie dieser Jünger Faraday's, dem er eine von dankbarer Begeisterung durchglühte Biographie gewidmet. Besass doch Tyndall ausser einer selten vorkommenden manuellen Begabung für Vorführung der schwierigsten Experimente, die noch seltenere Fähigkeit, die Schärfe der scientifischen Formel mit dem Gewande schönklingender Worte zu bekleiden, ohne dass die Evidenz des auszudrückenden Gesetzes im Mindesten darunter gelitten hätte. Aber nicht nur in seiner Diction war schöner Styl zu finden — auch in der architektonischen Anordnung der Materialien befleissigte sich der berühmte Experimentator jener wohlthuenden Methode, welche alles unter seiner Anleitung Erlernte als ein schönes Ganze erscheinen liess, wo jeder Theil an der richtigen Stelle stand und in befriedigender harmonischer Wechselbeziehung mit den anderen Theilen wirkte — und im Gedächtnisse blieb. Tyndall war ein Lehrkünstler, der auch auf seine Kunst reisen konnte und dies auch mit dem besten moralischen und materiellen Erfolge that.

Um ihn voll zu begreifen, muss man seinen Lebenslauf kennen. Tyndall wurde in Irland 1820 geboren und erhielt eine gerade nicht sehr sorgfältige Ausbildung, in welcher blos die Erlernung der Geometrie nach Eicklid's Methode für ihn später eine freudige Erinnerung abgab. Er trat 1839 als „Feldmesser" in den öffentlichen Dienst und blieb in demselben bis 1843. Dann tracirte er Bahnen und machte Aufnahmen für die betreffenden Gesellschaften. Seine Neigung zur Physik liess ihn eine Lehrerstelle am Queenwood-College in Hampshire annehmen, wo er sich dem nachmals berühmten Chemiker Frankland anschloss. Beide junge Männer gingen nun nach Deutschland, wo Tyndall unter Bunsen in Heidelberg, sowie unter Magnus-Berlin, Chemie und Physik studirte. Im Verkehre mit Dubois-Reymond machte er sich mit den Theorien von Clausius-Helmholtz u. A. bekannt und übersetzte die besten in's Englische. In Deutschland lieferte er seine ersten wissenschaftlichen Arbeiten, nämlich die über Diamagnetismus und über die Beziehungen von Magnetismus zur Krystallographie. Zu Anfang der Fünzigerjahre hielt er Vorträge an der Roya

Institution, wo Faraday zwanzig Jahre vor ihm gewirkt, und hier wurde er 1853 Professor der Naturwissenschaften. Sowohl die Kenntniss mehrerer neueren und wohl auch älterer Sprachen, als die Nothwendigkeit, sich klar auszudrücken, liess in ihm sich das Talent zum Reiselehrer entwickeln, das ihn später so beliebt gemacht.

So glatt und ausgeglichen seine Darstellungsweise erscheint, so kampflustig trat er im wissenschaftlichen Streite auf, und er suchte sich wahrlich keine geringfügigen Gegner. Mit J. D. Forbes, mit Professor Tait und mit — William Thomson gerieth Tyndall in Conflicte, sowie er auch mit den kirchlichen Behörden in aufsehenerregender Weise kämpfte. Seine Abstammung von Irland verwickelte ihn sogar in politische Parteinahme für Homerule.

Von belletristischen und moralisch-philosophischen Einflüssen liess er sich ebenfalls bestimmen: Carlyle, Emerson und Goethe waren seine Lieblings-Schriftsteller, mit Ersterem verkehrte Tyndall in freundschaftlicher Weise.

Es ist bekannt, dass Tyndall durch einen Irrthum seiner Frau, die ihm Chloral statt eines anderen Arzneimittels reichte, starb.

Seine Vorlesungen über Elektricität sind in naturwissenschaftlichen Zeitschriften vom Jahre 1872 erschienen; er war einer der ersten, der sich des elektrischen Lichtbogens zu Demonstrationen physikalischer Vorgänge in virtuoser Weise bediente.

Mr. Blondel wurde zum Professor an der École nationale des ponts et chaussées ernannt und trägt daselbst Elektricitätslehre vor. Da aus dieser Schule Staats-Ingenieure hervorgehen, die sich auch mit Beleuchtungsanlagen zu befassen haben, so kann man dieser Anstalt zur Acquisition Blondel's nur Glück wünschen.

Project einer elektrischen Centralstation in Prag. Die Firmen Franz Křižík und Schuckert & Co. haben dem Prager Stadtrathe das Project einer elektrischen Centralstation mit Benutzung von Accumulatoren vorgelegt. Nach demselben würden von den Maschinen direct 9000 und von der Accumulatoren-Batterie 2000 Glühlichtlampen gespeist werden können. Die Kosten dieses Projectes würden sich auf etwa eine Million Gulden belaufen. Bezüglich der Ausführung schlagen die erwähnten Firmen dem Stadtrathe folgende drei Alternativen vor: I. Sie erklären sich bereit, die elektrische Centralstation für die Prager Stadtgemeinde und auf deren Rechnung in der zu vereinbarenden Frist nach den Detailplänen und Berechnungen gegen vertragsmässige Bedingungen zu errichten. II. Erklären sie sich bereit, die elektrische Centralstation auf Rechnung der Prager Stadtgemeinde zu erbauen und einzurichten, deren Betrieb aber auf eine verabredete Reihe von Jahren als Pächter zu übernehmen, wobei sie der Gemeinde nicht blos die volle Verzinsung und Amortisirung des Anlagecapitals, sondern auch einen angemessenen Antheil am Betriebsgewinne garantiren. III. Die Prager Stadtgemeinde möge den genannten Firmen die ausschliessliche Concession für die Errichtung und den Betrieb der elektrischen Centralstation in Prag unter eventueller finanzieller Betheiligung der Gemeinde ertheilen, wogegen die Concessionäre vertragsmässige Bedingungen einzugehen bereit sind. Die erste Alternative ist in verschiedenen Städten Deutschlands eingeführt. Der zweite Modus empfehle sich aber für Prag am besten, weil die Pächter die Verzinsung und Amortisation des Anlagecapitals selbst zahlen, und überdies der Gemeinde einen Gewinnantheil gewähren wollen. Die Projectanten weisen dann auf die Zweckmässigkeit und Nothwendigkeit einer elektrischen Centralstation in Prag hin und widerlegen die Einwendung, als ob sich durch die Einführung der elektrischen Beleuchtung der Gasconsum verringern würde. Nach den statistischen Daten gab es z. B. in München im Jahre 1885—86 119.838 Gasflammen und 4885 elektrische Lampen, im Jahre 1889—90 149.748 Gasflammen und 32.065 elektrische Lampen und im Jahre 1891—92 167.607 Gasflammen und 41.887 elektrische Lampen. Daraus ersehe man, dass mit der Zunahme der elektrischen Lampen auch die Gasflammen sich vermehrt haben. Ferner sei daraus ersichtlich, dass im letztgenannten Jahre die Zahl der elektrischen Lampen fast den vierten Theil der Gasflammen betrug. Eine solche Erscheinung trete fast überall zu Tage. Die Erfahrung lehre, dass diejenigen Geschäftsleute, Gewerbetreibenden, ja auch Privaten, welche das elektrische Licht nicht besitzen, denselben Lichteffect durch erhöhten Gasconsum zu erreichen trachten. Ueberdies steige der Gasconsum durch Verwendung als Triebkraft von Motoren bei der elektrischen Beleuchtung selbst. In München stieg z. B. die Zahl der Motoren von 136 im Jahre 1887 auf 296 im Jahre 1892. Die Befürchtung also, dass durch Einführung der elektrischen Beleuchtung die Ertragfähigkeit der städtischen Gasanstalten fallen werde, sei dadurch widerlegt. Die Projectanten haben bereits die Voranschlagspläne und Vertragsentwürfe verfasst und sind bereit, dieselben behufs Beschleunigung der Angelegenheit dem Stadtrathe vorzulegen.

Elektrische Bahn in Karlsbad. Die Stadtgemeinde Karlsbad bewirbt sich, wie uns von dort geschrieben wird, um die Concession einer elektrischen Strassenbahn und ist mit einem finanzkräftigen Consortium wegen Ueberlassung der Concession in Verbindung getreten. Die Nationalbank für Deutschland in Berlin steht an der Spitze dieses Consortiums, welches eine elektrische Stadtbahn vom Bahnhofe Karlsbad durch das Weichbild der Stadt bis zum neuen Badehause in der Marienbaderstrasse errichten und eine Zahnradbahn nächst dem Goethe-

Denkmal hinter dem Etablissement Pupp zur „Freundschaftshöhe" führen will. Die Stadt Karlsbad hat bereits um mehr als eine halbe Million Häuser eingelöst und muss zur Erbreiterung der Strassen noch sechs Häuser um 7—800.000 fl. einlösen. Die Gesellschaft stellt der Stadtgemeinde hiefür einen Betrag von 500.000 fl. sofort baar zur Verfügung und übergibt der Stadt eine Million Prioritätsactien in ihr Eigenthum, beansprucht jedoch als Gegenleistung den freien Betrieb der Bahnen auf einen grösseren Zeitraum, sowie eine durch volle 20 Jahre währende jährliche Zahlung der Stadt an die Bahngesellschaft von 76.400. Schon in der nächsten Zeit wird die Stadtgemeinde Karlsbad über diese Vorbedingungen schlüssig werden. Eine weitere Folge soll die Fortsetzung der Zahnradbahn nach dem Plateau bei „St. Leonhart" in einigen Jahren bilden, woselbst die Gesellschaft von der Stadt acht Hektare Waldgründe für den Bau eines grossen, luxuriösen Casinos, und anderer Vergnügungseinrichtungen beanspruchen will. Das Actiencapital wird ungefähr drei Millionen Gulden betragen, wobei jedoch die Fortsetzung der Bahn bis „St. Leonhart" u. s. w. nicht mit inbegriffen sind, weil einem späteren Zeitraume vorbehalten.

Elektrische Bahn Baden—Vöslau. Die Erdarbeiten dieses, so manches Jahr in Vorbereitung stehenden Unternehmens haben begonnen. Im Mai d. J. soll die Strecke Bahnhof-Helenenthal und im Juni die von Baden nach Vöslau in Betrieb gestellt werden.

Telephon-Centrale Leoben. Die Post- und Telegraphen-Direction für Steiermark und Kärnten hat an die Stadtgemeinde die Anfrage gerichtet, ob nicht für das kommende Jahr die Errichtung eines Stadt-Telephonnetzes in Leoben und Umgebung in Aussicht genommen werden sollte, bezw. ob seitens der Bevölkerung Leobens und der nächstgelegenen Ortschaften eine die Rentabilität des Unternehmens sichernde Betheiligung zu gewärtigen stünde, und auf Grund welcher annähernden Theilnehmerzahl die Kosten in das Präliminare eingesetzt werden könnten. Aus diesem Anlasse hat die Stadtgemeinde alle jene Parteien, welche sich für die Errichtung eines Stadt-Telephonnetzes interessiren, zu einer Besprechung eingeladen, bei welcher von einem delegirten Sachverständigen das Wesen, die Bedeutung und die Vortheile eines solchen Telephonnetzes dargelegt, sowie die Bedingungen des Beitrittes erörtert und aufgeklärt werden. Bei den grossen Vortheilen, welche eine Telephonanlage in und um Leoben gewähren würde, wäre im Interesse des Geschäftes und des öffentlichen Verkehres eine recht lebhafte Betheiligung an dieser Besprechung sehr wünschenswerth. Um der Post- und Telegraphen-Direction mittheilen zu können, auf welche Theilnehmeranzahl in Leoben und Umgebung zu rechnen ist, werden bei dieser Versammlung auch Anmeldungen von Sprechstellen entgegengenommen. Solche Anmeldungen können auch im Stadtgemeindeamte angebracht werden, nach welcher Zeit das Ergebniss der Anmeldungen der Post- und Telegraphen-Direction bekannt gegeben werden müsste.

Vorconcessionen. Das k. k. Handels-Ministerium hat die Bewilligung zur Vornahme technischer Vorarbeiten für die nachstehend bezeichneten Strassen- bezw. Localbahnen ertheilt, u. zw.:

Dem Ing. Fritz Treu in Melk a. d. Donau für eine schmalspurige, mit elektrischer Kraft und Dampf zu betreibenden Localbahn von der Haltestelle Markersdorf a. d. Pielach d. k. k. Staatsbahnen über Ober-Grafendorf und Kirchberg a. d. Pielach durch das Nattersbach- und Treflingbachthal in das Erlaufthal und über Mittersbach nach Maria-Zell, ferner:

dem Bezirksobmann und Bürgermeister Carl von Pohnert in Brüx, als Obmann des Actions-Comité der betheiligten Gemeinden, für eine normalspurige, eventuell schmalspurige, mit Dampf oder elektrischer Zugkraft zu betreibenden Strassenbahn von Brüx über Kopitz, Rosenthal, Lindau, Nieder- und Oberleutensdorf, Bettelgrün und Hammer nach Johnsdorf und von da über Malteuern, sowie direct zurück nach Brüx mit einer Abzweigung von Johnsdorf über Obergeorgenthal und Vierzehnhöfen zum Anschlusse an die Hauptlinie bei Niedergeorgenthal, und

der Firma Stern & Hafferl in Wien, für eine schmalspurige, eventuell mit elektrischer Betriebskraft herzustellenden Localbahn von der Station Gmunden der k. k. Staatsbahnen in die Stadt Gmunden.

Project für eine schmalspurige, mit elektrischer Kraft zu betreibenden Localbahn von Bludenz nach Schruns. (Trassenrevision und Stationscommission.) Die k. k. Statthalterei in Innsbruck hat die Trassenrevision und Stationscommission hinsichtlich des Projectes der Firma Siemens & Halske in Wien, für eine schmalspurige, mit elektrischer Kraft zu betreibenden Localbahn von Bludenz nach Schruns angeordnet. Mit der Leitung der Commission ist der Statthaltereirath Arthur Neusburger betraut worden.

Elektrische Tramway in Mailand. Anfangs November 1893 wurde die elektrische Tramway in Mailand, welche von der Piazza del Duomo nach Porta Sempione führt, dem öffentlichen Verkehre übergeben. Die Tramway functionirt vorzüglich und war bisher keine Unregelmässigkeit zu verzeichnen.

Elektrische Schifffahrt in Venedig Die Lagunen Venedigs sollen durch Boote mit elektrischem Betriebe befahren werden. Neben den schmalen, langgestreckten Gondeln mit den eigenthümlich gebogenen Schnäbeln, welche der typisch gewordene Gondoliere mit einem langen Ruder zugleich bewegt und steuert, sollen Boote in Gebrauch kommen, welche durch eine unsichtbare Kraft getrieben, mit einer Geschwindigkeit von 16 *km* in der Stunde die trägen Wasser durchschneiden werden; mit dem monotonen, langgezogenen „Staï", dem Jahrhunderte alten Warnungssignale der Gondoliere, wird in Zukunft das Klingeln elektrischer Glocken ertönen. Dem Municipium von Venedig wurde von einer amerikanischen Gesellschaft, welche während der Chicagoer Ausstellung elektrisch betriebene Boote auf dem Michigansee installirt hatte, ein solches Fahrzeug probeweise zur Benutzung angeboten. Die Probefahrt fand statt, welche, wie die „N. F. P." erfährt, zur allgemeinen Zufriedenheit ausfiel. Das elegante Boot, kaum länger als eine Gondel, fasst 28 Personen und wird durch Accumulatoren, welche unterhalb der Sitze angebracht sind, in Bewegung gesetzt. Ein einfacher Hebel regulirt die Geschwindigkeit und bringt nöthigenfalls das Boot augenblicklich zum Stehen. Die Accumulatoren liefern die Kraft für eine Weglänge von 100 *km*. Wenn die Regierung und das Municipium einwilligen, wird Venedig die erste Stadt Europas mit elektrischem Schiffsbetriebe sein.

Der Neubau des physikalischen und elektrotechnischen Instituts der Grossherzoglichen Technischen Hochschule zu Darmstadt befindet sich nunmehr zum grössten Theil unter Dach. Am Mittwoch den 29. November, Nachmittags 3 Uhr fand für die am Neubau beschäftigten Arbeiter eine einfache Richtfeier statt, über welche wir folgende Mittheilungen erhalten: Auf Einladung des Vorstandes der Baubehörde Abtheilung II, für den Neubau, Herrn Professor Marx, hatten sich die Vertreter des Directoriums und der Baucommission der Hochschule, der Ausschuss der Studentenschaft, sowie die Meister der betheiligten Baugewerke zur Feier eingefunden.

Wenn der Ausbau und die innere Einrichtung der beiden genannten Institute in demselben Maasse gefördert werden kann, wie dies bei dem Rohbau geschehen ist, so dürfte die Benutzung des Gebäudes voraussichtlich im Herbste nächsten Jahres möglich sein.

Eine elektrische Stadt. Laut amerikanischen Berichten verdient der Ort Great Falls in Montana U. S. die Auszeichnung, die „elektrische Stadt" genannt zu werden. Drei Meilen oberhalb des Ortes, bei Black Eagles Falls, hat man quer über den Missouri einen starken Damm aufgeworfen, um das Wasser des Flusses zur Kraftstation zu leiten, welche sich mit ihren Turbinen und Dynamos neben dem Flussbett befindet. In Great Falls werden nicht nur die Strassenbahnwagen mit Elektricität gefahren und beleuchtet, sondern auch zugleich geheizt; in jedem Waggon befindet sich ein „Radiator", der die beste Dampfheizung übertrifft. Elevatoren, Druckerpressen, Krahne und alle sonstigen in Great Falls vorhandenen Arten von Maschinerie werden durch das allgegenwärtige Fluidum in Gang gehalten, sogar elektrische Wasserschöpfer und Steinklopfer kann man sehen; ein ganz gewöhnlicher Anblick auf der Strasse vor Neubauten ist ein elektrischer Mörtelmischer, mit einem Leitungsdraht verbunden, der von der nächsten besten Leitungsstange herabgeführt ist. Die Restaurants kochen natürlich mit Elektricität, die Fleischer hacken ihre Würste und Hamburger damit, die Colonialwaarenhändler benützen sie zum Kaffeemahlen, die Schneider zum Bügeleisen heiss machen, und die Hausfrauen treiben ihre Nähmaschinen mit Elektricität. Die Oefen und Herde stehen verlassen; kein Rauchwölkchen entströmt der Esse; statt der russigen Feuer hat man elegante elektrische Brat- und Backnäpfe, die man im Wohnzimmer wie Hutschachteln nebeneinander aufstellen kann, ebenso die elektrischen Kessel, Töpfe und Theekannen; nur ein Druck auf einen Knopf und in 10 Minuten siedet das Wasser im Innern dieser Gefässe, ohne dass auch nur ihre Aussenwand sich fühlbar erwärmte. O glückliches Great Falls, elektrisches Schlaraffia!

Aus Sydney kommt die Nachricht über eine neue epochemachende Erfindung, über deren praktische Verwendbarkeit allerdings wohl erst die Zukunft ein endgiltiges Urtheil abgeben dürfte. Der Erfinder ist ein Angestellter des Sydneyer „Morning Herald", Namens Donald Murray; der Apparat, den er „Printing Telegraph" nennt, soll im Stande sein, Telegraphenapparate, Setzer- und Schreibmaschinen, Claviere, überhaupt jedes Instrument, bei welchem Claviaturen in Verwendung sind, in Bewegung zu setzen, so dass beispielsweise eine in irgend einem Orte mit dem Druckertelegraphen manipulirende Person im Stande sein soll, gleichzeitig in einem Dutzend anderer Städte denselben Schriftsatz Wort für Wort zu reproduciren.

Separat-Abdrücke

werden über Verlangen der Herren Autoren zum Selbstkostenpreise abgegeben. Die Zahl der verlangten Exemplare wolle auf dem Manuscripte verzeichnet werden. Das Redactions-Comité.

Verantwortlicher Redacteur: JOSEF KAREIS. — Selbstverlag des Elektrotechnischen Vereins.
In Commission bei LEHMANN & WENTZEL, Buchhandlung für Technik und Kunst.
Druck von R. SPIES & Co. in Wien, V., Straussengasse 16.

Zeitschrift für Elektrotechnik.

XII. Jahrg. 15. Jänner 1894. Heft II.

ABHANDLUNGEN.

Die Theorie und Berechnung der asynchronen Wechselstrom-Motoren.

Von E. ARNOLD, Oerlikon.

(Fortsetzung.)

Das Drehmoment wächst mit R_2 und erreicht einen bestimmten, durch Gleichung 26 gegebenen Werth von R_2 ein Maximum. Der Widerstand R_2, welchem das maximale Drehmoment entspricht, ist um so kleiner, je grösser das Uebersetzungs-Verhältniss $N_1 : N_2$ ist.

Hieraus erklärt sich die Thatsache, dass bei einem Motor die Aenderung des Uebersetzungs-Verhältnisses auch eine Aenderung des Ankerwiderstandes erfordern kann.

Die Kraftlinienstreuung macht sich dadurch bemerkbar, dass das Drehmoment vermindert und der Widerstand R_2, dem das maximale Drehmoment entspricht, vergrössert wird. Mit Berücksichtigung der Streuung würde man anstatt die Curven A und B die Curven A_0 und B_0, oder bei starker Streuung A' erhalten. Die genaue Form dieser Curven ist durch Rechnung schwer zu bestimmen, weil der Werth des Streuungscoëfficienten b stark veränderlich ist. Je kleiner der Ankerwiderstand R_2, resp. mit je mehr Kupfer der Ankerumfang bedeckt ist, umso weniger Kraftlinien vermögen in das Ankereisen einzudringen, umso kleiner ist daher b. Die Curven A_1 A_0 und B B_0 kommen daher einander umso näher, je grösser R_2 wird.

Aus den Gleichungen 14 und 16 folgt

$$D = \frac{m_2}{2} \cdot \frac{J_2^2 R_2}{p_1} \quad \ldots \ldots \quad 27)$$

und aus Gleichungen 11 und 16

$$D = \frac{m_2}{2} \cdot \frac{E_2^2 \cdot R_2}{p_1\left(R_2^2 + \frac{m_2^2}{4} \cdot p_1^2 L_2^2\right)} \quad \ldots \quad 28)$$

Die letzten beiden Gleichungen sagen, dass das Drehmoment gleich ist der vom Anker aufgenommenen Energie, dividirt durch die Winkelgeschwindigkeit p_1 des Drehfeldes. Ist die Zahl der Polpaare des Motors $= k$, so ist das Drehmoment k mal so gross, vorausgesetzt dass der im Anker inducirte Effect derselbe ist.

Soll z. B. ein 20 *HP* Motor beim Anlaufe ein Drehmoment äussern, welches dem Drehmomente bei voller Tourenzahl, also einer Winkelgeschwindigkeit, die nahezu $= p_1 : k$ und der vollen Leistung entspricht, so wird, weil

$$W_2 = D \cdot \frac{p_1}{k}$$

der vom Anker aufgenommene Effect mit Berücksichtigung der im Motor auftretenden Verluste bedeutend grösser als 20 *HP* sein müsser Wollte man ein Anzugsmoment erreichen, das ein Vielfaches des normal

Drehmomentes ist, so müsste dem Motor auch ein Vielfaches des normalen Wattconsums zugeführt werden.

Bei grosser Energieaufnahme des Motors ist es aber nur möglich, die primäre Spannung constant zu erhalten, wenn die Capacität der Energiequelle (Transformator oder Generator) im Vergleiche zu derjenigen des Motors sehr gross ist. Uebersteigt die Capacität der Stromquelle die Leistung des Motors nur um Weniges, so fällt bei einem für grosse Anzugskraft construirten Motor die primäre Spannung rasch ab. Dieser Spannungsabfall ist zunächst eine Folge der grossen Streuung von Kraftlinien bezüglich des grossen Erregerstromes beim Angehen des Motors. Bei der dadurch hervorgerufenen Phasenverschiebung (bekanntlich hat der Erregerstrom gegen den Nutzstrom eine Phasenverschiebung von 90°) zwischen J_1 und E_1 kann dem Motor die zum Angehen erforderliche Energie nur durch sehr grosse Stromstärken, welche ein Vielfaches der normalen sind, zugeführt werden. Die grosse Stromstärke vermehrt wiederum den Spannungsabfall direct und durch die vermehrte Streuung. Die Spannung kann soweit fallen, dass bei unrichtiger Construction des Ankers, oder ohne Anwendung von besonderen Anlassvorrichtungen, der Motor gar **keine Anzugskraft** ausübt.

Bei der Construction von Motoren wird man daher sehr darauf bedacht sein müssen, dass die verlangte Anzugskraft mit einem möglichst geringen Wattverbrauche und möglichst kleinen Stromstärken geleistet wird. Letztere Bedingung ist namentlich für Motoren, welche an Lichtleitungen angeschlossen sind, von Wichtigkeit.

Für die Abhängigkeit der Stromstärke J_1 von den übrigen Grössen, folgt aus Gleichung 16

$$J_1 = \sqrt{\frac{8}{m_1^2\, m_2} \cdot \frac{D\left[R_2^2 + \frac{m_2^2}{4}\, p_1^2\, L_2^2\right]}{b^2 \,.\, L_1 \,.\, L_2 \,.\, p_1 \,.\, R_2}} \quad \ldots \quad 29)$$

Wir wollen zwei Fälle unterscheiden, und zwar:

1. Der Widerstand R_2 sei im Vergleich zu $p_1\, L_2$ klein, dann wird annähernd

$$J_1 = \sqrt{\frac{2\, m_2}{m_1^2\, b^2} \cdot \frac{D \,.\, p_1\, L_2}{R_2 \,.\, L_1}} \quad \ldots \quad 30)$$

2. Es sei umgekehrt R_2 gross im Verhältniss zu $p_1\, L_2$, dann ist annähernd

$$J_1 = \sqrt{\frac{8}{b^2 \,.\, m_1^2\, m_2} \cdot \frac{D \,.\, R_2}{p_1\, L_1\, L_2}} \quad \ldots \quad 31)$$

Aus den Gleichungen 30 und 31 ist ersichtlich, dass die zur Erzeugung eines bestimmten Drehmomentes erforderliche Stromstärke um so kleiner wird, je grösser die Coëfficienten der Selbstinduction, d. h. je kleiner der Widerstand des magnetischen Stromkreises im Feld und Ankereisen und im Luftzwischenraume und je kleiner die Kraftlinienstreuung. Der Einfluss von p_1 und R_2 hängt von dem Verhältniss von R_2 zu L_2 ab. Besteht die secundäre Wickelung aus **vielen** Windungen von grossem Querschnitte, so kann durch Einschaltung von Widerständen in diese Windungen und durch Verkleinern der Periodenzahl der zur Erzeugung eines bestimmten Drehmomentes erforderliche Strom herabgemindert werden.

Besteht dagegen die secundäre Wickelung aus **wenigen** dünnen Drähten von grossem Widerstande, so tritt das Umgekehrte ein, die

Stromstärke, welche nothwendig ist, um das verlangte Drehmoment zu äussern, wächst jetzt mit zunehmendem Widerstande und abnehmender Periodenzahl. Die primäre E. M. K. ist hierbei veränderlich gedacht.

Es muss somit ein Widerstand R_2 existiren, welcher für einen gegebenen Werth von L_2 und eine gegebene Periodenzahl einen günstigsten Werth besitzt. Das ist offenbar derjenige Werth, der so beschaffen ist, dass sowohl eine Erhöhung als eine Verkleinerung desselben die Stromstärke J_1 vergrössert. Wir finden den Werth, wenn wir die Gleichung 30 und 31 einander gleichsetzen.

Es wird

$$R_2 = \frac{m_2}{2} \cdot p_1 L_2 \ldots \ldots \ldots \quad 32)$$

Dieser Widerstand entspricht zugleich dem relativ geringsten Wattverbrauche.

Bezeichnen wir nämlich das Verhältniss der zur Erzeugung des secundären Drehfeldes verwertheten Energie zu der vom Motor consumirten Energie als den Wirkungsgrad des Anlaufes (g), so wird ohne Berücksichtigung der Verluste durch Hysteresis und Wirbelströme

$$g = \frac{W_2}{\frac{m_1}{2} R_1 J_1^2 + W_2} \text{ oder}$$

$$\frac{1}{g} = 1 + 12 \cdot \frac{R_1 R_2}{m_1^2 m_2 b^2 . p_1 L_1 L_2} + 3 \cdot \frac{m_2 R_1 L_2}{m_1^2 b^2 R_2 L_1} \quad 33)$$

Betrachten wir R_2 als Variable, so ergibt die Differenzation, dass g ein Maximum wird für

$$R_2 = \frac{m_2}{2} p_1 L_2 \ldots \ldots \ldots \quad 34)$$

Der Wirkungsgrad des Anlaufes nimmt mit zunehmendem Widerstande R_1 und mit zunehmender Streuung ab und wächst mit L_1 und p_1. Der Einfluss von R_2 und L_2 hängt von dem Verhältnisse $R_2 : \frac{m_2}{2} \cdot p_1 L_2$ ab.

Ist $R_2 < \frac{1}{2} \cdot m_2 p_1 L_2$, so nimmt g mit R_2 zu, ist dagegen $R_2 > \frac{1}{2} m_2 p_2, L_2$, so nimmt g mit R_2 ab.

Praktisch ist es nur in seltenen Fällen zulässig, den Widerstand R_2 ohne Anwendung von Schaltvorrichtungen beim Anlassen des Motors $\geq \frac{1}{2} m_2 p_1 L_2$ zu machen; denn erstens wird der Drahtquerschnitt so klein, dass eine übermässige Erwärmung desselben eintritt und zweitens würde das Drehmoment für die meisten Zwecke zu klein ausfallen, denn der grösste Werth von g fällt nicht mit dem maximalen Drehmomente laut Fig. 4 zusammen; dieses wäre nur der Fall, wenn

$$\frac{1}{2} p_1 L_2 m_2 = R_1 \cdot \frac{m_2 N_2^2}{m_1 N_1^2}.$$

Ausgeführte Motoren, die ich prüfte, zeigten stets

$$\frac{1}{2} p_1 L_2 m_2 > R_1 \frac{m_2 N_2^2}{m_1 N_1^2}.$$

3*

Werden dagegen Motor und Generator gleichzeitig in Betrieb gesetzt, so ist beim Angehen p_1 klein und der Wirkungsgrad des Anlaufers wird gross werden.

Zur Erläuterung des eben Gesagten will ich noch einige Experimente erwähnen, welche in der Maschinenfabrik Oerlikon ausgeführt wurden.

Die Anzugskraft am Hebelarm von 11·5 *cm* betrug bei einem vierpoligen 10 *HP* Motor:

1. Wenn die Ankerwicklung aus drei Phasen besteht, pro Phase 8 Windungen aus Draht von 5 *mm* Durchmesser

bei 32 Volt 230 Amp. 62 *kg*;

2. Wenn die Ankerwicklung aus drei Phasen à 32 Windungen von 1 *mm* Draht besteht

bei 39 Volt 150 Amp. 64 *kg*.

Ein vierpoliger Motor von 3 *HP* ergab folgende Anzugskraft am Hebel von 6 *cm*:

1. Mit einer Ankerwicklung, bestehend aus 36 kurzgeschlossenen Stäben von 6 *mm* Durchmesser,

bei 73 Volt 120 Amp. 50 *kg*.

2. Mit 36 kurzgeschlossenen Stäben von 1 *mm* Durchmesser

bei 75 Volt 15 Amp. 20 *kg*.

Der Coëfficient der Streuung b kann durch Experimente leicht ermittelt werden.

Aus Gleichung 16 folgt für k Polpaare, wenn $R_2 : p_1$ als klein vernachlässigt werden kann,

$$D = \frac{m_1^2 b^2}{2 m_2} \cdot \frac{k \cdot N_1^2 J_1^2 R_2}{N_2^2 \cdot p_1} \quad . \quad . \quad . \quad . \quad . \quad . \quad . \quad 35)$$

Das Drehmoment ist in Watt ausgedrückt. Beträgt der Hebelarm des Momentes h Meter und die Zugkraft K Kilogramm, so ist

$$D = 9{\cdot}81\, K \cdot h \quad . \quad . \quad . \quad . \quad . \quad . \quad . \quad . \quad . \quad 36)$$

Wird die Zugkraft für eine bestimmte Stromstärke J_1 gemessen, so lässt sich aus diesen Gleichungen b bestimmen. Der Werth von b variirt mit J_1.

Ich habe gefunden, dass b sehr kleine Werthe annehmen kann. Wenn die primäre und die secundäre Wickelung feststehen, gehen bis 60 Procent und noch mehr Linien, durch Streuung verloren.

Die Phasenverschiebung φ_1 im primären Stromkreise lässt sich aus Fig. 2 ermitteln.

$$\cos \varphi_1 = \frac{1}{E_1} \left(R_1 J_1 + \frac{m_2}{2} \cdot p_1 M J_2 \cos \varphi_2 \right) \text{ oder}$$

$$\cos \varphi_1 = \frac{1}{E_1} \left(R_1 + \frac{m_1 \cdot m_2}{4} \cdot \frac{p_1^2 M^2 R_2}{R_2^2 + \frac{m_2^2}{4} \cdot p_1^2 L_2^2} \right) \quad . \quad . \quad 37)$$

oder annähernd

$$\cos \varphi_1 = \frac{J_1}{E_1} \left(R_1 + \frac{m_1}{m_2} \cdot \frac{b^2 \cdot N_1^2 \cdot R_2}{N_2^2} \right) \quad . \quad . \quad . \quad . \quad 38)$$

Aus dieser Gleichung lassen sich einige wichtige Schlüsse ziehen. Wie ich oben angeführt habe, muss z. B. ein 20 *HP* Motor, damit derselbe ein Drehmoment ausübt, welches dem Drehmomente des Motors bei voller Leistung entspricht, abgesehen von Verlusten, einen Effect von 20 *HP* aufnehmen. Da nun dieser Effect

$$= \frac{m_1}{2} \cdot E_1 J_1 \cos . \varphi_1,$$

so soll, um grosse Stromstärken zu vermeiden $\cos \varphi_1$ möglichst gross sein. Wie aus Gleichung 38 ersichtlich, wächst der $\cos \varphi_1$ mit J_1, R_1, R_2 und dem Uebersetzungs-Verhältnisse $N_1 : N_2$ und nimmt ab mit zunehmender Streuung und mit E_1.

Es lassen sich hieraus verschiedene Methoden zum Inbetriebsetzen von Mehrphasen-Motoren ableiten, welche sich zum Theile schon in der Praxis eingebürgert haben.

1. Es wird beim Anlassen in den primären Stromkreis ein inductionsfreier Widerstand eingeschaltet, also R_1 vergrössert.

2. Es wird der Widerstand R_2 der Phasen des inducirten Systems durch Einschalten von inductionsfreien Widerständen vergrössert.

3. Es sind beim Anlassen nur ein Theil der secundären Phasen m_2 kurzgeschlossen, die übrigen werden erst eingeschaltet, wenn der Motor die volle Tourenzahl erreicht hat.

4. Das Uebersetzungs-Verhältniss $N_1 : N_2$ wird veränderlich gemacht, indem man entweder N_1 vergrössert oder N_2 verkleinert, oder auch Beides zugleich ausführt.

5. Es wird das Verhältniss $J_1 : E_1$ geändert, indem in den primären Stromkreis ein Transformator mit variablem Uebersetzungs-Verhältnisse eingeschaltet wird. Beim Anlassen des Motors wird so transformirt, dass $J_1 : E_1$ gross wird.

6. Durch Combination der Methoden 1 bis 5 ergeben sich noch andere Regulirmethoden.

Der inducirte Theil kann z. B. mit zwei Wicklungen versehen werden. Zum Anlassen wird die Wicklung mit grossem Widerstande und grossem Uebersetzungs-Verhältnisse benützt, und alsdann eine solche von kleinem Widerstande hinzugeschaltet.

Auf den praktischen Werth dieser Anlassmethoden werde ich zurückkommen.

Bezeichnet R_0 den Ankerwiderstand pro Stab incl. der Verbindung mit anderen Stäben und Z die totale Stabzahl des Ankers, so ist $R_2 = R_0 . N_2$ und $m_2 N_2 = Z$, daher auch

$$\cos \varphi_1 = \frac{J_1}{E_1} \left(R_1 + \frac{m_1 b^2 N_1^2 R_0}{Z} \right) \quad . \; . \; . \; . \; . \quad 39)$$

Diese Gleichung gilt sowohl für den eigentlichen Kurzschlussanker nach der Anordnung von Dobrowolski, als für die Construction mit mehreren von einander getrennten und kurzgeschlossenen Wicklungen, welche Construction kurz mit Phasenanker bezeichnet werden soll. Der Kurzschlussanker ist dann ein specieller Fall des Phasenankers.

Bestimmung des vom Motor verbrauchten Effectes. Derselbe ist

$$W_t = \frac{m_1}{2} \cdot E_1 J_1 \cos \varphi_1$$

für $\cos \varphi_1$ den Werth aus Gleichung 37 eingesetzt, gibt

$$W_t = \frac{m_1}{2} \cdot R_1 J_1^2 + \frac{m_1^2 . m_2}{8} \cdot \frac{p_1^2 M^2 . J_1^2 R_2}{R_2^2 + \left(\frac{m_2^2}{4} \cdot p_1^2 L_2^2 \right)} \quad . \; . \; . \quad 40)$$

Das erstere Glied gibt die im primären, das zweite Glied die im secundären Systeme verbrauchte Energie. Da der Motor keine Arbeit verrichtet, so geht der ganze Betrag W_t in Wärme über.

Das Verhalten eines Mehrphasen-Motors wenn der Inductor rotirt. Der Inductor soll mit der Winkelgeschwindigkeit p_2 rotiren, die Differenz der Winkelgeschwindigkeiten zwischen dem primären Drehfelde und dem Anker, oder der Betrag der Schlüpfung ist dann

$$= p_1 - p_2.$$

Wir beziehen uns wieder auf Fig. 2 und die allgemeine für ein Drehfeld giltige Gleichung 17, welche lautet

$$\left.\begin{aligned} E_1^2 = &\left(R_1 J_1 + \frac{m_2}{2} \cdot p_1 M J_2 \cos \varphi_2\right)^2 + \\ &+ \left(\frac{m_1}{2} \cdot p_1 L_1 J_1 - \frac{m_2}{2} \cdot p_1 M J_2 \sin \varphi_2\right)^2 \end{aligned}\right\} \quad . \; . \; . \; 41)$$

Die in einer Phase des Ankers inducirte E. M. K. ist nun

$$E_2 = \frac{m_1}{2} (p_1 - p_2) M J_1.$$

Dieser E. M. K. wirken zwei E. M. Kräfte entgegen, und zwar:

1. Die E. M. K., welche im Widerstande R_2 verbraucht wird, deren Amplitude ist $= R_2 J_2$;

2. die E. M. K., welche durch das secundäre Drehfeld inducirt wird, die relative Winkelgeschwindigkeit dieses Drehfeldes zum Anker ist $= p_1 - p_2$ daher

$$E_g = \frac{m_2}{2} (p_1 - p_2) L_2 J_2.$$

Stellt man diese drei E. M. Kräfte zu einem Dreiecke zusammen und beachtet, dass E_g senkrecht zu $R_2 J_2$ steht und der E_g gegenüberliegende Winkel $= \varphi_2$ ist, so folgt, wenn zur Abkürzung

$$r = \sqrt{R_2^2 + \frac{m_2^2}{4} (p_1 - p_2)^2 \cdot L_2^2} \quad . \; . \; . \; . \; . \; 42)$$

aus der Figur

$$\left.\begin{aligned} \cos \varphi_2 &= \frac{R_2}{r} \\ \sin \varphi_2 &= \frac{m_2 (p_1 - p_2) L_2}{2 r} \\ J_2 &= \frac{m_1 (p_1 - p_2) M J_1}{2 r} \end{aligned}\right\} \quad . \; . \; 43)$$

Setzen wir diese Werthe in Gleichung 41 ein und bezeichnen dabei zur Abkürzung mit

$$\left.\begin{aligned} N = &\frac{m_1^2}{4} \cdot p_1 R_2^2 L_1^2 + \frac{m_2^2}{4} (p_1 - p_2)^2 \cdot R_1^2 L_2^2 + \\ &+ \frac{m_1 \cdot m_2}{2} p_1 (p_1 - p_2) M^2 R_1 R_2 \\ &+ \frac{m_1^2 \cdot m_2^2}{16} \cdot p_1 (p_1 - p_2)^2 (L_1 L_2 - M^2)^2 \end{aligned}\right\} \quad . \; . \; 44)$$

so wird

$$J_1^2 = \frac{E_1^2 \cdot r^2}{N} \quad . \; . \; . \; . \; 45)$$

Das Drehmoment ist gleich der auf dem Anker übertragenen Arbeit, dividirt durch die Schlüpfung $p_1 - p_2$

$$D = \frac{m_2}{2} \cdot \frac{R_2 J_2^2}{(p_1 - p_2)} \quad \text{oder}$$

$$D = \frac{m_1^2 m_2}{8} \cdot \frac{(p_1 - p_2) M^2 R_2}{r^2} \cdot J_1^2 \,. \qquad 46)$$

$$D = \frac{m_1^2 \cdot m_2}{8} \cdot \frac{(p_1 - p_2) M^2 R_2}{N} \cdot E_1^2 \,. \qquad 47)$$

Lassen wir p_2 von Null an unbegrenzt wachsen, so erhalten wir aus Gleichung 46 die entsprechenden Werthe des Drehmomentes für constante Stromstärke, und aus Gleichung 47 für constante Spannung. Für $p_2 = p_1$ wird $D = o$ und für $p_2 > p_1$ negativ, das heisst die Bewegung des Inductors wird gehemmt und ein entsprechender Effect auf dem primären Stromkreis übertragen. Für gewisse Zwecke dürfte diese Bremswirkung werthvoll sein.

Den Werth von N eingesetzt, gibt unter Beachtung, dass

$$M^2 = b^2 L_1 L_2$$

$$D = \frac{m_1}{2} \cdot b^2 (p_1 - p_2) E_1^2 R_2, \text{ dividirt durch}$$

$$p_1^2 R_2^2 \frac{L_1 m_1}{L_2 m_2} + (p_1 - p_2)^2 \cdot R_1^2 \frac{L_2 m_2}{L_1 m_1} + 2 b^2 p_1 (p_1 - p_2) R_1 R_2$$

$$+ \frac{m_1 m_2}{4} \cdot b^2 L_1 L_2 p_1^2 (p_1 - p_2)^2 (1 - b^2)^2 \qquad 48)$$

Für $p_2 = 0$ geht diese Gleichung über in Gleichung 24. Setzen wir die Streuung $= 0$ oder $b = 1$ und dividiren Zähler und Nenner mit $(p_1 - p_2) R_2$, so erhält der Nenner in Gleichung 48 folgenden Werth:

$$\frac{p_1^2}{p_1 - p_2} \cdot R_2 \frac{L_1 m_1}{L_2 m_2} + (p_1 - p_2) \frac{R_1^2}{R_2} \cdot \frac{L_2 m_2}{L_1 m_1} + 2 p_1 R_1 .$$

Dieser Ausdruck wird ein Minimum oder das Drehmoment ein Maximum für ein bestimmtes Verhältniss von $L_1 : L_2$ oder für ein Uebersetzungsverhältniss

$$\frac{N_1}{N_2} = \sqrt{\frac{p_1 - p_2}{p_1} \cdot \frac{m_2}{m_1} \cdot \frac{R_1}{R_2}} \,. \qquad 49)$$

Die in einer Phase des Inductors inducirte E. M. K. ist

$$E_2 = \frac{m_1}{2} (p_1 - p_2) M J_2 .$$

Setzen wir diesen Werth in Gleichung 46 ein, so wird, wenn k die halbe Polzahl bezeichnet, für einen Motor von beliebiger Polzahl.

$$D = \frac{m_2}{2} \cdot \frac{k \cdot E_2^2 \cdot R_2}{(p_1 - p_2) \left[R_2^2 + \frac{m_2^2}{4} (p_1 - p_2)^2 L_2^2 \right]} \qquad 50)$$

Das Glied $\frac{m_2}{4} (p_1 - p_2)^2 L_2^2$ kann in praktischen Fällen, weil die Selbstinduction L_2 des Ankers und die Schlüpfung $p_1 - p_2$ klein vernachlässigt werden.

(Fortsetzung folgt.)

Der Doppelgegensprecher für Dynamobetrieb von F. W. Jones.

(Schluss.)

Das Relais *P* ist ein polarisirtes und liegt mit seinen Rollen von je 400 Ohm Widerstand in den beiden Stromwegen g_1 und g_2, in welche sich *l* hinter W_0 verzweigt; von diesen Stromwegen führt in der bei Differential-Gegensprechern üblichen Weise der erste g_1 nach der Leitung *L*, der andere g_2 aber zur Erde *E*. Bevor aber *L* und *E* auf diesen beiden Wegen g_1 und g_2 von den Zweigströmen erreicht werden, müssen die Ströme auf jedem Wege noch die Rolle r_1, bezw. r_2 eines Inductors *J* durchlaufen; die fortgehenden Ströme vermögen jedoch ebenso wenig in der dritten Rolle *r* dieses Inductors Ströme zu induciren, wie sie beim Durchlaufen der Differentialwickelungen der Relais *P* und *N* deren Anker beeinflussen können. Jede der drei Rollen des Inductors *J* hat einen Widerstand von

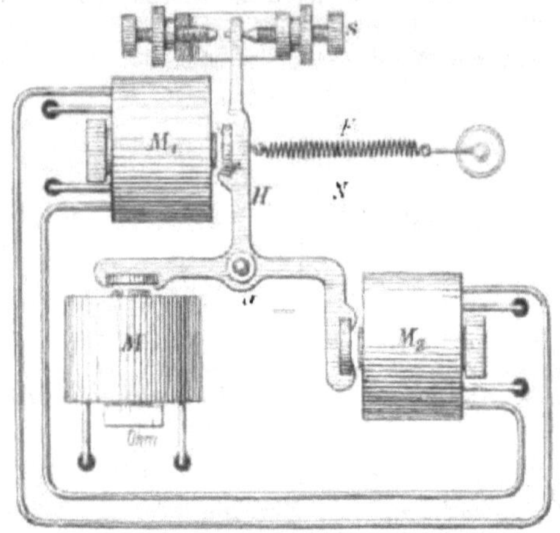

Fig. 3.

100 Ohm. In den Stromweg g_2 erscheint in Fig. 2 noch ein Ausgleichungswiderstand *W* und ein Condensator *C* eingeschaltet, denen die nämliche Aufgabe gestellt ist, wie bei anderen Gegensprechern.

Ganz eigenartig aber ist das nicht polarisirte Relais *N*, das in Fig. 3 noch besonders abgebildet ist. Seine Verbindung mit dem empfangenden Klopfer K_2 ist zwar nicht neu und ist in Amerika mit dem Namen als „Edison's Wanzen-Falle" (bug trap) belegt worden, weil man dort die „innere Schwäche" der Doppelgegensprecher als „Wanze" (bug) zu bezeichnen pflegt. Dabei schliesst bekanntlich der Ankerhebel *H* des Relais *N*, während er von der Abreissfeder *F* in seiner in Fig. 2 und 3 gezeichneten Ruhelage an der Contactschraube *s* erhalten wird, zunächst den Strom einer Localbatterie durch den Elektromagnet eines Hilfsklopfers k_2, dessen Ankerhebel also während der Ruhelage von *H* angezogen ist, dagegen abgerissen wird und nun erst den Strom einer zweiten Localbatterie durch den Elektromagnet des empfangenden Klopfers K_2 zu schliessen vermag, wenn in *N* der Ankerhebel angezogen wird. Das Relais *N* hat nun aber drei Elektromagnete *M*, M_1 und M_2. Zwei derselben, M_1 und M_2, haben eine doppelte Bewickelung und diese vier Windungen sind paarweise hinter einander in die beiden Stromwege g_1 und g_2 eingeschaltet; die beiden Paare wirken einander entgegen, wenn von q herkommende, also in l und g_1 nach L zu entsendende Ströme sie durchlaufen, dagegen summiren sich ihre Wirkungen, wenn ein aus L ankommender Strom alle vier Wickelungen hinter einander durchläuft, um in g_1 und g_2 nach der Erde E zu gelangen. Die beiden in demselben Stromwege liegenden Wickelungen haben etwa 300 Ohm Widerstand. Der dritte Elektromagnet M besitzt nur eine einzige Rolle, welche durch die beiden Drähte n mit der dritten Rolle r des Inductors J zusammengeschaltet ist.

Der Ankerhebel H dieses Relais N ist aus Aluminium hergestellt und sorgfältig abgeglichen, zu welchem Zwecke er auch die Form eines dreiarmigen Hebels erhalten hat. Weil die beim Geben von dem Amte entsendeten Ströme in entgegengesetzter Richtung in g_1 und g_2 durch die Rollen r_1 und r_2 des Inductors J laufen, so können sie nicht inducirend auf die dritte Rolle r wirken und deshalb auch nicht den Elektromagnet M in Thätigkeit versetzen. Wenn dagegen aus L Ströme ankommen, so erregen sie bei ihrem Auftreten und bei ihrem Verschwinden Ströme in der Rolle r und diese bewirken, dass M eine kurze Zeit lang eine Anziehung auf seinen Anker ausübt. Die Abreissfeder F an dem Hebel H ist nun so stark gespannt, dass die durch Ströme von der Stärke *1* in r inducirten Ströme keine so starke Anziehung in M veranlassen, dass die Federkraft durch sie überwunden werden könnte; wenn dagegen Ströme von der Stärke *3* aus der Leitung L ankommen, so vermögen die durch sie in r inducirten Ströme den zur Zeit angezogenen Ankerhebel H — trotz des Strebens der Abreissfeder, ihn abzureissen — eine kurze Zeit lang in seiner Lage festzuhalten und dadurch ist M im Stande, eine Verstümmelung der Zeichen und ein Auftreten falscher Zeichen in dem Klopfer K_2 zu verhüten.

Der Vortheil der Verwendung zweier Elektromagnete M_1 und M_2 in Hintereinanderschaltung ist darin zu suchen, dass man dadurch eine gewisse magnetische Wirkung erreichen kann mit einer weit geringeren Selbstinduction; denn letztere würde ja, wenn man alle Windungen auf eine und dieselbe Spule wickeln wollte, proportional mit dem Quadrate der Zahl der in einer Spule enthaltenen Windungen wachsen.

Auch die Rolle r_1 bringt einen Widerstand von 100 Ohm und eine Selbstinduction von 0·46 Henry in die Leitung; allein dies kann gegenüber dem durch sie herbeigeführten Festhalten des Hebels H in seiner Arbeitslage während der Zeiten, wo in M_1 und M_2 kein Magnetismus mehr da ist, gar nicht in Betracht kommen. Und so hat denn auch die Anordnung mit der bereits erwähnten Klopferschaltung auf der Linie zwischen New-York und Chicago ohne Uebertragung lange Zeit gut gearbeitet.

Die Vorgänge beim Doppelgegensprechen werden sich hiernach in folgender Weise abspielen. Alle fortgehenden Ströme gleichen sich im eigenen Amte in M_1 und M_2, in P und in J aus, vermögen daher auch in M keine Wirkung hervorzubringen.

So lange im gebenden Amte mit T_1 allein gearbeitet wird, kommen im empfangenden Amte abwechselnd und ohne jede Leitungsunterbrechung $S_0 = -1$ und $S_1 = +1$ aus L und versetzen den Ankerhebel von P und durch ihn den Klopfer K_1 in regelmässige Thätigkeit; N bleibt unempfindlich, da weder die Telegraphirströme M_2 und M_1 noch die Inductionsströme in M von ausreichender Stärke sind.

Während im gebenden Amte der Geber T_2 allein thätig ist, lässt er wieder ohne jede Unterbrechung der Leitung L in Uebereinstimmung mit der Bewegung seines Ankerhebels die Stromstärke $S_0 = -1$ zu $S_2 = -3$ anschwellen und wieder auf S_0 herabgehen, wofür im empfangenden Amte das polarisirte Relais P unempfänglich ist, dagegen wird das neut

Relais N unter Mitwirkung von k_2 die ankommenden Zeichen auf dem Klopfer K_2' wiedergeben.

Dasselbe geschieht, wenn während der Bewegungen des Hebels von T_2 der Ankerhebel von T_1 angezogen ist; nur wechseln dann $S_1 = +1$ und $S_3 = +3$ mit einander ab und halten im empfangenden Amte zugleich den Ankerhebel von P unverändert an der Arbeitscontactschraube fest.

Bleibt dagegen der Anker von T_2 beständig angezogen, während T_1 arbeitet, so entsendet T_1 bald $S_2 = -3$ und $S_3 = +3$, vor jedem Richtungswechsel wird aber die Leitung eine entsprechende Zeit lang von D_2, bez. D_3 abgeschaltet; das Relais P und der Klopfer K_1 des empfangenden Amtes arbeiten daher regelmässig, das unberechtigte Absetzen und Wiederansprechen des Klopfers K_2' aber wird jetzt durch die Wirkung der Inductionsströme in der Spule M des Relais N verhütet.

Werden endlich T_1 und T_2 in ganz gleichem Tacte bewegt, so springt $S_0 = -1$ in $S_3 = +3$ über und umgekehrt, P und N arbeiten daher zugleich und in gleichem Tacte.

Ed. Zetzsche.

Die Umgestaltung der Budapester Pferdebahn in eine elektrische Trambahn.

Die Direction der Budapester Strassenbahn-Gesellschaft hat unter dem 23. December 1893 dem Magistrate der Haupt- und Residenzstadt Budapest eine auf den Uebergang dieser Pferdebahn zum elektrischen Betriebe bezügliche Eingabe überreicht. Zur Vorgeschichte dieser Eingabe ist zu bemerken, dass der Magistrat von Budapest an die Strassenbahn-Gesellschaft vor einiger Zeit die Aufforderung gerichtet hat, auf den Linien der Pferdebahn „Auwinkl" und „Neupest" die Einführung des Motorenbetriebes anstatt des Pferdebetriebes zu studiren und hierüber geeignete Vorschläge zu erstatten. Der Magistrat ging hiebei von der Anschauung aus, dass diese Umwandlung in einen Motorenbetrieb aus Rücksicht auf die Verkehrsansprüche der Hauptstadt geboten ist. Die Strassenbahn-Gesellschaft hatte sich auf diese Aufforderung hin zunächst mit der Frage beschäftigt, ob der Pferdebetrieb nicht durch eine andere Zugkraft ersetzt werden soll. Von dem Betriebe mittelst Dampflocomotiven hat sie jedoch wegen der Schwierigkeiten abgesehen, welche einem solchen Betriebe in den inneren Bezirken der Hauptstadt entgegenstehen. Die Strassenbahn-Gesellschaft erklärt nunmehr in ihrer Eingabe, dass sie statt des Pferdebetriebes den elektrischen Betrieb in Vorschlag bringt und betont, dass die Anforderungen der Hauptstadt, welche dahin zum Ausdrucke gebracht wurden, dass im städtischen Verkehre möglichst die Elektricität als Zugkraft benützt werde, nur dann voll erfüllt werden können, wenn das gesammte Netz der Strassenbahn-Gesellschaft und der gesammte Verkehr einheitlich und ungetheilt auf elektrischen Betrieb basirt. Die Strassenbahn-Gesellschaft verlangt nun, dass ihr durch eine Verlängerung der Concessionsdauer, welche bis 30. April 1917 reicht, die Möglichkeit geboten werde, die durch die Einrichtung der elektrischen Bahn erforderlichen grossartigen Neu-Investitionen zu amortisiren, damit durch die geplante Ausweitung des Unternehmens die wohlerworbenen Rechte der Actionäre der Strassenbahn Gesellschaft in keiner Beziehung beeinträchtigt werden. Bei der Umgestaltung des elektrischen Betriebes will die Strassenbahn-Gesellschaft zum Theile unterirdische, zum Theile oberirdische Stromzuführung anwenden und erklärt endlich, dass die Einrichtung des Netzes auf elektrischen Betrieb bis zur Eröffnung der Millenniums-Ausstellung bewerkstelligt werden soll. Die Zeitdauer bis zur Abhaltung der Millenniums-Ausstellung beträgt rund $2\frac{1}{4}$ Jahre; die Linienlänge der Bahn, welche für elektrischen Betrieb reconstruirt werden muss, beträgt gegenwärtig 90 *km*; es muss also der Plan, in einer verhältnissmässig so kurzen Zeit eine so umfassende Umgestaltung durchzuführen, als ein kühnes Wagniss bezeichnet werden. Erschwert würde die so rasche Verwirklichung des Projectes auch durch die voraussichtliche Forderung, welche im Interesse des hauptstädtischen Communicationswesens dahin gestellt werden dürfte, dass während der Dauer der Umgestaltungsarbeiten der bisherige Pferdebahnbetrieb nicht sistirt oder eingeschränkt werden soll.

Die elektrotechnischen Fachkreise haben allen Grund, dass von der Strassenbahn-Gesellschaft bereits in officieller Weise angekündigte Project mit besonderer Befriedigung zu begrüssen, und wird durch die Verwirklichung desselben dem elektrischen Transportwesen ein hervorragender Ansporn gegeben werden. Diese Umgestaltung des Budapester Strassenbahnnetzes für elektrischen Betrieb besitzt eine wichtige Bedeutung auch nach der Beziehung, dass auf diese Art die Möglichkeit geboten sein wird, die bisherige Pferdebahn mit der in Budapest bereits eingerichteten Stadtbahn zu combiniren und so die hauptstädtischen Verkehrsverhältnisse einheitlich zu gestalten.

Wir Wiener blicken aber neidvoll auf diese Bestrebungen in der ungarischen Hauptstadt und müssen vorwurfsvoll betonen, dass bei uns in Wien über elektrische Bahnen zwar sehr viel gesprochen, aber diesbezüglich Nichts gethan wird. Schr.

Elektrische Beleuchtung in Igló (Ungarn).

Auf Initiative des Bürgermeisters von Igló, Herrn Dr. Noss, fand in Igló eine Conferenz in Angelegenheit der Einführung der elektrischen Beleuchtung statt. Diese Conferenz exmittirte einen Delegirten nach Budapest behufs Studium der einschlägigen Fragen, welcher in den letzten Tagen den Bericht über das Resultat seiner Mission erstattete.

Das Referat verweist darauf, dass die von einer Actiengesellschaft mit einem Actiencapital von fl. 60.000 in's Leben zu rufende Unternehmung bei gesichertem Consum von 2000 Flammen rentabel zu werden verheisst. Zur Durchführung der erforderlichen Vorarbeiten wurde eine 25gliederige Commission gewählt, diese trat am 12. December v. J. zusammen und genehmigte den ihr vorgelegten Entwurf der Bedingungen für die Lieferung des elektrischen Lichtes für private Zwecke. Die Conferenz-Mitglieder traten gleichzeitig als Gründer einer localen Actiengesellschaft zusammen und zeichneten sofort ein Capital von fl. 20.000.

Die Constituirung der Gesellschaft soll erst dann erfolgen, wenn auch in weiteren Kreisen Gründer-Unterschriften gesammelt sein werden. Die Aussichten für das locale Unternehmen sind, wenn es gelingt, die in Igló bestehenden zwei Creditinstitute zum Anschlusse an diese Gesellschaft zu bestimmen, die allergünstigsten. Schr.

Das elektrische Licht im Allgemeinen Krankenhause in Wien.

Der Vorstand des Institutes für experimentelle Pathologie, Professor Dr. Stricker, leitete seine erste Vorlesung nach den Weihnachtsferien mit folgender Mittheilung ein: „Während der Weihnachtsferien ist für uns ein bedeutendes Werk vollendet worden, zu welchem die ersten Grundsteine schon vor zwanzig Jahren gelegt worden sind. Ich meine die elektrischen Anlagen des Hörsaales, die in erster Reihe dem Unterrichte, der Beleuchtung und Durchleuchtung der Unterrichtsobjecte dienen. Die Effecte dieser Anlagen, die Ihnen nachträglich als Weihnachtsbescheerung vorgeführt werden, haben, wie mir scheint, jetzt erst eine Bedeutung erlangt, die weit über die Grenzen des medicinischen Unterrichtes hinausreichen. Ursprünglich waren unsere Versuche nur darauf gerichtet, die Projectionen mit Hilfe des elektrischen Lichtes für mikroskopische Zwecke nutzbar zu machen; allmälig sind neue Gebiete dazugekommen. Heute ist kein Zweig mehr des Anschauungsunterrichtes von den Wohlthaten der Projectionsmethode ausgeschlossen, insofern die Objecte zu klein sind, um von Vielen gleichzeitig genau genug gesehen zu werden. Als einen wesentlichen Fortschritt der neuen Installationen betrachte ich die jetzt vorhandene Möglichkeit, die einfacheren Projectionen auszuführen, ohne den Saal verfinstern zu müssen. Andererseits steht uns für die complicirteren Methoden eine solche Fülle von Licht zur Verfügung, dass wir uns jetzt an die schwierigsten Probleme der Projectionen wagen können. Als werthvolle Nebenproducte betrachte ich unsere neue Beleuchtung der Schultafeln und die Beleuchtung der Leichen in den Hörsälen für pathologische Anatomie und gerichtliche Medizin. Diese Beleuchtung ist jetzt derart, wie sie in unserem Klima und im Wintersemester auch durch Oberlicht nicht erreicht werden kann." Der Gelehrte warf hierauf einen Rückblick auf die Entstehungsgeschichte des pathologisch-anatomischen Institutes und dessen elektrischer Anlagen. Rokitansky habe bis 1862 noch in einer Hütte secirt, die von einem — Oellämpchen erhellt worden war. Erst 1862 sei das erste Stück dieses Hauses, das er (Stricker) am liebsten „Rokitansky-Hof" nennen möchte, erbaut worden. Von 1875 ab sei für die Einrichtung der elektrischen Projectionen gearbeitet worden. Die elektrische Ausstellung des Jahres 1883, der von dem Kronprinzen gesprochene Wunsch, dass sich ein Meer von Licht über diese Stadt ergiesse, hätten die Bestrebungen nach Einführung des elektrischen Lichtes im Hause nachhaltig gefördert. Es sei alsbald ein Motor mit einer elektrischen Anlage bewilligt worden. Die Anlagen haben sich aber angesichts der stetigen Fortschritte als nicht genügend erwiesen. Und so sei denn endlich, den wissenschaftlichen Wünschen und Bedürfnissen entsprechend, ein Kabel eingelegt worden, welches aus dem Gleichstrom das Licht in solcher Mächtigkeit zuführe, dass damit wohl für Decennien hinaus allen Anforderungen entsprochen werden könne. Professor Stricker schloss mit dem Wunsche, dass sich der mächtige Lichtstrom aus diesem Hause dem — „Rokitansky-Hofe" — auch alsbald in die übrigen Höfe des Allgemeinen Krankenhauses ergiesse — zur Förderung des Unterrichtes und zum Heile der Kranken

Bericht über den Betrieb der Stadt Kölnischen Elektricitätswerke pro 1. April 1892 bis 31. März 1893.

I. Allgemeines.

Wenn man die Entwickelung des Elektricitätswerkes mit Rücksicht auf die Vermehrung der angeschlossenen Lampen betrachtet, so zeigt der Bericht einen recht erfreulichen Fortschritt, da die Lampenzahl von 10.707 am 1. April 1892 auf 15.329 am 31. März 1893, also um 4622 = 43·71% gestiegen ist. Dem gegenüber hat die Stromabgabe nicht in gleichem Maasse zugenommen. Während in der sechsmonatlichen Betriebszeit des vorhergegangenen Jahres 1,549.086 Hektowattstunden abgegeben wurden, beträgt die Abgabe für die 12 Monate 3,070.749 Hektowattstunden, ist also bei weitem nicht so günstig, wie sich nach der Abgabe des ersten Halbjahres und der vermehrten Lampenzahl erwarten liess.

Der in einer Stadt geltende Leuchtgaspreis bildet allein den Maassstab für die Beurtheilung des Preises für das elektrische Licht. Das Preisverhältniss zwischen diesen beiden Beleuchtungsarten stellte sich im verflossenen Betriebsjahre in den unten angeführten Städten unter der Annahme eines Jahresverbrauches von über 3000 m³ Leuchtgas wie folgt:

Städte	Gasbeleuchtung		Elektrische Beleuchtung	Verhältnisszahl im Preise zwischen den Beleuchtungsarten	
	Preis für den m³ Leuchtgas bei einem Verbrauche über 3000 m³	Es kostet der 16kerzige Schnittbrenner bei 180 Liter Verbrauch	Preis einer 16kerzigen Lampe à 55 Watt Verbrauch p. Stunde ohne Rabatt in	Gasbeleuchtung	Elektrische Beleuchtung
	Pf.	Pf.	Pf.		
Berlin	16·00	2·88	3·60	1	1·25
Barmen	17·50	3·15	4·00	1	1·27
Breslau	17·64	3·18	4·20	1	1·32
Elberfeld	16·00	2·88	4·00	1	1·39
Hannover	15·50	2·79	4·07	1	1·40
Düsseldorf	15·00	2·70	4·75	1	1·76
Köln	13·00	2·34	4·40	1	1·88

In Köln war demnach der Preisunterschied derselben Lichtstärke zwischen Gas und elektrischem Lichte am ungünstigsten und ist dieser Umstand der allgemeineren Benutzung des letzteren auch recht hinderlich gewesen.

Diese Erwägungen bildeten die Grundlage zu dem Beschlusse der Stadtverordneten-Versammlung, unter Beibehaltung der alten Rabattscala den Preis des elektrischen Stromes von 8 auf 7 Pf. pro Hektowattstunde vom 1. April 1893 an zu ermässigen.

Gleichzeitig fand aber auch eine Vorlage die Genehmigung der Stadtverordneten-Versammlung, die bestehende Rabattscala für den Gasverbrauch dahin zu ändern, dass nicht wie bisher bei einem Verbrauch von über 3000 m³ ein Rabatt von 2 Pf. gewährt wird, sondern dass bei der Rabattberechnung stets erst die ersten Preisstufen voll zur Berechnung gelangen.

Bei einem Grundpreise von 15 Pf. wurde früher der Jahresverbrauch über 3000 m³ mit 13 Pf. pro m³ berechnet, nach dem neuen Tarife kosten 3000 m³ Leuchtgas im Jahre:

Die ersten 2500 m³	375 Mk.
jeder folgende m³ 14 Pf., also 500 × 0·14 = ...	70 „
demnach 3000 m³ . . .	445 Mk.

oder der m³ 14·83 Pf.

Der Vergleich beider Beleuchtungsarten stellt sich somit für Köln vom 1. April 1893 an ohne Rabattberücksichtigung wie folgt:

Gasbeleuchtung		Elektrische Beleuchtung	Verhältnisszahl im Preise zwischen den Beleuchtungsarten	
Preis für den m³ Leuchtgas bei einem Verbrauch von über 3000 m³	Es kostet der 16kerzige Schnittbrenner bei 180 Liter Verbrauch	Preis einer 16kerzigen Lampe per Stunde ohne Rabatt in	Gasbeleuchtung	Elektrische Beleuchtung
Pf.	Pf.	Pf.		
14·83	2·67	bei 55 Watt 3·85	1	1·44
		„ 50 „ 3·50	1	1·31

Die elektrische Beleuchtung stellt sich demnach in Köln vom 1. April 1893 an ca. 1/3 theuerer als die gewöhnliche Gasbeleuchtung.

Der im Berichtsjahre bestehende grosse Preisunterschied der beiden Beleuchtungsarten erleichterte sehr die im Sommer 1892 in geschickter Weise in Scene gesetzte Einführung der Auer'schen Gasglühlicht-Beleuchtung. Die meisten Reflectanten für elektrische Beleuchtung schafften sich die Auer'schen Gasglühlampen an und viele andere, welche bereits elektrische Beleuchtung hatten, verringerten den Bezug von elektrischem Strom oder stellten die Entnahme ganz ein. Erst im Frühjahr haben einige der bedeutendsten Abnehmer für elektrischen Strom, welche zur Auer-Beleuchtung übergegangen waren, wieder elektrische Beleuchtung eingeführt, ein Zeichen, dass trotz der bedeutenden Ersparniss an Geld bei dem Auerlicht die Abnehmer dennoch nicht zufrieden gestellt waren. Zweifellos ist die elektrische Glühlicht-Beleuchtung die schönste, beste und bequemste Beleuchtungsart, und es ist wohl gerechtfertigt, wenn die mit derselben verbundenen grossen Annehmlichkeiten durch einen höheren Preis aufgewogen werden.*)

Der Betrieb vollzog sich ohne Störung, und haben sich die Einrichtungen des Werkes auch im letzten Betriebsjahre in jeder Hinsicht bewährt. Vom 1. Juni 1892 an fand ein ständiger 24stündiger Tagesbetrieb statt. Im Maschinenhause des Elektricitätswerkes wurde eine dritte 600pferdige Lichtmaschine aufgestellt, so dass nunmehr das Werk mit drei Stück 600pferdigen und einer 150pferdigen Lichtmaschine ausgerüstet ist, also im Ganzen 1950 *HP* zur Verfügung hat. Bei 33 1/3 % Reserve können demnach rot. 13.000 Normallampen gleichzeitig gespeist werden. Im letztvergangenen Winter betrug die Maximalleistung nur 6058 Lampen.

Das Leitungsnetz des Werkes wurde um rot. 2590 Meter Lichtkabel mit zwei unterirdischen Schaltstellen erweitert, ausserdem kamen 43 Transformatoren und 59 Elektricitätszähler zur Aufstellung.

Die Zahl der angeschlossenen Lampen stieg von 10.707 auf 15.329.

Für den Bau des Elektricitätswerkes waren im Ganzen bewilligt 1,896.000 Mk. Nach der am 1. April 1893 abgeschlossenen Baurechnung wurden verausgabt 1,948.456·64 Mark und zwar vertheilen sich dieselben wie folgt:

1.	Gebäude	424.054·30 Mk.
2.	Dampfmaschinen	233.210·01 „
3.	Dynamomaschinen	472.953·14 „
4.	Dampfkessel	124.601·31 „
5.	Kabel	471.640·70 „
6.	Transformatoren	157.903·62 „
7.	Elektricitätszähler	34.389·00 „
	Transport	1,918.758·08 Mk.
	Transport	1,918.758·08 Mk.
8.	Werkzeuge und Geräthe	6.342·57 „
9.	Messapparate	3.045·93 „
10.	Mobilar	2.603·01 „
11.	Vorrath an Kabel und Transformatoren etc.	17.707·05 „
	Summa	1,948.456·64 Mk.

*) Diese Betrachtung ist umso bedeutsamer, als die berichterstattende Behörde sowohl die Eigenthümerin der Gas- als auch der Elektricitätswerke ist.

Von den mehr verausgabten 52.456·64 Mark entfallen 21.906·44 Mk. auf Kabellegungen und sonstige im Laufe des Berichtsjahres besonders bewilligte Anlagen, so dass das Bauconto nur um 30.550·20 Mk. überschritten wurde, welche Summe ebenso wie die 21.906·44 Mk. aus dem Erneuerungsfonds gedeckt wurde, der in den 1 1/2 Betriebsjahren die Höhe von 100.821·53 Mk. erreicht hatte. Nach Abzug der erwähnten 52.456·64 Mk. verblieb am 1. April 1893 im Erneuerungsfonds ein Betrag von 48.364·89 Mk.

Das Gewinn- und Verlustconto weist einen Betriebs-Ueberschuss von 141.354·21 Mark auf, gegen 86.203·50 Mk. in der halbjährigen Betriebszeit des Vorjahres.

Entsprechend der gegen den Etat wesentlich geringeren Abgabe an elektrischem Strom sind auch die Betriebsausgaben niedriger gewesen als im Etat angesetzt war. Während die Einnahme an Strom abzüglich Rabatt um 86.030·17 Mk. geringer war, ermässigten sich auch die Betriebskosten um 28.140·44 Mk. gegen den Etat.

Nach Abführung von 64.750 Mk. für Zinsen und 37.000 Mk. für Tilgung, welch letzterer Betrag gleichzeitig zu Abschreibungen der Anlagewerthe benutzt wurde, verblieb ein Betrag von 39.604.21 Mk. für den Erneuerungsfonds, anstatt der im Etat vorgesehenen 92.500 Mk.

In den bis jetzt vergangenen Monaten des am 1. April 1893 begonnenen neuen Betriebsjahres hat sich die Zahl der angeschlossenen Lampen, zum Theil wohl in Folge der Preisermässigung, stark vermehrt; so ist unter Anderem das neue Gebäude der Kaiserlichen Ober-Postdirection mit rot. 900 Glühlampen und 16 Bogenlampen hinzugekommen. Es darf somit von dem laufenden Jahre, trotz des durch die Einführung der mitteleuropäischen Zeit bedingten Rückganges im Lichtverbrauch, ein zufriedenstellendes Resultat erwartet werden.

Zum Schlusse sei noch erwähnt, dass vom 1. Juli 1893 an der Strompreis für motorische Zwecke 2 1/2 Pf. für die Hektowattstunde beträgt. Ausserdem wird entsprechender Rabatt gewährt.

II. Betriebs-Ergebnisse.

Nutzbare Stromabgabe.

Durch das Leitungsnetz wurden nutzbar abgegeben im Jahre 1892/93 3,070.749 Hektowattstunden.

Im Jahre vorher betrug die Abgabe während der 6 Monate vom 1. October 1891 bis 31. März 1892 1,549.086 Hektowattstunden.

Die Zunahme belief sich daher auf 1,521.663 Hektowattstunden oder 98·23%.

Die nutzbare Stromabgabe vertheilt sich auf:

	Im Jahre 1892/93		Im Jahre 1891/92		Zunahme	
	im Ganzen in Hektowattstunden	in %	im Ganzen in Hektowattstunden	in %	in Hektowattstunden	in %
a) Privatverbrauch . .	2,789.942	90·86	1 454.827	93·92	1,335.115	91.77
b) Selbstverbrauch zu Beleuchtungs-, Mess- u. Versuchszwecken	280.807	9·14	94.259	6·08	185.548	196·85
	3,070.749	100·00	1,549.086	100·00	1,520·663	98·23

Mittlere Jahresbrennstunden ergaben sich für die Berichtsperiode — bezogen auf die mittlere Lampenzahl (13.221) im Jahre — 422·3 pro Lampe.

Vom 1. Juni 1892 an fand ununterbrochen Tag- und Nachtbetrieb statt.

Die grösste Beanspruchung der Anlage fand am 20. December 1892, Abends zwischen 6 und 7 Uhr statt und betrug die Nutzleistung 333.200 Watt entsprechend $\frac{333.200}{55}$ = 6058 Glühlampen à 16 *NK* bei 13.970 angeschlossenen Lampen; dies ergibt, dass 43·4% der angeschlossenen Lampen gleichzeitig brannten.

Im vergangenen Jahre betrug die maximale Nutzleistung 354.150 Watt, es brannten also im Maximum $\frac{354.150}{55}$ = 6.440 Normallampen gleichzeitig bei einer Gesammtzahl von 9.028 Lampen, also 71·3%.

Leitungsnetz.

Die Länge der Lichtkabel betrug am 31. März

	1893 Meter	1892 Meter
Lichtkabel (Speise- und Netzleitungen)	21,900·53	19,311·08
Anschlusskabel	1,463·05	1,075·50
	Stück	Stück
Schaltstellen	11	9

Zugang 2,589·45 *m* Lichtkabel und 2 Schaltstellen.

Die Kabel-Telephonanlage bestand aus:

	Meter	Meter
Telephonkabel	7.164·93	6.697·93
	Stück	Stück
Anzahl der Stationen . .	11	11

Zugang 467 *m* Telegraphenkabel.

Die Kabel-Telephonanlage enthält 7.164·93 *m* Kabelleitungen und 11 Sprechstellen.

Transformatoren.

Es waren aufgestellt	am 31. März 1893	1892
Anzahl der Transformatoren	185	142
Capacität in Hektowatt .	1,403.750	1,010,000

Von den am 31. März 1893 aufgestellten Transformatoren entfallen

3 Stück mit je 1.250 Watt Capacität.
26 „ „ „ 2.500 „ „
45 „ „ „ 5.000 „ „
111 „ „ „ 10,000 „ „

Elektricitätszähler.

Es waren aufgestellt am	31. März 1893	1892
Anzahl der Zähler	224	165

Davon hatten

18 St. 200 Amp. Maximall. } System Bláthy.
203 „ 100 „ „ }
2 „ 25 „ „ } System Thomson-Houston.
1 „ 15 „ „ }

III. Finanzielle Ergebnisse.

Strompreis.

Vom 1. April 1892 an sind die am 28. Jänner 1892 festgesetzten neuen Bedingungen für die Stromabgabe in Kraft gewesen, wonach bei entsprechendem Stromverbrauch und Brenndauer der Lampen auf den Normalpreis von 8 Pf. ein Rabatt gewährt wird.

Am 3. März 1893 beschloss die Stadtverordneten-Versammlung unter Beibehaltung der alten Rabattscala die Herabsetzung des Strompreises von 8 auf 7 Pf. für die Hektowattstunde und trat dieser neue Tarif am 1. April 1893 in Kraft.

Am 1. Juli 1893 ist ein ermässigter Preis des Stromes für Kraftzwecke in Giltigkeit getreten.

Einnahme für elektrischen Strom.

	Hektowattstunden
Es wurden nutzbar abgegeben	3,070.749
davon Selbstverbrauch	280.807
sodass zum Verkauf blieben .	2,789.942

wofür nach Abzug des Rabattes vereinnahmt wurden 212.732·33 Mk., also pro Hektowattstunde 7·60 Pf.

Für die Hektowattstunde nutzbar abgegebenen Strom wurden 6·33 Pf. vereinnahmt, gegen 7·51 Pf. im Vorjahre.

Der Rabatt entspricht 4·7% Preisermässigung.

	1892/93		
	im Ganzen		Auf 1000 Hektowattstunden nutzbare Abgabe
	Mk	Pf	Mk.
Die **Gesammt-Einnahmen** für Strom betrugen .	212.732	33	69.277
Hievon ab die **Erzeugungskosten**	71.378	12	23.225
Bleibt **Betriebsüberschuss**..............	141.354	21	46.052
Davon ab für Zinsen und Tilgung	101.750	—	33.135
sodass ein **Ueberschuss** verbleibt von	39.604	21	12.917

der dem Erneuerungsfonds zugeführt wurde.

Köln, im October 1893.

Joly, Director der Gas-, Elektricitäts- und Wasserwerke.

Einführung des elektrischen Betriebes auf der Arad-Csanáder Eisenbahn.

Die Verwaltung der **Arad-Csanáder Eisenbahn** hat beschlossen, auf einem Theile ihrer Linien den **elektrischen Betrieb** einzuführen. Der ganze Bahnkörper bleibt intact, die Eisenbahnwaggons werden mit Elektromotoren versehen, welche den elektrischen Strom mittelst oberirdisch geführter Leitung erhalten. Unter dieser Leitung können dann auch ungestört die Züge, welche mit Dampflocomotiven verkehren, sich fortbewegen. Wenn sich dieser Versuch bewähren sollte, und sich namentlich bezüglich der Betriebskosten kein ungünstiges Resultat zeigen wird, soll nach den Intentionen der erwähnten Bahnverwaltung der gesammte Betrieb auf der Arad-Csanáder Eisenbahn mit Benützung der elektrischen Kraft umgestaltet werden. Schr.

Verwendung unzubereiteter Telegraphenstangen.

Von Herrn Postrath CANTER in Frankfurt (Oder).

In neuester Zeit finden bei der Reichs-Postverwaltung für Nebenlinien Telegraphenstangen aus rohen (unzubereiteten) Hölzern versuchsweise Verwendung. Um den beabsichtigten Erfolg zu erzielen, wird man in der Auswahl des Holzes selbstverständlich sehr vorsichtig sein und vor Allem auf rechtzeitiges Fällen der Stangen achten müssen. Bezüglich des letzteren Punktes herrschen verschiedene, oft sehr von einander abweichende Ansichten. Während die Theoretiker das Frühjahr und allgemeiner noch die Zeit des Triebes für das Holzfällen als besonders günstig hinstellen, halten die Praktiker an der sogenannten Wadelzeit — November bis März — beharrlich fest. Die Vorsichtigeren beschränken diese Zeit noch mehr, indem sie denjenigen Hölzern die grösste Dauerhaftigkeit zusprechen, welche zwischen dem 15. December und 15. Jänner gefällt sind. Die Richtigkeit dieser Behauptung bestätigt ein Versuch, welcher nach der „Réformé agricole" — allerdings schon vor mehr als dreissig Jahren — in Frankreich gemacht worden ist, der aber wegen seiner Ausführlichkeit verdient, in Erinnerung gebracht zu werden. Die „Leipziger illustrirte Zeitung" (Jahrgang 1863, S. 70) berichtet in einer Uebersetzung hierüber Folgendes:

„Man wählte vier Kiefern von gleichem Alter, gleichmässig gesund und unter denselben Bedingungen auf demselben Boden gewachsen. Die eine wurde Ende December, die zweite Ende Jänner, die dritte Ende Februar und die vierte Ende März gefällt. Die vier Stämme wurden auf gleiche Weise zerschnitten und daraus Balken von gleicher Länge und Dicke hergestellt, die man unter vollkommen gleichen Verhältnissen trocknete. Bei Bestimmung des Widerstandes, den diese Balken — an beiden Enden gestützt und in der Mitte belastet — der Beugung entgegenzusetzen vermochten, stellte er sich für den

Ende December gefällten Baum = 100,
„ Jänner „ „ = 88,
„ Februar „ „ = 80,
„ März „ „ = 62.

Ganz entsprechende Resultat[illegible] hielt man in Bezug au[illegible] Dauerhaft[illegible] Härte der Hölzer [illegible] ein Versu[illegible]

aus den gefällten Stämmen Pfähle geschnitten, die unter gleichen Verhältnissen in denselben Boden gegraben ein sehr entscheidendes Resultat ergaben; denn während die Ende December geschlagenen Hölzer sich noch nach 16 Jahren vollkommen gesund erwiesen, waren die übrigen schon nach drei oder vier Jahren mit geringer Mühe umzubrechen. Ebenso ergaben mit Eichen angestellte Versuche, dass das Ende December geschlagene Holz eine Festigkeit, Dauerhaftigkeit und Dichtigkeit besitzt, welche um vieles grösser ist, als die des ganz ähnlichen, aber nach dem Winter, im März, geschlagenen Holzes."

Da erfahrungsmässig die klimatischen Verhältnisse auf die Entwickelung des Holzes grossen Einfluss haben, werden gleichartige Versuche mit Hölzern, die in Deutschland, namentlich in Norddeutschland, gewachsen sind, wahrscheinlich nicht ganz dieselben Verhältnisszahlen für die Widerstandsfähigkeit in den oben aufgeführten Fällzeiten ergeben, aber zweifellos wird sich auch hier ein fortschreitender Verlust der guten Eigenschaften des Holzes vom December bis zum März geltend machen, und es würden hiernach die im letzteren Monat geschlagenen Hölzer für unsere Zwecke nicht mehr geeignet sein.

Im Anschluss hieran möge auf einige Kennzeichen guten und festen Holzes, deren Beachtung bei der Abnahme von Telegraphenstangen zu empfehlen ist, noch hingewiesen werden: Die Verschiedenheiten des anatomischen Baues des Holzes lassen sich am besten in der Beschaffenheit der Jahrringe erkennen. Jeder von ihnen besteht aus zwei Theilen, dem porigen, lockeren und grobfaserigen Frühjahrsholz und dem dichten, festen Herbst- oder besser Sommerholz. Die Schichten aus letzterem sind dunkel gefärbt. Je weniger die ersteren im Verhältniss zu den letzteren entwickelt sind, desto fester und schwerer ist das Holz.

Wenn die gefällten Stämme einige Zeit zum Trocknen gelegen haben, kann die Güte des Holzes auch nach dem Klang beurtheilt werden. Wird zu diesem Zwecke mit einem Hammer leicht gegen das Stammende geschlagen, so lässt sich mit dem gegen das Zopfende gelegten Ohr an hellem Klang hartes und gesundes, an dumpfem Klang schwammiges und morsches Holz leicht erkennen.

Die unter Beachtung der angedeuteten Vorsichtsmaassregeln ausgewählten Hölzer müssen behufs Verwendung zu Telegraphenstangen nach dem Fällen sogleich entrindet, dann aber zum Austrocknen einige Monate lang aufgestapelt werden.

Vor dem Einstellen in die Erde erhalten sie an dem eingegrabenen Ende und noch etwas darüber hinaus bestimmungsmässig einen Anstrich von Carbolineum. Ob letzterer unter allen Bodenverhältnissen einen ausreichenden Schutz gegen zu schnelle Fäulniss bieten wird, muss erst die Erfahrung lehren. Vielleicht dürfte es sich empfehlen, in leichtem Sandboden den Theil der Stange, welcher dem Wechsel der Bodenfeuchtigkeit am meisten ausgesetzt ist — d. i. etwa 25 *cm* unter und 5 *cm* über der Erde —, noch mit einem ringförmigen Anstrich von Steinkohlentheer zu versehen. Will man letzteren besonders fest und krustig haben, so ist dem Theer Kalkmehl beizumischen.

Ein anderes bekanntes Mittel, durch Abbrennen und Verkohlen die Holzoberfläche des in die Erde zu vergrabenden Stangentheils mit einer Schicht Fäulniss widerstehender Kohle zu umgeben, erfordert in seiner Anwendung sehr grosse Vorsicht, da sonst durch diese Maassnahme das Reissen des Holzes gefördert und so der Feuchtigkeit der Weg nach dem Kern geöffnet wird.

(Arch. f. P. u. T. Nr. 21, 1893.)

Neue elektrische Normaluhr.

Von HENRI CAMPICHE.

Der Eisenbahn-, Post- und Telegraphen-Uhrmacher der egyptischen Regierung, Herr Henri Campiche in Genf, hat eine äusserst einfache Anordnung einer elektrischen Normaluhr erdacht, welche den Antrieb in regelrechter Art gibt und ohne Zersetzung der Kraft wirkt. Die nachstehende Fig. 1 zeigt eine schematische Darstellung dieses neuen Systems. Ein Secundenpendel *A* trägt am oberen Theile eine Feder *F*, die bei jeder zweiten Schwingung das Hemmungsrad *G* um einen Zahn vorwärtsbewegt; das Hemmungsrad hat 30 Zähne und macht also per Minute eine Umdrehung. Die mit dem einen Ende der Stromleitung verbundene Feder *K* schleift auf dem Hemmungsrade und bewirkt die Stromleitung zur Radwelle, zugleich verhindert sie aber auch ein Aufsteigen des Rades auf der fixen Welle. Auf der Welle des Hemmungsrades sitzt der Contactarm *H*, welcher bei jeder Radumdrehung, also in jeder Minute einmal über die Contactstelle *J* schleift und damit einen kurz andauernden Schluss des Stromkreises herstellt. Auf der anderen Seite des Pendels ist unten ein Arm *B*, welcher gegen das Ende jeder Doppelschwingung den um eine Welle drehbaren und mittelst eines verstellbaren Gewichtes ins Gleichgewicht gebrachten Anker *D* des Elektromagnetes *C* ein wenig anhebt. In dem Augenblicke, wo der Arm *H* den Contact mit dem Stück *J* herstellt und der Stromkreis dadurch geschlossen wird, ist auch der Anker *D* durch den Arm *B* angehoben; der Anker *D* wird dann durch die magnetisirende Wirkung des circulirenden Stromes auf den Elektromagnet angezogen und ertheilt dem Pendel den Impuls mittelst des Armes *B*. In derselben Art erfolgt der

Antrieb jede Minute einmal. Damit der Stoss beim Impulsgeben auf das Pendel nicht hart und erschütternd einwirkt, ist eine halbrunde Feder am Pendel angebracht, an welcher der Arm *B* anliegt. Den elektrischen Strom liefert die Batterie *M*, in deren Stromkreis ausser dem Elektromagnete *C* der Normaluhr auch die mit Minuten- und Stundenzeiger versehenen Nebenuhren *L L* eingeschaltet sind. Auf der Welle des Hemmungsrades *G* ist ein Secundenzeiger angebracht, der in Intervallen von zwei zu zwei Secunden

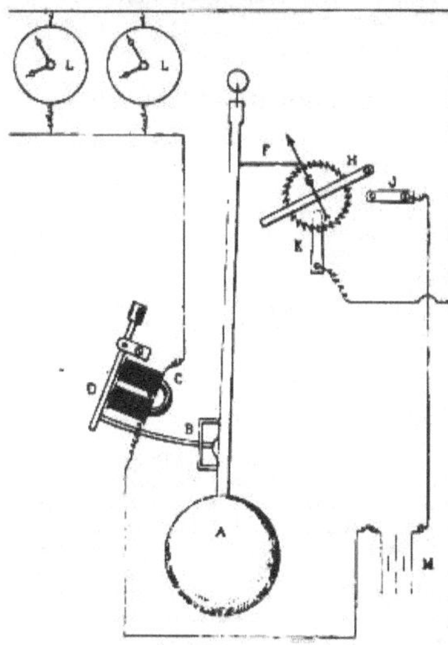

Fig. 1.

springt. Soll dieser Secundenzeiger der Normaluhr jede Secunde springen, so ist ein Halbsecundenpendel und ein Gangrad mit 60 Zähnen anzuwenden. Vortheilhafter ist es noch, wenn man zweimal per Minute Impuls geben lässt, zu welchem Zwecke der Gegenarm des Hebels *H* gleichfalls zum Contactgeben einzurichten ist, oder noch öfters per Minute, indem man einen zweiten Contacthebel mit dem Hemmungsrade verbindet. Der Mechanismus *F G H J K* ist nicht allein überaus einfach, sondern functionirt auch ohne wesentliche Beeinflussung des Pendels. Der Erfinder hat auf dieses interessante System ein Patent in der Schweiz erworben.

Central-Anlage in Budapest.

Diese Central-Anlage wird von der Elektricitäts-Actien-Gesellschaft vormals Schuckert & Co., Nürnberg, nach dem Mehrphasen-Wechselstromsystem für Budapest ausgeführt. Seit zwei Monaten hat nun das oben genannte Elektricitätswerk, welches von der dortigen Gas-Gesellschaft betrieben wird, mit der Stromlieferung begonnen. Die gegenwärtige, in ihrem jetzigen Umfange für den Sommerbetrieb bestimmte Anlage besteht aus zwei Maschinensätzen von je 150 *HP*, die gemeinsam mit einer Accumulatorenbatterie (Capacität: 2mal 1500 Ampèrestunden bei 500 Ampère) den Verbrauchsstrom erzeugen und reicht für 6000 Lampen aus. Bereits ist durch zahlreiche Anschlüsse diese Zahl auch erreicht. Die Haupt-Anlage für 15.000 Lampen wird noch im Laufe des Februar 1894 in Betrieb kommen. Die vielen Anmeldungen haben die Direction der Gas-Gesellschaft veranlasst, schon für das Jahr 1894 die Einrichtung zweier ferneren Unterstationen, und die abermalige Erweiterung der Maschinen-Anlage in's Auge zu fassen. Bekanntlich ist diese Anlage, welche die Elektricitäts-Actien-Gesellschaft vormals Schuckert & Co., Nürnberg, ausgeführt hat, die einzige Anlage in der Welt, bei welcher das Mehrphasen-Wechselstromsystem für Lieferung elektrischer Energie für Licht- und Kraftbedarf in grösserem Maassstabe zur Anwendung kommt.

Die Wechselstrom-Maschinen sind für 25 Perioden in der Secunde bei einer Spann[illegible] von 2000 Volt eingerichtet. [illegible] Folge der [illegible] mittelbaren Erzeugung der [illegible]chspannung der Maschine konnten [illegible] matoren erspart werden, so dass nur die Umwandlung des hochgespannten Wechselstroms in niedergespannten Gleichstrom auszuführen war. Gut bewährt hat sich ein Apparat besonderer Construction, welcher dazu dient, die durch die Capacität der Kabel verursachten Spannungserscheinungen (Deptford effect) zu neutralisiren. Die Parallelschaltung der Maschinen erfolgt ohne Belastungswiderstände, was keinerlei Anstände zur Folge hat. Ueberhaupt functionirt die Anlage seit den ersten Tagen des Betriebes ohne jegliche Unterbrechung.

Oesterreichische Industrie in Aegypten.

Man meldet uns aus Cairo:

Das Ministerium für öffentliche Arbeiten hat vor längerer Zeit eine Concurrenz für Einrichtung der elektrischen Beleuchtung im Palais des Khedive ausgeschrieben, welche eine wirklich internationale genannt werden kann, denn neben den bedeutendsten Firmen Englands, Amerikas und Frankreichs sind auch Deutsche, Schweizer und Oesterreicher hier erschienen, um durch ihre eigens abgesandten Vertreter ihre Offerte zu unterstützen. — Aus diesem Wettstreite ist erfreulicher Weise eine österreichische Firma, Kremenezky, Mayer & Co. in Wien, siegreich hervorgegangen, deren Project als das günstigste angenommen wurde. Die österreichische Industrie ist zu diesem Erfolge zu beglückwünschen. Y.

Elektrischer Thüröffner.

Man hat seit einiger Zeit Thürverschluss-Vorrichtungen einzuführen versucht, mit deren Hilfe Thüren von entfernten Orten aus geöffnet werden können, welche sich mehr oder weniger bewährt haben. Für diese Zwecke wurden auch theilweise schon elektromagnetische Einrichtungen verwendet. Wie der New-Yorker „Techniker" mittheilt, war in der Südgallerie des Elektricitäts-Gebäudes auf der Ausstellung in Chicago von der Hicks-Troy Electric Door Co. eine Vorrichtung ausgestellt, welche ein Oeffnen und Schliessen der Thür vollständig selbstthätig bewirkt. Die Thür hängt hierbei an federnden Angeln, welche das Bestreben haben, diese offen zu halten. An der oberen Thürkante ist eine Schnur befestigt, die über mehrere Rollen nach einem kleinen Elektromotor führt, dessen Aufgabe es ist, durch Aufwickeln der Schnur die Thür zu schliessen, bezw. geschlossen zu halten, wodurch gleichzeitig die Oeffnungsfedern wieder gespannt werden. Nähert sich nun Jemand der Thür, so muss er erst einen Contact passiren, welcher einen Stromkreis schliesst. Dieser löst die aufgewickelte Schnur aus, worauf die Federn die Thür öffnen. Innerhalb des Gehäuses, in welchem sich die erwähnten Schnurrollen befinden, sind zwei Schaltapparate angebracht. Ein Stift an der Thür schaltet bei gewisser Stellung den Motor aus, falls die letztere geschlossen worden ist. Der in der Nähe unterzubringende Motor ist in einem Eisengehäuse eingeschlossen und auf seiner Achse befindet sich ein Schneckenantrieb, dessen Rad einen Satz Magnete trägt, deren Armatur eine Eisenscheibe ist und eine magnetische Kuppelung zwischen Armaturachse und Schnurscheibe darstellt. Dieselbe trägt am Umfange eine Nuth, innerhalb welcher die Schnur liegt. Diese Scheibe wickelt die letztere nun auf, und zwar mit wachsender Kraft, während die Thür sich schliesst.

Sobald eine Person den Contact durch Betreten einer Matte in Thätigkeit setzt, wird der Stromkreis für den Motor geöffnet, die magnetische Kuppelung wird ausgelöst, die Schnur kann sich abwickeln und die Federn öffnen die Thür. Darauf wird der Conctact nach einiger Zeit, bezw. bei entsprechender Thürstellung für den Motor wieder geschlossen, die Armatur bewegt darauf die magnetische Kuppelung und mit Hilfe dieser die Schnurscheibe, so dass die Thür so weit geschlossen wird, bis der Motor ausgeschaltet und die Schnur in entsprechender Spannung gehalten wird. Der Eintretende löst für das Oeffnen also die elektromagnetische Kuppelung nur aus, worauf die Federn in Thätigkeit treten.

Gasbeleuchtung gegenüber elektrischer Beleuchtung.

In einer englischen Stadt wurden dem Magistrat wegen der öffentlichen Beleuchtung zweierlei Offerte gemacht. Die Elektricitäts-Gesellschaft bot 34 Glühlampen an, jede zu 25 Kerzenstärke, dann 26 weitere Glühlampen ebenfalls zu 25 Kerzenstärke. Für die Errichtung der Säulen 314 £ 10 Sh., von welchem Betrag 5% Verzinsung während der Zeit der Benützung zu zahlen wären. Für Erhaltung der Beleuchtungskörper, Stromzufuhr, Auswechslung der Lampen pro Jahr, bei 2000 Brennstunden 4 £ 8 Sh. pro Lampe, was bei 60 Lampen 264 £ ausmacht.

Die Gas-Gesellschaft offerirte Folgendes: 100 Strassenlampen zu 400 £, wovon ebenfalls 5% Verzinsung während der Benützungszeit zu zahlen sind. Die Lampen sollen jedoch nicht wie die elektrischen jeden Tag bis Mitternacht brennen, sondern zu Zeiten des Vollmondes gar nicht. Dabei zahlt man 2 £ 18 Sh. pro Lampenjahr. Der Contract müsste auf 3 Jahre geschlossen werden und auf Basis sechsmonatlicher Kündigung.

Es müssen jedoch die Anfangsauslagen der Gesellschaft von der Gemeinde rückgezahlt werden, abzüglich $2^1/_2$% jährlicher Abnützung. Es würde somit die Gasbeleuchtung 310 £ einschliesslich 20 £ für Interessen jährlich kosten. Die Anlagekosten bei Gas betragen 400 £ und bei Elektricität 314 £ 10 Sh., während bei letzterer die jährlichen Ausgaben 295 £ 14 Sh. einschliesslich 14 £ 15 Sh. Interessen. Die Gaslampen stehen 75 Yards, die elektrischen jedoch 200 Yards von einander ab.

Es wurde das Anerbieten der Elektricitäts-Gesellschaft angenommen.

Neuerungen an Ueberzügen für Leitungsdrähte.

Von CHARLES THELISMAR SNEDEKOR in Worcester.

Die vorliegende Erfindung bezieht sich auf die Ueberzüge von Drähten für elektrische Leitungen, durch welche Ueberzüge dieselben wirksam isolirt und feuerdicht gemacht werden, so dass bei Verwendung derselben die hauptsächlichsten Gefahren bei Anwendung von elektrischen Beleuchtungs-Systemen beseitigt werden.

Die neuen Ueberzüge werden nach vorliegender Erfindung wie folgt hergestellt.

Der aus Kupfer oder Phosphorbronze bestehende Draht oder Kern wird in gewöhnlicher Weise verzinnt und mit vulkanisirtem Kautschuk überzogen.

Ueber letzteren wird dann ein eigenthümlicher schmiegsamer Kitt oder Cement, bestehend aus

ungefähr	40	Gewichtsth.	Magnesia,
„	28	„	Talg,
„	15	„	feinzerriebenem Asbest,
„	30	„	flüssigem Leim,
„	15	„	Glycerin und
„	1/4	„	doppelchromsaurem Natron

oder Kali und falls man einen dunkelfärbigen Ueberzug wünscht, ungefähr 1/4 Gewichtsth. Lampenruss aufgetragen.

Dieser Kitt oder Cement wird in einem Behälter durch inniges Mischen der Bestandtheile angemacht und damit der Draht überzogen.

Der überzogene Draht wird dann in einer der gebräuchlichsten Weisen in die Form einer Schnur oder in Kabelform gebracht und entweder durch ein Bad gezogen, das aus

ca.	27	Kilogramm	kieselsaurem Natron,
„	13.5	„	Alaun,

gelöst in 180 Liter Wasser, besteht, oder in sonstiger Weise äusserlich mit dieser Lösung gesättigt, hierauf getrocknet und schliesslich mit einem Ueberzug versehen, der aus

40	Gewichtsth.	Schwefelkohlenstoff
8	„	Asphalt besteht.

Die in solcher Weise behandelten Leitungsdrähte sind durch ihren Ueberzug nicht blos vollkommen isolirt, sondern widerstehen auch jeder inneren und äusseren Hitze.

Isolationsmaterialien und die Isolation höherer elektromotorischer Kräfte.

Ueber „Isolationsmaterialien mit besonderer Rücksicht auf die Isolation höherer elektromotorischer Kräfte“ hielt am 1. December l. J. Dr. Moriz Hoor im Budapester Polytechnikum seinen Antrittsvortrag. Dem freien, sowohl inhaltlich, wie formell hochinteressanten Vortrage, welchem der Rector, zahlreiche Professoren und eine grosse Anzahl fachlicher Zuhörer anwohnten, entnehmen wir die folgenden Daten:

Der Vortragende behandelte die Theorie der Dielectrica und deren praktische Anwendung zur Erklärung und Untersuchung vieler, in der Praxis sehr wichtiger Erscheinungen. Solange man den Dielectricis an Isolatoren, die den Raum zwischen den elektrischen Leitern erfüllen, nur eine passive Rolle zuschrieb und den Sitz der elektrischen Erscheinungen lediglich in die Leiter allein verlegte, konnte man auf diesem Gebiete, da die obige Auffassung eine künstliche war, keine wesentlichen Fortschritte verzeichnen. Die Versuche von Cavendish, später (und unabhängig von Cavendish) die genialen Versuche von Faraday zeigten, dass den Dielectricis der elektrischen Systeme beim Zustandekommen eine wesentliche active Rolle zukomme. Faraday's geniale Kraftlinienmethode, Max Well's theoretische Arbeiten haben es möglich gemacht, dass wir auf Grund von Cavendish' und Faraday's Versuchen heute wissen, dass die Dielectrica eigentlich der Sitz der elektrischen Erscheinungen sind. Und alle Vorgänge in den Isolatoren, sowie Polarisationsleitung, Hysteresis-Erscheinungen, die in ihrem Verlaufe durch Molecularstructur bedingt sind, üben wiederum einen grossen Einfluss auf den Molecularzustand de- lators aus. Diese Einflüsse lassen experimentell verfolgen, und müsse

Isolatoren in der Praxis auf die diesbezüglichen Eigenschaften untersucht werden. Vortragender entwickelt hierauf die Schlussfolgerungen und schildert jene Untersuchungen, denen Isolationsmaterialien unterzogen werden sollen, wenn man sich von der Brauchbarkeit derselben überzeugen will. Dieses Thema ist in der Praxis selbstredend von eminenter Wichtigkeit. Der Elektriker hat bei Lösung manchen Problemes sich in erster Linie mit den obenerwähnten Fragen zu beschäftigen. Schr.

Kraftübertragung mittelst Dreiphasenstrom in Californien.

Bei Redlands, Californien, hat die General Electric Company of America eine solche Uebertragung von 800 *HP* auf die Entfernung von $7^1/_2$ engl. Meilen (= $1^1/_2$ deutsche Meile) hergestellt. Die Wasserkraft wird durch den Fall von 2400 Cubikfuss Wasser pro Minute von einer Höhe = 353 Fuss gewonnen, was einem Druck von 160 Pfund pro Quadratzoll gleichkommt. Zwei Pelton-Wasserräder sind direct mit Generatoren gekuppelt, welche bei 600 Umdrehungen pro Minute einen Strom von 2500 Volts Spannung und der Intensität von 180 Ampères bei 100 Polwechseln pro Minute ergeben.

Eine Transformations-Station ist in Redlands, die zweite — blos $4^1/_2$ engl. Meilen vom Wasserfall entfernt — in Mentone, wo eine Eisbereitungs-Anlage sich befindet, für welche die Betriebskraft durch einen Dreiphasen-Motor von 750 Umdrehungen pro Minute erstellt wird. Sowohl in Redlands als auch in Mentone werden von dem Dreileiter-System des secundären Stromkreises sowohl Bogen- als auch Glühlichter gespeist, welche trotz der Motoren anstandslos functioniren. Das Dreiphasen- und das einfache Wechselstrom-System scheint, nach „Electrical-Review", über das Zweiphasen-System den Sieg davonzutragen.

Accumulatoren in Amerika.

Dem Amerikaner, welcher sofortige Erfolge in seinen Unternehmungen haben will und benützten Apparaten wenig Aufmerksamkeit zuwenden mag, waren die Accumulatoren seit jeher wenig sympathisch. Besonders Edison war es, der sein Anathema über die „Kraftsammler" aussprach und dieselben für längere Zeit auf dem Boden der United States „unmöglich" machte. Weder zu stationären noch zu Tractionszwecken mochten die Elektrotechniker mit den Secundärbatterien sich befassen. Ersteres nicht, weil das Belastungs-Diagramm der elektrischen Anlagen in Amerika eine über alle 24 Stunden des Tages gleichmässig vertheilte Energieentnahme darbietet, während wir hier in Europa steil aufsteigende und abfallende Consumcurven in unseren Centralen verzeichnen. Letzteres — die Benützung der Secundär-Elemente für Traction — konnte nicht Raum gewinnen, weil — nun wir wissen Alle, warum sie nicht sehr reichlich verwendet worden sind.

Nun, in letzterer Zeit, scheint sich denn doch das Blatt gewendet zu haben; der „Electr. Engineer" in Newyork bringt über den Accumulator der Waddell-Entz Comp. ausserordentlich günstige Berichte, so günstig, dass die Londoner „El. Review" dieselben nicht in Uebereinstimmung mit dem findet, was dieser Accumulator in England geleistet. Da nun der „El. Engineer" der „Elect. Review" an Ernst und Gediegenheit durchaus nicht nachsteht, so fühlen wir uns veranlasst, das mitzutheilen, was ersteres Blatt über die Accumulatoren von Waddell-Entz schreibt. Hiernach betragen die Tractionskosten unter Anwendung dieses Accumulators pro Wagenmeile 9·32 Cents, u. zw. 3·54 Cents für Erzeugung, 2·24 Cents für Kohle und 1·54 Cents für Abnützung des Elements, während 2 Cents auf andere Posten entfallen. Wir können wohl bald in Oesterreich über diesen Gegenstand volle Klarheit haben, da die Accumulatorenfabrik Hagen, wie man hört, diesen Accumulator erworben und daher über seine Leistungsfähigkeit für sie selbst kaum ein Zweifel obwalten dürfte.

Anwendung von Cuprocuprisulfit für galvanische Kupferbäder.

Von Dr. G. LANGBEIN, Leipzig-Sellerhausen.

Privilegium vom 14. September 1893.

Zur Herstellung galvanischer Cyankupferbäder werden den hierzu benützten Kupfersalzen (Grünspan oder Kupfervitriol) bislang beim Lösen mit Cyankalium schwefeligsaure Salze und Ammoniak, bezw. Potasche oder Soda zugegeben, um das Entweichen von Cyan zu verhindern und letzteres in Cyanammonium, bezw. Cyankalium oder Cyannatrium überzuführen.

Wie ich gefunden habe, entweicht, wenn man das in Wasser unlösliche Cuprocuprisulfit in Cyankalium löst, keine Spur Cyan. Es eignet sich somit dieses Kupfersalz in hervorragender Weise zur Herstellung galvanischer Kupferbäder.

Die mit Cuprocuprisulfit hergestellten Bäder liefern sehr dichte, kräftige und fest haftende Kupferniederschläge.

Neueste deutsche Patentnachrichten.

Authentisch zusammengestellt von dem Patentbureau des Civil-Ingenieur Dr. phil. H. Zerener, Berlin N., Eichendorffstrasse 20, welcher sich zugleich bereit erklärt, den Abonnenten der „Zeitschrift für Elektrotechnik" allgemeine Anfragen in Patentsachen kostenfrei zu beantworten.

Patent-Anmeldungen.

Classe

20. B. 13.580. Elektrische Beförderungsanlage mit seitlich angebrachten verstellbaren Führungskörpern. — *Andrew Bryson* in New-York.

Gebrauchs-Muster.

Classe

12. Nr. 20.003. Rührvorrichtung mit elektrischem Antriebe für anzudampfende Flüssigkeiten, die an den Kessel oder an die Schale geschraubt wird. — *G. Oppermann* in Otsdorf, Schwerin M.

LITERATUR.

Die Elektricität, ihre Erzeugung, praktische Verwendung und Messung. Für Jedermann verständlich, kurz dargestellt von Bernhard Wiesengrund, 44 Abbildungen. Preis Mk. 1.—. Verlag von H. Bechhold, Frankfurt a. M. — Die Vorzüge dieses Werkchens sind seine Klarheit und leichte Verständlichkeit, verbunden mit strengster Kürze und interessanter Darstellungsweise. Anschauliche Zeichnungen und vorzügliche Ausstattung vermehren den Werth.

KLEINE NACHRICHTEN.

Neue Staatstelephon-Linien. Am 29. December 1893 wurde der Verkehr auf der interurbanen Staatstelephon-Linie Kladno-Asch mit den Stadtnetzen Kladno, Saaz, Karlsbad, Eger und Asch im Anschlusse an die interurbanen Staatstelephon - Linien Kladno-Prag und Prag-Wien und gleichzeitig auch der Verkehr zwischen den neu errichteten Staatstelephon-Netzen in Kratzau und Grottau und den interurban verbundenen Staatstelephon-Netzen in Reichenberg, Zittau, Gablonz, Morchenstern, Tannwald, Jungbunzlau, Prag und mit dem Staatstelephon-Netze in Wien eröffnet. Der interurbane Verkehr zwischen den neu errichteten Staatstelephon-Netzen in Asch, Eger, Grottau, Karlsbad, Kratzau und Saaz einerseits und der Telephon-Centrale Wien andererseits beschränkt sich hinsichtlich der letzteren auf die an dieselbe angeschlossenen Telephonstellen, sowie auf die zur Theilnahme an dem interurbanen Verkehre mit dem nordböhmischen Telephonnetzen angemeldeten Wiener Staatstelephon - Theilnehmer. Die Sprechgebühr für ein gewöhnliches Gespräch in der Dauer von drei Minuten beträgt zwischen Wien und jeder der neu eröffneten Telephon-Centralen und den an diese angeschlossenen Theilnehmern fl. 1.50.

Elektrische Bahn Döbling-Grinzing. Die Kahlenberg-Eisenbahn-Gesellschaft plant den Bau einer neuen Linie, welche bestimmt ist, die noch immer unzulängliche Verbindung des Kahlenberges mit der Stadt zu verbessern und die Betriebsmittel der Gesellschaft einer stärkeren Ausnützung zuzuführen. Die Linie soll eine Verbindung bilden zwischen den bei Ober-Döbling mündenden Linien der beiden Tramway-Gesellschaften und der Station Grinzing der Zahnradbahn, welch' letztere Station entsprechend verlegt und erweitert werden soll. Die Mittel zum Baue und Betriebe dieser Bahn sollen bereits sichergestellt sein, und soll die Linie für elektrischen Betrieb eingerichtet werden. Die Kahlenberg - Eisenbahn - Gesellschaft ist um die Vorconcession zum Baue und Betriebe dieser Bahn bereits eingeschritten und besteht die Absicht, die Bahnlinie womöglich noch im Sommer 1894 zu activiren.

Ein künstlicher Edelstein. In Ergänzung unserer Mittheilung auf S. 183 des Jahrg. 1893 können wir heute über das Carborundum, eine Verbindung von Kiesel (Silicium) und Kohlenstoff, Nachstehendes berichten. Entdeckt wurde der Stoff durch Edward G. Acheson in Monongahela-City in Pennsylvanien, der in der Absicht, ein Verfahren aufzufinden, mittelst dessen Kohlenstoff in Diamant verwandelt werden könnte, den Wechselstrom einer Dynamomaschine, die das elektrische Licht für die Stadt lieferte, auf eine Mischung von Thon und Kohlenstoff wirken liess. Nach dem Erkalten fand er an den Elektroden glitzernde Krystalle von blauer Farbe. Durch verschiedene Verbesserungen in der Herstellungsweise gelang es ihm, grössere Mengen des Stoffes zu gewinnen, und da er ihn für eine Verbindung von krystallisirtem Kohlenstoff mit krystallisirter Thonerde (Korund) hielt, so nannte er ihn Carborundum. Die chemische Untersuchung des Körpers, mit der Herr Otto Mühlhäuser beauftragt wurde, lehrte bald, dass Carborundum im Wesentlichen aus einer Kieselkohlenstoff-Verb[illegible] (Siliciumcarbid) besteht und durc[illegible] weise vorgenommene Abänderun[illegible] Herstellungsverfahrens gel[illegible] Ausbeute so zu ste[illegible] eingereicht und erhalten werden konnte. Der Stoff kam auf den Markt, erst nur in Form von feinem Pulver, das wegen der ausserordentlichen Härte des Körpers zum Ersatz des Schmirgels und Korunds diente, dann in Form von Schleifrädchen, Wetzsteinen u. s. w. Zur Darstellung im Grossen verwendet man jetzt anstatt des Thones reinen Quarzsand (ca. 36½ Gewichsprocente) und anstatt des reinen Kohlenstoffs feingepulverte Coakskohle (ca. 45½%) und Chlornatrium (ca. 18%). Man erhält eine Krystallmasse von strahligem Gefüge, deren Farbe im auffallenden Lichte zwischen gelb- und blaugrün wechselt. Zerbricht man die strahligen Krystallbrocken, so bekommt man die einzelnen Krystalle, die oft mehrere Millimeter lang, oft aber auch so klein sind, dass ihre Form nur unter dem Mikroskop erkannt werden kann. Manche erscheinen rein farblos und diamantenähnlich, andere besitzen die dem Südafrika-Diamanten öfter eigene gelbliche Tinte. Wieder andere sind blass bernsteingelb, grün, gelbgrün, blaugrün, olivgrün, smaragdgrün. Seltener begegnet man Stücken, die die Farbe des Saphirs haben. Die Krystalle sind durchsichtig und bilden rhombische Tafeln oder Plättchen mit scharfen Winkeln und ausserordentlich glatten, glas- oder diamantglänzenden Flächen, die das Licht wie Spiegel zurückwerfen; sie haben 3·22 specifisches Gewicht und werden von keiner Säure angegriffen. Sie sind ausserordentlich hart, so hart, dass man mit ihnen (in Form eines sich schnell drehenden Schleifrädchens) Löcher in härtestem Stahl und auch in Korund schneiden kann. Vorzüglich eignet sich der Körper auch zum Schleifen von Glas, hartem Porzellan etc. Der Härtegrad des Carborundums liegt zwischen denen des Saphir und des Diamanten; er ritzt ersteren, wird aber selbst von letzterem geritzt. Als Schleifmittel hat das Corborundum einen drei- bis viermal höheren Werth als der Korund, da es in der Zeiteinheit drei- bis viermal mehr Schleifarbeit zu verrichten vermag als dieser. Der französische Akademiker Moisseau hat auch zur Herstellung des Siliciumcarbids neuerdings mehrere Methoden angegeben. Wie alle früheren beruhen auch diese Darstellungsweisen auf der Benützung des elektrischen Bogens als Wärmequelle; bekanntlich hat gerade Moisseau durch die Erfindung seines elektrischen Ofens Temperaturgrade von einer Höhe zu erzeugen gelehrt, dass dadurch die in ihrem Aggregatzustand beständigsten Körper, wie z. B. Kieselsäure, zum Verdampfen gebracht werden.

Erzeugung des Carborundum in Oesterreich. Wie wir vernehmen, hat die Länderbank die Erzeugung und Verwerthung des Carborundum, über welches wir noch an anderer Stelle berichten, in die Hand genommen. Das in grossem Maassstabe anzulegende Etablissement wird von der Länderbank, welche das Patent von dem Erfinder des Carborundum für Oesterreich-Ungarn erworben hat, auf der Herrschaft Benatek errichtet werden. Bei dieser Anlage, für welche u. A. eine Dynamomaschine von 1000 Ampères und 35 Volts aufgestellt werden soll, dürfte auch die dort zur Verfügung stehende überschüssige elektrische Kraft Verwerthung finden. Z.

Centralstation in Zara. Die Stadtgemeinde Zara hat mit Gemeinderaths-Beschluss vom 30. November beschlossen, eine Centralstation für elektrische Beleuchtung und Kraftübertragung für eigene Rechnung zu erbauen und hat mit der Ausführung die Firma Kremenezky, Mayer & Co. in Wien betraut.

Es werden vorerst zwei Dampfmaschinen à 100 *HP* und eine Accumulatorenbatterie für 500 Glühlampen aufgestellt, so dass die Centralstation nach dem ersten Ausbau für 2500 16kerzige Glühlampen ausreichen wird.

Die vier Gleichstrom-Dynamos arbeiten mit 150 Volt Klemmenspannung, je zwei nach dem Dreileitersystem geschaltet. Bdy.

Städtebeleuchtung durch Elektricität. Die Bukarester Gas-Compagnie (eine französische Gesellschaft) hat mit der Elektricitäts - Actien - Gesellschaft vormals Schuckert & Co. in Nürnberg einen Vertrag betreffs Ausführung der Bukarester Centralen abgeschlossen, nachdem ihr auch die Concession für die elektrische Beleuchtung ertheilt worden ist. Wie umfassend die Thätigkeit der Elektricitäts-Actien-Gesellschaft vormals Schuckert & Co. auf dem Gebiete der Städtebeleuchtung ist, erhellt daraus, dass sie gegenwärtig die Centralen Pest, Steyr, Sigmaringen und München fast gleichzeitig in Betrieb gesetzt hat und dass im Laufe dieses Monats auch die Beleuchtung der Hamburger Vorstadt St. Pauli in Betrieb kommt, ebenso, dass die Beleuchtung von der grossen Hamburger städtischen Centrale ihre Ausdehnung auf das gesammte innere Stadtgebiet findet. Mit der Centrale in Zwickau, welche gleichfalls noch in diesem Monat in Betrieb genommen wird, ist auch eine elektrische Strassenbahn verbunden, welche im Laufe dieses Winters fertig gestellt wird. Des Weiteren baut die Elektricitäts - Actien-Gesellschaft vormals Schuckert & Co. zur Zeit eine Strassenbahn in Baden-Vöslau, von deren Centralstation aus die Orte Baden und Weikersdorf mit elektrischer Beleuchtung versorgt werden.

(Ztg. f. G. u. W., Trier, 20. Decb. 1893.)

Die Gesellschaft des Secteurs Clichy in Paris. Die Installationen elektrischer Beleuchtung vermehren sich in Paris von Tag zu Tage. Von obiger Gesellschaft wurden folgende Daten mitgetheilt: Die ganzjährigen Einnahmen von 1892 bis 1893 betrugen 909.945 Frcs. 60 Cts., von 1891 bis 1892 betrugen selbe 651.972 Frcs. 95 Cts., was somit einer Vermehrung der Einnahmen von 39·5% gleichkommt. Der Reingewinn des letzten Jahres beziffert sich mit 307.276 Frcs. 15 Cts. und kamen 160.000 Frcs. auf Dividendenvertheilung, was einem Erträgniss von 4% gleichkommt.

Die Fabrik von Kohlenspitzen zur elektrischen Bogenlicht-Beleuchtung, F. Hardtmuth & Comp. in Wien, hat mit ihrem Erzeugniss auf der Ausstellung in Chicago den höchsten Preis (Ehrendiplom und goldene Medaille) erhalten.

In der **Société internationale des Electriciens** wurde in der letzten Sitzung vom 6. December 1893 von M. G. Claude ein Mittel erläutert, welches die Sicherheit der Energievertheilung mittelst hochgespannter Wechselströme zu vermehren vermag. Leider wurden die Ausführungen Claude's nicht durch Versuche gestützt und wurden dieselben auch mehrfach bekämpft.

Ein neues System elektrischer Hochbahnen. In Köln hat sich ein Consortium gebildet unter Betheiligung von Eugen Langen in Köln, Schuckert in Nürnberg, van der Zuypen und Charlier in Deutz, um elektrische Hochbahnen nach einem neuen System zu bauen, wobei die Waggons an den Schienen, durch welche die Stromführung geschieht, hängen. Als erster Bau ist die Bahn Barmen-Elberfeld über die Wupper in Aussicht genommen. Bei diesem System sollen die kostspieligen Fundamente ganz entfallen.

Wir glauben annehmen zu dürfen, dass es sich hier um ein neues Telpherage-System, an dessen Ausbildung die Engländer Fléming-Jenkin, Perry und Ayrton, ferner der Franzose Lartigue u. A. m. bereits vor Jahren gearbeitet haben, handelt.

Lichtspendende Automaten. Auf der Untergrundbahn in London will man lichtspendende Automaten einführen. Die Beleuchtung in den Wagen dieser Bahn gestattet es zur Zeit nicht, während der Fahrt Zeitungen zu lesen. Von diesem Jahre an soll hierin Wandel geschaffen werden. Man will 2500 Automaten in den Wagen aufstellen, deren jeder nach Einwurf eines Penny eine über dem Platze des Einwerfenden befindliche elektrische Glühlampe in Thätigkeit setzt, die eine halbe Stunde lang brennend bleibt. Die Lampe soll so angebracht sein, dass sie eben nur den Platz des Zahlenden beleuchtet, jedoch nach den gegenüber und den daneben befindlichen Sitzen keinen Strahl fallen lässt.

Das elektrische Licht. Im Gegensatz zu der vielfach anzutreffenden Anschauung, dass das elektrische Licht den Augen schadet, ist jetzt, wie das Berliner Patent-Bureau Gerson & Sachse berichtet, durch eine Anzahl englischer Augen-Aerzte das Nachfolgende festgestellt worden. Es ist bis jetzt noch kein authentischer Fall von Beschädigung der Augen durch elektrisches Glühlicht nachgewiesen worden. Im Gegentheil hat sich bei leichter Schwäche der Augen ein Uebergang von Gaslicht zum elektrischen stets als vortheilhaft erwiesen. In seiner Zusammensetzung steht das elektrische Licht dem Sonnenlichte sehr nahe und enthält weit weniger schädliche Strahlen, als die concurrirenden Beleuchtungsmethoden. Ein ganz bedeutender Vorzug liegt noch darin, dass die Zimmerluft nicht ihres Sauerstoffes beraubt und mit für die Athmung schädlichen Verbrennungsproducten beladen wird.

Faure's Accumulatoren-Patent im Deutschen Reich. Der kaiserlich deutsche Appel-Gerichtshof in Leipzig hat in der von der Accumulatoren-Fabrik Hagen betriebenen Rechtsfrage betreffs der Giltigkeit gewisser Patente von anderen Accumulatoren-Fabriken entschieden, dass die Anwendung von Blei als Superoxyd, als Oxyd oder von unlöslichen Salzen als Füllungsmaterial für Accumulator-Platten unter das Patent Faure fällt.

Elektrische Glühlampe ohne Platin. Die vorliegende Erfindung bezweckt, das so kostspielige Platin bei der Fabrikation von elektrischen Glühlampen entbehrlich zu machen. Zu diesem Zweck werden in den Hals der Glühlampe geschlossene Glaskapseln eingeschmolzen, in welchen an den Enden kurze Drähte aus Eisen (oder einem anderen geeigneten Material bezw. Composition) so eingeschmolzen sind, dass sie je zwei getrennte Stücke darstellen. Der Contact zwischen diesen eingeschmolzenen Drahtstücken wird durch Quecksilber hergestellt, welches in die Glaskapseln eingeschlossen ist. Ausserhalb der Glaskapseln sind an die Drähte einerseits der Glühfaden, andererseits die Zuleitungskabel in irgend einer Weise stromleitend befestigt. Das Auspumpen der Lampen geschieht in gewöhnlicher Weise.

Die Elektricitäts-Actien-Gesellschaft Gelnhausen versendete eine hübsch ausgestattete „Preisliste über Bleistaub-Accumulatoren, November 1893". — Wir haben über diese Accumulatoren ausführlich auf S. 488, 1893, referirt.

Elektrisches Licht am Anfange unseres Jahrhunderts. Interessant ist eine Mittheilung aus dem „Bamberger Intelligenzblatt" vom 3. Jänner 1803. Dieselbe lautet: „Nachricht: Der Schlossergesell in Langheim, Johann Probst aus Döringstaat, wurde ohne sein Wissen dem Publikum der elektrischen Nachtlampen wegen empfohlen, die er seit einigen Jahren in nächtlichen Freistunden ohne Drehbank verfertigt. Der grossen Erwartungen und vielen Missverständnisse wegen, die diese öffentliche Bekanntmachung in unserer Stadt [illegible] schon in entfernt[illegible] [illegible]dern erregt[illegible] wir uns bewogen, [illegible] [illegible]den, dass [illegible] schon gemachten Bestellungen in mehreren Jahren nicht wird Genüge geschehen können. Im Ankaufe mag vielleicht eine solche Lampe mehrere Karolin kosten — die jährliche Unterhaltung aber nicht über 10 bis 20 kr. — Blossen Manipulatoren, Anfängern und ganz Unkundigen der Physik dient ferner zur Belehrung, dass diese Maschinen vorzüglich zum Dienste der Nacht bestimmt sind: auf einem sehr guten Elektrophor kann man in finstern Nächten eine dünne Feuerwolke wahrnehmen, beym Anfall der Trommel an das Glöckchen und deren Rückschlag auf den Elektrophor gibt es mehrere das ganze Zimmer hell erleuchtende Funken, und aus einer dem Auge kaum sichtbaren Mündung bricht ein Strom hellglühender oder perlenfärbiger brennbarer Luft hervor. Deswegen werden diese Maschinen — elektrische — Nacht — Lampen genennt, die Form der Letzteren sie haben, und deren Stelle sie vertreten. Sieh Exleben, Gehler, Lichtenberg, Weber, Green, Fischer u. a. m. Intelligenzcomptoir." („Frdblt.")

Mit einer elektrischen Locomotive, welche eine Geschwindigkeit von 200—250 *km* in der Stunde erreicht hat, stellte die grösste Constructionsfirma Englands, The Thames Iron Works, in Gemeinschaft mit dem Ingenieur F. B. Behr auf eigene Kosten Versuche an, um Resultate über elektrische Locomotiven auf einschienigen Strecken (System Lartigue) zu erlangen; sie erzielten bei dieser Gelegenheit die angegebene riesige Fahrgeschwindigkeit.

Die Versuche mit Einrichtungen zum elektrischen Betrieb der Canalschifffahrt, welche kürzlich auf dem Erie-Canal angestellt wurden, haben, wie zu erwarten stand, ein sehr günstiges Resultat ergeben. Das Canalboot „Frank W. Hawley" war zu diesem Zweck mit zwei (mit dem Westinghouse'schen Controlapparat versehenen) elektrischen Motoren von je 25 Pferdekräften ausgerüstet worden, welchen der elektrische Strom mittelst Trolley zugeführt wurde. Der Strom wurde von der elektrischen Bahn in Rochester geliefert. Das Boot bewegte sich mit einer Geschwindigkeit von 3½ Meilen per Stunde.

Jodverbindungen der Phenole lassen sich nach den Angaben der grossen Farbenfabriken vormals Friedr. Bayer & Comp. in Elberfeld durch Elektrolyse erzeugen. Die alkalische Phenollösung wird mit Jodkalium versetzt und elektrolysirt. Auf diese Weise kann beispielsweise das in der Medicin vielfach verwendete „Aristol" (jodoxylirtes Thymol) hergestellt werden, welche Verbindung sich an der positiven Elektrode abscheidet. Damit ist eine allgemeine werthvolle Reaction bekannt geworden, deren weitere Ausnützung nicht ausbleiben wird.

Die Annoncen-Expedition Rudolf Mosse, Wien, versendete beim Jahreswechsel ihren schön ausgestatteten 1894er Insertionskalender. Dieser Zeitungskatalog erweist sich als zuverlässiger Führer durch das grosse Gebiet des Zeitungs-, insbesondere des Annoncenwesens. Neben den Titel einer jeden Zeitung findet man den Preis der Annoncen- und Reclamezeile, die Spaltenbreite und die Auflage der Blätter, die Einwohnerzahlen der Erscheinungsorte verzeichnet. Durch einen besonderen, im Katalog befindlichen Normal-Zeilenmesser wird dem Inserenten eine Handhabe zur sicheren Berechnung der Insertionskosten geboten.

Herstellung von Fäden für Glühlampen. Von M. Böhm in Berlin. Zu dieser neuen Art der Herstellung der Fäden für Glühlampen werden nicht Kohlenfasern, sondern ein weiches aber zähes Metall oder eine Legirung benutzt (z. B. eine Legirung aus 2 Th. feinem Gusseisen und 1 Th. Aluminium, die sehr reich an Kohle, dehnbar und porös, aber kein besonders guter Elektricitäts-Leiter ist). Der dünne Draht wird in einer schweren Kohlenwasserstoff-Flüssigkeit gekocht, damit diese in die Poren eindringt, dann werden von diesem Draht Stücke in der gewünschten Länge abgeschnitten, in die richtige Form gebogen und durch Erhitzen in einer Kohlenwasserstoff-Atmosphäre mit einer Kohlenhülle umgeben. Zum Zwecke des Anhaftens der Kohle wird der Draht zuvor noch mit einem Firniss überstrichen, der aus einem Gemisch von Kohlentheer, Graphit oder Russ bestehen kann.

Localbahn Radkersburg-Fehring. Das k. k. Handelsministerium hat dem Bürgermeister und Realitäten-Besitzer Johann Reitter in Radkersburg die Bewilligung zur Vornahme technischer Vorarbeiten für eine normalspurige Localbahn von der Südbahnstation Radkersburg zur Station Fehring der Ungarischen Westbahn mit einer mit elektrischer Kraft zu betreibenden Abzweigelinie von der Projectstation Kapfenstein nach Gleichenberg im Sinne der bestehenden Normen auf die Dauer eines Jahres ertheilt.

Die sprechenden Puppen, welche vor einigen Jahren Edison auf den Markt gebracht hat, sind jetzt durch einen Pariser Fabrikanten Namens Jumeau wesentlich verbessert worden, so dass sie sehr deutlich kurze Sätze, Lachen u. dergl. wiedergeben. Der Antrieb erfolgt, wie das Berliner Patent-Bureau Gerson & Sachse schreibt, durch ein einfaches Uhrwerk, welches in der Brust der Puppe untergebracht ist. Die Walzen werden mit dem zum Sprechen erforderlichen Eindruck gleich geliefert. Zur Herstellung dieser Walzen verwendet man kleine Mädchen, die besonders klare und helle Stimmen besitzen.

Verantwortlicher Redacteur: JOSEF KAREIS. — Selbstverlag des Elektrotechnischen Vereins.
In Commission bei LEHMANN & WENTZEL, Buchhandlung für Technik und Kunst.
Druck von R. SPIES & Co. in Wien, V., Straussengasse 16.

Zeitschrift für Elektrotechnik.

XII. Jahrg. 1. Februar 1894. Heft III.

VEREINS-NACHRICHTEN.

Chronik des Vereines.

20. December. — Vereinsversammlung.

Zu dem angekündigten Vortrage des Herrn Dr. J. Tuma: „Demonstration und Theorie Tesla'scher Versuche", hatten sich die Mitglieder im Hörsaale des physikalischen Cabinets der Universität überaus zahlreich eingefunden. Vice-Präsident Grünebaum spricht dem Vorstande des physikalischen Cabinets, Herrn Hofrath v. Lang den besten Dank für Ueberlassung des Hörsaales aus.

Dr. Tuma bespricht vorerst die von W. Thomson gegebene Theorie der oscillatorischen Entladungen, wie sie sich bei einem Condensator, der nach seiner Ladung durch eine Selbstinduction entladen wird, vollziehen. Wäre kein Ohm'scher Widerstand im Kreise vorhanden, so würde die Ladung des Condensators fortwährend von der einen Belegung zu anderen hin- und hergehen und demnach ein Wechselstrom von constanter Amplitude und einer durch Capacität und Selbstinductions-Coëfficient des Kreises bestimmten Periode auftreten. Da jedoch in Wirklichkeit immer Ohm'scher Widerstand vorhanden ist, somit Arbeit geleistet wird, wird mit der Zeit die Ladung und die Amplitude der Schwingungen abnehmen, u. zw. geschieht dies umso rascher, je grösser der Widerstand ist; über einen bestimmten Werth des Widerstandes hinaus hört überhaupt die oscillatorische Entladung auf und dieselbe vollzieht sich aperiodisch. Alle diese Folgerungen ergeben sich aus dem von Thomson für den Momentanwerth des Stromes in einem solchen Kreise gefundenen Gesetze. Die experimentelle Bestätigung desselben erfolgte später durch Feddersen mit Hilfe des rotirenden Spiegels; auch Miesler hat hiezu einen experimentellen Beitrag durch photographische Aufnahme oscillatorischer Entladungen geliefert. Die Wechselströme, die man auf diese Weise erhält, können bei angemessener Wahl der Capacität und der Selbstinduction eine sehr hohe Frequenz erreichen, haben jedoch nur sehr kurze Dauer und eignen sich nicht für solche Fälle, in denen eine bedeutendere Arbeitsleistung verlangt wird. Auch die Hertz'sche Anordnung, welche zwar eine raschere Aufeinanderfolge von Entladungen liefert, gestattet keine beträchtliche Arbeit.

Tesla construirt, um Wechselströme hoher Frequenz auch zur Hervorbringung grösserer Effecte zu erzeugen, eigene Wechselstrom-Maschinen oder verwendet oscillatorische Condensator-Entladungen, zu deren Herstellung circa 10.000-voltiger Gleichstrom oder Wechselstrom erforderlich ist. Bei der Schaltung, die der Vortragende verwendet, wird der Wechselstrom von circa 100 Volt Spannung aus dem Kabelnetze der I. E. G. mit Hilfe eines von Ducretet und Lejeune in Paris bezogenen Transformators auf circa 12.000 Volt gebracht. Dieser Potentialunterschied herrscht im secundären Kreise, in welchen eine Funkenstrecke und ein Condensator (eine Batterie Leydner Flaschen) parallel zu einander geschaltet sind; der in der Funkenstrecke entstehende Lichtbogen wird durch ein ma[illegible]es Feld sofort wieder ausgel[illegible] sich dann wie[illegible] von bilden u. s. f., wodurch für eine hinreichend oft erfolgende Erneuerung der Condensatorladung gesorgt ist. Schickt man den so erhaltenen Wechselstrom von hoher Frequenz und vorläufig circa 12.000 Volt Spannung durch einen passenden Schliessungskreis, so kann man mit seiner Hilfe verschiedene Effecte erzielen. Der Vortragende zeigt, dass die Selbstinduction in einem ∩-förmigen dicken Kupferdrahte so gross ist, dass bei Ueberbrückung desselben durch Glühlampen die letzteren zum Leuchten gebracht werden. Der Vortragende demonstrirt eine sechsvoltige Lampe, die an eine einzige Kupferdrahtwindung angeschlossen ist, und bringt sie zum Leuchten, indem er diese Windung über ein vom Strome von hoher Frequenz durchflossenes Solenoid von etwa zwölf Windungen schiebt. Bei dieser Gelegenheit bemerkt der Vortragende, dass alle diese Lampen bei Anwendung von Strömen von hoher Frequenz mit weit (vielleicht 100mal) höheren Spannungen und demgemäss niedrigeren Stromstärken leuchten, als bei den sonst gebräuchlichen Strömen, da die Elektricität im ersten Falle wesentlich an der Oberfläche des Leiters, also des Kohlenfadens, fliesst, und daher nur ein geringer Theil des Querschnittes für die Leitung in Betracht kommt, was einen so viel höheren Widerstand der Lampe bedingt.

Eine Reihe glänzender und überraschender Lichterscheinungen lassen sich mit diesen Strömen erzielen, wenn man die Spannung derselben noch höher hinauf transformirt. Die zu diesem Zwecke ebenfalls von Ducretet bezogenen Transformatoren haben bei den Vorversuchen Dr. Tuma's verschiedene Uebelstände gezeigt, so dass er selbst einen stehenden Transformator, bei welchem die secundäre Spule über ein cylindrisches Glasgefäss gewickelt und in Oel getaucht wurde, mit einem Windungsverhältnisse 10 : 300 anfertigte. Die Enden der secundären Spule dieses Transformators wurden zu den Klemmen einer Funkenstrecke geführt, die noch bei beträchtlicher Entfernung der Elektroden (25 *cm*) einen schönen constanten Lichtbogen zeigte. Wurde zwischen die Elektroden eine Gypsplatte gebracht, und mittelst eines mit einer der Elektroden verbundenen Drahtstiftes von der anderen aus eine Curve über die Platte gezogen, so behielt der Funkenstrom dauernd die ihm gegebene Gestalt und erschien auf der Platte als prächtig leuchtende Linie.

Der Vortragende demonstrirte weiters die Ungefährlichkeit dieser hohen Spannungen, indem er auf ein in der Hand gehaltenes Metallstück den Funkenstrom übergehen liess, ohne irgend etwas zu fühlen. Ersetzte er das Metallstück durch eine Glühlampe (150 Volt), deren einen Pol er in der Hand hielt, während er auf den anderen den Funkenstrom überschlagen liess oder eine der Elektroden direct mit ihm in Berührung brachte, so gerieth die Lampe in seiner Hand in's Leuchten. Weiters wurde das Leuchten einpoliger Glühlampen demonstrirt, welche entweder einen Kohlenfaden oder ein an einen Platindraht angeschmolzenes Kügelchen aus Bimsstein enthielten. Die Theorie dieser Lampen entwickelt Dr. Tuma abweichend von Tesla, indem er das Leuchten nicht auf das Bombardement der Aethermoleküle zurückführt, sondern als Joule'sche Wärme, hervorgerufen durch das Zu- und Abströmen der Elektricität behufs Ladung der Glaswände der Lampe, erklärt. Schliesslich demonstrirt der Vortragende die Büschelerscheinungen, welche man erhält, wenn man die Länge der Funkenstrecke über die Schlagweite hinaus vergrössert. Das scheinbare Durchdringen des Büschellichtes durch Dielektrica erklärt der Vortragende gleichfalls als Ladungserscheinung und demonstrirt zwei evacuirte Glasröhren, welche noch in beträchtlicher Entfernung von einem mit der Spule verbundenen Schirme leuchten, und zeigt, wie sich beide Röhren, parallel und nahe aneinander gehalten, wechselseitig stören. (Rauschender Beifall lohnte den Vortragenden für die brillant durchgeführten Demonstrationen.)

Neue Mitglieder.

Auf Grund statutenmässiger Aufnahme traten dem Vereine die nachstehend genannten Herren als **ordentliche** Mitglieder bei:

Adler Wilhelm, Elektrotechniker, Wien.

Breuer Josef, Vertretung für Elektrotechnik, Wien.

ABHANDLUNGEN.

Die Theorie und Berechnung der asynchronen Wechselstrom-Motoren.*)

Von E. ARNOLD, Oerlikon.

(Fortsetzung.)

Es wird dann sehr annähernd

$$D = \frac{k \cdot m_2 \cdot \overline{E}_2^2}{(p_1 - p_2) R_2} \qquad \qquad 51)$$

Die **Leistung des Motors** in Watt, welche wir mit W bezeichnen, ist

$$W = \frac{p_2}{k} \cdot D$$

oder

$$W = \frac{m_2 \cdot \overline{E}_2^2}{R_2} \cdot \frac{p_2}{p_1 - p_2} \qquad \qquad 52)$$

Bezeichnet man mit s die Schlüpfung, so dass z. B. für 2% Schlüpfung $s = 0{\cdot}02$, so ist

$$p_2 = p_1 (1 - s) \qquad \qquad 53)$$

und

$$W = \frac{m_2 \cdot \overline{E}_2^2}{R^2} \left(\frac{1}{s} - 1\right) \qquad \qquad 54)$$

Die secundäre Spannung E_2 lässt sich aus den Dimensionen und der Wicklung des Motors, wenn die primäre E. M. K. gegeben ist, leicht ermitteln.

In Fig. 5 bezeichne F den Eisenkörper des Feldes und A denjenigen des Inductors.

Ferner sei:

B die Intensität des homogen vorausgesetzten Drehfeldes pro cm^2 im Luftzwischenraume δ;

*) Auf Seite 14, Zeile 17 von unten soll es heissen:

Für $R_1 = 0{\cdot}1$ und $\frac{m_1 L_1}{m_2 L_2} = 10$.

Zeile 15 von unten: Für $R_1 = 0{\cdot}1$ und $\frac{m_1 L_1}{m_2 L_2}$ 100.

Gleichung 26 soll lauten $R_2 = \ldots\ldots$

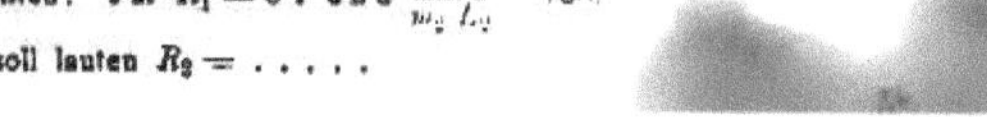

l die Eisenbreite in *cm* von Inductor und Feld;

d den Diameter des Inductors in *cm*;

k die Zahl der Polpaare;

v die Umfangsgeschwindigkeit des Drehfeldes in *cm* pro Secunde für den Durchmesser des Inductors, so ist

$$v = \frac{p\,d}{2\,k} = \frac{\pi\,n_1\,d}{k} \qquad 55)$$

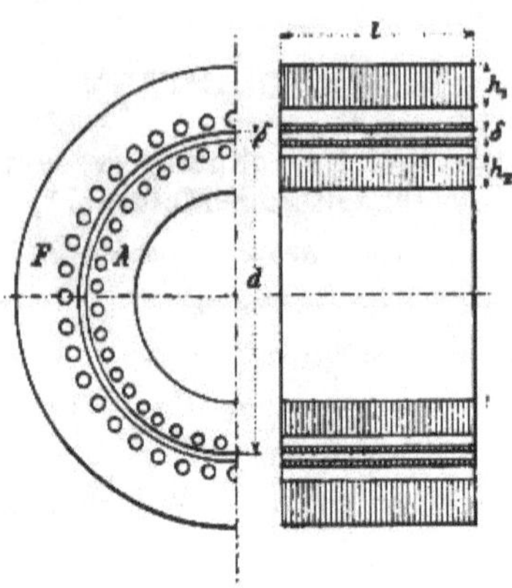

Fig. 5.

$$\sqrt{2} \, . \, b_1 \, . \, \bar{E}_1 \, . \, 10^8 = v \, . \, B \, . \, N_1 \, . \, l \qquad 56)$$

$$\sqrt{2} \, . \, \bar{E}_2 \, . \, 10^8 = b_2 \, . \, v \, . \, B \, . \, N_2 \, . \, l \, . \, s \qquad 57)$$

aus 56 folgt

$$B = \frac{b_1 \, . \, k \, . \, \bar{E}_1 \, . \, 10^8}{2{\cdot}22 \, . \, n_1 \, . \, d \, . \, l \, . \, N_1} \qquad 58)$$

diesen Werth in 57 eingesetzt, folgt

$$E_2 = b_1 \, . \, b_2 \, . \, \frac{N_2}{N_1} \, . \, E_1 \, . \, s \qquad 59)$$

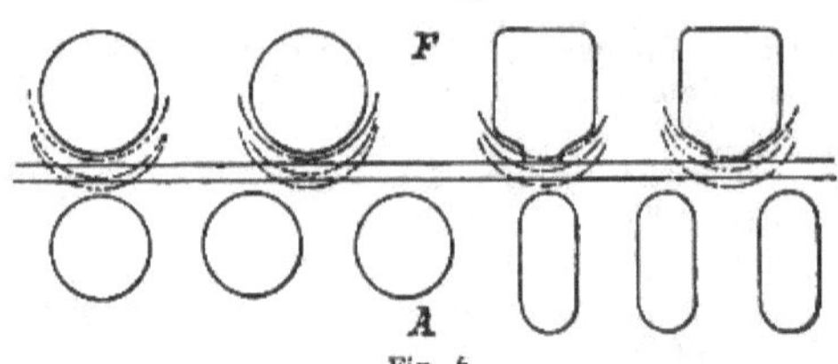

Fig. 6.

Die Coëfficienten b_1 und b_2 berücksichtigen die Streuung. Sämmtlich Kraftlinien, welche die Windungen des Inductors *A* nicht schneiden, gehen für die Erzeugung eines Drehmomentes verloren.

Es findet sowohl am äusseren Umfange als an den Seitenflächen des Feldes *F* Streuung statt, ferner geht ein Theil der Linien in den Eisenstegen, welche die Drähte einschliessen, für die Induction im Inductor verloren.

In Fig. 6 ist diese Streuung durch punktirte Linien angedeutet. Ein Theil der Linien durchdringt den Luftraum δ, ohne die Windungen des Ankers zu schneiden. Die Streuung ist um so grösser, je grösser die Induction B, je grösser δ, je grösser die Sättigung der Eisenkerne und streuenden Flächen sind. Wir setzen $b_1 . b_2 = b$ und erhalten aus den Gleichungen 51, 54 und 59 **für die Berechnung eines Motors die wichtigen Gleichungen.**

$$\overline{E}_2 = b . \frac{N_2}{N_1} . \overline{E}_1 . s \qquad \ldots\ldots\ldots \qquad 60)$$

$$\overline{J}_2 = \frac{b}{R_2} . \frac{N_2}{N_1} . \overline{E}_1 . s \qquad \ldots\ldots\ldots \qquad 61)$$

$$W = b^2 . \frac{m_2}{R_2} . \frac{N_2^2}{N_1^2} . \overline{E}_1^2 s (1 - s) \qquad \ldots\ldots \qquad 62)$$

$$R_2 = b^2 . \frac{m_2}{W} . \frac{N_2^2}{N_1^2} . \overline{E}_1^2 . s (1 - s) \qquad \ldots\ldots \qquad 63)$$

$$D = \frac{b^2 . k}{2 \pi n_1} . \frac{m_2}{R_2} . \frac{N_2^2}{N_1^2} . \overline{E}_1 . s \qquad \ldots\ldots\ldots \qquad 64)$$

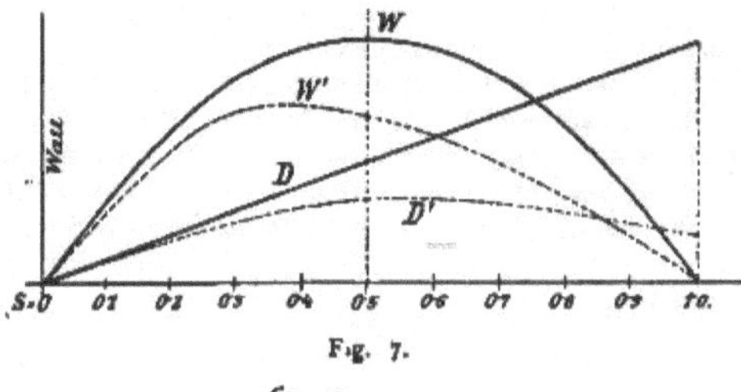

Fig. 7.

$$n_2 = \frac{60 . n_1}{k} (1 - s) \qquad \ldots\ldots\ldots \qquad 65)$$

Diese Formeln sind einfach und verständlich.

Für $s = 1$ ist laut Gleichung 60, ebenso wie bei einem Transformator, das Verhältniss der secundären zur primären Spannung, gleich dem Uebersetzungsverhältnisse multiplicirt mit dem Coëfficient des Spannungsabfalles b.

Für eine bestimmte, von vornherein anzunehmende Schlüpfung s lässt sich aus den Gleichungen 61 und 62 die Stromstärke im Inductor und die Wattleistung des Motors berechnen. Da die Wattleistung aber gewöhnlich gegeben ist, so findet man aus Gleichung 63 den, der angenommenen Schlüpfung s entsprechenden Widerstand R_2 einer Phase des Ankers.

Wie aus den Gleichungen hervorgeht, wird die Wattleistung ein Maximum für $s = 0{\cdot}5$ und das Drehmoment für $s = 1$, vorausgesetzt, dass sich b nicht ändert.

Tragen wir, unter der Voraussetzung, dass b und E_1 constant seien, die Werthe der Schlüpfung als Abscisse und die Watts als Ordinaten [illegible], so ändern sich die Werthe des Drehmomentes u[illegible] Leistung [illegible] Motors wie die Ordinaten der Curven D und W, [illegible] Für grö-

Werthe von s oder der Differenz $(p_1 - p_2)$ darf aber in Gleichung 50 das Glied $(p_1 - p_2)^2 \cdot \left(L_2 \cdot \frac{m_2}{2}\right)^2$ nicht mehr vernachlässigt werden und der Werth von b nimmt ab mit zunehmender Schlüpfung, ferner bleibt in praktischen Fällen auch E_1 nicht constant. Die Curven W und D werden daher einen Verlauf nehmen, der etwa mit den punktirten Linien übereinstimmen mag, das Maximum der Wattleistung liegt nicht mehr bei $s = 0{\cdot}5$, sondern erscheint gegen $s = 0$ zu verschoben.

Wie aus Gleichung 62 ersichtlich, kann die Schlüpfung für eine bestimmte Leistung des Motors durch Aenderung des Widerstandes R_2 oder der primären Spannung E_1 veränderlich gemacht werden. Es ist also möglich, durch Aenderung dieser Grössen die Tourenzahl des Motors zu reguliren. Diese Regulirung kann sich von $s = 0$ an nur soweit erstrecken, als das Drehmoment zunimmt. Hätten wir ein vollkommenes Drehfeld und wäre b constant und L_2 klein, so wäre eine Touränderung nahezu von $s = 0$ bis $s = 1$ möglich. Durch den Einfluss der Aenderung von b und durch die Einwirkung der Selbstinduction des Ankers liegt das Maximum des Drehmomentes nicht bei $s = 1$, sondern erscheint gegen $s = 0$ zu verschoben. Je mehr die Streuung mit der Schlüpfung zunimmt, je grösser die Selbstinduction des Ankers und je mehr die Spannung E_1 abfällt, um so kleiner wird der Betrag der Schlüpfung, welcher dem Maximum des Drehmomentes entspricht.

Eine Aenderung der Tourenzahl des Motors lässt sich auch durch eine Aenderung der Polzahl erreichen. Hierzu ist erforderlich, dass die Erregerwickelung als Ring- oder Trommelwickelung ausgeführt sei, dass deren Spulen in entsprechender Weise umgeschaltet werden können und dass die inducirte Wickelung keine ausgesprochene Phasenwickelung sei.

In Abhängigkeit von der primären Stromstärke wird mit derselben Annäherung wie oben.

$$D = \frac{m_1^2 m_2}{4} \cdot \frac{p_1 M^2 J_1^2}{R_2} \cdot s \quad \ldots \ldots \quad 66)$$

$$W = \frac{m_1^2 \cdot m_2}{4} \cdot \frac{p_1^2 M^2 J_1^2}{R_2} \cdot s\,(1 - s) \quad \ldots \quad 67)$$

Der Wattverlust im Anker ist

$$W_2 = m_2 R_2 \overline{J_2}^2$$

der Wattverlust in den primären Windungen

$$W_1 = m_1 \cdot R_1^2 \overline{J_1}^2.$$

Bezeichnen wir noch die Verluste durch Hysteresis, Foucaultströme, Lagerreibung und Luftwiderstand mit W_3, so wird der Wirkungsgrad des Motors

$$\eta = \frac{W}{W + W_1 + W_2 + W_3} \quad \ldots \ldots \quad 68)$$

Die Berechnung des Erregerstromes und des Belastungsstromes. Für einen asynchronen Motor ist das Verhältniss des Erregerstromes zum Strome bei Vollbelastung derjenige Factor, welcher die Güte des Motors wesentlich charakterisirt.

Bezeichnen wir mit J_n den Nutzstrom oder denjenigen Strom, welcher ohne Phasenverschiebung die vom Motor consumirten Watts liefern würde und mit J_0 den Erregerstrom, so ist

$$J_n = \frac{W}{\eta \cdot m_1 \cdot E_1} \quad \ldots \ldots \ldots \quad 69)$$

Der Belastungsstrom

$$\bar{J}_1 = \sqrt{\bar{J}_0^2 + \bar{J}_n^2} \quad . \quad . \quad . \quad . \quad . \quad 70)$$

$$\cos \varphi_1 = \frac{\bar{J}_n}{\sqrt{\bar{J}_0^2 + \bar{J}_n^2}} \quad . \quad . \quad . \quad . \quad . \quad . \quad . \quad 71)$$

Wird die primäre E. M. K. constant gehalten, so regulirt sich die Leistung des Motors nicht wie bei Gleichstrom-Motoren durch die Aenderung von J_1 allein, sondern weil J_0 constant bleibt, zugleich durch eine Aenderung der Phasenverschiebung φ_1, wie Fig. 8 für zwei Stromstärken J_1 und J_1' das bildlich darstellt.

Für die Leistung des Motors ist J_n, für die Beanspruchung des primären Kupfers, des Kupfers der Leitung und des Generators ist aber J_1 bestimmend. Soll daher eine Motorenanlage mit Wechselstrom-Motoren das Leitungsnetz und die Generatoren nicht mit energielosem Strome übermässig belasten, so müssen die Motoren für eine geringe Erregerstromstärke construirt sein, sonst würde die Brauchbarkeit der ganzen Anlage in Frage gestellt. Bei dem Entwurfe des Leitungsnetzes und der Generatoren ist der Phasenverschiebung Rechnung zu tragen.

Um die Erregerstromstärke klein zu erhalten, sind ein geringer Luftzwischenraum δ und geringe magnetische Sättigungen zu wählen. Die Intensität des Drehfeldes darf jedoch, wenn der Motor gut angehen soll,

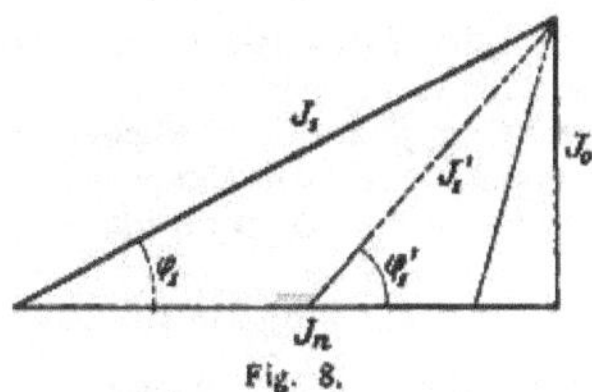

Fig. 8.

nicht unter gewisse Grenzen sinken. Da die Ampèrewindungszahl pro 1 *cm* Umfang des Feldes wegen zunehmender Streuung eine begrenzte ist, so können geringe Sättigungen nur durch Vergrösserung der Eisendimensionen des Motors erreicht werden. Die Erreichung geringer Erregerströme ist daher auch eine Preisfrage.

Werden die kurzgeschlossenen Windungen des Inductors geöffnet, so wird der Motor nur den Erregerstrom aufnehmen. Der Leerlaufstrom ist aber, da J_n in diesem Falle sehr klein, nur sehr wenig vom Erregerstrome verschieden, für $p_2 = p_1$ würde die Induction in den Ankerwindungen $= 0$ und der Leerlaufstrom gleich dem Erregerstrom. Wir finden daher den Ausdruck für den Erregerstrom, sowie den sehr annähernd richtigen Werth des Leerlaufstromes aus Gleichung 45 für $p_2 = p_1$.

Es wird

$$\bar{J}_0 = \frac{2 \bar{F}_1}{m_1 \, p_1 \, L_1} \quad . \quad . \quad . \quad . \quad . \quad . \quad . \quad . \quad . \quad 72)$$

Für Dreiphasenmotoren ist $m_1 = 3$ und

$$\bar{J}_0 = \frac{\bar{E}_1}{3 \pi n_1 L_1} \quad . \quad . \quad . \quad 73)$$

Bezeichnet laut Fig. 5:

U den Umfang des Ankers in *cm*;

$F_1 = 0{\cdot}85 \, h_1 \, l$ den eff. Eisenquerschnitt des Fel[illegible] n^2;

$F_2 = 0{\cdot}85\, h_2\, l$ den eff. Eisenquerschnitt des Inductor in cm^2;
δ den Luftzwischenraum in cm;
$F_0 = \frac{U \cdot l}{5 \cdot k}$ den Querschnitt des Luftraumes pro magn. Stromkreis;
l_1 annähernd $= \frac{U}{2k}$ den Kraftlinienweg im Feldeisen;
l_2 „ $= \frac{U}{2k}$ den Kraftlinienweg im Ankereisen;
k die Zahl der Polpaare,

so ist

$$L_1 = \frac{2\pi N_1^2}{10^9 \cdot k\left(\frac{2\delta}{F_0} + \frac{l_1}{\mu_1 F_1} + \frac{l_2}{\mu_2 F_2}\right)} \quad . \quad . \quad . \quad . \quad . \quad 74)$$

Die Werthe von μ_1 und μ_2 können aus einer Magnetisirungscurve berechnet werden da

$$\mu = \frac{\text{Induction pro } cm^2}{\text{magnetisirende Kraft}} = \frac{B}{H}.$$

Die Gleichung 73 gibt mit Versuchsresultaten fast genau übereinstimmende Werthe.

Der Leerlaufstrom oder Erregerstrom lässt sich noch auf andere Weise annähernd bestimmen, indem wir der Berechnung die Intensität des Drehfeldes laut Gleichung 58 zu Grunde legen. Bezeichnen H_1 und H_2 die einer Magnetisirungscurve zu entnehmenden magnetisirenden Kräfte für das Feld- und Ankereisen, so wird, da die Ampèrewindungszahl

$$= \frac{1}{2} \cdot m_1 \bar{J}_0 N_1$$

und die Zahl der erforderlichen Ampèrewindungen

$$= \frac{10}{4\pi} \cdot k\,(2\,\delta\, B + H_1\, l_1 + H_2\, l_2)$$

so wird

$$\bar{J}_0 = 1{\cdot}6\, \frac{k\,(2\,\delta\, B + H_1 l_1 + H_2 l_2)}{m_1 N_1} \quad . \quad . \quad . \quad . \quad . \quad 75)$$

Da die Zahl der Pole $2k$ bei gleichbleibender Tourenzahl des Motors mit der Cyclezahl n_1 wächst, so ist hieraus ersichtlich, dass der Leerlaufstrom für hohe Cyclezahlen, respective geringe Tourenzahlen des Motors zunimmt. Durch Einhaltung geringer Feldstärken, welche schon wegen der Verluste durch Hysteresis und Foucaultströme nicht gross gewählt werden dürfen, kann diesem Einflusse der Polzahl am wirksamsten begegnet werden.

Wenn J_0 berechnet und J_n aus Gleichung 69 bestimmt ist, so ergibt sich der Belastungsstrom J_1 aus

$$\bar{J}_1 = \sqrt{\bar{J}^2 + \bar{J}_n^2}$$

Der so berechnete Belastungsstrom wird etwas kleiner sein, als der wirkliche. Es ist das eine Folge der mit der Stromstärke wachsenden Streuung, wodurch die primäre Phasenverschiebung vergrössert wird (siehe Gleichung 79). Bezeichnet J_1' den wirklichen Belastungsstrom, so ist sehr annähernd

$$J_1' = \frac{\sqrt{\bar{J}_0^2 + \bar{J}_n^2}}{b^2} \quad . \quad . \quad . \quad . \quad . \quad . \quad . \quad . \quad 76)$$

Werden J_0 und J_1' beobachtet und J_n berechnet, so lässt sich hieraus der entsprechende Werth des Coëfficienten der Streuung b berechnen.

Wird die Phasenverschiebung φ_1 durch Apparate, die nicht zum Motor gehören, verändert, so hat Gleichung 76 keine Giltigkeit.

Bestimmung der Phasenverschiebung φ_1 und des Wirkungsgrades. Aus der Fig. 2 folgt:

$$\cos \varphi_1 = \frac{J_1}{E_1}\left(R_1 + \frac{m_1 m_2}{4} \cdot \frac{p_1 (p_1 - p_2) M^2 R_2}{r^2}\right) \quad . \quad . \quad . \quad 77)$$

Unter Benützung von Gleichung 45 wird

$$\cos \varphi_1 = \frac{r}{\sqrt{N}}\left(R_1 + \frac{m_1 m_2}{4} \cdot \frac{p_1 (p_1 - p_2) M^2 R_2}{r^2}\right) \quad . \quad . \quad 78)$$

Für kleine Werthe von R_1, L_2 und $p_1 - p_2$ darf als annähernd gesetzt werden

$$\cos \varphi_1 = \frac{1}{2} \cdot b^2 \cdot m_2 \cdot p_1 \cdot s \cdot \frac{L_2}{R_2} \quad . \quad . \quad . \quad . \quad . \quad . \quad 79)$$

Aus den Gleichungen 71 und 76 folgt:

$$\cos \varphi_1 = \frac{b^2 \cdot J_n}{\sqrt{J_0^2 + J_n^2}} \quad . \quad . \quad . \quad . \quad . \quad . \quad . \quad 80)$$

Die letzte Gleichung zeigt, dass die Phasenverschiebung von drei Grössen, dem Erregerstrome, dem Nutzstrome und der Streuung abhängt. Der $\cos \varphi_1$ wächst mit dem Belastungsstrome, als mit zunehmender Schlüpfung s, mit wachsendem s sinkt aber der Wirkungsgrad des Motors (siehe Gleichung 85). Da somit der Betrag der Schlüpfung an kleine Werthe gebunden ist, so muss, um eine möglichst kleine Phasenverschiebung zu erreichen, der Erregestrom klein gehalten und auf die Verminderung der Streuung der grösste Werth gelegt werden.

Die vom Motor verbrauchten Watts sind

$$W_t = \frac{m_1}{2} \cdot E_1 \cdot J_1 \cdot \cos \varphi_1 \quad \text{oder}$$

$$W_t = \frac{m_1}{2} \cdot R_1 J_1^2 + \frac{m_1^2 m_2}{8} \cdot \frac{p_1 (p_1 - p_2) M^2 \cdot J_1^2 \cdot R_2}{r^2} \quad . \quad . \quad 81)$$

Die Wattverluste durch Hysteresis und Foucaultströme seien durch entsprechende Vergrösserung der Widerstände R_1 und R_2 berücksichtigt.

Das zweite Glied der Gleichung 81 stellt die Summe der Wattleistung des Motors und der vom Anker verbrauchten Watts dar. Der erste Theil ist

$$W = \frac{m_1^2 m_2}{8} \cdot \frac{p_2 (p_1 - p_2) M^2 J_1^2 R_2}{r^2} = D \cdot p_2 \quad . \quad . \quad . \quad 82)$$

der zweite Theil ist

$$W_1' = \frac{m_1^2 m_2}{8} \cdot \frac{(p_1 - p_2)^2 \cdot M^2 J_1^2 R_2}{r^2} = D (p_1 - p_2) \quad . \quad . \quad 83)$$

Der Wirkungsgrad des Motors ist nun

$$\eta = \frac{W}{W_t} = \frac{D \cdot p_2}{m_1 R_1 J_1^2 + D p_1} \quad . \quad . \quad . \quad . \quad . \quad .$$

oder annähernd

$$\eta = \frac{p_2}{p_1} = 1 - s \quad . \quad . \quad . \quad . \quad . \quad . \quad . \quad . \quad . \quad 85)$$

Der letztere Werth wird bei grösseren Motoren, von etwa 10 *HP* an, bis auf eine Annäherung von 5 bis 2% erreicht. Die Wahl der Schlüpfung s ist daher für den Wirkungsgrad der Motoren wesentlich bestimmend.

Die Construction des Feldes und des Ankers.

Die Wicklung des Feldes kann als Ringwicklung, Trommelwicklung oder Polwickelung ausgeführt werden. Die Ringwickelung und Polwickelung haben für Motoren mit hoher Primärspannung den Vortheil, dass keine Kreuzung der Drähte stattfindet, dagegen hat die Ringwickelung den Nachtheil grösserer Streuung. Für grössere Stromstärken lässt sich die Trommelwicklung aus Stäben so herstellen, dass die Querverbindungen in zwei Ebenen untergebracht werden, wodurch eine gute Isolation ermöglicht und eine geringe Streuung erreicht wird.

Die magnetische Beanspruchung des Feldes wird ebenso wie bei Transformatoren berechnet. Die Induction desselben ist

$$B_1 = \frac{\bar{E}_1 \, . \, 10^8}{4{\cdot}44 \, . \, F_1 \, . \, N_1 \, . \, n_1} \quad . \quad . \quad . \quad . \quad . \quad . \quad . \quad 86)$$

Die Induction im Ankereisen ist

$$B_2 = \frac{b \, . \, E_1 \, . \, 10^8}{4{\cdot}44 \, . \, F_2 \, . \, N_1 \, . \, n_1} \quad . \quad . \quad . \quad . \quad . \quad . \quad . \quad . \quad 87)$$

Unter der Voraussetzung, dass sich sämmtliche Kraftlinien zu einem Drehfelde vereinigen, ist die Periodenzahl für den Inductor nur $= p_1 - p_2$, die magnetische Beanspruchung desselben kann daher grösser gewählt werden als für das Eisen des Magnetfeldes.

Die Kurzschlusswickelung des Inductors kann ebenfalls als Trommel-, Ring- oder Polwickelung angeführt werden, und zwar auf je drei verschiedene Arten.

1. Es werden sämmtliche Kupferstäbe auf jeder Seite des Ankers unter sich kurz geschlossen (nach Dobrowolski).

2. Es werden je alle diejenigen Stäbe auf jeder Seite des Ankers unter sich kurz geschlossen, welche gleich oder nahezu gleich inducirt sind.

3. Es werden alle diejenigen Stäbe, welche gleich oder nahezu gleich inducirt sind, in Serie verbunden und kurzgeschlossen.

Die erste Constructionsart hat den Vortheil grosser Einfachheit, mit derselben sind aber einige Nachtheile verbunden. Für grössere Leistungen ist es schwierig, mit einem Kurzschlussringe eine genügende Abkühlungsfläche zu erhalten, auch dann, wenn derselbe bandförmig gestaltet ist, und ferner nehmen die inducirten Ströme zum Theil einen solchen Verlauf, dass das secundäre Drehfeld geschwächt und die Anzugskraft des Motors vermindert wird.

(Fortsetzung folgt.)

Elektrische Beleuchtung in Dalmatien.

In Dalmatien ist gegenwärtig eine elektrische Beleuchtungsanlage im Bau, welche nach ihrer Ausgestaltung zu den grossartigsten Anlagen dieser Art gezählt werden darf. Es handelt sich dort um die Ausnützung der berühmten Kerka-Fälle, welche zu den bedeutendsten Fällen der Erde zählen und eine Hauptanziehungskraft Dalmatiens bilden. Die Lage der Fälle ist eine äusserst romantische; mitten zwischen dem öden und kahlen Karstgebirge stürzen die Fälle cascadenartig aus einer Höhe von circa 40 *m* direct in den Meerbusen hinab und bilden mit den grünen Anpflanzungen, den Oliven- und Orangenbäumen eine Oase in der Karstwüste.

Als Wasserkraft kann die Kerka wohl mindestens auf 8000 *HP* geschätzt werden; dabei ist diese Wasserkraft eine wahrhaft ideale, indem sie niemals einfriert, kein Eis, Sand oder Unreinlichkeit mit sich führt, ausserordentlich constant ist und sich fast ohne alle Bauten ausnützen lässt, indem man blos nöthig hat, aus einem der natürlichen Bassins Rohre in das tiefere Niveau hinabzuleiten und den Turbinen zuzuführen.

Im vorigen Jahre begann über Initiative des Reichsraths-Abgeordneten Herrn Ritter von Supuk der Ingenieur und Bauunternehmer Herr L. von Meichsner in Sebenico mit den Vorarbeiten für Ausnützung der Wasserkräfte, wobei ihm die bekannte Firma Ganz & Co. an die Hand ging.

Da in der Nähe der Fälle selbst weder ein Industrie-Unternehmen noch eine Stadt liegt, so war man von vornherein auf elektrische Uebertragung angewiesen. Zunächst war das Augenmerk auf die Stadt Sebenico gerichtet, die sich in einer Distanz von circa 12 *km* von den Kerka-Fällen befindet.

Diese Stadt von circa 8000 Einwohnern benöthigt ungefähr 2 bis 3000 Lampen für Beleuchtung, ausserdem am Tage einen Theil davon für Kraftabgabe an Gewerbetreibende, für Maschinen zur Eiserzeugung, Oelpressen etc.

Die Wasserbau- und Turbinenanlage wird jedoch von vornherein für circa 1600 *HP* gebaut und rechnet man dabei auf Kraft- und Lichtabgabe an umliegende Städte, von denen mit einzelnen schon Abmachungen getroffen wurden.

Zur Fernleitung des elektrischen Stromes wird das bekannte System von Ganz & Co. mit Wechselstrom-Transformatoren verwendet. Dabei wird es möglich, für die Fernleitung nach Sebenico auf 12 *km* (also fast 2 deutsche Meilen) Distanz für die Uebertragung von 300 Pferden blos 2 Drähte von 7 *mm* Durchmesser zu verwenden, so dass die Leitung sich äusserlich nicht wesentlich von einer gewöhnlichen Telegraphenleitung unterscheiden wird. Zur Sicherung gegen Bora sind umfassende Maassregeln getroffen; z. B. werden die Säulen sehr stark gewählt, in kurzen Abständen von 25—30 *m* versetzt und stark eingerahmt, ausserdem mit Blitzschutzvorrichtungen versehen, so dass die Leitung als absolut sicher gegen Wetterunbilden gelten kann.

Die Strassenbeleuchtung von Sebenico wird ohne Zweifel eine der besten Oesterreichs genannt werden können; die Stadt — die bisher mit circa 180 mittelstarken Petroleumlampen beleuchtet war — erhält 14 Bogenlampen und circa 230 kräftige Glühlampen. Dabei erlaubt es der billige Betrieb mittelst Wasserkraft, die Strassenbeleuchtung zum selben Preis, wie die Petroleumbeleuchtung abzugeben; auch die [illegible]beleuchtung wird mittelst der Elektricität nicht meh[illegible] als [illegible] Petroleum und soll für jede Lampe per Jahr ein [illegible]len, ohne Rücksicht darauf, wie lange [illegible]

Sebenico wird die erste Stadt Dalmatiens sein, welche elektrisches Licht erhält und man verspricht sich besonders von der Beleuchtung des Hafens und der Riva einen prächtigen Anblick; ebenso wartet man sehnsüchtig auf die Elektromotoren, welche hier, wo Dampfmaschinen noch wenig in Gebrauch, endlich billige Arbeitskraft für das Kleingewerbe schaffen sollen.

Ein grosser Theil der enormen Wasserkraft ist für die eventuelle Abgabe von Licht und Kraft an andere Städte Dalmatiens, Zara, Spalato, Traù etc. reservirt.

Die Kerka-Fälle liegen ungefähr in der Mitte zwischen Zara und Spalato, von jeder circa 70—80 *km* entfernt. Diese grosse Distanz bietet für die Uebertragung heute gar keine Schwierigkeiten mehr; hat man doch bei der Frankfurter Ausstellung 300 *HP* mit geringem Verluste auf 180 *km* übertragen und functionirt in Rom die von der Firma Ganz & Co. vor 2 Jahren gebaute Anlage ohne jeden Anstand, eine Anlage, mittelst welcher von den Tivoli-Wasserfällen circa 2000 *HP* auf 30 *km* Distanz nach Rom übertragen und dort circa 20.000 Lampen gespeist werden.

Immer häufiger treten solche Projecte auf, welche bezwecken, von an mächtigen Wasserkräften gelegenen Centralstellen aus, auf grosse Distanzen im Umkreis Licht und Kraft zu vertheilen.

In Amerika sind in den letzten 2 Jahren mehrere solcher Anlagen gebaut worden und dort geht man eben daran, vom Niagara aus vorläufig 20.000 *HP* ringsum an Städte und Fabriken zu vertheilen.

Es ist klar, dass der Betrieb einer solchen — mit Wasserkraft arbeitenden — Centralanlage ungemein billig sein muss und dass Einzelanlagen welche mit Dampf arbeiten, mit derartigen Centralwerken absolut nicht concurriren können. Ausserdem kann ein solch' grosses Werk viel mehr für die Anstellung geschulter Ingenieure und Maschinisten thun, kann überhaupt einen viel sicheren, rationelleren Betrieb einführen, als es kleinen Einzelwerken — welche in den Mitteln beschränkt sind — in den verschiedenen Städten möglich wäre.

Für die projectirte Fernleitung auf 70 *km* ist bei der in Rede stehenden dalmatinischen Anlage — um völlige Betriebssicherheit zu verbürgen — geplant, zum Schutze der Leitung längs derselben einige Wächterhäuser mit vollständiger Telephonverbindung einzuschalten, so dass die mit der Herstellung der Leitung vertrauten Wächter die Leitung fortwährend beaufsichtigen und in guten Stand halten können.

Vor einem Monate fand in Sebenico das von der k. k. Statthalterei in Zara angeordnete Edictalverfahren statt, bei welchem ausser den Vertretern der k. k. Regierung, der k. k. Post- und Telegraphen-Direction und der k. k. Staatsbahnen auch die Bürgermeister der an der Anlage interessirten Städte und viele Privatbetheiligte anwesend waren. Allgemein wurde die hohe Bedeutung dieses Werkes für das bisher industriearme Dalmatien betont und dem Unternehmungsgeist des Herrn von Meichsner und dem sorgfältig durchgearbeiteten Projecte der Firma Ganz & Co. volles Lob gezollt.

Es möge nicht unerwähnt bleiben, dass das Unternehmen der kräftigen Förderung seitens der hohen k. k. Statthalterei in Zara sehr viel verdankt, welche in dem neuen Unternehmen sofort eine neue, werthvolle Industrie für das an sich arme Dalmatien erblickte und dasselbe mit allen Mitteln förderte.

Hoffen wir, dass dieses Beispiel bei uns in Oesterreich vielfach Nachahmung finden möge, denn kaum ein anderes Land dürfte mit Wasserkräften so gesegnet sein, wie gerade Oesterreich.

Elektrische Bahnen in Wien.

Nach den am 17. v. M. bekanntgegebenen Beschlüssen der Regierung und der Verkehrscommission bleibt die Ausführung der inneren Ringlinie der Wiener Stadtbahn von der Elisabethbrücke, entlang der Museums-, Landesgerichts- und Universitäts- (oder Magistrats-)strasse oder aber entlang der Ringstrasse bis zum Schottenring vorläufig der Vorsorge im Wege der Concessionsertheilung an eine Privatunternehmung vorbehalten, wobei diese Linie nach Ermessen der Regierung mit elektrischem Betriebe ausgeführt werden kann. Nun hat, wie man sich erinnert, die Anglo-österreichische Bank in Verbindung mit der Allgemeinen österreichischen Elektricitäts-Gesellschaft schon vor bald einem Jahre dem Präsidium des Wiener Gemeinderathes das Project einer elektrischen Stadtbahn vorgelegt, deren Trace sich streckenweise mit der in Aussicht genommenen Trace der inneren Ringlinie deckt. Zunächst war nämlich eine Linie geplant, welche vom Praterstern ausgehend, über die Franzensbrücke durch die Obere Weissgärberstrasse zur Radetzkybrücke und von dort durch die Zollamtsstrasse und weiter bis zur Elisabethbrücke, dann die Wien übersetzend, durch die Museum-, Landesgerichtsstrasse bis zur Währingerstrasse führt und eventuell bis zum Donaucanal verlängert werden kann. Von der Landesgerichtsstrasse soll eine zweite Linie abzweigen, welche durch die Grillparzerstrasse, den Franzensring überquerend, durch die Helferstorferstrasse nach dem Börseplatz, Concordiaplatz und bis zur Ferdinandsbrücke gehen soll. In einer Nachtragseingabe wurde noch eine dritte Linie von der Wallfischgasse zum Südbahnhofe und von dort nach Favoriten und in die nächstgelegenen Vororte in Vorschlag gebracht. Diese Linien sollen genau nach dem Muster, welches sich in Budapest so glänzend bewährt hat, ausgeführt werden und sind die bezüglichen Patente, insbesondere für die unterirdische Stromzuleitung, dem neuen Unternehmen bereits gesichert worden. Bisher hat die Anglobank auf ihre wiederholten Eingaben noch keine Antwort erhalten, was vielleicht auch damit zusammenhängen mag, dass über die Ausführung der anderen Stadtbahnlinien noch keine Entscheidung getroffen war und man dieser nicht präjudiciren wollte. Jetzt aber, wo dieses Hinderniss weggefallen, wäre es an der Zeit, sich mit allem Eifer auch den elektrisch zu betreibenden Linien zuzuwenden, um endlich das Versäumte nachzuholen. Man höre doch endlich auf, sich den Kopf der Unternehmer zu zerbrechen und lasse diese ihr Glück oder auch das Gegentheil versuchen. Wenn irgendwo, so gilt hier das Sprichwort, dass das Bessere der Feind des Guten ist. Mit der Wienthal- und Donaucanallinie, die zweifellos eine sehr werthvolle Ausgestaltung des loca[illegible]wesens bedeuten, ist noch lange nicht Alles geschehen, was uns noththut. Die innere Ringlinie muss erst den 6., 7., 8. und 9. Bezirk mit diesen Linien verbinden. Geht es nicht mit Dampf, so fahren wir in Gottes Namen mit Elektricität, aber nur vorwärts, um den einer Grossstadt unwürdigen Verkehrsverhältnissen ein Ende zu machen, die sich bei uns eingenistet haben. Selbst nach Ausbau der localen Linien der Stadtbahn, einschliesslich der Ringbahn, bleiben noch die Radiallinien nach Währing und Pötzleinsdorf, sowie nach Hernals und Dornbach übrig, für welche bekanntlich, ebenso wie für die Durchmesserlinien durch die innere Stadt der Berliner Allgemeinen Elektricitätsgesellschaft eine Vorconcession ertheilt wurde. Letztere sollen einerseits von der Elisabethbrücke unter den bestehenden Strassenzügen zum Stefansplatze und zur Ferdinandsbrücke, andererseits vom Schottenring unter der Freiung, dem Hof, Graben und Stefansplatz zur Station Hauptzollamt führen. Doch bis zur Herstellung dieser Wiener Untergrundbahn — wenn es überhaupt je dazu kommt — wird noch viel Wasser die Donau hinabfliessen. Bescheiden, wie wir geworden, werden wir schon froh sein, wenn einmal der erste Zug über die localen Linien der Wiener Stadtbahn rollen wird. Ob wir das je erleben werden in unserem lieben Wien?

Mit Bezug auf das von der Anglobank eingereichte Project wurde nun am 18. Jänner im Stadtrath verhandelt und verlautet über das Ergebniss Folgendes:

Der Magistrat hat sich über dieses Project dahin geäussert, dass dasselbe im Allgemeinen mit Freude begrüsst werden müsse. Von einem capitalskräftigen Institute getragen, werde ein Verkehrsmittel geboten, welches sich in Budapest rasch beliebt gemacht hat und der Stadt zur Zierde gereicht. Geräuschloser Gang, Entlastung des Strassenverkehrs, Schonung des Pflasters, Vermeidung von Strassenverunreinigung, gleichmässige Geschwindigkeit und Anpassungsfähigkeit an die jeweiligen Verkehrsbedürfnisse seien die Vorzüge elektrischer Bahnen, denen auch in Wien, das ohnehin wenig Verkehrsmittel hat, Eingang verschafft werden sollte.

Das Project bietet eine grosse Ringlinie mit Ausästungen in die südlichen und nördlichen Theile der Stadt. Sehr beachtenswerth sei das Anerbieten, die Stromleitung unterirdisch herzustellen, also das eleganteste und sicherste System in Anwendung zu bringen.

Der Magistrat empfiehlt, die Ringlinie mit elektrischem Betriebe, übereinstimmend mit dem Antrage des Stadtbauamtes, etwa in den Strassenzug Strozzi-, Neubau-, Pilgram-, Ziegelofen-[illegible] erbauen und von dieser die Zwe[illegible]ausgehen zu lassen.

Zur Feststellung der Trace, der grundlegenden Bestimmungen des Vertrages, der Dauer der Strassenbenützung, des Correspondenzdienstes und des Ausbaues nach anderen Richtungen sei eine Commission, bestehend aus Mitgliedern des Gemeinderathes, unter Zuziehung von Vertretern des Magistrats und des Stadtbauamtes einzusetzen.

Nach Anhörung des Referenten Stadtrath Wurm wurde beschlossen, mit der Anglobank in Verhandlung zu treten und in die Commission sechs Gemeinde- und drei Stadträthe zu entsenden, denen Organe des Magistrats und des Stadtbauamtes beigegeben werden.

Ferner wurde ein Zusatzantrag des Stadtrathes Kreindl angenommen, es seien insbesondere die mit Verkehrsmitteln wenig bedachten Ortschaften Sievering und Grinzing möglichst zu berücksichtigen.

Die elektrischen Eisenbahnen.

In den „Mittheilungen über Gegenstände des Artillerie- und Genie-Wesens", herausgegeben vom k. u. k. technischen und administrativen Militär-Comité, bespricht der k. u. k. Hauptmann im Geniestabe, Herr Carl Exler die elektrischen Eisenbahnen in so geistvoller Zusammenstellung, dass wir es uns nicht versagen können, wenigstens einen Theil davon, und zwar jenen, welcher von der „Militärischen Würdigung der elektrischen Eisenbahnen" handelt, unseren Lesern bekanntzugeben.

Die Einwirkung der elektrischen Traction auf die Transportsverhältnisse heute schon eingehend militärisch würdigen zu wollen, sagt Hauptmann Exler, erscheint wohl verfrüht, da man gegenwärtig über den Beginn der Einführung eines Fernverkehres mit elektrischem Antriebe noch gar nicht hinaus ist und auch heute sich nicht bestimmen lässt, ob überhaupt ein System mit elektrischer Traction und welches System sich einen verallgemeinerten und dauernden Einfluss auf die Eisenbahntechnik sichern wird.

Und selbst bei Voraussetzung des Vorhandenseins wirklich praktisch erprobter und brauchbarer Typen der elektrischen Traction, ist bei der Unmasse an vorhandenen rollendem Materiale der bestehenden Eisenbahnanlagen, dann bei den hohen Kosten für den eventuellen Bahnumbau, Umformung der Stationseinrichtungen etc. gegenwärtig noch gar nicht abzusehen, bis zu welchem Zeitpunkte eine Transformation des gegenwärtig bestehenden Betriebes mit Dampflocomotiven, in solchen mit elektrischem Antriebe stattfinden könnte. Setzt man jedoch dennoch die Möglichkeit einer solchen Umwandlung voraus, so käme in Bezug auf den militärischen Standpunkt von allen Verkehrsweisen nur der Fernverkehr allein in Betracht zu ziehen, da die elektrischen Strassen- und Localbahnen kaum je einen maassgebenden Einfluss auf die militärischen Bedürfnisse für den Kriegsfall auszuüben im Stande sein werden.

Untersucht man die Factoren, welche einen eventuellen Einfluss auf die militärischen Anforderungen für einen elektrischen Tractionsbetrieb ausüben können, so müssen jene Umstände zuerst in's Auge gefasst werden, welche für den Wettkampf der elektrischen Traction mit den bestehenden Eisenbahneinrichtungen maassgebend sind und sonach die Vortheile des elektrischen Förderungssystemes bilden. In dieser Hinsicht sind, wie schon früher angedeutet, hauptsächlich zwei Factoren in Betracht zu ziehen, u. zw. erstens die durch die elektrische Traction erreichbare höhere Geschwindigkeit und zweitens die höhere Sicherheit des Betriebes. Von diesen zwei Factoren übt nur der erstere einen militärisch wichtigen Einfluss aus, indem eine vermehrte Geschwindigkeit sowohl für den Fall der Mobilisirung als auch für jenen des Nachschubes von Kriegsmaterial nach bewirktem Aufmarsche von Bedeutung wäre. Indess zeigt sich bei genauer Erwägung dieser Geschwindigkeitsvermehrung Folgendes:

Da die in Zukunft zu construirenden elektrischen Eisenbahnzüge behufs Erreichung vermehrter Geschwindigkeit kaum jene heutige, für den militärischen Transport grundlegende Zusammensetzung des Zugmateriales haben dürften, wie solche beim Dampfbetriebe üblich ist, sondern sich beim elektrischen Betriebe wesentlich in kleinere, in kürzeren Intervallen ablaufende Züge mit Vorspannung einer elektrischen Locomotive untertheilen werden, so würde bei diesem letzteren Modus der Zugbildung eine Verminderung der Last pro Zug eintreten und es würde der gegenwärtig usuelle Massentransport beim elektrischen Antriebe ein wesentlich verändertes Aussehen bekommen.

Der Massenverkehr ist aber namentlich bei Kriegsbeginn oder im Mobilisirungsfall von einschneidendster Bedeutung für die Kriegführung, da es sich ja in erster Linie darum handelt, im Mobilisirungsfalle taktisch einheitlich gegliederte Truppen — selbst wenn es sein muss, auf Kosten der Geschwindigkeit, — aber möglichst gleichzeitig an Ort und Stelle zu bringen. Während man heute beispielsweise das Bataillon als Minimal-Transportseinheit für fahrplanmässige Militärzüge fixirt, dürfte es beim elektrischen Betriebe schwer fallen, Züge von 50 bis 100 Achsen, u. zw. selbst bei Einschaltung mehrerer Motoren in einem Zugsverbande auf einmal fortzubringen. Es müsste hier eine Untertheilung der Last eintreten, welche im Hinblicke auf etwa vorkommende Störungen im Betriebe von nachtheiligem Einflusse auf den Transport der Streitkräfte oder Streitmittel sein könnte. Es erscheint daher noch fraglich, ob ein solcher, durch die elektrischen Eisenbahnsysteme bedingter und wesentlich eigenartig gestalteter Massenverkehr (d. i. mit einem Theilungssysteme und vermehrter Zugsgeschwindigkeit) noch militärisch als Vortheil bezeichnet werden kann.

Für den Nachschub des Kriegsmateriales nach bewirktem Aufmarsche hat aber die Frage der Geschwindigkeitsvermehrung keine so einschneidende Bedeutung mehr wie im Mobilisirungsfalle, obschon eine Geschwindigkeitsvermehrung immer wünschenswerth erscheint.

Was nun die zweite Frage, d. i. jene der erhöhten Betriebssicherheit betrifft, so können unter normalen Verhältnissen allerdings die bei elektrischem Betriebe anwendbaren besseren Signal- und Sicherheitsvorrichtungen auch für Militärzwecke ihren Vortheil äussern. Indess sind die gegenwärtig bestehenden Systeme der elektrischen Traction, mit Ausnahme jenes des Accumulatorenbetriebes in Bezug auf ihre constructive Einrichtung, gegenüber dem vorhandenen Systeme mit Dampfbetrieb viel complicirter und auch mehr Fehlerquellen ausgesetzt, so dass obiger Vortheil einigermaassen wieder eingeschränkt erscheint. Auch ist die Abhängigkeit der Zugförderung von einer Centralstation ein beträchtlicher Nachtheil, der durch die vermehrten Fehlerquellen noch mehr vergrössert werden kann. Die Behebung von eingetretenen Störungen bei einem solchen Massenverkehre, wie er sich im Mobilisirungsfalle abspielt, kann unter Umständen so zeitraubend werden, dass sie den ganzen Betrieb einer elektrischen Eisenbahn in Frage stellen kann. Man braucht ja nur zu überlegen, welche Einwirkung eine oft geringfügige Störung im elektrischen Lichtbetriebe schon herbeizuführen vermag, um zu ermessen, welche Folgen solche Störungen in dem Betriebe einer mit Transportmitteln vollgepfropften Strecke nach sich ziehen können.

Andererseits ist jedoch die Subtilität der elektrischen Traction wieder geeignet, eine planmässige Zerstörung elektrischer Eisenbahnanlagen viel leichter und mit nachhaltiger Wirkung durchzuführen als dies beim Dampfbetrieb möglich ist. Es treten nämlich zu den gegenwärtigen normalen Oberbautheilen noch die elektrischen Leitungseinrichtungen, welche gestatten, die Wirkung örtlich hervorgerufener Störungen (die Zerstörung der Stationseinrichtung dürfte beim Dampf- und elektrischem Betriebe sich decken), oft sehr weit fortzupflanzen. Ein kräftiger Kurzschluss, beispielsweise an mehreren Stellen der Leitung, in höchst einfacher und schneller Weise hervorgerufen, wirkt bei allen Systemen der elektrischen Traction unter Umständen auf viele hundert Meter, ja kann selbst die Generatorstation unheilvoll beeinflussen und damit den Betrieb auf der ganzen Strecke zur Einstellung bringen. Zudem kann auch durch einfaches Durchschneiden der ober- oder unterirdisch verlegten Stromzuführungsdrähte oder Kabel an ein oder mehreren Stellen, durch Ausheben oder Unterbrechen von Schienenverbindungen bei Stromrückleitungen, durch die Laufschienen, durch das Zerstören von Leitungs- und Isolationsträgern etc. eine nachhaltige Störung hervorgebracht werden, die selbst unter der Voraussetzung des oft fraglichen, sofortigen Entdeckens der Fehlerquelle zu zeitraubenden, oft schwierig auszuführenden Wiederherstellungsarbeiten führen kann. Wird aber mit der Zerstörung der elektrischen Bestandtheile einer Bahn noch jene der Oberbautheile verbunden, so kann die störende Wirkung noch wesentlich vermehrt werden.

Was nun schliesslich die eventuelle Anwendungsfähigkeit der elektrischen Traction für Kriegszwecke betrifft, so könnte eine solche höchstens für Feldeisenbahn-Anlagen in Festungen und da mit sehr fraglichem Erfolge in Betracht gezogen werden.

Für Feldeisenbahnen in Festungen, bei denen der motorische Antrieb sehr erwünscht und neuerer Zeit mehrseitig auch geplant wird, hätte die Anwendung elektrischer Locomotiven insoferne einen Vortheil, als das geringe Gewicht derselben, dann die Fähigkeit, grosse Steigungen und scharfe Curven nehmen zu können, den Bau leichter Bahnobjecte zulässt, was beim maschinellen Betriebe (d. i. mit Dampf- oder Petroleum-Motoren) schwer erreichbar ist und bisher einen Hemmschuh für die Anwendung desselben bildete. Auch könnte der Vortheil der Geschwindigkeitsvermehrung bei eventuellem Wechsel der Vertheidigungsfront, Verschieben von Ausfallstruppen etc. ausgenützt werden. Indess wird die Abhängigkeit der Bahn von einer Centralstation die nothwendig erhöhte Sorgfalt beim Legen des Oberbaues, u. zw. selbst bei Voraussetzung des einfachsten elektrischen Systemes, der vermehrte Arbeitsbedarf u. s. w. immer einen wesentlichen Nachtheil bilden und den bisherigen Modus der Feldeisenbahn-Anlagen als ausreichend bezeichnen lassen.

Elektrische Beleuchtung der Züge der Jura-Simplon-Bahn.

Seit dem Frühjahr 1890 sind bis heute bei der Schweizer Jura-Simplon-Bahn ca. 160 dreiachsige Wagen in Betrieb, welche mit elektrischer Beleuchtung versehen sind. Zu diesen werden in nächster Zeit noch etwa 14 Personenwagen hinzugefügt. Die Batterien (System Huber) stammen aus der Accumulatorenfabrik von Marly, und werden in der Freiburger Centrale für elektrische Beleuchtung der Stationsgebäulichkeiten geladen; demnächst wird eine gleiche Einrichtung in Bienne getroffen, um den bedeutenden Anforderungen, die das Anwachsen des Betriebes mit sich bringt, gerecht zu werden. In den Wagen, von denen 18 mit Doppelbatterien ausgerüstet sind, functioniren im Durchschnitt 5 Lampen, welche eine Normallichtstärke von 32 Kerzen haben, sämmtliche 826 Lampen geben eine Lichtstärke von 6750 Kerzen. Die Stärke der Beleuchtung wird nach den Classen eingetheilt; so befinden sich in den Coupés der ersten Classe Lampen mit 16 *NK*, in denen der zweiten und dritten Classe solche mit 10 *NK*, auf der Plattform und in den Toiletten solche von 5 *NK*. Zu dieser Lichtgebung bedarf man 382 Batterien; die Kosten hiefür stellen sich auf Frcs. 46.800 (Einrichtung pro Wagen Frcs. 290); hierzu kommt die Ausgabe für die Batterien, welche Frcs. 126.000 beträgt (pro Stück Frcs. 330). Die Ladungs- und Transportkosten in den Centralen belaufen sich auf Frcs. 70.000. Mit Einschluss geringerer Ausgaben für Nothbeleuchtung etc. veranschlagt die Direction der Bahn die Gesammtausgaben auf Frcs. 250.000; bei einer Mehrbelastung dieses Postens um Frcs. 25.000 wäre es möglich, pro Tag anstatt wie bisher 42, 240 Batterien zu laden. Nach dem „El. A." haben die Huber'schen Batterien eine Fassungskraft von 120 Ampèrestunden bei 18 Volt Spannung, so dass also 2160 Wattstunden zur Verfügung stehen; rechnet man bei den Lampen nun 3 Watt pro Kerze, so können mit den 2160 Wattstunden 720 Kerzenstunden erzielt werden, demnach können 5 Lampen mit 42 *NK* 17 Stunden functioniren. Da ca. 30% von der elektrischen Energie verloren gehen, so beträgt die gesammte Aufnahmefähigkeit 3100 Watt. Die Kosten der Betriebskraft an der Achse des Stromerzeugers belaufen sich auf Frcs. 0·05 pro eine Pferdestunde; bei einer Annahme von 20% Energieverlust ist der Preis der elektrischen Pferdestunde Frcs. 0·0625 (das Kilowatt Frcs. 0·085); die Ladung einer Batterie stellt sich nach diesen Berechnungen auf Frcs. 0·37. Bei einer Annahme von 1070 Lampenbrennstunden pro Jahr (3 Stunden pro Tag, statistische Angaben ergeben jedoch das Doppelte) und einer 42 *NK* pro Wagen beträgt der Verbrauch 134·8 Kilowatt; demnach belaufen sich die Kosten für elektrische Energie auf Frcs. 16·20 pro Wagen. Andere Ausgaben für einen Wagen, als Unterhaltung, Amortisation etc. beanspruchen Frcs. 151·60 für Bedienungspersonal Frcs. 63 (Frcs. 14.000 bei 175 Wagen). Die Summe für den Gesammtbetrieb eines Wagens beträgt also Frcs. 230·80. Durch vermehrte Wagenzahl, bessere Ausnützung der Ladestationen, Beleuchtung der Locomotiven etc. etc. werden sich diese Kosten natürlich noch um ein Bedeutendes verringern.

Es bedarf gar keiner Frage, dass in nicht zu langer Zeit die Elektricität nicht nur auf den Schweizer Bahnen, sondern auf sämmtlichen Bahnen der Welt als Beleuchtungsmittel verwendet werden wird, und die folgende Statistik über Betriebskosten von Dumont und Baignières in Paris ergibt die neben den sonstigen grossen Vorzügen der elektrischen Beleuchtung nicht zu unterschätzende Billigkeit derselben.

Die Lampenbrennstunde (8 *NK*) ergab bei Verwendung von:

Fettöl	Frcs.	0·047
Petroleum	„	0·038
comprim. Gas	„	0·052
Elektricität: galvanische Elemente	„	0·071
„ Accumulatoren*)	„	0·029.

Grundzüge einer einheitlichen Benennung für Eisen und Stahl.

Die grosse Entwicklung, welche die Flusseisen- und Flussstahl-Erzeugung gefunden hat, lässt es wünschenswerth erscheinen, dass eine präcise Bezeichnung aller Eisen- und Stahlsorten in der Praxis eingeführt werde.

In Deutschland wurde diesem Bedürfnisse wenigstens in Bezug auf den Eisenbahnbetrieb abgeholfen, während in Oesterreich officielle Bestimmungen hierüber noch nicht bestehen.

Der Oesterr. Ingenieur- und Architekten-Verein hat nun, einer diesbezüglichen Anregung des k. u. k. technischen und administrativen Militär-Comité nachkommend, diese Frage neuerdings — er beschäftigte sich bereits im Jahre 1876/77 mit dieser Angelegenheit — einem Ausschusse überwiesen und wurde das von demselben ausgearbeitete Elaborat in seiner Geschäftsversammlung vom 29. April 1873 einstimmig genehmigt. In Folge dieses Beschlusses hat der Oesterreichische Ingenieur- und Architekten-Verein ein Exemplar dieser „Grundzüge einer einheitlichen Benennung für Eisen und Stahl" den k. k. Ministerien mit der Bitte übermittelt, sich dieser Neuerungen anschliessen und dieselben im ämtlichen Verkehre anordnen zu wollen.

Nach diesen Grundzügen sind zu unterscheiden:

1. Roheisen.

a) Weisses Roheisen. *b*) Halbirtes Roheisen. *c*) Graues Roheisen.

2. Schmiedeeisen.

a) Schweisseisen. *b*) Flusseisen.

3. Stahl.

a) Schweissstahl. *b*) Flussstahl.

4. Gusswaaren.

a) Roheisenguss-, *b*) Flusseisenguss-, *c*) Stahlguss-Waaren.

Bezüglich der für die Anwendung dieser Bezeichnung dienenden Erläuterungen und den Erläuterungen zu den obskizzirten „Grundzügen" verweisen wir auf die vollinhaltliche Verlautbarung des mehrgenannten Vereines.

*) Wir verweisen hier auf die diesfälligen Mittheilungen auf S. 69, 71, 168, 238, 265, 268, 510 und 599 des Jahrganges 1893. D. R.

Beobachtung eines Kugelblitzes.

Die Kaiserliche Ober-Postdirection in Oppeln hat (nach dem „Archiv f. P. u. T.") dem Reichspostamte einen Fall dieser seltenen Erscheinung, der sich am 15. Juli 1892 in Pr.-Oderberg ereignet hat, zur Kenntniss gebracht.

An dem genannten Tag zwischen $5^1/_2$ und 6 Uhr Nachmittags war über Pr.-Oderberg, wie das Kaiserliche Postamt daselbst berichtet, ein starkes Gewitter aufgezogen, welches sich in heftigen Schlägen entlud. Der Postamtsvorsteher R. hatte sich eben an das Annahmespind begeben, um mit dem Postgehilfen S. einige Worte zu wechseln, als plötzlich ein scharfer, kurzer und heftiger Donnerschlag anzeigte, dass es in der Nähe eingeschlagen haben müsse. Der Standpunkt der beiden Beamten sowie des Posthilfsboten J., der sich ebenfalls im Zimmer aufhielt, ist durch die nachstehende Fig. 1 angedeutet. In demselben Augenblick sahen diese drei Personen, wie zwischen ihnen, etwa 20 *cm* über dem Annahmetisch, eine faustgrosse, blendend helle feurige Kugel sofort mit heftigem Knall zersprang, ohne jedoch irgend welchen Schaden anzurichten. Posthilfsbote J. will bemerkt haben, wie sich die Feuerkugel von oben bis auf den Tisch herabliess, sich dann wieder erhob, um in der angegebenen Höhe zu zerspringen. Ueber dem Apparattisch an der Wand sind sechs Bleirohrkabel angebracht, mittelst deren die Leitungen 668 und 668 *Sp d* eingeführt und die zugehörigen beiden Erdleitungen hergestellt sind. Letztere befinden sich in unmittelbarer Nähe des Postamtes. Ueber dem Apparattisch hängt an einem metallenen Träger, 20 *cm* von den Bleirohrkabeln entfernt, eine grosse Petroleumlampe. Zwischen Lampe und Bleikabeln will S., der sein Gesicht diesen Gegenständen zugewendet hatte, starke Feuererscheinungen wahrgenommen haben.

Der Blitz, welcher die geschilderten Wirkungen verursacht hat, war etwa 500 *m* vom Postamt entfernt in die Telegraphenstangen Nr. 7 der Linie Oderberg-Ratibor gefahren und hatte die Stange zum Theil zertrümmert. Die 10 Leitungen dieser Linie führen auf 30 *m* Entfernung am Postamt vorbei, sind in letzteres aber nicht eingeführt (vergl. Fig. 2).

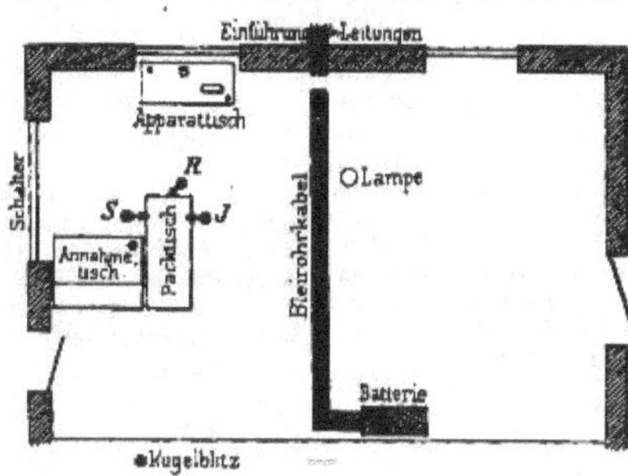

Fig. 1.

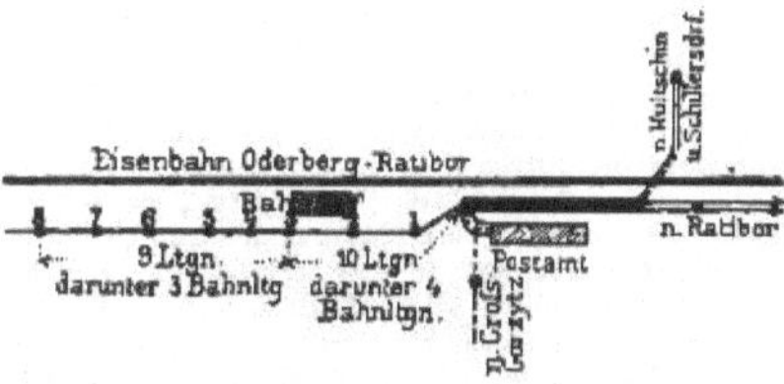

Fig. 2.

Von der Stange Nr. 7 muss sich der Blitz nach beiden Seiten verzweigt haben, was sich daraus ergibt, dass nicht nur die Stangen Nr. 5 und 3, sondern auch die Stangen 8 und 9 geringere Beschädigungen davongetragen haben. An der Stange Nr. 3 war ausserdem ein Isolator beschädigt. An den Apparaten des Postamtes, insbesondere an den Platten- und Spindelblitzableitern ist keine Spur wahrzunehmen gewesen, welche mit dem fraglichen Vorgang in Beziehung gebracht werden könnte.

Der VIII. internationale Congress für Hygiene und Demographie

wird bekanntlich im Laufe dieses Jahres in Budapest abgehalten werden. Das Executiv-Comité hat in seiner letzten Sitzung den Zeitpunkt und die Eintheilung des Congresses definitiv festgestzt, u. zw. in folgender Weise. Der übliche Begrüssungsabend fällt auf den 1. September; Eröffnung des Cogresses am 2., Sections-Sitzungen am 3., 4., 5., 7 und 8., Schluss-Sitzung am 9. September. Der 6. September ist also Ruhetag, für jene kleine Ausflüge reservirt, welche in das Programm des Congresses aufgenommen wurden.

Die im Anschlusse an den Congress zu veranstaltende hygienische Ausstellung wird bereits vorbereitet; dieselbe wird sich von den bisherigen ähnlichen Ausstellungen dadurch unterscheiden, dass sie keine Industrie-Ausstellung sein wird, sondern nur solche Gegenstände umfassen wird, welche zur Erklärung und zum Studium der in das wissenschaftliche Programm aufgenommenen, und auf dem Congress zum Vortrag gelangenden Fragen dienen. Zu den wichtigsten und interessantesten Berathungen wird die für den 4. Sitzungstag anberaumte grosse Diphtheritis-Debatte zählen.

Der nach dem Congress zu veranstaltende Ausflug nach Constantinopel wird durch den Umstand an Interesse gewinnen, dass die Mitglieder des Congresses im Anschlusse an diesen Ausflug auch die Stadt Belgrad besuchen werden, von wo eine diesbezügliche Einladung ergangen ist.

Actenstücke über den Telegraph von Gauss & Weber von 1833.

Der erste elektrische Telegraph ist bekanntlich im Jahre 1833 in Göttingen von den Professoren Carl Friedrich Gauss und Wilhelm Eduard Weber ausgeführt worden. Unsere Kenntnisse über denselben sind 1883 durch einige Mittheilungen in der „Elektrotechnischen Zeitschrift" (S. 490 u. 525) etwas erweitert worden, noch mehr aber erst vor Kurzem durch die Veröffentlichung einiger bisher unbekannter Actenstücke.

Zunächst hat Prof. H. Weber in Braunschweig ein in Breslau bei E. Trewendt, 1893, erschienenes Buch über seinen berühmten Oheim veröffentlicht, dessen Titel lautet: „Wilhelm Weber. Eine Lebensskizze. Mit einem Bildnisse aus dem Jahre 1884." In diesem Buche wird über einen Schriftwechsel berichtet, welcher sich unmittelbar nach Ostern 1833 zwischen W. Weber und dem Göttinger Magistrate abspielte und dadurch veranlasst wurde, weil Weber die Herstellung jenes Telegraphen begonnen hatte, ohne die Erlaubniss des Magistrates eingeholt zu haben; es sind da jedoch blos zwei vom 18. April und 6. Mai 1833 datirende Schreiben des Magistrates der Stadt Göttingen an Weber abgedruckt, und überdies nicht ganz fehlerlos.

Dieses Buch hat dann Prof. E. Rehnisch in Göttingen in dem „Göttinger gelehrten Anzeiger" (1893, S. 163 ff) besprochen und ausser jenen beiden Schreiben auch die vorausgegangenen Eingaben W. Weber's vom 15. April und 20. April 1833 mit abgedruckt. Ueberhaupt hat Rehnisch jene Lebensskizze sehr wesentlich ergänzt und berichtigt; in höchst anregender Weise hat er nachgewiesen, dass, und wie in jenen Jahren durch W. Weber, eine in jeder Hinsicht neue Zeit auf der „Georgia Augusta" eingezogen ist.

Hier mögen nur folgende Stellen aus W. Weber's Schreiben wörtlich mitgetheilt werden:

„. . . Dass ich, zum Zwecke einer wissenschaftlichen Unternehmung, einen doppelten Bindfaden von dem mir untergebenen physikalischen Cabinete auf den Johannisthurm und von da weiter zur Sternwarte habe aufspannen lassen . . . ."

„Der Zweck der Sache ist darauf gerichtet, die Kräfte des Galvanismus und Magnetismus, so weit sie zu praktischen Zwecken irgend einmal dienen könnten, im Grossen näher zu untersuchen.

Nur Uebelwollen oder völlige Unkenntniss können Gerüchte verbreiten, als sei mit dieser Vorrichtung Gefahr irgend einer Art, z. B. bei Gewittern, verbunden."

Auf eine unterm 15. April 1833 gestellte Anfrage des Magistrates, antwortete Weber: „Der aufgespannte Bindfaden soll dazu dienen, einen feinen Metalldraht frei schwebend zu erhalten. Die Dicke dieses Drahtes übersteigt nicht viel die eines Haares und vermag nur ganz schwache galvanische Ströme zu fassen und fortzuleiten. Dieser Draht besteht aus Silber und Kupfer. Er ist, verbunden mit dem Bindfaden, dem blossen Auge für sich allein nicht sichtbar."

Daraufhin hat dann der Magistrat willig die Erlaubniss zur ferneren Benützung des Johannis-Thurmes ertheilt. Bekanntlich ward die Leitung ein paar Mal gewechselt und neu hergerichtet, und da nahm man stärkeren Draht. Von dem Kupferdrahte, welcher im Sommer 1834 die Leitung bildete, wog (nach dem „Göttinger gelehrten Anzeiger", 1834, S, 1273) ein Meter acht Gramm.

Ed. Z.

Elektrische Weckeranlage.

Von GERHARD WILHELM v. VIANEN in Köln a. Rh.

Diese Weckeranlage ist in erster Linie für Gasthöfe bestimmt und gestattet, dass der Gast sich den Wecker auf seinem Zimmer beliebig einstellt, demnach nicht auf die Verlässlichkeit des Hôtelpersonals angewiesen ist. Die Einstellung des Signals kann auf

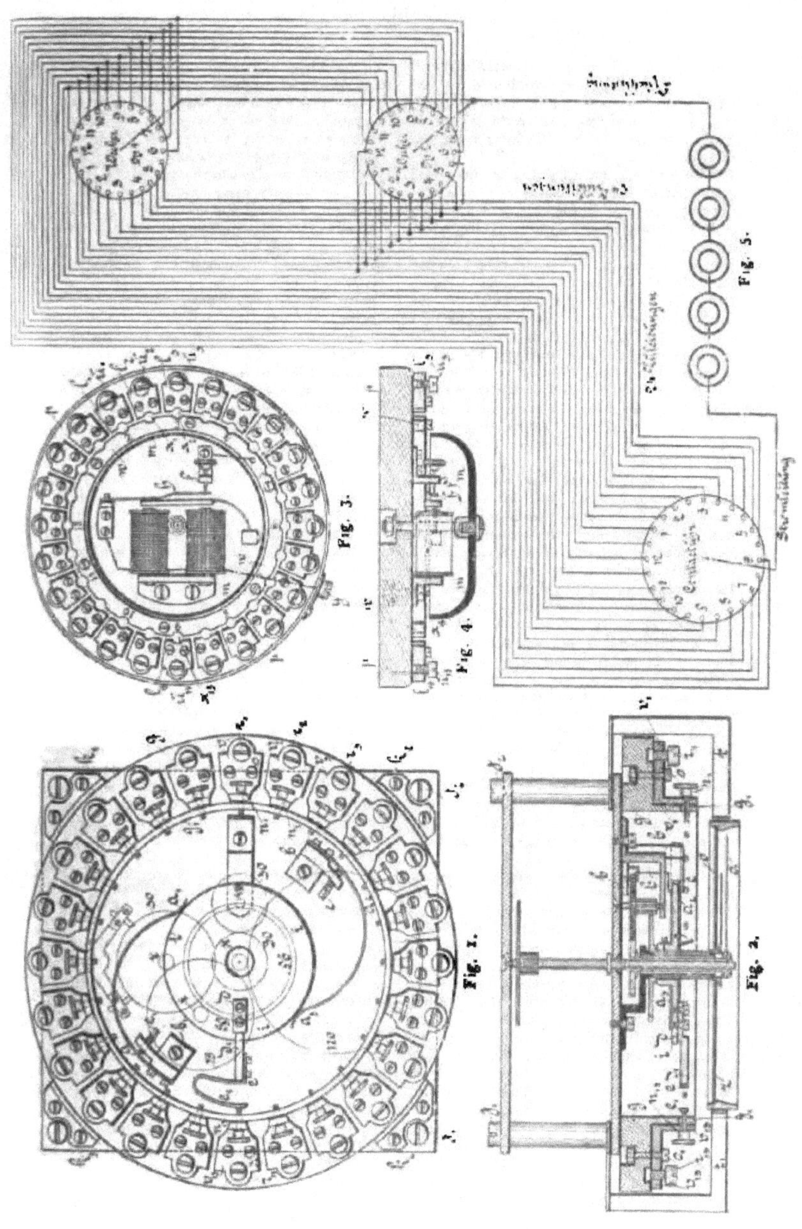
Fig. 1.
Fig. 2.
Fig. 3.
Fig. 4.
Fig. 5.

beliebig viele Zeitpunkte innerhalb zwölf oder bei entsprechender Anordnung der Anlage auch innerhalb 24 Stunden erfolgen, und der Apparat ist also nicht allein als Wecker, sondern auch als Erinnerungssignal zu gebrauchen.

Zu der Anlage gehört eine mit einer gewöhnlichen Uhr verbundene Contactvorrichtung, welche in Fig. 1 und 2 im Auf- und Grundriss (Horizontalschnitt) dargestellt ist, und für jedes in die Anlage einbezogene Zimmer ein mit der elektrischen Glocke combinirter Stöpselapparat, von der in Fig. 3 und 4 im Aufriss und Horizontalschnitt zur Darstellung gebrachten Anordnung. Die Verbindung der Contactuhr mit der Batterie und den Stöpselapparaten zeigt Fig. 5 in schematischer Form.

In Fig. 1 ist das Gehwerk der gewöhnlichen, auf acht Tage Gangzeit berechneten Uhr durch feine volle Linien angedeutet, die Theilkreise der Zeigerwerksräder sind dagegen durch gestrichelt punktirte Linien kenntlich gemacht. Auf der vorderen Uhrplatte ist concentrisch um das Zeigerwerk der mit der Krempe g_1 versehene isolirende Ring g mittelst der vier Winkelkloben k_1, k_2, k_3 und k_4 befestigt. Auf diesem Ringe sind correspondirend mit der Theilung des Zifferblattes 24 Winkelkloben v_1, v_2, v_3 u. s. w. angebracht, welche mit den Klemmschrauben r_1, r_2, r_3 u. s. w. zur Einschaltung der 24 Liniendrähte und mit den durch die Krempe g_1 nach innen hervortretenden Contactschrauben n_1, n_2 u. s. w. versehen sind. Eine solche Anordnung gestattet die Einstellung der Wecker auf ganze und halbe Stunden; soll die Einstellung auf kleinere Intervalle möglich gemacht werden, so müssen entsprechend mehr in sonst gleicher Weise ausgerüstete Winkelkloben um das Zifferblatt, also beispielweise beim Viertelstundenintervall $12 . 4 = 48$ Winkelkloben und ebenso viele Drahtleitungen angebracht werden.

Mit dem Stundenrade des Zeigerwerkes ist eine Metallscheibe i starr verbunden, die demnach wie das genannte Rad in zwölf Stunden eine Umdrehung macht. Auf der Stirnfläche der Scheibe i schleifen zwei an der Uhrplatte befestigte Federn $a\,a_1$, $a_2\,a_3$, deren Druck auf die Scheibe i mittelst der Stellschrauben $e\,e_1$ regulirt werden kann. Diese Federn sichern die leitende Verbindung der Scheibe i mit der an die Uhrplatte geschalteten Stromleitung der Batterie. Die Scheibe i trägt einen mit ihr verschraubten Winkelkloben $d\,d_1$, an welchem eine hufeisenförmig gebogene Contactfeder $c\,c_1$ befestigt ist, die mit einem an ihrem Ende angebrachten Platinknöpfchen im Verlaufe von zwölf Stunden nacheinander über die gleichfalls mit Platin belegten Spitzen der Contactschrauben n_1, n_2 u. s. w. schleift. Man ersieht aus dieser Beschreibung, dass die Contactuhr den Zweck hat, die mit dem Uhrwerke verbundene Stromleitung der Batterie im Verlaufe von zwölf Stunden nacheinander in halbstündigen Intervallen mit allen bei den Schrauben r_1, r_2, r_3 u. s. w. eingeschalteten 24 Zuleitungen zu verbinden.

In Fig. 1 ist auch die Anbringung des in gewöhnlicher Weise angeordneten Zifferblattes z dargestellt, welches nur den Hohlraum des Ringes $g\,g_1$ deckt und mittelst Blechwinkel an die Uhrplatte befestigt wird.

Der Stöpselapparat (Fig. 3 und 4), der in jedem einzelnen Zimmer angebracht ist, besteht zunächst aus einem elektrischen Läutewerke von bekannter Anordnung, welches auf einer runden Platte p aus isolirendem Material montirt ist und in dem Hohlraume der Glocke m steht. Ausserhalb der Glocke liegt ein auf der Platte p befestigter Metallring w, und um diesen liegen wieder 24 von einander und von dem Ringe w isolirte Metallplättchen l_1, l_2, l_3 u. s. w., an welche mittelst der Klemmschrauben u_1, u_2, u_3 etc. die zu den 24 Winkelkloben der Contactuhr führenden Zuleitungsdrähte geschaltet werden. Die Metallplättchen l_1, l_2, l_3 etc. sind auf der dem Ringe w zugekehrten Seite mit halbkreisförmigen Aussparungen versehen, welchen eben solche Aussparungen am Ringe gegenüberstehen. In die durch die Aussparungen gebildeten kreisrunden Löcher werden die bekannten Metallstöpsel bei jenen Stunden oder Halbstunden gesteckt, zu welchen die Glocke ertönen soll, wodurch dann die dem betreffenden Zeitpunkte entsprechende Zuleitung mit dem Ringe w leitend verbunden wird.

Die Rückleitung der Batterie geht direct zu den Stöpselapparaten, nimmt hier das Läutewerk in sich auf und endigt im Metallringe w; sie wird nämlich mittelst der Klemmschraube y eingeschaltet und setzt sich über die Bewicklung der Elektromagnetspulen, die Hammerfeder h und den Unterbrechungscontact f bis zum Ringe w fort. Nachdem durch jeden in die erwähnten Aussparungen gesteckten Stöpsel eine der 24 Zuleitungen mit dem Ringe w leitend verbunden wird, so ist durch jeden Stöpsel eine Zuleitung an die gemeinsame Rückleitung geschaltet, und die Glocke wird daher läuten, sobald an der Contactuhr die Contactfeder $c\,c_1$ mit ihrem Platinknöpfchen die Contactschraube (n_1, n_2 etc.) der mit dem Stöpsel an die Rückleitung geschalteten Zuleitung berührt.

Die Verbindung der Contactuhr mit der Batterie und den Stöpselapparaten (Weckern) ist in Fig. 5 an einer Anlage mit zwei Weckern vorgeführt. Der eine Pol der Batterie ist durch die Stromleitung mit der Contactuhr, beziehungsweise mit der Contactfeder $c\,c_1$, der andere Pol durch die Rückleitung mit den Stöpselapparaten verbunden. Von jedem Stunden- und Halbstundencontact der Uhr führt eine besondere Zuleitung zu den correspondirenden Stunden- und Halbstundenplättchen der Stöpselapparate. Jeder der 24 Stromkreise hat also zwei Unterbrechungsstellen: die eine an der Contactuhr, die andere an den Stöpselapparaten, und daher wird bei der durch die Contactuhr mittelst der Feder $c\,c_1$ bewirkten Einschaltung der Zuleitungen der Strom nur dann kreisen, wenn die eingeschaltete Zuleitung gleichzeitig auch an einem oder mehreren Stöpselapparaten mit der Rückleitung verstöpselt ist. Der Strom geht dann über den Stöpsel, beziehungsweise über mehrere derselben (wenn mehrere Wecker auf dieselbe Weckzeit gestöpselt sind) in die Elektromagnetbewicklung und durch die gemeinsame Rückleitung zum anderen Pol der Batterie, wobei die auf die betreffende Zeit eingestellten Läutewerke ertönen.

Neue, eigenartige Wirkungen des Lichtes.

Ein sehr interessanter neuer Versuch, der über das Wesen der Lichtschwingungen viel zu denken Anlass gibt, ermöglicht, nach einer Mittheilung vom Patent- und technischen Bureau von Richard Lüders in Görlitz, durch Lichtschwingungen Töne zu erzeugen. Zu diesem Zwecke wird ein Lichtstrahl durch eine Glaslinse auf ein Glasgefäss geleitet, welches Russ, schwarze Seide oder eine andere schwarz gefärbte Materie enthält. Bringt man nun in die Bahn des Lichtstrahles, zwischen Linse und Glas eine Scheibe, welche mit radialen Schlitzen versehen ist, und versetzt die Scheibe in schnelle Umdrehung, so dass das Licht abwechselnd durch die Oeffnungen auf das Glas fällt und durch die Zwischenräume daran verhindert wird, so ist in dem Glasgefässe ein Ton zu vernehmen, wenn man das Ohr an dasselbe anlegt. Zerlegt man ferner das Sonnenlicht durch ein Prisma und lässt den farbigen Lichtstreifen durch die rotirende Scheibe auf das Glasgefäss fallen, so werden, je nachdem man die eine oder die andere Farbe auf das Glas fallen lässt, verschiedene Töne hörbar. Die Thatsache wäre wohl geeignet, zur Construction neuer, telephonartiger Instrumente Veranlassung zu geben und zur Förderung der Theorie des Lichtes beizutragen. Die Grundlage dieser Einrichtung ist das Radiophon von Bell, dem berühmten Erfinder des Telephons. Bekanntlich hat Mercadier diesen Apparat für eine Mehrfachtelegraphie auszunützen versucht.

Verbessertes Diaphragma für in der Elektrolyse verwendete Zellen.

Von CHARLES NELSON WAITE in Newton.

Meine Erfindung bezieht sich auf ein verbessertes Diaphragma für Zellen, die in der Elektrolysirung von Alkalisalzen verwendet werden und besteht in der Herstellung desselben aus Asbest als Säure widerstehendem, faserigen Materiale, das in seinen Poren (mit doppelchromsauren Kali oder Natron behandeltes) Gelatin enthält.

Die Zähigkeit des letzteren ist nicht hinreichend, um es in den Stand zu setzen, allein als Diaphragma verwendet zu werden, andererseits kann es nicht verwendet werden, wenn es mit einer vegetabilischen oder anderen, durch Säuren zerstörbare Fasern combinirt ist, weil durch die Chlorwirkung und des Broms etc. das Chromoxyd in Chromsäure übergeführt wird, welche die Faser rasch zerstört.

Ich habe jedoch gefunden, dass wenn eine solche Gelatine durch eine Faser (Asbest) verstärkt wird, die säurewiderstandsfähig ist, man ein sehr wirksames und zweckdienliches Diaphragma daraus herstellen kann.

Ich löse Leim oder Hausenblase in möglichst wenig Wasser auf und setze der Lösung 15—20 (des Gewichtes des darin enthaltenen Leimes oder Hausenblase) an doppelchromsaurem Kali zu, wobei letzteres vor seiner Hinzugabe in oberwähnte Lösung in einer möglichst geringen Menge Wassers aufgelöst wird.

Nach inniger Vermischung dieser Ingredienzen rühre ich die Asbestfaser in die Masse ein und forme daraus Blätter oder sehr dünne Platten, oder aber die vorerwähnte Lösung wird auf gewöhnliches Asbestpapier oder Asbestcarton mit Bürsten oder Pinseln aufgetragen; sobald die Blätter oder Schichten in der einen oder der anderen Weise hergestellt sind, werden sie sorgfältig getrocknet und dem Sonnenlichte stark ausgesetzt, bevor sie in Verwendung kommen, oder das Blatt oder die Lage (Schichte) muss durch ein Bad von unterschwefligsaurem Natron gezogen werden.

Hiedurch wird der Leim oder die Hausenblase unlöslich macht, die versteifende Faser gleichsam festgebunden und ein dauerhaftes Blatt oder Diaphragma erzeugt, welches hinreichend zähe ist, sehr kräftig ein Diffundiren der Flüssigkeiten in der Zelle verhindert und gleichzeitig dem Durchgange des elektrischen Stromes einen nur geringen Widerstand bietet.

LITERATUR.

Fortschritte der Elektrotechnik. Herausgegeben von Dr. Carl Strecker. Berlin, 1893. Verlag von Julius Springer. Preis Mk. 5.—.

Diese vierteljährig erscheinende, sehr werthvolle Zusammenfassung der auf dem Gebiete der Elektrotechnik erschienenen Abhandlungen und Berichte sind aus früherer Besprechung vortheilhaft bekannt, wir finden nur, dass [illegible] Publikation etwas später erscheint, [illegible] deren Verwendbarkeit es [illegible]schen 1[illegible]

Vom rollenden Flügelrad. Darstellung der Technik des heutigen Eisenbahnwesens. Von A. v. Schweiger-Lerchenfeld. Mit 300 Abbildungen. In 25 Lieferungen zu 30 kr. = 50 Pf. = 70 Cts. = 30 Kop. (A. Hartleben's Verlag in Wien.) Bisher sind fünf Lieferungen erschienen.

Die gelungene Idee, welche in diesem Werke verkörpert und im ersten Hefte in anziehender Weise dem Leser auseinandergesetzt ist, tritt in den nunmehr erschienenen weiteren Lieferungen (2—5) immer greifbarer hervor. Die Eintheilung der Eisenbahnen nach Massgabe der ihnen zufallenden Aufgabe und nach dem Grade ihrer Leistungsfähigkeit, ferner der Unterbau mit seinen drei Hauptmomenten, als Erdbau, Tunnel- und Brückenbau, bieten des Interessanten in reicher Abwechslung. Besonders hervorzuheben ist die grosse Zahl von Abbildungen, darunter die schönen Vollbilder, welche das Verständniss des Textes wesentlich erleichtern.

KLEINE NACHRICHTEN.

Personal-Nachricht.

† Prof. Dr. Heinrich Hertz. In Bonn ist am 1. Jänner 1894, Prof. Heinrich Hertz im Alter von noch nicht 37 Jahren gestorben. In ihm verliert die physikalische Wissenschaft und insbesondere die theoretische Elektricitätslehre einen ihrer hervorragendsten und befähigtsten Vertreter, die Menschheit aber einen Priester des reinsten Strebens!

Heinrich Hertz wurde 1857 zu Hamburg als Sohn des Senators Dr. Hertz geboren. Er studirte zunächst von 1875—1878 Ingenieur-Wissenschaften, wandte sich aber später unter dem Einflusse von Helmholtz und Kirchhoff der Physik zu. Im Jahre 1880 promovirte er zu Berlin und wurde darauf Assistent bei Helmholtz, in welcher Stellung er bis zum Jahre 1883 blieb, um sich darauf als Privatdocent für theoretische Physik an der Universität Kiel zu habilitiren. Schon im Jahre 1885 wurde er als ordentlicher Professor der Physik an die technische Hochschule Karlsruhe berufen und im Jahre 1889 folgte er dem verstorbenen Clausius auf dem Lehrstuhle für Physik an der Universität Bonn. Hertz' Specialgebiet waren die elektrischen Erscheinungen und die Erforschung des Wesens der Elektricität. Durch seine epochemachenden Entdeckungen auf diesem Gebiete hat er sich in kurzer Zeit einen Weltruf begründet. Insbesondere war er bemüht, den Zusammenhang zwischen Licht und Elektricität auf experimentalem und theoretischem Wege nachzuweisen. Es gelang ihm zu zeigen, dass sich elektrodynamische und Inductionswirkungen als Wellenbewegungen oder als Strahlen elektrischer Kraft durch den Raum und durch nichtleitende Körper fortpflanzen, u. zw. mit einer Geschwindigkeit, welche der des Lichtes gleichkommt. Seine ungemein scharfsinnigen Versuche haben überzeugend bewiesen, dass die Strahlen elektrischer Kraft dieselben Gesetze der Fortpflanzung, Reflexion und Brechung befolgen wie die Lichtstrahlen. Er bezeichnete daher die elektrischen Strahlen als Lichtstrahlen von sehr grosser Wellenlänge. Durch die Hertz'schen Versuche war die Maxwell'sche elektromagnetische Lichttheorie, wonach die Lichterscheinungen auf elektrischen Schwingungen beruhen, beinahe zur Evidenz erwiesen. In seinem 1892 erschienenen Werke: „Untersuchungen über die Ausbreitung der elektrischen Kraft" hat er die Resultate seiner bezüglichen Versuche, den Inhalt seiner früheren Abhandlungen resumirend, in übersichtlicher Weise zusammengestellt. Einige seiner Arbeiten sind in unserer Zeitschrift Bd. VIII, pp. 7. 36, 88, 132, 158, 409 und Bd. IX, p. 269 behandelt.

Elektrische Untergrundbahn. Die Budapester Elektrische Stadtbahn hatte bekanntlich im Vereine mit der Budapester Strassenbahn-Gesellschaft der Commune ein Offert bezüglich der Herstellung einer elektrischen Bahn auf der Andrássystrasse überreicht, doch konnte für diesen Plan, wiewohl die Stadt ihn mit grosser Majorität acceptirte, die Zustimmung des Ministers des Innern, welcher einer im Niveau der so stark frequentirten Andrássystrasse zu führende Bahn aus Sicherheitsrücksichten widerstrebte, nicht erlangt werden.

Nun treten die Stadtbahn- und die Strassenbahn-Gesellschaft mit einem neuen Projecte an die Commune heran — einem Projecte, das in weltstädtischer Manier die Frage des Verkehrs durch die Andrássystrasse zu lösen unternimmt und schon wegen der Grossartigkeit seiner Conception das allgemeinste Interesse auf sich lenken dürfte. Es handelt sich hiebei um die Herstellung einer Untergrundbahn, welche alle Strassen für den gewöhnlichen Verkehr freilässt und sich ihren eigenen Weg unter der Strassenoberfläche bricht, so dass sie daselbst, vor jeder Störung absolut gesichert, von jeder Gefahr, wie sie so vielfach auf der Oberfläche der Strassen vorkommen, vollständig befreit, mit der denkbar grössten Geschwindigkeit zu verkehren und somit dem Massenverkehr im grössten Maassstabe gerecht zu werden vermag.

Hochinteressant ist das in allen Einzelheiten festgestellte Bau- und Betriebs-Programm, über welches wir in der nächsten Nummer die Details bringen werden.

Elektrische Beleuchtung in Riva (Gardasee). Die elektrische Beleuchtung in Riva wird bald Thatsache sein. Wie der „El. Anz." mittheilt, hat die dortige Gemeindevertretung das Project des Ingen. Bauer mit einem Präliminare von fl. 100.000 und einer Kraftentwickelung von 1600—2000 *PS* approbirt. Die Vertretung fügte weitere fl. 20.000 für Privat-Installation hinzu. Die Leitung wird längs der Tonalestrasse gelegt werden. Eine Turbine und eine Dynamo-Maschine werden eine Lichtstärke von 1800 Lampen à 16 und von 3000 Lampen à 10 Kerzen entwickeln; eine zweite Turbine und ein zweiter Dynamo bleiben vorbehalten. Die Leitung soll bis zum „Hôtel du Lac", auf 1 *km* von Riva reichen; wenn man will, kann mit geringem Kostenaufwande auch Varone, S. Giacomo beleuchtet werden. Bis Ende 1894 hofft man nicht nur die elektrische Beleuchtung zu Ende zu führen, sondern im Bedarfsfalle auch über eine 1000 *PS* übersteigende Kraft zu verfügen.

Ungarisches Telegraphen- und Telephonwesen pro 1894. Ueber das Telephon- und Telegraphenbau - Programm des ungarischen Handelsministeriums für das Jahr 1894 werden folgende Details verlautbart: Es wird geplant die Errichtung von sieben neuen Stadttelephonnetzen in Kecskemét, Komorn, Erlau, Hermannstadt, Pancsova, Semlin und Essegg; die vollständige Reconstruirung der Stadttelephonnetze von Szegedin und Agram; die Errichtung von drei interurbanen Telephonnetzen, u. zw. Oedenburg-Komorn, Szabadka-Szegedin und Stuhlweissenburg-Budapest; eine bedeutende Erweiterung der städtischen Telephonnetze von Raab und Arad und sechs Telephonnetze für Comitats-Municipien. Ferner werden projectirt der Bau neuer Telegraphenlinien in der Länge von 404 *km*; Ergänzungen von Telegraphendrähten (3030 *km*); Umgestaltungen (360 *km*); die Errichtung von 97 neuen Telegraphenämtern und schliesslich die Erweiterung von 43 bestehenden Telegraphenämtern.

Die elektrische Beleuchtung der Eisenbahnstationen. In verschiedenen grossen Stationen der bayerischen Eisenbahnen ist elektrische Beleuchtung eingeführt worden, welche nach dem Berichte der Verwaltung nicht nur eine viel grössere Helligkeit, sondern auch eine bedeutende Ersparniss ergeben hat. Die Kosten der Beleuchtung in Bamberg, Nürnberg, Regensburg und Würzburg weisen eine Ersparniss von bezw. 44, 40, 54 und 26% gegenüber der Gasbeleuchtung auf.

Elektrische Centralanlage in Fiume. Beim dortigen Stadtmagistrate sind zwei Offerte, u. zw. von der Wiener Gasindustrie-Gesellschaft und der Ungarischen Elektricitäts-Actiengesellschaft eingereicht worden. Da es sich um die Concessionirung der elektrischen Centralanlage, d. h. um Aufbau, Leitungen und Betrieb der Anlagen handelte, so war kein Betrag als Grundlage der Verhandlung festgesetzt, sondern ein „Schema" der Grundbedingungen, unter welchen die Concession ertheilt wird. Zur Ueberprüfung und Aufstellung der Vergleiche wurde ein engeres Comité entsendet. Auf Grundlage des Berichtes wird der Magistrat einen Vorschlag der städtischen Generalversammlung unterbreiten.

Die neue Beleuchtungsanlage in Szegedin. Seit Wochen verhandelt eine Commission über den Vertrag, welchen die Stadt Szegedin mit dem Pariser Unternehmer Charles Georgi hinsichtlich der öffentlichen Beleuchtung abzuschliessen gedenkt. Die neue Beleuchtungsanlage wird auf Gas und elektrisches Licht eingerichtet, letztere vorläufig nur auf einem Umkreise von 4 *km*, so dass der Széchenyiplatz, der Klauzálplatz und die Stefanie-Promenade mit Bogenlampen werden beleuchtet werden können. Die Zahl der öffentlichen Gaslampen wird auf 1200 festgesetzt, welche Zahl während der zehnjährigen Dauer des Vertrages auf 1600 erhöht wird. Für je eine Lampe und 2500 Brennstunden bezahlt die Stadt pro Jahr 32 fl. 50 kr. Die Gaspreise für den Privatconsum betragen 11½ kr., somit die Hälfte der jetzigen Gaspreise (22 kr.). Die Concession lautet auf 40 Jahre. Nach 40 Jahren erhält die Stadt die ganze Anlage und Einrichtung unentgeltlich. Dies sind die Umrisse des Vertrages, welcher in Vertretung der Pariser Firma unterfertigt wurde.

Für die elektrische Beleuchtung von Ungvár liefen zwei Offerten ein, von der „Elektra" Accumulatorenfabrik und der Firma Ganz & Co. Mit der Erstattung des diesbezüglichen Berichtes an die Generalversammlung wurde ein engeres Comité betraut.

Die Einführung der elektrischen Beleuchtung in Marosvásárhely dürfte schon in kurzer Zeit verwirklicht werden, indem die Budapester „Elektra" Accumulatorenfabrik demnächst eine Probebeleuchtung vornehmen lässt, um den Vertragsabschluss zu fördern.

Elektrische Beleuchtung in Gyöngyös. Die Gebrüder Büchler, Dampfmühlenbesitzer, haben an den dortigen Magistrat eine Offerte eingereicht, wonach dieselben die elektrische Beleuchtung der Stadt auf sich nehmen wollen. Es wurde eine Commission entsendet, welche sich mit den Unternehmern in's Einvernehmen zu setzen und sodann binnen Kurzem dem Magistrat das diesbezügliche Gutachten vorzulegen hat.

Elektrisch[illegible]bász. Die dortig[illegible]

der Firma J. L. Huber in Verbász den bezüglich der Einführung der elektrischen Beleuchtung nothwendigen Vertrag bereits abgeschlossen, und bedarf es nunmehr der Genehmigung der gesetzlichen Behörde, um mit den Arbeiten beginnen zu können.

Seit 1. Jänner 1894 hat Herr R. Feilendorf die General-Vertretung der Firma O. L. Kummer & Co. in Dresden am hiesigen Platze übernommen.

Blitzableiter-Anlagen bei Fabriksschornsteinen. Die Hütte „Carlswerk" in Bunzlau (Schlesien) nahm in Folge eines Vorkommnisses, dessen Ausgang leicht hätte verhängnissvoll werden können, Veranlassung, auf dem Gebiete der Blitzableiter-Constructionen eine Neuerung zu schaffen, die namentlich den Besitzern von Fabriksschornstein-Anlagen empfohlen zu werden verdient. In einem schlesischen Etablissement war vor nicht langer Zeit die schwere eiserne Auffangstange des Blitzableiters eines der hohen Dampfschornsteine abgestürzt, und zwar deshalb, weil die aus dem Kamin entströmenden Verbrennungsgase gerade den der Mündung zunächst liegenden untersten Theil der Stange derart angegriffen hatten, dass dieselbe einfach abbrach. In einem anderen Falle war die aus Kupfer hergestellte Auffangstange bis auf Fadendünne durchoxydirt. Bei dem Umstand, dass die Steinkohle und namentlich die Braunkohle nicht unbeträchtliche Mengen von Schwefelkies enthält, welcher durch den Verbrennungsprocess schwefelige Säure bildet, ist die Gefahr des Absturzes immer und überall eine permanente und muss der geschilderte Vorfall die Frage in den Vordergrund stellen, wie diesem Uebelstande abzuhelfen sei. Die Hütte „Carlswerk" hat nun die Lösung dieser Frage durch die folgende Vorrichtung in vollkommener Weise erzielt. Die etwa 1 *m* hohe und 3 *cm* starke Auffangstange wird bis zum Beginn der Platinspitze mit einem Röhrensystem mit Muffenendigung umkleidet. Das Luftintervall zwischen Stange und Umhüllung wird mit volumenbeständigem Cemente ausgegossen und die obere Endigung mit einer trichterförmigen Verdachung versehen, durch welche dann die Platinspitze ein wenig hindurchgreift. Die Durchgangsstelle ist auf besondere Weise gedichtet. — Die Vorzüge der Erfindung liegen klar zu Tage. Sie beruhen hauptsächlich auf der völligen Unangreifbarkeit des Glases durch chemische Einflüsse. Weiters wird aber auch zugleich durch die gänzliche Isolirung der Auffangstange von der äusseren Atmosphäre einem anderen Uebelstande abgeholfen. Bekanntlich werden durch Oxydation der Oberfläche eines Metalles dessen Leitungswiderstände bedeutend erhöht. Der Zweck des Blitzableiters geht also unter Umständen verloren, der Apparat wird nutzlos. Das ist bei dieser Anordnung verhindert. — J. B. Breuer, Ingenieur i. Royal Ministry of Public Works, Ost-Indien, Bangkok, z. Z. Bunzlau in Schlesien.

(„Ztschr. d. ö. Ing. u. A. V. Nr. 46, 1893.)

Damen, die sich der Technik und noch dazu der Elektrotechnik widmen, dürften doch wohl noch nicht dagewesen sein; Amerika gebührt das Verdienst, zuerst einer Frau auf Grund einer wissenschaftlichen Abhandlung aus dem Gebiete der Elektrotechnik den philosophischen Doctortitel und die Befähigung als Elektrotechniker zuerkannt zu haben. Die „Ingenieuse" Fräulein Bertha Lamme aus Springfield, welche auf der Universität zu Cleveland studirte, erhielt Engagement bei der Westinghouse Company zu Pittsburg. Vielleicht findet dies Beispiel bald Nachahmung, da die Elektrotechnik dem weiblichen Geschlechte nicht so viel Vorurtheil bieten wird wie andere Berufe, auf welche der Mann von jeher das alleinige Recht der Ausübung zu haben glaubt.

Die Commandit-Gesellschaft W. Lahmeyer & Co. und die von derselben seinerzeit gebildete Actien-Gesellschaft für Bau und Betrieb elektrischer Anlagen wurden zu einem Unternehmen unter der Firma: Elektricitäts-Actien-Gesellschaft vormals W. Lahmeyer & Co. vereinigt.

Der Vorstand besteht aus den technischen Directoren Prof. Bernhard Salomon und Friedrich Jordan und den kaufmännischen Directoren Albrecht Schmidt und Wilhelm Vogelsang. Zum Vorsitzenden des Vorstandes ist Herr Prof. Salomon ernannt, zum stellvertretenden Vorsitzenden Herr Friedrich Jordan.

Berichtigung.

In dem Berichte über die Thätigkeit des Elektrotechniker-Congresses in Chicago „Z. f. E.", 1894, pag. 15 und 16, soll anstatt $10^{\cdot}9$, $10^{\cdot}7$ selbstverständlich stehen 10^9 und 10^7.

Verantwortlicher Redacteur: JOSEF KAREIS. — Selbstverlag des Elektrotechnischen Vereins.
In Commission bei LEHMANN & WENTZEL, Buchhandlung für Technik und Kunst.
Druck von R. SPIES & Co. in Wien, V., Straussengasse 16.

Zeitschrift für Elektrotechnik.

XII. Jahrg. 15. Februar 1894. Heft IV.

VEREINS-NACHRICHTEN.

Chronik des Vereines.

3. Jänner. — Vereinsversammlung. Vorsitzender: Präsident Hofrath Volkmer.

Nachdem geschäftliche Mittheilungen nicht vorliegen, erhält Herr Director Kolbe das Wort zur Abhaltung seines Vortrages: „Ueber die Wiener Centrale der Allgemeinen österr. Elektricitäts-Gesellschaft", über welchen in einem späteren Hefte berichtet werden wird.

10. Jänner. — Vereinsversammlung. Vorsitzender: Vicepräsident Grünebaum.

Herr Docent Dr. Hugo Strache erhält das Wort zur Abhaltung des angekündigten Vortrages: „Ueber Wassergas und elektrische Beleuchtung". Der Vortragende erklärt, in seinen Auseinandersetzungen hauptsächlich die ökonomischen und sonstigen Vortheile beleuchten zu wollen, die sich nach seiner Meinung aus der Verbindung von Wassergasanstalten mit Elektricitätswerken ergeben würden und geht hierauf zur Beschreibung des Wassergasprocesses über. Das Wassergas, ein Gemisch von Kohlenoxyd und Wasserstoff, wird durch Ueberleiten von Wasserdampf über hinreichend hoch (800 bis 1000° C.) erhitzte Kohle erhalten. Da bei diesem Vorgange Wärme gebunden wird (endothermer Process), erniedrigt sich die Temperatur immer mehr, bis schliesslich die Kohle durch den Sauerstoff des Dampfes nicht mehr zu Kohlenoxyd, sondern zu Kohlensäure verbrannt wird. So weit lässt man es nun bei der praktischen Erzeugung des Wassergases nicht kommen, sondern stellt nach angemessener Zeit die Zuführung des Dampfes ein und leitet atmosphärische Luft zu, so dass die Kohle nun zu Kohlenoxyd verbrennt und somit für Wärmeersatz und Wiedererhöhung der Temperatur gesorgt ist. Ist die Temperatur auf diese Weise hinreichend gestiegen, so kann wieder Dampf zugelassen werden u. s. f.

Bei diesem Processe wird also abwechselnd Wassergas (Gasmachen) und Generatorgas (Warmblasen) erzeugt. Der Vortragende beschreibt nun an der Hand einer Zeichnung den für diesen Process in Anwendung stehenden Ofen, wie er von der Dortmunder Wassergas-Actiengesellschaft gebaut wird, mit allen Nebeneinrichtungen; die gewöhnliche Grösse dieser Oefen ist eine solche, dass sie für eine stündliche Erzeugung von 1000 m^3 Wassergas berechnet sind. Als günstigstes Verhältniss der beiden Perioden hat sich ergeben: 5 Minuten Gasmachen und 10 Minuten Warmblasen. Will man continuirlich Wassergas erzeugen, so müssen natürlich wenigstens zwei Oefen gleichzeitig im Betriebe stehen, von denen der eine Wassergas, der andere Generatorgas liefert, und umgekehrt.

Der Vortragende zeigt nun an den Analysen der beiden Gasarten, wie ihre wirkliche Zusammensetzung von der theoretischen abweicht und bemerkt, dass aus 1 *kg* Kohlenstoff 1 m^3 Wassergas und 4 m^3 Generatorgas gewonnen werden können. Von dem in Wirklichkeit verwendeten Cokes (aus den Leuchtgasanstalten) braucht man 1·2 *kg* für dieselbe Gasmenge. Auf Grund dieser Zahl werde nun die Erzeugungskosten (bei d 1000 m^3-Apparate) für 1 m^3 Was gas, ohne Berücksichtigung der Verwerthung des mitgenommenen Generatorgases, mit 1·74 Kreuzer berechnet. Soll die Anlage zur Abgabe des Wassergases für Beleuchtung, Beheizung etc. an einzelne Consumenten bestimmt sein, so stellen sich die Gesammtkosten unter Einrechnung der Verzinsung und Amortisation des Anlagecapitals (sammt Rohrleitung) und des Druckverlustes in den Rohren auf 2·54 Kreuzer pro 1 m^3 Wassergas.

Das als Nebenproduct gewonnene Generatorgas repräsentirt einen ansehnlichen Energievorrath und wird dort, wo das Wassergas zur industriellen Verwerthung erzeugt wird, zur Heizung der Dampfkessel verwendet. Für selbstständige Wassergasanlagen jedoch, die als Centralen zur Abgabe des Gases an einzelne Consumstellen gebaut werden, ist diese Möglichkeit, vorläufig wenigstens, nicht gegeben und hier würde sich eben eine Vereinigung von Wassergas- und Elektricitätswerken als vortheilhaft erweisen. In dem vorhin erwähnten Apparate werden pro Stunde 4000 m^3 Generatorgas erzeugt; nimmt man die Temperatur desselben zu 1000° C. an und rechnet mit der Annahme, dass man in den Dampfmaschinen für eine Pferdekraftstunde 15 *kg* Dampf braucht, so ergeben sich 417 *HP* als disponibel bei Verwendung des Generatorgases zur Heizung von Dampfkesseln; noch günstiger kann das Generatorgas ausgenützt werden, wenn man es direct zum Betriebe von Gasmotoren verwendet: die von einem 1000 m^3-Apparate gelieferte Gasmenge repräsentirt in diesem Falle nach einer beiläufigen Rechnung 620 *HP*. Fasst man die Verwerthung des Generatorgases zur Heizung der Dampfkessel von Elektricitätswerken in's Auge, so muss vor Allem der billige Preis von 0·48 Kreuzern hervorgehoben werden, zu dem die Wassergasanstalten die Pferdekraftstunde zu liefern im Stande wären. Weitere Vortheile sind: die vollkommene Rauchlosigkeit (demnach werthvoll für städtische Centralen) und, da das Gas unter beträchtlichem Druck zugeleitet wird, das Auslangen mit bedeutend niedrigeren Essen als den jetzt benöthigten.

Der Vortragende bespricht ferner die besonderen Einrichtungen, die bei Dampfkesselheizung mit Generatorgas zu treffen wären, wenn nur ein Apparat zur Gaserzeugung vorhanden ist und die Mittel zur Ausgleichung der Consumdifferenzen bei nebeneinander bestehenden Wassergas- und Elektricitätscentralen.

Dr. Strache erörtert nun die Vortheile und Annehmlichkeiten, die das Wassergas bezüglich seiner Verwendung zur Beheizung von Wohnräumen besitzt und bemerkt, dass dort, wo für Abzug der Verbrennungsgase gesorgt ist, die oft geäusserte Ansicht, dass die Zimmerluft verdorben werde, nicht am Platze sei. Das Wassergas ist für diesen Zweck billiger als Steinkohlengas, da bei dem letzteren 1000 Calorien auf 1·9 Kreuzer gegen 1·2 bei Wassergas kommen. Gegenüber der directen Kohlenheizung sind die Reinlichkeit, die einfache Handhabung und die kleinen Dimensionen der Oefen hervorzuheben; im Preise stellen sich beide Heizungsarten ungefähr gleich. Kochherde, mit Wassergas geheizt, weisen sowohl gegen Steinkohlengas wie gegen directe Kohlenheizung, eine bedeutende Oekonomie auf. Handelt es sich um die Verwendung des Wassergases zur Beleuchtung, so muss in die Flamme, da dieselbe nicht leuchtend ist, ein Glühkörper (Auer- oder Fahnehjelm-Brenner) gebracht werden. Die Kosten der heutigen Gasbeleuchtung sind die neunfachen gegenüber der Wassergasbeleuchtung; auch Bogenlicht kommt unter Zugrundelegung der Strompreise der A. E. G. theuerer zu stehen. Eine Reihe von Lampen, die der Vortragende demonstrirt, zeigt ein schönes, weisses Licht; auch die vielerlei, zur Ausstellung gebrachten Formen von Kaminen, Kochherden etc. erregten allgemeine

Befriedigung durch ihre hübsche Ausstattung und die einfache Bedienung.

Ingenieur Klose weist darauf hin, dass bei den besten modernen Dampfmaschinen die Zahl von 15 *kg* pro Pferdekraftstunde zu hoch angenommen und dass beim Vergleiche des Bogenlichtes mit der Wassergasbeleuchtung die Lichtstärke der ersteren pro Watt zu gering bemessen worden sei. Ferner hält er die Einleitung von Wassergas in die Wohnräume, da es giftiger als Steinkohlengas ist und unter höherem Drucke steht, für nicht räthlich.

Baurath Kareis fragt, ob der Vortragende angeben könne, wie hoch sich die Strompreise bei der projectirten Verwendung von Generatorgas stellen würden.

Dr. Strache bemerkt, dass die Giftigkeit des Wassergases seiner Einleitung in Wohnräume wohl nicht entgegen stehe; überdies werde das Gas bei dieser Verwendung mit einem Riechstoff gemengt. Zur Verminderung des Druckes kann ein Druckregulator vorgeschaltet werden. Ein Vortheil gegenüber dem Steinkohlengas sei seine geringere Entzündlichkeit. Die Anfrage des Herrn Baurath Kareis kann der Vortragende momentan nicht beantworten, da er eine diesbezügliche Rechnung nicht angestellt hat. Nachdem sich Niemand mehr zum Worte meldet, dankt der Vorsitzende dem Herrn Dr. Strache — unter lebhafter Zustimmung der Anwesenden — für seinen interessanten Vortrag, und schliesst die Versammlung.

15. Jänner. — Ausschuss-Sitzung.

17. Jänner. — Vereinsversammlung. Vorsitzender: Präsident Hofrath Volkmer.

Der Vorsitzende macht der Versammlung nach Eröffnung des Abends die Mittheilung, dass Prof. Dechant wegen Erkrankung seinen für diesen Tag angesetzten Vortrag verschieben musste. Da keine geschäftlichen Angelegenheiten vorlagen, ertheilt der Vorsitzende Herrn Ingenieur Ross das Wort, welcher der Versammlung die Ergebnisse von Versuchen mit der Thomson'schen Schweissmethode vorlegen wolle.

Herr Ingenieur Ross theilt zunächst mit, dass anlässlich des Kölner Verbandtages Deutscher Elektrotechniker die Thomson'sche Schweissung mit Wechselstrom durch einen Vertreter der Thomson-Houston-Co. vorgeführt und der Messung unterzogen worden sei. Diese Art von Schweissung beruht bekanntlich darauf, dass durch einen Transformator ungeheure Ströme — 20.000 bis 40.000 A. — von geringer Spannung geliefert werden, die, durch die Arbeitsstücke geschickt, dieselben auf die Schweisstemperatur bringen. Thomson hat diese Transformatoren, die diesem Zwecke entsprechend gebaut waren, Schweissmaschinen genannt.

Es wurden primär 300 Volt gegeben, der secundäre Kreis bestand nur aus einer Windung, deren Enden mit geeigneten beweglichen Backen zur Aufnahme der Arbeitsstücke versehen waren. Diese Backen stehen während der Schweissung unter hydraulischem Drucke. Effect und Arbeit wurden mit Wattmeter und Bláthy'schem Zähler gemessen.

Der Vortragende theilte die Versuchsresultate mit, welche sich ergaben bei Schweissung verschiedener Proben von Martinstahl, Flusseisen, Schweisseisen u. a. bei einem Querschnitte von 7 bis $13^1/_2$ cm^2.

Vergleiche mit Gleichstrom-Schweissungen nach dem Verfahren von Lagrange und Julien, welche in der Kölner Accumulatoren-Fabrik vorgenommen wurden, ergaben einen geringeren Energieverbrauch nach der Thomson'schen Methode. Das Julien'sche Verfahren hat den Vorzug, dass die Stücke vollkommen metallisch rein werden.

Das Thomson'sche [illegible]hren wird verwendet in Drah[illegible] zur Herstellung von Rad-Bandagen, zum Schweissen von Kühlschlangen, Muffen, Tramwayschienen. Auch zur Anschweissung ausgebrochener Zähne bei Kreissägen findet es ausgedehnte Anwendung.

Nach den Auseinandersetzungen des Herrn Ingenieur Ross ergreift Herr Baurath Kareis das Wort, um eine kleine Skizze „Goethe's Ansichten über die Elektricität" vorzuführen. Der Vortragende wies nach, welches rege Interesse Goethe auch diesem Zweige der Naturwissenschaft entgegenbrachte. Mit seiner Divinationsgabe ahnte sein genialer Geist den Zusammenhang dieser Energieform mit jener der Wärme und der chemischen voraus, sowie auch dass diese Naturkraft berufen sein werde, eine hervorragende Rolle in der Welt der Zukunft zu spielen.

Die Versammlung lohnte die beiden interessanten Vorträge mit reichem Beifalle.

22. Jänner. — Sitzung des Redactions-Comités.

Programm

für die Vereinsversammlungen im Monate Februar 1894.

(Im Vortragssaale des Wissenschaftlichen Club, I. Eschenbachgasse 9, 7 Uhr Abends.)

7. Februar. — Wegen des Aschermittwoch kein Vortrag.

14. Februar. — Vortrag des Herrn Hugo Koestler, Ober-Ingenieur der k. k. österr. Staatsbahnen: „Reiseeindrücke aus Nordamerika".

21. Februar. — Vortrag des Herrn Hofrathes Dr. Franz Edler von Rosas: „Ueber den neuen Patent-, resp. Gebrauchsmusterschutz-Gesetzentwurf".*)

28. Februar. — Vortrag des Herrn Professor Johann Dechant: „Ueber magnetische Verzögerungen in Folge von Wechselströmen und deren experimentellen Nachweis".

(Dieser Vortrag findet im Physiksaale der k. k. Staats-Oberrealschule, II. Vereinsgasse 21, statt.)

ABHANDLUNGEN.

Die Theorie und Berechnung der asynchronen Wechselstrom-Motoren.

Von E. ARNOLD, Oerlikon.

(Fortsetzung.)

In Fig. 9 ist die Frontansicht eines solchen Kurzschlussankers abgebildet.

Denken wir uns den Anker in Ruhe und das Magnetfeld im Sinne des oberen Pfeiles rotirend, so nehmen die inducirten Ströme in dem vorderen Kurzschlussring den durch die inneren Pfeile und im hinteren Kurzschlussring den durch die äusseren, punktirten Pfeile angegebenen Verlauf. Die Stäbe c, d, e und f, g, h erfahren in dem betrachteten Momente keine Induction, aber trotzdem wird ein Theil des Stromes seinen Weg durch diese Stäbe nehmen und das secundäre Drehfeld schwächen.

Aus diesen Gründen gebe ich den unter 2 und 3 vorgeschlagenen und erprobten Constructionen den Vorzug. In den Fig. 10 und 11 ist für einen vierpoligen Motor das Verbindungsschema für die zweite und dritte

*) Jene Mitglieder, welche sich für diesen Gegenstand besonders interessiren und sich an einer eventuell an den Vortrag knüpfenden Discusion betheiligen wollen, können ein Exemplar der Gesetz-Entwürfe im Vereins-Bureau, Wien, I. Nibelungengasse 7 (5—7 Abends) beheben.

Constructionsart des sogenannten Phasenankers dargestellt. Fig. 12 gibt die Ansicht eines von der Maschinenfabrik Oerlikon nach der dritten Art ausgeführten Ankers.

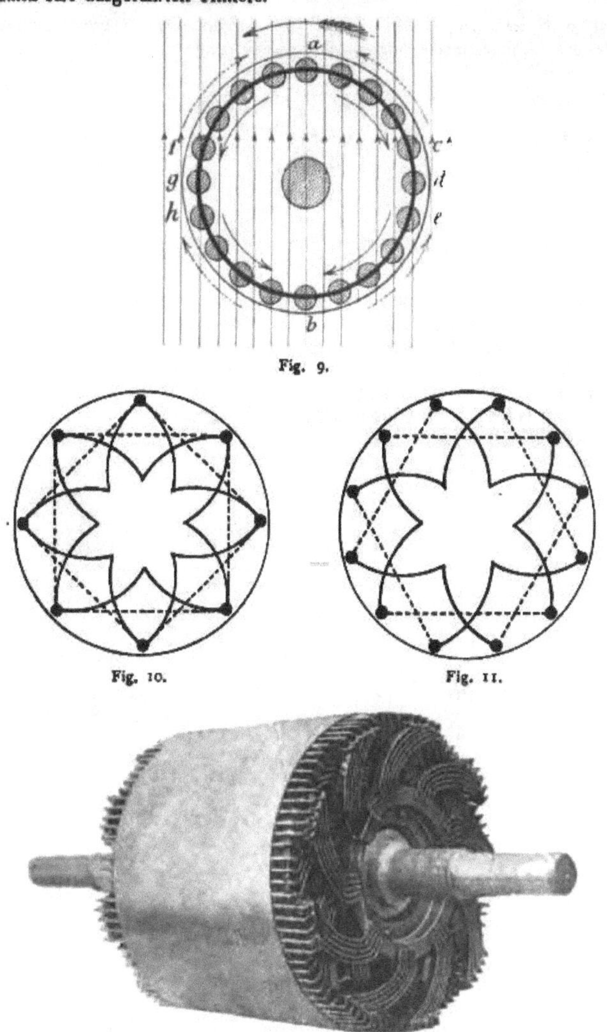

Fig. 9.

Fig. 10.

Fig. 11.

Fig. 12.

Bezeichnet R_0 den Widerstand eines Ankerstabes [illegible]lusive des Widerstandes der auf diesen Stab entfalle[illegible] Querverbi[illegible], so folgt aus Gleichung 63

[illegible]

$$R_0 = b^2 \cdot \frac{m_2}{W} \cdot \frac{N_2}{N_1^2} \cdot E_1^2 s(1-s). \quad \ldots \ldots \quad 88)$$

nun ist $m_2 N_2 = Z$ die totale Stabzahl des Ankers. Daraus ergibt sich die für alle drei Ankerconstructionen giltige Gleichung

$$R_0 = b^2 \cdot \frac{Z \cdot E_1^2}{W \cdot N_1^2} \cdot s(1-s) \quad \ldots \ldots \quad 89)$$

und die Wattleistung

$$W = b^2 \cdot \frac{Z\, E_1^2}{R_0 N_1^2} \cdot s(1-s) \quad \ldots \ldots \quad 90)$$

Der Einfluss von stehenden, periodischen Magnetfeldern.

Bisher habe ich die übliche Annahme gemacht, dass sich die Kraftlinien des Feldes zu einem Drehfelde von constanter Stärke zusammensetzen. Die entwickelten Gleichungen können daher das Verhalten des Motors nur dann bestimmen, wenn die gemachte Annahme zutrifft. Ich will nun im Nachfolgenden zeigen, dass auch ohne die Annahme eines solchen Drehfeldes das Entstehen eines Drehmomentes und das Angehen des Motors erklärt werden kann.

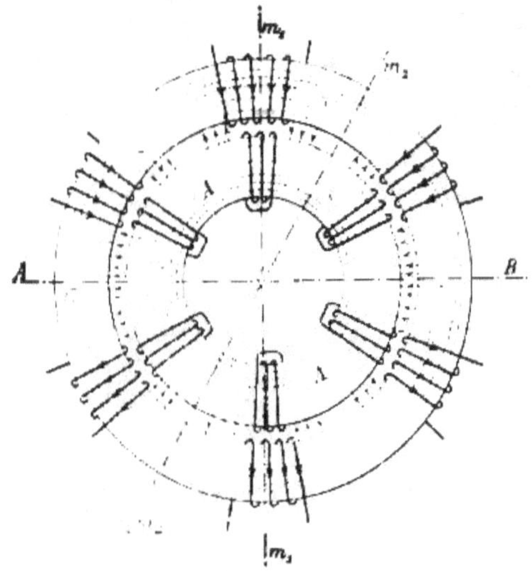

Fig. 13.

In jedem Mehrphasen-Wechseltrom-Motor mit einem durch Wechselstrom erregten Magnetfelde sind ausser dem Drehfelde noch stehende periodische Magnetfelder vorhanden, und in gewissen Fällen überwiegt die Wirkung derselben diejenige des Drehfeldes.

In Fig. 13' ist unter dieser Annahme der Kraftlinienverlauf der momentanen Stromrichtung entsprechend eingezeichnet. Es sind sechs periodische Felder vorhanden, deren Kraftlinien die primären und secundären Spulen einzeln miteinander verketten; nur ein geringer Theil der Kraftlinien setzt sich zu einem Drehfelde zusammen.*)

Dass die periodischen Felder stark ausgebildet sein können, geht aus verschiedenen Erscheinungen hervor. Bei gewissen Anordnungen der primären und secundären Windungen hängt z. B. die Zugkraft, mit welcher der Motor angeht, von der gegenseitigen Lage dieser Windungen ab; es sind erfahrungsgemäss Lagen möglich, in denen der Motor nicht nur kein Drehmoment äussert, sondern noch festgehalten wird. Für einen

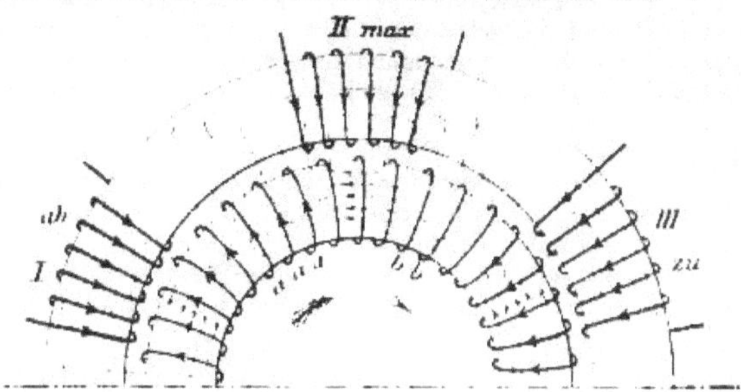

Fig. 14.

Motor, bei dem die Zahl und Lage der Spulen mit dem Schema Fig. 13 (und Fig. 16) übereinstimmt, wird z. B. das Drehmoment nahezu gleich Null; liegen dagegen die Spulen des Inductors *A* zwischen den Feldspulen, auf dem Durchmesser m_2, so befinden sich dieselben in einer Lage minimaler Wirkung und der Anker wird in dieser Stellung entweder festgehalten oder äussert nur ein geringes Drehmoment.

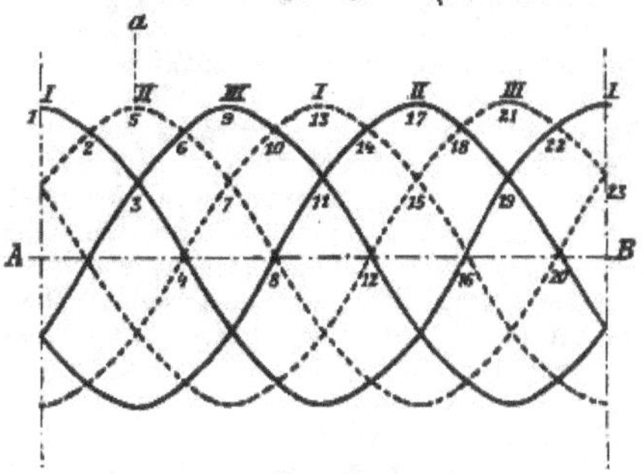

Fig. 15.

Das Drehmoment beim Angehen des Motors, sowie die Schlüpfung, welche ein Motor bei Ueberlastung zulässt, hängen wesentlich von der magnetischen Anordnung des Motors, sowie von der Lage und Zahl der Feld- und Ankerspulen und von dem Widerstande der letzteren ab.

Das Auftreten von Bremslagen und Lagen minimaler Anzugskraft lässt sich nur durch die Existenz von stark ausgebildeten periodischen Feldern erklären.

*) Zur Zeit der Ausstellung in Frankfurt hat J. S auf das Bestehen von sog. Nebenfeldern hingewiesen.

Bei richtiger Disposition der Feld- und Ankerspulen tragen aber auch die periodischen Felder in der Ruhelage des Ankers zur Hervorbringung eines bestimmten Drehmomentes bei. Die Figuren 14 und 15 sollen zur Erklärung dieser Behauptung dienen. Die Spulen I, II und III sollen je einer Phase angehören. Wir nehmen an, dass gar kein Drehfeld entstehe, sondern dass jeder Spule ein besonderes stehendes, periodisches Magnetfeld entspreche. Der Raum, den die Linien eines solchen Feldes beanspruchen, wächst mit der Intensität des Feldes und das in seiner Intensität wachsende Feld wird das schwächere oder abnehmende Feld verdrängen. Ein grosser Theil der Ankerwindungen wird somit abwechselnd von benachbarten Magnetfeldern inducirt und aus dieser abwechselnden Induction resultirt ein Drehmoment.

In Fig. 14 ist angenommen, der Erregerstrom habe in der Spule II seinen Maximalwerth J_1 erreicht, in I nehme die Stärke desselben ab und in III zu, in beiden ist die Stromstärke $i_1 = J_1$ sin 30°. Das Feld II nimmt daher den grössten Raum ein.

Zwischen den Strömen, welche in den Windungen *a, a, a* durch das abnehmende Feld I inducirt wurden, und welche dem inducirenden Felde um $\frac{\pi}{2} + \varphi_2$ nacheilen, und dem Felde II findet Anziehung statt. Nach $^1/_{12}$ Periode geht die Stromstärke der Phase I durch Null und in II und III ist $i_1 = J_1$ sin 60°. Die von dem abnehmenden Felde II in den Windungen *b b* inducirten Ströme werden nun vom Felde III angezogen, zwischen dem Felde I, das seine Richtung wechselt und dessen Intensität zunimmt und den vom Felde II inducirten Strömen findet Abstossung statt; es entsteht somit ein Drehmoment, das den Inductor in der Richtung des Pfeiles zu bewegen strebt.

Auf eine Untersuchung der Wechselwirkungen zwischen einem stehenden, periodischen Felde und den von diesem selbst inducirten Strömen brauchen wir nicht einzutreten; die anziehenden und abstossenden Kräfte heben sich auf und das resultirende Drehmoment ist gleich Null.

Die erwähnten Vorgänge können wir kurz dahin zusammenfassen: Ein in seiner Intensität abnehmendes Magnetfeld inducirt in den Windungen des Ankers solche Ströme, dass dieselben von dem benachbarten, in seiner Intensität wachsenden Magnetfelde entweder angezogen oder abgestossen werden, je nachdem die betreffenden Magnetfelder entgegen gesetzt oder gleichgerichtet sind. Die anziehenden und abstossenden Kräfte wirken in demselben Sinne und erzeugen ein Drehmoment.

Folgen die inducirenden Ströme der Sinusform, so können wir bei geringen Sättigungen des Eisens die Intensität der Magnetfelder ebenfalls durch Sinuscurven darstellen. In Fig. 15 sollen die Curven I, II und III den drei Phasen des Erregerstromes entsprechen und den Verlauf der Intensität des Magnetismus darstellen, indem wir die Zeiten als Abscissen und die Intensitäten als Ordinaten auftragen. Die Fig. 14 entspricht dem Momente *a* der Fig. 15. Durch Vergleich dieser Figuren findet man, dass, wenn der Magnetismus gewisse Werthe durchläuft, entweder Anziehung oder Abstossung stattfindet, und zwar haben wir

zwischen 5 — 7 und 3 — 9 Anziehung,
„ 6 — 8 „ 4 — 10 Abstossung,
„ 9 — 11 „ 7 — 13 Anziehung,
„ 10 — 12 „ 8 — 14 Abstossung,
„ 13 — 15 „ 11 — 17 Anziehung

u. s. f. Aus dem Uebereinandergreifen dieser Zeiten ist ersichtlich, dass auf den Anker ein Drehmoment von nahezu constanter Stärke ausgeübt wird.

Die räumlich ineinander greifenden Pulsationen der magnetischen Felder mit einem in bestimmtem Sinne wandernden Maximum genügen somit vollständig, um das Angehen des Ankers mit Zugkraft zu erklären.

Hiebei ist jedoch nicht ausgeschlossen, dass sich ein Theil der Kraftlinien wirklich zu einem sogenannten Drehfelde zusammensetzt. Die Intensität des Drehfeldes wird wesentlich von der Construction des Motors und der Anordnung der Erregerwindungen abhängen. Die von D. v. Dobrowolski angegebene Sechs- und Zwölf-Spulenwickelung wird die Entstehung eines Drehfeldes begünstigen. Noch wesentlicher ist es jedoch, den Motor so zu entwerfen, dass das räumliche Ineinandergreifen der periodischen Felder begünstigt wird. Das Letztere kann namentlich bei Anwendung von Zacken im Eisen des Ankers und des Magnetfeldes in gewissen Stellungen und bei einem ungünstigen Zahlenverhältniss der Zacken verhindert oder stark geschwächt werden.

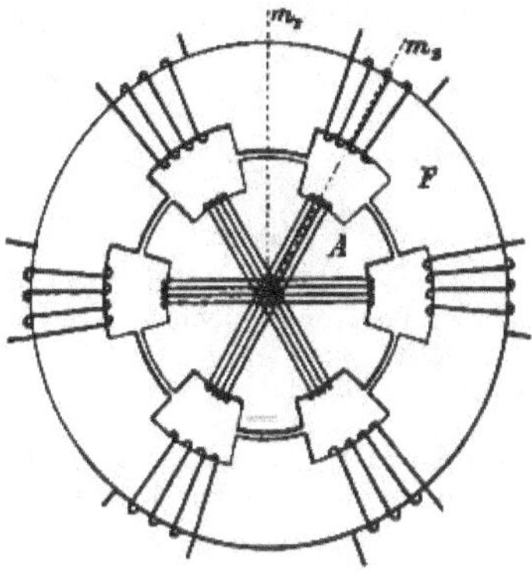

Fig. 16.

In Fig. 16 sind z. B. Feld und Inductor mit 6 Zacken versehen. In der gezeichneten Stellung der Zacken wird der Motor nahezu keine Zugkraft entwickeln, er verhält sich wie ein einphasiger Motor. Drehen wir den Inductor um den Betrag $m_1 m_2$, so dass die Zähne des Inductors zwischen die Zacken des Feldes zu liegen kommen, so gelangen die Ankerwindungen in die Lage minimaler Induction und haben das Bestreben, in dieser Lage zu verharren, der Inductor scheint in dieser Lage festgebremst zu sein. Diese Bremslage ist um so kräftiger ausgebildet, je kleiner der Widerstand der Inductorwindungen ist, denn mit abnehmendem Ankerwiderstande nehmen die inducirten Ströme zu und die magnetische Streuung wächst. Ertheilt man dem Anker eine kleine Anfangsgeschwindigkeit, so erreicht derselbe sehr rasch die volle Umdrehungszahl und die periodischen Felder erzeugen nun, ebenso wie bei einem einphasigen Motor, ein Drehmoment.

Wird aber eine gute magnetische Anordnung und die Zacken- und Spulenzahl von Anker und Feld passend gewählt, so wird in allen Lagen ein Angehen des Motors mit *gleicher* Zugkraft stattfinden.

Unter der Voraussetzung, dass gar kein Drehfeld, sondern nur periodische oder locale Felder vorhanden seien, lässt sich die Grösse des

im günstigsten Falle möglichen Drehmomentes (D') aus der Fig. 17 ermitteln.

Die Sinuscurven h_1, h_2, h_3 mit einer Phasenverschiebung von 60° sollen den Verlauf der periodischen Felder der primären Phasen I, II III darstellen. Die in den secundären Windungen inducirte E. M. K. ist ein Maximum, wenn die Intensität des betreffenden Feldes durch Null geht und gleich Null, wenn das Feld die maximale Intensität erreicht hat. Der

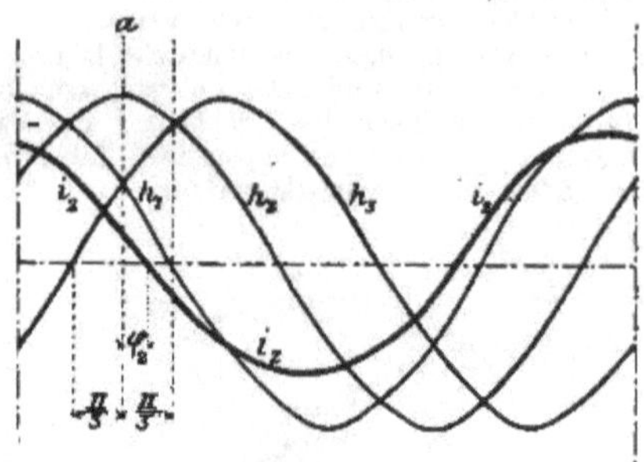

Fig. 17.

durch das Feld h_2 in den Windungen des Inductors inducirte Strom i_2 hat somit gegen h_2 eine Phasenverschiebung von $90 + \varphi_2$. Der Verlauf des Stromes i_2 ist in Fig. 17 eingezeichnet. Durch die Wechselwirkungen zwischen den benachbarten Feldern h_1, h_3 und dem Strome i_2 wird ein Drehmoment erzeugt. Dieses Drehmoment ist proportional dem Producte aus den Maximalwerthen von h_1, h_3 und i_2 und dem Cosinus der Phasenverschiebung zwischen h_1 und i_2 bezüglich h_3 und i_3.

(Fortsetzung folgt.)

Tesla's mechanischer und elektrischer Oscillator.*)

In einem Vortrage, welchen Herr Tesla vor dem Elektrotechniker-Congresse in Chicago hielt, führte derselbe aus, dass sein Bestreben dahin gerichtet gewesen wäre, einen Mechanismus zu construiren, welcher Oscillationen mit vollkommener Constanthaltung der Periodenzahl unabhängig von Reibungswiderständen und von der Belastung hervorzubringen vermöge, um hiermit pulsirende elektrische Ströme von constanter Periodenzahl zu erzeugen und zwar mit Hilfe derartiger Mittel, welche die Einführung einer Funkenstrecke entbehrlich machten.

Im Nachfolgenden soll an der Hand von Abbildungen über diesen neuesten Fortschritt des unermüdlichen Forschers auf dem Gebiete der Ströme mit hoher Frequenz kurz berichtet werden.

Der Oscillator besteht im Wesentlichen aus einem hin- und hergehenden Kolben, der direct eine Spule oder einen Magneten bewegt und so elektrische Ströme hervorzurufen vermag. Als bewegende Kraft dient entweder comprimirte Luft oder Dampf. Fig. 1 stellt die innere Anordnung des Tesla'schen Apparates dar. Der Kolben P ist in der Bohrung eines Cylinders C eingepasst, welcher mit Canälen $O\,O$ und I versehen ist, die sich über die innere Fläche ausbreiten. Die beiden Canäle $O\,O$ sind für

*) Electrical Engineer New-York vom 8. November 1893.

den Austritt der verbrauchten Pressluft bestimmt, während I für den Eintritt derselben dient. Der Kolben P ist ebenfalls mit zwei Canälen SS' ausgerüstet, deren Entfernung von einander auf das Sorgfältigste ausprobirt werden muss. Die Rohre TT, welche in den Kolben eingeschraubt sind, stellen die Communication zwischen den Canälen SS' und den zu beiden Seiten des Kolbens befindlichen Kammern her, jede dieser Kammern ist mit demjenigen Canal verbunden, welcher von ihr am weitesten entfernt liegt. Der Kolben P ist fest auf eine Achse A geschraubt, die durch passende Lager an den Enden des Cylinders C geführt wird. Die in genau bestimmten Abstand von einander angeordneten Lager begrenzen die Bewegung des Kolbens. Das Ganze wird von einem Mantel J umgeben, welcher vornehmlich dazu dient, das Tönen abzuschwächen. Der vorliegende speciell zum Betriebe mit comprimirter Luft construirte Apparat erfährt einige Abänderungen, wenn derselbe mittelst Dampf betrieben werden soll.

Die magnetische Anordnung ist so getroffen, dass die beiden, aus dünnen Eisenblechscheiben hergestellten Elektromagnete MM den Oscillator eng umschliessen und ein äusserst kräftiges Feld zwischen zwei gegenüberliegenden Polen erzielt wird. In den beiden magnetischen Feldern bewegen sich zwei Paar Spulen mit metallischem Gehäuse HH, welche auf die Achse A des Kolbens aufgeschraubt sind. Der ganze Apparat ist auf eine metallische Grundplatte montirt, welche wiederum auf zwei Holzblöcken ruht.

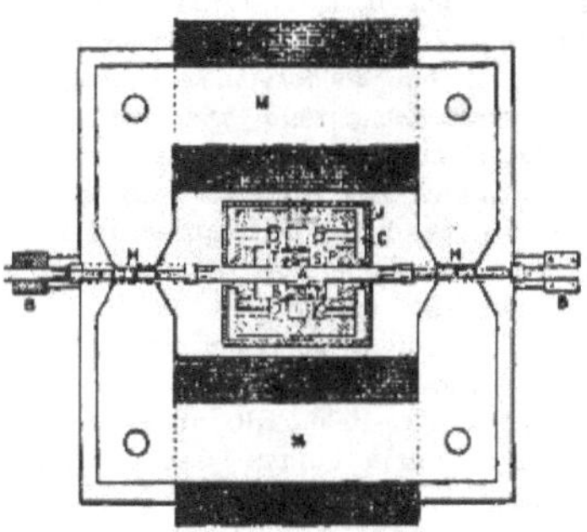

Fig. 1.

Die Wirkungsweise ist folgende: Die comprimirte Luft wird nach dem Einführungsrohr I geleitet und ertheilt man am besten dem Kolben zum Angehen einen kleinen Anstoss. Nehmen wir an, dieser Impuls sei so erfolgt, dass sich der Kolben nach links bewegt, dann schiesst die Luft durch den Canal S' und Rohr T in die zur Linken befindliche Kammer. Der Luftdruck treibt nun den Kolben nach rechts und in Folge der Trägheit fliegt er weiter, als das Gleichgewicht bedingt, und erlaubt dadurch der Luft, durch den Canal S und Rohr T in die Kammer zur Rechten zu gehen, während die Verbindung mit der linken Kammer unterbrochen ist. Aus der letzteren entweicht nun die Luft durch das Auspuffrohr O zur Linken. Bei dem Rückgang des Kolbens findet ein ähnlicher Vorgang auf der rechten Seite statt. Diese Schwingungen werden continuirlich unterhalten und der Kolben legt dabei Wegstrecken zurück von 0·4 *mm* bis zu 10 *mm*, je nach dem herrschenden Luftdruck und der Belastung.

Zur Erzielung einer vollkommen constanten Schwingungsdauer gibt Tesla drei verschiedene Wege an, entweder werd[illegible] wie in dem gezeichneten Falle die Dimensionen der Kammern im [illegible]cillator auf das Sorgfältigste ausprobirt oder derarti[illegible]ftfedern [illegible] ausserhalb des

Apparates mit dem Kolben in Verbindung gebracht oder endlich drittens wird die Reaction des elektromagnetischen Theiles der Combination hierzu herangezogen. Dieses geschieht in der Weise, dass die Spulen für hohe Spannung gewickelt und damit ein Condensator so verbunden wird, dass die natürliche Schwingungsdauer des Kolbens, das ist diejenige, welche der Kolben allein annehmen würde, erreicht wird, so dass beide zusammen leicht in Tritt fallen und elektrische und mechanische Resonanz erzielt wird, wodurch eine völlige Unabhängigkeit der Perioden vom Druck und der Belastung erhalten wird. Da der Kolben mit den Spulen vollkommen frei beweglich ist, so ist er äusserst empfänglich für den Einfluss der Schwingungen, die in den Stromkreisen der Spulen *HH* auftreten. Den Vorgang kann man sich leicht auf folgende Weise vorstellen. Angenommen, wir hätten ein Pendel von grossem Gewicht, welches durch eine periodisch wirkende Kraft in Schwingung erhalten wird, dann wird diese Kraft, trotzdem sie die Schwingungen aufrecht erhält, doch nicht im Stande sein, die Schwingungsdauer des Pendels zu beeinflussen.

Mit Hilfe seines Oscillators vermochte Tesla einen Wechselstrom zu erzeugen, bei dem die E. M. K. des nach einer Richtung erfolgenden Impulses die des anderen überwog, so dass eine dem Gleichstrom gleichkommende Wirkung erzielt wurde, was er durch Erregung starker Elektromagnete demonstrirte. Diesen Vorgang erklärt Tesla folgendermaassen: Angenommen, ein Leiter wird in ein magnetisches Feld geführt und dann plötzlich daraus entfernt. Wird der Inductionsstrom nicht verzögert, so wirkt derselbe wie ein Reibungswiderstand. Verzögert sich dagegen der Strom, so wirkt das magnetische Feld wie eine Feder. Man denke sich, dass die Bewegung des Conductors durch den erzeugten Strom gehemmt wird und dass im Augenblick des Aufhörens der Bewegung im Felde das Maximum des erzeugten Stromes herrscht, dann wird dieser Strom entsprechend dem Lenz'schen Gesetze den Conductor aus dem Felde treiben, und findet dieser keinen Widerstand, so verlässt er das Feld mit derselben Geschwindigkeit, wie die zu Anfang seines Eintrittes war. Es ist nun klar, dass, wenn jetzt die periodisch wirkende Kraft sich zu der ersteren hinzuaddirt, der Conductor das Feld mit grösserer Geschwindigkeit verlassen wird, als er beim Eintritt besass, und dadurch die aus dieser Bewegung resultirende E. M. K. der ersteren an Grösse überlegen sein wird.

Der Wirkungsgrad des Apparates ist ein äusserst hoher, da Reibungsverluste auf ein Minimum reducirt und die bewegten Massen nur sehr gering sind.

Die elektrische Untergrundbahn in Budapest.

Wir haben im vorigen Hefte auf Seite 78 kurz berichtet, dass die Budapester elektrische Stadtbahn-Gesellschaft im Vereine mit der Budapester Strassenbahn-Gesellschaft der Commune ein Project über eine Untergrundbahn vorgelegt hat und bringen nun im Nachstehenden die versprochenen Details.

Die Untergrundbahn ist als eine Sehenswürdigkeit der Millenniums-Ausstellung gedacht und soll also bis zum Jahre 1896 fertig werden.

Die Trace dieser Untergrundbahn ist vorläufig vom Giselaplatze aus durch die Dreissigstgasse über den Waitzner-Boulevard, die Andrássystrasse in das Stadtwäldchen nächst dem Thiergarten, bezw. dem Ausstellungsplatze projectirt.

Die elektrische Untergrundbahn soll nicht als Tunnelbahn wie die Stadtbahnen in London ausgeführt werden, sondern als sogenannte Unterpflasterbahn mit flacher, unmittelbar unter dem Strassenpflaster liegender Decke. Die Bahn soll demgemäss dem Zuge der Strassen folgen und die an den Strassen errichteten Gebäude nicht berühren. Diese Untergrundbahn wird auch nicht tiefer zu liegen kommen, als die Kellerfundamente der Häuser, so dass weder von der Bauausführung, noch von dem Betriebe der Bahn irgend ein schädlicher Einfluss auf die Häuser zu befürchten steht.

Diese Bahn soll durchgehends zweigeleisig hergestellt werden, weil anders ein flotter Betrieb nicht durchführbar ist. Sie soll nur an bestimmten Punkten Haltestellen erhalten, an welchen die Fahrgäste aufgenommen und abgesetzt werden.

Diese Stadtbahn soll vorläufig auf dem Giselaplatze beginnen und zunächst durch die Dreissigstgasse längs der Elisabeth-Promenade nach dem Franz-Deák-Platze führen. Von hier soll sie sich unter dem Waitzner-Boulevard bis zur Andrássystrasse hinziehen und dann unter der ganzen Andrássystrasse entlang bis zum Stadtwäldchen führen, woselbst sie beim Thiergarten nächst dem artesischen Brunnen endigen wird.

Die Bahn wird bei 3·3 *km* Betriebslänge zehn Haltestellen haben, von welchen die ersten neun im Tunnel, die letzte in der Höhe der Strasse liegen, welche mit einer nur 113 *m* langen Rampe von 13·88 pro Mille erstiegen wird. An dem Endpunkte der Bahn im Stadtwäldchen, nahe dem Eingange zum Thiergarten, soll die Untergrundbahn eine Geleiseverbindung mit ihrem Betriebsbahnhofe erhalten, welcher im Anschlusse an den Betriebsbahnhof der bestehenden elektrischen Bahn in der Arenastrasse gedacht ist. Dieses Anschlussgeleise soll dem grossen Teiche des Stadtwäldchens entlang und dann längs der Thiergartengrenze nach der Arenastrasse führen. Die Wegeverbindungen im Stadtwäldchen werden in keiner Weise unterbrochen.

Die Untergrundbahn soll normalspurig ausgeführt werden, so dass ihre Wagen erforderlichen Falles später auch auf bestehende oder noch zu erbauende Strassenbahnen im Anschlusse an die Untergrundbahn übergeführt werden können.

Die grösste vorkommende S t e i g u n g der Bahn beträgt 15·28 pro Mille und befindet sich am Elisabethplatze. Die schärfsten vorkommenden Bogen haben 40 *m* Halbmesser. Sie befinden sich an beiden Enden der Dreissigstgasse, ferner beim Einbiegen vom Deákplatze nach dem Waitzner-Boulevard, endlich am artesischen Brunnen.

Der B e t r i e b der elektrischen Untergrundbahn soll von einer Maschinenanlage aus erfolgen, welche im Anschlusse an jene der bestehenden elektrischen Bahnen in der Gärtnergasse auszuführen wäre. Von dieser Maschinenanlage aus sollen durch die Akaziengasse und durch die Grosse Feldgasse besondere 900 *m* lange Zuleitungskabel bis an die Untergrundbahn heran verlegt werden. Die Stromzuleitung längs der Bahn soll in der Weise bewirkt werden, dass an den Seitenwänden des Tunnels für jedes Geleise ein Leitungswinkeleisen mittelst Isolatoren befestigt wird, von welchem die Wagenmaschinen den erforderlichen Strom mittelst Stromabnehmer, welche unten seitlich am Wagen befestigt sind, zugeführt erhalten. Die Rückleitung des Stromes soll durch die Schienen der Bahn erfolgen.

Die H a l t e s t e l l e n sollen, wie die meisten Haltestellen der Stadtbahnen in London, derart angeordnet werden, dass im Tunnel beiderseits ausserhalb der Geleise je eine Plattform von 3 *m* Breite angelegt wird. Jede Plattform dient also ebenso wie das Geleise, an welchem sie liegt, nur für eine Fahrrichtung. Die Plattformen liegen 0·25 *m* über Schienenoberkante, so dass man in den Wagen hinein nur einen Schritt von 15 *cm* Steigung zu machen hat. Demzufolge ermässigt sich die lichte Höhe der Haltestellen auf 2·4 *m* und die Lage der Plattformen unter Strassenoberkante auf 2·90 bis 3 *m*. Es sind also nur 19 Stufen erforderlich, um von der Strasse auf die Plattform der Haltestelle hinunter zu gelangen. Die Stiegen sollen mindestens 1·5 *m* breit gemacht werden, damit die Fahrgäste, welche die Haltestelle betreten, und diejenigen, welche sie verlassen, ungehindert neben einander vorbeigehen können. Die Stiegenlöcher werden 3 *m* lang und sollen in der Strasse gegen Regen und Schnee durch geschmackvolle, in Eisen und Glas ausgeführte Schutzhütten, ähnlich wie bei den Haltestellen der bestehenden elektrischen Bahn, überdacht werden. Diese Treppenhäuser der Haltestellen der Untergrundbahn werden im Allgemeinen auf dem Trottoir an der Fahrdammkante, oder je nach der sich auf der Strasse ergebenden Gelegenheit derart aufgestellt, dass sie den Strassenverkehr nicht hindern. Erforderlichenfalls müssen die nicht unmittelbar auf die Plattform mündenden Stiegen mit der Plattform durch kurzen Stichtunnel verbunden werden.

Jede Haltestelle soll die Länge von zwei gekuppelten Wagen zuzüglich eines beim Anhalten erforderlichen Spielraumes von 5 *m* erhalten. Hieraus ergibt sich die Länge der Plattformen zu 20 *m*.

Jede Haltestelle soll mit zwölf Glühlampen beleuchtet werden.

Die A n o r d n u n g d e r W a g e n steht in engster Wechselbeziehung zum Tunnel. Der lichte Raum des letzteren muss besonders nach der Höhe durch den Wagen, u. zw. durch den zum Aufenthalt für die Fahrgäste bestimmten Wagenkasten möglichst vollständig ausgefüllt werden, so dass rings um den Wagenkasten nur der unumgänglich nothwendige Spielraum (10—20 *cm*) gegen Fussboden, Wände und Decke des Tunnels frei bleibt. Demgemäss ist die Anordnung des Wagens derart getroffen, dass der Wagenkasten zur Aufnahme der Fahrgäste zwischen zwei an den Enden des Wagens laufende Drehgestelle hineingehängt ist. Auf diesen befinden sich die Maschinen mit dem Antrieb, die Schaltapparate und überhaupt der Stand für den Wagenführer.

Der Wagenkasten ist durch zwei Zwischenwände in drei Räume abgetheilt, einen grösseren Mittelraum, welcher von den Plattformen der Haltestellen unmittelbar zugänglich ist, und zwei kleinere Räume an den Enden, welche nur mittelbar von dem vorerwähnten Mittelraume [illegible] zugänglich sind. Sie [illegible] jeder 1·6 *m* [illegible] haben zwei Qu[illegible] für siebe[illegible] Der Mittelra[illegible] [illegible] bestimmt [illegible]

Haltestelle aus mittelst zweier Schiebethüren zugänglich, von denen die eine nur als „Eingang", die andere nur als „Ausgang" benützt werden soll. Letztere Einrichtung hat wiederum die thunlichst schnelle Abfertigung des Wagens in den Haltestellen und den thunlichst kürzesten Aufenthalt daselbst zum Zweck. Zwischen beiden Thüren befindet sich im Mittelraume eine Längsbank für fünf Sitzplätze. Da der Fahrtrichtung entsprechend immer nur die Thüren einer Seite, nämlich die den Plattformen der Haltestellen zugekehrten Thüren in Benützung stehen, die gegenüberliegenden, dem zweiten Geleise der Bahn zugekehrten Thüren aber geschlossen bleiben müssen, so bietet sich vor diesen geschlossenen Thüren noch Raum für je zwei abnehmbare Sitze, welche verhindern, dass ein Fahrgast irrthümlicherweise versuchen kann, nach der falschen Seite, nämlich nach dem zweiten Geleise hin auszusteigen. Entsprechend der Breite dieser zwei abnehmbaren Sitze ergibt sich die Breite der Thür zu 0·95 *m*, d. h. so breit, dass bei sehr lebhaftem Verkehr zwei Personen zugleich hindurchgehen können. Der Mittelraum enthält hienach zusammen 14 Sitzplätze und der ganze Wagen 28 Sitzplätze. Im Mittelraume ergibt sich zwischen den Längsbänken eine freie Breite von 1·15 *m*, welche sowohl einen bequemen Verkehr von und nach den Ein- und Ausgangsthüren gestattet, als auch Raum für circa zwölf Stehplätze bietet. Der Wagen gewährt somit Raum für 40 Fahrgäste. Erforderlichenfalls kann durch geringe Verlängerung der Endabtheilungen des Wagenkastens in jeder derselben noch weiterer Raum für vier bis fünf Stehplätze geschaffen werden und der ganze Wagen wird dann 50 Fahrgäste fassen.

Die Beleuchtung der Räume für die Fahrgäste soll mit Glühlampen in auskömmlicher Weise erfolgen, und zwar erhält jede Endabtheilung des Wagens zwei, der Mittelraum aber vier Glühlampen.

Die Lüftung ist in der Weise gedacht, dass in jeder Wagenabtheilung an jeder Seite ein elektrisch angetriebener Ventilator eingesetzt ist, welcher während der Fahrt steht, dagegen bei der Einfahrt in die Haltestellen, welche unmittelbar mit der freien Luft in Verbindung sind, selbstthätig eingeschaltet und bei der Ausfahrt aus den Haltestellen ebenso wieder ausgeschaltet wird.

Die Bekanntgabe der Haltestellen erfolgt durch Tafeln, welche über den Schiebethüren der Zwischenwände angebracht sind, so dass sie von allen Wagenabtheilungen aus sichtbar sind. Auf diesen Tafeln soll bei der Ausfahrt des Wagens aus einer Haltestelle selbstthätig der Name der folgenden Haltestelle erscheinen, so dass die Fahrgäste nicht nur jederzeit wissen, wo sie sich befinden, sondern auch veranlasst werden, sich rechtzeitig vor Einfahrt in die Haltestelle, wo sie aussteigen wollen, an die Ausgangsthür des Wagens zu begeben.

Die Herstellung der Bahn muss selbstverständlich in einer solchen Art und Weise bewerkstelligt werden, dass der Verkehr auf der Strasse so wenig als möglich dadurch beeinträchtigt und die Zugänglichkeit der Häuser unter gar keinen Umständen unterbrochen wird. Es dürfen ferner durch die Bauausführung den Anwohnern so wenig als möglich Störungen durch Geräusch u. s. w. bereitet werden. Die Baugrube wird 8·5 bis 9·0 *m* breit, so dass also bei der Bauausführung in gar keinem Falle die Trottoirs in Mitleidenschaft gezogen werden, sondern immer nur der Fahrdamm aufgerissen wird.

Der Betrieb der elektrischen Untergrundbahn soll der denkbar flotteste und pünktlichste sein. Es ist dies durchführbar, nachdem die Bahn durchwegs zweigeleisig ohne Abzweigungen und Kreuzungen, vollkommen unabhängig vom Strassenverkehr, mit besonderem Bahnkörper ausgeführt wird. Es sollen nur einzelne Wagen in Zwischenräumen von zwei Minuten fahren. Erst wenn der Verkehr einen derartigen Umfang annehmen sollte, dass ein Wagen zu 28 Sitz- und 12 Stehplätzen, also für 40 Fahrgäste bemessen, nicht mehr ausreichen sollte, werden je zwei Wagen zu einem Zuge gekoppelt in Betrieb gesetzt.

Die Fahrgeschwindigkeit der Wagen soll die denkbar grösste sein. Sie wird nur begrenzt durch das häufige Anhalten und Anfahren in den nur wenige hundert Meter von einander entfernten Haltestellen. Nichtsdestoweniger wird mindestens die Fahrgeschwindigkeit der Londoner und Berliner Stadtbahnen erreicht werden, da der elektrische Betrieb noch besondere Hilfsmittel an die Hand gibt, um die Verzögerung beim Anhalten und Anfahren in den Haltestellen noch weiter zu vermindern, als es beim Dampfbetrieb möglich ist. Es kann deshalb mit Sicherheit auf eine die Aufenthalte in den Haltestellen einschliessende Durchschnittsgeschwindigkeit von 20 *km* in der Stunde gerechnet werden. Die Fahrzeit für die ganze Strecke vom Redoutenplatz bis zum Stadtwäldchen wird hienach nur 10 Minuten betragen.

Der Verkehr der Wagen erfolgt ununterbrochen in einem Geleise hin und im anderen Geleise zurück.

Der Aufenthalt in den Haltestellen wird sich angesichts der vorbeschriebenen Einrichtungen der Wagen und der Haltestellen auf einen Bruchtheil einer Minute beschränken. Nur in den Endpunkten der Bahn soll ein längerer Aufenthalt von einigen Minuten gegeben werden, welcher erforderlich ist, um den Wagen aus einem Geleise in das andere umzusetzen, um ihn ferner für die veränderte Fahrtrichtung herzurichten und um endlich etwaige geringfügige Verspätungen, welche sich bei der Hinfahrt ergeben haben könnten, nicht auf die Rückfahrt zu übertragen.

Die Bedienung des Wagens während der Fahrt soll eine möglichst selbstthätige sein, so dass die denkbarste Pünktlichkeit im Verkehr gewährleistet ist. Sobald der Wagen sich seiner Haltestelle nähert, werden durch einen im Geleise angebrachten Mitnehmer die Wagenmaschinen selbstthätig ausgeschaltet und die elektrischen Bremsen in Wirksamkeit gesetzt. Der Wagenführer hat mit seiner Handbremse nur nachzuhelfen, dass der Wagen an der Plattform der Haltestelle auf den Meter genau an der bestimmten Stelle hält. Sobald der Wagen steht, öffnen sich selbstthätig die Wagenthüren an der Seite der Plattform. Gleichzeitig werden selbstthätig die Bremsen ausgelöst. So lange eine Wagenthür geöffnet ist, kann der Wagen nicht in Bewegung gesetzt werden. Sobald beide Wagenthüren geschlossen sind, werden die Wagenmaschinen selbstthätig eingeschaltet. Das Einschalten und demzufolge das Anfahren erfolgt also ganz gleichmässig und jedenfalls unabhängig von dem Ermessen oder der Laune des Wagenführers.

Die ganze Bahnstrecke ist zwischen den Haltestellen in Blocks von circa 100 *m* Länge eingetheilt. Die Blockirung soll derart eingerichtet werden, dass der nachfolgende Wagen selbstthätig ausgeschaltet und gebremst wird, bevor er in einen Block einfährt, in welchem sich noch ein vorhergehender Wagen befindet.

Mit all' diesen Einrichtungen ist die unbedingte Sicherheit gegen Unfälle jeder Art gewährleistet.

Der ganze Betrieb wird wie ein Uhrwerk ablaufen und des Eingreifens der Beamten gar nicht bedürfen. Der Wagenführer, welcher in dem vorderen Maschinenraum des Wagens seinen Sitz hat, braucht nur darauf zu achten, dass kein Apparat versagt.

Zum Ueberfluss wird in dem für die Fahrgäste bestimmten Raume des Wagens ein Nothausschalter angebracht, wie er schon bei den Wagen der elektrischen Strassenbahn vorhanden ist. Mit Hilfe dieses Nothausschalters kann im Falle der Gefahr jeder Fahrgast die Zuführung des elektrischen Stromes zu den Wagenmaschinen unterbrechen und gleichzeitig die Bremsen in Wirksamkeit setzen. In diesem Falle wird dann naturgemäss die vorerwähnte Blockeinrichtung der Bahn verhindern, dass etwa der nachfolgende Wagen auf den stehen gebliebenen Wagen auffährt.

Ein Conducteur wird dem Wagen nicht beigegeben.

Von allergrösster Wichtigkeit für die Erreichung der beabsichtigten flotten und pünktlichen Verkehrsabwicklung, sowie ferner für die Erzielung der thunlichsten Beschränkung in den Betriebsausgaben ist die möglichst einfache Gebahrung bei allen Handhabungen mit den Fahrkarten. Von den Betriebsausgaben bei Strassenbahnen entfällt ein ganz unverhältnissmässig grosser Theil auf Gehälter der Bediensteten, welche die Fahrkarten ausgeben und den ordnungsmässigen Gebrauch der letzteren überwachen. Bei Strassenbahnen, deren Wagen an jedem Punkte der Strasse ohneweiters bestiegen und verlassen werden können, kann man angesichts der bekannten Gewohnheiten der dortigen Bevölkerung dieser umständlichen und theueren Einrichtung bei Handhabung des Fahrkartendienstes auch gar nicht entrathen. An anderen Orten, z. B. in den amerikanischen Städten und in Halle a. d. S. gibt es selbst bei den Strassenbahnen keinen Conducteur auf dem Wagen. Vielfach beruht die Lebensfähigkeit einer Bahnunternehmung mit mässigem Verkehr lediglich auf der Möglichkeit, die Wagen ohne Schaffner verkehren zu lassen.

Diese Möglichkeit ist im vorliegenden Falle gegeben, sobald entsprechende Einrichtungen für die Gebahrung mit den Fahrkarten getroffen werden.

Stadtrathssitzung in Wien am 25. Jänner d. J.

An diesem Tage wurde über die probeweise Einführung der elektrischen Traction unter Anwendung oberirdischer Stromzuführung auf jener Linie berathen, welche durch die Kronprinz Rudolfs-Strasse, Praterstern, Nordbahn, Nordwestbahn, Rauscher-, Wallensteinstrasse über die Brigittabrücke, Alsbachstrasse, Währingerstrasse, Spitalgasse, Skodagasse, Kaiserstrasse, Wallgasse bis zur ehemaligen Gumpendorferlinie geht.

Referent über diese von der Wiener Tramway-Gesellschaft gemachte Eingabe war der Stadtrath Dr. Hackenberg. Als Experte wohnte Baurath Kareis der Berathung an. Der Referent erging sich in eingehender und sachkundiger Weise über das Wesen und die Vorzüge der elektrischen Bahnen, insbesondere der Strassenbahnen; es wurde betont, dass in vorliegendem Falle ein Versuch angestellt werden solle und dass somit keine Hindernisse diesem Unternehmen in den Weg gelegt werden mögen. Hierauf stellte der Referent dem Experten folgende Fragen: „Kann der Betrieb in einem Strassenbahnnetze derart eingerichtet werden, dass der Wagen von einer Strecke mit unterirdischer Zuleitung auf eine solche mit oberirdischer Zuleitung unmittelbar übergehen könnte?" Da im Wesentlichen hiezu eine Einrichtung am Wagen vorgenommen werden müsste, die eine facultative Stromentnahme aus der unterirdischen, beziehungsweise aus der oberirdischen Linie ermöglicht und eine solche Construction gewiss nicht schwer durchzuführen sein wird, ja — wie ein Ingenieur der in diesen Dingen so competenten Firma Siemens & Halske, Wien, berichtete — bereits in Arbeit ist, so konnte der Experte diese Frage bejahen. Die früher von ihm abverlangte Ansicht über die Vortheile und Nachtheile der oberirdischen und unterirdischen Stromzuführung präcisirte der Experte dadurch, dass er aussprach: Es hat ein jedes der Systeme seine Vorzüge und auch seine Schattenseiten. Die Zahlen sprechen zu Gunsten des Systems der oberirdischen Zuleitung, denn von den 12.000 *km* elektrischer Bahnen, die in der Welt existiren, dürften 11.960 *km* mit oberirdischer und wohl nur 40 *km* mit unterirdischer Stromzuführung betrieben werden.

Auch die Möglichkeit des Accumulatorenbetriebes sei nicht ausgeschlossen, sondern es ist derselbe ein hoffentlich in nicht zu ferner Zukunft erfüllter Herzenswunsch der Elektrotechniker. Die Einrichtung der Budapester elektrischen Strassenbahnen ist eine mustergiltige, man könne nur freudig die Initiative der Anglobank begrüssen, dieses System für Wien zu adoptiren. Die vielverschrieenen Mängel dieses Systems erweisen sich bei näherer Prüfung als irrelevant gegenüber dem colossalen Aufschwung, den die nach diesem System bewirkte Anlage in Budapest dem Verkehre gegeben hat. Die Zahl der mit diesem wunderbaren und schönen Vehikel beförderten Personen steigt in der Hauptstadt Ungarns von Tag zu Tage; die Ausdehnung der Bahnlänge schreitet fort und es ist heute gar nicht abzusehen, wo die Grenze der Leistungsfähigkeit liegt; jedenfalls weit höher als diejenige, die man unter Aufwand von gleich viel Wägen bei Pferdebetrieb erreichen würde. Der oberirdische Betrieb stellt sich wegen der sehr herabgeminderten Anlagekosten weit billiger und hat den Vorzug, dass Störungen der Leitung weitaus rascher behoben werden können. Dagegen sei er, wenn die Schienen ohne weitere Vorkehrung zum Rückleiten des Stromes benützt werden, störend für Telegraphen und besonders für Telephone. Nichtsdestoweniger könne man ihn darum nicht verwerfen. In Deutschland, wo etwa acht Städte: Dresden, Bremen, Hannover, Breslau, Essen, Chemnitz, Remscheid und Barmen bereits Strassenbahnen mit oberirdischer Stromzufuhr haben und andere, wie Lübeck, Gotha, Erfurt, Danzig, Wiesbaden solche Bahnen in Bälde bekommen werden, ist man seitens der den Telegraphen und Telephonen vorstehenden Staatsbehörden sehr strenge in den Forderungen an die Bahnunternehmungen. Bisher aber konnten immer dortselbst auftretende Differenzen solcher Art beglichen und die wahrgenommenen Störungen auf einen Grad herabgemindert werden, der die Benützung der elektrischen Correspondenzmittel nicht behinderte. Der Reichspostmeister hat in einer Sitzung des deutschen Reichstages den ihm gemachten Vorwurf, dass seine drakonischen Maassregeln die Entwicklung der elektrischen Bahnen hintanhalten, energisch zurückgewiesen und durch Anführung bestimmter Thatsachen entkräftet. Die constructiven Schwierigkeiten oberirdischer Stromzuführungen für elektrische Bahnen sind nicht schwierig zu überwinden; sie dürften auch in Wien besiegt werden. Redner meint, es sei für Wien ein Glück, wenn in seinem Weichbilde beiderlei Bahnsysteme kennen und prüfen zu lernen Gelegenheit geboten werde.

Nach Beantwortung einiger Fragen, welche noch der Referent und die Stadträthe: Wurm, Mathiess, Dr. Vogler und Dr. Lueger an den Experten stellten, hob Letzterer noch den Vortheil hervor, dem die Einführung des elektrischen Lichtes durch die Etablirung der Bahnen in den heute ziemlich leblosen Strassenzügen begegnen würde, denn die Pfähle, welche zur Befestigung der Tragdrähte dienen, könnten ja auch zum Anbringen der Bogenlichtlampen benützt werden und so könnte unsere schöne Stadt endlich einmal doch eine ihrer würdige Nachtbeleuchtung erhalten. In beiden Richtungen — Verkehr und Beleuchtung — muss der Fortschritt unentwegt von Seite der Gemeinde im Auge behalten werden.

Die Entwickelung der städtischen Elektricitätswerke.

Nachdem in den letzten Tagen die Betriebsberichte einiger der grösseren, in städtischer Verwaltung befindlichen Elektricitätswerke in Deutschland pro 1892/93 erschienen sind, ist es gewiss von Interesse, die Entwickelung derselben an sich und im Verhältniss zu einander an Hand dieser Berichte zu vergleichen. Auch die Systemfrage erfährt durch diese Ergebnisse eine interessante Beleuchtung und es erhellt insbesondere, dass die praktischen Resultate sich durchaus nicht mit den theoretischen Erwägungen und Berechnungen decken.

Den nachfolgenden Vergleichen liegen die Betriebsberichte der städtischen Elektricitätswerke Barmen, Elberfeld, Hannover, Hamburg, Köln und Düsseldorf zu Grunde, welche ausführliche Berichte herausgegeben haben. Sie genügen, um ein zutreffendes Bild der Verhältnisse zu geben, da diese Städte in Bezug auf Geschäftsverkehr und Lichtbedürfniss sehr verschiedene Verhältnisse darbieten und diese Werke nach verschiedenen Systemen gebaut wurden.

Zunächst kann gegenüber den von Gegnern der Elektrotechnik und der Elektricitätswerke aufgestellten Behauptungen constatirt werden, dass im Allgemeinen die finanziellen Ergebnisse der Werke selbst in den ersten Jahren nach der Eröffnung zufriedenstellend waren. Es konnte natürlich nicht erwartet werden, dass bei der Concurrenz gegen die bestehenden Gaswerke, deren Preise auch maassgebend für das elektrische Licht waren und sich in letzter Zeit durch die Einführung des Gasglühlichtes noch niedriger stellten, da Elektricitätswerke schon in dem ersten oder zweiten Betriebsjahre zur vollen Rentabilität gelangten. Trotzdem haben selbst die in ihrer Anlage in Folge der für ihre Ausführung massgebenden Bedingungen verhältnissmässig theuersten Werke Köln und Düsseldorf schon im ersten Jahre entsprechende Ueberschüsse erzielt, wie aus der Tabelle I hervorgeht.

Man kann im Allgemeinen annehmen, dass für solche Werke im städtischen Betriebe eine Verzinsung von 3·5% und eine Amortisation von 4% auf das gesammte Anlagecapital ausreicht, da eine Abschreibung von

1·5—2% auf Gebäude,

4—5% auf Dampfkessel, Maschinen und Apparate,

6% auf Accumulatoren,

3% auf Kabel und

8—10% auf Einrichtungs-Gegenstände

der wirklichen Gebrauchsdauer dieser Anlagetheile entspricht. Es ist dabei zu berücksichtigen, dass z. B. für die Accumulatoren von den ausführenden Unternehmerfirmen gemeiniglich eine zehnjährige Garantie geleistet wird, dergestalt, dass nach Ablauf dieser Frist die Accumulatoren in der gleichen Leistungsfähigkeit, wie sie bei der Uebernahme den Bedingungen entsprechend befunden wurden, übergeben werden müssen. Bei 6% Abschreibung würde also nach 10 Jahren ein Betrag von circa 70% des Anschaffungswerthes zu Erneuerungen und Reparaturen in den folgenden 5 Jahren zur Verfügung stehen, während nach 15 Jahren die Kosten dieser Position ganz abgeschrieben sind.

Eine Classificirung der Ergebnisse nach dem System, ob Gleichstrom oder Wechselstrom, kann hier füglich nur mit Reserve geschehen, da dem einzigen grösseren, nach dem Wechselstrom-System gebauten Elektricitätswerke in Deutschland, Köln, welches verhältnissmässig die ungünstigsten Resultate geliefert hat, fünf Gleichstromwerke gegenüberstehen.

Jedenfalls werden die Ergebnisse des Kölner Werkes dadurch beeinflusst, dass die Anlagekosten desselben im Verhältnisse zu seiner Leistungsfähigkeit höher sind, als die der anderen Werke.

Die Tabelle II gibt hierüber die Zahlen.

TABELLE I.

Elektricitätswerk	Betriebsjahr 1)	Anlage-capital 2)	Betriebs-einnahmen	Betriebseinnahmen in Proc. d. Anlagecapitales	Betriebs-ausgaben	Betriebsausgaben in Procenten des Anlagecapitales	Ueber-schuss	Ueberschuss in Procenten des Anlagecapitales
		Mark	Mark		Mark		Mark	
Barmen...	5	842.996·—	98.948·99	11·74	34.497·53	4·09	64.451·46	7·65
Elberfeld .	5	1,125.071·96	230.853·26	20·5	72.160·92	6·41	158.692·34	14·09
Hamburg .	4	1,954.279·20	402.868·27	23·08	109.972·59	5·62	352.895·68	18·05
Hannover .	2	3)1,700.000·—	5)268.050·33	15·8	75.798·09	4·46	192.252·24	11·34
Köln.....	1	4)2,070.000·—	221.444·57	10·69	84.372·06	4·07	137.072·51	6·62
Düsseldorf	1	2,279.011·13	6)310.564·86	13·62	63.208·92	2·72	247.355·94	10·85

1) Es sind nur die vollen Betriebsjahre in Betracht gezogen. — 2) Als Anlagecapital sind durchgängig die Debetposten der Bilanz ausschliesslich der letzten Abschreibungen angenommen. — 3) Abzüglich der sich selbst verzinsenden Kosten des vorderen Wohnhauses. — 4) Für Grundstück ist ein Betrag von 50,000 Mk. hinzugerechnet. — 5) Der Grundpreis für die Stromabgabe ist vom Städtischen Elektricitätswerk Hannover von 8 auf 7·4 Pf. pro Hektowattstunde herabgesetzt und ausserdem der Rabatt für grösseren Consum erhöht worden. — 6) Einschliesslich eines Ueberschusses aus den ersten Betriebsmonaten von 8196·71 M.

TABELLE II.

Elektricitätswerk	Umfang der maschinellen Anlage in gleichzeitig brennenden Glühlampen à 50 Watt	Umfang des Kabelnetzes in gleichzeitig brennenden Glühlampen à 50 Watt	Anlage-capital 1)	Anlagecapital pro gleichz. brennende Glühlampe à 50 Watt
			Mark	Mark
Barmen	4.500	6.500	842.906·—	ca. 130
Elberfeld	10,000	12,000	1,125.071·96	a. 100
Hamburg.....................	11.000	12.000	1,954.279·07	130
Hannover	17.000	22.000	1,700.000·—	95
Köln	13.000	—	2,070.[illegible]	[illegible]5—150
Düsseldorf.....................	12.000	23.000	2,279[illegible]	[illegible]40

1) Grundstück und Gebäude sind durchgängig für den vollen A[illegible] reichend.

Es ist hierbei nur die thatsächliche Leistungsfähigkeit der maschinellen Anlage inclusive Accumulatoren berücksichtigt und vorausgesetzt, dass ein Betriebsaggregat vollständig in Reserve ist.

Aus dieser Vergleichung geht nun hervor, dass die ausserhalb der Stadt errichteten Werke (Düsseldorf, Köln) in den Anlagekosten trotz niedrigeren Preises des Bodens und der Gebäude vor den anderen, inmitten oder an der Peripherie des Consumgebietes errichteten Werken durchaus nicht bevorzugt sind, und gleichzeitig wird aus Hannover und Hamburg gleichlautend bestätigt, dass diese Werke in keiner Weise ihrer Nachbarschaft durch Geräusch oder Rauch lästig fallen.

Mehr schon tritt die Systemfrage in den Vordergrund bei Vergleichung des wirthschaftlichen Wirkungsgrades der verschiedenen Werke, d. h. bei Vergleichung der Productionskosten der gesammten Stromlieferung und der Stromeinheitsmenge, sowie des Verhältnisses der im Werke erzeugten zu der bei den Consumenten nutzbar abgegebenen Energie.

Die zu vergleichenden Ergebnisse sind aus Tabelle III zu ersehen.

Das Hamburger Werk arbeitet mit verhältnissmässig kleinen Maschinensätzen, deren

TABELLE III.

Elektricitätswerk	Erzeugte Kilowattstunden	Abgegebene Kilowattstunden	Verhältniss der abgegebenen zu den erzeugten Kilowattstunden	Feuerungsmaterial	Feuerungsmaterial pro erzeugte Kilowattstunde	Feuerungsmaterial pro abgegebene Kilowattstunde	Pr. Kilogramm Kohle durchschnittlich erzeugte Wattstunden
			%	Mark	Pf.		
Barmen ..	144.996	122.026	84·16	6.687·75	4·612	5·48	229
Elberfeld .	313.438	305.794	97·5	20.867·90	6·65	6·82	—
Hamburg .	542.900	513.183	94·5	49.825·59	9·17	9·70	325
Hannover.	452.520	365.114	80·69	13.956·11	3·08	3·80	482
Köln	—	307.074	—	19.816·19	—	6·45	—
Düsseldorf	484.111	337.285	69·68	10.829·34	2·237	3·211	406

Elektricitätswerk	Pr. Kilogramm Kohle durchschnittlich abgegebene Wattstund.	Gehälter und Löhne	Gehälter und Löhne pro erzeugte Kilowattstunde	Gehälter und Löhne pro abgegebene Kilowattstunde	Gesammte Betriebsausgaben	Betriebsausgabe pro erzeugte Kilowattstunde	Betriebsausgabe pro abgegebene Kilowattstunde
		Mark	Pf.	Pf.	Mark	Pf.	Pf.
Barmen ..	198	19.643·39	13·54	16·09	34.497·53	23·79	28·27
Elberfeld .	—	31.802·89	10·14	10·40	72.160·92	23·02	23·59
Hamburg .	307	40.747·73	7·50	7·94	109.972·59	20·25	21·42
Hannover.	398	32.557·53	7·19	8·91	75.798·09	16·75	20·76
Köln.....	156	37.212·58	—	12·11	84.372·06	—	27·47
Düsseldorf	283	32.616·17	6·75	9·67	63.208·93	13·057	18·741

Wirkungsgrade den neuerdings angewendeten grossen Mehrfachexpansions-Dampfmaschinen gegenüber geringer sind. Es erfolgt deshalb, nachdem das Werk durch den Vertrag mit dem Staate Hamburg in den Besitz der Elektricitäts-Actien-Gesellschaft vorm. S c h u c k e r t & Co. übergegangen ist, ein Umbau desselben durch Aufstellung von 5—600 *PS*-Dampfdynamos mit dreifacher Expansion, welche eine wesentlich günstigere Ausnutzung des zur Verfügung stehenden, recht knapp bemessenen Raumes und eine beträchtliche Kohlenersparniss ermöglichen. Ausserdem arbeitet das Hamburger Werk ebenso wie das Hannoveraner Werk, weil mitten in der Stadt liegend, mit absolut rauchfreiem Brennmateriale (Hamburg Coks, Hannover Anthracit), das natürlich entsprechend theuerer ist. Das Elberfelder Werk hat bekanntlich directen Maschinenbetrieb ohne Accumulatoren. Bei diesem Vergleiche erscheint der Betrieb des Kölner Werkes sehr unvortheilhaft, da es trotz billigen Preises der Kohlen doch einen doppelt so hohen Betrag für die Kohlen aufweist, wie das Düsseldorfer Werk. Leider ist, wohl unbeabsichtigt, die Zahl der erzeugten Wattstunden in dem Kölner Berichte nicht erwähnt. Auch die Gehälter und Löhne des Kölner Werkes, dessen Betrieb mit demjenigen des auf dem angrenzenden Grundstücke errichteten Gaswerkes vereinigt ist, sind höher als die des Düsseldorfer Werkes, welches mit drei Accumulatoren-Unterstationen inmitten der Stadt arbeitet.

In den Berichten der mit Accumulatoren arbeitenden Gleichstromwerke ist bemerkenswerth, dass der durch Einschaltung der Accumulatoren veranlasste Energieverlust wesentlich geringer ist, als bei der Projectirung gewöhnlich angenommen. Dieser Verlust stellt sich nämlich bei den betreffenden Werken wie aus Tabelle IV ersichtlich.

Noch grössere Abweichungen von den Projecten zeigen aber die Ziffern über die Inanspruchnahme der Werke seitens der Abnehmer. Man hatte bisher allgemein angenommen, dass von den an ein Elektricitätswerk angeschlossenen Lampen circa 65 bis 70% maximal gleichzeitig brennen, und hiernach die Grösse der zunächst zur Aufstellung gelangenden Betriebsmittel berechnet. Noch in jüngster Zeit schrieb z. B. die Stadt Leipzig für die Ausarbeitung eines Projectes für Errichtung eines Elektricitätswerkes in Leipzig die Annahme vor, dass 70% aller installirten Lampen gleichzeitig brennen. Man hatte ferner den Projecten die Annahme zu Grunde gelegt, dass in mittelgrossen Städten jede installirte Lampe während 500—550 Stunden, in grösseren Städten während 600—650 Stunden benutzt würde. Die aus den vorliegenden Betriebsberichten hervorgehenden Verhältnisse sind aus Tabelle V zu ersehen.

TABELLE IV.

Elektricitätswerk	Erzeugte Kilowattstunden	Ladung Kilowattstunden	Entladung Kilowattstunden	Accumulatorenverlust Kilowattstunden	Wirkungsgrad	Gesammtleistung in abgegebenen Kilowattstunden	Verhältniss der Accumulatorenleistung zu der Gesammtleistung	Accumulatorenverlust in Procenten der gesammten Stromabgabe
					%		%	%
Barmen ..	144.996	59.573	42.584	16.989	71·48[1])	122.026	34·9	13·9
Hannover.	452.520	194.733	154·836	39.897	79·5	365.114	42·4	10·9
Düsseldorf	484.111	279.506·2	216.561·4	62.944·8	77·48	337.285	61·9	13

[1]) Die Batterie wurde Ende 1892 umgebaut bezw. durch eine grössere ersetzt.

TABELLE V.

Elektricitätswerk	Umfang d. maschinell. Anlage, Glühlampen à 50 Watt	Installirte Lampen à 50 Watt	Maximal abgegebene Stromstärke bei 107/8 V. Ampère	Maxim. Stromstärke in Procenten der installirten Lampen	Durchschnittliche Brenndauer der installirt. Lampen		Durchschnittliche Brenndauer der gleichzeitig brennenden Lampen	
					pro Tag Stunden	pro Jahr Stunden	pro Tag Stunden	pro Jahr Stunden
Barmen ..	4.500	7.325	1292	35·89	0·891	325·2	2·482	905·93
Elberfeld .	10,000	11,100	3715	68	1·56	569·40	2·294	837·31
Hamburg .	11.600	14.000	4300	61·4	1·90	693·5	3·09	1127·85
Hannover.	17.000	13.642	3860	56·6	1·45	529·25	2·56	934·40
Köln	13.000	15.329	3029	43·4	1·157	422·3	2·665	972·725
Düsseldorf	11.000	16.623	2880	37	1·15	419·12	3·10	1131·5

Darnach erreicht die Benutzungsdauer der installirten Lampen nur bei einem Werke die den Projecten zu Grunde gelegte Annahme, während in den anderen Städten durchwegs wesentlich geringere Ziffern sich ergeben. Dieser Umstand ist für die Rentabilitäts-Berechnung der Werke und für die Festsetzung des Stromverkaufspreises von grosser Wichtigkeit, denn da bei der angeführten Benutzungsdauer der Lampen schon eine ausreichende Rentabilität des Werkes erzielt, d. h. ausser der Deckung der Betriebsausgaben auch für Amortisation und Verzinsung des Anlagecapitals gesorgt ist, so kann der jene Ziffer übersteigende Consum wesentlich billiger, etwa zu ein Drittel bis ein Halb des Grundpreises mit Rücksicht auf die vollkommenere [illegible] der Betriebsmittel, sogar noch [illegible] mit Nutzen geliefert werden. Und hier ist auch ein Mittel zur Heranziehung eines weiteren Absatzgebietes, nämlich von Strom für Motoren zu gewerblichen Zwecken, Strassenbahnbetrieb etc. gegeben. Die Ausnutzung der Elektricitätswerke zu gewerblichen Zwecken hat zwar in den letzten Jahren, wie das Beispiel von Berlin und Hannover besonders zeigt, schon einen erfreulichen Aufschwung genommen. [illegible] eine aufmerksame [illegible] des Tarifes für Stromlieferung zu diesen Zwecken [illegible] Kleingewerbe [illegible] Motoren [illegible] der Anschluss [illegible] bestehender [illegible] Wegen zu [illegible] vollkommeneren Ausnutzung der Betriebsmittel und damit einer weiteren Verbesserung der Rentabilität verhelfen.

Kosten der Leitung für verschiedene Systeme der Kraftübertragung.

(Vortrag von GISBERT KAPP in der Section G der British Association.)

(Auszug.)

Kraftübertragung kann bewirkt werden:

1. Mit einphasigem Wechselstrom unter Verwendung von 2 Drähten.
2. Mit doppeltphasigem Wechselstrom unter Verwendung von 4 Drähten.
3. Mit doppeltphasigem Wechselstrom unter Verwendung von 3 Drähten.
4. Mit dreiphasigem Wechselstrom unter Verwendung von 3 Drähten.
5. Mit Gleichstrom hoher Spannung unter Verwend. von 2 Drähten.

Obwohl hochgespannter Gleichstrom selten angewendet werden kann, wurde er hier in der Darstellung beibehalten, weil er einen Behelf für die aufzustellende Scala der Leitungen für die andern Transmissions-Systeme bildet. Als Betriebsspannung für den Gleichstrom wird eine solche von 10.000 Volts angenommen.

Rechnung und Ueberlegung ergibt, dass wenn für Gleichstrom für eine gewisse Leitungslänge 100 *t* Kupfer erforderlich sind, so ist für einphasigen Wechselstrom ein Gewicht von 200 *t* für die Leitung nöthig; ebensoviel für den zweiphasigen Wechselstrom mit vier Drähten. Der mit drei Drähten zu transportirende Dreiphasenstrom erfordert unter sonst gleichen Umständen 290 *t* Kupfer und der mit drei Drähten zu transmittirende Dreiphasenstrom 150 *t*. Dies wäre somit die billigste Methode nach dem Gleichstrom-Transport.

Neuere Uebertragungen von Wasserkräften.

(Auszug eines Vortrages von ALBION T. SNELL in der British Association.)

Der Vortragende meint, dass in England die Ausnützung der Wasserkräfte für elektrische Uebertragung selten vorkommt, weil da die Kohle billig sei, aber es sei doch gut, die Sache für die Zukunft in's Auge zu fassen. Auf dem Continent ist die Kohle theuer und die Ausnützung von Wasserkräften findet immer mehr und mehr Ausbreitung; einige Beispiele führt der Redner an:

1. Die vom Ingenieur v. Miller bewirkte Uebertragung zwischen

Fürstenfeld und Bruck.

Diese Uebertragung geschieht mittelst einphasigen Wechselstroms. Zwei Alternatoren von je 38 Kilowatts von Turbinen getrieben. Die zwei Leitungsdrähte haben je einen Durchmesser von 6 *mm*. Die Betriebsspannung beträgt 2600 Volts, welche in den zehn Transformatoren auf 100 Volts reducirt wird.

Die Secundärleitung ist oberirdisch. Elektromotoren befanden sich zur Zeit des Vortrages, Ende September 1893, an die 18 von beiläufig je einer Pferdekraft.

Jede der Turbinen, es sind deren ebenfalls zwei, hat eine Leistungsfähigkeit von 180 *HP*, was für Speisung von 4000 Lampen à 8 *NK* ausreicht. Die Installationskosten auf die achtkerzige Lampe bezogen, betragen ca. fl. 10. Die Betriebskosten pro Jahr machen für die Lampe fl. 6, wenn man 2400 Lampen als gleichzeitig brennend ansieht.

2. Die Anlage in Tivoli.

Die Capacität der Anlage beträgt 2000 *HP*. Es werden 13 m^3 pro Secunde von einer Höhe von 100 *m* fallend ausgenützt. Drei Girard-Turbinen, wovon zwei je 330 *HP* und eine 50 *HP* leistet. Die Dynamos machen 150 bis 175 Umdrehungen pro Secunde. Die Alternatoren geben bei 5000 Volts 45 Ampères und sind parallel geschaltet. Mehrere Turbinen betreiben die Erregermaschinen. Die Länge der Uebertragungsleitung beträgt ca. 21 *km*. Die Transformatoren-Station befindet sich Porta pia. Hieselbst werden die 5000 Volts auf 2000 Volts im secundären Netze reducirt. Die Herabminderung der 2000 Volts auf die Consumspannung von 100 Volts geschieht im Tertiärnetze. Die gegenwärtige Strassenbeleuchtung braucht 250 Bogenlampen. Es können jedoch 600 Bogenlampen aus den Transformatoren gespeist werden.

3. Lauffen-Heilbronn.

Diese Anlage ist eigentlich aus den Uebertragungsversuchen Lauffen-Frankfurt bekannt. Es sind vier Turbinen à 330 *HP* installirt, jede macht 35 Umdrehungen pro Minute. Die Brown'schen Wechselstrommaschinen geben 4000 Ampères zu 50 Volts. In den seinerzeit beschriebenen Transformatoren, die in Oelgefässen stehen, werden die 50 Volts auf 5000 hinaufgebracht.

In Heilbronn wird die Spannung auf 1500 Volts im Secundärnetze und im Tertiärnetze auf 100 Volts reducirt.

Grosse und kleine Motoren laufen ohne Anstand in dem dreidrähtigen Dreiphasennetze.

Der Lichtpreis beträgt 9 Pfg. pro englische Einheit = 1000 Voltampère pro Stunde. Für Motoren und andere Zwecke ist der Preis noch billiger: 4 Pfg. pro Einheit.

Die Kosten der Anlage belaufen sich auf beiläufig fl. 150.000; gegenwärtig stehen 4000 Glühlampen à 8 *NK* in Betrieb, ausserdem sind noch 20 Bogenlampen und 20 Motoren in der Anlage vertheilt. Die volle Capacität der Anlage umfasst 19.000 achtkerzige Lampen oder ihr Aequivalent.

Neuartiges galvanisches Element.

Von RICHARD BOETTCHER in Prag.

Privilegium vom 7. März 1893.

Gegenstand vorliegender Erfindung ist ein galvanisches Element, das in erster Reihe für Ruhestrom, aber auch für Arbeitsstrom verwendbar ist, speciell für Telegraphenzwecke gebaut wurde und im Wesen eine Abänderung des Meidinger-, resp. Caleau-Elementes ist.

Das Element besteht aus einem äusseren Standglase *a* und einem inneren Einsatzglase *b*, das nach unten durch eine (animalische oder vegetabilische, vorzugsweise Pergamentpapier) Membrane *c* verschlossen ist.

Das äussere Standglas wird zu nahezu $1/_3$ mit Kupfersulfatlösung gefüllt; das innere Gefäss erhält eine Füllung von Wasser-, resp. Zinksulfatlösung.

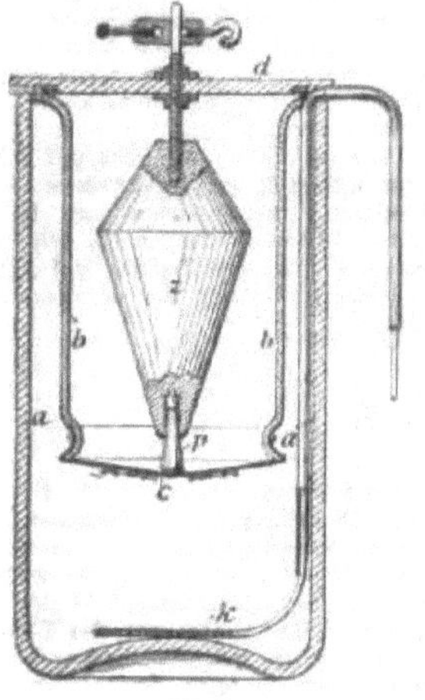

Fig. 1.

In das innere Gefäss *b* taucht ein durch Guss hergestelltes Zinkstück *z*, das die Form zweier mit den Basisflächen sich berührender Kegel (oder Pyramiden) hat und nach dem Guss einer starken Pressung unterzogen wird, um das Zink möglichst homogen zu gestalten. An seinem unteren Ende ist in dieses Zinkstück ein nicht metallischer Pfropfen *p* (aus isolirendem Material, wie Holz, Hartgummi etc.) eingesteckt und dieses Zinkstück sammt Pfropfen sind an einer das Gefäss bedeckenden Platte *d* aufgehängt.

Die Verlängerung dieser metallischen Aufhängung bildet zugleich den einen Pol des Elementes.

Im äusseren Standglase steht eine Kupferspirale *k*, die in ihrer Verlängerung einen gut isolirten Zuleitungsdraht hat, der den zweiten Pol darstellt.

Das Element wirkt in der bekannten Weise des Meidinger-, resp. Caleau-Elementes, bietet aber diesen gegenüber den Vortheil, dass sich die Flüssigkeiten weder im Ruhezustande, noch auch im Betriebe mischen können, was durch die am Einsatzglase aufgespannte Membrane verhindert wird.

Von Wichtigkeit bei diesem Elemente ist der Umstand, dass die Membrane nach unten zu durch den Pfropfen *p* convex ausgebogen wird und der Widerstand des Elementes durch diese Anordnung nahezu constant bleibt, denn durch das Weglassen des die Membrane nach unten hin convex ausbiegenden Pfropfens würden sich unterhalb der Membrane Gasbläschen ansetzen und die Leitungsfähigkeit des Elementes vermindern, eventuell die Wirkung ganz aufheben, während die convexe Oberfläche der Membrane das Abgleiten der Gasbläschen längs derselben in hohem Maasse begünstigt. Die Gasbläschen gleiten längs der schiefen Fläche ab und steigen nach aufwärts.

Aber auch die eigenthümliche, doppelkegelförmige Form des Zinkstückes *z* hat ihren guten Grund. Die Doppelkegelform wurde gewählt, weil durch den Verbrauch an Zink während der Thätigkeit des Elementes die Oberfläche des Zinkstückes in nur geringerem Grade verändert wird, als wenn die Form cylindrisch wäre und ein Ansetzen von Gasbläschen auch hier nicht stattfinden kann, da diese Gasbläschen längs der schiefen Flächen aufsteigen.

Auch wird durch das eintretende Verdunsten des Wassers die wirksame Oberfläche des Zinkes nur in geringem Maasse verändert, da bei geringerem Wasserstand nur eine kleine Oberfläche des Zinkkegels blossgelegt wird.

50.000 Dollars Prämie auf ein gutes Stromzuführungssystem für Strassenbahnen.

Die Metropolitan Traction Company in New-York setzt einen Preis von 50.000 Doll. auf ein gutes Stromzuführungssystem für Strassenbahnen aus, das in ökonomischer Beziehung dem oberirdischen Rollcontacte (trolley) gleichkommen, in anderer ihm überlegen sein soll. Als Preisgericht soll das New-Yorker Staatscollegium der Eisenbahn-Commissäre (New-York State Board of Railroad Commissioners) fungiren und ihm ha- die genannte Gesellschaft die ganze legenheit in die Hand gelegt.

Nach dem „Elektr. Echo" h betreffende Schreiben:

1. Wir stellen die Summe von 50.000 Dollars zur Verfügung, um sie als Preis Demjenigen zuzuerkennen, welcher vor März 1894 Ihrem geehrten Collegium ein wirklich brauchbares Kraftzuführungssystem für Strassenbahnwagen vorlegt, das dem oberirdischen Rollcontacte überlegen oder doch gewachsen ist.

2. Die zur Erfüllung dieser Anforderung nöthigen Bedingungen sollen Ihrer Entscheidung überlassen sein, das preisgekrönte System muss jedoch, dem gegenwärtigen Stande der Technik entsprechend, dem Rollcontacte als Muster von Oekonomie in praktischer Verwendung nothwendigerweise sich nähern, ohne eine Belästigung für das Publikum in sich zu begreifen.

3. Wir wollen als Entgelt für die 50.000 Dollars keinerlei Rechte auf die Erfindung beanspruchen und an der Ausfertigung des Urtheilsspruches in keiner Weise betheiligt sein, tragen dagegen alle Unkosten, welche Ihr geehrtes Collegium, sei es durch die Hinzuziehung von Sachverständigen, sei es durch Gewährung von Aufschlüssen oder Anstellen von Versuchen für nothwendig oder geboten erachtet, damit keine Anstrengung gescheut wird, das gewünschte Ziel zu erreichen.

Preisausschreiben, betreffend Ansammlung von elektrischer Arbeitskraft durch Windmühlen.

Die niederländische Gesellschaft zur Förderung der Industrie (Generalsecretär F. W. v. Eeden in Harlem, Holland) erlässt folgendes Preisausschreiben:

1. Wie viel Arbeitskraft kann eine gewöhnliche Windmühle in Verbindung mit einem elektrischen Accumulator durchschnittlich in 24 Stunden liefern; welche motorische Anstalt ist dazu erforderlich und wie viel kostet in diesem Falle eine Pferdekraft-Stunde?

2. Können die neuen Windmotoren in ökonomischer Hinsicht im ausgedehntem Maassstabe zum Sammeln und zum Benützen der Bewegungsenergie des Windes angewendet werden? Welche mechanischen Mittel sind dazu am meisten zu empfehlen?

Als Beispiel muss der Entwurf einer Fabrik, welche auf diesem Wege mit Beleuchtung und Energie auszustatten ist, eingereicht werden.

Die zur Abhandlung gehörigen Abbildungen müssen in 1/4 (!) der wahren Grösse auf weissem Papier gezeichnet sein. (Heliographien verbeten.) Termin: 1. Juli 1894. Ehrenpreis: Goldene Medaille und 350 fl. (725 Francs). Näheres bei obengenannter Stelle.

LITERATUR.

Vademecum für Elektrotechniker (begründet von E. Rohrbeck), IV. Auflage, bearbeitet von Arthur Wilke, Halle an der Saale, Verlag Wilhelm Knapp, 1894, Preis Mk. 4.—. Dieses sehr inhaltreiche praktische Hilfs- und Notizbuch für Ingenieure, Elektrotechniker, Werkmeister, Mechaniker u. s. w. hat unter der kundigen Hand seines gegenwärtigen Bearbeiters mannigfache Verbesserungen und Bereicherungen erfahren.

Dankenswerth erscheint uns die eingehende Darstellung der Accumulatoren verschiedener Systeme, die sich bei Gleichstrom-Anlagen einen erweiterten Verwendungsbereich erobert haben. Gekürzt ist der Abschnitt über Blitzableiter; das Büchlein kann auf weitest gehenden Gebrauch auch wegen seines mässigen Preises Anspruch erheben.

KLEINE NACHRICHTEN.

Elektrische Bahn Praterstern-Kagran. Das Handelsministerium hat unter dem 10. December v. J. an die Bauunternehmung Ritschl & Co. eine Note gerichtet, mit welcher die technisch-polizeiliche Prüfung der Linie Praterstern-Kronprinz Rudolfsstrasse-Kagran genehmigt und die Unternehmung eingeladen wird, sich betreffs der Anschlusslinien, welche die dem zweiten Bezirke benachbarten Bezirke durchziehen sollen, mit der Gemeinde in's Einvernehmen zu setzen. Die definitive Concessionsertheilung wird von der finanziellen Bedeckung abhängig gemacht; die Finanzirung ist durch elektrotechnische Firmen ersten Ranges, falls die Anschlusslinien mitgebaut werden, worüber der Stadtrath die Entscheidung zu fällen hat, gesichert. Die eine Anschlusslinie durchzieht die Engerthstrasse, unterfährt die Nordbahn bei dem Viaduct der Innstrasse, führt bei der Nordwestbahn vorbei, durch die Pfarrgasse zur Stefaniebrücke, dann nach Uebersetzung des Donaucanales über den Salzgries zur Börse, respective zum Schottenring. Nächst der Nordwestbahn, an erst zu bestimmender Stelle, soll die zweite Linie abzweigen und bei der Nordbahn vorbei, den Donaucanal bei der neuen Franzensbrücke übersetzen; von da geht die Linie über die Landstrasse und durch die Heugasse zum Süd-, *respective* Staatsbahnhofe. Die Rückfahrt würde durch die Louisengasse, den Kirchenplatz, die Allee- und Schwindgasse erfolgen. Die Bauunternehmung hat sich der Gemeinde vertragsmässig verpflichtet, im Anschluss an die Stammlinie auch die Linien Kagran-Leopoldau und Kagran-Lang-Enzersdorf auszubauen und die Gemeinde participirt an dem sechs Percent übersteigenden Reingewinn des Unternehmens. Nach Erledigung des Gesuches durch die Gemeinde und nach erlangter Zustimmung der Regierung wird die Stammlinie Praterstern-Kagran, rücksichtlich derer die Verhandlungen mit der Tramway etc. und das Bauproject beendet sind, gleich in Angriff genommen und die Betriebseröffnung dieser ersten elektrischen Bahn in Wien ist, falls in der angesuchten Tracenbestimmung keine Verzögerung eintritt, für die Sommermonate dieses Jahres zu erwarten. Für den Betrieb ist das Oberleitungssystem in Aussicht genommen.

Die elektrische Tramway in Prag. Es wird uns gemeldet, dass auf sämmtlichen Linien der dortigen Tramway der elektrische Betrieb eingeführt werden soll. Der Director der Pferdebahn-Gesellschaft weilt in dieser Angelegenheit in Brüssel. Die Commune macht die Concessionsertheilung von einigen Zugeständnissen an die Stadtgemeinde abhängig, erhebt jedoch Bedenken gegen den Bau einer Theilstrecke als Untergrundbahn. Sämmtliche Waggons sollen Früh aus einem Centralbahnhof auslaufen und Nachts wieder in denselben rückkehren.

Die Karlsbader elektrische Stadtbahn. Die Stadtgemeinde von Karlsbad beabsichtigt, wie aus mehrfachen Mittheilungen unseres Blattes bekannt ist, eine elektrisch betriebene Stadtbahn auszuführen, welche einem seit vielen Jahren schon empfundenen localen Verkehrsbedürfnisse abhelfen soll. Die Bahn soll vom Karlsbader Bahnhofe durch den Vorort Fischern und durch die Stadt Karlsbad bis zum Café Kaiserpark führen. Wer die localen Verhältnisse in Karlsbad kennt, wird nicht leugnen können, dass die projectirte Bahn bei der langgestreckten Lage der Stadt und bei der Entfernung des Bahnhofes auch für die Curgäste die Abhilfe eines wirklichen Bedürfnisses bedeuten würde. Nachdem ein Privatunternehmer, welcher früher um die Concessionirung für die Karlsbader Stadtbahn beim Handelsministerium eingeschritten war, sich zurückgezogen hat, sind nunmehr Verhandlungen im Zuge, wonach die Stadtgemeinde Karlsbad selbst die Bahn ausführen soll. Es ist nun eine eigenthümliche Erscheinung, dass während dort, wo die Privatunternehmungen sich um die Ausführung von Verkehrsanlagen bewerben, der öffentlich-rechtliche Zug die Oberhand gewinnt und in der Regel [illegible] wird, dass derartige, als öffentl[illegible] mittel anzusehende Verkehrsanstalten nicht auch von den öffentlichen Verkehrsanstalten gebaut werden, in Karlsbad wenigstens bei einem Theile der dortigen Stadtbevölkerung der gerade Gegensatz zu herrschen scheint und eine Strömung sich geltend macht, welche die Concessionserwerbung seitens der Stadt hintertreiben möchte. Ein kleiner Theil der Karlsbader Stadtverordneten möchte es nämlich um jeden Preis vereiteln, dass die Stadtvertretung selbst das gedachte Project ausführe. Es hat kürzlich hierüber eine Sitzung der Karlsbader Stadtverordneten stattgefunden, in welcher die Urheber der Agitation gegen das Zustandekommen des Projectes als Feinde des Fortschrittes in Karlsbad hingestellt wurden und nach einer langen, sehr erregten Debatte der Stadtrath mit 24 von 30 Stimmen die Ermächtigung zur weiteren Führung der Verhandlungen mit dem finanzirenden Institute erhielt. Es wurde in dieser Sitzung geltend gemacht, dass das Uebereinkommen, welches die Stadtgemeinde mit der Nationalbank für Deutschland, betreffend die Finanzirung, getroffen habe, als sehr günstig aufzufassen sei. Es ist im Interesse der Stadt Karlsbad selbst nur zu wünschen, dass die derzeit noch bestehenden Differenzen nicht erheblich genug sein werden, um die Sicherstellung und das Zustandekommen der projectirten Bahn zu erschweren oder gar zu verhindern. Es handelt sich nicht um die elektrische Bahn allein, sondern auch um die Schaffung eines grossen Casinos und vieler anderer Bauten, deren Errichtung sicherlich der Stadt Karlsbad nur zum Vortheile gereichen würde.

Elektrische Beleuchtung in Igló (Ungarn). Das Project, betreffend die Einführung der elektrischen Beleuchtung in Igló, über welches wir bereits berichtet haben, geht nunmehr rasch der Verwirklichung entgegen. Grubendirector Koloman Münnich hat die Conscription der Anschlüsse bereits durchgeführt und wurden bisher angemeldet 900 Lampen für Beleuchtung und 15 *HP* für motorische Zwecke mit einem Jahresbetrage von zusammen fl. 7200. — Die Gründer des Local-Unternehmens, 22 an der Zahl, deren jeder einen Antheil von fl. 1000 zeichnete, hielten am 13. Jänner l. J. ihre constituirende Versammlung, und wurden Herr Grubendirector Koloman Münnich zum Präsidenten und Herr Advocat Otto Klug zum Schriftführer gewählt. Die constituirende Versammlung betraute unter Einem den Präsidenten damit, die Detail-Kostenvoranschläge für das Elektricitätswerk anfertigen zu lassen, zu welchem Behufe derselbe mit einer Budapester Firma in Ver[illegible]ung treten wird. Schr.

Das Project einer elektrischen [illegible]anlage in Leipzig, welches der [illegible]waltung zur Genehmigung vorliegt, [illegible] nach der A[illegible]ung der Allgemeinen Elektricitäts-Gesellschaft den Ausbau folgender untereinander verbundener Strassenlinien: Vom Vorort Mockau nach dem Berliner Bahnhof, Berlinerstrasse, Gerberstrasse, Hallesche Strasse, Reichsstrasse, Neumarkt nach der Central-Kraftstation, für welche der freie Platz in der Brüderstrasse gegenüber der Markthalle bestimmt worden ist; die Bahn würde also ihren Ausgangspunkt in Altschönefeld und ihren Endpunkt in Grosszschocher haben. Finanziell ist das Unternehmen bereits gesichert, und hofft man auch die durch Concessions-Urkunde der Pferdebahn-Gesellschaft hervorgerufenen Schwierigkeiten baldigst zu beseitigen.

Die vereinigten Arad-Csanader Bahnen haben in ihrer Generalversammlung vom 31. v. M. beschlossen, für zwei Millionen Stammactien zu emittiren, um mit diesem Gelde den elektrischen Betrieb und den Bau einer neuen Linie durchzuführen.

Die Beleuchtung von Paris mittelst Elektricität nimmt von Tag zu Tage zu. In keinem halbwegs auf Beachtung Anspruch erhebenden Magazin oder Laden fehlt das elektrische Licht und Auer's Gasglühlicht thut dieser Ausbreitung erfreulicherweise keinen Eintrag. Die elektrische Beleuchtung der grossen Boulevards, des Parc Monceau, des Square de Batignolles und anderer grosser Gärten wird fortwährend ergänzt und vermehrt.

Die elektrische Beleuchtung der Schlachthäuser in Paris wird in diesem Jahre (1894) vollendet. Die elektrische Anlage der Markthallen (eine städtische Centrale) hat im Jahre 1893 keine guten finanziellen Ergebnisse geliefert; die Gebahrung wird gegenwärtig von einer städtischen Commission geprüft.

Elektrische Beleuchtung des linken Seine-Ufers in Paris. Ein Herr Naze hatte die Concession zur Errichtung einer elektrischen Centrale in irgend einem Theile der Stadt, linksufrig der Seine gelegen, zu errichten. Der Concessionär hat nun eine Gesellschaft gegründet, auf welche er die Concession zu übertragen wünscht. Der Gemeinderath der Stadt Paris bewilligt diese Uebertragung der Concession unter der Bedingung, dass die Gesellschaft ein Capital von 8 Millionen Francs ausweise, und dass die Quais am linken Seine-Ufers der ganzen Länge nach von der Gesellschaft beleuchtet werden.

Ausstellung in Orleans. Die Stadt Orleans veranstaltet eine Ausstellung, zu welcher sie insbesondere die Elektriker einladet; besonders scheint es auf Beleuchtungs- und Arbeitsleistungs-Apparate (Motoren) abgesehen zu sein, deren Prüfung während der Ausstellung durch eine wissenschaftliche Commission stattfinden wird.

Kleine Notizen über Amerika. Herr Ingenieur Birkner, ein Oesterreicher, ehemals hier bei der bestandenen Commandit-Gesellschaft Brückner, Ross & Cons. angestellt, ist nach einem mehr als siebenjährigen Aufenthalte in den Staaten, und zwar im Westen Amerika's, nach Wien zurückgekehrt und hat nun Mehreres über die öffentliche Beleuchtung der Strassen und Plätze mitgetheilt. Diese geschieht meist durch hintereinander, ohne jeden Vorschaltwiderstand verbundene Lampen, deren oft tausend und darüber in ein und demselben Stromkreise liegen. Gleichstrom-Maschinen mit sehr hohen Spannungen werden theils einzeln, theils auch hintereinander gereiht benutzt. Das meist interessante Factum der Darstellungen ist folgendes: Gegenwärtig werden die elektrischen Bahnen und die Bogenlampen der Strassenbeleuchtung aus ein und derselben Elektricitätsquelle gleichzeitig gespeist. Wie das geschieht, wird Herr Birkner in einer späteren Mittheilung darlegen.

Bei der Redaction eingegangene Bücher.

Adressbuch der Elektricitäts-Branche von Europa, Band II „Ausland", 1894. Leipzig. Eisenschmidt & Schulze. Der 332 Seiten starke, stattliche Band, welcher allen Abnehmern des vorhergegangenen Band I „Deutschland" gratis nachgeliefert wird, enthält die Adressen sämmtlicher elektrotechnischen Fabriken und Anstalten, der Installateure und aller mit der Branche in Berührung kommenden Geschäfte von ganz Europa mit Ausnahme Deutschlands. Im ersten Theil des Buches finden wir die Firmen alphabetisch geordnet; jedes Land abgeschlossen für sich ein Ganzes bildend. Der zweite Theil dagegen bringt die Adressen nach den einzelnen Fächern gruppirt in der Reihenfolge der Länder und Städte, während der dritte Theil endlich eine Liste vortheilhafter Bezugsquellen aufweist. Sehr vielen Firmen sind nähere Angaben, als Namen des Besitzers, Gründungsjahr, Arbeiterzahl, Telegrammadresse, Telephonnummer etc. etc. hinzugefügt, die den Werth des vorliegenden Bandes noch wesentlich erhöhen. — Wir können das mit besonderem Fleiss und grösster Sachkenntniss zusammengestellte Buch allseitig bestens empfehlen.

Verantwortlicher Redacteur: JOSEF KAREIS. — Selbstverlag des Elektrotechnischen Vereins.
In Commission bei LEHMANN & WENTZEL, Buchhandlung für Technik und Kunst.
Druck von R. SPIES & Co. in Wien, V., Straussengasse 16.

Zeitschrift für Elektrotechnik.

XII. Jahrg. 1. März 1894. Heft V.

VEREINS-NACHRICHTEN.

Chronik des Vereines.

24. Jänner. — Vereinsversammlung.

Der Vorsitzende, Vicepräsident Grünebaum, gibt bekannt, dass für die Vereinsversammlung am 21. Februar eine Discussion über den neuen Patentgesetz-Entwurf in Aussicht genommen sei und ertheilt hierauf Herrn Ingenieur K. Pichelmayer das Wort zu dem angekündigten Vortrage: „Ueber elektrische Strassenbahn-Motoren".

Der Vortragende gibt nach einigen einleitenden Bemerkungen über die Erklärung der Motorwirkung eine kurze historische Uebersicht der mit dem Jahre 1879 beginnenden Entwicklung des Strassenbahn-Motors: die anfangs ausschliesslich angewendeten rasch laufenden Elektromotoren mit doppelter Räderübersetzung auf die Wagenachse haben nun vollständig den Platz geräumt vor langsamer laufenden Motoren (400—600 Touren) mit einfacher Räderübersetzung. Der Vortragende zeigt Abbildungen von einer Reihe der meist angewendeten Motoren, wie die von Sprague, Siemens & Halske, Thomson-Houston, Oerlikon etc. Ausser der einfachen Stirnräderübersetzung wird von Siemens & Halske auch noch Gelenkkettentransmission zur Anwendung gebracht; die Uebersetzung mit Schnecke und Rad ist über das Versuchsstadium noch nicht hinaus. Der Vortragende bespricht ferner die Gründe, welche den directen Antrieb bei Strassenbahn-Motoren unthunlich machen; derselbe erscheint erst bei Fahrgeschwindigkeiten über 36—40 *km* zulässig. Was die specielle Construction der Motoren anbelangt, wird aus naheliegenden Gründen für die Feldmagnete ausschliesslich Stahlguss oder schmiedbarer Guss verwendet; der Ankerdurchmesser (Ringanker mit Nuten) wird möglichst gross gewählt.

Auf die Betriebsverhältnisse übergehend, erwähnt der Vortragende die bisher nicht behobenen Schwierigkeiten, welche der Anwendung des Nebenschluss-Motors für Tractionszwecke entgegenstehen, weswegen gegenwärtig nur der Serienmotor in Betracht kommt. Vorgezeigte Diagramme brachten die Beziehungen zwischen Tourenzahl und Stromstärke und zwischen Zugkraft und Stromstärke bei einem Serienmotor zur Anschauung. Aus diesen Curven geht hervor, dass der Serienmotor insoferne selbstregulirend ist, als sich seine Leistungsfähigkeit den Neigungsverhältnissen der Bahn anpasst. Den Verhältnissen, wie sie beim Anfahren obwalten, hat der Vortragende ein besonderes Studium gewidmet; er zeigt, wie für einen gegebenen Fall die günstigste Anfahrstromstärke ermittelt werden kann. Nachdem Ingenieur Pichelmayer noch auf die bedeutenden Betriebsschwankungen an dem Ampèremeter-Diagramm einer Strassenbahn-Centrale aufmerksam gemacht hatte, schloss er seinen mit grossem Beifall aufgenommenen Vortrag.

Nach Beantwortung einer von Herrn Baurath v. Stach gestellten, die Schaltung an Wagen mit zwei Motoren betreff[illegible] Anfrage durch den Vortrage[illegible] der V[illegible] sitzende dem [illegible] seine [illegible] ess[illegible] bi[illegible]

Programm

für die Vereinsversammlungen im Monate März 1894.

(Im Vortragssaale des Wissenschaftlichen Club, I. Eschenbachgasse 9, 7 Uhr Abends.)

7. März. — Vortrag des Herrn Baurathes Josef Kareis über: „Eine Umwälzung in der Telephonie."

14. März. — Vortrag des Herrn Dr. Franz Streintz, Professor an der k. k. technischen Hochschule in Graz: „Die Energie des Accumulators in chemischer und elektrischer Beziehung."

21. März. — Vortrag des Herrn Ing. Ernst Egger: „Ueber elektrische Bahnen."

28. März. — Generalversammlung.

Neue Mitglieder.

Auf Grund statutenmässiger Aufnahme traten dem Vereine die nachstehend genannten Herren als ordentliche Mitglieder bei:

Ullrich Adolf, Privatbeamter, Wien.

Fröhlich Max, Elektrotechniker in Firma Kremenezky, Mayer & Co. Wien.

Stibitz Conrad, Gymnas.-Supplent, Wien.

Schmigmator Carl, Ingen., Brünn.

Morawetz Augustin, k. k. Ingenieur, Bodenbach.

Schimmelbusch Hans, Ingenieur, Wien.

ABHANDLUNGEN.

Die Theorie und Berechnung der asynchronen Wechselstrom-Motoren.

Von E. ARNOLD, Oerlikon.

(Fortsetzung.)

Bezeichnet daher:

J_2 den Maximalwerth von i_2,
H_1 „ „ „ h_1,
H_3 „ „ „ h_3,

so erhalten wir die Drehmomente

$$\frac{1}{2} \cdot J_2 \cdot H_1 \cdot f_2 \cdot \cos\left(\frac{\pi}{3} - \varphi_2\right)$$

$$\frac{1}{2} \cdot J_2 \cdot H_3 \cdot f_2 \cdot \cos\left(\frac{\pi}{3} + \varphi_2\right)$$

und da $H_1 = H_3$, so ist die Summe beider

$$= \frac{1}{2} \cdot 1{\cdot}73 \cdot f_2 \cdot H_1 \cdot J_2 \cos \varphi_2.$$

Nun ist

$$E_2 = 1{\cdot}73 \cdot p_1 \cdot f_2 \cdot H_1$$

daher wird, wenn m_2 die Zahl der secundären Phasen

$$D' = \frac{m_2}{2 p_1} \cdot E_2 \cdot J_2 \cdot \cos \varphi_2 \quad \ldots \ldots \quad 91)$$

Das im Maximum zu erreichende Drehmoment beim Angehen des Motors wäre somit, ebenso wie früher, gleich dem im Inductor inducirten Effecte dividirt durch die Winkelgeschwindigkeit p_1.

Sind bei einem Mehrphasen-Motor stark hervortretende Pole vermieden und wird sonst die Entstehung eines Drehfeldes in jeder Weise begünstigt, so werden bei rotirendem Inductor oder während dem Arbeitsgange des Motors die stehenden, periodischen Felder nur wenig ausgebildet sein. Hierfür spricht die Thatsache, dass der Leerlaufstrom nahezu gleich ist dem Erregerstrome, während bei Einphasen-Motoren, also für ein stehendes, periodisches Feld, das nicht zutrifft. Beim Angehen des Motors, das mit grossen Stromstärken und einer starken Sättigung des Feldes verbunden ist, werden jedoch die periodischen Felder von Einfluss sein, es war daher gerechtfertigt die Wirkung derselben zu untersuchen.

II. Die asynchronen Einphasenmotoren.

Unter der Voraussetzung, dass sich die magnetische Induction zu einem Drehfelde zusammensetzt, hat sich die Theorie der Mehrphasen-Motoren einfach gestaltet und zu Resultaten geführt, welche mit den praktischen Ergebnissen übereinstimmen. In der „Elektrotechnischen Zeitschrift“, Berlin, 1893, Heft 18, habe ich darauf hingewiesen, dass bei Einphasen-Motoren ebenfalls ein secundäres Drehfeld besteht. Gehen wir von diesem Drehfelde aus, dessen Existenz nachgewiesen werden soll, so gestaltet sich die Theorie der Einphasen-Motoren ebenso einfach wie diejenige der Mehrphasenmotoren.

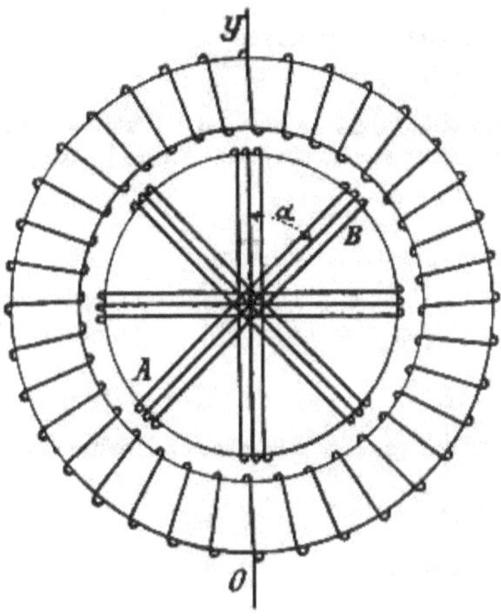

Fig. 18.

Man denke sich ein zweipoliges, durch Wechselstrom erregtes Magnetfeld, welches etwa dadurch erhalten werden kann, dass man die Windungen eines Gramme'schen Ringes an zwei gegenüberliegenden Enden mit der Wechselstromquelle leitend verbindet. In diesem feststehend gedachten Ringe, Fig. 18, sollen mehrere in sich kurzgeschlossene Windungen oder Spulen, die auf dem Anker befestigt sind, rotiren. Wir wollen nun untersuchen, wie sich die inducirte E. M. K. in irgend einer Spule ändert, wenn dieselbe im inducirenden Magnetfelde rotirt. Wenn der Strom J_1 durch Null geht, oder zur Zeit $t = 0$, soll die Windung AB mit der OY-Richtung den Winkel α einschliessen.

Es sollen die bei der Theorie der Mehrphasen-Motoren gewäh[illegible] Bezeichnungen hier ebenfalls gelten, insbesondere sei:

H die maximale Intensität des homogen gedachter [illegible]

f die Fläche der Windung AB in cm^2;

K die Zahl der Kraftlinien, welche die Fläche der Windung AB zur Zeit t durchdringen;

M der Maximalwerth des Coëfficienten der gegenseitigen Induction zwischen der primären Wicklung und einer Phase des Ankers;

L_1 der Coëfficient der Selbstinduction der primären Wicklung;

L_2 der Coëfficient der Selbstinduction einer Phase des Ankers;

$p_1 = 2\pi n_1$, wenn n_1 die Periodenzahl des primären Stromes pro Sec.

$p_2 = \pi n_2 : 30$, wenn n_2 die Tourenzahl des Ankers pro Minute (für eine zweipolige Anordnung);

e_2 die zur Zeit t in AB inducirte E. M. K., so wird

$$K = H . f . \sin p_1 t . \sin (p_2 t + \alpha)$$

$$e_2 = -\frac{dK}{dt} = -Hf [p_1 \cos p_1 t . \sin (p_2 t + \alpha) + p_2 . \sin p_1 t . \cos (p_2 t + \alpha)]$$

da
$$2 \sin \alpha . \cos \beta = \sin (\alpha + \beta) + \sin (\alpha - \beta)$$

so wird

$$\left. \begin{aligned} e_2 = -\frac{1}{2} Hf . \{(p_1 + p_2) \sin [(p_1 + p_2) t + \alpha] - \\ - (p_1 - p_2) \sin [(p_1 - p_2) t - \alpha]\} \end{aligned} \right\} \quad . \quad . \quad 92)$$

Wir wollen zunächst voraussetzen es sei

$$p_1 = p_2$$

d. h. der Anker soll sich synchron mit den Pulsationen des Feldes bewegen. Diese Bedingung stimmt nahezu mit dem Leerlaufe eines Wechselstrom-Motors überein.

Es wird

$$e_2 = - p_1 H . f . \sin (2 p_1 t + \alpha) \quad . \quad . \quad . \quad . \quad . \quad 93)$$

Es sei nun die Zahl der kurzgeschlossenen Ankerrspulen oder die Zahl der secundären Phasen $= m_2$, und der Winkel zwischen benachbarten Spulen $\pi : m_2$.

Befindet sich zur Zeit $t = 0$ die Spule AB in der OY-Richtung, so ist für diese Spule $\alpha = 0$, für die nächstfolgende $\alpha = \frac{\pi}{m_2}$, für die dritte Spule $\alpha = \frac{2\pi}{m_2}$ u. s. f.

In der Spule AB wird

$$e_2 = 0 \quad \text{für } p_1 t = 0, \quad \frac{\pi}{2}, \quad \pi, \quad \frac{3}{2}\pi$$

$$e_2 = \pm p_1 Hf \quad \text{für } p_1 t = \frac{1}{4}\pi, \quad \frac{3}{4}\pi, \quad \frac{5}{4}\pi, \quad \frac{7}{4}\pi.$$

In der benachbarten Spule treten die Richtungswechsel und die Maximalwerthe der inducirten E. M. K. mit derselben Periodenzahl, aber mit einer Phasenverschiebung, die $= \alpha = \frac{\pi}{m_2}, \frac{2\pi}{m_2}$ u. s. f. auf. Das Ergebniss ist folgendes: Bewegt sich der Anker synchron mit dem inducirenden Magnetfelde, so werden in den Ankerwindungen Ströme inducirt, deren Periodenzahl gleich der doppelten Periodenzahl des Erregerstromes, deren maximale E. M. Kräfte einander gleich, aber deren Phasen um den Winkel, den die betrachteten Windungen miteinander einschliessen, gegeneinander verschoben sind.

Dass bei synchroner Bewegung einer Windung in einem periodischen Magnetfelde ein Strom von doppelter Periodenzahl inducirt wird, lässt sich sehr anschaulich graphisch darstellen. Durch die Induction des periodischen Feldes selbst wird zunächst eine E. M. K. inducirt welche in Fig. 19 durch die Sinuslinie e_1 dargestellt ist. Weil bei dem Richtungswechsel des Feldes sich die Spule um 180° gedreht hat, so behält die inducirte E. M. K. stets dieselbe Richtung, sie entspricht einem intermittirendem Gleichstrome. Durch die Bewegung der Windung wird eine zweite E. M. K. inducirt, welche in Fig. 18 durch die Sinuslinie e_m dargestellt ist. Aus demselben Grunde wie oben behält diese E. M. K. stets dieselbe Richtung, sie ist aber e_1 entgegengesetzt gerichtet und in der Phase um $\frac{\pi}{2}$ gegen e_1 verschoben. Als Resultante erhalten wir die E.M.K. e_2 von doppelter Periodenzahl aber gleicher Amplitude. Würde man z. B. zwei Wechselstrom-Maschinen von gleicher Polzahl mit einander kuppeln und das Magnetfeld der zweiten mit dem Strome der ersten erregen, so erzeugt die zweite Maschine einen Wechselstrom, dessen Periodenzahl gleich der doppelten der ersten Maschine.*) Durch eine derartige Serieschaltung mehrerer Maschinen ist es möglich, eine sehr hohe Wechselzahl zu erzeugen.

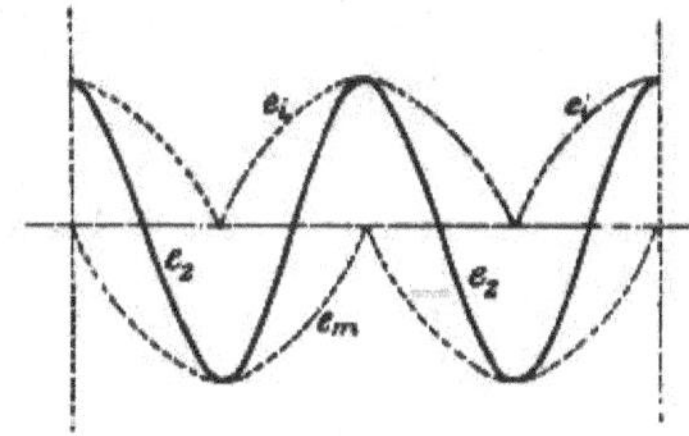

Fig. 19.

Sind auf dem Anker, wie vorausgesetzt worden, mehrere kurzgeschlossene Spulen verschiedener Phase vorhanden, so werden die in den Windungen inducirten Ströme, ebenso wie beiden Mehrphasen-Motoren, ein Drehfeld erzeugen. Geht man von einer bestimmten Drehrichtung des Ankers und einer bestimmten Richtung des Feldes aus, so wird man man sich überzeugen, dass das Drehfeld sich mit der Winkelgeschwindigkeit p_1 in entgegengesetzter Richtung zur Rotation des Ankers dreht. In Fig. 20 ist das bildlich für eine halbe Periodenzahl und fünf verschiedene Stellungen des Ankers, ohne Berücksichtigung der secundären Phasenverschiebung, dargestellt. Es sind zwei Ankerspulen AB und CD angenommen, die momentanen Intensitäten H_1 des primären Feldes sind für jede Figur angegeben; die Richtung desselben soll mit OY zusammenfallen.

Der Anker dreht sich nach rechts, das secundäre Drehfeld nach links. Von der Drehrichtung des secundären Feldes ausgehend und unter Berücksichtigung der secundären Phasenverschiebung φ_2, hat das Drehfeld H_2 gegenüber dem primären Felde H_1 eine Phasenverschiebung von $\frac{\pi}{2} + \varphi_2$, d. h. die von H_2 in den primären Windunge[illegible] [illegible]ucirte

*) Vergl. hierüber „Elektrot. Zeitschrift", Berlin, [illegible] pag. 31.

Gegen-E. M. K. bleibt um $\frac{\pi}{2}+\varphi_2$ hinter der Selbstinduction dieser Windungen zurück.

Bezeichnet h die maximale Intensität des Magnetfeldes einer secundären Spule, deren Zahl $= m_2$, so hat das Drehfeld die constante Stärke

$$H_2 = \frac{m_2}{2} h;$$

ferner ist

$$f h = M J_2,$$

somit die totale Induction des Drehfeldes

$$f . H_2 = \frac{m_2}{2} . M J_2 \quad . \quad . \quad . \quad . \quad . \quad . \quad . \quad . \quad 94)$$

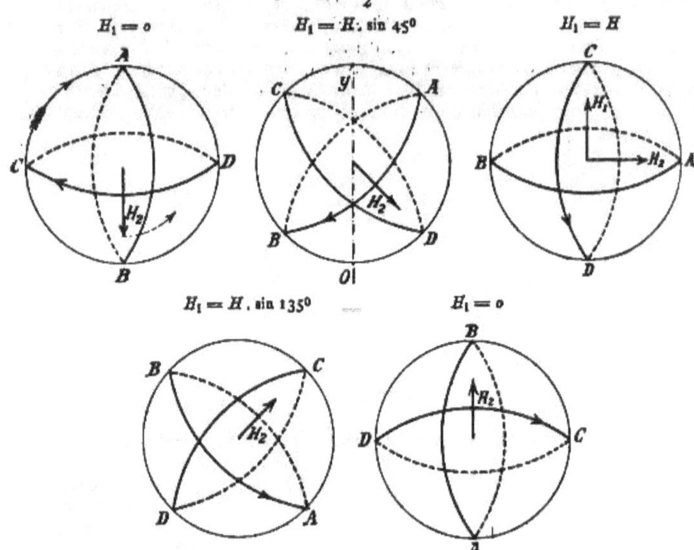

Fig. 20.

Da sich das Drehfeld relativ zu den primären Windungen mit der Geschwindigkeit p_1 bewegt, so ist die Amplitude der inducirten Gegen-E. M. K.

$$E_g = \frac{m_2}{2} . p_1 M J_2 \quad . \quad . \quad . \quad . \quad . \quad . \quad . \quad . \quad 95)$$

Im primären Stromkreise wirken nun drei E. M. Kräfte:

1. die E. M. K., welche im primären Stromkreise verbraucht wird, deren Amplitude ist

$$= R_1 J_1;$$

2. die E. M. K. der Selbstinduction, deren Amplitude

$$= p_1 . L_1 . J_1;$$

3. die durch das Drehfeld H_2 inducirte Gegen-E. M. K. deren Amplitude

$$= \frac{m_2}{2} \cdot p_1 . M \cdot J_2.$$

Der in den **secundären** Windungen inducirten E. M. K., welche $= E_2$, wirken zwei E. M. Kräfte entgegen.

1. die E. M. K., deren Amplitude

$$= R_2 J_2;$$

2. die durch das secundäre Drehfeld im Anker inducirte E. M. K. Die relative Geschwindigkeit von H_2 in Bezug auf die Ankerwindungen ist $= p_1 + p_2$, die Amplitude der E. M. K. daher

$$= \frac{m_2}{2} \cdot (p_1 + p_2) J_2 \cdot L_2,$$

dieselbe steht senkrecht zu $R_2 J_2$.

In den Fig. 21 und 22 sind die E. M. Kräfte ihrer Richtung nach aufgetragen.

Aus Fig. 21 folgt:

$$\left. \begin{aligned} E_1^2 = & \left(R_1 J_1 + \frac{m_2}{2} \cdot M J_2 p_1 \cos \varphi_2\right)^2 + \\ & + \left(p_1 L_1 J_1 - \frac{m_2}{2} p_1 M J_2 \sin \varphi_2\right)^2 \end{aligned} \right\} \quad \ldots \quad 96)$$

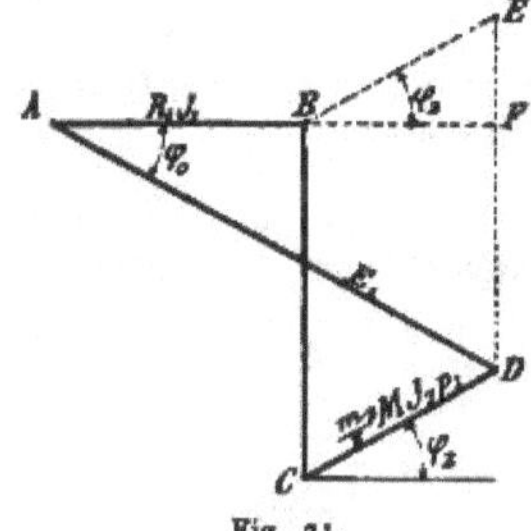

Fig. 21.

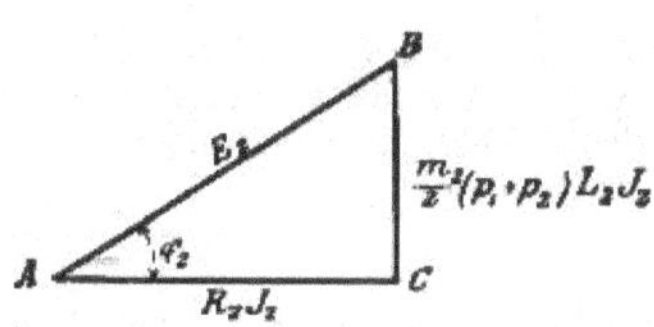

Fig. 22.

Bezeichnet man zur Abkürzung mit

$$r_2 = \sqrt{R_2^2 + \frac{m_2^2}{4} (p_1 + p_2)^2 L_2^2} \quad \ldots \ldots \quad 97)$$

so folgt aus Fig. 21

$$\cos \varphi_2 = \frac{R_2}{r_2} \quad \ldots \ldots \quad 98)$$

$$\sin \varphi_2 = \frac{m_2}{2} \cdot \frac{(p_1 + p_2) L_2}{r_2} \quad \ldots \ldots \quad 99)$$

ferners ist

$$E_2 = . M J_1 p_1 \quad \ldots \ldots \quad 100)$$

$$J_2 = \frac{M J_1 p_1}{r_2} \quad \ldots \ldots \quad 101)$$

Setzen wir diese Werthe in Gleichung 96 ein, so folgt aus einer längeren Entwicklung für

$$p_1 = p_2$$

$$J_1^2 = E_1^2 (R_2^2 + m_2^2 p_1^2 L_2^2) \text{ divi'' durch}$$

$$R_1^2 R_2^2 + p_1^2 L_1^2 R_2^2 + m_2^2 p_1^2 L_2^2 R_1^2 + \quad M^2 R_1 R_2$$

$$+ \frac{m_2^2}{4} p_1^{4} \ldots L_2 - M \quad \ldots 2)$$

Um die magnetische Streuung zu berücksichtigen, setzen wir ebenso wie früher

$$M^2 = b^2 . L_1 L_2 \quad \ldots \ldots \ldots \quad 103)$$

Wir können nun den Leerlaufstrom des Motors, der mit J_0 bezeichnet werden soll, berechnen.

Berechnung des Leerlaufstromes und des Erregerstromes.

Mit Vernachlässigung des Gliedes $R_1^2 R_2^2$ erhalten wir aus Gleichung 102

$$J_0^2 = \frac{E_1^2 (R_2^2 + m_2^2 p_1^2 L_2^2)}{p_1^2 L_1^2 R_2^2 + m_2^2 p_1^2 L_2^2 R_1^2 + m_2 b^2 p_1^2 L_1 L_2 R_1 R_2 + \frac{m_2^2}{4} . p_1^4 L_1^2 L_2^2 (2 - b^2)^2} \quad . \quad 104)$$

In praktischen Fällen, besonders für eine grosse Periodenzahl, darf im Zähler R_2 als klein gegen $m_2 p_1 L_2$ vernachlässigt werden. Wir erhalten dann

$$J_0^2 = \frac{E_1^2}{R_1^2 + \frac{1}{m_2^2} . \frac{R_2^2 L_1^2}{L_2^2} + \frac{b^2}{m_2} . \frac{L_1}{L_2} . R_1 R_2 + \frac{1}{4} p_1^2 L_1^2 (2 - b^2)^2} \quad 105)$$

Für kleine Werthe von R_1 und R_2 sind die drei ersten Glieder im Nenner gegen das vierte ebenfalls zu vernachlässigen, und wir erhalten für praktische Fälle mit genügender Genauigkeit

$$J_0 = \frac{2 E_1}{p_1 L_1 (2 - b^2)} \quad \ldots \ldots \ldots \quad 106)$$

Die Ergebnisse dieser Formel stimmen mit den Versuchsresultaten sehr gut überein. Wird J_0 beobachtet, so kann aus dieser Formel der Streuungs-Coëfficient b für den Leerlauf bestimmt werden.

Der **Erregerstrom** oder Magnetisirungsstrom ist derjenige Strom, welchen der Motor bei geöffneten Windungen des Ankers aufnehmen würde. Da die Selbstinduction des Feldes $= L_1$, so wird der Erregerstrom

$$J_e = \frac{E_1}{p_1 L_1} \quad \ldots \ldots \ldots \quad 107)$$

für $b = 1$ wird daher

$$J_0 = 2 J_e \quad \ldots \ldots \ldots \quad 108)$$

d. h. **wenn keine Streuung stattfindet ist der Leerlaufstrom gleich dem doppelten Magnetisirungsstrome.** Auch das stimmt mit den Versuchen gut überein.

Bei den Mehrphasen-Motoren haben wir gefunden, dass der Leerlaufstrom nahezu gleich is dem Magnetisirungsstrome. Die Einphasen-Motoren sind daher wesentlich im Nachtheile.

Die Phasenverschiebung bei Synchronismus.

Aus Fig. 21 ergibt sich

$$\cos \varphi_0 = \frac{1}{E_1} (R_1 J_0 + \frac{m_2}{2} . p_1 M J_2 . \cos \varphi_2)$$

oder

$$\cos \varphi_0 = \frac{J_0}{E_1} \left(R_1 + \frac{m_2}{2} . \frac{p_1^2 M^2 R_2}{r_2^2} \right) \quad \ldots \ldots \quad 109)$$

Der Wattverbrauch des Motors oder die vom primären Stromkreise zu leistenden Watts sind ohne Berücksichtigung der Verluste durch Hysteresis und Wirbelströme

$$W_0 = \frac{1}{2} . E_1 . J_0 . \cos \varphi_0$$

$$W_0 = \frac{1}{2} R_1 J_0^2 + \frac{m^2}{4} . \frac{p_1^2 M^2 J_0^2 R_2}{r_2^2} \quad . \; . \; . \; . \; . \quad 110)$$

Das erste Glied stellt den Verlust durch Erwärmung des primären Kupfers dar, der zweite Theil wird für die Bewegung des Ankers verbraucht.

Der Wattverbrauch, welcher erforderlich ist, um den Anker im synchronen Gange zu erhalten, ist offenbar gleich demjenigen Wattverbrauche, welcher nöthig ist, um in den Ankerwindungen einen Wechselstrom von doppelter Periodenzahl, dessen Amplitude $= J_2$, zu induciren. Dieser Wattverbrauch entspricht einer Bewegung der Ankerwindungen mit der Winkelgeschwindigkeit $(p_1 + p_1)$ in einem Felde von constanter Stärke $\frac{1}{2} f . H$. Somit

$$W_2 = \frac{m_2}{2} . R_2 \frac{(p_1 + p_1)^2}{r_2^2} . \frac{f^2 H^2}{4}$$

oder

$$W_2 = \frac{m_2}{2} . \frac{p_1^2 M^2 J_0^2 R_2}{r_2^2} \quad . \; . \; . \quad 111)$$

Ist p_2 nicht $= p_1$, so wird, wie später gezeigt wird, allgemein

$$W_2 = \frac{m_2}{8} . \frac{(p_1 + p_2)^2 M^2 J_1^2 R_2}{r_2^2} \quad . \; . \; . \; . \quad 112)$$

Aus Gleichung 110 geht hervor, dass in dem Anker auf Kosten des primären Stromkreises nur

$$\frac{m_2}{4} . \frac{p_1^2 M^2 J_0^2 R_2}{r_2^2}$$

Watts inducirt werden, während nach Gleichung 111 die doppelte Wattzahl verbraucht wird.

Der Motor kann daher nur durch Aufwendung eines äusseren Drehmomentes an der Welle des Ankers im synchronen Gange erhalten werden. Dieses Drehmoment, dem wir das negative Vorzeichen geben, ist

$$D_0 = - \frac{W_2}{2 p_1} = - \frac{m_2}{4} . \frac{p_1 M^2 J_0^2 R_2}{r_2^2} \quad 113)$$

Die Form des Drehfeldes bei asynchroner Rotation des Ankers.

Wir können jedes Drehfeld erzeugen:

1. durch zwei unter einem gewissen Winkel zu einander schwingende, nach dem Sinusgesetze variirende Magnetfelder verschiedener Phase;

2. durch eine magnetisirende Spule, welche sich in demselben Sinne und mit derselben Winkelgeschwindigkeit wie das Drehfeld bewegt.

Um das Drehfeld des Wechselstrom-Motors nach der ersten Ar[illegible] erzeugen, denken wir uns die rotirenden Windungen des An[illegible] jedem Momente durch zwei senkrecht zu einander stehende Sp[illegible] und CD ersetzt. Nach Gleichung 92 ist die in AB ind[illegible]

$$e_2'' = \frac{1}{2} H . f \{ (p_1 + p_2) \sin [(p_1 + p_2) t + \alpha] - \\ - (p_1 - p_2) \sin [(p_1 - p_2) t - \alpha] \} \quad . \quad 114)$$

die in CD inducirte E. M. K. wird erhalten, wenn wir α durch $90 + \alpha$ ersetzen, es wird

$$e_2' = -\frac{1}{2} . Hf . \{ (p_1 + p_2) \cos [(p_1 + p_2) t + \alpha] + \\ + (p_1 - p_2) \cos [(p_1 + p_2) t - \alpha] \} \quad . \; . \quad 115)$$

die durch die E. M. Kräfte e_2'' und e_2' in den kurzgeschlossenen Spulen AB und CD hervorgerufenen Ströme erzeugen das secundäre Drehfeld.

Denken wir uns nun die Spulen AB und CD durch eine einzige Spule, welche in demselben Sinne und mit der Winkelgeschwindigkeit des Drehfeldes rotirt, ersetzt, so muss die in dieser Spule inducirt gedachte E. M. K. die Resultante der E. M. Kräfte e_2'' und e_2' sein.

Dieselbe ist somit

$$e = \sqrt{e_2''^2 + e_2'^2} \; . \; . \; . \; . \; . \; . \; . \; . \quad 116)$$

der Richtungswinkel der Spule zur Richtung des primären Feldes ist in jedem Momente bestimmt durch

$$\operatorname{tg} \beta = \frac{e_2''}{e_2'} \; . \; . \; . \; . \; . \; . \; . \; . \; . \; . \quad 117)$$

Wir erhalten

$$e = -\frac{1}{2} H f p_1 \sqrt{4 - 2 . \frac{p_1^2 - p_2^2}{p_1^2} (1 - \cos 2 p_1 t)} \; . \; . \quad 118)$$

Diese Gleichung lässt sich auf folgende einfache Form bringen

$$e = \pm f . H \sqrt{p_1^2 \cos^2 p_1 t + p_2^2 \sin^2 p_1 t} \; . \; . \; . \; . \quad 119)$$

die resultirende E. M. K. ist daher die Resultante von zwei senkrecht zu einander wirkenden E. M. Kräften, deren Phasendifferenz $= \frac{\pi}{2}$, d. h. es ist

$$\left. \begin{aligned} e_2'' &= \pm f . H . p_2 \sin p_1 t \\ e_2' &= \pm f . H . p_1 \cos p_1 t \end{aligned} \right\} \; . \; . \; . \; . \; . \; . \quad 120)$$

und

$$\operatorname{tg} \beta = \frac{p_2}{p_1} . \operatorname{tg} . p_1 t \; . \; . \; . \; . \; . \; . \; . \; . \quad 121)$$

Da $f H = M J_1$

erhalten wir aus Gleichung 120 die Stromstärken der Windungen AB und CD des Ankers, unter Berücksichtigung der Phasenverschiebung φ_2

$$\left. \begin{aligned} i_2'' &= \frac{M J_1 p_2}{r_2} . \sin (p_1 t - \varphi_2) \\ i_2' &= \frac{M J_1 p_1}{r_1} . \cos (p_1 t - \varphi_2) \end{aligned} \right\} \; . \; . \; . \; . \; . \; . \quad 122)$$

Nach den Gleichungen 94 und 119 wird nun die resultirende Feldstärke des secundären Drehfeldes

$$H_2 = \frac{m_2}{2} . \frac{M^2 . J_1}{r_2 . f} \sqrt{p_1^2 \cos^2 (p_1 t - \varphi_2) + p_2^2 \sin^2 (p_1 t - \varphi_2)} \; . \quad 123)$$

Der Richtungswinkel von H_2 ist bestimmt durch

$$\operatorname{tg} \zeta = \frac{p_2}{p_1} \operatorname{tg} (p_1 t - \varphi_2 - 90) \quad . \quad . \quad . \quad 124)$$

Durch diese Gleichungen ist nun das secundäre Drehfeld vollständig bestimmt.

Für synchronen Gang, oder $p_2 = p_1$, wird übereinstimmend mit Gleichung 94 und 101

$$H_2 = \frac{m_2}{2} \cdot \frac{M^2 \cdot J_1 \, p_1}{r_2 \cdot l} = \text{constant}$$

$$\operatorname{tg} \zeta = \operatorname{tg} (p_1 t - \varphi_2 - 90).$$

Wir erhalten ein Drehfeld von constanter Stärke, das dem primären Felde mit der Phasenverschiebung $90 + \varphi_2$ nacheilt.

(Fortsetzung folgt.)

Das Haus-Installations-System

von S. BERGMANN & CO., Actien-Gesellschaft in Berlin.

Das Installationssystem dieser Firma, bekannt unter dem Namen „Bergmann-System“, wurde bereits im ersten Heft des X. Jahrganges dieser Zeitschrift in einem längeren Artikel beschrieben.

Damals war diese Installationsmethode den meisten Elektrotechnikern noch neu und dürfte es deshalb von Interesse sein, nach Ablauf von zwei Jahren wieder darauf zurückzukommen und die inzwischen gemachten Verbesserungen näher in Betrachtung zu ziehen

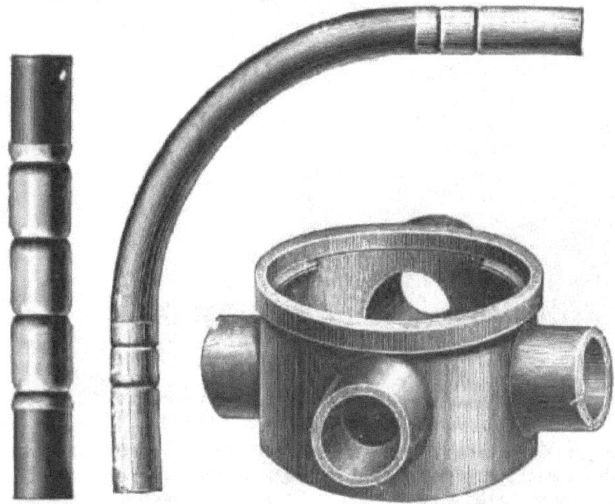

Fig. 1. Fig. 2. Fig. 3.

Der grundlegende Gedanke dieser Installationsmethode [illegible] die Decken und Wände der Gebäude mit isolirenden Rohrwegen [illegible] welche die Elektricitätsleiter jederzeit, selbst erst [illegible] Fertigstellung des Baues, eingezogen oder aus den[illegible] werden können. Es ist nicht zu verkennen [illegible]

Theilen Europas in der kurzen Zeit seines Bestehens sich sehr viele Anhänger erworben hat und dass es sich selbst in sehr schwierigen Installationen sehr gut bewährt hat.

Die Bergmann'schen Rohre haben nicht nur in den gewöhnlichen Hausinstallationen, sondern auch in chemischen Fabriken, Brauereianlagen, Kellereien, Papierfabriken, Pulvermühlen und Bergwerken sich Eingang verschafft und allen an sie geknüpften Erwartungen entsprochen.

Die Eigenschaft, dass die Bergmannrohre der Einwirkung starker und schwacher Säuren, Salzen und der Feuchtigkeit widerstehen, macht sie bei industriellen Anlagen besonders werthvoll.

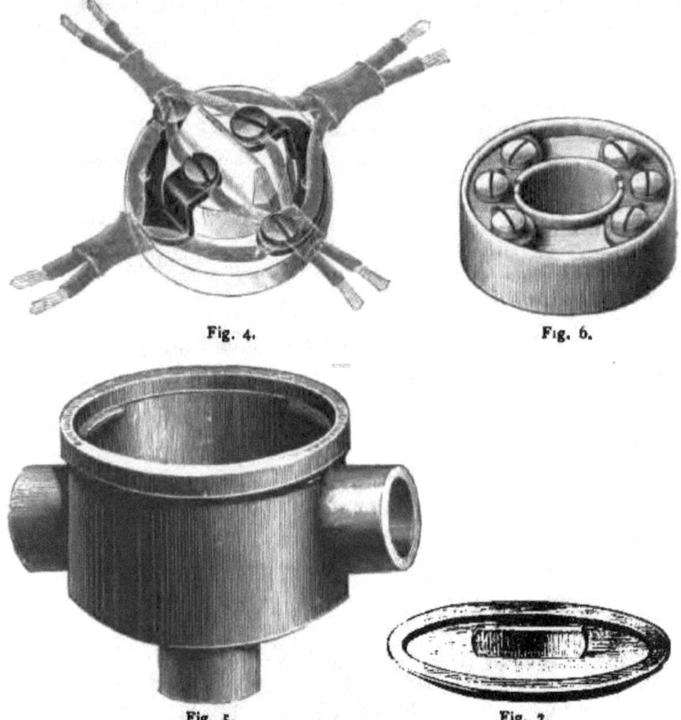

Fig. 4. Fig. 6.

Fig. 5. Fig. 7.

In einigen Versuchen, welche in dem herzoglichen Salzbergwerk in Leopoldshall angestellt wurden, hat sich gezeigt, dass die in Bergmannrohr verlegten Leitungen nach neunmonatlicher Probe noch unversehrt waren an Stellen, wo die bestisolirten Drähte schon nach 3 Monaten völlig zerstört wurden.

Obschon seit der früheren Besprechung dieses Installationssystems principielle Aenderungen nicht stattgefunden haben, bringen wir nachstehend die Hauptbestandtheile in ihrer neuen Form.

Fig. 1 zeigt eine Verbindungsstelle zwischen zwei Rohrlängen. Fig. 2 stellt einen mit Verbindungsmuffen ausgestatteten Ellbogen dar. Fig. 3 zeigt eine Abzweigdose in ihrer jetzigen Ausführung.

Diese Dosen werden in 16 verschiedenen Variationen und in zwei verschiedenen Grössen hergestellt, und zwar mit einem Durchmesser von 55 und 78 *mm.*

Fig. 4 veranschaulicht eine Abzweigscheibe zur Verwendung in den Dosen. Durch diese aus Prorzellan gefertigten Scheiben wird die Ausführung von Löthstellen in den Dosen entbehrlich gemacht.

Fig. 5 stellt eine mit Mauerdurchführung versehene Abzweigdose dar, während Fig. 6 eine für dieselbe passende, mit centrischer Oeffnung versehene Abzweigscheibe illustrirt, welche bei Ausführung von Mauerdurchgängen Verwendung findet.

Zum Verschluss der Abzweigdosen dient der durch Fig. 7 illustrirte Deckel.

Ein nicht unerheblicher Fortschritt wurde in der Art der Befestigung der Rohre erzielt. Bei Verlegung unter den Putz bedient man sich der in Fig. 8 gezeigten Befestigung aus tortirtem Eisendraht. Dieselbe wird ohne Dübel einfach vermittelst eines Nagels an das Mauerwerk befestigt, worauf die beiden freien Enden des Eisendrahts um das Rohr herumgeschlungen werden.

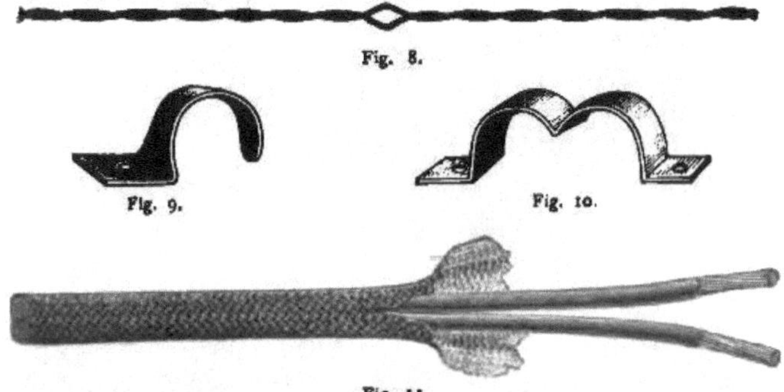

Fig. 8.

Fig. 9. Fig. 10.

Fig. 11.

Für offene Verlegung sind die aus Messing oder verzinktem Eisen hergestellten und in Fig. 9 und 10 veranschaulichten Rohrschellen vorzuziehen.

Auch in dem Leitungsmaterial ist gegen früher eine merkliche Aenderung eingetreten. An die Stelle des concentrischen Zwillingsleiters trat ein Doppelleiter, welcher aus zwei parallel laufenden, mit Gummi isolirten, biegsamen Kupferlitzen besteht, welche dann noch durch eine gemeinsame Umklöppelung vereinigt sind, wie aus Fig. 11 ersichtlich.

Wir bemerken hier, dass nunmehr in fast allen Elektricitätswerken die Verwendung des Doppelleiters zugelassen wird, wodurch die Kosten der Installation erheblich vermindert wurde. Diese Verlegung der beiden Leiter in ein und dasselbe Rohr beschränkt sich jedoch auf die Abzweigungen zu den einzelnen Lampengruppen, während die Hauptleitungen und überhaupt Drähte, welche grössere Stromstärken führen, getrennt in je einem Rohr verlegt werden.

Seit einigen Jahren hat sich im Installationswe[illegible] mehr und m[illegible] die lobenswerthe Methode eingeführt, die Bleisicherunge[illegible] jeder Eta[illegible] in Gruppen zu centralisiren. In voller Würdigung d[illegible] Thatsache [illegible] die Firma S. Bergmann & Co. ungefähr 24 v[illegible] ne Schalt[illegible] her, in welchen fast allen in der Praxis vorkom[illegible] en [illegible]

getragen wird. Diese Schalttafeln sind aus schwarzpolirtem, eisenfreien Schiefer gefertigt und haben ein äusserst gefälliges Aussehen. Die Tafeln werden in Kasten aus Gusseisen mit Isolirauskleidung eingesetzt, wodurch denselben ausser der erforderlichen Isolation, auch genügender Schutz gegen mechanische Beschädigung gegeben wird.

Die Rohrleitungen schliessen sich vermittelst der an dem Kasten angebrachten Anschlussdüllen in einfacher und sicherer Weise an die Schalttafel an.

Fig. 12 gibt eine schematische Darstellung eines solchen Vertheilungskastens mit eingesetzter Schalttafel.

Da bei der offenen Verlegung der Rohre es zuweilen erwünscht ist, mit scharfen, rechtwinkligen Biegungen um Ecken zu gehen, wozu sich die gewöhnlichen Ellbogen nicht eignen, sind für diesen Zweck Winkelkasten

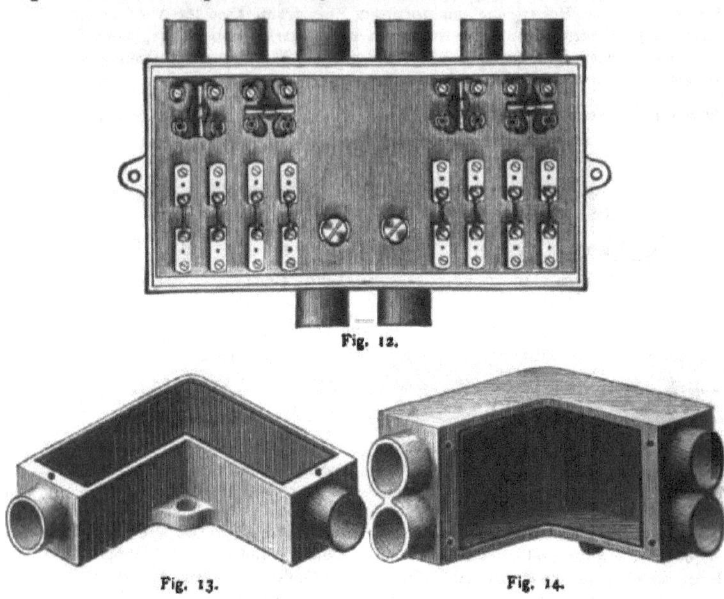

Fig. 12.

Fig. 13. Fig. 14.

mit Einzel- und Doppelrohr-Anschlüssen (Fig. 13 und Fig. 14) vorgesehen. Diese Winkelkasten sind aus Gusseisen hergestellt und mit Isolirauskleidung versehen. Ein entsprechender eiserner Deckel wird durch Schrauben auf dem Kasten festgehalten.

Das stete Bestreben, den elektrischen Leitungen eine grössere Stabilität zu geben als bisher, ist in dem Bergmann'schen System in vollem Maasse zum Ausdruck gebracht, so dass durch dasselbe fast dieselbe Festigkeit als wie bei den Gasleitungen erreicht wird. Besonders ist dies der Fall bei den mit Messing oder Stahlblech überzogenen Röhren, welche seit einiger Zeit durch die Firma S. Bergmann & Co. auf den Markt gebracht werden.

Diese Neuerung ist eine der interessantesten Erscheinungen auf dem Gebiete der Installationstechnik und dürfte dieselbe dazu berufen sein, das Hausinstallationswesen auf den höchsten Grad der Vollkommenheit zu bringen.

Es werden nämlich die gewöhnlichen Isolirrohre mittelst einer sinnreichen Maschine mit einem Ueberzug von dünnem Messing oder Stahlblech versehen, welcher Ueberzug der Länge nach derart gefalzt wird, dass Feuchtigkeit an das Rohr selbst nie herantreten kann. Da nun das gewöhnliche Isolirrohr gegen die Einwirkung scharfer Alkalien, besonders Cementlaugen, nichtbeständig ist, wird durch den Metallüberzug, welcher diesen Alkalien widersteht, ein Rohr geschaffen, welches direct in Cementmauerwerk gebettet werden darf, ohne dass eine Zerstörung des Rohres zu befürchten wäre. Ein dahingehender praktischer Versuch wurde folgendermaassen ausgeführt:

Es wurden Rohre in der Länge von 3 *m* mit Stahl- und mit Messingüberzug ihrer Länge nach in ein im Freien aufgeführtes Stück Cementmauerwerk eingelegt und das Ganze blieb während des vorletzten Herbstes und Winters, etwa 7 Monate lang, der Einwirkung der Witterung ausgesetzt; als schliesslich das Mauerwerk abgebrochen wurde, zeigten die Rohre keinerlei Veränderung, Die Enden der Rohre waren während dieser Zeit durch Gummi-Endverschlüsse gegen den Eintritt der Nässe geschützt.

Die Verlegung dieser Rohre geht in ähnlicher Weise vor sich als die der gewöhnlichen Isolirrohre, nur mit dem Unterschied, dass die Her-

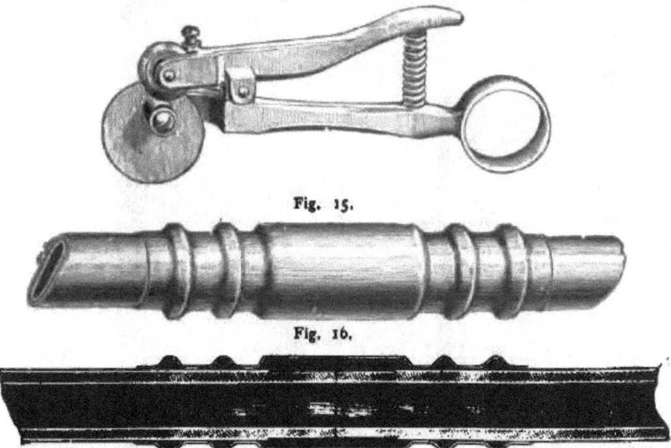

Fig. 15.

Fig. 16.

Fig. 17.

stellung der Verbindungen zwischen den einzelnen Rohrlängen in anderer Weise ausgeführt wird. Die zum Verbinden der einfachen Isolirrohre erforderliche Verbindungszange ist hier überflüssig und werden die Rohrenden nachdem durch ein besonderes Schneidwerkzeug, Fig. 15, ungefähr 10 *mm* des Metallmantels abgetrennt ist, in die Verbindungsmuffe eingeführt, dass die Stossfuge in die Mitte der Muffe zu liegen kommt. Die Muffe ist an beiden Enden mit zwei Rillen versehen, welche mit schmelzbarem Kitt gefüllt sind. Wird nun die ganze Verbindungsstelle etwas erwärmt, dann bildet der in den Rillen sitzende Cement einen hermetischen Abschluss nach Aussen hin. Die Muffe selbst ist im Innern noch mit einer Papierbüchse ausgefüllt in welch' letztere sich die beiden Rohrenden einschieben um die Stossfuge gegen den Metallmantel zu schützen.

Fig. 16 stellt eine solche Verbindungsstelle in der Ansicht, Fig. 17 eine solche im Längsschnitt dar.

Im Uebrigen [illegible] die ein[illegible] zur Verwendung kommenden Bestandtheile denen für [illegible] rohre ähnlich. Fig. 18 z. B. zeigt einen Ellbogen [illegible] [illegible]eschlossenen [illegible]ffen.

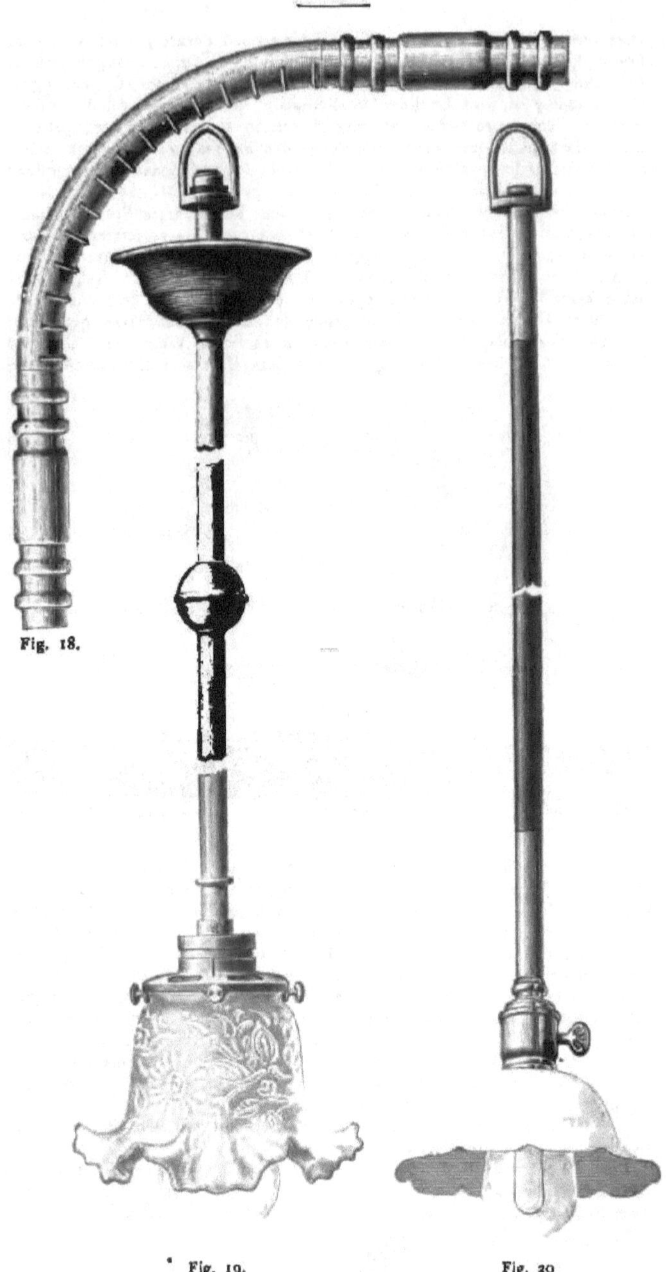

Fig. 18.

Fig. 19.

Fig. 20

Die Dosen sind mit Messingüberzug oder in Gusseisenform vorhanden. Die letzteren werden auch mit Gummidichtung geliefert und bilden so ein zweckdienliches Gehäuse für Ausschalter in Räumen, in welchen explosive Gase vorhanden sind; auch als Schutzgehäuse der Ausschalter bei Schiffsinstallationen finden dieselben Verwendung.

Verschiedene Kriegsfahrzeuge sind bereits zum Theil mit Röhren mit Messingüberzug installirt worden und verspricht der bisherige Erfolg, dass binnen Kurzem auch hier die unschöne und gefährliche Holzleiste ausser Dienst gesetzt werden wird.

Zum Schlusse möge noch eine recht hübsche Verwendungsweise der Isolirrohre mit und ohne Metallüberzug Erwähnung finden.

Unter dem Druck der Concurrenz sind die Installateure immer mehr dazu gezwungen worden, bei ihren Anlagen auf die primitivsten Formen der Beleuchtungskörper zurückzugehen und nur zu oft musste dabei die Sicherheit der Sparsamkeit zum Opfer fallen. In Fig. 19 und Fig. 20 werden zwei Ausführungen von Rohrpendel gezeigt, welche bei hübscher Ausführung auch allen Ansprüchen auf Billigkeit gerecht werden.

Das in Fig. 19 gezeigte Pendel ist aus polirtem Isolirrohr mit Messingüberzug gefertigt und mit einer polirten Baldachinschale und einem Mittelknauf geschmückt, während das in Fig. 20 vorgeführte Pendel aus einfachem Isolirrohr gefertigt ist und von dem Monteur selbst auf den Bau je nach Bedarf hergestellt werden kann. Die oberen und unteren Metalltheile werden bei der Herstellung der Pendel nur auf einer Spiritusflamme erwärmt und auf das Isolirrohr aufgeschoben. Der vorher beschriebene Zwillingsleiter eignet sich vorzüglich zum Anschluss der Fassung.

Nicht ohne Interesse dürfte die Thatsache sein, dass das Bergmann'sche Isolirrohr in der kurzen Zeit von $2^1/_2$ Jahren ausser in einer grossen Menge von industriellen und Privatanlagen, auch in einer Anzahl von fürstlichen Schlössern, Theatern und Verwaltungsgebäuden zur Anwendung gekommen ist.

Siebenter Bericht des Stadtbauamtes

über die Beleuchtung und Ventilation der Räumlichkeiten im Rathhause während des VIII. Betriebsjahres der elektrischen Anlage vom 1. Juli 1892 bis 30. Juni 1893.

Elektrische Beleuchtung und Kraftübertragung.

Das verflossene Betriebsjahr ist das erste, in welchem vom Beginne an der Betrieb der elektrischen Anlage in Eigenregie geführt wurde, aus welchem Grunde auch die Ergebnisse dieses Betriebsjahres für die Beurtheilung der künftigen Betriebsverhältnisse von nicht geringem Interesse sind.

An Erweiterungs-Arbeiten wurde während des VIII. Betriebsjahres folgendes, und zwar zum grössten Theile in eigener Regie geleistet:

Juli 1892. Vervollständigung der Werkstätten-Einrichtung.

August 1892. Versuch mit der Beleuchtung der Thurmuhr mittelst Bogenlampen.

September 1892. Kleinere Installationsarbeiten in einzelnen Zimmern.

December 1892. Probeweise Einrichtung der Beleuchtung der Arkaden und Durchfahrten mit Bandlampen der Firma Siemens & Halske.

Jänner 1893. Probeweise Einrichtung der Beleuchtung des Corridors des Präsidiums mit Bandlampen der Firma Siemens & Halske.

Februar bis Mai 1893. Kleinere Installationsarbeiten in verschiedenen Aemtern.

Juni 1893. Beginn der Installationsarbeit[illegible] Accu[illegible] [illegible]-Batterie D.

Bei diesen Erweiterungsarbeiten wurden von dem ständigen Personal der Anlage geleistet: 1209 Monteurstunden, 1585 Monteurgehilfenstunden.

Ausserdem haben der Leiter, der Elektriker und der Maschinist (Obermonteur) circa ebensoviel Zeit mit den Erweiterungsarbeiten zugebracht, wie mit dem Betriebsdienste.

Die betreffenden Gehalts- und Lohntheilbeträge wurden auf das Erweiterungs-Conto gebucht, wodurch das Betriebs-Conto eine entsprechende Entlastung erfuhr, wie aus der folgenden Tabelle zu ersehen ist.

Ausweis über die laufenden Auslagen für die elektrische Anlage im neuen Rathhause

während des VIII. Betriebsjahres vom 1. Juli 1892 bis 30. Juni 1893.

A) Gehalte, Löhne, Zulagen und allgemeine Verwaltungsauslagen.

Zulage für den Leiter	fl.	500·—
Gehalt des Elektrikers	„	1.040·—
Gehalt des Maschinisten (Obermonteurs)	„	1.300·—
Lohn des I. Gehilfen	„	840·—
„ „ II. „	„	720·—
„ „ III. „	„	720·—
Zulagen für das Kesselpersonal	„	280·50
Zulagen für das Personal der elektrischen Anlage	„	956·45
Nachtdienstgebühren	„	365·—
Unfallversicherung	„	75·71
Krankencasse	„	58·14
Summa *A)*	fl.	6.855·80

B) Materialien.

Steinkohle 201.560 *kg* pro 100 *kg* fl. 1·118	fl.	2.253·44
Brennholz 16·7 m^3 à fl. 5·29	„	88·34
Putz-, Schmier- und Dichtungsmaterialien etc.	„	641·62
Schwefelsäure und destillirtes Wasser	„	124·91
Glühlampen	„	505·36
Kohlenstifte	„	24·02
Summa *B)*	fl.	3.637·69

C) Instandhaltung.

Instandhaltung der Kessel, Taxen, Proben, Fegung, Aschenabfuhr etc.	fl.	120·16
Instandhaltung für die Accumulatoren	„	1.500·—
Currente Anschaffungen	„	478·20
Summa *C)*	fl.	2.098·36

D) Kleinere Erweiterungsarbeiten im currenten Wege.

	fl.	1.464·21
Summen *A)*	fl.	6.855·80
„ *B)*	„	3.637·69
„ *C)*	„	2.098·36
„ *D)*	„	1.464·21
	fl.	14.056·06

Bau- und Installationskosten. Die Bau- und Installationskosten der elektrischen Anlage sind, insoweit die Rechnungen bis Ende des Betriebsjahres abgeschlossen werden konnten, aus folgender Tabelle zu ersehen.

Anlage, beziehungsweise Gruppe	Anlagekosten des Werkes	der Hausinstallation	der Beleuchtungskörper
	fl.	fl.	fl.
Im VI. Berichte ausgewiesene Kosten....	172.874·30	96.616·94	69.417·31
Volkshalle........................	—	2.843·32	988·50
Werkstätte I. Theil..................	698·92	—	—
Lieferung von Schmiervasen............	164·—	—	—
Verschiedene Installationen im currenten Wege laut vorstehender Tabelle	1,165·67	2.454·69	550·27
Gesammtkosten..	174.902·89	101,914·95	70.956·08

Abschreibungen wurden bisher nicht vorgenommen.

Nachdem die Installationsarbeiten für die neue Accumulatoren-Batterie (*D*) zu Ende des VIII. Betriebsjahres noch nicht vollendet waren, so ist hinsichtlich der Leistungsfähigkeit des Werkes seit dem Ende des VII. Betriebsjahres keine Veränderung zu verzeichnen.

Die Leistungsfähigkeit beträgt rund 3250 Hektowatt. Hiebei ist die derzeit nur mehr als Reserve dienende Nord-Anlage eingerechnet, die Anlagekosten des Werkes stellen sich somit pro Hektowatt auf fl. 53·8.

Der Anschluss	Glühlampen verschiedener Leuchtkraft Stück	Glühlampen verschiedener Leuchtkraft Hektowatt	Bogenlampen Stück	Bogenlampen Hektowatt	Elektromotoren Stück	Elektromotoren Hektowatt	Verbrauchsapparate zusammen Stück	Verbrauchsapparate zusammen Hektowatt
Zu Ende des VII. Betriebsj. waren angeschlossen ...	2939	1626	17	153	6	383	2962	2162
Zu Ende des VIII. Betriebsj. waren angeschlossen ...	2972	1648	41	222	6	383	3019	2253
Zuwachs beträgt für das VII. Betriebsjahr	33	22	24	69	—	—	57	91

Die Gesammtleistung der Elektromotoren beträgt zusammen circa 41 P. S.

Der Gesammtanschluss nahm zu Ende des VIII. Betriebsjahres 69·3% der Gesammtleistungsfähigkeit des Werkes in Anspruch. Im Vorjahre betrug dieses Verhältniss 66·5%.

Nachdem nunmehr im Rathhause Glühlampen von verschiedener Stromökonomie in Verwendung stehen, so lässt sich der Gesammtanschluss nur mehr annähernd in Rechnungs-Glühlampen ausdrücken. Als Einheit könnte bis auf Weiteres die $3^1/_4$wattige Glühlampe (16 Kerzen = 52 Watt) beibehalten werden. Bisher war die Rechnungs-Glühlampe mit 55 Watt normirt, was aber den heutigen Verhältnissen [illegible]ht mehr e[illegible]cht.

Der oben ausgewiesene Gesammtanschl[illegible] Ende des [illegible]Betriebsjahres entspricht demnach 43[illegible] [illegible]ttige [illegible] zu 16 Kerzen.

	VIII. Betriebsjahr 1892/93	VII. Betriebsjahr 1891/92	Zunahme %	Abnahme %
A) Stromerzeugung.				
1. Kesselbetrieb.				
Kesselbetriebstage	231	201	14·9	—
Kesselbetriebsstunden	1.309	1.238	5·7	—
Auf einen Kesselbetriebstag entfallende Kesselbetriebsstunden	5·7	6·2	—	—
Steinkohlenverbrauch . . . *kg*	201.560	197.541	2·0	—
Hievon für das Anheizen . . . %	20	16	—	—
Für den Maschinenbetrieb . . . %	80	84	—	—
Holz zum Anheizen . . . *m*	16·7	18·3	—	11·1
Pro Stunde und m^2 Kesselheizfläche werden verdampft . . . *kg*	9·5	8·93	—	—
Aus 1 *kg* Kohle erzeugter Dampf von 5 Atmosphären Ueberdruck . . . *kg*	8·0	7·62	—	—
2. Maschinenbetrieb.				
Maschinenbetriebsstunden	950	868	9·4	—
Maschinenleistung, Hektowattstunden	379.706	310.955	22·1	—
Durchschnittlicher Belastungsgrad der Dampflichtmaschinen . . . %	72·6	65·3	7·3	—
Zur Erzeugung einer Hektowattstunde erforderliche Steinkohlenmenge, u. zw.:				
Mit Einschluss der Anheizkohle . . . *kg*	0·53	0·63	—	—
Mit Ausschluss der Anheizkohle . . . „	0·424	0·53	—	—
Schmier- und Putzmaterialverbrauch:				
Maschinenöl . . . *kg*	1.127	1.200	—	6·1
Cylinderöl . . . „	177	150	18	—
Olivenpasta . . . „	12	—	—	—
Unschlitt . . . „	10	—	—	—
3. Accumulatorenbetrieb.				
Ladearbeit, Hektowattstunden	208.068	177.957	16·9	—
Entladearbeit, Hektowattstunden	169.155	136.048	24·3	—
Wirkungsgrad der Accumulatoren . . . %	81·3	77	5·6	—
Von der erzeugten Stromarbeit wurden den Accumulatoren als Ladung zugeführt . %	54·8	57·2	—	4·2
Verbrauch an destillirtem Wasser . . . *kg*	3.020	—	—	—
Verbrauch an Schwefelsäure . . . „	467	—	—	—
B) Stromabgabe.				
An das Hausnetz wurden abgegeben Hektowattstunden	340.853	269.046	—	—
Verhältniss der Stromabgabe zur Maschinenleistung . . . %	89·75	86·5	26·7	—
Somit Verlust . . . %	10·25	13·5	—	—
Grösste gleichzeitige Stromabgabe, Hektowatt	1.400	1.040	34·6	—
Geringste gleichzeitige Stromabgabe, Hektowatt	5	—	—	—
Grösste Tagesabgabe (in 24 Stunden) Hektowattstunden	16.403	15.030	9·1	—
Geringste Tagesabgabe (in 24 Stunden) Hektowattstunden	158	14·7	974·8	—
Mittlere Tagesabgabe (in 24 Stunden) Hektowattstunden	934	737	26·7	—

	VIII. Betriebsjahr 1892/93	VII. Betriebsjahr 1891/92	Zunahme %	Abnahme %
C) Verbrauch.				
Für Beleuchtung, Hektowattstunden......	337.176	262.048	43·9	—
Für Kraftübertragung, Hektowattstunden .	3.677	6.998	—	47·5
Zusammen..	340.853	269.046	26·7	—
Durchschnittliche Benützungsdauer der angeschlossenen Verbrauchs-Apparate, (Lampen, Elektromotoren etc.)..Stunden	150·2	124·4	21·5	—
Verbrauch an Glühlampen .... Stück	423	327	29·4	—
In Procenten der installirten Lampen..%	14·2	11·2	—	—
Kohlenstiftenverbrauch .... Stück	274	—	—	—

Der Betrieb. Wie schon eingangs erwähnt, war das verflossene VIII. Betriebsjahr eigentlich das erste Eigenregie-Betriebsjahr, da die Betriebsführung bis 10. Februar 1892 der Firma B. Egger & Comp. übertragen war und daher nur wenige Monate des Eigenregie-Betriebes in das VII. Betriebsjahr fielen.

Die durch die Eigenregie geänderten Verhältnisse, die Möglichkeit, das ständige Personal zu den ebenfalls in Eigenregie durchgeführten Erweiterungsarbeiten zu verwenden, sowie auch der stets zunehmende Verbrauch an Elektricität, endlich auch die Fortschritte in der Lampenfabrikation haben zusammengewirkt, dass die Betriebsergebnisse des verflossenen Jahres im Vergleiche mit den früheren sehr günstige genannt werden können.

Die wichtigsten Betriebszahlen sind den vorstehenden zwei Tabellen zu entnehmen, welche auch einen Vergleich mit dem VII. Betriebsjahre gestattet.

Im VIII. Betriebsjahre wurde von den Maschinen um 22·1% mehr Elektricität erzeugt als im VII. Betriebsjahre, hingegen nur um 2% mehr Kohlen verbraucht, was auf eine abermalige Besserung der Betriebsverhältnisse hinweist.

Die Accumulatoren-Anlage wurde gegen das Vorjahr um 24·3% mehr zur Stromabgabe herangezogen.

Der Wirkungsgrad der Batterien im Jahresmittel stieg auf 81·3%.

Die Gesammt-Stromabgabe hob sich gegen das Vorjahr um 26·7%.

Die grösste gleichzeitige Stromabgabe dagegen um 34·6%.

Proben und Messungen. Im Laufe des VIII. Betriebsjahres wurden nachstehende Proben und Messungen an der elektrischen Anlage vorgenommen, und zwar: 97 Isolationsproben an verschiedenen Gruppen, 2 Widerstandsmessungen an Leitungen, 7 Nachaichungen von Messinstrumenten, und zwar von 1 Strommesser, 3 Spannungsmessern, 3 Elektricitätszählern.

Vor Anweisung der im April v. J. fällig gewordenen Erhaltungsgebühr für die Accumulatoren-Batterien *A* und *B* (System der Ele[illegible] power storage Company, Type *L.* 31) wurde mit diesen Batterien [illegible]itätsprobe vorgenommen. Ueber diese Probe [illegible] ko[illegible] aufgenommen:

Zeit Stunden	Zeit Minuten	Dauer Stunden	Dauer Minuten	Spannung Volt	Stromstärke Ampère	Ampère-Stunden
9	10	—	—	103·9	118	—
9	40	—	30	103·9	118	59
10	10	—	30	103·9	118	59
10	40	—	30	103·9	118	59
11	10	—	30	103·9	118	59
11	40	—	30	103·7	115	57·5
12	10	—	30	103·5	115	57·5
12	40	—	30	103·5	115	57·5
1	10	—	30	103·5	115	57·5
1	25	—	15	103·5	115	57·5
—	—	4	15	—	—	494·75

Es waren eingeschaltet 213 Lampen zu 16 Kerzen.

Der Spannungsabfall betrug somit bei 118—115 Ampère Stromstärke nach einer Stromentnahme von 494·75 Ampèrestunden 103·9—103·5 = 0·4 Volt = 0·38% der Anfangsspannung.

Zulässig war ein Spannungsabfall von 5% bei 120 Ampère Stromstärke nach einer Stromentnahme von 480 Ampèrestunden.

Der Zustand der Batterie, welche durch drei Jahre im Betrieb stand, kann mit Rücksicht auf dieses Ergebniss als ein vorzüglicher bezeichnet werden.

Die Probe mit der Batterie *C* (System Tudor, Type 20) wurde im VIII. Betriebsjahre nicht vorgenommen.

Messungen an Glühlampen. Es wurden an 65 Glühlampen verschiedenen Ursprungs Messungen der Leuchtkraft und des Stromverbrauches vorgenommen.

Davon wurden 27 Lampen Dauerversuchen unterworfen. In der folgenden Tabelle wurden die Messungsergebnisse von fünf verschiedenen Glühlampensorten zusammengestellt, und zwar sowohl von höherwattigen, wie auch von niederwattigen Lampen.

In den letzten drei Colonnen der Tabelle sind die Kosten per Kerzenstunde mit Zugrundelegung des für das VIII. Betriebsjahr ermittelten Strompreises für das Rathhaus (2·42 kr. per Hektowattstunde) und der betreffenden Glühlampenpreise ermittelt worden.

Das bisher gewonnene Material ist aber noch zu gering, um sichere Schlüsse auf die Zweckmässigkeit der einen oder anderen Lampensorte ziehen zu können; deshalb werden diese Versuche fortgesetzt und wird voraussichtlich bis Ende des laufenden Betriebsjahres ein genügendes Materiale vorliegen, um Qualitätsscalen anlegen zu können.

Anzahl der Glühlampen	Ursprung der Glühlampen	Angaben des Lieferanten: Spannung (Volt)	Lichtstärke (Kerzen)	Verbrauch pro Kerze (Watt)	Durch Messung: Dauer des Versuches (Brennstunden)	Arbeitsverbrauch zu Anfang des Versuches (Watt)	Ende des Versuches (Watt)	während des ganzen Versuches (Wattstunden)
10	R	105	16	$2^1/_2$	242	41·58	39·59	9.777
3	E	105	16	$3^1/_2$	1.867	62·16	56·21	110.906
3	P	105	16	$3^1/_2$	840	37·37	56·59	49.206
3	C	103	16	$3^1/_2$	607	41·21	40·17	24.760
3	K	103	16	$3^1/_2$	1.161	57·68	51·50	62.190

Die in der vorstehenden Tabelle ausgemittelten Kosten einer Kerzenstunde sind reine Rechnungsgrössen zur Vergleichung der verschiedenen Lampensorten untereinander und dürfen mit den im Nachfolgenden ausgewiesenen Betriebskosten nicht verwechselt werden.

Auf Grund vorstehender Tabelle setzen sich nun die Gesammt-Betriebskosten des Werkes zusammen aus den Kosten des Kesselbetriebes mit fl. 2965·30, des Maschinenbetriebes mit fl. 3771·72 und des Accumulatorenbetriebes mit fl. 1501·48, Summa fl. 8238·50.

Hieraus berechnen sich die Selbstkosten des an's Hausnetz abgegebenen Stromes per Hektowattstunde mit 2·42 kr.

Dementsprechend stellt sich der Strompreis für eine $3^1/_2$wattige Glühlampenbrennstunde zu 16 Kerzen auf 1·35 kr., für eine $3^1/_4$wattige Glühlampenbrennstunde zu 16 Kerzen auf 1·26 kr., für eine 3wattige Glühlampenbrennstunde zu 16 Kerzen auf 1·16 kr., für eine $2^1/_2$wattige Glühlampenbrennstunde zu 16 Kerzen auf 0·79 kr.

Im Vorjahre konnten die Kosten des Stromes im Jahresdurchschnitte noch nicht ermittelt werden.

Für die fünfmonatliche Eigenregie-Betriebsperiode stellte sich der Strom per Hektowattstunde auf 3·38 kr. und für eine 55wattige (circa $3^1/_2$) Glühlampenbrennstunde zu 16 Kerzen auf 1·86 kr.

Werden zu den obigen Gesammtkosten der Stromabgabe die Kosten des Betriebes der Hausinstallation zugeschlagen, so ergeben sich die Gesammt-Betriebskosten der elektrischen Beleuchtung und Kraftübertragung.

Dieselben setzen sich also zusammen aus den Kosten der Stromabgabe mit fl. 8238·50 und aus den Kosten des Betriebes der Hausinstallation mit fl. 1646·93, Summa fl. 9885·43.

Es stellen sich demnach die Gesammtkosten der elektrischen Beleuchtung und Kraftübertragung pro Hektowattstunde auf 2·90 kr.

Dieser Preis ergibt für eine $3^1/_2$wattige Glühlampenbrennstunde zu 16 Kerzen circa 1·62 kr., für eine $3^1/_4$wattige Glühlampenbrennstunde zu 16 Kerzen circa 1·51 kr., für eine 3wattige Glühlampenbrennstunde zu 16 Kerzen circa 1·39 kr., für eine $2^1/_2$wattige Glühlampenbrennstunde zu 16 Kerzen circa 1·16 kr.

Da die höherwattigen Glühlampen einer langsameren, die niederwattigen einer rascheren Abnützung unterworfen sind, so können die letzteren Kostenangaben nur auf annähernde Richtigkeit Anspruch machen.

Für das Vorjahr (VII. Betriebsjahr) wurde der Gesammtkostenpreis für die 55wattige Glühlampenbrennstunde mit 2·09 kr. erhoben.

An Rückersätzen für die fremden Corporationen beigestellte elektrische Beleuchtung und Ventilation wurde im Ganzen fl. 800·73 bezahlt.

gefundene Mittelwerthe

Lichtstärke zu Anfang des Versuches	Lichtstärke zu Ende des Versuches	Gesammt-Lichtmenge	Arbeitsverbr. per Kerze Anfang	Arbeitsverbr. per Kerze Ende	Arbeitsverbr. per Kerze im Durchschnitt	Stromkosten einer Kerzenstunde	Lampenkosten einer Kerzenstunde	Zusammen
Kerzen		Kerzenstunden	Watt			kr.	kr.	kr
16·04	11·00	3.390	2·59	3·31	2·88		[illegible]	[illegible]
17·60	11·91	27.945	3·53	4·72	3·97	[illegible]	[illegible]	[illegible]
21·51	11·98	13.083	2·80	[illegible]	3·70	[illegible]	[illegible]	[illegible]
14·01	10·50	0.975	2·94	[illegible]	3·55	0·086	0·017	[illegible]
22·03	11·02	17.450	2·62	[illegible]	[illegible]	088	0·004	[illegible]

Demnach entfällt für den Eigenverbrauch der Gemeinde der Betrag von fl. 9084·70.

Wenn hier daran erinnert werden darf, dass sich der Selbstkostenpreis einer 16kerzigen Glühlampenbrennstunde in den ersten 3 Betriebsjahren zwischen 6·3 kr. und 6·7 kr. hielt, und diesem hohen Preise der heutige Preis von 1·51 kr. für dasselbe Lichtquantum entgegengehalten wird, so ist aus diesem bedeutenden Preisniedergange deutlich zu ersehen, welch' günstigen Einfluss die allgemeine Vergrösserung der Anlage einerseits und die Eigenregie andererseits auf die wirthschaftlichen Ergebnisse des Betriebes genommen haben.

Eine italienische Glühlampe.*)

Von E. JONA.

In diesen Tagen sind in England die ersten Patente auf Glühlampen zu Ende gegangen und „The Electrician" bringt ein gelungenes Bild von Josef Wilson-Swan, einem der wirklichen Erfinder der jetzigen Glühlampe. Es dürften daher einige Winke über dieselbe nicht ungelegen kommen, welche in Italien in jenen ersten Tagen der Beleuchtung mit Glühlicht patentirt wurde.

Hiezu einige Worte aus der Geschichte. Schon das Patent Lane Fox (October 1878) sprach davon, unschmelzbare Materialien von hohem specifischen Widerstand anzuwenden, an deren äussersten Enden man Leitungsdrähte anlöthete, welche aus Platin hergestellt, in eine luftleere und hermetisch verschlossene Kugel eingeführt wurden.

Einige Zeit hierauf erschienen die Patente von Edison, der einen automatischen Kurzschluss construirte, um die Lampe im Falle des Schmelzens der Spirale auszuschalten, da die Lampen in Serien geschaltet waren. Swan demonstrirte im Jahre 1879 öffentlich eine Glühlampe mit auf Platin aufgesetztem Kohlendrahte, der in eine möglichst luftleere Glaskugel eingeschlossen wurde. Auch patentirte Swan allein im Jahre 1880 seine Lampe mit einem pergamentirten und verkohlten Baumwollfaden.

Dann wurde dem Sig. Brusotti Ferdinando di Rosasco (Pavia) ein Zeugniss über den ausschliesslichen Betrieb einer Glühlampe zur Vertheilung des Lichtes ausgestellt. (Siehe vol. XIX delle Privative industriali, n. 282, 30. November 1877.)

Brusotti ging von dem Gedanken aus, einen vom elektrischen Strome durchflossenen Faden weissglühend zu machen, welcher Faden seine Weissgluth einem anderen schwer schmelzbaren Körper mittheilte, mit dem er in Contact war. „Alle Körper, die einen grossen Widerstand darbieten ......, in Faden von prismatischer oder Lamellenform mit kleinem Querschnitte und grosser Länge gebracht ......, können als elektrisch weissglühende Conductoren angewendet werden, wie z. B. das Platin, das Eisen, die Kohle etc., als gute Elektricitätsleiter", wie das Patent besagt. Als Körper, welche durch „Leitungsfähigkeit und durch Contact" weissglühend werden, nannte Brusotti das Calcium, Magnesium, Zirconiumoxyd etc.

Brusotti gab auch an, dass die Lampe vor Luft und Feuchtigkeit geschützt werden müsse; und dass es auch „mit Bezug auf das Leuchtvermögen vortheilhaft sei, das Beleuchtungssystem in einem hermetisch verschlossenen und durchsichtigen Behälter unterzubringen, den man möglichst luftleer mache."

Brusotti gab auch der Lampe einen Stromregulator bei, der entweder auf der Ausdehnung eines bimetallischen Blättchens oder auf elektromagnetischen Wirkungen begründet war, und schloss folgendermaassen: „Aus dem Principe, auf welchem diese Glühlampe beruht, kann man ersehen, wie eine grössere oder kleinere Anzahl dieser Glühlampen in denselben Stromkreis eingeschaltet werden kann, oder besser beliebige Stromkreise parallel von diesem abgezweigt werden können, welche jedoch denselben Widerstand für den Durchgang des Stromes besitzen."

Brusotti gab auch die Construction einer Lampe an, die aus einem unschmelzbaren, mit einem Gewinde versehenen Cylinder bestand; in die Höhlungen des Gewindes wickelte er den Platinfaden, und die Lampe war darauf berechnet, dass der obere Theil der Windung weissglühend wurde.

Einmal wurde ein Versuch hiemit im „Tecnomasio italiano" gemacht; aber diese Versuche, zu denen man weder das geeignete Material, noch die Mittel besass, wurden bald aufgegeben — ein nur zu gewöhnliches Schicksal für viele andere italienische Erfindungen.

Eine Lampe Brusotti's ist noch immer in der „Società d'incoraggiamento" zu Mailand aufbewahrt. St.

*) „L'Elettricista" 1. I. 1894.

Elektrische Beleuchtung von Forli.

Vor einiger Zeit ist in der Stadt Forli die elektrische Beleuchtung eingeführt worden. Wie „L'Elettricista“ schreibt, wurde diese Anlage ausschliesslich aus italienischen Maschinen und Material hergestellt.

Es wird hiefür ein Wasserfall benützt von 4 *m* Höhe und 2000 *l* Wasser pro Secunde, welcher eine Girard-Turbine mit Verticalachse betreibt, die von der Firma Alberto Riva in Mailand gebaut wurde.

Da diese hydraulische Kraft allein nicht hinreichend wäre, ist eine Dampfmaschine von der Firma Tosi aus Legnano von 40—50 effectiven Pferdekräften mit doppelter Expansion und Condensation, sowie mit Cornwallkesseln aufgestellt worden.

Zwei Nebenschlussdynamo von 100 A. und 160 Volt, von denen eine als Reservemaschine dient, haben die Bestimmung, sowohl den Strom direct den Abnehmern zu liefern, als auch eine Batterie von Accumulatoren zu laden. Die Transmissionsriemen zwischen dem Motor und den Dynamos lieferte das Haus Massoni & Moroni in Schio.

Die Accumulatoren-Batterie besteht aus 88 Elementen mit der Capacität von 358 bis 482 Ampèrestunden zu 119 Ampère als grössten Entladungsstrom.

Diese Accumulatoren sind von der Type Tudor und in der Fabbrica Nazionale di Accumulatori Elettrici in Genua hergestellt. Eine derartige Batterie kann allein 250 Lampen zu 16 Kerzen beleuchten. Sie hat einen automatischen Einschalter und versieht allein die Beleuchtung während der Morgenstunden. Wenn die Stunden der grössten Belastung vorüber sind, werden die Maschinen abgestellt und das Liefern des Stromes lediglich den Accumulatoren überlassen.

In Folge dieses Anlagesystemes ist auch der Zweck erreicht worden, die Betriebskraft so viel als möglich zu sparen. Die Maschinen lässt man immer mit voller Belastung und dem grössten Wirkungsgrade functioniren. Mit dem über Bedarf erzeugten Strom werden die Accumulatoren geladen, die entweder als Aushilfe während der Stunden des grössten Verbrauches oder als Stromerzeuger, wenn die Maschinen nicht im Betriebe sind, dienen; die elektrische Vertheilung besteht aus zwei Leitungen, aber sie wird in drei umgestaltet werden, um den äussersten Anforderungen Genüge zu leisten.

St.

Elektrisches Färbeverfahren.

Von STANISLAV SKUCEK in Lieben bei Prag und FRANZ JELEN in Prag.

Privilegium vom 4. September 1893.

Gegenstand vorliegender Erfindung ist ein Verfahren, um mit Hilfe des elektrischen Stromes Waaren verschiedener Art, u. zw. insbesondere Waaren animalischen und vegetabilischen Ursprunges, wie Leder, Gewebe und Geflechte aus Schafwolle, Baumwolle, Leinen, Bast, Stroh etc. zu färben.

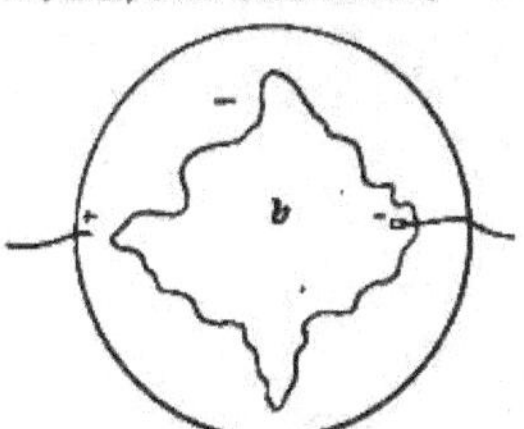

Fig. 1.

Wir wollen im Nachfolgenden als Beispiel das Färben von Leder nach unserem Verfahren beschreiben, bemerken jedoch, dass ganz analog auch die anderen, oben angeführten Stoffe gefärbt werden.

Das zu färbende Leder *C* [illegible] auf einem Tische *T* mit vollkommen [illegible] taler Oberfläche, welche ele[illegible] sein muss, ausgebreitet. Die Tisch[illegible] (siehe Fig. 1 Draufsicht und Fig. 2 Ansicht in vorstehender Zeichnung) ist zu diesem Zwecke entweder ganz aus Metall (vorzugsweise Zink) oder mit Metallblech beschlagen. Zuerst wird das auf den Tisch ausgebreitete Leder in der bisher üblich bekannten Art mit einer Handbürste grundirt und sodann wird die Farbflüssigkeit auf die ganze Fläche aufge-

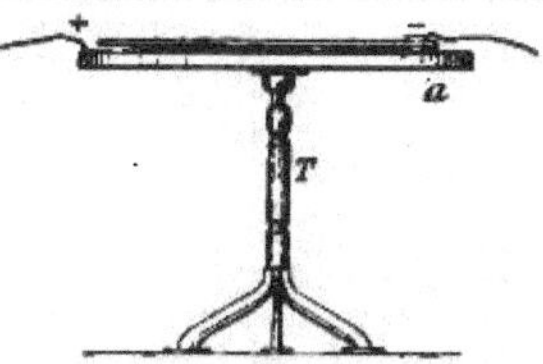

Fig. 2.

gossen, soviel als sich auf der Oberfläche des Leders erhält, ohne abzufliessen. Nun wird der eine Pol einer elektrischen Leitung mit der metallischen Tischplatte verbunden, während [illegible] andere Pol mit dem Leder in Contact [illegible] wird; der elektrische St[illegible] geschlossen und hiebei [illegible] das Wasser, in welchem der Farbe[illegible] ist, [illegible] Ele-[illegible] [illegible]che in

Gasbläschen entweichen, während der Farbstoff selbst sich in das Leder einzieht.

Man lässt so den elektrischen Strom einige Minuten einwirken, bis das Leder eine satte Färbung zeigt, dann wird der Strom unterbrochen und das Leder in bekannter Art gebeizt (tournirt), ausmassirt und in die Trockenstube gebracht.

Bei Anwendung dieses Verfahrens kann man leicht auch die Oberfläche gemustert herstellen, indem man auf das zu färbende Object nach dem Aufgiessen der Farbe eine aus Metallblech hergestellte Patrone oder Schablone auflegt, welche ein gewünschtes Muster ausgeschnitten enthält und verbindet in diesem Falle den einen Pol der elektrischen Leitung mit der metallischen Patrone (und nicht mit dem zu färbenden Stoffe). In diesem Falle wird an jenen Stellen, welche von dem Metalle der Patrone gedeckt sind, das Muster heller (lichter) erscheinen, während an den ausgeschnittenen Theilen, wo die Farbe unmittelbar auf den zu färbenden Gegenstand aufgegossen wurde, die Färbung dünkler erscheint.

Der Schmelzpunkt von Kupferdrähten.

J. C. Lincoln gibt in „Electr. World" nach einer Reihe von Versuchen, die er über den Schmelzpunkt von Kupferdrähten angestellt hat, die Gleichung von $x = 0{\cdot}14\, y^{1{\cdot}7} + 2{\cdot}3$ für die Linie, welche die Schmelzströme in ihrer Abhängigkeit von dem Durchmesser der Drähte darstellt. Diese Linie, in welcher y den Durchmesser der Drähte in Tausendsteln eines Zolls und x die Stärke des Schmelzstromes in Ampère darstellt, schliesst sich der durch Verzeichnung der Beobachtungsresultate gewonnenen Curve, namentlich für geringe Werthe des Durchmessers bis etwa 25 Tausendstel eines Zolles, ausserordentlich gut an. Die Ablesungen wurden unter folgenden Bedingungen vorgenommen: Die Messingklemmen, zwischen denen der Schmelzdraht befestigt war, waren etwa 125 *mm* in ihren nächsten Punkten von einander entfernt und wogen je 56·7 *gr*. Ihre Form war derartig, dass der Draht etwa 20—25 *mm* von der schieferen Grundplatte entfernt war. Der Raum, in welchem die Versuche stattfanden, war vor Zug wohl geschützt und hatte eine Temperatur von circa 27° C. Zur Ablesung wurde ein Westonsches Ampèremeter mit directer Ablesung in Hintereinanderschaltung mit einem Rheostaten und dem Schmelzdrahte verwandt.

Elektrische Erscheinungen auf dem Matterhorn.

Herr Walter Larden hat jüngst in der Zeitschrift „Nature" einen interessanten Bericht über Gewittererscheinungen gelegentlich einer Matterhorn-Besteigung veröffentlicht, worüber die „Meteorol. Ztscht". Nachstehendes schreibt:

Am 10. Juli war ich auf dem Matterhorn bei ziemlich zweifelhaftem Wetter. Wolken und Nebel stiegen von Italien her empor und bedeckten allmälig die Berge rings um das Matterhorn. Wir hatten mitunter etwas Schnee noch vor Mittag und während des Abstieges schneite es ganz gemüthlich. Es mochte wohl halb 4 oder vielleicht auch 4 Uhr Nachmittag gewesen sein, da begann das Singen der Eispickel, der Felsen u. s. w. und zuweilen blitzte es auch.

Plötzlich schlug ein Blitz, augenscheinlich nicht weit von uns, ein, denn der Donner folgte fast momentan mit einem lauten Krach. Vor dem Donner und gleichzeitig mit dem Blitz vernahm man ein Krachen, einen Ton, als ob etwas gespalten oder gebrochen würde und dabei hörte man einen „Patsch" auf dem Felsen. Das Geräusch ist schwer zu beschreiben und ein richtiges Wort dafür kaum zu finden. Dieses Geräusch ging dem Donner voraus, es war scharf und doch auch wieder schwach. Ich denke, dass ich allein es hörte, weil ich an der betreffenden Stelle stand.

Später kam ein anderer Blitz. Hiebei hörte ich keinen „Patsch" an dem Felsen; aber augenscheinlich mit dem Blitz und vor dem Donnerschlag kam ein leises, knisterndes und krachendes Geräusch, man möchte fast sagen der „Geist" eines Donners. Es erinnerte mich an das Geräusch, das man bei Neuschnee hört, wenn eine leichte Kruste darüber ist und der Fuss einbricht. Diesmal verspürte ich eine leichte Erschütterung im Kopfe. Ein dritter Blitz gab denselben Ton wie der zweite; aber keiner der andern erschien so deutlich und das Geräusch hörte ich nicht wieder.*)

*) Vielleicht ist es gestattet, hier eine Beobachtung zu erwähnen, die allerdings mehr in die Kategorie der „singenden Bergstöcke" etc. gehört. Als ich Anfangs August 1884 mit meiner Familie auf dem Schlosse Alt-Pernstein bei Kirchdorf in Oberösterreich mich befand, brach circa 8 Uhr Abends ein heftiges Gewitter aus. Fünf bis sechs Blitzschläge fuhren in ganz kurzen Intervallen auf das mit Blitzableitern versehene massige alte Schloss herab, das isolirt auf einem Felsvorsprung 400 *m* über dem Thale liegt. Während ich das herannahende Gewitter beobachtend zum Fenster hinaussah, hörte ich tief unterhalb desselben in einer Art Zwinger, der mit halbverfallenen Mauern umgeben und mit Buschwerk bewachsen war, ein zischendes, raschelndes Geräusch und unmittelbar darauf fuhr der erste Blitz auf das Schloss herab, dem dann, wie bemerkt, weitere rasch folgten. Meine Schwägerin, die gleichfalls am Fenster gewesen war, bemerkte, ganz unabhängig von mir, dass sie dasselbe seltsame Geräusch vor dem Blitzschlag gehört habe.

J. Hann.

Es war schon dunkel, als wir die untere Hütte erreichten und das Elmsfeuer, das von unseren Fingern, wenn wir dieselben emporhielten, von den Pickeln, Hüten, Haaren u. s. w. ausströmte, war ganz prachtvoll. Zahlreiche Flämmchen sassen auch auf den Felsspitzen auf, die von dem schmelzenden Schnee ganz nass waren.

Andere Leute, die denselben Tag auf dem Gorner Grat waren, erzählten mir, ehe ich ihnen noch meine Erfahrungen mitgetheilt hatte, dass das Blitzen mit einem „patschenden" Geräusch an den Felsen verbunden war. Sie sagten auch, dass jene, welche Filzhüte trugen, Erschütterungen verspürten, dagegen jene, welche Strohhüte hatten, nicht. Alle Hüte waren aber nass.

Da der Donner deutlich nach dem Blitzschlag eintrat, scheint es, dass die Erscheinung, welche das Geräusch hervorbrachte, vor dem Funken eintrat. Es möchte mir scheinen, dass bei einer Gewitterwolke, welche wir ja sicher nicht wie einen metallenen Conductor auffassen dürfen, der solange geladen wird, bis ein Funke überspringt, das Potential auch in der Substanz der Wolke selbst allmälig steigt oder eventuell fällt.

Wenn die Spannung dann zu gross wird, dann tritt offenbar eine Entladung längs vieler Wege ein und diese vorläufige Entladung bringt plötzlich eine viel grössere Potentialdifferenz zwischen den Reihen der Wolke hervor, zwischen denen die Blitzentladung stattfindet.

Nach dieser Auffassung würde eine leichtere Entladung im Wolkenkörper selbst der nothwendige Vorläufer für den regelmässigen Blitzschlag sein. Dieses relativ schwache Geräusch würde deshalb dem Donner, welcher dem eigentlichen Blitzschlag entspricht, vorausgehen. Es lassen sich gegen diese Auffassung allerdings auch Einwände erheben und auch andere Theorien liessen sich vielleicht unschwer aufstellen.

Neueste deutsche Patentanmeldungen.

Mitgetheilt vom Technischen und Patentbureau, Ingenieure MONATH & EHRENFEST.

Wien, I. Jasomirgottstrasse 4.

Die Anmeldungen bleiben acht Wochen zur Einsichtnahme öffentlich ausgelegt. Nach § 24 des Patent-Gesetzes kann innerhalb dieser Zeit Einspruch gegen die Anmeldung wegen Mangel der Neuheit oder widerrechtlicher Entnahme erhoben werden. Das obige Bureau besorgt Abschriften der Anmeldungen und übernimmt die Vertretung in allen Einspruchs-Angelegenheiten.

Classe

21\. H. 11,384. Regelungseinrichtung für Wechselstrom - Gleichstrom - Umwandler. — *Friedrich August Hasselwander*, Offenburg.

„ P. 5661. Dynamomaschine ohne Eisenkerne. — *Friedr. Pietske*, Nordhausen.

„ L. 7067. Druck- und Papierschub - Einrichtung für elektrische Typendrucker. — *L. F. Hettmansperger*, Philadelphia.

21\. M. 10.014. Galvanisches Element mit in Umlauf erhaltener Erregerflüssigkeit. — *Siegfried Marcus*, Wien.

„ S. 7183. Vorrichtung, oberirdische Stromleitungen beim Zerreissen stromlos zu machen. — *Siemens & Halske*, Berlin.

LITERATUR.

Der Telephonbetrieb mit Klappenschränken mit Vielfach-Umschalter. Von J. Sack, Telegraphen-Director a. D. Mit einem Titelbild und 19 Abbildungen. Berlin 1893. Verlag von A. Seidel. Preis 1 Mark.

Der kürzlich verstorbene Verfasser stellt in der von ihm nachgelassenen kleinen Broschüre den bekannten und in der Deutschen Reichspostverwaltung seit dem Jahre 1887 allgemein eingeführten Vielfach-Umschalter von Scribner und den ihm verwandten Vielfach-Umschalter von Kellogg mit dem Vielfach-Umschalter von Mix & Genest in Vergleich. Das letztere System ist seit dem vergangenen Jahre bei einer Reihe von Fernsprechämtern mit gutem Erfolge eingef[illegible] worden und mag hierin der äussere Anlass zu einer vergleichenden Darstellung der beiden Systeme gegeben worden sein. Bekanntlich unterscheiden sich die beiden Systeme hauptsächlich darin, dass das Scribner'sche System Einschnursystem ist, und die Prüfung durch das Telephon geschieht, in dem Schranke von Mix und Genest, Patent Nr. 45.943, aber die getrennten Leitungsschnüre beibehalten sind und die Prüfung durch das Galvanoskop erfolgt, welches inzwischen auch in dem neu patentirten Klappenschrank von Siemens & Halske angewendet wird.

Das Werkchen wird allen Telephonbeamten und Technikern von Interesse sein.

KLEINE NACHRICHTEN.

Die Oesterr. Commission für die Internationale Weltausstellung Antwerpen 1894 (Bureau: Wien, I. Graben 29) hat unserem Vereins-Präsidium eine Einladung zur Theilnahme an der genannten Weltausstellung zugesendet, und dasselbe ersucht, die Aufmerksamkeit unserer P. T. Vereins-Mitglieder auf diese für die heimische Industrie hochwichtige Ausstellung zu lenken, bezw. sie aufzufordern, dieselbe mit ihren Erzeugnissen zu beschicken.

Wir kommen dieser Bitte mit Vergnügen nach und sprechen den Wunsch und die Hoffnung aus, dass unsere heimische elektrotechnische Industrie auch bei dieser Weltausstellung recht reich vertreten sein möge.

Der Oesterr. Ingenieur- und Architekten-Verein hat eine „Ordnung für Preisbewerbungen" ausgearbeitet. Dieselbe enthält Vorschriften für die ordentlichen und ausserordentlichen Preisbewerbungen. Die ersteren werden vom Vereine über Vorschlag der Fachgruppen ausgeschrieben und können akademischer oder praktischer Natur sein. Insolange eine grössere Zahl von Preisbewerbungen in einem Vereinsjahre nicht durchführbar ist, wird bei den auszuschreibenden Preisaufgaben in fachlicher Beziehung die nachstehende Reihenfolge eingehalten werden, u. zw.: 1. Architektur und Hochbau; 2. Bau- und Eisenbahn Ingenieurwesen; 3. Maschinenwesen; 4. Berg- und Hüttenwesen; 5. Gesundheitstechnik.

Hinsichtlich der ausserordentlichen Preisbewerbungen bemerken wir, dass der Oesterr. Ingenieur- und Architekten-Verein auf Antrag von Behörden, Gemeinden, Körperschaften oder Privaten die Ausarbeitung von Preisaufgaben durch Ausschreibung von Preisbewerbungen unter seinen Mitgliedern übernimmt. — Die näheren Mittheilungen über diesen Gegenstand sind vom genannten Vereine einzuholen.

Das Executiv-Comité des VIII. Internationalen Congresses für Hygiene und Demographie in Budapest ladet die Mitglieder unseres Vereines ein, an diesem Congresse theilzunehmen. Es werden daher alle jene Mitglieder, welche dieser Einladung nachzukommen die Absicht haben, gebeten, dies dem Vereinsbureau (Wien, I. Nibelungengasse 7) ehestens bekannt geben zu wollen.

Elektrische Centralstation in Wolfsberg (Kärnten). Wie wir erfahren, wird die, bereits im v. J. auf S. 367 erwähnte Centralstation für elektrische Beleuchtung und Kraftübertragung in Wolfsberg bestimmt gebaut, welche sowohl die öffentliche Strassenbeleuchtung, als auch die Lieferung von Licht und Kraft an Private besorgen wird.

Errichtung eines Elektricitätswerkes in Wels. Der Gemeinderath hat beschlossen, nunmehr von jenen Parteien, welche elektrisches Licht oder elektrische Kraft wünschen, Erklärungen entgegenzunehmen, um zu erfahren, ob für die Errichtung eines solchen Werkes in Wels das nöthige Interesse vorhanden ist. Vorläufig ist die Expropriirung der zur Anlage nöthigen Grundstücke anzustreben. Bei Betrieb des projectirten Elektricitätswerkes mit Wasserkraft belaufen sich die Anlagekosten auf fl. 370.000 und ergibt die Rentabilitäts-Berechnung einen Ueberschuss von fl. 21.900; bei Schaffung von Dampfkraft ist ein Anlagecapital von fl. 302.000 erforderlich, würde aber ein Betriebsdeficit von fl. 8000 ergeben.

Elektrische Beleuchtung in Friedrichsruhe. Fürst Bismarck lässt sein Schloss in Friedrichsruhe elektrisch beleuchten und hat mit der Ausführung der Anlage die Hamburger Zweigniederlassung der Firma Schuckert & Co., Nürnberg, beauftragt. Zum Betriebe der Beleuchtung soll ein dem Fürsten gehöriges Sägewerk im Sachsenwalde, welches nur einige Minuten von den zu beleuchtenden Gebäuden entfernt liegt, Verwendung finden.

Elektrisch angetriebene Ventilatoren, Exhaustoren und Centrifugalpumpen bringt jetzt die Buffalo Forge Company zu Buffalo auf den amerikanischen Maschinenmarkt; die Maschinen haben auf der verlängerten Flügelrad-Achse, ausserhalb des Gehäuses einfach die Armatur und darum die Anker, sodass ein zugeleiteter Strom diese Dynamomaschine und damit das Flügelrad in Umdrehung setzt. Da diese Maschinen also ohne weitere Uebersetzung der Transmissionen die nöthige hohe Umdrehungszahl machen, können dieselben in Schachten, Gruben und für vorübergehenden Betrieb sehr einfach in Thätigkeit gesetzt werden.

Eine dynamo-elektrische Maschine im Hörsaale der Innsbrucker Oberrealschule. Auf Anregung des Professors Dr. H. Hammerl wurden seitens des Unterrichts-Ministeriums und der Stadtgemeinde Innsbruck die Mittel zur Anlage dieser elektrischen Installation bewilligt. Keine Mittelschule Oesterreichs besitzt derzeit eine solche Anlage, die nicht nur der Anstalt zur Zierde gereicht, sondern auch von dem richtigen Verständniss Zeugniss gibt, das man den Intentionen des genannten Professors entgegenbrachte.

Kautschuk-Lösungen. Im praktischen Gewerbe, namentlich in der Bijouterie- und Instrumenten-Fabrikation, ist die Herstellung von reinen Kautschuk-Lösungen von grosser Wichtigkeit. Die Verwendung von Kautschuk und Hartgummi für viele dieser Zwecke ist nur dann möglich, wenn man eine vollständig reine, entsprechend flüssige Lösung bereiten kann. Die Herstellung solcher Lösung, zu welcher man Benzin oder Schwefel-Kohlenstoff verwendet, wird durch Zusatz einiger ätherischer Oele, vorzugsweise des Eucalyptus-, Thymian- oder Citronen-Oels, sehr erleichtert und beschleunigt. Das Eucalyptusöl wird meist für sich angewendet, die anderen Oele dagegen in Mischung, beispielsweise 2 Theile Thymianöl und 3 Theile Citronenöl.

Zur Herstellung einer Lösung von Kautschuk guter Qualität nimmt man nach dem New-Yorker „Techniker": 92—96 Theile Benzol, 4—8 Theile Eucalyptusöl. Für geringere, besonders afrikanische Sorten, verwendet man: 85 Theile Schwefel-Kohlenstoff, 15 Theile Eucalyptusöl. In 100 Theilen dieser Mischungen lösen sich gut 16—20 Theile Kautschuk.

Einen weiteren Vortheil bietet die Methode der Cohobation, wobei der Kautschuk nicht in directe Berührung mit dem flüssigen Lösungsmittel kommt, sondern den Dämpfen desselben ausgesetzt wird. In einem gut verschliessbaren Apparat von Weissblech beispielsweise wird in den unteren Raum das Lösungsmittel gegossen, in den oberen Raum auf einen fein durchlöcherten falschen Boden wird in feine Streifen zerschnittener Kautschuk gelegt, dann der Apparat geschlossen und mässig erwärmt. Die Dämpfe des Lösungsmittels durchdringen den Kautschuk und der gelöste Kautschuk tröpfelt in das Lösungsmittel. Die den Kautschuk verunreinigenden Substanzen bleiben ungelöst auf dem falschen Boden. Auch hierbei erweist sich ein Zusatz besonders von Eucalyptusöl sehr vortheilhaft.

Elektrische Beleuchtung von Jesi. Demnächst wird in Jesi die elektrische Beleuchtung eingeführt werden. Concessionäre sind die Herren Icilio Pascoli & Comp., die Arbeiten werden von der Firma Moleschott in Rom für das Berliner Haus Siemens & Halske ausgeführt. Die elektrische Einrichtung wird zwei Dynamomaschinen mit Innenpolen, jede von 66.000 Watt und eine dritte Reservemaschine umfassen, die von ebensovielen Turbinen mit 100 *HP*, welche mittelst einer elastischen Kuppelung in Verbindung stehen, in Bewegung gesetzt werden. Das Vertheilungssystem besteht aus drei Leitungsdrähten. Die öffentliche Einrichtung wird aus 330 Lampen von 16 Kerzen und 18 Bogenlampen von 9 Ampère bestehen; die übrigbleibende Energie wird an Private vertheilt werden. Die Werkstätten werden in kurzer Entfernung von der Stadt, am Canal Pallavicini gebaut, wo man ein Gefälle von 5 *m* benützt, mittelst einer Parallelabzweigung zu einer alten Mühle, welche die Kraft während der Tagesstunden gebraucht. Nähere Einzelnheiten werden seinerzeit über diese Anlage gegeben werden. St.

Elektrische Beleuchtung von Fenestrelle. Diese elektrische Anlage wird vom Ingenieur Zeno aus Turin ausgeführt werden und benützt einen Wasserfall, welcher eine Mühle betreibt. Sowohl für die öffentliche, als private Beleuchtung sind nur Glühlampen von acht bis zehn Kerzen, in Aussicht genommen. In Folge der geringen Kosten, und da man noch sehr viel Wasserkraft zur Verfügung hat, denkt man schon jetzt daran die Anlage zu vergrössern. St.

Elektrische Beleuchtung in Turin. In diesen Tagen ist die Anlage der elektrischen Station im königl. Parke vollendet worden, welche ungefähr 650 *HP* braucht, die von dem durch den Park gehenden Canal entnommen werden. Diese Anlage wurde vom Ingenieur R. Pinna errichtet und umfasst verschiedene Turbinen und zwei Dynamos, welche die Fähigkeit besitzen, 11.000 Lampen zu speisen. St.

Die elektrische Beleuchtung im Canton Tessin hat, wie man dem „Elekt. Anz." von dort schreibt, grosse Fortschritte gemacht; alle Flecken und Städte, welche in ihrem Gebiete oder in der Nachbarschaft die nothwendige Wasserkraft haben, wetteifern um die Einführung des elektrischen Lichtes. Es sind kaum fünf Jahre seit dem Tage verflossen, wo im Flecken Faido zuerst die elektrische Beleuchtung hergestellt wurde, und schon sind zwölf grössere Gemeinden dem Beispiele gefolgt, eine dreizehnte Gemeinde hat bereits einen Vertrag mit einer ennetbirgischen Firma abgeschlossen; in Locarno und Biasca sind die bezüglichen Studien im Gange. Innerhalb weniger Monate wird es also sechzehn tessinische Gemeinden geben, welche mit Elektricität beleuchtet sein werden, u. zw. ausser den bereits genannten, jene von Lugano, Melide, Bissone, Maroggia, Arogno, Melano, Capolago, Riva San Vitale, Mendrisio, Muralto und Ascona.

Unsere Thalschaften sind so reich an noch unbenützten Wasserkräften, dass nach und nach die elektrische Beleuchtung im Tessin so volksthümlich werden wird, wie kaum in einem anderen Canton. Mit der Zeit wird hoffentlich auch eine zunehmende Entwickelung unserer Gewerbe folgen; nach und nach werden sich unsere Mitbürger veranlasst sehen, die billige Wasserkraft nicht nur während der Nacht, sondern auch während des Tages auszunützen. Die gleichen Anstalten, welche für die elektrische Beleuchtung sorgen, werden in vielen Fällen gleichzeitig für Kraftübertragung dienen. Die kleinen Gewerbetreibenden werden also ohne grosse Herstellungskosten di[illegible]ndigen Betriebskräfte haben.

Elektrische Bahn [illegible]
baden. D[illegible]
plant die [illegible]
verbindung [illegible]

Ein Ingenieur der gen. Gesellschaft ist bereits mit der städtischen Verwaltung von Kastel in Verbindung getreten.

Elektrische Tramway in Siam. Bis Februar vergangenen Jahres wurde an einer Tramway gebaut, welche dazu bestimmt ist, den Mittelpunkt der Hauptstadt des Königreiches, Bangkok, mit den Vorstädten zu verbinden. Es ist dies eine eingeleisige Linie von 6200 m Länge.

Die Erzeugungsstation des Stromes ist am äussersten Ende der Linie in der Stadt gelegen, wo sie sich mit einer Pferdeeisenbahn vereinigt; zwei Motoren von grosser Geschwindigkeit, von 80 *HP* setzen zwei Dynamomaschinen von 40.000 Watt in Thätigkeit. Die Luftleitung aus Hartkupfer wird von Pfählen aus Teakholz getragen, dem einzigen Holze welches den Angriffen der weissen Ameisen widersteht. Auf der Linie laufen jetzt sechs Wägen, deren jeder einen Motor von 20 *HP* trägt, doch wird deren Zahl baldmöglichst auf 10 Wägen erhöht werden. St.

Die Berücksichtigung des unredlichen Wettbewerbes im neuen Markenschutz-Gesetze. (Mittheilung des Berliner Patent-Bureau Gerson und Sachse.) Der Entwurf des neuen Markenschutz-Gesetzes enthält zwei wichtige Strafbestimmungen, welche sich nicht eigentlich auf Fabrikmarken beziehen, wohl aber den unredlichen Wettbewerb treffen, welcher sich in der Benutzung gewisser, den Marken verwandter Kennzeichen geltend macht.

Es wird erstens unter Strafe gestellt, den Namen oder die Firma eines Anderen auf Waaren oder deren Verpackung oder auf Drucksachen geschäftlicher Art anzubringen, ferner die genannten Stücke mit einer Ausstattung oder Verzierung zu versehen, welche in den betheiligten Verkehrskreisen als Kennzeichen gleichartiger Waaren eines Anderen gilt und schliesslich, Wappen oder Namen anzuwenden, aus denen der Consument auf eine nicht zutreffende Herkunft der Waare schliessen muss.

In allen diesen Fällen bedarf es einer besonderen Schutzerlangung im Anmeldungswege für den Geschädigten nicht; vielmehr tritt die Strafbarkeit ohne Weiteres ein. Was den Schutz der Aufmachungen, welche für das Publikum sehr häufig als Kennzeichen für den Ursprung gelten, betrifft, so soll durchaus nicht verhindert werden, dass zwei oder mehr Fabrikanten zu gleicher oder verschiedener Zeit die nämliche Ausstattung für ihre Waaren wählen. Ein strafbares Verhalten soll vielmehr erst dann erblickt werden, wenn eine Aufmachung sich bereits beim Publikum derartig eingebürgert hat, dass sie allgemein als Erkennungsmittel für eine bestimmte Waarengattung Geltung erlangt hat und wenn in der späteren Benutzung der gleichen Ausstattung durch einen Anderen auf die beabsichtigte Täuschung des Publikums unzweifelhaft geschlossen werden muss.

Société internationale des Electriciens. Die letzte Sitzung dieser Gesellschaft fand am 7. Februar d. J. statt. D'Arsonval führte hiebei eine Reibungselektrisir-Maschine, System Bouetti vor, welche ohne Zinnsectoren construirt ist. Hierauf verbreitete sich der Vortragende über die Herstellung von Ozon aus flüssigem Sauerstoff bei einer Temperatur von 100° C., wobei Wechselströme in Anwendung kommen. Mr. Baudôt, der bekannte Erfinder des nach ihm benannten Mehrfachtelegraphen, sprach des Längern über die Multiplex-Telegraphie nach seinem Systeme.

Vortrag im Conservatoire national des arts et métiers zu Paris. In diesem, ähnlich dem Technologischen Gewerbemuseum in Wien eingerichteten Institute trug Mr. E. Hospitalier am 11. Februar d. J. über den Stand der amerikanischen elektrotechnischen Industrie vor. Ohne auf den näheren Inhalt dieses Vortrages eingehen zu können und zu wollen, dürfen wir darauf hinweisen, dass derselbe nicht mehr enthalten haben dürfte, als wir aus den Mittheilungen der Herren Dr. Sahulka, Ingenieur Egger, Ober-Inspector Prasch und Ober-Ingenieur Köstler im Vereine erfuhren und worüber unsere geehrten Leser in der Zeitschrift unterrichtet wurden und noch werden.

Elektrische Beleuchtung von Nizza. Die Stadt Nizza bekommt demnächst elektrisches Licht!

Die Belforter Société alsacienne des construction hat die Anlage hergestellt. Dieselbe enthält zwei für Cokesfeuerung eingerichtete Kessel de Nayer, drei horizontal liegende Armington-Maschinen (Compound) zu 175 *HP* bei 200 Touren pro Minute, drei Dynamos, sowie eine Tudor-Accumulatoren-Batterie von 1200 Ampèrestunden Leistung. Die Leitung besteht aus Bleikabeln, welche direct in die Erde gebettet wurden. Die Gasanstalt zu Nizza übernimmt den Betrieb der Anlage.

Eröffnung der Niagarafall-Kraft-Anlagen. Das amerikanische Riesenwerk, die Ausnutzung der im Ganzen 15 Mill. Pferdestärken betragenden Wasserkraft, von welcher durch die Anlage 50.000 *HP* durch Turbinen ausgenutzt werden, ist nunmehr vollendet und am 25. Januar zum ersten Male probeweise in Thätigkeit gewesen. Bei der Anlage, welche 16 Millionen Mark kostete, wird die Kraft der Turbinen durch Dynamomaschinen, die direct oben auf den Wellen der Motoren sitzen, in Elektricität umgewandelt, die dann durch Kabel zur Beleuchtung und zum mechanischen Betrieb industrieller Werke weit in's Land geleitet werden soll. Einen Hauptabnehmer von Kraft hat die Gesellschaft bereits in einer nahegelegenen Papierfabrik, welche contraclich 6600 *HP* beansprucht, vorläufig aber nur die Hälfte der Kraft ausnutzen wird; als Miethe zahlt das

Werk pro Pferdekraft und Jahr 32 Mark, gewiss ein ungemein billiger Preis gegenüber den sonst für Dampf- und elektrischen Betrieb erwachsenden Kosten. Die officielle feierliche Eröffnung der Anlage ist auf den ersten Juni festgesetzt, welcher, wie das Patent- und technische Bureau von Richard Lüders in Görlitz meldet, Präsident Cleveland und alle amerikanischen Grössen der Industrie und Wissenschaften beiwohnen werden.

Holland und die Erfinder. Erfinder, die Patente im Auslande anmelden, wählen häufig auch die Niederlande zu diesem Zwecke, wohl hauptsächlich wegen der Lage und der günstigen Consumverhältnisse dieses Landes.

Wenden sie sich nun mit diesem Wunsche an einen wahren Patentanwalt, so erhalten sie den schlichten Bescheid, dass Holland zur Zeit leider Erfindungspatente noch nicht ertheile und dass deshalb der Wunsch des Erfinders nicht zu erfüllen sei.

Es gibt nun aber auch eine ganze Anzahl Solcher, die mit dieser Mittheilung den Zusatz verbinden, dass „in Holland Marken geschützt werden" oder dass „in Holland häufig statt der Patente Marken angemeldet würden". Mag die objective Richtigkeit dieser Sätze auch feststehen, so wird doch der Fragesteller durch einen derartigen Bescheid stets den Eindruck gewinnen, als ob die Marke irgend ein Ersatz, wenn auch nur ein schwacher, des Patentes sei. Dies ist aber grundfalsch. Mit demselben Rechte könnte die Antwort gegeben werden: „Holland ertheilt keine Patente, fabricirt aber sehr gute Cigarren, von denen das Mille so und so viel kostet!"

Die holländische Schutzmarke gewährt keine anderen Rechte als diejenige der übrigen Länder, das heisst, sie gibt nur ein Erkennungszeichen für den Ursprung der Waare, welches kürzer und übersichtlicher ist, als das Firmenschild des Fabrikanten. Bildet sich letzterer aber im Besitze einer holländischen Schutzmarke ein, dass nunmehr ein Dritter irgendwie gehindert werde, den gleichen Gegenstand seiner Erfindung in Holland herzustellen und zu vertreiben, so besteht eine ganz arge Täuschung.

(Mittheilung des Berliner Patent-Bureau Gerson & Sachse.)

Ein neues Telephon. Zwischen Odessa und Nikolajew wurde ein neues von Gwozdeff erfundenes Telephonsystem angelegt.

Dieses Telephon unterscheidet sich theoretisch und praktisch von den bis jetzt bestehenden Systemen darin, dass es gestattet, die Worte in eine sehr grosse Entfernung durch einen Telegraphendraht fortzupflanzen, ohne in irgend einer Weise den Telegraphendienst selbst zu stören.

Aber auch ausserdem gibt es noch eine überraschende Eigenthümlichkeit: Man kann das Wort durch dieselbe Leitung zu gleicher Zeit nach mehreren Orten fortpflanzen. Mit jedem Apparate kann man gleichzeitig nach vier verschiedenen Richtungen sprechen.

Wenn wir auch an wunderbare Erfindungen gewohnt sind, die jeden Tag auf dem Gebiete der Elektricität gemacht werden, bedarf die von Gwozdeff, nach unserer Ansicht, doch noch näherer Erklärungen, um in ernsthafte Erwägung gezogen zu werden.*) St.

Durch den „Schalldämpfer" (Patent Nr. 66.949) von Ernst Münz in Braunschweig wird nach dem Berliner Patentbureau Gerson & Sachse ein schalldichter Ohrverschluss bewirkt. Er gewährt den vielen Tausenden, die an nervöser Empfindlichkeit gegen jedes Geräusch leiden, die langersehnte Ruhe für ungestörtes Arbeiten, ausreichenden gesunden Nacht- (und Nachmittags-) Schlaf, sowie Schutz bei Industrien mit überlauten Betrieben. — Der Schalldämpfer (Preis 2 Mk. 80 Pfg.) ist nach einer ärztlichen Idee construirt und in seiner jetzt in den Handel gebrachten Gestalt das Ergebniss langer praktischer Versuche. Er stellt sich als eine Art kurze Röhre dar, die in einer Kugelform ausläuft, damit die Einschiebung in's Ohr nur bis zu einem bestimmten Grade geschehen kann. Eine besonders wichtige Einrichtung ist die Verwendung eines in den Kugelkopf einzuschiebenden Trichterchens, das die Luft aus dem Ohr beliebig austreten lässt, damit sie nicht zusammengepresst wird und einen schädlichen Druck auf das Trommelfell ausübt. An einer kleinen Seidenschnur wird der Schalldämpfer leicht wieder aus dem Ohre herausgezogen.

Ein kritischer Tag für die deutschen Patente. (Mittheilung des Berliner Patentbureau Gerson & Sachse.) Zur Nichtigkeitserklärung der meisten Patente pflegten und pflegen die in den §§ 1 und 2 des deutschen Patentgesetzes vorgesehenen Gründe zu führen: frühere Veröffentlichung in Druckschriften, offenkundige Vorbenutzung, Mangel der gewerblichen Verwerthbarkeit.

Am 1. October dieses Jahres werden nun diese Gründe nicht mehr in das Feld zu führen sein allen denjenigen Patenten gegenüber, deren Ertheilung vor dem 1. October 1889 bekanntgemacht wurde. Auch fernerhin werden alle Patente gegen die Nichtigkeitserklärung durch die erwähnte Begründung gesichert sein, bei denen zwischen dem Tage der Bekanntmachung der Ertheilung und dem Tage des Antrages mehr als fünf Jahre liegen. Ein solches Patent kann nur noch mit dem Beweise, dass die Erfindung Gegen-

*) Gwozdeff hat sein System [illegible] 1889 auf dem [illegible] -Compagnie [illegible] troffen und [illegible] dortigen [illegible] hervor, die [illegible] die Einsicht [illegible]

stand des Patentes eines früheren Anmelders ist, angegriffen werden oder von denjenigen Personen, deren Beschreibungen, Zeichnungen u. s. w. der Gegenstand ohne ihre Einwilligung entnommen ist.

Nun liegen in der Industrie die Dinge häufig so, dass die Fachgenossen zwar wissen, dass ein Patent auf Grund der mehrerwähnten hauptsächlichen Gründe für nichtig zu erklären ist, die Nichtigkeitsklage aber aus Bequemlichkeitsgründen nicht anstrengen, dieselbe vielmehr in petto behalten für den Fall, dass jenes anfechtbare Patent ihnen einmal lästig fallen sollte. Mit dieser Praxis muss natürlich allen denjenigen Patenten gegenüber, bei denen die Bekanntmachung der Ertheilung schon vor dem 1. October 1889 erfolgte, nunmehr unweigerlich gebrochen werden, damit nicht dem erst nach dem 1. October dieses Jahres auf den Plan tretenden Nichtigkeitskläger ein niederschmetterndes „Zu spät" entgegengerufen werde.

Bei der Redaction neu eingegangene Bücher.

Die Elektricität im Dienste der Menschheit. Eine populäre Darstellung der magnetischen und elektrischen Naturkräfte und ihrer praktischen Anwendungen. Nach dem gegenwärtigen Standpunkte der Wissenschaft bearbeitet von Dr. A. Ritter v. Urbanitzky. Mit ca. 1000 Abbildungen. Zweite, vollständig neu bearbeitete Auflage. In 25 Lieferungen zu 30 kr. — A. Hartleben's Verlag, Wien. — In den vorliegenden Lieferungen (7 bis 10) gelangt zunächst die Besprechung der Inductions-Erscheinungen zum Abschlusse. Das hierauf folgende Capitel, betreffend die elektrischen Erscheinungen im Thier- und Pflanzenreiche, enthält ebenso interessante als praktisch wichtige Angaben über die thierische Elektricität, über die Wirkungen der Gleich- und Wechselströme, über den elektrischen Sonnenstich, die Telephonkrankheit u. s. w. Hiemit ist zugleich auch die erste Hauptabtheilung des gesammten Werkes, nämlich der theoretische Theil, vollendet. Der hierauf folgende Abschnitt enthält die Erzeugung, Umwandlung und Leitung elektrischer Ströme und beginnt mit der Geschichte der elektrischen Maschinen. Im nächsten Capitel „Das magnetische Feld und der Anker" werden die physikalischen Bedingungen für den Bau und die Wirkungsweise der Dynamomaschinen erklärt und dann mit der Beschreibung der einzelnen Maschinen selbst begonnen.

Industrie-Statistik Niederösterreichs. Soeben erschien der erste Halbband des „Statistischen Berichtes der Wiener Handels- und Gewerbekammer über die volkswirthschaftlichen Zustände ihres Bezirkes im Jahre 1890", 92 Bogen 4⁰, welcher nebst einer umfassenden Einleitung über die Grundlagen des Berichtes die Statistik der ersten fünf Industriegruppen (Metallindustrie; Maschinenindustrie; Industrie in Steinen, Erden, Thon und Glas; in Holz- und Schnitzwaaren und Kautschuk; Lederindustrie) umfasst.

In 45, in jeder Gruppe sich wiederholenden Tabellen werden eine Reihe von Nachweisungen über Zahl, Erwerbsteuer und Arbeitspersonale der Unternehmungen, Verwendung von Motoren und zahlreiche Verhältnisse von socialstatistischem Interesse gegeben, und zwar einerseits nach Industriezweigen, andererseits nach dem Standorte und Betriebsumfange der Unternehmungen angeordnet.

Wir entnehmen aus der Fülle der interessanten Daten beispielsweise eine Zusammenstellung über die Zahl der verwendeten Arbeiter. Dieselbe betrug bei den Betrieben mit einer Erwerbsteuer von 21 fl. aufwärts: in der Metallindustrie 22.093 männliche, 4861 weibliche; in der Maschinenindustrie 21.578 männliche, 310 weibliche; in der Industrie in Steinen, Erden etc. 7522 männliche, 3469 weibliche; in der Industrie in Holz- und Schnitzwaaren etc. 8819 männliche, 1360 weibliche; in der Lederindustrie 4031 männliche, 453 weibliche; zusammen: 64.043 männliche, 10.453 weibliche Personen.

Zu diesen durchwegs in den Arbeitsräumen der Unternehmung beschäftigten 74.496 Arbeitskräften kommen noch 2162 Personen, die in der Hausindustrie beschäftigt sind, ferner 326 Strafhausarbeiter. Arbeiter unter 14 Jahren wurden nur mehr ganz vereinzelt nachgewiesen. Im Alter von 14 bis 16 Jahren wurden im Ganzen 4201 Arbeiter gezählt.

In Rücksicht auf das besondere Interesse, das diese Statistik auch in industriellen Kreisen zu erwecken geeignet ist, wird ein Theil der Auflage in Heften ausgegeben, welche die Statistik je einer Industriegruppe enthalten und auch einzeln abgegeben werden.

Den commissionsweisen Vertrieb des Werkes hat die k. k. Hof- und Universitäts-Buchhandlung Wilhelm Braumüller & Sohn übernommen.

Der Ladenpreis beträgt für den Halbband 6 fl. = 10 Mark, für ein einzelnes Heft 1 fl. 20 kr. = 2 Mark.

Verantwortlicher Redacteur: JOSEF KAREIS. — Selbstverlag des Elektrotechnischen Vereins.
In Commission bei LEHMANN & WENTZEL, Buchhandlung für Technik und Kunst.
Druck von R. SPIES & Co. in Wien, V., Straussengasse 16.

Zeitschrift für Elektrotechnik.

XII. Jahrg. | 15. März 1894. | Heft VI.

VEREINS-NACHRICHTEN.

G. Z. 219 ex 1894.

Generalversammlung.

Die XII. ordentliche Generalversammlung des Elektrotechnischen Vereines in Wien findet Mittwoch, den 28. März d. J., um 7 Uhr Abends im Vortragssaale des Wissenschaftlichen Clubs, Wien, I. Eschenbachgasse 9, statt.

T a g e s o r d n u n g :

1. Bericht über das abgelaufene Vereinsjahr.
2. Bericht über die Cassagebahrung und Vorlage des Rechnungsabschlusses pro 1893.
3. Bericht des Revisions-Comités.
4. Beschlussfassung über den Rechnungsabschluss.
5. Wahl eines Vice-Präsidenten.
6. Wahl von Ausschussmitgliedern.*)
7. Wahl der Mitglieder des Revisions-Comités pro 1894.

Die P. T. Mitglieder werden ersucht, beim Eintritte in den Sitzungssaal ihre Mitgliedskarte vorzuweisen. Gäste haben zur Generalversammlung k e i n e n Zutritt.

Chronik des Vereines.

31. J ä n n e r. — V e r e i n s v e r s a m m l u n g.

Da keine geschäftlichen Mittheilungen vorliegen, ertheilt der Vorsitzende, Hofrath V o l k m e r, Herrn Ing. M e t z von der Firma D e c k e r t & H o m o l k a aus Budapest das Wort zur Abhaltung seines Vortrages: „U e b e r n e u e T e l e p h o n s c h a l t u n g e n".

Der Vortragende besprach zunächst die von der Firma Deckert & Homolka verfertigten Mikrophone, deren eine Elektrode gegeneinander versetzte Reihen vierkantiger Pyramiden trägt, gegen die sich die Membrane stützt (Spitzen-Mikrophone). Zwischen die Pyramiden ist Graphitpulver gefüllt; die mittleren Spitzen tragen Sammtpinsel. Die Schwingungen am Rande der Membrane werden durch Filzringe abgedämpft.

Der Vortragende erläuterte die Leistungsfähigkeit der beschriebenen Mikrophone, indem er die Linie bespricht, welche längs der Theiss- und Maros-Flussregulirung errichtet worden sei. Er gibt an, dass die 42 Stationen dieser 236 *km* langen Schleife alle i n S e r i e geschaltet wären, trotzdem erhalte man eine vorzügliche Verständigung.

Hierauf wird der Versammlung die transportable Telephonstation von Ober-Inspector G a t t i n g e r gezeigt. Eine sehr gute Verwendung haben die Spitzenmikrophone auch bei der „B u d a p e s t e r T e l e p h o n - Z e i t u n g" gefunden.

Der Vortragende bespricht dann noch die vielen verschiedenen Ausführungen von Telephonstationen, welche von der Firma Deckert & Homolka für die verschiedenen Staats... geliefert wurden, von welchen

*) Laut § 7 der Ve[illegible] ... Ausschussmitglieder wieder wählbar.

auch Mustertypen im Vereinslocal ausgestellt waren.

Indem er sich noch vorbehält, der Versammlung eine kleine Musikübertragung vorzuführen, schliesst er seinen Vortrag.

An den Vortrag schloss sich eine lebhafte Debatte.

Baurath Kareis spricht seine Verwunderung darüber aus, dass es möglich sein sollte, durch 42 hintereinander geschaltete Stationen sich zu verständigen. Er verweist auf die diesbezüglichen Abhandlungen von Dr. Sahulka und Dr. Reithoffer in der Vereinszeitschrift.

Ober-Inspector Gattinger verweist auf die Linie im Arlberg-Tunnel, bei der durch 13 hintereinander geschaltete Stationen gute Verständigung erzielt wurde.

Oberst Peyerle theilt mit, dass er bei den fliegenden Telephonverbindungen und -Stationen zwischen den einzelnen Theilen manövrirender Truppen in der Regel eine bessere Verständigung erzielte, wenn die Zwischenstationen im Nebenschluss lagen. Allerdings wird dabei nicht Sprache übertragen, sondern durch einen Vibrateur trompetenstossähnliche Töne. Nur einmal hatte Oberst Peyerle bei besonders trockenem Wetter, also bei kleiner Capacität der Leitungen, die entgegengesetzte Beobachtung gemacht.

Dr. Reithoffer erklärt aus theoretischen Betrachtungen die Nebenschlussschaltung der Stationen, also von Selbstinduction, als in der Regel vortheilhafter. Denn die Ströme, die durch die Selbstinductionszweige fliessen, sind den Ladungsströmen entgegengesetzt, so dass sie diese compensiren können. In seiner Abhandlung hat er die Berechnung der günstigsten Selbstinduction für gegebene Capacität entwickelt. Ist aber die Selbstinduction zu klein, so kann es eintreten, dass zwar die Ladungsströme aufgehoben, der restirende Theil der Selbstinductions-Zweigströme aber noch beträchtlich gross ist, so dass die Parallelschaltung sich als ungünstiger erweist. Je kleiner die Capacität ist, desto grösser soll die Selbstinduction gewählt werden. Dr. Reithoffer macht noch aufmerksam auf den Vorschlag Elibu Thomson's, für lange Telephonleitungen (ocean. Teleph.) direct bei der Fabrikation der Kabel, Selbstinduction zwischen die beiden Leitungen zu schalten.

Baurath Kareis betont die günstigen Ergebnisse der Parallelschaltung der Zwischenstationen auf der Strecke Wien-Reichenau. Er hält diesen Gegenstand für sehr wichtig und interessant und ersucht Herrn Deckert, dem Vereine diesen Versuch mit 42 hintereinandergeschalteten Telephonen vorzuführen.

Auf eine Anfrage des Ingenieurs Drexler, warum man nicht geschlossene Eisenkerne für die Transmitterspule verwende, theilte Herr Deckert mit, dass dies bei Versuchen in Paris vor 10 Jahren keinen Vortheil gezeigt habe.

Nachdem noch der Versammlung eine kleine telephonische Musikübertragung vorgeführt worden war, schloss der Vorsitzende die Sitzung. Er sprach sowohl dem Vortragenden, sowie den Mitgliedern, die sich an der Discussion betheiligt haben, den Dank der Versammlung aus.

Neue Mitglieder.

Auf Grund statutenmässiger Aufnahme traten dem Vereine die nachstehend genannten Herren als ordentliche Mitglieder bei:

Singer Felix, Ingenieur, Vertreter der Union-Elektricitäts-Gesellschaft, „System Thomson-Houston", Berlin.

Zacskó Stefan, Kreisnotär, Nagy-Mácséd.

An die P. T. Vereinsmitglieder.

Die Vereinsbibliothek hat in letzter Zeit Kittler's Handbuch der Elektrotechnik 2. Aufl., 1890, als Spende von einem Vereinsmitgliede bekommen; weiters wurden die unten angeführten Werke käuflich erworben.

Das complete I. Verzeichniss der Bücher und Zeitschriften des Vereines, in welches die vorerwähnten Werke bereits aufgenommen erscheinen, gelangt unter einem mit der Einladung zur Theilnahme an der XII. ordentlichen Generalversammlung an die Vereinsmitglieder zum Versandt.

Neu angekauft wurden:

Bohmeyer C., Elektrische Uhren. 1892.

Borchers W., Elektrometallurgie. 1891.

Ewing J. A., Magnetische Induction. 1892.

Faraday M., Experimental-Untersuchungen. I. 1891.

Hertz H., Untersuchungen über die Ausbreitung der elektrischen Kraft. 1892.

Kapp G., Elektrische Kraftübertragung. 1891.

Reckenzaun A., Electric Traction. 1893.

Taucher K., Galvanoplastik. 1893.

Telegraphen-Messordnung. 1893.

Thompson J. P., Dynamoelektrische Maschinen. I./II. 1894.

Zetzsche K. E., Handbuch der elektrischen Telegraphie. I.—IV. 1891.

Entwurf eines Patentgesetzes und eines Gesetzes zum Schutze von Gebrauchsmustern.*)

Vortrag gehalten im Elektrotechnischen Verein am 21. Februar 1894 von Hofrath Dr. v. ROSAS.

Hochgeehrte Herren! Sie wünschen von mir einen Vortrag über den im Handelsministerium ausgearbeiteten Entwurf eines Patentgesetzes mit dem Appendix eines Gebrauchsmusterschutz-Gesetzes. Ich fühle mich durch Ihr Vertrauen sehr geehrt und werde trachten, demselben nach meinen schwachen Kräften zu entsprechen.

Ich sage: Appendix von Gebrauchsmusterschutz-Gesetze, weil ja zwischen den beiden hier behandelten Rechtsinstituten eigentlich ein wesentlicher Unterschied nicht besteht, weil der Schutz der Gebrauchsmuster gewissermaassen als eine Unterart des Patentschutzes sich darstellt, und ebensogut auch in einem besonderen Abschnitte des Patentgesetzes hätte untergebracht werden können. Dieses hätte noch den Vortheil, dass wir in dem Schlusscapitel des Patentgesetzes „Uebergangsbestimmungen" auch Einiges über das Uebergangsstadium des Gebrauchsmusterschutzes hätten erwarten können. — So wie die Sache jetzt steht, wo ein Gebrauchsmusterschutz-Gesetz ohne alle Uebergangsbestimmungen in Vorschlag gebracht wird, kann Niemand wissen, was mit den hunderten, sagen wir tausenden von Gebrauchsmustern rechtens sein soll, die jetzt bei den Handelskammern registrirt sind, bis zum Inslebentreten des neuen Gesetzes fortwährend noch registrirt werden?

Es ist möglich, dass der Herr Verfasser des Entwurfes es weiss, schön wäre es aber doch, wenn er es uns gesagt hätte!

Es ist vielleicht am besten, wenn ich gleich das Gebrauchsmusterschutz-Gesetz mit einigen Worten abthue. Unser Abgeordnetenhaus hat bekanntlich in seiner Sitzung vom 23. November vorigen Jahres nebst anderen das Patentwesen betreffenden Resolutionen auch die Forderung eines Gebrauchsmusterschutz-Gesetzes ausgesprochen. Die Resolution 2 *b* lautete:

„Auch wäre ein dem deutschen Gesetze, betreffend den Schutz für Gebrauchsmuster vom 1. Juni 1891 ähnliches Gesetz anzustreben."

---

*) Für die Vereinsversammlung vom 4. April [illegible] wurde die Fortsetzung der Discussion über obiges Thema auf die [illegible]ordnung gese[illegible]

Der Gebrauchsmusterschutz in Deutschland ist vorderhand noch ein Experiment. Veranlasst wurde das betreffende Gesetz durch die nahezu einstimmige Erklärung der bei der Reichs-Enquête im Jahre 1886 einvernommenen Sachverständigen, dass sie als Correlat zur Beibehaltung des Vorprüfungsverfahrens bei der Patentertheilung die Schaffung besonderer Einrichtungen zum Schutze der „kleinen technischen Formverbesserungen", Gebrauchsmuster genannt, für unerlässlich halten.

Seither haben sich, wie es scheint, in Deutschland die Sympathien für dieses Gesetz bedeutend abgekühlt. Auch für uns in Oesterreich wird die Einführung des Gebrauchsmusterschutzes nach deutschem Muster nicht viel mehr als ein Experiment bedeuten; wenn wir aber das Experiment machen, dann wäre es wohl am rathsamsten, das deutsche Gesetz taliter qualiter zu nehmen.

Unser Entwurf hat scheinbar an das deutsche Gesetz sich gehalten, hat Vieles daraus abgeschrieben; aber in einem Cardinalpunkte ist er davon abgewichen, was der Sache ein ganz anderes Gesicht gibt.

In Deutschland ist das Patentamt weiter nichts, als die centralisirte Anmeldestelle für Gebrauchsmuster, sowie derzeit bei uns decentralisirt die Handelskammern.

Die Frage, ob die Eintragung eine gerechtfertigte sei, ob sie einen giltigen und rechtswirksamen Schutz gewähre, ist dort ausschliesslich den Gerichten anheimgegeben.

Unser Entwurf dagegen statuirt — ganz so wie im Patentwesen — die ausschliessliche Competenz des Patentamtes zur Entscheidung über die Giltigkeit und Rechtswirksamkeit des Schutzrechtes, sowohl über Löschungsklagen als auch über die Vorfragen, wenn sie im Eingriffsstreit aufgeworfen werden. Diese Abweichung vom deutschen Gesetze scheint mir eine sehr wenig überlegte.

Ich komme zum Patentgesetze zurück: Vom Gesichtspunkte der systematischen Gliederung besehen, zerfällt der Entwurf in drei Haupttheile:

1. Materielles Patentrecht.
2. Patentbehörden und Verfahren.
3. Patentrechtsverfolgung.

Dazu kommt ein Abschnitt über die Patenttaxen und Uebergangsbestimmungen.

In diesen 122 Paragraphen ist eine solche Fülle von Discussionsstoff vorhanden, dass es gar nicht möglich ist in Tagen, geschweige denn in Stunden erschöpfend darüber zu sprechen.

Ich will daher nur flüchtig das berühren, was Sie, meine sehr geehrten Herren, ohnedies bereits wissen, ich will nur flüchtig darüber reden, worüber Sie, meine geehrten Herren, auch ohne mein Zuthun sich leicht selbst orientiren und informiren können.

Von diesem Gedanken ausgehend, theile ich mir das vorliegende Elaborat nach einem anderen Gesichtspunkte, nach dem seiner Entwicklung, auch in drei Hauptpartien.

Die eine erscheint mir als Berücksichtigung der öffentlichen Meinung, die andere als Copiatur des deutschen Patentgesetzes, in der dritten begrüssen wir die Früchte der eigenen geistigen Arbeit des Herrn Verfassers.

Was ist öffentliche Meinung? Als Ausdruck der öffentlichen Meinung habe ich vornehmlich im Auge: die Kundgebungen des Oesterreichischen Ingenieur- und Architekten-Vereines, des Niederösterreichischen Gewerbevereines, der Wiener Handelskammer, des österreichischen Advokatentages; die Beschlüsse der internationalen Patentcongresse zu Wien und zu Paris; die Arbeiten der von diesen Congressen eingesetzten permanenten internationalen Commissionen, insbesondere der Arbeiten der österreichischen Landessection dieser Commission, dann den vom Vorsitzenden der österreichischen Landescommission, Reichsrath-Abgeordneten Exner im Jahre 1883 vorgelegten Entwurf eines Patentgesetzes, endlich die im November 1892 abgehaltene Expertise im Abgeordnetenhause.

Einstimmige Forderungen der öffentlichen Meinung waren folgende drei: Anerkennung des Erfinderrechts — Pflege dieses Rechtschutzes durch eine selbstständige wohlorganisirte Behörde, notabene mit Berufungsinstanz — Verweisung der Patentrechtsverfolgung vor die Gerichte.

Diesen drei Forderungen ist in dem vorliegenden Gesetzentwurfe, wenn auch nicht entschieden und rückhaltlos, aber doch immerhin im Grossen und Ganzen Rechnung getragen worden.

Weitere Forderungen der öffentlichen Meinung waren aufgestellt worden von einer mitunter sehr überwiegenden Majorität, allerdings gegen den Widerspruch einer mitunter sehr beachtenswerthen Minorität.

Ich erwähne als solche: die Einführung des ämtlichen Vorprüfungsverfahrens — die Einführung des Licenzzwanges, das Fallenlassen des Ausübungszwanges — die Zulassung vorläufiger Beschreibungen, sogenannte Caveats.

Der vorliegende Gesetzentwurf acceptirt im Sinne der Majorität die ämtliche Vorprüfung auf Neuheit, verbunden mit Aufgebot. Den Anschauungen der Minorität wird Rechnung getragen durch die Einschaltung an maassgebender Stelle des unscheinbaren Wörtchens „offenbar" in den sonst unveränderten Text des deutschen Gesetzes.

Im deutschen Gesetze wird in § 22 die Zurückweisung des Patentwerbers für den Fall verordnet, als nach der Ansicht des Patentamtes eine patentfähige, das ist neue Erfindung nicht vorliegt.

Unser Gesetzentwurf erklärt die Zurückweisung dann am Platze, wenn nach Ansicht des Patentamtes eine patentfähige, das ist neue Erfindung offenbar nicht vorliegt.

Eine zweite Concession an die Minorität ist das Gebrauchsmusterschutz-Gesetz, welches nach dem reinen Anmeldeverfahren vorgeht, ohne Vorprüfung, ohne Aufgebot.

Der Licenzzwang, das ist eine zuerst auf dem Wiener Congresse 1873 in die öffentliche Discussion gezogene, seither im lebhaftesten Widerstreite der Meinungen verfangene Frage.

Der vorliegende Gesetzentwurf verfügt den Licenzzwang in der schärfsten Weise, in weit schärferer Weise als das deutsche Gesetz, und als es die Stimmführer der Majorität der öffentlichen Meinung überhaupt jemals verlangt haben.

Ich werde später Gelegenheit haben, ausführlicher darauf zurückzukommen; vorderhand sei nur constatirt, dass das Gebrauchsmusterschutz-Gesetz auch die Fesseln des Licenzzwanges nicht kennt.

Was den Ausübungszwang anbelangt, so hat unser Gesetzentwurf dem Votum der Minorität sich angeschlossen und nur insoferne der Majorität eine Concession gemacht, dass die bisher einjährige Respectsdauer auf drei Jahre ausgedehnt, und dass auch der Ausübungszwang im Gebrauchsmusterschutz-Gesetze fallen gelassen wurde.

Die Forderung des Caveat hat bei dem Herrn Verfasser des Gesetzentwurfes offenbar kein Verständniss, oder doch nicht die richtige Würdigung gefunden. Es wird wohl im § 4 des Entwurf [illegible] was gegeben, was bei oberflächlicher Betrachtung ähn[illegible] sieht: da[illegible] Prioritätsvorbehalt der Anmeldung des Erfinders [illegible] weite. [illegible]dung der bereits angemeldeten Erfindung durch eine Jahresfrist. Das ist aber in Wirklichkeit etwas ganz anderes, als was man unter Caveat versteht.

Unter vorläufiger Beschreibung versteht man — wie Exner's Gesetzentwurf sich ausdrückt — die Beschreibung einer Erfindung, welche der Erfinder wohl schon ersonnen, aber noch nicht in solcher Weise vollendet hat, dass deren technischer Erfolg und gewerbliche Verwerthbarkeit gesichert wäre.

Sie muss allerdings mehr enthalten als den blossen Titel der Erfindung; sie muss eine vollständige Erläuterung der Erfindung in allen ihren wesentlichen Bestandtheilen liefern. Aber dispensirt ist der Erfinder von der Angabe der Mittel der Ausführung.

Unser § 4 dagegen will dem Erfinder das zugedachte Beneficium nur gewähren unter der Bedingung und Voraussetzung einer bereits vorliegenden vollständigen Beschreibung im Sinne des § 40, das ist einer solchen, in welcher strenge verboten ist, irgend etwas zu verheimlichen hinsichtlich der Mittel oder der Ausführungsweise oder der zum Gelingen nöthigen Handgriffe.

Eine zweite Partie des vorliegenden Gesetzentwurfes ist Copiatur des deutschen Patentgesetzes.

Wie Sie wissen, meine hochgeehrten Herren, sind nach der im Jahre 1877 stattgefundenen Einführung des deutschen Patentgesetzes die eingehendsten fachmännischen Erörterungen über dessen Bestimmungen und deren Tragweite jahrelang gepflogen worden, und hat der betreffende in der sogenannten Reichs-Enquête 1886 seinen Höhepunkt erreichende Läuterungsprocess mit der im Jahre 1891 in's Leben getretenen Neuredigirung des Gesetzes, der Patentgesetz-Novelle seinen Abschluss gefunden.

Alle diese Vorgänge im benachbarten Reiche sind gewiss von vielen von Ihnen, meine sehr geehrten Herren, mit Aufmerksamkeit verfolgt worden, eventuell sind Ihnen die Verhandlungsergebnisse zugänglich.

Ich halte es daher nicht für nöthig, in eine Kritik des Rechtsinstituts, wie es jetzt in Deutschland geordnet ist, mich zu vertiefen. Nur ganz kurz gestatten Sie mir meine Meinung zu äussern. Ganz sympathisch wäre mir schlechtweg die Uebernahme des deutschen Patentgesetzes in das österreichische Rechtsleben, sowie dies mit der deutschen Wechselordnung im Jahre 1850, mit dem deutschen Handelsgesetzbuch im Jahre 1862 der Fall gewesen ist.

Ebenso wie dort hätte es auch hier mit einigen wenigen Aenderungen abgethan sein können, so die bereits erwähnte Einschaltung des Wörtchens „offenbar", Aufstellung präciser Normen über das Sicherstellungsverfahren, Herabsetzung der Taxen auf die Hälfte.

Im Uebrigen hätte man es ganz gut damit versuchen können, und wäre dabei der Gefahr entgangen, im Eifer vermeintlicher Verbesserung das Kind mit dem Bade zu verschütten.

Ein jungfräuliches Feld eröffnet sich für die Kritik in der von mir erwähnten dritten Partie des Gesetzentwurfes. Hier gibt es allerdings so Manches, was geeignet ist, den Techniker und den Juristen zu beunruhigen.

Meine hochgeehrten Herren! Hier im Patentwesen, wie in so manchem anderen Rechtsgebiete bewahrheitet sich der Grundsatz: Was dem einen wohl thut, thut dem andern weh! Die schwierige Aufgabe für die Gesetzgebung liegt eben darin, zwischen den Ansprüchen und Bedürfnissen der verschiedenen interessirten Kreise die richtige Mitte zu finden.

Bei dem Patentschutze heisst es vermitteln zwischen den Erfindern untereinander, zwischen dem Erfinder einerseits und den Producenten des gleichen Berufszweiges andererseits, zwischen dem Erfinder einerseits und den Bedürfnissen der allgemeinen Volkswirthschaft, den Zwischenhändlern und dem consumirenden Publikum andererseits, zwischen dem Erfinder und den höheren Interessen des Staates.

Das deutsche Gesetz hat sich redlich bemüht, in der richtigen Mitte zu steuern. Abweichend vom deutschen Gesetze statuirt unser Gesetzentwurf eine höchst eigenthümliche Regelung des Verhältnisses zwischen dem Erfinder und dem Nacherfinder, sogenannten Verbesserer.

Der § 4 des Entwurfes im Zusammenhange mit § 21 lässt dieses Verhältniss folgendermaassen erscheinen: Unter dem Begriffe Verbesserungspatent sollen wir verstehen das Patent auf eine Erfindung, welche die Verbesserung oder sonstige weitere Ausbildung einer patentirten Erfindung bezweckt. Dem Inhaber eines solchen Verbesserungspatentes und dessen Licenzträgern wird das Recht eingeräumt, jederzeit — das heisst offenbar sofort nach erhaltenem Patente — vom Inhaber des Stammpatentes gegen angemessene Vergütung und genügende Sicherstellung die Erlaubniss zur Benützung der Erfindung zu beanspruchen.

Hat der Herr Verfasser des Entwurfes sich wohl klar gemacht, was das bedeutet? Weiss er, was das heisst, den Erfinder gleich in den ersten Anfängen der Patentirung, kurz nach dem Hinaustreten in das Tageslicht zur Preisgebung der Erfindung an beliebige Handwerkspfuscher und Industrieritter zu zwingen?

In lebhafter Erinnerung steht mir noch die Debatte beim Wiener Patentcongresse 1873, wo die eifrigsten Verfechter des Licenzzwanges es doch als selbstverständlich erklärten, dass dem Erfinder ein Zwang zur Licenzertheilung jedenfalls nur zu Gunsten von ernstlichen Bewerbern auferlegt werden könne; responsible applicants, sagten die Engländer. Eine Mitbenützung der Erfindung von Seite untüchtiger Kräfte sei ja im Stande, die Erfindung von vorneherein bei dem grossen Publikum zu diskreditiren. Allgemeinen Beifall fand der Vergleich der Erfindung mit einem Sämling, einem zarten Bäumchen, welches sorgsam vom Gärtner gehegt und gepflegt werden muss, geschützt werden muss gegen jede rauhe Berührung durch Thiere mittelst Zaun, durch Windanfall mittelst Pfahl und Wand. Welche rauhe Hand aber hätte in unserem Falle der Erfinder zu gewärtigen von dem sogenannten Verbesserer und dessen Consorten, den Licenzträgern!

Ich weiss wohl, was man von einzelnen Stimmen zur besonderen Empfehlung des Verbesserers vorgebracht hört. In vielen Fällen sei er der eigentliche Förderer des Gemeinwohls; die Erfindung, wie sie aus den Händen des Erfinders hervorgeht, sei häufig noch ganz uneben; lebensfähig werde sie erst durch eine mitunter ganz unwesentliche Verbesserung, wo man sich nur wundern muss, dass der Erfinder nicht selbst darauf gekommen ist. Auch sei es ganz natürlich — hat einer der Herren Experten in der Expertise des Abgeordnetenhauses gesagt — dass die Licenz vom Inhaber des Hauptpatentes ertheilt werden muss, um das Nachtragspatent auszuführen, denn sonst wäre ja dieses ganz werthlos. Aber betrachten wir uns die Sache denn doch gründlicher, und da muss ich allerdings ziemlich weit ausholen.

Was ist denn das, eine Verbesserung oder sonstige weitere Ausbildung einer Erfindung? Um diese Frage zu beantworten, müssten wir erst wissen, was ist denn das, eine Erfindung?

Der § 1 des deutschen Gesetzes sagt: Patente werden ertheilt für neue Erfindungen, welche eine gewerbliche Verwerthung gestatten. Und der § 1 unseres Entwurfes lautet: „Für neue Erfindungen, welche eine gewerbliche Verwerthung gestatten, werden Patente ertheilt.“ Hier wie dort haben wir zwei fragwürdige Begriffe: Was ist neu, was ist Erfindung? Die erste Frage, was ist neu?, wird im deutschen Gesetze sowohl, als auch in unserem Entwurfe beantwortet, u. zw. in negativer Form. Das deutsche Gesetz nennt zwei Umstände, unser Gesetzentwurf nennt deren vier, bei deren Constatirung die Erfindung nicht als neu gilt. Bleibt noch der zweite fragwürdige Begriff: „Was ist Erfindung?“ und hier bleibt uns sowohl das deutsche Gesetz, als auch unser Gesetzentwurf die Antwort schuldig.

Definition sei nicht Sache des Gesetzes, heisst es, das wird der Wissenschaft und der Praxis überlassen — oder mit anderen Worten: Man setzt voraus, dass die zur praktischen Anwendung des Gesetzes berufenen Männer — Techniker wie Juristen — gleichsam von einer geheimnissvollen Empfindung, was Erfindung sei, durchdrungen sein müssen; oder, um mit weiland Nestroy zu reden: ich sage nicht Ja und nicht Nein, damit man nicht einmal sagen kann, ich habe Ja oder Nein gesagt.

Nun, es mag richtig sein, es ist schwierig, sehr schwierig, eine ganz zutreffende, positive Definition der Erfindung zu formuliren, aber so gut, wie bei der Aufzählung der Nichtneuheitsumstände (sogenannter neuheitsschädlichen Umstände) es der Fall war, warum sollte man nicht auch den Versuch machen, auf negativem Wege dem Ziele näher zu kommen, d. i. gewisse Umstände aufzählen, welche das Patentamt zu dem Ausspruche berechtigen würden: „Das ist keine Erfindung.“

Der hochverdienstvolle Gesetzentwurf des Herrn Reichsraths-Abgeordneten Exner bietet hiefür ganz beachtenswerthe Anhaltspunkte. Exner sagt: „Es gilt nicht als Erfindung, wenn von einer registrirten Beschreibung oder Zeichnung, zwar in den Formen und in der Construction oder Mischung oder im Material abweichend vorgegangen wird, diese Abweichung jedoch nur durch die Verschiedenheit der Grösse oder Kraftleistung veranlasst erscheint, auch nicht als Erfindung, wenn lediglich an die Stelle des beschriebenen oder gezeichneten Theiles oder Stoffes ein in der Mechanik oder Chemie bekannt gleichwerthiger oder bekanntermaassen dasselbe leistender Theil oder Stoff substituirt wird; auch nicht als Erfindung, wenn mittelst der patentirten Vorrichtung oder des patentirten Verfahrens andere Artikel erzeugt werden“. Und an späterer Stelle, wo von der Prüfung der Anmeldung die Rede ist, sagt Exner: „Das Patentamt hat zu prüfen, ob die angemeldete Erfindung etwa auf eine neue Idee ohne neue Körper- oder Stoffverbindung (wissenschaftliches Princip), oder auf eine neue Körper- oder Stoffverbindung ohne neue Idee (Construction, Mischungsvariante) sich beschränke.“

Bringt man das Patentamt in die Lage, an derartige Vorschriften des Gesetzes sich zu halten, so ist das schon mehr als blosses geheimnissvolles Empfinden.

So aber, wie die Sache jetzt gedacht wird, im vorliegenden Entwurfe, kann jeder vermeintliche Bessermacher eine derlei weitere Ausbildung der patentirten Erfindung für sich zum Verbesserungspatent anmelden und kann bei einiger Coulanz, oder sagen wir einigem Indifferentismus des Patentamtes, das Patent auch erhalten.

Zweite Frage: Muss denn jede weitere Ausbildung einer Erfindung auch immer eine Verbesserung sein? Könnte es nicht auch eine Verschlechterung sein, oder eine ganz indifferente Umgestaltung oder eine jener Ausgeburten confuser Köpfe, von denen das Dichterwort gilt: Wär' die Idee nicht so verflucht gescheidt, man wär' versucht, sie herzlich dumm zu nennen.

Zur Prüfung auf wirkliches Bessersein, auf Nützlichkeit, ist ja das Patentamt nicht berufen.

Dritte Frage: Aber selbst wenn wirklich originell, wenn wirklich eine Verbesserung, muss denn jede geringfügige Zuthat oder Abweichung, jede Lappalie als hinreichender Grund angesehen werden, um den Besitzer der secundären Idee gleich zum Mitbesitzer der primären Idee, der ganzen Erfindung zu machen?

Hofrath Pfaff hat in der Expertise — wie mir scheint, sehr richtig — bemerkt: „Sobald man einmal anerkennt, dass das Patent wirklich ein Recht verleiht, da sollte man auch in der Beschränkung dieses Rechtes durch den Licenzzwang nicht weiter gehen, als es das öffentliche Interesse verlangt." Im öffentlichen Interesse liegt allenfalls die baldige Einführung einer epochemachenden oder doch volkswirthschaftlich bedeutenden Verbesserung; die Patentirung von Lappalien hat aber mit dem öffentlichen Interesse nichts zu schaffen. Also auch die Wichtigkeit der Verbesserung ist ein mit in die Waagschale zu legendes Moment.

Einen vierten Umstand wollen wir nicht übersehen. Ist wirklich eine bedeutsame Verbesserung ersonnen worden, so ist es doch noch keineswegs eine ausgemachte Sache, dass das Verbesserungspatent ohne Benützung des Hauptpatentes gar nicht benützt werden kann.

Fachmänner behaupten das Gegentheil.

Auch Exner's Entwurf fasst den Licenzzwang zu Gunsten des Verbesserers ausdrücklich nur insoferne in's Auge, als eine solche Nacherfindung mit einer bereits patentirten Erfindung in einem derartigen Zusammenhange steht, dass der beabsichtigte technische Erfolg nur durch gleichzeitige Benützung der älteren Erfindung erreicht werden kann; hier wird also die Möglichkeit anderer Fälle gewiss vorausgesetzt. — Ich bin noch nicht fertig. Eines der beliebtesten Argumente der Gegner des Licenzzwanges besteht darin: Eine gerechte Bestimmung der Licenzgebühren sei überhaupt gar nicht möglich. Der Erfinder selbst sei in den seltensten Fällen in der Lage, die eigene Erfindung zu schätzen, umso weniger könne dies ein Dritter. Diesem Argumente sind die Fürsprecher des Licenzzwanges damit entgegengetreten, dass sie mit der Hinausschiebung des Licenzzwanges auf eine angemessene Zahl von Jahren, etwa bis zur halben Patentzeit, sich einverstanden erklärten. Bis dahin müssten doch schon so viele Erfahrungen vorliegen, dass die Werthschätzung der Erfindung leichter gelingt. Der Oesterreichische Ingenieur- und Architekten-Verein hat im Jahre 1878 dafür sich ausgesprochen: Es solle dem Erfinder bei zwanzigjähriger Patentdauer für zehn Jahre ein ausschliessendes Patent, für weitere zehn Jahre ein Besteuerungspatent gegeben werden.

Hofrath Exner in seinem Entwurfe proponirt die Hinausschiebung des Licenzzwanges im Allgemeinen auf zehn Jahre, gegenüber dem Verbesserer auf drei Jahre, notabene letzteres mit dem bedeutsamen Beisatze: „Insofern hiedurch die Rechte und Interessen des Hauptpatentinhabers einer Gefährdung nicht ausgesetzt werden."

Alle diese Momente:

1. Mangelnde Begriffsbestimmung für Erfindung, resp. Verbesserung,
2. Voraussetzung des wirklichen Bessermachens,
3. Wichtigkeit der Verbesserung,
4. Möglichkeit der unabhängigen Benützung des Verbesserungspatentes,
5. Unmöglichkeit einer sofortigen Werthschätzung der [illegible] alle diese Erwägungen sind dem Herrn Verfasser des Entw[illegible] ständig fremd geblieben.

Jetzt kommt aber die Monstrosität, die ganz ausserordentliche, dem Verbesserer gewährte Prärogative soll auch allen seinen Licenzträgern zu statten kommen! Bedenken Sie, was das heisst, meine sehr geehrten Herren! Kaum ist eine lebensfähige Erfindung auf den Markt getreten und wittern geschäftskundige Spürnasen den in Aussicht stehenden Profit, so engagirt ein Einzelner oder auch ein Consortium einen Techniker zum Ausklügeln irgend einer noch so simplen Ausbildung der Erfindung, z. B. denken Sie sich beim Auer'schen Gasglühlicht eine andere Form des Drahtstrumpfes. Man nimmt darauf mit dem Risico der Anmeldegebühr und der ersten Jahresgebühr ein Verbesserungspatent. Der nominelle Patentinhaber vergibt nach Bedarf Licenzen und die Licenzträger setzen, sich berufend auf § 21, Punkt 1 des Gesetzes, dem Erfinder den Revolver auf die Brust.

Wohl stimmt dieser Absatz 1 schlecht zur reservirten Ausdrucksweise des Absatzes 2 desselben Paragraphen, wo vom allgemeinen, nach drei Jahren eintretenden Licenzzwange die Rede ist.

„Wenn im öffentlichen Interesse" — heisst es dort — „die Erlaubniss zur Benützung der Erfindung an Andere geboten erscheint, der Patentinhaber aber gleichwohl sich weigert, diese Erlaubniss ernstlichen Bewerbern gegen angemessene Vergütung und genügende Sicherstellung zu ertheilen u. s. f."

Bei einer solchen Praktik, wie ich sie vorhin angedeutet, kann die Ernstlichkeit der Licenzträger schon gar nicht in Betracht kommen. Auf diesen wunden Punkt des Entwurfes, meine sehr geehrten Herren, wollen Sie gefälligst Ihre besondere Aufmerksamkeit richten.

Das deutsche Patentgesetz weiss nichts von einer solchen Prärogative des Verbesserers.

Auch in dem zweiten wunden Punkte, welchen ich nun zu berühren mir erlauben werde, hat der Herr Verfasser unseres Entwurfes vom deutschen Gesetze sich emancipirt.

Einer der Grundpfeiler der menschlichen Gesellschaftsordnung ist bekanntlich die Sicherheit des Eigenthums und begreiflicher Weise ist für solche Vermögenswerthe, wie sie in so manchen Erfindungspatenten repräsentirt sind, für den Eigenthümer — sei es nun der Erfinder selbst oder der Patentkäufer — die Stabilität von höchstem Werthe.

Die falschen, aber fest eingewurzelten Begriffe über den vermeintlich gnadenweisen Charakter der Erfindungsprivilegien, sie klingen noch immer nach in der schrankenlosen Anfechtbarkeit der Patente.

Den vielfachen Klagen der deutschen Interessenten hat die Patentgesetz-Novelle vom Jahre 1891 Berücksichtigung angedeihen lassen, wenigstens theilweise dadurch, dass sie verfügt: „Nach fünfjährigem Bestande des Patentes sei eine Anfechtung desselben wegen Nichtneuheit ausgeschlossen."

Unserem Gesetzentwurfe beliebt es, diese Bestimmung des deutschen Gesetzes zu ignoriren. Auch ist nicht im mindesten der geehrte Herr Verfasser angeregt worden durch die diesfälligen wohldurchdachten Vorschläge des Exner'schen Gesetzentwurfes.

Diese gehen allerdings viel weiter noch, als die Concession des deutschen Gesetzes, ob zu weit, das müssen wohl die Herren Techniker beurtheilen. Unbedingt möchte ich in dem Punkte mich mit Exner einverstanden erklären, dass dem Einspruchserheber, welcher im Ertheilungsverfahren wegen angeblicher Entwendung der Erfindung oder aus Privatrechtstitel eingeschritten ist und mit seinen Ansprüchen rechtskräftig abgewiesen wurde, eine Anfechtung des ertheilten Patentes aus denselben Gründen nicht mehr gestattet sei.

Erwägenswerth, wenn auch discutabel, ist der weitere Vorschlag Exner's, dass die Nichtigkeitsklage gegen den gutgläubigen Rechtsnachfolger des Patentinhabers nicht statthaft sein solle; und erwägenswerth ist auch die wohl sehr weittragende Bestimmung, die Bestreitung der Giltigkeit eines Patentes wegen Mangels der Neuheit könne nur insofern, als die betreffenden Umstände nicht schon vor der Ausfertigung des Patentes in Erwägung gezogen worden sind, stattfinden; und sie könne selbst unter dieser Voraussetzung nur im öffentlichen Interesse über Verlangen eines grösseren Kreises von Producenten oder Consumenten durch die Staatsregierung veranlasst werden.

Wohl mag dabei das im Exner'schen Entwurfe rückhaltlos acceptirte Princip einer intensiven Vorprüfung bestimmend mitgewirkt haben, welches ja in unserem Entwurf durch das Wörtchen „offenbar" bedeutend abgeschwächt erscheint.

Aber wenn schon dem Exner'schen Entwurfe das Schicksal wiederfahren ist, vom Herrn Verfasser unseres Entwurfes als schätzbares Material ad acta gelegt zu werden, so hätte doch die Autorität des deutschen Patentgesetzes ihn veranlassen können, dem Patentinhaber wenigstens den begrenzten Schutz einer fünfjährigen Ersitzung der Unanfechtbarkeit des Patentes zu gönnen.

Nach unserem allgemeinen bürgerlichen Rechte wird das Eigenthum einer beweglichen Sache vom redlichen und rechtmässigen Besitzer durch den ruhigen Besitz von drei Jahren ersessen, ebenso das Eigenthum einer unbeweglichen Sache binnen drei Jahren von Demjenigen, welcher im Grundbuche als Eigenthümer eingetragen ist; warum also dieses sowohl begründete Rechtsinstitut der Ersitzung nicht auch für das geistige Eigenthum des Erfinders in Geltung treten lassen?

Auch diesen wunden Punkt des Entwurfes, meine sehr geehrten Herren, empfehle ich Ihrer speciellen Aufmerksamkeit.

Jetzt aber, meine sehr geehrten Herren, habe ich Sie — und mich — genug ermüdet mit ausführlichen Erörterungen; Sie gestatten wohl, dass ich weiterhin auf Schlagworte mich beschränke, auf die Andeutung jener Paragraphe, welche theils als Abweichung vom deutschen Gesetze, theils als Zusatz zu demselben oder aus sonstigen Gründen vielleicht Ihre Aufmerksamkeit verdienen und bei den Berathungen Ihres verehrlichen Vereines zur Sprache kommen könnten. Es sind deren etwa sechzehn.

Im § 3 des Entwurfes finden wir als neuheitsschädlichen Umstand die offenkundige Benützung, gleichgiltig ob im Inlande oder im Auslande. Im deutschen Gesetze ist die Neuheitsschädlichkeit auf die Benützuug im Inlande beschränkt. Gegen die weitere Fassung unseres Entwurfes spricht hauptsächlich das Bedenken, dass im praktischen Falle, im Einspruchsprocesse, im Nichtigkeitsprocesse, im Eingriffsprocesse durch die Eventualität von Zeugenvernehmungen, von Sachverständigen-Befunden im fernen Auslande, Europa, Asien, Amerika ganz ausserordentliche unüberwindliche Schwierigkeiten sich ergeben dürften.

In demselben § 3 ist von der Neuheitsschädlichkeit der im Auslande amtlich herausgegebenen Patentschriften die Rede.

Der betreffende Passus im deutschen Gesetze ist vernünftig und verständlich gehalten. Die Umredigirung des Textes in unserem Entwurfe scheint mir, gelinde gesagt, zwecklos.

Bei Berathung des § 4 des Entwurfes werden Sie vielleicht auf das Bedürfniss einer negativen Umschreibung des Begriffes der Erfindung und Verbesserung zurückkommen.

Auch möchte ich hier wiederholt Ihre Aufmerksamkeit auf die Einrichtung des Caveat, der vorläufigen Beschreibung, lenken.

Im Exner'schen Entwurfe finden Sie diesfalls einen ganz schätzbaren Anhaltspunkt.

Im deutschen Gesetze nicht vorkommend, findet sich in unserem Entwurfe, § 5, die Einschränkung der Patentwerbungs-Befugniss eines Staatsbediensteten, wenn er die Erfindung in Ausübung seines Dienstes gemacht hat. Warum dies nur für Staatsbedienstete gelten soll, nicht auch für Privatbedienstete, ist mir unverständlich, und wäre doch auch hiefür im Exner'schen Entwurf der Anhaltspunkt zu finden gewesen.

Der § 8 des Entwurfes spricht vom Rechte des sogenannten Vorbesitzers, das ist von der relativen Wirkungslosigkeit eines Patentes gegenüber Demjenigen, welcher bereits in früherer Zeit die Erfindung in Benützung genommen hat. Nicht offenkundig, sondern als Fabriksgeheimniss.

Nach dem Schlusssatze dieses Paragraphen kann die rechtskräftig anerkannte Befugniss über Ansuchen des Berechtigten in das Patentregister eingetragen werden.

Nun suche ich im ganzen Gesetze vergeblich nach der Art und Weise, wie diese Befugniss zur Anerkennung gebracht werden soll; wie auch vergeblich, ob und welche Berufungsinstanz hier angerufen werden kann.

Nach § 25 und 28 wird die Competenz zur Entscheidung in erster Instanz der Nichtigkeitsabtheilung des Patentamtes zugedacht. Im folgenden Abschnitte, Regelung des Verfahrens, hat man aber darauf vergessen, sowohl bei dem das Verfahren erster Instanz behandelnden § 60, als auch bei den das Berufungsverfahren regelnden §§ 84 u. ff., wie auch bei dem § 89 über die sogenannte Feststellungsentscheidung.

Erst bei § 100 im Eingriffsprocesse kömmt der § 8 wieder an die Oberfläche als Citat, welches Citat aber bei der mangelnden meritorischen Grundlage gewissermaassen in der Luft hängt.

Der § 9 des Entwurfes hat das Rechtsverhältniss der Mitbesitzer eines Patentes im Auge und verfügt, dass zu der Ertheilung von Licenzen die Einstimmigkeit sämmtlicher Theilhaber erfordert wird.

Das ist eine Abweichung von den allgemeinen Rechtsgrundsätzen über die Gemeinschaft des Eigenthums und steht im directen Widerspruche mit der beliebten schärferen Durchführung des Licenzzwanges.

Soll etwa, weil einer der Patenttheilhaber hartnäckig sein Veto einlegt, nach § 21 des Entwurfes gegen alle die Calamität der Rücknahme des Patentes eintreffen?

Wenn Sie, meine geehrten Herren, den § 18 des Entwurfes mit der Randschrift „Unübertragbarkeit der Licenzen" verstehen, so mache ich Ihnen mein Compliment.

Der einfache, von Exner aufgestellte, aus dem Wesen der Licenz „Verzicht auf das Untersagungsrecht" hervorleuchtende Grundsatz: Die Licenzen lauten auf die Person des Erwerbers ausschliesslich; sie sind weder unter Lebenden noch von Todeswegen übertragbar, ist hier durch Hineinziehung des Patentinhabers und durch eine spitzfindige Unterscheidung zwischen unmittelbaren Rechtsnachfolgern und anderen Rechtsnachfolgern des Patentinhabers und des Licenzträgers derart verwickelt, dass der Jurist nichts anderes thun kann als — schweigen.

Beim zweiten Punkte des § 21, welcher von den allgemeinen Zwangslicenzen handelt, wäre wohl zu erwägen, ob dem kurzen Hinausschiebungs-Termine des deutschen Gesetzes von 3 Jahren nicht besser der zehnjährige des Exner'schen Entwurfes vorzuziehen wäre? Vielleicht auch die Frage, ob die deutscherseits beliebte indirecte Form des Licenzzwanges, mittelst Androhung der Rücknahme des Patentes, in das österreichische Gesetz recipirt werden solle und ob es nicht dem Zwecke vollkommen genügend wäre, dem Licenzwerber im einzelnen Falle das Klagerecht zuzusprechen, — also der einfache directe Licenzzwang.

Ich komme nun zum II. Abschnitte des Entwurfes: „Von den Patentbehörden". Gewiss ist die richtige Zusammensetzung der entscheidenden Behörde eine Cardinalbedingung für das Gedeihen des ganzen Rechtsinstitutes und da stossen wir auf eine eigenthümliche Abweichung vom deutschen Gesetze.

Dort erfolgen die Entscheidungen der Beschwerde-Abtheilungen und der Nichtigkeits-Abtheilung in der Besetzung von zwei rechtskundigen und drei technischen Mitgliedern.

Nach unserem Entwurf in der Besetzung von drei rechtskundigen und zwei technischen Mitgliedern für Endentscheidungen, von zwei rechtskundigen und einem technischen Mitgliede für Zwischenentscheidungen, also die Techniker-Mitglieder immer in der Minorität. Und eigenthümlich muthet es den Praktiker an, dass bei den rechtskundigen Mitgliedern dem Hinweise auf die Befähigung zum Richteramte aus dem Wege gegangen wird.

Der Exner'sche Entwurf verlangt bei den rechtskundigen Mitgliedern ausdrücklich die Qualification zum Richteramte; wir haben auch in der österreichischen Gesetzgebung ein Pendant hiezu in dem Gesetze über die Organisation des Verwaltungsgerichtshofes, wo für eine verhältnissmässige Zahl der Mitglieder die Qualification zum Richteramte ausdrücklich gefordert wird.

Und auch das deutsche Gesetz enthält, wenn auch nicht ausdrücklich obligatorisch, doch den Hinweis auf die Befähigung zum Richteramte.

Das Alles ist nicht ohne Grund! Denn reden wir offen, eigentliche praktische Fachjuristen, wie sie bei Ausübung der ämtlichen Functionen des Patentamtes im Vereine mit den Technikern arbeiten sollen, sind ja doch hauptsächlich Diejenigen, die im Richterstande oder im Advokatenstande ihre Schulung genossen haben, und als solche nach den bestehenden Gesetzen die Qualification zum Richteramte besitzen.

Verlassen wir dieses epinöse Thema! Der zweite Absatz des § 25 spricht von den Gutachten des Patentamtes, er adoptirt den Wortlaut des ursprünglichen deutschen Patentgesetzes vom Jahre 1877 und hat, offenbar bewusster Weise, das im Jahre 1891 nothwendig befundene Amendement zu diesem Texte bei Seite gelassen.

Nach dem älteren deutschen Gesetze war das Patentamt berufen, über Ersuchen der Gerichte über Fragen, welche Patente betreffen, Gutachten abzugeben. Daraus hat sich eine ungemeine Ueberlastung des Patentamtes ergeben.

Die Verbesserung der Patentgesetz-Novelle vom Jahre 1891 besteht in dem beigefügten beschränkenden Zusatze:

„Soferne in dem gerichtlichen Verfahren von einander abweichende Gutachten mehrerer Sachverständiger vorliegen."

Die verehrten Herren werden vielleicht Gelegenheit nehmen, sich für das eine oder für das andere auszusprechen.

Noch vier Schlagworte aus dem Capitel der Patentrechtsverfolgung.

Die Schlussbestimmung des § 91 über die Vermuthung der Wissentlichkeit des Eingriffes ist sehr hart; kann namentlich für Zwischenhändler, Importeure verhängnissvoll werden. Ich würde die mildere Fassung des Exner'schen Entwurfes vorziehen.

Unpraktisch in ihren Consequenzen scheint mir auch die Bestimmung des § 95 über die obligatorische Feilb[illegible] der für verfallen erklärten Eingriffsgegenstände. A[illegible] Art [illegible], möglicherweise zum grössten Verdrusse des Patentinhabers, die nachgepfuschten Erzeugnisse in den allgemeinen Verkehr.

Exner's Vorschläge in dieser Beziehung scheinen mir besser überlegt, praktischer.

„Was dem Einen wohl thut, thut dem Andern weh." Dieser bereits von mir citirte Satz kommt uns wieder bei dem § 98 des Entwurfes in Erinnerung.

Der Patentinhaber ist berechtigt, sofort mit der Eingriffsklage die Beschlagnahme der vermeintlichen Eingriffsgegenstände und Hilfsmittel zu begehren, ohne irgend eine Bescheinigung, ohne irgend eine vorgängige Mahnung; das heisst soviel als: jeder Industrielle, jeder Importeur kann dessen gewärtig sein, dass über die noch so muthwillige Eingriffsklage eines Patentinhabers die Polizei bei ihm erscheint, im Auftrage des Strafgerichtes die Maschinen versiegelt, Sperre an die Magazine anlegt u. s. f. Und merkwürdiger Weise sind für unbegründete, muthwillige Eingriffsklagen im Entwurfe gar keine Muthwillensstrafen vorgesehen; es gibt Muthwillensstrafen für unbegründeten Einspruch, § 50; für muthwillige Patentanfechtung, § 79. Im Eingriffsverfahren hat man darauf vergessen, oder vielleicht absichtlich sich begnügt mit der zahmen Hinweisung des § 105 auf die allgemeine civilrechtliche Schadenersatzpflicht. Und gewiss kann es nicht in der Absicht des Gesetzgebers sein, ohne genügende Gründe Jemanden der Untersuchung seines Hauses, seiner Werkstätten, seiner Erzeugnisse preiszugeben!

Durch solche Beschlagnahme und Sperrung des Geschäftes wird der Betreffende unter Umständen weit empfindlicher geschädigt, als der Patentwerber oder der Patentinhaber durch muthwilligen Einspruch, durch muthwillige Anfechtung.

Exner hat die offenbar muthwillige Erhebung der Eingriffsklage als Vergehen nach dem allgemeinen Strafgesetze gebrandmarkt.

Der § 100 des Entwurfes im Zusammenhange mit § 104 verkörpert den an sich richtigen Grundsatz, dass auch im Eingriffsstreite die vorkommenden Fragen über die Giltigkeit und Wirksamkeit des Patentes der Entscheidung des Patentamtes vorbehalten bleiben. Leider ist durch die zahlreichen Citate von Paragraphen und auch durch die Aufnahme des zweiten Alinea der Geist der Verwirrung auch über diesen Paragraphen hereingebrochen.

Noch erübrigt mir als Letztes: mein Erstaunen auszusprechen über die riesige Höhe der Gebühren; endlich mein Bedauern auszusprechen den Inhabern der Privilegien nach dem bisherigen Gesetze.

Der Schlusssatz des § 116 stellt ihnen in Aussicht, dass alle Diejenigen, welche unter der Herrschaft des bisherigen Gesetzes sich Eingriffe in ihre Privilegienrechte angemaasst haben, auch deswegen schon verfolgt und bestraft worden sind, nach dem Inslebentreten des neuen Gesetzes einen Freibrief zur Benützung der privilegirten Erfindung in eigenen oder fremden Werkstätten geniessen werden. Und dagegen gibt es nicht einmal eine Abhilfe durch Bewerbung um ein geprüftes Umwandlungspatent.

Höchstens jene Erfinder, welche von nun an Privilegien werben, können das Prävenire spielen dadurch, dass sie die Geheimhaltung der Beschreibung beanspruchen.

Und nun, meine sehr geehrten Herren, danke ich Ihnen bestens für die mir geschenkte freundliche Aufmerksamkeit.

ABHANDLUNGEN.

Die Theorie und Berechnung der asynchronen Wechselstrom-Motoren.

Von E. ARNOLD, Oerlikon.

(Fortsetzung.)

Tragen wir die Werthe von H_2 für die entsprechenden Winkel β als Vectoren auf, so erhält man einen Kreis, ich nenne daher ein solches Drehfeld ein **kreisförmiges Drehfeld**.

Für $p_2 \lesseqgtr p_1$ lässt sich die Form des Drehfeldes leicht construiren. Wir zerlegen H_2 in die beiden Componenten

$$\frac{m_2}{2}\,\frac{M^2 J_1 p_2}{r_2 \,.\, f} \,.\, \sin\,(p_1 t - \varphi_2) \text{ und}$$

$$\frac{m_2}{2} \,.\, \frac{M^2 J_1 p_1}{r_2 \,.\, f} \,.\, \cos\,(p_1 t - \varphi_2)$$

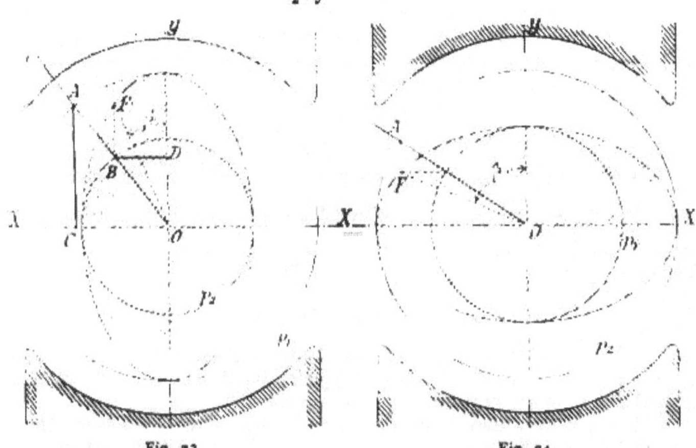

In Fig. 23 soll OY die Richtung des primären Feldes sein, dasselbe ist durch schraffirte Pole angedeutet. Wir beschreiben um den Mittelpunkt O zwei Kreise mit den Radien p_1 und p_2. Für einen beliebigen Winkel $YOA = p_1 t - \varphi_2$ ziehen wir den Strahl OA, dann ist

$$BD = p_2 \,.\, \sin\,(p_1 t - \varphi_1)$$

$$AC = p_1 \,.\, \cos\,(p_1 t - \varphi_2)$$

der Strahl $OF = \sqrt{\overline{BD}^2 + \overline{AC}^2}$ gibt uns daher ein Maass für den Werth von H_2. Nach dieser Construction sind bald mehrere Punkte des Drehfeldes bestimmt.

In Fig. 24 ist die Construction für $p_2 > p_1$ durchgeführt, in beiden Fällen ergibt sich ein **elliptisches Drehfeld**.

Für $p_2 < p_1$ fällt die gros[illegible] Axe der Ellips[illegible] der Richtung des primären Feldes zusammen; für [illegible] p_1 ist diese [illegible]krecht dazu gerichtet.

Die Winkelgeschwindigkeit des Drehfeldes ist nicht mehr constant, sondern variirt zwischen den Grenzen p_1 und p_2.

Für $p_2 = 0$ geht das Drehfeld in die Gerade OY und für $p_2 = \infty$ in die Gerade OX über, wir erhalten ein geradliniges Drehfeld oder ein einfaches oscillirendes Feld.

Hervorheben will ich noch, dass zur Zeit $t = 0$, oder wenn J_1 durch Null geht, die inducirte E. M. K. der in der OX-Richtung liegenden Windung, ganz unabhängig von p_2, den constanten Werth $M J_1 p_1$ behält. Da jedoch r_2 laut Gleichung 97 mit p_2 wächst, so nimmt die Stromstärke dieser Windung und daher auch die erzeugte Feldstärke in der OY-Richtung mit wachsendem p_2 ab.

Das elliptische Drehfeld können wir noch auf andere Weise entstanden denken und zwar durch die Superposition eines kreisförmigen und eines geradlinigen Drehfeldes.

Die Gleichung 120 lässt sich wie folgt schreiben:

$$e''_2 = \pm f . H . p_1 . \sin p_1 t - f H (p_1 - p_2) \sin p_1 t \quad . \quad . \quad 125)$$

$$e'_2 = \pm f . H . p_1 . \cos . p_1 t \quad . \quad . \quad . \quad . \quad . \quad . \quad . \quad 126)$$

Die E. M. Kräfte der ersten Glieder der Gleichungen 125 und 126 entsprechen einem kreisförmigen Drehfelde, dessen Winkelgeschwindigkeit $= p_1$ und dessen constante Stärke

$$= \frac{m_2}{2} . \frac{M^2 J_1 p_1}{r_2 f}$$

Das Glied $f . H . (p_1 - p_2) \sin p_1 t$ stellt eine E. M. K. dar, deren Periodenzahl $= \frac{p_1 - p_2}{2 \pi}$., dieselbe ist proportional der Schlüpfung. Das entsprechende Magnetfeld oscillirt in der OY-Richtung. Die Resultante beider Magnetfelder ergibt das elliptische Drehfeld.

Die Bestimmung des Drehmomentes.

In welcher Weise mit Hilfe der Integralrechnung das Drehmoment berechnet werden kann, ist bekannt.*) Dasselbe lässt sich durch folgende Ueberlegung auf elementare Weise ableiten.

Ein positives Drehmoment entsteht ebenso wie bei den Mehrphasen-Motoren durch die Schlüpfung $(p_1 - p_2)$ des Ankers gegen den synchronen Gang. Die Amplitude der in einer Phase des Ankers inducirten E. M. K. in Folge der Schlüpfung ist

$$E_2 = (p_1 - p_2) M J_1 \quad . \quad . \quad . \quad . \quad . \quad . \quad . \quad . \quad 127)$$

Der durch die Schlüpfung im Anker inducirte Effect dividirt durch $(p_1 - p_2)$ ergibt das gesuchte Drehmoment. Dabei ist zu beachten, dass die Wirkung der Schlüpfung sich nur für die halbe Windungszahl des Ankers geltend macht. Wir können somit das positive Drehmoment durch ein Drehfeld von der constanten Stärke $= \frac{1}{2} M J_1$ erzeugt denken, welches relativ zu den Windungen des Ankers mit der Winkelgeschwindigkeit $p_1 - p_2$ rotirt. Die inducirte E. M. K. wird

$$E_3 = \frac{1}{2} M J_1 (p_1 - p_2)$$

*) Vergl. hierüber E. Arnold, „Elektrotechn. Zeitschr.", Berlin, 1893, pag. 31; J. Sahulka, ebda. 1893, pag. 192; Dr. Behn-Eschenburg, ebda. 1893, pag. 521.

bezeichnen wir zur Abkürzung mit

$$r_3 = \sqrt{R_2^2 + \frac{m_2^2}{4}(p_1 - p_2)^2 L_2^2} \quad . \quad . \quad . \quad . \quad . \quad 128)$$

so wird die E_3 entsprechende Stromstärke

$$J_3 = \frac{1}{2} \frac{M J_1 (p_1 - p_2)}{r_3} \quad . \quad . \quad . \quad . \quad . \quad . \quad 129)$$

Das positive Drehmoment wird somit

$$D_p = \frac{m_2}{2} \frac{R_2 J_3^2}{p_1 - p_2} = \frac{m_2}{8} \cdot \frac{M^2 J_1^2 R_2 (p_1 - p_2)}{r_3^2} \quad . \quad . \quad . \quad 130)$$

Aus den Betrachtungen über den synchronen Gang ist bekannt, dass für die Rotation der Ankerwindungen Arbeit verbraucht wird. Denken wir uns wiederum sämmtliche Ankerwindungen von Moment zu Moment durch zwei Spulen ersetzt, von denen die eine in die OY-Richtung und die andere in die OX-Richtung fällt (Fig. 23), so werden in diesen Spulen E. M. Kräfte inducirt, deren Amplituden nach Gleichung 120

$$\left.\begin{array}{l} E_2'' = p_2 M J_1 \\ E'_2 = p_1 M J_1 \end{array}\right\} \quad . \quad . \quad . \quad . \quad . \quad . \quad . \quad . \quad . \quad 131)$$

Der Mittelwerth der Amplitude für sämmtliche Windungen ist daher

$$E_m = \frac{1}{2}(p_1 + p_2) M J_1$$

Wir würden dieselbe Amplitude erhalten, wenn wir den Anker mit der Winkelgeschwindigkeit $p_1 + p_2$ in einem Felde von der constanten Stärke $= \frac{1}{2} M J_1$ rotiren würden.

Die zugehörige Stromstärke ist

$$J_m = \frac{1}{2} \frac{M J_1 (p_1 + p_2)}{r_2}$$

und die für die Bewegung der Inductorwindungen verbrauchten Watts sind übereinstimmend mit Gleichung 112

$$W_m = \frac{m_2}{2} R_2 J_m^2 = \frac{m_2}{8} \cdot \frac{M^2 J_1^2 R_2 (p_1 + p_2)^2}{r_2} \quad . \quad . \quad 132)$$

Das negative oder hinderliche Drehmoment wird

$$D_n = \frac{W_m}{p_1 + p_2} = \frac{m_2}{8} \cdot \frac{M^2 J_1^2 R_2 (p_1 + p_2)}{r_2} \quad . \quad . \quad . \quad . \quad 133)$$

und das resultirende Drehmoment

$$D = D_p - D_n \qquad \text{oder}$$

$$D = \frac{m_2}{8} \cdot M^2 J_1^2 R_2 \left(\frac{p_1 - p_2}{r_2^2} - \frac{p_1 + p_2}{r_3^2} \right) \quad . \quad . \quad . \quad . \quad 134)$$

Aus der Ableitung dieses Ausdruckes geht hervor, dass wir uns vorstellen können, das resultirende Drehmoment werde durch zwei Drehfelder von der constanten Stärke $\frac{1}{2} M J_1$ erzeugt, von denen, relativ zu Windungen des Ankers, das eine

12

mit der Winkelgeschwindigkeit $p_1 - p_2$ in der Richtung der Rotation des Ankers und das andere mit der Winkelgeschwindigkeit $p_1 + p_2$ entgegengesetzt zu dieser Richtung rotirt.

Nehmen wir nun an, es seien in der Gleichung 134 alle Grössen ausser p_2 constant und dass p_2 von Null an unbegrenzt wachse und tragen wir die Werthe von p_2 als Abscissen und die Werthe von D als Ordinaten auf, so erhalten wir eine Curve, welche uns die Abhängigkeit des Drehmomentes von der Schlüpfung für constante Stromstärke darstellt.

Es ist jedoch lehrreicher, die positiven und negativen Drehmomente gesondert aufzutragen, um den Einfluss der beiden Glieder der Gleichung 134 zu veranschaulichen. In Fig. 25 stellt für $p_1 = 300$ und $p_2 = 0$ bis 500 die Curve D_p den Verlauf der Werthe des positiven und D_n dasselbe für das negative Drehmoment dar. Die Werthe der Constanten sind einem praktischen Beispiele entnommen worden.

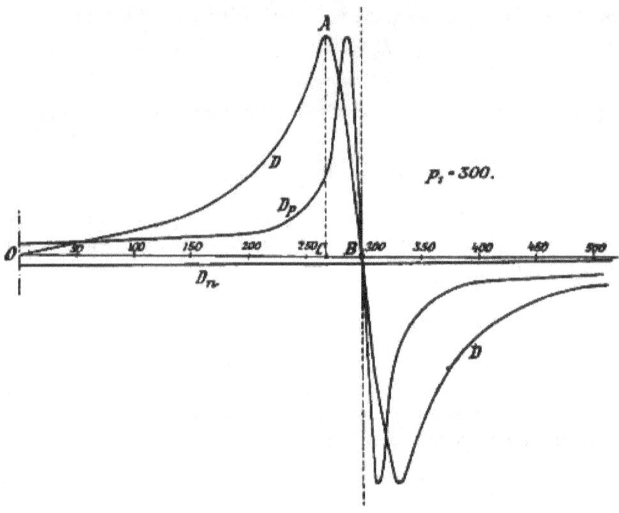

Fig. 25.

Das Drehmoment D_p nimmt mit wachsendem p_2 erst langsam und dann sehr rasch zu und erreicht für einen Werth von p_2, der nur um Weniges kleiner als p_1, sein positives Maximum, fällt nun rasch gegen die Abscissenachse ab, wird für $p_2 = p_1$ zu Null, ändert sein Vorzeichen und erreicht für einen Werth von p_2, der um Weniges grösser als p_1, sein negatives Maximum, fällt dann rasch mit zunehmendem p_2 und verläuft asymptotisch zur Abscissenachse.

Der Werth des negativen Drehmomentes D_n ist für $p_2 = 0$ gleich D_p und nimmt dann, stets negativ bleibend, mit zunehmendem p_2 beständig ab. Der Werth von D_n beträgt nur wenige Procente des maximalen Werthes von D_p und kann daher bei der Vorausberechnung eines Motors, ohne einen grossen Fehler zu begehen, vernachlässigt werden.

Das resultirende Drehmoment D wird für $p_1 = 0$ ebenfalls $= 0$, weil das positive und negative Drehmoment einander gleich sind. Den zweiten Werth von p_2, für welchen $D = 0$ wird, ergibt sich aus Gleichung 134, wenn wir den Ausdruck in der Klammer gleich Null setzen. Dieser Werth ist

$$p_2 = \sqrt{p_1^2 - \frac{4 R_2}{m_2^2 . L_2^2}} \quad . \quad . \quad . \quad . \quad . \quad . \quad . \quad 135)$$

und nur wenig kleiner als p_1.

Mehr praktisches Interesse als die Curve des Drehmomentes für constante Stromstärke hat die Abhängigkeit des Drehmomentes von der primären E. M. K., denn die Motoren werden für constante Spannung gebaut. Mit Hilfe der graphischen Methode lässt sich diese Beziehung ermitteln.

Der primären E. M. K. wirken vier E. M. Kräfte entgegen:

1. Die E. M. K., welche der Strom J_1 im Widerstande R_1 verbraucht, deren Amplitude

$$= R_1 J_1.$$

2. Die E. M. K. der Selbstinduction, deren Amplitude

$$= p_1 L_1 J_1.$$

3. Die E. M. Gegenkraft des secundären Drehfeldes, deren Amplitude

$$= \frac{m_2}{4} . p_1 M (J_2'' + J'_2)$$

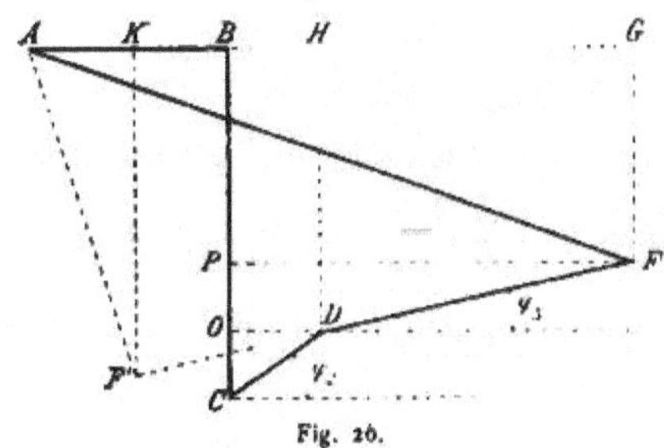

Fig. 26.

welche nach den früheren Erläuterungen der unter 2. angeführten E. M. K. um den Winkel $90 + \varphi_2$ nacheilt.

4. Die E. M. Gegenkraft, welches das durch die Schlüpfung erzeugte secundäre Feld inducirt, deren Amplitude

$$= \frac{m_2}{2} . p_1 M J_3$$

und welche, ebenso wie bei Mehrphasen-Motoren der E. M. K. der Selbstinduction um den Winkel $90 + \varphi_3$ nacheilt.

In Fig. 26 sind diese E. M. Kräfte ihrer Richtung nach aufgetragen. Es ist

$$AB = R_1 J$$
$$BC = p_1 L_1 J_1$$
$$CD = \frac{m_2}{4} p_1 M (J_2'' + J'_2)$$
$$DF = \frac{m_2}{2} p_1 M J_3$$
$$AF = E_1.$$

Es ist nun

$$E_1^2 = (AB + BH + HG)^2 + (BC - CO - OP)^2$$

oder

$$\left.\begin{aligned} E_1^2 = \Big[R_1 J_1 + \frac{m_2}{4} p_1 M (J_2'' + J'_2) \cos\varphi_2 + \frac{m_2}{2} p_1 M J_3 \cos\varphi_3\Big]^2 + \\ + \Big[p_1 L_1 J_1 - \frac{m_2}{4} p_1 M (J_2'' + J'_2) \sin\varphi_2 - \frac{m_2}{2} p_1 M J_3 \sin\varphi_3\Big]^2 \end{aligned}\right\} \quad 136)$$

Nach den Gleichungen 122 und 129 sind die Amplituden der Stromstärken

$$J_2'' = \frac{M J_1 p_2}{r_2}$$

$$J_2' = \frac{M J_1 p_1}{r_2}$$

$$J_3 = \frac{1}{2} \frac{M J_1 (p_1 - p_2)}{r_3};$$

ferner ist

$$\sin\varphi_2 = \frac{m_2}{2} \frac{(p_1 + p_2) L_2}{r_2}$$

$$\sin\varphi_3 = \frac{m_2}{2} \frac{(p_1 - p_2) L_2}{r_3}$$

$$\cos\varphi_2 = \frac{R_2}{r_2} \quad \text{und} \quad \cos\varphi_3 = \frac{R_2}{r_3}$$

Setzen wir diese Werthe in Gleichung 136 ein und bezeichnen zur Abkürzung mit

$$\left.\begin{aligned} N^2 = \Big[R_1 + \frac{m_2}{4} \cdot \frac{M^2 R_2 p_1 (p_1 + p_2)}{r_2^2} + \frac{m_2}{4} \cdot \frac{M^2 R_2 p_1 (p_1 - p_2)}{r_3^2}\Big]^2 + \\ + \Big[p_1 L_1 - \frac{m_2^2}{8} \cdot \frac{M^2 L_2 p_1 (p_1 + p_2)^2}{r_2^2} - \frac{m_2^2}{8} \cdot \frac{M^2 L_2 p_1 (p_1 - p_2)^2}{r_3^2}\Big]^2 \end{aligned}\right\} \quad 137)$$

so wird

$$J_1^2 = \frac{E_1^2}{N^2} \quad \ldots\ldots\ldots\ldots \quad 138)$$

$$D = \frac{m_2}{8} \cdot \frac{M^2 E_1^2 R_2}{N^2} \left[\frac{p_1 - p_2}{R_2^2 + \frac{m_2^2}{4}(p_1 - p_2)^2 L_2^2} - \frac{p_1 + p_2}{R_2^2 + \frac{m_2^2}{4}(p_1 - p)^2 L_2^2}\right] \quad 139)$$

Einige aus dieser Gleichung für constante Spannung ermittelte Werthe sind in Fig. 26 aufgetragen und durch die Curve D verbunden. Diese Curve gibt uns somit die Abhängigkeit des Drehmomentes von der Schlüpfung für constante Spannung. Bemerkenswerth ist, dass das Maximum des Drehmomentes bei grösserer Schlüpfung eintritt, als bei constanter Stromstärke. E_1 ist so gewählt, dass die maximalen Drehmomente einander gleich sind. Die magnetische Streuung, welche den Verlauf der Curven erheblich ändern wird, ist nicht berücksichtigt.

Ist der Einphasen-Motor durch irgend eine Anlassvorrichtung in Betrieb gesetzt, so darf der Werth von p_2 nicht unter OC (Fig. 25) sinken, oder das Drehmoment darf sich nur innerhalb der Grenzen des Curvenastes AB bewegen. Wird das maximale Drehmoment AC durch Ueberlastung des Motors überschritten, so bleibt derselbe stehen. Aus Gleichung 139 geht hervor, dass die Ueberlastung, welche der Motor verträgt, umso grösser ist, je kleiner der Widerstand R_2 und die Selbstinduction L_2 der Windungen des Ankers, je kleiner die magnetische Streuung und je grösser der Coëfficient M der gegenseitigen Induction, bezw. je grösser die Intensität des Magnetfeldes ist. Für grössere Werthe von $p_1 - p_2$ sind es namentlich die Selbstinduction und die Streuung, welche die Leistung des Motors begrenzen.

Aus der Gleichung 138 lassen sich für constante Spannung die Werthe von J_1 für verschiedene Werthe von p_2 berechnen oder wenn J_1 als constant vorausgesetzt wird, die zugehörigen Werthe von E_1.

Für $p_2 = p_1$ erhalten wir, übereinstimmend mit Gleichung 102, den sehr annähernd richtigen Werth des Leerlaufstromes J_0.

Für den stillstehenden Anker oder $p_2 = 0$ wird, wenn E_1 constant ist, J_1 ein Maximum. In diesem Falle wird

$$N^2 = \left(R_1 + \frac{m_2}{2} \cdot \frac{p_1^2 M^2 R_2}{R_2^2 + \frac{m_2^2}{4} p_1^2 L_2^2}\right)^2 + \left(p_1 L_1 - \frac{m_2^2}{4} \cdot \frac{p_1^3 \cdot M^2 L_2}{R_2^2 + \frac{m_2^2}{4} \cdot p_1^2 L_2^2}\right)^2$$

Wenn wir diesen Ausdruck entwickeln und in Gleichung 138 einsetzen, folgt

$$J_1^2 \max. = E_1^2 \left(R_2^2 + \frac{m_2^2}{4} p_1^2 L_2^2\right) \quad \text{dividirt durch}$$

$$\left.\begin{array}{l} p_1^2 \left(\frac{m_2^2}{4} \cdot R_1^2 L_2^2 + R_2^2 L_1^2 + m_2 M^2 R_1 R_2\right) + \\ \quad + \frac{m_2^2}{4} \cdot p_1^4 (L_1 L_2 - M^2)^2 + R_1^2 R_2^2 \end{array}\right\} \quad . \quad . \quad 140)$$

Ist R_2 klein gegen $p_1 L_2$, so wird annähernd

$$J_1^2 \max = \frac{E_1^2 L_2^2}{R_1^2 L_2^2 + \frac{4}{m_2^2} R_2^2 L_1^2 + \frac{4}{m_2} M^2 R_1 R_2 + p_1^2 (L_1 L_2 - M^2)^2} \quad 141)$$

Ersetzt man in der für Mehrphasen-Motoren giltigen Gleichung 23 $L_1 \frac{m_1}{2}$ durch L_1 und $M^2 \frac{m_1}{2}$ durch M^2, so erhalten wir Gleichung 140, denn für Einphasen-Motoren ist $m_1 = 1$ und der Coëfficient $\frac{1}{2}$ ist bedingt durch die gleichmässige Vertheilung der primären Windungen am Umfange des Feldes.

Die Bestimmung der Phasenverschiebung φ_1 und des Wirkungsgrades.

Aus der Fig. 26 folgt:

$$\cos \varphi_1 = \frac{1}{E_1} \left[R_1 J_1 + \frac{m_2}{4} \cdot p_1 M (J_2'' + J'_2) \cos \varphi_2 + \frac{m_3}{2} \cdot p_1 M J_3 \cos \varphi_3\right]$$

oder

$$\cos \varphi_1 = \frac{J_1}{E_1} \left[R_1 + \frac{m_2}{4} \frac{M^2 R_2 p_1 (p_1 + p_2)}{R_2^2 + \frac{m_2^2}{4} (p_1 + p_2)^2 L_2^2} + \right.$$

$$\left. + \frac{m_2}{4} \cdot \frac{M^2 R_2 p_1 (p_1 - p_2)}{R_2^2 + \frac{m_2^2}{4} (p_1 - p_2)^2 L_2^2}\right]$$

Aus dieser Gleichung ist die Abhängigkeit der Phasenverschiebung φ_1 von den Dimensionen und der Belastung des Motors ersichtlich. Unter Beachtung, dass $M^2 = b^2 L_1 L_2$ können wir sagen:

Der Winkel der Phasenverschiebung φ_1 wird um so grösser, je grösser p_2 oder je kleiner die Schlüpfung, je grösser der Widerstand R_2 und die Selbstinduction L_2 der Ankerwindungen, je grösser die magnetische Streuung, und sie nimmt ab mit wachsender Feldstärke H. — Ist E_1 constant, so nimmt die Phasenverschiebung ferner mit J_1 oder mit wachsender Belastung ab. — Für die Anlassvorrichtungen der Einphasen-Motoren lassen sich aus Gleichung 142 dieselben Schlüsse ziehen, wie das für Mehrphasen-Motoren nach Gleichung 38 geschehen ist.

Der totale vom Motor verbrauchte Effect in Watt ist

$$W_t = \frac{1}{2} E_1 J_1 \cos \varphi_1$$

oder

$$W_t = \frac{1}{2} R_1 J_1^2 + \frac{m_2}{8} \cdot M^2 J_1^2 R_2 p_1 \left(\frac{p_1 - p_2}{r_3^2} + \frac{p_1 + p_2}{r_2^2} \right) \quad . \quad 143)$$

oder

$$W_t = R_1 \overline{J}_1^2 + p_1 (D_p + D_n) \quad . \quad . \quad . \quad . \quad . \quad . \quad 144)$$

Die Wattleistung des Motors ist

$$W = D \cdot p_2 = p_2 (D_p - D_n) \quad . \quad . \quad . \quad . \quad . \quad . \quad 145)$$

der Wirkungsgrad somit

$$\eta = \frac{p_2 (D_p - D_n)}{R_1 \overline{J}_1^2 + p_1 (D_p + D_n)} \quad . \quad . \quad . \quad . \quad . \quad . \quad 146)$$

Die Verluste durch Hysteresis und Wirbelströme im Feld- und Ankereisen sind hierin nicht berücksichtigt, ebensowenig Luftwiderstand und Lagerreibung; die ersteren können durch Rechnung ermittelt, die letzteren müssen nach Erfahrung bestimmt werden. Der Einfluss der Hysteresis und der Wirbelströme auf die Phasenverschiebung kann durch entsprechende Vergrösserung der Widerstände R_1 und R_2 in Gleichung 142 berücksichtigt werden.

Der im Kupfer des Ankers durch Erwärmung verloren gehende Effect ist

$$W_2 = W_m + \frac{m_2}{2} R_2 J_3^3$$

die Werthe aus den Gleichungen 129 und 132 eingesetzt, gibt

$$W_2 = (p_1 + p_2) D_n + (p_1 - p) D_p \quad . \quad . \quad . \quad . \quad . \quad . \quad 147)$$

Ist der Verlust $R_1 \overline{J}_1^2$ klein, so wird annähernd

$$\eta = \frac{p_2}{p_1} \quad . \quad . \quad . \quad . \quad . \quad . \quad . \quad . \quad . \quad . \quad 148)$$

Setzt man in den obigen Gleichungen das negative Drehmoment $D_n = 0$, so gelten dieselben für Mehrphosen-Motoren.

Der Wirkungsgrad der Mehrphasen-Motoren ist daher unter gleichen Bedingungen grösser als derjenige der Einphasen-Motoren.

Wird $p_2 > p_1$, so wird in Gleichung 142 das zweite Glied in der Klammer negativ.

Ist

$$-\frac{m_2}{4} \cdot \frac{M^2 R_2 p_1 (p_1 - p_2)}{r_2^2} > R_1 + \frac{M^2 R_2 p_1 (p_1 + p_2)}{r_2^2}$$

so wird die Phasenverschiebung

$$\varphi_1 > 90^0.$$

Für $p_2 > p_1$ fällt in Fig. 26 der Punkt F links von D nach F'. Wird $\overline{HK} > \overline{HA}$, so ist $\varphi_1 > 90^0$, d. h. die dem primären Stromkreise zugeführte Energie grösser als die von demselben verbrauchte. Der Motor wird zum Generator und an der Welle des Ankers muss ein Drehmoment aufgewendet werden.

(Schluss folgt.)

Neue Signalcontrole.

Von A. PRASCH.

Um die jeweilige Stellung eines optischen Signales von einem bestimmten Punkte aus, welcher einen Ausblick auf das Signal selbst, oder ein richtiges Erkennen des Signalbildes nicht gestattet, überwachen zu können, bedient man sich gewisser Hilfssignale, die unter dem Namen Signalcontrolen oder Signalwiederholer allgemein gekannt sind.

Diese Signalcontrolen finden insbesondere im Eisenbahndienste, zumeist für die Ueberwachung der stets weit vor die Stationen hinausgeschobenen Stationdeckungs- oder Distanzsignale Verwendung.

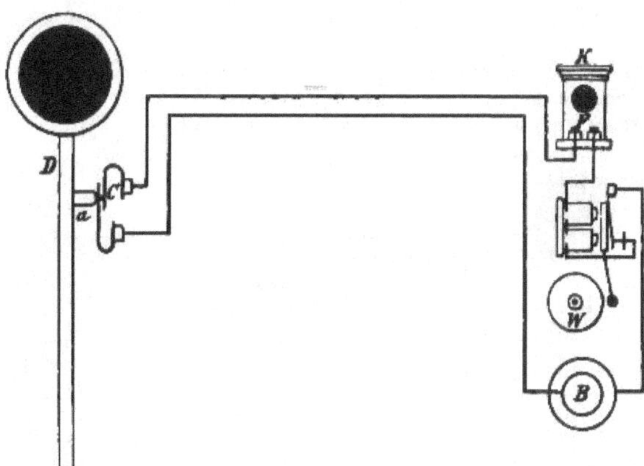

Fig. 1.

Entsprechend der grossen räumlichen Entfernung zwischen Aufstellungsort des zu überwachenden Signales und Beobachtungsort, werden diese Signale zumeist auf rein elektrischem Wege bethätigt.

Da es hier zumeist die Ueberwachung wichtiger Signale gilt, von deren richtiger Stellung die Sicherh[illegible] Leben und Gut mit abhängig ist, muss von den Controlsignalen v[illegible]gt werden, dass deren Anzeigen stets absolut richtig und [illegible]sslich [illegible]

Betrachtet man j[illegible] die Sc[illegible] im Gebrau[illegible] stehenden Signalcontrolen, so ergi[illegible] [illegible]eigen nich[illegible] [illegible]chliessen.

Wird, wie die Fig. 1 in schematischer Darstellung einer solchen Controle zeigt, der Stromkreis der Batterie *B* durch den Contact *C* am Distanzsignale *D* geschlossen, so erscheint hinter dem Fensterchen *F* der optischen Controle *K* eine rothe Scheibe und der Wecker *W* beginnt gleichzeitig zu ertönen. Die Haltstellung des Signales wird hiedurch angezeigt.

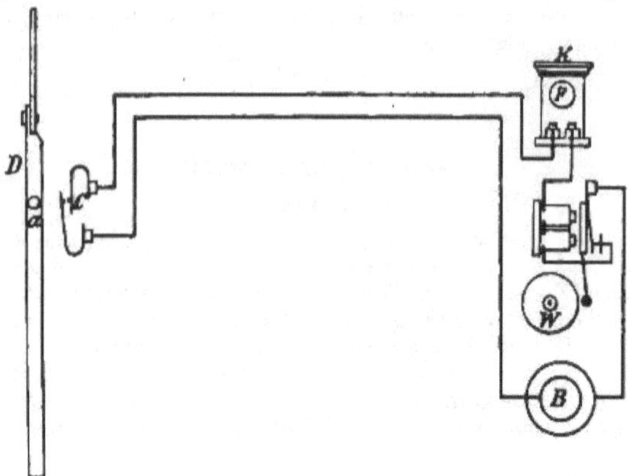

Fig. 2.

Geht bei Freistellung Fig. 2 der Daumen *a* des Distanzsignales von dem Contacte *C* weg, so wird der Stromkreis unterbrochen, das rothe Scheibchen verschwindet, der Wecker verstummt.

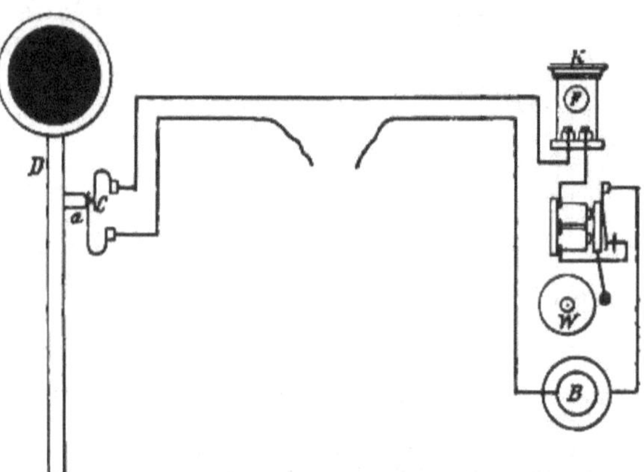

Fig. 3.

Wie nun Fig. 3 und 4 zeigen, kann durch Leitungsgebrechen die Wirkung des Distanzsignales auf den Contact *C* imitirt werden.

In Fig. 3 steht das Distanzsignal auf „Halt", die Controle zeigt aber die Freistellung an, weil die Leitung unterbrochen ist. Fig. 4 zeigt den Einfluss einer Berührung, das Signal steht auf „Frei", die Anzeige der Controle lässt aber dessen Haltstellung annehmen.

Beide Fälle dieser durch Leitungsgebrechen möglichen falschen Anzeigen der Controlsignale bedeuten aber im Eisenbahndienste eine grosse Gefahr.

Der den Verkehr leitende Beamte muss sich, sollen die Controlsignale nicht illusorisch sein, auf deren Angaben verlassen, und trifft hiernach seine Dispositionen.

Zeigt die Controle „Halt", das Distanzsignal steht aber auf „Frei" oder „gestattete Einfahrt", so ist die Gefahr einleuchtend. Der Beamte vermuthet die Station gedeckt und manipulirt dementsprechend, während doch für einen einfahrenden Zug die Bahn freigegeben ist.

Der zweite Fall, das Signal steht auf „Halt", die Controle zeigt „Frei", bietet anscheinend weniger Gefahr, da der einfahrende Zug höchstens vor dem Signale stehen bleiben wird. Und doch ist sie auch hier vorhanden. Die Station ist gedeckt, der Beamte, durch die Controle irregeführt, nimmt jedoch das Gegentheil an, sucht das Signal auf „Halt" zu stellen. Statt dessen wird es aber in die Freistellung gebracht, hiedurch einem zu erwartenden Zuge die Bahn freigegeben und gerade das Entgegengesetzte von dem Beabsichtigten erreicht.

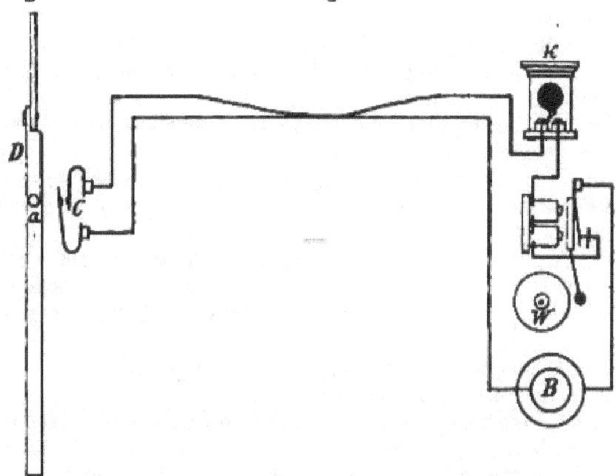

Fig. 4.

Die Hauptbedingung für Signale im Eisenbahndienste einer stets zuverlässigen Anzeige ist demnach bei diesen Signalcontrolen nicht erfüllt. Die Beachtung dieser Signale bei Eintritt solcher Ausnahmsfälle kann möglicherweise von den traurigsten Folgen begleitet sein. Nun gibt sich aber der Eintritt solcher Störungen nicht sofort kund, sondern wird zumeist erst späterhin endeckt.

Es fehlt an einem charakteristischen Erkennungszeichen für den Eintritt des Defectes und begründet dies allein die Gefahr, da Störungen an den Signalen überhaupt nie ganz zu vermeiden sein werden. Den aus solchen Störungen entspringenden Gefahren kann aber nur dann durch geeignete Maassnahmen begegnet werden, wenn der Fehler rechtzeitig erkannt wird.

Ein weiterer, jedoch weit weniger in Betracht kommender Nachtheil dieser Controlen liegt darin, dass die Signalkundgebung in zu wenig auffälliger Form erfolgt und hiedurch die Beobachtung erschwert wird. Das Erscheinen und Verschwinden des kleinen rothen Signalscheibchens ist nur auf sehr geringe Entfernung erkennbar und das schwache Läuten des

Weckers wird nur allzuleicht durch andere Geräusche, wie sie der Eisenbahndienst mit sich bringt, übertönt.

Der auf dem äusseren Stationsplatze manipulirende Beamte muss sich daher, um Sicherheit über die Stellung seines wichtigsten Signales zu erlangen, stets in die nächste Nähe des Aufstellungsortes der Controlsignale begeben, was für ihn viele Unbequemlichkeiten bringt und ihn leicht verleiten kann, diesen Signalen weniger Aufmerksamkeit zu widmen, als dies sonst bei günstigerer Construction derselben der Fall wäre.

Bei der nun zu beschreibenden elektrischen Controlvorrichtung für ferngelegene zweier maassgebender Endstellung fähige Signale sind diese Nachtheile gänzlich beseitigt, indem dieselbe folgenden als Programm aufgestellten Bedingungen vollkommen entspricht:

1. Die Angaben derselben sind absolut zuverlässig und beziehen sich entweder auf eine der beiden Normalstellungen des Signales oder auf den Eintritt einer Störung.

2. Eine Verwechslung der Angaben in ihrer Bedeutung ist dadurch ausgeschlossen, dass die sich auf die zwei ordnungsgemässen Stellungen des Signales beziehenden Angaben entgegengesetzter Art sind, und eine eingetretene Störung sich auffällig und alarmirend von den normalen Anzeigen unterscheidet.

3. Die Kundgebungen der Controlvorrichtung kommen auf optischem und optisch-akustischem Wege, bei Tag und bei Nacht in gleicher Weise zum Ausdruck.

4. Das optische Signal ist ein Formsignal, welches jede Verwechslung mit einem anderen Signale ausschliesst.

5. Die durch Projection des Signalkörpers auf einem weissen Hintergrund entstehenden Signalbilder sind auf eine Entfernung von mindestens 25 m sichtbar.

6. Der Antrieb der Controlvorrichtung erfolgt auf rein elektrischem Wege unter Ausschluss jeder anderen Triebkraft in zuverlässiger Weise, und genügt ein geringes Maass elektromotorischer Kraft zur Bethätigung derselben.

7. Eine Vermehrung der Verbindungsleitungen zwischen dem Signale und den Controlapparaten ist vermieden.

Die zur Erreichung dieser Aufgabe erforderlichen Apparate und sonstigen Vorrichtungen, welche theils an dem zu überwachenden Signale, theils an den Controlstellen, in einer den localen Bedürfnissen Rechnung tragenden Weise angebracht werden und durch eine oder zwei Fernleitungen und eine Reihe localer Leitungen in Verbindung stehen, sind:

1. Die Contactvorrichtung am Signale, dessen Controle in Aussicht genommen wird;
2. der optische Controlapparat;
3. die Alarmglocke;
4. die Linienbatterie;
5. Die Ortsbatterie.

Die Contactvorrichtung.

Dieselbe ist, da die Bethätigung des Controlsignales durch Umkehren der Stromrichtung erfolgt, eigentlich als Stromwender aufzufassen. Die Einrichtung derselben ist, soweit hiebei Quetschcontacte in Betracht kommen, aus der schematischen Darstellung Fig. 12 leicht zu erkennen.

Es können aber eben so gut Schleifcontacte verwendet werden, wie ja überhaupt die Contactconstruction den im Gebrauche befindlichen Signalen der verschiedenartigsten Bauart von Fall zu Fall bestens anzupassen sein wird.

Für Signale, die wie die meisten Signalscheiben nur eine Wendung um 90° gestatten, oder für Mastsignale, deren Flügel oder Arme entweder nur die um 45° nach aufwärts gerichtete oder die horizontale Lage einnehmen, dürfte sich die Anwendung der dargestellten (Fig. 5—7) Quecksilber-Contacte, welche bereits als verlässlich erprobt vortheilhaft erweisen.

Fig. 5.

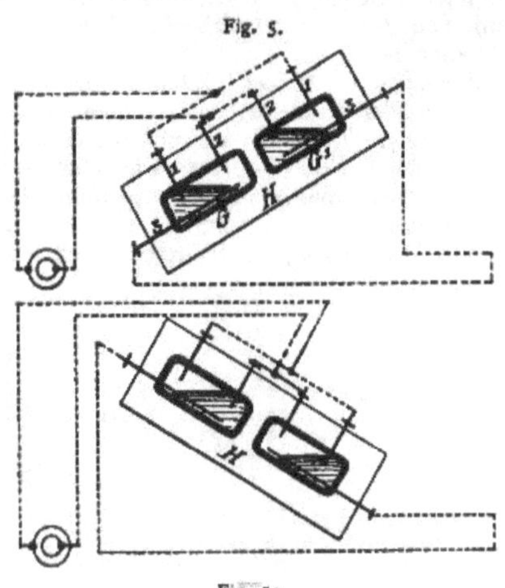

Fig. 5a.

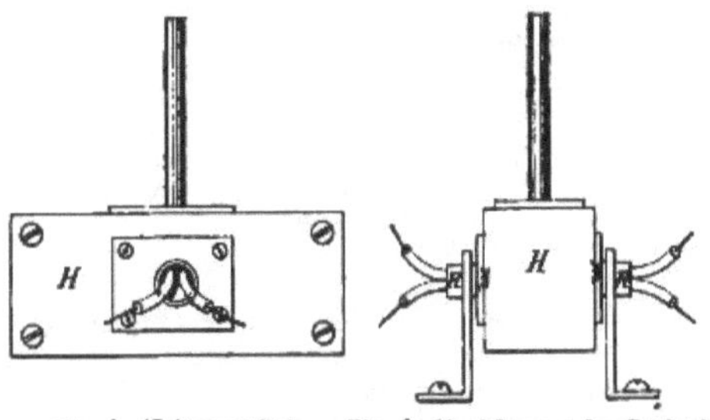

Fig. 6. (Seitenansicht.) Fig. 6. (Ansicht von der Rückseite.)

In zwei getrennten Glasröhrchen (*G G* Fig. 5 und 5a) sind, ein Stück über die äussere Glaswand hervorragend, je drei Eisendrähte (1, 2, 3) eingeschmolzen, deren einer längs der unteren Längswand parallel läuft, wogegen die beiden anderen Drähte am rechten und linken Ende senkrecht zu derselben und dem ersten Drahte gegenüberliegend, nur ein kleines Stück in den inneren Hohlraum des Röhrchens hineingreifen. Die Röhrchen werden bis etwa zur Hälfte mit chemisch reinem Quecksilber gefüllt, möglichst luftleer gepumpt und sodann verschmolzen.

Die Verbindung der Eisendrähte unter einander, mit den Leitungen und der [illegible] durc[illegible] dieselben angelötheten Kupferdrähte zeigen

Fig. 5 und 5a und gleichzeitig die Art und Weise, in welcher die Stromwendung erfolgt, sowie dass, wenn der Contact nicht vollständig umgelegt wird, was einer unvollkommenen Stellung des Signals entsprechen würde, Stromunterbrechung eintreten muss.

Die beiden Glasröhrchen sind von einem, dieselben nach aussen hin vollständig abschliessenden, doppeltheiligen Holzgehäuse, Fig. 6, umgeben, und in dasselbe durch Vergypsen so fest eingebettet, dass eine Bewegung derselben nur mit dem Gehäuse möglich, innerhalb desselben aber vollständig ausgeschlossen ist.

Die Verbindungsdrähte zu den Leitungen und der Batterie führen durch zwei genau in der Mitte der senkrechten Längswände einander gegenüberliegende Oeffnungen nach aussen. An diese Längswände sind zwei Metallplatten *m* mit senkrecht darauf verlötheter Metallröhre *R*, deren Hohlraum mit den Drahtausmündungen correspondirt, festgeschraubt und bilden diese zwei Röhren die Drehungsachse des Contactes. Die aus dem Gehäuse auslaufenden Verbindungsdrähte treten durch die Rohre aus und

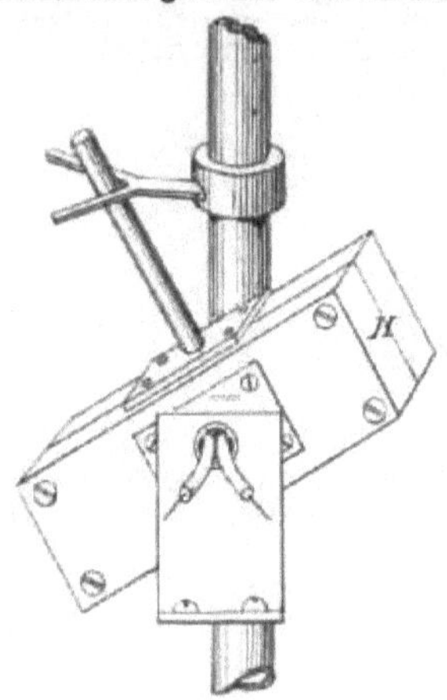

Fig. 7.

wird dadurch erreicht, dass dieselben bei der Bewegung des Contactes nur auf Torsion in Anspruch genommen werden und daher sehr lange halten. Die Lagerung und Art und Weise der Uebertragung der Signalbewegung auf den Contact ist aus der Fig. 7 ohne weiteres ersichtlich.

Der optische Controlapparat.

Auf der Grundplatte *M* (Fig. 8) sind zwei Doppel-Elektromagnete $E\ E_1$ horizontal und mit den Magnetpolen einander gegenüberliegend so befestigt, dass sie durch die Regulirschrauben *R R* einander genähert, oder von einander entfernt werden können. Die Drahtwindungen der Elektromagnete sind so angeordnet, dass die bei Durchgang eines elektrischen Stromes erzeugten, einander gegenüberliegenden Magnetpole entgegengesetzter Natur sind. Zwischen diesen Polen bewegt sich um die Achse *W* drehbar ein permanenter Stahlmagnet von Hufeisenform *N*. An dieser zwischen die beiden Gestellwände oder Ständer G, G_1 gelagerten Achse *W* ist ferner, nahe gegen den vorderen Ständer gerückt, der langarmige, nach oben in ein Kreissegment endigende Hebel *H* befestigt. In das

Kreissegment sind feine Zähne eingeschnitten, die in das mit der Achse *w* drehbare Triebrad *T* eingreifen.

Die Achse *w* geht in ihrer Fortsetzung durch den vorderen Ständer *S* hindurch und wird auf selbe der aus einem Stück Aluminiumblech bestehende, an der Vorder-(Signal-)Seite schwarz lackirte Signalkörper *K* aufgesteckt und mit derselben starr verbunden. In der Mitte zwischen den beiden Gestellständern ist an diese Achse 45° gegen die Horizontale geneigt der Hebel *L* befestigt. In diesen Hebel *L* ist ein Schraubengewinde eingeschnitten, längs welchem das aus zwei Theilen bestehende, mit Muttergewinde versehene Regulirgewicht *P* verschoben werden kann. Das an der vorderen Gestellwand befestigte Winkelstück *Q* trägt in seinen nach innen abgebogenen Theilen zwei Schrauben *x x*, durch welche sich die Bewegung des Hebels *H* begrenzen lässt.

Das Uebersetzungsverhältniss der einzelnen hiefür in Betracht kommenden Theile dieses Apparates ist so gewählt, dass der Signalkörper *K* bei der jedesmaligen Bewegung des Ankers von den Polen des einen Elektromagnetes zu den Polen des gegenüberliegenden Elektromagnetes,

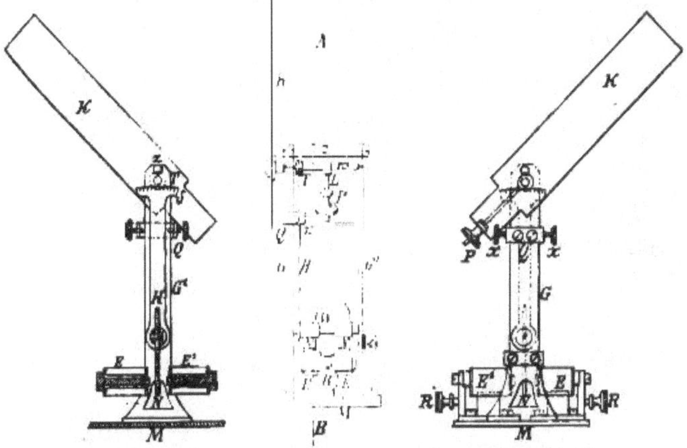

Fig. 8. (Schnitt *A*—*B*.) Fig. 8. (Vorderansicht.) Fig. 8. (Seitenansicht.)

was jedesmal erfolgt, wenn die Stromrichtung gewechselt wird, eine Drehung um 90° nach rechts oder links ausführen muss. Die Lage desselben ist hiebei, und zwar so lange, als der Anker von den Elektromagnetpolen festgehalten wird, entweder die Horizontale oder die Verticale.

Im stromlosen Zustande dagegen, in welchem der anziehende Einfluss der Eisenmassen der Elektromagnete auf den Anker sich gegenseitig fast vollständig aufhebt, wird der Signalkörper durch geeignete Einstellung des Regulirgewichtes *P* die um 45° geneigte Lage einnehmen. Es sind somit drei verschiedene und charakteristische Lagen des Signalkörpers möglich.

Der Apparat wird in ein Blechgehäuse (Fig. 9), welches denselben nach aussen hin vollständig abschliesst und gegen Witterungseinflüsse schützt, eingesetzt und mit demselben durch Schrauben verbunden. An der Vorderseite des Gehäuses befindet sich ein rechteckiger Ausschnitt *a b c d*, welcher durch eine [illegible]lich einschiebbare weisse und durchsichtige Spiegelglasscheibe *G* gede[illegible] Der Apparat [illegible] Gehäuse so eingesetzt, dass der Signalkörper *K* in der Mitte des Gehäuses unmittelbar hinter dieser Glasscheibe zu liegen kommt und daher in der verticalen und geneigten Lage sichtbar, in der horizontalen Lage dagegen, durch die Blechwand gedeckt, den Blicken entzogen wird. In die zweite Einschubrille des Gehäuses ist eine Scheibe aus weissem Beinglase eingeschoben, so

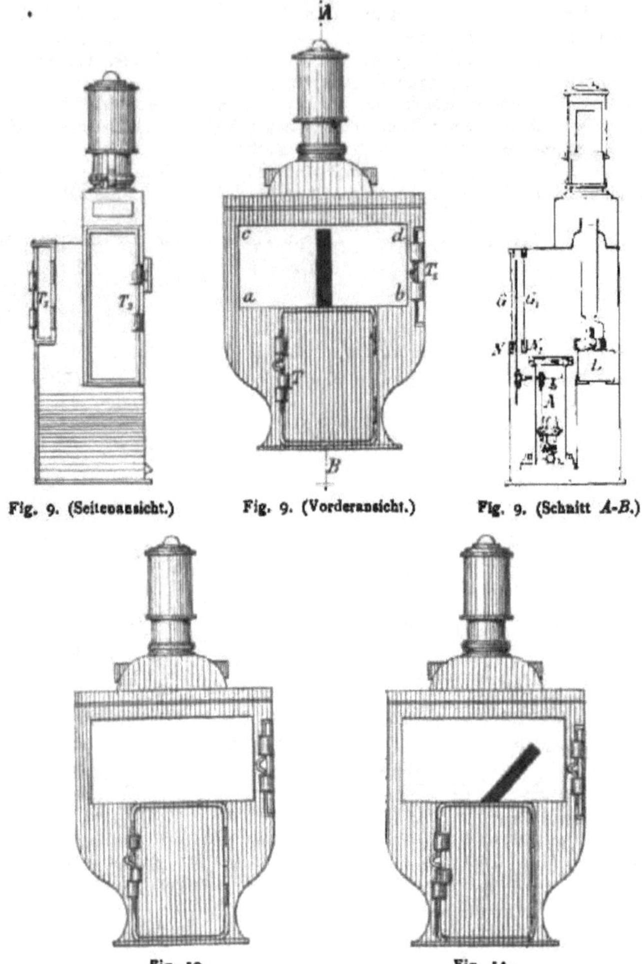

Fig. 9. (Seitenansicht.) Fig. 9. (Vorderansicht.) Fig. 9. (Schnitt *A-B*.)

Fig. 10. Fig. 11.

dass sich der schwarze Signalkörper auf weissem Hintergrund projicirt. Durch den scharfen Contrast zwischen Signalkörper und Hintergrund, welcher zur Nachtzeit, indem eine im rückwärtigen Theile des Gehäuses unterzubringende Lampe *L* das Beinglas durchleuchtet, gleichfalls besteht, wird die Sichtbarkeit des Signales auf grössere Entfernungen hin gewährleistet.

Der auf das Gehäuse über der Lampe aufgesetzte entsprechend construirte Schornstein sichert den Abzug der Verbrennungsgase. Die Thürchen T_1 T_2 T_3 des Gehäuses gestatten getrennten Zugang zu dem Apparate A, den beiden Glasscheiben G G_1 und der Lampe L.

Durch den so vollständig zusammengestellten Apparat lassen sich, wie aus Nachfolgendem leicht zu ersehen, drei Signalbegriffe ausdrücken, die den verschiedenen Stellungen des Signalkörpers entsprechen und welche als Controlsignale für die Lage der Distanzsignale wie folgt angenommen wurden:

1. Eine reine weisse Fläche (Fig. 10) „Frei“;
2. in der weissen Fläche ein senkrechter schwarzer Strich (Fig. 9) „Halt“;
3. in einer weissen Fläche (Fig. 11) ein um 45° geneigter schwarzer Strich „Störung“.

Die einzelnen Signalbilder unterscheiden sich also nur durch die verschiedenen Stellungen des Signalkörpers und sind demnach als reine Formsignale zu betrachten, welche bei Tag und bei Nacht in gleicher Weise zum Ausdrucke kommen.

Die Alarmglocke.

Die Alarmglocke, welche nur bei Eintritt einer Linienstörung zur Wirkung gelangt, ist von der Construction eines gewöhnlichen Zimmerweckers, jedoch von sehr kräftiger Lautwirkung, um die Aufmerksamkeit

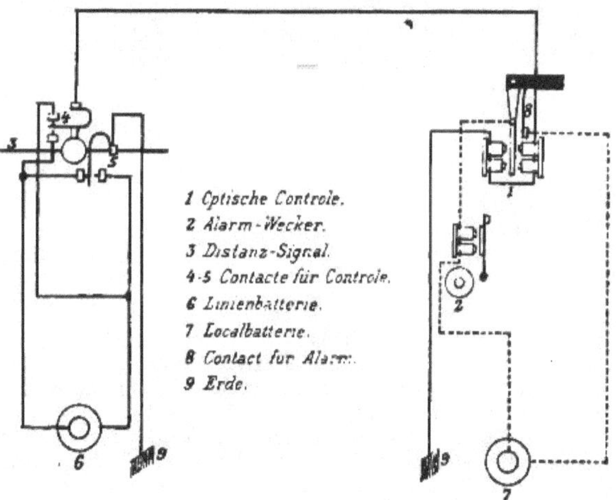

Fig. 12.

auffällig zu erregen. Dieselbe ist mit der Localbatterie in einem Stromkreise geschaltet und ertönt nur dann, wenn der Signalkörper die um 45° geneigte Lage einnimmt, in welchem Falle derselbe einen aus der schematischen Darstellung Fig. 12 ersichtlichen Contact und somit auch den Localstromkreis schliesst.

Die Localbatterie wird aus zwei bis vier gewöhnlichen Leclanché-Elementen zusammengesetzt und womöglich in einem geschlossenen Raume untergebracht.

Die Linienbatterie.

Als Linienbatterie dient eine aus zehn bis zwölf Zink-Kupfer-Elementen zusammengesetzte constante Batterie, welche in unmittelbarer Nähe des zu überwachenden Signales aufgestellt wird und dementsprechend durch geeignete Vorkehrungen gegen Witterungs-Einflüsse, insbesondere aber das Einfrieren geschützt werden muss.

Das Zusammenwirken der einzelnen Theile dieser Controlvorrichtung erklärt sich aus der schematischen Darstellung der Stromläufe (Fig. 12—14).

Als Signalmittel wurde eine um eine verticale Achse drehbare Scheibe vide auch (Fig. 1) angenommen. Als Stromwender sind in allen Fällen zur Erleichterung der Uebersicht gewöhnliche Doppelcontacte gezeichnet. Die Stromwendung erfolgt dadurch, dass die Scheibe sich aus der in Fig. 12 dargestellten Lage um 90° wendet und so die in Fig. 13 gezeichnete Stellung einnimmt. Der Contactstift *t* hebt sich von der

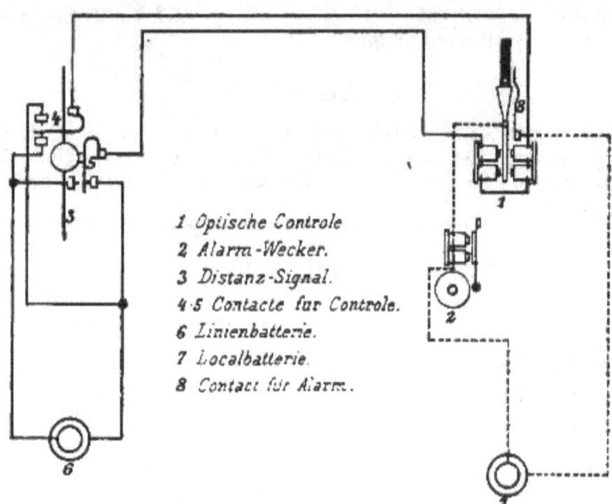

Fig. 13.

Feder F_1 ab, welche sich durch ihre Federkraft von dem Contacte 4 an den Contact 3 anlegt, und drückt die Feder F von dem Contacte 2 an den Contact 1. Die Stromrichtung ist für die Leitung, bezw. Leitungen und den optischen Controlapparat gewechselt.

Die schematische Darstellung Fig. 14 zeigt, dass auch für ein elektrisch auszulösendes Signal eine Vermehrung der Leitung nicht nothwendig ist, indem die dermalen fast allgemein gebräuchliche Rückleitung leicht durch zwei Erdleitungen ersetzt gedacht werden kann.

Liegt nun bei der Haltstellung der Magnet des optischen Controlapparates beispielsweise an den Polen des rechtsseitigen Elektromagnetes an, was nach dem Vorhergehenden nur dann stattfinden kann, wenn die ganze Leitung stromdurchflossen und die Polarität der gegenüberliegenden Pole des Magnetes und Elektromagnetes die entgegengesetzte ist, wobei der gegenüberliegende Elektromagnet aus bereits angegebenen Gründen auf den permanenten Magnet abstossend wirkt, so wird sich derselbe bei Wechsel der Stromrichtung und somit auch der Polarität der Elektromagnete an den gegenüberliegenden Elektromagnet anlegen müssen. Der

Signalkörper wird vermöge der mechanischen Uebersetzung die horizontale statt der verticalen Lage einnehmen. Da hiebei sowohl die anziehende als auch abstossende Wirkung der Elektromagnete auf einen permanenten Magnet zur Ausnützung gelangt, ist auch die Kraftwirkung eine so bedeutende, dass sie die in dem grossen Uebersetzungsverhältnisse gelegenen mechanischen Widerstände leicht zu überwinden vermag. Es wird demnach auch mit einer relativ geringen Elementzahl das Auslangen gefunden.

Bei stromlosen Elektromagneten muss der Signalkörper durch das Gegengewicht die um 45° geneigte oder Störungslage einnehmen.

Diese Stromlosigkeit tritt aber bei allen störenden Gebrechen in dem elektrischen Theile der Einrichtung auf, da jede Unterbrechung der Leitung, Schadhaftwerden der Batterie, schlecht schliessende Contacte (auch bedingt durch unvollkommene Signalstellung) dieselbe für die ganze Leitung,

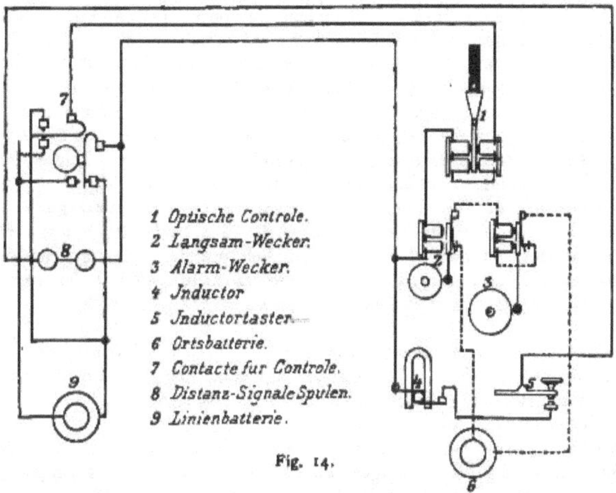

Fig. 14.

Berührungen oder störende Ableitungen, dagegen dadurch, dass die Batterie bei dem zu überwachenden Signale aufgestellt ist, nur für den zwischen Ableitungs-, bezw. Berührungs- und Signalstelle liegenden Bruchtheil herbeiführt.

Bei dieser Lage wird aber auch der Contact (8 Fig. 12) für den Localstromkreis geschlossen und es ertönt ausserdem, dass diese Störung auf optischem Wege in charakteristischer Weise angezeigt wird, noch das alarmirende akustische Signal. In diesem Signal ist auch die Aufforderung inbegriffen, den Fehler aufzusuchen und so rasch als möglich zu beseitigen.

In manchen Fällen ist es wünschenswerth, dass die optisch angezeigte Haltstellung des Signales auch von einem dauernden akustischen Signale begleitet werde, welches jedoch von dem akustischen Alarmsignale deutlich zu unterscheiden sein muss.

(Schluss folgt.)

Der „Erinnerer" von P. B. Delany.

Auf Seite 74 dieses Jahrganges ist eine gar nicht uninteressante, wenn auch eine grosse Anzahl von Leitungsdrähten erfordernde elektrische Weckanlage von G. W. v. Vianen beschrieben worden. Dieser Weckanlage lässt sich ein mit dem Namen „Erinnerer" belegter Apparat an die Seite stellen, mit welchem unlängst der bekannte amerikanische Elektriker Patrik B. Delany hervorgetreten ist. Das Ziel, welches Delany seinem „Erinnerer" gesteckt hat, ist zwar etwas engerer, dafür fällt aber auch die ganze Anlage wesentlich einfacher aus.

Delany's „Erinnerer" ist nämlich für Aemter, Läden, Fabriken, Gasthöfe u. s. w. bestimmt und soll Jedermann dagegen schützen, dass er etwa eine Sache vergesse, welche zu einer bestimmten Zeit erledigt werden soll. Nach dem New-Yorker „Electrical Engineer" (1892, Bd. 13, S. 141) besitzt der „Erinnerer" ein Zifferblatt, auf welchem die 12 Stunden verzeichnet sind, jeder Stundenraum aber durch 12 Stöpsellöcher in Fünfminutenräume abgetheilt ist. Ueber diesem Zifferblatte läuft ein Zeiger so, dass er immer nach 5 Minuten einen solchen Raum überspringt. Die sprungweise Bewegung dieses Zeigers vermittelt ein anderer, durch ein Laufwerk stetig über einem Zifferblatte in Umdrehung versetzter Zeiger, welcher bei seinem Umlaufe zugleich als Contactarm wirkt, da er alle 5 Minuten über einen der in sein Zifferblatt eingesetzten Contacte hinwegstreicht und dadurch den Strom einer kleinen galvanischen Batterie durch einen Elektromagnet sendet, so dass dessen Ankerhebel mittelst eines Sperrzahnes das auf der Achse des erstgenannten Zeigers sitzende Steigrad so weit dreht, dass dieser Zeiger um 5 Minuten fortrückt.

Will man nun zu einer bestimmten Zeit durch das Lärmen einer Rasselklinge an Etwas erinnert werden, so hat man weiter nichts zu thun, als einen Contactstöpsel in dasjenige der 60, nahe am Rade des Zifferblattes jenes zuerst erwähnten Zeigers vorhandenen Löcher, welches gerade dieser Zeit entspricht, einzustecken. Dann wird nämlich die Contactfeder am Ende eines auf die Stundenzeigerachse aufgesteckten Contactarmes mit dem Stöpsel gerade zu der gewünschten Zeit in Berührung kommen und dadurch den Strom einer zweiten Batterie durch die Rasselklingel schliessen.

Letztere aber braucht sich keineswegs neben dem „Erinnerer" selbst zu befinden, sondern sie kann auch an einem anderen Orte angebracht werden, ja man kann weiter bequem auch mehrere Klingeln zugleich in den Stromweg der zweiten Batterie einschalten und man kann endlich unter Benutzung mehrerer Contactstöpsel und eines geeigneten Stöpselumschalters auch mehrere Klingelstromkreise in beliebiger Weise unter sich und mit den verschiedenen Stöpseln verbinden. Z.

Eröffnung einer Werkmeisterschule für Elektrotechnik

an der k. k. Staatsgewerbeschule im X. Wiener Gemeindebezirke, Eugengasse 81.

Der bestehenden Werkmeisterschule obiger Anstalt, einer Fachschule für Metallindustrie, wird mit Beginn des nächsten Schuljahres eine Werkmeisterschule für Elektrotechnik mit ganz selbstständigem Unterrichte angegliedert, und der 1. Semester-Curs am 16. September 1894 eröffnet.

Die Werkmeisterschule hat den Z- Jünglinge durch einen systematischen I richt in theoretischer und praktischer Rk für ihren künftigen Beruf als Werkmeister, Monteure, Zeichner etc., oder als selbstständige Gewerbetreibende vorzubereiten.

Die Werkmeisterschule für Elektrotechnik umfasst vier halbjährige Curse, so dass dieselbe in zwei Schuljahren absolvirt werden kann.

Für die Aufnahme ist der Nachweis einer zweijährigen praktischen Thätigkeit in der Meisterlehre oder in einer Fabrik erforderlich.

Das Programm des Unterrichtes enthält die folgende Zusammenstellung:

I. Semester-Curs.	Stunden wöchentlich
Deutsche Sprache	4
Geographie	1
Rechnen	6
Geometrie	5
Projectionslehre	8
Freihandzeichnen	6
Naturlehre	4
Mechanische Technologie	2
Fachzeichnen	4
Werkstättenunterricht	9
Zusammen.	49

II. Semester-Curs.	Stunden wöchentlich
Deutsche Sprache	2
Algebra	5
Geometrie	4
Projectionslehre	8
Freihandzeichnen	4
Naturlehre (Elektricitätslehre)	4
Maschinenkunde	3
Maschinenzeichnen	4
Mechanische Technologie	2
Mechanik	4
Werkstättenunterricht	9
Zusammen.	49

III. Semester-Curs.	Stunden wöchentlich
Deutsche Sprache	2
Geschäftsaufsätze	2
Mathematik	6
Mechanik	3
Maschinenkunde	3
Fachzeichnen	10
Mechanische Technologie	4
Elektrotechnik	9
Werkstättenunterricht	10
Zusammen.	49

IV. Semester-Curs.	Stunden wöchentlich
Buchführung	4
Mechanik	3
Maschinenkunde	3
Fachzeichnen	12
Elektrotechnik	10
Bau elektrischer Maschinen und Motoren	2
Praktische elektrotechn. Uebungen	5
Werkstättenunterricht	10
Zusammen.	49

Die praktischen elektrotechnischen Uebungen finden in einem elektrotechnischen Laboratorium statt. Für den Werkstättenunterricht wurden die mechanische Werkstätte, die Schlosserei und die Schmiede der Anstalt durch eine besondere Werkstätte für Elektrotechnik, eine Formerei und eine Werkstätte für Modelltischlerei erweitert.

Programme können durch die Direction der k. k. Staatsgewerbeschule im X. Wiener Gemeindebezirke, Eugengasse 81, bezogen werden.

Internationale Telephonie.

Warum es bisher nicht gelungen, zwischen verschiedenen Staaten mehr telephonische Verbindung als bisher bestanden, zu errichten, ist schwer zu begründen; namentlich wundert uns diese Selbstbeschränkung bei der Verwaltung des Deutschen Reiches, wo die interne Telephonie einen so numerisch unvergleichlich hohen Aufschwung genommen, wo sie technisch eine bedeutende Vollendung aufweist und wo die centrale Lage des Verwaltungsgebietes eine internationale Erweiterung geradezu dringlichst fordert.

Es waren wahrscheinlich politische Verhältnisse, welche da hinderlich walteten; dieselben sind ja gegenüber dem westlichen Nachbarn des Deutschen Reiches noch immer nicht die befriedigendsten und waren — bis vor Kurzem — gegen O[illegible] nicht sehr [illegible]. Der Consequenz [illegible] wurde aber die [illegible] Zurückhaltung [illegible] gegenüber [illegible]

zu sollen. Vor einigen Tagen wurden Sprechversuche zwischen Triest und Berlin, dann wieder zwischen Wien und Berlin vorgenommen, welche keinen Zweifel daran aufkommen lassen, dass technisch genommen — derartige Verbindungen gut functioniren. Ist ja der Beweis, dass so etwas gut betriebsfähig gemacht werden kann, durch amerikanische Linien längst erbracht! Dort sind bekanntlich Linien von 1000, 1600 und 2100 km in bestem Gebrauch. Die Linie Paris-London erbringt für die Verwendung der Kabel ebenfalls den Nachweis, dass sie kein allzu grosses Hinderniss für die Telephonie bilden und man soll eine Telephonverbindung zwischen Kopenhagen-Odensee-Kolding-Hamburg-Berlin hergestellt werden. Mit dieser Linie wäre in der angedeuteten Richtung in [illegible]licher Weise eine vielversprechende [illegible]bindung herbeigeführt, welche sich bei [illegible] Oesterreich seit längerer Zeit höchlich[illegible] [illegible]scht wird.

1.*

Oesterreichischer Verein für den Schutz des gewerblichen Eigenthums.

Die Bedeutung eines kraftvollen Schutzes der gewerblichen Urheberrechte, welcher die industrielle Blüthe der westlichen Culturstaaten so mächtig gefördert hat, ist nunmehr auch in Oesterreich zu allgemeiner Anerkennung gelangt. Die betheiligten Kreise fühlen das lebhafte Bedürfniss nach Verbesserung der heimischen, auf diesem Felde lücken- und mangelhaften Gesetzgebung.

Eine Organisation, welche die Interessenten und Fachmänner auf dem Gebiete der industriellen Autorrechte zu gemeinsamer Arbeit vereinigt, die bisher zerfahrenen Reformbestrebungen zusammenfasst und ihnen eine bestimmte Richtung gibt, ist in Deutschland bereits in's Leben gerufen worden und würde auch in Oesterreich eine erfolgreiche Thätigkeit entfalten können.

Von diesen Erwägungen ausgehend, hat sich eine Reihe hervorragender Männer, wie Freiherr v. Czedik, Hofrath W. Exner, der Präsident der Handelskammer in Leoben Friedr. Vogel, Commercialrath Oscar Hoefft, Director Carl Pfaff, der Secretär der niederösterreichischen Handels- und Gewerbekammer Dr. Rud. Maresch, der Buchdruckereibesitzer E. M. Engel, die Advocaten Dr. Theod. Schulhof und Dr. Adolf Gallia, Octav Paget, Moriz R. v. Pichler und Victor Karmin zusammengefunden, um einen Verein unter der obigen Spitzmarke zu gründen, dem die Aufgabe obliegen soll, die Unantastbarkeit der gewerblichen Urheberrechte in jenen Kreisen zum Bewustsein zu bringen, in welchen das Verständniss dafür heute im vollen Maasse noch nicht vorhanden ist. Er soll die Ueberzeugung zu verbreiten suchen, dass der Schutz des Einzelrechtes eine Wohlthat für Alle bedeutet, er soll die vielgestaltigen Mittel des unlauteren Wettbewerbes bekämpfen und auch nach dem Ziele streben, dass Oesterreich durch den Beitritt zu der Staaten-Union für den Schutz des gewerblichen Eigenthums sich jenen Ländern anschliesse, welche das Geltungsgebiet des individuellen Urheberrechtes auf dem gesammten Umkreis der civilisirten Staaten auszudehnen bereit sind.

Wir halten den gegenwärtigen Zeitpunkt für die Erreichung der Vereinszwecke als einen günstigen, da Regierung und Parlament den Bestrebungen auf Reform und Fortentwickelung der industriellen Urheberrechte volle Sympathien entgegen bringt, und wünschen dem jungen Vereine ein herzliches „Glück auf".

Bei der am 4. d. M. stattgefundenen constituirenden Versammlung wurden die Statuten genehmigt und in den Vereins-Ausschuss gewählt die Herren: Geheimrath Alois Freiherr v. Czedik, Hofrath Franz Edler v. Rosas, Reichsraths-Abgeordneter Hofrath Professor Wilhelm Exner, Handelskammerpräsident in Leoben Friedrich Vogel, Kammersecretär Dr. Rudolf Maresch, Commercialrath Oscar Hoefft, Viceconsul Friedrich Böhler, Franz Edler v. Wertheim, Friedrich Strohmer, Regierungsrath Dr. Hugo Ritter v. Perger, Louis Friedmann, Paul Seybel, Dr. Theodor Schuloff, Dr. J. Brunstein, Dr. Adolf Gallia, Dr. Heinrich Benies, Dr. Jakob Wechsler, Ingenieur John Georg Hardy, Moriz Ritter v. Pichler, Emil M. Engel und Victor Karmin.

Die elektrische Trambahn für Pressburg.

Die seit mehr als Jahresfrist auf der Tagesordnung der Stadtverwaltung Pressburgs stehende Frage der Errichtung einer Tramway mit elektrischem Kraftbetriebe ist bisher noch immer nicht endgiltig gelöst. Wie von uns bereits seinerzeit berichtet, bewerben sich zwei Consortien um die Concession: eine aus Pressburger Industriellen bestehende Commanditgesellschaft, hinter welcher die Mannheimer Elektricitäts-Gesellschaft als Finanzkraft steht, und die Firma Ganz & Co. in Budapest im Verein mit Herrn Ingenieur Werner. Die Hoffnung, dass der so entstandene Wettbewerb die Erledigung der Sache beschleunigen werde, hat sich vorläufig noch nicht erfüllt. Bereits im verflossenen Herbste hat die technische Tracenrevision nach beiden Projecten stattgefunden; sodann verlangte der ungarische Handelsminister von beiden Concessionswerbern die Vorlage der Detailpläne, und nun ist dieser Tage ein Erlass des Handelsministeriums an die Stadtgemeinde gelangt, laut dessen die vorgelegten Pläne beider Concessionswerber als Basis für die definitive Concessionsverhandlung genehmigt werden. Unter Einem bemerkt der Minister, dass die definitive Concession jener Unternehmung ertheilt werden wird, die sich hinsichtlich der Benützung des städtischen Strassengrundes mit der Gemeinde Pressburg vertragsmässig abfindet. Diese ministerielle Entschliessung dürfte die beiden Consortien zu einer Fusionirung animiren, was die Aufgabe der Stadt und die Verwirklichung des Bahnprojectes wesentlich vereinfachen und erleichtern würde.

Schr.

Neueste deutsche Patentanmeldungen.

Mitgetheilt vom Technischen und Patentbureau, Ingenieure MONATH & EHRENFEST,

Wien, I. Jasomirgottstrasse 4.

Die Anmeldungen bleiben acht Wochen zur Einsichtnahme öffentlich ausgelegt. Nach § 24 des Patent-Gesetzes kann innerhalb dieser Zeit Einspruch gegen die Anmeldung wegen Mangel der Neuheit oder widerrechtlicher Entnahme erhoben werden. Das obige Bureau besorgt Abschriften der Anmeldungen und übernimmt die Vertretung in allen Einspruchs-Angelegenheiten.

Classe

21. J. 3231. Elektricitätszähler. — *John William Jones* in Balham.

„ Sch. 8685. Elektrische Beleuchtungsanlage mit mehrfädigen Glühlampen. — *Paul Scharf*, Wien.

„ B. 15.108. Abänderung an dem durch Patent 72.059 geschützten Pendelschaltwerk (Zusatz zum Patent Nr. 72.059). — *Ed. Burger*, Frankfurt a. M.

Classe

21. L. 7928. Verfahren zur Regelung von Wechselstromanlagen. — *Elektr. Actien-Gesellschaft vorm. W. Lahmeyer & Co.*, Frankfurt a. M.

„ St. 3742. Zeitstromschliesser mit Selbstunterbrecher zur Verlegung des Oeffnungsfunkens (Zus. z. Patent Nr. 71.432). — *Stettiner Elektric.-Werke*, Stettin.

„ W. 9316. Augenblicksstromschalter. — *Willing & Violet*, Berlin.

LITERATUR.

Die Vertheilung der elektrischen Energie in Beleuchtungsanlagen. Von Ferdinand Neureiter, Ingenieur. Verlag von Oscar Leiner, Leipzig, 1894. 257 Seiten, 94 Figuren, brosch. Mark 6.—, elegant geb. Mark 7.50.

Das soeben erschienene Werk füllt eine Lücke in unserer reichhaltigen Literatur, welche sich bisher insbesondere dem jungen, eben aus der Schule in die Praxis übertretenden Techniker fühlbar machte. Nur derjenige, welcher dieses Stadium seiner Laufbahn unter der Leitung nicht immer wohlwollender Vorgesetzten und Collegen überwunden hat, weiss, wie angenehm es ist, aus einem aus der Praxis für die Praxis geschriebenen Buche Angaben schöpfen zu können, welche trotz ihrer relativen Einfachheit in der Schule nicht in jener Form gelehrt und gelernt werden können, wie sie die Lösung oft schon der ersten Probleme der Praxis erfordert. Solchen Berufsgenossen also, sowie allen jenen, welche sich eine gründliche Kenntniss dieses wichtigen, im Titel genannten Gebietes erwerben wollen, wird das Buch von hervorragendem Nutzen sein. Es behandelt in sieben wohlgegliederten Abschnitten folgenden Stoff:

Nach einer kurzen Einleitung, in welcher die wichtigsten Grundbegriffe, auf deren praktischer Anwendung die Vertheilung der elektrischen Energie beruht, erläutert werden, folgt eine kurzgehaltene Erörterung der Eigenschaften und der Wirkungsweise der elektrischen Lampen, als derjenigen Vorrichtungen, in welchen die zur Vertheilung gelangende elektrische Energie die verlangte Nutzarbeit zu liefern hat.

Hieran schliesst sich eine eingehende Behandlung des Problemes der Stromvertheilung in elektrischen Lei
welche der Leser in d
theilung

wird, die verschiedenen Vorgänge in Leitungsnetzen jeder Art klar durchblicken und verfolgen zu können. Durch die Kenntniss des allgemeinen Problemes ist die Grundlage für die Untersuchung der besonderen Verhältnisse der in der Praxis angewendeten Vertheilungssysteme gegeben. Da aber die Grundzüge der letzteren zum grossen Theile durch die hiebei angewendeten Vorrichtungen zur Aufspeicherung und Umformung der elektrischen Energie bestimmt werden, so werden in den beiden nächstfolgenden Abschnitten noch die Eigenschaften der Accumulatoren und der Wechselstrom-Transformatoren in knapper, dabei aber äusserst klarer und exacter Weise erörtert.

Der grösste Abschnitt des Werkes ist der Erläuterung der Vertheilungssysteme gewidmet. Derselbe zerfällt in zwei Hauptabtheilungen, in welchen die Systeme mit directer, bezw. mit indirecter Vertheilung der elektrischen Energie behandelt und die Grundzüge der in der Praxis gebräuchlichen Vertheilungssysteme in Bezug auf die Leitungsanordnung, die Regulirung und das Anwendungsgebiet jedes derselben dargelegt werden. Hiebei werden sämmtliche Systeme in streng methodischer und dabei leichtfasslicher und anregender Weise aus der einfachsten Anordnung der Serien- und der Parallelschaltung entwickelt, so dass der Leser auf der Grundlage einiger weniger Begriffe gleichsam von selbst zu einem klaren Einblicke in die Eigenschaften jeder Vertheilungsart gelangt.

Den Schluss des Buches bildet ein grösserer Abschnitt über die Vorausberechnung der Leitungen, der allen, welche sich auf das praktische Gebiet der Beleuchtungstechnik begeben, ein willkommener Wegweiser sein wird, da er einerseits den allgemeinen Gang der Leitungsberechnung
anschaul' 'arlegt und anderer-

seits durch eine Reihe der Praxis entstammenden Beispiele eine unmittelbare Anleitung für die richtige Anwendung der behandelten Lehren liefert.

Der gesammte, im Vorhergehenden kurz angedeutete Stoff ist durchaus klar und bündig und streng sachlich behandelt, so dass das Werk alten Fachgenossen und denen, die es werden wollen, sowie auch allen denjenigen überhaupt, die dem in Rede stehenden Gebiete ein Interesse entgegenbringen, wärmstens empfohlen werden kann.

Es sei nur noch bemerkt, dass der Text durch eine grosse Anzahl nett ausgeführter Originalfiguren verdeutlicht wird, und dass die gesammte Ausstattung des Werkes sehr gediegen ist, so dass der Preis als ein äusserst geringer bezeichnet werden muss.

KLEINE NACHRICHTEN.

Elektrische Bahnen in Wien. Wie wir von bestinformirter Seite erfahren, befasst sich die Länderbank sehr angelegentlich mit den Wiener Verkehrsfragen. Sie will um die Concession einkommen für die bekanntlich aus dem Stadtbahnproject zurückgestellte innere Ringlinie, die elektrisch betrieben werden soll, nebst einem Netze von Radiallinien, die Durchquerung der Inneren Stadt als Untergrundbahn inbegriffen. Zur einheitlichen Durchführung des Planes ist eine Cooperation mit der Wiener Tramwaygesellschaft in Aussicht genommen. Insgesammt würde es sich dabei um Neuherstellungen im Kostenbetrage von 15 Millionen handeln, wovon selbstverständlich der Löwenantheil auf die Untergrundbahn durch die Innere Stadt entfiele. Auf dieses Project bezog sich wahrscheinlich die Aeusserung des Handelsministers gelegentlich der Berathung über die Wiener Verkehrsanlagen im Budgetausschuss, die dahin ging, es sei Aussicht vorhanden, dass die „Innere Ringlinie" nicht allzu lange zurückgestellt bleibe.

Ingenieur **Friedrich Ross** hat in Wien ein behördl. concess. Elektrotechnisches Bureau eröffnet, dessen Aufgabe die Projectirung von elektrotechnischen Anlagen jeder Art für Beleuchtung, Kraftübertragung, Transportzwecke oder chemische Arbeit, die Ausarbeitung von Kostenvoranschlägen, Betriebskosten- und Rentabilitäts-Berechnungen, Einholung und Begutachtung von Offerten, Ueberwachung und Prüfung ausgeführter Anlagen, sein wird, ohne jedoch Bauausführungen für eigene Rechnung zu übernehmen.

Telephon in Meran. Aus Meran wird uns berichtet: Die Genehmigung zur Einführung des Telephons ist nun endlich auch für unseren Curort eingelangt, und wird Meran, Ober- und Unter-Mais, sowie Bozen-Gries verbunden.

Telephon im Gewerbeverein. Der Verwaltungsrath hat sich auf Anregung der Abtheilung für Handel und Volkswirthschaft mit einer für das Wiener Geschäftsleben sehr wichtigen Angelegenheit befasst. Die Wiener Privattelegraphen-Gesellschaft beansprucht nämlich von ihren Telephon-Abonnenten für jeden innerhalb der Häuser und Wohnungen errichteten Anschluss eine Jahresgebühr von fl. 40 und das ausschliessliche Recht zur Beistellung von Nebenstationen und Privatanschlüssen. Der Referent der Abtheilung, Dr. Graf, beantragte eine Eingabe an das Handelsministerium, in der ebenso gegen die exorbitante Belastung protestirt wird, die dem geschäftlichen Verkehr durch diesen Anspruch aufgebürdet werden soll, wie insbesondere gegen die Schädigung der Privatindustrie, deren Verdienst um die Förderung des Telephonverkehrs nun dadurch belohnt werden soll, dass ihr unmöglich gemacht wird, die für die fabriksmässige Erzeugung der Nebenstationen gemachten Investitionen auch auszunützen. Der Verwaltungsrath hat die Eingabe, in der auch die Frage des Telephonmonopols behandelt wird, genehmigt und wird dieselbe nach der Ueberreichung an den Handelsminister zur Kenntniss der Mitglieder gebracht werden.

Wir, die Redaction, sagen: „Audiatur et altera pars".

Elektrisches aus dem Trento. Folgendes ist ein Bericht der „Deutschen Zeitung" über die wirthschaftliche Lage Südtirols, woraus man die Wichtigkeit der Rolle der Elektrotechnik in solchen Dingen ermessen kann: „Die Südtiroler schufen ein Programm für die Erbauung von Localbahnen und liessen durch Ingenieure die Pläne und Vorarbeiten besorgen. Der Plan ist gross und kühn gedacht. Alle wichtigen Seitenthäler sollen mit Bahnen versehen werden, die alle in die Hauptstadt dieses Landestheiles, Trient, einmünden. Der wirthschaftliche Aufschwung dieser Stadt muss mit Rücksicht auf ihre trostlose Vergangenheit und die Kürze der Zeit, in der sich der Aufschwung vollzog, bewunderungswerth genannt werden. Wer vor einem Jahrzehnt dieses städtische Gemeinwesen gekannt hat und jetzt den Fortschritt betrachtet, diese grossartigen communalen Bauten mit der elektrischen Kraftentwicklung, der kann sich des Staunens nicht erwehren über den Muth und die patriotische Hingebung, die so Grosses geschaffen hat.

Die Leute ernten aber auch ihren Lohn. Es vergeht kaum ein Tag, an dem nicht in den Blättern zu lesen ist, dass fremde Ingenieure und Geldkräfte an der Ausführung ihrer Bahnprojecte sich betheiligen. Es ist das auch naturgemäss. Wenn man sieht, wie die Bevölkerung selber an der Ausführung dieser Projecte den lebhaftesten Antheil nimmt, kommt auch das Geld in das Land, und wenn auch Manches noch eine geraume Zeit blos auf dem Papier steht, es wird doch Vieles durchgeführt werden, was den wirthschaftlichen Aufschwung des italienischen Landestheiles mächtig fördert, während im deutschen Tirol von aussen herein verschiedene Localbahnprojecte in Anregung gebracht, wegen Theilnahmslosigkeit maassgebender Bevölkerungskreise wieder fallen gelassen wurden.

Bekanntlich sollen einige dieser Trentiner Bahnen mittelst billiger Wasserkraft, bezw. mittelst Elektricität betrieben werden.

Verein für Local- und Strassenbahnwesen. In diesem Verein wurde ein Comité zu dem Zwecke niedergesetzt, eine Petition an den Reichsrath auszuarbeiten, damit einige auf Bahnen Bezug habenden Bestimmungen des neuen Strafgesetz-Entwurfes auch auf die Pferdebahnen Anwendung finden. In der an diesen Antrag sich anschliessenden Discussion machte Baurath Kareis geltend, dass die Pferdebahnen umsomehr unter Schutz gewisser Gesetzes-Bestimmungen gestellt zu werden verdienen, als dieselben mehr gefährdet im Betriebe als die elektrischen Bahnen erscheinen; gefährdeter, weil die Wagen bei letzteren maniabler, leichter zu bremsen und in Gang zu setzen sind, als Pferdewagen. Aufgerissene Schienen können von der Plattform der letzteren nicht so leicht gesehen werden, als von jener der elektrischen Wagen.

Zum Lohne für diese, hier nicht ganz erschöpfend wiedergegebenen Darlegungen wählte man den ohnehin überbürdeten Redner in das eingangs erwähnte Comité.

Elektrische Beleuchtung in Warasdin (Ungarn). Am 15. Februar d. J. hielt der Gemeinderath von Warasdin eine Sitzung, in welcher mit allen gegen zwei Stimmen beschlossen wurde, die Einführung der elektrischen Beleuchtung einem Concessionär zu übertragen. Ferner wurde principiell beschlossen, dass die Stadtgemeinde für die öffentliche Beleuchtung einen Maximalbetrag von fl. 8000 beitrage. Sohin wurde der Gegenstand wieder dem Ausschusse überwiesen, damit dieser mit den Unternehmern in Verhandlung trete und die günstigsten Offerte dem Gemeinderathe vorlege.

In Venedig findet vom 30. April bis 24. Mai 1894 eine Internationale Ausstellung und Wettstreit für industrielle und gewerbliche Erfindungen, Neuheiten, Hausbedarf und Nahrungsmittel statt.

Elektrischer Tuchschneider. [illegible] Erfolg wenden sich manche Elektriker [illegible] Aufgabe zu, für eine ganze Reihe von Gewerben und Industrien praktische, kleine Motoren zu ersinnen, elektrische Arbeitsmaschinchen, die wenig Raum einnehmen, mit Leichtigkeit zu handhaben und unmittelbar an dem Platze aufzustellen sind, wo man ihrer bedarf.

Ein solches ist auch der neuestens in die Praxis eingeführte Tuchschneider. Grosse Confectionshäuser arbeiteten schon bisher mit einer durch Dampfkraft dirigirten Tuchschneide-Vorrichtung, mittelst welcher ganze Lagen von Tuch für die billigeren gleichartigen Confectionsstücke zugeschnitten wurden.

Der elektrische Tuchschneider, welcher ebenso geschickt und kräftig, aber noch lenksamer ist, besteht aus einer kleinen, einem Rasirmesser gleich zugeschliffenen Rollscheibe, die durch einen kleinen elektrischen Motor mit der ungeheuren Geschwindigkeit von mindestens 2000 Umdrehungen in der Minute bewegt wird.

Der grosse Vortheil dieses Apparates ist, dass demselben die einfache Verbindung mit der elektrischen Beleuchtungsanlage des grossen Etablissements vollkommen ausreichende Energie zuführt. Vervollkommt wird das Werkzeug durch ein an demselben angebrachtes winziges Glühlämpchen, welches, dessen Bahn beleuchtend, jede Abirrung von der vorgezeichneten Linie verhütet.

Benjamin Franklin's elektrische Lampe. Ein Gegenstand von hohem historischen Interesse für alle Elektriker wurde kürzlich in London aufgefunden, nämlich der Apparat, mittelst dessen Benjamin Franklin zuerst ein das Lesen ermöglichendes elektrisches Licht erzeugte. Der Strom wurde mittelst eines grossen Glascylinders erzeugt, den man mit einer, einen Seidenüberzug tragenden Bürste rieb. Der Lichtbogen entstand zwischen einer Kugel und einer Metallspitze.

Augenbeleuchtung. Nach „Electricity" soll es bei Augenuntersuchungen möglich sein, die Augen durch eine in den Mund gesteckte Glühlampe von hinten zu erleuchten. Die Pupillen sollen als blutigrothe Oeffnungen erscheinen und sich nicht zusammenziehen, wie dies bei der Lichtwirkung von aussen her der Fall ist, so dass durch diese neue Art der Augenbeleuchtung gewisse Operationen erleichtert werden.

Eine Entdeckung durch Zufall hat ein Hamburger Privatmann dort gemacht, der zu seinem Vergnügen physikalische Studien betreibt. Derselbe bezieht von dem Besitzer einer Fabrik elektrischen Strom zur Beleuchtung seines Arbeitszimmers. Während nun bis vor einigen Wochen der Stromverbrauch durchschnittlich den Betrag von 12—15 Mark [illegible]chte, war plötzlich der [illegible]schritten, dass sich [illegible] Tagen auf acht [illegible] Der [illegible] gezogene Elektrotechniker konnte nichts Verdächtiges an der Uhr finden, doch entdeckte man endlich nach längerer Untersuchung, dass der Lichtentnehmer einen starken Magneten, den er gebraucht, mit dem Südpol nach dem Elektricitätsmesser gerichtet, in dessen Nähe hatte liegen lassen. Der Magnetismus hat nun derartig beschleunigend auf den Gang des Pendels gewirkt, dass der Mehrverbrauch an Strom, den die Uhr zeigte, sich erklärte. Weitere Versuche ergaben das überraschende Resultat, dass, wenn der Nordpol dem Pendel näher gebracht wurde, dessen Gang verlangsamte. Die Wirkung war nach jeder Richtung so gewaltig, dass sie auch vom anderen Zimmer durch die Wand erzielt werden konnte.*)

Preisausschreibung. Die deutsche Spediteur- und Rhederei-Zeitung in Hamburg hat drei Preise von Mk. 5000, 2000 und 1000 ausgesetzt zur Erlangung eines chemischen Mittels oder einer maschinellen Einrichtung, wodurch die Selbstentzündung von Kohlenladungen in Seeschiffen durchaus sicher und ohne Weiteres vermieden werden kann.

Neue, merkwürdige Wirkungen des elektrischen Stromes. Der französische Phisiker Garnier hat endeckt, dass die Verstählung schmiedeeiserner Platten auf elektrischem Wege erreicht werden kann, wenn je zwei solcher Platten, die durch eine Lage Holzkohlenpulver von einander getrennt, auf einander gelegt und die Platten mit den Leitungsdrähten einer Dynamomaschine verbunden und durch den eingeleiteten elektrischen Strom stark erhitzt werden. Dabei zeigt sich nun, nach einer Mittheilung vom Patent- und technischen Bureau von Richard. Lüders in Görlitz, die merkwürdige Erscheinung, dass nur die Innenseite der einen Platte sich in Stahl verwandelt, während die andere Platte unverändert bleibt.

Bei der Redaction eingegangene Bücher.

Elektrische Beleuchtung und Kraftübertragung. Hilfsbuch zur Anfertigung von Projecten, Kostenanschlägen mit Tabellen und Karten für Nichtelektrotechniker. Herausgegeben von der Allgemeinen Elektricitäts-Gesellschaft, Berlin. Circa 500 Abbildungen. Preis Mk. 10.— excl. Porto.

Das vorliegende prächtig ausgestattete Hilfsbuch behandelt systematisch alle Theile elektrischer Anlagen. Die Einleitung gibt allgemeine Informationen über Beleuchtungs- und Kraftübertragungsprojecte. Es wird ausführlich erläutert, wie im gegebenen Falle der Bedarf an elektrischen Lampen zu ermitteln ist. Es folgt dann eine Anleitung zum Entwerfen der Primärstation mit ihren Betriebsmaschinen und Accumulatorenanlagen unter Beigabe von Dispositionszeichnungen mit den zugehörigen Dimensionstabellen.

Der zweite Theil der Einleitung handelt von der Aufstellung approximativer Kostenanschläge. Die Kosten von Dampfkesseln, Dampfmaschinen, Locomobilen, Gasmotoren, Dynamomaschinen, Elektromotoren, Accumulatoren und endlich completen Beleuchtungs-Installationen können aus entsprechenden Tabellen entnommen werden. Beispiele für Projecte und Kostenanschläge dienen zur Erläuterung der Tabellen. Auch Musterblätter für Baupläne und Fragebogen für die Vorarbeiten zu Projecten sind vorgesehen.

Der Hauptheil des Werkes behandelt die nach Abtheilungen geordneten Fabrikate der Allgemeinen Elektricitäts-Gesellschaft. Die Abtheilungen sind systematisch angeordnet, so zwar, dass sie mit der Stromerzeugung beginnen und mit dem Stromconsum endigen.

Die vorliegende Publikation ist wesentlich anders als die sonst üblichen Prospecte und Kataloge elektrotechnischer Firmen. Denn sie enthält eine grosse Menge von Erfahrungszahlen, die nur durch jahrelange statistische Arbeiten gewonnen werden konnten; ferner ausführliche Anleitungen zum Projectiren von Anlagen, zur Berechnung der Grösse und Leistungsfähigkeit der einzelnen Theile derselben, sowie zur Ermittelung der Kosten. Das Buch enthält mithin eine Menge von Hilfsmitteln allgemeiner Natur, welche für alle elektrischen Installateure und Exporteure von hervorragendem Nutzen sind. Ausserdem aber wendet sich das Buch an die weiten Kreise der Industriellen und Interessenten, um sie über die Besonderheiten des elektrischen Betriebes zu informiren, damit sie in der Lage sind, sich bezüglich neu zu schaffender Einrichtungen selbst ein klares Bild zu machen und eine ungefähre Berechnung der Anschaffungs- und Betriebskosten vorzunehmen.

Wir können das vorliegende Werk nur auf das Wärmste empfehlen.

*) Vergleiche S. 568, Heft XXIII. ex 1898.

Verantwortlicher Redacteur: JOSEF KAREIS. — Selbstverlag des Elektrotechnischen Vereins.
In Commission bei LEHMANN & WENTZEL, Buchhandlung für Technik und Kunst.
Druck von R. SPIES & Co. in Wien, V., Straussengasse 16.

Zeitschrift für Elektrotechnik.

XII. Jahrg. 1. April 1894. Heft VII.

VEREINS-NACHRICHTEN.

Chronik des Vereines.

14. Februar 1894. — Vereinsversammlung. Vorsitzender Hofrath Volkmer.

Das Wort erhält Ober-Ingenieur Koestler zur Abhaltung seines angekündigten Vortrages: „Reiseeindrücke aus Nordamerika". Der Vortragende stellt sich die Aufgabe, insbesondere das amerikanische Strassenbahnwesen vorzuführen, mit Rücksicht auf die brennenden Fragen, die gegenwärtig neue Strassenbahnen für Wien bilden. Die Ursachen der grossartigen Entwicklung der Strassenbahnen in Amerika sind zu suchen in der freien, raschen Entwicklung der Städte mit ihren geometrischen Strassenzügen, in der Theilung der Städte in Geschäftsvierteln und weit ausgedehnten entfernten Wohnvierteln, in der Regsamkeit des Geschäftsverkehres, die keinen Zeitverlust duldet, und — last not least — im Unternehmungsgeist der Amerikaner und der Förderung, die derselbe durch den Staat und die Behörden erfährt. Zur Erwerbung der Concession für eine Strassenbahn genügt die zustimmende Unterschrift von $^2/_3$ der Anrainer.

Chicago, das im Jahre 1853 als Verkehrsmittel nur 18 Omnibusse besass, die täglich 1300 *km* zurücklegten und im Jahre 500.000 Menschen beförderten, wies im Jahre 1893 800 *km* Strassenbahnen (120 *km* Kabel-, 150 *km* elektrische und 530 *km* Pferdebahnen) mit einer jährlichen Frequenz von 300 Millionen Fahrgästen auf. Eine der elektrischen Bahnen zahlte ihren Actionären trotz grosser Anlagekosten und trotz des niederen Einheitspreises von 5 Cents für jede beliebige durchfahr[illegible] Strecke eine 9%ige Dividende [illegible] 5% Zinsen, also zusammen 14% Verzinsung. Der Vortragende bespricht nun die einzelnen Systeme von Strassenbahnen.

Kabelbahnen. Dieselben sind von San Francisco ausgegangen, wo die erste im Jahre 1873 in Betrieb gesetzt wurde. Ein in der Mitte der Geleise unter Strassenniveau über Rollen laufendes endloses Seil wird von dem Motorwagen mit einem Greifer gepackt und nimmt so den Zug mit. Die Geschwindigkeit beträgt 15—20 *km*. Ein Zug besteht aus drei Wagen, welche in Intervallen von einer Minute einander folgen. Jeder Zug führt rund 100 Personen. Die Anlagekosten pro 1 *km* stellen sich auf 2—300.000 Gulden, die Betriebskosten für einen Wagenkilometer 16 Kreuzer. Doch scheint es, dass hier nicht die bedeutenden Kosten der Auswechslung des Drahtseiles mit eingerechnet sind, dessen Dauer je nach den Streckenverhältnissen eine sehr verschiedene ist. In einer Centrale in Chicago muss diese Auswechslung alle drei Wochen vorgenommen werden und kostet jedesmal 7500 Gulden. Die Schwierigkeit, rasch zu bremsen (erst muss der Greifer ausgelöst werden), sowie die Unmöglichkeit, nach rückwärts zu fahren, bringen es mit sich, dass eines von den zwei Menschenleben, die in Chicago täglich dem Verkehr zum Opfer fallen, den Kabelbahnen zukommt.

Elektrische Bahnen. Der Aufschwung der elektrischen Bahnen und der Rückgang anderer Systeme, den der Vortragende an der Hand statisti[illegible] [illegible]bellen nachweist, hat [illegible] [illegible]den geringeren Be[illegible] [illegible] [illegible]kosten der elektrischen Bahnen, sowie in der grösseren Sicherheit und Gefahrlosigkeit derselben. Zur Verwendung kommt ausschliesslich oberirdische Leitung. Die Geschwindigkeit beträgt 15—18 *km*. Eine Bahn von St. Louis nach Chicago auf eigenem Planum soll eine Geschwindigkeit von 160 *km* erhalten.

Dampfbahnen. Die Strassenbahnen mit Dampfbetrieb, einschliesslich der Hochbahnen, besitzen keine grosse Geschwindigkeit (18 *km*). Die Stationen sind höchst einfach: eine Stiege, die Casse und der Perron in Waggonhöhe. Die Waggons sind lange, vierachsig, mit einem Fassungsraume von 100 Personen. Die kleinsten Curven-Radien sind $27^1/_2$ *m*.

Pferdebahnen. Dieselben sind in schlechtem Zustande, sowohl was Wagen und Pferde, als auch was das Geleise anbetrifft. Fahrkarten und Controle gibt es nicht, eine ausserordentliche Annehmlichkeit für die Fahrgäste. Der Conducteur zieht an einem Zählapparat, sobald er den Fahrpreis erhalten.

Der Vortragende flocht in seine Darstellung zahlreiche Vergleiche mit Wiener Verhältnissen, und bedauert, dass man sich in unserer Vaterstadt jedem Fortschritte widersetzt, wozu besonders der Wiener Gemeinderath beiträgt, welcher so hartnäckig der Einführung des elektrischen Betriebes bei Strassenbahnen sein Entgegenkommen verweigert; zum Schlusse richtete der Vortragende einen Appell an den Verein, diesen Widerstand zu bekämpfen.

Baurath Kareis zeigt an einem Beispiel, welche Schwierigkeiten und welche Verschleppung sogar die Durchführung eines blossen Versuches der Einführung des elektrischen Betriebes bei der Wiener Tramway erfährt.

Ingenieur Ross theilt mit, dass auch Städte mit engen und krummen Strassen, wie Boston, Bremen, mit grossem Vortheile den elektrischen Strassenbahnbetrieb verwenden. Herr Ing. Ross erwähnt auch, dass Gisbert Kapp die Stelle eines Secretärs und Redacteurs beim Verbande deutscher Elektrotechniker übernommen habe.

Ingenieur Klose spricht den Dank jenen Behörden aus, die Ingenieure zum Studium des amerikanischen Fortschrittes im vaterländischen Interesse nach Chicago gesendet hatten; dazu gehöre auch die Vertretung der ungarischen Hauptstadt. Ing. Klose erinnert auch an die Versuche Heilmann's in Havre, auf einer Vollbahn elektrischen Betrieb einzuführen. Die Locomotive ist selbst eine kleine Centrale, welche sowohl Dynamo wie Motor trägt. Es soll dadurch weit höhere Geschwindigkeit erreicht werden.

Baurath Kareis erwähnt, dass ein Vortheil dieses Systemes in der geringen Abnützung des Bahnkörpers und Geleises besteht.

Der Vorsitzende dankt Herrn Ober-Ing. Koestler im Namen des Vereines für seine interessanten Darlegungen; die Versammlung spendet reichen Beifall.

16. Februar. — Ausschuss-Sitzung.

ABHANDLUNGEN.

Die Theorie und Berechnung der asynchronen Wechselstrom-Motoren.

Von E. ARNOLD, Oerlikon.

(Schluss.)

Die Dimensionirung der Einphasen-Motoren.

Aus der entwickelten Theorie lassen sich die Formeln für die Dimensionirung eines Motors von gegebener Leistung ableiten. Um diese Formeln möglichst einfach zu gestalten, sei in der Berechnung von vornherein eine kleine Ungenauigkeit gestattet. Diese Ungenauigkeit besteht darin, dass wir das negative Drehmoment D_n bei der Berechnung der Leistung des Motors vernachlässigen. Da aber jeder Motor eine gewisse Ueberlastung ertragen und die zulässige Schlüpfung einen genügenden Spielraum hiezu gestatten muss, so ist es nicht von grosser Bedeutung, die Leistung des Motors für einen angenommenen Betrag der Schlüpfung genau zu kennen, eine Abweichung von der berechneten normalen Leistung um wenige Procente gibt für die Praxis noch genügend genaue Resultate.

Ist der Motor entworfen, so kann an der Hand der gegebenen Formeln, wenn das wünschenswerth ist, eine genauere Nachrechnung stattfinden.

Die Gleichung 134 für das Drehmoment lautete:

$$D = \frac{m_2}{8} \cdot M^2 J_1^2 R_2 \left(\frac{p_1 - p_2}{R_2^2 + \frac{m_2^2}{4}(p_1 - p_2)^2 L_2^2} - \frac{p_1 + p_2}{R_2^2 + \frac{m_2^2}{4}(p_1 + p_2)^2 L_2^2} \right)$$

Beschränken wir nun die Giltigkeit dieser Gleichung auf den Arbeitsgang des belasteten Motors resp. auf kleine Werthe von $p_1 - p_2$, und ist L_2 klein gegen R_2, so darf als annähernd gesetzt werden

$$D = \frac{m_2}{8} \cdot \frac{M^2 J_1^2 (p_1 - p_2)}{R_2} \quad \ldots\ldots \quad 149)$$

und die Wattleistung des Motors

$$W = \frac{m_2}{8} \cdot \frac{M^2 \cdot J_1^2}{R_2} \cdot p_2 (p_1 - p_2) \quad \ldots\ldots \quad 150)$$

Aus Gleichung 127 folgt

$$M^2 J_1^2 (p_1 - p_2) = \frac{E_2^2}{p_1 - p_2} \quad \ldots\ldots \quad 151)$$

Bezeichnen wir wie früher mit s den Betrag der Schlüpfung, so wird nach Gleichung 131

$$E_2 = s \cdot E''_2 \quad \ldots\ldots \quad 152)$$

$E''_2 = p_1 M J_1$ bezeichnet diejenige E. M. K., welche in der Spule des Ankers, die senkrecht zur Richtung des primären Magnetfeldes steht, inducirt wird. Diese E. M. K. ist constant und unabhängig von der Geschwindigkeit des Ankers, wir können daher E_2 aus dem Uebersetzungsverhältnisse der primären zur secundären Wicklung berechnen.

Dieses **Uebersetzungsverhältniss**, sowie die Coëfficienten L_1 und M müssen entsprechend der magnetischen Anordnung des Motors und der Lage der Erregerwindungen berechnet werden. In den Fig. 27 und 28 sind zwei verschiedene Anordnungen aufgezeichnet und der Verlauf der Kraftlinien angedeutet. In Fig. 27 sind die primären Windungen nach Art der Ring- oder Trommelwicklung am ganzen Umfange des Eisenkernes gleichmässig vertheilt. Diejenigen Drähte, welche der Strom in gleicher Richtung durchfliesst sind gleich [illegible], und wir können uns die einander gegenüberliegenden Drähte [illegible] B $a\,a$, $b\,b$ zu einer Windung verbunden denken.

Nehmen wir a[illegible] von homogen[illegible] Inten[illegible] erzeugt, so ändert si[illegible] Magnet[illegible] ich die [illegible] einer Windung durchströmt, [illegible] tzahl am Umfang des Feldes, so lässt sich dieselbe durch eine andere Drahtzahl N_0 ersetzen, die alle auf dem Durchmesser CD liegen.

Die totale Induction einer beliebigen Windung ist $= f.H.\cos\alpha$, und die Summe der Producte aus Windungszahl $\times$ totale Induction

$$\frac{N_0}{2}.f.H. = \frac{N_1}{2}.f.H.\frac{1}{\pi}\int_0^{\pi} 2\cos\alpha = \frac{1}{\pi}.N_1 f.H$$

daher

$$N_0 = \frac{2}{\pi} N_1 \quad \ldots \ldots \ldots \quad 153)$$

Das Magnetfeld wird aber nicht ganz homogen sein, sondern die Intensität desselben nimmt mit dem Winkel α zu. Um diesem Umstande Rechnung zu tragen, setzen wir

$$N_0 = \frac{1}{\sqrt{2}} N_1 \quad \ldots \ldots \ldots \quad 154)$$

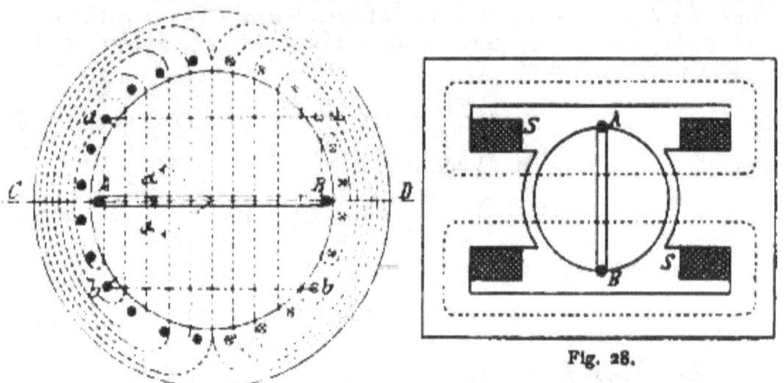

Fig. 27.

Fig. 28.

Für die Anordnung nach Fig. 28, bei welcher jede Windung der Erregerspulen S von sämmtlichen Kraftlinien des Feldes geschnitten wird, ist

$$N_0 = N_1$$

Wir setzen allgemein

$$N_0 = c_1 N_1 \quad \ldots \ldots \ldots \quad 155)$$

Machen wir nun die mit praktischen Ausführungen übereinstimmende Voraussetzung, dass die Windungen N_2 der Phase AB des Ankers nur einen kleinen Bogen am Umfang des Ankers bedecken, so dass nahezu sämmtliche Linien des Feldes jede Windung durchdringen, so wird das Uebersetzungsverhältniss

$$u = \frac{N_2}{N_0} = \frac{N_2}{c_1 N_1} \quad \ldots \ldots \ldots \quad 156)$$

und mit Berücksichtigung der magnetischen Streuung

$$E''_2 = b.E_1.\frac{N_2}{c_1 N_1} \quad \ldots \ldots \ldots \quad 157)$$

$$L_1 = \frac{4\pi c_1^2 N_1^2}{10^9 \Sigma \rho} \quad \ldots \ldots \ldots \quad 158)$$

$$M = \frac{4 \pi c_1 N_1 N_2}{10^9 \Sigma \rho} \quad \ldots \ldots \quad 159)$$

Mit Benützung der Gleichung 157, 152, 151, 150 und 149 ergeben sich nun für die Berechnung eines Einphasen-Motors die Gleichungen

$$\overline{E}_2 = \frac{b}{c_1} \cdot \frac{N_2}{N_1} \cdot \overline{E}_1 \cdot s \quad \ldots \ldots \quad 160)$$

$$\overline{J}_2 = \frac{b}{c_1 \cdot R_2} \cdot \frac{N_2}{N_1} \cdot \overline{E}_1 \cdot s \quad \ldots \ldots \quad 161)$$

$$W = \frac{b^2}{4 c_1^2} \cdot \frac{m_2}{R_2} \cdot \frac{N_2^2}{N_1^2} \cdot \overline{E}_1^2 \, s \, (1 - s) \quad \ldots \quad 162)$$

$$R_2 = \frac{b^2}{4 c_1^2} \cdot \frac{m_2}{W} \cdot \frac{N_2^2}{N_1^2} \cdot E_1^2 \, s \, (1 - s) \quad \ldots \quad 163)$$

$$R_0 = \frac{R_2}{N_2} = \frac{b^2}{4 c_1^2} \cdot \frac{Z \cdot E_1^2}{W N_1^2} \cdot s \, (1 - s) \quad \ldots \quad 164)$$

$$D = \frac{b^2}{4 c_1^2} \cdot \frac{k}{2 \pi n_1} \cdot \frac{m_2}{R_2} \cdot \frac{N_2^2}{N_1^2} \cdot \overline{E}_1^2 \cdot s \quad \ldots \quad 165)^*$$

$$n_2 = \frac{60 \cdot n_1}{k} (1 - s) \quad \ldots \ldots \quad 166)$$

Diese Formeln stimmen mit den für Mehrphasen-Motoren abgeleiteten Gleichungen 60 bis 65 bis auf die Constante $4 c_1^2$ vollkommen überein.

Für eine bestimmte anzunehmende Schlüpfung s und die gegebene Wattleistung W des Motors lässt sich aus Gleichung 163 der Widerstand R_2 einer Phase des Ankers und aus Gleichung 164 der Widerstand R_0 einer einzelnen Windung oder eines einzelnen Stabes inclusive der zugehörigen Querverbindung berechnen.

Die obigen Gleichungen sind an vielen ausgeführten Motoren verificirt worden, und geben mit den gemachten Messungen gut übereinstimmende Resultate.

Die Berechnung des Erregerstromes, des Leerlaufstromes und des Belastungsstromes.

Nach Gleichung 107 ist der Erregerstrom

$$J_e = \frac{E_1}{p_1 L_1} \quad \ldots \ldots \quad 167)$$

Der Werth von L_1 ist aus Gleichung 156 zu berechnen.

Der Erregerstrom lässt sich ebenso wie bei den Mehrphasen-Motoren, auch aus den magnetisirenden Kräften, welche aus den Inductionsdichten im Feld- und Ankereisen und im Luftraume einzeln bestimmt werden können, berechnen.

Wir wählen wieder die in Fig. 5 eingetragenen und auf Seite 63 und 64 angenommenen Bezeichnungen. D[illegible] Induction B im Luftraume δ lässt sich am besten ermitteln, indem [illegible] voraussetzen, dass die

*) In Gleichung 64 soll [illegible]

Windungszahl $c_1 N_1$ mit der Winkelgeschwindigkeit $p_1 : k$ oder der Umfangsgeschwindigkeit

$$v = \frac{p_1 d}{2 k} = \frac{\pi n_1 d}{k}$$

in einem stehenden Magnetfelde von der Intensität H rotire, so dass die Amplitude der inducirten E. M. K. $= E_1$ wird, die Inductionsvorgänge sind dann dieselben wie bei einem pulsirenden Magnetfelde von der maximalen Intensität H und feststehender, senkrecht zur Richtung des Feldes liegender Windungszahl $c_1 N_1$. Wir wollen die mittleren Inductionsdichten ermitteln; Es wird die mittlere Induction im Luftraume

$$\overline{B} = \frac{b \,.\, \overline{E}_1 \,.\, 10^8}{v \,.\, l \,.\, c_1 \,.\, N_1} \quad . \; . \; . \; . \; . \; . \; . \; . \quad 168)$$

oder

$$\overline{B} = \frac{b_1 \,.\, k \,.\, \overline{E}_1 \,.\, 10^8}{2{\cdot}22 \,.\, n_1 \,.\, d \,.\, l \,.\, c_1 \,.\, N_1} \quad . \; . \; . \; . \; . \; . \quad 169)$$

Die mittlere Induction im Feldeisen (Fig. 27 in den Querschnitten $A\,C$ und BD) wird

$$\overline{B}_1 = \frac{\overline{E}_1 \,.\, 10^8}{2 \,.\, \pi \,.\, n_1 \,.\, F_1 \,.\, c_1 \,.\, N_1} \quad . \; . \; . \; . \; . \; . \quad 170)$$

und die maximale Induction

$$B_1 \max = \sqrt{2} \,.\, \overline{B}_1 \quad . \; . \; . \; . \; . \; . \quad 172)$$

Die mittlere Induction im Anker ist

$$\overline{B}_2 = \frac{b \,.\, \overline{E}_1 \,.\, 10^8}{2 \pi n_1 \,.\, F_2 \,.\, c_1 \,.\, N_1} \quad . \; . \; . \; . \; . \; . \; . \quad 172)$$

und

$$B_2 \max = \sqrt{2} \,.\, \overline{B}_2$$

Sind nun H_1 und H_2 die den Inductionen $\overline{B}_1$ und $\overline{B}_2$ entsprechenden magnetisirenden Kräfte, welche einer Magnetisirungscurve entnommen werden können, l_1 und l_2 die mittlere Länge des magnetischen Stromkreises im Feld- bezw. Ankereisen, so wird die erforderliche Ampère-Windungszahl

$$= \frac{10}{4 \pi} \,.\, 2 k \, (\delta \overline{B} + H_1 l_1 + H_2 l_2)$$

und da die Windungszahl $= c_1 \,.\, \frac{N_1}{2}$,

der Erregerstrom

$$J_e = \frac{10}{\pi} \,.\, \frac{k}{c_1 N_1} \,.\, (\delta \overline{B} + H_1 l_1 + H_2 l_2) \; . \; . \; . \; . \quad 173)$$

Der Leerlaufstrom wird nun aus Gleichung 106 und 107

$$J_0 = \frac{2 J_e}{2 - b^2} \quad . \; . \; . \; . \; . \; . \; . \; . \; . \quad 174)$$

Bezeichnet wieder J_n denjenigen Strom, welcher die vom Motor consumirten Watts ohne Phasenverschiebung liefern würde, oder dessen Phase mit E_1 zusammenfällt, so ist

$$\overline{J}_n = \frac{W}{\eta \, \overline{E}_1} = \frac{R_1 \overline{J}_1^2 + p_1 D_n + p_1 D_p}{\overline{E}_1} \quad . \; . \; . \; . \quad 175)$$

Der **Belastungsstrom**

$$\overline{J_1} = \sqrt{\overline{J_e}^2 + \overline{J_n}^2} \quad \dots \dots \dots \quad 176)$$

In Fig. 29 ist das Diagramm der Stromstärken gegeben, es ist

$$A B = \frac{R_1 \, J_0^2 + p_1 \, D_n}{E_1}$$

$$B C = \frac{R_1 \, (J_1^2 - J_0^2) + p_1 \, D_p}{E_1}$$

und

$$A C = J_n$$

Mit Berücksichtigung der Streuung wird übereinstimmend mit den Gleichungen 76 und 80

$$\overline{J_1} = \frac{\sqrt{\overline{J_e}^2 + \overline{J_n}^2}}{b^2} \quad \dots \dots \dots \quad 177)$$

$$\cos \varphi_1 = \frac{b^2 \, . \, \overline{J_n}}{\sqrt{\overline{J_e}^2 + \overline{J_n}^2}} \quad \dots \dots \dots \quad 178)$$

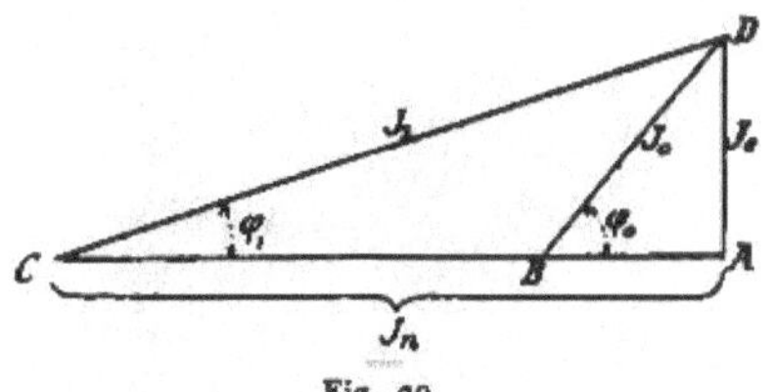

Fig. 29.

Bezüglich der **Construction des Feldes und des Ankers** kann ebenfalls auf das bei den Mehrphasen-Motoren Gesagte verwiesen werden.

Schlussbemerkungen. Aus den hier gegebenen Gleichungen geht hervor, dass mit einigen für die Praxis zulässigen Annäherungen und indem wir die Giltigkeit der Gleichungen auf den Arbeitsgang des Motors beschränken, die Vorausberechnung der Ein- und Mehrphasen-Motoren fast identisch ist, der Einfluss der Selbstinduction und des Widerstandes der Ankerwindungen, der Schlüpfung, der Streuung u. s. f. ist in beiden Fällen derselbe.

Auf eine Eigenschaft der asynchronen Wechselstrom-Motoren will ich noch aufmerksam machen. In den Gleichungen 62 und 162 erscheint die **Wattleistung als unabhängig von der Tourenzahl des Motors**, d. h. wir können bei gegebener Periodenzahl und gegebener Windungszahl von Feld und Anker einen Motor zwei-, vier-, sechs- oder achtpolig wickeln, wobei sich die Tourenzahlen umgekehrt wie die Polzahlen ändern, die Leistung des Motors bleibt bei derselben Schlüpfung s stets dieselbe. Der Motor verhält sich wie ein Transformator, dessen Capacität nur von dem Aufwande an Eisen und Kupfer und von der Periodenzahl abhängt.

Machen wir z. B. einen zweipoligen Mehrphasen-Motor vierpolig, so erhalten wir ein Drehfeld von doppelter Stärke, das mit halber Geschwindigkeit rotirt, die Beanspruch[illegible] [illegible] Feld- und Ankereisens bleibt dieselbe, weil der [illegible]netische [illegible] anstatt zweifach jetzt vierfach verzweigt ist. Thatsäc[illegible] [illegible] Vergrösserun[illegible] Polzahl, bei derselben Beanspruchung von Kupfer und Eisen die Leistung des Motors in Folge der vermehrten Streuung und des vergrösserten Erregerstromes abnehmen. Eine Aenderung der Polzahl bedingt daher im Allgemeinen auch eine Aenderung der Windungszahl des Feldes.

Es wäre aber unrichtig, anzunehmen, dass bei asynchronen Motoren durch Vergrösserung der Tourenzahl resp. Verminderung der Polzahl die Leistung derselben dementsprechend gesteigert oder bei Vermehrung der Polzahl dementsprechend vermindert würde.

Die Aenderung der Periodenzahl beeinflusst dagegen die Leistung der Motoren in demselben Sinne, wie die Leistung von Transformatoren.

Fig. 30.

Die Maschinenfabrik Oerlikon hat bis jetzt Mehrphasen-Motoren in 18 verschiedenen Grössen von $^1/_{16}$ bis 100 *HP* und Einphasen-Motoren von $^1/_{20}$ bis 15 *HP* in 13 verschiedenen Grössen ausgeführt. Fig. 30 gibt das Bild eines achtpoligen 60 *HP* Drehstrom-Motors für 110 Volt unverkettete Spannung, 725 Touren pro Minute. Der Leerlaufstrom beträgt 40 Ampère, der Wattconsum bei Leerlauf 1710 Watt, die Stromstärke bei normaler Belastung 170 Ampère. Der Wirkungsgrad des Motors ist 94 Procent, das Gewicht desselben 1620 *kg*.

Neue Signalcontrole.

Von A. PRASCH.

(Schluss.)

Dies zu erzielen, wird in der Hauptleitung unmittelbar bei dem Controlsignale oder sonst an einem beliebigen Punkte ein zweiter Wecker als sogenannter Schleppwecker, dessen Ankerbewegung keine Stromunterbrechung herbeiführt, eingeschaltet. Die für das Läuten dieses Weckers unentbehrlichen periodischen Stromunterbrechungen besorgt eine an dem zu überwachenden Signale angebrachte Vorrichtung, der sogenannte Pendel-Contact von F. Gattinger. Das Wirken dieses Contactes, welcher bis zu einer gewissen Grenze auch eine Regulirung der zwischen zwei folgenden Unterbrechungspausen verlaufenden Zeitdauer zulässt, ist aus Fig. 15 leicht zu ersehen. Vor dem Elektromagnete *EE* ist das Pendel *P* an der Blattfeder *p* aufgehängt. Der gabelförmige Theil dieses Pendels greift über den Schwingungspunkt des Pendels hinaus und trägt an einer Schraube verschiebbar das die Schwingungsdauer des Pendels regulirende Gewicht *G*. An dem Anker *A* ist eine zweifach rechtwinkelig abgebogene Fortsetzung befestigt, welche in der Ruhe oder stromlosen Lage an den Contact *C* des Pendels anliegt und die leitende Verbindung zwischen Pendel und Anker herstellt. Der Anker ist in dieser Lage von den Elektromagneten abgelöst und wird durch das Gewicht des Pendels nach rechts gedrückt.

Werden nun die Elektromagnete durch einen elektrischen Strom erregt, so wird der Anker rasch angezogen und versetzt dem Pendel einen

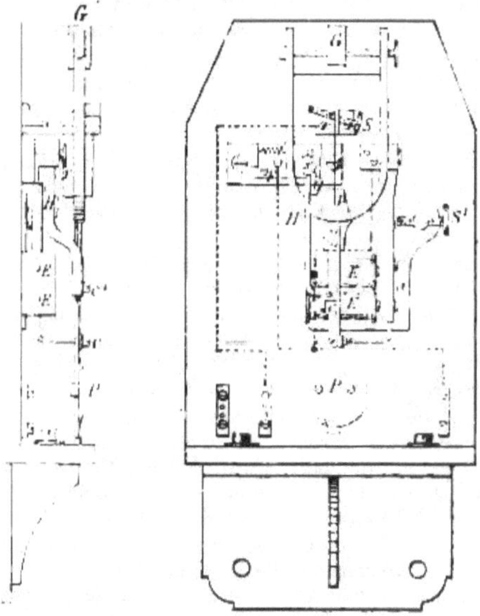

Fig. 15. (Seitenansicht links.) Fig. 15. (Vorderansicht.)

Stoss, welches nun ausschwingt und hiedurch den Contact bei *c*, somit auch den ganzen Stromkreis unterbricht.

Der Anker hebt sich somit von den hiedurch entmagnetisirten Elektromagneten ab. Beim Rückschwunge des Pendels schliesst sich deren Contact und auch hiedurch der Stromkreis neuerdings, wodurch das Pendel einen neuerlichen Anstoss erhält. Das Pendel wird daher so lange schwingen und den Stromkreis selbstthätig abwechselnd öffnen und schliessen, als die Verbindung der Batterie mit dem Pendelcontacte und der Leitung hergestellt bleibt. Diese periodischen Stromunterbrechungen und Schlüsse wirken auf den ganzen Stromkreis zurück, und muss deshalb auch der Schleppwecker ertönen. Die einzelnen Schläge desselben folgen sich in längeren, durch die Schwingungsdauer des Pendels gegebenen Pausen.

Da aber durch die [illegible] wäh[illegible] [illegible]unterbrechungen auch der Signalkörper der optis[illegible] [illegible] Schwingunge[illegible] [illegible]ersetzt werden würde, musste, dies zu verhindern, eine Ergänzung an dem Pendelcontacte angebacht werden. Diese besteht aus dem zweiarmigen, um die Achse x drehbaren Hebel h, welchen eine schwache Spiralfeder an den zu diesem Zwecke an dem Pendel befestigten Contact c_1 anzudrücken sucht hieran aber bei der Ruhelage durch einen Hemmstift gehindert wird. Der Abstand zwischen h und c_1 ist jedoch ein so geringer, dass sich c_1 bei jedem Impuls, welchen das Pendel zum Ausschwingen erhält, sofort an h anlegt und den Stromkreis unter Ausschaltung der Elektromagnete neuerdings schliesst. Da der Hebel h dem Pendel folgen muss, bleibt der Stromkreis für die ganze Dauer der Schwingung des Pendels bis auf jene kurzen Intervalle geschlossen, welche vom Abheben des Pendels von dem Anker bis zum Anlegen desselben an den Hebel h und umgekehrt vergehen. Diese kurzen Unterbrechungspausen reichen zwar hin, den Wecker zum Ertönen zu bringen, sind aber nicht genügend lang, um ein merkliches Ausschwingen des Signalkörpers zu verursachen.

Bei der Freistellung des Signales wird diese selbstthätige Unterbrechungsvorrichtung aus dem Stromkreise ausgeschaltet. Hiedurch wird das Läuten des Weckers verhindert, weil der Anker desselben stets von den Elektromagneten angezogen bleibt.

Wenn ein solcher Hilfswecker verlangt wird, kann von der Anbringung eines Contactes an der optischen Controle zur Schliessung des Localstromkreises Umgang und hiefür dieser Wecker mit in Anspruch genommen werden.

Der Contact für diesen Stromkreis schliesst sich an diesem Wecker nur bei länger währender Unterbrechung des Hauptstromkreises. Eine solche tritt sowohl bei der Halt- als auch Freistellung nicht ein, denn die durch den Pendelcontact hervorgerufenen Unterbrechungen bei der ersten Signallage sind zu kurz, um den Anker des Weckers nach rückwärts voll zum Ausschwingen kommen zu lassen.

Dass sich die Verwendung dieser Controlvorrichtung nicht blos auf die Controle der Distanzsignale beschränkt, sondern für gleiche Zwecke auch auf alle zweier massgebenden Endstellungen, fähigen Signale ausgedehnt werden kann, ist ebenso einleuchtend wie die Benützung derselben für manche Fälle als Rücksignal, welches alle Zweifel ausschliessen soll.

Fig. 16 zeigt die Anordnung der Apparate und der Leitungsverbindungen bei Anwendung des Pendel-Contactes.

Doch sei hier noch einer weiteren Verwendung dieses Signales im Eisenbahndienste gedacht, die sich als nützlich erweisen dürfte, und zwar als Controle der richtigen Lage der Weichen auf kleineren und mittleren Stationen ohne centralisirte Weichenstellung.

Wiewohl die persönliche Controle der richtigen Weichenstellung mit einen wichtigen Theil der Verpflichtungen des verkehrsleitenden Beamten bildet, so wird doch Jeder, der den Verkehrsdienst aus eigener Anschauung kennt, zugestehen müssen, dass diese Controle trotz ihres unleugbaren moralischen Werthes, für keinen Fall ausreichend ist.

Die Zeit, welche zwischen Controle und Einfahrt des Zuges verstreicht, ist in dem günstigsten Falle nicht unter 10 Minuten anzunehmen. Würde auch die Weiche bei der Controle in der richtigen Lage befunden, so kann doch innerhalb dieses Zeitraumes eine Umstellung der Weiche, aus Ursachen, die hier nicht näher erörtert werden sollen, erfolgen. Eine Controle der Weichenstellung aus der Lage der Weichensignalkörper gibt aber noch keinen Aufschluss, ob die Weiche auch sicher gestellt sei, d. h. dass der Zug über die Weiche auch einen ununterbrochenen Schienenweg vorfindet.

Die Weiche lässt überhaupt nur zwei normale Stellungen, u. zw. in die Gerade und in die Abzweigung, zu, und entspricht also in dieser Richtung dem Distanzsignale. Somit sind auch die Vorbedingungen zur Anwendung dieses Controlsignales für die Weichencontrole gegeben. Die den Stromwechsel herbeiführenden Contacte an der Weiche lassen sich so genau einreguliren, dass sie erst dann zur Wirkung gelangen, wenn die Spitzschiene an die Stockschiene fest anliegt, somit die Weiche auch verlässlich gestellt wird. Jede nicht normale Lage der Weiche muss somit durch das Alarmsignal angezeigt werden. Eine Aenderung in der Einrichtung des Controlapparates wird durch diesen Verwendungszweck nicht bedingt, doch dürfte es sich schon zum Unterschiede von der Controle für die Distanzsignale empfehlen, den Signalkörper um 45° nach links zu drehen,

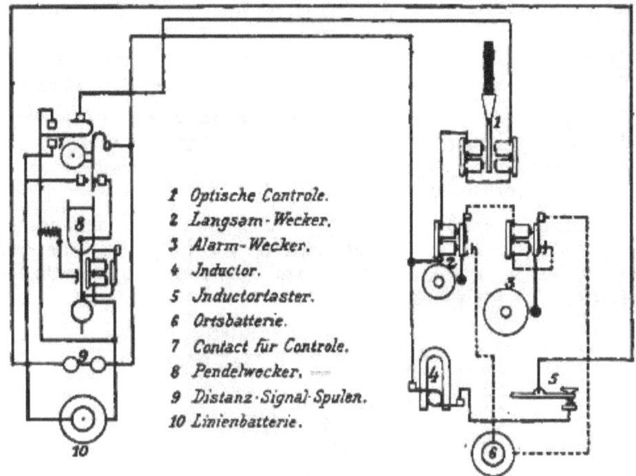

Fig. 16.

wodurch derselbe für alle drei Fälle der Signal-Kundgebung sichtbar bleibt. Es würde dann beispielsweise der um 45° nach links oder rechts geneigte Signalkörper die Stellung der Weiche in die Gerade oder Abzweigung, der senkrecht stehende Signalkörper dagegen einen abnormalen Zustand anzeigen.

Der aus einer solchen Weichencontrole entspringende Vortheil wäre der, dass der verkehrsleitende Beamte, wenn die Controle unmittelbar vor Ankunft eines Zuges einen Anstand in der Weichenstellung anzeigt, in den meisten Fällen in der Lage sein wird, den Zug vor der Weiche zum Halten zu bringen und die Correctur in der Weichenstellung zu veranlassen.

Zur Ermittlung des Erdschlusswiderstandes durch Spannungsmessungen.

Von Dr. RICHARD HIECKE.

Die Messung des Fehlerwiderstandes wä[illegible]d des Betriebes mittelst des Torsionsgalvanometers oder [illegible]meters ist [illegible]ekannt, und herrscht über die Deutung der Resultate [illegible]iner Dy[illegible]chine, einer Acc[illegible]-

mulatorenbatterie oder einem Zweileitersystem und bei dem Vorhandensein nur einer einzigen Fehlerstelle wohl kein Zweifel.

Bei der Ausführung wird das Torsionsgalvanometer mit einem entsprechenden Vorschaltwiderstande w_1 zwischen den einen Pol der zu untersuchenden Leitung und Erde geschaltet. Ist der angezeigte Strom j_1, das Spannungsniveau des Poles E_1, das der vorhandenen Fehlerstelle Ve, der Fehlerwiderstand W, so ist:

$$j_1 w_1 = V_1 = \frac{E_1 - Ve}{W + w_1} \cdot w_1 \quad . \quad \text{oder } V_1 = \frac{\Lambda}{\Lambda + \lambda_1}(E_1 - Ve)$$

wenn $\Lambda = \frac{1}{W}$ und $\lambda_1 = \frac{1}{w_1}$ genommen wird.

Dieselbe Messung am zweiten Pol durchgeführt ergibt eine zweite Gleichung für Ve und Λ, welche hieraus berechnet werden können.

Weniger einfach liegen die Verhältnisse bei einem Mehrleitersystem, in welchem an jedem Pole eine gewisse Ableitung stattfindet, oder auch in den obenerwähnten Fällen, wenn statt eines oder selbst zweier Fehler deren mehrere vorhanden sind.

Die nachstehenden Ausführungen über diesen Gegenstand werden sich auf ein Fünfleitersystem beschränken, wo auf jedem Pole eine bestimmte Ableitung stattfindet, doch sind die Resultate unmittelbar auf complicirtere Fälle anwendbar.

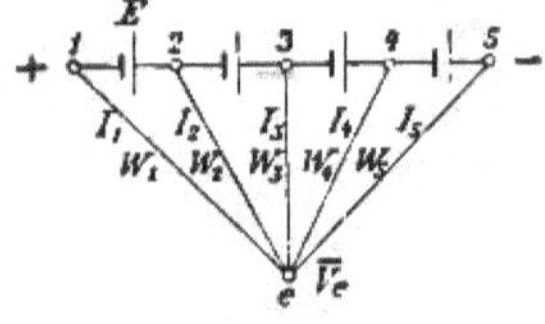

Fig. 1.

Eine Reihe von vier Batterien, jede von der Spannung E, wie in Fig. 1, von deren Polklemmen 1, 2, . . . 5 Ableitungen vom Widerstande W_1, W_2, W_3, W_4 und W_5 zu einem gemeinsamen Punkte e führen, versinnlicht die Ableitungsverhältnisse in dem oben erwähnten Fünfleiter, wenn die Widerstände der Batterien gegen W_1 bis W_5 verschwinden.

Zur Berechnung der Ströme J_1 bis J_5 dienen die Kirchhoff'schen Gesetze, aus denen unter anderen die nachstehenden fünf Gleichungen hervorgehen:

$$J_1 + J_2 + J_3 + J_4 + J_5 = 0$$

$$W_1 J_1 - E = W_2 J_2 \qquad W_3 J_3 - E = W_4 J_4$$

$$W_2 J_2 - E = W_3 J_3 \qquad W_4 J_4 - E = W_5 J_5$$

Die Stromstärken J_1 bis J_5 ergeben sich zu:

$$J_1 = \frac{E}{W_1} \cdot \frac{\frac{1}{W_2} + \frac{2}{W_3} + \frac{3}{W_4} + \frac{4}{W_5}}{\Sigma \frac{1}{W}}$$

$$J_2 = \frac{E}{W_2} \cdot \frac{\frac{-1}{W_1} + \frac{1}{W_3} + \frac{2}{W_4} + \frac{3}{W_5}}{\Sigma \frac{1}{W}}$$

$$J_3 = \frac{E}{W_3} \cdot \frac{-\frac{2}{W_1} - \frac{1}{W_2} + \frac{1}{W_4} + \frac{2}{W_5}}{\Sigma \frac{1}{W}} \text{ etc.}$$

Setzt man $J \,.\, W = \overline{V}$ und $\frac{1}{W} = \Lambda$, so ist:

$$\overline{V}_1 = \frac{E}{\Sigma \Lambda} (\Lambda_2 + 2 \Lambda_3 + 3 \Lambda_4 + 4 \Lambda_5)$$

$$\overline{V}_2 = \frac{E}{\Sigma \Lambda} (- \Lambda_1 + \Lambda_3 + 2 \Lambda_4 + 3 \Lambda_5)$$

$$\overline{V}_3 = \frac{E}{\Sigma \Lambda} (- 2 \Lambda_1 - \Lambda_2 + \Lambda_4 + 2 \Lambda_5) \text{ etc.}$$

Bezeichnet man nun das Spannungsniveau des negativen, fünften Poles als das niedrigste mit o, so kommt der Erde die Spannung $\overline{Ve}$:

$$\overline{Ve} = - \overline{V}_5 = \frac{E}{\Sigma \Lambda} (4 \Lambda_1 + 3 \Lambda_2 + 2 \Lambda_3 + \Lambda_4) \text{ zu}$$

Es ist dann:

$$\overline{Ve} \,.\, \Sigma \Lambda = 4 E \,.\, \Lambda_1 + 3 E \,.\, \Lambda_2 + 2 E \,.\, \Lambda_3 + E \,.\, \Lambda_4$$

Stellt man sich unter Λ_1, Λ_2 bis Λ_5 Kräfte vor, die an den Hebelarmen $4 E$, $3 E$, $2 E$, E und o senkrecht angreifen, so wäre $\overline{Ve}$ der Hebelarm, an dem die Summe aller Parallelkräfte, $\Sigma \Lambda$ angreifen müsste, um die gleiche Wirkung wie die Einzelkräfte hervorzubringen; $\overline{Ve}$ ist der Angriffspunkt der Resultante $\Sigma \Lambda$.

Da nun:

$$\overline{V_1} = \frac{E}{\Sigma \Lambda} (\Lambda_2 + 2 \Lambda_3 + 3 \Lambda_4 + 4 \Lambda_5)$$

$$= \frac{E}{\Sigma \Lambda} [4 \Sigma \Lambda - (4 \Lambda_1 + 3 \Lambda_2 + 2 \Lambda_3 + \Lambda_4)]$$

so ist:

$\overline{V_1} = 4 E - \overline{Ve}$ und ebenso:

$\overline{V_2} = 3 E - \overline{Ve}$

$\overline{V_3} = 2 E - \overline{Ve}$ etc., was eigentlich selbstverständlich ist.

Die Spannungsmessung mit dem Torsionsgalvanometer von je einem Pole zur Erde gibt etwas andere Werthe für $V = j \,.\, w$ als die obigen $\overline{V}$, da man ja durch das Anlegen der Galvanometerleitung die Ableitung vermehrt. Dies kommt jedoch nur in $\Sigma \Lambda$ zum Ausdrucke, indem hiezu noch das jeweilige λ zu addiren ist. Es wird:

$$V_1 = \frac{E}{\Sigma \Lambda + \ldots} \ldots 2 \Lambda_3 + 3 \Lambda_4 \ldots$$

$$= (4\,E - \overline{Ve}) \frac{\Sigma\,\Lambda}{\Sigma\,\Lambda + \lambda_1}$$

$$V_2 = (3\,E - \overline{Ve}) \frac{\Sigma\,\Lambda}{\Sigma\,\Lambda + \lambda_2}$$

$$V_3 = (2\,E - \overline{Ve}) \frac{\Sigma\,\Lambda}{\Sigma\,\Lambda + \lambda_3} \text{ etc.}$$

Diese Formeln sind dieselben, wie bei einem Zweileiter mit einer einzigen Fehlerstelle bei $\overline{Ve}$ von der Leistungsfähigkeit $\Sigma\,\Lambda$, sobald man statt E_1 die Spannungen $4\,E$, $3\,E$, $2\,E$ etc. einsetzt.

Die Grössen $\overline{Ve}$ und $\Sigma\,\Lambda$ repräsentiren auch für die Messung mit dem Torsionsgalvanometer die Resultante der einzelnen Erdableitungen. Diese selbst können durch Variationen der Messung nicht von einander getrennt werden, da sie nur in den beiden Verbindungen $\overline{Ve}$ und $\Sigma\,\Delta$ in den Bestimmungsgleichungen vorkommen.

Die einfachste Formel zur Berechnung von $\Sigma\,\Lambda$ erhält man, wenn man zur Messung zwei Pole, 1 und 2, verwendet, zwischen denen $\overline{Ve}$ liegt und in der Galvanometerleitung beidemale den gleichen Widerstand verwendet; es ist dann z. B. V_1 positiv und V_2 negativ; bezeichnen (V_1) und (V_2) die absoluten Beträge, so ist:

$$\Sigma\,\Lambda = \lambda \frac{(V_1) + (V_2)}{E_{1,2} - [(V_1) + (V_2)]} \text{ und}$$

$$W = w \left[\frac{E_{1,2}}{(V_1) + (V_2)} - 1\right]$$

Diese Formeln behalten auch noch Giltigkeit, wenn die Fehler sich nicht direct auf den einzelnen Leitern des Netzes, sondern an Punkten mit beliebiger Spannung vorfinden. Auch ist es einleuchtend, dass dieselben nicht auf ein Fünfleitersystem beschränkt sind.

Bei Zweileiteranlagen für Glühlicht, bei denen man sich von der guten Isolation der Dynamo oder Batterie überzeugt hat, kann man annehmen, dass ausserdem nur Fehler auf dem positiven oder negativen Leiter selbst vorkommen, da der Faden einer Glühlampe wohl nicht gut Schluss mit Erde haben kann. In diesem Falle kann man die Ableitung des positiven und negativen Poles einzeln bestimmen. Ist die Spannung des negativen Poles = 0, so ist:

$$\overline{Ve} = \frac{E_1\,\Lambda_2}{\Sigma\,\Lambda}, \quad \text{somit } \Lambda_2 = \frac{\overline{Ve}\,\Sigma\,\Lambda}{E_1}$$

ferners:

$$\Sigma\,\Lambda = \Lambda_1 + \Lambda_2, \quad \text{somit } \Lambda_1 = \frac{\Sigma\,\Lambda}{E_1}(E_1 - \overline{Ve}).$$

Die Messung mit dem Torsionsgalvanometer oder Voltmeter kann jederzeit während des Betriebes vorgenommen werden, und liefert auch, weil hiebei die Leitungen unter Betriebsspannung sich befinden, ein maassgebenderes Resultat, als die Untersuchung mit einer eigenen Messbatterie, oder dem Isolationsprüfer mit Inductor, dessen vibrirender Strom bei grösserer Capacität der Anlage das Resultat fehlerhaft macht. Aus diesen letzten Gründen sollten Regulativbestimmungen über ein Isolationsminimum sich stets ausdrücklich auf die unter Betrieb gemessene Isolation beziehen.

Das Feuermeldewesen in Wien.

(Aus einem Vortrage des Herrn Ingenieurs JULIUS STERN im Allgemeinen technischen Vereine.)

Blättern wir in den Annalen der Feuerlöschgeschichte Wiens, so gelangen wir bis in das Jahr 1534 zurück, in welchem Jahre sich die ersten Spuren einer diesbezüglichen organisatorischen Entwicklung vorfinden. In diesem Jahre wurde nämlich die erste Feuerlöschordnung vom Bürgermeister und Rath der Stadt Wien herausgegeben.

Die auf das Meldewesen bezüglichen Punkte lauten:

„Zum dritten: wo solches Feuer überhand nehmen würde, so dass der Thürmer auf dem St. Stefansthurme oder sein Gesinde oder der zweien Wächter einer, so dass daselbst bei Tag und Nacht insonderheit dazu bestellt und besoldet werden, den Glockenstreich thun würde, so sollen alle und jede Zimmerleute, Maurer, Ziegeldecker, Schmiede und Schlosser sammt ihrem Gesinde mit Haken, Krampen, Hauen und anderem Zeuge an den Ort, wohin der Thürmer, wenn es untertags mit der rothen Fahne, oder wenn es bei Nacht mit dem Lichte in einer Laterne zeigen wird, unverzogenlich zu laufen und daran nicht verhindern lassen, sondern allda treulich retten und das Feuer zu dämpfen und zu löschen helfen.

Zum sechsten: soll in angezeigter Feuersnoth weder bei Klöstern noch anderen Kirchen der Glockenstreich geschehen, als allein zu St. Stephan und zu St. Michael, damit das Volk dadurch nicht verirrt werde, noch andern Enden zulaufe, sondern straks dem Feuer, wie obensteht, zuzueilen wisse.

Zum siebenten: wenn bei den Schotten angeschlagen würde, so soll jedermann wissen und verstehen, dass das Feuer irgend im tiefen Graben oder am Salzgries angehe, dann der Thürmer auf St. Stephansthurm an denselben Orten nicht leicht ersehen kann.

Zum 21. Ob mehr als ein Feuer anginge, so soll die Anzahl derselben auf gemeldeten St. Stephansthurm mit Zahl der rothen Fahnen, oder wenn es bei Nacht, mit Anzahl der Laternen bedeutet und angezeigt werden, damit sich männiglich darnach zu richten habe.

Publicirt und eröffnet durch den Bürgermeister, Richter und Rath der Stadt Wien den 28. Tag des Monats April im Jahre 1534."

Hieraus ist zu ersehen, dass zu jener Zeit das gesammte Meldewesen nur in der Hand der Thurmwächter ruhte und dass diese es waren, welche bei Feuersgefahr durch das Läuten der Sturmglocken die Stadt alarmirten.

Die erste Feuerlöschordnung stand bis zum Jahre 1688 in Wirksamkeit, wurde sodann neu ausgearbeitet unter Kaiser Leopold I. und als die Leopoldinische Feuerlöschordnung bezeichnet.

Im Jahre 1759 erschien die Theresianische Feuerlöschordnung. Diese bestimmte, dass bei Feuersgefahr in den damaligen Vororten die Grundwächter mittelst Trommelschlages die Feueransage zu geben haben. Dieselbe war jedoch keine Meldung in unserem Sinne, sondern nur eine Alarmirung der Mannschaften.

Endlich wurde 1817 das sehnlichst erwartete „Feuerlösch-Patent" herausgegeben, das schon eine bessere Organisation in's Auge fasste.

Bei erfolgter Meldung, entweder durch den Thürmer oder mündlich an das Unterkammeramt, wurde dieses verpflichtet, Alarm bis zur Hauptwache schlagen zu lassen. Von der Hauptwache musste die Meldung in die k. k. Burg abgehen und gleichzeitig Alarm durch die Strassen der Stadt mittelst Trommelschlages besorgt werden.

Schon damals suchte man die Meldung[illegible] Thürmers, der bei beobachtetem Feuer erst einen [illegible] zur Hau[illegible]senden musste, zu beschleunigen, indem ein Sprachrohr vom Thürmer zum Messner herabgeführt wurde, um sofort nähere mündliche Angaben über Lage und Ausdehnung des Brandes geben zu können. Späterhin wurde dieses durch ein Bleirohr ersetzt, in welchem schriftliche Meldungen in Metallbüchsen verpackt herabbefördert wurden.

Nichtsdestoweniger waren diese Meldungen sehr unverlässlich. Das Bedürfniss, zur genauen Bestimmung des Brandortes einen Apparat aufzustellen, machte sich immer mehr fühlbar, und es versuchten Mehrere, einen solchen zu construiren, doch ohne praktischen Erfolg. Erst dem Director der kaiserlichen Sternwarte, Carl Ludwig Edlen von Littrow, war es vorbehalten, nachdem er von Kaiser Franz I. den Auftrag hiezu erhielt, ein Instrument zu bauen, das er Toposkop (Ortsschauer) nannte und das allen gestellten Anforderungen in überaus praktischer Weise Rechnung trug.

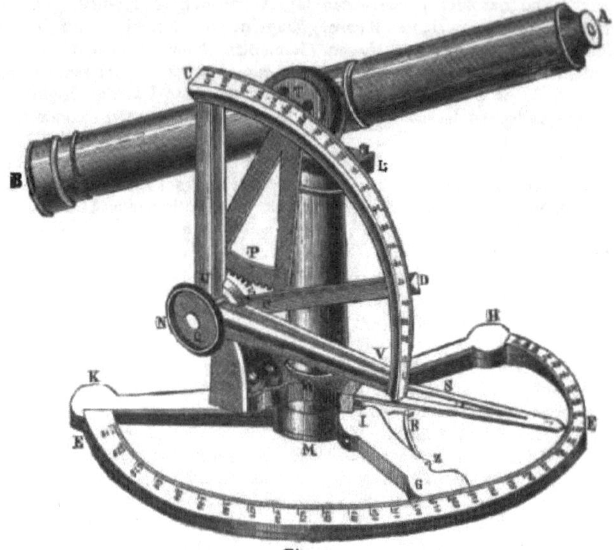

Fig. 1.

Dieses Toposkop besteht zunächst aus einem, um eine horizontale Achse T und eine verticale Säule LM drehbaren Fernrohre AB (Fig. 1), welches mit einem Fadenkreuze versehen ist. Mit der verticalen Achse in starrer Verbindung ist ein auf einem horizontalen Halbkreis EH spielender Zeiger FS und mit der horizontalen Achse durch die Zahnradübersetzung P in Verbindung ein auf dem verticalen Halbkreis CD spielender Zeiger DO. Wird nun das Fernrohr in der verticalen Ebene, also um die horizontale Achse T gedreht, so muss auch der Zeiger DO der Bewegung Folge leisten und wird sich auf einem der Fernrohrstellung entsprechenden Punkte des Verticalhalbkreises CD einstellen. Ebenso wird bei Bewegung des Fernrohres in horizontaler Ebene, also um die verticale Achse LM der Zeiger FS seinen Platz verändern und auch einen der Fernrohrstellung entsprechenden Punkt bezeichnen. Man kann also jede Stellung des Fernrohres durch zwei Punkte des Theilkreises genau bestimmen, und umgekehrt gibt jede Richtung des Fernrohres zwei Punkte an. Dass bei ein und derselben Stellung die zwei durch die Zeiger gegebenen Punkte stets dieselben sind, ist aus Vorhergesagtem leicht ersichtlich. Es wurden nun für besondere Punkte und Gegenden im Umkreise des Stephansthurmes empirisch ermittelte Zahlensysteme aufgestellt und diese tabellarisch geordnet, so zwar, dass der Thürmer bei, auf ein brennendes Object eingestelltem Fernrohre die Ablesungen der beiden Zeiger auf der Tabelle nachsuchte und nebenan sogleich die Ortsbezeichnung fand. Dieses für das Instrument benöthigte, sogenannte Register wurde von dem Sohne des Directors Littrow gemeinsam mit dem Assistenten der Sternwarte Dr. J. G. Böhm ausgeführt und in den Jahren 1865 bis 1867 von den Ingenieuren des Stadtbauamtes revidirt.

War der Ort mit Hilfe dieses Instrumentes ermittelt, so mussten die einzelnen Meldungen an die Behörden abgehen, u. zw. an das Unterkammeramt und an die Hauptwache Am Hof. Diese letztere hatte die Verpflichtung, in der Stadt Alarm schlagen zu lassen und Ordonanzen an die Militärbehörden zu entsenden, sowie auch durch ihren Officier mündliche Meldung an den Hofkriegsraths-Präsidenten zu erstatten.

Da das Militär allmälig mehr und mehr zu Feuerlöschzwecken herangezogen wurde und unausgesetzt neue Verordnungen herausgegeben wurden, stieg im Laufe der Jahre die Zahl dieser Meldungen so enorm, dass im Jahre 1838 bei jedem noch so geringfügigen Brande 13 Meldungen zu ergehen hatten.

(Fortsetzung folgt.)

Elektrisches Färbeverfahren.

Mit Bezug auf den unter dieser Bezeichnung auf S. 129 d. Jahrg. erschienenen Artikel unserer Zeitschrift erhalten wir von Prof. Dr. Friedrich Goppelsroeder aus Mühlhausen i. Elsass die Mittheilung, dass er seine Priorität in dieser Erfindung gewahrt sehen will.

Wir können constatiren, dass Professor Goppelsroeder uns jeweilen seine Publikationen, betreffend seine Studien über die Anwendung der Elektrolyse zur Darstellung, zur Veränderung und zur Zerstörung der Farbstoffe, ohne oder in Gegenwart von vegetabilischen oder animalischen Fasern, seine Arbeiten über die Darstellung der Farbstoffe, sowie über deren gleichzeitige Bildung und Fixation auf den Fasern mit Hilfe der Elektrolyse, zu dediciren die Freundlichkeit hatte. Er hat auch seinerzeit einer Anzahl von Mitgliedern des Elektrotechnischen Vereines in Wien dieselben Arbeiten zugesandt und dedicirt. Dieselben befinden sich auch in der Vereinsbibliothek. In Folge der eingangs erwähnten Mittheilung macht Prof. Dr. Goppelsroeder auf seine Publikationen von 1885, 1889 und 1891 (seine elektrochemischen Publikationen datiren seit 1873) aufmerksam.

Er sendet dem Vereine Duplicate seiner Schriften für die Bibliothek, wofür demselben der Dank votirt werden wird.

Prof. Dr. Goppelsroeder führt aus, dass, so sehr es ihn freue, wenn für das von ihm angeregte Gebiet sich allseits immer mehr und mehr Interesse zeigt, er doch nicht seine Priorität preisgeben könne. Er erinnert daran, dass seinerzeit Herr k. k. Baurath J. Kareis ein, seine praktischen Resultate enthaltendes Album dem Vereine vorgelegt, und dass auf Wunsch dasselbe auch dem Wissenschaftlichen Club in Wien vorgelegen hatte. Abgesehen davon haben seine Resultate an verschiedenartigen Ausstellungen figurirt.

Wir geben diesem Wunsche des Herrn Professors mit dem Bemerken Raum, dass an seinem Verdienste in diesem wichtigen und hoffentlich zukunftsreichen Zweige der Elektrotechnik kein Kenner seiner Arbeiten zweifeln wird.

Dennoch eine elektrische Stadtbahn in Wien?

Eine schwere Geburt! Darum aber hoffentlich nicht eine Missgeburt! Gut Ding will Weile haben; aber nach dieser Weile muss das Werdende schon sehr gut werden. Wir haben schon vor längerer Zeit über das, was nachfolgt, einzelne Mittheilungen erhalten, die wir jedoch für die Veröffentlichung nicht geeignet hielten; jetzt aber heisst es, dass die Oesterreichische Länderbank, die sich bekanntlich mit der Wiener Sta[illegible] sehr eingehend beschäftigt und bereits dem Abschlusse nahe Verhandlungen wegen Finanzirung derselben mit der Regierung geführt hatte, nun ein umfassendes Project für die Ausgestaltung der Wiener Verkehrsanlagen ausgearbeitet und sich wegen Durchführung desselben mit der Wiener Tramway-Gesellschaft in Verbindung gesetzt hat. Wie wir nun erfahren, haben die diesbezüglichen Verhandlungen in der letzten Zeit eine princi-

16

pielle Uebereinstimmung in der Hauptsache ergeben und steht auch die Regierung der Angelegenheit wohlwollend gegenüber.

Es soll eine neue grosse Verkehrs-Gesellschaft für Wien in's Leben gerufen werden mit einem Capital von 20—30 Millionen Gulden. Diese Gesellschaft soll eine einheitliche Gestaltung des gesammten Localverkehrs, der neben den Stadtbahnlinien bestehen und sich noch weiter entwickeln muss, ermöglichen, indem sie einerseits die innere Ringlinie von der Elisabeth- bis zur Augartenbrücke, ferner eine die innere Stadt durchquerende Linie, von der Elisabethbrücke unter dem Stefansplatz zur Station Ferdinandsbrücke, herstellt und andererseits das gesammte Netz der Wiener Tramway-Gesellschaft erwirbt. Der Betrieb soll so organisirt werden, dass ein Correspondenzdienst auf sämmtlichen Linien der neuen Unternehmung und damit zugleich ein Einheitspreis eingeführt werden soll, der jede Belästigung des Publikums ausschliesst. Die Ring-, sowie die Radiallinie durch die innere Stadt sollen als Untergrundbahnen mit elektrischem Betriebe hergestellt werden, und zwar sollen bei der Ringlinie nur wenige Stufen zu den Geleisen herabführen, da die obere Decke der Tunnels mittels eiserner Traversen und einer Betonschichte möglichst nahe unter dem Strassenpflaster liegen wird. Die durch die innere Stadt führende Radiallinie wird natürlich tiefer geführt werden müssen, um den in den Strassen liegenden Canälen und Leitungen auszuweichen.

Die im ursprünglichen Programm der Regierung vorgesehene innere Ringlinie beginnt bei der Station „Elisabethbrücke" und übersetzt den regulirten Wienfluss mittelst einer Brücke, um theils als gedeckte Untergrundbahn, theils dort, wo es die Vorgärten und öffentlichen Anlagen gestatten, als offene Einschnittbahn zwischen Stützmauern den Getreidemarkt, die Museum-, Auersperg- und Landesgerichtsstrasse zu durchziehen und in die Universitätsstrasse einzuschwenken. Sie erhält unmittelbar nach Unterfahrung der Babenbergerstrasse in den Gartenanlagen beim Hofstallgebäude die Station „Museum", in den Anlagen nächst dem Volkstheater die Station „Volkstheater", dann die Station „Rathhaus" und unter den Gartenanlagen vor der Votivkirche die Station „Schottenring". Von der Station Schottenring zieht sich die Trace unter der Ringstrasse hin und mündet am Franz Josefs-Quai.

Vorläufig hat man sich, wie gesagt, erst im Principe verständigt. Es steht noch nicht fest, ob die bestehenden Linien der Tramway-Gesellschaft sämmtlich für den elektrischen Betrieb umgestaltet oder ob dieser nur auf einzelnen Radiallinien eingeführt, auf den Ringlinien aber der Pferdebetrieb beibehalten werden soll.

Bericht über die Arbeiten der Prüfungs-Commission der Internationalen elektrotechnischen Ausstellung in Frankfurt a. M. 1891.

Im Laufe der nächsten Tage wird endlich der von allen Seiten mit Spannung erwartete Bericht über die Arbeiten der Prüfungscommission der Frankfurter elektrotechnischen Ausstellung erscheinen. Wir begrüssen damit nicht nur ein Werk von technisch hervorragender Bedeutung, sondern auch ein bemerkenswerthes Zeichen gemeinsamer internationaler wissenschaftlicher Arbeit. Das Werk, ein Ergebniss exacter Forschung, langwieriger und eingehender Berechnungen, umfasst den derzeitigen Stand der gesammten Elektrotechnik und der Hilfsgebiete des Maschinenbaues. Die in dem Prüfungsberichte niedergelegten, von den hervorragendsten Vertretern der internationalen elektrotechnischen Wissenschaft an den Ausstellungsobjecten gewonnenen Messungsergebnisse gestatten einerseits den Vergleich der Leistungsfähigkeit der verschiedenen Constructionen, sie werden aber auch andererseits auf Jahre hinaus die Grundlage bilden für die von den Fabrikanten einzuschlagende Richtung, indem sie zeigen, was von den hervorragendsten Constructeuren auf verschiedenen Wegen erreicht worden ist.

Der Bericht umfasst über 60 Druckbogen mit 155 Text-Illustrationen (die zum Theil die gewonnenen Ergebnisse in Curven darstellen), sowie eine graphische Tafel in Farbendruck, und behandelt in einer Reihe von Unterabtheilungen: Dynamomaschinen und Elektromotoren, Transformatoren, Accumulatoren, Instrumente, Leitungsmaterialien, das Gebiet der Beleuchtungstechnik, Kessel und Betriebsmaschinen, Elektromedicin, Telephonie, Elektrische Eisenbahnen und Schiffe und schliesslich die Lauffener Arbeitsübertragung.

Preisverhältniss des Gaslichtes und des elektrischen Lichtes.

Noch vor wenigen Jahren verhielt sich der Preis des elektrischen zu jenem des Gaslichtes wie 5 : 2; nach den letzten Berichten ist das Verhältniss

in Berlin	1·25 : 1
„ Barmen	1·27 : 1
„ Breslau	1·32 : 1
in Elberfeld	1·39 : 1
„ Hannover	1·46 : 1
„ Düsseldorf	1·76 : 1
„ Köln	1·88 : 1

Der Preis des elektrischen Lichtes ist noch lange nicht an seiner untersten Grenze angelangt. Die Erzeugungskosten stellen sich fortdauernd niedriger und die ökonomische Ausnützung der Kraftanlagen gehen Hand in Hand mit einer Verbilligung des Lichtes. In Berlin versorgt die Allgemeine Elektricitäts-Gesellschaft heute schon 283 Elektromotoren von zusammen 937 *HP* mit Strom; ausserdem hat diese Gesellschaft 14 Strassenbahnen mit 150 *km* Länge und 228 Motorwagen im Betriebe und andere Gesellschaften, die von Schuckert & Comp., sowie die „Union" und die Häuser Siemens & Halske können auf ähnliche Erfolge hinweisen. Dass die Elektricität in neu entstehenden Gemeinwesen, wie sie in Amerika auftauchen, dem Gase den Rang abläuft, wird Niemand in Abrede stellen. Diese Beleuchtungsweise muss daher — nach Allem — mehr Annehmlichkeit, mehr sanitäre, sicherheitliche und sonstige Vortheile bieten, als die Gasbeleuchtung.

Wir würden diese, bis zum Range von Gemeinplätzen herabgesunkenen, längst bekannten Versicherungen hier nicht wiederholen, wenn nicht die mehr oder minder verehrlichen Gemeindevertreter einer gewissen Couleur in Wien die Frage der Errichtung eigener Gaswerke auf Stadtkosten zum bekannten rothen Lappen herauszubilden sich bestreben möchten. Da wir doch dem Gemeinwesen, dem wir angehören, gerne nützen wollen, so glauben wir in der Darstellung, die wir eben gegeben, einen Beitrag zur Beurtheilung geboten zu haben, der auch von gegnerischer Seite auf Beachtung Anspruch erheben darf.

In Chicago z. B. war im Jahre 1884 keine Centralstation und keine elektrische Beleuchtung vorhanden. Gegenwärtig, d. h. eigentlich schon vor einem halben Jahre waren daselbst 2,233.000 Doll. in Lichtcentralen investirt, welche 320.000 Doll. jährlich Nutzen abwarfen, allerdings Bruttoertrag. Es sind daselbst die Kleinigkeit von 136.000 (16 kerzige) Glühlampen installirt gewesen, 4376 Bogenlampen strahlten in den Strassen und 3612 *HP* wurden von den Centralen aus in Form elektrischer Motoren in Thätigkeit gesetzt. Der Preis des Stromes beträgt $7^1/_2$ englische Pfennige pro Kilowatt, hiebei sind die Erneuerungskosten der Lampen mitberechnet. Die Erstellungskosten des Kilowatt betragen $3^1/_3$ englische Pfennige; es ist das schon wenig, allein mit Wachsthum der Verwendungssphäre des elektrischen Stromes sinkt der Lichtpreis und — wie weit er sinken wird — ist heute schwer anzugeben. Gegenwärtig sind drei Centralstationen in Chicago und eine vierte ist im Baue begriffen. Dieselbe wird eine Leistungsfähigkeit von 20.000 *HP* aufzuweisen haben.

Wen diese Thatsachen nicht belehren, der will eben nicht belehrt sein, allein es ist so: das Alte fällt auch auf diesem Gebiete und neues Leben blüht aus den Ruinen.

Elektrische Centralanlage in Czernowitz.

Im vorjährigen Hefte XXI, Seite 515, haben wir bereits über das Project einer elektrischen Strassenbahn und einer Anlage für elektrische Beleuchtung in der Hauptstadt der Bukowina berichtet. Nach Mittheilungen, die uns nun zugehen, beabsichtigt die Stadt Czernowitz eine grosse Centralanlage durchzuführen, welche sowohl den Strom für die Beleuchtung der Stadt als auch für eine herzustellende Trambahn von ca. 6 *km* Länge liefern soll. Die letztere soll vom Bahnhofe Czernowitz zum Bahnhofe Volksgarten führen. Gleichzeitig wird von dieser Centralanlage der elektrische Strom geliefert werden für die Inbetriebsetzung des Pumpwerkes der in Ausführung begriffenen Wasserleitung und Canalisirung der Stadt Czernowitz zum Pruthflusse, woselbst eine neue Badeanstalt errichtet werden soll. Die Einleitung der bezüglichen Concessionsverhandlungen mit dem Handelsministerium steht unmittelbar bevor. Während bezüglich der Canalisirung und Wasserleitung bereits bindende Abmachungen getroffen wurden, sind bezüglich der oben angegebenen, in Verbindung mit der elektrischen Centralanlage auszuführenden Arbeiten drei Offerte eingelaufen, und zwar von den Firmen Siemens & Halske, K[illegible]etzky, Mayer & Comp. und von der Union-Elektricitäts-Gesellschaft in Berlin. Während aber die beiden erstgenannten Firmen schon die detaillirten Projecte und die Kostenvoranschläge überreicht haben, beschränkte sich die „Union" auf die Einbringung eines Programmes, nach dessen Genehmigung durch die Stadtgemeinde Czernowitz erst die Aufstellung des Kostenvoranschlages erfolgen soll. Die Gesammtkosten der elektrischen Centralanlage dürften sich auf 600.000 fl. belaufen. Die Stadtgemeinde, welche erst kürzlich mit der Niederösterr. Escompte-Gesellschaft ein Anlehen im Betrage von eineinhalb Millionen Gulden abgeschlossen hat, welches zu den angegebenen Zwecken verwendet werden soll, beabsichtigt, sich mit einem Drittel, das ist mit 200.000 fl., an der Gründung einer Actiengesellschaft für die elektrische Anlage zu betheiligen. Die Stadtgemeinde Czernowitz hat sich übrigens, wie wir vernehmen, an den Präsidenten der Lemberg-Czernowitzer Eisenbahn-Gesellschaft, Herrn E. A. Ziffer, mit der Bitte gewendet, er möge die Gemeinde bei der Durchführung dieses Projectes mit seinem technischen Rathe unterstützen, was Herr Ziffer auch zusagte.

Elektrische Anlagen in Ungarn.

Fünfkirchen hat im Juni 1893 Ganz & Comp. gegen 5000 fl. Caution die Concession zum Bau und Betriebe einer Centrale, die nach 70 Jahren unentgeltlich an die Stadt fallen soll, ertheilt. Die Kosten der öffentlichen Beleuchtung betragen 3·2 kr. pro Hektowattstunde, welcher Preis im Laufe der Jahre auf 2·4 kr. sinken soll, wobei jedoch die Beleuchtungskörper nicht inbegriffen sind. Für private Beleuchtung stellen sich die Kosten pro Hektowattstunde, bei einem Minimalconsum von 400 Jahresbrennstunden pro Lampe mit 15% Rabatt, auf 5·5 kr. und für motorische Zwecke auf 4 kr., so dass die Pferdekraft bei 2000 Stunden jährlichen Gebrauches mit 15% Rabatt 680 fl. kosten würde.

Unter ähnlichen Bedingungen hat die Stadt Erlau mit Ganz & Comp. einen Vertrag abgeschlossen. Die Stadt leistet keine Garantie und überlässt der Unternehmerin mit 50jähriger Concession kostenlos den Baugrund für die Centrale. Nach 70 Jahren geht die ganze Anlage unentgeltlich an die Stadt über. Die öffentliche Beleuchtung erfolgt mit 100 Stück 16kerzigen und 150 Stück 12kerzigen Glühlampen mit einem Preis von 2·8 kr. pro Hektowattstunde bei 1500 Jahresbrennstunden einer Lampe. Die Kosten der Privatbeleuchtung beziffern sich auf 6 kr. pro Hektowattstunde und 1 fl. Grundtaxe jährlich pro 100 Watt bei 12% Rabatt.

Ueber die Beleuchtungsanlage der Stadt Temesvár berichteten wir seinerzeit im Heft XII 1892, Seite 571. Dieses von der Brush Electrical-Company errichtete Werke wurde im Jahre 1892 von der Stadt angekauft.

Die Städte Hermannstadt und Heltau haben statistische Daten gesammelt, um mit Hilfe derselben eine Beleuchtungsanlage in's Leben zu rufen. Die 50jährige Concession soll einem localen Actienunternehmen gegen eine Caution von 10.000 fl. übertragen werden. Die Centrale muss einen Strombedarf für 455 16kerzige, ganznächtige Glühlampen zur öffentlichen Beleuchtung liefern. Die Kosten derselben belaufen sich auf 1·1 bis 1·5 kr., je nachdem die Stromlieferung hydraulisch oder mittelst Dampf geschieht. Für Privatbeleuchtung stellt sich der Preis auf 3·6 bis 4 kr., für motorische Zwecke 0·9 bis 1·5 kr. pro Hektowattstunde.

Wettbewerb.

Die „Elektrotechnische Gesellschaft zu Leipzig", in Verbindung mit dem Verleger der „Elektricität", Hans Paul in Leipzig, schreiben einen Wettbewerb für die beste Bearbeitung folgender Themata aus:

1. Kritik der bestehenden Isolations- und Leitungs-Systeme für elektrische Beleuchtungs-Einrichtungen in Einzelanlagen oder Hausinstallationen im Anschluss an Centralen mit besonderer Berücksichtigung von gas- und wasserhaltigen oder dauernd feuchten Räumen.

2. Herstellung einer für die Schwachstromtechnik brauchbaren Erdleitung in wasserarmem Boden unter Berücksichtigung der Kosten

und haben dafür je zwei Preise zu 200 Mk. und 100 Mk. ausgesetzt.

Die Bedingungen zur Theilnahme an dem Wettbewerb sind folgende: Die eingesandten Arbeiten dürfen noch nirgends veröffentlicht sein. — Die Einsendung hat bis spätestens 20. Mai 1894 anonym an die Verlagsbuchhandlung von Hans Paul in Leipzig zu erfolgen. — Dem Manuscript ist ein verschlossenes Couvert beizulegen, das aussen das Kennwort trägt und den Namen, die vollständige Adresse, sowie die Abonnements-Quittung über ein Jahres-Abonnement der „Elektricität" des Verfassers enthält. Die Arbeiten sind in deutscher Sprache einzusenden. Der Verlagsbuchhandlung bleibt es vorbehalten, ausser den prämiirten Arbeiten noch weitere eingesandte Manuscripte zur Veröffentlichung in der „Elektricität" zu erwerben. Durch die Preisertheilung werden die prämiirten Arbeiten ausschliessliches Eigenthum der Verlagsbuchhandlung von Hans Paul in Leipzig.

Die Ergebnisse der Concurrenz werden öffentlich bekannt gemacht. — Die preisgekrönten Arbeiten sollen in der „Elektricität" veröffentlicht werden.

Das Preisrichteramt üben aus die Herren: Ingenieur Max Lindner, Mitinhaber der Firma Oskar Schöppe in Leipzig. (Vertreter von Siemens & Halske, Berlin.) Ingenieur A. Drühl in Leipzig. (Vertreter der Allgemeinen Elektricitäts-Gesellschaft in Berlin.) Professor Dr. Eduard Zetzsche, Dresden. Kaiserl. Telegraphen - Director Kirchner, Leipzig. Ingenieur Dr. Maxim. Luxenberg, Chef-Redacteur der „Elektricität", Leipzig.

LITERATUR.

Der elektrische Strom als Licht- und Kraftquelle. Von Baumeister Hartwig, Stadtverordneter zu Dresden. Separatabdruck des 1. Buches vom Bericht des Verwaltungsausschusses der Stadtverordneten zu Dresden.

Wem Gott ein Amt gibt, dem gibt auch Verstand, dürfte Herr Baumeist

Hartwig gedacht haben, als er das Referat über die Rathsvorlage betreffend den Bau eines Elektricitätswerkes in Desden übernahm, er konnte umso wohlgemuther dieser Aufgabe sich widmen, als sein Urtheil, wie er in der Einleitung so treffend bemerkt, durch Sachkenntniss nicht getrübt wurde.

Wenn bisher die wohl irrige Auffassung bestand, dass es Aufgabe des Berichterstatters in solchem Falle sei, das Verständniss der vorliegenden Vorarbeiten den Stadtverordneten durch einen Bericht in möglichst gedrängter, präciser Form zu ermöglichen, so theilt der „Sachverständige" Hartwig offenbar diese Ansicht nicht, denn sein Referat ist zu drei stattlichen Bänden angewachsen, deren erster mit 480 Seiten gr. Format jetzt dem erstaunten Publicum durch den Buchhandel um nur Mk. 6 zugänglich gemacht wird.

Offenbar ist dem Verfasser schliesslich selbst vor dem Umfang seiner Arbeit bange geworden und hat er deshalb sein Werk so eingetheilt, wie in Reisehandbüchern über die Zeit der Reisenden bei Besichtigungen verfügt wird.

Haben Sie sehr wenig Zeit, so meint der „Sachverständige", so lesen Sie nur das ausführliche Inhaltsverzeichniss, selbes ist in der Form eines Frage- und Antwortspieles abgefasst und gibt auf acht eng bedruckten Seiten das Alpha und Omega der ganzen Elektricitätswerks-Frage.

Wer aber ein paar Stunden Zeit übrig hat, der lese wenigstens das Schlusswort, bei mehr Zeit ist auch auf eine entsprechende Auswahl unter den einzelnen Capiteln hingewiesen, wobei, um das Verständniss zu fördern, die Hauptpunkte bei jedem Capitel wiederholt sind.

Im ersten Theile des Werkes findet sich ein Lehrbuch der Elektrotechnik, in 150 Seiten ist von der Reibungs-Elektricität angefangen bis zum Drehstrom Alles für das Verständniss dieses Faches Erforderliche wieder gegeben.

Wohl ist schon viel Herrliches auf dem Gebiete der elektrotechnischen Schriftstellerei geleistet, aber die Palme gebührt unbedingt dem „Sachverständigen" Hartwig und können wir es nicht unterlassen, dies durch einige Beispiele zu belegen.

Auf Seite 33 ist erklärt, wie sich der Strom im Lichtbogen in Wärme umsetzt und heisst es dann wörtlich S. 34 weiter:

„Sobald nun der Strom durch die Kohle hindurch ist, d. h. sobald er in den fortgehenden, kurz fernen Leiter eingetreten ist, wird aus der Wärme wieder Elektricität und diese fliesst als Strom wie vorher weiter und macht ihren unentbehrlichen Rundlauf.

Mit dieser Leistung des Stromes, mit der einstweiligen Verwandlung in Wärme, ist aber auch der theilweise Verlust seiner Spannung verbunden. Mit der Rückverwandlung in Elektricität kehrt aber [illegible] Spannung zurück [illegible] Strom weiter wie vorher [illegible] ist sich ebenfalls gleic[illegible]

Dann weiter auf S. 36:

„Niemand aber wird die Behauptung wagen, dass es dabei wirklich und absolut genau so zuginge, wie hier geschildert worden ist, dass beim Beleuchten sich ein Theil des Stromes in Wärme umwandele und gleich hinter der Lampe wieder in reine Elektricität zurückbilde, beim Elektromotoren-Betrieb ein Aehnliches bezüglich der Umwandlung in anziehende und abstossende Kräfte stattfinde und bei der Elektrolyse die Ausscheidung und nachherige Rückbildung zersetzender Kräfte einträte.

Denn wie die Dinge in Wahrheit zugehen, weiss ja Niemand, ob im Strom Wärme und mechanische und zersetzende Kräfte friedlich nebeneinander liegen und im gegebenen Falle jedesmal nur die betreffende dieser Kräfte an die Arbeit geht, die anderen aber ruhen, oder ob der Strom kein Nebeneinander, sondern ein untheilbares Ganzes ist, welches eine Virtuosität besitzt, wie die geschickte menschliche Hand, die nach Bedarf und Belieben einmal Clavier spielt, dann einmal näht und dann wieder einmal zeichnet und er daher ebenso einmal Gluth, einmal mechanische und einmal zersetzende Kraft ausüben kann nach Bedarf und Belieben, wer will das wissen und ergründen.

Ganz besonders klar drückt sich der „Sachverständige" über die Verluste in den Leitungen aus, es heisst diesbezüglich auf S. 37:

„Da beim Laufe des Stromes der längere Weg mehr Widerstand verursacht, als der kürzere, so muss auch am entfernteren Punkte die Wärmeabgabe an die Leitung grösser als beim nahegelegenen sein. Hiernach müsste eigentlich, da der Endpunkt, die Rückpforte der Maschine doch durch den längsten Weg vom Ausgangspunkt getrennt ist, an diesem Punkt die grösste Wärme vorhanden sein und neben ihr nur noch ein kleiner Theil von eigentlichem Strom sich finden. Dies ist jedoch nicht der Fall.

Als derjenige Punkt der Leitung, welcher die stärkste Wärme abgebe, oder was dasselbe besagt, bei Messungen mit dem Voltmesser die geringste Spannung aufweist, ergeben sich die Punkte der Leitung, welche der Dynamomaschine am entferntesten liegen, das ist die Halbirungsstelle der ganzen Leitungslänge. Von da an nimmt, was allerdings unerklärlich erscheint, auf dem Rückwege die Wärmeentwicklung, [illegible] was damit gleichbedeutend [illegible] Spannungsverminderung [illegible] und zwar [illegible] dass beim [illegible]punkte der [illegible] die gleiche [illegible] hat wie am [illegible]gspunkte."

Diese kleinen Stylblüthen genügen wohl, um die ausserordentliche Eignung des „Sachverständigen" für die nächst freiwerdende Docentenstelle zu bekunden, vielleicht entschliesst sich derselbe auch zur Herausgabe einer billigen Volksausgabe für den Schulunterricht in Dresden, er würde damit ja einem dringenden Bedürfnisse abhelfen.

In dem nächsten Capitel des Werkes wird dem Grossbetriebe in einer Centrale vorgeworfen, dass selber dem Wettbewerb der Einzelanlagen und Blockstationen nicht Stand halten kann; an der Hand eines günstigen Beispieles aus der Praxis und einer Unzahl theoretischer Erwägungen soll bewiesen werden, dass bei Einzelanlagen die Stromerzeugungskosten sich nur halb so hoch stellen, wie beim Betriebe der Centralen.

Man sollte nun denken, dass diese Behauptung durch Publikation einer grossen Anzahl neuerer Betriebsausweise von Centralen unterstützt würde, dem ist aber keineswegs so, derartigen Betriebsausweisen geht der „Sachverständige" vollständig aus dem Wege, die Berliner Elektricitätswerke kommen für ihn überhaupt nicht in Betracht, da es sich dort nicht um „Centralen", sondern um „Blockstationen" handelt; während sonst in dem Buche vielfach auf Oesterreich Bezug genommen ist, werden in dieser Frage die grossen Wiener Centralen ganz ignorirt.

Bei den deutschen Elektricitätswerken wird aber folgendes reizendes Exempel gemacht, um nachzuweisen, dass von einer angemessenen Ausdehnung dieser Werke, und damit wachsender Rentabilität keine Rede sein könne, wird eine lange Zusammenstellung publicirt, worin nachgewiesen wird, dass bei Erhöhung der Lampenzahl die Brenndauer per installirte Lampe abnimmt. Es zeigt dies, meint der „Sachverständige", dass bei Ausdehnung des Werkes nicht mehr gute Kunden, sondern nur solche zuwachsen, welche einen geringen Consum haben. Dass die Rentabilität eines Elektricitätswerkes nicht von der Brenndauer per installirte Lampe, sondern von dem Verhältnisse der gesammten Jahresabgabe zur grössten stündlichen Stromabgabe abhängig ist, davon hat natürlich der „Sachverständige" keine Ahnung.

In einem Anhang wird dann das hohe Lied des Gasglühlichtes gesungen, zur weiteren Unterstützung der Ansicht, dass die Stadtverwaltungen Elektricitätswerke nicht mehr bauen dürfen.

Ist es nun aber nothwendig, sich mit einem derartigen „Sachverständigen"-Elaborat überhaupt zu befassen? Leider ja. Würden sich Männer wie Weinhold, Rittershaus, Lewicki, Hene, welche sich der mühevollen Arbeit unterzogen haben, die Prüfung der für Dresden eingelaufenen Projecte zu übernehmen, es sich gefallen lassen, dass der „Sachverständige" Hartwig ihre Arbeit überprüft, derselbe Sachverständige, der auf S. 329 den Fachleuten Folgendes vorwirft:

„In dritter Linie sind es (Veranlassung zum Bau städtischer Elektricitätswerke) die Loblieder, die der Centrale, unter Verschweigung ihrer wesentlichen Mängel, von Fachleuten gesungen wurden.

Es trifft die Fachleute, die als Apostel der Elektricität, die Verkündigung der neuen Heilslehre sich nicht nur aus ethischen, sondern auch aus sehr realen Gründen angelegen sein liessen, in der That der Vorwurf, dass sie die Errichtung von Centralen immer als einen praktisch und finanziell aussichtsreichen Fortschritt darzustellen beliebten. Ob vielleicht gegen besseres Wissen — wer weiss es, vermuthet soll es nicht werden."

Müssen es sich weiter die elektrotechnischen Firmen gefallen lassen, dass als Anerkennung für die in ihren Projecten niedergelegte geistige Arbeit, das Product jahrelanger Erfahrung, ein Sachverständiger à la Hartwig berufen wird, das endgiltige Referat zu erstatten? Wenn Städte, wie Dresden, Geld übrig haben, um Arbeiten eines „Hartwig" in Druck legen zu lassen, so sollte man denken, müsste diese, sich dem Vorgehen in anderen Städten würdig anschliessende Behandlung, doch endlich die Elektrotechniker veranlassen, der Stadtvertretung Projecte überhaupt nur mehr ausschliesslich gegen angemessene Bezahlung zu liefern, dann mögen ja in Gottes Namen Sachverständige à la Hartwig ihre viele freie Zeit womöglich mit zehnbändigen Referaten ausfüllen.

R.

KLEINE NACHRICHTEN.

Personal-Nachricht.

Herr **Director Gebhard**, von der Baumgartner Accumulatoren-Fabrik, hat sich vor einigen Tagen nach New-York begeben, um die Ergebnisse des in der zweiten Avenue der amerikanischen Metropole seit längerer Zeit bestehenden Strassenbahn-Betriebes mittelst Accumulatoren an Ort und Stelle zu studiren. Die Budapester Stadtverwaltung schickt in einiger Zeit einen Ingenieur nach New-York, der ebenfalls von den gewonnenen Resultaten an Ort und Stelle Kenntniss zu nehmen berufen ist. Die Ungarn fangen an, uns in allen öffentlichen Dingen den Vorrang abzulaufen. Herr Director Gebhard wird hoffentlich über seine Wahrnehmungen Bericht anher gelangen lassen.

Die Entwicklung der städtischen Elektricitätswerke. Wir brachten auf

S. 96 d. Jahrg. unter obigem Titel eine, der Berliner „E. Z." entnommene Darstellung des bezeichneten Gegenstandes. In einem Briefe vom 6. März l. J. macht uns die Direction der Gas- und Elektricitätswerke der Stadt Köln auf eine Polemik aufmerksam, welche sich in der Berliner Zeitschrift durch mehrere Nummern hinzog. Alle jene verehrlichen Leser, welche sich für diese Angelegenheit interessiren, finden diese Artikel in den Heften Nr. 5 und 6, bezw. auf S. 75, 76 und 88.

VIII. internationaler Congress für Hygiene und Demographie in Budapest. *) Das Interesse, welches das Ausland dem Congress entgegenbringt, wird am besten durch jene 362 hygienischen und 78 demographischen, insgesammt also 440 Vorträge documentirt, welche schon bisher, also sechs Monate vor der Eröffnung des Congresses, ausschliesslich durch ausländische Gelehrte angemeldet wurden.

Das Interesse des Congresses wird erhöht und der Erfolg wesentlich gefördert werden durch den Umstand, dass die deutschen Eisenbahnärzte und die Gesellschaft für Leichenverbrennung ihre heurige Zusammenkunft im Anschlusse an den Congress in Budapest abhalten werden.

Schon bisher haben zahlreiche hervorragende Vereine, Stadtbehörden und Universitäten ihre Vertreter für den Congress bezeichnet.

Der Congress wird durch Se. Hoheit den Erzherzog Carl Ludwig persönlich eröffnet werden. Der Begrüssungsabend wird im Garten und Gebäude des Museums abgehalten werden. An einem Congresstage wird die Haupt- und Residenzstadt in sämmtlichen Sälen der hauptstädtischen Redoute einen Empfangsabend in grossem Styl veranstalten.

Der Plan der nach dem Congress zu veranstaltenden Ausflüge ist erweitert worden, indem ausser der Reise nach Constantinopel und Belgrad Ausflüge nach Schmecks, nach Agram-Fiume und nach Bosnien und der Hercegowina in's Programm aufgenommen wurden.

Erweiterung der Staats-Telephonanlage in Böhmen. Für das Jahr 1894 ist die Errichtung folgender Staats-Telephone und interurbaner Telephonlinien in Aussicht genommen, u. zw.: *a*) Netze in Beraun, Brandeis a. d. E., Franzensbad, Friedland, Komotau, Kralup, Kreibitz, Lobositz, Marienbad, Melnik, Nixdorf, Raudnitz, Roztok, Schlan, Trautenau und Weipert; *b*) interurbane Linien von Prag über Roztok, Kralup, Melnik, Raudnitz, Leitmeritz, Lobositz und Aussig nach Tetschen, von Brüx nach Komotau und von Reichenberg nach Friedland.

Elektrische Beleuchtung von Giesshübel-Puchstein. In diesem [illegible] wird die elektrische Beleuchtung mit Glüh- und Bogenlampen noch im Laufe d. J. eingeführt. Als Centralstation zur Erzeugung des elektrischen Stromes wird die Egermühle, welche Eigenthum des Herrn v. Mattoni ist, dienen, wo beiläufig 80 Pferdekräfte zu dem Zwecke durch eine Turbinenanlage nutzbar gemacht werden. Die Gesammtanlage wurde dem elektrotechnischen Etablissement Waldeck & Wagner in Prag übertragen.

Elektrische Strassenbahn zwischen Dornbirn - Sudenau - Au. Am 12. Februar l. J. hat in Dornbirn (Vorarlberg), einem der hervorragendsten Industrieorte der Alpengegenden, eine Versammlung stattgefunden, welche den Zweck hatte, das Project der elektrischen Strassenbahn zwischen Dornbirn, Sudenau und Au (Schweiz) zur Verwirklichung zu bringen. Wie die „E. Z." hierüber berichtet, wurde unter reger Antheilnahme der Interessentenkreise ein Actionscomité gewählt und demselben die Vornahme der Vorarbeiten übertragen. Diese Strassenbahn soll schmalspurig angelegt werden und fast durchwegs den Strassenunterbau berühren. Die Tracenlänge beträgt 11 *km*. Diese Bahnlinie ist dazu berufen und bei den gegebenen Verhältnissen auch vollkommen geeignet, den bisher bereits lebhaften Verkehr zwischen den vorbezeichneten österreichischen und den schweizerischen Grenzorten wesentlich zu steigern. Von den ca. 350.000 Kronen, welche nach den vorliegenden Projecten zum Bahnbau benöthigt werden, sind bereits mehr als 200.000 Kronen in Dornbirn allein gezeichnet worden, und haben auch die Vertreter von Sudenau, sowie jene aus der Schweiz ihre kräftigste Betheiligung zugesichert. Es ist demnach zu erwarten, dass die Arbeiten unverzüglich in Angriff genommen werden, so dass, wie es die Unternehmer beabsichtigen, der Bahnbau im Frühjahre 1895 wirklich vollendet sein kann. Die Deckung der Baukosten wird durch eine Actienemission in Titres à 100 Kronen beschafft werden.

Ausstellung von Arbeitsmaschinen mit elektrischem Betrieb in Budapest. Vom 27. Mai bis 30. September d. J. findet in Budapest eine Ausstellung von Arbeitsmaschinen mit elektrischem Betriebe statt. Zweck der Ausstellung ist die Vorführung jener im Kleingewerbe verwendbaren Maschinen, bei denen der elektrische Betrieb möglich ist; ferner die Darstellung, inwiefern die Elektricität für gewerbliche Zwecke auch in anderer Hinsicht verwerthet werden kann. Aus dem Programm und Reglement dieser vom ungar. Handelsmuseum in Budapest veranstalteten Ausstellung entnehmen wir noch, dass die zum Betriebe der Arbeitsmaschinen nöthige elektrische Kraft, resp. die nöthigen Motoren von der Actien-Gesellschaft Ganz & Comp. unentgeltlich zur Verfügung gestellt werden.

---

*) Vergl. Heft [illegible] 1894.

Elektrische Strassenbahn. Der Gemeinderath hat die Concession für die elektrische Strassenbahn ertheilt. Die Zugförderung soll, wie die „Zeitung des Vereines deutscher Eisenbahnen" berichtet, durch Accumulatoren erfolgen; der Concessionsinhaber hat indessen beantragt, die Zuleitung des elektrischen Stromes nach den Wagen durch oberirdische Leitung bewirken zu dürfen. — Wir bitten unsere Leser nicht zu glauben dass dies in Wien stattfand, sondern es handelt sich hier um die Einführung einer elektrischen Strassenbahn von der Hauptstadt von Chile, Santiago, nach San Bernardo.

Cultivirung der Installation und des Betriebes elektrischer Stadtbahnen. Die Ungarische Elektricitäts-Actiengesellschaft hat das Ganz'sche Fernleitungssystem starker Ströme, welches in Verbindung mit dem „asynchronen Motor" sich besonders zum Betriebe langer Eisenbahnstrecken eignet, acquirirt und wird fernerhin sich nicht nur auf die Anlage und den Betrieb von Lichtleitungen beschränken, sondern auch die Installation und den Betrieb von Eisenbahnen mit elektrischem Motor cultiviren.

Vereinigte Ausstellungen von Mailand. „L'Elettricità" schreibt: Wie wir aus sicherer Quelle erfahren, sind die Anfragen der Aussteller von elektrischen Maschinen und Apparaten derartige, dass im Schosse des Comités eine Strömung existirt, welche darauf hinwirkt, der Elektricität eine specielle Abtheilung zuzuweisen.

Es ist nur zu wünschen, dass dieser Gedanke auch festgehalten wird, da eine solche Abtheilung gewiss einen der grössten Anziehungspunkte unserer nächsten Ausstellung bilden würde. St.

Ein nautischer Versuch im Golfe von Spezia. Am 8. d. M. schifften sich die Admiräle Racchia und Labramo auf dem submarinen Boote „Pullino" ein, welches von Capitän Scotti befehligt wurde. Plötzlich verschwand das Boot von der Oberfläche, ohne mehr zum Vorschein zu kommen, durchkreuzte den ganzen Golf und kam erst wieder in nächster Nähe der Fregatte „Maria Adelaide" an die Wasseroberfläche.

Gegen dieses Kriegsschiff wurde das Lanciren eines Fischtorpedos fingirt.

Der Versuch gelang vollkommen. Racchia und Labramo sprachen hierüber ihre vollste Zufriedenheit aus.

(„L'Eletricità", VII., 18. Feb. 1894.) St.

Kraftübertragung in Pordenone. Wie „L'Elettricista" mittheilt, wurde im Jänner d. J. eine elektrische Kraftübertragung von 150 *HP* in Betrieb gesetzt, und zwar von der [illegible] den Dynamo[illegible] [illegible] [illegible] Pordenone [illegible] Entfernung [illegible] und die andere in [illegible]

Fiume (in einer Entfernung von 10 *km*) gelegen ist.

Die elektrische Anlage wurde von der Firma Brown, Boveri & Comp. aus Baden (Schweiz) hergestellt; die Anzahl der Maschinen beträgt sechs: drei Erzeugungsmaschinen zu 150 *HP* und drei Motoren von derselben Grösse. Selbe sind von der Type Brown mit zwei Polen, besitzen eine Anfangsgeschwindigkeit von 550 Umdrehungen in der Minute und gestatten bei voller Belastung die beträchtliche Spannung von beinahe 3000 Volt. Sie functioniren tadellos. Die hydraulische Anlage stammt von der Firma Alberto Riva in Mailand. St.

Der Telegraph in Central-Afrika. Die Congo-Gesellschaft lässt eine Telegraphenlinie zwischen Boma und dem Tanganyka-See errichten, welche über Leopoldville und die Stanleyfälle geht. Dieselbe wird eine Länge von ungefähr 7000 *km* erhalten. St.

Elektrische Strassenbahn Zürich. Diese nunmehr zur Thatsache gewordene Verkehrsanlage, in ihrem elektrischen Theile eine Schöpfung der Maschinen-Fabrik Oerlikon, werden wir in nächster Zeit eingehend beschreiben; sie weist manche interessante Neuerung auf.

Ein elektrischer Luftballon. Auf der in diesem Jahre zu Antwerpen abzuhaltenden Industrie-Ausstellung soll ein elektrisch betriebener Luftballon zu regelmässigen Fahrten vom Stadtcentrum aus nach dem Ausstellungsplatze benutzt werden. Wie das „Elektr. E." meldet, soll der länglich geformte Ballon gegen 90 *m* Länge und 18 *m* Durchmesser erhalten und seine Tragkraft soll für 20 bis 25 Personen berechnet sein, wobei eine Betriebskraft von 125 *PS* zur Anwendung kommen wird. Diese Kraft wird in einer Station mittelst einer Dynamomaschine durch einen Gasmotor erzeugt und dem Ballon in der Form elektrischer Energie durch ein biegsames Kabel zugeführt, welches durch einen rollenden Contact mit den oberhalb des Ballons angebrachten Leitungsdrähten in Verbindung steht. Auf diese Weise soll die Betriebskraft für die Gewichtseinheit des Ballons siebenmal grösser sein, als wenn der Betriebsapparat sich direct am Ballon angebracht befände, das heisst, im letzteren Falle müsste der Ballon ein siebenmal grösseres Gewicht erhalten, und es würden wenigstens 50 *kg* Ballongewicht für die wirksame Pferdekraft zu rechnen sein, und es würde der Ballon alsdann eine solche Grösse erhalten, dass er einem starken Winde nicht genug Widerstand entgegensetzen könnte. Der Gedanke, einem Luftballon auf diese Weise Betriebskraft zuzuführen, ist übrigens nicht neu, denn schon [illegible] hat Dr. Bo[illegible] [illegible] dem [illegible]

Verantwortlicher Redacteur: JOSEF KAREIS. — Selbstverlag de[illegible]
In Commission bei LEHMANN & WENTZEL, Buchhandl[illegible]
Druck von R. SPIES & Co. in Wien, V., [illegible]

Zeitschrift für Elektrotechnik.

XII. Jahrg. 15. April 1894. Heft VIII.

VEREINS-NACHRICHTEN.

Chronik des Vereines.

21. Februar. — Vereinsversammlung. Vorsitzender Vicepräsident Grünebaum.

Der an diesem Abende von Herrn Hofrath Dr. A. von Rosas gehaltene Vortrag: „Ueber den neuen Patent-, resp. Gebrauchsmusterschutz-Gesetzentwurf" ist in der Vereinszeitschrift vom 15. März d. J. vollinhaltlich abgedruckt, so dass von einem Berichte über diese glänzende, an Anregungen reiche Kritik an dieser Stelle Umgang genommen werden kann. Die Versammlung lohnte die Ausführungen des Vortragenden mit reichem Beifall. In der darauffolgenden kurzen Debatte verweist Ing. Lenz auf den Umstand, dass die im Gesetzentwurfe normirte Frist von 10 Jahren für die freie Ausübung des Patentes zu kurz bemessen sei, da gewöhnlich — wie naheliegende Beispiele zeigen — erst im 8. bis 10. Jahre des Patentbestandes eine Erfindung sich zu rentiren beginne, demnach eine nach Ablauf des 10. Jahres, zum Behufe einer Licenzertheilung vorgenommene Schätzung, welche das mittlere Erträgniss der ersten 10 Jahre zur Basis nehmen würde, dem Erfinder offenbaren Nachtheil bringen würde. Baurath Granfeld schlägt vor, der Discussion über diesen Gegenstand, nachdem durch den eben gehörten Vortrag das Substrat für eine solche gegeben sei, einen ganzen Abend zu widmen. Ober-Ingen. Hochenegg bemerkt, dass auch für den österreichischen Ingenieur bisher vornehmlich das deutsche Patentgesetz in Betracht komme, und würde es daher [illegible] dass die Discussion [illegible] [illegible]che, ob nicht das deutsche Patentgesetz in möglichst unveränderter Gestalt nach Oesterreich herübergenommen werden solle. Ingenieur Karmin vermisst in dem Gesetzentwurfe eine Bestimmung betreffend die von Amtswegen zu erfolgende Veröffentlichung der vollständigen Patentbeschreibungen, welche dem modernen Ingenieur ein unentbehrliches Mittel seien, sich in seinem Specialfache auf dem Laufenden zu erhalten; ferner rügt er die Fassung des § 105, welcher im Vergleiche zu den übrigen, sehr milden Strafen eine ganz ungerechte Strenge gegen Untersagungshandlungen aus einem vermeintlichen Patentanspruche vorschreibt.

Nachdem der Vorsitzende erklärt hatte, dass er den Antrag, einen eigenen Discussionsabend für diesen Gegenstand anzusetzen, im Ausschusse befürworten werde, schloss er die Versammlung unter dem Ausdruck des wärmsten Dankes an den Vortragenden.

28. Februar. — Vortrag des Herrn Prof. J. Dechant: „Ueber magnetische Verzögerungen in Folge von Wechselströmen und deren experimentellen Nachweis."

Der Vortragende machte zum Gegenstande seiner Erörterungen und Experimente die Wirkung, welche ein Eisenkern von zwei gegen einander phasenverschobenen magnetisirenden Kräften (repräsentirt durch zwei an verschiedenen Stellen des Stabes angebrachte Stromspulen) erfährt; diese Wirkung besteht darin, dass die Maxima und Minima der Magnetisirung nicht gleichzeitig auf der ganzen Länge des (untertheilten) Kernes auftreten, sondern dass die

16

resultirenden magnetischen Momente vom Sitze der einen magnetisirenden Kraft bis zu dem der anderen eine allmälig wachsende Phasenverzögerung erleiden. Eine zweite wesentliche Bedingung, solche magnetische Verzögerungen zu erzielen, ist die Abnahme der Magnetisirung vom Sitze der Kraft aus längs des Stabes. Unter der gewöhnlich gemachten Voraussetzung, dass diese Abnahme nach einer geometrischen Progression erfolge, zeigt der Vortragende für den Fall einer Phasenverschiebung von 150° zwischen den beiden magnetisirenden Wechselströmen, wie die Grösse des resultirenden Momentes Punkt für Punkt auf der ganzen Länge des Stabes graphisch ermittelt werden kann, und wie die Verzögerung der Magnetisirung von einem Ende des Stabes zum anderen zunimmt. Ein zweites Diagramm zeigt den Wechsel der Magnetisirung während einer Periode für mehrere Punkte des Stabes und macht anschaulich, dass man es bei dieser Erscheinung mit ähnlichen Verhältnissen zu thun hat, wie sie bei fortschreitenden Longitudinalwellen obwalten. Die Fortpflanzungsgeschwindigkeit der so hervorgebrachten magnetischen Wellen rechnet sich aus der Entfernung der beiden Magnetisirungsspulen dividirt durch die Phasendifferenz (in Secunden); beispielsweise beträgt dieselbe 12 *m* bei Anwendung eines Wechselstromes von 40 Perioden pro Secunde für eine Phasenverschiebung von $^1/_8$ Periode und einer Distanz von 10 *cm* zwischen den Spulen.

Herr Prof. Dechant demonstrirt hierauf die Versuchsanordnung, welche er bei seinen Experimenten über diesen Gegenstand benützt hat: Auf einen der Länge nach unterteilten Eisenstab sind in einer passenden Entfernung zwei Drahtspiralen von gleicher Windungszahl geschoben. Die beiden Spulen sind — die eine unter Vorschaltung eines Kupfervitriolwiderstandes, die andere unter Vorschaltung einer Inductionsspule — parallel zu einander an eine Wechselstromquelle angelegt, und die in denselben circulirenden Ströme durch entsprechende Wahl der Vorschaltwiderstände auf gleiche Stärke gebracht, so dass die beiden magnetisirenden Kräfte gleich gross sind und die Kraft der Spule mit vorgeschalteter Selbstinduction gegenüber der der anderen Spule um fast 90° in der Phase verschoben ist; die Phasenverzögerung wird überdies in Folge der gegenseitigen Induction der Spulen noch etwas vergrössert. Ein in den Zweig der einen Spirale eingeschalteter Stromwender ermöglicht es den Phasenunterschied der beiden Ströme um 180° zu ändern und so die Fortpflanzungsrichtung der magnetischen Wellen umzukehren. Um die Existenz dieser Wellen experimentell nachzuweisen, bringt der Vortragende zunächst eine auf einer Spitze schwebende Magnetnadel in die Nähe des Stabes; die Nadel geräth im Sinne der Fortpflanzung der Wellen in immer raschere Rotation. Dieser Versuch gelingt jedoch nur bei günstiger Anfangsstellung der Nadel gegenüber dem Stabe, sonst wird sie nur stossweise hin- und herbewegt. Eine Kupferscheibe, in passender Lage gegenüber dem Stabe, geräth in Folge der in ihr inducirten Ströme ebenfalls in Rotation. Das empfindlichste Mittel zum Nachweis der magnetischen Wellen ist jedoch eine dünne (0·1 *mm*), kreisförmige Eisenscheibe, welche um eine durch ihren Mittelpunkt gehende, zu ihrer Ebene senkrechte Achse drehbar ist; bringt man die Scheibe in eine solche Lage zum Stabe, dass dieser tangential zu ihrem Rande liegt, so erreicht sie nach kurzer Zeit eine hohe Tourenzahl (bis zu 1200 Umdrehungen pro Minute). Der Vortragende verweist darauf, dass die Rotation der Eisenscheibe, wie Warburg gezeigt hat, nur durch Hysteresis zu erklären ist. Alle bis jetzt demonstrirten Drehungserscheinungen wurden in dem Raume zwischen den beiden Spulen hervorgebracht und stehen mit der Theorie im Einklang. Nun wird aber gezeigt, dass die Eisenscheibe auch ausserhalb der Spulen rotirt, was nur möglich ist, wenn die Abnahme der Magnetisirung längs des Stabes nicht nach einer geometrischen Progression erfolgt.

Dieselben Rotationserscheinungen hat Elihu Thomson bekanntlich hervorgebracht durch eine primäre und eine secundäre Spule, die er auf einen Eisenkern aufbrachte; man erhält in diesem Falle ebenfalls magnetische Verzögerungen, da zwischen primärer und secundärer Spule ein Phasenunterschied von $^1/_4$ bis $^1/_2$ Periode vorhanden ist. Es kann also diese Gruppe der Thomson'schen Versuche in gleicher Weise erklärt werden. Der Vortragende wiederholt nun die früher gezeigten Experimente mit der Thomson'schen Versuchsanordnung; statt der secundären Spirale wird auch eine Messinghülse oder ein auf den untertheilten aufgesetzter massiver Eisenkern verwendet. Wird die primäre Spule auf die Mitte des Eisenstabes geschoben, und bringt man symmetrisch zu beiden Seiten secundäre Stromkreise an, so geräth die Eisenscheibe wohl zu beiden Seiten in Rotation, nicht aber gegenüber der primären Spule selbst, da an dieser Stelle die Rückwirkung der secundären Ströme beiderseits gleich ist. Dasselbe ist der Fall für einen in der Mitte magnetisirten massiven Kern. Zum Schlusse zeigt Herr Prof. Dechant noch an einem geschlossenen magnetischen Kreise, wo die Rotationserscheinungen nicht oder nur sehr schwach auftreten, dass die Abnahme des Magnetismus längs des Stabes (Streuung) eine wesentliche Bedingung zum Zustandekommen der magnetischen Verzögerungen ist.

Herr Reg.-Rath von Waltenhofen spricht unter lebhaftem Beifalle der Versammlung dem Vortragenden den besten Dank für seine meisterhaften Demonstrationen aus.

Programm

für die Vereinsversammlungen im Monate April 1894.

(Im Vortragssaale des Wissenschaftlichen Club, I. Eschenbachgasse 9, 7 Uhr Abends.)

4. April. — Discussion über den neuen Patent-, resp. Gebrauchsmusterschutz-Gesetzentwurf, im Anschlusse an den Vortrag vom 21. Februar d. J.

11. April. — Vortrag des Herrn Oscar Wehr, Adjunct der k. k. General-Direction der österr. Staatsbahnen: „Ueber Combinirung elektrischer Distanzsignale mit Central-Sicherungs-Anlagen." (Mit Demonstrationen.)

18. April. — Vortrag des Herrn Dr. Johann Sahulka: „Ueber das Strowger'sche automatische Telephonsystem."

(Schluss der Vortrags-Saison.)

Aviso!

Wie in den Vorjahren wurden auch während der Sommermonate dieses Jahres für die Mittwoch-Abende gesellige Zusammenkünfte der Vereinsgenossen in Haller's Restauration „Zum goldenen Kegel", Volksprater 41, in Aussicht genommen.

Wahlergebnisse der XII. ordentlichen Generalversammlung vom 28. März 1894.

Zum Vicepräsidenten, an Stelle des statutenmässig abtretenden Herrn Hofrathes Prof. Dr. E. Ludwig, Herr Carl Schlenk, Professor am k. k. technolog. Gewerbe-Museum.

Zu Ausschuss-Mitgliedern die Herren M. Déri, J. Kareis, J. Kolbe, T. W. W. Melhuish, Fr. Ritter v. Stach, Dr. A. Ritter v. Urbanitzky.

In das Revisions-Comité die Herren Ed. Koffler, Dr. J. Miesler, W. Reich.

Das [illegible] der [illegible]mmlung folgt [illegible]

ABHANDLUNGEN.

Bogenlicht-Dynamos auf der Weltausstellung in Chicago.

Bericht von J. SAHULKA.

Während in Europa die Beleuchtung der Strassen mit elektrischem Lichte geringe Fortschritte macht, wird in Amerika das Bogenlicht in sehr ausgedehntem Maasse zur Strassenbeleuchtung verwendet. Die Lampen werden in grösserer Zahl, 40—80, in Serie geschaltet, und sind von einem Strome von constanter Stärke durchflossen. In den Central-Stationen ist eine Reihe von Bogenlicht-Dynamos aufgestellt, welche mit einer Regulirvorrichtung für constante Stromstärke versehen sind; jede Dynamo versieht nur einen Lampenkreis mit Strom. Die Regulirvorrichtungen sind zumeist so vervollkommt, dass man in den Stromkreis einer Dynamo innerhalb der Grenze ihrer maximalen Leistung beliebig viele Lampen ein- oder ausschalten, oder eventuell die Dynamo kurz schliessen kann. Die Schaltbretter sind so eingerichtet, dass man jeden Lampenkreis sehr rasch mit jeder Dynamo verbinden kann; mehrere Lampenkreise, in welchen wenig Lampen brennen, werden durch Hintereinanderschaltung zu einem einzigen vereinigt, so dass die Dynamos vollbelastet laufen. Die Schaltungen werden ohne Unterbrechung der Stromkreise gemacht. Die Fernleitung der Ströme geschieht durch blanke oder isolirte Luftleitungen, oder durch unterirdisch verlegte Kabel. Die Luftleitungen werden ebenso wie Telegraphendrähte an Glas-Isolatoren auf Gestängen befestigt. Die Kabel enthalten je einen Kupferleiter, welcher mit einer 4—6 *mm* dicken Isolirschichte (rubber compound) und hierauf mit einer 2,5 *mm* dicken Bleihülle umgeben ist. Mehrere Kabel (5 bis 7) werden in 8 *cm* weite eiserne Rohre eingezogen, welche gewöhnlich zu beiden Seiten der Strassen verlegt sind. In Entfernungen von je 90 *m* befinden sich Einsteigschachte, in welche die Rohre münden. Es werden auch Lampen innerhalb der Gebäude in Bogenlampenkreise eingeschaltet; in diesem Falle sind die Steigleitungen mit sehr gut isolirenden Rohren umgeben, während die Leitungen an den Decken an Isolatoren befestigt sind. Die einzelnen Lampen lassen sich in gefahrloser Weise in den Stromkreis einschalten, oder von demselben trennen. Es ist auch die Einrichtung in Anwendung, dass die Lampen, wenn sie unter eine gewisse Höhe herabgelassen werden, vom Stromkreise abgeschaltet sind, während sie beim Heben automatisch eingeschaltet werden.

In den meisten Städten sind oberirdische Leitungen gestattet; in diesen sind die Strassen in Folge der Billigkeit der Leitungsanlagen mit Bogenlicht beleuchtet. In geringerem Maasse wird statt des Bogenlichtes das Glühlicht verwendet, wenn die Strassen mit Bäumen dicht bepflanzt sind. In Städten in welchen die oberirdischen Leitungen nicht gestattet sind, wie z. B. in New-York, sind nur die Hauptgeschäftsstrassen mit Bogenlicht beleuchtet, weil in diesen die eisernen Rohre für mehrere Stromleitungen Verwendung finden und daher gut ausgenützt werden. In New-York betragen die Kosten für ein unterirdisch verlegtes eisernes Rohr sammt Einsteigschachten 3000 Dollars per englische Meile, wenn mehrere Rohre verlegt werden. Der Preis für eine Bogenlampe (10 A. 50 V.) per Nacht beträgt 40 Cents. In den Strassen, in welchen man für einen einzigen Lampenkreis die Rohre verlegen musste, würde sich dieser Preis auf 60 Cents erhöhen, da die Amortisationskosten für die Leitungen beinahe die Hälfte der Gesammtkosten ausmachen.

Das in Amerika gebräuchliche System, die Strassenlampen in Serie zu schalten, bietet gegenüber der Parallelschaltung mehrere Vorzüge:

1. Man erzielt eine grosse Ersparniss an Leitungsmateriale; denn wenn man 40 oder 60 Lampen in Serie schaltet, so braucht man zwanzig, respective dreissig Mal weniger Kupfer für die Leitungen, als in dem Falle, wenn je zwei Lampen zwischen zwei Leitungen von 100 V. Spannungsdifferenz in Serie geschaltet werden; die isolirten Leitungen werden dadurch auch viel billiger. Dies ist bei der grossen Ausdehnung der amerikanischen Städte sehr wichtig, denn man geht mit einzelnen Bogenlampenkreisen bis in Entfernungen von 13 *km* von der Centrale und manchmal noch weiter. Daher betrachtet man in Amerika die Reihenschaltung der Lampen als das für die Beleuchtung von Strassen und grossen Bahnhofsanlagen bestgeeignete System. 2. Die Lampen erhalten, unabhängig davon, wie weit sie von der Centrale sind, genau die richtige Stromstärke. 3. Die Lampen brauchen keinen Vorschaltwiderstand, wodurch ebenfalls eine Ersparniss von 15% erzielt wird. 4. Ist es als ein Vortheil anzusehen, dass die Strassenlampen in viele getrennte Kreise eingeschaltet sind, da bei einem eintretenden Kurzschluss nicht alle Lampen gleichzeitig verlöschen können.

Die Nachtheile der Serienschaltung der Lampen sind durch Verbesserungen in der Construction der Dynamos und durch die Verwendung von gut isolirten Drähten fast vollkommen beseitigt. Die Bogenlicht-Dynamos arbeiten trotz der hohen E. M. K., welche sie zu liefern haben, vollkommen sicher. Es kommt äusserst selten vor, dass ein Stromkreis in Folge eines Drahtbruches oder Kurzschlusses versagt. Wenn man die Strassenlampen abwechselnd in zwei getrennte Kreise schaltet, werden nie alle Lampen in einer Strasse verlöschen können. Fehler an oberirdischen Leitungen lassen sich leicht auffinden und beheben. Bei Verwendung von unterirdischen Leitungen kommen Störungen noch seltener vor.*)

Die Bogenlicht-Dynamos liefern mit Ausnahme der Dynamo der Westinghouse Electric and Mfg. Co. Gleichstrom. Sie haben entweder offene oder geschlossene Wickelung. In die erste Gattung gehören die bekannten Dynamos der Brush- und Thomson Houston Electric Co.; in die zweite Gattung die Dynamos der Excelsior-, Fort Wayne-, Standard- und Western Electric Co. Die ersten vier von diesen Elektricitäts-Gesellschaften haben sich mit der Edison General Electric Co. von New-York unter dem Namen General Electric Co. vereinigt.

Alle Gleichstrom-Dynamos für Bogenlampenkreise haben Serienschaltung und eine automatische Regulirvorrichtung für constante Stromstärke; wegen der magnetischen Eigenschaften des Eisens ist es nicht möglich, Compound-Dynamos zu bauen, welche von Kurzschluss an bis zur Vollbelastung constante Stromstärke liefern. Es mögen nun die einzelnen Bogenlicht-Dynamos besprochen werden. Zuvor sei noch bemerkt, dass sich dieselben auch sehr gut für Kraftübertragung eignen; man braucht dann beim Motor keinen Vorschaltwiderstand anzuwenden, weil die Primär-Dynamo ohnehin auf constante Stromstärke regulirt.

Bogenlicht-Dynamo der Brush Electric Co.

Diese Dynamo, deren Construction bekannt ist,**) erfuhr in den letzten Jahren nur dadurch eine Abänderung, dass der Armaturkern nicht mehr gegossen, sondern aus untertheiltem Eisen verfertigt wird. Zu diesem

*) In New-York müssen die Rohre, in welchen die Leitung[illegible]legt sind, ventilirt werden, da der Boden mit Leuchtgas gesättig[illegible] welches in [illegible]e und Schachte eindringt; dadurch wurden früher Explosionen

**) Kittler, Handbuch der [illegible]trot. I.

Zwecke wird auf einen Messingring *A*, welcher von einem Speichenrade getragen wird, ein Eisenband *B* spiralförmig aufgewickelt (Fig. 1). Zwischen die Windungen des Eisenbandes werden H-förmig geformte Eisenbleche in entsprechenden Abständen eingelegt, deren Verbindungsstück ebenso breit ist als das Eisenband. Der ganze Kern wird durch einige radiale Bolzen *r* zusammengeschraubt. Die hervorragenden Enden der H-Stücke bilden dann die Polstücke, zwischen welche die Armaturspulen gewickelt werden. Durch diese Construction werden die Foucault-Ströme und dadurch auch die Erhitzung im Armaturkerne bedeutend verringert; dadurch wurde die Leistungsfähigkeit der Dynamo und der Nutzeffect derselben sehr erhöht. Die Brush Electric Co. baut Dynamos für eine verschiedene Anzahl von Lampen. Die Stromstärke ist stets 9·6 A. Die Lichtstärke einer Lampe ist angeblich 2000 K.; pro Lampe und Zuleitung werden im Mittel 50 V. gerechnet.**) Die Dynamos für 1 bis 30 Lampen haben 8 Armaturspulen und ein zweipoliges Magnetfeld, das von zwei zu beiden Seiten der Armatur angebrachten Hufeisenmagneten erzeugt wird; auf der Achse sind 2 Collectoren angebracht, da je 4 um einen rechten Winkel abstehende Spulen mit den 4 Segmenten eines Collectors verbunden sind. Die Dynamos für 50 und 65 Lampen haben ebenfalls ein zweipoliges Magnetfeld, aber 12 Spulen und daher 3 Collectoren. In der Maschinenhalle der Welt-

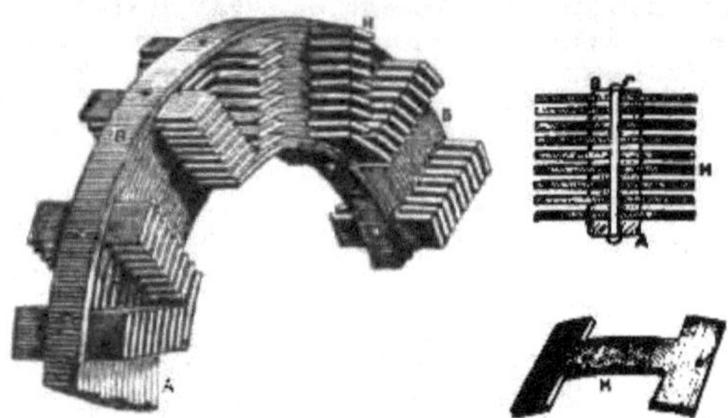

Fig. 1.

ausstellung in Chicago waren 16 Dynamos für je 65 Lampen in Betrieb: dieselben versahen 16 Stromkreise mit Strom. Eine grosse Anzahl von Dynamos war im Elektricitäts-Gebäude ausgestellt; die grösste Type war für 125 Lampen bestimmt. Diese hatte 24 Armaturspulen und zu beiden Seiten des Ringes einen vierpoligen Feldmagnet. Da sich je 2 Armaturspulen in vollkommen gleichem Zustande befinden, waren nur 3 Collectoren auf der Achse angebracht; jeder hatte 8 Segmente, die mit 8 Spulen in Verbindung waren. Von jedem Collector wurde der Strom durch 2 Bürsten abgenommen, welche einen Abstand von 90° hatten; der Luftzwischenraum zwischen den Collector-Segmenten war circa 6 *mm*.

Die Dynamos der Brush Electric Co. haben eine Regulirvorrichtung für constante Stromstärke, welche von der Dynamo getrennt aufgestellt ist. Dieselbe ist in Fig. 2 abgebildet. Das Schema ist in Fig. 3 dargestellt.**) In diesem Regulator wird eine besondere Eigenschaft der Kohle benützt; es bieten nämlich mehrere übereinander liegende Kohlenplatten bei schwachem Drucke dem Stromdurchgange einen grossen Wider-

*) Die Lichtstärke von Bogenlampen, welche 10 A. bei 50 V. Spannung verbrauchen, wird in Amerika zu 2000 K. angegeben.

**) Das Schema und die Beschreibung der Regulirvorrichtung [illegible] dem Aufsatze von Geo. Mayer E. T. Z. Berlin 1893, pag. 630 entnommen.

stand, dagegen bei grossem Druck einen kleinen Widerstand. Der Druck auf die Kohlenplatten in dem Kästchen *KK* (Fig. 2) wird durch einen Elektromagneten *MM*, welcher im Hauptstromkreis eingeschaltet ist, mittelst

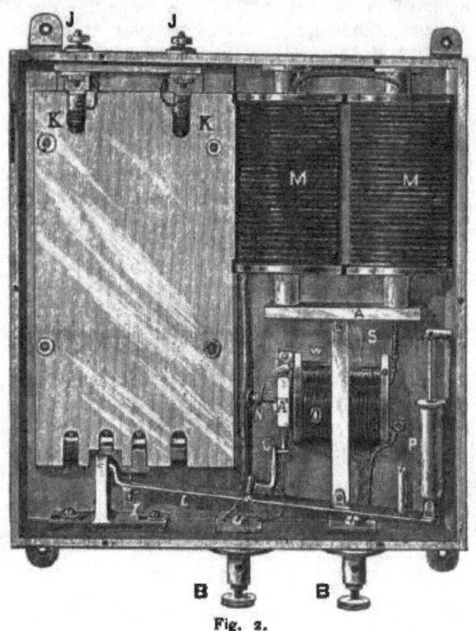

Fig. 2.

des Hebels *L* ausgeübt. Dieser Kohlenwiderstand ist ein Nebenschluss zu den mit der Armatur und den Lampen in Serie geschalteten Feldmagnetspulen. Bei steigender Stromstärke wird der Anker des Elektromagneten

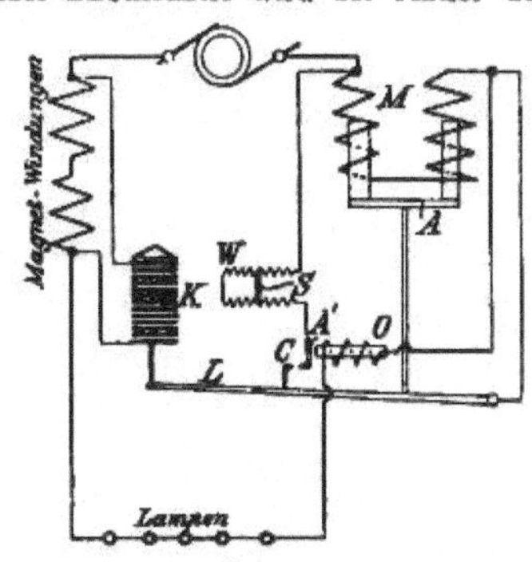

Fig. 3.

stärker angezogen; dadurch werden die Kohlenplatten stärker gepresst und ihr Widerstand vermindert. Durch die Kohle fliesst nun mehr Strom, d[illegible] [illegible]etspulen weniger. Dadurch wird die E. M. K. der D[illegible] Stromstärke sinkt auf den normalen Werth.

Eine Glycerinpumpe P verhindert ruckweise Bewegungen des Ankers A. Der Elektromagnet O ist ebenfalls im Hauptstromkreise eingeschaltet. Der Anker A^1 desselben bildet bei C Contact und schaltet dadurch einen Neusilberdrahtwiderstand W parallel mit M. Ein Schleifcontact S ermöglicht, mehr oder weniger Windungen des Widerstandes W einzuschalten, und erlaubt dadurch eine Regulirung der Stromstärke dieses Zweiges. Wenn nun beim Ausschalten von Lampen die Stromstärke im Hauptstromkreise steigt, so wird durch stärkeres Anziehen des Ankers A^1 der Widerstand W ausgeschaltet, wodurch M mehr Strom erhält. Der Anker A wird nun noch stärker angezogen; die Kohlenplatten des Widerstandes K werden kräftiger gepresst und dadurch der Strom in den Feldmagneten geschwächt. Durch die Verwendung des Feldmagneten O wird eine empfindlichere Regulirung erreicht; die Dynamo wird schneller auf normale Stromstärke gebracht, als es ohne diesen Hilfselektromagnet und den Zweigwiderstand möglich wäre. Die Stellschraube I am Hebel L und die Schraube N, mittelst welcher die Federspannung des Ankers A^1 regulirt werden kann, gestatten die Einstellung auf die gewünschte Stromstärke. Wenn die Dynamo vollbelastet ist, hat der Hauptstrom eine Stärke von 9·6 A., der Erregerstrom ist 8 A., der durch die Kohlenplatten fliessende Strom ist 1·6 A. Bei abnehmender

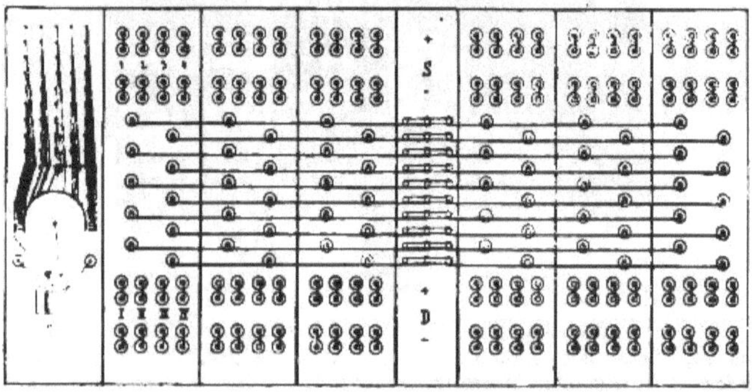

Fig. 4.

Lampenzahl wird die Stromstärke nur ein wenig grösser. Ein Strommesser, der ober dem Gehäuse der Regulirvorrichtung angebracht ist, zeigt die Stärke des Hauptstromes an. An der Dynamo ist ein Ausschalter angebracht, mit welchem die Feldmagnetwickelung kurz geschlossen werden kann; dies wird ausgeführt, wenn die Dynamo abgestellt werden soll.

In Fig. 4 ist die Rückseite eines Schaltbrettes für 24 Stromkreise und 24 Dynamos schematisch dargestellt. Das Schaltbrett wird aus Holz oder Schiefer gemacht und ist freistehend; alle blanken Theile und Verbindungen sind an der Rückseite angebracht. Man sieht in der Figur vier Reihen von miteinander leitend verbundenen federnden Doppelcontacten. Die unteren sind mit den Klemmen der Dynamos D, die oberen mit den Stromkreisen S in Verbindung. In beide Leiter eines jeden Stromkreises sind Blitzschutzvorrichtungen von Thomson-Houston eingeschaltet; dieselben sind am oberen Theile des Schaltbrettes aufgestellt. Die Verbindung zwischen den Contacten eines Stromkreises und den Contacten einer Dynamo geschieht durch zwei isolirte, flexible Leitungen, welche an den Enden mit Stöpseln versehen sind, die in die Contacte gesteckt werden. Die flexiblen Verbindungsleitungen reichen aber nu[illegible] Felder des Schaltbrettes. Um einen Stromkreis mit einer Dyr binden, deren Contacte in einem entfernteren Felde angebracht sind, benützt man die horizontalen Drähte, welche durch je drei Felder durchgehen und in einem Zwischenfelde durch je einen Stöpsel mit den horizontalen Drähten der nächsten drei Felder verbunden werden können. Die horizontalen Drähte sind ebenfalls mit Steck-Contacten versehen. Die Stromkreise und die Dynamos sind an Doppel-Contacte angeschlossen, damit man mehrere Stromkreise, in welchen wenig Lampen brennen, in Serie schalten, oder eine Dynamo durch eine andere substituiren kann etc. Es sei z. B. der Stromkreis 1, in welchem 25 Lampen brennen, an die Dynamo I durch die Verbindungen 1 + I + und 1 — I — angeschlossen. Der Stromkreis 4 enthalte 15 Lampen, welche eben einzuschalten sind. Man verbindet 1 — mit 4 +, I — mit 4 — und entfernt hierauf die Leitung, welche 1 — mit I — verbindet. Soll ein Stromkreis durch einen anderen substituirt werden, so schaltet man die beiden Kreise parallel und öffnet hierauf den ersten Kreis, u. s. f. Auf der linken Seite des Schaltbrettes sieht man noch eine Anordnung, welche dazu dient, den in einem Stromkreise entstandenen Erdschluss aufzufinden. Zu diesem Zwecke wird eine Lampenbatterie von 100 in Serie geschalteten Glühlampen zu dem zu untersuchenden Lampenkreise parallel geschaltet. Mittelst eines auf einer runden Hartgummischeibe montirten Umschalters kann man die Verbindungsstelle zwischen irgend zwei Glühlampen mit der Erde verbinden; in die Erdleitung ist ein Galvanoskop eingeschaltet. Man hat die Scheibe so lange zu drehen, bis das Galvanoskop keinen Ausschlag anzeigt. Die Schaltung kann als Wheatstone'sche Brückenschaltung angesehen werden; man hat daher nur die Lampen in den beiden Zweigen abzuzählen und kann aus dem Verhältniss der Zahlen ermitteln, zwischen welchen zwei Bogenlampen sich der Erdschluss im Bogenlampenkreise befindet. Um die Grösse des Isolations-Widerstandes zu finden, wird ein anderes Galvanometer, dem ein bekannter grosser Widerstand vorgeschaltet ist, nach einander an beide Leitungen des Stromkreises angeschlossen, während die andere Klemme des Galvanometers mit der Erde verbunden ist. Aus den beiden Ausschlägen kann man den Isolations-Widerstand berechnen.

Bogenlicht-Dynamo der Thomson-Houston Electric Co.

Die Construction dieser bekannten Dynamo wurde in der letzten Zeit nur dadurch abgeändert, dass an Stelle der Kugelarmatur mit drei übereinander gewickelten Spulen eine Ringarmatur mit einer grösseren Zahl getrennter Spulen verwendet wird (Fig. 5). Der aus Eisenblechen zusammengesetzte Armaturring hat an einer Stelle einen Schlitz, durch welchen die fertigen Spulen eingeschoben werden. Wenn alle Spulen an die entsprechende Stelle gebracht sind, wird der Schlitz durch einen untertheilten Kern von innen verschlossen. Die Spulen in jedem Sechstel der Ringperipherie werden in Serie geschaltet, so dass man sechs Spulengruppen erhält. Je zwei gegenüberliegende Spulengruppen werden durch einen Draht so verbunden, dass sich die inducirten Elektromotorischen Kräfte summiren. Von den freien sechs Drahtenden werden drei um je 120° abstehende an einen gemeinschaftlichen Ring, die anderen Enden an die drei Segmente des Collectors angelöthet. Diese Construction bietet den Vortheil, dass schadhafte Spulen leicht ersetzt werden können. Die Dynamo und die Regulirvorrichtung für constante Stromstärke sind in Kittler's Handbuch der Elektrot., I., pag. 978 genau beschrieben.

Die Dynamos werden für zwei verschiedene Stromstärken 6·8 A. und 10 A. gebaut. Die Lampen haben dementsprechend 1200 oder 2000 [illegible]en. Die grösste Type [illegible]rt Strom für 50 Lampen à 50 V., die kleinste ist für drei Lampen bestimmt. Die gewöhnliche Einrichtung des Schaltbrettes ist aus der Fig. 6 zu ersehen, welche ein für vier Stromkreise und vier Dynamos eingerichtetes Schaltbrett vorstellt. Dasselbe besteht aus zwei verticalen Platten aus Schiefer oder Marmor, welche in entsprechendem Abstande von einander angebracht sind. Die linke Hälfte der beiden Platten dient für die positiven, die rechte für die negativen Enden der Leitungen. Die vordere Platte enthält auf ihrer Rückseite in jeder Hälfte vier horizontale Schienen, welche mit den Klemmen der Dynamos verbunden sind. An der Vorderseite der rückwärtigen Platte

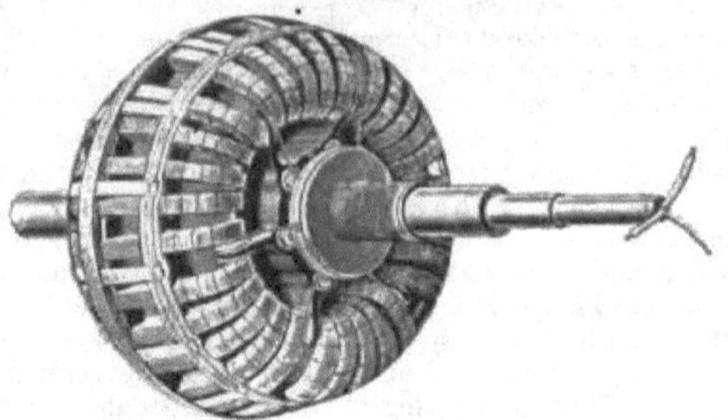

Fig. 5.

Fig. 6.

sind in jeder Hälfte vier verticale Schienen angebracht, an welche die Stromkreise angeschlossen sind. In die Kreuzungsstellen der horizontalen und verticalen Schienen kann man Stöpsel einstecken, welche durch federnde Contacte gehalten werden. Dadurch kann man jede Dynamo mit jedem Stromkreise verbinden. Die verticalen Schienen haben an ihrem unteren Ende noch eine Reihe von Contacten, welche dazu dienen, zwei oder mehrere Stromkreise in Serie zu schalten. Dies geschieht mit Hilfe zweier Stöpsel, welche durch eine isolirte Leitung verbunden sind.

In der Figur ist der Stromkreis 1 mit Dynamo I, der Stromkreis 2 mit Dynamo II verbunden. Von der Dynamo III fliesst der Strom in die positive Leitung des Stromkreises 3, durchfliesst diesen und den in Serie geschalteten Stromkreis 4 und kehrt hierauf zur Dynamo zurück. Ein Schaltbrett für *n* Dynamos und *n* Stromkreise hat im Ganzen: $2(n^2 + n)$ Contacte. In Chicago waren verschiedene Typen der Bogenlicht-Dynamo ausgestellt. In der Maschinenhalle waren 27 Dynamos für je 50 Lampen à 50 V. und 10 A. in Betrieb, welche mit den daselbst aufgestellten Bogenlicht-Dynamos der Excelsior Electric Co., die ebenfalls für je 50 Lampen Strom lieferten, ein gemeinschaftliches Schaltbrett hatten. Dasselbe war für 40 Stromkreise und 40 Dynamos eingerichtet und hatte demnach 3280 Contacte. In jeden Stromkreis war ein Strommesser und zwei Blitzschutzvorrichtungen von Thomson-Houston eingeschaltet, welche im oberen Theile des Schaltbrettes angebracht waren. Im Elektricitäts-Gebäude waren ebenfalls mehrere Thomson-Houston-Dynamos ausgestellt, welche von einem grossen Gleichstrom-Motor der Edison-Type angetrieben wurden.

Bogenlicht-Dynamo der Excelsior Electric Co.

Diese von William Hochhausen construirte Dynamo (Fig. 7 u. 8) ist durch ihre Details sehr interessant. Der Feldmagnet besteht aus zwei

Fig. 7.

Kernen, welche an ein verticales gusseisernes Jochstück angeschraubt sind; auf die Kerne sind die Spulenhälter aufgeschoben. Die Kerne erweitern sich zu Polstücken, welche die Ringarmatur auf drei Seiten umschliessen. Die Polstücke bestehen aus zwei Theilen; die vorderen Theile kann man nach Entfernung von zwei Schrauben um Charniere drehen. Das Joch enthält eine Bohrung, durch welche die Achse der Armatur hindurchgeht; daselbst befindet sich auch das eine Armaturlager. Der obere Polschuh ist an der Innenseite des Ringes mit dem unteren durch zwei nichtmagnetische Stützen verbunden. Diese enthalten zwischen sich das zweite Lager. Es ist daher sowohl die Riemenscheibe, welche an der Aussenseite des Joches sich befindet, als auch die Armatur überhängend. Der untere Polschuh hat zwei Angüsse und ist ebenso wie das Joch an der Bodenplatte festgeschraubt. Auf der Achse sind zwei Naben aufgekeilt, welche durch je vier Speichen mit einem Kranze verbunden sind. Die beiden Kränze sind zusammengeschraubt und tragen den Armaturkern. An dem vorderen Speichenrade ist noch ein eiserner Ring und an diesem eine ringförmige Schiefer- oder Marmorplatte angeschraubt. Dieselbe ist von der Achse durch einen Luftzwischenraum von 1 *cm* Breite getrennt. An der Schieferplatte sind die rechtwinkelig gebogenen Collector-Segmente angeschraubt, welche eine Luftisolation von 2 bis $2^1/_2$ *mm* Breite haben. Wenn man die beweglichen Theile der Polstücke abhebt, wie dies in der

Fig. 8.

Fig. 8 dargestellt ist und die Riemenscheibe entfernt, so kann man die Armatur vorschieben und etwa schadhaft gewordene Theile leicht ersetzen.

Der Armaturkern ist aus Eisendraht verfertigt, welcher auf einen gusseisernen Rahmen von ⊥-förmigem Querschnitt gewickelt ist. Die einzelnen Lagen sind durch Papier isolirt. Die beiden Speichenräder, welche den Armaturkern tragen, sind von diesem gut isolirt. Der ganze Armaturring wird vor der Bewickelung mit einem sehr gut isolirenden Papier (Fiberpapier) umwickelt. Die einzelnen Spulen haben quadratischen Windungsquerschnitt von ungefähr $2^1/_2$ *cm* Seitenlänge; sie sind von einander vollständig getrennt. An der Aussenseite des Ringes befindet sich zwischen je zwei Spulen ein Holzstück, welches mit Schrauben an den Kern befestigt ist. An der Innenseite des Ringes liegen die Spulen zwischen den umgelegten Seiten der Papierstreifen, mit welchen der Ring umhüllt ist. Die Spulen werden automatisch von einer von Hochhausen erfundenen Maschine auf den Ring gewickelt. Ueber jede Spule wird noch an der Aussenseite eine Fiberplatte gelegt, welche an die Holzstücke angeschraubt wird; dadurch sind die Spulen sehr gut gehalten.

Auf dem Collector schleifen vier Bürsten, von welchen je zwei miteinander leitend verbunden sind und um die Breite eines Segmentes abstehen. Bei der Dynamo für 100 in Serie zu schaltende Lampen ist die

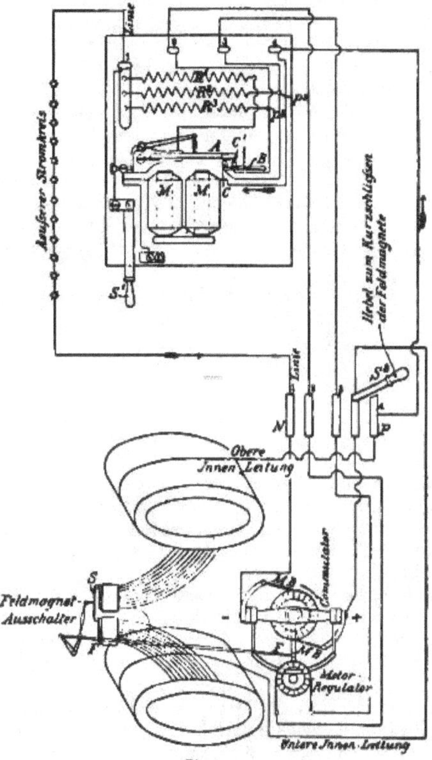

Fig. 9.

Zahl der Segmente 36. An den beiden vorderen Stücken der Polschuhe sind zwei gusseiserne Arme befestigt, welche die Armatur eines kleinen Motors umschliessen, der die Regulirung der Dynamo auf constante Stromstärke zu bewirken hat. Die beiden Arme sind nicht direct an die Polstücke angeschraubt, sondern durch eine Platte aus Hartgummi von denselben getrennt. Zwischen den Enden der Arme ist das aus nichtmagnetischem Metall bestehende Lager des kleinen Motors befestigt. Obwohl die Arme einen magnetischen Nebenschluss zur Armatur bilden, gehen durch dieselben doch nur wenig magnetische Kraftlinien hindurch, welche das Feld für den kleinen Motor bilden. Dieser befindet sich innerhalb des kleinen

Gehäuses, welches in der Fig. 7 sichtbar ist. Die Achse des Motors liegt unterhalb der Achse der Dynamo. Der obere gusseiserne Arm enthält ein Lager für eine kleine Achse, auf welcher der Bürstenhalter befestigt ist. Diese Achse befindet sich in der Verlängerung der Dynamo-Achse, ist aber von derselben durch einen Luftzwischenraum getrennt. Der kleine Motor rotirt bei normaler Stromstärke nicht. Wenn die Stromstärke zu gross oder zu klein ist, rotirt er in dem einen oder anderen Sinne und verschiebt dadurch sowohl die Bürsten als auch einen Arm, welcher die Anzahl der Ampère-Windungen des Feldmagneten verändert. Je kleiner die Anzahl der in den Stromkreis eingeschalteten Lampen ist, desto mehr nähert sich die Verbindungslinie der Bürsten der verticalen Richtung, und desto mehr Windungen des Feldmagneten werden ausgeschaltet.

Die Schaltungen, sowie der getrennt von der Dynamo aufgestellte Wandregulator sind in Fig. 9 schematisch dargestellt.*) Von der Armatur sind nur der Collector und die Bürsten *M B* gezeichnet; die auf der linken Seite gezeichneten zwei Spulen stellen die Feldmagnetwickelung vor. Der Bürstenhalter ist mit einem gezahnten Sector in Verbindung, welcher in ein auf der Motorachse angebrachtes Zahnrad eingreift. Der Strom fliesst von der positiven Bürste ausgehend durch die Feldmagnetwickelung zur Klemme 4 des Wandregulators, hierauf durch die Wickelung des Elektromagneten *M*, dann durch den Anker *A* und den Widerstand R_1 in die Linie. Nachdem er die Lampen durchflossen hat, gelangt er zur negativen

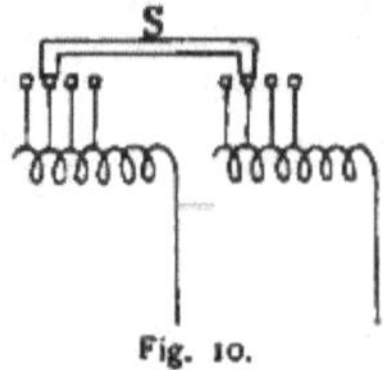

Fig. 10.

Klemme *N* der Dynamo. Der Anker *A* legt sich an zwei Contacte $C\,C^1$ an, welche mit den Klemmen 2, 3 und dadurch mit den Bürsten des kleinen Motors verbunden sind. Die Punkte $P_2\,P_3$ sind durch Neusilberdrähte $R_3\,R_2$ mit der Klemme 1 verbunden. Wenn der Strom die normale Stärke hat, so hat der Anker *A* eine horizontale Lage und berührt beide Contacte $C\,C^1$, welche am Ende des Hebels *B* angebracht sind. Von den Punkten $P_2\,P_3$ fliessen Zweigströme durch die Widerstände $R_3\,R_2$ in die Linie. Da die Punkte $P_2\,P_3$ in diesem Falle gleiches Potential haben, fliesst durch die Leitungen 2 und 3 kein Strom zum Motor; derselbe bleibt daher ruhig. Wenn aus irgend einer Ursache die Stromstärke wächst, wird der Anker *A* nach abwärts gezogen. Dadurch wird der Contact bei *C* unterbrochen, während der Contact bei C_1 bestehen bleibt. Nun fliesst von P_2 aus ein Strom durch die Leitung 2 zum Motor, dann zurück zu P_3 und von da aus durch R_2 in die Linie. Der Motor wird daher rotiren und die Bürsten so verdrehen, dass der Strom geschwächt wird. Gleichzeitig wird durch den Arm *F*, welcher vom Bürstenhalter mitbewegt wird, der Bügel *S* verschoben und dadurch ein Theil der Feldmagnetwicklung ausgeschaltet. Die Spulen der Feldmagnete sind continuirlich gewickelt, aber einzelne Punkte der Wickelung sind mit Contacten verbunden, auf welchen der Bügel *S* schleift (Fig. 10). Wenn die normale Stromstärke wieder erreicht ist, stellt der Anker *A* den Contact bei *C*

*) Die Beschreibung der Regulirvorrichtung, sowie die Figuren sind einer im „Electrical Engineer", April 1890, entnommen.

wieder her; dadurch kommt der Motor zum Stillstande. Wenn aus irgend einer Ursache der Strom zu schwach ist, so wird der Contact C^1 unterbrochen. Dadurch wird bewirkt, dass ein Strom in entgegengesetzter Richtung durch den Motor fliesst; die Bürsten und der Arm *F* werden daher nach der entgegengesetzten Seite verschoben. Wie ersichtlich ist, sind die Widerstände R_1, R_2, R_3 immer in den Stromkreis eingeschaltet. An den Contacten C C^1 tritt keine Funkenbildung auf, weil der Stromkreis nicht unterbrochen wird.

Durch die beschriebene Regulirvorrichtung wird bei jeder Aenderung der Lampenzahl die E. M. K. der Dynamo sofort in der erforderlichen Weise verändert. Man kann sogar sämmtliche Lampen auf einmal ein- oder ausschalten.

Der Ausschalter S_1 hat den Zweck, den Motor auszuschalten, wenn man an dem Magnete *M* und seiner Armatur eine Aenderung vornehmen will, während der Ausschalter S_2 dazu dient, die Feldmagnetwickelung kurz zu schliessen, wenn die Dynamo abgestellt werden soll, oder unbelastet lauft.

Da die grösste Type der Hochhausen-Dynamo eine E. M. K. von 5000 V. hat, müssen die einzelnen Theile sehr gut isolirt sein. Dies ist insbesondere nothwendig wegen der statischen Ladungen, die beim Riemenantrieb entstehen. Dem überspringenden Funken folgt der Dynamo-Strom leicht nach. Um dies zu vermeiden, ist die Armatur von den Speichenrädern, welche sie halten, vollständig durch Glimmer isolirt. Die Lager sind ebenfalls vom Körper der Dynamo isolirt, und die letztere ist wieder von der Unterlage, auf welche sie montirt ist, isolirt.

Es wurden verschiedene Typen dieser Dynamo construirt. Die grösste liefert Strom für 125 Lampen à 1200 Kerzen oder für 100 Lampen à 2000 Kerzen. Der Durchmesser der Armatur dieser Dynamo ist 80 *cm*; dieselbe ist mit 36 Spulen bewickelt, welche die Form eines Quadrates von 21 *cm* Seite haben. Die Stromstärke ist 7 A. oder 10 A., je nachdem die Lampen 1200 oder 2000 Kerzen haben sollen. Die Tourenzahl ist 700. Ein Theil der Feldmagnetwickelung ist immer eingeschaltet, von dem anderen Theile ist nach je 20 Windungen eine Abzweigung zu den Contactstücken gemacht, auf welchen der Bügel *S* schleift. Da die Armatur mit wenig Spulen bewickelt ist, erhalten die einzelnen Spulen viele Windungen; daher ist der Abstand der Polschuhe vom Armaturkern beträchlich gross (circa 4 *cm*). Die zweite Type ist für 50, die dritte für 30 Lampen à 2000 Kerzen bestimmt.

Die Hochhausen-Dynamo ist in grösseren Centralen mit sehr gutem Erfolge in Anwendung. In Chicago waren einige Dynamos für 50 Lampen in der Maschinenhalle, die anderen Typen im Elektricitäts-Gebäude in Betrieb. Das Schaltbrett ist dasselbe wie das der Thomson-Houston Co.

Bogenlicht-Dynamo der Fort Wayne Electric Co.

Diese von Wood construirte zweipolige Dynamo hat als Armatur einen Gramme-Ring. Die Form des Magnetgestelles ist aus der Fig. 11 ersichtlich. Die verticalen Joche der beiden hufeisenförmigen Feldmagnete haben Aushöhlungen, in welchen die Lager der Dynamo angebracht sind. Die Polschuhe umfassen sehr weit die Armatur und sind so geformt, dass in den Armaturspulen während der Rotation in einem weiten Bereiche möglichst gleiche elektrom[illegible]he Kräfte erzeugt werden; dadurch wird erzielt, dass die Spannung [illegible] zwischen be[illegible]barten Collector-Segmenten verh[illegible]mässig [illegible]. Die Str[illegible]ahme erfolgt durch zwei Bür[illegible] Die [illegible]rigen B[illegible] sind durch einen

flexiblen Leiter verbunden; die zwischen diesen Bürsten befindlichen Armaturspulen sind kurzgeschlossen. Die Regulirung der Dynamo für constante Stromstärke erfolgt automatisch durch Verstellung der Bürsten. Je weniger Lampen eingeschaltet sind, desto mehr werden die Bürsten gegen die Verbindungslinie der Magnetpole verdreht; dabei werden die miteinander verbundenen Bürsten immer mehr zusammengeschoben. Die Ursache, warum die zusammengehörigen Bürsten gegeneinander verstellt werden, ist angeblich folgende. In jeder Armaturspule muss der Strom die Richtung wechseln, wenn die Spule bei den Bürsten vorübergeht. Soll dies funkenlos geschehen, so ist dazu eine gewisse Zeit nothwendig, welche sowohl von der Zahl der Windungen der Spule, als auch von der Ge-

Fig. 11.

sammtzahl der magnetischen Kraftlinien innerhalb der Spule abhängig ist. Wenn viele Lampen eingeschaltet sind, ist die Verbindungslinie der Bürsten beinahe horizontal; dann ist das Feld innerhalb der Spule während der Commutation des Stromes sehr stark und daher muss man mehrere Collector-Segmente kurzschliessen. Wenn jedoch wenig Lampen eingeschaltet sind, so erfolgt die Commutation des Stromes an einer Stelle, wo noch wenig Kraftlinien in den Kern eingetreten sind; daher brauchen nur zwei Collector-Segmente kurzgeschlossen werden. Bei Vollbelastung verringern die Hilfsbürsten nicht die E. M. K. der Dynamo, weil sie nur die unthätigen Spulen kurz schliessen.

Die Armaturspulen sind für sich sehr gut isolirt; die Collector-Segmente sind durch Glimmer isolirt.

(Schluss folgt.)

Das Feuermeldewesen in Wien.

(Aus einem Vortrage des Herrn Ingenieurs JULIUS STERN im Allgemeinen technischen Vereine.)

(Fortsetzung.)

Dieselben betrafen zunächst die Hofburg-Hauptwache, dann die k. k. Bauübergeber wegen Anweisung der Hofspritze, weiters den commandirenden General, den Generalcommando-Adjunctanten, das Salzgries-Cavalleriepiquet, die Salzgrieskaserne-Feuerreserve, den Platzoberst, den Platzstabsofficier von der Wache, den Platzofficier vom inneren Dienst, den General vom Tage, den Stabsofficier von der Garnisonsinspection, endlich das Peterswache-Feuerpiquet und die Feuerreserve der Rennweger Kaserne. Es ist daher gewiss sehr erklärlich, dass diese überaus lästigen und langwierigen Meldungen allmälig vergessen und zum grossen Theile auch aufgehoben wurden. Durch die grossartigen Erfindungen auf dem Gebiete der elektrischen Telegraphie aufmerksam gemacht, machte die Regierung im Jahre 1850 diesbezügliche Vorschläge behufs Einführung eines elektrischen Telegraphen für Feuermeldezwecke.

Während der grossen Organisation in den Jahren 1853 bis 1855 arbeitete das Stadtbauamt ein Project einer elektrischen Telegraphenanlage aus und wurde mit der Herstellung derselben sofort nach Genehmigung des Kaisers begonnen und am 15. September 1855 fertiggestellt.

Diese Telegraphenleitung verband das Wächterzimmer am Thurme zu St. Stephan mit dem Bauamt und dem bürgerlichen Zeughause Am Hof. Weiters führten Signalleitungen noch in die Feuerreservestallungen und in die Wohnung eines städtischen Ingenieurs.

Diese ersteren Telegraphenleitungen waren Correspondenzleitungen, ausgestattet mit zwei Kramer'schen elektromagnetischen Zeigerapparaten; die letzteren einfache Signalleitungen, um Mannschaft und Wägen zu requiriren. Die Drahtleitung, theils sichtbar auf Isolatoren an den Häusern geführt, theils als Kabel in gemauerten Erdcanälen, wurde vom Stephansthurme über den Stephansplatz in die Goldschmiedgasse geführt, von dort über den Petersplatz in die Milchgasse, Steindlgasse, Schulhof, Am Hof in das Stadtbauamt und in das bürgerliche Zeughaus. Vom Stadtbauamt führte die Signalleitung in den Tiefen Graben, durch die alte Zeughausgasse auf den Salzgries.

Die Meldung eines beobachteten Brandes wurde nach einer aufgestellten Instruction durchgeführt:

Zuerst gab der Thürmer das Zeichen „TA", das heisst Thurm dem Amte, womit nur der Anruf verstanden war. Meldete sich das Amt, so kam als weiteres Signal die Bezeichnung der Art des Feuers, wie „RF" für Rauchfangfeuer, „DF" für Dachfeuer und „LF" für Landfeuer. Dann gab er die Richtung des Brandortes, bezeichnet zunächst durch die vier Himmelsrichtungen „N" für Nord, „S" für Süd, „W" für West und „O" für Ost, sowie endlich die abgekürzte Bezeichnung der Liniendurchgänge, durch welche die Feuerspritze ihren Weg zu nehmen hatte, wie z. B. „TABR" für Taborlinie, „MAKS" für St. Marxer Linie, „MARI" für Mariahilfer Linie u. s. w.

Angenommen, es würde in Hietzing ein Dachfeuer ausgebrochen sein, so sieht eine solche telegraphische Feuermeldung, deren Buchstaben durch einen bewegenden Zeiger bezeichnet werden, folgend[illegible]

— TA — Hier folgt die Antwort des Amtes — DF — W[illegible] —

Im Jahre 1863 wurde die Errichtung von acht Feuerlös[illegible] schlossen und daraus ergab sich die Nothwendigkeit, diese dur[illegible] trischen Telegraphen mit der Centrale Am Hof zu [illegible]den.

Der Antrag des damaligen Ingenieurs Schuler und nach Feuerwehr-Commandanten bezüglich der Einführung von Morse-Ap fand den vollen Beifall der Gemeindevertretung und so finden w bereits in den acht Filialen complete Morse-Stationen in Verbind der Centrale.

Hervorzuheben wäre hier der Antrag des damaligen Gemeind Nicola, welcher in Erkenntniss der dringenden Nothwendigkeit ein grösserung der Telegraphenmeldungs-Anlage am 13. März 1878 im Ge rathe folgenden Antrag stellte:

„Der Gemeinderath wolle seine Feuerlösch-Commission beau im Vereine mit dem Magistrate und dem Stadtbauamte in Erwäg ziehen und Bericht zu erstatten, ob es nicht möglich ist — sei e Anwendung von telegraphischen, an verschiedenen, von den Feu ämtern entfernt gelegenen Punkten der Bezirke anzubringen und Sicherheitswachposten allein zugänglichen Tastenapparaten oder in Weise — dem unleugbaren Uebelstande des zu späten Anmeldens von B besonders zur Nachtzeit, vorzubeugen."

Noch im selben Jahre legte das Stadtbauamt das Project einer meldeanlage vor, welches vom Gemeinderath genehmigt wurde. Bald wurde eine Fachcommission eingesetzt, um die von den einzelnen F eingesendeten Meldeapparate einer eingehenden Prüfung zu unterzieh

Es wurden der Commission Apparate von mehreren Wiener vorgelegt, und unter diesen jener der Firma B. Egger als der lässigste und zweckmässigste anerkannt. Um eine praktische Erp dieses Systems durchzuführen, wurde beschlossen, eine derartige An grösserem Maassstabe im zweiten Wiener Gemeindebezirke durchzu

Während des Sommers 1880 wurden 10 Stück Apparate, Egger, aufgestellt und verblieben während des Winters 1880 Function. Der Erfolg war ein so günstiger, dass sofort die Installat das ganze Gemeindegebiet ausgedehnt wurde und durch die nun Vereinigung der Vororte mit Wien auch auf diese ausgedehnt werde

Es waren montirt:

Ende 1880	11	Stück	Apparate
„ 1881	68	„	„
„ 1882	107	„	„
„ 1883	121	„	„
„ 1884	140	„	„
„ 1885	157	„	„
„ 1886	168	„	„
„ 1887	192	„	„
„ 1888	206	„	„
„ 1889	212	„	„
„ 1890	219	„	„
„ 1891	324	„	„
„ 1892	334	„	„

Unter diesen sind jedoch auch die von Privaten aufgestellten, städtischen Netz in Verbindung stehenden Apparate mit einbezogen.

Bei der Construction des Apparates berücksichtigte die genannte zunächst die Haupterfordernisse für Feuermelder, und zwar:

1. Soll das mit dem Apparat manipulirende Publikum rasch und zu demselben gelangen können und wenige, äusserst einfache Handha zu verrichten haben;

2. soll der Apparat jederzeit, in jedem Momente functionsfähi soll also nicht etwa durch Ablaufen einer Feder oder eines Gew

dessen Aufziehen allenfalls vergessen werden dürfte, in seiner Function aufgehalten werden;

3. soll die telegraphische Meldung durch jeden Laien bewerkstelligt und rasch, sicher und zuverlässig von dem Beamten aufgenommen werden können; und endlich

4. sollen weitere telegraphische Correspondenzen von Telegraphenkundigen, wie Polizeiwachleuten, Feuerwehrleuten u. s. w. möglich sein.

Wie wir im Nachstehenden ersehen werden, sind alle diese Punkte in befriedigender Weise gelöst worden.

Die äussere Ansicht des Apparates zeigt Fig. 2. Das Gusseisengehäuse, in welchem der Apparat montirt ist, wird eingemauert, so dass nur die Vorderplatte mit der Thüre ersichtlich ist. Die Thüre ist versperrbar und besitzt ausserdem noch ein Fangschloss, dessen Mechanismus einen in's Hauptschloss eingesteckten Schlüssel solange festhält, bis er durch einen zweiten, im Besitze der Feuerwehr befindlichen Schlüssel, der in's Fangschloss gesteckt, wieder ausgelöst wird. Dadurch kann jedem Unfuge

Fig. 2.

gesteuert werden, da die in den Händen des Publikums befindlichen Schlüssel numerirt und der Besitzer eines solchen notirt ist.

Der Apparat selbst besteht in der Wesenheit aus fünf mit Sectoren versehenen Tastern *d* (Fig. 3), welche an der Vorderseite mit Druckknöpfen und Aufschriften „Rauchfang-Feuer", „Dach-Feuer", „Zimmer-Feuer", „Keller-Feuer" und „Controle" versehen sind. Durch das Hineindrücken eines solchen Tasters *d* (Fig. 5) wird dessen rückwärts befindliches System, bestehend aus dem Kreissector *h* mit der Achse *g*, dem auf der Achse *i* befestigten Hebelsarm *k* mit Schnapper *l*, in Bewegung gesetzt, und zwar drückt der Taster *d*, drehbar um die Achse *f*, mit dem charnierartig verbundenen Hebel *e* auf einen daumenartigen Ansatz des Sectors *h*. Die fünf untereinander befindlichen Sectoren sitzen lose auf einer gemeinsamen Achse *g* und ist die drehende Bewegung dieser Sectoren durch in die Achse verbohrte Stifte begrenzt. In jede Nabe des Sectors ist senkrecht zur Drehungsachse ein Schlitz eingefeilt, in welchem der vorerwähnte Stift läuft. Dieser Schlitz ist genau so lange, als es die Bewegung des Segmentes in die punktirte Lage (Fig. 5) erfordert. Im Ruhezustande liegen alle fünf Stifte an dem vorderen Ende des Schlitzes, so dass

17*

durch das Hineindrücken eines der fünf Segmente die Achse durch den Mitnehmerstift gedreht wird, während bei den in Ruhe befindlichen Segmenten die übrigen Stifte sich frei im Schlitze drehen können, ohne die übrigen Segmente zu bewegen. An dem oberen Ende der Achse *g* ist ein completes Räderlaufwerk (Fig. 6) mit Gewichtsantrieb und Windflügel befestigt, und ist die Anordnung so, dass an der Achse *g* die Schnurrolle für das Gewicht *r* und das Hauptrad *o* sitzen. Durch das Hineindrücken des Segmentes mit dem Taster erfolgt eine Drehung der Achse und demzufolge wird das Gewicht aufgezogen, um bei Loslassen des Tasters in Wirksamkeit zu treten. Das Gewicht hat das Bestreben, das Segment in seine ursprüngliche Lage zu drehen, jedoch geschieht diese Bewegung

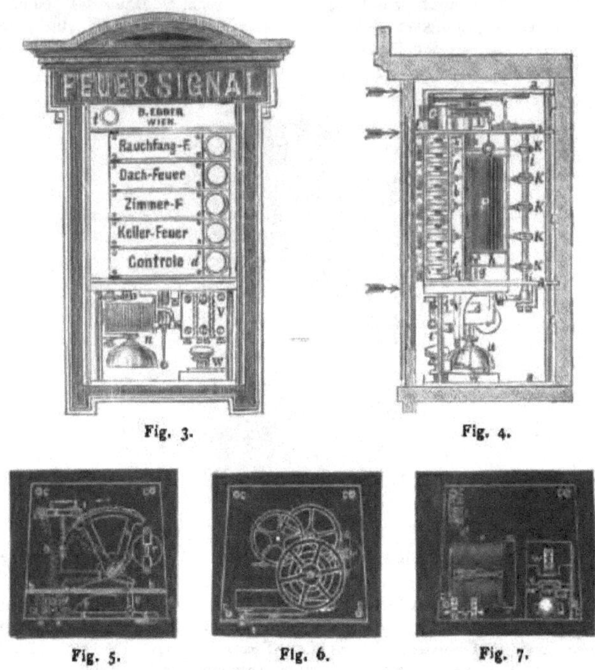

Fig. 3. Fig. 4.

Fig. 5. Fig. 6. Fig. 7.

langsam, da, wie früher erwähnt, das Laufwerk mit Windflügel hemmend auf die Bewegung wirkt. Jeder dieser fünf Sectoren ist an seinem Umfange mit verschieden langen Zähnen versehen, welche den telegraphischen Zeichen angepasst, die Nummer des betreffenden Automaten und den Anfangsbuchstaben der Art des Feuers ergeben.

Beispielsweise würde für den Automaten Nr. 25 der Kreissector „Rauchfang-Feuer" so aussehen, wie Fig. 8 zeigt.

Da sich der Sector im Sinne der Uhrzeiger zurückbewegt, so sind die Zeichen von rechts nach links geschrieben und wiederholen sich dreimal. Die Zeichengabe beginnt mit einem Strich (—), der den Contact zum Alarmiren und Auslösen des Schreibapparates bedeutet, hierauf folgt 2 (. . — — —), dann 5 (. . . . .) und nun *R* (. — .), das heisst, der

Automat Nr. 25, dessen Aufstellungsplatz natürlich genau bekannt ist, meldet Rauchfang-Feuer. In die Zähne greift der Schnapperhebel lk, drehbar um die verticale Achse i ein und wird nur durch die Retourbewegung des Sectors in Bewegung versetzt. Er muss den Zahneinschnitten des Sectors folgen und sendet daher durch die an derselben Achse i unten befindliche Contactfeder o (Fig. 7), welche bei m n den Contact vermittelt, die diesem Zeichen entsprechenden elektrischen Ströme in die Leitung zur Empfangsstation.

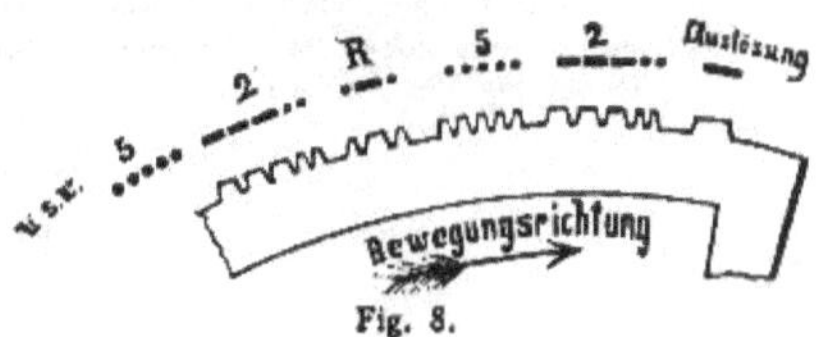

Fig. 8.

Der untere Theil des Apparates ist abgeschlossen und nur den Feuerwehr- und Wachleuten zugänglich. Es befinden sich darin ein Correspondenztaster w (Fig. 3), eine Signalglocke u, die vorerwähnte Contactfeder o mit den Contactstiften m und n und die Blitzschutzvorrichtung v.

(Schluss folgt.)

Telephon mit zwei schwingenden Platten.

Von S. D. FIELD.

Stephen D. Field hat kürzlich ein in dem New-Yorker „Electrical Engineer" (1893, Bd. 16, S. 404) beschriebenes Magnet-Telephon mit zwei schwingenden Platten in Vorschlag gebracht.

Man hat ja schon zu wiederholten Malen versucht, die Wirkung von Telephonen dadurch zu verstärken, dass man in ihnen mehr als eine schwingende Platte zur Erzeugung der Ströme angewendet hat. Diese Versuche sind aber im Allgemeinen missglückt; man hat zwar grössere Tonstärke erreicht, aber auf Kosten der Deutlichkeit. Der Grund davon lag darin, dass man nicht dafür sorgte, dass die Platten übereinstimmend schwingen, und dass dieselben daher gegenseitig sich in ihrer Wirkung beeinträchtigten.

Wesentlich günstiger nun liegt die Sache bei Field's Telephon, denn in diesem befinden sich die beiden schwingenden Platten in gleicher Entfernung vom Mundstücke und erhalten demnach gleichzeitige Anregung, wenn in das Mundstück gesprochen wird; sie stehen ferner in mechanischer Verbindung mit einander und unter genau gleicher Spannung, weshalb sie nicht ausser Uebereinstimmung gerathen können. Endlich wird ihre vereinte Wirkung auf einen einzigen Stromerzeuger übertragen.

Die Achse des Mundstücks, das man sich in der beigegebenen Abbildung hinzuzudenken hat, liegt wagrecht und die beiden schwingenden Platten sind in gleicher Entfernung von der Mündung oben und unten an dem Mundstückrohre angebracht, so dass die durch das Mundstück eintretenden Schallwellen gleichzeitig auf ihre inneren Flächen treffen und die Platten nach entgegengesetzter Richtung hin in gleiche Bewegung versetzen. Durch kurze Stahldrähte s_1 und s_2 sind die beiden Platten mit den Enden eines Ankers a aus weichem Eisen verbunden, welcher in wagrechter Lage unter dem Südpole S eines permanenten Hufeisenmagnetes H befestigt ist, indem er sich gegen eine Schneide c stemmt. Die stromerzeugende Rolle R umgibt einen auf dem Nordpole N des Magnetes H angebrachten,

dem einen Arme des Ankers *a* gegenüb
gegenüber dem anderen Arme ein leerer
Anziehung des inducirenden Kernes mild

Beim Sprechen in das Mundstück
Platten sich in entgegengesetzter Richtun
den Anker *a* gleichsinnig, weil sie an
mit ihm verbunden sind. Die beiden Pl
einem mechanischen Zuge, allein diese
veranlasst die leichteste Wirkung von
nur zu den schwächsten Schwingungen a
Bewegung des Ankers *a*.

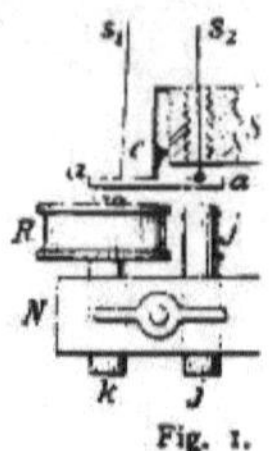

Fig. 1.

Field's Telephon hat sich bei
auch auf einer Leitung zwischen New-
Versuchen als sehr gut erwiesen; die
Deutlichkeit der Sprache vorzüglich.

Wird dieses Telephon als Em
Kohlengeber benutzt, so ist der Ton so
an's Ohr zu halten braucht und das üb
Personen zugleich gehört werden kann.

Eine elektrische Centra

Mit der unablässig fortschreitenden grossartigen Entwicklung des Handelsverkehres von Fiume war es ein Gebot der Nothwendigkeit, den Fiumaner Hafen nicht blos betrachtlich zu erweitern, sondern auch in seiner Gesammtanlage und in seinen inneren Einrichtungen solche Aenderungen einzuführen, durch welche dieser Hafen den stetig wachsenden Anforderungen des Verkehres genügen könne und ihm auch der gebührende Rang unter den anderen grossen Hafengebieten gewahrt bleibe, auf welchen der Hafen von Fiume vermöge seiner Lage und seiner Wassertiefe berechtigten Anspruch erheben darf.

Als eine wesentliche Vorbedingung zur Hebung des Hafenverkehres wurde erkannt, die Beleuchtungsverhältnisse des Hafens durchgreifend zu verbessern, und dies umsomehr, als andere ausländische Häfen schon seit mehreren Jahren mit einem vollkommenen Beleuchtungssysteme ausgestattet sind. Gabriel von Baross, der verstorbene ungarische Handelsminister [illegible] die Bedeutung dieser Frage [illegible] und liess bereits im Jahre [illegible] und gusseisernen Trägern montirt, welche auf soliden Fundamenten längs des Molo aufgestellt sind. Die Glühlampen sind grösstentheils an der nördlichen Façade der Lagerhäuser auf dem Stefaniequai installirt; vier von diesen Glühlampen befinden sich auf dem zwischen den Gebäuden führenden Strassenwege. Gewöhnlich wird blos die Hälfte dieser Glühlampen verwendet; die anderen 11 Glühlampen werden nur im Bedarfsfalle benützt. Zu dieser ursprünglichen Anlage ist im Verlaufe der Zeit noch die elektrische Beleuchtung des Zichymolo, des Petroleumhafens und des Holz- oder Barosshafens hinzugekommen.

Die Internationale Elektricitäts-Gesellschaft versorgt aus ihrer Centralstation auch die elektrische Beleuchtung der im Hafen vor Anker liegenden Schiffe, und sind zu diesem Behufe 12 Glühlampen à 100 Normalkerzen derart eingerichtet, dass man sie nach Belieben längs eines Mastes oder im Innern des Schiffes in Verwendung nehmen kann. Je vier solcher Lampen genügen zur Beleuchtung des Schiffskörpers, so dass man also drei Schiffe zugleich an verschiedenen Punkten des Hafens elektrisch beleuchten kann.

Die Anlage der elektrischen Erzeugungsstätte liefert, wie bereits bemerkt, den elektrischen Strom sowohl für Beleuchtung, wie für die Kraftübertragung. Ausser den bereits genannten Objecten werden auch noch die Lagerhäuser des Transitbahnhofes, des Staatsbahnhofes, das Zollgebäude und eine grössere Anzahl von Bureaux aus der Centralstation mit elektrischer Beleuchtung versorgt.

Der mit elektrischer Kraft betriebene Elevator der Escomptebank liegt im Freihafengebiete. Der Betrieb erfolgt mittelst Wechselstrom-Motoren. Die Räumlichkeiten des Elevators sind mit Glühlampen erhellt. Die Ein- und Ausschaltung der Schiffsbeleuchtung erfolgt mittelst besonderer Ausschalter, welche längs der Leitungen und an den Bogenlampensäulen in eigenen Holzkästchen untergebracht sind.

Die Centralstation ist an der äussersten Nordwestseite der Stadt in dem Vororte Mlaka auf Grund und Boden errichtet, welcher den ungarischen Staatsbahnen gehört. Das Maschinenhaus enthält drei Dampflichtmaschinen von je 120 *HP* (Hochdruckmaschinen) mit 360 Touren in der Minute. Diese Maschinen, welche von der Ersten Brünner Maschinen-Fabriks-Gesellschaft geliefert wurden, treiben direct die Wechselstrom-Dynamos (System Zipernowsky), welche von der Firma Ganz & Co. in Budapest hergestellt sind. Diese Dynamos besitzen eine Leistungsfähigkeit von 40 Ampère bei 2000 Volt. Im Maschinensaale ist für eine vierte [illegible] 'er erforderliche Raum [illegible] der rechten Seite der [illegible] 'chen Bureaux und [illegible] t eingerichtet, dass [illegible] 'lles für die Aufstellung dreier weiterer Maschinengruppen heranziehen kann. Das Kesselhaus, welches unmittelbar an das Maschinenhaus anstösst, enthält drei Röhrendampfkessel nach dem Systeme von Babcok & Wilcox mit einer Leistungsfähigkeit von 20 Atmosphären und mit 150.56 Quadratmeter Heizfläche. Auch im Kesselhause ist der erforderliche Raum für die Erweiterung der Kesselanlage vorgesehen. Gegenwärtig ist in dem hiefür reservirten Raume des Kesselhauses eine Reparaturwerkstätte etablirt. Die Wasserzuführung geschieht durch eine verticale Dampfpumpe, welche das Wasser einem Bache entnimmt, der in einer Entfernung von 80m bei der Centralstation vorbeifliesst. Für den Fall, als die Pumpe unbrauchbar werden sollte, oder sich ein Mangel an Bachwasser einstellen würde, ist die Wasserversorgung durch Injectoren vorgesehen, welche die erforderliche Wassermenge in einer grossen Cisterne unterhalb des Maschinenhauses ansammelt. Sowohl die Wechselstrom-Maschinen, als auch die Erreger sind von der Firma Ganz & Co. beigestellt, und sind dieselben, wie bereits bemerkt, direct mit den Dampfmaschinen gekuppelt. Diese Wechselstrom-Maschinen bestehen im Wesentlichen aus einem cylinderischen Inductor, der auf der Horizontalaxe beweglich montirt ist, und aus 14 radial angeordneten Spulen. Der fixe Armatur, welche den Inductor umgibt, besteht gleichfalls aus 14 Spulen, deren Kerne parallel zu den Generatoren des Cylinders angeordnet sind. Der Wechselstrom wird in dieser Armatur erzeugt, deren äusserster Rand an dem oberen Theile der Maschine endigt. Die Erregung erfolgt durch eine Gleichstrom-Maschine, welche durch zwei isolirte Metallringe, die auf der Axe des Inductors befestigt sind, mit einer Wechselstrom-Maschine gekuppelt ist. Der Kern des Inductors und die Kerne der Spulen bestehen aus dünnen Eisenblechen, die unter einander isolirt sind, um die Entwicklung von Foucault'schen Strömen zu vermeiden. Die Intensität des Magnetfeldes wird dadurch verändert, dass man den Widerstand in den Windungen des Inductors vermindert oder vermehrt. Die Regulirung lässt sich aber auch noch verbessern, wenn in die Windungen der Erreger Wiederstände zwischengeschaltet werden. Ausserdem steht ein Rheostat nach dem Systeme Bláthy in Verwendung, welcher die Spannung der Maschinen constant erhält.

Das Schaltbrett ist derart installirt, dass der von jeder Maschine erzeugte Strom theils für die Kraftübertragung, theils für die elektrische Beleuchtung verwendet werden kann; sind aber zwei Maschinen gleichzeitig in Betrieb, so lässt sich auch der Strom der einen Maschine für die Kraftübertragung und der der anderen für die Beleuchtung ausnützen. Drei Leitungsstränge, welche von der Centralstation auslaufen, führen die Elektricität an die einzelnen Abgabestellen. Diese Speiseleitungen sind aus Kupfer und ruhen auf Doppelglocken-Isolatoren. Einer der Stränge führt die Elektricität zur Beleuchtung des Hafens und des Bahnhofes, der andere speist die Motoren des Elevators und der dritte die Bogenlampen des Transitbahnhofes. Dieser letztere Bahnhof wird von 8 Bogenlampen à 12 Ampère beleuchtet, die auf Freileitungen befestigt sind. Der Hafen ist, wie bereits eingangs bemerkt, mit 26 Bogenlampen zu je 12 Ampère erhellt, welche in drei Stromkreise geschaltet sind, von denen zwei je 9 Lampen und der dritte Stromkreis 8 Lampen umfasst. Aus den Speiseleitungen gelangt der Strom zunächst in Transformatoren nach dem Systeme Zipernowsky, Déry und Bláthy, welche die Primärspannung auf 100 Volt reduciren. Für das Bahnhofsgebäude, in welchem 4 Bogenlampen à 8 Ampère, 2 Bogenlampen à 12 Ampère, 40 Glühlampen à 10 Normalkerzen und 74 Glühlampen à 16 Normalkerzen installirt sind, bestehen besondere Transformatoren, welche auch den Strom in die Magazine des Staatsbahnhofes, in die Lagerhäuser und Bureaux des Hafens zuleiten, welch letztere von 140 Glühlampen à 16 Normalkerzen und 200 Glühlampen à 10 Normalkerzen beleuchtet sind. Diese Transformatoren führen auch den Strom zu für die Seeleuchte, für welche 2 Glühlampen à 100 Normalkerzen installirt sind. Die Kabelleitung, welche die beiden Lampen der Seeleuchte mit Strom versorgt, hat eine Länge von 200 *m*.

Die Elevatoranlage der Escomptebank umfasst einen Ventilator und 6 Elevatoren der Type „Paternoster", von denen 5 durch Wechselstrom-Elektromotoren à 10 *HP*, der sechste durch einen Wechselstrom-Eletromotor von 20 *HP* betrieben werden. Der Ventilator wird durch zwei Motoren à 10 *HP* und zwei Motoren à 20 *HP* in Bewegung gesetzt. Die gesammte Instalation umfasst also 7 Wechselstrom-Elektromotoren von je 10, und 3 von je 20 *HP*., wovon die ersteren von den Primärleitungen, die letzteren von den Secundärleitungen abgezweigt sind. Jeder dieser Motoren macht 830 Touren in der Minute. Die Motoren selbst zeichnen sich durch die Einfachheit ihrer Bedienung, sowie durch ihre sichere Functionirung aus. Die von dem Elevator belegte Grundfläche beträgt 68×24 *m*, und ist es auch erklärlich, dass man den elektrischen Betrieb jeder anderen Betriebsart vorgezogen hat. Damit wurde nämlich die Einrichtung complicirter Transmissionen, deren Erhaltung kostspielig und deren Kraftverlust bedeutend ist, vermieden. Von der Zweckmässigkeit dieser Entschliessung kann man sich einen richtigen Begriff machen, wenn man bedenkt, dass das Gebäude, welches 40 *m* hoch ist, zur Gänze aus Holz gebaut ist, und dass infolge der in Fiume so häufigen Borastürme dieser Bau Erschütterungen ausgesetzt wird, welche das sichere Functioniren der Transmission ungemein beeinträchtigt hätten. Die Motoren sind in einer Höhe von 33 *m*, u. zw. im 5. Stockwerke des Gebäudes untergebracht.

Die Internationale Elektricitäts-Gesellschaft, welche sämmtliche vorbeschriebenen Anlagen eingerichtet hat, begann ihre Arbeiten am 1. August 1891, und schon am 1. November desselben Jahres wurde der vollständige Betrieb inaugurirt. Seit 1. Jänner 1894 ist das ganze Fiumaner Elektricitätswerk von der Internationalen Elektricitäts-Gesellschaft auf die Ungarische Elektricitäts-Actien-Gesellschaft, einem von der ersteren Gesellschaft ins Leben gerufenen Unternehmen, übergegangen. Die elektrische Beleuchtung des Hafens, des Bahnhofes, der Lagerhäuser und der Schiffe, sowie der elektrische Kraftbetrieb am Elevator haben zur Entwicklung des Handelsverkehres in Fiume ungemein viel beigetragen, und werden diese dem modernen Geiste entsprechenden Einrichtungen, gewiss auf die Entwicklung des ungarischen Handels auch im Allgemeinen von grossem Einflusse sein.

Drehstrom-Anlage am Erzherzog Albrechtschacht.

Wie uns mitgetheilt wird, wurde der Firma Siemens & Halske in Wien vor einiger Zeit von Seite der Erzherzoglichen Bergverwaltung am Albrechtschachte in Peterswald bei Mähr.-Ostrau die Ausführung einer elektrischen Kraftübertragung für Grubenzwecke mittelst Drehstrom übertragen. Es sollen in der Grube vorläufig betrieben werden eine Seilbahn auf streichender Strecke von ca. 660 *m* Länge und eine Fördermaschine zur Förderung aus einer einfallenden Strecke.

Die Primär-Anlage umfasst eine Dreiphasenstrom-Maschine für 33.000 Watt Leistung bei Motorenbetrieb, nebst der dazu gehörigen Erreger-Gleichstrom-Maschine, welche gleichzeitig als Lichtmaschine dient und den nöthigen Mess-Instrumenten und Apparaten. Die Primär-Spannung beträgt 500—600 Volt. Die Leitungen im Maschinenhause und Schachte sind isolirte umsponnene Kupferleitungen auf Oel-Isolatoren gespannt, auf den Strecken jedoch eisenbandarmirte dreifach concentrische Bleikabel.

Der in der Grube befindliche Drehstrom-Motor von 40 *PS* max., welcher sowohl die Seilbahn als auch die Fördermaschine treibt, ist ein Motor mit Kurzschlussanker ohne Schleifringe und Bürsten, wegen den in der Grube vorhandenen schlagenden Wettern; die ganze Anlage, alle Hilfsapparate, als Ausschalter, Anlasswiderstände u. s. w., sind derart eigens gebaut, dass sie vollständige Sicherheit gegen Entzündung schlagender Wetter bei Funkenbildung an denselben gewähren. Der Motor repräsentirt eine neue Type der Kurzschluss-Motoren, indem er unter voller Belastung angeht und in seiner Tourenzahl beliebig regulirbar ist. Die Entfernung zwischen Primär- und Secundär-Anlage, welche durch eine Telephon-Verbindung verbunden sind, beträgt 500 *m*. Die Anlage kommt demnächst in Betrieb. W. W.

Nachrichten aus Ungarn.

Projectirte elektrische Strasseneisenbahn von Budapest über Angyalföld nach Uy-Pest.

(Vertragsabschluss und Anlage der Centralstation.)

Der Projectant der vom V. Bezirke Budapests über Angyalföld (Engelsfeld) bis Uj-Pest zu erbauenden Strasseneisenbahn mit elektrischem Betriebe, Firma A. M. Bodendorfer, hat mit der Budapester Comitatsbehörde einen Vertrag bezüglich der seinerzeitigen Ablösung der genannten Strassenbahn abgeschlossen. Diesem Vertrage zu Folge wird die elektrische Centralstation nicht im Bereiche der hauptstädtischen Gemarkung, sondern ausserhalb derselben auf einem dem Projectanten eigenthümlich gehörenden Grundcomplexe im Bereiche des Comitats-Territoriums erbaut werden. Es ist bestimmt worden, dass die Leitung des elektrischen Stromes ausserhalb des Stadtbereiches auf Ständern geführt wird, während bezüglich des in den Bereich von Communalstrassenzügen fallenden Abschnittes es noch von der Entscheidung der Communalverwaltung abhängt, ob die Leitung gleichfalls als Hochleitung oder als Untergrundleitung anzulegen sein wird.

Budapester Strassenbahn-Gesellschaft für Strassenbahnen mit Pferdebetrieb.

(Einführung des elektrischen Betriebes.)

Die Direction der Budapester Strassenbahn-Gesellschaft für Strassenbahnen mit Pferdebetrieb hat über Aufforderung der Budapester Municipalbehörde sich nun endgiltig zur Einführung des elektrischen Betriebes auf ihren Betriebslinien bereit erklärt und wurden aus diesem Anlasse die Projects-Elaborate sowohl bezüglich der Umstaltung des Oberbaues, als auch der Fahrbetriebsmittel vorgelegt. Die Gesellschaft verpflichtet sich, im Falle rascher Erledigung der Angelegenheit, die Einführung des elektrischen Motors bis zur Millenniums-Ausstellung durchzuführen. Die Frage, ob Hochleitung oder Untergrundleitung (wie bei den Linien der Budapester Stadtbahn-Gesellschaft für Strassenbahnen mit elektrischem Betriebe) wird nun auch endgiltig entschieden werden.

Budapester Stadtbahn-Gesellschaft für Strassenbahnen mit elektrischem Betriebe.

(Einführung eines neuartigen Schienensystems.)

Die Budapester Municipalverwaltung hat der Direction der vorstehend genannten Gesellschaft gestattet, auf ihrer ausserhalb des Stadtbereiches durch Vermittlung der Hochleitung betriebenen Linie Rochus-Spital-Köbánya (Steinbruch)-Centralfriedhof, bei sonstiger Beibehaltung des gegenwärtigen Oberbaues die derzeit liegenden Schienen successive gegen solche nach System Haarmann auszuwechseln.

(Projectirter Bau einer neuen Betriebslinie.)

Dieselbe Direction ist im Wege der Budapester Communalbehörde um die Bewilligung zum Baue und Betriebe einer unterhalb der Kettenbrücke vom Blocksbade (II. Bezirk, Christinenstadt) ausgehenden, mit Berührung der Wasserstadt (gleichfalls II. Bezirk) vorläufig bis zum Vergnügungs-Etablissement „Stadt-Mayerhof" führenden Linie mit elektrischem Betriebe eingeschritten und hat sich verpflichtet, den Bau bis zur Millenniums-Ausstellung dem Betriebe zu übergeben. Es wird dies die erste Linie sein, welche die Gesellschaft, deren gesammtes Betriebsnetz bisher im Bereiche der linksuferseitigen Stadtbezirke (Pest) gelegen ist, im Bereiche der rechtsuferseitigen Stadtbezirke (Buda [Ofen]) betreiben wird. Nach Ausbau der neuen Donaubrücken wird die projectirte Linie mit der bereits concessionirten Betriebslinie längs dem linksuferseitigen Donauquai und durch deren Vermittlung mit dem gesammten dermaligen Betriebsnetze der Gesellschaft directe verbunden werden.

Betriebsergebnisse elektrischer Bahnen.

Laut des von der Verwaltung der City and South London Bahn erstatteten Berichtes an die kürzlich abgehaltene halbjährige Generalversammlung dieser Bahn hat sich im Laufe des zweiten Semesters 1893 eine geringe Abnahme im Verkehre dieser Linie gezeigt, indem um 24.250 Personen weniger als in der gleichen Periode des Vorjahres die Bahn benützten. Die Verwaltung bezeichnet als die Ursache des Verkehrsrückganges einestheils das in der zweiten Hälfte 1893 andauernde schöne Wetter am Morgen und Abend, die eigentlichen Verkehrszeiten dieser Bahn, andererseits aber auch die gegenwärtig noch immer nicht beendete neue Rasenlegung im Oval von Kennington, einem beliebten Ballspielplatze, dessen Benützung innerhalb dieser Zeit unmöglich war, während sonst die Bahn eine grosse Zahl der Besucher des Ovals beförderte. In Folge einiger hergestellter Stationsvergrösserungen, in Stockwell und King William Street Station, konnten in dieser Periode mehr Züge befördert werden als früher, und ist die Zahl der geleisteten Zugmeilen gegen das Vorjahr um circa 10,000 gestiegen. Im Ganzen wurden 3,093.352 Personen im zweiten Halbjahre 1893 auf der City and South London Bahn befördert, gegen 3,117.602 Personen in der zweiten Hälfte 1892 und 2,749.055 Personen in der zweiten Hälfte 1891. Die Einnahmen betrugen in der Berichtsperiode 22.821 £, die Betriebskosten 14.761 £, daher eine Reineinnahme von 8060 £ verblieb. Der Betriebscoëfficient stellte sich auf 64·6% gegen 67·9% im Vorjahre, nachdem es trotz des vermehrten Zugsverkehres möglich geworden war, Ersparnisse in den Betriebsausgaben zu erzielen. Werden von den gesammten Betriebskosten jene der Aufzüge in Abzug gebracht, so stellt sich der Betriebscoëfficient des eigentlichen Bahnbetriebes auf nur 55%. Die Einnahmen pro Zugmeile betrugen im Berichtshalbjahre 2 sh 1/2 d, also ebensoviel als in der Vorperiode, die Ausgaben pro Zugmeile stellten sich auf 1 sh 4 d, gegen 1 sh 5 1/4 d im letzten Jahre. Die Zugförderungsanlagen waren 6·22 d, gegen 7·1 d pro Zugmeile in der Vorperiode. Die Einnahmen pro Fahrgast betrugen 1·65 d, gegen 1·60 d im Vorjahre. Die Verwaltung beantragte die Zahlung der 5%igen Zinsen pro anno für die Obligationen und eine gleiche Vorzugsdividende; dagegen die Vertheilung einer 5/8%igen Jahresdividende für die Stammactien der Bahn.

Der an die Generalversammlung der Actionäre der Liverpooler Hochbahn gerichtete Bericht der Bahnverwaltung für das zweite Halbjahr 1893 theilt mit, dass die Bruttoeinnahmen des Unternehmens innerhalb dieser Zeit 18.518 £ betrugen. Es wurden befördert: 260.221 Personen in I. Classe, 1,293.840 Personen in II. Classe und 921.578 Arbeiter, im Ganzen 2,475.639 Personen. Seit dem Eröffnungstage, 6. März 1893, sind 3,846.381 Personen auf dieser Bahn befördert worden. Die elektrische Betriebseinrichtung der Linie hat sich bisher vollkommen bewährt, so dass sich die Bahnverwaltung entschlossen hat, nunmehr dieselbe aus den Händen der für sie haftenden Bauunternehmung, der Electric Construction Co., in die eigene Verwaltung zu übernehmen. Man hofft hiedurch Ersparnisse an den Betriebskosten zu erzielen. Während des letzten Halbjahres haben 46.429 Züge auf der Liverpooler Hochbahn verkehrt, hievon 95·4% in vollständig fahrplanmässiger Ordnung. Die Einnahmen aus dem Verkehre betrugen im II. Semester 1893 18.003 £, die Gesammteinnahmen 18.518 £, die Betriebsausgaben stellten sich auf 13.722 £, so dass ein Reinertrag von 4786 £ verblieb. Für die Zinsen der Obligationen sind 2627 £ erforderlich; der Rest von 2159 £ sammt dem Saldo der Vorperiode von 3293 £, ergibt einen Betrag von 5452 £ als zur Dividendenzahlung verfügbar. Die Verwaltung beantragte eine 5%ige Jahresdividende für die Vorzugsactien im Betrage von 978 £ und eine 1%ige Dividende für die Stammactien, auf welche 1875 £ entfallen. Der Restbetrag von 2599 £ wird auf neue Rechnung gebucht. Im Ganzen werden die Betriebsresultate der Liverpooler Hochbahn als sehr zufriedenstellend bezeichnet. („Railway News".)

Die Bedingungen für die Lieferung von elektrischem Strom aus den Leipziger Elektricitätswerken.

Die Firma Siemens & Halske hat in einer öffentlichen Bekanntmachung das dortige Publikum zur baldigen Anmeldung seines Bedarfes an elektrischer Energie eingeladen und die Bedingungen für die Stromlieferung bekannt gemacht.

Innerhalb des Gebietes der inneren Stadt und des Promenadenringes steht den Abnehmern überall elektrischer Strom zur Beleuchtung und zum Betriebe von Elektromotoren, sowie zu sonstigen Zwecken zur Verfügung.

In weiter nach aussen liegende Stadtbezirke liefern innerhalb des II. Ringes die Elektricitätswerke nur in dem Falle Strom, dass per laufendes Meter Leitungslänge eine 16kerzige Glühlampe bezw. deren Aequivalent auf die ganze Länge bis zum Anschluss an das bereits verlegte Netz angemeldet oder gesichert ist.

Die Abnehmer verpflichten sich, den elektrischen Strom mindestens während eines Jahres aus den Elektricitätswerken zu beziehen, welche ihrerseits zu jeder Tages- und Nachtzeit den elektrischen Strom in ausreichender Menge zur Verfügung stellen, so lange der Abnehmer die übernommenen Zahlungs- und sonstigen Verpflichtungen einhält.

Die Verpflichtung zur Stromlieferung hört auf, wenn die Elektricitätswerke durch Ereignisse, deren Verhindern nicht in ihrer Macht liegt, wie Krieg, Aufstand, Feuersbrünste, Unglücksfälle u. dergl. ausser Stand gesetzt sind, derselben nachzukommen.

Wenn durch Störungen im Betriebe oder in den Leitungen, durch Erweiterungen im Werke oder Leitungsnetz, durch Ausführung von neuen Anschlüssen, sowie durch nothwendige Messungen Unterbrechungen in der Stromlieferung eintreten, sind die Elektricitätswerke auf die Dauer der Ursachen oder deren Folgen gleichfalls von der Verpflichtung zur Stromabgabe entbunden, ohne ihrerseits zu einer Entschädigung für mangelhafte oder unterlassene Stromlieferung verpflichtet zu sein.

Der Preis für den abzugebenden elektrischen Strom wird von den städtischen Behörden festgesetzt und beträgt zur Zeit und bis auf Weiteres für je 100 Volt-Ampère-Stunden (Wattstunden):

a) 7 Pfg. zu Beleuchtungszwecken,

b) 2 Pfg. für motorische und andere Verwendung bei besonderer Messung.

Zum Laden von Accumulatoren oder zum Antriebe von Dynamomaschinen für Beleuchtungszwecke wird der Preis unter *a*) gerechnet.

Hiernach kostet ungefähr die Brennstunde einer

10kerzigen	Glühlampe	2·8 Pfg.
16 „	„	3·8 „
25 „	„	6·0 „
35 „	„	7·8 „
350 „	Bogenlampe	17·5 „
500 „	„	23·0 „
900 „	„	35·0 „
1300 „	„	46.0 „
1800 „	„	58·0 „
2500 „	„	77·0 „
4500 „	„	136·0 „

Es wird bemerkt, dass Bogenlampen am zweckmässigsten paarweise, eventuell in getrennten Räumen zu verwenden sind, indem eine ungerade Anzahl von Bogenlampen denselben Stromverbrauch wie die um Eins höhere gerade Zahl hat.

Bei einer Jahresabnahme im Betrage von über 1000 Mark wird 1 Perc. Rabatt gewährt, welcher mit je 1000 Mark Mehrbetrag um je 1 Perc. bis zu 8 Perc. steigt.

Zur Messung des Stromes sind auf Kosten des Abnehmers von den Elektricitätswerken vorschriftsmässig geaichte Elektricitätsmesser zu liefern und zu verwenden. Diese Elektricitätsmesser sind entweder käuflich zu erwerben, oder sie werden von den Elektricitätswerken miethweise zur Verfügung gestellt.

Original-Mittheilungen aus Paris.

Sitzung der Société internationale des éléctriciens. Dieselbe fand am 7. März statt. Mr. Raymond als Vorsitzender las die Namen der Candidaten für die Ausschusswahlen der heranrückenden Wahlperiode vor. Hiernach wird zum Präsidenten Mr. Potier, ein Schulkamerad und persönlicher Freund Mr. Carnot's, zu Vice-Präsidenten werden Mrs. Sciama, d'Arsonval und Sartiaux, zu Secretären Mrs. Bachet und Aroux und zum Schatzmeister wird Mr. Clerac vorgeschlagen.

Mr. Picou machte Mittheilungen über die Verification der im Gebrauche stehenden Elektricitätszähler seitens der „Chambre syndicale des industries éléctriques"; dieselbe besteht in der Vergleichung der Angaben der Zähler mit jenen von Wattmetern. Im Zähler von Frager, der bis auf $^1/_{10}$ Hektowatt genau angibt, wird die Nadel durch eine bestimmte Zeit beobachtet und dann die Consumshöhe berechnet. Beim Zähler von Thomson genügt es, die Zahl der Drehungen einer Scheibe auszurechnen; je 100 Touren entsprechen einer Hektowatt-Stunde. Der Zähler Brillié gestattet, dass man die Theilstriche einer Scheibe in der Zeiteinheit (Minute) beobachtet, dann aber muss der Consum ebenfalls berechnet werden. Beim Aronzähler wird die Anzahl der Pendelschläge beobachtet; 14·4 Schläge entsprechen einer Hektowatt-Stunde.

Es können somit an Ort und Stelle die Angaben der Zähler controlirt werden.

Demnächst steht der „Société internationale" eine Mittheilung des gegenwärtig erkrankten d'Arsonval über organische Induction bevor.

Die Elektricität im Dienste der öffentlichen Gesundheitspflege.

Am 18. März d. J. theilte Dr. Constantin Gorini, Assistent an der Lehrkanzel für Hygiene an der Universität zu Pavia, der medecinisch-chirurgischen Gesellschaft daselbst die Resultate seiner Versuche über das Desinfections-Vermögen einer auf elektrolitischem Wege nach dem Hermite'schen Processe erhaltenen Flüssigkeit mit, welcher Process gegenwärtig in grossem Maassstabe in Hâvre, Nizza und Lorient durchgeführt wird.

Dieser Process besteht nach „L'Elettricità" darin, dass man durch Meerwasser einen elektrischen Strom führt, wodurch dasselbe in eine Flüssigkeit verwandelt wird, die das Vermögen besitzt, die Cloakenwässer zu reinigen. Dr. Gorini hat sich diese Flüssigkeit mittelst einer dem Meerwasser analogen Salzlösung bereitet, selbe an den Cloakenwässern von Pavia versucht und hiebei, vom bakteriologischen Standpunkte aus betrachtet, sehr günstige Resultate erzielt.

Die Versuche werden weiter fortgesetzt und erstrecken sich auch auf die chemische Seite dieser Frage. Wenn dieser Vorgang augenscheinlich bestimmt ist, in Zukunft praktische sanitäre Verwendung zu erlangen, so kann die Entstehung des Gedankens hiezu mit vollem Rechte in Italien, zu Pavia, gefeiert werden. St.

Verfahren zur Darstellung von Barium- und Strontiumoxyd auf elektrischem Wege.

Von HENRY TAQUET in Paris.

Privilegium vom 1. September 1893.

Vorliegende Erfindung hat ein neues Verfahren zur industriellen Gewinnung von Barium- und Strontiumoxyd auf elektrischem Wege zum Gegenstande, welches Verfahren es ermöglicht, genannte Oxyde auf leichtem und billigem Wege aus den Sulfaten, Carbonaten des Bariums und Strontiums zu gewinnen.

Nach vorliegender Erfindung wird das Barium- oder Strontiumoxyd dadurch erhalten, dass man deren Sulfate oder Carbonate durch bekannte chemische Reactionen in Chloride überführt und diese mittelst des elektrischen Stromes zerlegt, um die erwähnten Oxyde zu erhalten, welche nunmehr in gewissen Industrien verwendet werden können, von denen hier nur die Fabrikation von Aetzkali, die Entzuckerung von Melasse und Syrup u. s. w. genannt sein mögen. Gerade derartige Industrien konnten bis jetzt diese beiden, an sich so wichtigen Basen wegen ihrer so schwierigen und kostspieligen Regenerirung in vortheilhafter Weise nicht verwerthen.

Ich überführe zuerst die Sulfate oder Carbonate des Baryts oder Strontiums in Chloride; da die Reactionen die gleichen sind, so werde ich sie nur mit Bezug auf Baryt beschreiben.

1. Das Bariumsulfat wird durch bekannte Verfahren in Bariumsulfit umgesetzt, dessen Lösung in Gegenwart der, wie später beschrieben, erhaltenen Eisenchloridlösung durch doppelte Zersetzung lösliches Bariumchlorid und unlösliches Eisensulfit gibt.

Ersteres geht zur Elektrolyse zurück, während der zweite Körper geröstet und oxydirt werden kann, um Schwefligsäure, die in die Bleikammer übergeleitet wird, oder Eisensulfat zu bilden, welches einem weiteren geeigneten Zwecke dienen kann.

2. Bei Verwendung von Bariumcarbonat ist die Herstellung des Bariumchlorids noch viel leichter als vorher.

Es genügt, das Bariumcarbonat mit der Eisenchloridlösung zusammenzubringen, wobei Bariumchlorid und Eisencarbonat oder Eisenoxyd entsteht.

In kaltem Zustande geht diese Reaction sehr langsam vor sich. Erwärmt man das Bariumcarbonat mit der Eisenchloridlösung, so entweicht Kohlensäure, die zur Ueberführung in die kohlensauren Salze dienen kann und es bildet sich Eisenoxydul, das in geeigneter Weise weiter verwendet wird und Bariumchlorid, das von Neuem der Elektrolyse unterworfen wird.

Das Verfahren gelangt in folgender Weise zur Ausführung:

Die mehr oder weniger concentrirte Lösung des Erdalkalichlorids, welche wie vorbeschrieben genommen wird, wird in ein geeignetes elektrolytisches Bad eingebracht, welches durch poröse Scheidewände (aus Pergament, Porzellan, Glimmer etc.) in zwei oder mehrere Abtheilungen getrennt ist. Der negative Pol (Kathode) wird durch einen guten Elektricitätsleiter oder ein Metall wie Kupfer gebildet, während die unter der Einwirkung des Chlors lösliche Anode durch eine Eisenschiene oder noch einfacher durch einen mit Eisenspänen, Gusseisen angefüllten Korb oder durch einen solchen aus Eisen gebildet wird. Der aus einem beliebigen Elektricitätserzeuger kommende Strom bewirkt eine sofortige Zersetzung der Chlorverbindung, indem das Erdalkali an die Kathode geht und sich Wasserstoff entwickelt, den man in geeigneter Weise weiter verwerthen kann, während das Chlor sich an das Eisen der Anode ansetzt und Eisenchlorid sich bildet, das, wie vorbeschrieben, zur Ueberführung der Sulfate oder Carbonate des Bariums oder Strontiums in den Chloriden verwendet wird; letztere kann man von Neuem der elektrolytischen Behandlung unterwerfen und dadurch wieder in den Cyklus des Verfahrens einführen. Hat man concentrirte Lösungen verwendet, so werden sich Bariumhydroxyd und Strontiumhydroxyd auskrystallisirt am Boden der einzelnen Behälter abscheiden.

Die Vortheile des beschriebenen Verfahrens: Die Anwendung einer unter der Wirkung des Chlors löslichen Anode bei der elektrolytischen Behandlung bietet den grossen Vortheil, dass nicht nur eine Verbindung entsteht, welche die Regenerirung der von Anfang an verwendeten Chlorverbindung ermöglicht, sondern dass auch der Aufwand an Triebkraft zur Lieferung des Stromes wesentlich vermindert wird, so dass die Maschinen sozusagen nur laufen, um die verschiedenen Widerstände in den Bädern und den Leitern etc. zu überwinden.

Das vorliegende Verfahren ermöglicht zum wenigsten die Gewinnung von 1·5 *kg* bis 2 *kg* wasserfreien Bariumoxyds (*Br O*) pro Pferdestärke und Stunde, welches Ergebniss in der industriellen Ausführung stark überschritten werden wird.

Es ermöglicht ferner die Darstellung fast reinen Aetzalkalis und dies auf billigerem Wege als mit den bisherigen Verfahrungsweisen und löst überdies die Aufgabe der vollständigen Gewinnung des Zuckers aus Melasserückständen.

Neueste deutsche Patentanmeldungen.

Mitgetheilt vom Technischen- und Patentbureau, Ingenieure MONATH & EHRENFEST.

Wien, I. Jasomirgottstrasse 4.

Die Anmeldungen bleiben acht Wochen zur Einsichtnahme öffentlich ausgelegt. Nach § 24 des Patent-Gesetzes kann innerhalb dieser Zeit Einspruch gegen die Anmeldung wegen Mangel der Neuheit oder widerrechtlicher Entnahme erhoben werden. Das obige Bureau besorgt Abschriften der Anmeldungen und übernimmt die Vertretung in allen Einspruchs-Angelegenheiten.

Classe

21. B. 15033. Elektricitätszähler. — *Ferd. Beutler* in Köln.

„ C. 4819. Elektrische Maschine mit Lüftungscanälen. — *Henry Chitty* in London.

„ G. 8476. Automatische Kurzschlussvorrichtung für elektrische Stromkreise. — *Alb. Aug. Goldston* in London.

„ N. 3030. Voltameter mit drehbarer Gasauffangröhre. — *H. A. Naber* in Amsterdam.

„ R. 8081. Vielfachumschalter für Fernsprechanlangen. — *G. Ritter* in Stuttgart.

„ Sch. 9058. Verfahren zur Umsteuerung elektrischer Treibmaschinen. — *Elektricitäts-Actien-Gesellschaft vorm. Schuckert & Co.* in Nürnberg.

„ C. 4200. Mehrpolige elektrische Maschine mit gruppenweiser Ankerwicklung. — *H. Chitty* in London.

Classe

21. H. 13202. Verfahren zur Herstellung von Accumulator-Platten. — *G. E. Heyl* in Berlin.

„ R. 8484. Poröse Zelle für elektrische Sammler u. dergl. — *Henry Riquelle* in St. Josseten.

„ B. 14 013. Neuerungen an elektrischen Motoren. (Zusatz zu Patent Nr. 67.479.) *S. Bergmann* in Berlin.

„ G. 8346. Typendruck-Telegraphen-Empfänger. — *O. Grashof*, Berlin.

„ R. 7684. Vorrichtung zur Erkennung des Verhältnisses der Geschwindigkeit einer zweiten beliebig entfernten derartigen Maschine oder Maschinengruppe. — *W. Ritter* in Firma *Ganz & Co.*, Pest.

„ R. 8481. Einrichtung zum Einstellen der Schallplatte an Fernsprechern. — *Fr. Reiner* in München.

KLEINE NACHRICHTEN.

Staatliches Laboratorium für elektrotechnische Zwecke. Wie wir erfahren, ist sichere Aussicht vorhanden, dass im Neubau der k. k. Normal-Aichungs-Commission ein elektrotechnisches Laboratorium für Aichzwecke errichtet wird. Dieses Gebäude wird in diesem Jahre im II. Bezirke, am Tabor, vollendet und durch Herstellung dieser Anstalt wird dem auch von uns hervorgehobenen, sonst aber sehr fühlbar hervortretenden Mangel an einem staatlichen Laboratorium für Aichzwecke abgeholfen werden.

Hängende Bahnen für Wien. Unter den Projecten, welche auf das Ausschreiben der Concurrenz für die Lagerpläne der Stadt Wien eingelaufen sind, gelangte auch eines zur Prämiirung, welches von dem Stadtbau-Inspector Feldmann in Köln a. Rh. herrührt und das auch in der Gemeinderaths-Sitzung vom 5. April d. J. im Sinne der Anträge des Referenten, Stadtrath, Architekt v. Neumann ausgezeichnet wurde. Dasselbe plant hänger[illegible] die belebtesten Strassen von Wien. Dieselben sollen theils ein-, theils aber zweigeleisig hergestellt werden, den Strassenverkehr zugleich heben und doch entlasten. Wir kommen später einmal auf diese Angelegenheit zurück.

Elektrotechnische Ausstellung in Leipzig. Anlässlich der II. Jahres-Versammlung des Verbandes der Elektrotechniker Deutschlands wird von demselben in der Zeit vom 8. bis 17. Juni 1894 eine elektrotechnische Ausstellung im Krystall-Palaste zu Leipzig veranstaltet.

In erster Linie sollen alle neueren Erscheinungen und Constructionen auf elektrotechnischem und elektrochemischem Gebiete Berücksichtigung finden.

Es ist demnach den meisten Fabrikanten von Installationsmaterialien, Beleuchtungsgegenständen und ähnlichen Artikeln günstigste Gelegenheit geboten, die Vorzüge ihrer Fabrikate dem Installateur und dem Interessenten vorzuführen, es ist aber auch anderseits möglich, die vielfachen Anwendungen des Elektromotors dem grossen Publikum zu zeigen.

Die Dauer der Ausstellung ist auf 10 Tage festgesetzt.

Eine elektrische Anlage in Linz a. d. Donau. Bei Ausführung des dortigen Wasserwerkes wird auch eine elektrische Kraftübertragung hergestellt. In dieser Drehstromanlage wird der Strom von 110 V. auf 2000 V. transformirt und an der 4·5 *km* entfernten Pumpstation, theils mittelst blanker Kupferdrahtleitung auf Oelisolatoren, theils mit amirten Bleikabel geführt. In der bezeichneten Pumpstation wird der Strom wieder auf 110 V. transformirt. Der Gemeinderath hat weiters das Nachstehende beschlossen: Zum Antriebe der Pumpen von der Dynamomaschine aus sind Hanfseile zu verwenden. Die zu dieser Anlage erforderlichen Schieber sind bei der Firma Popp und Reuther zu bestellen. Die Lieferung und Montirung der Objecte für die elektrische Kraftübertragung der elektrischen Beleuchtungsanlage im Maschinenhause zu Scharlinz und im Pumpenhäuschen beim Reservoir I nach Scharlinz wird der Firma Siemens und Halske in Wien übertragen. Im Maschinenhause zu Scharlinz werden zwei Bogenlampen à 6 Ampère Stromstärke installirt; im Pumpenraume, im Centralbrunnen, im Dynamoraume und Kesselhause sollen 25 Glühlampen à 16 Normalkerzen angebracht werden; die Luftleitung vom Reservoir II zum Reservoir I ist aus 1·5 *mm* starken Silicium-Bronzedraht herzustellen, den die Stadtgemeinde beistellt; der Pumpenbetrieb hat von der Dynamomaschine aus mittels Hanfseilen zu erfolgen. Das städtische Wasseramt wird ermächtigt, einen Wasserstandsregistrir-Apparat bei der Firma Siemens und Halske zu bestellen. Die Lieferung und Aufstellung der Stangen für die elektrische Kraftübertragung von Scharlinz zum Reservoir I, sowie der vier Kabelhäuschen werden dem Josef Koppler übertragen. Die Beistellung der Telegraphenstangen für die Drahtleitung der elektrischen Wasserstandsanzeiger vom Reservoir II zum Reservoir I und die Ausführung der erforderlichen Erdarbeiten für die Legung und Bettung der Kabelleitungen sind vom städtischen Wasseramte im Offertwege durch hiesige Geschäftsleute zu veranlassen. Wir werden über diese Anlage noch ausführlicher berichten.

Budapester Strasseneisenbahn-Gesellschaft. Vor einiger Zeit fand die Generalversammlung der Strasseneisenbahn-Gesellschaft statt. Die Versammlung beschloss, von dem Reingewinne per 238.367 fl. eine Dividende von 22 fl. für jede Actie und von 12 fl. für jeden Genussschein zu bezahlen. Ferner wurden in Bezug auf den Bau einer elektrischen Untergrundbahn unter der Andrassystrasse im Vereine mit der elektrischen Strassenbahn-Gesellschaft ein Beschlussantrag der Direction nach kurzer Debatte angenommen, wonach die Verwaltung ermächtigt wird, bei den competenten Behörden um die Concession anzusuchen und alle jene Vorkehrungen zu treffen, welche das Zustandekommen der Bahn erheischen. Die Direction ist auch ermächtigt, das Capital zu beschaffen, und soferne dadadurch die Emission neuer Actien erforderlich sein sollte, soll dieselbe von einer neuerlichen Generalversammlung beschlossen werden. Für diese Untergrundbahn wird von beiden Unternehmungen ein besonderes Actien-Unternehmen in's Leben gerufen. Endlich wurde nach den Ausführungen des Generaldirectors v. Jellinek ein Beschluss gefasst, durch welchen die Verwaltung ermächtigt wird, die Frage der Umgestaltung der gesellschaftlichen Linien für den elektrischen Betrieb zu studiren, aber auch daraufhin Vorkehrungen zu treffen, dass die Concession für die neue Betriebsweise erlangt werde.

Die Allgemeine österreichische Elektricitäts-Gesellschaft hielt am 30. März l. J. unter Vorsitz des Verwaltungsraths-Präsidenten Hofrath Leopold Ritt. v. Hauffe ihre (3.) ordentliche Generalversammlung. Dem pro 1893 erstatteten Geschäftsberichte ist im Wesentlichen Folgendes zu entnehmen: Die maschinellen Einrichtungen in der gesellschaftlichen Centrale Neubad sind als vollendet zu betrachten und haben sich bewährt. Zu Beginn des Jahres 1893 wurde die (zweite) Centrale Leopoldstadt in Betrieb gesetzt, durch welche die erstere bedeutend entlastet und deren maschinelle Instruirung so eingerichtet wurde, dass die Stromlieferung für den Betrieb elektrischer Bahnen von dieser Centrale aus jederzeit ohne Schwierigkeit unternommen werden kann. Der Betrieb des gesellschaftlichen Unternehmens ist im steten Fortschritte begriffen; mit Schluss des abgelaufenen Jahres betrug die Zahl der Abnehmer 789 gegen 614 im Vorjahre; die Gesammtzahl der Lampen 44.193 (+ 13.000); die Zahl der abgegebenen Lampenbrennstunden (à 57 Watt) 21·606 Millionen (+ 6 Millionen); die Kabeltracenlänge 37.295 *m* (+ 5000 *m*). Seit Jahresschluss hat sich die Zahl der Lampen auf ca 47.000 erhöht. Die Anzahl der Motoren betrug Ende des Jahres 57 gegen 24 Ende 1892. Das Gewinn- und Verlustconto des Jahres 1893 schliesst mit einem Saldo von 245.235 fl. Nach Antrag des Verwaltungsrathes werden 240.000 fl., d. i. 12 fl. per Actie auf 20.000 Actien als Dividende vertheilt.

Elektrische Bahnen. Man meldet aus Hamburg, 29. März: Unter zahlreicher Betheiligung städtischer und staatlicher Behörden des In- und Auslandes fand heute die feierliche Einweihung der elektrischen Bahn (System Thomson-Houston), erbaut durch die Union-Elektricitäts-Gesellschaft in

Berlin, statt. Das Geleise ist 35 *km* lang, 42 Motorwagen sind im Betriebe. Das ganze, noch zu vollendende Netz umfasst 180 *km*. Die bestehende Hamburger Strassenbahn-Gesellschaft wird ihr ganzes Netz, welches mit Pferden und Dampf betrieben wird, für elektrischen Betrieb umgestalten.

Um Holz, namentlich Telegraphenstangen vor Wurmfrass zu schützen, empfiehlt M. Mer in Nancy ein Verfahren, welches mit der Behandlung des Baumes beginnt, während derselbe noch im Boden wurzelt. Nach der Behauptung jenes Forstmannes ist es eben nur die im Stamme und im Mark enthaltene Stärke, welche die Würmer als Nahrung aufsuchen; fehlt diese, so bleibt das Holz vom Wurmfrass unbehelligt. Um nun die Stärke zu entfernen, wird, wie vom Patent- und techn. Bureau von Richard Lüders in Görlitz mitgetheilt wird, an den Bäumen, welche im Herbst geschlagen werden sollen, im vorangehenden Frühling schon oben am Stamme ein fussbreiter Streifen Rinde gänzlich entfernt, so dass der Saft am Aufsteigen in die Krone verhindert ist. In Folge dessen zehrt der Baum zur Blätterbildung den ganzen Stärkegehalt des Stammes auf, und geht natürlich während des Sommers ein, ist aber nun so von nährenden Bestandtheilen befreit, dass solches Holz in der That nicht von Insecten angegangen wird.

Eine Musterbahn elektrischen Betriebes. Zu Terre haûte (Indiana, Nordamerika) ist Mr. Harrison, Sohn des Expräsidenten der Vereinigten Staaten, Director der dortigen elektrischen Strassenbahn, der er seine ganze Mühewaltung und Energie zugewandt hat. Es wurde bei den dortigen Wagen ein neuer Westinghouse-Motor verwendet, dessen Leistungsfähigkeit vorerst bei der Strassenreinigung mittelst Schneepflügen in Terre haûte erprobt wurde. Der Motor ist leicht und ist mittelst Federn an dem Gestelle der Wagen aufgehängt. Die Schienen sind neuartig, T-förmig und liegen auf Eichenschwellen, die in ein Schotterlager von 33 *cm* Tiefe eingebettet sind. Das Pflastern der Strassen ist durch Ziegeln bewirkt. Obwohl hierüber nichts berichtet wird, scheint es, dass die Stromzuführung oberirdisch ist, denn diese Art des Betriebes ist in Amerika selbstverständlich.

Der Vatican in diesem Jahre das erste vom Blitz getroffene Object. Während des vor einiger Zeit über Rom niedergegangenen Gewitters schlug der Blitz in ein zum Vatican gehöriges Gebäude ein, das durch ein altes und sicherlich schadhaft gewordenes Netz von Blitzableitern schlecht geschützt war. Dieser Vorfall hat, wenn er auch kein Opfer an Menschenleben forderte, doch nicht unbedeutenden Schaden an der Baulichkeit verursacht.

Es kann nicht oft genug wiederholt werden, dass eine Anlage von Blitzableitern, — wenn sie ihren Zweck erfüllen soll — rationell hergestellt sein muss. Es ist daher dringendst anzurathen, die Blitzableiter besonders zu Anfang des Frühjahres durch einen Sachverständigen einer genaueren Prüfung unterziehen zu lassen.

St.

Die Compagnie Edison in Paris hat im Monate Jänner 1894 eine Totaleinnahme von 265.153 Francs erzielt; während des Monates Februar 321.812 Francs und somit ein Plus von 27.615 Francs gegenüber den Einnahmen im Februar 1893.

Künstlicher Regen. Die „Comptes Rendus" (1893, Bd. CXVII, S. 566) enthalten eine Notiz von Herrn A. Baudoüin über Versuche Regen zu erhalten durch Entziehung der Elektricität der Wolken mit Hilfe eines Drachens. Am 15. October gegen 5 Uhr 15 Min. erhielt Baudoüin einen Contact mit den Wolken, welche in einer Entfernung von etwa 1200 *m* standen. In diesem Momente enstand ein localer Nebel; dann fielen auch einige Regentropfen. Als der Contact aufhörte, nachdem der Drachen zurückgezogen war, stellte sich um 5 Uhr 30 Min. in Allem wieder der normale Zustand her. Im Jahre 1876 hat Baudoüin wiederholt auf diese Weise Regen erzielt auf dem Plateau von El Meridj an der Grenze von Tunis. (Meteorl. Z.)

Telephonie in Russland. Seit Inslebentreten der Handelsbeziehungen zwischen Russland einer-, Oesterreich und Deutschland andererseits, sind die russischen Grenzorte alle telephonisch mit den nächsten wichtigeren Telegraphenstationen verbunden.

Elektrische Strassenbahnen von Clermont Ferrand. Die Strassenbahn von Montferrand nach Royat mit Abzweigung nach dem Bahnhofe der Eisenbahn in Clermont steht seit December 1889 im Betriebe. Im Jahre 1890, dem ersten Betriebsjahre, wurde ein Reinertrag von 69.359·50 Frcs., 1891 ein solcher von 117.534·35 Frcs. und 1892 ein solcher von 149.164·75 Frcs. erzielt. Durch Verordnung vom 13. December 1893 wurde genehmigt, dass an die Stelle des ursprünglichen Concessionsinhabers eine Actien-Gesellschaft trete, welche sich „Compagnie des tramways électriques des Clermont Ferrand" nannte.

Elektrische Untergrundbahn in Paris. Auf Vorschlag des Ministers der öffentlichen Arbeiten hat der Ministerrath, wie das „Journal des transports" mittheilt, beschlossen, den Kammern einen Gesetzentwurf zu unterbreiten, auf Grund dessen die Stadt Paris zur Anlage einer unterirdischen elektrischen Röhren-Strassenbahn vom Boulogner- nach dem Vincenner-Gehölz (Entwurf Berlier) ermächtigt wird, ohne dass sich indessen der Staat finanziell bei ...n betheiligt.

Tod durch Elektricität. Aus Innsbruck, 16. März l. J. wird berichtet: Heute wurde hier der 26jährige Mediciner Würtenberger durch einen elektrischen Strom getödtet. Er wollte einen abgerissenen Telephondraht, der oben mit den Leitungsdrähten des Elektricitätswerkes in Contact stand, vom Wege, wo derselbe herabhing, entfernen, stürzte jedoch, vom elektrischen Strome getroffen, sofort todt nieder.

In der Zuckerfabrik Klettendorf löste ein jugendlicher Arbeiter von einem Leitungsdrahte der elektrischen Beleuchtung die Umhüllung und berührte, um sich elektrisiren zu lassen, den blanken Draht. Ein elektrischer Schlag tödtete den Arbeiter sofort.

Zur elektrischen Beleuchtung in Prag. Herr Dr. Freund machte in einer der letzten Stadtrathssitzungen darauf aufmerksam, dass es nothwendig sei, endlich ernstlich an die Errichtung einer elektrischen Station der Gemeinde zu denken, und wies insbesondere darauf hin, dass die elektrische Beleuchtung in dem neuen Gebäude der Filiale der Creditanstalt auf dem Graben eingeführt wird und dass ausserdem auch andere grössere Firmen die elektrische Beleuchtung einzuführen beabsichtigen. Die Gemeinde möge nicht erst dann eine elektrische Centralstation errichten, bis schon alle selbstständigen Firmen eigene Maschinenhäuser haben werden. Der Stadtrath verwies die Angelegenheit an die Commission für die Einführung der elektrischen Bahn.

Instandhaltung von Treibriemen. Ein gutes Conservirungsmittel für Treibriemen wird nach dem N. Y. „Techniker" in folgender Weise zubereitet: In einem gut zugedeckten eisernen Tiegel erhitzt man auf 50° C. 1 *kg* in kleine Stücke zerschnittenen Kautschuk mit 1 *kg* rectificirtem Terpentinöl. Hat sich der Kautschuk gelöst, so fügt man 800 *gr* Kolophonium hinzu, rührt solange, bis dies ebenfalls geschmolzen, und gibt darauf noch 800 *gr* gelbes Wachs zu der Mischung. In einem anderen entsprechend grossen Topf bringt man 3 *kg* Fischthran und 1 kg Talg, erhitzt die Mischung, bis der Talg geschmolzen und giesst die Masse des ersten Topfes unter beständigem Rühren hinzu. Das Umrühren wird bis zum Erkalten und Festwerden der Masse fortgesetzt. Die Riemen werden, während sie sich im Gebrauche befinden, von Zeit zu Zeit auf der Innenseite mit dieser Schmiere eingerieben und erhalten dadurch eine grosse Dauerhaftigkeit, wobei sie leicht auf den Riemenscheiben laufen, ohne zu gleiten. Selbst alte, stark gebrauchte Riemen können mit der Schmiere verbessert werden. Man schmiert dieselben auf beiden Seiten ein, welche Arbeit an einem warmen Orte vorzunehmen ist, lässt den ersten Ueberzug einziehen und überzieht nochmals mit der Schmiere. Die Riemen erhalten hiedurch eine viel grössere Widerstandsfähigkeit, so dass sie noch auf lange Zeit benützt werden können.

Die „allerneuesten" Erfindungen. Wie unsere Leser sich erinnern dürften, sind vor nicht langer Zeit in den „Fliegenden Blättern" zwei „Erfindungen" auf elektrotechnischem Gebiete veröffentlicht worden, von denen die eine die Abschaffung der stehenden Heere, Vernichtung des Feindes auf die einfachste Weise und so weiter, mit der bekannten absoluten Sicherheit, durch Besetzung der Grenze mittelst eiserner, durch Elektricität in Betrieb gesetzter Soldaten ermöglicht, während die andere „Erfindung" das Bleichen der gewissen rothen Nasen mittelst Eintauchens dieses Gesichtsvorsprunges in ein galvanisches Bad ebenso sicher zu Stande bringt.

Diese beiden Erfindungen sind uns durch zwei einschlägige Notizen im „Elektrotechn. Echo" in's Gedächtniss gerufen worden. Das Londoner Fachblatt „The Elektrician" berichtet nämlich über elektrische Kriegsautomaten, wonach ein Sennor Doric Cheater der spanischen Regierung für die Kleinigkeit von 4 Millionen Mark seine Erfindung eines elektrischen automatischen Soldaten angeboten habe. Dieser Kriegsautomat besteht aus Eisen und kann 40 Schüsse in der Minute gegen den Feind abgeben; die Maschine wird elektrisch betrieben. Der Platz, wo dieser Automat steht, soll, wie der Erfinder vorschlägt, mit Dynamit unterminirt werden, so dass der Feind, der sich des eisernen Kriegers bemächtigen will, in die Luft gesprengt wird.

Die andere schon ernster zu nehmende Erfindung betrifft die Heilung erfrorener Nasen durch Elektricität. In den „Therapeutischen Monatsheften" empfiehlt Dr. Hugo Helbing in Nürnberg ein neues Verfahren, das sich ihm bereits in einigen zwanzig Fällen bewährt haben soll, nämlich die Anwendung des constanten Stromes, indem man beide Pole an den Seitenflächen der Nase anlegt und einen mässig starken Strom etwa 5—10 Minuten lang einwirken lässt. Bewegt man dabei die Elektroden langsam streichend hin und her, um sämmtliche Theile der Haut gut zu berühren und nicht an einer zu lange zu verweilen, so ist die nächste Folge des Elektrisirens eine starke, heftige Röthung der betroffenen Hautpartien, welche mehrere Stunden, ja tagelang anhalten kann. Schon nach einigen Behandlungstagen lässt die Röthe merklich nach, doch bedarf es bis zum völligen Verschwinden der rothen Nasenspitze nicht selten 10—15 und mehr Sitzungen. Ist nun das Verfahren auch schmerzhaft? Je nach der Empfindlichkeit; aber erfahrungsgemäss ist das auch für jüngere Damen und Herren kein Hinderniss, wenn Schönheit auf dem Spiele steht.

Verantwortlicher Redacteur: JOSEF KAREIS. — Selbstverlag des Elektrotechnischen Vereins.
In Commission bei LEHMANN & WENTZEL, Buchhandlung für Technik und Kunst.
Druck von R. SPIES & Co. in Wien, V., Straussengasse 16.

Zeitschrift für Elektrotechnik.

XII. Jahrg. 1. Mai 1894. Heft IX.

VEREINS-NACHRICHTEN.

Protokoll

der XII. ordentlichen Generalversammlung vom 28. März 1894.

Der Vorsitzende, Präsident Hofrath Volkmer, eröffnet die Sitzung mit folgender Ansprache:

„Ich begrüsse die verehrten Anwesenden auf das herzlichste.

Die XII. ordentliche Generalversammlung ist statutenmässig einberufen und wurde auch den Behörden die hierüber vorgeschriebene Anzeige erstattet.

Wie die Präsenzliste nachweist, ist die heutige XII. ordentliche Generalversammlung beschlussfähig und erkläre ich dieselbe für eröffnet.

Meine Herren! Vor Allem erlaube ich mir Sie um die Einwilligung zu bitten, wie alljährlich die Reihenfolge der Punkte der Tagesordnung ein wenig zu ändern, nämlich die Wahl des Vice-Präsidenten jetzt schon zu vollziehen, weil es von dieser Wahl abhängt, ob 5 oder 6 Ausschussmitglieder zu wählen sind. Diesbezüglich bitte ich das Wahlcomité, seinen Bericht zu erstatten."

Herr Ingenieur Klose verweist im Namen desselben auf die in den Händen der Anwesenden befindlichen Wahlvorschläge und glaubt, dass es hinsichtlich des Candidaten für den Vice-Präsidentenposten keiner weiteren Empfehlung bedarf.

Bevor zur Wahl geschritten wird, werden über Vorschlag des Präsidenten die Herren Oberst Payerle und Dr. Sahulka zu Verificatoren, und die Herren Brunbauer, Dittmar, Egger jr. und Holeczek zu Scrutatoren nominirt.

Während des Scrutiniums verliest der Schriftführer, Herr Inspector Bechtold, den nachstehenden Rechenschaftsbericht:

„Hochgeehrte Herren!

Der Ausschuss hat die Ehre, Ihnen im Nachfolgenden seinen Bericht über das abgelaufene Vereinsjahr zu erstatten.

Zu Beginn des Jahres 1893 zählte der Verein mit Einschluss der Stifter und der Lebenslänglichen, 538 Mitglieder.

Durch den Tod hat unser Verein in diesem Jahre zwei Mitglieder verloren, u. zw. unseren ersten Vereins-Präsidenten, den Herrn Hofrath Stefan in Wien und den Herrn Telegraphen-Director J. Sack in Berlin.

(Zur Ehrung der Verblichenen erhebt sich die Versammlung von den Sitzen.)

Weitere Reductionen der Mitgliederzahl ergaben sich durch den freiwilligen Austritt von 24, sowie durch die im Sinne der Statuten erfolgte Ausscheidung von 20 Mitgliedern, welche theils verschollen, theils mit ihren Beiträgen durch mehr als ein Jahr im Rückstande waren.

Diesem Abgange von 46 steht ein Zuwachs von 50 ordentlichen Mitgliedern gegenüber, so dass der Stand mit Ende des Gegenstandsjahres 542 Mitglieder betrug.

Hievon entfallen:

auf Wien 271

auf die österreichischen Kronländer, u. zw. auf:

1

Böhmen	53
Mähren	15
Steiermark	15
Niederösterreich	12
Galizien	10
Tirol und Vorarlberg	9
Küstenland	6
Oberösterreich	5
Bukowina	4
Salzburg	2
Schlesien	2
Dalmatien	1
Kärnten	1
Krain	1
in Summa	136

auf die Länder der ungarischen Krone, u. zw. auf:

Ungarn	40
Croatien und Slavonien	9
Siebenbürgen	2
in Summa	51

auf Bosnien und Herzegowina . 3

und somit in Oesterreich-Ungarn und Bosnien-Herzegowina 271 Wiener und 190 auswärtige, oder in Summa 461 Mitglieder;

ferner auf das Ausland, u. zw. auf:

Deutschland	42
Italien	7
Schweiz	7
Vereinigte Staaten von Nordamerika	6
Russland	5
Rumänien	3
Belgien	2
England	2
Frankreich	2
Portugal	2
Niederlande	1
Schweden und Norwegen	1
Spanien	1
in Summa	81

das sind Summa-Summarum die oben ausgewiesenen 542 Mitglieder.

Nachdem es für die Beschlussfähigkeit der heutigen Generalversammlung erforderlich ist, zu wissen, wie viele Wiener Mitglieder jetzt dem Vereine angehören, so erlauben wir uns mitzutheilen, dass im laufenden Jahre 6 Wiener und 4 auswärtige Mitglieder dem Vereine beigetreten sind, und somit der Stand der Wiener Mitglieder zur Stunde 277 beträgt.

Die laufenden Geschäfte des Vereines wurden in 22 Sitzungen des Ausschusses und der ständigen Comités erledigt.

Anschliessend an die in der vorjährigen General-Versammlung erstattete Mittheilung von der über Antrag des Ausschuss-Mitgliedes, Herrn Ingenieur Fischer, erfolgten Bildung eines Juristen-Comités, welchem die Aufgabe zufiel, den Entwurf eines Enteignungsgesetzes zum Zwecke der Herstellung und des Betriebes von elektrischen Leitungsanlagen auszuarbeiten, sind wir nunmehr in der angenehmen Lage, Ihnen mittheilen zu können, dass das genannte Comité seine umfangreichen Arbeiten vollendet hat, und dass der Reichsraths-Abgeordnete, Herr Hofrath Prof. Dr. Exner die Güte hatte, diesen Gesetzentwurf beim hohen Abgeordnetenhause einzubringen. Es ist somit die begründete Hoffnung vorhanden, dass diese, dem Schoosse unseres Vereines entsprungene und für die heimische elektrotechnische Industrie hochwichtige Angelegenheit in absehbarer Zeit Gesetzeskraft erlangen wird. Des leider zu früh verstorbenen und an der Ausarbeitung dieses Gesetzentwurfes mit thätig gewesenen Reichsraths-Abgeordneten, Herrn Dr. Jaques haben wir bereits in einer früheren Versammlung in Trauer gedacht und es erübrigt nurmehr, den beiden anderen Mitarbeitern, den Herren Hof- und Gerichtsadvocaten Dr. Ritter v. Feistmantel und Dr. Teltscher für deren ausserordentliche Thätigkeit im Vereinsinteresse, sowie dem Herrn Hofrathe Dr. Exner für seine Unterstützung der elektrotechnischen Interessen hiemit nochmals den wärmsten und verbindlichsten Dank auszusprechen. (Bravo.)

Unsere „Sicherheits-Vorschriften für elektrische Starkstrom-Anlagen", welche, trotzdem sie keine autoritative Kraft besitzen, allgemeine Anwendung finden, wurden im abgelaufenen Jahre dem Central-Gewerbe-

Inspector, Herrn Hofrath Dr. Migerka mit der Bitte überreicht, er möge dieselben den ihm unterstehenden Herren Gewerbe-Inspectoren als Norm für einschlägige Fragen empfehlen.

In Erledigung dieses Ersuchens äusserte sich der Herr Central-Gewerbe-Inspector wie folgt:

An den geehrten
Elektrotechnischen Verein
in Wien.

Mit dem Schreiben vom 3 d. Nr. 192 hatte der geehrte Verein die Güte, mir die von demselben herausgegebenen „Sicherheits-Vorschriften für elektrische Starkstrom-Anlagen" in 20 Exemplaren mit dem Wunsche zu übersenden, diese an die k. k. Gewerbe-Inspectoren mit der Weisung hinauszugeben, die „Normen" als Basis für die einschlägigen Verhandlungen zu benützen.

Die Beweggründe, welche den geehrten Verein zur Vornahme dieser ebenso schwierigen, als verdienstlichen Arbeit bestimmten, waren für mich maassgebend gewesen, die Vorschriften, noch ehevor sie von der Vereinsversammlung angenommen waren, in den „Mittheilungen des gewerbehygien. Museums, Nr. XXXIV und XXXV" vom Jahre 1892 den Mitgliedern des Vereines zur Pflege des gewerbe-hygienischen Museums unter Bekanntgabe der mit dieser Aufgabe betrauten Herren zur Kenntnis zu bringen.

Es freut mich, dem beifügen zu können, dass mehrere Gewerbe-Inspectoren der Arbeit als eines ihnen sehr werthvollen Behelfes dankend gedachten.

Mit Vergnügen werde ich die eingangs erwähnten, inhaltlich gleichen Exemplare mit der ihnen durch die Vereinsversammlung vom 13. Jänner ertheilten Sanction in der, wie bemerkt, erwünschten Weise verwenden und werde mir im Falle eines Mehrbedarfes die Freiheit nehmen, mich an die geehrte Vereinsleitung zu wenden.

Ich beehre mich zu zeichnen u. s. w.

Dr. Migerka.

Wien, am 11. Jänner 1894.

Vom Gemeinderathe der königl. Hauptstadt Olmütz erhielt unser Verein die Mittheilung, dass derselbe zufolge eines Sitzungsbeschlusses unsere mehrerwähnten Sicherheitsvorschriften für die dort zu errichtenden elektrischen Anlagen als Norm angenommen hat.

Die Vorträge und Excursionen im abgelaufenen Jahre dürften den geehrten Mitgliedern noch in so frischer Erinnerung sein, dass eine Aufzählung derselben hier wohl entfallen kann, und beschränken wir uns daher darauf, allen Jenen, die an dem Zustandekommen derselben mitgewirkt haben, und hier müssen wir vor Allem die grosse Rührigkeit des Obmannes des Vortrags- und Excursions-Comités, des Herrn Ingenieur Fischer, besonders hervorheben, hiemit den verbindlichsten Dank auszusprechen.

Die in der vorjährigen Generalversammlung in Aussicht gestellte Vermehrung der Vereinsbibliothek ist thatsächlich erfolgt, wie dies die geehrten Mitglieder dem Ihnen jüngst zugekommenen Bücher- und Zeitschriften-Verzeichnisse entnommen haben werden. Ebenso wurde vom Ausschusse auch für das laufende Jahr ein nambafter Betrag zum weiteren Ankaufe von fachwissenschaftlichen Werken ausgeworfen, und hofft derselbe somit, allen berechtigten Anforderungen in dieser Hinsicht gerecht geworden zu sein.

Zum Schlusse haben wir noch mitzutheilen, dass die Direction der Internationalen Elektricitäts-Gesellschaft die Liebenswürdigkeit hatte, uns den Anschluss unserer Bureaulocalitäten, sowie die Lieferung des Strombedarfes für die Beleuchtung derselben ohne Entgelt anzubieten.

Ihr Ausschuss hat dieses Anerbieten selbstverständlich dankbarst acceptirt und glaubt, indem er Ihnen hierüber Bericht erstattet, diesen

1*

Dank hier nochmals zum Ausdrucke bringen zu sollen, wie er es auch nicht unterlassen kann, an dieser Stelle der General-Repräsentanz der Accumulatorenfabriks-Actiengesellschaft in Baumgarten, welche durch unentgeltliche Beistellung geladener Accumulatoren zur elektrischen Beleuchtung unserer Bureaulocalitäten durch mehr als ein Jahr, für diese namhaften Opfer hiemit nochmals den verbindlichsten Dank zum Ausdrucke zu bringen." (Bravo.)

Anschliessend an diesen Bericht gibt der Vorsitzende das Resultat des inzwischen beendeten Scrutiniums bekannt, indem er mittheilt, dass von 37 abgegebenen Stimmen 31 auf Herrn Professor Schlenk entfallen, der somit mit überwiegender Majorität zum Vice-Präsidenten gewählt erscheint. Diese Mittheilung wird mit lebhaftem Beifalle aufgenommen.

Präsident Hofrath Volkmer: „Meine Herren! „Gestatten Sie mir, dass ich dem Herrn Hofrathe Ludwig von dieser Stelle aus, für seine Mitwirkung, welche in Folge seiner früheren Stellung als Rector Magnificus, sowie durch seine schwere Erkrankung eingeschränkt war, unseren herzlichsten Dank auszusprechen. Wir können es uns zur Ehre anrechnen, dass ein Mann von solcher Bedeutung unser Vice-Präsident war. (Lebhafter Beifall.)

Meine Herren! Ich bitte nun den Wahlact fortzusetzen und sechs Herren für denAusschuss zu wählen."

Referent: „Das Wahlcomité hat sich dahin geeinigt, für die sechs neu zu vergebenden Ausschussmandate die Namen von zehn Mitgliedern in Vorschlag zu bringen. Jene Herren, welche im abgelaufenen Jahre dem Ausschusse angehört haben, sind in diesem Vorschlage mit enthalten, weil selbe nach § 7 der Statuten wieder wählbar. Selbstverständlich bleibt es jedem Mitgliede unbenommen, beliebige Herren zu wählen."

Nachdem hierauf die Stimmzettel abgegeben wurden, und während die Scrutatoren ihres Amtes walten, gelangt der Bericht des Cassaverwalters, Herrn Wüste, zur Verlesung; er sagt:

„Sehr geehrte Versammlung! Ich erlaube mir hiemit Ihnen den Rechnungsabschluss pro 1893 zur Kenntniss zu bringen. (Siehe nächste Seite.)

Was die einzelnen Posten der Einnahmen anbelangen, so bemerke ich zu denselben Folgendes:

Die Einnahmen an Mitglieder-Beiträgen sind, im Vergleich zum Jahre 1892, sich ziemlich gleich geblieben; sie weisen zwar in der Totalsumme einen Rückgang von fl. 46.29 aus, ein Umstand jedoch, der darin seine Erklärung findet, dass die in diesem Jahr in vorhinein bezahlten Mitglieder-Beiträge geringer sind als jene vom Jahre 1892.

Herr Hauptmann Grünebaum hat sein dem Vereine schon so oft bewiesenes Wohlwollen im abgelaufenen Jahre auch neuerdings finanziell zum Ausdruck gebracht, indem er durch den weiteren Erlag von fl. 150 unserem Vereine als Stifter beigetreten ist. An dieser Stelle sei auch der verehrten Wiener Privat-Telegraphen-Gesellschaft für ihre jährliche Spende per fl. 100 der wärmste Dank ausgesprochen.

Die Convertirung der 5%igen österr. Notenrente brachte es mit sich, dass wir genöthigt waren, dieses Anlagepapier gegen 4%ige steuerfreie Staatsrente umzutauschen; doch erlitten wir, nachdem dieses Papier in unseren Büchern zum Pari-Curs eingestellt war, durch diese Transaction keinen Verlust.

Trotz unseres höheren Effectenstandes im Vergleich zum Jahre 1892, hat das Zinsen-Conto keinen höheren Ertrag als im Vorjahre aufzuweisen, nachdem in Folge der Conversion das Zinsenerträgniss unserer Anlagepapiere zurückgegangen ist.

Das Erträgniss aus der Zeitschrift hat sich gegen das Vorjahr erfreulicherweise bedeutend gehoben. In Folge des mit unserem Drucker und Inseraten-Pächter, der Firma R. Spies & Co., abgeschlossenen

Uebereinkommens, laut welches die Zeitschrift statt einmal, zweimal monatlich erscheint, hat sich die Einnahme aus der Inseraten-Pacht um mehr als fl. 900 vergrössert und ist diese Vermehrung unserer Einnahmen, im Vergleich zu der bisherigen, auch für die Zukunft, d. h.

JAHRES-RECHNUNG pro 1893.

		Oesterr. Währung			
	Einnahmen:	fl.	kr.	fl.	kr.
1.	Cassastand am 1. Januar 1893			377	86
2.	Beiträge ordentlicher Mitglieder:				
	a) Bezahlte rückständige Mitgliederbeiträge pro 1892	203	32		
	b) „ Mitgliederbeiträge pro 1893	4199	50		
	c) „ „ „ 1894	117	01		
	d) „ Eintrittsgebühren	100	41		
	e) Agio der Beiträge von auswärtigen Mitgliedern	89	31	4709	55
3.	Ergänzungsbeitrag des Herrn Hauptmannes Grünebaum zum Stifter			150	—
4.	Erlös für verkaufte N. fl. 2600 5 % ige österr. Notenrente			2665	—
5.	Zinsen der Effecten und der Postsparcassa			152	71
6.	Einnahmen aus der Zeitschrift:				
	a) Privat-Abonnenten	64	—		
	b) Commissions-Verlag	633	75		
	c) Inseratenpacht und Beilagen	1520	—		
	d) Erlös aus dem Verkaufe von Einzeln-Heften	12	19	2229	94
7.	Diverse Einnahmen			125	48
				10410	54
	Ausgaben:				
1.	Ankauf von N. Kr. 6500.— 4 % ige steuerfreie Staatsrente			3108	25
2.	Mobilar-Anschaffungen			49	17
3.	Anschaffungen für die Bibliothek			126	12
4.	Ausgaben für die Zeitschrift:				
	a) Druckkosten	1855	77		
	b) Clichékosten	325	45		
	c) Autorenhonorare	636	10		
	d) Redacteurhonorar	800	—		
	e) Porto für die Zeitschrift	236	93	3854	25
5.	Bureau-Kosten:				
	a) Vereinslocalmiethe	500	—		
	b) Gehalte, Löhne etc.	1197	—		
	c) Drucksorten	93	75		
	d) Beleuchtung, Heizung, Reinigung	116	41		
	e) Portoauslagen	192	63		
	f) Diverse Bureauauslagen	80	36	2180	15
6.	Auslagen für die Vorträge:				
	a) Saalmiethe	75	—		
	b) Stenographenhonorar	13	—		
	c) Diverse Auslagen	11	60	99	60
7.	Provision an die k. k. Postsparcassa			8	89
8.	Diverse Ausgaben			248	33
9.	Cassa-Saldo am 31. December 1893:				
	a) Guthaben bei der Postsparcassa	277	32		
	b) Baar	458	46	735	78
				10410	54

Wien, den 1. Januar 1894.

F. Bechtold m. p. Schriftführer.

F. Wüste m. p. Cassa-Verwalter.

Das Revisions-Comité:

Eduard Koffler **Alois** [illegible]

so lange der Vertrag bezüglich des Druckes unserer Zeitschrift mit der Firma R. Spies & Co. zu Recht besteht, deshalb gesichert, weil das in dieser Angelegenheit im Jahre 1893 geschaffene Provisorium laut Uebereinkommens vom December 1892 in ein Definitivum umgewandelt wurde.

Gestatten Sie mir, dass ich von dieser Stelle aus, Namens unseres Vereines, nicht nur dem für die Durchführung dieser Action von Ihrem Ausschuss eingesetzten Comité für seine Mühewaltung, sondern auch der Firma R. Spies & Co. für das unserem Vereine gezeigte Entgegenkommen bestens danke. (Bravo.)

Die Ausgaben bewegten sich vollständig im Rahmen des festgesetzten Präliminares und bieten keine Veranlassung zur detaillirten Besprechung.

Ich gehe nun zur Bilanz über; dieselbe stellt sich aus folgenden Posten zusammen:

BILANZ per 31. December 1893.

		Oesterr. Währung			
	Activa:	fl.	kr.	fl.	kr.
1.	Mitglieder-Conto:				
	Rückständige Mitgliederbeiträge nach Abschreibung der uneinbringlichen	189	—		
	Davon ab: Mitgliederbeiträge pro 1894 bezahlt	117	01	71	99
2.	Effecten-Conto:				
	N. Kr. 6500.— steuerfr. 4% Staatsrente z. Curse v. fl. 96	3120	—		
	N. fl. 500.— 4% ung. Boden-Credit-Prämien-Obl. „ „ 100	500	—	3620	—
3.	Bibliothek-Conto:				
	Stand am 1. Januar 1893	400	—		
	Neuanschaffungen	126	12		
	Stand am 31. December 1893	526	12		
	Abschreibung	326	12	200	—
4.	Mobiliar-Conto:				
	Stand am 1. Januar 1893	200	—		
	Neuanschaffungen	49	17		
	Stand am 31. December 1893	249	17		
	Abschreibung	149	17	100	—
5.	Cassa-Conto:				
	Saldo am 31. December 1893			735	78
	Summe der Activa			4727	77
	Passiva:				
	Passiva sind keine vorhanden.			—	—
	Somit Vermögensstand am 31. December 1893			4727	77
	Dagegen Vermögensstand am 31. December 1892			4069	46
	Mithin Zuwachs			658	31

Wien, den 1. Januar 1894.

F. Bechtold m. p.
Schriftführer.

F. Wüste m. p.
Cassa-Verwalter.

Das Effecten-Conto hat sich gegen das Jahr 1892 um fl. 520 vergrössert und sind die pro 31. December eingesetzten Curse unserer Effecten bedeutend niedriger als die an diesem Tage an der Börse notirten.

In Folge des günstigen Jahresabschlusses war ihr Ausschuss in der angenehmen Lage, sowohl beim Bibliothek- als auch beim Mobiliar-Conto bedeutende Abschreibungen vorzunehmen und stehen diese beiden Contis nunmehr unter ihrem effectiven Werthe zu Buche.

Trotz dieser bedeutenden Abschreibungen schliesst die Bilanz mit einem Vermögenszuwachs von fl. 658.31 und beende ich meinen Bericht, indem ich den Wunsch ausspreche, dass auch unser neues

Vereinsjahr nicht nur durch Leistungen auf wissenschaftlichem Gebiete, sondern auch durch Vermehrung unseres Vereinsvermögens zur weiteren Erstarkung unseres Vereines beitragen möge." (Allgemeiner lebhafter Beifall.)

Der Präsident ersucht hierauf das Revisions-Comité, bezüglich der Bilanz seinen Bericht zu erstatten.

Herr Koffler erwidert im Namen dieses Comités: „Wir haben die Bücher und Rechnungen sammt allen Belegen eingehend geprüft und uns durch vielfache Stichproben von der richtigen Buchführung Ueberzeugung verschafft. Wir bestätigen den Effectenstand und erlauben uns den Antrag zu stellen, dem löblichen Ausschusse das Absolutorium zu ertheilen und dem Herrn Cassaverwalter für die vielfachen Bemühungen den wärmsten Dank auszusprechen." (Lebhafter Beifall.)

Präsident: „Meine Herren! Sie haben den Bericht des Revisions-Comités gehört und bringe ich dessen Antrag, für die Cassengebahrung im Jahre 1893 das Absolutorium zu ertheilen, zur Abstimmung." Derselbe wird einstimmig angenommen. (Laute Bravorufe.)

Präsident: „Meine Herren! Sie haben die Berichte des Schriftführers und des Casseverwalters gehört und werden gewiss mit mir in das Lob einstimmen, dass in jeder Beziehung die grösste Ordnung gewaltet hat. Wir sind daher verpflichtet, diesen beiden Herren den besten Dank auszusprechen; dem Herrn Inspector Bechtold, für die viele Mühe, für die opferwillige und energische Thätigkeit bei der Führung der Vereinsgeschäfte, und dem Herrn Wüste, dessen Thätigkeit und kluger, streng correcter finanzieller Gebahrung wir es zu danken haben, dass das Jahr rechnungsgemäss mit einem glänzenden Ueberschuss abgeschlossen hat. (Bravo.) Was vorigen Jahres beantragt wurde, man möge der Bibliothek höhere Mittel spenden, damit mehrere Werke angeschafft werden können, hat factisch stattgefunden und ich muss bemerken, dass auch in Zukunft dieser Modus eingehalten wird, damit die grösseren wissenschaftlichen Werke, die der Einzelne aus eigenen Mitteln nicht anschaffen kann, in der Bibliothek zu finden sind. Dem Herrn Dr. v. Urbanitzky, unserem Bibliothekar, möchte ich für seine Mühewaltung, die keine leichte und angenehme ist, von dieser Stelle aus, den Dank aussprechen. (Bravo.)

Meine Herren! Bezüglich der Zeitschrift muss erwähnt werden, dass sie sowohl durch Vermehrung der Heftzahl wesentlich an Umfang, als auch in ihrer Qualität gewonnen hat, und glaube ich wohl in Ihrem Sinne zu sprechen, wenn ich unserem Redacteur, dem Herrn Baurath Kareis, und den Herren des Redactions-Comités, die ja eine ziemlich grosse Arbeit zu bewältigen haben, unseren besten Dank ausspreche. (Bravo.)

Nun, meine Herren, nachdem das Scrutinium noch nicht beendet ist, bitte ich die Wahl des Revisions-Comités für das laufende Jahr vorzunehmen.

Ich schlage vor, die Herren des bisherigen Revisions-Comité wieder zu wählen; nachdem aber verlautet, dass ein bisheriges Mitglied (kaiserl. Rath Dvoržak) krankheitshalber eine Wahl ablehnt, so würde ich in Uebereinstimmung mit den übrigen Herren auf Herrn Dr. Miesler verweisen." Hierauf werden die Herren Fabriksbesitzer Alois Reich, Ober-Ingenieur Koffler und Dr. Miesler per acclamationem gewählt.

Präsident: „Meine Herren! Zum Schlusse möchte ich noch erwähnen, dass ich es für nöthig erachte, insbesondere der Mitwirkung des Gesammt-Ausschusses, welcher eine grosse Arbeit zu bewältigen hat, sowie der Herren des Revisions-Comités, nämlich der Herren Koffler und Reich, für ihre Mühewaltung zu gedenken und will ich hiemit als Präsident des Vereines im Namen desselben von dieser Stelle aus den Dank des Vereines aussprechen." (Bravo.)

Baurath v. Stach: „Nachdem nun unser verehrter Herr Präsident so vielen Stellen den Dank ausgesprochen hat, so glaube ich im Sinne aller Anwesenden zu sprechen, wenn ich unserem verehrten Herrn Präsidenten auch Dank sage für seine aufopfernde Thätigkeit, für all' seine Mühe, die er dem Vereine widmet." (Bravo.)

Präsident: „Diese Worte der Anerkennung, ich muss es ganz offen aussprechen, rühren mich sehr; Sie können versichert sein, dass ich trotz meines leidenden Zustandes immer mit Interesse dem Vereine anhänge und wo es möglich war und die Gesundheit nicht leiden musste, habe ich jeden Schritt gewiss immer unternommen; ich will nur constatiren, dass das Interesse des Vereines mir sehr am Herzen liegt, und ich auch in Zukunft für denselben eintreten werde. Ich bin über ihre Anerkennung sehr erfreut."

Das Scrutinium ist inzwischen beendet worden und ergibt folgendes Resultat: Abgegeben wurden 38 Stimmzettel. Hievon entfielen auf die Herren Kareis 35, Melhuish 32, Déri 28, v. Stach 28, Kolbe 23, Schmid 19, Dr. v. Urbanitzky 16 Stimmen. Nachdem die Generalversammlung ihre Beschlüsse mit absoluter Majorität fasst, so muss zwischen den Herren Schmid und Dr. v. Urbanitzky eine engere Wahl vorgenommen werden, wobei Herr Dr. v. Urbanitzky 23 Stimmen erhält.

Diese Herren erscheinen daher in den Ausschuss wieder gewählt. Damit ist die Tagesordnung erledigt und der Vorsitzende schliesst, indem er noch den Scrutatoren für ihre Mühewaltung dankt, die Vereinsversammlung.

Der Präsident:
O. Volkmer m. p.

Die Verificatoren:
Wilhelm Peyerle m. p. — Dr. Johann Sahulka m. p.

Der Schriftführer:
F. Bechtold m. p.

---

7. März. — Vereinsversammlung. Vorsitzender Präsident Hofrath Volkmer.

Der Vorsitzende theilt der Versammlung mit, dass Baurath Kareis den für heute angekündigten Vortrag: „Eine Umwälzung in der Telephonie" wegen plötzlicher Abreise absagen musste. Herr Nissl, Gesellschafter der Firma Czeja & Nissl, hat es aber als Constructeur jenes Systems, das Herr Baurath Kareis zur Sprache bringen wollte, übernommen, dasselbe selbst vorzuführen.

Der Zweck dieses neuen Apparates soll sein, mehrere um einen Knotenpunkt herum liegende Telephonstationen (Abonnentenstationen) mit einer Centrale so zu verbinden, dass von der Centrale selbst bis zu diesem Knotenpunkte nur eine Sprechleitung zu führen ist, ohne dass es aber einer dieser Abonnentenstationen möglich ist, das Gespräch einer anderen abzuhören. Denn diesen Uebelstand nachgesehen, wäre ja die Aufgabe durch einfache Parallel- oder Hintereinanderschaltung dieser Stationen gelöst.

Das Princip des Apparates ist folgendes: In dem Knotenpunkte, zu welchem die Leitung von der Centrale führt, ist ein Uhrwerk aufgestellt, welches eine Walze dreht. Die Umdrehungsgeschwindigkeit derselben wird entsprechend den abzuzweigenden Stationen gewählt, so dass die Walze z. B. bei vier Abzweigs-Stationen eine Umdrehung in der Minute macht. Am Umfange der der Walze sind Contacte angebracht, auf denen Federn schleifen, u. zw. derart, dass die einzelnen Stationen der Reihe nach mit der Centrale in Sprechverbindung treten, die allerdings nur kurze Zeit dauert, so lange die Walze ihre Drehung fortsetzt. Sobald diese aber gehemmt wird, bleibt eine Verbindung dauernd. Es ist nun jeder Abonnent in der Lage, von seiner Station aus die Walze in dem Augenblicke still stehen zu lassen, als er eben mit der Centrale in Verbindung steht. Desgleichen kann die Centrale in einem beliebigen Momente die Drehung der Walze aufhalten. Diese Arretirung geschieht durch einen Batteriestrom, der um einen Elektromagnet fliesst; durch diesen wird ein Sperrhaken bewegt, der in das Sperrrad der Walze einspringt.

Es sind aber noch zwei Vorrichtungen nothwendig: eine, die dazu dient, den einzelnen Stationen sowohl, als auch der Centrale anzuzeigen, welcher Contact eben unter den Federn schleift, eine zweite, welche jede hergestellte Verbindung nach einer gewissen normalen Zeit wieder löst, damit nicht eine Abonnentenstelle dauernden Gebrauch von dem Apparate mache, wodurch dann die anderen Abonnenten, die an denselben Knotenpunkt angeschlossen sind, verkürzt werden.

Das erste wird auf folgende Weise erreicht. Sobald ein neuer Contact unter die Schleiffedern kommt, wird gleichzeitig durch einen Stift eine an der Membrane eines Mikrophons befestigte Metallzunge zum Tönen gebracht. Diese Zeichen können nun in den Telephonen der Abonnenten und der Centrale gehört werden; natürlich entspricht jedem Abonnenten desselben Knotenpunktes ein anderes Zeichen z. B. 1 Ton, 2 aufeinanderfolgende Töne, 3 etc.

Um eine Verbindung nicht über Gebühr lange bestehen zu lassen, ist die Einrichtung so getroffen, dass die Arretirung der Walze durch einen Excenter nach einer bestimmten Zeit gelöst wird, die Walze sich wieder weiter dreht und andere Linien mit der Centrale in Sprechverbindung treten. Als normale Sprechzeit können fünf Minuten angenommen werden. Damit aber die Unterbrechung nicht unerwartet ein Gespräch abschneidet, ertönt $1/4$ Minute früher ein phonisches Zeichen, welches die Sprechenden zur Eile ermahnt.

Jeder Abonnent ist also in der Lage, zu hören, welcher Contact in der Walze des Knotenpunktes gerade an der Reihe ist, und kann in dem Momente, als es ihn trifft, die Bewegung der Walze für 5 Minuten hemmen. Ist die Linie gerade durch einen anderen Abonnenten besetzt, so hört er in seinem Telephon den Gang des Uhrwerkes. Er muss dann warten, bis diese Gesprächszeit vorüber ist, und bis im Telephon sein Zeichen hörbar wird. Um aber nicht am Telephon stehen zu müssen, kann er einfach eine Kurbel am Apparat auf „Signal“ stellen und erhält dann automatisch ein phonisches Zeichen, welches ihn aufmerksam macht, dass die Linie wieder frei ist.

Von jedem Abonnenten gehen 3, bezw. 4 Leitungen zum Knotenpunkte, je nachdem Erde als Rückleitung benutzt wird oder nicht. Dieselbe Anzahl führt von der Centrale zum Knotenpunkt.

Die Vortheile dieses Systemes erblickt der Vortragende zunächst in der Verminderung der Anlagekosten, indem nicht zu jedem der Abonnenten eigene Leitungen von der Centrale ausgehen brauchen, sondern nur zwei Stromkreise von der Centrale zum Knotenpunkt hergestellt zu werden brauchen, von welchem dann aus die Abzweigungen zu den einzelnen Unterstationen führen.

Es würde aber dadurch nicht nur eine Verbilligung sondern auch gerechtere Vertheilung der Telephongebühren eintreten, indem jedem Abonnenten gewissermassen gleiche Gesprächszeit zugewendet wird, und ein Abonnent, der sein Telephon den ganzen Tag braucht, gezwungen wird, mehrere Contacte oder alle eines Knotenpunktes zu abonniren, um nicht durch Co-Abonnenten unterbrochen zu werden. Dieses System kann auch in der Weise zur Anwendung kommen, dass zwei entfernte Städte, z. B. Wien und Pest, zwei solche Knotenpunkte vorstellen, an welche beiderseits benach-

Orte, z. B. Vorstädte, als Abzweigsstationen angeschlossen sind, so dass jede dieser Abzweigsstationen des einen Knotenpunktes mit jeder des anderen Knotenpunktes ohne menschliche Hilfe in Verbindung treten kann.

Zum Schlusse seiner durch zahlreiche vorgelegte Zeichnungen unterstützten Auseinandersetzung erläuterte der Vortragende noch durch das Experiment die Anwendung des Apparates. Er setzte einen Apparat für 4 Theilnehmer in Thätigkeit, deren Telephonstationen im Saale vertheilt waren, während die Centrale ausserhalb des Saales sich befand, und zeigte das Wirken des Apparates in den verschiedenen Fällen.

Auf Befragen seitens einiger Vereinsmitglieder theilt der Vortragende mit, dass eine ganz bestimmte Reihenfolge besteht, nach welcher die Abonnenten in Sprechverbindung treten. Wenn der Abonnent 4 sprechen will, die Linie aber besetzt ist, z. B. durch Abonnenten 1, so stellt er seinen Apparat auf „Signal". Nach 5 Minuten bekommt er den Ruf „frei". Es treten aber zunächst die Abonnenten 2 und 3 in Sprechverbindung und es kann jeder der beiden Abonnenten 2 und 3 davon Gebrauch machen, so dass der Abonnent 4 abermals warten muss. Das vertheilt sich aber gleichmässig auf alle.

Der Vorsitzende spricht Herrn Nissl für seine mit Beifall aufgenommenen Auseinandersetzungen den Dank des Vereines aus.

8. März. — Ausschuss-Sitzung.

14. März. — Vereinsversammlung. Der Vorsitzende, Präsident Volkmer, ladet zunächst zur Wahl von vier Mitgliedern aus dem Plenum in das zur Erstattung von Wahlvorschlägen für die Generalversammlung einzusetzende Comité ein; es werden gewählt die Herren Ing. Brunbauer, Ing. Klose, Dr. Miesler und Baurath Schmid. Hierauf erhält Herr Prof. Dr. Franz Streintz das Wort zu dem angekündigten Vortrage: „Die Energie des Accumulators in chemischer und elektrischer Beziehung."

Bei der Ermittlung der elektrischen Energie eines Accumulators — führt der Vortragende aus — kommt die mit dem Elektrometer oder Voltmeter gemessene elektromotorische Kraft in Betracht, die der vollgeladene Accumulator, nachdem er beiläufig 12 Stunden sich selbst überlassen war, besitzt. Die Unterschiede zwischen den so gefundenen Werthen der elektromotorischen Kraft bei den einzelnen Typen wurden früher den Unterschieden in der Beschaffenheit der Platten zugeschrieben. Der Vortragende hat nun durch Versuche an Accumulatoren verschiedener Typen nachgewiesen, dass die elektromotorische Kraft blos von der Concentration der Säure abhängt. Um das Gesetz dieser Abhängigkeit zu finden, bestimmte er den Werth der elektromotorischen Kraft jedes einzelnen Elementes einer zwölfzelligen Tudor'schen Batterie 48 Stunden nach vollendeter Ladung. Die Elemente waren jedes mit Säure anderer Concentration beschickt, und aus der genauen Messung der Säuredichte und der elektromotorischen Kraft ergab sich, dass die letztere genau proportional mit zunehmender Säureconcentration zunimmt. Die aufgestellte Gleichung zeigt, dass diese Zunahme von dem Anfangswerthe 1·85 Volt der elektromotorischen Kraft erfolgt, welcher bei der Concentration Null — also bei Abwesenheit von Schwefelsäure — vorhanden wäre. Dieser Fall lässt sich verwirklichen, wenn man beide Elektroden mit Bleisulfat überzieht und in eine schwache Lösung eines Alkalisulfats taucht.

Bezüglich der chemischen Energie von Elementen hat man früher angenommen, dass dieselbe gleich der elektrischen Energie sei; hauptsächlich Helmboltz hat durch Anwendung des zweiten Hauptsatzes der mechanischen Wärmetheorie auf umkehrbare Processe gezeigt, dass dies im Allgemeinen nicht der Fall ist. Aus dem von **Helmholtz** aufgestellten Gesetze geht hervor, dass, je nachdem der Temperaturcoëfficient eines Elementes positiv oder negativ ist, die elektrische Energie grösser oder kleiner ist als die chemische.

Die Differenz stellt die thermische Energie des Elementes dar, welche im ersten Falle von demselben aus der Umgebung entnommen und in elektrische umgewandelt wird; im andern Falle wird ein Theil der chemischen Energie in Wärme umgewandelt und als solche nach aussen abgegeben, wie beispielsweise beim **Clark**-Element. Der Accumulator hat einen positiven Temperaturcoëfficienten, so dass seine elektrische Energie grösser ist als die chemische, was natürlich bei der Entladung vortheilhaft ist. Die durch Wärmeaufnahme aus der Umgebung dem Accumulator zugeführte und in elektrische Energie überführte thermische Energie ist, wie diesbezügliche Versuche von Prof. **Streintz** ergaben, ebenfalls von der Säureconcentration abhängig: sie erreicht ein Maximum bei jener Concentration, der eine elektromotorische Kraft = 1·998 Volt entspricht. Nur in Folge der von aussen zugeführten Wärmeenergie besteht das oben erwähnte lineare Gesetz für die Zunahme der elektromotorischen Kraft mit der Säureconcentration; würde der Accumulator nur auf Kosten der chemischen Energie elektrische liefern, so würde die entsprechende Curve, die in Wirklichkeit eine gerade Linie ist, eine parabolische Gestalt annehmen. Vom Vortragenden mit Hilfe des Eiscalorimeters ausgeführte Bestimmungen der thermischen Energie haben gute Uebereinstimmung mit den aus dem Temperaturcoëfficienten berechneten Werthen aufgewiesen.

Der Vortragende geht nun über zur Besprechung der von ihm behufs Ermittlung der Wärmetönung des Accumulators angestellten Versuche. Nach einer eingehenden Erörterung der bei der Entladung eines Accumulators sich vollziehenden chemischen Processe, gelegentlich welcher der bemerkenswerthe Umstand hergehoben wird, dass im Accumulator im Gegensatze zu anderen Elementen beide Elektroden zur chemischen Energie beitragen, werden die Schwierigkeiten besprochen, die sich der Bestimmung der bei der Reduction von Bleisuperoxyd frei werdenden Wärmemenge entgegenstellen. Nach missglückten Versuchen mit Schwefeldioxyd gelang es Herrn Prof. **Streintz** durch Anwendung eines Gemisches von Salzsäure und schwefliger Säure die Umwandlung von Bleisuperoxyd in Bleisulfat zu vollziehen (der Vortragende führt dieses Experiment der Versammlung vor) und die dabei auftretende Wärmemenge sicher zu bestimmen. Mit Hilfe von bekannten termochemischen Daten lässt sich dann die Wärmetönung des Accumulators ermitteln, und der aus dieser Zahl gerechnete Werth der elektromotorischen Kraft stimmt in befriedigender Weise mit dem beobachteten überein.

Der Vorsitzende spricht Herrn Prof. **Streintz** für die mit vielem Beifall aufgenommenen Darlegungen den besten Dank aus.

Ing. **Ross** macht auf das jüngst erschienene Buch von **Hartwig**: „**Der elektrische Strom als Licht- und Kraftquelle**" aufmerksam, das an vielen Stellen baren Unsinn enthalte, und wünscht, dass solchen Machwerken in der Oeffentlichkeit entgegengetreten werde. Einige zur Verlesung gebrachte, ergötzliche Stellen dieses Buches erwecken die lebhafte Heiterkeit der Versammlung.*)

21. März. — **Sitzung des Wahl-Comité.**

21. März. — **Vereinsversammlung.** Vorsitzender Vicepräsident Hauptmann **Grünebaum.**

Baurath v. **Stach** theilt der Versammlung mit, dass er einen Brief

*) Vergl. Heft VII, S. 196, [illegible]

aus Hamburg erhalten habe, worin die Thomson-Houston Co. die Vereinsmitglieder zur Theilnahme an der Eröffnungsfahrt auf der Hamburger elektrischen Stadtbahn einladet.

Hierauf ergreift Ingenieur Egger das Wort zur Abhaltung seines Vortrages: „Ueber elektrische Bahnen."

Da die Vereinszeitschrift den Vortrag im nächsten Hefte vollinhaltlich bringen wird, so genüge hier eine kurze Andeutung seines Inhaltes.

Der Vortragende besprach zuerst die geschichtliche Entwicklung der elektrischen Bahnen, dann die wichtigsten Constructions-Details der Motorwagen, insbesondere Uebersetzung, Lagerung des Motors auf dem Wagen und Wahl des Motors, sowie seiner Regulirung. Zum Schlusse besprach er noch die Betriebskosten und führte in einer Tabelle die Vertheilung derselben auf die einzelnen Posten vor.

An den Vortrag knüpfte sich eine lebhafte Discussion.

Ober-Ingenieur Hochenegg wendet sich gegen die Behauptung des Vortragenden, dass sich bei Kabelbahnen die Betriebskosten geringer stellen, denn es werde da sehr häufig die Rentabilität von Kabelbahnen in stark bevölkerten Städten mit der von elektrischen Bahnen geringer Frequenz verglichen. Auch werden bei Kabelbahnen die bedeutenden Seilersatz-Kosten nicht in die Betriebskosten gerechnet, was dann zu Irrthümern Anlass gibt.

Was den Hauptstrommotor betrifft, so ist es nicht richtig, dass derselbe auch beim Bergabfahren Strom nimmt; er wird einfach abgeschaltet und wirkt sogar, kurz geschlossen, als elektrische Bremse. Auch in unseren Verhältnissen erfreuen sich die elektrischen Bahnen besonderer Rentabilität. Hochenegg stimmt dem Vorredner zu, dass der Nebenschlussmotor bedeutende Vortheile gegenüber dem Serienmotor aufweist, dass aber speciell für Strassenbahnen der letztere wegen des Anfahrens vorzuziehen sei.

Director Déri theilt mit, dass er glaubt, eine Anordnung gefunden zu haben, die die Vortheile des Nebenschluss- und Serienmotors verbindet.

Baurath Kareis stellt die Anfrage, wie es sich mit dem Accumulatorenbetrieb verhält.

Baumgardt meint, dass das Funkensprühen beim Umschalten am Nebenschlussmotor gewiss ebenso gross sein werde wie beim Serienmotor.

Ingenieur Drexler macht auf ein Patent von Winkler von Forazest aufmerksam, das Motoren mit separater Erregung durch Accumulatoren anwendet.

Ingenieur Ross hält es für schwierig, die von Egger vorgeschlagene Uebertragung vom Motor auf beide Wagenachsen herzustellen.

Egger beruft sich auf die Angaben von Prof. Richter, dass bei Städten von 50.000 Einwohnern Kabelbahnen billigeren Betrieb aufweisen.

Den Hauptstrommotor kann man wohl bei Gefällen abschalten, aber bei kleinen Gefällen geschieht es nicht. Die Bremsung durch Kurzschluss des Serienmotors hat sich nicht bewährt und ist aufgegeben worden. Die Kosten des Unterbaues sind hoch, weil er sorgfältig gemacht werden muss. Was den Accumulatorenbetrieb betrifft, so wäre auf die Wadell-Entz Co. zu verweisen, welche in Amerika eben mit solchen, wie man hört, erfolgreichen Versuchen beschäftigt ist. Die von Drexler angegebene Construction ist schon durch Henry bekannt.

Hochenegg betont noch, dass nach der Erfahrung der Firma Siemens & Halske die Kettenübertragung sich am geeignetesten von den drei Uebertragungsarten — Schnecke, Zahnrad, Kette — erwiesen hat.

Zum Schlusse sprach der Vorsitzende dem Vortragenden den Dank der Versammlung aus.

ABHANDLUNGEN.

Bogenlicht-Dynamos auf der Weltausstellung in Chicago.

Bericht von J. SAHULKA.

(Schluss.)

Es werden mehrere Typen dieser Dynamo construirt. In der Maschinenhalle der Weltausstellung in Chicago waren 16 Dynamos für je 60 Lampen à 2000 Kerzen in Betrieb. Im Elektricitäts-Gebäude wurden einige Dynamos durch Motoren angetrieben; die grösste, welche eine Klemmenspannung von 6550 V. hatte, war für 120 Lampen bestimmt. Man kann bei den Dynamos die Belastung um 20 Lampen ändern, ohne dass eine Funkenbildung eintritt; auch kann man die Dynamo kurz geschlossen laufen lassen. Die Regulirvorrichtung ist an der Dynamo selbst an der Aussenseite des einen Jochstückes angebracht. Dieselbe ist in der Fig. 12 schematisch dargestellt. Auf der Achse *A* der Dynamo ist ein gezahntes Rad befestigt. Dieses greift in ein zweites, und dieses in ein drittes ein. Die beiden letzten Räder sind auf einem Metallstück *B* montirt, welches um eine

Fig. 12.

Achse drehbar ist, die zwischen den Zahnrädern liegt. Das Metallstück ist durch einen beweglichen Arm *C* mit dem Winkelhebel *H* verbunden, der um die Achse *D* drehbar ist. Der Hebel *H* ist mit dem Eisenkern eines Solenoides verbunden; zwei Anschläge begrenzen die Bewegung des Hebels, welcher bei normaler Stromstärke eine Zwischenstellung einnimmt. Auf der Achse der beiden Zahnräder, welche auf dem Metallstücke *B* montirt sind, befinden sich zwei kleine Frictions-Rollen. Eine grössere Frictions-Rolle *R*, welche um eine feste Achse drehbar ist, berührt bei normaler Stromstärke keine der beiden kleinen Rollen. Ist die Stromstärke zu gross oder zu klein, so berührt die Rolle *R* eine der beiden kleinen Rollen und dreht sich daher. Die Bewegung der Rolle *R* wird durch zweifache Zahnradübersetzung auf eine durch das Joch gehende horizontale Achse *N* übertragen. Auf der Innenseite des Joches sind auf dieser Achse zwei Zahnräder von ungefähr 4 und 5 *cm* Durchmesser befestigt. Das grössere Zahnrad greift in einen kleineren, das kleinere Zahnrad in einen grösseren gezahnten Sector ein; die Sectoren sind mit zwei Bürstenhaltern verbunden. Der eine Bürstenhalter verschiebt die Hauptbürsten, der andere die Hilfsbürsten. Bei wechselnder Belastung werden die Bürsten um einen verschiedenen Winkel verschoben. Wenn die Dynamo kurz geschlossen ist, sind die Bürsten eines [illegible] Paares ganz zusammengeschoben. Die Verbindungslinie der Bürsten ist dann eine verticale Gerade. Soll eine Dynamo abgestellt werden, so kann dies leicht durch Auslösung der Feder geschehen, welche den Hebel *H* spannt; die Bürsten werden dadurch so verstellt, dass die Dynamo keine E. M. K. liefert.

Die Schaltbretter für Bogenlichtkreise enthalten im oberen Theile die Blitzschutzvorrichtungen, welche in jede Leitung eingeschaltet werden und die Strommesser. Die Enden der Stromkreise und die Zuleitungen zu den Dynamos sind mit Contactplatten in Verbindung, welche auf der Rückseite von zwei Marmortafeln angebracht sind. Jede Contactplatte enthält drei leitend verbundene Steckcontacte in welche von der Vorderseite der Marmorplatten aus Stöpsel eingesteckt werden können. In Fig. 13 sind die Contacte der Stromkreise mit 1, 2, . ., die der Dynamos

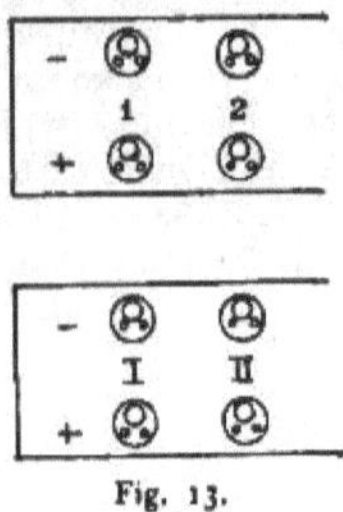

Fig. 13.

mit I, II, . . bezeichnet. Mit Hilfe von flexiblen isolirten Leitungen, deren Ende mit Stöpseln versehen sind, kann man jeden Stromkreis mit jeder Dynamo verbinden und alle anderen erforderlichen Schaltungen machen. Die Contactplatten enthalten je drei Steckcontacte, damit man die Schaltungen ohne Stromunterbrechung ausführen kann. Das Schaltbrett in der Maschinenhalle in Chicago, welches für 16 Stromkreise und 16 Dynamos bestimmt war, enthielt auf jeder Marmorplatte 32 Contactplatten.

Die Wood-Dynamo ist in vielen Centralen in Anwendung; es sind z. B. in einer Centrale in St. Louis 95 Dynamos aufgestellt und ebenso viele in einer Centrale in New-Orleans.

Bogenlicht-Dynamo der Standard Electric Co.

Diese Dynamo von der Form der Manchester-Type hat ebenfalls Serienschaltung; dieselbe ist in Fig. 14 abgebildet. Das Magnetgestell besteht aus vier Theilen. Die schmiedeeisernen cylindrischen Kerne der Feldmagnete sind an die beiden Jochstücke, welche aus weichem Gusseisen bestehen, angeschraubt. Das untere Jochstück ist mit den beiden Lagerböcken aus einem Stücke gegossen. Die Kugelgelenklager sind selbstölend. Die Armatur ist ein Gramme-Ring. Der Kern hat die Form eines glatten Cylinderringes und besteht aus schmiedeeisernen Scheiben, welche durch Papierzwischenlagen getrennt sind. Durch den Kern gehen zwölf Löcher hindurch, in welche Bolzen gesteckt sind, welche die Scheiben zusammenhalten. Auf der Achse der Dynamo ist eine Nabe aufgekeilt, welche durch sechs Speichen mit einem Messingring in Verbindung ist. An diesem sind die 12 Bolzen angeschraubt. Die Armatur ist daher nur auf einer Seite befestigt. Der ganze Armaturkern ist mit schellackirter Leinwand umhüllt; darüber sind die Spulen gewickelt. Die Dynamos für 50 oder mehr Lampen haben 132, die für kleinere Lampenzahl haben 96 Spulen. Jede einzelne Spule liegt auf einem Streifen schellackirter Leinwand, dessen Seiten über die fertige Spule gebogen werden. Die

Spulen werden durch sechs Drahtbünde zusammengehalten, welche von der Armatur durch Glimmer isolirt sind. Die Stromzuführungen zum Collector bestehen aus Kupferbändern; dieselben sind zuerst horizontal bis in eine Entfernung von einigen Centimetern vom Ringe geführt und dann mit den Collector-Segmenten verbunden. Die Ebene der Bänder ist dabei schief gestellt, so dass eine sehr gute Ventilation der Armatur erfolgt. Die Collector-Segmente sind entweder durch Luft oder durch vulcanisirte Fiber von einander isolirt. Der Strom wird durch zwei Kohlenplatten abgenommen.

Die Dynamos werden gewöhnlich für 20 bis 60 in Serie zu schaltende Lampen und für dreierlei Stromstärken construirt, je nachdem die Lampen 2000, 1600 oder 1200 Kerzen haben sollen. Gegenwärtig wird auch eine Type für 100 Lampen gebaut. In der Maschinenhalle der Ausstellung in

Fig. 14.

Chicago waren 20 Dynamos für je 50 Lampen à 2000 Kerzen in Betrieb; die Tourenzahl war 950. Ausserdem waren einige Dynamos im Elektricitäts-Gebäude in Betrieb.

Die Regulirvorrichtung für constante Stromstärke, welche an der Dynamo selbst angebracht ist, wirkt so ausgezeichnet, dass die E. M. K. fast momentan der Lampenzahl angepasst wird. Die Regulirung erfolgt in folgender Weise. Auf der einen Seite der Dynamo sind die Polschuhe zwischen der Armatur und der Feldmagnetwickelung durch einen nichtmagnetischen Streifen verbunden. In der Mitte desselben ist ein um eine horizontale Achse drehbares gerades Eisenstück *F* angebracht (Fig. 15), welches sich in die Richtung des verticalen Streifens zu stellen sucht, wenn die Dynamo Strom abgibt. Gewöhnlich hat der Eisenstab eine Lage, welche fast um 90° davon verschieden ist. An dem Eisens[illegible] [illegible] Messingstange *A* angeschraubt, welche an ihrem unteren Ende ein Messingstück *B* trägt. Dieses wird durch eine Feder nach abwärts gezogen; die Federspannung lässt sich durch eine Schraube verändern. Je grösser die Stromstärke ist, desto mehr wird das Messingstück *B* nach aufwärts gezogen. Von der Dynamo-Achse aus wird ein Metallstück *C* (Fig. 16) von ungefähr 4 und 5 *cm* Seitenlänge in eine hin- und hergehende Bewegung versetzt. Zu diesem Zwecke ist an der Vorderseite der Dynamo-Achse (Fig. 14) eine kleine Rolle angeschraubt, welche durch eine Schnur eine grössere Rolle in Bewegung setzt. Auf der Achse derselben ist ein kleiner Excenter angebracht; derselbe ist durch einen Arm mit dem Metallstück *C* in

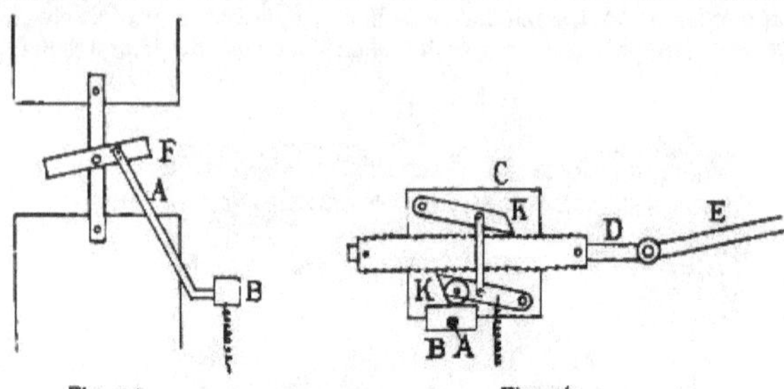

Fig. 15. Fig. 16.

Verbindung, welches eine Führung hat. In der Fig. 16 ist nur das Metallstück *C* allein gezeichnet. An demselben sind zwei Klinken *K* befestigt, welche durch einen Arm verbunden sind. Die untere Klinke trägt eine Rolle und wird durch eine Feder nach abwärts gezogen. Die Rolle rollt auf dem Messingstück *B*. Dadurch wird auf den Eisenstab *F* ein Drehmoment ausgeübt, welches der Anziehung der Magnetpole entgegenwirkt. Zwischen den Klinken befindet sich eine gezahnte Messingstange. Diese ist an eine Stange *D* angeschraubt, welche eine Führung hat und durch einen

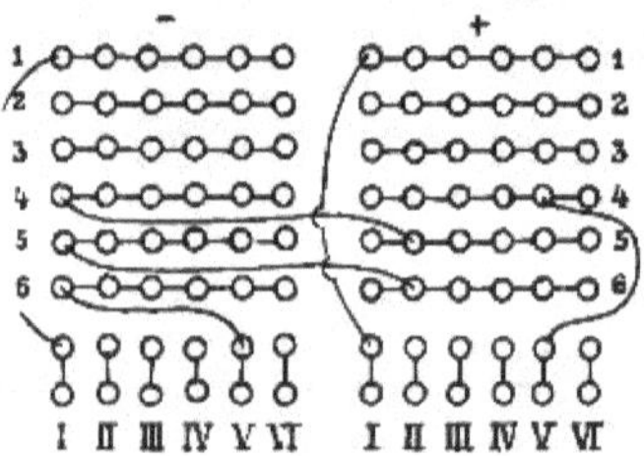

Fig. 17.

gelenkigen Arm *E* mit dem Bürstenhalter verbunden ist. Wenn der Strom die normale Stärke hat, greifen die Klinken nicht in die Zahnstange ein; es bleibt daher die Bürstenstellung unverändert. Wird die Stromstärke zu gross, so wird das Messingstück *B* gehoben. Die untere Klinke greift in die Zahnstange ein und schiebt dieselbe nach links. Dadurch werden die Bürsten so verstellt, dass die E. M. K. der Dynamo kleiner wird. Ist die Stromstärke zu klein, so bewegt sich das Messingstück *B* nach abwärts; nun greift die obere Klinke in die Zahnstange ein, wodurch die Bürsten in entgegengesetztem Sinne verschoben werden. Neben jeder Dynamo befindet sich auf einem Ständer ein Strommesser. Die Feldmagnetwickelung kann durch einen Ausschalter kurzgeschlossen werden.

Die Schaltbretter für Bogenlampenkreise sind aus Holz, Marmor oder **Schiefer gemacht. Jedes** Schaltbrett besteht aus einer positiven und einer **negativen Hälfte** (Fig. 17). Die Enden der Stromkreise sind mit horizontalen **Schienen verbunden**, welche in den beiden Hälften des Schaltbrettes angebracht sind. **Jede** Schiene hat so viele Contacte, als Dynamos vorhanden **sind. Unterhalb** der Schienen befinden sich in jeder Hälfte des Schaltbrettes so viele Doppel-Contacte, als Dynamos vorhanden sind. Die Verbindungen am Schaltbrett werden mit isolirten Leitungen gemacht, deren **Enden mit Stöpseln** versehen sind. Alle blanken Theile befinden sich an **der Rückseite.** In der Figur ist ein Schaltbrett für sechs Dynamos und **sechs Stromkreise** gezeichnet. Der Stromkreis 1 ist mit der Dynamo I **verbunden; die** Dynamo V speist die Stromkreise 6, 5, 4 in Serie. Die **Schaltungen werden** in der bei den früheren Systemen beschriebenen Weise **ausgeführt. In** der Maschinenhalle in Chicago war das Schaltbrett für **20 Stromkreise** und 20 Dynamos eingerichtet.

Die Standard Electric Co. verwendet die neue Bogenlampe von **C. A. Pfluger,** welche sehr gut regulirt. Dieselbe ist auch mit einer **automatischen Vorrichtung** versehen, welche bewirkt, dass der Strom durch **eine Kupferspirale** fliesst, wenn der durch die Kohlen fliessende Strom **unterbrochen wird.** In den Lampen werden flache breite Kohlen verwendet. **Dieselben erhalten** noch einen dünnen Kupferüberzug und reichen für **18 Stunden aus;** der Lichtbogen wandert langsam durch die Breite der **Kohlen hin und** her.

Als Beispiel dafür, dass Bogenlampen in Serienschaltung auch im **Innern von Gebäuden** vortheilhaft verwendet werden können, mag angeführt **werden,** dass in dem Geschäftshause „The Fair" in Chicago, in **welchem eine eigene** Centrale errichtet ist, seit zwei Jahren 600 Bogen**lampen und 3000** Glühlampen in Betrieb sind; gegenwärtig wird die Anlage **auf 1000 Bogenlampen** und 5000 Glühlampen erweitert. Den Strom für **die Bogenlampen** liefern Dynamos der Standard Electric Co.

Im Elektricitäts-Gebäude in Chicago wurden auch einige Bogenlicht-**Dynamos der Standard** Electric Co. als Motoren betrieben. Jeder **Motor erhielt den** Strom von einer gleichen Dynamo in der Maschinen**halle. Die Motoren** hatten keinen Vorschaltwiderstand, weil die Primär-**Dynamo ohnehin** auf constante Stromstärke regulirt.

Bogenlicht-Dynamo der Western Electric Co.

Bei der Dynamo der Western Electric Co. erfolgt die Regulirung des **Stromes ebenfalls** durch Bürstenverstellung. Die Dynamos werden für **zweierlei Stromstärken** construirt: für 18 A. und 10 A. Im ersten Falle **werden in den** Stromkreis Lampen eingeschaltet, welche auf kleine Licht**bogenlänge reguliren,** so dass pro Lampe und Zuleitung nur 28—30 V. **gerechnet werden.** In den Stromkreis der Dynamos für 10 A. werden **Lampen eingeschaltet,** welche auf grosse Lichtbogenlänge reguliren, so **dass pro Lampe** und Zuleitung 52—54 V. gerechnet werden. Beide Arten **von Dynamos werden** in verschiedenen Typen ausgeführt; die grössten **liefern Strom für** 60 in Serie geschaltete Lampen. Die Wahl von hoch- oder **niedervoltigen** Lampen hängt von Umständen ab, da beide Systeme **ihre Vortheile haben.** Dieselben mögen nebeneinander gestellt werden. **Bei Verwendung** hochvoltiger Lampen braucht man wegen der kleineren **Stromstärke weniger** Kupfer für die Leitungen, die Isolirung des Strom**kreises muss besser** sein, das Licht enthält viele blaue und violette Strahlen, **der Lichtbogen** ist ruhig. Für eine gegebene [illegible] K. der Dynamo **entfallen weniger** Lampen auf einen Stromkreis [illegible] man zur Beleuchtung eines Stadttheiles mehr Stromkreise und Dynamos braucht. Bei Verwendung von niedervoltigen Lampen braucht man mehr Kupfer für die Leitungen, der Isolations-Widerstand eines Stromkreises kann unter Voraussetzung der gleichen Lampenzahl geringer sein als bei Verwendung von hochvoltigen Lampen; die Farbe des Lichtes ist weiss, der Lichtbogen zischt. Unter Voraussetzung gleicher E. M. K. kommen auf einen Stromkreis mehr Lampen.

Die Form der Dynamo ist aus Fig. 18 ersichtlich, welche eine Dynamo für hochvoltige Bogenlampen darstellt. Das Magnetgestell besteht aus vier Theilen; an die beiden verticalen Joche sind die Magnetkerne angeschraubt, welche durch zwei die Armatur sehr weit umschliessende Polstücke verbunden sind. Das untere Polstück hat Angüsse, welche an die Bodenplatte festgeschraubt werden, und seitliche Verbreiterungen, auf

Fig. 18.

welche die Lagerböcke aufgesetzt sind. Die aus Eisenblechen zusammengesetzte Armatur hat glatte Oberfläche und Trommelwickelung. Die Collector-Segmente sind bei den grössten Typen durch eine 3 *mm* breite Luftschichte voneinander isolirt. Der Strom wird durch zwei Paare von Kohlenplatten abgenommen. Die zusammengehörigen Platten sind miteinander fest verbunden und stehen um die Breite eines Segmentes voneinander ab. Die Regulirvorrichtung ist in dem in der Figur sichtbaren Kästchen untergebracht und beruht auf dem Principe der entweder gleichzeitig oder einzeln bewegten Schraube und Mutter. In dem Kästchen befindet sich ein vom Strome erregter Elektromagnet, welcher einen Anker anzieht, der mit einem viereckigen Rahmen verbunden ist. Der Rahmen wird durch eine Feder nach der entgegengesetzten Seite gezogen. In dem Raume innerhalb des Rahmens befindet sich eine Spindel und eine Mutter.

Von der Achse der Dynamo aus wird durch eine Uebersetzung mit Schnur ein kleines Kegelrad und von diesem ein grösseres in Umdrehung versetzt. Das grössere Kegelrad ist sowohl mit der Spindel, als auch mit der Mutter durch Klinken ausrückbar gekuppelt. Bei normaler Stromstärke rotiren Spindel und Mutter gleich schnell und daher ändert die Spindel nicht ihre Lage gegen die Mutter. Wird aber die Stromstärke zu gross oder zu klein, so bewegt sich der viereckige Rahmen nach der einen oder anderen Seite und löst die Kuppelung der Mutter oder Spindel aus. Dadurch bewegt sich die Spindel nach vorwärts oder rückwärts. Die Spindel ist durch ein Kugelgelenk mit einem Arme in Verbindung, dessen Ende an dem Bürstenhalter befestigt ist. Durch die Bewegung der Spindel wird daher der Bürstenhalter verschoben. Die Dynamo regulirt vollkommen von Kurzschluss bis zur Vollbelastung und hat dabei einen funkenlosen Gang. Die Regulirvorrichtung ist adjustirbar, so dass die Dynamo eine kleinere

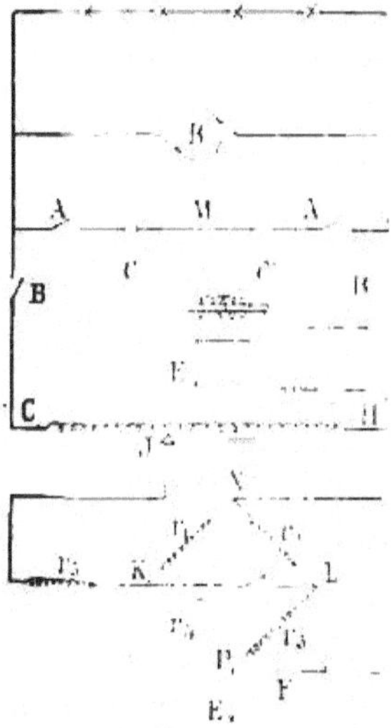

Fig. 16.

Stromstärke liefert. Man braucht nur die Spannung der Feder zu ändern, welche auf den viereckigen Rahmen wirkt. Die Feldmagnete haben zwei Wickelungen. Man kann auf jeder Seite einen Theil der Wickelung ausschalten. Durch Adjustirung der Regulirvorrichtung und Ausschaltung eines Theiles der Feldmagnetwickelung wird die Stromstärke der Dynamo in den Nachtstunden auf 7½ A. verringert. Die Schaltbretter für Bogenlampenkreise sind ähnlich wie die der Fort Wayne Electric Co. construirt. Soll eine Dynamo durch eine andere substituirt werden, so wird diese zunächst kurz geschlossen hinzugeschaltet, der Bürstenhalter ist so gestellt, dass die Dynamo die kleinste E. M. K. liefert. Hierauf wird der Kurzschluss unterbrochen und die Bürstenhalter der zweiten Dynamo mit der Hand allmälig verschoben. Dabei hat der Regulator der ersten Dynamo Zeit, den Bürstenhalter so zu verstellen, dass die Dynamo eine kleinere E. M. K. liefert. Man verstellt den Bürstenhalter der zweiten Dynamo mit der Hand so lange, bis diese [illegible] die erforderliche [illegible]

E. M. K. liefert, hierauf wird die erste Dynamo kurz geschlossen und abgeschaltet.

In der Maschinenhalle der Weltausstellung in Chicago waren 14 Dynamos für je 50 hochvoltige Lampen in Betrieb. Das Schaltbrett war für 36 Stromkreise eingerichtet. Die Enden der Stromkreise und die Zuleitungen zu den Dynamos waren mit Contactplatten verbunden, welche je drei Steckcontacte enthielten, in welche Stöpsel eingesteckt wurden, die durch isolirte Leitungen verbunden waren.

Interessant ist die Art, wie die Bogenlampenkreise auf Erdschluss geprüft werden. Dies ist in der Fig. 19 schematisch dargestellt. *A A'* und *B B'* repräsentiren zwei doppelpolige Ausschalter, *C C'* sind zwei Condensatoren. An *M* ist das eine Ende der Wickelung eines Elektromagneten angeschlossen, das andere Ende ist an Erde gelegt. Durch Anziehung des Ankers wird ein Localkreis geschlossen, in welchen eine Klingel eingeschaltet ist. Zwischen *G* und *H* ist ein Stöpselwiderstand von 200.000 Ω eingeschaltet, der in gleiche Abtheilungen getheilt ist.

In dieLeitung *J K* ist ein Widerstand $r_5 = 100.000\ \Omega$ eingeschaltet. Für r_1 und r_2 kann man je nach der Stöpselung 10, 100 oder 1000 Ω wählen. Der Zweig r_3 ist eine Stöpselwiderstand von 0 bis 10.000 Ω. An die Punkte *N P* ist eine Localbatterie angeschlossen, der Punkt *P* ist an Erde gelegt. Man schliesst zunächst den Ausschalter *A A'*; dabei sind die Ausschalter *B B'* und *F* offen. Ist im Bogenlampenkreise ein Erdschluss vorhanden, so läutet die Klingel. Um denselben zu ermitteln, öffnet man *A A'* und schliesst *B B'*. Man verändert die Stellung des Stöpsels *J* so lange, bis das Galvanometer, welches in den Zweig *K L* geschaltet ist, stromlos ist. Das Verhältniss der Widerstände *G J* und *J H* ist dann gleich dem Verhältniss der Lampenzahlen zu beiden Seiten des Erdschlusses. Will man den Isolations-Widerstand messen, so wird *F* geschlossen. Durch das Galvanometer fliesst nun ein Strom, der aber nicht von der Dynamo geliefert wird, sondern von der Localbatterie im Zweige *F N*. Man wählt für r_1 r_2 ein geeignetes Verhältniss und variirt r_3 so lange, bis die Galvanometer-Nadel wieder ihre Ruhelage einnimmt. Dann ist der durch Rechnung für den vierten Zweig der Wheatstone'schen Brücke gefundene Widerstand $r_4 = \frac{r_1 r_3}{r_2}$ gleich r_5 mehr dem Isolations-Widerstande des Bogenlampenkreises. Durch diese Messung überzeugt man sich, wie der Erdschluss im Bogenlampenkreise beschaffen ist. Jedes Schaltbrett enthält nur eine solche Messvorrichtung, die mit jedem Lampenkreise verbunden werden kann.

Bogenlicht-Dynamo der Westinghouse Electric Co.

Diese Dynamo, welche seit Jahren sich sehr gut bewährt hat, liefert einen Wechselstrom von 133 Perioden. Die Stromstärke ist gewöhnlich 10 A., doch sind auch einige Typen für 6·8 A. construirt worden. Die einzelnen Typen liefern Strom für eine verschiedene Anzahl von Lampen. Im Maximum werden 60 Lampen direct in einen Kreis in Serie geschaltet. Der Feldmagnet dieser Dynamos hat, wie aus der Fig. 20 ersichtlich ist, die Gestalt eines Kranzes mit radial nach innen ragenden Kernen. Die letzteren sind mit dem Kranze aus einem Stücke gegossen, besitzen jedoch in Entfernungen von einigen Centimetern Luftschlitze, welche durch den ganzen Kern hindurchgehen; diese Untertheilung wird durch den Guss hergestellt. Der Armaturkern ist ebenso besshaffen wie bei den Dynamos für constante Klemmenspannung. Derselbe besteht aus dünnen Blechen, welche so viele Zähne haben, als der Feldmagnet Pole hat. Die

Form ist aus Fig. 21 ersichtlich. Die Bleche werden durch zwei Deckplatten zusammengepresst, welche von zwei Speichenrädern gehalten werden. Ueber die Zähne werden die fertigen Spulen gestülpt und dann seitlich zusammengedrückt, so dass sie sich an den Hals der Zähne anlegen. Vom Armatureisen sind die Spulen durch Fiberpapier und Glimmer sehr gut isolirt. Zwischen die Spulen werden Holzkeile eingesteckt, welche durch die Zähne in ihrer Lage gehalten werden. An den Stirnflächen der Armatur ragen die Spulenenden hervor; dieselben werden durch zwei sie bedeckende Messingringe geschützt, welche an die Deckplatten angeschraubt sind oder von besonderen Naben getragen werden. Diese

Fig. 20.

Construction bietet den grossen Vortheil, dass die Armaturwindungen gegen mechanische Beschädigungen vollkommen geschützt sind. Auf jeden Zahn ist eine dickdrahtige und eine dünndrahtige Spule aufgeschoben. Die Die ersteren werden in Serie geschaltet und mit zwei Schleifringen verbunden, von welchen der Strom für die Lampen abgenommen wird. Die dünndrahtigen Spulen werden ebenfalls in Serie geschaltet und mit einem auf der Achse angebrachten Commutator verbunden, von welchem der Erregerstrom abgenommen wird.

Die dickdrahtigen Armaturspulen haben viele Windungen und daher einen grossen inductiven Widerstand $2 \pi n L$. Der scheinbare Widerstand des ganzen Stromkreises ist daher gross im Vergleich mit dem Widerstande R der in Serie geschalteten Lampen. Man kann angenähert setzen:

$$\sqrt{R^2 + (2 \pi n L)^2} = 2 \pi n L.$$

Die Dynamo braucht aus diesem Grunde keinen Regulator. Man kann die Lampenzahl beliebig bis zur Maximalzahl variiren, oder die Dynamo kurz schliessen, wobei die Stromstärke nur wenig verändert wird. Dies ist ein grosser Vortheil. Es muss jedoch eine besondere Vorsichtsmaassregel

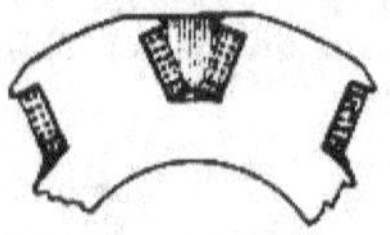

Fig. 21.

angewendet werden. Da nämlich der äussere Widerstand R klein ist im Vergleich mit dem scheinbaren Widerstande des Stromkreises, so ist die E. M. K. der Dynamo mehrfach grösser als die Klemmenspannung. Eine sehr grosse Componente der E. M. K. überwindet die Selbstinduction in der Armatur, verursacht aber nur wenig Arbeitsverlust. Wird der äussere Stromkreis unterbrochen, so tritt die ganze E. M. K. als Klemmenspannung auf. Dieselbe wird noch dadurch erhöht, dass die Rückwirkung des Armaturstromes auf das Magnetfeld aufhört, welche gerade bei dieser Dynamo wegen der grossen Selbstinduction und der daraus folgenden Phasenverschiebung des Stromes beträchtlich ist. Durch die hohe Klemmenspannung ist die Isolation der Leitungen gefährdet; ausserdem tritt die hohe Spannung an der Unterbrechungsstelle des Stromkreises auf. Aus diesem Grunde ist an der Dynamo eine Vorrichtung angebracht, welche den Stromkreis kurzschliesst, wenn die Klemmenspannung zu hoch wird; schematisch ist dieselbe in der Fig. 22 gezeichnet. Ein Solenoid ist mit

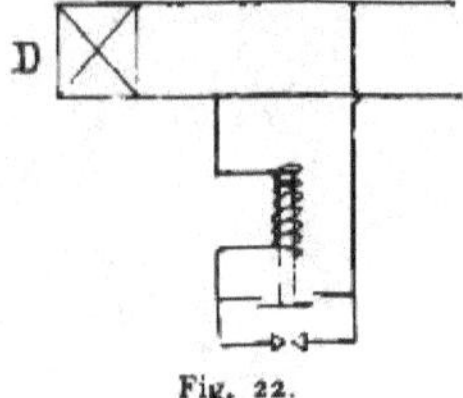

Fig. 22.

einer Funkenstrecke in Serie geschaltet und an die beiden Stromleitungen angeschlossen. Wird der Stromkreis unterbrochen, so wächst die Klemmenspannung; zwischen den Spitzen springt ein Funke über. Der durch das Solenoid fliessende Strom zieht den Anker an und schliesst dadurch die Dynamo D kurz. Zwischen den Schleifringen befindet sich ebenfalls eine Funkenstrecke, welche aus zwei in geringem Abstande befindlichen Metallspitzen besteht. Die Spitzen sind mit den Schleifringen leitend verbunden. Der etwa überspringende Funke wird sofort auslöschen, wenn die Dynamo kurzgeschlossen wird.

Die Bogenlampen, welche zur Strassenbeleuchtung verwendet werden, erhalten flache Kohlen von $1^1/_2$ *cm* Dicke und $2^1/_2$—5 *cm* Breite. Die ersteren reichen für 18, die letzteren für 36 Stunden aus. Der Lichtbogen wandert langsam durch die Breite der Kohle hin und her. Die Verwendung von Wechselstrom für Bogenlampenkreise bietet den Vortheil, dass auch innerhalb der Häuser Lampen beleuchtet werden können, ohne den directen

Stromkreis zur Lampe zu führen. Man befestigt an dem die Leitungen tragenden Gestänge oder an der Aussenseite des Hauses einen kleinen Transformator, der im Verhältniss 1 : 1 umformt. Die Lampe im Innern des Gebäudes ist in den secundären Kreis geschaltet. Will man die Lampe abschalten, so wird sie kurzgeschlossen. Der primäre Strom behält seine Stärke, der secundäre Strom ist etwas schwächer. Der Transformator verursacht in diesem Zustande nur einen kleinen Spannungs- und Arbeitsverlust.

Die Westinghouse Co. construirt auch Bogenlicht-Dynamos für grössere Stromstärken, z. B. 30 A. Die einzelnen Lampen werden dann nicht direct in den Stromkreis geschaltet, sondern in den secundären Kreis von kleinen Transformatoren, welche im Verhältnisse 1 : 3 umformen. Da dann auf jede eingeschaltete Lampe nur circa 15 V. Spannungsdifferenz im Hauptstromkreise entfällt, reicht eine Dynamo für eine viel grössere Lampenzahl aus. Die grösste Type der Dynamo ist für 175 Lampen construirt.

Das Feuermeldewesen in Wien.

(Aus einem Vortrage des Herrn Ingenieurs JULIUS STERN im Allgemeinen technischen Vereine.)

(Fortsetzung.)

Der Taster dient zur telegraphischen Verständigung mit der Empfangsstation, die Glocke ist das Controlzeichen für den Feuermeldenden, dass der Apparat ordentlich functionirt, da dieselbe bei jedem Zeichen, das durch den Automaten gegeben wird, mittönt, und zwar so, dass jedem Punkt oder Strich des Morse-Alphabetes ein kürzer oder länger anhaltender Glockenschlag entspricht.

In dem oberen Theile des Apparates, in welchem sich auch das Läutwerk befindet, ist der Taster *t* und ein Contact *c* untergebracht. Der Taster *t* wird, nachdem die Zeichenabgabe durch den Automaten beendet, geschlossen, um von der Empfangsstation fünf Glockenschläge als „Verstanden"-Zeichen zu empfangen. Das Nähere darüber wird bei Erörterung der Schaltungsweise erklärt werden. Der Contact *c* ist so eingerichtet, dass, so lange das Laufwerk im Gange ist, die Leitung vom Taster *t* unterbrochen wird. Dies musste an den neueren Apparaten durchgeführt werden, da die praktischen Erprobungen ergaben, dass oft die meldende Person nicht die Zeichenabgabe abwartete, um den Taster *t* sodann zu drücken, sondern während derselben dies that, also einen kurzen Stromschluss bewirkte, wodurch die Empfangsstation keine Zeichen erhielt. Dies ist jetzt durch diese Construction unmöglich gemacht.

Betrachten wir nun kurz, was eine feuermeldende Person zu thun und zu beobachten hat: Sie drückt rasch auf einen der Art des Feuers entsprechenden Knopf und lässt ihn ebenso rasch aus; allsogleich ertönen im unteren Raume Glockenschläge, welche dem Feuermeldenden anzeigen sollen, dass die Depesche richtig abgeht. Hören die Glockenschläge auf, so drückt er auf den Taster *t* oben und hält denselben so lange nieder, bis er von der Filiale fünf Glockenschläge erhalten hat, lässt ihn dann aus und wartet nun beim Feuermelder die Ankunft des Löschtrains ab. Erhält er trotz Niederdrückens des Tasters die fünf Glockenschläge nicht, so zeigt dies an, dass seine Depesche nicht verstanden wurde und hat derselbe laut Instruction die Zeichenabgabe zu wiederholen.

Aus all dem ersehen wir, dass nicht nur eine sehr rasche Feuermeldung ermöglicht wird, sondern dass Jedermann im Stande ist, rasch, sicher und zuverlässig eine derartige Meldung abzugeben. Das ist eben eine der geforderten und wichtigen Bedingungen, welche hier in vollem Maasse erfüllt werden.

Fig. 9 zeigt uns die Schaltung des Feuermelders in Verbindung mit der Empfangsstation. Die Schaltung ist für combinirten Ruhe- und Arbeitsstrom eingerichtet.

Im Ruhezustand ist die Leitung stromlos. Durch Drehen des Sectors wird bei *o*—*n* Contact gegeben. Bei einem solchen Contact ist der Stromlauf folgender: Von dem + Pol der in der Empfangsstation befindlichen Linienbatterie geht ein Strom durch Taster *T*, Galvanometer *G*, Relais *R* und Blitzschutzvorrichtung *B* in die Leitung zu dem Feuermelder in die Blitzschutzvorrichtung *v* nach *n* in die Feder *o*, durch die Glocke *u* zur Erdplatte, durch die Erde als Rückleitung in die Erdplatte der Empfangsstation zum — Pol der Batterie zurück. Demzufolge schlägt die Nadel des Galvanometers aus, zeigt dadurch an, dass Strom durch die Leitung fliesst und das Relais *R* zieht den Anker an, der einerseits die runde, rothe Scheibe auslöst und andererseits durch einen Localcontact Strom aus Batterie *O B* in den Schreibapparat *M* sendet. Der Schreibapparat ist mit Selbstauslösung versehen, d. h. der Papierstreifen fängt beim ersten Stromschluss durch automatische Auslösung zu laufen an. Die rothe Scheibe schliesst einen

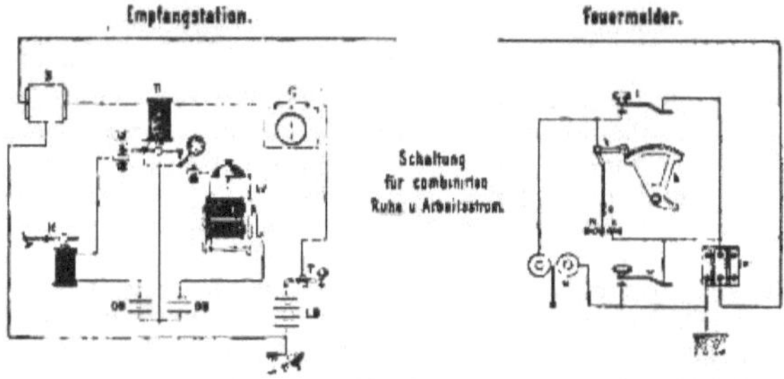

Fig. 9.

zweiten Localstromkreis der Batterie *O B* durch die Glocke *W*, welche so lange fortläutet, bis die rothe Scheibe durch den Beamten gehoben, d. h. in ihre frühere Lage gebracht wird. Den einzelnen Contacten bei *on* des Feuermelders entsprechen Contacte des Relais *R*, und diesen Contacten entsprechen wieder Anziehungen des Ankers beim Schreibapparat *M*, d. h. es entstehen die Morse-Zeichen auf dem Papierstreifen. Ist die Contactgebung beendet und wird der Taster *t* gedrückt, so fliesst ein constanter Strom von $+ LB - T - G - R - B -$ Linie $- v - t - u -$ Erde retour $- LB$. Dies ist ein Ruhestrom. Derselbe bewirkt, dass alle eingeschalteten Elektromagnete ihre Anker anziehen und in dieser Stellung verharren, also auch Glocke *u*, Relais *R*, Galvanometer *G*. Dieser Ruhestrom wird aber von dem Beamten der Empfangsstation durch Niederdrücken des Tasters *T* unterbrochen (die Anker fallen ab) und durch Auslassen des Tasters wieder in Thätigkeit gesetzt. Dieses fünfmal wiederholt, gibt die vorbesprochenen fünf Schläge der Glocke *u* als „Verstanden"-Zeichen.

Bei der telegraphischen Correspondenz ist der Stromlauf folgender: $+ LB - T - G - R - B -$ Linie $- v - w -$ Erde retour $- LB$.

Die Verbindung mehrerer Feuermelder mit der Empfangsstation zeigt Fig. 10. Diese sind in Gruppen an eine Leitung geschlossen, d. h. die Leitung führt bei jedem Feuermelder vorüber und ist an dieser Stelle abgezweigt; als Rückleitung dient die Erde, zu welchem Zwecke bei jedem

Feuermelder eine Kupferplatte mit demselben leitend verbunden, in die Erde versenkt wird. Wird nun beispielsweise durch Melder 6 eine Feuermeldung gegeben, so nimmt der Strom den Weg von 6 aus durch die Leitungen *m—n* zur Empfangsstation, wo er die zu dieser Gruppe gehörigen Apparate passirt, durch die Erdleitung *E* zur Erde, durch diese zur Erdleitung *f* zu den Feuermelder 6 zurück.

Die ehemaligen Vororte, jetzt die neuen Bezirke Wiens, besitzen weder die städtischen Feuermelder noch ist ein irgendwie einheitliches System in den Vororten zur Durchführung gelangt. Erst seit der Vereinigung derselben mit Wien ist das Feuerwehrcommando bemüht, das städtische Netz so weit als thunlich auch auf die neuen Bezirke auszudehnen.

In Verwendung stehen zum Theile die automatischen Feuermelder von W. Wolters, Inductorapparate, Tasterapparate, sowie Telephone in grösserer Anzahl.

Der Wolters'sche Feuermelder ist äusserlich dem Eggert'schen ähnlich, unterscheidet sich jedoch in der Construction wesentlich von diesem. An der Vorderseite befinden sich die fünf Tasterknöpfe mit den bekannten Aufschriften und wird durch Hineindrücken eines derselben ein Räderwerk mit Gewichtantrieb, das vorher schon aufgezogen war, ausgelöst, welches

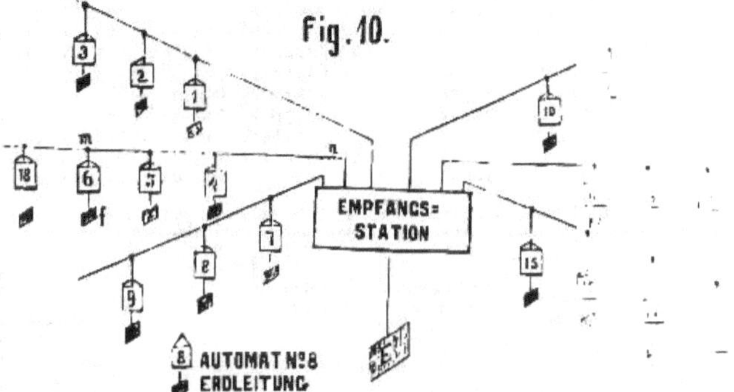

Räderwerk das Contactrad in Umdrehung versetzt und so [illegible] Empfangsstation vermittelt. Der Feuermelder besitzt noch die Eigenthümlichkeit, bei sich abspielender Depesche das Hineindrücken eines anderen Tasters zu verhindern.

Das Leitungsmaterial und die Art der Leitungslegung [illegible] den Fortschritten der Elektrotechnik angepasst und [illegible] darüber genauestens Aufschluss.

Unter Correspondenzleitungen sind jene Linien verstanden, [illegible] schliesslich zur telegraphischen Verständigung zwischen den [illegible] des Netzes dienen. Automatenleitungen sind jene, welche das Netz der Feuermelder bilden. Telephonleitungen dienen zur mündlichen Correspondenz [illegible] Alarmleitungen dienen in den alten Bezirken zur Alarmirung [illegible] in den neuen Bezirken jedoch zur Feuermeldung.

Die so plötzlich hohen Zahlen in den Jahren 18[illegible] sind durch die Vereinigung der Vororte mit Wien, also Einbeziehung der [illegible] ortlichen Telegraphen- und Telephonanlagen entstanden.

Ferner ist aus dieser Tabelle ersichtlich, dass die [illegible] aus Eisendraht hergestellten Luftleitungen allmälig durch [illegible] drähte ersetzt werden, da letztere bei kleinerem Querschnitt [illegible] standsfähiger gegen Witterungseinflüsse, sowie weitaus le[illegible]

TABELLE I. Ueber die Leitungslängen und Art des Leitungsmateriales von 1855—1892.

Stand zu Ende des Jahres	Correspondenz-leitungen in Meter	Automaten-leitungen in Meter	Telephon-leitungen in Meter	Alarm-leitungen in Meter	Totalsumme in Meter	Hievon waren		
						Eisendrähte in Meter	Kabel in Meter	Siliciumbroncedrähte in Meter
1855	573	—	—	—	573	—	—	—
1864	22.682	—	—	—	22.682	—	—	—
1871	25.002	—	—	1.670	26.672	—	—	—
1872	26.712	—	—	1.670	28.382	—	—	—
1873	32.260	—	—	3.080	35.340	—	—	—
1874	34.268	—	—	5.580	39.848	—	—	—
1875	64.929	—	—	5.580	70.509	—	—	—
1876	65.679	—	—	5.580	71.259	—	—	—
1877	65.679	—	—	6.380	72.059	—	—	—
1878	67.349	—	—	8.575	75.924	—	—	—
1879	67.813	—	—	8.575	76.388	—	—	—
1880	71.189	5.915	—	9.362	86.466	—	—	—
1881	71.189	40.620	—	9.677	121.476	—	—	—
1882	71.189	55.690	350	8.672	135.900	—	—	—
1883	71.189	60 355	2.950	8.672	143.166	—	—	—
1884	73.229	64.070	2.950	8.672	148.921	—	—	—
1885	78.719	68.785	2.950	8.672	159.126	117.521	26.165	15.440
1886	91.589	72.030	3.700	7.187	174 506	108.347	26.245	39.914
1887	97.153	84.967	8.378	905	191 423	96.314	26.245	68.864
1888	119.433	94.334	19.408	905	234.080	92.393	26.185	115.502
1889	119.433	97.784	25.518	905	243.640	93.193	26.185	124.262
1890	119.916	102.325	32.003	—	254.844	93.193	32.229	129.422
1891	151.118	147.633	115.141	76.795	490.687	218.531	32.229	239.927
1892	159.668	155.623	119.141	76.836	511.268	215.006	32.229	264.033

TABELLE II. Ueber die Anzahl der Meldestationen von 1855—1892.

Stand zu Ende des Jahres	Correspondenz-stationen	Automatische Stationen	Telephon-stationen	Alarm-stationen	Summe der Stationen
1855	2	—	—	—	2
1864	10	—	—	—	10
1871	11	—	—	2	13
1872	12	—	—	2	14
1873	14	—	—	4	18
1874	15	—	—	6	21
1875	21	—	—	6	27
1876	23	—	—	6	29
1877	23	—	—	7	30
1878	24	—	—	9	33
1879	25	—	—	9	34
1880	25	11	—	10	46
1881	25	68	—	11	104
1882	25	107	1	10	143
1883	25	121	4	10	160
1884	25	140	4	10	179
1885	25	157	4	10	196
1886	25	108	5	8	206
1887	25	192	14	2	233
1888	24	206	21	2	253
1889	24	212	28	2	266
1890	24	219	34	—	277
1891	45	324	147	431	516*)
1892	45	334	151	—	530

*) In diese Summe (516) sind die Alarmstationen (431) nicht mit einbezogen, da dies keine Melder sind.

Die Zunahme der Meldestationen vom Jahre 1855 angefangen ist in Tabelle II ersichtlich. Im Jahre 1855 waren es zunächst die zwei Correspondenzstationen: Stephansthurm und Feuerwache Am Hof, 1864 kamen 8 Stationen in den Filialen dazu, welche von Jahr zu Jahr vermehrt wurden.

(Schluss folgt.)

Nachrichten aus Ungarn.

Elektrische Beleuchtung in Temesvar.

Die städtische elektrische Anlage, die einzige in Ungarn, welche in communaler Regie geführt wird, warf im Vorjahre 22.000 fl. Gewinn ab. In Folge dessen hat die Stadt den Brennpreis um 1·8 kr. pro Brennstunde ermässigt und für grössere Consumenten Rabatte bis 15 Percent bewilligt.

Budapester Lusterfabriks-Actien Gesellschaft.

Am 9. April l. J. constituirte sich in Budapest eine Actiengesellschaft zur Fabrikation von Lustern, hauptsächlich für elektrische Beleuchtung, dann aber auch für Gas- und Kerzenbeleuchtung. Diese Fabrik ist in Ungarn die erste, welche Luster erzeugt. Das Actiencapital beträgt vorläufig 125.000 fl. Die Direction dieser Gesellschaft wird vornehmlich aus Repräsentanten der Firma Ganz & Co. und der Ungarischen Elektricitäts-Actien-Gesellschaft gebildet. Das neue Unternehmen wird freundlich aufgenommen in Erwägung des Umstandes, dass es als im Interesse der ungarischen Industrie gelegen erachtet wird, dass Beleuchtungskörper, mit deren Fabrikation sich die neue Gesellschaft beschäftigen wird und die bisher aus dem Auslande bezogen wurden, nunmehr auch im Inlande werden erzeugt werden. Schr.

Budapester Allgemeine Elektricitäts-Actien-Gesellschaft.

Das von der Budapester Allgemeinen Elektricitäts-Actien-Gesellschaft errichtete Elektricitätswerk, welches bekanntlich in Concurrenz mit einem von Ganz & Co., Budapest, errichteten Werke — letzteres hat ebenfalls die Concession zur Kabellegung in allen Strassen — die Stadt mit elektrischer Energie versorgt, hat in der kurzen Zeit seines Bestehens eine so überraschende Entwicklung erfahren, dass das Werk bereits jetzt stark überlastet ist.

Wie wir einem Bericht der Direction an die letzte General-Versammlung entnehmen, war das Werk ursprünglich für 12.000 Lampen projectirt; jetzt, nach kaum neunmonatlichem Betriebe, sind indess schon 16.760 Lampen angeschlossen und weitere 36.860 angemeldet, so dass die Gesellschaft eine Erweiterung der Anlage für nothwendig erachtet und ihren technischen Consulenten, Herrn Geh. Hofrath Prof. Dr. Kittler, mit der Ausarbeitung der Pläne betraute.

Nachdem laut der vorliegenden Berechnungen die Erweiterungs-Arbeiten den Betrag von einer Million Mark in Anspruch nehmen und überdies der erweiterte Betrieb auch grössere Kosten beansprucht, beantragte die Direction, das Actiencapital von drei auf rund fünf Millionen Kronen zu erhöhen, was von der Versammlung auch einstimmig beschlossen wurde.

Das Werk, welches von der Elektricitäts-Actien-Gesellschaft, vorm. Schuckert & Co., nach dem Wechselstrom-Gleichstrom-Accumulatoren-system gebaut wurde, functionirte seit der Eröffnung im October 1893 tadellos.

Selbstthätige Umsteuerung für polarisirte Vorrichtungen mit hin- und hergehender Ankerbewegung.

Von C. BOHMEYER in Hanau a. M.

In nachstehender Fig. 1 sind s s_1 die Spulen eines gewöhnlichen Elektromagnets, mit welchem die beiden permanenten Stahlmagnete c c_1 derart verbunden sind, dass bei c c_1 die Nordpole derselben liegen. Die aus den Spulen hervorragenden Enden der Eisenkerne sind bei dieser Anordnung permanent nordmagnetisch, so lange kein Strom durch die Spulen geht. Der um eine Achse drehbare weiche Eisenanker [illegible] wird durch die gemeinsame Wirkung der Pole s s_1 und r r_1 derart polarisirt, dass er im Zustande der Ruhe stets von einem der nordmagnetisch polarisirten Eisenkerne angezogen ist. Mit dem Anker [illegible] ist das Stromschlussstück i verbunden, welches bewirkt, dass in den Endstellungen des Ankers [illegible] abwechselnd [illegible] Umsteuerungsfedern m und [illegible] von der Mittelschiene [illegible] abgehoben [illegible]. Aus dem [illegible] Verbindungsschema [illegible] zu ersehen, dass die Bewicklung der Spulen [illegible] der Spule [illegible] an [illegible] Feder [illegible] geschaltet und weiters der [illegible] der Batterie an die [illegible]schiene [illegible], der Kohlenpol an den Anker, [illegible] das [illegible] geführt ist. Wird nun bei der zur Darstellung gebrachten Stellung der Taster *t* niedergedrückt, so nimmt der Strom der Batterie *b* folgenden Weg: Kohlenpol der Batterie *b*, Taster *t*, Stromschlussstück *i*, Feder *n*, Spule a_1, Spule *a*, Feder *m*, Mittelschiene *o*, Zinkpol der Batterie. Bei dieser Stromrichtung wird

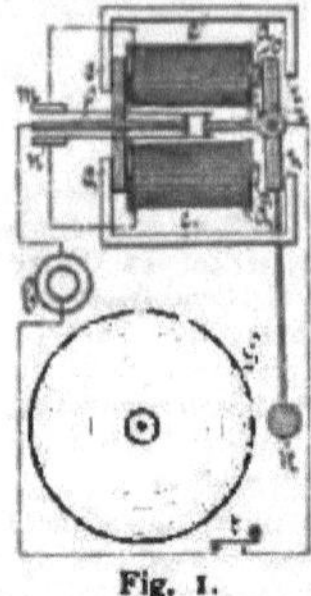

Fig. 1.

Eisenkern a_1 ein verstärkter Nordpol, *a* ein Südpol; *a* stösst den südmagnetisch polarisirten Anker ab und a_1 zieht denselben kräftig an, wodurch eine Ankerbewegung entsteht. Das Stromschlussstück *i* verlässt bei dieser Ankerbewegung die Feder *n* und hebt die Feder *m* von der Mittelschiene *o* ab. Es liegt dann die Feder *n* an der Mittelschiene und die Feder *m* an dem Stromschlussstücke *i*, wodurch der Strom sofort den umgekehrten Weg über die Spulenbewicklung in folgender Weise nimmt: Kohlenpol der Batterie *b*, Taster *t*, Stromschlussstück *i*, Feder *m*, Spule *a*, Spule a_1, Feder *n*, Mittelschiene *o*, Zinkpol der Batterie. Das Spiel wiederholt sich so lange, bis der Strom am Taster *t* unterbrochen wird. Sobald der Strom aufhört, bleibt der Anker auf einer oder der anderen Seite liegen, und da dann immer eine der beiden Umsteuerungsfedern mit dem Stromschlussstück *i*, die andere mit der Mittelschiene in Verbindung steht, so ist der Apparat stets zur Stromaufnahme bereit. Der am Anker befestigte Glockenklöppel *k* bringt durch seine rasch aufeinander folgenden Schwingungen die Glocke *G* zum Tönen, und da der Anker mit gleicher Kraft nach beiden Seiten, arbeitet so können auch zwei Glockenschalen verwendet werden. Die hin- und hergehende Bewegung des Ankers ist auch zum Fortrücken von Zahnrädern und für kleinere elektrische Kraftmaschinen u. s. w. geeignet. Nachdem bei dieser Anordnung Abreissfedern nicht zur Anwendung kommen und der polarisirte Anker die Anziehung wesentlich unterstützt, so ist mit einer kleinen Stromstärke eine verhältnissmässig grosse Kraftäusserung zu erzielen.

Elektrisch bethätigte Maschine zum mechanischen Copiren von Bildhauerarbeiten.

Auch der Bildhauer- und Steinmetzkunst sind die Fortschritte des Maschinenbaues in hohem Grade zu Gute gekommen; wenn wohl auch die wirkliche, schaffende Arbeit des Künstlers durch keine Maschine übernommen werden kann, so wird doch ein grosser Theil der rein mechanischen, sonst oft lange anhaltenden Arbeiten nunmehr durch sinnreiche Maschinen ausgeführt, mit deren Hilfe grosse Steinblöcke zerschnitten, roh profilirt, bossirt und ebene Flächen in kurzer Zeit polirt werden können. Besonders liefern mehrere bayerische Maschinenfabriken, welche sich den Bau dieser Maschinen als Specialität gewählt haben, in dieser Branche ganz Vorzügliches. Wenn nun auch, wie schon bemerkt, die eigentliche künstlerische Thätigkeit stets der fühlenden Hand und dem prüfenden Auge verbleiben muss, so wird doch immerhin eine neuerdings in Frankreich erfundene Maschine von Interesse sein, mit deren Hilfe vorhandene Schöpfungen der Bildhauerkunst ohne grosses Geschick des die Maschine bedienenden Arbeiters copirt, dabei entweder vergrössert oder verkleinert werden können und welcher Apparat, obgleich nur halbfertige Arbeiten liefernd, doch so geometrisch richtige und getreue Copien zulässt, dass diese Maschine dem Kunstgewerbe, welches Heiligenbilder, Büsten, Grabfiguren in grosser Zahl nach demselben Modelle zu liefern hat, viel Zeit und Arbeit ersparen wird. Nach dem „Civil-Techniker“ besteht die elektrisch betriebene, höchst sinnreich erdachte Maschine aus einem Gestell, aus zwei verticalen Säulen gebildet, die oben durch einen eisernen Quersteg verbunden sind, durch dessen Mitte eine Gewindespindel vertical nach unten geht und in einer Spur der Fussplatte steht. Auf dieser drehbaren Gewindespindel gleitet ein als Mutter gestalteter, nach beiden Seiten der Spindel als horizontale Platten ausgebildeter Körper; die Originalskulptur wird zwischen der Spindel und der rechts befindlichen Säule auf einer am Boden befindlichen, tellerartigen, drehbaren Platte vertical aufgestellt, ebenso kommt links von der Gewindespindel der zu bearbeitende Materialblock zu stehen. Auf den der Mutter angeschlossenen Platten kommt rechts, neben der Originalarbeit ein eigenartig construirtes, dem Pantographen ähnliches Instrument zu stehen, an welchem ein Griffel befestigt und den Contouren der Skulptur entlang geführt wird. Letztere dreht sich auf ihrer Grundplatte um ihre verticale Achse, während durch mechanische Drehung der Gewindespindel der Support mit dem Pantographen langsam gesenkt wird; auf diese Weise kommt jeder Punkt der Oberfläche des Originales mit dem Fühltaster des Pantographen in Berührung. Dieser Pantograph ist durch eine elektrische Leitung mit einem Pantographen verbunden, der sich auf dem linken Support, neben dem Steinblock befindet und durch elektrische Wirkung alle Bewegungen des anderen Pantographen wiedergibt, und zwar je nach seiner Einstellung im verkleinerten oder vergrösserten Maassstabe; das Instrument enthält eine kleine Dynamomaschine, welche dem als Fraiser dienenden, den Steinblock berührenden Stift des Pantographen eine drehende Bewegung ertheilt, so dass auf diese Weise, entsprechend der Bewegung des Fühltasters am Pantographen rechts, eine der Originalarbeit geometrisch ähnliche Figur aus dem Steinblock ausgearbeitet wird, welcher Fraiser sich mit der, der beabsichtigten Verkleinerung der Copie entsprechenden Geschwindigkeit dreht, während gleichzeitig der Support mit dem Fraiser sich entsprechend langsam senkt. Wie gesagt, ist die so erhaltene Copie noch nicht fertig, sondern muss noch durch Handarbeit in den Feinheiten ausgearbeitet werden, jedenfalls ist aber der Nutzen der exact arbeitenden Maschine ein sehr beträchtlich Zeit ersparender. Die vom Bildhauer D[illegible] in Paris erfundene, in seinen Ateliers nunmehr seit mehreren Monaten mit Vortheil benützte Maschine wird daselbst hauptsächlich zur Vervielfältigung von Statuen für religiöse Zwecke benutzt; selbstverständlich kann mit derselben jedes beliebige Material bearbeitet werden.

Elektrische Traction.

Wie schwer es ist, allgemein giltige Regeln für Aufsichtsbehörden zu formuliren, welche eine neue technische Anwendung für lange Zeit hinaus zufriedenstellend ordnen, das sieht man wieder an dem vom Board of Trade in London entworfenen Regulativ, betreffend die elektrische Traction in Bezug auf Telegraphen-, Telephon- und Lichtbetrieb. Gegen einzelne in unserem vorigen Jahrgang bekannt gegebene Punkte des **Board of Trade** hinsichtlich der Sicherheitsvorschriften bei Schwachstrom- und Lichtbetrieben gegen die Einwirkung der Ströme von elektrischen Bahnen haben in den letzten Monaten sowohl Eisenbahngesellschaften als auch die Leiter der Telephonanlagen und sonstige Interessenten mannigfaltige Einwendungen erhoben, welche zu weit hin sich erstreckenden Discussionen führen dürften. Indess hält uns die Entstehung der elektrischen Bahnen nicht auf. In Wien hält man das anders, da speculirt man erst die Prohibitiv-Maassregeln aus, ehe man sich die Errichtung ebenso nothwendiger als nützlicher Verkehrsmittel in der Metropole des Reiches gestattet.

Elektrische Kraftübertragung in Canada.

Die Montmorency Electric Power Cie. hat vor Kurzem bei den Montmorencyfällen Wasserrechte um den Betrag von 260.000 Doll. angekauft und hat in der Nähe dieser Wasserfälle eine Kraftstations-Anlage errichtet, welche im Mai in Betrieb gesetzt werden soll. Die Montmorencyfälle gehören zu den Sehenswürdigkeiten von **Quebec** und ihre verwerthbare Höhe beträgt 50 m. Die Anlage umfasst vier Wasserräder à 620 *HP* und vier andere zu 310 *HP*, so dass circa 3700 *HP* ausgenützt werden. Die kleineren Betriebsmaschinen dienen der nach dem System **Thomson-Houston** eingerichteten Bogenlampen-Beleuchtung. Die grossen Räder sind zum Antrieb von Wechselstrom-Maschinen bestimmt, welche gegenwärtig von der **Montreal Royal Electric Cie.** fabricirt werden. Die Dynamos werden eine Capacität von [illegible] Watts haben. Die Pol-Wechsel werden [illegible] pro Minute betragen, die Spannung [illegible] Volts. Die Armaturen sind — wie bei den Ganz'schen Alternatoren — stillestehend und die Elektromagnete rotiren. Je zwei Alternatoren kommen auf eine gemeinsame Grundplatte und kann jedes Paar parallel geschaltet oder aber kann jede Dynamo als einfache Zweiphasen-Maschine verwendet werden. Jedes Paar wird mit dem grossen Rade gekuppelt. Die Entfernung der Anlage, welche Strom für Licht und für Motorenbetrieb liefern wird, bis zur Stadt [illegible].

Sitzung der Société internationale des électriciens.

Dieselbe fand am 4. April d. J. statt. Präsident wurde nach letztvorgenommener Wahl Mr. **Potier**; Vicepräsidenten wurden: **d'Arsonval, Sartiaux, Sciama.** Ausschussmitglieder wurden **Baron, Bernheim, Blondel, Boulanger, Clerc, Desroziers, Dumont, Ebel, Gaiffe, Guilleaume, Larnaude, Nansouty, Plaie,** [illegible], **Romil**[illegible].

Während der Sitzung trug Mr. A. [illegible]nier über die Legung des Telegraphenkabels zwischen Neu-Caledonien und Australien vor; dieses [illegible] von der Société [illegible] und geschah die Legung in den Monaten [illegible].

KLEINE NACHRICHTEN.

Personal-Nachricht.

† **Dr. K. E. Zetzsche.** Einer der kenntnissreichsten und verdienstvollsten Vorkämpfer der Elektrotechnik, unermüdlich im Forschen, unerschrocken im Verfechten des Richtigen und Wahren, ist mit Zetzsche am 18. d. M. nach schmerzlicher und langwieriger Krankheit aus dem Leben geschieden.

Will man dem in der letzten Zeit — man kann sagen, nach erfüllter Aufgabe seines fleissigen und arbeiterfüllten Daseins — etwas abseits vom Tageslärm stehenden Forscher und Schriftsteller gerecht werden, so muss auf den Zustand der Elektrotechnik bis zum Ende der Siebziger-Jahre zurückgegriffen werden. Dazumal gab es ausser der Telegraphie nur etwa noch die Galvanoplastik als technische Anwendung der Elektricitätslehren; die Dynamomaschine existirte in wenigen und unentwickelten Formen, die Bogenlampen laborirten an allerlei Kinderkrankheiten und die Glühlampe war erst im Entstehen begriffen. Von der Kraftübertragung sprach man wie von einer Verheissung, deren Verwirklichung einen starken Glauben voraussetzte. Diesen Glauben hegten jedoch nicht Viele und noch Wenigere getrauten sich, ihm Ausdruck zu geben. Zu diesen Wenigen, und somit zu den Auserwählten, gehörte Zetzsche; er hatte die Zuversicht zu seinem Fache und lieh ihm seine Kräfte in ununterbrochener Anstrengung und Hingabe.

Wir in Oesterreich sind ihm doppelt und vielfaches Gedenken schuldig: er liebte Oesterreich und diente ihm. An unserem Streben hat er sich bis zum letzten Augenblick betheiligt und er gehörte zu unsern treuesten Mitarbeitern.

Zetzsche war am 30. März 1830 zu Altenburg geboren, studirte am Polytechnikum zu Dresden und Wien; er trat 1856 in den österreichischen Telegraphendienst und arbeitete in Wien, Padua und Triest. 1858 ging er als Lehrer der Mechanik und Mathematik an die höhere Gewerbeschule in Chemnitz, 1876 aber als Professor der Telegraphie an das Polytechnikum in Dresden.

Bei Gründung des Berliner Elektrotechnischen Vereines und seiner Zeitschrift wurde Zetzsche vom Reichspostmeister nach Berlin berufen und vom Verein als Chefredacteur des genannten elektrotechnischen Journals angestellt; gleichzeitig wurde er Lehrer an der Post- und Telegraphenschule und Ober-Ingenieur des Reichspostamtes.

Mit der Herausgabe des grossen „Handbuches der elektrischen Telegraphie" beschäftigt, musste Zetzsche von einem Theil seiner sonstigen Thätigkeit sich entlasten, und so trat er 1885 in den Ruhestand, indem er Dresden zu seinem Aufenthaltsort wählte. Unter Beihilfe von Mitarbeitern, wie Kohlfürst, Frölich, Henneberg, vollendete er das grosse Werk, welches eine Encyklopädie des Gegenstandes genannt werden kann und seinesgleichen in keiner anderssprachigen Literatur findet. Die Geschichte der Telegraphie von Zetzsche selbst, die Telegraphie und das Signalwesen für die Zwecke der Eisenbahnen, von Kohlfürst bearbeitet, die actuelle Telegraphie, ebenfalls von Zetzsche, bilden eine gewissenhaft und gründlich verfasste Fundgrube des Wissens über alle in das Fach einschlägigen Gegenstände. Zetzsche schrieb ausser diesem Werke noch: „Elemente der ebenen Trigonometrie" (Altenburg 1861); „Leitfaden für den Unterricht in der ebenen und räumlichen Geometrie" (Chemnitz 1874); „Die Copirtelegraphen" (Leipzig 1865); „Die elektrischen Telegraphen" (Zwickau 1869); „Katechismus der elektrischen Telegraphie" (Leipzig 1883, 6. Aufl.); „Abriss der Geschichte der Telegraphie" (Berlin 1874); „Entwicklung der automatischen Telegraphie" (daselbst 1875). Neben dieser bedeutenden, auf's Grosse gerichteten literarischen Thätigkeit entwickelte Zetzsche einen grossen Fleiss in Verfassung zahlreicher Artikel für „Dingler's polytechnisches Journal", für das Berner „Journal télégraphique", dessen früherer Redacteur, Dr. Rothen, der Einzige sein dürfte, der im Wissen über die Telegraphie mit Zetzsche verglichen werden kann. Unserer Zeitschrift wendete sich der Verstorbene gewissermaassen aus Neigung für alles Oesterreichische zu, und so blieb er auch bis zum Lebensende mit vielen unserer Landsleute verbunden und befreundet; besonders mit Kohlfürst unterhielt der Verblichene einen innigen Freundschaftsbund.

Zetzsche's Wirksamkeit erschöpfte sich nicht im Schriftthum allein; er construirte auch ganz brauchbare Apparate und entwarf vortreffliche Schaltungen, denn er beherrschte die Stromlauf-Vorstellungen in eminentem Maasse.

Mit den voranstehenden Zeilen konnten wir nur einen schwachen Ausdruck dafür geben, was uns bei der jäh empfangenen Nachricht von Zetzsche's Tod durch Kopf und Gemüth ging; trotz der Kürze und Flüchtigkeit des Gesagten erscheint das Wirken des Mannes als ein umfangreiches und gehaltvolles. Mögen ihm die Mitlebenden ein freundliches Gedenken weihen; die Geschichte der Elektrotechnik wird sich auf manchem Blatte mit seinem Namen zu beschäftigen haben. Friede seiner Asche!

Elektrische Bahnen in Wien. Das vom Stadtrathe eingesetzte Comité zur Vorberathung der der Gemeinde überreichten Projecte für die Anlage von Strassenbahnen mit elektrischem Betriebe hat am 17. v. M. eine Sitzung abgehalten, in welcher Magistratsrath Linsbauer über die Rechtsverhältnisse der elektrischen Bahngesellschaften in Prag und Mödling einen Bericht erstattete. An dieses Referat knüpfte sich eine Discussion, in welcher insbesondere die Frage des Heimfallsrechts erörtet und hervorgehoben wurde, dass die jetzige österreichische Gesetzgebung nur ein Heimfallsrecht an den Staat kenne. Zu einem Beschlusse kam das Comité nicht.

Neue Wiener Tramway. Im Berichte über die Rechnungsabschlüsse der Neuen Wiener Tramway-Gesellschaft pro 1893 ist die Mittheilung enthalten, dass die Gesellschaft die Einführung des elektrischen Betriebes unausgesetzt im Auge behalte und durch das Centralbureau Studien anstellen lasse. Die Verwaltung sei bereits wegen Einleitung von Verhandlungen in dieser Angelegenheit beim Wiener Gemeinderathe eingeschritten.

Elektrische Bahn Baden-Vöslau. Im Anfange des v. M. wurde der Bau der Linie Vöslau-Baden in Angriff genommen und erfolgte der erste Spatenstich beim „Schafflerhof" in dem dort befindlichen fünf Meter tiefen Strasseneinschnitte. Auch auf der Strasse Baden-Helenenthal wurde mit dem Unterbau begonnen. Der elektrische Bahnbetrieb soll auf dieser Strecke bis 15. l. M. in Wirksamkeit treten.

Verband der Elektrotechniker Deutschlands. Die erste Jahresversammlung zu Köln 1893 hat eine Commission zur Einführung von Normalien für Schraubengewinde gebildet. Dieselbe hat zum Vorsitzenden den Director der zweiten Abtheilung der Physikalisch-technischen Reichsanstalt Herrn Professor Dr. Hagen, zum stellvertretenden Vorsitzenden Herrn Fabriksbesitzer H. Voigt, Frankfurt a. M., und zum Schriftführer den Fabriksbesitzer Herrn Hartmann, Bockenheim-Frankfurt a. M., gewählt. Die Commission hat am 7. April in Berlin eine Sitzung abgehalten. In der, unmittelbar vor der Jahresversammlung zu Leipzig (zweite Juniwoche) abzuhaltenden Schlusssitzung sollen die Resultate zusammengestellt und demnächst der Jahresversammlung zur Beschlussfassung vorgelegt werden.

Elektrische Locomotiven auf den französischen Eisenbahnen. Wie der „Figaro" mittheilt, soll die elektrische Locomotive, mit welcher unlängst zwischen Le Havre und Paris Versuche angestellt wurden, von der französischen Westbahn demnächst zwischen Nantes und Paris regelmässig in Dienst gestellt werden. Sie wird diese Strecke incl. Aufenthalt in 50 Minuten zurücklegen. Ueberdies sind bereits für eine zweite elektrische Locomotive derselben Gattung die Pläne ausgearbeitet. Diese soll 1200—1500 Pferdekräfte entwickeln.

Zum Project der elektrischen Hochbahn in Berlin. Ueber den Stand des Projectes der elektrischen Hochbahn im Westen wurden in der letzten Sitzung des Grundbesitzer-Vereines im Westen einige Mittheilungen gemacht. Wie der „El. Anz." hierüber mittheilt, hat die Hochbahn, soweit sie auf Berliner Terrain errichtet werden soll, bereits die Genehmigung des Kaisers erhalten, die Baumaterialien sind von der Unternehmerfirma bereits in Bestellung gegeben und die Inangriffnahme des Baues ist daher zu erwarten. Der Betrieb wird zweigeleisig in Motorwagen zu 40 Personen einzeln oder zu vier Wagen verkoppelt in drei Minuten-Intervall erfolgen. Für die Strecke vom Nollendorfplatz ab sind die Vorarbeiten noch nicht beendet und bezüglich dieser Strecke liegt zur Zeit der Charlottenburger Stadtvertretung ein Project vor, welches bezweckt, in der Gegend der Nürnbergerstrasse die Hochbahn durch eine Rampe in den Flachbahnbetrieb überzuleiten. In der Versammlung wurde von verschiedenen Seiten dem Befremden über dieses neue Project Ausdruck gegeben; man hob die daraus drohenden Gefahren für den Verkehr hervor und hielt es für das Zweckmässigste, auf die Durchführung der ganzen Anlage als Hochbahn hinzuwirken. Schliesslich war die Versammlung aber doch der Meinung, dass es für den Osten wie für den Westen von gleicher Wichtigkeit sei, wenn die Bahn sobald als möglich hergestellt würde, und dass es nicht räthlich sei, durch eine erneute Einmischung der Bürgerschaft vielleicht eine Verzögerung herbeizuführen.

Die Gefahren des Telephonbetriebes. Dass auch der gewöhnliche Telephonbetrieb für die Beamten seine Gefahren hat, lehrt ein Fall, den Prof. Ewald jüngst in der Berliner Hufeland-Gesellschaft einem Kreise von Aerzten vorstellte. Es handelte sich um eine 21jährige Dame, die schon von Weitem durch fortwährendes eigenthümliches Zittern des rechten Armes auffiel. Die Kranke war früher stets gesund gewesen, bis sie eines Tages während des Telephondienstes von einem elektrischen Schlag getroffen wurde. Sie stürzte danach bewusstlos und lautlos zusammen und war, als sie erwachte, auf der rechten Seite gelähmt. Der Schlag erfolgte in dem Augenblick, als die Beamtin für einen Theilnehmer den Anschluss herstellen wollte, und Letzterer, ungeduldig über eine kleine Verzögerung, mit seinem neuen Apparate (der nicht durch Drücken eines Knopfes, sondern durch Drehen einer Kurbel die Anzeige an das Amt vermittelt), sich noch einmal meldete. In der Eile griff die Telephonistin beim Umschalten vorbei und fasste vielleicht den verbindenden Draht an einer nicht isolirten Stelle, wie es beim schnellen Hantiren leicht vorkommen kann. Der Strom geht dann durch den Körper des Beamten und kann, wenn bei den neuen Apparaten die Kurbel sehr schnell gedreht wird, eine Spannung von 40 Volt mit 0·5 Amp. erreichen, also das Zehnfache von dem, was bei medizinischen Reizversuchen angewendet wird. Von einem solchen Schlage wurde die Telephonistin getroffen. Von den Lähmungserscheinungen und sonstigen Beschwerden, die sie anfangs davontrug, sind die zitternden Bewegungen des rechten Armes am augenfälligsten geblieben. Tag und Nacht bewegt sich der Arm in leichtem Zittern, und da in der Secunde fünf Zuckungen eintreten, so macht das in 24 Stunden 452.000 Zuckungen. Man sollte annehmen, dass diese fortwährenden Muskelzusammenziehungen auf den Stoffwechsel von Einfluss seien; das ist hier jedoch nicht der Fall. Alle bisher angewendeten Heilverfahren haben keinen Erfolg gehabt. Aehnliche Störungen, wie man sie auch nach Blitzschlägen beobachtet, haben auch schon andere Aerzte bei Telephonistinnen beobachtet. Es sind das ganz eigenthümliche Formen der sogenannten traumatischen Neurose oder, wie Mendel will, traumatischen Hysterie.

Telephonie in Canada. Die Bell Telephone Cie. of Canada hat im Jahre 1893 2639 neue Abonnenten erhalten, so dass sie gegenwärtig im Ganzen 28.806 zählt. Die Gesellschaft verfügt über 275 Centralen und über 256 Agentien. Die interurbane Telephonie ist besonders zwischen Quebec und Windsor in der Provinz Ontario entwickelt und verfügt in Canada über eine Drahtlänge von 20.000 und über eine Tracenlänge von etwa 6000 *km*. Die Einnahmen betrugen im Jahre 1893 961.174 Doll., die Ausgaben 724.791 Doll., so dass diese Gesellschaft bei einem Capitalsaufwand von 2,421.600 Doll. ein 10%iges Zinsenerträgnis aufweist.

Der Phonograph im praktischen Dienste. Aus London schreibt man: Lord Salisbury, der, wie bekannt, mit allen Errungenschaften der Wissenschaft wohl vertraut ist, dürfte der erste Staatsmann sein, welcher den Phonograph praktisch verwerthet. Es kommt nämlich öfters vor, dass er seinem Secretär Instructionen zu geben hat, wenn dieser gerade nicht zur Hand ist. Statt nun in einem solchen Falle auf dessen Rückkunft zu warten, oder die Instruction niederzuschreiben, vertraut sie Lord Salisbury einfach dem einen seiner zwei Phonographen an. Sie übermitteln sie dann dem Secretär, wenn dieser sie bei seiner Rückkehr „consultirt“.

Die **„Société pour Physique“** in Paris hält alljährlich eine Ausstellung von interessanten Apparaten und Maschinen ab; diesmal sind es eine Dampfturbine von 400 Touren pro Secunde, Messapparate von Carpentier, Elektricitätszähler etc., welche die Ausstellung auszeichnen.

Auszeichnung französischer Elektriker. Die französische Regierung hat Mr. Carpentier zum Officier, die Herren Mildé, Richard und Werlein zu Rittern der Ehrenlegion anlässlich der Ausstellungserfolge in Chicago ernannt.

Neue Primärelemente. S. W. Macquay hat Elemente mit horizontal liegenden Elektrodenplatten zum Zwecke von Beleuchtung für Grubenlampen construirt, welche das Gute an sich haben, dass wenn sie aufgestellt werden, die Flüssigkeit in einen Behälter abläuft, so dass kein Consum stattfindet. Es scheint uns, dass, diese Erfindung schon vor mehreren Jahren durch unser ehemaliges Ausschuss-Mitglied, Herrn Ober-Inspector Kohn gemacht wurde.

Der Achtstunden-Tag in der elektrischen Industrie. Die Firma Matter & Plath in England hat Vergleiche zwischen ihrem früheren 9stündigen, durch 6 Jahre beobachteten und dem von ihr nunmehr ein Jahr aufrecht erhaltenen achtstündigen Betrieb angestellt. Dieselben fallen nach einem sehr instructiven und klaren Berichte sehr zu Gunsten des achtstündigen Arbeitstages aus, so dass man diesbezüglich auf nähere Eröffnungen begierig sein darf.

Ein merkwürdiger Zufall. Aus Loewen wird der „Elettricità“ geschrieben: Als der Professor der Chirurgie Dandois von einem Besuche nach Loewen zurückkehrte, wurde er unterwegs von einem heftigen Gewitter überrascht. Er spannte seinen Regenschirm auf und setzte den Weg fort. Plötzlich sah er sich von Flammen eingehüllt und einige Secunden später lag er besinnungslos in einem Felde neben der Strasse. Als er wieder zu sich gekommen war, fühlte er sich durch eine Stunde an der rechten Hand und am linken Fusse gelähmt. Ein Blitzstrahl hatte den Stoff des Regenschirmes verbrannt und sämmtliche Eisenstangen verbogen. Wenn der Griff von Metall gewesen wäre, würde Prof. Dandois ein Opfer des Blitzes geworden sein. St.

Einführung des internationalen Ohm. Seitens der Firma Siemens & Halske wird mitgetheilt, dass dieselbe vom 1. März d. J. an, im Uebereinstimmung mit den Beschlüssen des Elektrotechniker-Congresses in Chicago bei der Justirung elektrischer Widerstände als Einheit nicht mehr das legale Ohm (1 leg. Ohm = 1·06 S. E.), sondern das internationale Ohm (1 int. Ohm = 1·063 S. E) zu Grunde legt. Diese Aenderung der Widerstandseinheit ist auch bereits bei den von der Firma Siemens Brothers & Co., Ltd. in London gelieferten Apparaten eingeführt. Es wäre sehr erwünscht, wenn sich die anderen Firmen, welche Widerstände herstellen, ebenfalls des neuen Ohm bedienen würden. Wir bemerken, dass die Zahlen des Kalenders für Elektrotechniker für 1894 bereits auf das neue Ohm umgerechnet sind.

Verantwortlicher Redacteur: JOSEF KAREIS. — Selbstverlag des Elektrotechnischen Vereins.
In Commission bei LEHMANN & WENTZEL, Buchhandlung für Technik und Kunst.
Druck von R. SPIES & Co. in Wien, V., Straussengasse 16.

ELEKTROTECHNISCHER VEREIN IN WIEN.

Vereins-Functionäre im Jahre 1894.

Präsident:

Volkmer Ottomar, k. k. Hofrath, Director der k. k. Hof- und Staatsdruckerei, k. u. k. Oberst-Lieutenant i. d. R. etc. (bis Ende 1894).

Vice-Präsidenten:

Grünebaum Franz, k. u. k. Genie-Hauptmann i. d. R., Vice-Präsident des Verwaltungsrathes der k. k. priv. Eisenbahn Wien-Aspang (bis Ende 1895).

Schlenk Carl, Ingenieur, Professor und Sections-Vorstand am k. k. Technologischen Gewerbemuseum (bis Ende 1896).

Schriftführer:

Bechtold Friedrich, Inspector und Telegraphen-Vorstand der k. k. priv. österr. Nordwestbahn (bis Ende 1895).

Schriftführer-Stellvertreter:

Granfeld A. E., k. k. Baurath der Post- und Telegraphen-Direction in Wien (bis Ende 1894).

Cassa-Verwalter:

Wüste Floris, Fabriksbesitzer (bis Ende 1895).

Bibliothekar:

Urbanitzky, Dr. Alfred Ritter von, k. k. Bauadjunct im Handelsministerium (bis Ende 1894).

Ausschuss-Mitglieder:

Berger Franz, k. k. Ober-Baurath, Bau-Director der Stadt Wien (bis Ende 1895).

Déri Max, Director der Internationalen Elektricitäts-Gesellschaft in Wien (bis Ende 1896).

Drexler Friedrich, Ingenieur (bis Ende 1895).

Fischer Franz, Ingenieur (bis Ende 1895).

Gattinger Franz, Ober-Inspector und Telegraphen-Vorstand der k. k. General-Direction der österr. Staatsbahnen (bis Ende 1894).

Gebhard Ludwig, General-Repräsentant der Accumulatoren-Fabriks-Actien-Gesellschaft in Baumgarten (bis Ende 1894).

Goldschmidt Theodor, Ritter von, k. k. Baurath, Gemeinderath und autorisirter Civil-Ingenieur (bis Ende 1894).

Hochenegg Carl, Ober-Ingenieur bei Siemens & Halske in Wien (bis Ende 1895).

Kareis Josef, k. k. Baurath im Handelsministerium und Gemeinderath (bis Ende 1896). Redacteur des Vereins-Organes.

Kolbe Josef, Director der elektrischen Central-Station „Neubad" (bis Ende 1896).

Ludwig, Dr. Ernst, k. k. Hofrath, Ober-Sanitätsrath, o. ö. Professor, Mitglied des Herrenhauses etc. (bis Ende 1896).

Melhuish T. W. W., Ober-Ingenieur der elektrischen Abtheilung der Imp. Cont. Gas-Assoc. (bis Ende 1896).

Stach Friedrich, Ritter von, k. k. Baurath (bis Ende 1896).

Waltenhofen, Dr. A. von, k. k. Regierungsrath und Vorstand des elektrotechnischen Institutes an der k. k. Technischen Hochschule in Wien (bis Ende 1894).

Revisions-Comité:

Koffler Eduard, k. k. Ober-Ingenieur im Handelsministerium.

Miesler, Dr. Julius, Ingenieur bei Siemens & Halske in Wien.

Reich Alois, Glasfabriksbesitzer.

Zeitschrift für Elektrotechnik.

XII. Jahrg. 15. Mai 1894. Heft X.

ABHANDLUNGEN.

Ein vereinfachtes Verfahren zur Berechnung der Stromvertheilung in Leitungsnetzen.

Von OTTO FRICK, New-York.

Die Berechnung von Kabelnetzen zur Vertheilung elektrischer Energie war, seitdem die elektrische Beleuchtung durch die Errichtung grosser Centralen zur Versorgung ganzer Städte oder umfassendere Gebiete derselben ihre jetzige Bedeutung bekommen hat, eine Aufgabe, welche von den Ingenieuren und Anfangs auch von den Theoretikern als äusserst complicirt, um nicht zu sagen unmöglich, betrachtet wurde.

Dies lässt sich dadurch erklären, dass die bis jetzt bekannten Methoden mehr oder weniger complicirt und zeitraubend sind.

Die ersten Leitungsnetze wurden mittelst der bekannten Messmethode bestimmt, indem die Leitungswiderstände des in kleinem Maassstabe hergestellten Netzes so lange modificirt wurden, bis sie dem angenommenen Consum entsprachen.

Diese Methode wird wohl heute nicht mehr verwendet, sie war stets mit sehr viel Mühe und Arbeit verbunden, ohne eine entsprechende Genauigkeit der gewonnenen Resultate aufzuweisen.

Wie man allmälig mit der Frage vertrauter wurde, wurde es klar, dass dieselbe auch in anderer Weise zu lösen wäre.

Bei der Disposition und Berechnung eines Netzes gilt es zuerst, nachdem die Trace der einzelnen Leitungen festgestellt ist, die Speisepunkte, welche den Strom direct von der Centrale bekommen, anzunehmen. Als Richtschnur bei der Wahl der Speisepunkte hat sich folgende Regel gut bewährt: „Für keinen Punkt im Netze soll die Summe der Abstände zu den zwei nächsten Speisepunkten mehr wie 400 *m* (beim Dreileiter-System) betragen“, oder „der Abstand soll circa 400 *m* sein“. Selbstredend ist diese Zahl nur eine Annäherung; in Bezirken, wo ein dichterer Consum vorkommt, kann der Abstand kürzer genommen werden, in Bezirken, wo er geringer ist, kann die Ueberschreitung dieser Zahl oft von Vortheil sein.

Um nun die Dimensionen des Kabelnetzes zu bestimmen, genügt nicht die blosse Annahme des zu erwartenden Consums und des zulässigen Maximalverlustes, da eine unendliche Zahl von Kabelnetzen dem gegebenen Consum ohne Ueberschreitung des zulässigen Verlustes entsprechen kann. Hieraus ergibt sich die Nothwendigkeit einer weiteren Annahme zur Präcisirung des Problems.

Es sind zwei verschiedene Annahmen denkbar: Man kann entweder die Stromvertheilung von vornherein annehmen und Querschnitte suchen, welche, ohne dass der zulässige Maximalverlust überschritten wird, dieser Vertheilung entsprechen; oder es können die Querschnitte angenommen, und die diesen entsprechende Stromvertheilung gesuch[illegible]en. In beiden Fällen trifft man selbstredend nicht [illegible]leich das Ri[illegible]ndern wird stets gezwungen, mehr oder weniger [illegible] um [illegible]the zu bekommen.

Wird die Stromvertheilung angenommen, müssen Querschnitte gefunden werden, welche nicht nur der Bedingung genügen, dass der Verlust in den Punkten, wo Ströme von zwei Seiten zusammenfliessen, von beiden Seiten gleich ist, sondern welche gleichzeitig praktischer Grösse sind, um nicht Leitungen aller möglichen Querschnitte zu erhalten. Dies ist aber mit so grossen Schwierigkeiten verbunden, dass es, wie die Praxis bestätigt, vortheilhafter ist, von vornherein Querschnitte praktischer, gangbarer Grösse anzunehmen, um nachher zur Controle derselben die entsprechende Stromvertheilung und Leitungsverluste zu berechnen.

Durch Uebung ist es möglich, eine grosse Sicherheit bei der Wahl der Querschnitte zu erwerben, so dass es nur in Ausnahmefällen nöthig wird, sie nachträglich zu ändern.

Als ungefähre Richtschnur kann die nachstehende Tabelle I dienen, welche den Zusammenhang zwischen Querschnitt, Stromdichte und Abstand der Speispunkte für das Dreileiter-System zeigt, bei einem Maximalverluste von 3 Volt.

Fig. 1 stelle eine von den zwei Speisepunkten A und B gespeiste, gleichmässig belastete Leitung dar.

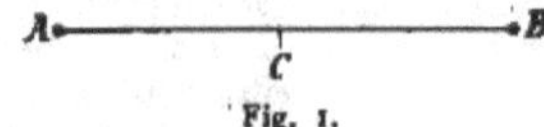

Fig. 1.

Es sei:

L = Abstand in Meter zwischen A und B;

a = Stromverbrauch in Ampère per 1 m;

$a \times L$ = Gesammtbelastung der Leitung in Ampère;

$\frac{1}{2} a \times L$ = von einem Speisepunkte gelieferter Strom;

V = grösster Verlust = 3 Volt;

Q = Querschnitt der Leitung.

Da die zwei Hälften AC und BC identisch sind, genügt zur Berechnung eine Hälfte, z. B. AC.

Der grösste Verlust tritt im Punkt C ein und ist wie bei einer gleichförmig belasteten Leitung so gross, als wenn die ganze Belastung von $\frac{1}{2} a \times L$ Ampère in der Mitte von AC abgenommen würde.

Zwischen L, Q und a herrscht also folgende Relation:

$$Q = \frac{2 \times \frac{L}{4} \frac{1}{2} a \times L}{57 \times 3} = \frac{a\, L^2}{684}$$

$$L = \sqrt{\frac{684 \times Q}{a}}$$

In der folgenden Tabelle sind die hieraus berechneten Werthe von L für verschiedene Q und a berechnet.

Würde z. B. eine oberflächliche Berechnung ergeben, dass die zwei Speisepunkte verbindende Leitung mit circa 90 Amp. belastet wird, unter Berücksichtigung der Strommenge, welche voraussichtlich in abzweigende Leitungen abgegeben wird, und die Länge des Kabels (Abstand zwischen den Speisepunkten) 360 m ist, so ist die Dichtigkeit $a = \frac{90}{360} = 0{\cdot}25$.

Die Tabelle zeigt, dass bei einem Kabel von 50 mm^2 mit gleichmässig vertheilter Belastung von 0·25 Amp. per Meter der Abstand

TABELLE I.

Querschnitt	Stromdichte (Ampère per 1 m)									
	0·05	0·1	0·15	0·2	0·25	0·3	0·4	0·5	0·6	0·75
mm^2										
16	468	331	270	234	209	191	—	—	—	—
25	585	414	338	293	262	239	207	185	—	—
35	692	490	399	346	310	282	245	219	200	179
50	—	585	478	414	370	338	293	262	239	214
70	—	692	565	490	438	399	346	310	282	253
95	—	—	679	570	510	465	404	360	330	294
120	—	—	—	641	573	523	454	405	370	331
150	—	—	—	—	641	585	507	453	414	370

zwischen den Speisepunkten 370 *m* betragen darf. Es würde also vorläufig 50 mm^2 anzunehmen sein.

Die Tabelle gibt allerdings nur eine sehr rohe Approximation, hat sich aber gut bewährt.

Einmal die Querschnitte angenommen, ist das Problem vollständig bestimmt; es gibt nur einen unbekannten Factor, die Stromvertheilung, welche bei gegebenen Leitungswiderständen und für einen gewissen Consum nur eine bestimmte sein kann.

Die Aufgabe der nun folgenden Berechnungen ist diese Stromvertheilung und die derselben entsprechenden Leitungsverluste zu bestimmen. Würden die Verluste die maximale Grenze überschreiten, so müssen die angenommenen Querschnitte modificirt werden, was nun in den meisten Fällen ohne Schwierigkeit mit grosser Sicherheit geschehen kann, so dass bei nochmaliger Controle weitere Querschnittsänderungen nicht nöthig werden.

Um das Problem nicht zu compliciren, wird die in den Speisepunkten herrschende Spannung überall gleich und constant angenommen, wodurch die Speiseleitungen ausser Betracht gelassen werden können.

Zur Lösung der Aufgabe gibt es mehrere Methoden, welche zur Classificirung wie folgt bezeichnet werden können:

1. Gleichungs-Methode.
2. Graphische Methode.
3. Verlegungs-Methode.
4. Mechanische Methode.

Die Gleichungs-Methode, welche sehr ausführlich von den Herren Herzog und Stark bearbeitet worden ist, gründet sich darauf, dass die noch unbekannten Ströme in den einzelnen Leitungen mit Buchstaben bezeichnet werden, und man Gleichungen aufstellt, unter Zugrundelegung folgender Axiome: „Der Verlust von einem Speisepunkte bis zu einem bestimmten Punkte im Netze ist gleich dem von irgend einem anderen Speisepunkte zu demselben Punkte stattfindenden Verlust“; oder: „Die Summe der Verluste, welche in einer geschlossenen Reihe von aufeinander folgenden Leitungen entstehen, mit entsprechenden Vorzeichen genommen, ist = 0“.

Um die Richtigkeit dessen einzusehen, braucht man sich nur zu erinnern, dass der Leitungsverlust nichts anders als ein Spannungsunterschied ist. Es ist leicht zu erkennen, dass der Spannungsunterschied zwischen einem Punkte im Netze und einem jeden der Speisepunkte der gleiche ist, oder dass, von einem Punkte ausgehend und zu demselben zurückkehrend, der S[illegible]schied 0 ist.

20*

Die Lösung der Gleichungen geschieht in gewöhnlicher Weise; einige Hilfsmethoden dafür sind von den oben genannten Verfassern angegeben.

Die Gleichungs-Methode führt in allen Fällen zum Ziel; sie ist aber sehr mühsam, Fehler in der Rechnung entstehen leicht, sind schwer zu finden und verursachen dadurch oft bedeutende Zeitverluste, wie wohl Jeder, der sich mit derartigen Berechnungen beschäftigt hat, bestätigen muss. Sie ist allerdings oft unvermeidlich in Fällen, wo andere Methoden nicht ausreichen.

Die Graphische Methode stützt sich auf dieselben Gesetze, welche der graphischen Berechnung von belasteten Trägern zu Grunde liegen und ist von Herrn Ober-Ingenieur C. Hochenegg sehr eingehend behandelt worden.

In der von diesem Verfasser gegebenen Form kann sie aber kaum als eine Methode zur Berechnung von Netzen betrachtet werden, da sie nur für ganz einfache Fälle, mit einer einzigen von ein oder zwei Speisepunkten gespeisten Leitung ausgearbeitet ist und demnach solche Fälle ausschliesst, in welchen es sich um ein grösseres, von mehreren Speisepunkten gespeistes Netz handelt.

In den genannten einfachen Fällen liefert die Methode eine elegante Lösung und ein sehr klares und interessantes Bild der Verlustverhältnisse in der Leitung; doch dürften diese Vortheile den im Verhältniss zu anderen Methoden erforderlichen grossen Zeitaufwand nicht aufwiegen. Als der Verfasser im Sommer 1891 die graphische Methode auch für complicirtere Fälle auszuarbeiten suchte, gelang dies wohl, gab aber schon bei einem Beispiel, mit drei *T*-förmig verbundenen und von drei Speisepunkten gespeisten Leitungen, zu einer solchen Zeitvergeudung Anlass, dass es sich nicht lohnt, diese Lösung hier weiter zu erörtern.

Diese Bemühungen führten aber zu der hier näher zu beschreibenden Verlegungs-Methode.

Diese gründet sich auf folgende Betrachtung:

Fig. 2.

In Fig. 2 seien BC und CD zwei von den Speisepunkten B und D gespeiste Leitungen gleichen Querschnittes.

Im Punkt E werden i_1 Amp. abgenommen,
" " F " i_2 " "

Der von B nach E fliessende Strom sei x.

Aus der Bedingung, dass der Spannungsunterschied zwischen B und D gleich 0 sein muss, ergibt sich Gleichung:

$$x \times BE + (x - i_1)\,EF + (x - i_1 - i_2) \times FD = 0$$

daraus ist

$$x = \frac{i_1\,ED + i_2\,FD}{BD} \quad \text{und}$$

$$x - i_1 = \frac{i_2\,FD - i_1\,BE}{BD}.$$

Der Verlust bis Punkt C

$$= \text{Const.}\ [x \times BE + (x - i_1) \times EC]$$

und durch Einsetzen der oben gefundenen Werthe

$$= \text{Const.} \left(\frac{i_1 BE \times CD + i_2 FD \times BC}{BD} \right)$$

Durch Multiplication mit

$$\frac{BC \times DC}{BC \times DC}$$

erhält man den Verlust bis C

$$= \text{Const.} \left(i_1 \times \frac{BE}{BC} + i_2 \frac{FD}{DC} \right) \times \frac{BC \times DC}{BC + DC}$$

Setzen wir:

$$\frac{i_1 BE}{BC} = J_1$$

$$\frac{i_2 FD}{DC} = J_2$$

so können J_1 und J_2 die nach Punkt C verlegten Werthe der Ströme i_1 und i_2 genannt werden; sie sind dadurch charakterisirt, dass wenn die Leitung in C auseinander geschnitten wäre, der Verlust, welcher von J_1 Amp. im Punkte C abgenommen, bis zu diesem Punkt hervorgerufen wird, demjenigen gleich sein würde, welchen i_1 Amp., im Punkt E abgenommen, bis C verursacht.

Der Bruch $\frac{BC \times DC}{BC + DC}$ stellt den Gesammt-Widerstand der zwei parallel geschalteten Leitungen BC und CD dar. Wird dieser Widerstand $= a$ gesetzt, so sind die zwei Leitungen BC und DC zu einem Widerstand a reducirt, welcher im Punkt C mit $J_1 + J_2 = J_a$ Amp. belastet ist. Durch Einsetzen dieser Werthe in obige Formel erhält man den Verlust bis $C = \text{Const.} \times a \times J_a$. J_a vertheilt sich auf die zwei Leitungen BC und CD so, dass der Verlust in beiden bis Punkt C den oben gefundenen Werth erhält.

Sei A_1 = der auf Leitung BC fallende Theil von J_a
und A_2 „ „ „ „ DC „ „ „ „
so muss, wenn l_1 = Länge der Leitung BC
l_2 = „ „ „ DC

$$A_1 \times l_1 = J_a \times a \qquad A_1 = \frac{J_a \times a}{l_1}$$

$$A_2 \times l_2 = J_a \times a \qquad A_2 = \frac{J_a \, l_a}{l_2}.$$

A_1 ist also diejenige Stromstärke, welche von Punkt C abgenommen denselben Verlust in der Leitung BC hervorrufen würde, wie er in Wirklichkeit entsteht.

Würden die in Wirklichkeit von der Leitung BC abgenommenen i_1 Ampère vom Speisepunkt B allein geliefert, so würde der Verlust bis $C = i_1 BE = J_1 BC$ sein, und für diesen Fall wäre $J_1 = A_1$.

Ist aber $A_1 > J_1$, so zeigt dies, dass von dem Speisepunkte B ausser i_1 noch $A_1 - J_1$ Amp. nach Punkt C geliefert werden müssen.

Umgekehrt würden, wenn $A_1 < J_1$, die i_1 Amp. nicht vom Speisepunkt B allein, sondern ein Theil $= J_1 - A_1$ von Punkt C geliefert. Der durch Leitung [illegible] nde Strom ist demnach $= A_1 - J_1$; die Richtung des Stromes wird durch das Vorzeichen bestimmt; bei positivem Werth fliesst er in Richtung nach, bei negativem Werthe in Richtung vom Punkte C.

In ähnlicher Weise ist der durch FC fliessende Strom $= A_2 - J_2$: derselbe ist natürlich $= -(A_1 - J_1)$.

Würde im Punkte C noch eine von einem dritten Speisepunkte gespeiste Leitung mit der Belastung i_3 zustossen, so kann dieselbe mit a zu einer combinirten Leitung b vereinigt werden, welche dann am Ende eine Belastung $J_b = J_a + J_3$ haben würde.

Die Stromvertheilung wird in genau gleicher Weise wie oben gefunden.

Es dürfte jetzt klar sein, dass auch complicirtere Fälle nach dieser Methode behandelt werden können, indem man sie zu der einfachen oben erwähnten Form bringt.

(Schluss folgt.)

Polbestimmung.

Von HEINRICH KRATZERT, Wien.

Die Pole von Elektricitätsquellen, Accumulatoren, stromdurchflossenen Leitern, Lampen, Apparaten, Instrumenten u. s. w., bestimmt man bekanntlich mittelst der Elektrolyse des Wassers oder anderer Flüssigkeiten, einer Magnetnadel, des Polreagenz- und Jodkaliumpapieres, der Polsucher von Woodhouse & Rawson, Siemens & Halske, Berghausen u. s. w.

Im Folgenden sollen einige Versuchsresultate mit Lackmus-, Curcuma- und anderen Papieren wiedergegeben werden, die ich im März d. J. im elektrotechnischen Laboratorium der k. k. Staatsgewerbeschule im X. Wiener Gemeindebezirke ausgeführt habe.

1. Versuche mit in Wasser angenässten Papieren.

Der + Pol des Stromes färbt blaues und rothes, in Wasser angenässtes Lackmuspapier roth, der — Pol dagegen blau. Das durch den Strom roth oder blau gefärbte blaue oder rothe Lackmuspapier behält diese Farbe dauernd und wird durch Basen gänzlich blau, durch Säuren gänzlich roth gefärbt.

Der — Pol des Stromes färbt in Wasser genässtes Curcumapapier rothbraun. Mit dem Trocknen des durch den Strom rothbraun gefärbten, in Wasser genässten Curcumapapieres verschwindet die rothbraune Färbung.

2. Versuche mit in Säuren angenässten Papieren.

Vorher in die Säure getauchtes blaues und rothes Lackmuspapier wird am + Pole unter lebhafter Gasentwickelung schwarz, am — Pole blau.

Vorher in die Säure getauchtes Curcumapapier wird am + Pole unter lebhafter Gasentwickelung schwarz; ebenso verhält sich das Polreagenzpapier.

3. Versuche mit in Basen angenässten Papieren.

Ein zuvor in einer Base eingetauchtes Lackmuspapier verhält sich gegen die Pole des Stromes so, wie gewöhnliches Papier.

Taucht man ein Curcumapapier in eine Base, so färbt sich dasselbe bekanntlich rothbraun; dieses nasse Papier färbt der Strom am + Pole gelb.

Ein in eine Base getauchtes Polreagenzpapier wird bekanntlich roth gefärbt; dieses nasse Papier färbt der Strom am + Pole schwarz, am — Pole roth.

Aus diesen Versuchen und den bekannten chemischen Reagenzien folgt demnach insbesondere:

Gegen das Lackmus-, Curcuma- und Polreagenzpapier verhalten sich der + elektrische Pol wie eine Säure, der negative wie eine Base. Dasselbe gilt von anders gefärbten Papieren oder Flüssigkeiten.

Mit Jodkalium getränktes Papier erweist sich, da es nicht nur durch den + Pol des Stromes, sondern schon durch das Licht rothbraun gefärbt wird, für Polbestimmungen als unzweckmässig. Das mit Phenolphtalein getränkte Polreagenzpapier zeigt eine sehr gute Verwendbarkeit, kommt jedoch im Handel seltener als die billigeren mit Lackmus oder Curcuma getränkten Papiere vor.

Das ähnliche Verhalten der elektrischen Pole im Vergleiche mit Säuren und Basen führt den Elektrotechniker einen Weg fruchtbarer Forschung auf dem Gebiete der elektrolytischen Wirkungen des elektrischen Stromes.

Ueber elektrische Eisenbahnen.

Vortrag, gehalten von Ing. ERNST EGGER am 21. März 1894 im Elektrotechnischen Vereine, Wien.

Die rapide Entwicklung, welche das elektrische Eisenbahnwesen in den letzten Jahren genommen hat, die zahlreichen theoretischen und praktischen Grundlagen, auf welchen dasselbe nunmehr aufgebaut ist und die schier zahllosen Constructionen, die im Gebiete desselben bekannt geworden sind, bilden eines der interessantesten Capitel der gesammten heutigen Elektrotechnik. Es ist daher gar nicht zu verwundern, dass dieses Thema bereits die mannigfachsten Bearbeitungen gefunden hat, die es nach den verschiedensten Richtungen durchforschen. Das Interesse, welches den elektrischen Bahnen heutzutage entgegengebracht wird, ist ja nicht nur elektrischer Natur, sondern ist durch die Fragen des modernen Verkehrswesens überhaupt bedingt. Es ist daher auch von diesem Standpunkte aus nöthig, die Fortschritte zu betrachten, welche gemacht worden sind, und zu beurtheilen, was die Zukunft verlangt. Es darf hiebei nicht vergessen werden, dass seit dem Tage der Erfindung der elektrischen Bahn fast unüberwindlich erscheinende Hindernisse besiegt worden sind und wahrhaft Grosses geleistet worden ist. Wenn es mir gestattet ist, einen kurzen historischen Ueberblick zu geben, so wird dies insoferne von Nutzen sein, als die leitenden Ideen, welche sich während der ganzen Entwickelung des elektrischen Bahnwesens Durchbruch verschafft haben, dabei verfolgt werden können.

Wenn wir auch absehen von den uns heute geradezu kindlich erscheinenden ältesten Versuchen mit Batteriestrom, so müssen wir doch eines Experimentes von Professor Farmer in Boston gedenken, der im Jahre 1851 eine kleine Modellbahn baute, bei welcher dem Motor der Strom durch die Schienen zugeführt wurde. Bei allen früheren Versuchen mit Batterie-Motoren war die Batterie mitgeführt worden. Ein Patent auf eine Anordnung, ähnlich wie die von Farmer, war auch schon im Jahre 1840 einem Elektriker Pinkus in London ertheilt worden. Weitere Patente ähnlicher Art waren auch einem Major Bessolo in Oesterreich im Jahre 1855 ausgestellt worden. Bei seinem Systeme dienten bereits zwei Schienen als Zuleitung, eine dritte als Rückleitung; in einer anderen Anordnung hatte er sogar eine oberirdische Zuleitung und die Schienen als Rückleitung projectirt.

Alle diese Ideen und Experimente, welche sich, wie ja ganz deutlich ersichtlich ist, noch heute benützt finden, führten aber nicht zum Ziele. Erst die Erfindung der Ringarmatur, der Dynamomaschine und die Entdeckung ihrer Verwendbarkeit als Motor gaben neuen Ansporn auch für die elektrische Traction. Zwei Jahre, nachdem auf der Wiener Weltausstellung der erste elektrische Motor eine Pumpe getrieben hatte, begann bereits George Green in Kalamazoo in den Vereinigten Staaten mit Experimenten, und baute im Jahre 1878 oder 1879 einen Motorwagen, welcher zwei Personen befördern konnte. Dieser Wagen war noch von Batteriestrom betrieben, da Green keine Dynamo zur Verfügung hatte; es ist jedoch aus seinen Aufzeichnungen klar, dass er eine solche beabsichtigt hatte, ebenso eine oberirdische Zuleitung. In Folge vielfacher Schwierigkeiten wurden die Patente, welche er im August 1879 angesucht hatte, erst im Jahre 1891 ertheilt. In der Praxis jedoch waren all diese Ideen immer nur experimentell versucht worden. Im Jahre 1879 aber wurde die erste elektrische Eisenbahn thatsächlich in Betrieb gesetzt, und zwar in der Berliner Industrie-Ausstellung durch Siemens & Halske. Diese Bahn kann als der Ausgangspunkt des heutigen elektrischen Eisenbahnwesens betrachtet werden. Die Zuleitung erfolgte durch eine Mittelschiene, die Rückleitung durch die beiden äusseren Schienen. Der Motor war die reguläre damalige Siemensdynamo, die Achse parallel zum Geleise, die Uebertragung mittelst Kegelräder, und zwar mit doppelter Uebersetzung, das ganze auf einer kleinen Locomotive montirt, welche in einem Anhängewagen ca. 20 Passagiere befördern konnte. Die Geschwindigkeit war ca. 12 *km* per Stunde.

Im Jahre 1880 war auf der Wiener Gewerbe-Ausstellung eine kurze elektrische Bahn zu sehen, welche von meinem Vater, Herrn B. Egger, gebaut war, und sich dadurch von der Siemensbahn unterschied, dass die beiden Schienen allein den elektrischen Stromkreis bildeten. Diese Bahn war unstreitig die erste elektrische Bahn in Oesterreich-Ungarn, welche Thatsache auch in ausländischen Veröffentlichungen constatirt ist.

Um diese Zeit begann man auch in Amerika lebhaft sich mit diesen Ideen zu befassen, und Field, Edison u. A. nahmen bezügliche Patente, ohne jedoch bis zum Jahre 1883 Nennenswerthes zu erreichen, während inzwischen Siemens die Bahn in Lichterfelde in Betrieb gesetzt hatte. Im genannten Jahre aber kam auch in Chicago durch die vereinigten Bemühungen von Field und Edison eine Ausstellungsbahn von ca. 1 *km* Länge in Thätigkeit. Dieselbe bediente sich dreier Schienen; interessant ist, dass mit den Schienen behufs Erhöhung von deren Leitungsquerschnitt separate Drähte verbunden waren. Von nun an ging es in Amerika mit Riesenschritten vorwärts, während die Europäer, die bis jetzt voraus gewesen waren, ganz zurück blieben. Der elektrischen Locomotive war zu dieser Zeit der unbestrittene Vorzug gegeben worden; nicht nur auf der Chicagoer Bahn, sondern auch in allen jetzt folgenden Experimenten von Van Depoele und Daft. Ersterer jedoch verwendete die oberirdische Zuleitung, deren Förderung wesentlich ihm zu verdanken ist, letzterer noch das Dreischienensystem. Daft benützte auch zur Geschwindigkeits-Regulirung bereits die Methode, die Schaltung der Feldspulen entsprechend zu variiren.

Einen weiteren Schritt vorwärts bildete die Versuchsbahn von Bentley & Knight in Cleveland. Dieselben benützten eine unterirdische Zuleitung, indem ein geschlitzter Holzcanal zwischen den Schienen angebracht war. Henry, Daft und Van Depoele brachten nun wieder wesentliche Verbesserungen heraus, besonders hatte Letzterer sogar einen Motor mit constanter Geschwindigkeit in Anwendung und liess ihn auf eine Differential-Räderübersetzung treiben.

Inzwischen gesellte eine äusserst markante Persönlichkeit sich diesen Erfindern bei, nämlich Sprague. Ihm dankt das heutige elektrische Bahnwesen vor allem die Art und Weise der Motoraufhängung, u. zw. sowohl mit doppelter, wie mit einfacher Zahnradübersetzung. Seiner unermüdlichen

Energie war es zuzuschreiben, dass im Jahre 1888 in Richmond eine Bahn mit 20 Motorwägen, nicht Locomotiven, in dauernden Betrieb kam, und von da an datirt der unglaubliche Aufschwung des elektrischen Verkehres in den Vereinigten Staaten, so zwar, dass, während im Jahre 1888 dortselbst 13 elektrische Bahnen mit 95 Motorwägen resp. Locomotiven in Betrieb über ca. 70 *km* Länge waren, im Jahre 1892 ebenda 13.500 Motorwagen ca. 9000 *km* Geleise befuhren.

Wir haben nun gesehen, wie sich aus dem einfachen Batterie-Motor der heutige Eisenbahn-Motor entwickelt hat. Wir haben des weiteren gesehen, dass gewisse Momente, die seit den Kinderjahren des elektrischen Verkehres maassgebend waren, immer mehr in den Vordergrund getreten sind, so der Uebergang von elektrischer Locomotiv- auf die Motorwagenbahn, von Schienenzuleitung auf oberirdische Zuleitung. Die Leistungen und Bestrebungen der allerletzten Jahre, ich möchte diese als die Ausbildungsepoche bezeichnen, bestanden darin, Motoren von entsprechender Stärke bei möglichst eingeschränkten Dimensionen zu bauen, dieselben entsprechend auf den Wagenuntergestellen unterzubringen, ihre Regulirung bequem und rasch bedienbar zu machen und die Uebertragung der Bewegung von Motorachse auf Wagenachse stossfrei zu gestalten.

Die allerletzten Constructionen bestehen darin, jeden Wagen mit zwei Motoren auszurüsten, von denen jeder eine Achse mittelst einfacher Zahnradübersetzung antreibt. Man hat es nunmehr soweit gebracht, dass mit Motorwagen Steigungen bis 13% in regulärem Dienst befahren werden und dass Geschwindigkeiten von 30 *km* pro Stunde mit Leichtigkeit erreichbar sind. Die Beförderungsfähigkeit der Wagen wurde ganz ausserordentlich erhöht, und es laufen fast in allen amerikanischen Städten einige Wagen mit 80 und mehr Sitzplätzen. Die Vortheile, welche somit der elektrische Verkehr dem Publikum bietet, sind durch kein anderes Strassenbahnsystem in gleicher Weise bis jetzt möglich, auch nicht durch die Kabelbahn, die weder die Schmiegsamkeit eines elektrischen Systems, welches sich allen Localverhältnissen anpasst, besitzt, noch eine regulirbare Geschwindigkeit ihr Eigen nennt.

Es wird nun am Platze sein, die Constructions-Principien zu analysiren, auf welchen die Leistungen, welche der elektrische Betrieb aufweist, basiren und zu untersuchen, inwieweit dieselben den Gesetzen mechanisch und elektrisch richtiger Constructionen genügen und den Anforderungen an Sicherheit und Oekonomie des Betriebes entsprechen.

Man begeht häufig den Fehler, eine elektrische Eisenbahn als etwas rein Elektrisches hinzustellen und zu kritisiren. Eine elektrische Bahn kann aber ordnungsgemäss und mit Erfolg nur arbeiten, wenn alle elektrischen und mechanischen Factoren richtig zusammenwirken. Es gehört also hieher nicht nur der Motor und die Leitung (von der Kraftstation sei noch abgesehen), sondern auch das Wagengestelle und das Geleise nebst vielen anderen weniger hervortretenden Details, die jedoch alle von Wichtigkeit sind.

Ich werde mir nun erlauben, einen modernen elektrischen Wagen zu schildern, um dann an der Hand dieser Schilderung weitere Schlüsse zu ziehen.

Die heutigen Wagen-Untergestelle haben ein wesentlich verschiedenes Aussehen von den Untergestellen der Pferdebahnwagen, aus denen sie hervorgegangen sind. Während nämlich diese die beiden Achsen in Lagern laufen haben, welche untereinander in keiner weiteren Verbindung stehen, bemüht man sich, beim Motorwagen die Achslager beiderseits durch Trägerconstructionen so zu verbinden, dass ein möglichst stabiler Rahmen geschaffen wird, auf dem der Motor oder die Motoren aufliegen. In diesem Rahmen können sich die Achsbüchsen vertical auf- und abbewegen und auf ihm sitzt der leicht abhebbare Wagenkasten federnd auf. Die modernen Wagen sind nun alle mit zwei Motoren ausgerüstet, u. zw., wie ja ganz allgemein bekannt, Hauptstrom-Motoren. Dieselben sitzen auf dem Rahmen des Untergestelles auf, am einen Ende federnd, während sie am anderen Ende mittelst Büchsen die Wagenachsen umgreifen, so dass jeder Motor eine Achse antreibt. Die Uebersetzung ist eine einfache. Ein kleines Zahnrad sitzt auf der Armaturwelle, das entsprechende grosse auf der Wagenachse.

Bei den früheren Constructionen war die Uebersetzung eine doppelte, so zwar, dass eine Vorgelegsachse eingeschaltet war, bevor der Abtrieb auf die Wagenachse geschah.

Die Regulirung dieser Motorwägen mit zwei Motoren erfolgt durch einen Schaltapparat, welcher es ermöglicht, unter Anwendung von Widerständen dieselben stufenweise parallel oder hintereinander zu schalten. Auf eine Regulirung mittelst Combination der Feldspulen kommt man nunmehr nur mehr seltener zurück. Dieselbe lässt sich bei Zweimotoren-Systemen schwer durchführen.

Die Schaltapparate, mit welchen die verschiedenen Schaltungen der Wagen-Motoren hergestellt werden, arbeiten in der Weise, dass beim Anfahren beide Motoren unter Vorschaltung eines entsprechenden Widerstandes in Serie geschaltet werden. In dem Maasse, als mehr Geschwindigkeit und weniger Zugkraft erforderlich wird, also der Wagen die Reibung der Ruhe bereits überwunden hat, wird auf die Parallelschaltung beider Motoren übergegangen.

Da die Schaltapparate stets den gesammten Strom führen und auch bei verschiedenen Schaltungsübergängen Inductionsfunken sich ergeben, so müssen diese in ihrer Construction gegen Funkenbildung ganz besonders geschützt sein. So sind z. B. die neuesten „Controller“ der Westinghouse Co. ganz auf einer Porzellanwalze montirt, während diejenigen der General Electric Co. einen grossen Elektromagnet als Funkenlöscher besitzen.

Wenn wir die Wirkungsweise des Hauptstrom-Motors als Bahnmotor betrachten, so ist dieselbe in den verschiedenen Stadien der Bewegung eine ganz und gar verschiedene. Beim Anfahren, wo man gezwungen ist, ganz langsam zu fahren, bei Geschwindigkeitsverringerungen beim Bergauffahren etc. wird bei grosser Stromstärke wenig Spannung gebraucht, da ja eben diese maassgebend für die Geschwindigkeit ist. Es muss daher die elektromotorische Kraft der Linie im Anker entsprechend reducirt werden, um eine gewisse geringe Geschwindigkeit zu erzielen. Diese Reduction erfolgt durch vorgeschaltete Widerstände und ist also ein directer Verlust. Derselbe ist beim Zweimotoren-System natürlich geringer als beim Einmotoren-System, aber immerhin ziemlich bedeutend. Auch bei denjenigen Systemen, welche wie das Sprague'sche die Regulirung des Motors durch Variirung der Feldspulen erzielten, war ein ziemlicher Verlust in diesen selbst vorhanden.

Je schneller erst der Hauptstrom-Motor zu laufen hat, desto günstiger stellt sich sein Effect im Bahnbetrieb, indem dann die ganze Spannung der Linie benützt werden kann. Man kann aber annähernd aus dem Vorhergehenden schliessen, dass bei gleicher Belastung ein Eisenbahn-Motor für jede Geschwindigkeit die gleiche Arbeit consumirt. Es ergibt sich daraus, dass der elektrische Betrieb noch sehr unökonomisch ist, und thatsächlich ist der durchschnittliche Nutzeffect der Motoren mit einfacher Uebersetzung kaum einige 60 Procent. Im Momente des Anfahrens, wo eine drei- bis vierfache Stromstärke gebraucht wird, dagegen fast keine Spannung, fällt dieser Effect oft unter 10 $^0/_0$, bis nicht der Wagen eine Geschwindigkeit von $^1/_3$ m pro Secunde erreicht hat.

(Schluss

Das Feuermeldewesen in Wien.

(Aus einem Vortrage des Herrn Ingenieurs JULIUS STERN im Allgemeinen technischen Vereine.)

(Schluss.)

Ende 1892 sind im Ganzen 530 Meldestationen vorhanden. Hiezu müssten eigentlich noch die 8000 Telephonstationen der Privat-Telegraphen-Gesellschaft gerechnet werden, da auch durch dieselben Feuermeldungen an die Feuerwehr abgegeben werden. Die Zahl der telephonischen Meldungen ist im steten Steigen begriffen, was sehr deutlich durch die „Telephoncurve" in Fig. 11 dargestellt erscheint.

Die Curve beginnt im Jahre 1882 und steigt stetig, bis sie 1892 circa 90 Meldungen erreicht. Die graphischen Darstellungen in Fig. 11

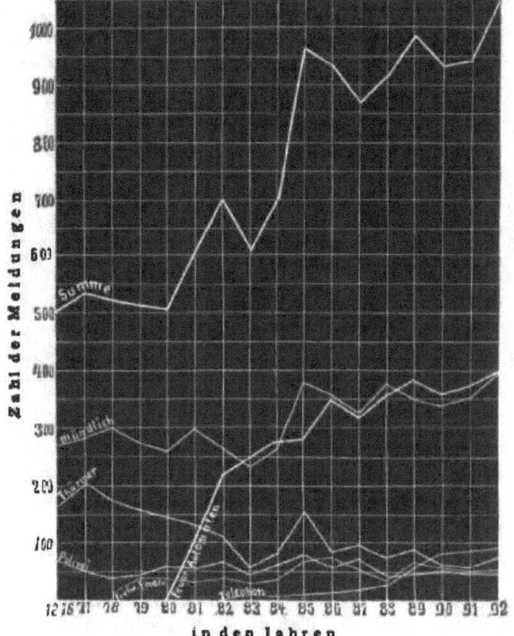

Fig. 11.

zeigen die Zu- und Abnahme der Brandmeldungen vom Jahre 1876 bis Ende 1892. Wir finden verzeichnet die Meldungscurven des Thürmers, der Polizei, der freiwilligen Feuerwehren, des Telephons, die mündliche Meldungscurve und endlich die Feuerautomaten-Meldungscurve. Die oben stark gezeichnete Curve zeigt die Summe aller vorerwähnten Meldungsarten. Betrachten wir nun genau den Verlauf dieser Curven, so bemerken wir, dass während des Zeitraumes von 1876 bis 1892 die Curven der Polizei- und freiwilligen Feuerwehr-Meldungen keinerlei wesentliche Veränderungen zeigen, dass die mündliche und die Telephoncurve um Geringes gestiegen, die Thürmercurve um Geringes gefallen ist. Das Erstere sowie das Letztere ... türliche Fo... its der rapid wachsenden Bevölkerungszahl

Wiens und des Fortschrittes der Telephontechnik, andererseits der modernen hohen Bauart, durch welche der Gesichtskreis des Thürmers etwas eingeengt wird.

Auffallend dagegen erscheint der Umstand, dass die Curve der Automaten-Meldungen, im Jahre 1880 beginnend, eine so immense Höhe erreicht und dadurch auch die Summencurve eine rapid steigende Tendenz erhält. Wäre die Summencurve bei steigender Automatencurve ungefähr horizontal gewesen, das heisst, die Gesammtmeldungszahl würde bis auf geringe Differenzen gleichgeblieben sein, so könnte man den Schluss daraus ziehen, dass viele Meldungen, früher durch Polizei, Thürmer, mündlich u. s. w. gegeben, jetzt durch die Automaten erfolgen. Es müsste daher ein Abnehmen der übrigen Curven stattfinden.

Thatsächlich aber verhält sich die Sache ganz anders. Bis auf die einzige Curve des Thürmers, welche etwas abgenommen hat, sind alle übrigen Curven so ziemlich gleichgeblieben. Zu dieser nahezu jedes Jahr

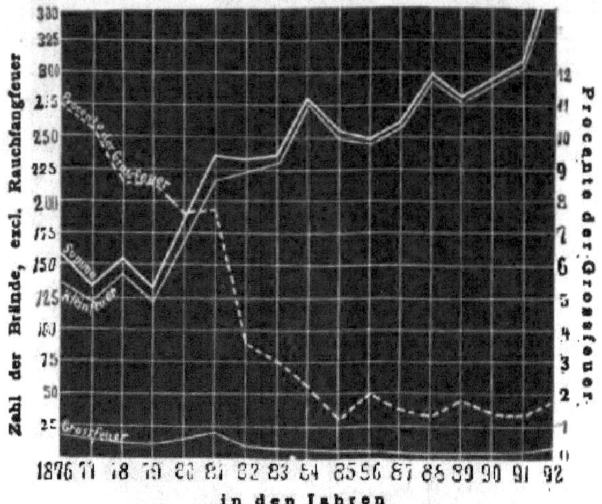

Fig. 12.

constanten Summe der Meldungen gesellt sich die Zahl der Automaten-Meldungen hinzu, ohne die übrigen Meldungsarten trotz Einführung der Automaten fortgeführt und ausserdem durch die Automaten eine ganz bedeutende Anzahl von Feuermeldungen abgegeben wurden. Es wurde also der grossen Bequemlichkeit halber jedes und selbst das kleinste Feuer sofort angezeigt, was man früher in vielen Fällen unterlassen hatte und erst dann, als das Feuer grössere Dimensionen annahm, mündlich zur Anzeige brachte. Folgern wir weiter, so kommen wir zu dem Schlusse, dass von dem Momente an, als die Feuermelder in Wien eingeführt wurden, die Zahl der Kleinfeuer im Steigen, die der Grossfeuer im Fallen begriffen sein müsste. Den Beweis hiefür sehen wir in Fig. 12. Diese Figur veranschaulicht die Zu- und Abnahme der wirklich stattgehabten Brände von 1876 bis Ende 1892. Wir bemerken thatsächlich in den Jahren 1880 und 1881 ein bedeutendes Steigen der Curve, welche die Kleinfeuer illustrirt und ein Fallen der Grossfeuercurve.

Allerdings muss hiezu noch bemerkt werden, dass im Jahre 1885 während der Reorganisation der Feuerwehr auch die Statistik einer eingehenden Umänderung unterzogen wurde. So wurde unter Anderem auch die Definition für „Gross-", „Mittel-" und „Kleinfeuer" festgesetzt. Da hiess es, ein „Mittelfeuer" ist jenes Feuer, zu dessen Bewältigung mindestens eine Schlauchlinie nöthig war, ein „Grossfeuer" ist jenes Feuer, das durch mehr als zwei Schlauchlinien gelöscht werden musste; alle übrigen kleineren Brände zählten zu den „Kleinfeuern". Früher gab es nur einen Unterschied zwischen einem grossen und einem kleinen Feuer.

Um also den Curven von 1876 bis 1885 eine ihrem bisherigen Charakter entsprechende Fortsetzung zu geben, musste ein gewisser Procentsatz von den Aufschreibungen abgezogen werden. Was bis zum Jahre 1885 als Grossfeuer bezeichnet wurde, war thatsächlich ein sehr grosses Feuer, wie wir derartige seit dieser Zeit glücklicherweise immer weniger aufzuweisen haben. Nach den praktischen Erfahrungen wurde dieser Procentsatz mit 33 in Abzug gebracht und die Curve vervollständigt. Die Mittelfeuer seit 1885 wurden zu den Kleinfeuern hinzugezählt.

Wir sehen also in Fig. 12 vier Curven: eine Grossfeuer-, eine Kleinfeuer-, eine Summen- und eine Procentcurve der Grossfeuer.

Wir sehen ferner die Kleinfeuercurve vom Jahre 1880 an steigen, die Grossfeuercurve fallen. Die punktirte Curve gibt die procentuelle Abnahme der Grossfeuer an, im Vergleiche zu den Gesammtbränden und fällt diese im Jahre 1882 ganz rapid.

Aus all dem Vorhergesagten erkennt man nun klar und deutlich den wohlthuenden Einfluss, den eine correct durchgeführte Feuermelde-Anlage auf die Brandstatistik einer Stadt auszuüben im Stande ist.

Wenn wir die sich stets vermehrende Bevölkerungszahl Wiens in's Auge fassen, wenn wir ferner Bedacht nehmen auf die durch Erbauung von Gebäuden und Fabriken, sowie durch die Einrichtung von verschiedenen Unternehmungen der Kleingewerbetreibenden bedingte grössere Feuergefährlichkeit, so können wir uns über das stete Steigen der Curven aller Brände gewiss nicht wundern, worunter auch noch alle die kleinen Brände mitgerechnet sind, welche bei Ankunft des Löschtrains bereits unterdrückt waren. Und deren sind gar viele. Diese gelangen in Folge der grossen Bequemlichkeit und Nähe der Automaten sofort zur Anzeige und werden dann durch Hausleute rasch gelöscht. Das ist ja der Hauptzweck einer Feuermelde-Anlage, rasch und sicher jeden kleinsten Brand melden zu können. Die Zeit, welche verstreicht von dem Momente an, als ein Brand bemerkt wurde bis zum Eintreffen des Löschtrains auf dem Brandplatze ist wohl einer der wichtigsten Punkte auf dem Gebiete der Löschtechnik. Diese soll so kurz als eben möglich sein. Sie setzt sich aus folgenden Factoren zusammen:

1. Aus der Zeit, welche die meldende Person braucht, um zu dem nächsten Feuermelder zu gelangen,

2. aus der Zeit, welche zur Abgabe und Aufnahme der Depesche benöthigt wird, und endlich

3. aus der Zeit, welche der Löschtrain braucht, um auf den Brandort zu gelangen.

Der erste Punkt ist es zunächst, der durch die überaus günstige Vertheilung der Automaten wesentlich eingeschränkt wurde. Dabei wird jedoch von der feuermeldenden Person vorausgesetzt, dass sie sich ungesäumt zum nächsten Automaten begibt und nicht etwa in der Aufregung planlos umherirrt oder gar die Meldung versäumt. Der zweite Punkt ist gewöhnlich ein Zeitraum von Secunden. Was den dritten Punkt anbetrifft, so ist es, dank der Tüchtigkeit unserer Wiener Feuerwehr, je nach Entfernung des Brandortes nur ein Zeitraum von wenigen Minuten. Wenn also die Zeit, s[illegible] [illegible]ie im ersten Punkte angeführte, in der vorerwähnten Art und Weise verwendet wird, so kann man füglich behaupten, dass durch das rasche Eingreifen der Feuerwehr in den meisten Fällen ein solcher Brand im Entstehen schon unterdrückt wird. Und dieses rasche Eingreifen ist eben, wie vorher gezeigt, abhängig in erster Linie von den Meldungseinrichtungen.

Die Anforderungen welche an die Wiener Feuerwehr gestellt werden, sind durchaus keine geringen zu nennen; wir können jedoch mit Beruhigung der weiteren Entwicklung entgegensehen, umsomehr, da Männer an der Spitze dieser Institution stehen, welche sich durch ihre Tüchtigkeit, Energie und Umsicht, durch ihre bisherigen Verdienste um das Feuerlöschwesen den aufrichtigsten Dank aller Wiener erworben haben.

Wir glauben behaupten zu dürfen, dass unsere Feuerlösch- und Meldeeinrichtungen im Vergleiche zu denen anderer Grossstädte als mustergiltig bezeichnet werden können.

Internationale Ausstellung Wien (Rotunde).

Seit der Elektrischen Ausstellung im Jahre 1883 sind wir daran gewöhnt, die Ausstellungen in der Rotunde auch während der Abendstunden geöffnet und, wie dies heute selbstverständlich ist, elektrisch beleuchtet zu sehen. Jedesmal, wenn die Ausstellungen in der Rotunde elektrisch beleuchtet werden sollten, war bis jetzt für diesen Zweck die Einrichtung einer eigenen elektrischen Erzeugungsstätte mit den entsprechenden Baulichkeiten, grossen Kessel- und Maschinenanlagen nothwendig.

Der Lärm der Maschinen, die rauchenden Schlote und lästiger Kohlendunst waren die unvermeidlichen Begleiterscheinungen der elektrischen Ausstellungsbeleuchtungen. Dies ist nunmehr gründlich anders geworden. Die Maschinenanlagen, welche man nach jeder Ausstellung abtragen musste, um sie bei einer nächsten Ausstellung für kurzen Gebrauch mit grossem Kostenaufwande wieder neu aufzustellen, sind jetzt überflüssig geworden und wird der Dampfbetrieb für die Zwecke der elektrischen Stromerzeugung fortab zur Erhöhung der Annehmlichkeiten des Ausstellungsbesuches entfallen. Diese vortheilhafte Aenderung ist durch den Bestand der grossen elektrischen Centralanlage der Internationalen Elektricitäts-Gesellschaft ermöglicht worden. Die genannte Gesellschaft hat bekanntlich ihre Kabelleitungen schon seit längerer Zeit auch nach dem Prater behufs Beleuchtung zahlreicher Praterobjecte ausgedehnt und dabei zur Versorgung der Rotunde einen eigenen Kabelstrang nach dem Ausstellungsrayon geführt.

Aus diesem Kabel erfolgt nun durch die elektrische Centralstation der Gesellschaft die Lieferung von Strom für die allgemeine Rotundenbeleuchtung und die Beleuchtung der einzelnen Ausstellungsobjecte, der Interieurs und des Internationalen Dorfes. Die allgemeine Beleuchtung wird durchwegs mittelst Wechselstrombogenlampen versorgt und sind im Innern der Rotunde, den Transepten, Galerien und unter den Arkaden insgesammt 181 Bogenlampen von grosser Lichtstärke angebracht. Für die genannten besonderen Zwecke der Aussteller sind, und zwar zum grösseren Theile in den Objecten des Internationalen Dorfes, an 1000 Glühlampen eingerichtet. Diese Lichtanlage, welche nicht blos das Parterre der Rotunde glänzend beleuchtet, sondern auch den Hochraum derselben bis hinauf zur Laterne erhellt, ist, wie sich jeder Ausstellungsbesucher überzeugt, von effectvollster Wirkung. Neben der elektrischen Beleuchtung versorgt die Internationale Elektricitäts-Gesellschaft aus demselben Kabel auch den für einzelne Ausstellungsobjecte erforderlichen Kraftbetrieb mit Elektricität, so die Expositionen der Firmen Eisler, Hoerde & Co., Ganz & Co. Die in technischer Beziehung interessante Neuerung in der elektrischen Beleuchtung der Rotunde, welche zum erstenmale die Durchführung einer so umfassenden interimistischen Beleuchtung im Anschlusse an ein ständiges Elektricitätswerk darstellt, ist auch im Hinblicke darauf, dass die kostspieligen Maschineneinrichtungen erspart werden, ökonomisch bedeutungsvoll, und wird dieser Vortheil gewiss auf den Etat der gegenwärtigen und der künftigen Ausstellungen günstig zurückwirken. Schr.

Ueber die elektrischen Eisenbahnen in Wien.

In der Sitzung des Wiener Gemeinderathes vom 12. April l. J. wurde vom Gemeinderathe Herold in Angelegenheit der Erbauung von elektrischen Bahnen in Wien die nachstehende Interpellation gestellt:

„Ein Jahr ist verstrichen, seit dem Wiener Gemeinderathe Projecte für Erbauung von elektrischen Bahnen überreicht wurden. Ueber diese Projecte ist noch nicht referirt worden. Wieder sind drei Monate verstrichen, seit neue Projecte für Erbauung von elektrischen Bahnen dem Gemeinderathe überreicht worden, und wir stehen genau dort, wo wir vor mehr als einem Jahre gestanden. Der Bau der Wiener Verkehrsanlagen geht langsam, der Bau elektrischer Bahnen geht gar nicht von statten. Die Projecte liegen unberathen in den Aemtern und den Gemeinderath trifft der Vorwurf, dass seine Saumseligkeit es verschuldet, dass der Wiener Bevölkerung ein Verkehrsmittel entzogen wird, welches sich in anderen Städten auf das Glänzendste bewährt hat. Der Umbau ganzer Stadttheile, die Erbauung neuer Bezirke, die Vollendung der schönsten Strassen, der Aufschwung der mit der grossen Bauthätigkeit verbundenen Gewerbe ist in Budapest wesentlich auf den systematischen Ausbau der elektrischen Bahnen zurückzuführen. In Wien würde sich diese Bauthätigkeit, die durch die Steuerbefreiung für Umbauten nicht bewirkt werden konnte, auch erst dann entwickeln, wenn in unseren Strassen die elektrischen Bahnen geführt würden, welche den Verkehr beleben, ohne die Störung der Tramways oder Locomotivbahnen mit sich zu führen. Allein es scheint, als ob in gewissen Kreisen unserer Verwaltung der Wille nicht vorhanden wäre, für Wien das Nothwendige zu thun. Einige der projectirten elektrischen Bahnen hätten binnen sechs Monaten gebaut werden können, statt dessen liegt dem Gemeinderathe noch nicht der geringste Bericht vor. Es hiess zwar, der Stadtrath habe ein Comité eingesetzt, welches „alle Projecte" zusammen berathen werde, allein von der Thätigkeit dieses Comités haben wir nichts gehört, trotzdem sich der Führer der Opposition in demselben befindet, der sich ja dessen rühmte, was er angeblich für Wien erwirkt habe. In Sachen der elektrischen Bahnen ist nichts geschehen. Würde ich einen Antrag stellen, so würde er dem Stadtrathe zugewiesen und dort bis zum Auferstehungstage schlummern. Ich bin daher gezwungen, damit die Erbauung der elektrischen Bahnen nicht einschlafe, durch eine Interpellation sie zur Sprache zu bringen, in der Hoffnung, dass der Herr Bürgermeister nicht nur meine Frage beantworten, sondern dann auch veranlassen wird, dass nicht länger mehr gezögert werde, damit Wien endlich eine elektrische Bahn unabhängig von den Projecten, die noch an uns herantreten werden, auf Grund der schon vorhandenen Projecte erhalte. Ich frage also den Herrn Bürgermeister: 1. Woran liegt es, dass über diese Angelegenheit noch immer nicht referirt wird? 2. Gedenkt der Herr Bürgermeister die Angelegenheit zu beschleunigen und einer günstigen Lösung zuzuführen?"

Diese Interpellation wurde vom Bürgermeister bereits in der Sitzung des Gemeinderathes vom 13. April beantwortet. Der Bürgermeister theilte mit, dass die diesbezüglichen Projecte einem aus dem Stadtrathe gewählten Comité zugewiesen worden sind, welches seine Berathungen unterbrochen hat, weil es nothwendig geworden ist, Erhebungen über das Rechtsverhältniss der projectirten elektrischen Bahnen zu den bereits bestehenden Bahnen zu pflegen. Diese Erhebungen sind nunmehr abgeschlossen worden, so dass das Comité seine Berathungen demnächst wieder aufnehmen werde.

Dieses Comité hat nun am 18. v. M. eine Sitzung abgehalten, über den Verlauf derselben wird Folgendes verlautbart:

Der Referent des Magistrates über die Rechtsverhältnisse der [illegible] Bahngesellschaften erstattete einen eingehenden Bericht. An dieses Referat schloss sich eine mehrstündige Discussion an, in welcher insbesondere die Frage des Heimfallsrechtes [illegible] erörtert und hervorgehoben wurde, dass die österreichische Gesetzgebung [illegible] ein Heimfallsrecht an den [illegible] kennt. Das Comité hat über die [illegible] einen Beschluss in dieser Sitzung [illegible] und soll erst demnächst [illegible] Berathung der einzelnen Projecte [illegible] werden. Diese officielle Verlautbarung verdient jedoch einen kleinen [illegible]. Wie aus unseren früheren [illegible] war dem Wiener Magistrate [illegible] übertragen worden, [illegible] Rechtsverhältnisse zu informiren [illegible]

Städten und Ländern, wo elektrische Strassenbahnen bestehen, geübt werden, und sich namentlich auch über das Heimfallsrecht, wie es anderwärts in Geltung ist, zu orientiren. Der Magistrat war schon beauftragt, über diese seine Wahrnehmungen an das vom Stadtrath eingesetzte elektrische Comité zu berichten. Der Wiener Magistrat hat sich aber merkwürdiger Weise seine Aufgabe sehr vereinfacht. Diese amtliche Stelle beschränkte sich darauf, nur diejenigen Bestimmungen zusammenzustellen, welche bei inländischen, d. h. speciell österreichischen elektrischen Strassenbahnen geltend sind. Bisher existiren aber leider in Oesterreich, d. i. in den im Reichsrathe vertretenen Königreichen und Ländern nur zwei mit elektrischer Kraft betriebene Bahnen, und zwar die eine von Mödling in die Hinterbrühl, und die andere, die Křižík'sche Bahn, in Prag. Bei bestem Willen kann wohl die Bewältigung einer solchen Aufgabe nicht als eine allzu schwere und besonders anerkennenswerthe bezeichnet werden. Was nun den meritorischen Inhalt der für die beiden genannten österreichischen elektrischen Bahnen geltenden Heimfallsbestimmungen anbelangt, so fällt das Heimfallsrecht für diese Bahnen, die nicht auf städtischem Gemeindegebiete geführt sind, concessionsmässig dem Staate zu. Das Beispiel dieser beiden Bahnen ist aber keineswegs geeignet, die Frage der Lösung näher zu bringen, wie sich das Rechtsverhältniss für eine elektrische Bahn zu stellen hat, die innerhalb und auf städtischem Gemeindegebiete und speciell innerhalb der Stadt Wien erbaut wird. Der Wiener Magistrat vertritt die Anschauung, dass das Heimfallsrecht für eine solche Bahn einzig und allein nur der Stadtgemeinde zufallen könne, nachdem das Eigenthumsrecht an dem städtischen Grund und Boden und somit auch das Verfügungsrecht über denselben ausschliesslich der Gemeinde zusteht, und diese Rechte derselben auch kraft gerichtlicher Entscheidung zuerkannt worden sind. Diese Auffassung hat thatsächlich sehr viel für sich. Bei solchen Bahnen, welche auf privatem, d. h. städtischer oder staatlicher Verfügung nicht unmittelbar unterworfenen Grund und Boden errichtet werden, ist das Bahnunternehmen bemüssigt, zur Schaffung seiner Bahn den nothwendigen Grund und Boden in's Eigenthum zu erwerben. Hat sich dann der Staat concessionsmässig den Heimfall der Bahnlinie ausbedungen, so fällt das Gesammteigenthum an dieser Bahn dem Staate zu. Bei Bahnen hingegen, die, wie Stadtbahnen und speciell [illegible] für Wien, für ihre Linien nicht das Eigenthum an den zu befahrenden Strassentheilen erwerben können, sondern blos die Benützung dieser Grundtheile von dem Grundeigenthümer, d. i. von Seite der Stadtgemeinde, gestattet erhalten, könnte, wenn das Heimfallsrecht zu Gunsten des Staates in Anspruch wird, offenbar nicht die gesammte Bahn an den Staat als Heimfallsberechtigten übergehen, sondern zweifellos nur jene Bestandtheile derselben, über welche das Bahnunternehmen selbst kraft seines Eigenthumsrechtes unbeschränkt verfügen kann. Bei elektrischen Stadtbahnen und speciell bei solchen in Wien erhalten die Unternehmer nicht das Eigenthumsrecht, sondern nur das Benützungsrecht an den Strassen und können dieses Benützungsrecht nur auf eine gewisse Zeitdauer erwerben. Niemand kann auf einen Anderen mehr Rechte übertragen, als er selbst besitzt. Es kann also bei Bahnen innerhalb eines Stadtgebietes, und insolange das Eigenthumsrecht an dem Grund und Boden der Stadt, und nur das Benützungsrecht dem Unternehmer zusteht, von einem Heimfallsrechte zu Gunsten des Staates in jenem Sinne, wie es bei grossen Eisenbahnen vorkommt, nicht die Rede sein. Etwas Anderes wäre es, wenn der Staat eine Expropriation zu Gunsten des Bahnunternehmens gegenüber den Stadtgemeinden schaffen würde, auf Grund deren die Gemeinde verpflichtet wäre, einem Localbahn-Unternehmen den erforderlichen im Eigenthume der Stadt stehenden Grund und Boden abzulassen, bezw. in's Eigenthum zu überantworten. Dann würde der Unternehmer auch das Eigenthum an dem ihm unter den jetzigen Verhältnissen nur zur Benützung überlassenen Grund und Boden erwerben, und es stünde kein rechtlicher Hinderungsgrund entgegen, ein vollgiltiges und vollwirksames Heimfallsrecht an solchen Bahnen zu Gunsten des Staates zu stipuliren. Unter allen Umständen darf man mit besonderem Interesse dessen gewärtig sein, welchen Standpunkt die Regierung in dieser Frage, deren richtige Lösung nur die Entwickelung des Stadtbahnwesens befördern kann, einnehmen wird.

Es dürfte hier am Platze sein, der verschiedenen Projecte zu gedenken, welche bereits über die elektrischen Localbahnen in Wien verfasst wurden. Da haben wir jenes der Anglo-Oesterreichischen Bank, welche im Vereine mit der Firma Siemens & Halske, sowie der Allgemeinen Oesterreichischen Elektricitäts-Gesellschaft eine Gesellschaft in's Leben zu rufen plant, die nach dem Muster der elektrischen Stadtbahn in Budapest Eisenbahnlinien mit elektrischem Betriebe herstellen soll. Die Details über den Ausbau der diesfälligen Linien haben wir im Heft VI 1893, S. 137 gebracht. Die Erste Oesterreichische Elektricitäts-Gesellschaft hat bereits in der ersten Hälfte des Jahres 1893 ein Project ausgearbeitet, dessen wir im Heft XXIII 1893, S. 566 erwähnten. Die Länderbank hat sich auch mit den Wiener Verkehrsfragen sehr angelegentlich befasst, und verweisen wir auf unsere diesbezüglichen Mittheilungen in den Heften VI 1894, S. 174 und VII 1894, S. 193. Das Project des Stadtbau-Inspectors Feldmann in Köln a. Rh., welches bei der Ausschreibung der Concurrenz für die Lagerpläne der Stadt Wien prämiirt wurden, plant hängende Bahnen für Wien (Heft

Allgemeine Elektricitäts-Gesellschaft in Berlin hat die Bewilligung zur Vornahme technischer Vorarbeiten für unsere Stadtbahnlinien erhalten, worüber wir in den Heften XVIII 1893, S. 448 und XXI 1893, S. 518 Näheres bekannt gaben. Nach den neuesten Mittheilungen, die uns hierüber zukommen, umfassen diese technischen Vorarbeiten für die in dem gesetzlich genehmigten Programm für die Verkehrsanlagen in Wien angeführten Localbahnen nachfolgende, als Untergrundbahnen herzustellende Localbahnen mit elektrischem Betriebe: 1. Eine Verlängerung der von der Elisabethbrücke ausgehenden und zur Ferdinandsbrücke führenden Durchmesserlinie, und zwar einerseits unter der Wiedener Hauptstrasse und der Favoritenstrasse zum Südbahnhof, andererseits von der Ferdinandsbrücke unter der Praterstrasse, Nordbahnstrasse und Taborstrasse zur Ferdinandsbrücke zurück; 2. eine von der Elisabethbrücke ausgehende Abzweigung der sub 1 bezeichneten Durchmesserlinie unter der Wienstrasse, dem Getreidemarkte, der Mariahilfer- und Schönbrunnerstrasse bis zum Westbahnhof; 3. eine Verlängerung der vom Schottenring ausgehenden und zur Station Hauptzollamt führenden Durchmesserlinie unter der Landstrasser Hauptstrasse bis zur Artillerie-Kaserne; 4. eine von der Donaucanallinie nächst der Augartenbrücke abzweigende, unter der Berggasse, Schwarzspanierstrasse, Landesgerichtsstrasse, Auerspergstrasse und Museumstrasse führende und bei der Babenbergerstrasse in die sub 2 bezeichnete Linie einmündende Transversalbahn, und 5. eine von der sub 4 beschriebenen Linie nächst dem Deutschen Volkstheater ausgehende Abzweigung unter der Burggasse bis zum Anschlusse an die Haltestelle der Gürtelbahn im 16. Bezirke mit eventueller Fortsetzung bis zur Station Ottakring der Vorortelinie der Wiener Stadtbahn.

Von den beiden **Tramway-Gesellschaften**, welche ebenfalls die Einführung des elektrischen Betriebes auf ihren Linien studiren, wollen wir hier nur nebenbei sprechen.

An Projecten ist kein Mangel! Wenn es aber mit der thatsächlichen Ausführung so fortgeht wie bisher, werden wir Wiener eher mit dem Wellner'schen Luftschiffe als mit einer elektrischen Bahn weiterkommen.

Centralstationen in Oesterreich.

Der rührige Markt **Feldkirchen** in **Kärnten** wird mit einer elektrischen Centrale für 500 gleichzeitige brennende Lampen versehen. Der Betrieb erfolgt durch zwei Centralen, welche auf ein gemeinschaftliches Netz arbeiten. Jede dieser Centrale besitzt eine Turbine à 25 *HP*; die Entfernung der Stationen von einander beträgt circa 800 *m*, die Ausführung geschicht durch **B. Egger & Co., Wien—Budapest.**

Eine kleine, aber interessante Station errichtet die genannte Firma soeben im reizend gelegenen Curorte **Mittewald** an der Drau bei Villach.

Dortselbst werden die diversen Cur-Etablissements elektrisch beleuchtet und wird die dazu nöthige Kraft von einer Hochdruckturbine geliefert, welche mit einem nutzbaren Gefälle von 250 *m* arbeitet und mit einer Dynamomaschine von 900 T. pr. M. direct gekuppelt ist.

Die Firma **B. Egger & Co., Wien—Budapest**, welche eben die hier schon seinerzeit besprochene elektrische Bahn in **Gmunden** baut, ist von derselben Unternehmung, welcher diese Bahn gehört, auch die Beleuchtung der verschiedenen Hôtels und Villen am Fusse des Schafberges, des österreichischen Rigi, übertragen worden.

Da längs der 6·5 *km* langen Trace der Schafbergbahn auch einige Bogenlampen zur Aufstellung gelangen, wird diese Anlage derart ausgeführt, dass die Centralstation, am Bergabhange gelegen, mit einer eigenen Glühlichtmaschine das untere Hôtel beleuchtet, während eine Spannungsmaschine mit 10 Amp. constanter Stromstärke die Bogenlampen in Hintereinanderschaltung speist. Die Regulirung dieser Maschine erfolgt vollkommen automatisch.

Nachrichten aus Ungarn.

Erweiterung des Kabelnetzes in Budapest.

Wie man uns mittheilt, werden die Elektricitäts-Gesellschaften im Laufe dieses Jahres in folgenden Gassen Kabel für elektrische Beleuchtung und Kraftübertragung legen: Franz Joseph-Quai [illegible] Müller-, Serben-, Seminär-, [illegible], Donau-, Dachsen-, [illegible]-, Neuwelt-, Gren[illegible], Leo-[illegible]-tter-, [illegible] Waag-, Béla-, Zrinyigasse, Széchényiplatz, Jäger-, Mond-, Woll-, Morgen-, Promenade-, Széchényi-, Markó-, Alkotmány-, Kálmán-, Koháry-, Szalay-, Klotilde-, Solyómgasse, Leopoldring, Neupesterquai, Wahrmann-, Opernhaus-, Podmaniczky-, Grosse Feld-, Schiffmanns-, Fabriken-, Révay-, Lázár-, Alt-, Neu-, Dessewffy-, Ritter-, David-, Böller-, Szondy-, Eötvös-, Csengery-, Vörös-[illegible]-lla-, Rosen-, Herren-, Kem-[illegible]-, Szabolcs-, Bajnok-, Dalnok-,

21

Bajza-, Epreskert-, Bulyovszky-, Grosse Johannes-, Lendvay-, Délibáb-, Kmety- und Königsgasse (vom Ring hinaus), Obere Waldzeile, Stadtwäldchen - Allee und Arenastrasse. Trommel-, Wesselényi-, Tabak-, Eisen-, Akazien-, Rottenbiller-, Damjanich-, Barcsay-, Erzherzog Alexander-, Museum-, Szenkirályi-, Gemsen-, Perlhuhn-, Rökk-, Volkstheater-, Joseph-, Baross-, Markthalle-, Stern-, Lónyai-, Pfeifen-, Löwen-, Köztelek-, Soroksárer- und Kinizsygasse, Almássy- und Maria Theresiaplatz, Franzensring und Uellőerstrasse vom Ring bis zum Ludoviceum.

Elektrische Beleuchtungen.

Die elektrische Beleuchtung in Warasdin, von welcher wir bereits im Hefte VI d. J. Seite 175 berichteten, wird demnächst in Angriff genommen. Die Nachbarstadt Warasdins, Csákathurn, besitzt bereits seit mehreren Monaten diese Beleuchtung.

Die Bergstadt Göllnitz (Comitat Zips) erhält gegenwärtig eine elektrische Centralstation, welche circa 800 Lampen gleichzeitig zu speisen im Stande sein wird. Eine eigene Dynamomaschine für 30 *HP* wird in dieser Centrale zur Kraftabgabe an Motoren für Industriezwecke aufgestellt.

Die Herstellung der Anlage erfolgt durch die Firma B. Egger & Co. in Wien—Budapest.

Die Granthaler Zuckerfabrik in Oroszka wird gegenwärtig mit einer ungewöhnlich grossen Beleuchtungsanlage durch die Firma B. Egger & Co. Wien—Budapest versehen.

Selbe umfasst 2 Dynamos à 36.000 Watt, sowie eine kleinere Dynamo für Kraftabgabe.

Genannte Firma ist eben auch mit der Lichtinstallation im Schlosse des serbischen Patriarchen in Karlowitz beschäftigt.

Es kommen circa 200 Glühlampen mit einer entsprechenden Accumulatorenbatterie zur Anwendung.

Wie man aus Gran schreibt, soll diese Stadt schon in nächster Zeit elektrische Beleuchtung erhalten. Die Ganz'sche Gesellschaft hat der Stadtbehörde den Antrag gestellt, die Strassenbeleuchtung für 5000 fl. pro Jahr zu übernehmen, wenn die Einwohnerschaft sich zum Bezuge von 10.000 Flammen zu 10 *NK* verpflichtet. Da das Offert sehr günstig ist, dürfte dasselbe seitens der Stadt acceptirt werden. Unter ähnlichen Bedingungen hat auch die Stadt Erlau einen Vertrag mit der genannten Gesellschaft geschlossen.

Elektrische Kraftübertragungen.

Das königl. Bergwerk in Aranyidka bei Kaschau (Comitat Abauj - Torna) wird gegenwärtig mit einer interessanten elektrischen Förderanlage versehen. Die Primärstation erhält eine circa 30 *HP* Dynamo von 500 Volt Spannung, welche von einer Turbine betrieben wird. Die Secundärstation ist hievon circa 1700 *m* entfernt und besteht aus einer Dynamo, welche mittelst Lederzahnrädertrieb die Fördermaschine bethätigt. Um alle Unregelmässigkeiten im Gange der Turbine zu verhüten, ist ein ausserordentlich präcise functionirender, von der die Anlage ausführenden Firma B. Egger & Co. in Wien—Budapest patentirter elektrischer Regulator in Anwendung, dessen ausführliche Beschreibung wir demnächst bringen werden.

Die Gutsverwaltung Babolna (Comitat Komorn) erhält eine kleine elektrische Kraftstation, um aus ihrem 400 *m* von derselben entfernten Brunnen das nöthige Speisewasser für die gesammten Bedürfnisse des landwirthschaftlichen Betriebes pumpen zu können. Die Anlage wird von B. Egger & Co. Wien—Budapest hergestellt.

Elektrische Untergrundbahn in Budapest.*)

Die Bau-Commission der Stadt Budapest hat sich in ihrer Sitzung vom 6. April l. J. mit der Angelegenheit der von der Budapester Strassenbahn-Gesellschaft und der Elektrischen Stadtbahn-Gesellschaft gemeinschaftlich projectirten Elektrischen Untergrundbahn beschäftigt. Zunächst wurde in dieser Berathung das Gutachten des hauptstädtischen Ingenieuramtes entgegengenommen. Dieses Gutachten spricht sich dahin aus, dass für die Herstellung der Bahn weder technische noch sonstige Schwierigkeiten bestehen. Die Baukosten sind mit fl. 3,100.000 präliminirt, wonach auf den Kilometer fl. 485.900 entfallen. Wenn für die Concession eine Dauer von 90 Jahren eingeräumt wird, entfallen als Armortisation auf je 1 *km* Geleise Gulden 716'04, wonach die Untergrundbahn um ca. 15% theuerer zu stehen käme, als eine im Niveau der Strasse angelegte Bahn. Nach Ablauf dieser 90jährigen Concessionsdauer hätte die gesammte Bahn nebst dem fundus instructus in das freie Eigenthum der Gemeinde überzugehen. Das Ingenieuramt gelangt zu dem Schlusse, dass die Gemeinde in die Verhandlungen wegen Verwirklichung dieses Projectes mit den Concessionswerbern eintreten solle. Bei der innerhalb der Baucommission über dieses Gutachten sich entwickelnden Debatte trat der Vertreter des Bauamtes mit grosser Wärme für das Project ein und erklärte, dass es sehr zu bedauern wäre, wenn der Verwirklichung des Planes, welcher die Entwicklung der Stadt Budapest so ausserordentlich zu fördern geeignet ist, Schwierigkeiten bereitet würden. Bei der hierauf vorgenommenen Abstimmung wurde der Antrag, für die Ertheilu[illegible]

*) Vergl. Heft IV, S. [illegible]

einzutreten, mit stark überwiegender Mehrheit angenommen.

Die Project-Angelegenheit wird nunmehr unverzüglich der Finanz-Commission zugewiesen mit dem Auftrage, den Gegenstand raschestens in Verhandlung zu ziehen, damit die elektrische Untergrundbahn, so wie es beabsichtigt wird, bis zur Eröffnung der Millenniums-Ausstellung fertiggestellt werden könnte. — Aus derselben Sitzung ist als interessantes Detail zu erwähnen, dass der Plan der Berliner Accumulatoren-Gesellschaft, welche in Budapest, und zwar in der Kaczynskigasse eine Fabriksanlage herstellen wollte, abgelehnt wurde. Schr.

Am 18. April l. J. hat auch schon die Finanzcommission des hauptstädtischen Magistrates die Angelegenheit des Baues der elektrischen Untergrundbahn in Budapest in Verhandlung gezogen, und wurden die von dem Eisenbahncomité empfohlenen Concessions-Bedingungen, im grossen Ganzen unverändert acceptirt.

Die elektrische Bahn in Remscheid.

Auf S. 424 ex 1893 haben wir über diese elektrische Bahn kurz berichtet. „Uhland's Wochenschr." bringt nun über diese interessante Anlage Näheres.

Wir haben gerade in letzter Zeit vielfach über elektrische Strassenbahnen aller Länder berichtet. Es gehörten diese Bahnen zumeist grossen, reichbevölkerten Städten und Landstrichen an, wo die Kosten derartiger Anlagen nicht so sehr in's Gewicht fallen und der bedeutende Verkehr schon von Anfang an eine gewisse Sicherheit für die Rentabilität des Unternehmens bietet. Eine grosse Ausnahme hiervon macht die elektrische Strassenbahn in Remscheid, die sowohl ihrer technischen Beschaffenheit als auch der zu bewältigenden, ausserordentlich schwierigen Bodenverhältnisse ihrer Trace wegen eine geradezu europäische Berühmtheit erlangt hat. Der mit grosser Opferwilligkeit verbundene lobenswerthe Gemeinsinn der Bürger von Remscheid documentirt sich nicht allein in der Uebernahme aller Verantwortung für das Wagniss — von der Betriebs-Gesellschaft wurde eine Garantie irgendwelcher Art völlig abgelehnt — sondern auch in der bedeutenden Capitalbetheiligung von Seiten der wohlhabenden Fabrikanten und Geschäftsleute, von denen überdies einzelne die Reise nach Amerika unternahmen, um für ihre Zwecke die dortigen elektrischen Bahnen auf's genaueste zu studiren.

Das im Bunde mit seiner Schwesterstadt Solingen durch seine Stahlindustrie seit alten Zeiten weit und breit berühmte Remscheid gehört, in Folge seiner vielleicht einzigen Lage, zu den merkwürdigsten Städten ganz Deutschlands. Es bildet nicht ein zusammenhängendes Ganzes, sondern ist über eine Anzahl von Hügeln und Thälern vertheilt. Die reizende Landschaft, von welcher sich nur vereinzelt die strengeren Formen der zerstreut liegenden Stadttheile und verschiedener Gebäude-Complexe abheben, gibt dem Ganzen, aus der Perspective gesehen, das Aussehen eines riesigen Gartens. Allein die grossen Fabriken stören in etwas dies liebliche Bild. Dass aber eine solche sich auf 3215 [illegible] ...anlage, hauptsächlich [illegible] hügeligen [illegible] ...ig für den [illegible] ...n kann, und dass somit die ca. 45.000 Köpfe umfassende Einwohnerzahl rücksichtlich des ausgiebigen Verkehrs in der Stadt selbst beständig mit grossen Schwierigkeiten zu kämpfen hatte, liegt auf der Hand. Wie gewaltig die Höhenunterschiede innerhalb des Stadtgebietes sind, beweist, dass z. B. der Stadttheil Morsbach auf 134 *m*, dagegen die Bodenfläche am Wasserthurm auf 366 *m* Seehöhe liegt; der höchstgelegene und am dichtesten bebaute Stadttheil liegt auf 340—350 *m* Seehöhe. Aehnlich sind die Verhältnisse überall. Die höchste Steigung in der Trace der elektrischen Bahn beträgt 10·6%, 1658 *m* liegen in Krümmungen von 18 bis 400 *m* Durchmesser, und es bedarf gar keiner Frage, dass bei derartig ungünstigen Bodenverhältnissen ein Pferde- oder auch nur Dampfbetrieb vollständig ausgeschlossen war. Mit einer Capitalanlage von 750.000 Mk. (Antheil der Stadt 2/5) schritt man zum Bau der elektrischen Bahn. Man übertrug denselben der Union-Elektricitäts-Gesellschaft in Berlin, welche das in Amerika sehr gebräuchliche Thompson-Houston-System für die Elektromotoren und für die Drahtleitung anwendet. Die Dampfmaschinen, System Mc. Jntosh, Seymour & Co., sind Tandem-Compound-Dampfmaschinen mit Cylinder-Durchmesser von 330, bezw. 485 und 380 *mm* Hub. Die Kraftstation ist mit zwei Steinmüller-Röhrenkesseln versehen, welche bei 121 m^2 8 Atm. Ueberdruck haben. Bei 235 Umdrehungen in der Minute beträgt die regelmässige Leistung 160 indic. *HP*. Eine dritte gleiche, jedoch in Deutschland gefertigte, Dynamomaschine dient als Ersatz. Die Dynamos, mit Riemen angetrieben, geben bei 650 Umdrehungen in der Minute eine Leistung bis zu 100 Kilowatt für eine Betriebsspannung von 500 Volt. Höchst bezeichnend für ihre ausgezeichnete Arbeit ist der Umstand, dass die Spannung von 500 Volt kaum schwankt, obgleich die abgegebene Strommenge von 20—30 bis zu nahe an 150 Ampère schwankt.

Die Elektromotoren der Wagen lieferte die Gesellschaft Ludwig Löwe & Co., [illegible] die Waggonfabrik vormals Her-[illegible] Co. in Cöln-Ehrenfeld. Die [illegible] ...n sind das bemerkenswertheste

21*

am Betriebe der Bahn, sie bilden mit den Achsen und Rädern das Untergestell der Wagen und enthalten dicht verschlossene Spulen, in welche der Strom durch Drähte, die durch die Wand des Wagens gehen, geleitet wird, und durch die von ihnen veranlasste Umdrehung die Achsen der Wagen in Bewegung setzen. Der Strom wird von der Kraftstation einem in Haushöhe angebrachten, auf Stahlmasten ruhenden Draht mitgetheilt, mit welchem die Wagen durch eine bewegliche Stange, die vom Dach des Wagens in schräger Richtung sich erhebt, in Verbindung gebracht werden. Die Bremsen, deren jeder Wagen drei hat, wirken auf die Stärke des Stromes und sind zum Theil selbstthätig. Auch wenn der Strom versagt, kann sofort gebremst werden. Der Strom gibt nicht nur die Kraft für die Fortbewegung, sondern auch für die Beleuchtung des Wagens durch 5 Glühlampen von je 16 Normalkerzen.

Die durchschnittliche Fahrgeschwindigkeit wechselt, je nach Beschaffenheit der Strecke, zwischen 10 und 12 *km* pro Stunde. Eine vierte Maschine von 160 *HP* versorgt Kleinbetriebe mit Kraft. Die gesammte Anlage geht in späteren Jahren contractlich in den Besitz der Stadt über.

Die berühmte Nachbarstadt Remscheid's, Essen, deren Strassen ebenfalls, wenn auch nicht in dem Maasse wie in Remscheid, hügelig und verkehrsreich sind, besitzt eine ähnliche elektrische Strassenbahn, doch ist dieselbe keineswegs von solch' eminenter technischer Bedeutung, wie die für fachmännische Kreise als Musteranlage geltende Remscheider Bergbahn mit Adhäsionsbetrieb. Die letztere ist bereits von zahlreichen Fach-Capacitäten des In- und Auslandes, ihrer Merkwürdigkeit wegen, aufgesucht und bewundert worden.

Die elektrische Strassenbahn Aachen-Burtscheid.

Die Erkenntniss der hohen Bedeutung des elektrischen Betriebes der Strassenbahnen durch die Elektricitätswerke, welche die Energie für Beleuchtung liefern, bricht sich allenthalben mehr Bahn. In Hamburg beträgt der Consum der Strassenbahn bereits ein Viertel des Gesammtconsums und auch Aachen hat beschlossen, die Strassenbahn elektrisch zu betreiben und den Strom dem Elektricitätswerke, welche die Elektricitäts-Actiengesellschaft vormals Schuckert & Co. Nürnberg ausgeführt, zu entnehmen.

Die Länge der als erste in Betrieb kommenden Linie beträgt circa 24 *km*. Sobald wie vorgesehen die Vorortelinien ebenfalls hinzukommen, wird der Durchmesser des Netzes 30 *km* betragen. Das bestehende Geleise wird durch ein doppelgeleisiges ersetzt werden. Das hügelige Terrain ist dem Betrieb ungünstig, Steigungen von 5% sind häufig und die Maximalsteigung beträgt 8%. Das System ist das oberirdische mit Rollenzuführung. Von den 34 Wagen werden neunzehn Motoren von 15 *PS*, um Anhängewagen mitnehmen zu können, die übrigen solche von 10 *PS* haben. Der gesammte elektrische Theil wird von der oben genannten Elektricitäts-Actiengesellschaft ausgeführt und zwar in ähnlicher Weise wie für die bereits ausgeführte Bahn in Zwickau und die ihrer baldigen Vollendung entgegensehende Bahn von Baden-Vöslau.

Italienischer Gesetzentwurf für die Uebertragung der elektrischen Energie auf grössere Entfernung.*)

Der Minister für Ackerbau, Industrie und Handel, Boselli, hat am 12. März dieses Jahres in der Deputiertenkammer einen Gesetzentwurf, betreffend die Regelung der elektrischen Kraftübertragung bei Leitung derselben durch fremdes Eigenthum, eingebracht.

In Folge der grossen Wichtigkeit dieser Angelegenheit geben wir hier die daselbst enthaltenen Artikel wieder.

Art. 1. Jeder Eigenthümer ist verpflichtet, über seinen Grund und Boden die ober- und unterirdischen elektrischen Leitungen gehen zu lassen, wenn dieselben von einer Person, die entweder permanent oder auch nur temporär das Recht hat, sie für industrielle Zwecke zu benützen, ausgeführt werden.

Von dieser Verpflichtung sind die Häuser — ausgenommen die Façaden an öffentlichen Strassen und Plätzen — die dazugehörigen Hofräume, Gärten und Wiesen befreit.

Art. 2. Derjenige, welcher die Leitung durch fremdes Eigenthum anspricht, muss alle jene nothwendigen Vorkehrungen treffen, die geeignet sind, jedwede Gefahr für die persönliche Sicherheit abzuwenden. Er kann

*) Nach „L'Elettricista" 6. 1894. — Der Elektrotechnische Verein in Wien hat bereits im Jahre 1893 von einem hiezu berufenen Comité zu dieser wichtigen Angelegenheit Stellung genommen und den Entwurf eines „Enteignungs-Gesetzes zum Zwecke der Herstellung und des Betriebes von elektrischen Leitungsanlagen" für Oesterreich ausgearbeitet, welches alle einschlägigen Fragen in umfassendster Weise behandelt. Wie schon im Protokolle über die XII. ordentliche Generalversammlung, Heft IX Seite 234 berichtet wurde, hat der Reichsraths-Abgeordnete, Herr Hofrath Prof. Dr. Exner die Güte gehabt, diesen Gesetz-Entwurf im Abgeordnetenhause einzubringen und werden wir nicht verfehlen, unsere Leser hierüber im Laufenden zu erhalten. D. R.

auch dazu verhalten werden, etwaige vom Eigenthümer bereits für diesen Zweck aufgeführte Vorrichtungen zu benützen, indem er demselben eine Entschädigung für die bestehende Anlage gewährt und auch an den daraus erwachsenden Erhaltungskosten participirt.

Art. 3. Die Führung einer Leitung muss auch über Canäle, Aquäducte und anderweitige, für verschiedene Zwecke dienliche Bauwerke gestattet werden, vorausgesetzt, dass dem Eigenthümer hiedurch kein wie immer gearteter Schaden zugefügt wird.

Art. 4. Falls beim Ausführen einer elektrischen Leitung öffentliche Strassen, Flüsse oder Bäche übersetzt, oder die an öffentlichen Wegen und Plätzen gelegenen Façaden der Häuser benützt werden müssen, sind die speciellen Gesetze über Strassen- und Wasserbauten, sowie die Vorschriften der competenten Behörden strengstens zu befolgen.

Art. 5. Derjenige, welcher die elektrischen Leitungen über fremdes Eigenthum führen will, muss den Beweis erbringen, über dieselben jederzeit verfügen und deren industriellen Werth und Vortheilhaftigkeit feststellen zu können. Gleichzeitig muss er nachweisen, dass der beanspruchte Durchgang und dessen Ausführungsweise die vortheilhafteste und am wenigsten nachtheilige für das betreffende Eigenthum ist, wobei auf die Beschaffenheit des angrenzenden Eigenthums und auf die Verkehrs- und Ortseigenthümlichkeiten gebührende Rücksicht genommen werden muss.

Art. 6. Bevor die Ausführung einer solchen Leitung in Angriff genommen wird, muss der Unternehmer den Eigenthümer für die Werthsverminderung des Eigenthums, welchem das Servitut auferlegt werden soll, entschädigen, da diese Verminderung eben durch Auferlegung dieser Zwangspflicht bedingt ist. Hiebei wird das Eigenthum mit Bezug auf seinen thatsächlichen Zustand, nebst einem Zuschlage von einem Fünftel und ohne Abzug für eine auf ihm immer haftende Belastung bewerthet.

Dem Eigenthümer sind überdies sowohl die unmittelbaren, als auch die durch die Benützung seines Eigenthums oder aus einer anderen Verschlechterung erwachsenden Schäden zu ersetzen, und die mit der Ueberwachung und Instandhaltung der elektrischen Leitung verbundenen Auslagen zu vergüten.

Art. 7. Wo die Errichtung einer Leitung für nicht länger als 9 Jahre beansprucht wird, wird der Eigenthumswerth auf die Hälfte reducirt. Nach Verlauf dieser Frist muss das Eigenthum auf Kosten des Concessionärs wieder in seinen ursprünglichen Zustand versetzt werden.

Der Besitzer einer temporären Concession für eine elektrische Leitung kann vor Ablauf dieser Frist durch Nachzahlung der anderen Hälfte nebst gesetzlichen Zinsen, vom Tage der Errichtung an gerechnet, eine permanente erlangen.

Sobald jedoch der erste Termin verstrichen ist, kann die für die temporäre Concession geleistete Zahlung nicht mehr berücksichtigt werden.

Art. 8. Der Eigenthümer der elektrischen Leitung muss jederzeit von den gesetzlichen Bestimmungen und speciellen Verordnungen über das Material unterrichtet sein und jene Normen, welche für die Regelung des Telegraphen- und Telephonverkehres aufgestellt sind, genau einhalten.

St.

Neueste deutsche Patentanmeldungen.

Mitgetheilt vom Technischen- und Patentbureau, Ingenieure MONATH & EHRENFEST.

Wien, I. Jasomirgottstrasse 4.

Die Anmeldungen bleiben acht Wochen zur Einsichtnahme öffentlich ausgelegt. Nach § 24 des Patent-Gesetzes kann innerhalb dieser Zeit Einspruch gegen die Anmeldung wegen Mangel der Neuheit oder widerrechtlicher Entnahme erhoben werden. Das obige Bureau besorgt Abschriften der Anmeldungen und übernimmt die Vertretung in allen Einspruchs-Angelegenheiten.

Classe

21\. F. 7131. Elektrodenplatte für Sammlerbatterien. — *E. Franke* in Berlin.

„ W. 9649. Fernsprech-Empfänger. — *Jul. H. West* in Friedenau b. Berlin.

„ Z. 1826. Elektrische Glühlampen mit Ersatzglühfäden. — *A. Zobel* in München.

20\. V. 2084. Spannvorrichtung für Doppeldrahtzüge. — *Vögele* in Mannheim.

21\. M. 9679. Elektrische Maschine mit cylinderförmigem Magnet-Gestell. — *Th. Marcher* in Dresden.

21\. M. 10.482. Voltametrischer Strommesser. — *B. Münsberg* in Berlin.

„ S. 7243. Galvanisches Element. — *S. Szubert* in Berlin.

20\. J. 101. Leitungskupplung für Lichtleitungen auf Bahnzügen. — *Pascual Ysasmendi* in Bilbao.

LITERATUR.

Grundriss der Elektrotechnik von Heinrich Kratzert, Wien. Für den praktischen Gebrauch, für Studierende der Elektrotechnik und zum Selbs[illegible] I. Theil. Masse, Messungen, [illegible] Maschinen und Motoren sammt einer Einleitung über allgemeine Elektricitätslehre. Mit 278 Abbildungen. Preis fl. 3.60 ö. W. Im Verlage von Franz Deuticke, Leipzig und Wien.

Auf den ersten 41 Seiten enthält das Buch eine Einleitung über allgemeine Elektricitätslehre, welche den Zweck hat, Anfänger für das Studium des folgenden Gegenstandes vorzubereiten. Diese Einleitung gibt die wesentlichsten Lehren aus den Gebieten der Elektricität und des Magnetismus auszugsweise insoweit wieder, als dieselben eine besondere praktische Nutzanwendung finden. Da die theoretischen Lehren den praktischen Verwendungen derselben gegenübergestellt sind, gibt diese Einleitung eine kurzgefasste Uebersicht über das gesammte Gebiet der modernen Elektrotechnik.

Die Seiten 42 bis 65 umfassen die elektrischen Maasse. Das I. Capitel der Maasse hat die praktischen elektrischen, das II. Capitel die theoretischen physikalischen Maasse zum Gegenstande. Das letztere Capitel ist nur für einen engeren Leserkreis bestimmt.

Die Seiten 66 bis 122 bringen die für praktische Zwecke wichtigsten elektrischen Messmethoden und Instrumente. Berücksichtigt sind die wichtigsten technischen und die in der elektrotechnischen Industrie gebräuchlichsten Instrumente, über welche der Verfasser auch eigene Erfahrungen wiedergibt.

Die Seiten 113 bis 280 behandeln die elektrischen Maschinen und Motoren. Der Verfasser geht von den magnetelektrischen Maschinen aus und beschreibt die Bestandtheile, die Schaltung und Regelung, die Zusammenschaltung, die Construction, die Theorie, die Berechnung und ausgeführte Maschinen und Motoren gemeinsam.

Auch dieser Abschnitt enthält einige eigene Regeln und einfache Darstellungsweisen, die der Verfasser zum Theile schon früher in Fachzeitschriften veröffentlicht hat. Diesbezüglich sei besonders die auf Seite 121 erklärte Stromrichtungsregel hervorgehoben, vermittelst welcher man in der Lage ist, die Stromrichtung in den Inductoren der elektrischen Maschinen und Motoren augenblicklich anzugeben.

Die Berechnung der Dynamo und Motoren erscheint in dreifacher Weise gelöst. Zunächst enthält eine Tabelle sämmtliche Angaben über von dem Verfasser ausgeführte Maschinen, dann wird eine Reihe praktischer Regeln angegeben, welche zur Berechnung der Maschinen und Motoren dienen und endlich folgt das wichtigste aus der Theorie der Berechnung elektrischer Maschinen und Motoren, sowie deren Anwendung auf gegebene Maschinen.

Die Seiten 281 bis 288 enthalten die in der elektrotechnischen Praxis zumeist verwendbaren Tabellen, die Seiten 289 bis 298 das Namens- und Inhaltsverzeichniss.

Da in die vorliegende Arbeit auch die theoretischen, physikalischen Maasse und die wichtigsten Lehren aus der Theorie des Wechselstromes und der Berechnung der Dynamo und Motoren aufgenommen wurden, kann dieselbe nicht nur elektrotechnischen Monteuren und Elektrotechnikern, sondern auch Studierenden der Elektrotechnik und angehenden Ingenieuren gute Dienste leisten.

Das ganze Buch zeichnet sich durch eine leicht fassliche Darstellung aus; es enthält zahlreiche Angaben, Beispiele, Regeln und Versuchsresultate des Verfassers und befähigt zur Lösung der in der elektrotechnischen Industrie zumeist vorkommenden Aufgaben aus den behandelten Disciplinen.

Wir können diese Arbeit, die aus der Feder eines Praktikers stammt, der seit mehreren Jahren zugleich als Lehrer der Elektrotechnik thätig ist, bestens empfehlen.

Elektricitätswerk für die Stadt Nürnberg. Aufgestellt von Oscar v. Miller in München. 1894. Hergestellt von der U. E. Sebald'schen Buchdruckerei und von der C. Schmidtner'schen Kunstanstalt. Verlag: Heerdegen-Barbeck, Buchhandlung, Nürnberg.

Eine sehr interessante und instructive Arbeit. 5 Beilagen. *a*) Plan der Stadt Nürnberg; *b*) Leitungsplan für das Elektricitätswerk; *c*) Schaltungs- und Vertheilungsschemata; *d*) Wechselstrom-Maschinenanlage; *e*) Gleichstromanlage mit Wechselstrom-Gleichstrom-Umformer.

KLEINE NACHRICHTEN.

Personal-Nachricht.

† Jablochkow. Aus Saratow an der Wolga kommt die Nachricht von dem Tode des durch die Erfindung der Wechselstromkerze allgemein bekannten, erst 46jährigen Elektrikers Pawel Nikolajewitsch Jablochkow. Ursprünglich Telegraphist an der Moskau-Kursker Bahn studierte er eifrig die Fortschritte der damals erwachenden Starkstromtechnik, die ihn besonders fesselte. Voll neuer Ideen in Bezug auf die Erzeugung elektrischen Bogenlichts wandte er sich nach Paris und London, wo er grösseres Verständniss und bereitwilligeres Entgegenkommen fand, als in seinem Heimatlande. Durch die von ihm erfundene sogenannte Jablochkow-Kerze wurde im Jahre 1877 zum ersten Male die Möglichkeit geschaffen, mehrere Lichtbogen im gleichen Stromkreise zu betreiben. Wenn auch diese Methode, welche nur für Wechselstrom brauchbar war, durch die Erfindung der Differentiallampe in den Hintergrund gedrängt wurde, so bleibt Jablochkow doch das unbestrittene Verdienst, als Erster ein erst annlich einfaches Verfahren zur Hintereinanderschaltung von Bogenlichtern angegeben zu haben. Die ersten elektrischen Lichtanlagen mit mehreren Bogenlichtern sind sämmtlich nach dem System Jabloch-

k o w ausgeführt worden. Die erste Anlage dieser Art in Deutschland ist unseres Wissens in den Strassen Hannovers errichtet worden. Die zweite Installation war wohl die im Mosellasaale in Chemnitz, beide kamen im Jahre 1879 in Betrieb.

Der Verband der Elektrotechniker Deutschlands*) gibt Folgendes bekannt:

Die zweite Jahresversammlung des Verbandes der Elektrotechniker Deutschlands findet vom 8. Juni l. J. an in Leipzig statt. Die vorläufige Tagesordnung ist:

Donnerstag, den 7. Juni. Ausschusssitzung. Abends 8 Uhr Begrüssung im „Hôtel Pologne".

Freitag, den 8. Juni. Geschäftliche Berathungen im Blauen Saal des Krystallpalastes. Matinée im neuen Concerthaus (Gewandhaus). Vorträge. Gartenfest.

Samstag, den 9. Juni. Geschäftliche Berathungen. Vorträge. Festmahl. Musik-Aufführungen in der Alberthalle. Commers.

Erforderlichen Falls werden die Berathungen am

Sonntag, den 10. Juni fortgesetzt.

Die vollständige Tagesordnung für Verhandlungen und Vorträge wird in etwa 14 Tagen erfolgen. Anmeldungen hiefür werden bei der Geschäftsstelle des Verbandes, Berlin NW., Schiffbauerdamm 22, entgegen genommen.

Da gemäss § 4 der Satzungen die Aufnahme neuer Mitglieder erst nach Anhörung des Ausschusses erfolgen kann, so können Meldungen zur Aufnahme in den Verband vor der diesjährigen Jahresversammlung nur dann Berücksichtigung finden, wenn dieselben spätestens bis zum 3. Juni bei der Geschäftsstelle eingegangen sind.

Elektrische Bahn in Baden bei Wien. Ueber dieser nach so viel Schwierigkeiten in's Leben gerufenen elektrischen Bahn scheint ein eigenes Missgeschick zu walten. Die Bahntrace ist bereits fertiggestellt und sollte mit Beginn der Cursaison, das ist am 1. Mai l. J. dem Betriebe mit elektrischer Kraft übergeben werden. In der am 17. April l. J. abgehaltenen Gemeindeausschuss-Sitzung von Baden referirte aber Gemeinderath Dr. Horn über die letzte commissionelle Begehung der Trace Baden-Helenenthal und constatirte, dass an mehreren Stellen das Schienengeleise um $^3/_4$ m zu weit in die Strasse gerückt wurde, welcher Umstand den Passageverkehr, namentlich mit Fuhrwerken, behindern würde. Demzufolge beschloss der Gemeindeausschuss, den Betrieb der Bahn statt mit Elektricität vorläufig auch weiterhin mit Pferden zu führen und die Um- bezw. Verlegung des Geleises mit Schluss der Saison (die Ende October eintritt) zu veranlassen. Auf diese Weise wird der elektrische Betrieb der Bahn bestenfalls erst im kommenden Jahre inaugurirt werden können. Wann endlich wird die elektrische Bahn in Baden zur Ruhe oder besser in Bewegung kommen können?

*) Vergl. Heft V, S. 117 und XXI S. 609 ex 1893 und Heft IX, S. 263 1894. D. R.

Elektrische Beleuchtung in Znaim. Der dortige Gemeindeausschuss hat in seiner am 1. April l. J. stattgehabten Sitzung beschlossen, die Herstellung eines städtischen Elektricitätswerkes, worüber wir bereits im Heft 16, 1893, S. 392 berichteten, der Firma Siemens & Halske in Wien zu übertragen.

Elektrische Beleuchtung in Warnsdorf. Die Firma Siemens & Halske in Wien strebt die Errichtung einer Centralstation für elektrische Beleuchtung in Warnsdorf an, was von einem grossen Theile der Bevölkerung sehr sympatisch begrüsst wird. Trotzdem eine ziemliche Anzahl von Fabriks-Etablissements eigene elektrische Beleuchtungs-Anlagen besitzen, dürfte sich doch eine grosse Zahl von Reflectanten finden. Da der Contract mit der Gasanstalt in naher Zeit abläuft, rechnen die Unternehmer auf die Strassenbeleuchtung. Die Brennstunde soll für eine Glühlampe von 16 Kerzen mit 2 kr. berechnet werden. Abgesehen von der öffentlichen und privaten elektrischen Beleuchtung wäre die Errichtung einer elektrischen Centralstation auch für die Kraftübertragung von hohem Werthe.

Elektrische Beleuchtung in Schwanenstadt. Die bereits seit Jahren unumgänglich nothwendige Herstellung einer Wasserleitung soll demnächst gleichzeitig mit einer elektrischen Beleuchtungs-Anlage in Angriff genommen werden. Die Firmen Siemens & Halske, Ganz & Comp. in Wien, sowie die Firma Oerlikon bei Zürich sind mit Ausarbeitung von Kostenanschlägen für die elektrische Anlage betraut worden.

Die elektrische Strassenbahn in Zwickau wurde am 13. v. M. probeweise in Betrieb gesetzt. Unter Führung einiger Ingenieure vom Elektricitätswerk und der bauausführenden Firma Elektricitäts-Actiengesellschaft vorm. Schuckert & Co. zu Nürnberg durchfuhr der geschmackvoll und sauber ausgeführte Motorwagen die ganze Strecke unter lebhafter Betheiligung der Bürgerschaft zur allgemeinen Zufriedenheit. Namentlich erwies sich die Ueberfahrt an der staatlichen Oberhohndorf-Reinsdorfer Kohlenbahn als durchaus betriebsicher, da sie bei der im Stadtgebiet zulässigen Fahrgeschwindigkeit ohne besonders merkbare Stösse durchfahren werden konnte. Es ist dies zur Verm[illegible] längeren, die Fahrordnung [illegible] enthalten an der betreffende[illegible] stelle von grosser Bed[illegible] von ca. 4 Percent in der Bahnhofstrasse wurde anstandslos und leicht überwunden.

Die oberirdische Stromzuleitung bietet mit ihren ornamentalen Leitungsmasten und möglichst sparsam vertheiltem Leitungmaterial einen vortheilhaften und keineswegs störenden Eindruck. Der Gesammteindruck der Anlage ist ein solcher, dass man der Stadt Zwickau zu der modernen, den breiten Strassen und freundlichen Plätzen ein grossstädtisches Gepräge verleihenden Strassenbahn in jeder Beziehung Glück wünschen kann.

Elektrische Strassenbahn in Ulm. Der Firma Schuckert & Co. in Nürnberg ist auf 50 Jahre die Concession zum Bau und Betrieb eines Elektricitätswerkes, verbunden mit einer Strassenbahn, ertheilt worden. Die Linie soll die beiden Bahnhöfe Ulm-Neu-Ulm verbinden und in Ulm die Hauptstrassen der Alt- und Neustadt, sowie das Neubauviertel im Osten berühren.

Die elektrische Strassenbahn in Hamburg, welche in den ersten Tagen des März eröffnet wurde, bewährt sich vortrefflich im Betrieb. Die mit oberirdischer Contactleitung versehenen Wagen fassen 30 Passagiere, während die Pferdebahnwagen nur 24 aufzunehmen vermochten und dabei vollendet der elektrische Wagen die Rundfahrt um 8—10 Minuten früher. Welche Ersparniss der elektrische Betrieb der neuen Linie mit sich bringt, ergibt der Umstand, dass sofort 78 Pferde ausrangirt und zum Verkauf gestellt werden konnten, für welche also Futter- und Pflegekosten nicht mehr aufzuwenden sind. Die zweite demnächst zu eröffnende elektrische Linie wird ein Pferdematerial von 84 Stück und die dritte Linie, die gleichfalls elektrisch eingerichtet wird, eine gleiche Anzahl von Zugthieren entbehrlich machen.

Die elektrische Strassenbahn Orbe-Chavornay (Schweiz) wurde am 17. April l. J., nachdem alle Bedingungen der Concession erfüllt waren, dem Betriebe übergeben. Diese Bahn hat oberirdische Zuleitung.

Der k. u. k. Cavallerie-Telegraphencurs zu Tulln. Da unserer Cavallerie in neuester Zeit die jedenfalls schwierige Aufgabe zugewiesen ist, als Führer der aufmarschirenden Armeen zu wirken und zu diesem Behufe eine rasche Uebermittlung von Nachrichten die Hauptsache ist, so hat sie die Elektricität in ihren Dienst gestellt. Unsere Reiterofficiere haben sich jetzt auch zu fermen Telegraphisten ausgebildet. Zur Erlernung der technischen und manuellen Fertigkeiten ist ein achtmonatlicher Curs unter Commando des Rittmeisters Freiherrn von Franz des 6. Dragoner-Regiments aufgestellt worden, der ca. 12 bis 15 Officiere und 100 Unterofficiere der Linie und Landwehr-Cavallerie umfasst. In welchem Maasse die Bedeutung dieser Institution auch von höchster Seite gewürdigt wird, dies zeigt sich wohl am besten darin, das Se. k. u. k. Hoheit der Erzherzog Rainer als Ober-Commandant der Landwehr die Gelegenheit wahrgenommen hat, um diesen Curs bei Anwesenheit des auf der Rückreise aus Böhmen am 22. v. Mts. in Tulln eingetroffenen k. k. Landwehr-Stabsofficiers-Curses eingehend zu besichtigen. Ueber diesen Besuch wird Nachstehendes berichtet: Im Schulzimmer der Mannschafts-Abtheilung wurden sämmtliche Ausrüstungs-Gegenstände und Apparate gezeigt und bei dieser Gelegenheit auch die commandirten Unterofficiere einer theoretischen Prüfung unterzogen. Es war eine wahre Freude, die schlagfertigen Antworten dieser aus allen möglichen Regimentern stammenden Leute zu hören; wirklich verblüffend war die Aufnahme der Depeschen nur dem Gehöre nach. Sodann wurde die Kabelleitung, welche von hier nach Wien gebaut worden war, einer näheren Besichtigung unterzogen. Auch hier zeigten sich sowohl der Herr Erzherzog als auch alle anderen Herren höchst befriedigt über die Möglichkeit einer guten mündlichen Verständigung. Die Länge dieser Tullner Kabelleitungen betrug 33 *km*. Auf dem weiteren Rundgange wurde noch eine an einer Staatsleitung angeschaltete phonische Station besucht. Hierauf verliess man die Kaserne, um die an der Ortslänge von Tulln errichteten optischen Stationen zu besichtigen. Obwohl nun hier das Wetter nicht besonders günstig war, wurde doch eine Uebung veranschaulicht, welche die Unterofficiere sowohl als schneidige Cavalleristen, wie auch als vollkommen ausgebildete Telegraphisten zeigten. In der kurzen Zeit von 25 Minuten war die Leitung nach Judenau (6 *km*) zu Pferde ausgelegt und zur Correspondenz fertig hergestellt. Während der Zeit war auch eine kürzere Strecke fertig gebaut worden und konnten die beiden Linien ausgezeichnet benützt werden. Hiemit hatte die Besichtigung ihr Ende erreicht. Se. k. u. k. Hoheit sprach dem Commandanten und dem Lehrkörper seine vollste Anerkennung über das Gesehene und in so kurzer Zeit Geleistete aus. Dass auch auch die Frequentanten des Landwehr-Stabsofficiers-Curses des Lobes voll waren, bedarf wohl keiner Erwähnung.

Unfall durch Elektricität. In Cannes hat sich am 29. März l. J. ein ganz ähnlicher Unglücksfall ereignet, wie jener, von dem wir im Hefte VIII auf S. 232 aus Innsbruck gemeldet haben. Ein heftiger Sturm, welcher an diesem Tage zu Cannes wüthete, hatte einige Leitungen, die zur Vertheilung der elektrischen Energie mittelst Wechselstromes von 2400 V. dienten, zerrissen und diese Drähte waren zur Erde gefallen. Ein Kutscher, welcher einen solchen Leitungsdraht aufheben wollte, wurde getödtet.

Hätte das Werk rechtzeitig den Betrieb der Maschinen eingestellt, so würde der Unglücksfall nicht vorgekommen sein.

Verantwortlicher Redacteur: JOSEF KAREIS. — Selbstverlag des Elektrotechnischen Vereins.
In Commission bei LEHMANN & WENTZEL, Buchhandlung für Technik und Kunst.
Druck von R. SPIES & Co. in Wien, V., Straussengasse 16.

Zeitschrift für Elektrotechnik.

XII. Jahrg. 1. Juni 1894. Heft XI.

ABHANDLUNGEN.

Ein vereinfachtes Verfahren zur Berechnung der Stromvertheilung in Leitungsnetzen.

Von OTTO FRICK, New-York.

(Fortsetzung.)

Folgende Beispiele werden am ehesten den Leser mit der Methode vertraut machen:

Beispiel 1. Einfacher Fall.

In Fig. 3 ist:

Leitung 1 = BE: Länge = $l_1 = 250\,m$; Belastung = $i_1 = 50$ Amp.
„ 2 = CE: „ = $l_2 = 210\,m$; „ = $i_2 = 40$ „
„ 3 = DE: „ = $l_3 = 120\,m$; „ = $i_3 = 30$ „

Die Belastungen sind in der Mitte der Leitungen angenommen.

Durch Combiniren der Leitungen 1 und 2 zu einer Leitung a und Verlegen der Belastungen i_1 und i_2 nach Punkt E, erhält man den einfachen Fall mit zwei Leitungen.

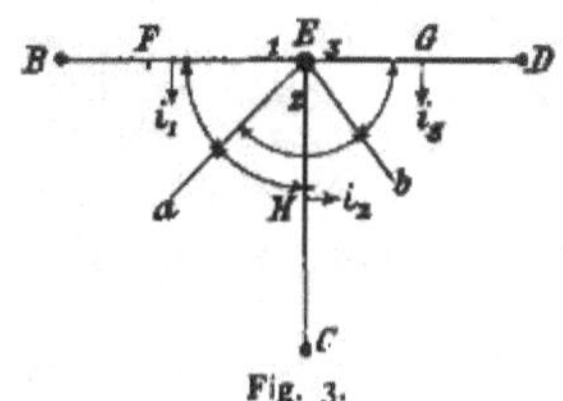

Fig. 3.

$$a = \frac{l_2 \times l_2}{l_1 + l_2} = \frac{250 \times 210}{460} = 114{\cdot}13\,m.$$

$$J_1 = \frac{BF}{BE} \times i_1 = {}^1/_2\, i_1 = \frac{50}{2} = 25 \text{ Amp.}$$

$$J_2 = \frac{CH}{CE} \times i_2 = {}^1/_2\, i_2 = \frac{40}{2} = 20 \text{ Amp.}$$

$$J_a = J_1 + J_2 = 25 + 20 \text{ Amp.}$$

Sei b = comb. Widerstand von a und 3, so ist

$$b = \frac{a \times l_3}{a + l_3} = \frac{114{\cdot}13 \times 120}{234{\cdot}13} = 58{\cdot}5\,m$$

$$J_3 = \frac{GD}{ED} \times i_3 = \frac{i_3}{2} = \frac{30}{2} = 15 \text{ Amp.}$$

$$J_b = J_a + J_3 = 45 + 15 = 60 \text{ Amp.}$$

Das System ist also durch eine Leitung $b = 58{\cdot}5\,m$ und eine am Ende derselben wirkende Belastung $J_b = 60$ Amp. dargestellt.

Diese 60 Amp. werden zwischen a und l_3 vertheilt.

$$A_a = \frac{J_b \times b}{a} = \frac{60 \times 58{\cdot}5}{114{\cdot}13} = \frac{3510}{114{\cdot}13} = 30{\cdot}75$$

$$A_3 = \frac{J_b \times b}{l_3} = \frac{60 \times 58{\cdot}5}{120} = \frac{3510}{120} = 29{\cdot}25.$$

Zur Controle der Rechnung beachte man, dass

$$A_3 + A_a = J_b \,.\; 30{\cdot}75 + 29{\cdot}25 = 60.$$

Das Product $J_b \times b = 3510$ ist ein Maass des Spannungsabfalls bis Punkt E.

Theilen wir wieder A_a in

$$A_1 = \frac{A_a \times a}{l_1} = \frac{30{\cdot}75 \times 110}{250} = \frac{3510}{250} = 14{\cdot}03$$

$$A_2 = \frac{A_a \times a}{l_2} = \frac{30{\cdot}75 \times 110}{210} = \frac{3510}{210} = 16{\cdot}72.$$

Um die Ströme „s" in den einzelnen Leitungen zu finden, haben wir

$$s_1 = A_1 - J_1 = 14{\cdot}03 - 25 = -10{\cdot}97$$

$$s_2 = A_2 - J_2 = 16{\cdot}72 - 20 = -3{\cdot}28$$

$$s_3 = A_3 - J_3 = 29{\cdot}25 - 15 = +14{\cdot}25.$$

Durch die Leitung EF fliessen also 10·97 Amp., und zwar in Richtung von Punkt E, da „s" negativ ist; durch Leitung HE fliessen 3·28 Amp. ebenfalls in Richtung von E, während der durch GE fliessende Strom von 14·25 Amp. nach Punkt E gerichtet ist.

Zur Controle beachte man, dass die algebraische Summe dieser Ströme gleich 0 sein muss.

$$14{\cdot}25 - 10{\cdot}97 - 3{\cdot}28 = 0.$$

Die Ströme in den übrigen Leitungen erhält man ohne weiters:

In BF: $i_1 + s_1 = 50 - 10{\cdot}97 = 39{\cdot}03$

CH: $i_2 + s_2 = 40 - 3{\cdot}28 = 36{\cdot}72$

DG: $i_3 + s_3 = 30 + 14{\cdot}25 = 44{\cdot}25$.

Der grösste Spannungsverlust tritt entweder in Punkt F oder H ein, wo die Ströme von zwei Seiten zusammentreffen:

Verlust bis F = Const. × 125 × 39·03 = const. × 4878

„ „ H = „ 105 × 36·72 = „ × 3756.

Also ist der Verlust am grössten in Punkt F, wenn beide Leitungen gleichen Querschnitt haben.

Würde dieser Verlust zu gross, oder der Verlust in den übrigen Leitungen zu klein erscheinen, so müsste der Querschnitt von Leitung 1 erhöht, der von den Leitungen 2 und 3 geringer gewählt werden.

Beispiel 2. Complicirter Fall.

Es möge folgende Regel dienen:

Nachdem in dem Leitungsplan die Speisepunkte bestimmt, Längen, Belastungen und angenommene Querschnitte eingetragen worden sind, hat man:

1. die einzelnen Leitungen zu numeriren;
2. die den combinirten Widerstand zweier Leitungen darstellenden Leitungen mit Buchstaben zu bezeichnen;
3. ein Schema der Reihenfolge, nach welcher die Leitungen unter sich combinirt werden, aufzustellen;
4. fertige man eine Tabelle der Längen (l), reducirt auf einen gemeinsamen Querschnitt, und der combinirten Widerstände an;
5. eine Tabelle der abgenommenen Strommengen (i) und deren verlegten Werthe (J);
6. eine Tabelle der auf die einzelnen Leitungen fallenden Componenten (A) und der durch die Leitungen fliessenden Ströme (s).

Bemerkungen:

Zu 4: Die Reduction der Längen zu einem Querschnitt geschieht einfach durch Multiplication der wirklichen Länge mit der Verhältnisszahl zwischen dem Einheitsquerschnitt und dem Querschnitt der betreffenden Leitung.

Sei z. B. der Querschnitt von 50 mm^2 im Netze vorherrschend, so würde dieser am geeignetsten als Einheit gewählt werden, und die auf 50 mm^2 reducirte Länge eines Kabels von 35 mm^2 und 140 m Länge würde demnach $= 140 \times \frac{50}{35} = 200\ m$ sein. Der Widerstand der Leitung bleibt hierbei derselbe.

Die den combinirten Widerstand zweier Leitungen darstellenden Leitungen werden durch die in Fig. 2 und 5 ersichtlichen Linien a, b, c u. s. w. bezeichnet. So z. B. ist

$a =$ comb. Widerstand von l_1 und l_2 (parallel)
$b =$ „ „ „ a „ l_3 „
$c =$ „ „ „ b „ l_4 (in Serie).

Die Berechnung der resultirenden Leitung geschieht für zwei parallel geschaltete Leitungen nach der Formel

$$R = \frac{r_1 \times r_2}{r_1 + r_2};\ \text{z. B. } a = \frac{l_1 \times l_2}{l_1 + l_2}$$

und für zwei hinter einander geschaltete Leitungen durch einfache Addition, z. B. $c = b + l_4$.

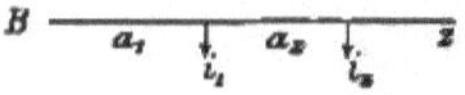

B a_1 i_1 a_2 i_2 2

Fig. 3a.

Zu 5: Die bis zu einem Punkt (2) Fig. 3a verlegte Belastung einer Leitung ist nichts anderes als diejenige Belastung, welche, in diesem Punkt (2) abgenommen, denselben Ver[illegible] vom Speise[illegible] bis (2) hervorruft, als die in Wirklichkeit unterwegs [illegible]ommenen [illegible]ungen i_1 und i_2 hervorrufen würden, wenn die L[illegible] i[illegible] [illegible]n den [illegible] [illegible]trennt wäre.

19*

Für eine von B gespeiste Leitung $(B-2)$ Fig. 3a, ist daher die bis 2 verlegte Belastung J_2 dadurch bestimmt, dass

$$J_2 \times l_2 = (i_1 + i_2) \times a_1 + i_2 a_2$$

$$J_2 = \frac{i_1 a_1 + i_2 (a_1 + a_2)}{l_2} \quad \text{oder}$$

$$\frac{(i_1 + i_2) a_1 + i_2 a_2}{l_2}.$$

Zu 6: Ist eine Resultante A_c in zwei Componenten A_4 und A_b zu zerlegen, so ist

$$A_4 = \frac{A_c \times c}{l_4}$$

$$A_b = \frac{A_c \times c}{b}.$$

In Fig. 4 ist

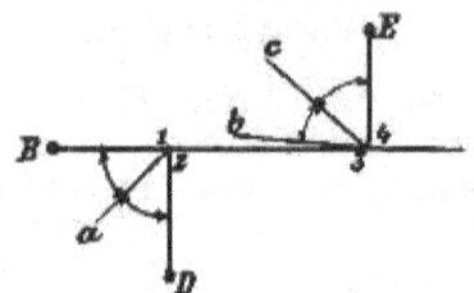

Fig. 4.

BDE ein System gespeister Leitungen mit den Speisepunkten B, D und E.

a = comb. Widerstand von 1 und 2
b = „ „ „ a „ 3
c = „ „ „ b „ 4

A_c wird zuerst in A_b und A_4 zerlegt, wie oben gezeigt.

Um A_a zu bekommen, suche man erst den Werth von

$$S_b = A_b - J_b$$

und hat dann

$$A_a = J_a + i_3 + s_b$$

Fig. 5 stellt einen etwas grösseren Theil eines Netzes dar; die Längen, Belastungen und angenommenen Querschnitte sind neben den betreffenden Leitungen eingetragen. Die Belastungen sind in der Mitte der Leitungen gedacht.

Laut vorstehender Regel werden:

1. die einzelnen Leitungen mit Zahlen 1—25 bezeichnet;
2. die den combinirten Widerstand darstellenden Leitungen mit Buchstaben $a - W$ bezeichnet:
3. ist ein Schema der Leitungscombinationen aufzustellen, wie Fig. 6.

Aus diesem Schema ist ersichtlich, wie die parallel geschalteten Leitungen 1 und 2 zu a combinirt werden, b und 4 in Serienschaltung zu c u. s. w.

Dasselbe zeigt auch wie

$$J_a = J_1 + J_2$$

$$J_c = \frac{(J_b + i_4) b + \frac{i_4 l_4}{2}}{c}$$

und wie umgekehrt

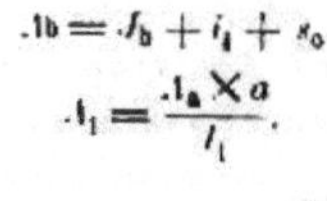

$$A_b = J_b + i_1 + s_0$$

$$A_1 = \frac{A_a \times a}{l_1}.$$

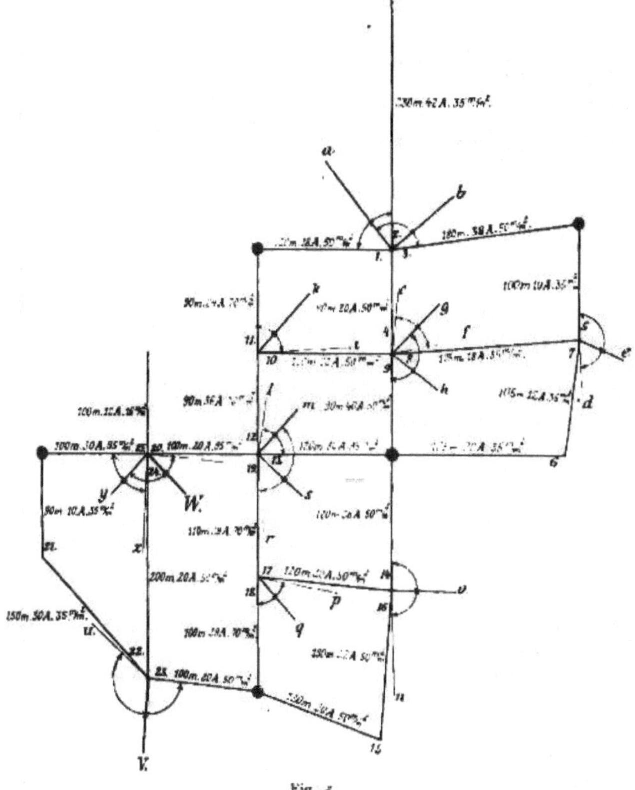

Fig. 5.

Fig. 6.

Nach diesem Schema lassen [illegible] fol[illegible] [illegible]llen mit Leichtigkeit aufstellen:

Tabelle der reducirten Längen

($50\ mm^2$ = Einheits-Querschnitt)

$l_1 = 120\ m$

$l_2 = {}^{50}/_{35} \times 230 = 328{\cdot}5\ m$

$a = \frac{l_1 \times l_2}{l_1 + l_2} = \frac{120 \times 328{\cdot}5}{448{\cdot}5} = 88\ m$

$l_3 = 180\ m$

$b = \frac{a \times l_3}{a + l_3} = \frac{88 \times 180}{268} = 59{\cdot}1\ m$

$l_4 = 90$

$c = b + l_4 = 59{\cdot}1 + 90 = 149{\cdot}1$

$l_5 = {}^{50}/_{35} \times 100 = 143$

$l_6 = {}^{50}/_{35} \times 165 = 236$

$l_7 = {}^{50}/_{35} \times 105 = 150$

$d = l_6 + l_7 = 236 + 150 = 386$

$e = \frac{l_5 \times d}{l_5 + d} = \frac{143 \times 386}{529} = 104{\cdot}3$

$l_8 = {}^{50}/_{35} \times 175 = 250$

$f = e + l_8 = 104{\cdot}3 + 250 = 354{\cdot}3$

$g = \frac{c \times f}{c + f} = \frac{149{\cdot}1 \times 354{\cdot}3}{503{\cdot}4} = 105$

$l_9 = 90$

$h = \frac{g \times l_9}{g + l_9} = \frac{105 \times 90}{195} = 48{\cdot}5$

$l_{10} = 120$

$i = h + l_{10} = 48{\cdot}5 + 120 = 168{\cdot}5$

$l_{11} = {}^{50}/_{70} \times 90 = 64{\cdot}3$

$k = \frac{i \times l_{11}}{i + l_{11}} = \frac{168{\cdot}5 \times 64{\cdot}3}{232{\cdot}8} = 46{\cdot}5$

$l_{12} = {}^{50}/_{70} \times 90 = 64{\cdot}3$

$l = k + l_{12} = 46{\cdot}5 + 64{\cdot}3 = 110{\cdot}8$

$l_{13} = {}^{50}/_{95} \times 120 = 63{\cdot}16$

$m = \frac{l \times l_{13}}{l + l_{13}} = \frac{110{\cdot}8 \times 63{\cdot}16}{173{\cdot}96} = 40{\cdot}2$

$l_{14} = 120$

$l_{15} = 120$

$l_{16} = 130$

$n = l_{15} + l_{16} = 120 + 130 = 250$

$o = \frac{l_{14} \times n}{l_{14} + n} = \frac{120 \times 250}{370} = 81{\cdot}05$

$l_{17} = 120$

$p = o + l_{17} = 81{\cdot}05 + 120 = 201{\cdot}05$

$l_{18} = {}^{50}/_{70} \times 100 = 71{\cdot}43$

$q = \frac{p \times l_{18}}{p + l_{18}} = \frac{201{\cdot}05 \times 71{\cdot}43}{272{\cdot}48} = 52{\cdot}62$

$l_{19} = {}^{50}/_{70} \times 110 = 78{\cdot}57$

$r = q + l_{19} = 52{\cdot}62 + 78{\cdot}57 = 131{\cdot}19$

$s = \frac{m \times r}{m + r} = \frac{40{\cdot}2 \times 131{\cdot}19}{171{\cdot}39} = 30{\cdot}76$

$l_{20} = {}^{50}/_{95} \times 100 = 52{\cdot}63$

$t = s + l_{20} = 30{\cdot}76 + 52{\cdot}63 = 83{\cdot}39$

$l_{21} = {}^{50}/_{35} \times 90 = 128{\cdot}6$

$l_{22} = {}^{50}/_{35} \times 150 = 214{\cdot}3$

$u = l_{21} + l_{22} = 128{\cdot}6 + 214{\cdot}3 = 342{\cdot}9$

$l_{23} = 100$

$v = \frac{u \times l_{23}}{u + l_{23}} = \frac{342{\cdot}9 \times 100}{442{\cdot}9} = 77{\cdot}5$

$l_{24} = 200$

$x = v + l_{24} = 77{\cdot}5 + 200 = 277{\cdot}5$

$l_{25} = {}^{50}/_{95} \times 100 = 52{\cdot}63$

$y = \frac{x \times l_{25}}{x + l_{25}} = \frac{277{\cdot}5 \times 52{\cdot}63}{330{\cdot}13} = 44{\cdot}2$

$W = \frac{t \times y}{t + y} = \frac{83{\cdot}39 \times 44{\cdot}2}{127{\cdot}59}\ 28{\cdot}82$

(Schluss folgt.)

Ueber elektrische Eisenbahnen.

Vortrag, gehalten von Ing. ERNST EGGER am 21. März 1894 im Elektrotechnischen Vereine, Wien.

(Schluss.)

Ich habe eben gesagt, dass diese Daten für Motoren mit einfacher Uebersetzung gelten. Diese einfache Zahnräderübersetzung ist ein Kind der letzten Jahre. Der Hauptgrund für deren Adoption war jedoch nicht so seh' dass man das früher in Gebrauch gewesene zweite Zahnrädervorgelege s solches perhorrescirte, sondern dass in Folge der zu dieser Zeit noch nicht genug entwickelten Herstellungsmethoden der Zahnradtrieb grossen Lärm verursachte, welcher Umstand im Strassenbahnbetrieb sehr störend war. Inzwischen hat die Nothwendigkeit den Lehrmeister gespielt und es werden tadellos geräuschlose Zahnrädertriebe nunmehr erzeugt. Der Uebergang aber von doppelter auf einfache Uebersetzung war bereits geschehen, ist jedoch theoretisch wohl eher als ein Rückschritt denn als ein Fortschritt zu bezeichnen. Bei dem doppelten Zahnradgetriebe betrug das Hebelverhältniss zwischen Armatur und Radachse 1 : 10; beim einfachen Getriebe ist es kaum $4^1/_2$. Es ist nun ganz klar, dass im letzteren Falle die Zugkraft, welche die Armaturen ausüben müssen, das Doppelte des ersteren Falles betragen muss. Dies wurde auch erreicht hauptsächlich durch das kräftigere, geschlossenere, magnetische Feld gegenüber den früheren Constructionen.

Es ist also auch das Gewicht der Motoren ganz ausserordentlich gewachsen, und eine doppelmotorige Wagenausrüstung wiegt heute zwischen 2500—4000 *kg*. Man hört nun oft und oft sagen, dass dieses Gewicht nöthig sei, um die Adhäsion zu erhöhen. Dies ist jedoch nur bedingt richtig, und zwar wenn Beiwagen gezogen werden. Dort aber, wo heute das, wenigstens meiner Meinung nach, weiteste Feld des elektrischen Bahnwesens ist, im Tramwayverkehr, also in der Beförderung einzelner Wagen, ist jedes übergrosse Gewicht auch gleichbedeutend mit einer Beförderung todter Last. Der überschwere Motor ist heutzutage noch eine Quelle ganz anderer Uebel. Die Wagenuntergestelle, auf denen er aufgebracht ist, besitzen, wie ja schon erwähnt, verticale Führungen, in denen die Achsbüchsen sich bewegen können. Dies findet auch thatsächlich statt beim Passiren von allen Unebenheiten des Geleises, beim Ueberfahren von Schienenstössen, beim Begegnen von Hindernissen u. s. f. Da nun der Motor mit dem einen Ende mit den Wagenachsen direct verbunden ist, und nur am anderen Ende federnd am Untergestelle hängt, so folgt daraus, dass bei allen solchen Stellen, wo die Wagenachse sich hebt und das Rad dann auf das normale Niveau wieder herabfällt, dieses Fallen durch das Motorgewicht einen ganz besonderen Nachdruck erfährt. Es rührt daher das starke Stossen und Hämmern der elektrischen Wagen. Keine Laschenverbindung der Schienen hat sich bis jetzt gut genug bewährt, um dem auf die Dauer Einhalt thun zu können, und es ist ersichtlich, dass dies mit dem Motorgewicht noch zunimmt. Es hat dies dann zur weiteren Folge, dass die Schienen stark leiden, besonders an den Stössen, und dass man, um dem zu begegnen, immer schwerere Schienen verwendet, so dass man auf den amerikanischen Strassenbahnen langsam von der leichtesten Pferdebahnschiene von 16·6 *kg* Gewicht per Meter bis zu Gewichten von 35 und 45 *kg* vorschritt.

Trotzdem werden einmal im Jahre doch mannigfache Auswechslungen an Schienen nöthig. Dass aber durch diese plötzlichen Stösse auch der Motor stark in Mitleidenschaft gezogen wird, ist nur natürlich und die durch die starken Achsdrücke ohnehin sehr beanspruchten Zahnräder werden gewöhnlich schon nach einem halben Jahre dienstuntauglich.

Nun kommt noch ein weiteres Moment hinzu. Der Hauptstrom-Motor, wie er ja heute verwendet wird, consumirt, ausgenommen natürlich den Fall, wo er ganz ausgeschaltet ist und der Wagen blos zu Folge seiner Trägheit fährt, stets Strom, also auch beim Bergabfahren. Die hauptsächlichste Geschwindigkeitsregulirung dieser Motorwagen erfolgt nun durch die Handbremse und diese verursacht eine derartig starke Beanspruchung der Räder, dass selbe oft schon innerhalb des Zeitraumes eines Jahres ausgewechselt werden müssen. [illegible] aus diesem Grunde, als um starke Steigungen zu [illegible]ltigen, hat [illegible] manchen Orten die Anwendung von Schienen[illegible] Bis jetzt hat die[illegible] noch keine bedeutenden Erfolge ermöglicht, was theilweise seinen Grund auch darin hatte, dass die Seitenträger der Waggons, an denen eben der Bremsmechanismus befestigt ist, für solche Beanspruchungen zu schwach waren.

Wie wir also bis jetzt gesehen haben, sind enge mit dem Principe der heutigen Eisenbahn-Motoren, ausser ihrem ungünstigen elektrischen Effecte, auch die schädlichen Einwirkungen auf Schiene und Rad verbunden. Folgende Ziffern geben nun über die ökonomischen Verhältnisse von elektrischen Bahnen, die mit den gangbarsten Doppelmotoren-Systemen und diversen Wagengrössen ausgerüstet sind, Aufschluss: Die Kosten des elektrischen Betriebes per Wagenkilometer betragen in amerikanischen Städten, je nach den Kohlenpreisen und Lohnverhältnissen, von 5 bis 15 Cts., das ist 12·5 bis 38 kr. Hiebei ist allerdings zu berücksichtigen, dass unsere Kohlenpreise bedeutend höher sind, wie die amerikanischen, die Löhne wesentlich billiger. In obiger Ziffer ist alles und jedes eingeschlossen, ausgenommen die Zinsen vom Capital. Die Variation zwischen diesen Werthen ist ausserordentlich stark und erklärt sich theilweise auch daraus, dass die Beförderung der schon einmal erwähnten, besonders langen Wagen mit grosser Personenzahl entsprechend kostspielig ist.

Es ist keine Frage, dass sich heute in dichten Verkehrscentren der Kabelbahnbetrieb, trotz seiner ganz unvergleichlich höheren Anlagekosten, noch billiger stellt als der elektrische, da man sehr viele solche Bahnen findet, wo der Wagenkilometer incl. Zinsen 7 Cts., also 17·5 kr. kostet.

Nach sehr ausführlichen Berechnungen von Higgins stellen sich speciell bei kleineren Bahnen in Städten bis ca. 50.000 Einwohnern die Gesammtbetriebs- und Erhaltungskosten incl. Zinsen durchschnittlich auf 75% der totalen Einnahmen. Es entspricht dies einer 5%igen, sehr selten 7%igen Verzinsung des Anlagecapitals. In einzelnen Fällen steigt jedoch der Betriebscoëfficient bis 82% und es gibt genug elektrische Bahnen, welche sich kaum mit über 3% verzinsen.

Eine interessante Thatsache ist, dass die Stromkosten nur ca. 10% der gesammten Betriebskosten ausmachen. Im Allgemeinen stellen sich die reinen Betriebsauslagen ungefähr folgendermaassen:

Angenommen ist ein Fall, bei dem per Wagenkilometer reine Betriebskosten von 20 kr. aufliefen. Dieselben waren zusammengesetzt aus:

Stromkosten	2·5	kr.
Reparaturen an Wagen-Motoren . .	1·7	„
Reparaturen an Wagenkasten- und -Untergestellen	1·2	„
Reparaturen an Leitung	0·7	„
Erhaltung des Unterbaues	1·8	„
Gehalt für Wagenführer und Conducteur	7·5	„
Regiespesen	3·5	„
Unfallsentschädigungen	0·6	„
	19·5	kr.

Dieses Beispiel ist von einer amerikanischen, gutgeleiteten elektrischen Bahn genommen, welche nur normale Wagen mit ca. 30 Personen Fassungsraum laufen hatte. Bei uns würden sich, bei ungefähr gleichem Summenbetrag, einige Posten ändern, und zwar die Stromkosten steigen, die Personalauslagen fallen. Man sieht jedoch aus der Zusammenstellung ganz deutlich, an was für Auslagen überhaupt die elektrischen Betriebe geknüpft sind.

Im Grossen und Ganzen kann das elektrische Bahnwesen also heute noch nicht als ein so rentables Mittel für Capitalsanlage angepriesen werden, als man dies vielfach thut. Wenn wir hiefür aus all dem Vorgehenden die Gründe suchen, so ergeben sich in logischer Reihenfolge:

1. Unökonomisches Arbeiten der Motoren, zu hohes Gewicht, zu geringe Tourenzahl derselben.
2. Kostspielige Anlage des Unterbaues.
3. Theuere Erhaltung des Unterbaues.
4. Theuere Erhaltung der gesammten Fahrbetriebsmittel.

Dem ersten Punkte, den Motoren, hat man in Bezug auf wirkliche Oekonomie in der letzten Zeit wenig Aufmerksamkeit geschenkt, vielleicht aus dem Grunde, weil eben die Stromkosten einen nur geringen Procentsatz der Gesammtbetriebskosten ausmachen. Thatsächlich ist in einem amerikanischen Werke als einer der grössten Fortschritte des Bahnmotors in der letzten Zeit die Einführung der Ringwickelung statt der Trommelwickelung angegeben. Das ist denn doch in principieller Beziehung ein sehr bescheidener Fortschritt.

Es haben sich einige Neueinführungen in ganz anderer Richtung bewegt. Kennzeichnend ist die von mehreren Erfindern, wie Eickemeyer, Rae, Sperry und Short ausgegangene Anwendung eines einzigen Motors im Wagen. Ich glaube, dies ist richtig. Ein Motor mit einer Leistungsfähigkeit von ca. 30 *HP* kann den allerschwierigsten Anforderungen entsprechen. Derselbe sollte jedoch so angebracht sein, dass er wirklich stossfrei gelagert ist, wie alle die vorangeführten Erfinder es auch anstreben. Dies ist jedoch schwer möglich bei all den jetzigen Constructionen mit Doppelmotoren, welche sich darauf beschränken, die letzteren unter den Plattformen unterzubringen. Es ist daher schon von manchen Seiten der Vorschlag gemacht worden, die Motoren noch oben zu legen, d. h. über dem Wagenboden hervorstehen zu lassen, u. zw. eventuell offen sie auf der Plattform anzubringen, oder, wenn innerhalb des Wagenkastens, sie durch Sitze zu verdecken. Hiedurch wäre auch bei Beschützung vor Staub und Schmutz eine stete Ueberwachung ermöglicht.

Eine weitere Forderung wäre natürlich, dass bei Verwendung eines einzelnen Motors beide Wagenachsen getrieben werden; dies ist auch bei allen Einmotor-Anordnungen der Fall und hat sich nicht nur nicht überall bewährt, sondern besonders bei schwierigen Schienenverhältnissen dem Zweimotoren-System überlegen gezeigt, indem das Gleiten viel später eintrat als bei letzterem. Hierüber wurden sehr ausführliche Versuche von Sperry angestellt.

Wenn man von der Oekonomie des Bahnmotors spricht, so kommt natürlich auch in Betracht, mit welcher Geschwindigkeit, also Spannung derselbe läuft. Um nun auf langen Linien die Spannung möglichst constant zu erhalten, hat man die übercompoundirten Generatoren eingeführt, welche mit wachsender Stromstärke auch die Spannung in einem justirbaren Percentsatz ansteigen lassen. Dies hat nur den Nachtheil, dass wenn die Beanspruchung in einem Feeder einmal besonders stark ist, die am Schaltbrette vorhandene, entsprechend erhöhte Spannung sich auch den übrigen Feeders mittheilt. Man hat daher in einigen Centralstationen für Bahnbetrieb es so disponirt, dass eine höhere Spannung von 600 Volt für die entferntesten oder stärkst belasteten Leitungsstränge zur Verfügung steht, während die anderen mit der Normalspannung von 500 Volt arbeiten.

Ich habe dies nicht erwähnt, um eine Ausführungsmethode zu beschreiben, sondern um darzuthun, dass der Leitungsverlust, welcher durch den gewaltigen Stromconsum der heutigen Bahnsysteme bedingt ist, durch besondere Vorrichtungen auszugleichen ist.

Dass die Stromkosten einen geringen Theil der Gesammt-Betriebskosten ausmachen, ist eine sehr ungenügende Entschuldigung dafür, dass in der

Verbesserung der Motorökonomie nicht weiter gegangen wird. Würde man Motoren haben, welche weniger Strom consumiren, und welche die ganze in sie gesendete Arbeit thatsächlich nutzbar verwerthen, so könnte in der Anlage der Station und der Leitung so Bedeutendes erspart werden, dass das ganze Ertragsbild der Bahn sich unbeschadet der Stromkosten total ändern würde. Die Richtung, in welcher die Motoren solcher Art zu suchen sind, ist folgendermassen gekennzeichnet. Eine permanent laufende Armatur, welche während des Wagenstillstandes ausgerückt wird und leer mitläuft, wäre beim Anfahren von allergrösstem Werthe und könnte eine grosse Stromersparniss bewirken. Hätte diese Armatur constante Geschwindigkeit und wäre sie mit einer variirbaren Uebersetzung auf die Wagenachsen versehen, so könnte bei irgend einer Wagengeschwindigkeit deren constante Geschwindigkeit voll ausgenützt werden. Welche Wohlthat dies beim Langsamfahren bilden würde, wo abgesehen von der Stromverschwendung das Bremsen auf Räder, Zahnräder, Armaturen, kurz alle bewegten Theile so schädlich einwirkt, lässt sich leicht ermessen. Es würde ferner die ganze Einrichtung der complicirten Schaltapparate wesentlich einfacher sich gestalten. Beim Bergabfahren müsste eine elektrische Bremsung in der Weise eintreten, dass das Bremsen am Rade entfällt, und aber kein Strom unnöthig verzehrt wird. Alle diese Bedingungen sind gleichzeitig nur durch eine Methode erreichbar, nämlich durch die Verwendung des Nebenschlussmotors. Dieser hält annähernd constante Geschwindigkeit, sein Feld beim Anfahren kann genügend stark gemacht werden, während die variable Uebersetzung noch durch Aenderung der Felderregung in ihrer Wirkung unterstützt werden kann. Künstlicher Widerstand in der Armatur entfällt, ausser beim Einschalten, ganz. Die Schaltapparate werden hiedurch einfach und die ihnen so schädliche Funkenbildung wird fast ganz vermieden. Beim Bergabfahren wirkt der Nebenschluss-Motor im Momente, wo er seine Geschwindigkeit überschreitet, als Generator und bremst sich nicht nur selbst, sondern gibt noch Strom an die Station zurück. Alle diese Eigenschaften machen den Nebenschluss-Motor zu einem höchst wünschenswerthen Object für elektrische Strassenbahnen, und trotz vieler Schwierigkeiten, die er hiefür noch darbietet, ist es meine Ueberzeugung, dass er der Bahnmotor der Zukunft ist.

Man braucht ja nur die Forderungen nochmals zu überlegen, welche das elektrische Bahnwesen heute bereits gebieterisch stellt. Verringerte Anlagekosten der Station und des jetzt so unverhältnissmässig massiven Unterbaues, sowie ökonomischerer Betrieb, das sind die Ziele, denen zugestrebt werden muss. Die Bequemlichkeit, Sicherheit und Verlässlichkeit des Fahrens, Umstände, welche enge mit den eben aufgezählten zusammenhängen, verbürgen dann noch weitaus grössere Erfolge, als die elektrische Traction bereits errungen hat. Gibt es doch schon jetzt Städte, in denen der Verkehr seit der Einführung des elektrischen Betriebes gegenüber dem Pferdebahnbetriebe um 300% gestiegen ist. Welche Aussichten bietet da erst die Zukunft dar, wenn das elektrische Verkehrswesen auf einer solchen Höhe stehen wird, dass thatsächlich einerseits die Investitionen und Erträgnisse in einem richtigen Verhältnisse stehen, andererseits die berechtigten Ansprüche des fahrenden Publikums ihre technische Lösung gefunden haben werden!

Ich habe mir erlaubt, diejenigen Punkte anzudeuten, welche meiner Ansicht nach hierbei ausschlaggebend sind, und will zum Schlusse wiederholen, dass durch dieselben der directe Stromverbrauch vermindert, die Beanspruchung der Geleise und Fahrbetriebsmittel reducirt und die gesammten Anlage- und Erhaltungskosten herabgesetzt werden würden. Zwei Hauptpunkte sind es hierbei, welche vor allem ihrer Lösung zuzuführen sind, nämlich 1. die Schaffung eines entsprechenden Nebenschluss-Motors mit variablem Getriebe, und 2. dessen stossfreie Lagerung. Dies sind Aufgaben, welche wahrlich schwierig genannt werden können, die aber würdig sind des Griffels des Tüchtigsten. Denn, meine Herren, ein billiges, rasches, bequemes und leistungsfähiges Verkehrswesen bedeutet eine Steigerung von Handel und Gewerbe, von Leben und Treiben und ist die Bürgschaft für vermehrtes Blühen und Wachsthum der Gemeinwesen.

Elektrische Bahnanlagen in Wien.

(Wien, am 21. Mai 1894.) — Das Comité zur Vorberathung der Errichtung von elektrischen Bahnanlagen in Wien hielt heute eine Sitzung ab, in welcher Magistratsrath Linsbauer den Entwurf der Petition an die Regierung und die beiden Häuser des Reichsraths vorlegte. In dieser Eingabe wird gebeten, der Staat möge auf das ihm nach dem gegenwärtigen Localbahngesetze zustehende Heimfallsrecht bezüglich der Kleinbahnen Verzicht leisten und den Pfageverkehr, sowie den Correspondenzdienst zwischen den in Wien bestehenden oder zu errichtenden Bahnen im Gesetzwege regeln. Da nun diese Petition keine Aussicht hat, noch in dieser Session des Reichsraths erledigt zu werden, so lässt die hienach eingeleitete Action des Stadtraths-Comités erkennen, dass in diesem von vornherein auf den Bau elektrischer Bahnen in Wien in diesem Jahre Verzicht geleistet wird. Es muss dies umso mehr bedauert werden, als nicht blos von mehreren Projectanten betont wurde, dass sie binnen sechs Monaten den Bau einer elektrischen Bahn bewerkstelligen würden, sondern weil ja vom Gemeinderathe aus stets gedrängt worden ist, es möge der Bau von neuen Communications-Mitteln beschleunigt werden. Jetzt hätte es einmal wieder der Gemeinderath in seiner Hand, für Wien ein Verkehrsmittel zu schaffen, das der Bevölkerung die grössten Vortheile brächte und statt sich zu beeilen, von dieser Gelegenheit Gebrauch zu machen, sucht er eine „principielle" Frage heraus, deren Lösung nicht in kurzer Zeit zu erwarten ist, also eine Verschleppung herbeiführen muss. Wir lassen uns in eine Erörterung des „Princips" des Heimfallsrechts nicht ein, verweisen aber darauf, dass die Dampftramway in's Marchfeld, die jetzt eine so wichtige Rolle für den Transport des Kehrichts spielt, noch heute nicht bestünde, wenn man den Bau von der Lösung der Frage des Heimfallsrechts abhängig gemacht hätte. Auch vor dem Bau dieser Bahn wurde dieselbe Frage aufgeworfen — aber der Gemeinderath kam zu der Erkenntniss, dass er dieses Recht nicht erlangen würde und er verzichtete darauf, um den Bau nicht aufzuhalten. An diesen Präcedenzfall sollten sich die Gemeinderäthe erinnern und im gegebenen Falle ähnlich handeln wie zuvor, oder doch wenigstens die verschiedenen Projecte meritorisch berathen und den Bau nicht von der Erledigung der Petition über das Heimfallsrecht abhängig machen. Sie mögen ihre Wünsche nach dem Heimfallsrecht mit allem Nachdruck geltend machen, aber nicht selbst das erste Hinderniss für den Bau von elektrischen Bahnen sein. — Der vom Stadtbauamte ausgearbeitete Entwurf, betreffend die Grundzüge der Concursausschreibung für elektrische Bahnen wird in der nächsten, wahrscheinlich noch im Laufe dieser Woche stattfindenden Sitzung des Subcomités in Berathung gezogen werden.

Elektrisch betriebene Boote.

Nachdem die elektrische Beleuchtung durch ihre grossen Vorzüge an Bord von Schiffen, besonders von Seeschiffen, jede andere Beleuchtungsart in so unbestrittener Weise verdrängt hat, dass bereits kein grösserer Passagierdampfer ohne diese Beleuchtung gedacht werden kann, nachdem ferner die elektrische Kraftübertragung es ermöglicht hat, sämmtliche Hilfsmaschinen, als Ventilatoren, Aufzüge, Eismaschinen, Steuerapparate u. s. w. durch Elektromotoren anzutreiben, ist nunmehr die Verwendung der Elektricität für die Schiffahrt bereits soweit vorgeschritten, dass sie durch Antrieb der Schiffsschraube mittelst Elektromotors, wenn auch bisher nur für kleinere Boote, die Bewegung des Fahrzeuges selbst bewirkt.

Dies ist möglich geworden durch die elektrischen Accumulatoren.

Die in den Accumulatoren aufgespeicherte Elektricität reicht für eine Fahrt von ca. sechs Stunden aus, bei einer Geschwindigkeit von zehn bis zwölf Kilometer in der Stunde, u. zw. bezieht sich diese Angabe auf die eigentliche Fahrtdauer, während welcher das Boot sich bewegt. Eine Unterbrechung derselben kann beliebig oft und in beliebiger Ausdehnung stattfinden, ohne dadurch irgend welchen Einfluss auf die eigentliche Fahrtzeit auszuüben.

Wie die Abbildungen Fig. 1 bis 3 zeigen, befindet sich in dem vorderen Theile des Fahrzeuges der Raum für die Passagiere, welcher so gross ist, dass bequem eine Gesellschaft von zehn Personen Platz finden kann. Das Boot selbst ist aus Eichenholz gebaut mit fichtener Beplankung. Die Sitze sind mit gepolsterten Lederkissen belegt und sowohl der Motor als auch die Accumulatoren so aufgestellt, dass sie den Augen der Passagiere vollkommen entzogen sind. Die Dimensionen des Bootes, dessen Motor ca. 3 *HP* leistet, sind folgende:

Länge zwischen den Perpendikeln	ca.	7·5	m
Länge auf Deck, über alles gemessen	„	8·8	„
Breite im Hauptspant	„	1·9	„
Tiefe von Oberkante Deck bis Oberkante Kiel	„	0·95	„
Tiefgang	„	0·60	„

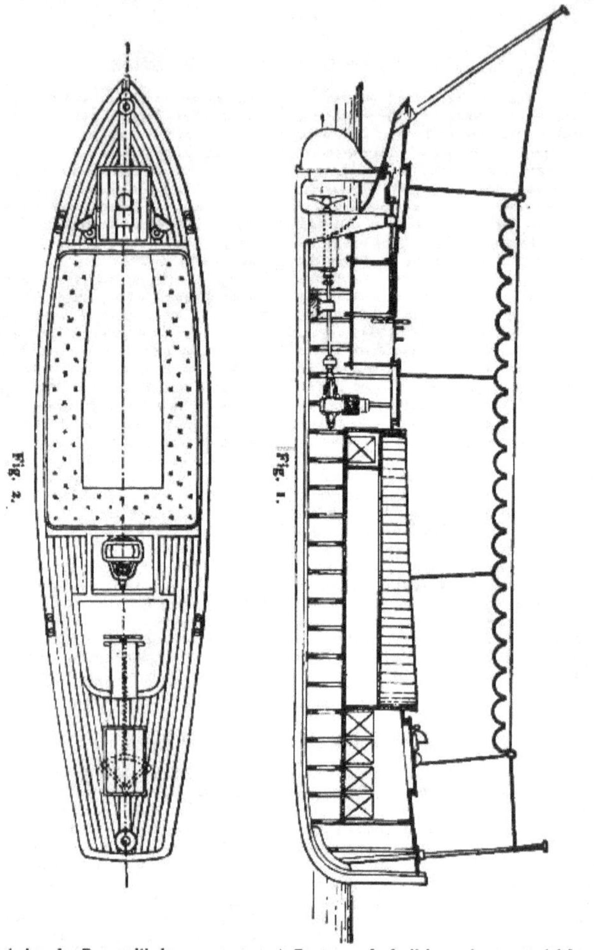

Fig. 2. Fig. 1.

Wie Fig. 1 und 3 ferner zeigen, führt das Boot ein abnehmbares Balance-Sonnensegel mit Querstangen und Zugleinen, welches dem Boote ein äusserst gefälliges Aussehen gibt.

Hinten im Boote, u. zw. von den Passagieren räumlich vollkommen getrennt, befindet sich der Sitz für den Steuermann, welcher von hier aus alle zur Führung des Bootes erforderlichen Apparate leicht erreichen kann.

Die Handhabung dieser Apparate selbst ist derartig einfach und sauber, man kann sagen zierlich, dass jede Dame ohne weiteres diesen Sitz einnehmen könnte, um das Boot zu führen. Durch Bewegung eines kleinen

Fig. 3.

Hebels wird der Motor eingeschaltet und das Boot setzt sich in Bewegung, wobei man je nach der Stellung des Hebels mit zwei Geschwindigkeiten, langsamer oder schneller, sowie vor oder zurück fahren kann; während ein elegantes, leicht zu handhabendes Steuerrad dem Fahrzeug die gewünschte Richtung gibt. Bei Fahrten mit der geringeren Geschwindigkeit verlängert sich die Fahrzeit entsprechend. Zwei weitere kleine Druckknöpfe dienen dazu, um einerseits die Signalglocke auf dem Vorderdeck läuten zu lassen und andererseits die ebendaselbst angebrachten Signallichter zu entzünden, welche letzteren gleichfalls für elektrischen Betrieb durch Glühlampen eingerichtet und mit neusilbernen Reflectoren versehen sind.

Kein Rauch, Dunst oder Geruch beeinträchtigt dabei den Genuss der Fahrt und weder der Elektromotor selbst, noch die Accumulatoren-Batterie beansprucht während der Fahrt irgend welche Wartung oder Beaufsichtigung, da hierbei insbesondere keine Feuerung, mit ihren vielen Belästigungen, zu unterhalten ist. Lediglich die oben genannten wenigen, bequem eingerichteten Apparate sind zu bedienen, so dass die Führung eines elektrischen Bootes an Sauberkeit und Eleganz unübertroffen dasteht. Ohne Geräusch, fast lautlos fährt das zierliche Fahrzeug dahin, denn alle stossenden Theile der Maschinerie, welche bei Dampf- oder Petroleum-Betrieb nicht zu vermeiden sind, kommen hier in Wegfall. Alle diese Eigenschaften tragen dazu bei, selbst die Führung eines solchen Fahrzeuges zu einem besonderen Vergnügen zu gestalten; so dass, wenn die Gesellschaft ungenirt sein will und daher ein Mitglied derselben die Bootsführung übernimmt, auch dies sich mit vollem Genuss der Fahrt hingeben kann. Es wird daher mit dem elektrischen Boote dem wassersportfreundlichen Publikum ein nach den neuesten Erfahrungen der Schiffsbaukunst construirtes Luxusfahrzeug geboten, welches an Sicherheit, Eleganz und Sauberkeit eine Vervollkommnung erlangt hat, wie sie bisher auf dem Wasser für unerreichbar gegolten hat.

Dies wurde denn auch durch die drei Boote, welche seit Frühjahr 1892 von der „Allgemeinen Elektricitäts-Gesellschaft" auf dem Wannsee bei Berlin in Dienst gestellt sind, vollauf bestätigt, da dieselben sich sowohl im Dienste der Gesellschaft als Fährboote, wie auch für Vergnügungsfahrten einzelner Privat-Gesellschaften einer fortdauernd wachsenden Beliebtheit zu erfreuen haben.

Um einen ungefähren Anhalt über die Kosten elektrischer Boote zu geben, bemerken wir, dass sich der Preis eines Bootes der beschriebenen Grösse, mit welchem der Wannsee bei Berlin befahren wird, auf Mk. 9000.— unter der Voraussetzung stellt, dass das Boot im Deutschen Reiche montirt werden kann.

Energieübertragung Lauffen-Frankfurt.

Der von Prof. Dr. H. F. Weber verfasste Bericht der Prüfungs-Commission über die an dieser Anlage ausgeführten Untersuchungen liegt uns nunmehr im Drucke vor. Wir geben im Folgenden die wesentlichen Resultate dieser Untersuchungen.

Die Prüfungs-Commission musste ihr Arbeitsprogramm auf die folgenden, als die am wichtigsten hervortretenden Fragen beschränken:

1. Welchen Effect überträgt die zum Betriebe der Lauffener Anlage benutzte Turbine bei gegebener Beaufschlagung, gegebener Umlaufzahl und gegebenem Gefälle?

2. In welchem Verhältniss steht die an die tertiäre Leitung in Frankfurt abgegebene Energie zu jener Energie, welche die Turbine während derselben Zeit auf die Dynamo überträgt?

3. Welches ist der Wirkungsgrad der Dynamo, des primären und des secundären Transformators für jene Belastung, welche bei der Untersuchung zur Feststellung des Wirkungsgrades der Uebertragung zur Verwendung kamen?

4. Wie gross ist der totale Energieverlust, welcher in der 170 *km* langen secundären Leitung unter dem Einfluss des hochgespannten Stromes auftritt? Ist derselbe lediglich durch den Widerstand der Leitung bedingt oder treten daneben noch andere Energieverluste auf?

Bezüglich der Beantwortung der ersten Frage sei nur angeführt, dass die Turbine im Durchschnitt von sechs Versuchen bei 3·75 *m* benutztem Gefälle und 160 Touren pro Minute 232 *PS* abgab.

Die Durchführung der Messungen zur Bestimmung des Wirkungsgrades der Lauffen-Frankfurter Energieübertragung geschah in der folgenden Weise.

Nachdem in Frankfurt eine Belastung des secundären Transformators von der gewünschten Höhe durch Einfügung einer passenden Lampenzahl in die drei tertiären Stromkreise gleichmässig hergestellt worden war, berichtete der Telegraph nach Lauffen, dass die nächste Versuchsreihe nach Ablauf von 5 oder 10 Minuten beginnen solle; die Beobachter in Lauffen meldeten ihre Bereitschaft und brachten bis zu dem angegebenen Zeitpunkte die Dynamo auf die normale Tourenzahl (150) und die normale Spannung (ca. 55 V); die Dauer einer Beobachtungsreihe betrug stets 10 Minuten.

Während jeder Beobachtungsreihe wurden in Lauffen beobachtet:

1. Die Beaufschlagung der Turbi[illegible] die Stände des Ober- und Unter[illegible]

2. Die Stromstärken in den drei primären Leitungen.

3. Die drei primären Spannungen zwischen den Maschinenklemmen und der an die Erde gelegten neutralen Leitung.

4. Die Stärke des Erregerstromes der Dynamo.

5. Die Tourenzahl der Dynamo.

Die Messungen in Frankfurt umfassten:

Die Bestimmung der Effecte, welche in den drei tertiären Leitungen und in der vierten neutralen Leitung entwickelt wurden. Die hiezu dienenden drei Wattmeter wurden während jeder Minute einer Beobachtungsreihe dreimal eingestellt, wobei die Richtung der Ablenkung der beweglichen Spule von Minute zu Minute gewechselt wurde, sodass jedes Wattmeter 31 Ablesungen während einer Versuchsreihe lieferte. Die 31 Ablesungen wurden zu 10 Mittelwerthen vereinigt.

Der Auszug der Beobachtungs-Protokolle ergibt einen Beleg für die ausserordentlich grosse Gleichmässigkeit des Verlaufes der tertiären Ströme, deren Quelle 170 *km* entfernt lag.

Der vom zweiten Transformator abgegebene Effect betrug im Durchschnitt 114 *PS*, die mittlere tertiäre Spannung 64·3 V., die mittlere tertiäre Stromstärke 440 A., der mittlere Wirkungsgrad 74·4%.

Da die Frage von Interesse ist, ob die Grösse des constatirten Wirkungsgrades der Uebertragung durch den Charakter der Witterung längs der secundären Leitung bedingt werde, so wurde auch dieser Punkt berücksichtigt. Wenn auch die Versuchszeit zu kurz war, um eine bestimmte Antwort auf diese Frage zu geben, so drängen doch die vorliegenden Ergebnisse die Vermuthung auf, dass der Einfluss der Witterung auf den Wirkungsgrad einer derartigen Anlage wahrscheinlich ganz unerheblich ist.

Nach der Ermittelung des Wirkungsgrades der Uebertragung bestand die nächste Aufgabe in der Ableitung des Wirkungsgrades der Lauffener Dynamo, um eine Analyse der einzelnen in der Uebertragung wirkenden Organe anzustreben und den constatirten Wirkungsgrad der Uebertragung als Producte der Wirkungsgrade der einzelnen Hauptbestandtheile der Anlage darzustellen.

Die normale Leistung der Lauffener Dynamo soll bei der Tourenzahl 150 und der Spannung 55 V. 300 *PS* betragen. Wenn der aus den Messungen abgeleiteten Abhängigkeit des totalen Verlustes (durchschnittlich 12·5 *PS*) von der Grösse der Leistung (154·4 *PS* im Maximum) bis zu 300 *PS* Giltigkeit zugestanden wird, so wäre der normale Wirkungsgrad der Lauffener Dynamo 0·954.

Da in der kurzen Zeit zur Vorbereitung der Messinstrumente Apparate zur directen Messung der von den Transformatoren der Anlage unter der Spannung von ca. 8000 V. ausgegebenen, resp. aufgenommenen Eff[illegible] durch Umwandlung schon [illegible]sinstrumente, noch durch Herstellung neuer beschafft werden konnten, war die Bestimmung des Verhältnisses der von den Transformatoren der Anlage aufgenommenen und abgegebenen Effecte nur in der Form möglich, dass je zwei der in Lauffen und Frankfurt vorhandenen drei Transformatoren (zwei Transformatoren von je 100 Kilowatt Leistung der Allgemeinen Elektricitäts-Gesellschaft und ein Transformator von 150 Kilowatt Leistung der Maschinenfabrik Oerlikon) durch kürzeste Verbindung ihrer Hochspannungs-Leitungen zu einem System verkuppelt wurden, welches im ersten Theile die Spannung hinauf, im zweiten Theile herunter transformirte und der in das System unter niedriger Spannung eingeschickte, sowie der von dem System unter niedriger Spannung ausgegebene Effect einer Messung unterworfen wurde.

Als kürzester Weg zur Bestimmung dieser Effecte erschien die Verwendung von sechs gleichen Wattmetern, von denen drei mit ihren Hauptleitungen in die drei Zweige der primären Leitung, drei mit ihren Hauptleitungen in die drei Zweige der tertiären Leitung des Transformatorsystems einzuschalten. Die Commission hielt es jedoch für sicherer, die in die Transformatoren eingeleiteten Effecte, nicht durch Verwendung von drei Wattmetern, sondern in irgend einer anderen Art zu messen, weil das Wattmeter bei Ermittelung des Effectes eines Wechselstromes die Kenntniss einer langen Reihe von Grössen erforderlich macht, die schwierig zu ermitteln sind.

Die Prüfung ergab den Wirkungsgrad des Transformators der Allgemeinen Elektricitäts-Gesellschaft bei 100 Kilowatt normaler Belastung zu 96%.

Der maximale Wirkungsgrad, für welchen die Verluste im Eisen und Kupfer gleiche Grösse haben, ist gleich 96·1%.

Von der Hälfte der normalen Belastung bis zur normalen Belastung ändert sich der Wirkungsgrad in fast unmerklicher Weise von 95·7% an aufwärts bis 96·1%, von da abwärts bis 96·0%.

Der Oerlikon-Transformator ergab denselben Wirkungsgrad. Aus den Messungen zur Bestimmung des Wirkungsgrades der Uebertragung ergab sich die Summe der Effectverluste von der Welle der Lauffener Dynamo bis zu den Endklemmen des Frankfurter Transformators und damit die Grösse des Wirkungsgrades der Uebertragung zu durchschnittlich 73·5%.

Die Gesammtergebnisse der Prüfung sind in dem Berichte folgendermaassen zusammengestellt:

1. In der Lauffen-Frankfurter Anlage zur Uebertragung elektrischer Energie über eine Entfernung von 170 *km* mittelst eines Systems von Wechselströmen mit der Spannung von 8500 V. bis 7500 V. und einer durch Oel und Porzellan isolirten nackten Kupferleitung wurden bei der kleinsten Leistung 68·5%, bei der grössten Leistung bis zu 75·2% der von der Lauffener Turbine an

die Dynamo abgegebenen Energie an den tertiären Leitungen in Frankfurt nutzbar gemacht.

2. Bei dieser Uebertragung tritt in der Fernleitung als einziger, durch die Messung fixirbarer Effectverlust der durch den Widerstand der Leitung bedingte Joule'sche Effect auf.

3. Theoretische Untersuchungen ergaben, dass der Einfluss der Capacität langer, in der Luft geführter nackter Leitungen zur Fortleitung von Wechselströmen für Energieübertragung auf den Wirkungsgrad der Uebertragung bei der Verwendung von Periodenzahlen 30 bis 40 bis 50 so gering ist, dass derselbe in der Planung elektrischer Energieübertragungen als ganz untergeordnete Grösse behandelt werden darf.

4. Der elektrische Betrieb mit Wechselströmen von 7500 bis 8500 V. Spannung in mittelst Oel, Porzellan und Luft isolirten Leitungen von mehr als 100 km Länge verläuft ebenso gleichmässig und sicher, wie der Betrieb mit Wechselströmen von niedriger Spannung in kurzen Leitungen.

Ueber die Entstehung des Hagels.*)

Von G. TOLOMEI.

Bekanntlich war Volta der Erste, der die Entstehung des Hagels der Elektricität zuschrieb, indem er von der Voraussetzung ausging, dass die von einer zu einer anderen Wolke gelangenden Körner, wie beim Versuche mit dem elektrischen Hagel, sich jedesmal mit einer neuen Eisschichte bedecken. Uebrigens wurde diese Theorie von den meisten Gelehrten aufgegeben und andere Theorien erdacht, wie die von Faye, Lupini, Planté und Bombicci, aber keine von allen diesen gibt eine annehmbare Erklärung des Phänomens.

Professor Marangoni hat kürzlich (Reale Accad. dei Lincei vol. II, sem. 2°, serie V., Rend., pag. 346) eine Denkschrift veröffentlicht, in welcher er mit einigen Umänderungen die Theorie von Volta bezüglich der Entstehung des Hagels wieder zu Ehren bringt, und beweist:

1. Dass die Elektricität nicht die Ursache, sondern die Wirkung des Hagels ist;

2. dass die Elektricität nur mitwirkt, um den Hagelkörnern Form und Grösse zu verleihen;

3. dass die zum Gefrieren des Wassers nöthige Kälte, grundsätzlich, aber nicht unbedingt, der Verdunstung des Wassers angehört.

Professor Marangoni fasst die Gedanken von Volta über die Entstehung des Hagels in Folgendem zusammen:

Die Hagelwolken sind oft sehr niedrig und die Temperatur der Luft, in welcher sie sich befinden, kann nicht unter 15° C. sein, aber über ihnen scheint die Sonne und beschleunigt sehr rasch die Verdunstung; auch ist das Wasser, aus welchem sie zusammengesetzt sind, in sehr kleine Tröpfchen getheilt und es entsteht daher eine starke Abkühlung.

Die Wolke, welche an der höher gelegenen Fläche verdunstet, wird negativ elektrisch (was schon Volta glaubte) und kühlt sich so sehr ab, dass sich Sternchen von Schnee bilden, welche von der Wolke fortgetrieben werden und sich in einer gewissen Entfernung von derselben halten.

Die Wassertröpfchen, welche in Berührung mit diesen Flöckchen kommen, gefrieren und bilden eine durchsichtige Eishülle, wie man dies thatsächlich bei den Hagelkörnern antrifft. Wenn hierauf die Verdunstung der negativen Wolke durch längere Zeit fortgesetzt wird, wird der sich erhebende Dunst in einer gewissen Höhe condensirt, indem er eine zweite positive Wolkenschicht bildet und die Hagelkörner werden zwischen den beiden Wolken abgestossen und angezogen und können in diesem Erregungszustande stundenlang verharren und hiebei sehr beträchtliche Dimensionen annehmen.

Der bekannte Versuch, den man mit den zwischen zwei Metallplatten und unter einer Glasglocke befindlichen Hollundermarkkügelchen anzustellen pflegte, musste im Kleinen die Reproduction des Phänomens sein, aber er trug nicht wenig dazu bei, um die Theorie von Volta lächerlich zu machen. Diese Theorie ist übrigens mit den Modificationen, mit welchen sie jetzt von Professor Marangoni dargestellt wird, vielmehr zu beachten, als alle anderen bisher aufgestellten.

Zwei kurze Zusammenfassungen sind über die Theorie von Volta gemacht worden. Die erste über die Kälte, welche von der Verdunstung in Folge der Sonnenwärme hervorgebracht wird und über die zweite, bezüglich der Production von Elektricität bei der Verdunstung des Wassers, einer Production, welche Prof. Marangoni, wie so vielen Anderen, bis jetzt festzustellen nicht gelungen ist.

Auf obige zwei Einwürfe kann man jetzt mit Beweisgründen antworten, und dies in einer so einfachen Art und Weise, dass es beinahe unmöglich erscheint, dass Niemand daran gedacht hat. Was die erste betrifft, genügt es, der Betrachtung über die Sonnenwärme, wie es Volta gethan, jene des Windes zu substituiren, welcher, wie zum Beispiel bei der Gefriermaschine von Hall, die Fähigkeit besitzt, die Verdunstung des Wassers zu beschleunigen und eine solche Abkühlung hervorzurufen, um das Gefrieren des Wassers auch im Sommer zu bewirken.

*) Nach „L'Elettricità".

Es ist sonderbar, dass Niemand bei den Theorien, welche nach jener von Volta auftauchten, an die Verdunstung gedacht hat, und dass sehr sonderbare Hypothesen aufgestellt wurden, um die Bildung des Hagels zu erklären.

Der zweite Einwurf gegen obige Theorie ist folgender:

Faraday fand, dass alle festen, trockenen Körper, das Eis inbegriffen, negativ elektrisch werden, wenn sie mit Tröpfchen von reinem Wasser gerieben oder in sehr heftige Berührung gebracht werden, während das Wasser positiv elektrisch wird. Nachdem dies festgestellt ist, betrachten wir eine Hagelwolke, welche, wie wir wissen, eine Geschwindigkeit besitzt, die von 13 bis 156 *km* in der Stunde steigen kann, und bemerken, dass der Wind immer mehr an Stärke zunehmend, sie in Form einer horizontalen Zunge verlängern wird.

Die Tröpfchen, die sich an der Peripherie befinden, werden einer viel rascheren Verdunstung unterworfen sein, bringen dadurch ein rasches Fallen der Temperatur hervor und gefrieren theilweise, indem sie trockene Schneeflocken bilden, die zurückbleiben und von den innen befindlichen Tröpfchen der Wolke gerieben werden, so dass sie auf diese Weise negativ elektrisch werden, während die Wassertröpfchen der darauf folgenden Schicht positiv elektrisch sind. Die Eiskörnchen werden in Folge der Anziehungskraft, der sie unterworfen sind, in die positive Schicht der Tröpfchen eindringen, sich mit einer zuerst feuchten, dann trockenen Eisschicht bedecken (da, wenn Tröpfchen von reinem Wasser auf feuchte Körper fallen, beide positiv und die verdrängte Luft negativ elektrisch wird); die feuchten Körner werden hierauf, indem sie sich mit den Wassertröpfchen an einander reiben, positiv elektrisch und aus der Region der Eiskörner abgestossen, wo sie, unter Null sich abkühlend, trocken zurückkehren und, die Nebeloberfläche reibend, den negativ elektrischen Zustand annehmen; sie werden von neuem im Innern der Wolke angezogen, und indem sie unausgesetzt in derselben Zeit mit der Wolke, wenngleich auch mit geringerer Geschwindigkeit, vorrücken, hiebei der Richtung einer krummen Linie nahe an der äusseren Fläche der Regenwolke, in Form einer Zunge, folgen. Auf diese Weise würde natürlich jedes Korn sich vergrössern und sich hiebei abwechselnd mit einer Eis- und Schneeschichte bedecken, je nachdem es sich in einer Nebel- oder Schneeschichte befindet, was genau die Structur der grösseren Hagelkörner ist. Natürlicherweise in dem Maasse, als das Gewicht der Körner zunimmt, sinkt die Wolke herab und da sie der einwirkenden Geschwindigkeit des Windes unterworfen ist, folgt sie bei ihrem Zuge der Richtung einer schiefen Linie, wie dies übrigens die Hagelkörner thun, die nicht vertical fallen.

Die so modificirte Theorie erklärt das Blitzen und Rollen des Donners, welches sich beständig im Schosse der Hagelwolken bekundet und erklärt auch, nach Professor Marangoni, die Thatsache, dass der Hagel manchmal auf zwei, durch eine Regenzone getrennte Striche fällt, was wieder davon herrührt, dass die Hagelkörner beim Fallen von der Wolke gegen deren äusserste Enden oder gegen die horizontalen Ränder der zungenförmigen Regenwolke ausgehen müssen.

In der Mitte fällt Regen, weil der daselbst etwa vorhandene Hagel flüssig wird, bevor er den Boden erreicht.

Mir scheint diese Erklärung wenig annehmbar.

Wenn man davon absieht, dass die Hagelkörner, besonders wenn sie ziemlich gross sind, von dem fallenden Regen nur sehr schwer flüssig werden, ist Grund vorhanden, anzunehmen, dass das, was an den Seitenflächen der Wolken vorgeht, nicht ebenso auf der ganzen Oberfläche vorgeht, und dass daher auch die Körner, wie sie von der Seitenfläche abgegeben werden, nicht auch von der ganzen, die Erde bedeckenden Wolkenschicht fallen.

Es bleibt gewiss noch viel zu sagen, um beispielsweise die Ausgezacktheit der Hagelwolken, das sonderbare Geräusch zu erklären, welches Hagelfällen vorangeht, und dass es nicht möglich ist, anzunehmen, dass es vom gegenseitigen Zusammenstossen der Eiskörnchen herrühre, weiters über die Form der Eiskörnchen selbst, und viele andere Thatsachen, die sich bei Hagelfällen bestätigen und die, wenigstens bis jetzt, noch keine Theorie gerechtfertigt hat. St.

Ueber die Unzulässigkeit des Vernickelns elektrischer und magnetischer Apparate.*)

Von Dr. A. EBELING.

(Mittheilung aus der Physikalisch-Technischen Reichsanstalt.)

In neuerer Zeit werden so vielfach Apparate vernickelt, dass es vielleicht angebracht ist, hierin Vorsicht anzurathen. Veranlassung dazu gibt ein specieller Fall. Kürzlich wurde der Physikali[illegible]nischen Reichsanstalt eine [illegible] versehene Comp[illegible]ng zugesandt, deren Magnetnadel ihre Richtung gegen den magnetischen Meridian beim Drehen der Bussole um ihre Achse änderte. Wurde nämlich die Bussole um 90⁰ gedreht, so dass man zuerst die angegebene

*) Zeits[illegible] für Instrumentenkunde, 8. 1894.

NS-Richtung und dann die OW-Richtung in den magnetischen Meridian brachte, so verschob sich die Richtung der Magnetnadel um volle 8°.

Dass der Fehler nur eine Folge der Vernickelung war, ergab sich daraus, dass die Bussole nach Entfernung des vernickelten Gehäuses keine Unregelmässigkeit mehr zeigte, und dass sich das von der Nickelschicht befreite Gehäuse als eisenfrei erwies.

Nun war die Bussole allerdings stark vernickelt; doch auch schon sehr dünne Nickelschichten machen den vernickelten Gegenstand magnetisch, wie ein Versuch zeigte. Es wurde nämlich ein Stab von absolut eisenfreiem Messing mit einer ganz schwachen Nickelschicht überzogen, so dass das Messing noch deutlich durchschimmerte, und doch zeigte sich jetzt der Stab magnetisch. Auch einen ziemlich hohen Betrag der Magnetisirung scheint eine solche Nickelschicht schon durch das Vernickeln allein zu erreichen; denn die Wirkung des Versuchsstabes auf eine Magnetometernadel war nach kräftigem Magnetisiren nur dreimal so gross als die durch das Vernickeln allein erzielte.

Bei rohen Apparaten wird das Vernickeln naturgemäss nichts schaden; bei Apparaten aber, die zu genaueren Messungen dienen, wie Compassbussolen, Galvanoskopen für Isolationsprüfung u. s. w. wird man nach obigen Ausführungen von einer Vernickelung absehen müssen. Dies gilt besonders von allen denjenigen Apparaten, bei denen man bemüht ist, eisenfreies Material zu verwenden.

Elektrischer Sicherheitsapparat mit Kugelcontact.

Von FRANZ POHL jun. in Tetschen a. d. Elbe.

Der Apparat besteht in einer Contactvorrichtung, welche mit der Thüre einer Wohnung, eines Geschäftslocales, einer Casse u. s. w. in Verbindung gebracht wird und durch eine fallende Metallkugel zum Stromschluss kommt. Die einfachste Anordnung dieses Contactes stellen Fig. 1 und 2

Fig. 1.

Fig. 2.

in zwei Ansichten dar. Zwei halbkreisförmige Metallplatten, welche sich zu einer diametral durchschnittenen Kreisscheibe mit einer trichterförmigen Einsenkung in der Mitte ergänzen, sind von einander isolirt und mit je einem Pole der Batterie verbunden. $o\,o_1$ und $d\,d_1$ sind die Befestigungs-, $a\,a_1$ die Klemmschrauben für die Einschaltung der Drähte. Die Kugel c wird in irgend einer Art so mit der Thüre verbunden, dass sie beim Oeffnen der letzteren in den Scheibentrichter (Stellung c_1, Fig. 1) herabsinkt, wodurch der Contact geschlossen ist und die in den Stromkreis eingeschaltete Glocke ertönt. Als Signal bei einer Geschäftsthüre angewendet, hat diese Contactvorrichtung den offenbaren Vortheil, dass die an einer Schnur hängende Kugel auf eine solche Höhe eingestellt werden kann, bei welcher der Contact noch nicht zum Schlusse kommt, wenn die Thüre nur aus dem Schlosse gelöst (nur angelehnt) ist, sondern erst dann, wenn sie etwas weiter geöffnet wird. Es ist dadurch das lästige Forttönen der Glocke vermieden, welches andere derartige Contacteinrichtungen bei nicht vollständig geschlossener Thüre aufweisen. Bei der in der Fig. 3, 4 und 5 dargestellten Anordnung dieses Contactes liegt die Kugel u frei in einer Kreisnuth $i\,i_1$ der Scheibe $r\,r_1$, welche Fig. 5 im Grundriss darstellt. Eine zweite Scheibe $s\,s_1$, deren Grundriss Fig. 4 zeigt, ist um einen Zapfen drehbar über der Scheibe $r\,r_1$ angebracht. Die Durchbohrung m gestattet die Einführung der Kugel u in die Kreisnuth $i\,i_1$, und der Zapfen l wird mit der Thüre in Verbindung gebracht. An die

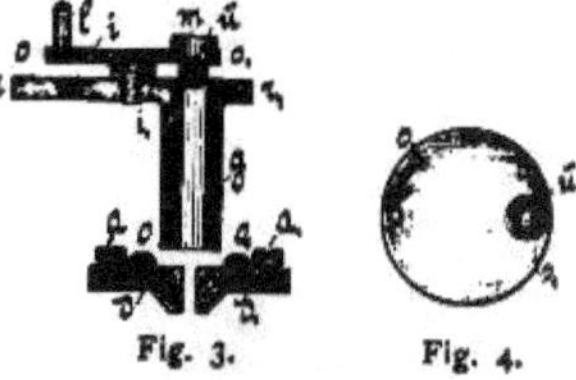

Fig. 3. Fig. 4.

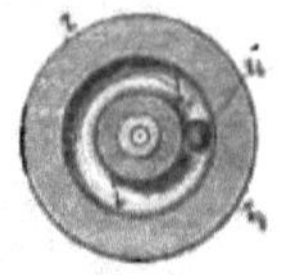

Fig. 5.

Scheibe $r\,r_1$ schliesst das in die Nuth $i\,i_1$ einmündende Rohr g an, unter welchem wieder der aus zwei halbkreisförmigen Scheiben gebildete Trichtercontact angebracht ist. Beim Oeffnen der Thüre wird nun die Scheibe $s\,s_1$ gedreht und damit die in die Oeffnung m hineinragende Kugel u in der erwähnten Nuth gerollt, bis sie über das Rohr g gelangt und durch dieses in den Contacttrichter herabfällt. Die Glocke läutet dann so lange, bis die Kugel aus dem Trichter genommen wird. Bei der durch Fig. 6 veranschaulichten

Anordnung liegt die Kugel u auf einem um den Zapfen s drehbaren Löffel, dessen Ende l mit der Thüre in Verbindung steht. Wird der Löffel durch das Oeffnen der Thüre in die punktirt gezeichnete Stellung gebracht, so fällt die Kugel u_1 in das Rohr g und

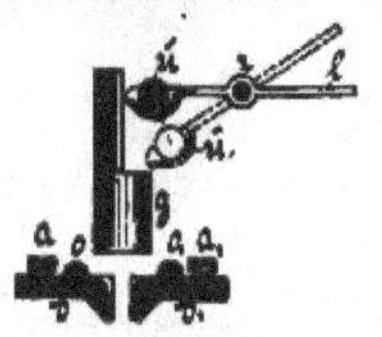

Fig. 6.

durch dieses in den Contacttrichter, worauf der Contact wieder bis zur Aushebung der Kugel geschlossen bleibt. Eine vierte Anordnung ist in den Fig. 7 und 8 in zwei Ansichten zur Darstellung gebracht. Die unter Controle stehende Thüre ist hier derart mit der Platte o verbunden, dass diese beim Oeffnen der Thüre gegen eine feste Platte m gedrückt wird. Hiebei schiebt sich ein abgeschrägter Stempel t in einer Oeffnung der an die Platte o angeschraubten Schale $s\,s$ aufwärts und wirft die in der letzteren

Fig. 7. Fig. 8.

liegende Kugel u über den Rand der Schale in die Rinne g, durch welche die Kugel zum Contactschluss in den Trichter $d\,d_1$ herabrollt. Die um den Stempel gewundene cylindrische Drahtfeder f stösst die Platte o mit der Schale $s\,s$ in ihre ursprüngliche Lage zurück.

Blitze auf Java.

Wie die Vegetation, Thierwelt und Manches sonst in den Tropen, sind auch die Blitze dort anders geartet als in unseren Gegenden.

„Es blitzt und donnert bei Gewitter-Regen fast unausgesetzt mit grosser Heftigkeit“, schreibt Prof. Haberlandt in seiner „Botanischen Reise“ „und alljährlich fallen einige Bäume des botanischen Gartens auf Java den Blitzschlägen zum Opfer. Sehr bemerkenswerth ist dabei die Thatsache, dass der Blitz fast niemals zündend einschlägt — die Häuser bleiben stets verschont und sind auch nie mit Blitzableitern versehen — und dass er ebenso selten eine grob mechanische Zerstörung anrichtet. Ein vom Blitz getroffener Baum scheint nicht im Geringsten beschädigt zu sein, nirgends sind Risse und Splitter zu sehen und erst nach einigen Tagen lässt die beginnende Verfärbung des Laubes erkennen, dass der Baum getödtet wurde. Nicht selten soll der Blitz, den Baum verschonend, in eine an diesem emporkletternde Liane fahren, die dann einen natürlichen Blitzableiter bildet, der freilich nur einmal functioniren kann. Einen interessanten Blitzschlag habe ich in seinen Folgen knapp hinter dem astronomisch-physiologischen Laboratorium des botanischen Gartens beobachtet. Hier fiel demselben eine ganze Anzahl alter Cocospalmen zum Opfer; der Durchmesser des annähernd kreisrunden Gebietes, auf welchem die vom Blitze theils getödteten, theils mehr oder minder beschädigten Palmen standen, betrug etwa fünfzig Schritte. Nach einigen Wochen traten die Folgen des Blitzschlages deutlich hervor: bei acht mehr im Innern des Gebietes befindlichen Palmen waren die Blätter vollständig gebräunt und abgestorben; bei sechs am Rande herum vertheilten Bäumen waren blos je drei Blätter getödtet, und zwar stets jene, welche gegen das Centrum der ganzen Gruppe gekehrt waren. Vergleicht man mit diesen Angaben die Verheerungen, die von Blitzen bei uns angerichtet werden, denkt man daran, dass die „Donnerkeile“ bei uns sehr oft zünden, und dass sie sehr oft in Häuser schlagen, so wird man wohl kaum geneigt sein, diese Verschiedenheiten einfach dem Zufall zuzuschreiben; man wird den Grund dafür eher in thatsächlich bestehenden Unterschieden suchen. Dass es verschiedene Blitze gibt, scheint zwar auf den ersten Blick absonderlich, aber vielleicht lässt sich doch eine Erklärung dafür finden.“

Wir glauben, dass die überaus grosse Feuchtigkeit und Durchtränkung aller Objecte in den Tropen die geschilderten Abweichungen von den gewöhnlichen Wirkungen der Blitze genugsam erklärt.

Anzünden von Gaslampen mittels Elektricität.

Der Mechaniker des physikalischen Institutes an der Wiener Universität, Herr Sedlaczek, hat eine ausserordentlich einfache Vorrichtung zum obgenannten Zwecke construirt.

Von einem Elektrophor, den er einfach an der Wand befestigt, führt Sedlaczek Drähte zu den Glascylindern der Lampen derart, dass eine kleine Unterbrechung ober dem Ausströmungsraum der

23*

betreffenden Gaslampe stattfindet. Wird nun der Hahn am Gasometer des Locales geöffnet und der Deckel des Elektrophors abgenommen, so springen in jeder Lücke der Leitung Funken über, welche das Gas entzünden. Wo in den Waarenauslagen durch das gewöhnliche Gasanzünden Gefahr droht, ist diese Einrichtung sehr zweckmässig. Die Elektricität ist stark und grossmüthig genug, ihrem Rivalen, dem Gas, unter die Arme zu greifen.

Neueste deutsche Patentanmeldungen.

Mitgetheilt vom Technischen- und Patentbureau, Ingenieure MONATH & EHRENFEST.

Wien, I. Jasomirgottstrasse 4.

Die Anmeldungen bleiben acht Wochen zur Einsichtnahme öffentlich ausgelegt. Nach § 24 des Patent-Gesetzes kann innerhalb dieser Zeit Einspruch gegen die Anmeldung wegen Mangel der Neuheit oder widerrechtlicher Entnahme erhoben werden. Das obige Bureau besorgt Abschriften der Anmeldungen und übernimmt die Vertretung in allen Einspruchs-Angelegenheiten.

Classe

21. N. 2967. Elektricitätszähler. — *M. C. Neill* in Vernon Park, Chicago.

„ D. 5274. Elektrische Maschine mit feststehenden Drahtspulen. — *Otto Diefenbach* in Eudorf b. Alsfeld.

„ B. 15.152. Drucktelegraph. — *Walter Blut* in Braunschweig.

„ D. 5968. Hemmvorrichtung für Stromunterbrecher zum Betriebe von Typendrucktelegraphen oder elektrischen Uhren. — *Job Davis & Ashworth* in Philadelphia.

„ D. 6098. Elektrischer Sammler mit Antimon oder dessen Salzen als Activ-Masse. — *Georges Darrieus* in Paris.

Classe

21. H. 13 774. Elektricitätszähler. — *G. Hookham* in Birmingham.

„ N. 3142. Glühlampenfassung mit Glasschalenhalter. — *A. Neumann* in Heilbronn.

„ P. 6437. Einrichtung für Mehrfach-Telegraphie. — *A. Piedfort* in Arras.

„ W. 9781. Schutzvorrichtung gegen Starkströme. — *Emil A. Wahlström* in Cannstadt.

„ Z. 1586. Leitungsanordnung zur Verhütung von Störungen in oberirdischen Schleifleitungen. — Dr. *H. Zerener* in Berlin.

LITERATUR.

Die Elektricität im Dienste der Menschheit. Eine populäre Darstellung der magnetischen und elektrischen Naturkräfte und ihrer praktischen Anwendungen. Nach dem gegenwärtigen Standpunkte der Wissenschaft bearbeitet von Dr. A. Ritter von Urbanitzky. Mit circa 1000 Abbildungen. Zweite vollständig neu bearbeitete Auflage. In 25 Lieferungen zu 30 kr. (A. Hartleben's Verlag, Wien.) Bisher 15 Lieferungen ausgegeben.

In den vorliegenden Heften (Heft 11 bis 15) wird zunächst die Beschreibung der Dynamomaschinen zum Abschlusse gebracht und hieran reihen sich dann die galvanischen Elemente und Thermosäulen. Hierbei sind auch die Trockenelemente berücksichtigt, denen man neuerer Zeit grössere Aufmerksamkeit schenkt. Die II. Abtheilung des II. Hauptabschnittes beschäftigt sich mit der Umwandlung und Leitung des Stromes und schliesst die Schilderung der Accumulatoren, sowie jene der Transformatoren und auch der verschiedenen gegenwärtig in Anwendung stehenden Leitersysteme in sich. Hierauf folgt in der III. Abtheilung zunächst die Beschreibung der Leitungen, welche in zwei Capiteln, oberirdische und unterirdische Leitungen, ausführlich behandelt werden. Unter dem Titel Nebenapparate sind die Mess- und Controlapparate der Elektricitätswerke, die Verbrauchsmesser bei den Abnehmern, die Schaltapparate und die Sicherungen der Leitungen gegen zu starke Ströme und gegen Blitz beschrieben. Im 15. Hefte ist der III. und letzte Hauptabschnitt, die praktischen Anwendungen der elektrischen Ströme, mit der ersten, dem elektrischen Lichte gewidmeten Abtheilung begonnen.

Ueber einen synchronen Wechselstrom-Elektromotor. Note von Galileo Ferraris.

Wir machen auf dieses in Turin (Carlo Clausen) erschienene Heftchen mit der Bemerkung aufmerksam, dass dem Mitbegründer des Mehrphasensystems, unserem verehrten Mitgliede, Professor Galileo Ferraris, wie kaum einem zweiten Zeitgenossen, Einblick in die Vorgänge der Wechselstrom-Erzeugung und Verwerthung gegönnt ist. Wir werden trachten, das Schriftchen in guter Uebersetzung unseren Lesern vorzuführen.

Constructionen für den praktischen Elektrotechniker nach ausgeführten Maschinen, Apparaten, Vorrichtungen etc. Ein Hilfsmittel zum Entwerfen und Construiren, sowie für den Unterricht. Von Prof. Wilhelm Biščan. Verlag von Oscar Leiner, Leipzig. 1. Lieferung: 6 Taf. mit erklärendem Text. 1 Mk. 50 Pf. Jede

Lieferung ist einzeln käuflich. Wir kommen auf dieses interessante, für den Praktiker wie für den Studierenden nützliche Werk noch zurück.

„**Vom rollenden Flügelrad.**" Darstellung der Technik des heutigen Eisenbahnwesens. Von A. von Schweiger-Lerchenfeld. Mit 500 Abbildungen. In 25 Lieferungen zu 30 kr. (A. Hartleben's Verlag in Wien.) Bisher sind fünfzehn Lieferungen erschienen.

Wir verfolgen mit Interesse das Fortschreiten dieses Werkes, das in anschaulicher Weise die vielfachen technischen Materien des Eisenbahnwesens weiten Kreisen vermittelt. Die uns zugekommenen weiteren 5 Lieferungen (11 bis 15) beschliessen den „Maschinendienst" und begreifen weiterhin in sehr ausführlicher Weise die Personenwagen, die Güterwagen und die Zusammenstellung der Züge mit allem Zugehör. Sehr belehrend sind die vielen trefflichen, nach Original-Photographien hergestellten Waggontypen. Im 15. Hefte sind bereits die Stationsanlagen behandelt.

KLEINE NACHRICHTEN.

Zweite Jahresversammlung des Verbandes der Elektrotechniker Deutschlands zu Leipzig am 7., 8. und 9. Juni 1894.*)

Tagesordnung:

1. Eröffnung der Sitzungen im Blauen Saale des Krystallpalastes.

2. Vorträge der Herren:

a) Professor Dr. Ostwald: „Die wissenschaftliche Elektrochemie der Gegenwart und die technische der Zukunft".

b) Gisbert Kapp: „Entwickelung und Lage der englischen Elektrotechnik".

c) Ingenieur F. Ross: „Ueber den Fernsprechumschalter von Nissl".

d) Professor Dr. Budde (Correferent Professor Dr. Wilhelm Kohlrausch): „Ueber die Störungen der Physikalischen Institute durch elektrische Strassenbahnen".

e) Ingenieur W. Lahmeyer: „Ueber Regelung von Drehstromanlagen und Drehstrom-Gleichstrom-Umformern".

f) Ingenieur Clarence P. Feldmann: „Ueber Bleisicherungen".

g) Ingenieur J. Teichmüller: „Ueber die Leitungsfähigkeit des Kupfers. Vorschlag zur Einführung einer einheitlichen Bezeichnungsweise".

h) Dr. Th. Bruger: „Ueber einige direct zeigende elektrische Messinstrumente".

i) Dr. W. Wedding und Dr. G. Rössler: „Ueber die Spannungs- und Stromcurven verschiedener Typen von Wechselstrom-Maschinen und deren Einfluss auf die Leuchtkraft von Wechselstrom-Lichtlampen".

k) Dr. H. Du Bois: „Demonstration einiger neuen Galvanometer".

l) M. von Dolivo-Dobrowolsky: „Gleichstrom-Maschine für Dreileitersystem".

3. Geschäftliche Berathungen.

Zeiteintheilung und Festplan.

Donnerstag den 7. Juni:

Nachmittags 2 Uhr: Sitzung des Ausschusses und

Abends 8 Uhr: Begrüssungszusammenkunft in den Sälen des Hôtel de Pologne, Hainstrasse 16—18.

Freitag den 8. Juni:

Vormittags 9—12 Uhr: I. Verbandssitzung im Blauen Saale des Krystallpalastes.

— 11 Uhr: Eröffnung der Ausstellung in der grossen Halle des Krystallpalastes.

Mittags 12½ Uhr: Matinée im neuen Concerthause.

Nachmittags 1¾ Uhr: Gemeinschaftliches Mittagessen in der Centralhalle.

— 4 Uhr: Verbandssitzung (Fortsetzung).

Abends 8 Uhr: Gartenfest bei Bonorand im Rosenthale.

Samstag den 9. Juni:

Vormittags 9 Uhr: II. Verbandssitzung im Blauen Saale des Krystallpalastes.

Nachmittags 3½ Uhr: Festmahl im Theatersaal des Krystallpalastes.

Abends 8 Uhr: Musikaufführungen in der Alberthalle des Krystallpalastes. Abschieds-Commers.

Die Anmelde- und Auskunftsstelle befindet sich von Donnerstag den 7. Juni an im Hôtel de Pologne, Hainstrasse 16—18.

Die Verbandsmitglieder werden gebeten, ihre Mitgliedskarten mitzubringen und an der Anmeldestelle behufs Einzeichnung der Namen in die Theilnehmerliste unter Angabe der Wohnung in Leipzig vorzuzeigen.

Jeder Theilnehmer erhält an der Anmeldestelle eine Theilnehmerkarte, Festabzeichen und Drucksachen gegen Erlegung des dafür festgesetzten Betrages.

Der Preis der Festkarten beträgt:

für Herren . . . . . . 12 Mk.
„ Damen . . . . . . 8 „

Es wird ersucht, die Theilnehmerkarten stets bei sich und die Festabzeichen stets sichtbar zu tragen.

Um rechtzeitig einen Ueberblick über die Zahl der Theilnehmer zu erhalt[illegible] beten, die Anmeldungen möglich[illegible] Geschäftsstelle des Verbandes, Schiffbauerdamm 22, gelangen

---

*) Vergl. Heft X, 1894. S. 267.

Die 66. Versammlung deutscher Naturforscher und Aerzte wird vom 24. bis 30. September l. J. in Wien tagen. Die p. t. Vereins-Mitglieder werden eingeladen, sich an dieser Versammlung zu betheiligen.

Aichung und Stempelung der Elektricitäts-Verbrauchsmesser. Das am 12. Mai 1894 ausgegebene und versendete Reichsgesetzblatt für die im Reichsrathe vertretenen Königreiche und Länder, XXXI. Stück, Nr. 82 enthält die Verordnung und die Vorschriften über obenstehende Angelegenheit.

Wir werden auf diesen wichtigen Gegenstand noch zurückkommen.

Elektrische Beleuchtung in Serajewo. Das Elektricitätswerk für die Beleuchtung des Landesspitales sieht seiner Vollendung entgegen. Das Landesspital, ein Complex, der 14 grössere und kleinere Gebäude umfasst, wird mit Strom aus einem in der Nähe sich befindenden Maschinenhause versorgt, u. zw. nach dem Dreileitersysteme. Im Maschinenhause befinden sich zwei Nebenschlussdynamos à 110 Volt und 110 Amp. nebst zwei entsprechend starken Locomobilen. Ein Schaltbrett ermöglicht, die Anlage zweckmässig zu überwachen. Die Leitung vom Maschinenhause zu den verschiedenen Häusern ist oberirdisch und führt unter das Dach des betreffenden Hauses zu einem Vertheilungsbrette, von wo sie in Form von Bleikabeln zu den Lampen verläuft. Die Beleuchtungsanlage umfasst etwa 400 Lampen à 16 NK. und zwei Bogenlampen, welche sich vor dem Hauptgebäude befinden. Die Glühlampen dienen theils zur Innen- theils zur Aussenbeleuchtung. Bei letzterer sind die Lampen an einfachen Wandarmen mit Schutzglas angebracht, während bei ersterer theils einfache Wandarme für Corridorbeleuchtung, theils ornamentale Zimmergehänge zur Verwendung kommen. Die ganze Anlage wurde von der Firma Siemens & Halske eingerichtet. Die Beleuchtungsanlage wird nach dem Ausbau der Stadtcentrale an diese angeschlossen.

Elektrische Beleuchtung in Karolinenthal. Die Karolinenthaler Stadtvertretung hielt am 2. d. M. unter dem Vorsitze des Bürgermeisters Herrn Topinka eine Sitzung ab. In derselben wurde über die Einführung der elektrischen Beleuchtung in Karolinenthal verhandelt. Wie der „Elektrotechnische Anzeiger" hierüber meldet, überreichte Herr Ingenieur Křižík eine Offerte, wonach er sich verpflichtet, die Installation der elektrischen Centralstation und des elektrischen Leitungsnetzes, die Aufstellung der Dampfmaschinen und der Dampfkessel für 227.413 fl. durchzuführen. Der Stadtrath stellt jedoch die Bedingung, dass Herr Křižík die Dampfkessel und Dampfmaschinen bei der Maschinenbau-Actiengesellschaft vorm. Daněk beziehen solle. Bezüglich der Lieferung der eisernen Kandelaber wurde mit den Eisenwerken in Komotau verhandelt, welche dieselben um 30.000 fl. liefern wollen. Auf die Errichtung der elektrischen Station mit einem Kostenaufwande von 20.000 fl. soll die Offertverhandlung ausgeschrieben werden. Nach dem Projecte wird die ganze elektrische Anlage auf 3200 Glühlampen eingerichtet sein. Die Betriebskosten sammt Verzinsung und Amortisation des Capitales per 240.000 fl. werden etwa 40.016 fl. betragen. Die Einnahmen sind auf 43.000 fl. präliminirt, wobei angenommen wird, dass wenigstens 1600 Glühlampen von Privaten benutzt und der Preis per Lampe und Stunde mit $1^1/_2$ kr. festgestellt werden wird. Die diesbezüglichen Anträge des Stadtrathes wurden angenommen.

Ferner wird gemeldet: Das Subcomité des Stadtrathes für die Angelegenheit der elektrischen Bahnen beschloss, über keines der vorhandenen Projecte zu verhandeln, sondern eine Offerte zur Erlangung von Plänen für elektrische Bahnanlagen auszuschreiben.

Elektrische Beleuchtung in Nachod. Herr W. Lokvenc, Besitzer der Mange und der sogenannten Grossmühle in Nachod beabsichtigt eine elektrische Anlage ausführen zu lassen, um die Stadt und die Geschäfts- sowie Privathäuser zu beleuchten. Der Unternehmer hat bereits Rundschreiben an die Hausbesitzer versendet, um die Zahl der erforderlichen Lampen zu constatiren.

Werkmeisterschule für Elektrotechnik. An der k. k. Staatsgewerbeschule im X. Wiener Gemeindebezirke, Eugengasse Nr. 81, wird am 16. September 1894 der 1. Curs einer sich auf vier Semestercurse erstreckenden Werkmeisterschule für Elektrotechnik mit theoretischem und praktischem Unterrichte eröffnet. Für die Aufnahme ist der Nachweis einer zweijährigen praktischen Thätigkeit in der Meisterlehre oder in einer Fabrik erforderlich.

Näheres siehe diese Zeitschrift, 1894, Heft VI, Seite 170 und 171.

Programme können durch die Direction der Anstalt bezogen werden.

Die patentrechtliche Stellung der Bleistaub-Accumulatoren zum Faure-Patente ist kürzlich vom Landgericht in Braunschweig entschieden worden. Die „Elektrotech. Ztsch." berichtet hierüber: Das Gericht erkannte die Klage der Accumulatorenfabrik Actien-Gesellschaft in Hagen i. W. gegen den Restaurateur Brüning in Braunschweig, welcher eine nach dem neuen (Bleistaub-)Verfahren hergestellte Accumulatorenbatterie aus der Fabrik der Berliner Accumulatorenwerke vorm. Correns & Co., Berlin, besitzt, für Recht an und verurtheilte den genannten Besitzer der Correns-Batterie dem Antrage der Klägerin gemäss.

Nachdem schon Ende des vorigen Jahres das frühere Herstellungsverfahren (Auftrag von Bleioxyden) der Correns-Werke vom Reichsgericht als unter das der Accumulatorenfabrik Actien-Gesellschaft in Hagen i. W. gehörige Faure-Patent fallend erklärt worden war, ist nunmehr durch das obige Urtheil auch das neue Correns-Verfahren (Bleistaubverfahren) als Patentverletzung gekennzeichnet.

Ohne in eine Kritik dieses Urtheils eingehen zu wollen, wollen wir doch darauf hinweisen, dass das Urtheil sich durchaus in Uebereinstimmung mit der Lehre des Patentrechts befindet. Wer sich für diese Betrachtungen näher interessirt, möge nachlesen: Patentgesetz von Dr. Arnold Seligsohn S. 11, Theorie und Praxis des deutschen Patentrechts von Robolski, S. 217.

Die Elektricitäts-Gesellschaft Gelnhausen hat mit der **Accumulatoren-Fabrik, Actien-Gesellschaft in Hagen i. W.** einen Vergleich abgeschlossen, demzufolge die zwischen diesen Gesellschaften noch schwebenden Patent-Processe niedergeschlagen sind.

Auf Grund dieses Vergleiches ist die Elektricitäts-Gesellschaft Gelnhausen berechtigt, Accumulatoren-Batterien, welche von derselben geliefert worden sind, unbehindert bestehen zu lassen und ihren Bleistaub-Accumulator gewerbsmässig herzustellen, in Verkehr zu bringen, feilzuhalten oder zu gebrauchen.

Die Elektricität in der internationalen Ausstellung für Medicin und Hygiene in Rom. Diese Ausstellung, in welcher im Vergleiche zu anderen gleichzeitigen ausserordentlich wichtige Fortschritte vorgeführt werden, beweist von neuem, dass die Elektricität unter ihren vielfachen Arten als statische, galvanische und Inductionselektricität, dann unter der Art der Wärme- und Lichtenergie eine glänzende Zukunft in der medicinischen Wissenschaft hat.

Unter den Ausstellern ragen besonders vier italienische, drei französische und sechs deutsche Firmen hervor.

Bemerkenswerth sind auch die Anwendungen der Elektricität in der Zahnheilkunde.

St.

Société française de physique. In dieser Gesellschaft hielt Mr. Hospitalier einen Vortrag über die Transformation der Gleichströme in Wechsel-, zweiphasige und dreiphasige Ströme; ferner besprach er die Umwandlung der Wechselströme in Gleichströme, in zweiphasige und dreiphasige Ströme, die Transformation der zweiphasigen in Gleich- und dreiphasige Ströme und endlich die Umformung der dreiphasigen Ströme in Gleichströmen und in zweiphasige. Er berührte auch das Historische dieser Umwandlungsmethode und liess den Verdiensten der einzelnen Betheiligten Gerechtigkeit widerfahren.

Die elektrische Traction in Paris. Der Ingenieur Berlier plant für die Verbindung von der Porte de Vincennes nach Bois des Boulogne eine in einer Metalröhre von 6·30 m Durchmesser fahrende elektrische Tramway mit 17 Stationen in der Gesammtlänge von 11 km. Die Fahrgeschwindigkeit soll 20 km per Stunde betragen, die Betriebsspannung 500 Volt.

Société internationale des électriciens. Am 2. Mai d. J. trug Mr. Sosnovsky über die Turbine Laval vor, welche pro Secunde 400 Touren macht; dann sprach Mr. Hillairet über eine Abhandlung Potier's betreffend Elektromotoren mit in sich selbst geschlossenem Inductor.

Oelreinigung durch Elektricität. Das Verfahren hat zuerst der Franzose Levat in Aix zur Durchführung gebracht. Durch Anwendung der Elektricität werden Oele von saurem Geschmack und Missfärbung entsäuert und entfärbt. Das Hilfsmittel ist Wasser, das in solcher Menge zugegossen wird, um unter dem Oele eine 30 bis 40 cm hohe Schichte zu bilden. Das Oel ruht also auf dem Wasser, und in letzteres tauchen die Elektroden, die mit einer kleinen Dynamo verbunden werden. Die Spannung des Stromes beträgt 2 bis 3 Volt; er zersetzt zum grossen Theil das Wasser und so werden die [illegible] Stoffe aufgenommen und der Geschmack verbessert. Bei schlechten Schmierölen ist durch dieses Verfahren der Säuregehalt von 5 auf 1, bezw. um 1/10 Procent, wenn eben das Verfahren wiederholt wird. Ueber die Kosten, was doch wohl die Hauptsache ist, gibt jedoch Levat keinerlei Ziffern bekannt.

Ein indisches Telephon. Ein englischer Officier Namens Harrington hat zwischen zwei Tempeln von Pauj [?], die ungefähr 1½ km von einander entfernt sind, ein Telephon aufgefunden, welches schon über 2000 Jahre im Betrieb sein soll.

Bei dieser Gelegenheit [illegible] werden, dass [illegible] Forschungen [illegible] die Existenz von [illegible] einigen Tempeln [illegible] Zeit der ersten egyptischen Dynastien [illegible]. Es lässt sich [illegible] Drähte als [illegible] irgend einen [illegible].

St.

Elektricität der Haut. [illegible] „Electricity" stellte Prof. [illegible] in [illegible]burg Versuche an, [illegible] Körpertheilen [illegible] mit der Haut in Berührung [illegible] lichen Galvanometer [illegible] dabei gleich[illegible] verschiedener Weise erregt [illegible] durch Berührung mit einer Bürste, oder mit einem [illegible] oder kalten Gegenstande, oder [illegible] Nadelstiche und [illegible]

Licht, durch Geschmack, Geruch auf das gesammte Nervensystem einwirkte. In allen diesen Fällen wurde eine starke Ablenkung der Galvanometernadel beobachtet. Blosses Auf- und Zumachen der Augen wirkte ebenfalls auf das Galvanometer ein, ebenso übten Nachdenken und Rechnen eine ähnliche Wirkung aus. Y a r c h o n o f f ist der Meinung, dass dabei der Metallgehalt des Blutes wirksam sei.

Künstliche Beleuchtung von Innenräumen. Ueber Versuche mit künstlicher Beleuchtung verschiedenartig ausgestatteter Räume theilt der „Amerikan Architekt" Folgendes mit: Erleuchtet man einen Raum, dessen Wände mit schwarzem Tuch bedeckt sind, mit einem Beleuchtungskörper von 100 Kerzen, so sind zur Erzielung des gleichen Grades von Helligkeit für denselben Raum nöthig: wenn er mit dunkelbrauner Tapete ausgestattet ist 87 Kerzen; wenn mit blauer Tapete 72 und wenn mit hellgelber Tapete 60 Kerzen. Derselbe Raum mit hölzerner Wandverkleidung in Naturfarbe oder weiss gestrichen erfordert 50, mit dunklem, altem Paneel dagegen 80 Kerzen. Auffallend geringer Lichtaufwand ergab sich, um denselben Raum mit glatten, geweissten Wänden zu erleuchten, nämlich nur 15 Kerzen.

Verein europäischer Glühlampen-Fabrikanten. In einer v. Mts. in Berlin abgehaltenen Conferenz europäischer Glühlampen-Fabrikanten wurde ein Verein gegründet zur Wahrung und Förderung aller an dieser Industrie betheiligten Interessen. Durch diese Vereinigung sollen nicht allein die Interessen der Producenten, sondern auch die der Consumenten von Glühlampen, wie nicht minder die des wohlberechtigten Zwischenhandels gefördert und geschützt werden. Eine wilde Concurrenz, die eine maasslose Preisschleuderei zur Folge hatte, führte dahin, dass die derzeitigen Preise unter einen Stand gesunken sind, der die Herstellung einer zuverlässig guten Glühlampe ermöglicht. Ferner wurde durch diese continuirliche Preisermässigung der reelle Zwischenhandel nahezu vernichtet. All diesen Uebelständen soll nunmehr eine rationelle Preisregulirung begegnen.

CORRESPONDENZ.

Wien, 5. Mai 1894.

An die hochgeehrte Redaction der Zeitschrift für Elektrotechnik,

Wien,

I. Nibelungengasse 7.

In dem Berichte im Hefte IX über meinen in der Vereinsversammlung am 7. März a. c. vorgeführten selbstthätigen Telephon-Umschalter kommen einige Undeutlichkeiten vor, um deren gütige Klarstellung ich bitten würde:

1. Die Arretirung des Umschaltewerkes erfolgt durch denselben Strom, welcher zum Anrufe des Vermittlungsamtes, bezw. zum Anrufe des Theilnehmers, angewendet wird; es muss also nicht Batteriestrom, sondern der in der Regel Magnet-Inductoren entnommene Wechselstrom sein, mit dem man das Umschaltwerk arretirt.

2. Ist die gemeinschaftliche Linie besetzt, so hört der Abonnent in seinem Telephon den Gang des Umschaltewerkes und die Zeichen nicht, weil dieses Laufwerk stille steht.

3. Von der Centrale führt zum Knotenpunkte, in welchem der automatische Umschalter aufgestellt ist, nur eine Linie, bezw. bei metallischer Rückleitung zwei Linien.

4. Zu den Abonnenten, welche an einen solchen Apparat angeschlossen sind, gehen in dem Falle, als auch das Vermittlungsamt in der Lage ist, das Umschaltewerk zu arretiren und Erde als Rückleitung angewendet wird, nur zwei Leitungen, wovon eine die Hauptlinie und die andere die Abhorchleitung ist.

Würde man auf die Abhorchleitung verzichten, was unter Umständen auch denkbar ist, so genügt sogar eine Leitung, bei Erde als Rückleitung.

Nur dann, wenn das Vermittlungsamt nicht in der Lage sein soll, das Umschaltewerk zum Stillstande zu bringen, sind sammt der Abhorchleitung drei bezw. vier Leitungen nöthig.

5. Die Gesprächszeit, welche bei dem demonstrirten Apparaten wohl auf fünf Minuten eingerichtet war, kann natürlich beliebig, den Bedürfnissen entsprechend gewählt werden; in den meisten Fällen dürften drei Minuten genügen.

6. Der Umstand, dass ein Abonnent warten muss, wenn die gemeinschaftliche Linie besetzt ist, erscheint nur theorethisch etwas hindernd. In Wirklichkeit dürfte sich das Gesprächsbedürfnis solcher Theilnehmer auf den ganzen Tag derart vertheilen, dass eine Behinderung kaum fühlbar sein wird.

Hochachtungsvoll ergebenst

Franz Nissl.

Verantwortlicher Redacteur: JOSEF KAREIS. — Selbstverlag des Elektrotechnischen Vereins.
In Commission bei LEHMANN & WENTZEL, Buchhandlung für Technik und Kunst.
Druck von R. SPIES & Co. in Wien, V., Straussengasse 16.

Zeitschrift für Elektrotechnik.

XII. Jahrg. 15. Juni 1894. Heft XII.

VEREINS-NACHRICHTEN.

Chronik des Vereines.

4. April. — Discussion über den Patentgesetz-Entwurf. Vorsitzender Vicepräsident Grünebaum.

Ingenieur v. Winkler wendet sich gegen den in einer früheren Versammlung von Hochenegg gemachten Vorschlag, das deutsche Patentgesetz nach Oesterreich herüberzunehmen; die Entscheidungen des deutschen Patentamtes — der Redner verweist auf den bekannten Accumulatoren - Patentprocess und citirt eine darauf bezügliche Kritik Hoppe's — lassen es durchaus nicht wünschenswerth erscheinen, dass bei uns in gleicher Weise verfahren werde.

Baurath Kareis wünscht, dass die Entwürfe der Regierung und des Hofrath Exner, sowie das deutsche Patentgesetz in Druck gelegt und für die Zwecke der Discussion den Vereinsmitgliedern zugänglich gemacht werden, oder dass wenigstens in der Zeitschrift der Ort bezeichnet werde, von wo dieselben bezogen werden können.

Nachdem Baurath Granfeld beantragt hat, den Regierungsentwurf paragraphweise durchzunehmen, schliesst sich die Versammlung dem Vorschlage Ingenieur Karmin's an, nur jene Paragraphe zur Discussion heranzuziehen, welche für den Techniker von Bedeutung sind.

Zu § 1 bemerkt Karmin, dass nach der jetzt vorgeschlagenen Fassung eine ebensolche Unklarheit, wie in Deutschland, darüber herrschen würde, was eine Erfindung ist; jeder Referent habe in dieser Beziehung eine andere Ansicht. Der Erfinder müsse aber doch wenigstens einen Anhaltspunkt dafür haben, ob seine Erfindung patentfähig ist oder nicht. Deshalb würde er beantragen, den § 1 noch durch eine Definition der „Erfindung" zu vervollständigen. Am entsprechendsten scheine ihm die modificirte Hartig'sche Definition, welche lauten würde: „Als Erfindung im Sinne dieses Gesetzes wird jede neue, wenigstens in einer Ausführungsart dargelegte, Lösung einer technischen Aufgabe angesehen." Die Versammlung beschliesst nach kurzer Debatte: „Es ist wünschenswerth, eine Definition der ‚Erfindung' in § 1 aufzunehmen."

In § 3 vermisst Granfeld eine Begrenzung in Bezug auf die veröffentlichten Druckschriften; er würde meinen, dass eine Erfindung nur dann nicht als neu gelten solle, wenn dieselbe bereits in einer inländischen Druckschrift beschrieben ist. Karmin beantragt, dass im § 3, Abs. 1, 2, 3 die Worte „im Inlande" eingeschaltet werden, so dass es dann heissen würde: Abs. 1 — „in im Inland veröffentlichten Druckschriften" —, Abs. 2 — „im Inlande so offenkundig benützt ist" —, Abs. 3 — „im Inlande öffentlich zur Schau gestellt oder vorgeführt wurde". Desgleichen beantragt er, dass § 3, Abs. 4 lauten solle: „den Gegenstand eines inländischen Privilegiums" etc. Die in den übrigen Absätzen aufgenommene Bedingung, „dass danach die Benützung durch Sachverständige möglich erscheint", ist in Abs. 3 wohl nur durch ein Versehen weggeblieben, und er beantragt demnach, dass sie auch dort eingesetzt werde. v. Winkler befürchtet, dass durch die vorgeschlagene Beschränkung auf das Inland bei dem regen Verkehre der Culturvölker Anlass zu Unfug

24

gegeben sei. — Die Versammlung nimmt die Anträge Karmin's an.

§ 5. Karmin findet den zweiten Absatz dieses Paragraphen, welcher von dem Patentanspruch eines Staatsbediensteten handelt, sehr ungerecht und beantragt Streichung desselben. Wird angenommen.

§ 10 in Verbindung mit § 109 schreibt den Bezeichnungszwang vor und enthält Strafbestimmungen gegen Zuwiderhandelnde. Karmin ist mit Rücksicht auf den Export und den Zwischenhandel gegen den Bezeichnungszwang. Die Versammlung nimmt den Vermittlungsantrag Schlenk's an, dass der Bezeichnungszwang aufrecht erhalten werde, die Bezeichnung sich aber darauf zu beschränken habe, dass auf dem patentirten Gegenstand ersichtlich gemacht werde, dass derselbe im Inland unter Patentschutz steht.

§ 14. Die Versammlung beschliesst über Antrag Karmin's die Streichung dieses überflüssigen Paragraphen.

§ 21. Karmin findet diesen Paragraph über den Licenzzwang in dieser Form unannehmbar; er glaubt, dass in Fällen, wo es sich um eine ernste Erfindung handelt, der Erfinder durch diesen Paragraph abgeschreckt würde, überhaupt ein Patent zu nehmen. Der Erfinder ist durch diesen Paragraph der Willkür des Nachmachers, resp. „Verbesserers" vollständig ausgeliefert. Er würde, wenn schon Licenzzwang bestehen soll, beantragen, dass ähnliche Bestimmungen diesbezüglich gelten sollen wie im Schweizer Gesetze. Ferner schlägt er die Streichung des Wortes „gewerbemässig" im 2. Abs. *a*) desselben Paragraphes vor. Die Versammlung schliesst sich diesen Anträgen an.

§ 26 bestimmt bezüglich der Zusammensetzung des Patentamtes unter Anderem: „Der Präsident und sein Stellvertreter müssen rechtskundig sein." Karmin beantragt die Fassung: „Der Präsident oder sein Stellvertreter muss Techniker sein", ferner die Streichung der Vorschrift: „Die technischen Mitglieder müssen in einem Zweige der Technik sachverständig sein." Beide Anträge werden angenommen.

§ 29 schreibt vor: „Die Endentscheidungen der Beschwerde-Abtheilungen und der Nichtigkeits-Abtheilung erfolgen in der Besetzung von drei rechtskundigen . . . . . . und von zwei technischen Mitgliedern." Die Versammlung beschliesst, dass es daselbst heissen solle: „ . . . . . . in der Besetzung von 2 rechtskundigen . . . . und 3 technischen Mitgliedern."

Zu § 31, Abs. 3 beantragt Karmin Streichung dieses Absatzes und dass dafür das gerade Gegentheil gesetzt werden solle. Wird angenommen.

Im § 32 wird die Zusammensetzung des Patentsenates normirt, der als Berufungsinstanz gegen die Endentscheidungen der Nichtigkeits-Abtheilung des Patentamtes functioniren soll; auch hier findet Karmin die Zahl der technischen Mitglieder mit zwei zu gering angesetzt und beantragt, dass mit Rücksicht auf die hauptsächlich technischen Fragen, die diesem Senate vorgelegt werden, zu demselben wenigstens drei technische Sachverständige zugezogen werden. Wird angenommen.

Zu § 34 bemerkt Karmin, dass das Institut der Patent-Inspectoren nur dann einen Sinn hätte, wenn reines Anmeldeverfahren bestehen würde, was ja nicht der Fall ist, und er beantragt demnach Streichung des ganzen Paragraphen. Wird angenommen.

6. April. — Constituirende Sitzung des Eisenbahn-Comités.

11. April. — Vereinsversammlung. Vorsitzender: Vicepräsident Hauptmann Grünebaum.

Das Wort erhält Adjunct Oscar Wehr zur Abhaltung seines angekündigten Vortrages: „Ueber Combinirung elektrischer Distanzsignale mit Central-Sicherungs-Anlagen".

Der Vortragende besprach zunächst die Vortheile der elektrischen Stellung von Distanzsignalen gegenüber den mechanischen. Bahnbrechend für die Einführung elektrischer Distanzsignale hat insbesondere der Schriftführer unseres Vereines, Herr Inspector Bechtold, gewirkt. Ein Mangel, der den elektrischen Distanzsignalen noch anhaftete, bestand darin, dass sich dasselbe bei Störungen (Reissen des Drahtes, Erlöschen der Batterie, Ablaufen des Gewichtes des Uhrwerkes) nicht automatisch auf „Halt" stellte. Die Firma Teirich & Leopolder hat diesem Uebelstande abgeholfen, indem sie die Einrichtung so traf, dass bei Eintritt einer Störung bei der Stellung „Halt" die Scheibe in derselben verbleibt, dagegen die Stellung auf „Halt" wechselt, wenn die Störung während der Stellung auf „Frei" eintritt. Die Lösung dieser Aufgabe gelang durch Combination des Wechselstrombetriebes mit dem Ruhestrombetriebe. Eine genauere Beschreibung findet sich im 8. Hefte des Jahrganges 1893 der Berliner „Elektrotechnischen Zeitschrift". Die Stellung „Frei" wird geändert durch Gleichstrom, u. zw. durch Unterbrechung desselben, während von „Halt" auf „Frei" durch den Wechselstrom eines Inductors umgestellt wird. Diese Deckungssignale lassen sich in einfacher Weise mit den Semaphoren von Central-Weichenstellen combiniren, am einfachsten durch Anbringung eines Contactes am Semaphor, der so lange unterbrochen ist, so lange die Wechsel nicht richtig gestellt sind, und geschlossen ist, sobald der Semaphor anzeigt „Wechsel richtig gestellt". Selbstverständlich besitzt die Station ausser dem Inductor, dem Taster etc., zur Manipulation auch einen optischen Control-Apparat, der die Stellung des Streckensignales anzeigt.

Der Vortragende erläuterte alle besprochenen Fälle durch Demonstrationen an einer von der Firma Teirich & Leopolder hergestellten Anlage im Kleinen.

Der Vorsitzende sprach sowohl dem Vortragenden, wie der genannten Firma den Dank der Versammlung aus.

Der Schriftführer des Vereines, Inspector Bechtold, verliest die Discussion über den neuen Patent- resp. Gebrauchsmusterschutzgesetz-Entwurf aus der Vereinsversammlung vom 4. April. Hierauf wird die Discussion fortgesetzt.

Es kommt § 43 zur Erörterung. Soll eine Vorprüfung von Amtswegen stattfinden oder nicht? Ingenieur Karmin bespricht die Licht- und Schattenseiten des Vorprüfungsverfahrens, wie es auch in Deutschland geübt wird. Dem gegenüber zeichnet sich namentlich durch Raschheit des Verfahrens und die geringeren Kosten das einfache Aufgebotsverfahren aus, die Ueberprüfung angemeldeter Patente durch die Industrie selbst.

Die Versammlung beschliesst folgende Aenderung vorzuschlagen:

§ 43. „Die amtliche Vorprüfung vor dem Aufgebote ist nicht durchzuführen, sondern es wird der Industrie überlassen, ihre Ansprüche zu wahren und durch Einspruch die Ertheilung unberechtigter Patente zu verhindern."

Zu § 55 (Patentblatt) wird auf Antrag Brunbauer's der Zusatz gemacht:

„Ueberdies ist die volle Zeichnung und Beschreibung einer jeden patentirten Erfindung unverzüglich in Form von Einzelexemplaren (Patentschriften) in Druck zu legen und Jedermann käuflich zugänglich zu machen."

Zu § 95 erhält der Vorschlag allgemeine Zustimmung, dass eine Versteigerung der Nachahmungen nicht eintreten soll. Demnach erhält der § 95 ausser dem ersten Absatz über die Vernichtung der Nachahmungen den Nachsatz:

„Eine Unbrauchbarmachung der vorerwähnten Objecte entfällt, sobald zwischen dem Verurtheilten und

24*

dem Verletzten wegen deren Ueberlassung auf Abrechnung .... (etc. wie im Gesetzentwurf) .... ein Uebereinkommen zustande kommt."

§ 105 wird dahin abgeändert, dass nur dem Besitzer eines wissentlich ungiltigen Patentes die Folgen unberechtigter Untersagungshandlung trifft. Der Paragraph lautet nun:

„Gerichtliche und aussergerichtliche Untersagungshandlungen aus einem wissentlich ungiltigen Patente...... Nachtheile."

Der Satz „wenn auch unabsichtlich" entfällt.

§ 108 bleibt, nur wird in Absatz 2 des Wörtchen „stets" gestrichen und statt dessen eingefügt: „wenn die Bezeichnung von den Gegenständen nicht entfernt werden kann".

Was die Gebühren betrifft, so erwartet der Verein mit Rücksicht auf den Wegfall des Vorprüfungsverfahrens eine bedeutende Verbilligung gegenüber dem Entwurfe.

Was die Uebergangsbestimmungen betrifft, so wird vorgeschlagen:

„Die nach dem alten Gesetze ertheilten Privilegien sollen nach diesem behandelt werden."

Nach Schluss der Discussion spricht der Vorsitzende Herrn Ing. Karmin und den übrigen Theilnehmern an derselben den Dank aus.

16. April. — Sitzung des Eisenbahn-Comités.

18. April. — Vereinsversammlung. — Präsident Volkmer theilt mit, dass Herr Ingenieur Ross sich zur Abhaltung eines Vortrages über elektrische Bahnen gemeldet hat; der Tag, an dem derselbe gehalten werden soll, werde den Vereinsmitgliedern schriftlich bekannt gegeben werden. Ferner liegt eine Einladung des „Verbandes der Elektrotechniker Deutschlands" zum Besuche der im Juni in Leipzig stattfindenden Hauptversammlung vor. Ingenieur Ross, als Mitglied dieser Verbandes, bemerkt hiezu, dass die Verbandsmitglieder sich freuen würden, eine grosse Zahl von Mitgliedern des Wiener Vereines auf diesem Congresse begrüssen zu können; die von bekannten Fachmännern angemeldeten Vorträge und eine bei dieser Gelegenheit stattfindende Ausstellung lassen es erwarten, dass die Besucher befriedigt von dieser Versammlung heimkehren werden.

Der Vorsitzende ertheilt nun Herrn Dr. J. Sabulka das Wort zu dem Vortrage: „Ueber das Strowger'sche automatische Telephonsystem". Dieses System ermöglicht es jedem Abonnenten, sich ohne Beihilfe eines Manipulanten mit jedem anderen Abonnenten im Netze in Verbindung zu setzen. Die Apparate werden gegenwärtig in drei Grössen angefertigt, und zwar für 100, 1000 oder 10.000 Abonnenten. Das Netz wird entweder so angelegt, dass von der Centrale nur ein Draht zu jedem Abonnenten führt (Rückleitung durch die Erde), oder dass zu jedem Abonnenten zwei Drähte führen. Der Vortragende wählt als Beispiel zur Beschreibung der Apparate und der Schaltungen den Fall eines Netzes mit 1000 Abonnenten, wobei zu jedem derselben nur ein Draht geht. Der bei dem Abonnenten aufgestellte Schaltapparat besteht aus einer Reihe im Kreise angeordneter Contacte, welche mit Hilfe eines Contactarmes die Linie an die Batterie anschliessen, und zwar in der Weise, dass bei der Kreisbewegung des Armes abwechselnd positive und negative Ströme in die Leitung geschickt werden. Die Zahl der negativen Stromimpulse hängt vom Abonnenten ab und richtet sich nach der Nummer des aufzurufenden Theilnehmers. Will der Abonnent beispielsweise mit Nummer 463 sprechen, so hat er viermal auf den Hunderter-Contact zu drücken (dementsprechend gehen vier negative Stromimpulse in den in der Centrale befindlichen Apparat); geht er hierauf mit dem Arm zu dem Zehner-Contact weiter, so wird inzwischen ohne sein Zuthun ein positiver Strom von kurzer Dauer in die Linie geschickt;

auf den Zehner-Contact drückt er nun wieder so oftmal, als die anzurufende Nummer Zehner enthält u. s. f. In der Centrale hat jeder Abonnent einen Apparat, in welchem die Leitungen aller Abonnenten als in concentrischen Kreisen angeordnete Contacte endigen; es muss sich also der Draht jedes Theilnehmers in so viele Zweige theilen, als Abonnenten, resp. Apparate vorhanden sind. Ein Hebel, der über der Contactscheibe sowohl in radialer als auch in tangentialer Richtung bewegt werden kann, stellt die von dem Anrufenden beabsichtigte Verbindung her. Es sind nämlich in jedem Apparat mehrere polarisirte Relais, welche, ausgenommen eines, nur auf negative Ströme ansprechen. Die Ankerbewegung des einen positiv polarisirten Relais überträgt sich auf einen zweiten Hebel, der sich in Folge dessen auf einer Reihe von Contacten congruent mit dem Contactarm im Schaltapparate des Abonnenten einstellt und auf diese Weise den Abonnenten der Reihe nach mit den verschiedenen negativen Relais und schliesslich mit der Leitung des anzurufenden Abonnenten verbindet. Ist der Abonnent also derart z. B. mit einem der negativen Relais verbunden, so wird bei jedem von ihm in die Linie gesendeten Stromimpulse der Anker desselben sich bewegen. Diese Bewegung überträgt sich in zweckentsprechender Weise auf den oben erwähnten, die Contactscheibe beherrschenden, Hebel, der sich dann bei jeder Anziehung des Ankers, je nachdem, welches negative Relais eingeschaltet ist, um 1, 10 oder 100 Contacte weiter bewegt. Auf diese Weise ist es möglich, die Verbindung mit jedem der 1000 Abonnenten herzustellen. Der Vortragende weist auf die kleinen Dimensionen des Apparates (circa 20 *cm* Durchmesser, 12 *cm* Höhe) und auf die staunenswerthe Wohlfeilheit desselben hin und bemerkt, dass das System in Indianopolis im Gebrauch stehe. Die Versammlung lohnte die Ausführungen des Herrn Dr. Sabulka, der die complicirten Einrichtungen an der Hand von Zeichnungen in sehr klarer Weise dargelegt hatte, mit reichem Beifall.

Am Schlusse der Sitzung demonstrirte Herr Ingenieur Freund einige Taschen - Accumulatoren englischer Herkunft.

25. April. — Sitzung des Eisenbahn-Comités.

27. April. — Vereinsversammlung. Vorsitzender: Präsident Hofrath Volkmer.

Herr Ing. Ross sprach über die Bedeutung der elektrischen Strassenbahnen für das Verkehrsleben der Städte. An der Hand eines sehr reichen Materials und mit Hinweis auf die ausgestellten zahlreichen Pläne und Photographien, zeigte der Vortragende, welch' ausserordentlichen Einfluss der elektrische Betrieb der Strassenbahnen auf die Hebung des Verkehrs erlangte und wie es im Interesse jeder Stadtverwaltung gelegen sein muss, die Einführung eines derartigen Betriebes zu erleichtern.

Eine ausführliche Wiedergabe des Vortrages erfolgt in einer der nächsten Nummern der Zeitschrift.

In der sich an den Vortrag knüpfenden Discussion machte Herr Director Gebhardt einige kurze Mittheilungen über den Accumulatorenbetrieb mit Wadell Entz-Accumulatoren in New-York. Herr Baurath Kareis richtete hierauf an die Versammlung und insbesondere an die anwesenden maassgebenden Vertreter des Stadtbauamtes einen warmen Appell, im Sinne des vom Vortragenden geäusserten Wunsches alles Mögliche zu thun, damit auch in Wien endlich die Frage des elektrischen Betriebes der Strassenbahnen einer gedeihlichen Lösung zugeführt werde.

23. Mai. — Ausschusssitzung.

Neue Mitglieder.

Auf Grund statutenmässiger Aufnahme traten dem Vereine die nachstehend genannten Herren als ordentliche Mitglieder bei:

Pröckl Franz, k. k. Postsecretär der Post- und Telegraphen-Direction, Prag.

S. Bergmann & Comp., Actien-Gesellschaft, Fabrik für Isolir-Leitungsrohre für elektrische Anlagen, Berlin.

Ziffer E. A., beh. aut. Civil-Ingenieur, Eisenbahn-Director a. D. Wien.

Jilek Wenzl, k. k. Bau-Adjunct, Prag.

Šimunek Johann, k. k. Ingenieur, Komotau.

Baroch J., städtischer Ingenieur, Prag.

ABHANDLUNGEN.

Ein vereinfachtes Verfahren zur Berechnung der Stromvertheilung in Leitungsnetzen.

Von OTTO FRICK, New-York.

(Schluss.)

Tabelle der abgenommenen Ströme i und deren verlegte Werthe J

$i_1 = 18$ Amp.

$$J_1 = \frac{i_1}{2} = {}^{18}/_2 = 9$$

$i_2 = 42$

$$J_2 = \frac{i_2}{2} = {}^{42}/_2 = 21$$

$$J_a = J_1 + J_2 = 9 + 21 = 30$$

$i_3 = 38$

$$J_3 = \frac{i_3}{2} = {}^{38}/_2 = 19$$

$$J_b = J_a + J_3 = 30 + 19 = 49$$

$i_4 = 20$

$$J_c = \frac{(J_b + i_4) \times b + \frac{i_4 \times l_4}{2}}{c} = \frac{69 \times 59{\cdot}1 + 10 \times 90}{149{\cdot}1} = 33{\cdot}34$$

$i_5 = 10$

$$J_5 = \frac{i_5}{2} = {}^{10}/_2 = 5$$

$i_6 = 20$

$$J_6 = \frac{i_6}{2} = {}^{20}/_2 = 10$$

$i_7 = 12$

$$J_d = \frac{(J_6 + i_7) \times l_6 + \frac{i_7 \times l_7}{2}}{d} = \frac{22 \times 236 + 6 \times 150}{380} = 15{\cdot}79$$

$$J_e = J_5 + J_d = 5 + 15{\cdot}79 = 20{\cdot}79$$

$i_8 = 18$

$$J_f = \frac{(J_e + i_8) \times e + \frac{i_8 \times l_8}{2}}{f} = \frac{38{\cdot}79 \times 104{\cdot}3 + 9 \times 250}{354{\cdot}3} = 17{\cdot}78$$

$$J_g = J_c + J_f = 33{\cdot}34 + 17{\cdot}78 = 51{\cdot}12$$

$i_9 = 40$

$$J_9 = \frac{i_9}{2} = {}^{40}/_2 = 20$$

$$J_h = J_g + J_9 = 51{\cdot}12 + 20 = 71{\cdot}12$$

$i_{10} = 20$

$$J_i = \frac{(J_h + i_{10}) \times h + \frac{i_{10} \times l_{10}}{2}}{i} = \frac{91{\cdot}12 \times 48{\cdot}5 + 10 \times 120}{168{\cdot}5} = 33{\cdot}38$$

$i_{11} = 24$

Tabelle der abgenommenen Ströme i und deren verlegte Werthe J

$J_{11} = \frac{i_{11}}{2} = {}^{24}/_{2} = 12$

$J_k = J_l + J_{11} = 33{\cdot}38 + 12 = 45{\cdot}38$

$i_{12} = 36$

$$J_l = \frac{(J_k + i_{12}) \times k + \frac{i_{12} \times l_{12}}{2}}{l} = \frac{81{\cdot}38 \times 46{\cdot}5 + 18 \times 64{\cdot}3}{110{\cdot}8} = 44{\cdot}5$$

$i_{13} = 30$

$J_{13} = \frac{i_{13}}{2} = {}^{30}/_{2} = 15$

$J_m = J_l + J_{13} = 44{\cdot}5 + 15 = 59{\cdot}5$

$i_{14} = 38$

$J_{14} = \frac{i_{14}}{2} = {}^{38}/_{2} = 19$

$i_{15} = 20$

$J_{15} = \frac{i_{15}}{2} = {}^{20}/_{2} = 10$

$i_{16} = 22$

$$J_n = \frac{(J_{15} + i_{16}) \times l_{15} + \frac{i_{16} \times l_{16}}{2}}{n} = \frac{32 \times 120 + 11 \times 130}{250} = 21{\cdot}06$$

$J_o = J_{14} + J_n = 19 + 21{\cdot}06 = 40{\cdot}06$

$i_{17} = 20$

$$J_p = \frac{(J_o + i_{17}) \times o + \frac{i_{17} \times l_{17}}{2}}{p} = \frac{60{\cdot}06 \times 81{\cdot}05 + 10 \times 120}{201{\cdot}05} = 30{\cdot}2$$

$i_{18} = 29$

$J_{18} = \frac{i_{18}}{2} = {}^{29}/_{2} = 14{\cdot}5$

$J_q = J_p + J_{18} = 30{\cdot}2 + 14{\cdot}5 = 44{\cdot}7$

$i_{19} = 29$

$$J_r = \frac{(J_q + i_{19}) \times q + \frac{i_{19} \times l_{19}}{2}}{r} = \frac{73{\cdot}7 \times 52{\cdot}62 + 14{\cdot}5 \times 78{\cdot}57}{131{\cdot}19} = 38{\cdot}2$$

$J_s = J_m + J_r = 59{\cdot}5 + 38{\cdot}2 = 97{\cdot}7$

$i_{20} = 20$

$$J_t = \frac{(J_s + i_{20}) \times s + \frac{i_{20} \times l_{20}}{2}}{t} = \frac{117{\cdot}7 \times 30{\cdot}76 + 10 \times 52{\cdot}63}{83{\cdot}39} = 49{\cdot}75$$

$i_{21} = 10$

$J_{21} = \frac{i_{21}}{2} = {}^{10}/_{2} = 5$

$i_{22} = 30$

$$J_u = \frac{(J_{21} + i_{22}) \times l_{21} + \frac{i_{22} \times l_{22}}{2}}{u} = \frac{35 \times 128{\cdot}6 + 15 \times 214{\cdot}3}{342{\cdot}9} = 22{\cdot}46$$

$i_{23} = 20$

$J_{23} = \frac{i_{23}}{2} = {}^{20}/_{2} = 10$

$J_v = J_u + J_{23} = 22{\cdot}46 + 10 = 32{\cdot}46$

$i_{24} = 20$

$$J_x = \frac{(J_v + i_{24}) \times v + \frac{i_{24} \times l_{24}}{2}}{w} = \frac{52{\cdot}46 \times 77{\cdot}5 + 10 \times 200}{277{\cdot}5} = 21{\cdot}84$$

$i_{25} = 30$

$J_{25} = \frac{i_{25}}{2} = {}^{30}/_{2} = 15$

$J_y = J_x + J_{25} = 21{\cdot}84 + 15 = 36{\cdot}84$

$J_W = J_t + J_y + 12 = 49{\cdot}75 + 36{\cdot}84 + 12 = 98{\cdot}59$

Das ganze Netz ist also zu einer Leitung: $W = 28{\cdot}82\,m$ mit einer Belastung von $J_W = 98{\cdot}59$ Amp. reducirt worden. Die Zerlegung dieser Resultante ist in der folgenden Tabelle ausgeführt.

Tabelle der Componente A und Ströme s

$$A_y = \frac{J_w \times W}{y} = \frac{98·59 \times 28·26}{44·2} = \frac{2845}{44·2} = 64·41$$

$$A_t = \frac{J_w \times W}{t} = \ldots\ldots\ldots\ldots = \frac{2845}{83·39} = 34·18$$

$$s_t = A_t - J_t = 34·18 - 49·75 = -15·57$$

$$A_{25} = \frac{A_y \times y}{l_{25}} = \frac{64·41 \times 44·2}{52·63} = \frac{2845}{52·63} = 54·14$$

$$A_x = \frac{A_y \times y}{x} = \ldots\ldots\ldots\ldots = \frac{2845}{277·5} = 10·27$$

$$s_{25} = A_{25} - J_{25} = 54·14 - 15 = +39·14$$

$$s_x = A_x - J_x = 10·27 - 21·84 = -11·57$$

$$A_v = J_v + i_{24} + s_x = 52·46 - 11·57 = 40·89$$

$$A_{23} = \frac{A_v \times v}{l_{23}} = \frac{40·89 \times 77·5}{100} = \frac{3165}{100} = 31·65$$

$$A_u = \frac{A_v \times v}{u} = \ldots\ldots\ldots\ldots = \frac{3165}{342·9} = 9·24$$

$$s_{23} = A_{23} - J_{23} = 31·65 - 10 = +21·65$$

$$s_u = A_u - J_u = 9·24 = 22·46 = -13·22$$

$$A_s = J_s + i_{20} + s_t = 117·7 - 15·57 = 102·13$$

$$A_m = \frac{A_s \times S}{m} = \frac{102·13 \times 30·96}{40·2} = \frac{3140}{40·2} = 78·21$$

$$A_r = \frac{A_s \times S}{r} = \ldots\ldots\ldots\ldots = \frac{3140}{131·19} = 23·92$$

$$s_r = A_r - J_r = 23·92 - 38·2 = -14·28$$

$$A_q = J_q + i_{19} + s_r = 73·7 - 14·28 = 59·42$$

$$A_{18} = \frac{A_q \times q}{l_{18}} = \frac{59·42 + 52·62}{71·43} = \frac{3125}{71·43} = 43·86$$

$$A_q = \frac{A_q \times q}{p} = \ldots\ldots\ldots\ldots = \frac{3125}{201·05} = 15·56$$

$$s_{18} = A_{18} - J_{18} = 43·86 - 14·5 = 29·36$$

$$s_p = A_p - J_p = 15·56 - 30·2 = -14·64$$

$$A_o = J_o + i_{17} + s_p = 60·06 - 14·64 = 45·42$$

$$A_{14} = \frac{A_o \times o}{l_{14}} = \frac{45·42 \times 81·05}{120} = \frac{3680}{120} = 30·7$$

$$A_n = \frac{A_o \times o}{n} = \ldots\ldots\ldots\ldots = \frac{3680}{250} = 14·72$$

$$s_{14} = A_{14} - J_{14} = 30·7 - 19 = +11·7$$

$$s_n = A_n - J_n = 14·72 - 21·06 = -6·34$$

$$A_{13} = \frac{A_m \times m}{l_{13}} = \frac{78·21 \times 40·2}{63·16} = \frac{3140}{63·16} = 49·83$$

$$A_t = \frac{A_m \times m}{t} = \ldots\ldots\ldots\ldots = \frac{3140}{110·8} = 28·38$$

Tabelle der Componente A und Ströme s

$$s_{13} = A_{13} - J_{13} = 49{\cdot}83 - 15 = 34{\cdot}83$$

$$s_l = A_l - J_l = 28{\cdot}38 - 44{\cdot}5 = -16{\cdot}12$$

$$A_k = J_k + i_{12} + s_l = 81{\cdot}38 - 16{\cdot}12 = 65{\cdot}26$$

$$A_{11} = \frac{A_k \times k}{l_{11}} = \frac{65{\cdot}26 \times 46{\cdot}5}{64{\cdot}3} = \frac{3040}{64{\cdot}3} = 47{\cdot}23$$

$$A_i = \frac{A_k \times k}{i} = \ldots\ldots\ldots\ldots = \frac{3040}{168{\cdot}5} = 18{\cdot}03$$

$$s_{11} = A_{11} - J_{11} = 47{\cdot}23 - 12 = 35{\cdot}23$$

$$s_i = A_i - J_i = 18{\cdot}03 - 33{\cdot}38 = -15{\cdot}35$$

$$A_h = J_h + i_{10} + s_i = 91{\cdot}12 - 15{\cdot}35 = 75{\cdot}77$$

$$A_q = \frac{A_h \times h}{l_q} = \frac{75{\cdot}77 \times 48{\cdot}5}{90} = \frac{3675}{90} = 40{\cdot}83$$

$$A_g = \frac{A_h \times h}{g} = \ldots\ldots\ldots\ldots = \frac{3675}{105} = 34{\cdot}94$$

$$s_g = A_g - J_g = 40{\cdot}83 - 20 = +20{\cdot}83$$

$$A_e = \frac{A_g \times g}{c} = \frac{34{\cdot}94 \times 105}{149{\cdot}1} = \frac{3675}{149{\cdot}1} = 24{\cdot}6$$

$$A_f = \frac{A_g \times g}{f} = \ldots\ldots\ldots\ldots = \frac{3675}{354{\cdot}3} = 10{\cdot}34$$

$$s_e = A_e - J_e = 24{\cdot}6 - 33{\cdot}34 = -8{\cdot}74$$

$$s_f = A_f - J_f = 10{\cdot}34 - 17{\cdot}78 = -7{\cdot}44$$

$$A_e = J_e + i_8 + s_f = 38{\cdot}79 - 7{\cdot}44 = 31{\cdot}35$$

$$A_5 = \frac{A_e \times e}{l_5} = \frac{31{\cdot}35 \times 104{\cdot}3}{143} = \frac{3273}{143} = 22{\cdot}88$$

$$A_d = \frac{A_e \times e}{d} = \ldots\ldots\ldots\ldots = \frac{3273}{386} = 8{\cdot}47$$

$$s_5 = A_5 - J_5 = 22{\cdot}88 - 5 = 17{\cdot}88$$

$$s_d = A_d - J_d = 8{\cdot}47 - 15{\cdot}79 = -7{\cdot}32$$

$$A_b = J_b + i_4 + s_e = 69{\cdot}0 - 8{\cdot}74 = 60{\cdot}26$$

$$A_a = \frac{A_b \times b}{a} = \frac{60{\cdot}26 \times 59{\cdot}1}{88} = \frac{3560}{88} = 40{\cdot}48$$

$$A_3 = \frac{A_b \times b}{l_3} = \ldots\ldots\ldots\ldots = \frac{3560}{180} = 19{\cdot}78$$

$$s_3 = A_3 - J_3 = 19{\cdot}78 - 19 = +0{\cdot}78$$

$$A_1 = \frac{A_a \times a}{l_1} = \frac{40{\cdot}48 \times 88}{120} = \frac{3560}{120} = 29{\cdot}67$$

$$A_2 = \frac{A_a \times a}{l_2} = \ldots\ldots\ldots = \frac{3560}{328{\cdot}5} = 10{\cdot}81$$

$$s_1 = A_1 - J_1 = 29{\cdot}67 - 9 = 20{\cdot}67$$

$$s_2 = A_2 - J_2 = 10{\cdot}81 - 21 = -10{\cdot}19$$

Die in dieser Tabelle enthaltenen Werthe *s* geben die Stromvertheilung, welche in Fig. 7 eingetragen ist. Ausserdem kann man die Verluste bis zu dem Kreuzungspunkte direct aus der Tabelle entnehmen. Der Verlust bis Punkt (4 . 8 . 9) ist $= A_h \times h \times$ Constante, und das Product $A_h \times h$ findet man in dem Ausdrucke für $A_K = 3675$.

Die Verluste bis zu den übrigen Punkten erhält man ohne Schwierigkeit.

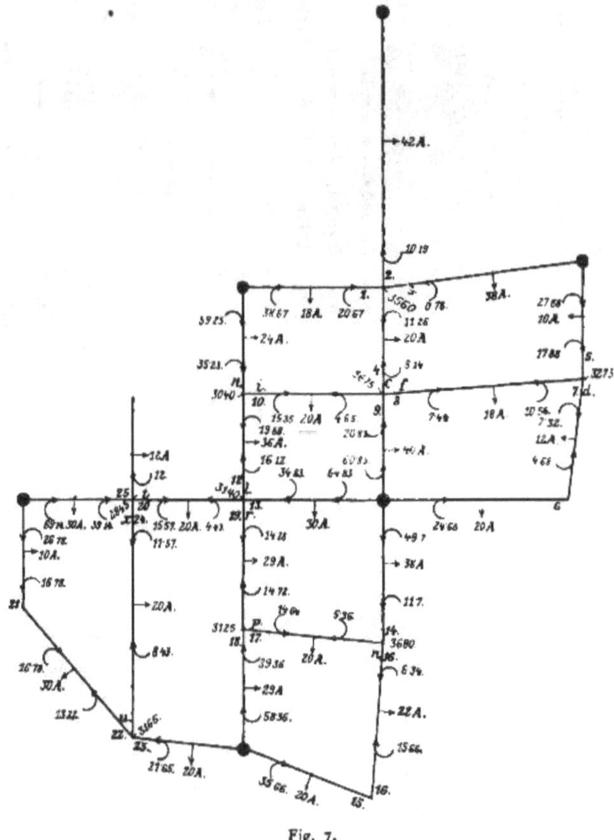

Fig. 7.

Die den Verlusten proportionalen Producte $(A \times l)$ sind auch eingetragen worden und bieten einen guten Ueberblick über die Spannungsverhältnisse im Netze.

Wie dieses Beispiel zeigt, gestattet die Verlegungsmethode, die Berechnungen in systematischer und übersichtlicher Weise zu ordnen, so dass dieselben beinahe ganz mechanisch ausgeführt werden können.

Es dürfte wohl überflüssig sein, zu bemerken, dass für den Werth der Methode eine Hauptbedingung in der Verwendung des Rechenschiebers zur Ausführung der Rechnungen, wie dies bei dem obigen Beispiel geschehen ist, liegt.

Die Methode genügt in allen Fällen, wo die Leitungen keine geschlossene Figur bilden, ohne dass in einem Punkte von den diese Figur bildenden Leitungen ein Speisepunkt sich befindet.

In anderen Fällen kann sie aber immer zu einer Vereinfachung der Aufgabe verhelfen, wie z. B. bei einem Netze von der in Fig. 8 angegebenen Form.

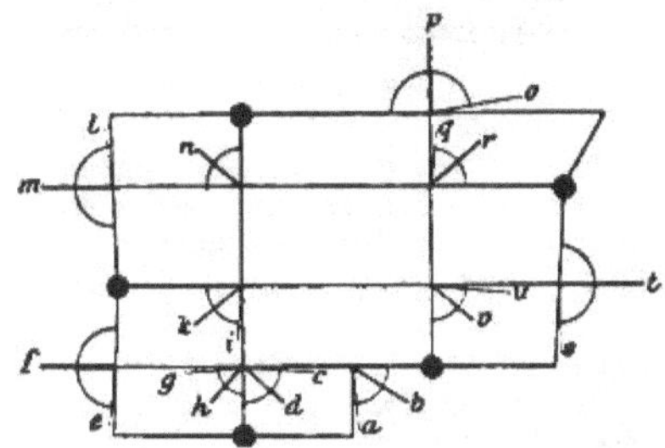

Fig. 8.

Durch Combination, wie in der Figur angedeutet, kann dasselbe zu der weitaus einfacheren Form Fig. 9 gebracht werden.

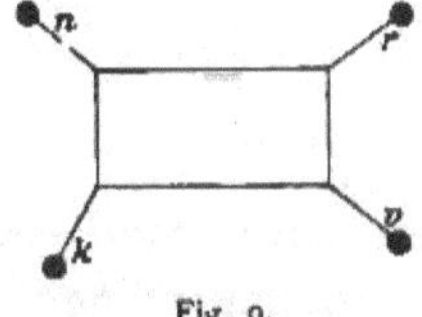

Fig. 9.

Die Bestimmung der Stromvertheilung in diesem Netze kann jetzt mittelst der Gleichungsmethode geschehen.

Diese jetzt beschriebene, sogenannte Verlegungsmethode wurde vom Verfasser schon gegen Ende 1891 ausgearbeitet, sie wurde aber nicht veröffentlicht, um zuerst einer gründlichen Prüfung ihres praktischen Werthes unterworfen zu werden.

Seit $1^1/_2$ Jahren wird sie neben den anderen oben erwähnten Methoden verwendet, bei den Berechnungen der grossen Kabelnetze für Städte wie Frankfurt a. M., Strassburg, Stuttgart u. s. w., welche unter Leitung des Verfassers im Technischen Bureau O. v. Miller in München ausgeführt worden sind. Sie hat sich bedeutend einfacher, sicherer, weniger mühsam und zeitraubend wie die anderen Methoden gezeigt.

Dieser Umstand hat die Veröffentlichung derselben als berechtigt und wünschenswerth erscheinen lassen.

Mechanische Methode.

Diese ist ebenfalls im Bureau O. v. Miller ausgearbeitet worden.

Da der Erfinder, Herr Ingenieur H. Helberger selbst nähere Details mitzutheilen beabsichtigt, soll hier nur das Princip angedeutet werden.

In Fig. 10 ist *B* ein feststehender Ständer, *DAC* ein Winkelhebelarm mit Drehpunkt *A*, *F* ein Laufgewicht, *BC* ein dünner Faden, der zwischen *BC* gespannt ist, *E* ist eine kleine Trommel, auf welcher der Faden gewickelt wird, *E* ein Index, welcher das Gleichgewicht zwischen Spannung im Faden und Moment des Laufgewichtes angibt.

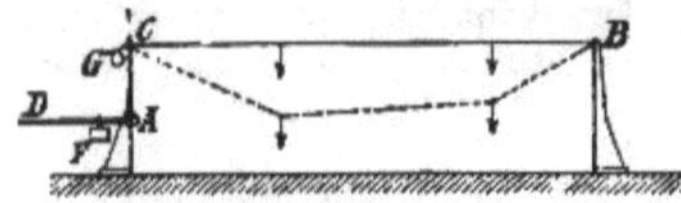

Fig. 10.

Wird der Faden mit Gewichten belastet, nimmt er eine Lage ein, wie z. B. die punktirte Linie angibt, und um ein Gleichgewicht zu erhalten, wird es nöthig, das Laufgewicht *F* zu verschieben. Je niedriger der Faden herunterhängen darf, desto kürzer muss der Hebelarm des Laufgewichtes sein.

Die vom Faden gebildete gebrochene Linie entspricht genau dem in einer Leitung entstehenden Spannungsabfall, wenn von dieser Ströme entnommen werden, die den an dem Faden befestigten Gewichten proportional sind.

Hat man einmal den Apparat geaicht, so gibt der Durchgang direct den Verlust an. Auch die Stromvertheilung lässt sich direct ablesen.

Die Methode ist in denselben Fällen wie die Verlegungsmethode verwendbar und bietet bedeutende Vortheile dadurch, dass man ein ungemein klares Bild der Stromvertheilung und der Spannungsverhältnisse im Netze hat.

Ueber den Einfluss der Erwärmung der Magnetwickelungen bei Dynamomaschinen auf die Tourenzahl der letzteren.

Von ARTHUR MÜLLER.

Bei der Berechnung der Dynamomaschinen erhält man als Werth für die Tourenzahl bekanntlich einen solchen, welcher einer normalen Lufttemperatur entspricht. Nach einem mehrstündigen Betrieb muss jedoch die Tourenzahl der Dynamomaschine oft bedeutend erhöht werden, um die Spannungsdifferenz an den Klemmen der Maschine auf constantem Niveau zu erhalten. Der Grund dessen liegt zum grössten Theile in der Erwärmung der Magnetbewickelung, da ja dadurch die Ampèrewindungen sich verringern. Die durch Erwärmung des Ankerdrahtes bewirkte Spannungserniedrigung und die dadurch bedingte höhere Tourenzahl ist verschwindend klein gegen die Wirkung der Magnetwickelung. Man kann daher den Einfluss der Ankerwärme vollständig vernachlässigen, dafür verdient aber die Wärmezunahme der Magnetwickelungen eine besondere Berücksichtigung. Die Formeln über die Temperaturerhöhung von Kupferdrähten durch den elektrischen Strom lassen sich auf Drahtspulen nicht gut anwenden, da diese genannten Formeln für gerade ausgespannte Drähte berechnet sind, Es ist daher sehr von Vortheil zu wissen, nach welcher Zeit sich eine Drahtspule durch Einfluss des Stromes erwärmt und auf welche Temperatur, unter Berücksichtigung der Stromdichte im Drahte. Nachstehende Tabelle enthält die aus praktischen Versuchen ermittelten Werthe der Temperaturzunahme in Celsiusgraden und der Tourenzahlzunahme in Percent bei verschiedenen Beanspruchungen der Drähte nach einem Stromdurchgang durch fünf Stunden.

Ampère pro mm^2 im Magnetdraht $\frac{i}{q}$	Temperaturerhöhung in Grad Celsius nach 5stündigem Stromdurchgang	Zunahme der Tourenzahl in Percent nach 5stündigem Betrieb
1	27	6·9
1·1	30	7·4
1·2	32·5	7·9
1·3	35	8·5
1·4	39	9·9
1·5	43	10·3
1.6	47	10 6
1·7	50	11·0
1·8	53·5	11·3
1·9	56	11·6
2·0	59	11·9
2·1	62	12·1
2·2	65	12·4
2·3	68·5	12·7
2·4	70	13·0
2·5	73	13·2

Die Versuche wurden gemacht an ein und derselben Spulengrösse damit die abkühlende Oberfläche der letzteren immer dieselbe ist. Der dabei verwendete Draht hatte einen Durchmesser von 2·5 *mm* und war in 21 Lagen auf die betreffende Spule aufgewickelt. Bei Versuchen mit anderen Spulengrössen und Drahtdurchmessern weichen die Resultate gegen den vorigen nur um 1—2% ab, man kann daher, ohne einen merklichen Fehler zu begehen, obige Werthe auf viele Fälle verwenden.

Selbstthätiger Fernsprech-Umschalter.*)

Construction und Patent von FRANZ NISSL, Ingenieur in Wien.

Die bisherige Ausnützung der meisten bestehenden Telephonleitungen ist eine unvollkommene.

Dadurch, dass für jede einzelne an ein Vermittlungsamt angeschlossene Sprechstelle eine eigene, oft sehr lange Leitung hergestellt werden muss, die in den häufigsten Fällen nur für verhältnissmässig sehr kurze Zeit in Anspruch genommen wird, stellen sich die Anlagekosten der Leitungen, die Kosten der Umschaltevorrichtungen und die Betriebskosten sehr hoch.

Mit Gesprächzählern allein ist diesen entschieden unökonomischen Verhältnissen nicht gut abzuhelfen, weil ja schliesslich die Installationskosten eher noch erhöht als vermindert würden und die Bedienung im Centralamte doch stets bereit sein müsste, die, wenn auch vielleicht weniger oft verlangten Verbindungen herzustellen.

Dicht bei einander, häufig in einem und demselben Hause, findet man an ein und dasselbe Netz angeschlossene Sprechstellen, von denen jede ihre eigene Leitung zum Vermittlungsamte besitzt.

*) Vergl. Heft IX. 1894, S. 240.

Es würde viel erspart, wenn für mehrere Sprechstellen eine gemeinsame Leitung zum Vermittlungsamte benützt werden könnte, deren Umschaltung für die verschiedenen angeschlossenen Sprechstellen selbstverständlich automatisch erfolgen müsste.

An mehr oder minder sinnreichen Apparaten, welche die Lösung dieser Aufgabe zum Zwecke hatten, fehlte es keineswegs, aber als wirklich praktisch, allen Anforderungen entsprechend, hat sich bisher kein Apparat erwiesen.

Die meisten zur Erreichung des angeführten Zweckes bis nun construirten Apparate tragen schon den Keim der unsicheren Functionirung in sich.

Die Anwendung polarisirter Relais mit zarten Contacten, die Benützung von elektrisch bethätigten Zeigerwerken oder synchron laufenden Uhrwerken bietet gewiss keine Gewähr für dauernd sicheren Betrieb.

Ueberdies sind bei den meisten dieser Apparate besondere Einrichtungen in den Vermittlungsämtern nöthig; die Handhabung der Apparate bei den Theilnehmern ist in der Regel umständlich, die Theilnehmer können in den meisten Fällen Störungen des von anderen an dieselbe Linie angeschlossenen Mitabonnenten eingeleiteten Gespräches herbeiführen oder das Gespräch abhorchen, ferner kann bei allen bisherigen Lösungen ein Theilnehmer zu Ungunsten des anderen die Linie beliebig lange für sich benützen und endlich ist die Anzahl der möglichen Anschlüsse meist eine sehr beschränkte.

Bei dem zu besprechenden Apparate sind alle diese Uebelstände vollständig vermieden. Das Vermittlungsamt arbeitet bei Anwendung dieses Umschalters mit den gewohnten Mitteln, die Telephon-Apparate der Theilnehmer bleiben dieselben wie bisher. Dieser Umschalter gehört in die Kategorie jener Apparate, welche, wie Fig. 1 zeigt, in dem Knotenpunkte *K* der an eine gemeinsame Leitung *K C* angeschlossenen Sprechstellen eingeschaltet ist.

Fig. 1 zeigt sechs angeschlossene Sprechstellen I—VI.

Das Vermittlungsamt ist in der Lage, jede der angeschlossenen Sprechstellen anzurufen, und umgekehrt, jeder Theilnehmer kann das Vermittlungsamt anrufen, ohne dass die übrigen an dieselbe Leitung angeschlossenen Abonnenten irgendwie durch Signale belästigt werden. Kein Theilnehmer ist in der Lage, ein eingeleitetes Gespräch zu stören. Es ist nicht dem Belieben eines Theinehmers anheimgestellt, die Linie nach Willkür zu benützen, da er nach einer gewissen Zeit durch den Apparat selbstthätig ausgeschaltet wird.

Das Princip, welches diesem selbstthätigen Umschalter zu Grunde liegt, ist folgendes:

Auf einer oder mehreren Scheiben oder Walzen, welche durch ein irgend wie betriebenes Laufwerk in Bewegung gesetzt werden, sind Contacte für die gemeinsame Leitung und die angeschlossenen Theilnehmer derart angebracht, das alternirend eine Sprechstelle nach der anderen für kurze Zeit an die gemeinsame Linie angeschlossen wird. Sowohl das Vermittlungsamt, wie auch jeder Theilnehmer ist in der Lage, die jeweilige Stellung dieser Contacte wahrzunehmen, wodurch es auch ermöglicht ist, dass die Centrale jeden der Theilnehmer während der Dauer seines Contactes anrufen kann, und umgekehrt, kann der Theilnehmer, wenn sein Contact gekommen ist, das Vermittlungsamt rufen. Ferner ist entweder nur der Theilnehmer oder der Theilnehmer und das Vermittlungsamt in der Lage, die Weiterbewegung des Laufwerkes für eine gewisse Zeit, z. B. 3 oder 5 Minuten, zu hemmen, so dass der betreffende Theilnehmer für diese Zeit mit dem Vermittlungsamte und durch dieses mit einem

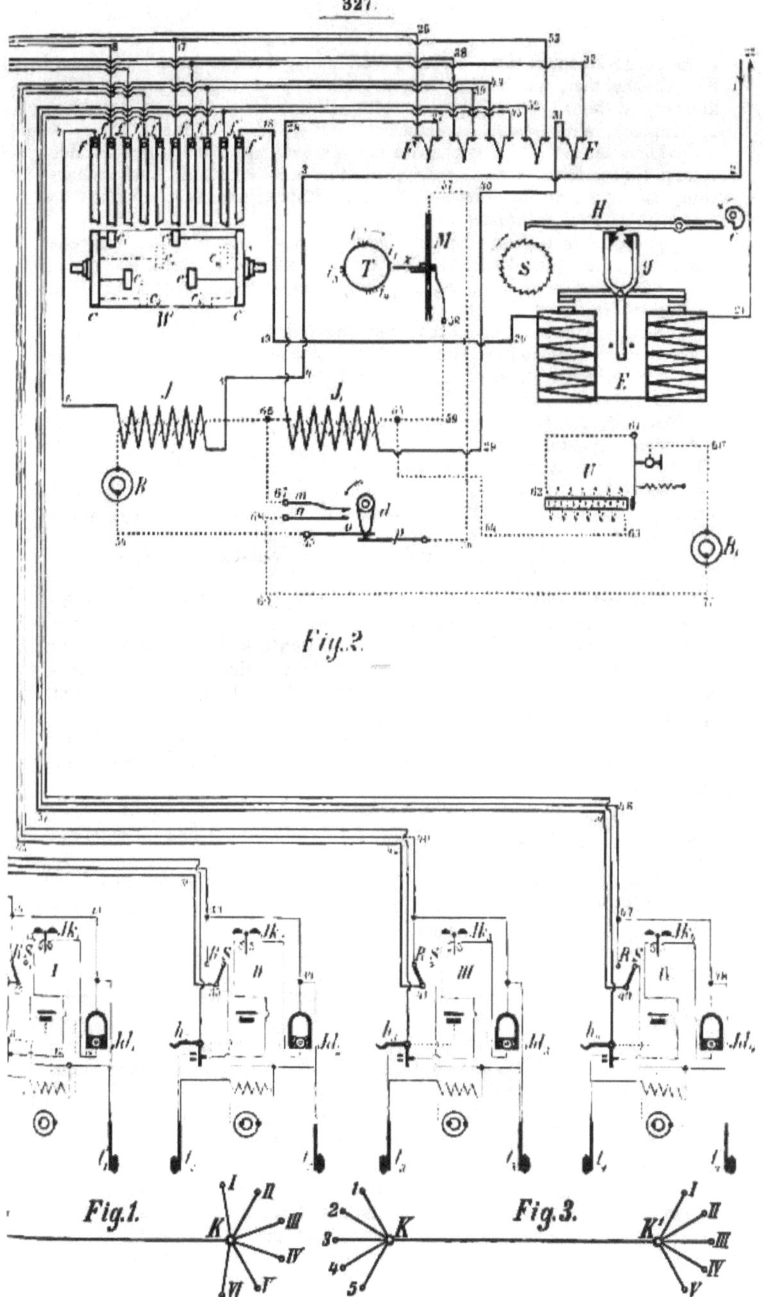

Fig. 2.

Fig. 1.

Fig. 3.

anderen Abonnenten des Netzes in Verbindung bleiben kann. Die Anzahl der Theilnehmer, welche an einen solchen Apparat angeschlossen werden können, ist theoretisch unbegrenzt; praktisch wird sich, je nach Benützung der Leitung, eine Grenze ergeben.

Da während des Bestehens einer Verbindung alle übrigen an denselben Umschalter angeschlossenen Theilnehmer vollständig ausgeschaltet sind, ist es klar, dass diese weder eine Störung verursachen, noch das Gespräch abhorchen können.

Die Wahrnehmung der jeweiligen Contactstellung kann entweder durch optische oder akustische Zeichen oder auf beide Arten erfolgen.

Eine Ausführungsform dieser principiellen Anordnung ist schematisch in Fig. 2 dargestellt.

Es ist angenommen, dass vier Theilnehmer (I—IV) an den Umschalter mit metallischen Hin- und Rückleitungen angeschlossen sind, wie auch die gemeinsame Linie als Doppelleitung durchgeführt ist. Es könnte selbstverständlich auch Erde als Rückleitung genommen werden.

Die Walze *W* ist demgemäss mit den Contacten c c' für die gemeinsame Leitung und vier Contacten c_1 c_1' c_2 c_2' c_3 c_3' c_4 c_4' für jeden Theilnehmer versehen. Die Contacte sind für jede Leitung doppelt, um das Ueberhören vollständig wegzubringen. Die correspondirenden Contacte c_1 c_1' u. s. f. kommen gleichzeitig mit der Contactfeder f_1 f_1' etc. in Verbindung.

Die Contacte c_1 c_2 c_3 c_4 sind mit c, die Contacte c_1' c_2' c_3' c_4' mit c' in leitender Verbindung.

Die Walze *W* ist mit einem Laufwerke, das auf irgend eine Art, z. B. durch Gewicht, Federzug oder sonstwie betrieben wird, in derartiger Verbindung, dass sie in der Zeiteinheit die gewünschte Bewegung macht.

Wenn sich die Walze, angenommen, in der Minute einmal umdreht, so kommen in dieser Zeit alle Theilnehmer einmal in Verbindung mit der gemeinsamen Leitung.

Dieselben Contacte könnten sich auch auf dem Umfang der Walze wiederholen, so dass für eine Umdrehung jeder Theilnehmer zwei- oder mehreremal in Contact käme.

Auf den Contacten der Walze schleifen Federn f f' für die Hauptleitung, f_1 f_1' f_2 f_2' f_3 f_3' f_4 f_4' für die Leitungen zu den Theilnehmer-Apparaten.

Um die jeweilige Stellung der Walze wahrnehmen zu können, ist in entsprechender Verbindung mit der Walze eine Scheibe oder Trommel *T*, die an geeigneten Stellen Vorsprünge oder Stifte i_1 i_2 i_3 i_4 hat, welche durch Erschütterung, tönende Zungen z, wovon in dem gewählten Falle 4 vorhanden sind, zum Ertönen bringen. Diese Töne wirken auf ein Mikrophon *M*, das mit Batterie *B* und Inductionsspule J_1 bezw. J in Verbindung ist.

Statt der Zungen können natürlich auch auf andere Art Töne erzeugt werden, oder wäre wohl auch die Combination mit einer Phonographenwalze denkbar.

Diese für jede Stellung der Walze charakteristischen Töne werden sowohl in den Telephonen der Theilnehmer, wie auch im Telephon des Vermittelungsamtes hörbar.

Um jedem Theilnehmer bequem zu ermöglichen, dass er sofort erkennt, ob die Linie frei oder besetzt ist, wird, wie in Fig. 2 dargestellt, eine eigene Linie mit Benützung der Leitung zur Walze als Rückleitung, ilhafterweise von jedem Theilnehmer zum Umschalter zurück, oder mig von einem Theilnehmer zum anderen geführt.

In dieser Leitung werden, da dieselbe durch die Inductionsspule J_1 und durch die Empfänger t_1' t_2' t_3' t_4' der vier Theilnehmer führt, die mikrophonischen Eindrücke übertragen, also nicht nur die Töne, sondern auch der Gang des Laufwerkes, Pendelschlag etc. übermittelt. Der Horchende weiss also sofort, ob die Walze *W* sich bewegt, oder stillsteht, d. h. ob die Linie frei oder besetzt ist.

Man benützt für dieses Abhorchen vortheilhaft die Telephone am fixen Haken, weil der andere Hörapparat den automatischen Umschalthebel auf Signalstellung hält.

Würde man auf die Bequemlichkeit verzichten, jederzeit dem Abonnenten die Möglichkeit zu bieten, sich sofort zu überzeugen, ob die Linie frei oder besetzt ist, so könnte die separate Abhorchleitung mit der Inductionsspule J_1 ganz entfallen, so dass zu jedem Theilnehmer nur eine Leitung und Erde, bezw. nur Hin- und Rückleitung nöthig wäre. Der Theilnehmer nimmt in diesem Falle den Gang des Laufwerkes erst dann wahr, wenn sein Contact kommt, und hört nur sein Zeichen.

Nun ist noch zu erklären, wie das Laufwerk mit der Walze momentan zum Stillstande gebracht wird.

Zu diesem Zwecke ist im schematisch dargestellten Falle in der gemeinsamen Leitung ein Elektromagnet *E* derartig eingeschaltet, dass derselbe, ähnlich wie dies bei elektrischen Signal-Apparaten der Eisenbahnen schon seit Langem angewendet wird, auf einen Anker, der in entsprechender Verbindung mit einer Gabel *g* steht, so einwirkt, dass diese Gabel bewegt wird, und einen Hebelarm *H* herabfallen lässt. Die Einrichtung kann natürlich ebenso für gleichgerichtete Batterie- wie für Wechselströme, welch' letztere Art der schematischen Darstellung entspricht, getroffen sein. Damit die Arretirung des Umschaltwerkes nicht durch Gewitter-Elektricität erfolgen kann, ist der Betrieb mit Wechselstrom zu empfehlen. Die Gabel ist in bekannter Art stufenförmig mit mehreren sogenannten Paletten versehen, so dass der Hebel erst nach mehreren entgegengesetzt gerichteten Stromemissionen in die Gabel fallen kann. Der zweiarmige Hebel *H* fällt in ein mit dem Läutwerke, das die Walze *W* bewegt, verbundenes Sperrrad *S*, wodurch das Laufwerk *W* momentan stillsteht. Diese Art der Arretirung des Umschaltewerkes ist nur wegen der erleichterten schematischen Darstellung so gewählt. In der wirklichen Durchführung legt sich ein Hebel vor das Pendel, welches durch den Ankergang des Laufwerkes bewegt wird; übrigens kann dies auf verschiedene Art durchgeführt werden.

Der Hebel *H* muss nun nach der limitirten Gesprächszeit, z. B. drei oder fünf Minuten, wieder gehoben werden, wodurch das Laufwerk mit der Walze abermals frei wird.

Dies wird am bequemsten durch ein zweites Laufwerk erreicht, welches durch das Herabfallen des Hebels *H* in Gang kommt und sich, indem es den Hebel *H* wieder auf die Gabel *G* hebt, nach der limitirten Gesprächszeit von selbst arretirt. Schematisch ist dieser Vorgang durch den Excenter *e*, der in Verbindung mit diesem zweiten Laufwerke ist, dargestellt.

Den Elektromagnet *E* kann man auch in eine specielle Leitung zu den Theilnehmern oder in die Abhorchleitung legen. Eine Tastervorrichtung, welche den Magnetinductor der Station in diese specielle Leitung oder in die Abhorchleitung einschaltet, ermöglicht dann die Bethätigung des Elektromagnets.

In beiden Fällen erzielt man unter den Umständen wichtigen Vortheil, besonders bei Apparaten, die auf längere Gesprächszeit eingerichtet sind, dass nur der Theilnehmer und nicht das Vermittlungsamt in der Lage ist, die Walze W im Laufe zu hemmen, weil keine Zeit unnütz verloren geht, wenn z. B. der Abonnent abwesend ist.

Beim Verlegen des Elektromagnets in die Abhorchleitung erspart man wohl die separate Leitung, aber es kann einem Theilnehmer, der gerade horcht, in das Ohr getrommelt werden, wenn eine Station das Umschalte-Laufwerk hemmt.

Der Mikrophon-Stromkreis ist, wenn das Umschalte-Laufwerk steht, mittelst der Federn o und p, welche beim Gange des Umschalte-Laufwerkes durch den Arm d aufeinander gepresst werden, unterbrochen, indem Arm d die Federn verlässt. Der Arm d wird durch das Laufwerk, welches auch den Excenter e dreht und Hebel H hebt, bei jedesmaliger Auslösung dieses Laufwerkes einmal um seine Achse gedreht, so dass er, wenn das Umschalte-Laufwerk in Bewegung kommt, wieder den Mikrophon-Stromkreis schliesst.

Bei seiner Drehung schliesst der Arm d vorübergehend für einige Secunden auch die Federn m n, wodurch der Stromkreis einer Batterie B_1, wozu man übrigens auch die Batterie B benützen könnte, mit dem Selbstunterbrecher U in Thätigkeit gesetzt wird.

In diesem Stromkreise ist auch die primäre Leitung der Inductionsspule J_1 eingeschaltet, wodurch in dieser Stromstösse erzeugt werden, die in der sec. Leitung, bezw. in der Abhorchleitung und in den in dieselbe eingeschalteten Telephonen zur Geltung kommen.

Diese Einrichtung hat einen doppelten Zweck. Vorerst werden die sprechenden Theilnehmer durch schwaches Inductionsgeräusch aufmerksam gemacht, dass die Gesprächszeit bald vorüber sein wird, und weiters wird ein etwa auf das Freiwerden der Linie wartender Mitabonnent durch einen lauten phonischen Ton, der in den Telephonen t_1' t_2' t_3' t_4' hörbar wird, zum Apparat gerufen.

Damit dieser phonische Ruf die anderen Theilnehmer nicht behelligt, kann ein Umschalter in jeder Station auf R oder S, d. h. Ruhe oder Signal, gestellt werden; im ersten Falle ist der Abhorchstromkreis unterbrochen, im letzteren Falle eingeschaltet.

Will also ein Abonnent die Linie benützen und findet sie besetzt, so lässt er den Umschaltehebel auf S und braucht nicht etwa beim Apparate auf das Freiwerden der Linie zu warten, sondern wird vom Apparate selbst gerufen, sobald die Linie frei wird.

Hiedurch ist die Reihenfolge der Anwartschaft auf die Benützung der Linie streng einzuhalten ermöglicht.

Um das Ueberhören der Gespräche in Folge von Ladungsströmen auf der Abhorchleitung vollständig unmöglich zu machen, wird auch die Abhorchleitung für jeden Theilnehmer vollständig unterbrochen. Dazu dienen die 10 Federn F, welche beim Laufe des Umschaltewerkes geschlossen gehalten, in dem Momente aber, in welchem sich das zweite Laufwerk in Bewegung setzt, geöffnet werden. Dies ist die Ursache, dass es sich empfiehlt, die Abhorchleitung von jedem Theilnehmer zum Apparat zu führen.

In dem schon früher erwähnten Falle, als keine eigene Abhorchlinie eingerichtet wird, sondern nur eine Leitung, beziehungsweise Doppelleitung vom Apparate zu den Theilnehmern führt, also auch nur eine Inductionsspule J angewendet wird, legt man in den Stromkreis des Selbstunterbrechers die primäre Windung der Spule J. Die Ingangsetzung des Umschaltewerkes richtet man so ein, dass sie erfolgt, wenn die Federn m n geschlossen werden und demgemäss beide Laufwerke in Bewegung sind, so lange, bis der Reihe nach alle Theilnehmer den phonischen Ruf erhalten haben. Natürlich muss der Hebel H schon bei dem der gewesenen Gesprächsstellung folgenden Contacte auf die Gabel G gehoben sein, damit eventuell der nächstfolgende Theilnehmer das Umschaltwerk arretiren könne.

Die Einrichtung des Umschalters ist so getroffen, dass kein Theilnehmer in der Lage ist, sich die Gesprächszeit zu verlängern, indem sein Contact vorübergeht, knapp ehe sich der Hebel H frei auf die Gabel G legt.

Es hat aber keine Schwierigkeit, die Sache z. B. für behördliche Zwecke so einzurichten, dass man die Gesprächszeit verlängern kann.

Der Apparat gestattet auch den gegenseitigen Verkehr zweier von einander entfernter, nur durch eine Leitung verbundener Gruppen von Theilnehmern in der Art, dass jeder Theilnehmer der einen Gruppe jeden Theilnehmer der anderen Gruppe rufen und sich mit ihm in Verkehr setzen kann, ohne Vermittlung eines Amtes, d. h. selbstthätig durch den Apparat.

Fig. 3 stellt zwei durch eine gemeinsame Linie $K\ K'$ verbundene Gruppen von Theilnehmern 1, 2, 3, 4, 5 und I, II, III, IV, V dar.

In den Knotenkunkten $K\ K'$ ist je ein Automat aufgestellt.

Die Elektromagnete dieser Apparate liegen nicht in der gemeinsamen Leitung, sondern in der Abhorch- oder besser in einer eigenen Linie.

Theilnehmer 1 will den Theilnehmer I sprechen. Der Erstere horcht auf sein Zeichen, arretirt das eigene Umschaltwerk und hört nun in seinem Apparate die Zeichen des Umschalters K'. Sobald er das Zeichen des Theilnehmers I hört, läutet er diesem auf, I arretirt das Umschaltewerk K' und die zwei Theilnehmer können die limitirte Zeit mit einander verkehren. Alle anderen Theilnehmer sind vollständig ausgeschaltet und können absolut nichts vom Gespräche hören.

Nach der festgesetzten Zeit werden die sprechenden Theilnehmer selbstthätig wieder ausgeschaltet und die anderen von der Ingangsetzung der Umschalter, wenn sie es wünschen, durch den phonischen Ruf benachrichtigt.

Es ist vielleicht überflüssig, zu betonen, dass die Apparate ganz unabhängig von einander, also keineswegs synchron laufen.

Zur näheren Erläuterung wollen wir die Stromläufe bei der in Fig. 2 gewählten Ausführungsart verfolgen.

Zuvor möge erwähnt werden, dass bei dem Umstande, als eine stets gleichmässige zarte Beanspruchung des Mikrophons erfolgt, eine empfindliche Stellung desselben möglich ist. Ingenieur Nissl hat für den Zweck ein eigenes Mikrophon construirt, welches nur aus einer Kohlenmembrane und einem an derselben leicht anliegenden Platinköpfchen besteht. Das Mikrophon ist keinen Veränderungen unterworfen, transmittirt mit einer ganz minimalen Stromstärke, so zwar, dass zum Betriebe des Mikrophons, z. B. ein Meidinger Element mit noch vorgeschaltetem Widerstand von 50 Ω ausreicht und viele Monate andauert. Man kann mit Rücksicht auf den geringen Strombedarf auch andere, z. B. Leclanché-Elemente mit vorgeschaltetem Widerstande benützen. Der Widerstand wird vortheilhaft mit der primären Wicklung der Inductionsspulen combinirt.

Stromlauf im Mikrophon Stromkreise:

Batterie B 54, 55, wenn die Federn durch Arm d geschlossen sind, über Feder o nach Feder p 56, 57, Mikrophon M 58, 59, 65; durch die primäre Windung der Inductionsspule J_1 66 zur primären Wicklung der Inductionsspule J zur Batterie B zurück.

In den Telephonen der mit den sec. Wicklungen der Inductionsspulen J_1 und J verbundenen Leitungen werden die mikrophonischen Uebertragungen wahrnehmbar.

Stromlauf für den Selbstunterbrecher U:

25*

Batterie B_1 60, 61, 62, 63, 64, 65 durch primäre Wicklung der Spulen J_1—66, 67, wenn Federn *m* und *n* geschlossen, nach 68, 69, 70 zur Batterie B_1 zurück.

So lange die Federn *m* und *n* geschlossen sind, wird in den Telephonen der an die sec. Wicklung von J_1 angeschlossenen Leitung der phonische Ruf hörbar.

In den Telephonen der an die sec. Wicklung der Inductionsspule *J* angeschlossenen Leitung wird der phonische Ruf, weil nicht direct von der primären Wicklung inducirt, nur schwach hörbar, als Zeichen für den baldigen Ablauf der Gesprächszeit vorzüglich geeignet.

Stromlauf, wenn das Vermittlungsamt einen Theilnehmer, z. B. I rufen will:

Vorerst horcht das Amt auf das Zeichen für I.

Stromlauf: Vom Vermittlungsamte nach 1, 2, 3, 4, 5 durch die sec. Wicklung der Inductionsspule *J* nach 6, 7 über Feder *f*, da Contact mit c_1 hergestellt ist, über f_1 nach 8, 9, 10, 11, 12, 13 durch die Multiplication des Inductionsklingels Jk_1 14, durch den kurz geschlossenen Inductor Jd_1 15, 16, 17, f_1' c_1' c' f' 18, 19, 20 durch die Multiplication des Elektromagnetes *E*, 21, 22 zum Vermittlungsamte zurück.

Das Amt hört das Zeichen und läutet den Theilnehmer I auf: Stromlauf wie zuvor, nur läutet bei I das Klingel. Gleichzeitig wird der Anker des Elektromagnets *E* bethätigt, der Hebel fällt in die Gabel und arretirt momentan das Laufwerk mit der Walze *W*. Die weiteren Vorgänge sind schon früher beschrieben worden.

Genau derselbe Vorgang findet statt, wenn der Theilnehmer das Vermittlungsamt anruft.

Der Stromlauf in der Abhorchleitung ist folgender: Jede Station, die horchen will, stellt den Umschaltehebel auf *S* und legt das auf dem fixen Haken hängende Telephon ans Ohr. Fangen wir bei I an: 23, 24, 25, 26 über erstes Federpaar *F*, 27, 28 durch die sec. Wicklung der Spule J_1 29, 30, 31 über fünftes Federpaar *F*, 32, 33, 34 t_2 über *S* nach 35, 36, 37, 38 über zweites Federpaar *F*, 39, 40 über *R*, 41, 42, 43, 44, drittes Federpaar *F*, 45, 46, 47, 48, t_4' über *S* nach 49, 50, 51, 52 über viertes Federpaar *F* nach 53, 17, 16 nach *R* zurück.

Die Stationen II und IV, deren Umschaltehebel auf *S* gestellt sind, können den Gang des Laufwerkes abhorchen und erhalten eventuell den phonischen Ruf.

Die Apparate der Theilnehmer sind also so geschaltet wie sonst, nur dass ein Umschaltehebel angebracht und eine kleine Schaltungsänderung, des Abhorchens wegen, nöthig ist; übrigens könnte auch ohne weiters dieser Hebel entfallen, wenn es die Theilnehmer nicht stört, dass sie bei jedesmaliger Ingangsetzung des Umschaltelaufwerkes den phonischen Ruf hören.

Vortheile des selbstthätigen Telephon-Umschalters:

1. Der Apparat gestattet die weitgehendste Ausnützung der Telephonleitungen.

2. Die Zahl der Stationen, welche in eine gemeinsame Leitung eingeschaltet werden können, ist theoretisch unbegrenzt. Von zwei Stationen aufwärts wird man soweit gehen, als es die Praxis erlaubt. Die Grenze kann unter Umständen ziemlich hoch liegen, wenn man mit Hilfe des Apparates Einrichtungen schafft, die nur in gewissen Fällen gebraucht werden, z. B. um ärztliche Hilfe anzurufen, Feuerwehr, Polizei zu verständigen etc.

3. Das Vermittlungsamt kann jede Station einzeln anrufen und umgekehrt.

4. Keine Station kann ein von einer anderen Stelle eingeleitetes Gespräch stören oder das mindeste abhorchen.

5. Die Vermittlungsämter arbeiten genau mit denselben Mitteln wie bisher.

6. Die Telephon-Apparate der Theilnehmer sind sowohl in Ausstattung, wie in der Handhabung ebenso einfach wie bis jetzt üblich.

7. Kein Theilnehmer ist in der Lage, die Linie übermässig lange für sich zu benützen.

8. Für behördliche Zwecke kann der Apparat auch ohne weiters so eingerichtet sein, dass die Gesprächszeit verlängert werden kann.

9. Ergibt der Apparat eine enorme Ersparniss an Linienherstellungen, die ohnehin immer schwieriger werden, und an Einrichtungen in den Vermittlungsämtern. Ein Amt, das für eine gewisse Zahl von Linien eingerichtet ist, wird für ein Vielfaches dieser Zahl an Abonnenten genügen.

10. Der Apparat gibt die leichtere Möglichkeit der Centralisirung des Telephonbetriebes.

11. Höhere Betriebssicherheit, da der Gang des Laufwerkes hörbar sein muss, wenn die Leitung frei und intact ist.

12. Aus Punkt 11 erhellt, das bei dieser Einrichtung die sogenannte Controle-Leitung der Vielfach-Umschalter entfallen kann.

13. Der Apparat ermöglicht einen natürlichen Ausgleich der Gebühren.

14. Der Apparat erleichtert die weitgehendste Ausbreitung des Telephonbetriebes.

15. Der Apparat benachrichtigt selbstthätig die Theilnehmer von der zu Ende gehenden Gesprächszeit und avisirt das Freiwerden der Linie.

16. Wenn man bedenkt, dass in neben einander eine längere Strecke laufenden Leitungen, durch Stromübergänge und Inductionswirkungen, das Ueberhören von einer Leitung auf die andere möglich ist, so kommt der Vortheil des Apparates, der selbstthätig alle übrigen Theilnehmer vollständig ausschaltet, um so mehr zur Geltung.

17. Zwei durch eine gemeinsame Leitung verbundene Gruppen von Theilnehmern können, bei Anwendung je eines Umschalters in den Knotenpunkten, derart mit einander verkehren, dass jede Sprechstelle der einen Gruppe mit jeder Sprechstelle der anderen Gruppe ohne Zuthun eines Vermittlungsamtes verkehren kann.

18. Mit Rücksicht auf seine vielfachen Functionen, die der Apparat ruhiger und präciser vollzieht, als dies durch Menschenhand erfolgen könnte, ist derselbe sehr einfach und vollständig betriebssicher.

Das städtische Elektricitätswerk Znaim.*)

Von GUSTAV KLOSE.

Zu Beginn des Jahres 1893 ging der Gemeinderath der Stadt Znaim daran, sich Offerte für die elektrische Beleuchtung der Stadt vorlegen zu lassen.

Es muss hier vorausgeschickt werden, dass in dieser Stadt noch kein Gaswerk besteht und dass daher sowohl die öffentliche, wie auch die Privatbeleuchtung gänzlich auf das Petroleum angewiesen sind.

---

*) Vergl. Heft X. [illegible], 1894.

Das Ergebniss der vorerwähnten Offertausschreibung war ein reichhaltiges. Es wurden von 10 verschiedenen Firmen 15 Offerte eingesendet, darunter 13 für ein städtisches Werk und 2 für ein Privatunternehmen. Diese 13 Offerte spiegelten die verschiedenartigsten Anschauungen in betreff des Lichtverbrauches der Stadt wider. So projectirte z. B. ein Offerent eine Anlage für 300 Glühlampen, während ein anderer ein stattliches Werk für 12.000 Lampen für die Znaimer Verhältnisse als passend erachtete.

Die Sichtung und Begutachtung dieser ziemlich heterogenen Offerte wurde dem Berichterstatter übertragen. Bevor derselbe an seine Aufgabe gehen konnte, musste er sich ein Bild über den Licht- und Kraftbedarf der Stadt verschaffen.

Berichterstatter kam zu der Anschauung, dass eine Stadt wie Znaim mit einer Bevölkerungsziffer von mehr als 15.000 Einwohnern mit circa 1100 Häusern und 3000 Wohnparteien ein Elektricitätswerk für ungefähr 3000 gleichzeitig brennende Glühlampen zu 50 Watt brauche. Für die ersten zwei Jahre könne man sich mit dem halben Ausbau des Werkes für circa 1500 gleichzeitig brennende Glühlampen zu 50 Watt begnügen.

Die Gesammtzahl der anzuschliessenden Lampen könne um die Hälfte grösser sein, also 2250 Glühlampen bei halben und 4500 Glühlampen bei vollem Ausbau. Bei Berücksichtigung der localen Verhältnisse ergab sich eine durchschnittliche Jahresbrenndauer von 520 Stunden pro installirte Lampe für den ersten, beziehungsweise von 580 Stunden für den vollen Ausbau.

Von diesen Gesichtspunkten aus entsprachen nur drei Offerte den vorliegenden Verhältnissen, unter welchen sich eines befand, nach welchem die Wasserkraft der Thaya im städtischen Wasserwerke zur Erzeugung des elektrischen Stromes benützt werden sollte. Nach diesem Offerte sollte im Wasserwerke hochgespannter Wechselstrom erzeugt und mittelst Luftleitungen in die Stadt geleitet, dort an verschiedenen Punkten in niedrig gespannten Wechselstrom transformirt werden, welch' letzterer durch besondere Niederspannungsleitungen in der Stadt vertheilt und den Abnehmern zugeführt werden sollte.

Die beiden anderen Offerenten schlugen Gleichstromanlagen nach dem Dreileitersystem vor, u. zw. mit Verlegung der Centrale in die Stadt selbst.

Eine eingehende Prüfung dieser Offerte sowie der Localverhältnisse ergab, dass auf die Benützung der Wasserkraft der Thaya vorläufig verzichtet werden müsse, da die derzeit für den Betrieb des städtischen Pumpwerkes nicht benöthigte Kraft verpachtet ist und deren Ablösung mit bedeutenden Kosten verbunden wäre. Anderseits bot sich als Bauplatz für die Centrale ein der Stadt gehöriges weitläufiges Grundstück im nordöstlichen Theile der Stadt, welches also in der Richtung der Stadterweiterung gelegen ist, dar.

Mit der Wahl dieses Grundstückes fiel auch der Vortheil des Wechselstrombetriebes hinweg und konnte der Gleichstrombetrieb mit dem Dreileitersystem in's Auge gefasst werden.

Im Juli 1893 wurde zu einer neuerlichen Offertausschreibung geschritten, u. zw. auf Basis des folgenden Programmes:

Anschluss für den ersten Ausbau 3000 Glühlampen,
" " " vollen " 4500 "

Grösster Stromverbrauch bei erstem Ausbau 2000 Glühlampen,
" " " vollem " 3000 "

Jahresverbrauch bei vollem Ausbau 3,216.000 Lampenbrennstunden.

Hievon entfallen auf die öffentliche Beleuchtung 860.000 Lampenbrennstunden.

Die Maschineneinheit ist so zu bemessen, dass drei Dampfmaschinen bei vollem Ausbau ausreichen.

Die Dynamomaschinen sind mit den Dampfmaschinen direct zu kuppeln. Eine entsprechende Accumulatorenbatterie ist in das Project aufzunehmen.

Die Reserven sind in jedem Theile der Anlage derart zu bemessen, dass der Vollbetrieb bei Ausscheidung eines beliebigen Gliedes der motorischen oder elektrischen Anlage ungestört fortgesetzt werden kann.

Auf Grund dieses Programmes liefen im August v. J. drei Offerte ein, unter welchen jenes der Firma Siemens & Halske in Wien als das für die Stadt vortheilhafteste erkannt wurde.

Das Gebäude der Anstalt ist in diesem Projecte in den Hof der städtischen Realität in der Mariahilferstrasse verlegt. Das Gebäude enthält ein geräumiges Kesselhaus für 4 Babcock & Wilcox-Kessel, ein Maschinenhaus für 4 Stück Dampf-Dynamomaschinen zu je 100 *HP* und einer Accumulatorenbatterie für 35 Kilowatt.

Das nach dem Dreileitersystem auszuführende Leitungsnetz ist als ein oberirdisches, aus blanken Kupferdrähten bestehendes gedacht und wird durch sieben Speiseleitungen mit Strom versorgt.

Am 1. April d. J. wurde die Ausführung dieses Werkes hinsichtlich der maschinellen und elektrischen Anlage der Firma Siemens & Halske übertragen. Die Baulichkeiten führt die Stadtgemeinde selbst aus. Die Inbetriebsetzung des Elektricitätswerkes soll mit 1. November 1894 stattfinden.

Der Strompreis für die Hektowatt-Stunde wurde mit 4 kr. festgesetzt. Hievon werden noch Rabatte bis zu 20% gewährt. Für Kraftübertragung wird der Strom pro Hektowatt-Stunde um 3 kr. abgegeben, welcher Preis sich bei Benützung von 2000 Stunden im Jahre auf 2 kr. ermässigt.

Die Installationen im Innern der Häuser und Wohnungen führt die Stadt auf Rechnung der Abnehmer aus. Ebenso liefert die Stadt die Glühlampen- und Bogenlichtkohlen.

Es besteht die Absicht, die Bezahlung für die Stromlieferung nach Möglichkeit zu pauschaliren, um die kostspielige und umständliche Gebahrung mit den Elektricitätsmessern thunlichst zu vermeiden.

Die elektrischen Bahnen in Wien.*)

Eine wichtige Frage beschäftigte am 25. v. M. den Gemeinderath. Die bekannten Anträge des Stadtrathes betreffs der Anlage elektrischer Bahnen in Wien kamen zur Verhandlung. Wir haben diese Anträge neulich in einem Artikel besprochen, indem wir davor warnten, durch allzu vieles Fordern den Bau solcher Verkehrsmittel in Wien zu hintertreiben. Unsere Anschauung hat einen Widerhall gefunden in dem Antrage sofort mit den Concessionswerbern in Unterhandlungen zu treten, um den Bau der projectirten Linien zu sichern. Ein Fachmann unterstützte wärmstens diese Auffassung — Alles vergeblich! Mit Dr. Lueger trat der Bürgermeister Dr. Grübl selbst diesem Antrag entgegen. Er versicherte zwar, dass die Wünsche der Gemeinde von der Regierung raschestens erfüllt werden würden. Wir fürchten aber, dass Jene Recht behalten, die nach den gemachten Erfahrungen nicht daran glauben. Ganz sicher aber traf Gemeinde[illegible] Kareis das Richtige, indem er mei[illegible]n solle das Eine thun und das Andere nicht lassen — man solle um die angesprochenen Rechte petitioniren, aber die Zeit nicht nutzlos verstreichen lassen und durch Unterhandlungen mit den Concessionswerbern, die jedenfalls viel Zeit in Anspruch nehmen werden, den Bau der Bahnen inzwischen fördern. Möge man diese Abstimmung nicht zu bereuen Ursache haben!

Nachstehend der Sitzungsbericht:

Dr. Hackenberg legt die von uns schon besprochenen Anträge des Stadtrathes vor, welche sich auf die Anlage elektrischer Bahnen in Wien beziehen. Es handelt sich hierbei um Petitionen an Regierung und Parlament, in welchen das Heimfallsrecht für solche Bahnen zu Gunsten der Stadt, ferner gesetzliche Regelung des Correspondenz- und Péageverkehrs, endlich die Gewährung des

*) Vergl. Heft XI. 1894, S. 299.

Expropriationsrechtes für die Schaffung neuer städtischer Verkehrsmittel verlangt wird.

In ausführlicher Begründung seiner Anträge führt der Referent aus, dass unter den gegenwärtigen gesetzlichen Bestimmungen an die Anlage eines entsprechenden Netzes von elektrischen oder Trambahnen ohne Fürsorge in obiger Richtung nicht zu denken sei. Er hofft, dass durch einen einmüthigen Beschluss diesen Petitionen der nöthige Nachdruck gegeben werde.

Herold begrüsst die Anträge; nur sei zu befürchten, dass die Schaffung der angestrebten Gesetze erst in einer Reihe von Jahren zu erwarten wäre. Die Bevölkerung aber wolle nicht so lange auf elektrische Bahnen in Wien warten, weil sie in Budapest sehe, wie rasch die Sache gemacht werden könne. Man dürfe daher den Unternehmern, welche elektrische Bahnen in Wien bauen wollen, nicht Hindernisse in den Weg legen, welche sie jahrelang hinhalten, sondern müsse ihnen entgegenkommen. Er beantragt, der Stadtrath habe sich sofort mit den Concessionswerbern in's Einvernehmen zu setzen, um auf dem Vertragswege ein Uebereinkommen zu erzielen, wobei auch Correspondenzdienst und Péageverkehr zu berücksichtigen wären.

Referent Dr. Hackenberg bestreitet, dass die Erfüllung der Wünsche der Gemeinde allzulanger Zeit bedürfe, da die Regierung bereits ein neues Localbahnengesetz ausgearbeitet habe, das im Herbst vor den Reichsrath gebracht und zum Schluss des Jahres Gesetzkraft erlangen werde. Redner bekämpft es dann, dass einzelne Unternehmer rentable Linien aus dem gesammten Netze herausschneiden, sie bauen und das Uebrige liegen lassen. Die ganze Stadt müsse mit elektrischen Bahnen versehen werden, und nicht blos die Innere Stadt. Er empfiehlt die Ablehnung des Herold'schen Antrages.

Dr. Lueger erklärt, dass seine Parteigenossen für den Stadtrathsantrag stimmen werden. Die Bevölkerung wolle nicht, dass die elektrischen Bahnen zu Gunsten des Staates gebaut werden. Wenn man auf Budapest hinweise, so müsse man eben auch bedenken, dass dort die Regierung den Wünschen der Stadt entgegenkomme, was bei uns nicht der Fall sei. Es sei nicht richtig, dass in Wien gar nichts geschehe. Wenn das zutreffe, so sei die Ursache nur der mangelnden Förderung der Regierung zuzuschreiben. Wenn man sage: man möge nur rasch nach den vorliegenden Projecten greifen — so sei das unmöglich, bevor eine gesetzliche Basis geschaffen sei. Die Stadt müsse die elektrischen Bahnen in die Hand bekommen. Redner wünscht, dass der Gemeinderath geschlossen für die Anträge des Stadtrathes stimme und Herold seinen Antrag zurückziehe.

Kareis wundert sich über das Pathos, das Lueger gegen den Antrag Herold aufgebracht. Was Herold wünsche, sei nur, eine Verschleppung hintanzuhalten. Redner verweist darauf, dass nicht nur Budapest, sondern auch Czernowitz, Prag, Lemberg, Kanizsa und viele andere Orte, dann viele Städte Deutschlands, Frankreichs und der Schweiz bereits elektrische Bahnen haben. Es wäre wohl Zeit, endlich rasch an's Werk zu gehen, damit nicht wieder Jahre verstreichen, bis etwas geschieht. Wenn die Verhandlungen mit der Regierung ein solches Resultat ergeben werden, wie die Berathungen des Stadtrathes, dann könne man wohl bis in's nächste Jahrhundert warten.

Noske führt aus, dass die Concessionswerber zweifelsohne nach Annahme der Stadtrathsanträge sich sagen werden: Nun sind unsere Projecte begraben. Wer den Geschäftsgang im Parlamente kenne, müsse sich sagen, dass Jahre vergehen können, ehe all das, was der Stadtrath vorschlägt, zum Gesetz geworden. Die Gemeinde käme in eine viel bessere Situation, wenn sie die Vorverhandlungen pflege und die Sache so weit fördere, dass sie dann die Regierung mit fertigen Projecten in der Hand drängen könne, die Wünsche der Gemeinde zu erfüllen.

Dr. Lueger verharrt bei seiner Anschauung und polemisirt dann gegen Kareis; Er behauptet weiter, dass das neue Localbahngesetz noch im heurigen Jahre erledigt werden müsse. Redner empfiehlt die Anträge des Stadtrathes. Er sagt schliesslich: Wir sind Gott sei Dank keine Elektriker; wir sind Gott sei Dank keine Hôteliers, die ein Interesse daran haben, dass ein paar Fremde mehr nach Wien kommen, wir vertreten nur die Interessen des kleinen Mannes, des arbeitenden Volkes.

Taubler ist für die Anträge des Stadtrathes.

Kareis hebt nochmals hervor, dass der Antrag Herold den Anträgen des Stadtrathes in keiner Weise präjudicire. Er widerlegt in sachlicher und eingehendster Weise die gegen oberirdische Leitungen vorgebrachten ästhetischen Bedenken Lueger's u. a. Redner. Kareis weist u. A. auf Mailand hin, wo die oberirdische Stromzuführung der dortigen elektrischen Bahn bis hart an die Pforten des Doms und neben der Gallerie Vittorio Emanuele geführt ist und dem Gesammteindrucke der herrlichen Piazza del Duomo nicht im Geringsten Abbruch thut; er sagt, dass berufene Architekten die Lösung der Aufgabe, eine schöne oberirdische Leitung herzustellen für gar nicht so unmöglich halten, wie es die Gegner der Bahnen thun. „Nein, meine Herren" — sagt der Redner — es verstösst eine gut und schön geführte Leitung weniger gegen den Schönheitssinn, als es der Anblick der oft hart mitgenommenen, abgehetzten Pferde thut, die durch ihr oft bedauernswerthes Aussehen und durch ihre Excremente dem Strassenbilde mehr Widerwärtiges einprägen als es schön geformte Säulen mit zierlichen Armen und dünnen Drähten je thun können."

Nun greift Bürgermeister Dr. Grübl ein und bekämpft den Antrag Herold's, der eine Spitze gegen den Stadtrath habe. Die Gemeinde müsse sich über ihre Rechte klar werden, ehe man die Frage der elektrischen Bahnen löse. Das jetzige Localbahngesetz gehe mit 31. December 1894 zu Ende und deshalb habe mit 1. Jänner ein neues Localbahngesetz in's Leben zu treten. Es scheine ihm, nach officiösen Andeutungen, die er bekommen, dass die Regierung den Wünschen der Gemeinde günstig gesinnt sei. Der Stadtrath sei sich seiner Pflicht, auch schöpferisch zu wirken, bewusst, und er (der Bürgermeister) werde dafür sorgen, dass die Angelegenheit nicht in's Stocken komme. Redner wünscht, dass Herold seinen Antrag zurückziehe.

Herold entspricht dem Wunsche des Bürgermeisters.

Die Anträge des Stadtrathes werden sodann einstimmig genehmigt. — Wenn wir uns den Bericht über die Lemberger elektr. Stadtbahn (auf S. 343 dieses Heftes) vor Augen halten, so können wir ein Gefühl des Neides über unsere hiesigen Zustände nicht unterdrücken. Ja, nur immer langsam voran!....

Nachrichten aus Ungarn.

Elektrische Untergrundbahn in Budapest.*)

Am 15. Mai l. J. hat unter Intervention der staatlichen und städtischen Behörden die administrative Tracenaufnahme und Begehung auf der Andrássystrasse behufs Anlage der elektrischen Untergrundbahn nach dem Project von Siemens & Halske stattgefunden. Diese commissionelle Begehung brachte eine völlige Einigung zwischen sämmtlichen Interessenten in allen in Betracht kommenden Punkten, so dass die elektrische Untergrundbahn schon am 1. Juli d. J. wird in Angriff genommen, und sonach projectirtermassen bis zur Millenniumsfeier im Jahre 1896 wird fertiggestellt werden können.

Elektrische Beleuchtung in Igló.

Im Nachhange zu unseren Mittheilungen im diesjährigen Hefte II. S. 43 und Heft IV, S. 103 können wir heute berichten, dass mit der Einführung der elektrischen Beleuchtung in Igló die Firma Siemens & Halske betraut worden ist. Die Kosten werden durch Emittirung von 1000 Stück Actien zu je 100 fl. aufgebracht, wovon die Firma Siemens & Halske 500 Stück übernimmt.

Verbesserungen an Elektricitätszählern.

Von SEBASTIAN ZIANI DE FERRANTI in London, England.

Die vorliegende Erfindung hat Verbesserungen an Elektricitätszählern jener Art zum Gegenstande, bei welchen die durch den Zähler gehende Strommenge von Zeit zu Zeit oder continuirlich durch ein Ampèremeter in Gestalt eines Solenoids oder von anderer Form gemessen, und durch ein Zählwerk oder in anderer Weise registrirt wird.

Bisher hat man bei Elektricitätszählern dieser Art die Registrirvorrichtung durch ein Uhrwerk in Thätigkeit gesetzt, welches häufig aufgezogen werden musste, oder durch auf elektrischem Wege in Gang erhaltene Uhrwerke, welche zwar nicht aufgezogen zu werden brauchten, aber von solcher Construction waren, dass sie beim Einleiten von Strom nicht mit voller Sicherheit in Gang gesetzt wurden, und es wurden verschiedene Versuche gemacht, um den Theilen solcher Elektricitätszähler eine gleichmässige Bewegung zu ertheilen.

Nach vorliegender Erfindung benütze ich, um der Mess- oder Registrirvorrichtung Bewegung zu ertheilen, Elektromotoren mit in sich geschlossener Leitung und ohne Commutatoren, welche mit dem [illegible] der sie treibt, nicht synchron laufen. Die nachstehenden Figuren zeigen zwei Beispiele von nach vorliegender Erfindung eingerichteten Elektricitätszählern.

Fig. 1 ist eine Vorderansicht eines Elektricitätszählers mit grösstentheils abgebrochener Vorderwand, bei welchem die durchgehende Strommenge continuirlich registrirt wird. Fig. 2 ist eine Vorderansicht des Motors, der der Registrirvorrichtung Bewegung ertheilt, Fig. 3 ist eine Vorderansicht eines Elektricitätszählers, bei dem der durchgehende Strom blos zeitweise gemessen wird.

In Fig. 1 und 2 ist A ein Solenoid, durch welches der zu messende Strom hindurch geht. B ist der Solenoidkern, der an einem Hebelarme C hängt, auf den auch eine Feder D einwirkt. E ist eine leichte senkrechte Welle, durch welche dem Zählwerk F Bewegung ertheilt wird. G ist ein kleines Rad, das längs der Welle E verschoben werden kann, sich aber mit ihr dreht. H ist eine Scheibe, deren Vorderfläche mit dem Umfang des Rades G in Berührung steht. Die Scheibe H sitzt fest auf einer Achse I, welche auch die Achse des commutatorlosen, asynchronen Elektromotors bildet, der zum Antrieb der Registrir-

*) Vergleiche Heft X 1894 [illegible]

vorrichtung dient. In manchen Fällen kann man zwischen der Achse der Scheibe *H* und der Motorwelle eine Uebersetzung anbringen, um die Geschwindigkeit zu ändern. Die Construction des Motors bildet keinen Gegenstand der vorliegenden Erfindung und kann beliebig gewählt werden. Bei dem gekennzeichneten Motor, dessen Construction übrigens bekannt ist, ist *J* der Anker; er Feldmagnete geht, dreht sich die Scheibe *H* stets mit nahezu derselben Geschwindigkeit, gleichzeitig wird der Solenoidkern *B* je nach der Stärke des Hauptstromes, welche zu registriren ist, mehr oder weniger tief in das Solenoid *A* gezogen; da auf diese Weise das Rad *G* mehr oder weniger weit von der Mitte der Scheibe *H* entfernt wird, so wird es in Drehung versetzt und die Geschwindig-

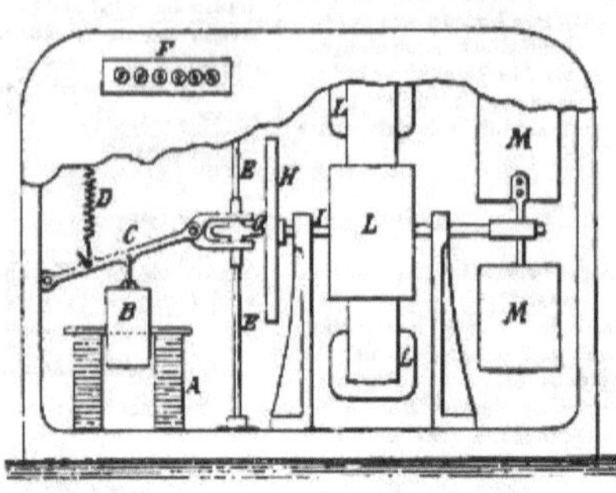

Fig. 1.

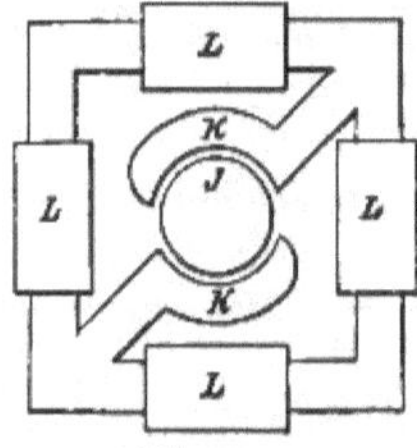

Fig. 2.

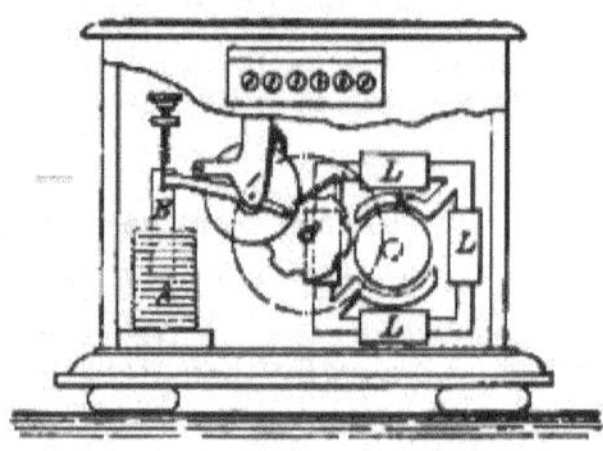

Fig. 3.

besteht aus einem eisernen Rad auf der Achse *I*. *KK* sind Polschuhe, welche einen grossen Theil des Umfanges des Ankers umgeben. *L* sind die erregenden Spulen der Magnete; ein Zweig vom Hauptstrom geht durch diese Spulen. *M* sind Flügel auf der Achse *I*, um die Drehungsgeschwindigkeit zu verringern. Wenn Strom durch die Spulen der keit, mit welcher es gedreht wird, hängt von der Stärke des Stromes ab, und die Anzahl der Umdrehungen des Rades *G* wird durch die Registrirvorrichtung registrirt. Bei der in Fig. 3 gezeigten Construction ertheilt der Motor der Registrirvorrichtung des bekannten Elektricitätszählers von J. C. H. Gordon die erforderliche Bewegung.

Project der industriellen Wasserstoff- und Sauerstoffgewinnung auf elektrolytischem Wege.

Von Prof. D. A. LATSCHINOW.

(„Berichte der kaiserlich russischen Technischen Gesellschaft".)

Einleitung.

Mitte 1887 begann ich mich praktisch mit der Frage der industriellen Wasserelektrolyse zu beschäftigen und im Mai 1888 war dieses Project der elektrolytischen Batterie bereits derart ausgearbeitet, dass ich es für nothwendig erachtete, mich um das Privilegium dieser Erfindung in Russland zu bewerben.

Ende 1888, nach einigen suplementären Experimenten, erhielt ich die Patente auf denselben Gegenstand in England, Deutschland, Frankreich und Belgien.

Die Versuche über Wasserelektrolyse wurden in drei Wannen verschiedener Grö e und Construction angestellt. Obwohl die Dimensionen dieser Wannen bedeutend kleiner waren als die in meinem Projecte vorausgesetzten, (siehe VIII.), glaube ich nichts destoweniger, dass meine Experimente im Laboratorium die wichtigsten praktischen Seiten dieses Gegenstandes vollständig aufklärten, wie z. B.: *a*) die Anwendbarkeit der einen oder anderen Elektroden zur Elektrolyse basischer oder angesäuerter Flüssigkeiten, *b*) Vor- und Nachtheile verschiedener Scheidewände behufs Trennung beider Gase, *c*) die Grenze der zulässigen Stärke des galvanischen Stromes und endlich *d*) die rationelle Einrichtung der Glocken und Gasbehälter. Es ist jedem Elektrotechniker wohl bekannt, dass alle aufgezählten Factoren unabhängig von der Wannenzahl, welche die Batterie bilden, sind, und sehr wenig von der Wannengrösse abhängen; daher hielt ich mich für berechtigt, alle unten angeführten Gründe (s. VIII.) auf die genannten Laboratorium-Experimente zu basiren.

In der Absicht, öffentlich die Wirkung meiner Wannen zu demonstriren, errichtete ich für die IV. Petersburger elektrische Ausstellung eine Batterie, bestehend aus 12 kleinen Zinkwannen, welche während der ganzen Ausstellungsdauer zu functioniren hatte, aber es widerfuhr ihr während des Transportes ein Unglücksfall; durch die Unvorsichtigkeit der Arbeiter fiel sie zu Boden, wobei alle aus Zinnblech verfertigten Wannen und Gasleitungsröhren deformirt wurden. Ich musste mich nur auf die äusserliche Reparatur der Batterie beschränken, die Risse im Zinn jedoch verblieben und Aetznatron drang fortwährend durch, was dem Apparat ein schmutziges und unschönes Aussehen verlieh. In Folge dessen gelang es mir nur, die Batterie blos zwei bis drei mal functioniren zu lassen, und auch da nur auf kurze Zeit. Ich bedauere die Batterie nicht schon damals von der Ausstellung entfernt zu haben, da das Publikum von dem erwähnten Unfall nicht unterrichtet, das schlechte Functioniren der Batterie der Unrichtigkeit oder Unausführbarkeit der Erfindung selbst zuschreiben konnte. Bis zum heutigen Tage hielt ich es nicht für angezeigt, die vollständige Beschreibung meiner elektrolytischen Batterie in Druck erscheinen zu lassen, da ich behufs Verkauf oder Verwerthung meiner Erfindung mit einigen ausländischen Firmen in Unterhandlung stand. Diese Unterhandlungen blieben jedoch erfolglos da ihnen neue Ausgaben meinerseits — an die Verkaufsvermittler — zu Grunde lagen. In Folge dessen beschloss ich die Zahlungen der progressiv ansteigenden jährlichen Gebühren für die ausländischen Patente einzustellen und meine Erfindung dem öffentlichen Nutzniessen zu überlassen, indem ich die technische Welt auf dem Wege der Presse darin einweihte.

Im Interesse der Gerechtigkeit halte ich es für nothwendig zu erwähnen, [illegible] Frankreich (wo bekanntl. [illegible] Staate nicht [illegible]

verschiedenen Personen zwei Jahre später*) zwei von einander unabhängige Privilegien auf Wannen genommen wurden, die eine grosse Aehnlichkeit mit den meinigen hatten; diese Personen scheinen nachträglich zum Zwecke der industriellen Ausbeutung der Wasserelektrolyse in Verbindung getreten zu sein. Die französischen Zeitschriften begrüssten diese Erfindung und betonten besonders folgende Vortheile derselben: *a*) den geistvollen Ersatz der Säure durch die Base, mit deren Hilfe es ermöglicht wurde, Elektroden aus Eisen und Stahl statt des theueren Platin anzuwenden; *b*) den Ersatz der Thonscheidewände durch solche aus Amianth (Bergflachs), die einen minimalen Widerstand bieten und *c*) die Anwendung des äusseren Metallgefässes als Elektrode. (Siehe „Lumière electrique" 1891 Nr. 1 und „Kosmos" 27. December 1890.)

Aus der nachfolgenden Beschreibung meiner Batterie wird der Leser die Ueberzeugung gewinnen, dass alle aufgezählten Eigenthümlichkeiten von mir bereits in Russland 1888 beschrieben und patentirt wurden. Sie befinden sich auch in meinem französischen Patent vom 1. August 1888.

Auf meine Anfrage bezüglich der Erfindungspriorität in Frankreich erhielt ich von einem Redacteur einer Fachzeitschrift die Antwort, dass, obwohl der französische Apparat zur Elektrolyse des Wassers mit meiner Batterie auch Aehnlichkeit habe er nichtsdestoweniger nicht entlehnt, sondern eine vollständig unabhängige Erfindung bilde; die Aehnlichkeit der französischen Vorrichtung mit der meinigen erklärt sich durch den Umstand, dass heutzutage sich die Thatsache öfters wiederholt, dass mehrere Erfinder, unabhängig von einander, auf dieselbe Idee verfallen. Darauf hin unternahm ich gar keine Versuche zur Wahrung meiner Rechte.

Ich hielt es für nothwendig, an dieser Stelle kurz die successive Entwicklung dieses Falles auseinander zu setzen, um den richtigen Standpunkt diesbezüglich festzustellen, da die Nachricht von der französischen Gewinnungsmethode des Wasserstoffes mittelst Elektrolyse in der russischen Presse sich schon verbreitet hat und Personen, mit dieser speciellen Frage unbekannt, sich denken könnten, dass ich blos ein Nachahmer der französischen Erfinder wäre, währenddem ich schon eine geraume Zeit vorher die elektrolytische Batterie beschrieben und sie mir patentiren liess.

Angesichts der vorerwähnten Sachlage verlor ich jedwede Hoffnung, meine Erfindung im Auslande zu verwerthen, würde es aber als eine theilweise Genugthuung betrachten, wenn sie wenigstens für Russland nicht verloren ginge. Das russische Patent ist derzeit noch in Kraft und ich würde meine Erfindung gerne irgend einer russischen Gesellschaft oder dem Staate unentgeltlich zur [illegible]fügung stellen, falls sie mein Project in

*) Im [illegible]

dem von mir angedeuteten Umfange verwirklichen würden. (Siehe VIII.)

Ich jedoch fühle in mir nicht die Kraft, die Sache weiter zu führen, auf die ich so viel Zeit, geistige Arbeit und materielle Opfer verwendete und die mir nichts als Enttäuschungen eintrug.*)

Das Misslingen meiner Verhandlungen mit ausländischen Firmen kann ich nicht der Unfruchtbarkeit der Erfindungsidee selbst zuschreiben (da sie doch in Frankreich verwirklicht wurde); im Gegentheil, in Folge meiner vieljährigen Beschäftigung mit der Elektrotechnik gewann ich die Ueberzeugung, dass der Erfolg irgend einer Erfindung, ihre Verbreitung und ihre, so zu sagen, Popularität, sehr wenig von ihren eigentlichen Vorzügen abhängen, sondern durch nebensächliche Umstände und hauptsächlich durch's Capital, welches dem Erfinder oder seinen Compagnons zur Verfügung steht, bedingt sind. Ohne grosses Capital sind weder die gehörige Ausarbeitung der Details, noch die Wahrung der Rechte des Erfinders, noch die Publicität der Erfindung möglich. Daher bleibe ich bei meiner Ueberzeugung, dass die praktische Verwirklichung des Projects der Industrie zweifelsohne grosse Vortheile bieten könnte.

In der untenfolgenden Beschreibung der elektrolytischen Wannen hielt ich mich möglichst nahe dem Text meiner Patente, doch musste ich sie theilweise abkürzen, um der Schilderung eine literarische Form zu geben, wobei ich das suplementäre Privilegium auf die verbesserte Wanne mit dem Hauptpatent auf die elektrolytische Methode und einige Zeichnungen wegliess.

I. Theoretische Betrachtungen.

Die Anwendungen des galvanischen Stromes sind zahllos, es gibt fast keinen einzigen Industriezweig, wo diese Universalkraft sich nicht die hervorragendste Stelle erobert hätte. Besonders grosse Erfolge wurden in den letzten Jahren auf dem Gebiete der Anwendung der Elektrolyse bei der Gewinnung der Metalle aus den Erzen erzielt (insbesondere des Kupfers und Aluminiums), sowie bei der Metallreinigung, wobei letztere für die Elektrotechnik ganz ausgezeichnete Eigenschaften gewinnen. Nicht unerwähnt darf auch die Anwendung der Elektrolyse bei der Elektrocultur und der Ledergärberei bleiben.

Bei einer derartigen Entwicklung der Elektrolyse und der Ausbreitung ihres Anwendungsgebietes konnte selbstverständlich auch der Gedanke der Anwendbarkeit des galvanischen Stromes zur industriellen Gewinnung des Sauer- und Wasserstoffes auftauchen, wobei dieses letztere Gas hauptsächlich zur Füllung der Aërostaten verwendet werden könnte. Trotzdem stiess mein Project auf heftigen Widerspruch seitens der Herren Luftschiffer und Elektrotechniker, als ich 1887 ihnen meine Idee mittheilte und dieselbe als phantastisch verschrien wurde. Es lässt sich nicht leugnen, dass die elektrische Methode der industriellen Gewinnung des Wasserstoffes auf den ersten oberflächlichen Blick etwas undurchführbar erscheint. In der That wissen wir, dass 1 Amp. in einer Stunde aus dem angesäuerten Wasser 420 cm^3 Wasserstoff ausscheidet, folglich um 1 m^3 dieses Gases zu erhalten, müsste man einen Strom von 100 Amp. 24 Stunden lang wirken lassen. Und da zur Füllung eines kleinen Aërostates 640 m^3 Wasserstoff benöthigt werden, so müsste man, um das nothwendige Gas zu erhalten, einen Strom von 100 Amp. circa innerhalb 2 Jahren durchleiten.

Ungeachtet dieser Betrachtungen verlor ich nicht die Ueberzeugung, dass unter gewissen Bedingungen die Anwendung der Elektrolyse zur Füllung der Luftballons, besonders derjenigen für Kriegszwecke, nicht nur möglich, sondern sogar sehr bequem und vortheilhaft sei. Die unten folgenden Auseinandersetzungen mögen dies bekräftigen.

a) Der Wasserstoff, welcher durch die Einwirkung von Schwefelsäure auf Zink oder Eisen erhalten wird, ist im Grunde genommen elektrolytischen Ursprunges, da die Säure bekanntlich ein chemisch reines Metall fast nicht angreift, ihre Wirkung jedoch auf das im Handel vorkommende Zink sich durch die Bildung von molekularen galvanischen Elementen (Metall, Säure, Beimengung) erklärt, welche durch gegenseitige Wirkung eine grosse Menge elektrolytischen Wasserstoffs ausscheiden. Ist dem aber so, so frägt es sich, weshalb könnte man den regellosen, zufälligen galvanischen Process nicht durch eine regelmässige Elektrolyse ersetzen, bei welcher als secundäres Product, statt des nutzlosen Zinksulfats, der reine Sauerstoff gewonnen werden könnte.

b) Der Gedanke der Gewinnung des Kupfers und anderer Metalle auf elektrischem Wege galt noch vor 10—15 Jahren als eine Utopie. Galvanoplastiker, welche die Anzahl der Tage für die Abbildung eines einfachen Clichés wussten, lächelten spöttisch, als ihnen das Project der Gewinnung von Tausenden von Kilogrammen Kupfer mittelst Elektrolyse bekannt wurde; heutzutage ist das ein fait accompli. Das elektrolytische Kupfer, dank seiner vorzüglichen Leitungsfähigkeit und anderer ausgezeichneten Eigenschaften, droht alle anderen Kupfersorten vom Markte zu verdrängen. Es frägt sich nun, kann denn dasselbe nicht mit dem Wasserstoff der Fall sein?

c) Die theoretische Berechnung ergibt, dass für die Zerlegung des Wassers ein geringes Quantum der mechanischen Energ[illegible] nothwendig ist, welche ganz in den pr[illegible]

*) Ein nicht minder trauriges Los ereilte auch meine anderen Erfindungen, nämlich: „Accumulatoren aus schwammigen Zinn" (siehe „Elektritschestwo" 1887, Nr. 7), „Compensations-Photometer" („Journal der physikalisch-chemischen Gesellschaft" 1888) und „Apparat zur Untersuchung der Leitungen von hoher Spannung" („Elektr." 1892, Nr. 5 und 6).

tischen Grenzen liegt, wie es aus der unten angeführten Berechnung zu ersehen sein wird.

Die Anwendung der Elektrolyse für den betreffenden Zweck erweist sich somit als vollständig durchführbar. Wenn es uns aber auch gelingen sollte, eine elektrolytische Batterie zur Wasserstoffgewinnung einzurichten, so taucht eine neue Frage auf: wie kann man diese Batterie bei Aërostaten für Kriegszwecke in Anwendung bringen? Man kann doch nicht eine Batterie, eine Dynamomaschine und einen Motor mit sich führen.

Zur näheren Aufklärung dieses Theiles meines Projectes werde ich mir erlauben, kurz auf die Umstände, welche heutzutage die Füllung der Luftballons während der Kriegszeiten begleiten, einzugehen.

In diesem Falle geht die Füllung des Aërostates abseits von Industrieorten, nicht selten sogar auf dem Schlachtfelde selbst. Darum ist es nothwendig, mit demselben auch alle Utensilien und Apparate, die zur Wasserstofferzeugung nothwendig sind, zu transportiren. Ein Luftballon für Kriegszwecke, mit 640 m^3 Fassungsraum, erfordert zu seiner Füllung etwa 8000 *kg* Material (Schwefelsäure und Eisen). Wenn wir dazu noch das Gewicht der Kupferkessel zur Wasserstofferzeugung und Emballage der Materialien hinzufügen, so bekommen wir als Endresultat etwa 12.000 *kg* Last, welche dem Luftballon bis zum Momente seiner Füllung folgen muss. Zum Transport dieser Last benöthigt man 25 Wagen und 50 Pferde. Man darf auch nicht vergessen, dass zur Wirkung des Ballons ein grosses Quantum Wasser nothwendig ist und dass die gewöhnlichen Brunnen dazu unzulänglich sind.

Es ist selbstverständlich, dass man alle diese Unbequemlichkeiten verringern kann, indem man den schon vorher erzeugten Wasserstoff im comprimirten Zustande in Stahl-Reservoirs mit sich führt. Dann wird man den Aërostat auf einer beliebigen Stelle und dabei bedeutend rascher füllen können als nach der gewöhnlichen Art. Diese Methode wurde zuerst von den Engländern, während der egyptischen Expedition angewendet. Die Gasbehälter waren Stahlcylinder von 8 Fuss Länge und $5^3/_8$ Zoll im Diameter, bei 65 Pfund Gewicht. Sie enthielten 4 m^3 Wasserstoff, 120—130 Mal comprimirt. Zur Füllung eines Kriegsluftballons sind 160 Gasbehälter von circa 4000 *kg* Gewicht erforderlich, zu deren Transport schon 10 Wagen und 20 Pferde genügen. Nachträglich verwendeten die Franzosen grössere Gasbehälter, was die noch grössere Verringerung der Transportmittel zur Folge hatte.

Zur Füllung eben dieser Gasbehälter ist meiner Ansicht nach die elektrolytische Wasserstoffgewinnung am Platze. Die Gewinnung geht in diesem Falle regelmässig und bequem in den Festungen oder auch in besonderen Fabriken im Innern des Landes vor sich, nicht nur zur Kriegs-, sondern [illegible] während der Friedenszeit ähnlich [illegible] Anfertigung von [illegible] und andere[illegible] artikel.

Betrachten wir nun, wie die elektrischen Apparate anzuordnen seien, um die verwendete Energie für unseren Zweck ganz auszunützen. Für die Elektrolyse können flache Gefässe von 60 *cm* Länge, 100 *cm* Höhe und 11 *cm* Breite verwendet werden, deren Beschreibung sich weiter unten befindet. Durch diese Gefässe kann man einen Strom von 300 bis 600 Amp. leiten.

Zur Zerlegung des Wassers benöthigt man 1·5 Volt; da aber bei grosser Stromstärke die Polarisation etwas grösser als die theoretische ist und obendrein das etwaige Fallen des Potentials vom Widerstand der Flüssigkeit abhängt, so können wir die praktische Potentialdifferenz zwischen den Elektroden einer jeden Wanne mit 2·5 Volt annehmen, d. h. um 67% grösser als diejenige, welche eigentlich für die Wasserzerlegung nothwendig ist.

Nehmen wir irgend eine bekannte Dynamomaschine, z. B. die grosse Dynamomaschine von Thury, welche bei einer Potential-Differenz von 110 Volt einen Strom von 600 Amp. liefert und für das Ingangsetzen eines 100pferdigen Motors bedarf. Es ist klar, dass der Strom einer solchen Maschine durch 44 elektrolytische Gefässe allmälig geleitet werden kann ($110 : 2·5 = 44$).

Am Anfang des Aufsatzes ist erwähnt worden, dass 100 Amp. in 24 Stunden 1 m^3 Wasserstoff ausscheiden — daraus folgt, dass 600 Amp. aus 44 Wannen in 24 Stunden 264 m^3 Wasserstoff ausscheiden werden, und dass zur Gewinnung von 640 m^3, welche zur Ballonfüllung nothwendig sind, man 60 Stunden braucht. Wir kommen auf diese Weise zu ganz praktischen Zahlen. Es ist selbstverständlich, dass der Wasserstoff in Gasbehältern aufgefangen werden muss, aus welchem er direct in den Aërostat geleitet, oder in Stahlcylinder hineingepresst werden kann. Es darf aber auch nicht vergessen werden, dass wir mit dem Wasserstoff beim beschriebenen Process auch 320 m^3 reinen Sauerstoffs mitbekommen, der bei seinen zahlreichen und mannigfaltigen Verwendungen viel höher als der Wasserstoff bewerthet werden muss.

Auf Grund des Obenerwähnten glaube ich die Behauptung aufstellen zu dürfen, dass die Wasserstoffgewinnung auf elektrolytischem Wege mindestens nicht theurer zu stehen kommt, als die auf chemischem Wege; und wenn der Sauerstoff einen Absatz findet, so wird der Gewinn davon mit einem Ueberschuss alle Ausgaben für die Wasserstoffgewinnung decken.

Bezüglich des Sauerstoff-Absatzes erlaube ich mir Folgendes anzuführen. Bis heute wurde der Sauerstoff selten verwendet, aber nur wegen seiner Kostspieligkeit; wenn nun dieses Gas billig verkauft wird, so wird es mannigfache Verwendungen finden; die hauptsächlichsten davon sind: *a*) Drummond'sches Licht mit all' seinen Abarten; *b*) Lichtsignale, erzeugt durch das Einspritzen [illegible] toffstrahles in Kohlenwasser[illegible] *c*) Vergrösserung der Lichteffecte bei

Petroleum- und Leuchtgas-Lampen; *d*) Luftreinigung in Spitälern und Massenquartieren, wo der Sauerstoff durch seinen Ozongehalt desinficirend wirken wird;*) *e*) Einathmen bei Lungenkrankheiten; *f*) bei hohen aërostatischen Erhebungen zur Erleichterung des Athmens für die Luftschiffer; *g*) mit Luft gemengt zur Erhöhung der Temperatur in Schmelzöfen, was besonders wichtig für Gussstahlerzeugung, sowie für die Bearbeitung des schwer schmelzbaren Glases ist; *h*) dasselbe bei Verwendung des Löthrohres für kleine Juwelier- und andere Arbeiten; *i*) zur Beschleunigung des Trocknens der Oelfarben und verschiedener Lacke und Firnisse; *k*) zur Erzeugung vieler chemischer Producte, wie: ammoniakalische Sodagewinnung; des reinen schwefeligen Anhydrids (das zum Weissen vieler Gewebe benützt wird); zur Erzeugung des Schwefelanhydrids, das bei Anilinfarben-Fabrikation Anwendung findet; zur raschen Oxydation des Chromeisenerzes bei Erzeugung des Chromeisens; endlich bei der Schwefelsäurefabrikation, wobei die Bleikammern viel kleiner, als die sonst in Verwendung stehenden sind, sein können.

II. Das Princip der Einrichtung einer elektrolytischen Batterie.

Das Zerlegen des Wassers im Kleinen geschieht gewöhnlich mittels Elektroden aus Platin, eingetaucht in verdünnte Schwefelsäure, die sich in einem Glasgefäss befindet. Selbstredend ist dieses Verfahren für industrielle Zweck, wegen der Zerbrechlichkeit des Glases und der Kostspieligkeit des Platin ungeeignet. Das Ersetzen des Platin durch billige Metalle, wie z. B. Gusseisen und Messing, erscheint auf den ersten Blick unmöglich, da diese Metalle sich in der Schwefelsäure auflösen.

Das Wesentliche meiner Erfindung besteht nämlich in einer eigenen Combination der Dinge, welche mir ermöglicht, billige Metalle anzuwenden, und in der besonderen Einrichtung der Batterie, welche ein bequemes Sammeln der Gase gestattet. Nach dem ursprünglichen Project wurden die Wannen aus Thon oder Porzellan gemacht und mit einer Lösung von Aetznatron**) gefüllt, und zwar so, dass das Aetznatron die beiden Elektroden gedeckt hat (Fig. 1 u. 2). Die Elektroden *a*, *b*, *a* waren aus Eisen, zuweilen vertical genutet, so dass die Gasblasen leicht aufsteigen konnten. Ausserdem nahm man statt des glatten Eisenbleches hie und da ein Eisennetz. Eine Seite der Batterie erhielt eine Nase *c*, wo man leicht den Flüssigkeitsstand in der Wanne beobachten konnte. Die Flüssigkeit füllte die Nase, wie die punktirte Linie anzeigt, etwa bis zur Hälfte. Beim bedeutenden Fallen der Oberfläche konnte man durch dieselbe Nase

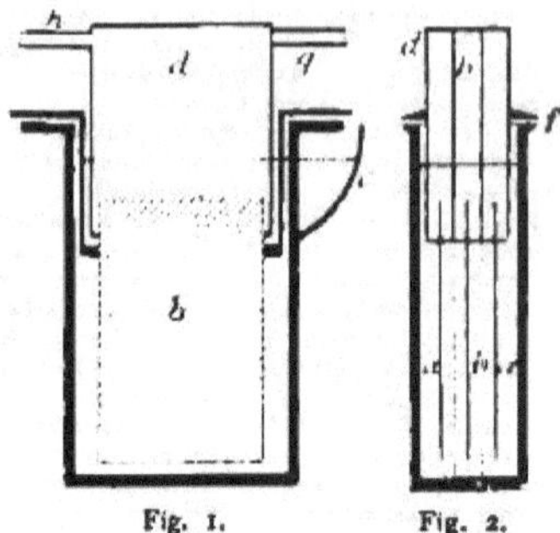

Fig. 1. Fig. 2.

Wasser nachfüllen; von Zeit zu Zeit muss statt des Wassers eine Lösung von Aetznatron zugegeben werden, um die ursprüngliche Concentration der Flüssigkeit zu erhalten; die Aenderung derselben kann vom Aërometer abgelesen werden. Zur Sammlung der Gase bedeckte man den oberen Theil der Wanne mit einer Glocke, die in 3 Theile eingetheilt wurde (Fig. 2), die Ränder wurden bis 6 *cm* in die Flüssigkeit eingetaucht. Die Gase entströmten durch dünne Röhrchen *q* und *h*. Damit bei energischer Gasbildung die Gase sich nicht vereinigen, senkte man in's Gefäss Ebonit-(Hartgummi-)Rahmen mit einem Gewebe aus Asbest oder Pflanzenpergament überzogen; diese Rahmen — in Fig. 2 punktirt — gingen von den Scheidewandungen der Glocke bis zum Boden der Wanne. Das Asbestgewebe konnte durch einfaches Segeltuch oder Filz ersetzt werden, unter der Bedingung, dass man dieselben zwei bis drei Mal monatlich auswechselt.

(Schluss folgt.)

Neueste deutsche Patentanmeldungen.

Mitgetheilt vom Technischen- und Patentbureau, Ingenieure MONATH & EHRENFEST. Wien, I. Jasomirgottstrasse 4.

Die Anmeldungen bleiben acht Wochen zur Einsichtnahme öffentlich ausgelegt. Nach § 24 des Patent-Gesetzes kann innerhalb dieser Zeit Einspruch gegen die Anmeldung wegen Mangel der Neuheit oder widerrechtlicher Entnahme erhoben werden. Das obige Bureau besorgt Abschriften der Anmeldungen und übernimmt die Vertretung in allen Einspruchs-Angelegenheiten.

Classe

21. B. 15.624. Bogenlampe mit Pendelregulirvorrichtung. — *H. Bodenburg* in München.

21. B. 15.644. Vorrichtung zur Papierbandführung bei für Doppelabdruck eingerichteten Telegraphenapparaten. — *W. Blut* in Braunschweig.

„ O. 1839. Telephon mit lose gewundener

*) Falls er aus einem angesäuerten Wasser gewonnen wurde.

**) Aetzkali ist auch dazu geeignet, ist aber theurer als Aetznatron.

Classe

Eisendrahtspirale als Selenoidkern. — *W. Ohmesorge* in Frankfurt.

21. R. 8301. Anker für elektrische Maschinen. — *M. Rahner* in Union, New-Jersey.

" R. 8392. Kabelanordnung für Schiffs- und Marinezwecke. — *F. Rühe* in Burg.

" A. 3534. Stromschlussvorrichtung für mehrere Stromkreise. — *A. Hermes* in Stockholm.

" B. 15.473. Kupplung zwischen Spulenkern und Kohlenhalter bei Bogenlampen. — *G. W. Brown* in Hampstead.

" K. 11.248. Stromaufnehmerbürste aus Drahtspiralen. — *R. Kersberg* in Hohenlimburg.

" F. 6816. Elektrische Maschine. — *W. Fritsche* in Berlin.

" L. 7077. Verfahren zur Regelung elektrischer Treibmaschinen mit gesondertem Anker- und Schenkelstromkreis. — *H. W. Leonard* in New-York.

" K. 11.583. Stromzähler für Sammelbatterien. — *A. Kolbe* in Frankfurt a. M.

" L. 8482. Stromwender. — *C. Libenow* in Haspe i. W.

" D. 5836. Schaltvorrichtung für Glühlampen. — *Elektricitäts-Gesellschaft*, Hamburg.

Classe

21. F. 3571. Regelungs-Vorrichtung an Elektricitätszählern. — *J. Edmondson* & *J. Oulton* in Bradford.

" J. 3319. Widerstands-Regelungsvorrichtung. — *F. Jordan* in Frankfurt a. M.

" Sch. 9358. Schaltungsweise der Erregerwickelungen durch elektrische Sammler betriebene Nebenschlussmotoren. — *L. Schröder* in Hagen i. W.

" A. 3641. Vorrichtung an Elektricitätszählern, die auf der Gangdifferenz von Uhrwerken beruhen, zur Vermeidung unrichtiger Angaben. — Dr. *H. Aron* in Berlin.

" G. 8277. Elektrische Maschinen zur Messung mechanischer Kraft. — *E. H. Geist* in Köln.

" G. 8719. Verfahren zur Herstellung von Bleielektroden mit gewebtem etc. Träger aus nichtleitendem Stoff. — *R. J. Gülcher* in Charlottenburg.

" S. 7794. Einrichtung für die Stromzuführung bei elektrischen Glühlampen. — *A. Soleau* in Paris.

" T. 4002. Einrichtung zur Hervorbringung eines Kreislaufes des flüssigen Elektrolyten in galvanischen Elementen. — *F. Taylor* in Windermer House.

KLEINE NACHRICHTEN.

Elektrische Stadtbahn in Lemberg.*) Auf Grund des anstandslosen Ergebnisses der durchgeführten technisch-polizeilichen Prüfung wurde für die elektrische Strassenbahn der Stadt Lemberg der Betriebsconsens ab 31. Mai ex commissione ertheilt.

Die Lemberger elektrische Bahn ist 9 *km* lang, hat also schon eine ansehnliche Entwicklung. Die dortigen Temperaturverhältnisse haben es bedingt, dass sie nicht mit Boden- sondern mit Oberleitung hergestellt wurde, und es hat sich dabei ergeben, dass gegen die Säulen- und Drahtanlage auch in einer Grossstadt auf Nebenlinien durchaus keine ästhetische Einwendung erhoben werden müsste. Nur die Hengabel, welche vom Drahte den elektrischen Strom abhebt, um ihn dem Dynamometer unter dem Wagen zuzuführen, könnte uns für Wien nicht gefallen. Da sie jedoch kein nothwendiger Bestandtheil ist, so liesse sie sich durch das bewegliche Schifflein, wie es bei der elektrischen Bahn in der Brühl in Verwendung steht, ersetzen. Den Lembergern war es übrigens nur darum zu thun, dass sie ein so bequemes, rasch verkehrendes elegantes Communicationsmittel sowohl zu Ausstellungszwecken als zu bleibendem Nutzen erhalten und das ist ihnen so vollständig gelungen, dass sich daran auch Wien ein Muster nehmen könnte.

Die Lemberger Bevölkerung macht von dem neuen Vehikel einen so massenhaften Gebrauch, dass alle Wagen überfüllt sind, und dass sowohl Wagenmangel entstanden ist, als auch die Wagenfrequenz nicht mehr genügt und das jetzt, obwohl die Bahn kaum drei Tage alt ist. Es ist aber nicht blosse Neugierde, welche der Bevölkerung Interesse an der neuen Bahn einflösst, sondern die durch dieselbe verursachte Befriedigung eines Bedürfnisses. Die Trace führt durch die frequentesten Stadttheile ohne Behinderung des anderen Verkehres und es lässt sich voraussehen, dass angesichts der Distanzen, welche in der weit ausgebreiteten Stadt zurückzulegen sind eine Vermehrung der Linien, der Wagenzahl und der Frequenz in kürzester Zeit eintreten wird. Und trotz der elektrischen Bahn haben Fiaker, Einspänner, Omnibusse und Tramway ihre Passagiere. Was sagen die Wiener Feinde jeglicher Unternehmung zu diesem Erfolge?

Lemberger Landesausstellung. Die „Fontaine lumineuse" der Ausstellung in der Landeshauptstadt von Galizien wurde vom Ingen[illegible] Křižik installirt und wird eine etwas andere Gestaltung und Anordnung als [illegible] [illegible]hmanne für die [illegible] Ausstellung [illegible]richtete haben.

[illegible]in Trau-
[illegible]

*) Vergl. Jahrg. XI, S. [illegible]

am 18. Mai l. J. stattgehabten Gemeinde-Ausschusssitzung die Firma Siemens & Halske in Wien mit der Ausführung einer elektrischen Centralstation betraut. Die Anlage ist für 3000 Glühlampen à 16 *NK* projectirt und wird nach dem Dreileiter-System ausgeführt.

Elektrische Beleuchtung in Jägerndorf. Das von dem städtischen Bauamte aufgestellte Programm für die elektrische Beleuchtung wurde in den letzten Tagen durch den von der Stadt zugezogenen Sachverständigen, Ingenieur F. Ross-Wien, unter specieller Berücksichtigung der localen Verhältnisse eingehend untersucht. Die eingelaufenen Offerten werden nunmehr durch das Technologische Gewerbe-Museum in Wien und durch Ingenieur F. Ross geprüft, und dürfte voraussichtlich mit den Arbeiten noch im Laufe dieses Sommers begonnen werden.

Elektrische Bahn Oswiecim-Biala. Das Handelsministerium hat Herrn Hermann Kellermann in Bielitz die Bewilligung zur Vornahme technischer Vorarbeiten für eine schmalspurige Localbahn ertheilt, welche mit elektrischer Kraft betrieben werden und von Oswiecim nach Biala mit einer Fortsetzung am rechten Ufer des Bialkaflusses nach Nickelsdorf und Ohlisch führen soll.

Elektrische Beleuchtung in Graz. Die Kabellegungsarbeiten für die elektrische Beleuchtung machen rasche Fortschritte und wird demnächst mit der Aufstellung der Dynamomaschinen im Gebäude der elektrischen Centrale in der verlängerten Steyrergasse begonnen werden. Im neuen Universitätsgebäude wird bereits an der Installirung der vorläufig für 1000 Lampen berechneten elektrischen Beleuchtung gearbeitet; dieselbe wird von der Grazer Vertretung der Wiener Elektricitätsfirma Siemens & Halske ausgeführt.

Wie wir erfahren, verzögert sich jedoch der Bau der elektrischen Centrale durch eingebrachte Proteste und wurde vom Gemeinderathe der Vollendungstermin bis 1. December 1894 erstreckt. Unter Einem wurde die Gesellschaft aufgefordert, in ihrer Centralstation oder nächst der Accumulatorenstation im Rathhause eine Prüfungsstation herzurichten und mit allen für die Lichtmessung, Strom- und Spannungsmessung erforderlichen Apparaten auszustatten. Da die Anschlüsse von den in den Strassen liegenden Leitungen bis zum Elektricitätsmesser von der Unternehmung für Rechnung des Abnehmers erfolgen, so ist der Tarif für die Herstellung dieser Anschlüsse dem Gemeinderathe vorzulegen.

Verlängerung der elektrischen Bahn in Prag. Anlässlich der Besprechung [illegible]

Ausstellung hat Ingenieur Křižík bekanntlich eine elektrische Bahn gebaut, welche den Endpunkt der vom Moldauufer auf das Belvedere-Plateau führenden Zahnradbahn mit dem Ausstellungsraum verband. Später wurde diese Bahn verlängert und bis zum sogenannten Baumgarten, dem beliebten Park des landtäflichen Schlosses, verlängert. Nunmehr gedenkt Herr Křižík diesen Torso mit dem Punkte zu verbinden, wo die Karlsbrücke auf dem linken Moldauufer, also auf der Kleinseite endet. Die Bahn würde dann längs des linken Ufers, bei der Civil-Schwimmschule vorüberführen, der Böschung der sogenannten Marienschanze entlang die Belvedere-Anhöhe ersteigen, und dort an den obgenannten Anfangspunkt der älteren Strecke anschliessen. Prag ist somit Wien in diesem Punkte entschieden „über".

Elektrisches Boot auf dem Wörthersee. Das von dem in fachlichen und weiteren Kreisen rühmlichst bekannten Förderer der Elektrotechnik, Herrn M. Mayer für den Wörthersee angeschaffte elektrische Boot ist zur Freude der Anwohner des Pörtschacher-Ufers, und überhaupt der Ufer des ganzen lieblichen See's seit einigen Tagen in Betrieb. Dasselbe entstammt den Ateliers jener englischen Firma, bei welcher der zu früh verstorbene Anthony Reckenzaun den Bootbau inaugurirt. Wir hoffen in die Lage zu kommen, eine detaillirte Schilderung des Bootes später zu bieten.

Ueber die Construction magnetischer Apparate hat Wild der Petersburger Akademie der Wissenschaften eine Denkschrift unterbreitet, welche vier wichtige Punkte enthält. Der erste Punkt bespricht den Ersatz der Aufhängefäden aus Seide durch Metallfäden. Der zweite Theil bespricht die Genauigkeit der magnetischen Ablesungen in Gebäuden, wo Eisenconstructionen vorkommen. Im dritten Theil bespricht der Autor die Construction eines Magnetometers zur Bestimmung der Horizontal-Componente des Erdmagnetismus, während der vierte Theil verschiedene Verbesserungen magnetometrischer Apparate enthält.

Projectirte elektrische Localbahn von der Station Gmunden in die Stadt Gmunden. (Politische Begehung.) Die k. k. Statthalterei in Linz hat die politische Begehung hinsichtlich des Projectes der Firma Stern & Hafferl, von welchem wir im Hefte I 1894, S. 31 berichteten, für eine mit elektrischer Kraft zu betreibende Localbahn vom Staatsbahnhofe Gmunden in die Stadt Gmunden für den 29. Mai anberaumt.

Verantwortlicher Redacteur: JOSEF KAREIS. — Selbstverlag des Elektrotechn[illegible]
In Commission bei LEHMANN & WENTZEL, Buchhandlung für Technik u[illegible]
Druck von R. SPIES & Co. in Wien, V., Straussengasse 16.

Zeitschrift für Elektrotechnik.

XII. Jahrg. | 1. Juli 1894. | Heft XIII.

Zweite Jahresversammlung des Verbandes der Elektrotechniker Deutschlands zu Leipzig am 7., 8. u. 9. Juni 1894.*)

Am 7. Juni Morgens trat eine kleine Anzahl von Mitgliedern unseres Vereines die Reise nach Leipzig an, um an der Versammlung der Elektrotechniker Deutschlands theilzunehmen. Die Theilnehmerzahl blieb auch, trotz unterwegs erfolgten Zuwachses, noch immer recht klein, doch glauben wir, keiner der Theilnehmer hat es bereut, die Reise gemacht zu haben.

Abgesehen von einem herzlichen und warmen Empfang, der den Wiener Gästen zu Theil wurde, belohnten reichlich die Fülle interessanter Vorträge und die Gelegenheit, alte Beziehungen zu erneuern und neue anzuknüpfen.

Das Hören der Vorträge, insbesonders jener von Prof. Dr. **Ostwald**, bot wohl mehr Anregung, als das Lesen derselben nur annäherungsweise gewähren kann.

Auf den Inhalt der einzelnen Vorträge einzugehen ist an dieser Stelle nicht angezeigt, weil dieselben seither im Druck erschienen sind.

Wir wollen nachstehend den Verlauf der Versammlung unseren Mitgliedern zur Kenntniss bringen.

Nach der am 7. Juni Abends stattgefundenen Begrüssung der Theilnehmer der Versammlung, wurde am 8. Juni Morgens der Verbandstag in einem Saale des Krystallpalastes eröffnet. Der Vorsitzende Herr Geh. Reg.-Rath Prof. Dr. **Slaby**, dem diese Aufgabe zufallen sollte, war leider in letzter Stunde verhindert seine Function auszuüben.

In der grossen Halle des Krystallpalastes hatten Leipzigs elektrotechnische Vereine eine Ausstellung arrangirt, die wohl an Umfang klein, doch sehr Interessantes brachte. Die Eröffnung dieser Ausstellung reihte sich an die Eröffnung des Verbandstages.

Wenn wir einige Objecte der Ausstellung hervorheben, so muss in erster Linie die von der Firma **Siemens & Halske, Charlottenburg-Berlin**, ausgestellte Collection von Aus- und Umschaltern und anderen Installations-Artikeln, von Instrumenten und Apparaten, wie Elektricitätszähler, Motoren für Gleich- und Drehstrom, Regulirvorrichtungen, Bogen- und Glühlampen aller Formen, Grösse und Farbe u. dergl. erwähnt werden. Auch die **Allgemeine Elektricitäts-Gesellschaft Berlin** hatte sich mit Motoren und Installations-Materialien betheiligt, worunter besonders das aus „Stabilit" angefertigte Isolirmateriale interessant war. Die bekannten Firmen **Friedr. Siemens**, **J. Obermaier**, **S. Bergmann & Co.**, **Voigt & Häffner**, sowie unsere bekannte Firma **Czeija & Nissl**, welche ihren automatischen Telephon-Umschalter, Patent Nissl, ausgestellt hatte und damit grosse Erfolge erzielte, waren alle vertreten und jede wusste mindestens dur[illegible]eine Neuerungen das Interesse der Besucher zu erregen. Es wi[illegible]its weit über den Rahmen eines kurzen Ref[illegible] we[illegible]ren Lesern [illegible] umfassenderen Ausstellungsbericht bieten wollten, und etwa auf die grosse Zahl von höchst exacten und den Werkstättenmann fesselnden Werkzeugen und Drehbänke der Maschinenfabrik „Invention" (Leipzig-Gohlis) oder der Firma Hommel (Mainz) näher eingehen wollten, andererseits wäre es ungerecht, beispielsweise die Verbesserungen Aron's, die er an seinen bekannten Elektricitätszählern vorgenommen hat, und die von vielen Firmen gebotene Fülle sinnreicher Producte durch eine nur flüchtige Beschreibung abzuthun. So möge eine kurze Erwähnung des Interessantesten wenigstens eine Vorstellung von dem Inhalte und Werthe der Ausstellung geben.

Die Nähe der Stadt Halle veranlasste uns zur Fahrt dorthin, um die von der Allgemeinen Elektricitäts-Gesellschaft Berlin gebaute elektrische Stadtbahn mit oberirdischer Leitung (Trolley-System) zu besichtigen. Leider war es versäumt worden, von der Berliner Direction die Bewilligung zur Besichtigung der Kraftstation auszuwirken. Es bot jedoch die übrige Anlage selbst, insbesondere die mit vielen und häufig recht complicirten Kreuzungen und Weichen versehene Luftleitung, hinreichend Sehenswerthes. Höchst amüsant, allerdings bei überfüllten Wägen unausführbar, ist die Art der Eincassirung. Jedem Wagen ist nur ein Führer (kein zweites Organ mehr) beigegeben, welcher das von den einsteigenden Passagiren in ein mit Glaswänden versehenes Kästchen eingeworfene Fahrgeld (10 Pf.) controlirt und in einen Behälter fallen lässt, der ihm nicht zugänglich ist. — Der Wagenführer hat daher gar keine Geldmanipulation auszuführen, sondern nur die Controle zu üben.

Um wieder auf den Verbandstag zurückzukommen, sei erwähnt, dass die Mitglieder unseres Vereines nach herzlicher Verabschiedung von den deutschen Fachgenossen programmgemäss Sonntag Früh Leipzig verliessen und nach Dresden fuhren. Nach Besichtigung der beiden elektrischen Bahnen Dresden-Blasewitz (Siemens & Halske) und Blasewitz-Laubegast (Kummer & Co.), welche mit oberirdischer Leitung versehen sind, fand, dank dem Entgegenkommen der Betriebs-Direction der kgl. sächsischen Staatsbahnen, die Excursion zur Besichtigung der Elektricitätswerke für die gesammten Dresdener Bahnhöfe statt.

Herr Ober-Inspector der kgl. sächsischen Staatsbahnen, Baurath Prof. Dr. Ulbricht hatte die Liebenswürdigkeit, die Anlage bei dem Rundgange in erschöpfender Weise zu erläutern.

Das Elektricitätswerk hat die Aufgabe, die Beleuchtung für sämmtliche Dresdener Bahnhöfe und Geleise zu liefern, und für die Werkstätten und sonstige Erfordernisse Elektromotoren zu betreiben.

Schon das Aeussere dieser ausserordentlich sehenswerthen Anlage zeigt, mit welchem Aufwand von geistigen und materiellen Mitteln gearbeitet wurde. Den maschinellen Theil lieferte die Firma Siemens & Halske, die Leitungen, Lampen und Transformatoren stellte die Firma „Helios" her. Beide Firmen haben sich vereinigt, um unter Ober-Inspector Ulbricht's Leitung eine hochinteressante, technisch vollendete Leistung zu vollbringen.

Gegenwärtig sind zwei Drehstrom-Maschinen für je circa 200.000 Watt Leistung (100 Touren, 115 Volt, 100 Polwechsel) aufgestellt und direct mit liegenden (Tandem-) Compound-Condensations-Maschinen (sächsische Maschinenfabrik vorm. Hartmann-Chemnitz) gekuppelt. Zwei Wasserröhren-Kessel mit je 300 m^2 Heizfläche (Germania in Chemnitz) liefern den Betriebsdampf.

Die Parallelschaltung der Maschinen erfolgt unter Einflussnahme auf den Regulator der Dampfmaschine durch Verschieben eines Laufgewichtes, dessen Bewegung ein kleiner Elektromotor besorgt.

Der primäre Strom der Maschinen passirt die Apparate des Schaltbrettes und wird durch drei Transformatoren auf 3000 Volt gebracht, vom Schaltbrett aus vertheilt, mittelst oberirdischen Leitungen und Doppelglocken-Glas-Isolatoren auf eisernem Gestänge den Consumstellen zugeführt. Zu erwähnen ist die Vertheilung der Belastung, da um die Regulirungsarbeit zu vereinfachen, die sämmtlichen Lampen in einer Phase liegen und die Motoren die anderen Gruppen bilden.

Für die Lampen wird der Secundärstrom auf 84 Volt, für die Motoren auf 115 Volt transformirt. Die Transformatoren sind an dem Gestänge der Leitung aufgestellt.

Die Bogenlampen (zu zweien in Serie) sind auf 18 *m* hohen Masten in 100—120 *m* Entfernung montirt.

Die Controle der Isolation wird durch drei elektrostatische Voltmeter (von Lord Kelvin) am Schaltbrett vorgenommen.

Wir hoffen mit unseren Angaben trotz ihrer Lückenhaftigkeit doch eine Vorstellung von diesem Werke zu ermöglichen und geben uns der Erwartung hin, dass eine vollständige Beschreibung des Elektricitätswerkes nach dessen Ausbau (circa 2000 *HP* Leistungsfähigkeit) unseren Lesern geboten werden kann.

Die Besichtung dieser Anlage schloss die Excursion nach Leipzig und Dresden, deren Theilnehmer hoch befriedigt von dem fachlich Gebotenen, sodann die Rückreise antraten.

Wenn wir mit diesen Zeilen eine kleine Anregung zu zahlreicher Betheiligung für den im Juni 1895 in München abzuhaltenden Verbandstag der Elektrotechniker Deutschlands gegeben haben, so ist unser Zweck erfüllt; wir schliessen mit den Worten Slaby's, die er uns zum Abschiede von Leipzig sagte: „Auf Wiedersehen in München, wir wollen hoffen, zu der Versammlung des Verbandes der Elektrotechniker Deutschlands und Oesterreichs!" C. S.

Von anderer Seite erhalten wir nachstehenden Bericht über diese Jahresversammlung.

Der Abend vom 7. Juni in dem Weiss-Gold-Rococo-Saale des Hôtels de Pologne, lediglich der Begrüssung der Gäste durch die Leipziger und untereinander gewidmet, verlief in einer fröhlichen Stimmung.

Der 8. Juni wurde eingeleitet durch die Mittheilung des stellvertretenden Vorsitzenden, Herrn v. Siemens, dass Geheimer Rath Prof. Slaby nach Berlin auf einige Stunden habe zurückkehren müssen,*) sowie eine kurze Ansprache, welche dem Danke für die freundliche Einladung der Stadt Leipzig Ausdruck verlieh. Oberbürgermeister Dr. Georgi begrüsste Namens des Rathes der Stadt Leipzig und Geheimer Rath Prof. Wislicenus Namens der Universität die Erschienenen, und nach einigen geschäftlichen Bemerkungen wurde die elektrotechnische Ausstellung durch den Ehrenpräsidenten Herrn Geheimen Hofrath Prof. Wiedemann eröffnet.

Um 3 Uhr Nachmittags begannen die Vorträge. Der erste wurde von Prof. Wilhelm Ostwald gehalten. Derselbe wies auf den Unterschied in Bezug auf das Maass des Einflusses der Wissen[illegible] auf die Te[illegible] England und in Deutschland hin. Er erwähnt[illegible]

*) Er war vom deutschen Kaiser zum Vor[illegible] königlichen Schlosses befohlen worden.

Professor der Chemie nur den fünften Theil von Praktikanten hatte als sein Nachbar, ein Professor der Färberei. Er machte darauf aufmerksam, dass die eigentliche chemische Industrie ihren Anfang herschreibt von dem Jahre, in welchem Liebig ein Unterrichtslaboratorium in Giessen eröffnete. Die neuen Lehren der Elektrochemie, zunächst unfassbar und geradezu unsinnig erscheinend, werden nicht verfehlen, ihren bestimmenden Einfluss auf die Praxis zu nehmen. Das mitleidige Belächeln theoretischer Speculationen auf der einen Seite, das nasenrümpfende Geringschätzen technischen Nachsinnens auf der anderen sind heutzutage völlig verschwunden; es kann sein, dass Wissenschaft und Praxis im Bunde vielleicht sogar das Feuer entbehrlich machen, dass bei niederer Temperatur vor sich gehende Verbrennungen uns die Energie liefern, welche in Elektricität umgewandelt und endlich als mechanische Kraft auftretend, unsere Maschinen treibt, unsere Oefen heizt, unsere Stuben beleuchtet.

Herr Gisbert Kapp, geborener Oesterreicher, sprach — wegen Zeitmangels kürzer als er beabsichtigte — über die Entwickelung und Lage der englischen Elektrotechnik. Dieselbe hat sich lebhafter zu entwickeln angefangen seit dem Jahre 1882, zeitweilig durch eine ungünstige Gesetzgebung gehemmt, hauptsächlich angeregt durch die Pariser elektrotechnische Ausstellung, die allerdings auch eine starke Ueberspeculation mit dem obligaten Krach zur Folge hatte. In Elektrochemie und Kraftübertragung hat England bis jetzt sehr wenig geleistet, es ist indessen anzunehmen, dass die elektrischen Eisenbahnen sich in Kurzem mehr und mehr verbreiten werden, und auch bei der Fabrikation des Phosphors, der Kupferraffination, der Bleicherei u. a. die Elektricität ein grosses Gebiet erobern wird.

Herr Dr. Feussner sprach kurz über die elektrotechnische Abtheilung der physikalisch-technischen Reichsanstalt, Herr Ross-Wien über den neuen Fernsprech-Umschalter von Nissl, welcher eine ganz wesentliche, bis achtfache, Vermehrung der Anschlüsse an eine Centrale zulässt und in Wien seit mehreren Wochen in grossem Maassstabe und mit günstigem Erfolge praktisch erprobt wird. Herr Feldmann sprach über Bleisicherungen; ferner die Herren: Lahmeyer, Budde, Rössler, v. Dolivo-Dobrowolsky, Dubois-Reymond.

Wir behalten uns vor, auf diese hochinteressanten Vorträge noch zurückzukommen.

Die Versammlung am 9. Juni war wesentlich zahlreicher als jene des Vortages und es herrschte eine ziemlich gehobene Stimmung. Man hatte Slaby's energisches, bräunliches Gesicht auftauchen sehen, der Chef der Firma Siemens u. Halske, Wilhelm v. Siemens war erschienen, ebenso Herr v. Miller, der technische Leiter der Frankfurter Ausstellung von 1891, kurz, nahezu der gesammte Ausschuss. Es wurden die geschäftlichen Berathungen über Satzungen, Verträge u. s. w., Engagement des Herrn Gisbert Kapp als Generalsecretär des Verbandes rasch gefördert, bis die Angelegenheit der Berliner Ausstellung 1896 und der Karlsruher 1895 zur Sprache kam. Der Referent, Herr Prof. Budde, Director der Firma Siemens u. Halske, befürwortete die Betheiligung des Verbandes vermittelst eines Syndicates, welches im Auftrage mit den Ausstellungs-Comités zu verhandeln hätte. Herr v. Miller-München, befürwortete eine Beschränkung der Thätigkeit dieses Syndicates auf die Vergebung der Lieferungen an Licht und Kraft für die Ausstellungen. Nach längerer Debatte, an der sich ausser den Genannten hauptsächlich Herr v. Siemens betheiligte, einigte man sich zu einem von Herrn Budde formulirten, sehr allgemeinen Beschlusse, welcher im Wesentlichen dem Vorstande das Weitere überlässt. Herr v. Miller lud die Versammelten sodann in sehr herzlicher Weise für das nächste Jahr nach München ein, was auch unter allgemeinem Beifall dankbar begrüsst wurde. Zum ersten Vorsitzenden wurde Herr Slaby, der dieses Amt wegen der veränderten Verhältnisse niederlegte, sofort wiedergewählt, was nicht überraschte, da seine Geschäftsleitung eine ungemein autoritative, zweckmässige und liebenswürdige ist.

ABHANDLUNGEN.

Ueber einen synchronen Wechselstrom-Motor.

Note von Prof. GALILEO FERRARIS.

[Auszug aus den Abhandlungen der königl. Akademie der Wissenschaften in Turin, Vol. XXIX. Sitzung vom 1. April 1894.]*)

In einer kürzlich von der Classe zur Veröffentlichung in den Büchern der Akademie**) angenommenen Denkschrift habe ich eine Methode für die Abhandlung der rotirenden und alternativen Vectoren auseinandergesetzt und gleichzeitig mittelst einiger Anwendungsbeispiele gezeigt, wie dieselbe in klarer und durchaus elementarer Form bei der Erklärung vieler Erscheinungen und Fundamental-Eigenthümlichkeiten von elektrischen Maschinen von Nutzen sein kann.

In dieser Denkschrift habe ich mich darauf beschränkt, diese neue Methode beim Studium über die wichtigsten heutzutage im Gebrauche stehenden Wechselstrom-Motoren in Anwendung zu bringen. Aber sie bringt auch die Möglichkeit neuer Combinationen mit sich, und ich halte es für angemessen, eine derselben, welche praktischer Verwerthung fähig ist, zu erwähnen.

Die von mir erklärte Methode in der besagten Denkschrift stützt sich auf die folgenden drei Behauptungen:

1. Ein sinusoidaler alternativer Vector von bestimmter Richtung kann immer als Resultirende zweier gleicher Vectoren betrachtet werden, von denen einer nach rechts und der andere nach links mit derselben Frequenz rotiren.

Die Frequenz der beiden rotirenden Vectoren ist gleich jener des alternativen Vectors und die beiden gemeinsamen constanten Grössen gleich der Hälfte des Umfanges des alternativen Vectors selbst.

2. Wenn zwei Gruppen von Vectoren gegeben sind und in einem gegebenen Augenblicke: a die Grösse irgend eines der Vectoren der ersten Gruppe, b jene irgend eines der Vectoren der zweiten Gruppe ist, A der augenblickliche Werth des von allen Vectoren a resultirenden Vectors, B jener des von den Vectoren b resultirenden Vectors, φ der zwischen einem Vector a und einem Vector b eingeschlossene Winkel und Φ der Winkel von A mit B, so hat man

$$\Sigma a b \cos \varphi = A B \cos \Phi,$$

$$\Sigma a b \sin \varphi = A B \sin \Phi.$$

---

*) Vergl. Heft XI, S. 308, 1894.

**) „Un metodo per la trattazione dei vettori rotanti od alternativi ed un[illegible]pli-cazione di esso ai motori elettrici a correnti alternate." Denkschriften der königl. A[illegible]e der Wissenschaften in Turin, ser. II, tom. XLIV; Sitzung v[illegible] December 189[illegible]

3. Es wären a und b zwei mit den Frequenzen m und n rotirende Vectoren. Wenn man beachtet, dass diese Frequenzen mit denselben oder mit entgegengesetzten Vorzeichen versehen sind, je nachdem die Rotationen in derselben oder in verkehrten Richtungen erfolgen, und wenn man mit φ den Winkel, die Zeitfunction, welche beide Vectoren miteinander haben, bezeichnet, so haben, wenn $m = n$, die Producte

$$ab \cos \varphi \text{ und } ab \sin \varphi$$

constante Werthe. Wenn aber m und n ungleich sind, sind solche Producte variabel und ihr für eine Zeit gleich einem Vielfachen von $\frac{1}{m - n}$ oder für eine längere Zeit im Vergleiche zu $\frac{1}{m - n}$ berechneter Mittelwerth ist gleich Null oder sehr klein.

Mittelst dieser Behauptungen habe ich in der erwähnten Denkschrift die Theorie eines gewöhnlichen synchronen Wechselstrom-Motors in folgender elementarer Form dargestellt. Der Motor ist einfach eine gewöhnliche Wechselstrom-Maschine, und wenn wir ihn der Einfachheit halber zweipolig annehmen, wird er auf eine Spirale mit parallelen Windungen zurückgeführt, die in einem magnetischen Felde rotirt. Die Armatur wird von einem Wechselstrom von der Frequenz n durchflossen, und das magnetische Feld, das von erregten Magneten mit einem continuirlichen Strom hervorgebracht wird, ist constant. Der Wechselstrom der Armatur ist gleichwerthig mit einem Magnet, dessen magnetisches Moment mit einem alternativen Vector dargestellt wird, der die Richtung der Spiralachse besitzt und eine Grösse hat, welche gleich dem Producte der Totaloberfläche der Windung für die Stromintensität in absolutem elektrischen Maasse ist. Dieser alternative Vector kann in zwei Vectoren zerlegt werden, von denen der eine, d, nach rechts, und der andere, s, nach links rotirt. Die Frequenzen derselben, die Armatur als feststehend betrachtet, sind beziehungsweise $+ n$ und $- n$. Wenn die Armatur mit der Frequenz $+ n$ rotirt, drehen sich die oberwähnten rotirenden Vectoren mit den Frequenzen $n + n$ und $n - n$; der erste rotirt mit einer Frequenz die doppelt so gross als jene der Armatur ist, und der zweite verharrt unbeweglich in einer bestimmten Richtung, welche einen bestimmten constanten Winkel φ mit der Richtung des magnetischen Feldes bildet. Das Moment der von dem fixen magnetischen Felde auf den rotirenden Magnet d bewirkten zwei Vectoren hat einen Mittelwerth, der gleich Null ist; aber jenes der auf s bewirkten zwei Vectoren hat einen constanten Werth. Wenn man mit B den constanten Werth der Induction im magnetischen Feld bezeichnet, ist das Moment der beiden Vectoren

$$Bs \sin \varphi.$$

Sie trachten den Winkel φ einzuschliessen und fördern oder behindern die Bewegung, je nachdem die bestimmte Richtung von s, welche diejenige der Achse der Armatur in dem Momente ist, wo der Strom in ihr die grösste Intensität besitzt, sich links oder auch rechts von der Richtung von B befindet. Im ersteren Falle functionirt die Maschine als Motor, im zweiten als Dynamo.

Jetzt betrachten wir dieselbe Maschine, aber nehmen an, dass das magnetische Feld, in welchem die Armatur rotirt, anstatt constant, ein alternatives Feld von der Frequenz n gleich jener des Stromes der Armatur selbst ist. Nehmen wir, mit anderen Worten gesagt, an, dass die Magnete des Feldes nicht mehr mit einem continuirlichen Strom, sondern mit demselben Wechselstrom, der sich in der Armatur befindet oder mit einem anderen Wechselstrom von derselben Frequenz erregt werden. Auch in diesem Falle kann leicht gezeigt werden, dass man die Maschine entweder als Dynamo oder auch als synchronen Motor functioniren lassen kann, und dass es zu diesem Behufe genügt, die Armatur mit einer Geschwindigkeit, so dass sie $2n$ Umdrehungen in der Secunde macht, rotiren zu lassen.

Thatsächlich ist das alternative magnetische Feld zwei rotirenden Feldern gleichwerthig, einem, D, welches nach rechts, und dem andern, S, welches nachs links mit den Frequenzen $+n$ und $-n$ rotirt. Jetzt geben wir der Armatur eine Rotation, zum Beispiel nach rechts, mit der Frequenz $2n$. Von den beiden rotirenden Magneten d und s, welchen die Armatur gleichwerthig ist, wird sich der eine, d, in derselben Zeit mit der Frequenz $2n + n = 3n$ drehen; der andere wird sich in derselben Richtung mit der Frequenz $2n - n = n$ drehen. Der Mittelwerth der Momente der von D und S auf d bewirkten Paare und derjenige des Paares S auf s wird Null sein; aber dasselbe findet nicht bei dem von D auf s bewirkten Paare statt, weil s und D beide sich nach rechts mit derselben Frequenz drehen und deshalb zwischen sich eine constante Winkeldistanz beibehalten werden. Das wechselseitige Paar wird daher ein constantes Moment haben und sich bestreben, den Winkel φ einzuschliessen. Die Maschine wird demzufolge als Dynamo oder als Motor functioniren, je nachdem $s\,D$ vorausgeht oder ihm folgt.

Auf diese Weise hat man einen synchronen Motor mit alternativem Feld. Die Theorie desselben, die wir in elementarer Form für den einfachen Fall einer zweipoligen Maschine auseinandergesetzt haben, wird sich daher auch ohne weitere Schwierigkeit auf eine mehrpolige ausdehnen lassen.

Der Motor beginnt, wie alle synchronen Motoren, erst dann zu functioniren, wenn man ihn, bevor man ihn belastet, seine normale Geschwindigkeit einnehmen lässt, und diese ist in der That gleich dem doppelten jener, mit welcher der Motor arbeiten würde, wenn man sein magnetisches Feld mit einem constanten Strom erregte. Aber es ist nicht schwierig, Apparate zu ersinnen, ähnlich denjenigen, welche heutzutage schon bei Motoren anderer Gattungen im Gebrauche sind, um den Motor in Bewegung zu setzen. So kann man beispielsweise einen Motor mit $4n$ Polen mit einem Commutator versehen, mittelst welchen man ihn während der Zeit des Ingangsetzens als einen Motor mit zwei Phasen mit allein $2n$ Polen functioniren lassen kann, indem man durch $2n$ Windungen einen Strom von verschobenen Phasen gehen lässt, im Verhältniss zu demjenigen, der durch die anderen mit den ersteren wechselnden $2n$ fliesst. Auf diese Weise kann die Armatur eine Geschwindigkeit erlangen, die sehr nahe jener des Synchronismus der Maschine mit $2n$ Polen gleichkommt und welche genau das Doppelte jener des Synchronismus für die Maschine mit $4n$ Polen ist. Wenn eine solche Geschwindigkeit annäherungsweise erreicht ist, werden durch den Commutator alle $4n$ Windungen entweder in Serien, parallel, oder in Gruppen in denselben Stromkreis eingeschaltet, worauf der Motor normal als synchron in der erklärten Weise functioniren wird. Zur Hervorbringung des Hilfsstromes mit verschobenen Phasen, welcher während der Zeit des Ingangsetzens angewendet wird, kann man den von Brown für asynchrone einphasige Motoren verwendeten Apparat, oder andere bekannte ähnliche benützen. St.

Untersuchungen über den Wirkungsgrad von Motoren und Dynamomaschinen ohne Anwendung von Bremszaun und Dynamometer.

Von Ingenieur CARL LENZ.

Es wurden bereits in den Jahren 1886—1888 verschiedene Methoden in Vorschlag gebracht und auch angewendet, welche die möglichste Vermeidung von mechanischen Messungen der Arbeit, bei Bestimmung des Wirkungsgrades von elektrischen Maschinen zum Zwecke hatten. Eine der ersten dieser Methoden ist die von Hopkinson, bei welcher nur eine einzige dynamometrische Messung vorgenommen wird. Bei allen übrigen Messungen ist die Dynamometer-Messung nicht mehr nothwendig, sondern es genügen rein elektrische Messungen, um den Wirkungsgrad der zu untersuchenden Maschine bei verschiedenen Belastungen zu bestimmen. Man bedarf zur Durchführung dieser Messungen zweier Maschinen von ähnlicher Bauart und Leistung, ausserdem eines Vorgeleges und eines Dynamometers: Bedingungen, die nicht leicht zu erfüllen sind oder doch längerer Vorbereitung bedürfen; auch ist die unrichtige Annahme, dass der Wirkungsgrad einer Maschine derselbe sei, wenn sie als Motor oder als Dynamomaschine arbeitet, zu Grunde gelegt.

Ich erlaube mir in äusserster Kürze dieses Messverfahren anzuführen, da selbes ziemlich bekannt sein dürfte. Es wird die eine Maschine mit der anderen so verbunden, dass sie mit dem Strom der ersten als Motor läuft; die Arbeit dieses Motors wird durch Riemen auf ein Vorgelege geleitet, welches die erste Maschine (Generator) antreibt. Das Vorgelege wird unter Einschaltung eines Dynamometer angetrieben und die Arbeit ermittelt, welche hinreicht zum Betriebe dieser Maschinen-Combination bei einer bestimmten Tourenzahl. Von diesem Systeme wird vom Generator eine Arbeit geleistet; bezeichnen wir die Grösse dieser Arbeit mit α_1 Watt, rechnen wir ferners die durch das Dynamometer gemessene mechanische Arbeit in elektrische um und bezeichnen sie mit α_2 Watt, so stellt uns $\alpha_1 + \alpha_2 = \alpha_3$ die im Systeme disponible Arbeit vor. Auftreten sehen wir im Systeme nur die Arbeit α_1; α_2 wird verbraucht zur Ueberwindung der passiven Widerstände, der Hysteresisverluste und zur Erzeugung der Stromwärme. Folglich ist der gesammte Wirkungsgrad die Kraftübertragung $\frac{\alpha_1}{\alpha_1 + \alpha_2} = \eta_0$ und mit Rücksicht auf obige Annahme bezüglich des gleichen Wirkungsgrades der beiden Maschinen muss der Wirkungsgrad einer Maschine

$$\eta = \sqrt{\frac{\alpha_1}{\alpha_1 + \alpha_2}}.$$

Es ist wohl einleuchtend, dass die Formel, beziehungsweise die eingeleisteten Arbeiten um die Verluste, welche aus der Riemenübertragung resultiren, corrigirt werden müssen. Wenn beide Maschinen durch ihre Achsen verkuppelt werden, wie dies auch von Hopkinson ausgeführt wurde, werden diese Correcturen bedeutend verkleinert.

Diese Methode ist hauptsächlich bei Untersuchungen anzuwenden, wo die Kraftmaschinen nicht ausreichen, die Untersuchungsmaschine anzutreiben.

Hummel benützt zur Untersuchung einen Motor, welcher durch Bremsversuche bei den verschiedensten Zuständen bezüglich Tourenzahl, Spannung und Stromstärke auf seine Arbeitsleistung geprüft wird; diese Resultate werden graphisch festgelegt. Die zu untersuchende Maschine wird durch diesen genau untersuchten Motor angetrieben.

An Hand der Curven kann die mechanische Arbeit, welche vom Motor abgegeben wird, aus den zugeführten Watt sofort entnommen werden. Messen wir noch die Leistung der Untersuchungsmaschine, so ist uns aufgewendete und abgegebene Arbeit, also auch der Wirkungsgrad, bekannt.

Diese Art der Untersuchung hat den Nachtheil, dass mit dem Motor jene Untersuchungen vorgenommen werden müssen, nämlich Messungen mechanischer Arbeit, welche eben vermieden werden sollen.

Steht der Motor in einer Fabrik, wo er speciell als Untersuchungsmaschine verwendet wird, so kann eine derartige Untersuchung mit Vortheil angewendet werden, da die Untersuchungen des Motors nur ein einziges Mal durchgeführt werden müssen. Weicht die untersuchte Maschine sehr stark in ihrer Leistung vom Motor ab, so wird diese Messung ungenau wegen Veränderlichkeit der mechanischen Verluste des Motors, die bei geringer Belastung einen hohen Percentsatz der abgegebenen Arbeit betragen.

C a r d e w hat ein Messverfahren in Anwendung gebracht, bei welchem drei Dynamomaschinen elektrisch und mechanisch gekuppelt werden können. Aus dem Gesammt-Wirkungsgrad der drei Maschinen berechnet C a r d e w den Wirkungsgrad der einzelnen Maschinen.

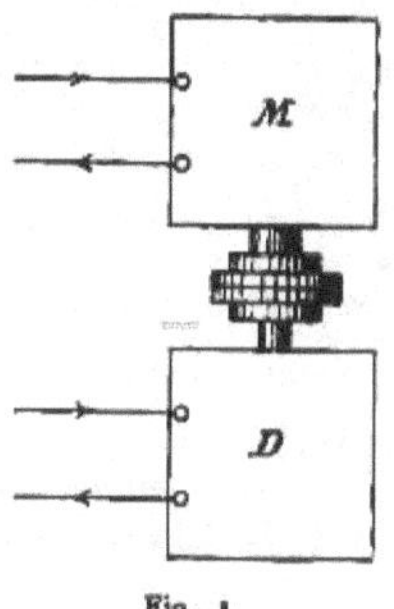

Fig. 1.

T r o t t e r hat das C a r d e w'sche Verfahren etwas vereinfacht. Auch diese Methoden beruhen auf der unrichtigen Voraussetzung, dass der Wirkungsgrad der Maschinen derselbe sei bei Verwendung als Generator wie als Motor.

Der Wirkungsgrad eines Motors oder einer Dynamomaschine kann aus rein elektrischen Messungen in einfacher Weise bestimmt werden, ohne an den früher erwähnten unrichtigen Voraussetzungen festzuhalten, welche den anderen Verfahren anhaften. Nehmen wir an, es sei *M* ein Motor, dessen Wirkungsgrad zu suchen sei. Wir verkuppeln *M* mit einer Dynamomaschine *D*, am besten mit einer Nebenschlussmaschine; die Kuppelung soll lösbar und wenn möglich flexibel sein (Oldhamkuppelung).

Die erste Messung nehmen wir bei gelöster Kuppelung vor und messen die zu Leerlauf des Motors nothwendige elektrische Energie für jene Tourenzahl, mit welcher der Motor laufen soll; die Maasszahl jener Arbeit sei bezeichnet mit L_m.

Nun wird *M* mit *D* verkuppelt; *D* wird mit Fremdstrom erregt. Den Erregerstrom braucht man nicht z[illegible]ssen, sondern nur constant zu halten. Bei der folge[illegible]n Messung [illegible] wir auch die im Motor verbrauchte Arbeit, z[illegible] dieser A[illegible]ab, so repräs[illegible]tirt der Rest,

dessen Maasszahl mit L_D bezeichnet sein möge, jene Arbeit, welche im Motor verbraucht wird, zur Ueberwindung der passiven Widerstände und der Hysteresisverluste in der Dynamomaschine. Genannte Verluste können bei gleicher Tourenzahl und gleicher Erregung als constant angesehen werden; auch ist L_m = Constante.

Als dritte Messung führen wir eine Messung bei belasteter Dynamomaschine durch. Der Mehraufwand im Motor gegen die zweite Belastung sei L_z Watt, die in D erzeugte Arbeit einschliesslich des Ankerverlustes ($J^2 W$) sei L_e Watt. Wir bilden den Quotienten $\frac{L_e}{L_z} = E$ für verschiedene Belastungen, von maximaler Belastung bis zur Stromunterbrechung von D, tragen in einem Coordinaten-System auf der Abscissenachse $L_m + L_D + L_z$ auf und auf der zugehörigen Ordinate $\frac{L_e}{L_z}$, so erhalten wir eine Curve, welche von einer zur Abscissenachse parallelen Geraden, besonders für geringere Belastungen, sehr wenig abweicht. Bezeichnen wir mit E' jenen Werth, welcher unserer kleinsten Belastung entspricht und setzen wir mit Rücksicht auf die geringe Aenderung von E, $E' = E_0$ für $L_e = O$, d. h. gleich dem Verhältniss von $\frac{L_e}{L_z}$ für den Leerlauf der Dynamomaschine, so können wir das elektrische Aequivalent jener mechanischen Arbeit kennen lernen, die wir bei der zweiten Messung (Leerlauf der erregten Dynamo) durch den Motor leisten liessen. Es muss nämlich $L_D . E_0 = L_x$ bestehen, wenn obige Behauptung, dass $\frac{L_e}{L_z} \doteq \frac{L_e'}{L_z'}$, für zwei nicht sehr verschieden grosse Belastungen richtig ist. Die Bestätigung dieser Behauptung ist durch die Curve $\frac{L_e}{L_z}$ gegeben. Aus diesen Messungen können wir den Wirkungsgrad des Motors sofort für jede Belastung ermitteln, denn es ist die im Motor aufgewendete und die vom Motor abgegebene Energie bekannt. Erstere ist gleich $L_m + L_D + L_z$, letztere $L_D . E_0 + L_e$, daher der Wirkungsgrad

$$\eta = \frac{L_D E_0 + L_e}{L_m + L_D + L_z} = \frac{C_1 + L_e}{C_2 + L_z},$$

wenn $L_D . E_0 = C_1$ und $L_m + L_D = C_2$ gesetzt wird.

Ist eine Dynamomaschine zu untersuchen, so wird diese durch einen Motor angetrieben und für letzteren die Curve $\frac{L_e}{L_z}$, wie eben gezeigt wurde, festgelegt. Die Dynamomaschine wird angetrieben, jedoch mit Selbsterregung. Es ist nicht nothwendig, den Ankerverlust zu bestimmen, wenn wir nur nach dem Wirkungsgrad fragen. Aus der Curve $\frac{L_e}{L_z}$ lässt sich für jede Belastung die vom Motor abgegebene Arbeit bestimmen, die von der Dynamomaschine wird auch durch rein elektrische Messungen bestimmt, somit ist η von der Dynamomaschine berechenbar.

Bei Maschinen geringer Leistung, wie sie für Ventilationszwecke vielfach verwendet werden, eignet sich diese Untersuchung ganz besonders, weil die Messung im mechanischen Wege (Bremszaun oder Dynamometer) sehr angenehm wird. Verkuppeln wir z. B. einen Motor von 0·1 *HP* mit einer Dynamomaschine von 100—200 Watt Leistung, so kann die Leerlaufsarbeit und die abgegebene Arbeit aus elektrischen Messungen sehr genau bestimmt werden.

Ich erlaube mir noch darauf aufmerksam zu machen, dass bei Ermittelung der Tourenzahl grösste Vorsicht anzuwenden ist, denn es kann durch das Andrücken von Tachometern die Leerlaufsarbeit kleiner Maschinen leicht um 15% und mehr verändert werden.

Ich glaube, dass die angeführte Art der Wirkungsgrad-Untersuchung namentlich für die Praxis, wo man nicht immer verlässliche geaichte Dynamometer zur Verfügung hat, mit Vortheil anzuwenden ist.

Zum Schlusse sei ein Schema der Eintragung der verschiedenen Werthe in ein Coordinaten-System beigefügt.

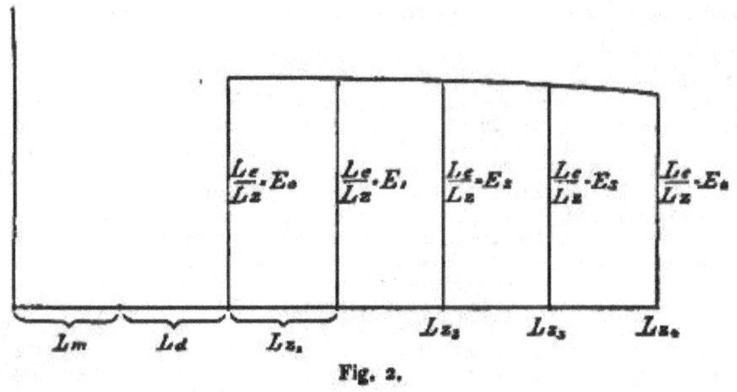

Fig. 2.

Zur Frage über die elektrischen Bahnen in Wien.

(Wien, am 18. Juni 1894.)

Wie wir im vorigen Hefte auf S. 335 ausführlich referirten, ist durch den Beschluss des Wiener Gemeinderathes vom 25. Mai l. J., nach welchem die Unterhandlungen mit den Concessionswerbern für elektrische Bahnen bis zur Erledigung der bei der Regierung und dem Parlament noch einzureichenden Petition um das Heimfalls- und Expropriationsrecht unterbrochen werden sollen, der Bau solcher Bahnen in Wien und die Einführung dieses anerkannt vollkommensten Verkehrsmittels für grosse Städte wieder einmal auf lange Zeit verschoben worden. Interessant und lehrreich ist es bei dieser Gelegenheit, zu sehen, wie anders die Gemeinde und die maassgebenden Behörden in der ungarischen Hauptstadt, in Budapest, sich zu ähnlichen Fragen verhalten. Hier wird in den wichtigsten Fragen viel gesprochen, viel petitionirt, viel registrirt und viel recrimirt, — dort wird in zielbewusster Weise rasch von den Worten zur That übergegangen. Zur Illustrirung dieser Thatsache diene das Folgende.

Die elektrische Stadtbahn-Actiengesellschaft in Budapest hat im Verein mit der Budapester Strassenbahn-Ggesellschaft ein Project für eine 3·5 *km* lange elektrisch zu betreibende Untergrundbahn (Tunnelbahn) ausgearbeitet. Dieses Project wurde anfangs [illegible] Jahres, u. zw. am 22. Jänner behufs [illegible] cessionirung eingereicht. Bereits am [illegible] fanden die Ber[illegible] [illegible] über [illegible] ject in der Eisenbahn-Commission der Gemeinde statt und am 18. April war die Behandlung des neuen Unternehmens in der Finanz-Commission beendet. Am 25. April fand die Behandlung des Entwurfes in der hauptstädtischen Generalversammlung statt und wurden die Grundzüge für den zwischen der Unternehmung und der Gemeinde abzuschliessenden Vertrag beschlossen. Am 2. Mai fasste der hauptstädtische Baurath seine Entschliessung und legte selben Tages dem Ministerium seinen Bericht vor. Bereits am 4. Mai erscheint die Verfügung des Ministeriums des Innern, dem fünf Tage später die Verfügung des Handelsministeriums, betreffend die Tracenrevision folgt. Die administrative Begehung der Bahn fand am 15. Mai statt und da sich alle maassgebenden Factoren für das Project aussprachen, wurden die Concessionsverhandlungen mit den Unternehmern bereits am 30. Mai vorgenommen; dabei wurde zur Bedingung gemacht, dass der Bahnbau unter der Andrassystrasse bis Ende 1895 beendet sein muss und dass die ganze Bahn zum 1. Mai 1896 in Betrieb kommen soll. Die Concessionirung der elektrischen Untergrundbahn in Budapest — der ersten des europäischen Festlandes — steht also für die allernächste Zeit bevor und ist der Baubeginn — wie wir hören — für den 1. Juli in Aussicht genommen. Auf dieselbe Weise entstand in Budapest innerhalb [illegible] [letz]ten sechs Jahre ein Netz elektrischer Bahnen, dessen Geleiselänge heute bereits 35·6 *km* beträgt und das im vergangenen Jahre 12·5 Millionen Personen beförderte. Das gesammte Strassenbahnnetz von Budapest hat sich in dieser kurzen Zeit von 75 *km* Geleise auf 124 *km* vergrössert, der Verkehr aber von 13,324.721 Personen im Jahre 1887 auf 32,400.000 im Jahre 1893 gehoben.

Zu den vielen Projecten, welche bereits für elektrische Bahnen in Wien vorliegen und welche wir im Hefte X auf Seite 279 aufzählten, ist nun wieder ein neues dazugekommen.

Die Anglo-österreichische Bank hat nämlich in Verbindung mit der Firma Siemens & Halske kürzlich dem Handelsministerium ein im Detail ausgearbeitetes Project für eine elektrische Untergrundbahn in Wien unterbreitet und um die Ertheilung der diesbezüglichen Concession angesucht. Gleichzeitig wurde das Project auch der Commune mit dem Gesuche um Bewilligung der Strassenbenützung überreicht. Die geplante elektrische Untergrundbahn beginnt an der Ferdinandsbrücke, wo der Verkehr der Leopoldstadt strahlenförmig zusammenläuft, durchquert hierauf die innere Stadt, berührt die Elisabethbrücke, bei welcher der Verkehr des vierten Bezirkes mündet, durchschneidet sodann die Bezirke Mariahilf und Neubau unter der zwischen beiden liegenden wichtigsten Verkehrsader von ganz Wien, der Mariahilferstrasse, erstreckt sich nach Berührung der Mariahilferlinie, dem Sammelpunkt des Verkehres von Fünfhaus, Sechshaus und Rudolfsheim, des Westbahnhofes, des wichtigsten Bahnhofes der im Bau begriffenen Gürtelbahn, längs des Bezirkes von Neufünfhaus und des nördlichen Theiles von Rudolfsheim und endet in Penzing in der Nähe von Schönbrunn und Hietzing. Haltestellen sind in Aussicht genommen bei der Ferdinandsbrücke, am Morzinplatz (vor dem „Hôtel Metropole"), am Hohen Markt (Ecke der Wipplingerstrasse), am Graben (Ecke der Tuchlauben), am Michaelerplatz (Ecke der Stallburggasse), Opernring, Friedrichstrasse (beim „Weingartel"), Rahlgasse (Museum), Stiftgasse, Neubaugasse, Schottenfeldgasse, Mariahilferlinie, Westbahnhof, Schmelzerbrücke und Penzing. Die Fahrzeit der 6 *km* langen Bahnlinie soll von der Ferdinandsbrücke nach Penzing 17 Minuten und 15 Secunden und in umgekehrter Richtung 16 Minuten und 40 Secunden betragen.

Die elektrische Untergrundbahn soll nicht als Tunnelbahn ausgeführt werden, wie die unterirdischen Bahnen in London, die sehr tief unter der Oberfläche liegen, sondern als sogenannte Unterpflasterbahn mit flacher, unmittelbar unter dem Strassenpflaster liegender Decke. Diese Unterpflasterbahn muss naturgemäss dem Zuge der Strassen folgen, sie wird aber die an denselben liegenden Gebäude nicht berühren und auch nicht tiefer zu liegen kommen, als die Grundmauern der Häuser, so dass weder von der Bauführung noch von dem Betriebe der Bahn irgend ein schädlicher Einfluss zu befürchten ist. Die Bahn soll durchgehends zweigeleisig hergestellt werden, weil anders ein flotter Betrieb nicht ausführbar ist. Auch ist sie normalspurig geplant, so dass ihre Wagen erforderlichenfalls später auch auf die bestehenden Strassenbahnen oder zu erbauenden Vollbahnen im Weichbilde der Stadt überführt werden können. Der Oberbau soll aus Vignolschienen auf eisernen Querschienen bestehen, welche in ein Schotterbett gelegt sind. Der Betrieb erfolgt mittelst einzelner Wagen, die vierzig Fahrgäste fassen, in sehr kurzen Intervallen. Wenn dies nicht ausreichen sollte, wie bei Beginn und Ende der Arbeitszeit, oder an Sonn- und Feiertagen bei schönem Wetter, sollen zwei Wagen zu einem Zuge gekoppelt werden. Der Fahrpreis ist für kürzere Strecken mit zehn Hellern (5 kr.) in Aussicht genommen und soll bis zur Linie 20 und nach Penzing 30 Heller betragen. Der Fahrkartenverkauf soll mittelst Automaten erfolgen. Bei der Haltestelle Westbahnhof endet die Untergrundbahn und geht die Fortsetzung längs der grossen Felberstrasse auf der zwischen dieser und der Westbahn liegenden Böschung geradlinig bis zur Unterführung der Schönbrunner-Allee unter der Westbahn als elektrische Strassenbahn weiter, einerseits nach Penzing und Hietzing, andererseits nördlich nach Breitensee, Ottakring, Hernals und Dornbach. Die gesammte Bauzeit soll nicht mehr als ein Jahr betragen, da die Herstellung gleichzeitig an sieben Punkten in Angriff genommen werden soll.

Die von der Anglobank projectirte elektrische Bahn soll weder der Wienthallinie der Stadtbahn noch der Gürtelbahn, noch auch der Tramway Concurrenz machen, sondern, wie es ähnlich in Budapest der Fall war, ihren eigenen Verkehr heranziehen. Während die in Ausführung begriffene Gürtellinie der Wiener Stadtbahn nur den Zweck haben kann, die Vororte längs der Linie untereinander zu verbinden, kann auch die Wienthallinie als eigentliche Stadtbahn, d. h. als Bahn zur Bewältigung des Stadtverkehres, nur in gewissem Sinne betrachtet werden. Sie wird den Verkehr der Westbahn und später vielleicht auch der Südbahn bis in die Stadt hinein führen, aber für den eigentlichen Stadtverkehr von Stadttheil zu Stadttheil ist die Wienthallinie einstweilen noch ohne wesentliche Bedeutung, denn der Wien entlang nach dem Gumpendorfer Schlachthaus fehlt vorläufig noch jeder nennenswerthe Verkehr und ein solcher kann sich frühestens erst nach Ausbau des Wienthal-Boulevards, also vielleicht erst nach einem Jahrzehnt einstellen. Den schon heute fühlbaren Un[illegible] bezüglich der Bewältigung [illegible] in den [illegible] Stadttheilen thal[illegible] könnt[illegible] nicht, wenn man anstatt der beabsichtigten schweren Locomotivzüge in längeren Zwischenräumen den elektrischen Betrieb mit rascher Aufeinanderfolge einzelner Wagen einführen wollte. Diese Linie kann sich nur an der Peripherie der innern Stadt bewegen und man muss vom Stefansplatz aus fast einen Kilometer weit gehen, um eine Haltestelle der Wienthallinie zu erreichen, während die geplante Untergrundbahn die innere Stadt durchquert und die wichtigsten Verkehrsmittelpunkte direct berührt. Gleichwohl wird die Untergrundbahn an der Elisabethbrücke der Wienthallinie den Verkehr zubringen, und zwar einerseits von der Mariahilferstrasse nach der unteren Wienthalbahn und andererseits aus der Leopoldstadt und der innern Stadt nach der oberen Wienthalbahn.

Es wäre nur zu wünschen, dass das interessante Project, das wir in seinen Grundlinien skizzirt haben, bei den verschiedenen Instanzen, die es zu durchlaufen hat, eine expeditivere Behandlung erfahren möge, als ähnlichen Bestrebungen hierzulande bisher zutheil zu werden pflegte. Wir haben eingangs darauf hingewiesen, wie solche Angelegenheiten in Budapest behandelt werden, und möchten speciell unseren Communalkreisen die charakteristische Aeusserung des Kaisers in's Gedächtniss zurückrufen, dass man sich in Wien ein Beispiel an den Pestern nehmen sollte.

Wohl ist es nicht zu verkennen, dass hier in Wien die Verhältnisse anders als in Budapest liegen. Es ist nämlich durch den Umstand, dass das jüngere Staatswesen jenseits der Leitha eine Anzahl gesetzlicher Beschränkungen hinsichtlich der Anlage von Verkehrsobjecten und Industrien, wie sie in Oesterreich bestehen, nicht kennt, dass vielmehr in Ungarn solchen Unternehmungen seitens aller maassgebenden Behörden und Factoren jedwede Förderung widerfährt, und daher drüben eine raschere Erledigung solcher Eingaben, wie die letztbesprochene möglich ist. Allein, die Prüfung der einzelnen Offerten aufschieben, bis die vier Punkte der gemeinderäthlichen Petition von den gesetzgebenden Factoren genehmigt sind (Siehe Heft XI S. 299 u. Heft XII S. 335), heisst doch der Geduld der Projectanten zu viel zutrauen! Die Gemeinde will, nach dem Vorbilde des seinerzeit aufgestellten Programmes für die allgemeinen Verkehrsanlagen, nunmehr ein Programm für die innerstädtischen, dem Bezirks- und Localverkehr dienenden elektrischen Anlagen aufstellen. Dann will die Gemeinde die Concurrenz der Projectanten zulassen und mit jenem Offerenten in Verhandlung treten, welcher dem aufgestellten Programme zu entsprechen sich verpflichtet. Bedenkt man diese Umstände, so muss es wohl Demjenigen vor der endgiltigen Frist, nach der sich diese Angelegenheiten abwickeln werden, ein wenig grauen. Hiezu aber tritt noch der Uebelstand, dass die einzelnen Offerenten sich bekämpfen, die angebotenen Systeme, Bauweisen, Betriebsarten u. s. w. der Andern unnützerweise als nicht vollwerthig und vollwichtig darstellen. Hierdurch werden die Herren Gegner der elektrischen Traction in den Stand gesetzt, diese im Allgemeinen als noch nicht „spruchreif" zu bezeichnen. Wie sich die betreffenden Elektriker und Projectanten den Ausgang dieses Gebahrens vorstellen, ist schwer zu errathen. Wir mahnen zur Einigkeit und das von mancher Seite hervorgekehrte Selbstvertrauen wird durch die Lage der Dinge nicht vollauf begründet werden können.

Eine Einigung der Offerenten scheint uns, auch von fachlichem Standpunkte aus, die Vorbedingung einer gedeihlichen Lösung der Angelegenheit.

Der Verein hat durch Niedersetzung des in den Vereinsnachrichten erwähnten Eisenbahn-Comités eine Veranstaltung getroffen, innerhalb welcher die von uns im Vorigen angedeuteten Absichten zu geeinigtem Vorgehen in der Frage der Herstellung elektrischer Bahnen in Wien besprochen und berathen werden kann. Eine aus solcher Vereinigung der elektrotechnischen Firmen hervorgehende Action könnte unmöglich ohne Berücksichtigung bleiben. Denn jene Herren, welche den Einfluss und die Macht haben, diese Angelegenheiten in's Werk zu setzen, sehen sich nach fachmännischem Rathe, nach begründeter Anregung um und da wäre es sehr vom Uebel, wenn durch die Uneinigkeit der betreffenden Firmen das bekannte Wort: „getrennt marschiren, vereint schlagen" sich umwandeln würde in die Klage: „getrennt marschirt — veruneinigt geschlagen".

Das Grubenunglück in Karwin und die Elektricität.

Wenn ein so tieferschütterndes Unheil wie das zu Karwin über arme Unverschuldete hereingebrochen, fragt sich wohl Jeder: „Wurde Alles an jener Unglücksstätte vorgekehrt, was den Jammer, der nun über so viele Familien gekommen und bei dessen Vorstellung der Menschheit ganzes Elend vor das geistige Auge tritt, hätte verhüten können?" Im Umfange des eigenen Wissens sucht nun ·Einzelne dasjer[illegible] [illegible]es künftigem [illegible]t zu steuer[illegible] [illegible]a das Ge[illegible] [illegible]icht n[illegible] [illegible]t und da seine Folgen nur durch werkthätige Hilfe für die Familien der Todten gemildert werden können. Wir finden nun, dass in den Kohlengruben noch immer zu wenig Gebrauch von der Elektricität gemacht wird. Wohl ist es dem Schreiber dieser Zeilen bekannt, dass in den Erzherzoglich Albrecht'schen Gruben in Schlesien bereits elektrische Einrichtungen eingeführt und dass ferner in jenen des Grafen Wilczek seit längerer Zeit Verbesserungen im Betriebe studirt werden, allein wir finden, dass von all den Hilfsmitteln, welche die Elektrotechnik für das diesbezügliche Betriebs- und Rettungswesen bietet, nicht in jenem Umfange Gebrauch gemacht wird, das durch solche Katastrophen wie die letzte geboten ist.

Nebst den Bohrmaschinen mit elektrischem Antrieb, nebst den Fördervorrichtungen, gibt es ja Sicherheits-Grubenlampen und elektrische Ventilatoren, Minen-Rettungsapparate, welche leider in unserem Vaterlande noch nicht zur Anwendung gekommen zu sein scheinen. Die Glühlampe erlischt, wenn der Glasballon, in welchem der leuchtende Kohlenfaden eingeschlossen ist, zerbricht. Die transportablen Glühlampen von Trouvé, Swan,*) Edison u. A. m. sollten daher weit öfter als es geschieht, in Gruben benützt werden. Vor einigen Wochen wurden derlei, ganz compendiös gearbeitete und vollständig hermetisch geschlossene tragbare Lampen, die durch Accumulatoren gespeist werden, von einem in England lebenden österreichischen Ingenieur im Elektrotechnischen Verein vorgewiesen; es ist jedoch kein Zweifel, dass solche Lampen auch bei uns in derselben Vollkommenheit hergestellt werden können.**) Es gibt auch, wie erwähnt, Minen-Rettungsapparate, bei welchen die Elektricität eine bedeutende, ja ausschlaggebende Rolle spielt; dieselben wären wohl in einigen, wenn auch vielleicht nicht in allen Fällen anwendbar — aber da sein müssen dieselben! Der Beamte des technisch-administrativen Militär-Comités, Herr Dr. Wächter, hat bereits vor Jahren einen solchen Apparat construirt, allein wir zweifeln daran, dass derselbe in nennenswerthem Ausmaasse Versuchen unterzogen wurde.

Das Unglück hat eine erziehliche Mission und der Schmerz ist der grosse Lehrmeister der Menschheit. Möge der Karwiner Fall den Blick der maassgebenden Factoren auf jene Hilfsmittel richten, welche die „modernste aller Naturkräfte", wie man die Elektricität zu nennen liebt, vor allen anderen Energien auch im Bergwerksbetriebe zu bieten vermag.

Der voranstehenden wohlgemeinten und nicht vereinzelt gebliebenen Anregung wurde nachstehende, offenbar officiöse Aeusserung eines Regierungsblattes entgegengehalten. Die „Presse" bringt nämlich an leitender Stelle folgende Ausführung: „Der Bergwerksbetrieb, namentlich jener der Kohlengruben, bildet seit jeher den Gegenstand unausgesetzter Aufmerksamkeit seitens der Behörden. Es wird unentwegt und energisch daran gearbeitet, die präventiven Vorkehrungen gegen Unglücksfälle, namentlich aber wider schlagende Wetter, zu erweitern und zu verstärken und eine möglichst grosse Garantie für die Sicherheit des Lebens der Arbeiter zu schaffen. Keine Erfindung, und scheine sie auch auf den ersten Blick undurchführbar, wird zurückgewiesen, sie wird vielmehr den Fachorganen zur eingehenden Prüfung überantwortet. Soeben wird z. B. wieder die Einführung elektrischer Lampen empfohlen. Dieses Problem hat schon seit Längerem den Gegenstand der Erwägung in den Fachkreisen gebildet. Es hat sich jedoch herausgestellt, dass die elektrischen Lampen zwar ein intensiveres Licht spenden, dass sie aber, abgesehen von ihrer Schwerfälligkeit, dem Bergarbeiter nicht jene Dienste als Künder des Vorhandenseins gefährlicher Gase leisten können, wie die bisher in Verwendung stehenden Lampen. Die elektrische Lampe reagirt nicht gegen die Stickgase, während die derzeit in Gebrauch stehende Lampe nicht nur das Vorhandensein, sondern auch das Steigen der Gefahr anzeigt. Während also die elektrische Lampe in präventiver Beziehung werthlos ist, bildet sie bei ihrem Bersten eine ebenso grosse Explosionsgefahr wie ein offenes Grubenlicht, während bekanntlich nicht dieses, sondern die verbesserte Davis'sche Sicherheitslampe in Verwendung steht. Man fordert grössere Vorsicht bei den Sprengungen. Aber sie war schon bisher eine sehr weitgehende. Dieselben ganz zu verbieten, ist im Interesse des Betriebes nicht möglich. Die enorme Entwicklung der montanistischen Industrie bringt es mit sich, dass die Zahl der Unfälle sich nicht verringern kann. Sie ist aber ein Ansporn für die Behörden und die betheiligten Kreise überhaupt, die Fortschritte der Technik zum Schutze des Lebens in den montanistischen Betrieben auszunützen."

Wir bemerken hierzu, dass es uns wohl bekannt sei, dass Glühlampen eine Entzündung von Gasen nicht vollständig zu verhüten vermögen, andererseits ist es uns aber nicht minder bekannt, dass — wie oben bemerkt — Swan's Lampen eine Vorrichtung besitzen, welche Grubengase anzukündigen vermag, und wir glauben auch sagen zu dürfen, dass ein Zerbrechen von guten Schutzgläsern bei elektrischen Lampen zu den Unwahrscheinlichkeiten zu rechnen sein wird.

Erwähnen wir noch der elektrischen Bohr- und Fördermaschinen, der Ventilatoren und des Gesammtcomplexes von elektrotechnischen Apparaten, die im Bergwerksbetrieb anderswo in Anwendung stehen, so scheint uns ein bescheidener Hinweis darauf, was in dieser Beziehung in Oesterreich-Ungarn noch zu leisten ist, kaum überflüssig. Gilt es doch zu verhüten, dass Katastrophen durch schlagende Wetter, soweit menschliches Können es gestattet, sich nicht wiederholen.

*) Swan's Lampen besitzen eine Vorrichtung zur Anzeige von Grubengasen.

**) Die Accumulatoren-Fabrik Baumgarten liefert solche Grubenlampen in sehr handlicher und tragbarer Form.

Eröffnung der elektrischen Bahn in Lemberg.

Wie wir bereits im vorigen Hefte S. 343 berichtet haben, ist am 31. Mai l. J. in Lemberg die erste elektrisch betriebene Stadtbahn in Oesterreich eröffnet worden. Der „El. Anz." schreibt hierüber Folgendes: Das die Stadt durchziehende Netz elektrischer Bahnen besteht aus folgenden Strecken: einer circa 6 *km* langen Durchmesserlinie von dem im Westen der Stadt gelegenen Staatsbahnhof nach der östlichen Vorstadt Lyczakower, einer vom Mittelpunkte der Stadt aus abzweigenden Radialstrecke nach dem Kilinsky-Park, auf dessen Territorium soeben die galizische Landes-Ausstellung aufgebaut ist, ferner einer kurzen Zweigstrecke nach dem grossen Friedhof und einem Verbindungsgeleise zum Betriebsbahnhof und zur elektrischen Centralstation. Die gesammte Geleislänge beträgt 16 *km*, die gesammte Bahnlänge 8·5 *km*, von denen augenblicklich bereits 6 *km* in Betrieb genommen sind.

Die Steigungsverhältnisse der Bahn sind sehr ungünstige; Steigungen zwischen 40‰ und 50‰ kommen wiederholt vor, und die grösste, mehrere hundert Meter lange Steigung beträgt sogar 67·5‰. Auch die Curvenverhältnisse sind schwierige; ein Minimalradius von 15 *m* ist öfter angewendet.

Der Oberbau der Bahn besteht aus Rillenschienen von der Type Phönix; der laufende Meter wiegt 32·5 *kg*. Die mit eisernen Spurstangen verbundenen, 1400 *mm* hohen Schienen sind direct auf einem Schotterbett gelagert.

Der elektrische Strom wird oberirdisch zugeführt. Die aus Hartkupfer bestehenden Arbeitsdrähte sind mitten über den Geleisen ausgespannt. Diese Querdrähte sind je nach dem Charakter der betreffenden Strasse an architektonisch ausgebildeten eisernen Säulen, an einfacheren hölzernen Masten oder an Mauerfalten befestigt. Der elektrische Strom, dessen primäre Spannung 500 Volt beträgt, wird mittelst Contactbügel, die auf den Dächern der Motorwagen federnd befestigt sind, abgenommen und zum Motor geleitet.*) Die Rückleitung des Stromes erfolgt durch die Schienen, welche zu diesem Zweck an den Stössen kupferne Verbindungen haben.

Für die Bahn sind vorläufig 16 Motorwagen bestimmt, zunächst ist die Hälfte derselben in Betrieb gestellt. Die Wagen sind zweiclassig; die Motoren sind 25pferdig. Die Uebertragung auf die Achsen wird mittelst Ketten bewirkt.

In der elektrischen Centralstation sind zunächst zwei Röhrendampfkessel von je 220 m² Heizfläche und zwei liegende Compound-Dampfmaschinen mit Condensation aufgestellt. Jede Dampfmaschine leistet 200 eff. *PS* und treibt eine direct mit ihr gekuppelte Innenpolmaschine des bekannten Systems der Firma Siemens & Halske.

Es verdient besonders hervorgehoben zu werden, dass der Bau der Bahn erst in der zweiten Hälfte des September 1893 begonnen wurde und trotz sehr ungünstiger Witterungsverhältnisse so rüstig vorwärts geschritten ist, dass bereits Mitte Mai d. J. die Probefahrten aufgenommen werden konnten. Der Bau der Bahn, sowie die Lieferung allen elektrischen Zubehörs geschah durch die Firma Siemens & Halske in Wien. Die Concession des gesammten Bahnnetzes liegt in den Händen des Magistrats der Stadt Lemberg.

Tod durch Elektricität.

Unter dieser Spitzmarke haben wir im Hefte VIII, S. 232 d. J. von dem Unglücksfall berichtet, wobei der absolvirte Realschüler Otto Würtemberger getödtet wurde.

Es sei hier erwähnt, dass der Telephondraht an der Stelle, wo er gerissen war, sich oberhalb der Leitung für den Primärstrom (Spannung 2000 Volt) befand. Wegen dieses Unglücksfalles standen dieser Tage vor dem Erkenntnissgerichte Innsbruck die Herren Carl Heinrich, aus Luzern gebürtig, Director-Stellvertreter des Augsburger Gas- und Elektricitätswerkes in Innsbruck; Michael Rosenberg aus Budapest, Chefmonteur des Elektricitätswerkes, und Wenzel Werner aus Sichelsdorf, Betriebsleiter des Elektricitätswerkes. Den Angeklagten wurde zur Last gelegt, dass sie, trotz der sofort eingegangenen Meldungen über das Zerreissen verschiedener Stränge, nicht genügend Vorkehrungen getroffen haben, um ein Unglück zu verhüten. Sämmtliche drei Angeklagte erklärten sich für nichtschuldig. Die 23 Zeugen, welche vernommen wurden, gaben ihre Wahrnehmungen zu Protokoll, die sämmtlich die grosse Gefahr für Passanten zur kritischen Zeit, sowie die Sorglosigkeit der Angeklagten darthaten. Von den technischen Sachverständigen sagte Professor Dr. Lecher unter Anderem: „Es ist immer misslich, wenn die Telephonleitung neben starken Strömen geführt wird, ob es nun unter oder über denselben geschieht. Besonders bei Silicium-Bronzedraht ist dies immer gefährlich, speciell in Tirol, wo die grossen Schneefälle eintreten; denn wenn unter der grossen Belastung die Telephondrähte reissen, so können sie, auch wenn sie unterhalb der Starkströme laufen, durch Aufwärtsschnellen mit der Primärleitung Contact herstellen und für Passanten gefährlich werden. Die Verlegung der Telephondrähte über die Primärleitung ist, so viel aus den Acten ersichtlich,

*) Unser letztes Heft enthält auf S. 343 einen Bericht über diese elektrische Stadtbahn, welcher durch einige der Tagespresse entnommenen Ausdrücke zu Missverständnissen Anlass geben könnte. Wir bemerken daher, dass ein [illegible] gehen auf die [illegible] der Mödlinger [illegible] so gut dieselbe [illegible] einen [illegible] falls das [illegible]

bei der Behörde nicht angemeldet worden, obwohl es geschehen musste. Ich glaube, jeder Techniker müsste sich klar sein, dass dieser Telephondraht eine immense Gefahr in sich birgt und dass daher eine scharfe Ueberwachung nothwendig wäre, besonders aber in jener Jahreszeit, wo starke Schneefälle eintreten." Am Montag wurde das Urtheil gefällt. Der Gerichtshof verurtheilte die Angeklagten Heinrich und Rosenberg, Werner wurde freigesprochen.

Angesichts des Ausganges dieses Processes möchten wir nach „Lumière électrique" eines Vorfalles gedenken, der einen weit glücklicheren Ausgang, als der hier beklagte Tod des Würtemberger hatte.

Zu St. Denis wurde ein Telephonarbeiter von einem Strom mit 4500 Volt Spannung und etwa 0·7 Ampères Intensität getroffen.

Nach einer fast einstündigen Frist gelang es den herbeigerufenen Fachmännern Leblanc und Picon, den scheinbar bereits Entseelten durch jene Proceduren, die man bei Ertränkten anwendet, zum Leben zurückzurufen. Diese Proceduren sind: Einleitung der künstlichen Athmung, Bewegung der Arme, Frottiren und Erwärmen.

Es wäre äusserst interessant, in dieser Beziehung die Meinung von medicinischen Autoritäten zu hören.

Nach dem Falle zu St. Denis kann die Wirksamkeit der Elektrocution, die in Amerika schon wiederholt bei Hinrichtung von Verbrechern angewendet wurde, nicht als über allem Zweifel erhaben angesehen werden.

Die Sache verdient näher untersucht zu werden.

Nachrichten aus Ungarn.

Die Eröffnung der Ausstellung für elektrische Kleingewerbe-Arbeitsmaschinen in Budapest.*)

Am 10. Juni l. J. wurde in der Industriehalle im Stadtwäldchen eine Ausstellung sehr interessanter elektrischer Maschinen eröffnet, welche berufen ist, zu beweisen, inwiefern die Elektricität im Kleingewerbe verwendbar ist.

Die Ausstellung wurde durch die Direction des Handelsmuseums veranstaltet und vom Handelsminister Béla v. Lukács feierlich eröffnet.

Bei der Eröffnung waren anwesend der königl. ung. Handelsminister Béla v. Lukács, Staatssecretär Reiszig, Dr. Alexander v. Matlekovics, der Chef des Executions-Comités, die Ministerialräthe Schnierer und Gaál, der Director des Handelsmuseums Carl Ráth, der Rector des Polytechnicums Géza Entz, Graf Eugen Zichy, Albert Fischer, der Director der ung. Elektricitäts-Actiengesellschaft; weiters die Herren Mechwart, Zipernovszky, Tarnoczy, Gewerbe-Inspector Szterenyi und viele andere hervorragende Fachmänner.

Der Chef des Ausstellungs-Comités, Dr. Alexander v. Matlekovits empfing den Handelsminister mit einer Ansprache, worauf Handelsminister v. Lukács in seiner Antwort die Anwesenden seines lebhaften Interesses an dem Fortschritte der Elektrotechnik versicherte und seine Freude über das gelungene Bild der Ausstellung bekundete, welche zeigen soll, wie die Elektrotechnik in Ungarn das Feld erobert hatte.

Nach der mit stürmischen Eljens belohnten Rede unternahm Se. Excellenz einen Rundgang durch die Ausstellung.

In Anbetracht dessen, dass nur ganz exceptionelle Maschinen und zwar nur solche, deren maximale Betriebskraft 2 *HP* nicht übersteigen durfte, zur Ausstellung zugelassen worden sind, ist die Ausstellung imposant und in jeder Hinsicht als gelungen anzunehmen.

22 In- und 23 Ausländer haben insgesammt 200 verschiedene Maschinen ausgestellt. Vertreten ist die Holz- und Metallindustrie, Lederbearbeitungs-, Buchbinder-, Buchdruck-, Gold- und Silberarbeit-, Näh- und Stickmaschinen.

Den neuesten Sieg der ungarischen Industrie verkünden die, durch die „Erste ungarische Nähmaschinenfabrik-Actiengesellschaft" ausgestellten ersten ungarischen Nähmaschinen.

Der Minister sprach sich über dieselben sehr anerkennend aus.

Vieles Interesse erwecken die elektrischen Maschinen für Zwecke der Selcherei, der Erzeugung von Sodawasser, Presshefe und Gefrornen. Sehr interessant sind die Specialitäten der Firma Ganz & Co., u. zw. die elektrische Fussbodenbürst-Maschine, das elektrische Bügeleisen, der Schnellkocher (ganze Küche), die Frisirmaschine etc. etc. Den elektrischen Strom der Ausstellung liefert die Erste ungarische Elektricität-Actiengesellschaft umsonst; ebenfalls gratis überliess die Firma Ganz & Co. die Elektro-Motoren. Siemens & Halske lieferten die elektrische Betriebskraft für die ausländischen Ausstellungs-Objecte.

Die Ausstellung ist täglich von 9 bis 12 Uhr Vormittags und von 3 bis 6 Uhr Nachmittags offen, und zwar für Jeden ohne Entrichtung eines Eintrittsgeldes; nur an Sonn- und Feiertagen ist der Eintrittspreis mit 20 kr. berechnet; diese Eintrittsgelder werden zur Entlohnung des beschäftigten Arbeitspersonales verwendet. D.

*) Vergl. Heft VII, S. 199, ex 1894.

Budapester Strasseneisenbahn – Gesellschaft für Strassenbahnen mit Pferdebetrieb.

(Ministerialerlass in Angelegenheit der Einführung des elektrischen Betriebes.)

Der königl. ungarische Handelsminister hat in einem an die Budapester Municipalbehörde gerichteten Erlasse diese aufgefordert, in Angelegenheit der projectirten Umgestaltung der Linien der derzeit mit Pferden betriebenen Budapester Strassenbahnen auf elektrischen Betrieb ohne Verzug die Verhandlungen mit der genannten Gesellschaft abzuschliessen, da die Regierung einen besonderen Werth darauf legt, dass der Umbau noch vor Beginn der Millenniums-Ausstellung durchgeführt werde.

Budapester Stadtbahn-Gesellschaft für Strassenbahnen mit elektrischem Betrieb.

(Ministerielle Genehmigung des Baues eines zweiten Geleises auf der Theilstrecke Donauquai-Padmaniczkygasse-Stadtwäldchen.)

Der königl. ungarische Handelsminister hat über Antrag der hauptstädtischen Municipalbehörde und dem Ansuchen der Direction der Budapester Stadtbahn-Gesellschaft für Strassenbahnen mit elektrischem Betriebe entsprechend, den Bauplan des bereits concessionirten zweiten Geleises auf der Strecke Rudolfs-Quai (Akademie)-Padmaniczkygasse-Stadtwäldchen genehmigt.

(Ausbau der Quailinie.)

Die Budapester hauptstädtische Municipalbehörde hat, vorbehaltlich der höheren Genehmigung, den von der Direction der Budapester Stadtbahn-Gesellschaft für Strassenbahnen mit elektrischem Betriebe projectirten Bau einer im Anschlusse an die Linie über die grosse Ringstrasse vom Borárosplatze längs dem Donauquai bis zum Petöfiplatze führenden Linie genehmigt. Die Bestimmungen des seinerzeit mit der ehemaligen Stadtbahn-Unternehmung (Siemens & Halske) abgeschlossenen und sodann auf die Budapester Stadtbahn-Actiengesellschaft übertragenen Unifications-Vertrages werden auch für die neue Linie in Kraft treten und bewegt sich der von der Gesellschaft vorgelegte Tarif innerhalb des Rahmens des im Unifications-Vertrage festgestellten Maximaltarifes. — Nach Ausbau der bereits projectirten Fortsetzung dieser Linie bis zum Akademieplatze werden die Linien der Stadtbahn-Gesellschaft zu einem die Stadtbezirke IV, V, VI, VII, VIII und IX umspannenden Ring geschlossen.

(Bau einer neuen Linie zum Volksgarten.)

Die Direction der Budapester Stadtbahn-Gesellschaft hat den Bau einer von der Friedhoflinie nächst dem Volkstheater abzweigenden, mit Benützung von Strassenzügen des VIII. Bezirkes bis zum Neuen Volksgarten (VIII. und IX. Bezirk nächst Honvéd-Akademie-Ludoviceum) führenden neuen Linie beschlossen und unter Vorlage des Projects-Elaborates im Concessionsgesuche um die Bewilligung angesucht, die Stromleitung gleich jener der Friedhofbahn, provisorisch auf Ständern, d. i. als Hochleitung, auch längs der neu projectirten Linie führen zu dürfen, da die von der Bahn berührten Strassenzüge der äusseren Stadtperipherie noch nicht definitiv regulirt und zumeist noch ungepflastert sind.

Segelrad für Flugmaschinen.

Von GEORG WELLNER, o. ö. Professor a. d. techn. Hochschule in Brünn.

Oesterr.-ungar. Privilegium vom 18. November 1893.

Das von Professor Wellner ersonnene Project eines lenkbaren Luftschiffes hat das grösste Interesse Aller erregt, so dass nähere Mittheilungen hierüber unseren Lesern umso willkommener sein werden, als ja die Elektricität für den Antrieb des Segelrades in Aussicht genommen ist und dieses in den Räumen der Centrale der Allgemeinen Elektricitäts-Gesellschaft in der Oberen Donaustrasse 23 zur Aufstellung gelangt.

Das Segelrad für eine Flugmaschine besteht aus einer Achse mit Armen und ringsherum daran befindlichen Tragflächen, welche während des Umlaufens durch ein festes Excenter mit Ring- und Gelenkstangen um kleine Winkel hin und her gedreht werden.

Die Rotation des Segelrades bei horizontaler Bahn der Achse bezweckt die Erzeugung von Hebekraft für das Emporsteigen und Schwebendbleiben in freier Luft, unter Umständen überdies auch die Schaffung einer Kraft in horizontal vortreibendem Sinne zum Behufe des Vorwärtsfluges in achsialer Richtung.

Fig. 1 der nachstehenden Zeichnung zeigt die Stirnansicht, Fig. 2 den Längsschnitt eines Segelrades für Flugmaschinen.

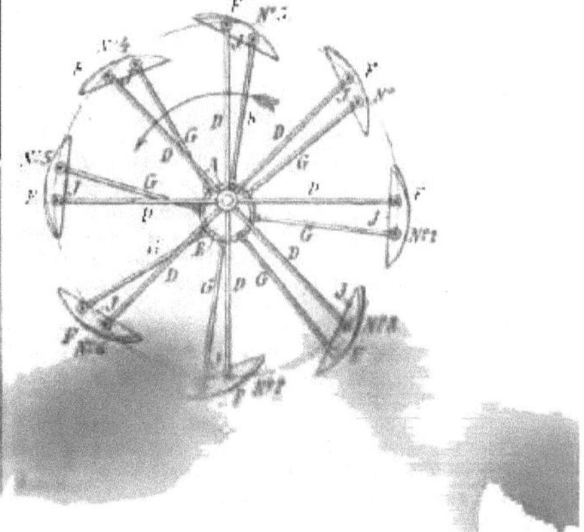

Büchsen *B* ihre Lagerung findet, und die achttheiligen Armkreuze *D* trägt. Auf den Büchsen *B* festgemacht oder mit denselben aus einem Stücke hergestellt, sind die Excenterscheiben *E*, deren Excenterringe je eine Excenterstange *H* und je sieben in Bolzen drehbare Gelenkstangen *G* besitzen. Die Tragflächen *F* in der Zeichnung, acht an der Zahl, sind in einer Cylindermantelfläche trommelartig rings um die Achse angeordnet, und haben Versteifungsrippen *J* mit je zwei Bolzen, an welchen sie einerseits mit den Enden der Armkreuze *D*, anderseits mit den Excenter- und Gelenkstangen *H* und *G* drehbar befestigt sind. In Folge dieser Verbindung mit dem Excenter stellt sich beim Umlauf des Rades (siehe die Pfeilrichtung in Fig. 1) die Vorderkante der Tragflächen der obersten Position (Nr. 3) jedesmal auswärts, in der untersten Position (Nr. 7) einwärts, während in den Zwischenpositionen ein allmäliger Uebergang stattfindet, so dass

Stärke gewählt, doch können auch andere Formen (z. B. rechteckige, elliptisch gestaltete, eiförmige, vogelflügelartig zugespitzte etc.) und andere Querschnitte (z. B. geradlinig verlaufende, parabolisch gewölbte etc.) zweckdienlich erscheinen.

Hinsichtlich des Materials der Tragflächen kann ein festgefügter Körper (z. B. Holz, Blech etc.) mit steifen Rippen, aber auch biegsam, elastisch nachgiebige Stoffe (z. B. Seide, Leinwand etc.) mit steifen oder biegsamen Rippen genommen werden.

Die Anzahl der Arme, der Armsysteme und der Tragflächen richtet sich nach der Grösse des Segelrades.

Der Antrieb der Segelradachse geschieht von einem Motor, nach allem, was wir wissen, von einem Elektromotor aus durch Kurbeln *K*, wie das in der Fig. 2 angedeutet ist, oder durch Zahnräder, Riemenscheiben oder sonst einem der üblichen Getriebe.

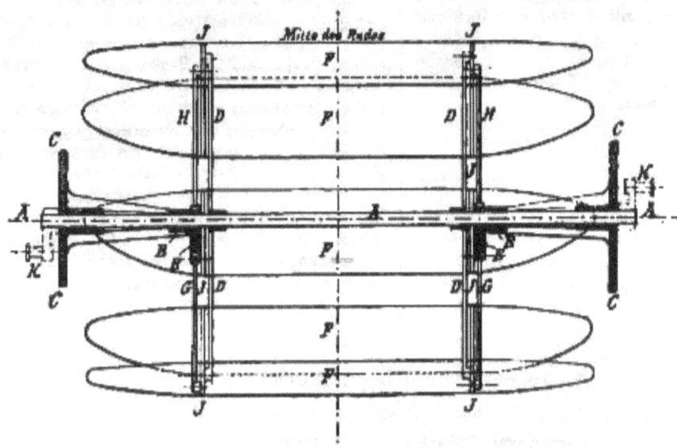

Fig. 2.

in den horizontalen Positionen rechts (Nr. 1) und links (Nr. 5) die Tragflächen mit dem punktirten Umlaufskreise nahe zusammenfallen.

Durch den Wechsel in ihrer Stellung sind die Tragflächen *F* im Stande, die Luft unter sich zu verdichten und dabei Hebekraft zu liefern, u. zw. sowohl in den Positionen des oberen, als auch des unteren Halbkreises. Ferner können die Rippen *J* der Tragflächen sowie die Radarme *D*, *G*, *H*, wenn man ihnen eine schraubenförmige oder windschiefe Verdrehung gibt, bei der Rotation des Rades in achsialem Sinne in der Luft vortreibend wirken, in ähnlicher Weise wie es die Propeller der Dampfschiffe im Wasser thun. Wenn die Rippen und Arme keinerlei Verdrehung besitzen, dann leistet das Segelrad nur eine hebende, aber keine vortreibende Kraft.

In der Zeichnung ist eine ovale Form der Tragflächen und für den Querschnitt derselben eine sanfte Kreisbogenwölbung mit von vorne nach rückwärts abnehmender

Der Segelrad-Mechanismus ähnelt in Bezug auf die Verbindung der beweglichen Flächen mit dem festen Excenter dem Morgan'schen Ruderrad-Mechanismus für Dampfboote, nur ist die Wirkungsweise und Stellung der Flächen beim Segelrade eine ganz andere.

In Betreff der Gesammtanordnung der Segelräder für Flugmaschinen ist zu bemerken, dass entweder ein Segelrad allein, oder zwei und mehrere nebeneinander (u. zw. am besten paarweise in gegenläufiger Bewegung), ebenso 2, 3, auch mehrere hintereinander verwendet werden können.

Wenn wir recht berichtet sind, hat der hiesige Ingenieur- und Architekten-Verein es übernommen, die Kosten des ersten, sehr kostspieligen und langwierigen Versuches zu tragen und wurde in Brünn unter Aufsicht des Prof. Wellner ein Segelrad von grossen Dimensionen, im Umfange von 15 *m* und in der Breite von 3 *m*, gebaut. Das Rad, das 160 *kg* schwer ist, soll ausser seinem eigenen Gewichte noch weitere 150 *kg* zu heben im

Stande sein, vorläufig aber nicht einen eigenen Motor, sondern durch eine ausserhalb der Segelconstruction befindliche Betriebskraft in Bewegung gesetzt werden.

Das Segelrad ist bereits in Wien angelangt und sollen nun die ersten praktischen Versuche in der obbezeichneten Centrale gemacht werden.

Ein in diesen Dimensionen construirtes vollständiges Segelschiff Wellner'schen Systems soll angeblich ausser dem zugehörigen Motor vier Menschen und etwas Proviant tragen können. Der bevorstehende Versuch mit dem einzelnen Steuerrade, welcher unter entsprechender Belastung des Rades erfolgt, würde daher im Falle des Gelingens die vollständige Lösung des Problems eines lenkbaren Luftfahrzeuges bedeuten. Die Maximalgeschwindigkeit, welche Professor Wellner für sein Luftschiff ausgerechnet hat, soll weit grösser sein als die der schnellsten Locomotive, und würden sich daher bei Bewährung des Projectes für die nächste Zukunft geradezu schwindelerregende Perspectiven ergeben.

In wissenschaftlichen Kreisen bringt man dem bevorstehenden Versuche, der vorläufig nur im engen Kreise von Fachleuten stattfinden wird, das grösste Interesse entgegen.

Pariser Nachrichten.

Allgemeine Ausstellung des Jahres 1900. Fin de siècle. Welche Rolle wird am Ende des Jahrhunderts die Elektricität in dem Culturleben spielen? Die Centennial-Ausstellung wird hierauf die Antwort geben. Die vorbereitende Commission dieser ausserordentlichen Veranstaltung hat bereits die Classification derselben vorgenommen und die Gruppe V wird die Erzeugnisse der Elektrotechnik enthalten. Die mechanische Erzeugung der Elektricität umfasst die Classe 23, die Elektrochemie die Classe 24, die Beleuchtung die Classe 25, Telegraphie- und Telephonie Classe 26 und die übrigen elektrischen Erzeugnisse Classe 27. Bis dahin, hoffen wir, werden die Erzeugnisse der Erfinder, wie Tesla oder Ostwald, auf der Ausstellung bereits als Wahrzeichen des Fortschrittes figuriren. Tesla will mit minimalem Kraftaufwand grosse Energieentfaltung in Licht ermöglichen, Ostwald die Elektricität auf chemischem Wege aus der Kohle gewinnen.

Société internationale des Electriciens. Die letzte Sitzung fand am 6. Juni d. J. unter Vorsitz des Herrn Hospitalier statt, der an Stelle des Herrn Postel-Vinay präsidirte. Es fanden mehrere Vorträge oder Mittheilungen statt: Mr. Rey brachte mehrere Methoden zur Kenntniss, nach welchen der Nutzeffect eines Elektromotors von 720 *HP* bestimmt werden könnte.

Mr. Grassot hat einen neuen elektrolytischen Zähler erfunden und demonstrirt, welcher als Hauptbestandtheil einen Silberfaden enthält. Mr. Hospitalier hat denselben der Versammlung erklärt.

Mr. Larnaude endlich hielt einen Vortrag über den gegenwärtigen Stand der Glühlampenfabrikation in- und ausserhalb Frankreichs.

Ausbreitung des elektrischen Lichtes in Paris. Auch in der grossen Metropole an der Seine macht — trotz Auer und Consorten — das elektrische Licht bedeutende Fortschritte. Die Compagnie Edison hat im Mai 1894 den Betrag von 209.761 Frcs. eingenommen; im Mai 1893 den Betrag von 192.523 Frcs., somit in diesem Jahre ein Plus von 17.238 Frcs. aufgewiesen.

Graphische Methode der Darstellung von Wechselströmen durch M. Janet. Wenn *A* und *B* zwei Punkte bezeichnen, zwischen welchen eine alternirende Spannungsdifferenz existirt, so bringt Janet die Wirkung derselben in graphischer Methode auf folgende Weise an den Tag. Auf einem metallischen Cylinder, wie er bei den Copirtelegraphen von Meyer, d'Arlincourt u. s. w. verwendet wurde, bewegt sich ein Eisenstift, welcher mit einem der Punkte *A* oder *B* verbunden ist, während der andere Punkt mit der Achse der Walze communicirt; die Walze ist mit einem chemisch präparirten Papier umwickelt. Bei der Rotation der Walze wird der Farbstoff des Papiers zersetzt und man erhält discontinuirliche Curven von blauer Farbe auf dem Papiere. In der Société pour Physique wies der Autor eine Anzahl von Graphikons vor, die dem Studium der Polwechselzahl und der Phasendifferenz gewidmet waren.

Es kamen da zur Darstellung: 1. Zwei hinter einander geschaltete Widerstände ohne Selbstinduction. 2. Zwei hintereinander geschaltete Widerstände, wovon blos der eine inductiv. 3. Stromtheilung eines Wechselstromes, wovon ein Zweig Selbstinduction aufwies. 4. Elektromotrische Kräfte (dreiphasig). Es zeichnen sich bei diesem Verfahren die elektrischen Wirkungen unmittelbar graphisch auf und geben so ein anschauliches Bild ihrer Beschaffenheit.

J. K.

Project der industriellen Wasserstoff- und Sauerstoffgewinnung auf elektrolytischem Wege.

Von Prof. D. A. LATSCHINOW.

(„Berichte der kaiserlich russischen Technischen Gesellschaft".)

(Fortsetzung.)

III. Die vervollkommnete Type der elektrolytischen Wanne.

Die im Absatz II beschriebenen Wannen leiden daran, dass sie bei grösseren Dimensionen leicht brechen und die Herstellung sich sehr erschwert. Deshalb arbeitete ich eine andere Wannentype aus, in der das äussere Gefäss aus Metall ist und zugleich die Kathode bildet. Da ich diese letzte Type für bequemer zur industriellen Gasgewinnung erachte, werde ich dieselbe etwas genauer als die vorhergehende beschreiben.

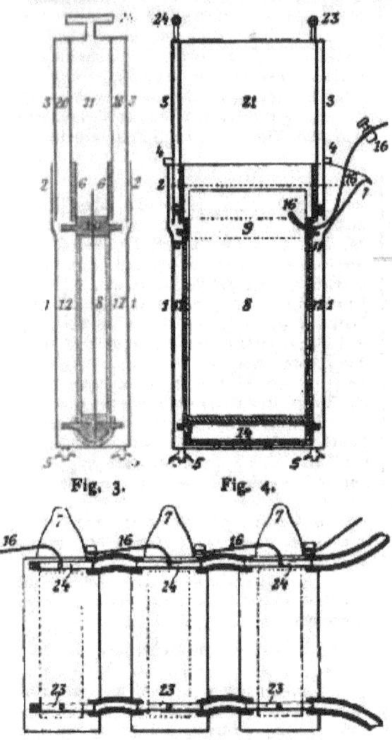

Fig. 3. Fig. 4.

Fig. 5.

Die elektrolytische Wanne (Fig. 3 und 4) besteht aus einem viereckigen guss- oder schmiedeisernen Reservoir 1, 1, das oben eine kleine Erweiterung 2, 2 hat, für die Glocke 3, 3, die etwas streng in die Wanne passt und auf 4, 4 aufliegt, bestimmt. Der rechte schmale Rand des Reservoirs ist in der Mitte abgebogen und bildet eine Nase 7 (Fig. 4 und 5), aus welcher die Flüssigkeit ausfliesst, falls zufällig zuviel hineingegossen wurde. Selbstverständlich können die Kanten des Reservoirs sowie der Glocke stumpf oder abgerundet sein, wenn es für nothwendig gefunden wird. In den Fällen, wo eine grössere Anzahl von Apparaten zu einer Batterie verbunden werden, ist es nützlich, die Wannen auf pilzförmige Füsschen 5 aus Porzellan (oder auch aus einem anderen passenden Material) aufzustellen und ausserdem die ganze Batterie nicht am Fussboden sondern auf niedere Bänke zu stellen. Die Wandungen eines solchen Reservoirs sind Kathoden der betreffenden Wanne, als Anode dient jedoch ein Eisenblech 8, umgeben von einem mit ihm verbundenen Kasten, der wiederum aus zwei Ebonit- (oder auch Schiefer-) Rahmen besteht: ein unterer und ein oberer Rahmen 9 und 14 (Fig. 4 und 6), durch vier Ebonitstangen 12 miteinander verbunden.

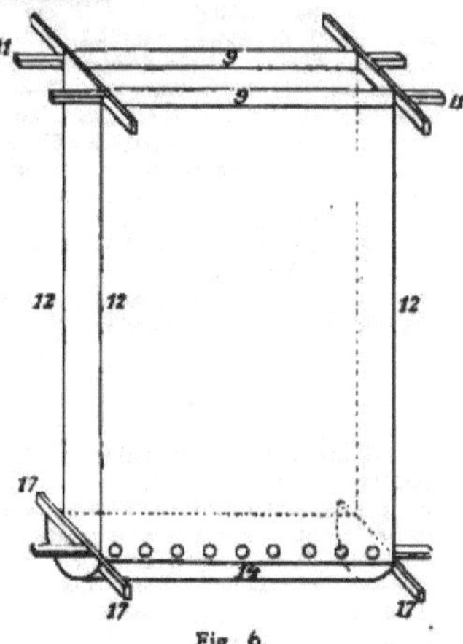

Fig. 6.

Diese Stangen sind aussen mit einem ganzen Blatt Pflanzenpergament bewickelt, dessen Ränder an der Steile miteinander verpickt sind, wo sie beide auf einer der Stangen anliegen. Oben wird das Pergament auf den Rand des Rahmens 9, unten auf den Rand des Rahmens 14 gelegt — es wird ein geschlossener Kasten gebildet, aus welchem der Sauerstoff nur in die innere Kammer der Glocke 21 gelangen kann. Fig. 6 stellt die perspectivische Ansicht des beschriebenen Kastens im vergrösserten Massstabe dar. In der Nähe des unteren Rahmens wird im Pergament eine Reihe von Löchern angebracht, damit beim Eintauchen oder Herausnehmen die Flüssigkeit leicht durch kann. Der untere Rahmen ist mit einem Boden versehen, aus Ebonit gemacht und gebogen, wie Fig. 3 und 6 zeigen, zum Zwecke des leichteren Ausscheidens der Wasserstoffblasen, die vom Boden der Wanne aufsteigen. Der obere, wie der untere Rahmen ist mit Schienen 11, 17 u. s. w. versehen, damit sie regelmässiger in der Wanne liegen.

Die eiserne Elektrode 8 steckt im oberen und unteren Rahmen, so dass mit der Elektrode aus der Wanne auch der ganze Kasten herausgenommen wird, was für die Controle der Bestandtheile sehr bequem ist.

Zum oberen Theil der Elektrode ist ein biegsamer Leitungsdraht 16 angelöthet, welcher mit dem freien Ende bei 7 heraushängt und eventuell zur Klemmschraube der nächsten Wanne gehen kann (Fig. 5). Zum Durchlassen der Elektrode durch den oberen Rahmen besitzt derselbe ein Loch oder eine Ausnehmung. Die innere Fläche der Nase 7 ist mit einer dicken Lackschichte bedeckt oder mit Kautschuk gefüttert.

Die Glocke 3, zum Auffangen der Gase bestimmt, ist in zwei Kammern eingetheilt: innere 21 und äussere 20 (Fig. 3 und 4). Die Gase entströmen den T-förmigen Röhren 23 und 24. Die Glocke 3 ist von der Wanne nicht isolirt und muss daher der untere Theil ihrer inneren Kammer bis zur Flüssigkeitsoberfläche mit Ebonit oder Schiefer belegt werden, wie die Schraffage bei 6 zeigt, sonst könnte sich an den Wandungen der inneren Kammer Wasserstoff ausscheiden. Man könnte wohl auch anders verfahren, nämlich die Glocke von der Wanne zu isoliren, indem man an den Glockenecken 8 Ebonitbeilagen anbringt (4 unten, 4 in der Wannenebene), doch ist es zu umständlich.

Die oben beschriebene Wanne wird mit einer Aetznatronlösung, 10—15% Gehalt, gefüllt, die möglichst rein von Kohlensäure sein muss.

Die Grösse der Wannen entspricht selbstredend der Stromstärke. Für 300 Amp. soll man eine Anode von 90 *cm* Höhe und 50 *cm* Breite nehmen, d. h. eine Fläche von 45 dm^2. In diesem Falle müssen die inneren Dimensionen der Wanne sein: $50 \times 100 \times 11 = 60\ l$. Die Fläche der Anode muss beiläufig der Stromstärke proportional sein, die Breite der Wanne jedoch (senkrecht zur Anode) hängt wenig vom Strom ab.

Die Wannen werden zu einer Batterie verbunden, wie Fig. 5 zeigt. Dabei werden alle T-förmigen Rohre durch kurze Kautschukschläuche zu zwei ganzen Gasableitungsrohren 24 und 23, durch welche Wasser- resp. Sauerstoff entströmt, verbunden. Natürlich wird das eine Ende eines solchen Rohres geschlossen oder verlöthet, das andere bekommt einen langen Schlauch, der zum respectiven Gasbehälter führt; diese letzten sind gewöhnlich (wie in Gasfabriken) mit derartigen Gegengewichten versehen, dass der innere Druck darin entweder gleich oder auch etwas geringer als der [illegible] sphärische ist; nur unter dieser Bedingung wird sich die Oberfläche der Flüssigkeit in den Wannen auf der gehörigen Höhe erhalten und die Batterie richtig functioniren. Bei kleinen Batterien kann man statt der Gasbehälter Kautschuksäcke verwenden.

Bei normaler Thätigkeit kommt auf eine jede Wanne eine Potentialdifferenz von 2·5 Volt, daher kann man an die Stromkette einer Dynamomaschine von 100 Volt Spannung bis 40 elektrolytische Wannen anschliessen. Für den Hausgebrauch kann die städtische Stromleitung verwendet werden und eine Batterie, aus 40 kleinen Wannen bestehend, berechnet auf 5 Amp. mit Elektroden $7 \times 10\ cm = 0{\cdot}7\ dm^2$ Fläche. (Siehe Absatz VII.)

IV. Trocken-Kammer.

Die Gase reissen zwar einen geringen Theil der Flüssigkeit in Form von feinen Staub mit, können jedoch in den meisten Fällen sofort benützt werden. Will man jedoch sie vollständig trocknen, so verwendet man Bleitrockenkammern, wie Fig. 7 zeigt.

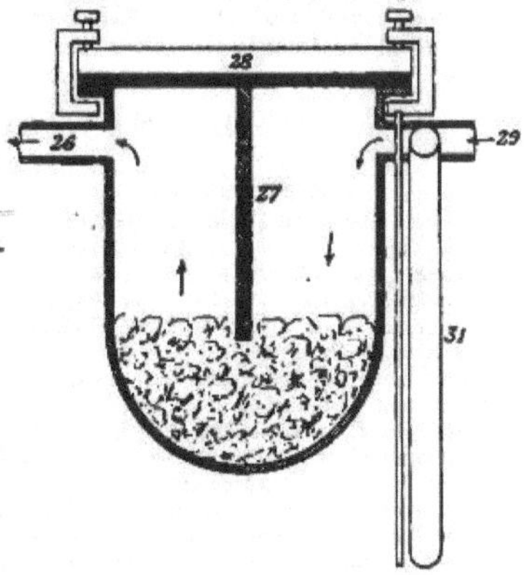

Fig. 7.

Sie haben die Form eines länglichen Kastens, mit einem abgerundeten Boden und einer Scheidewand, angelöthet an die Wandungen des Kastens. Der obere Rand der Scheidewand ist im selben Niveau wie die Kastenwandungen; legt man nun auf den Kasten eine Kautschukplatte, Leder oder dickes Tuch (in der Fig. durch eine dicke, schwarze Linie dargestellt) und drückt dieselbe mit dem Deckel 28 an den Kasten, so bekommt man einen genügend sicheren Verschluss, der das Gas zwingt, aus einer Abtheilung in die andere durch eine dicke Schichte Bimsstein 30, mit Schwefelsäure getränkt, zu gehen.*) Zum Ein- und Ausströmen

*) In dem Falle, wo Wasser- und Sauerstoff aus einer schwachen Schwefelsäure dargestellt werden, füllt man die Trockenkammer mit Stücken [illegible]kalk.

des Gases dienen die Rohre 29 und 26. Von Vortheil ist es, an beiden Enden der Trockenkammer Glycerinmanometer anzubringen (31), die für die ganze Batterie anzeigen werden, wie gross der Niveauunterschied in den beiden Abtheilungen der Glocke und der Wanne, oder, was dasselbe, in der Nase 7 ist. Uebrigens sind die Trockenkammern Hilfsapparate und deren Construction kann nach Bedarf geändert werden. Man kann ihnen auch die Form eines langen Rohres geben und dasselbe mit einer hygroskopischen Masse füllen.

(Schluss folgt.)

Neueste deutsche Patentanmeldungen.

Mitgetheilt vom Technischen- und Patentbureau, Ingenieure MONATH & EHRENFEST, Wien, I. Jasomirgottstrasse 4.

Die Anmeldungen bleiben acht Wochen zur Einsichtnahme öffentlich ausgelegt. Nach § 24 des Patent-Gesetzes kann innerhalb dieser Zeit Einspruch gegen die Anmeldung wegen Mangel der Neuheit oder widerrechtlicher Entnahme erhoben werden. Das obige Bureau besorgt Abschriften der Anmeldungen und übernimmt die Vertretung in allen Einspruchs-Angelegenheiten.

Classe

21. F. 7332. Concentrisches Kabel. — *Felten & Guilleaume* Karlswerk in Mühlheim a. Rh.

„ C. 5041. Verfahren und Vorrichtung zur Umhüllung zweier Leitungsdrähte mit Papier in einem Hergang. — *Fr. Clouth* in Köln-Nippes.

„ E. 4095. Elektrostatische Spannungsmesser für Wechselströme. — *Elektricitäts-Actien-Gesellschaft* in Nürnberg.

Classe

21. J. 3221. Instrument zum Messen von Stromstärken. — *W. Jewell* in Wheaton.

„ R. 8330. Grusmikrophon mit beweglichem Beutel und Federdruck. — *M. M. Rotten* in Berlin.

„ Sch. 9557. Herstellung von Kohlenstiften für elektrische Beleuchtung.

20. H. 12.616 Elektrische Locomotive. — *F. C. & L. Glaser* in Berlin.

KLEINE NACHRICHTEN.

Personal-Nachricht.

Se. Majestät hat Herrn Prof. Dr. Adalbert v. Waltenhofen zum Hofrath zu ernennen geruht. Diese wohlverdiente a. h. Auszeichnung unseres ehemaligen Vereinspräsidenten und allseits geehrten Lehrers der Elektrotechnik wird nicht verfehlen, im Kreise unserer Mitglieder die freudigste Theilnahme zu erwecken. Fällt doch ein Abglanz der a. h. Würdigung der Leistungen Waltenhofen's auf jenen Verein zurück, der seiner Aufgabe — Förderung der Elektrotechnik — von allem Anfange an, u. zw. unter Mithilfe solcher Männer, wie es der Ausgezeichnete ist, selbst unter schwierigen Umständen gerecht zu werden bestrebt war. Herrn Hofrath v. Waltenhofen wünschen wir Alle, dass er noch lange und kräftig in seinem Fache wirke, und weiterer Ehrungen theilhaft werden möge.

Se. k. k. apostolische Majestät haben allergnädigst geruht, den Baurath Kareis, Redacteur dieser Zeitschrift, zum k. k. Oberbaurath zu ernennen.

Baden bei Wien, am 24. Juni. Gestern Abends functionirte zum ersten Male die elektrische Beleuchtung der Strassen und Plätze unserer schönen Curstadt; die Lampen warfen ihre weissen Strahlen — siegreich über das gelbliche Licht der Auerbrenner und noch siegreicher über jenes der gewöhnlichen Gasflammen — auf alle Objecte. Auch die elektrische Bahn kam in probeweise Benützung und heute — am Sonntag — werden die eleganten Wagen zum ersten Male dem Publikum zur Verfügung gestellt werden.

Telephonverbindung Wien–Berlin. Die Staatsverwaltung lässt gegenwärtig die Vorarbeiten zur Herstellung der von der Geschäftswelt schon lange ersehnten directen Telephonverbindung Wien-Berlin ausführen, und man gibt sich der Hoffnung hin, dass dieselbe noch im Spätherbste dieses Jahres dem Publikum zur Benützung wird übergeben werden können. Nach den Ergebnissen, die hinsichtlich der guten Verständigung zwischen Wien und Triest erreicht wurden, ist bei der etwa 80 *km* längeren Entfernung der österreichischen von der deutschen Residenz an einem guten Erfolg dieser Anlage nicht zu zweifeln. Sind doch die Linien Paris-Marseille und New-York-Chicago bedeutend länger und leisten Alles, was diesfalls gefordert werden kann; im vorliegenden Falle verbürgt der Wetteifer der den beiden Verwaltungen angehörenden Organe bei der Ausführung dieser internationalen Telephonlinie eine zufriedenstellende Beschaffenheit derselben. Der Andrang bei Benützung der Linie wird zweifellos ein sehr grosser werden, und deshalb wird an die Herstellung mehrerer Linien gedacht werden müssen. Die Linie Wien-Berlin wird über Prag-Bodenbach-Dresden gehen und somit eine Länge von ungefähr 650 *km* aufweisen, wovon etwa zwei Drittheile auf Oesterreich entfallen.

Localbahn mit elektrischem Betriebe von der Belvedere-Anhöhe in

Prag bis zum Lustschlosse in Bubenč. (Betriebsordnung.) Der Betriebsordnung obiger Localbahn entnehmen wir folgende Bestimmungen: Der Verkehr findet vom 15. April bis 15. October von 6 Uhr Früh bis 9 Uhr Abends alljährlich, im Bedarfsfalle aber auch vom 15. October bis 15. April von 7 Uhr Früh bis 8 Uhr Abends von der Restauration am Belvedere bis zum Lustschlosse Bubenč statt. Die Haltestelle beim königlichen Thiergarten ist zugleich Kreuzungsplatz. Sollte sich jedoch die Nothwendigkeit ergeben, so wird bei der Kreuzung der Bahn mit der Aerarialstrasse bei der Restauration „Zur Stadt Prag" eine weitere Haltestelle errichtet werden. In jeder Richtung verkehrt in Zwischenräumen von je 9 Minuten ein Zug. Zum Betriebe werden zwei Wagen derart in Thätigkeit gesetzt, dass der eine, nachdem er die Fahrt von der Anfangsstation bis zum Lustschlosse in einem Zeitraume von 8 Minuten beendet und dort eine Minute gehalten hat, den Rückweg zur Anfangsstation antritt, wogegen der zweite Wagen zu diesem Zeitpunkte von der Anfangsstation abfährt, so dass die Kreuzung in der Halte- und Kreuzungsstelle beim königlichen Thiergarten erfolgt. Für den Fall eines dichteren Verkehres wird einem jeden Maschinwagen noch ein Beiwagen angehängt. Jeder Wagen wird durch einen Wagenführer und einen Conducteur begleitet. Der Wagenführer besorgt die Handhabung der secundären Dynamomaschine, die Regelung der Zugsgeschwindigkeit, die Bedienung der Bremse und die Ueberwachung der Bahn während der Fahrt nach vorwärts, wogegen dem Conducteur die Ueberwachung der Bahn nach rückwärts und des Ein- und Aussteigens der Fahrgäste, sowie die Revision der Fahrkarten obliegt. Die Fahrgeschwindigkeit darf auf der currenten Strecke 12 *km* per Stunde niemals übersteigen.

Elektrische Bahnen in Berlin. Wie uns berichtet wird, erhielt die Firma Siemens & Halske die Concession für eine elektrische Hochbahn in Berlin, zwischen dem Nollendorfplatz und dem schlesischen Bahnhofe. — Ausserdem wurde der Berlin-Charlottenburger Pferdebahn die Erlaubniss für den elektrischen Betrieb auf der Strecke zum Brandenburger-Thor ertheilt.

Aufsuchen von Wasserquellen mittelst Elektricität. Ueber den Quellenfinder Graf Wrschowe Sekera von Sedczicz, der auf Veranlassung der königlichen Eisenbahnbehörde in Graudenz weilt, um nach Quellen zu suchen, die den dortigen Bahnhof mit Trinkwasser versorgen sollen, wird uns mitgetheilt: Der Graf entstammt einer schlesischen Adelsfamilie und ist in Penker bei Langenau in der Grafschaft Glatz begütert und ansässig. Der jetzt 38jährige Mann, eine hohe, schlanke Gestalt mit gebräuntem, von einem dunklen Vollbarte umrahmten Gesicht, hat bis jetzt mehr als 3000 Quellen für Private, Magistrate und königliche Behörden in fast allen Theilen der Welt gesucht und mit Ausnahme von nur 12 Fällen auch gefunden. Zu seinen Forschungen benützt er die Kraft der Elektricität. Seine Untersuchungen auf das Vorhandensein von Wasser nimmt Graf W. nicht ohne vorhergegangene genaue Studien des Bodens des in Betracht kommenden Ortes und seiner Umgebung vor. Eingehende Kenntniss der geologischen Beschaffenheit von ganz Europa und der Besitz von zum Theil von ihm selbst entworfenen Karten erleichtern ihm seine Arbeit. Nach genauer Untersuchung des Geländes trifft Graf W. seine Vorbereitungen. Er befestigt auf blossem Leibe Platinaketten, an welchen sich besondere Elemente in Platinakugeln befinden. Das eine Ende der Kette wird längs des rechten Armes geführt und überragt, einige Male um den Zeigefinger verschlungen, die Hand um etwa einen halben Meter. Am Ende der am Handgelenk durch einen Ring gehaltenen Kette befindet sich ebenfalls eine Kugel. Der rechte Fuss erhält eine Platinaplatte, welche mit der Kette verbunden ist. In der linken Hand trägt Graf W. bei seiner Untersuchung ausser einem Magneten, seine in einem Holzgehäuse befindliche Taschenuhr. Das Gelände wird nun an der vermuthlich wasserhaltigen Stelle abgeschritten. Geräth Graf W. dabei in die Nähe einer Wasserader, so tritt die am Kettenende befindliche Kugel in Thätigkeit, verfolgt den Lauf bis zur ergiebigsten Stelle und gibt hierdurch nicht allein den Lauf der Wasserader, sondern auch deren Tiefe an. Auch in der Graudenzer Gegend hat der „schlesische Wassergraf", wie er im Volksmunde heisst, Wasseradern festgestellt, deren Vorhandensein die nächste Zukunft wird bestätigen müssen. In der Nähe von Station Gottersfeld will er bei einer Tiefe von nur 42 Meter ausgezeichnetes Wasser gefunden haben.

Hamburger Strassenbahn. Der Senat hat der Gesellschaft die nachgesuchte Concession für den elektrischen Betrieb aller Linien ertheilt. Die Durchführung dieser Aenderung erfolgt innerhalb dreier Jahre.

Der Nordostsee-Canal wird ganz mit elektrischem Licht beleuchtet werden. In Abständen von je 250 Meter werden, so berichtet das Berliner Patentbureau Gerson & Sachse, auf 4 *m* hohen Pfosten Gruppen von 25 Glühlampen in 4 *m* Höhe angebracht werden. Im Ganzen werden 25.000 derartige Lampen gebraucht werden.

Aus dem Erzgebirge. Wie rasch sich auch kleine Industrieorte des Erzgebirges die Erfindungen der Neuzeit zu Nutze machen, das beweist die Thatsache, dass Olbernhau elektrische Strassenbeleuchtung eingeführt hat und dass zwei andere, noch viel kleinere Orte, nämlich Grünhainichen und Borstendorf, darin bald nachfolgen werden. Die Elektricität soll dort aber nicht allein zu Beleuchtungs-, sondern auch zu Betriebszwecken benutzt werden. Es wird sich dadurch ermöglichen lassen, dass namentlich die Drehbänke der Spielwaarendrechsler durch Elektricität in Bewegung gesetzt werden können.

Die Pariser unterirdische elektrische Bahn stösst auf Schwierigkeiten; aber die Kammer-Commission hat dennoch das Project von Berlier (siehe S. 311 des vorigen Heftes) mit 12 Stimmen gegen zwei angenommen. Ueberall besser als bei uns.

Ueber eine seltene Naturerscheinung wird dem „Neuen Wiener Tagblatt" aus St. Gallen (Schweiz) vom 26. Mai l. J. berichtet. Gestern Abends um halb 7 Uhr ging ein orkanartiges Gewitter in der Umgebung von St. Gallen nieder, das ein eigenartiges und höchst gefährliches Schauspiel bot. Am elektrischen Drahtnetz des Dorfes Gossau erloschen um 1/4 7 Uhr sämmtliche elektrischen Lampen des ganzen Dorfkreises. Beim Gasthause „zum Tiger" fingen die Drähte der Leitung eigenartig zu leuchten an, sprühten Funken nach allen Seiten, dabei die schauerlich-schönsten Lichtreflexe werfend. Das Blitzen und Leuchten erreichte beim „Hôtel Ochsen" seinen Höhepunkt. In Folge zu starker Spannung führte der Ableiter des dort aufgestellten Motors die Elektricität zur Erde und diese leuchtete blitzartig auf, u. zw. so grell, dass die ganze Umgebung gleichsam bengalisch beleuchtet schien. Die Blitze wiederholten sich der ganzen Drahtleitung entlang, so dass das Hôtel in grösster Gefahr war. Die Feuerwehr wurde alarmirt und die Hydranten gegen das Haus gerichtet. Um halb 10 Uhr endlich konnte der elektrische Strom abgestellt werden. Cantonsrath Schaffhauser von Andwogl berührte die Ableitung des Transformators beim „Ochsen" und war sofort eine Leiche.

Bukarester Ausstellung 1894. Diese unter dem hohen Protectorate des Thronfolgerpaares Rumäniens stehende Ausstellung verspricht einen grossen Erfolg, dank dem Interesse der industriellen Kreise, welche nach diesem Lande ein ergiebiges Absatzgebiet zu erhoffen haben.

Zu dieser Ausstellung werden alle Erzeugnisse der Industrie, Kunst und Wissenschaft, sämmtliche Zweige und Artikel des Welthandels zugelassen. Die Bestimmungen über die Einsetzung einer Jury sind im Reglement ersichtlich.

Die rumänische Regierung hat für Fracht- und Zollermässigung Anordnung getroffen.

Als General-Commissär des Comités für Oesterreich-Ungarn fungirt Herr Arthur Gobiet in Prag-Karolinenthal, der bis zum erstreckten Termin, Anfangs Juli l. J., Anmeldungen entgegennimmt und gleichfalls die vollständige Vertretung der Aussteller besorgt.

Elektrische Strassenbahnen in Christiania und in Stockholm. Die Eröffnung des elektrischen Betriebes der Strassenbahn in Christiania ist nun auch vor sich gegangen. Die Anlage erfreut sich beim Publikum der grössten Sympathie, was sich fortgesetzt in der guten Besetzung der Wagen äussert. In den meisten Fällen sind die Wagen überfüllt. Erbauerin der elektrischen Bahnanlage ist die durch ihre Leistungsfähigkeit hinlänglich bekannte Allgemeine Elektricitäts-Gesellschaft in Berlin. Die elektrische Bahn Stockholm-Dzursholm sollte mit der in Christiania an einem und demselben Tage eröffnet werden. Während in Christiania aber alles glatt von statten ging, hat die Betriebseröffnung in Stockholm bis heute noch nicht stattfinden können. Hier ist die Ausführerin eine englische elektrische Firma, welche mit den Arbeiten viel früher als die Allgemeine Elektricitäts-Gesellschaft in Christiania begonnen hat und trotz der viel kleineren Anlage bis zur Stunde nicht hat fertig werden können.

Elektrische Strassenbahnen in Afrika. Im Gemeinderath von Algier steht gegenwärtig ein Antrag auf Herstellung einer elektrischen Bahn zwischen dem Saulierplateau und dem Hospital des Dey zur Verhandlung. Die Gesellschaft der Strassenbahn von la Fontaine Chaude nach Biskra beabsichtigt, den Nachtdienst auf ihrer Linie einzuführen.

Beim Gemeinderath von Tunis sind zwei Anträge auf Ertheilung der Concession für elektrische Bahnen, von denen die eine nach dem Hafen, die andere nach Ariana führen soll, eingegangen.

Elektrische Strassenbahn in Breslau. In der Generalversammlung wurde einstimmig beschlossen, den Betriebsgewinn von 214.935 Mk. derart zu verwenden, dass für den Erneuerungsfonds 25.000 Mk., für den Amortisationsfonds 20.000 Mk. und für den Reservefonds 8497 Mk. zurückgestellt, als Dividende 4·7% mit 148.050 Mk. gezahlt werden und der verbleibende Rest von 3816 Mk. auf neue Rechnung vorgetragen wird.

Verantwortlicher Redacteur: JOSEF KAREIS. — Selbstverlag des Elektrotechnischen Vereins.
In Commission bei LEHMANN & WENTZEL, Buchhandlung für Technik und Kunst.
Druck von R. SPIES & Co. in Wien, V., Straussengasse 16.

Zeitschrift für Elektrotechnik.

XII. Jahrg. 15. Juli 1894. Heft XIV.

ABHANDLUNGEN.

Ueber strömende Elektricität.

Von Dr. S. STRICKER, Professor in Wien. — FRANZ DEUTIKE, Wien und Leipzig.
I. Heft 1892. Schlussheft 1894.

Durch das Erscheinen des Schlussheftes dieser kaum zehn Druckbogen umfassenden Monographie gewinnen wir jetzt einen Ueberblick über den Ideengang, von welchem die Schrift beherrscht wird.

Die Monographie ist in der Hauptsache dem Beweise gewidmet, dass in jedem geschlossenen Leiter zwei Ströme fliessen, u. zw. ein Strom vom positiven Pol zum negativen Pol, und ein Strom in entgegengesetzter Richtung; also ein Strom positiver und ein Strom negativer Elektricität. Jeder dieser Ströme fliesst durch den linearen Leiter mit abnehmender Spannung und abnehmender Intensität. Die beiden Ziffernreihen

$$\begin{array}{l} + \ 6543210 \\ - \ 0123456 \end{array}$$

geben ein Schema der beiden Ströme.

Wenn es sich um magnetische, optische, thermische oder chemische Wirkungen handelt, summiren sich die Wirkungen, daher sind alle diese Wirkungen an jedem Querschnitte gleich gross; denn an jeder Stelle des obigen Zahlenschemas wird die Summe der beiden übereinander stehenden Zahlen gleich sein.

Ungleich wird die Leistung hingegen bei einseitiger Ableitung, sei es zum Elektrometer, sei es zur Erde. Denn die beiden Ströme positiver und negativer Elektricität summiren sich nur, wenn sie durch den Leiter in entgegengesetzter Richtung fliessen. Leitet man einseitig ab, so fliessen durch den Ableitungsdraht aliquote Theile beider Ströme in derselben Richtung zum Elektrometer oder zur Erde.

In diesem Falle kommt nur die Differenz beider Ströme zur Wirkung. Daher zeigt uns die elektrometrische Messung einer linearen Strombahn in der Mitte einen Nullpunkt. Denn die Zahlenreihen

$$\begin{array}{l} + \ 6543210 \\ - \ 0123456 \\ \hline \quad 6420246 \end{array}$$

müssen als Differenz in der Mitte Null geben.

Auch bei der Ausbreitung der Ströme in der Erde hat Stricker den Nullpunkt gefunden; aber nur dann, wenn er in der die Erdplatten beider Stationen verbindenden Geraden gemessen hat. Misst man, von der Erdplatte ausgehend, in senkrechter Richtung auf diese Gerade, so ist der Befund ein anderer. Da zeigte es sich, dass die Ausbreitung der Elektricität zwar auch mit allmälig abnehmender Energie erfolgt, aber es ergibt sich kein Nullpunkt.

Stricker hat die Ausbreitung der Elektricitäten rings um jede Erdplatte auf dem alten Donaubette bei Wien bis auf eine Distanz

28

von 400 *m* gemessen und knüpft daran auch einige Daten über die Erdtelegraphie.

Thatsächliche Nova bringt die Monographie in folgenden Stücken:

a) Der Volta'sche Fundamentalversuch beruht nicht auf dem Contact, sondern nur auf der Annäherung oder Entfernung der heterogenen Metalle. Die Quelle der Elektricität liegt hier in der mechanischen Arbeit, welche der Experimentator leistet. Annähern einerseits und Entfernen andererseits wecken Elektricitäten entgegengesetzten Vorzeichens an demselben Metalle.

b) Kupfer in Kupfervitriol wird am freien metallischen Ende positiv elektrisch (nach einer neuen Methode gemessen).

c) Die negative Elektricität wirkt auf den Menschen anders wie die positive Elektricität. Dieses Experiment wird an den offenen Polen einer Gleichstromquelle von 440 Volt Spannung ausgeführt.

d) Die Elektrolyse findet nur an den Stellen statt, an welchen sich Metall und Elektrolyt berühren. Die Jonen wandern nicht durch den ganzen Elektrolyten.

e) Bei einseitiger Ableitung aus einer linearen Strombahn zur Erde kann das Galvanometer als Elektrometer benützt werden.

f) In der Erde kann man nachweisen, dass aus der Erdplatte, welche mit dem positiven Pole verbunden ist, positive Elektricität in die Erde strömt, aus jener Erdplatte hingegen, welche mit dem negativen Pol verbunden ist, strömt negative Elektricität aus.

g) An den Erdströmen lässt sich (in der Nähe der Erdplatte) noch eine merkliche Spannung nachweisen.

Für die Praxis dürften auch die Bemerkungen Stricker's über die Erdtelegraphie von Belang sein. Er nimmt hier die Uebermittlung von elektrischen Zeichen durch einen Fluss, dessen Ufer nicht durch Drähte verbunden sind, als Typus an. Das Verhältniss der Länge je einer Ufer-Leitung zur Ausdehnung (Breite) des zu übersetzenden Flusses nennt Stricker das Streckenverhältniss. Je günstiger das Streckenverhältniss, d. h. je kürzer der nöthige Uferdraht im Verhältniss zur Flussbreite sein kann, umso besser werden die Aussichten für eine praktische Verwirklichung der ganzen Methode. Nun theilt Stricker mit, dass das Streckenverhältniss in seinen Experimenten günstiger war als bei den anderen Experimentatoren. Es betrug bei seinen 1889 mitgetheilten Versuchen 0·3 : 1·0, bei den Versuchen Morse's (im Jahre 1842) 2·5 : 1, und bei den 1890 ausgeführten Versuchen von Melhuish 1 : 1. Das Streckenverhältniss, über welches Preece 1893 in Chicago berichtet hat, war dem Autor, wie er berichtet, nicht bekannt.

Wir haben hier nur auf die wichtigsten Momente dieser überaus lehrreichen Monographie hingewiesen, welche im übrigen Praktikern und und Theoretikern empfohlen sei. Dr. R.

Elektrische Bahnen mit oberirdischer Stromzuführung.*)

Von Dr. G. RASCH, Privatdocent an der technischen Hochschule zu Karlsruhe.

(Vorgetragen in der 187. Sitzung des Karlsruher Bezirksvereines.)

Bei dem von der Allgemeinen Elektricitäts-Gesellschaft gebauten Bahnsystem von Sprague wird ein Strom von 500 bis 550 Volt Spannung erzeugt und durch verschiedene Leitungen, welche je nach den Concessionsbedingungen unter- oder oberirdisch montirt sind und Strom-

*) Ztschr. d. Ver. deutscher Ingenieure, Nr. 16, 1894.

leitungen heissen, nach einzelnen Theilen des Leitungsnetzes geführt. Dieses besteht im Gegensatz zu einem Beleuchtungsnetz aus einzelnen Theilen, die nur durch die genannten Stromleitungen mit den Sammelschienen der Centrale verbunden sind, nicht aber unter sich, sodass sie durch eine einzige Ausschaltung auf der Centrale stromlos gemacht werden können.

Die Leitung, welche über der Mitte des Geleises aufgehängt dem Wagen Strom zuführt, heisst bei der Allgemeinen Elektricitäts-Gesellschaft Arbeitsleitung. Zutreffender erscheint mir die Bezeichnung Contactleitung, da der Rollenarm des Wagens mit ihr Contact bildet. Sie wird aus Siliciumbronze mit einem Durchmesser bis zu 6 *mm* hergestellt; ergibt die Berechnung der Leitung einen stärkeren Querschnitt, als diesem Durchmesser entspricht — und das wird meist der Fall sein — so wird die Stromleitung parallel mit der Contactleitung weitergeführt und versorgt diese durch Querverbindungen stellenweise mit Strom. Diese Stromleitung führt man durch, soweit es die Rücksicht auf den zulässigen Arbeitsverlust bedingt.

Die Aufhängung der Contactleitung ist auf geraden Strecken sehr einfach. In Abständen von rd. 40 *m* werden Maste errichtet; entweder zu beiden Seiten der Strasse zwei schmiedeiserne Träger mit einem Querdraht, an welchem durch einen Hartgummi-Isolator die Contactleitung aufgehängt ist, oder, auf eingeleisigen Strecken, auf einer Seite der Bahn ein Träger mit Ausleger und eben solchem Isolator. Auf Landstrassen verwendet man einfache Holzmaste statt der eisernen. Am besten ist die Befestigung der Querdrähte an den Häusern. Verwickelter wird die Aufhängung in Curven. Die Contactleitung bildet alsdann ein Polygon mit — entsprechend dem Centriwinkel der Curve — 2 bis 5 Ecken. Jede Ecke erfordert einen Spanndraht.

Es sei mir an dieser Stelle gestattet, einen Blick auf die sogenannte Verunstaltung der Strassen durch die in der Luft ausgespannten Drähte elektrischer Bahnen zu werfen. Unglücklicherweise ist bei der ersten deutschen Anlage dieser Art in Halle am Leipzigerplatz, den jeder kreuzen muss, der vom Bahnhof nach der Stadt geht, eine grössere Zahl von Drähten ausgespannt, für die ich häufig die Bezeichnung: „ein wahres Seiltänzernetz, unter dem man bei Regenwetter Schutz finden könnte", zu hören bekam. Bedenkt man aber, dass dort zwei doppelgeleisige Linien sich kreuzen, und dass je zwei benachbarte Strecken an dieser Stelle noch durch eine Curve verbunden sind, so wird man die Anhäufung einer grösseren Zahl von Drähten auf einem verhältnissmässig kleinen Raum begreiflich finden. Betrachtet man dagegen die Leitungen auf der ähnlich unserer Kaiserstrasse geradlinig verlaufenden Magdeburgerstrasse in Halle, so kann man daran nichts Unschönes finden. Es ist merkwürdig, dass die Leute, die aus ästhetischen Gründen gegen die Ersetzung der Pferdebahnen durch die elektrischen Bahnen sind, stets nur in die Luft nach den Leitungsdrähten und nicht nach unten auf den Strassendamm blicken. Was die Pferde dort als Ueberreste der ihnen in Form von Futter zugeführten Energie zurücklassen, dürfte, wenigstens vom gesundheitlichen Standpunkte aus betrachtet, nicht zu Ungunsten des elektrischen Betriebes sprechen.

Da die Rückleitung des Stromes nach der Centrale durch die Laufschienen erfolgt, so ist auf eine vorzügliche Isolation der Zuleitung gegen die Erde zu sehen. Wie bereits bemerkt, ist die Contactleitung vom Querdraht bezw. Ausleger durch einen Hartgummi-Isolator getrennt. Ist der Träger des Querdrahtes von Eisen, so ist der den Querdraht zunächst tragende Kopf des Mastes von diesem durch einen eingeschwefelten Holzpflock isolirt. Werden die Häuser benutzt, so wird der Draht an einem

28*

Porzellan-Isolator angebracht und ausserdem ein hölzerner sogenannter Stab-Isolator eingeschaltet. Ebensolche Stab-Isolatoren liegen auch in den seitlich abspannenden Drähten der Curven. Zur Zerlegung des Netzes in einzelne Theile sind sogenannte Unterbrechungs-Isolatoren in die Contactleitung eingeschaltet.

Zum Zwecke der Rückleitung des Stromes sind die Schienenstösse durch leitende Verbindungen überbrückt.

Ich möchte nun bitten, mir auf das Gebiet der Elektromotoren zu Bahnzwecken zu folgen.

Wir können stets die Beobachtung machen, dass die Motoren in Strassenbahnwagen auf Hauptschluss gewickelt sind, während an dieselben Leitungen angeschlossene stationäre Motoren fast immer als Nebenschlussmaschinen ausgebildet sind. Die Beschäftigung mit der Frage, welcher praktische Zweck dieser Anordnung zu Grunde liegt, führt uns zu interessanten Beobachtungen über die Wirkungsweise der beiden Motoren.

Wir wollen uns zunächst ins Gedächtniss zurückrufen, dass die Hauptschluss- oder Hauptstrom-Maschine diejenige ist, bei welcher Anker und Magnetbewickelung hinter einander geschaltet sind, also vom gleichen Strom durchflossen werden, und dass bei der Nebenschluss-Maschine eine Theilung des Stromes stattfindet, indem je ein Pol der Magnetbewicklung mit einem Pol des Ankers verbunden ist. Diese beiden Theile im Gegensatz zum Hauptstrom-Motor stehen hier also unter gleicher Spannung.

Der Anker des Motors rotirt wie der Anker einer Dynamo-Maschine im magnetischen Felde. Unter denselben Bedingungen wie bei dieser entwickelt er ebenfalls eine elektromotorische Kraft e, welche in Bezug auf die primäre, den Motor treibende elektromotorische Kraft des Stromerzeugers negativ zu setzen ist und elektromotorische Gegenkraft heisst. Wie jene elektromotorische Kraft einer Dynamo, welche mit der Umlaufszahl U in der Minute in einem magnetischen Felde vom Magnetismus M rotirt, ist auch diese elektromotorische Gegenkraft des Motors proportional dem Product aus Umlaufzahl und Magnetismus. Der Proportionalitätsfactor ist die Anzahl der wirksamen Ankerdrähte. Dieser Factor ist für einen und denselben Motor constant und sei deshalb in den Ausdruck M für den Magnetismus mit einbezogen.

Wir können dann schreiben:

$$e = U \cdot M \quad \text{. . . . . 1)}$$

indem wir den Magnetismus in $\frac{\text{V}}{\text{Min.-Umdr.}}$ messen.

Ausser dieser Grundgleichung wollen wir noch eine zweite aufstellen. Es sei v die Betriebspannung, e die bereits definirte elektromotorische Gegenkraft, i die Ankerstromstärke und w der Widerstand des Ankerstromkreises, d. i. bei Nebenschluss-Maschinen der Widerstand des Ankers allein, bei Hauptschluss-Maschinen der Widerstand von Anker und Magnetbewicklung. Alsdann ist:

$$i = \frac{v - e}{w} \quad \text{. . . . . 2)}$$

Bei richtiger — wie oben angedeuteter — Behandlung des Werthes w gilt die Gleichung für beide Wicklungsarten des Motors.

Wir schreiben die Gleichung 2) zunächst in folgender Form:

$$v = e + i \cdot w$$

und multipliciren beide Seiten mit i:

$$v \cdot i = e\,i + i^2 w;$$

dann ist $v . i$ der gesammte (beim Hauptschluss-Motor überhaupt, beim Nebenschluss-Motor nur im Anker) verbrauchte Effect, $i^2 w$ der in dem vom Strom i durchflossenen Leiter in Wärme umgesetzte, und $e . i$ der wenigstens zum grössten Theil in mechanische Leistung umgesetzte Effect.

Ob nun Haupt- oder Nebenschluss-Motor vorliegt, jedenfalls darf der in Wärme umgesetzte nur ein thunlichst kleiner Theil des aufgenommenen Effects sein. Wir können bei Maschinen der hier in Betracht kommenden Grössen 3% Wärmeverlust im Anker und 7% in der Magnetbewicklung rechnen. Beim Hauptschluss-Motor dürfte also gesetzt werden:

$$i^2 . w \lesseqgtr 0{,}10 . i v$$

oder

$$i w \lesseqgtr 0{,}10 . v.$$

Lassen wir den Motor z. B. 10 A. bei 500 V. verbrauchen, so geht der grösste zulässige Werth von w hervor aus der Gleichung:

$$10 . w = 0{,}10 . 500,$$

also

$$w \lesseqgtr 5 \text{ Ohm.}$$

Betrachten wir nun die Gleichung 1) und 2) auf Grund der Werthe $v = 500$ und $w = 5$ im Augenblick des Anfahrens des Motors. Hier ist $U = 0$, also nach Gleichung 1): $e = 0$, nach Gleichung 2): $i = \frac{v}{w} = \frac{500}{5} = 100$ A. Wir hätten also im Augenblick des Anfahrens das Zehnfache des normalen Stromes und das Hundertfache der normalen Erwärmung.

Diese hohe Stromentwicklung beim Anfahren ist beim Nebenschluss-Motor noch grösser. Hier ist unter w nur der Ankerwiderstand zu verstehen, und da nach unserer Annahme im Anker nur 3% Energieverlust eintreten soll, so ergibt eine ähnliche Betrachtung wie oben:

$$i w \lesseqgtr 0{,}03 . v$$

und

$$w \lesseqgtr 0{,}03 . \frac{v}{i} \lesseqgtr \frac{0{,}03 . 500}{10} \lesseqgtr 1{,}5 \text{ Ohm.}$$

Dieser Motor würde also im Augenblick des Anfahrens $i = \frac{500}{1{,}5} = 333$ Ampère durch den Anker lassen, falls in Folge dieser abnormen Stromstärke nicht die Klemmspannung unter 500 V. herabsinkt.

Für beide Motoren ist also in dieser Hinsicht Abhilfe zu schaffen, und dies geschieht durch den sogenannten Vorschalte- oder Anlasswiderstand. Man schaltet in den Stromkreis des Ankers einen Widerstand in Form eines Drahtes oder bei stationären Motoren auch einer Flüssigkeit, den man entsprechend dem Anwachsen der elektromotorischen Gegenkraft des Motors langsam herausnimmt. Analytisch würde der Vorgang sich folgendermaassen stellen: Unter Beibehaltung obiger Definitionen schreiben wir die Stromstärke:

$$i = \frac{v - e}{w + W},$$

wo W der regelbare Anlasswiderstand ist, dessen höchster Werth so bemessen sein muss, dass beim Einschalten die Stromstärke in zulässigen

Grenzen bleibt. Wollen wir z. B. unter Beibehaltung des vorgeführten Beispiels für den Hauptstrom-Motor im Augenblick des Einschaltens die doppelte normale Stromstärke, also 20 A. im Anker zulassen, so muss *W* bis zu $\frac{500}{20} - 5 = 20$ Ohm bemessen werden. Dieser Widerstand muss mit wachsender elektromotorischer Gegenkraft stufenweise ausgeschaltet werden können.

Haftet nun auch beiden Motoren der Mangel zu starker Stromentnahme beim Anfahren an, so sind sie doch in der Art, wie sie die elektromotorische Gegenkraft anwachsen lassen, wesentlich von einander verschieden. Aus Gleichung 1) folgt, dass die elektromotorische Gegenkraft ebenso vom Magnetismus wie von der Umlaufzahl abhängt. Hinsichtlich des Angehens wird also derjenige Motor der bessere sein, der am schnellsten einen kräftigen Magnetismus entwickelt.

Zur Beantwortung dieser Frage müssen wir auf eine Beziehung zwischen Magnetismus und magnetisirender Kraft eingehen. Einzelheiten bei Seite lassend, wollen wir nur beachten, dass der Magnetismus eine Function der magnetisirenden Kraft ist und bis zu einem gewissen Grade mit dieser wächst. Die magnetisirende Kraft messen wir in Amp.-Windungen, d. h. dem Producte aus der magnetisirenden Stromstärke und der Anzahl der Windungen, in welchen der Strom den Elektromagneten umfliesst. Die Windungszahl ist beim fertigen Motor etwas Festes und die magnetisirende Kraft somit nur von der die Windungen durchfliessenden Stromstärke abhängig. Letztere ist aber beim Hauptschluss-Motor eben die Ankerstromstärke, welche beim Anlaufen ein Maximum ist; dem Hauptstrom-Motor ist also von vornherein ein kräftiges magnetisches Feld geboten; er entwickelt seinen Magnetismus schnell.

(Fortsetzung folgt.)

Herstellung eines Drehfeldes durch Einphasen-Wechselströme.

Von Ingenieur Max DÉRI, Wien.

Professor Ferraris hat gezeigt, dass man bei Benützung eines gewöhnlichen Wechselstromes mit einer Phase ein bewegliches Magnetfeld erzeugen kann, indem man in einem Theile des verwendeten Stromes die Stromphase gegen den übrigen Theil des Stromes zeitlich verschiebt. Die Mittel, um diese Verschiebung hervorzubringen, sind bekanntlich Selbstinductionswiderstände und Condensatoren. Man hat an Hand dieser Hilfsmittel in der That eine Bewegung des Magnetfeldes hervorgebracht und dies insbesondere zum Anlassen solcher Wechselstrom-Motoren benützt, welche vermöge ihres Systemes sich nicht selbstthätig in Bewegung setzen.

Um jedoch mit Hilfe der Phasenverschiebung ein möglichst wirksames Drehfeld zu erzielen, müssten die folgenden Hauptbedingungen erfüllt werden, nämlich: erstens, dass die Phasen der beiden Ströme bezw. Magnetfelder gegenseitig symmetrisch sind, so zwar, dass die Strom-Maxima derselben, bezw. die Maxima der Feldstärken in gleichen Zeitintervallen hintereinander folgen, und zweitens, dass die Intensität der durch die zwei Ströme erregten Magnetfelder gleichen Maximalwerth haben. Voraussetzung ist dabei, dass die Ströme nach dem Sinusgesetze wechseln.

Mit Hilfe der Selbstinduction ist eine Phasenverschiebung nur bis zu einer bestimmten Grenze möglich; die Verschiebung muss geringer als 90^0, bezw. $^1/_4$ Phase sein. Je mehr der Verschiebungswinkel sich den 90^0

nähert, desto mehr schwächt der Widerstand der Selbstinduction den Strom und in Folge dessen auch das Magnetfeld. Es ist daher bei Verwendung der Selbstinductionswiderstände allein nicht möglich, die Symmetrie der zwei Phasen herzustellen, weil bei zwei Phasen eine vollkommene Symmetrie nur bei 90° Phasenunterschied erreichbar wäre. Man hat getrachtet, durch Combination von Selbstinductionswiderständen einerseits und Condensatoren oder Polarisations-Apparaten andererseits den durch zweiseitige Verschiebung hervorgebrachten Phasenunterschied dem 90gradigen Winkel möglichst nahezukommen; die letztgenannten Apparate haben sich jedoch für die praktische Verwendung, speciell zu obigem Zwecke sehr wenig geeignet und nehmen überdies grossen Raum und bedeutende Kosten in Anspruch. Die bisher angewendeten Methoden haben sich also als unzulänglich erwiesen, weil dieselben kein continuirliches Drehfeld erzeugen, sondern nur eine stossweise motorische Wirkung hervorbringen.

Es ist mir gelungen, durch besondere Schaltung und Anordnung den gewöhnlichen Einphasenstrom in der Weise zu zertheilen und combinirt auf die Feldarmatur wirken zu lassen, dass ein dreiphasiges Magnetfeld entsteht, zwischen dessen einzelnen Feldern die erforderliche Symmetrie und in Folge dessen ein wirkliches Drehfeld hervorgebracht wird. Aus den Leitungen des einphasigen Wechselstromes entnehme ich in zwei abgezweigten Schliessungskreisen Strom von gegebener Spannung. In einer

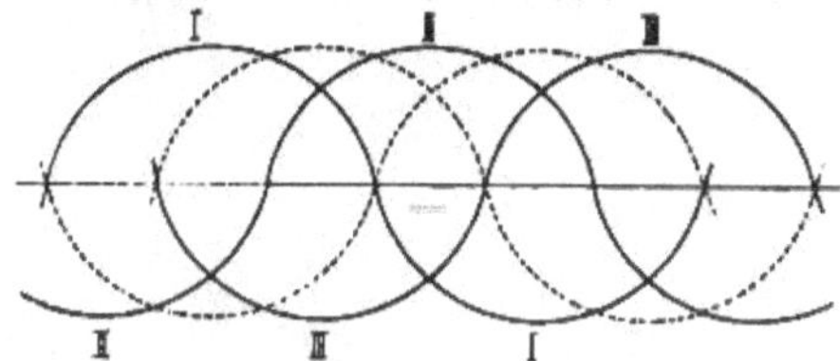

Fig. 1.

der beiden Abzweigungen bewirke ich eine Verschiebung der Stromphase um 60°, d. i. um den sechsten Theil einer ganzen Stromphase, am besten durch Einschaltung von Selbstinductionswiderständen. Die Constatirung der 60gradigen Phasenverschiebung ist einfach, weil diese eintritt, sobald in dem betreffenden Zweigstromkreise die Anzahl der Watt gleich ist der Hälfte der Anzahl Volt-Ampère. Den Inductor (Feldarmatur) des Elektromotors versehe ich mit einer Bewicklung in 3, 6, 12 u. s. w. symmetrischen Theilen, ähnlich wie bei einem dreiphasigen Drehstrom-Motor. Von diesen drei Wicklungstheilen (Fig. 1) führt die erste (I) den Wechselstrom mit seiner ursprünglichen Phase. Der dritte Theil (III) führt in umgekehrter Richtung den Wechselstrom mit einer Phasendifferenz zum ersteren von 60° oder richtiger (nachdem die Stromrichtung umgekehrt ist), mit einer Phasendifferenz von $60 + 180 = 240^0$. Der zweite Theil (II) erhält zwei gleiche Bewicklungen, von denen die eine den ersteren Strom in umgekehrter Richtung, d. i. also um 180° verschoben, führt, die andere den zweiten verschobenen Strom in seiner ursprünglichen Richtung, d. h. thatsächlich um 60° gegen den Originalstrom verschoben. Die combinirte Wirkung dieser beiden Ströme ist gleich der Wirkung eines Wechselstromes mit dem Phasenunterschiede von 120° gegen den Strom I. Voraussetzungen sind bei dieser Anordnung, dass die Ströme nach dem Sinusgesetze wechseln, und dass die Richtung des Stromes, bezw. des Phasenwinkels, mit Rücksicht auf die magnetisirende Wirkung aufzufassen ist.

Setzen wir den Fall, dass der Originalstrom, d. h. der Strom in dem ersten Theile nach der Formel

$$x_1 = A \sin \frac{2\pi t}{T}$$

sich verändert, so wird im dritten Theile die Veränderung des Stromes sich vollziehen, wie

$$x_3 = A \sin\left(\frac{2\pi}{T} t + 240^0\right);$$

in dem zweiten Theile, wenn die Amplitude A in beiden Wicklungen dieses Theiles gleichwerthig ist, wie

$$x_2 = A\left[\sin.\left(\frac{2\pi}{T} t + 180^0\right) + \sin\left(\frac{2\pi}{T} t + 60^0\right)\right].$$

Der in der [] befindliche Ausdruck ist, nach der Formel von $\sin\alpha + \sin\beta$ ausgerechnet, gleich

$$\sin\left(\frac{2\pi}{T} t + 120^0\right);$$

demnach ist

$$x_2 = A \sin\left(\frac{2\pi}{T} t + 120^0\right),$$

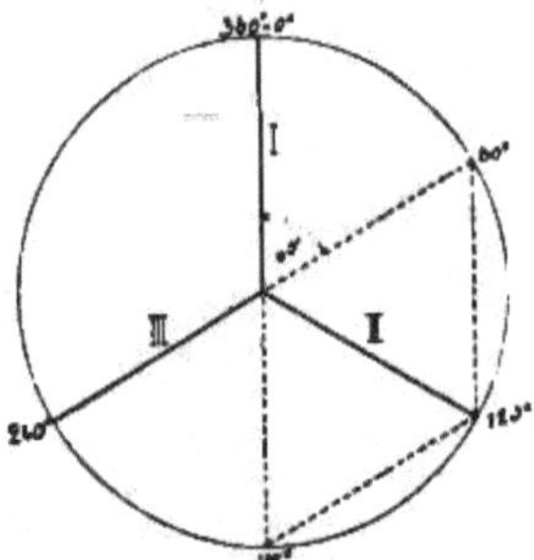

Fig. 2.

womit bewiesen ist, dass die Felder des Dreier-Systems, im Inductor jedes gegen sein Nachbarfeld um 120^0, d. i. um ein Drittel der ganzen Phase verschoben sind, und in Folge dessen ein ähnliches Drehfeld erzeugen, wie der sogenannte Dreiphasenstrom. Die Entstehung dieser Dreiphasenfelder veranschaulicht in graphischer Weise Fig. 2.*)

Um die Bedingung zu erfüllen, dass die Werthe der maximalen Intensität des Magnetfeldes in den Partien I und III gleich seien, kann ich bei Benützung derselben Stromspannung in den beiden Zweigstromkreisen und bei ganz gleicher Bewicklung dieser beiden Theile in den Stromkreis III einen inductionsfreien Widerstand einschalten, welcher die Hälfte der Energie in dem betreffenden Stromkreise consumirt. Ich ziehe es jedoch vor, um den nutzlosen Energieverbrauch zu vermeiden, die Be-

*) Der Verfasser hat jüngst in einem Gespräche mit Herrn [illegible] Korda erfahren, dass derselbe sich mit einer ähnlichen Methode für die Herst[illegible] eines Drehfeldes beschäftigt.

wicklung III von solchen Klemmen der Wechselstromleitungen abzuzweigen, an denen die Potential-Differenz halb so gross ist, wie die Spannung, die in I wirksam ist. Ich schalte z. B. die Wicklung I als Schliessungskreis eines 100voltigen Stromes und die Wicklung III als Schliessungskreis eines 50voltigen Stromes, welche verschiedenen Stromspannungen bei Vertheilungen mit Wechselstrom in den meisten Fällen leicht erhältlich sind.

Die zwei Bewicklungen in der Partie II sind untereinander gleich, und wenn auch nicht in Bezug auf den Querschnitt, so doch in Bezug auf die Länge oder Windungszahl mit den Wicklungen I und III gleich auszuführen. Eine der verschiedenen Schaltungen, nach welchen die vorbeschriebene Combination der Ströme durchgeführt werden kann, zeigt die Fig. 3. Hier sind die Wicklungen II' und II'' in Serie geschaltet mit I respective III.

Eine weitere Vereinfachung in der Construction eines Wechselstrom-Motors, der in der beschriebenen Weise in Gang gesetzt werden soll, habe ich durch die folgende Anordnung erzielt:

In den Stromkreis I muss ein Selbstinductionswiderstand eingeschaltet werden. Ich erspare für diesen Zweck die Verwendung eines besonderen Apparates, indem ich auf dem Inductor (Feldarmatur) des Elektromotors besondere Drahtwindungen anbringe. Diese Windungen werden pollos

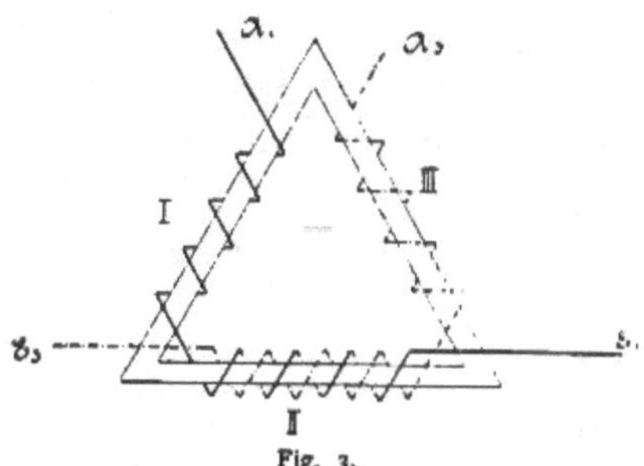

Fig. 3.

hergestellt, d. i. so, wie bei den pollosen Wechselstrom-Transformatoren ohne Richtungswechsel aufgewickelt. Die Kraftlinien, welche diese stromdurchflossenen Windungen erregen, verlaufen nämlich innerhalb des Inductors in einem geschlossenen magnetischen Kreise; sie können daher auf die übrigen Windungen desselben Inductors, welche bekanntlich 2-, 4- etc. polig ausgeführt sind, keinerlei inducirende Wirkung ausüben. Die erstgenannten Hilfswindungen bilden, indem sie die Eisenmasse des Inductors umschliessen, einen sehr wirksamen Selbstinductionswiderstand, ohne die übrige Function des Elektromotors irgendwie zu stören. Schr.

Waddell-Entz-Accumulatoren für Strassenbahnbetrieb.

Während in Europa die elektrischen Accumulatoren ausgedehntere Anwendung gefunden haben, namentlich als Hilfs- und Regulirungs-Apparat in Beleuchtungs-Anlagen, ist in Amerika die „Storage Batterie" immer noch mehr oder weniger verpönt, Erst in ganz neuester Zeit hat man angefangen, [illegible]lhaft, weil man sich der Anerkennung der immer mehr zu Tage [illegible]er Anwendung in Europa nicht verschliessen kann, [illegible]atoren in Beleuchtungs-Anlagen zu verwenden.

Die in letzten Jahren unternommenen Versuche, Secundär-Batterien zum Strassenbahnbetrieb einzuführen, sind alle missglückt, und jede dahinzielende Proposition wird von den Strassenbahn-Verwaltungen mit bedenklichem Misstrauen angehört; obgleich der Accumulatorenbetrieb als das Ideal des elektrischen Strassenbahnbetriebes für Städte anerkannt wird. Versuche werden immer wieder vorgenommen, und auch gegenwärtig ist in New-York, wie der dortige „Techniker" schreibt, ein System probeweise eingeführt, welches gute Aussicht auf endlichen Erfolg verspricht.

Seit ungefähr einem Jahre fahren auf der 2. Ave. in New-York eine Anzahl Wagen mit Accumulatoren der Waddell-Entz Co., welche auch schon anderweitig erprobt wurden. Diese Batterien sind aus Zink-Kupfer-Alkali-Zellen zusammengesetzt. In der Waddell-Entz'schen Form wird das positive Element von einem fein vertheilten Kupfer-Niederschlag gebildet, der sich um einen das Rückgrat bildenden Kupferdraht legt. Um Draht und Niederschlag zusammenzuhalten, dient ein feines Kupfernetz, worüber endlich ein Gespinn aus Baumwolle zu liegen kommt. Das fertige Product sieht genau so aus, wie besponnener Leitungsdraht und wird nun in Hin- und Herwindungen zu einer Platte von der Dicke des Drahtes vereinigt. Von diesen Kupferdrahtplatten enthält jede Zelle gewöhnlich sieben Stück, welche zusammen die positive Seite bilden; sie erhalten ihren Platz in einem Kasten, welcher durch dünne stählerne Scheidewände aus ebensolchem Material so abgetheilt ist, dass in je eine Abtheilung eine jener Kupferplatten zu stehen kommt. Der Kasten und seine Zwischenwände bilden den negativen Theil der Zelle oder, genauer gesagt, den Träger der negativen Seite, indem er erst durch einen Niederschlag von Zink zum Pol wird, dass sich während des Ladeprocesses aus dem Elektrolyt — Pottasche-Lösung Zink enthaltend — auf die Stahlplatten niederschlägt, während die Kupferplatten, resp. das daselbst sich befindende fein vertheilte Kupfer sich oxydirt.

Beim Entladen wird der Zinkniederschlag wiederum gelöst und das Kupferoxyd reducirt. Die elektromotorische Kraft dieser Zellen beträgt offen 0·89 Volts und geschlossen etwa 0·82 Volts. Die Capacität einer Zelle wird als 350 Ampère- oder 270 Watt-Stunden angegeben, würde demnach einer Blei-Zelle gewöhnlicher Construction von 145 Ampère-Stunden gleichkommen. Als eine sehr werthvolle Eigenschaft muss hervorgehoben werden, dass die Spannung in diesen Zellen ausserordentlich constant ist, das heisst, bis zur Erschöpfung der Zelle dieselbe bleibt und beim Laden nicht besonders steigt, wie dieses leider bei den Blei-Accumulatoren so sehr der Fall ist und störend im Betrieb wirkt.

Im Gegensatz zu diesem Vortheile steht der Umstand, dass die Batterien während der Ladung auf 45 bis 50^0 C. erhitzt werden müssen, weswegen die Ladebänke mit Dampfheizung zu versehen sind. Diese Erhitzung ist erforderlich, um den inneren Widerstand der Zelle zu vermindern und auch um durch Strömung die Lösung in gleichmässig vertheiltem Zustande zu erhalten. Dieser Umstand ist nicht gerade als ein Nachtheil zu betrachten, muss jedoch bei Berechnung der Anlagekosten berücksichtigt werden.

Die einzelnen Zellen sind in Gruppen von je 72 Stück vereinigt und zwei solche Gruppen werden in jedem Strassenbahnwagen untergebracht, und zwar in der üblichen Weise, eine unter jeder der beiden seitlich angeordneten Sitzreihen.

Da eine vollständige Zelle 29 Pfund wiegt, so stellt sich das Gewicht der pro Wagen erforderlichen 144 Zellen = 4.176 Pfund. Die einzelnen Zellen sind $4^3/_8$ Zoll breit, $7^1/_2$ Zoll lang und $11^3/_4$ Zoll hoch. Die Gruppe der Zellen nimmt die ganze Länge des Wagensitzes ein. Von den 144 Zellen dienen 16 (in einem eigenen Stromkreise geschaltet) [illegible] der Fe[illegible]
nete sowohl als auch zur Beleuchtung des V[illegible]

übrigen Zellen sind mittelst des Control-Apparates auf der Plattform wie folgt umschaltbar:

Erste Stellung der Kurbel: Armatur kurz geschlossen; hierdurch ist ermöglicht, den Wagen sofort zum Stillstand zu bringen durch die Bremswirkung des Motors, der in dem Falle als Dynamo wirkt.

Zweite Stellung der Kurbel: 4 Serien von 32 Zellen in Parallelschaltung.

Dritte Stellung der Kurbel: 2 Serien von 64 in Parallelschaltung.

Vierte Stellung: Alle Zellen in Hintereinanderschaltung.

Fünfte und sechste Stellung: Wirft einen Widerstand in den Stromkreis der Feldmagnete, wodurch die Geschwindigkeit des Motors durch Schwächung des Feldes erhöht wird.

Siebente Stellung: Ruhestellung.

Wie aus diesem Schema erhellt, ist die Anwendung von Widerständen durch Schaltung der Zellen auf ein Minimum beschränkt.

Zum Ein- und Ausladen der Batterien werden elektrisch betriebene Krähne verwendet. Zum Betrieb der Krähne dient ebenfalls Strom von den Accumulatoren. Jede Gruppe wird nämlich wöchentlich mehrere Male gänzlich entladen, um die einzelnen Gruppen auf möglichst gleichmässigem Niveau zu erhalten; dieser Entladungsstrom dient zum Betrieb der Motoren und Lampen in der Centrale; ist demnach nicht vergeudet. Die Auswechslung der Batterien erfolgt ausserordentlich prompt und rapid, so zwar, dass vom Moment der Einfahrt des Wagen in den Schuppen bis zum Moment der wieder erfolgten Abfahrt nur höchstens drei Minuten zu verstreichen brauchen. Die Batterien werden nicht, wie in den meisten anderen Accumulatoren-Wagen, seitlich, sondern durch die in der Vorderwand und dem Schutzblech vorgesehenen Thüren eingeschoben.

Für jeden Bahnwagen sind zwei Sätze-Batterien, also im Ganzen 288 Zellen erforderlich. Die Fahrgeschwindigkeit der Wagen beträgt 11 bis 12 Meilen per Stunde, und die Stromabgabe im Durchschnitt 40 bis 50 Ampères.

Die Beurtheilung der Rentabilität solcher Anlagen scheitert gewöhnlich an recht unvollkommenen Aufzeichnungen der Betriebs-Ausgaben, doch in dieser Hinsicht unterscheidet sich die Waddell-Entz'sche Anlage von anderen experimentellen Unternehmungen dieser Art sehr vortheilhaft. Die Gesellschaft führt ausserordentlich genau Buch über die Betriebskosten, und da sich diese über einen Zeitraum von fast einem Jahre erstrecken, während welchem die Anlage ununterbrochen bereits im Betriebe ist, so ergibt das Resultat einen verlässlichen Anhaltspunkt für Vergleiche und zur Beurtheilung der Oekonomie des Systems. Die Betriebskosten belaufen sich, einschliesslich der Abnützung der Zellen und Motoren, auf rund $5^{1}/_{3}$ Cents pro Wagen-Meile bei vollem Betriebe (8 Wagen), und $9^{1}/_{3}$ Cents bei halbem Betrieb von 5 Wagen; ein gewiss günstiges Resultat. Dasselbe dürfte sich bei den Trolley-Bahnen freilich noch besser stellen; jedoch darf man nicht vergessen, dass es sich im vorliegenden Falle um eine Anlage von nur 8 Wagen handelt.

Der Unterschied in den Betriebskosten zwischen einer kleinen und grossen Anlage ist bei Verwendung von Accumulatoren ausserordentlich gross, wie schon aus den oben angeführten Resultaten erhellt. Ferner entzieht sich bei einer Trolley-Anlage die Abnützung der Luft-Leitung fast gänzlich der Berechnung, weil dieselbe unvorhergesehenen Einflüssen zu sehr ausgesetzt, wogegen man beim Accumulatorenbetrieb alle Einrichtungen …nter Controle behält. Die übrigen Vor- und Nachtheile der beiden …nd zu bekannt und evident, und es erscheint nicht geboten, hier …zugehen.

Einige Versuche über Radiophonie, ausgeführt von Eugen Semmola.

(Auszug aus der den Acten des Reale Instituto d'incoraggiamento di Napoli, vol. VI, num. 5 beigeschlossenen Note.)

Von E. CRESCINI.*)

Der Autor beabsichtigt in vorliegender Abhandlung durch die von ihm ausgeführten Versuche die Wirkung der intermittirenden Sonnenstrahlen auf Pulvermikrophone zu studiren.

Hiebei benützt er das bekannte Mikrophon von Argy (Fig. 1) und unternimmt

Fig. 1.

vernimmt derjenige, der sich am Teleph befindet, das Geräusch eines leichten L zuges, welches sich deutlich bei jeder e zelnen Unterbrechung des Sonnenstrah wiederholt. Wenn die Unterbrechung immer rascher aufeinanderfolgen, treten a die Geräusche dementsprechend häufi auf, so dass sie sich schliesslich in ein einzigen Tone zu vereinigen scheinen; a zu gleicher Zeit vermindert sich i Intensität, gleichsam als ob sie sich e fernten. Bei einer gewissen Geschwindigk des Unterbrechers wird das akustis Phänomen beinahe unvernehmbar. I vernommene Geräusch besitzt eine s grosse Aehnlichkeit mit dem der akustisc Sirene, wenn ihre bewegliche Scheibe zu drehen beginnt, bevor die Luftschw

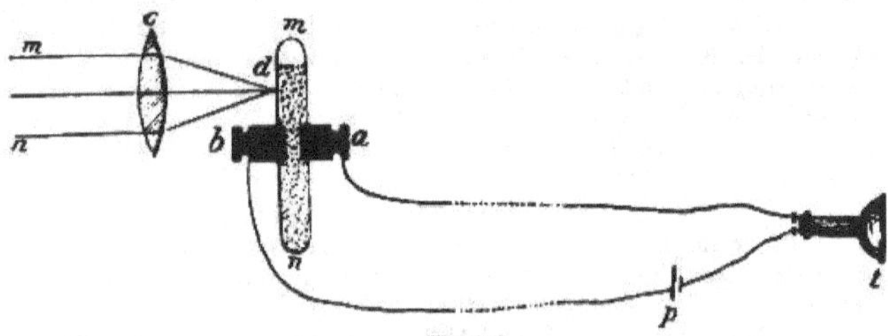

Fig. 2.

behufs Ausführung seines Versuches das in Fig. 2 Dargestellte.

Durch eine kreisförmige Oeffnung von einem Durchmesser von 10 *cm*, die an einem Fensterflügel angebracht ist, dringt in das Zimmer ein horizontaler Lichtstrahl *m n* ein. In einer Entfernung von 8 *m* vom Fenster geht er durch eine biconvexe Linse *C*, die sich in einer an der gegenüberliegenden Thürfüllung angebrachten Oeffnung befindet; hierauf tritt er in das nächste Zimmer ein, wo er die vordere Fläche des Mikrophons trifft. Die Linse hat einen Durchmesser von 10 *cm* und eine Brennweite von 22 *cm*.

Eine vertical stehende Pappendeckelscheibe von dem Durchmesser von 75 *cm*, die 8 von der Peripherie gleichweit abstehende Löcher besitzt, wird durch eine Vorrichtung in Bewegung gesetzt und gleichfalls in die Nähe des Fensters gebracht, wo sie als Unterbrecher functionirt.

Nachdem diese Vorbereitungen getroffen worden sind, kann das von demselben verursachte Geräusch nicht bis zum Mikrophon vordringen.

Wenn man die Scheibe ziemlich langsam dreht, und zwar so, dass sie in der Secunde nur sehr wenige Unterbrechungen bewirkt,

gungen so rasch aufeinander folgen, als d sie einen bestimmten Ton erzeugen könnt

Der Autor hält dafür, dass die Sonn strahlung bei diesem Phänomen durch i Wärmestrahlen mitwirkt, indem sie th sächlich die Fläche des Mikrophons, welches die Sonne fällt, schwärzen, wo das Geräusch stärker auftritt. Letzteres h jedoch auf, wenn die Strahlen vor Erreich des Mikrophons durch eine Alaunlös oder auch nur mehrmals durch e Wasserschichte gehen.

Es ist daher als ganz sicher anzunehm dass jedesmal, so oft der Strahl die met sche Oberfläche des Mikrophons trifft, selbst eine plötzliche Ausdehnung hierauf wieder ein Zusammenziehen st findet.

Dieses Vibriren der Fläche, welc innen auf Kohlenkörnchen übertragen wi bringt eine eigenthümliche Bewegung herv durch welche der durch diese Körnc selbst hindurchgehende elektrische Str modificirt wird und jenes sonderbare (räusch im Telephon verursacht. Denn ist es unbestimmt, ob diese merkwürdige E

*) Il „N. Cimento". März 1894.

gung der Kohlenkörnchen denselben direct durch die metallische Wand mitgetheilt wird, oder ob diese ihr Vibriren dem kleinen, in der Mitte befestigten Kohlencylinder mittheilt, der dasselbe seinerseits bei dem Pulver bewirkt.

Um sich hierüber Gewissheit zu verschaffen, hat der Autor zahlreiche Versuche angestellt, die er wegen Raummangel hier nicht wiederholen kann. Er beschränkt sich darauf, nur einen anzuführen, der ihm entscheidend genug erscheint. Er construirte ein sehr einfaches Mikrophon; dasselbe bestand aus einem kleinen cylinderförmigen Behälter, etwas grösser als derjenige von Argy, und füllte denselben zu $^3/_4$ mit Kohlenkörnchen an. Die convexe Fläche dieses kleinen cylinderförmigen Körpers bildet ein 3 mm hoher Ebenholzring, dessen beiderseitige Ränder von ebenen Metallblechen eingeschlossen werden, welch' letztere auf diese Weise eine von der anderen durch den Ebenholzring isolirt sind. Dieses Mikrophon wird an einer stark geneigten Holzlamelle befestigt und die ebenen Flächen mit Reophoren in Verbindung gebracht, die

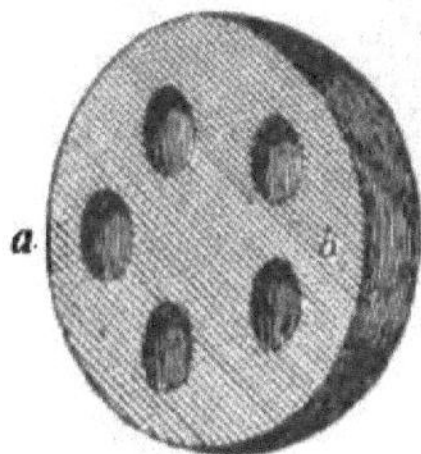

Fig. 3.

ihrerseits wieder zu einem Element und zum Telephon gehen. Das Wort wird hiedurch gerade so gut fortgepflanzt wie mit dem Mikrophone von Argy. Wenn man thatsächlich anstatt des letzteren das früher beschriebene Mikrophon in Anwendung bringt, hört man am Telephon dasselbe Geräusch, und zwar weder mehr noch weniger stark wie bei ersterem.

Dieser Versuch scheint dem Autor entscheidend, um die Behauptung aufzustellen, dass die an der Oberfläche der metallischen Wand hervorgerufene Vibration sich den innen befindlichen Kohlenkörnchen durch diese Wand selbst mittheile. So nimmt auch bei diesem Mikrophon das Geräusch an Intensität ab, bis es beinahe ganz aufhört, wenn man den Unterbrecher sehr rasch dreht. Der Autor wiederholte seine Versuche auch mit einem Mikrophon System Hunnings (Fig. 3), welches noch viel empfindlicher als die vorerwähnten ist.

Wenn man dieses Mikrophon benutzt und den Unterbrecher in Bewegung setzt, lässt sich auch in diesem Falle das Geräusch hören. Wenn man aber rascher dreht, und zwar dergestalt, dass etwa hundert Unterbrechungen in der Secu[illegible] das Geräusch auf, und man vernimmt an dessen Stelle einen schwachen Ton, dessen Höhe ganz genau anzugeben ist. Lässt man den Unterbrecher rascher oder langsamer drehen, so wird die Höhe des Tones dementsprechend modificirt. Um jeden Zweifel zu entfernen, als ob der auf diese Weise hervorgerufene Ton seine Entstehung dem Geräusche des Unterbrechers, der mit dem Mikrophon in Verbindung steht, verdanke, genügt es, den Strahlen den Zutritt zu verwehren, wobei jedoch der Unterbrecher weiter gedreht wird, und der Ton hört auf.

Der Unternehmer dieses Versuches hält es beinahe für überflüssig, zu wiederholen, dass die wirksamen Strahlen die thermischen sind, indem sie thatsächlich die vordere Fläche des Mikrophons schwärzen, wobei der Ton ziemlich stark auftritt. Er hört jedoch auf, wenn die Strahlen durch wenig oder gar nicht diathermische Körper gehen. Es ist ausserdem noch in Erinnerung zu bringen, dass das Mikrophon von Hunnings bei längerem Gebrauche seine Empfindlichkeit beinahe verliert. In diesem Falle ist die auf das Telephon übertragene Stimme weniger klar und auch der Ton ist sehr schwach zu vernehmen. Um dem Mikrophon die ursprüngliche Empfindlichkeit wieder zu verleihen, muss man es öffnen, die Kohlenkörnchen durcheinander schütteln und sie ordnungsmässig wieder an ihre frühere Stelle bringen.

Ausserdem ist es noch nothwendig, dass das Bild der Sonne im Brennpunkte der Linse ziemlich warm sei, um wenigstens das Papier zu verkohlen, auf welches man es probeweise fallen lässt. Es ist daher aus diesem Grunde angezeigt, die Versuche während der warmen Jahreszeit und bei heiterem Himmel auszuführen.

Der Autor glaubt auch noch bemerken zu müssen, dass die Lamelle des Mikrophons bei einem länger andauernden Versuche nicht zu stark erwärmt werde, da in diesem Falle der Ton ziemlich schwach hörbar ist. Er hat auch ein Silberplättchen an Stelle jenes von gewalztem und vergoldetem Eisen, welches sich gegenüber der vorderen Fläche des Mikrophons Hunnings befindet, gesetzt, und es kam ihm vor, als ob der Ton hiedurch nicht verändert wurde.

Der Autor kann daher aus dem Gesagten schliessen, dass der von ihm ausgeführte Versuch mit dem Mikrophon Hunnings deutlich genug ist, um ohne jeden Zweifel und in der einfachsten und directesten Form zu beweisen, dass ein Metallplättchen von einer gewissen Stärke, wenn es an der Oberfläche von einer intermittirenden Strahlung getroffen wird, raschen und regelmässigen Ausdehnungen und Zusammenziehungen unterworfen ist, und zwar derart, dass es die Entstehung einer thatsächlichen thermischen Vibration bewirkt, die sich in eine tönende umwandeln lässt.

Die festen Körper verhalten sich daher bei diesen Versuchen gerade so wie das [illegible] oder die Dämpfe.

St.

Project der industriellen Wasserstoff- und Sauerstoffgewinn auf elektrolytischem Wege.

Von Prof. D. A. LATSCHINOW.

(„Berichte der kaiserlich russischen Technischen Gesellschaft".)

(Schluss.)

V. Alarm-Glocke.

Früher ist erwähnt worden, dass ein jedes der Gase in einem Kautschuksack (oder in dem Gasbehälter geleitet wird. So lange der Gasbehälter nicht gefüllt ist, kann das Gas leicht hineinströmen und das Niveau der Flüssigkeit in der Glocke ist so hoch, wie das in der Wanne. Wird aber der Sack (oder Gasbehälter) überfüllt, so wird das Gas, welches keinen freien Ausgang findet, das Niveau in der Glocke herunterdrücken, was zur Folge haben wird, dass das Niveau in der Wanne steigen und die Flüssigkeit bei der Nase 7 ausfliessen wird. Man kann eventuell unter der Nase eine Rinne anbringen, durch welche die Flüssigkeit in ein dazu bestimmtes Reservoir fliessen würde.

Es wäre nicht schwer, in diesem Reservoir eine Vorrichtung anzubringen, welche die Kette einer elektrischen Klingel schliessen könnte und im Zimmer des Aufsehers Lärm schlagen würde. Eine ähnliche Vorrichtung ist in Fig. 8 ersichtlich. Sie besteht aus einem kleinen Glasgefässe 35, befestigt an einem Ebonitdeckel 39, welch letzteren man einfach auf den Hals einer gewöhnlichen Flasche 43 aufstecken kann. Im unteren Theile des Gefässes ist eine gebogene Glasröhre 41 eingelöthet, die mit Quecksilber gefüllt ist. Das freie Ende des Rohres ist mit einem Ebonitstöpsel verschlossen, durch welchen ein mit der Klemmschraube 38 verbundener Platindraht 40 geht; der Draht ist an dem Deckel befestigt. Ein anderer ähnlicher Draht 36, stets in's Queck getaucht, seinerseits mit einer an Schraube verbunden. Die Flüssigkeit, w durch die Ueberfüllung des Gasbehälte der Wanne ausfliesst, füllt durch die Oeff 33 das Glasgefäss und fliesst dann i Flasche über die Nase 34. Der Druck der Fl keit veranlasst das Steigen des Quecksilbe dem freien Knie der gebogenen Glasröhr das Quecksilber muss nothwendig den P draht 40 berühren; dadurch wird der vanische Strom geschlossen und die elektr Klingel, die sich im Zimmer des Aufs befindet, in Thätigkeit gesetzt. Um

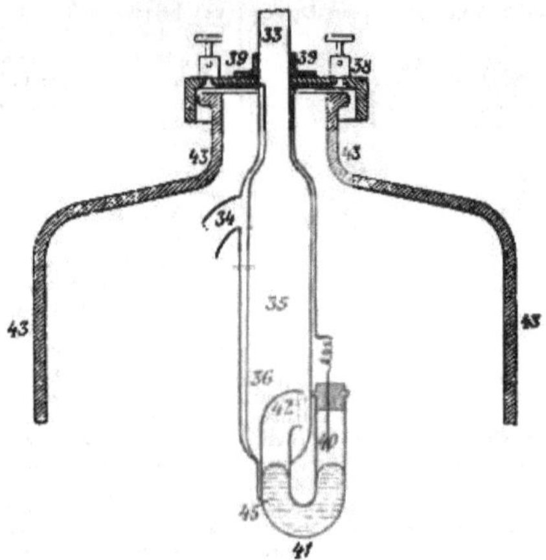

Fig. 8.

Apparat in den ursprünglichen Zustan bringen, genügt es, ihn aus der Fl herauszunehmen und nach links bis wagrechten Stellung neigend, die Flüs durch die Nase 34 auszugiessen; das Q silber fliesst dabei nicht aus, dank des buges der Röhre 42.

VI. Druck-Wannen.

Das in dem Gasbehälter gesammelt kann mittelst einer Schwarzkopf'schen ähnlich construirten Pumpe in stäh Reservoirs hineingepumpt werden, weil durch diese Pumpen hohe Spannungen er kann. Doch kann man auch das Compri der Gase ohne Pumpen erzielen, i man besondere elektrolytische Apparat wendet, die sogenannten Druck-Wan Dieser Apparat ist in Fig. 9 ersichtlich besteht aus einem cylinderischen Res aus Gussstahl, mit einem convexen Boden und einem flachen oder auch convexen Deckel. Der Deckel ist an den Körper mittelst Schrauben und Bleibeilagen befestigt. Im Inneren des Reservoirs befindet sich eine von ihm isolirte eiserne Röhre *b*, die von unten durch eine gebogene Ebonitplatte *g* geschlossen ist. Zur Röhre führt ein isolirter Leiter *K* durch die Wandung des Gefässes. Der Deckel ist mit 2 Röhren versehen: centrales Rohr a^0 und ein seitliches Rohr C^0; in der Mündung eines jeden von diesen ist ein conisches Ventil angebracht, in dem sich ein aus paraffinirtem Holz oder aus Metall (hohl) hergestellter cylindrischer Schwimmer befindet, der sich in einer mit Löchern versehenen Röhre (in der Zeichnung nicht ersichtlich) bewegt. An den Deckel ist auch ein nicht leitender breiter Körper, z. B. ein Cylinder aus Ebonit *d* angebracht, der zum Zwecke der Gastheilung dient. Von den Rändern dieses Körpers bis zur Ebonitplatte geht ein Cylinder *i* aus Pflanzenpergament, unten mit einer Anzahl von Löchern versehen. Das Re-

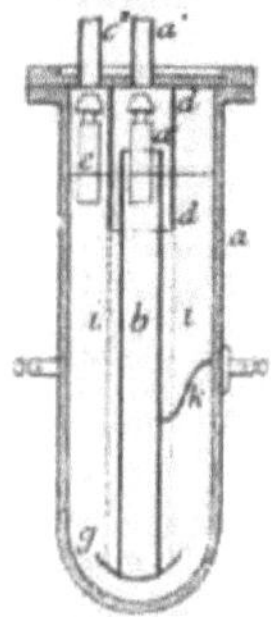

Fig. 9.

servoir wird bis dreiviertel des Inhaltes mit einer Lösung von Aetznatron gefüllt und mit einem Deckel verschlossen. Beim Durchlassen des Stromes scheidet sich der Wasserstoff an den Wandungen des Stahlcylinders selbst aus, der Sauerstoff auf der Oberfläche des eisernen Rohres. Ein jedes der Gase wird in die Trockenkammer geleitet, von wo aus es durch ein eisernes oder stählernes Rohr in den Gasbehälter gelangt, wo die nöthige Comprimirung vor sich geht.

Die Grösse des Apparates (40—60 *l* Flüssigkeit) ist derartig berechnet, dass derselbe auf einmal 4 m^3 Wasserstoff (bei gewöhnlicher Spannung) und 2 m^3 Sauerstoff*), d. i. dasjenige Quantum, welches je ein englisches Gasreservoir an comprimirtem Wasser- und Sauerstoff fassen. Da die Wasserstoffreservoire zweimal so gross als die für Sauerstoff sind, so sollte auch theoretisch die Spannung in dem einen zweimal so gross sein, wie im anderen. In der Praxis stimmt es aber nicht immer und es könnte dieser Umstand schädlich auf die Druck-Wanne wirken, das Niveau in der einen Hälfte derselben steigen, wobei die Flüssigkeit ausfliessen könnte, ja sogar die beiden Gase sich vereinigen. Zur Vermeidung dieses Uebelstandes dienen die schwimmenden Ventile *a' c'*. Wenn das Flüssigkeitsniveau in der mittleren Abtheilung steigen sollte, so wird das Ventil (*a'*) die Oeffnung für das ausströmende Gas verkleinern und eventuell ganz schliessen; dadurch wird sich viel Gas in dieser Abtheilung sammeln und das Niveau herabdrücken, mit einem Wort: der Gasdruck wird in beiden Abtheilungen der Wanne derselbe sein, wenn er auch in den Gasbehältern verschieden sein sollte.

Man kann die Druck-Wanne auch mit einer schwachen Schwefelsäure füllen; in diesem Fall muss man sie inwendig mit Messing auslegen und die Central-Röhren-Elektrode aus Kohle herstellen, was umständlich und unbequem ist.

VII. Die elektrolytische Wanne für den Hausgebrauch.

In denjenigen Fällen, wo man wenig Gase bedarf, z. B. in Apotheken, Lehranstalten, kann man die vereinfachte elektrolytische Wanne benützen; sie besteht aus einem Thon- oder paraffinirten Holzkasten (Fig. 10) etwa 2 *m* lang, in welchen eiserne,

Fig. 10.

dicht nebeneinander stehende Elektroden *a* hineingestellt sind und den Kasten in Kammern theilen. Zwischen den Kammern befinden sich kurze, nicht leitende Scheidewände *b*, deren obere Ränder im Niveau der Kastenwände sind und von den unteren Pflanzen-Pergamentblätter herunterhängen (in der Zeichnung strichlirt). Die Batterie wird bis zu dreiviertel des Inhalts gefüllt und mit einem gusseisernen oder Holzdeckel verschlossen. Beim Durchleiten des Stromes wird eine jede eiserne Platte von einer Seite als Anode, von der anderen als Kathode wirken und das entsprechende Gas ausscheiden. Zum Ausströmen des Gases sind an den Seiten kurze Röhrchen angebracht, die in der Zeichnung mit Kreisen und Kreuzen gekennzeichnet sind. Alle Röhrchen der ersten Art sind nach vorn gerichtet und zu einem Rohr vereinigt, aus welchem nun Wasserstoff ausströmt; alle Röhrchen der zweiten Art sind nach rückwärts gerichtet und lassen Sauerstoff durch. Eine [illegible] Wanne mit 40—4[illegible] Ele[illegible] Fläche kann di[illegible]leitung von [illegible] werden,

*) Dazu benöthigt man drei Liter Wasser, da ein Liter bei Zerlegung zwei Cubikmeter K[illegible] gibt — beim atmosphärischen Dr[illegible] und [illegible]

welcher sie 5—7 Ampère entzieht und 40 bis 60 *l* Sauerstoff pro Stunde liefert. Praktisch ist es besser, zwei halb so lange Wannen zu nehmen.

VIII. Ausgaben bei der Sauerstoff- und Wasserstoffgewinnung mittels Elektrolyse.

Zum Schlusse dieses Aufsatzes finde ich es für nothwendig, genaue Daten anzuführen, auf Grund deren ein jeder Techniker sich einen klaren Begriff von der Höhe der Ausgaben für Sauer- und Wasserstoff bilden kann welche nach meinem Verfahren gewonnen wurden.

Ich nehme an, dass zur Verfügung ein 50pferdiger Motor und eine entsprechende Dynamomaschine von 110 Volt und 300 Ampère stehen.

Die innere Dimension der Wannen ist 60×100×11 *cm*; der Fassungsraum einer jeden ist 60 *l* Flüssigkeit.

Die Höhe der Wannen sammt der Glocke ist 1·4 *m*, und sammt der Unterlage 1·6 *m*.*) Wenn man zur Elektrolyse eine Aetznatronlösung und eiserne Elektroden benützen will, so muss man 40 Wannen nehmen, welche in zwei Reihen aufgestellt, mit den Nasen nach vorn einen Raum von 5 *m* Länge und etwa 1·5 *m* Breite einnehmen werden. Zur Füllung der Batterie braucht man 2400 *l* Lösung; dieselbe enthält 240 *kg* Aetznatron (spec. Gewicht 1·115, spec. Widerstand 3·05 Ohm pro m^3). Es ist gut, die Batterie in einem asphaltirten Raum, der gut gelüftet, mit einer Wasserleitung versehen und von anderen Localitäten getrennt ist, aufzustellen. Die Leitungsdrähte von der Dynamomaschine müssen kurz und dick sein.

Will man für die Elektrolyse Schwefelsäure, Kupferwannen und Graphit-Elektroden benützen, so muss man bei derselben Dynamomaschine eine Batterie von 48 Wannen aufstellen. Zu ihrer Füllung braucht man 3000 *l* ungesäuerten Wassers, das 450 *kg* (15%) starke Schwefelsäure (spec. Gew. der Lösung 1·103, spec. Widerstand 1·97) enthält.

Bei der Elektrolyse wird ein Theil der Flüssigkeit in Form von kleinen Blasen, die von der Trockenkammer bleiben, mitgerissen. Wenn angenommen wird, dass bei der Darstellung von 100 m^3 Sauerstoff und 200 m^3 Wasserstoff 10 *l* Flüssigkeit mitgerissen werden, so stellt sich heraus, dass zur Neutralisation des mitgerissenen Aetznatron aus der basischen Wanne 1·25 *kg* Schwefelsäure und zur Neutralisation der aus der sauren Wanne mitgerissenen Schwefelsäure 1·05 Aetzkalk benöthigt wird. In der Praxis müsste man selbstverständlich diese theoretischen Zahlen verdoppeln. Der aus der Trockenkammer herausgenommene Bimsstein kann im heissen Wasser gewaschen und dann getrocknet werden,

*) Wannen dieser Dimensionen könnten leicht 1000 Amp. aushalten, doch ist es nicht vortheilhaft einen so starken Strom durchzuleiten, weil die zur Ueberwindung des inneren Widerstandes ($r i^2$) nöthige Kraft leicht zu gross werden kann und die Batterie sich stark erwärmen könnte.

um wieder b
nicht mehr z
Die 50
300 Amp. u
stoff und 5
folglich dau
Sauerstoff un
wobei 150 *l*
muss jede 3.
Quantum co
werden. Die
zwei Gasbe
sammeln.
Auf G
stellen sich
Sauerstoffge
folgenden F

1. Dampf-
2. Dynamo
300
3. Dicke L
4. Ampère
5. Voltame
6. Comutat
7. Reostat.
8. Zwei sc
richtu
9. Eine Ba
10. Zwei Tr
11. Kurze V
12. Blei-Gas
behäl
13. Zwei G
schuk

B

berechnet f
Wass

1. Eine Pfer
folglich 5
2. Verbrauch
3. Schwefels
kammern
mitgerisse
tisch 1·15
4. 200 *l* Wa
Trokenka
5. Montage
3—4 Arb
6. Beaufsich
während

Daraus
2 m^3 Wasser
1 Cubikfuss
stoff auf 2·3
Amortisation
lassend, we
ziemlich ve
wendung ei
die Gaskoste
Die Be
Richtigkeit
dass die Ko
stoffes nich
Gases, auf

Nachrichten aus Ungarn.

Projectirte Strassenbahn im Bereiche der Stadt Ujvidék (Neusatz). (Concessionsertheilung.) Die Communal-Verwaltung der königl. Freistadt Ujvidék hat, vorbehaltlich der oberbehördlichen Genehmigung, der Bauunternehmungsfirma Winternitz & Comp. die Bewilligung zum Bau und Betrieb einer die wichtigsten Verkehrsadern der Stadt umfassenden Strassenbahn ertheilt. Die Anwendung von Pferdebetrieb ist principiell ausgeschlossen und wird als Motor Dampf- oder elektrische Kraft, in letzterem Falle als Hochleitung, anzuwenden sein.

Budapester Stadtbahn - Gesellschaft für Strassenbahnen mit elektrischem Betriebe. (Genehmigung des Ausbaues der Donauquai-Linie.) Der Budapester Municipal-Ausschuss hat in seiner am 7. Juni l. J. abgehaltenen Generalversammlung, vorbehaltlich der Genehmigung der betheiligten Ministerien, den von der Direction der Budapester Stadtbahn-Gesellschaft für Strassenbahnen mit elektrischem Betriebe projectirten und von der Municipalbehörde im Principe gutgeheissenen Ausbau einer an die Ringstrassenlinie Boráros platz anschliessenden und längs dem Donauquai vorläufig bis zum Petöfiplatze führenden elektrischen Bahn mit Canalleitung genehmigt. Bei diesem Anlasse wurde ferner der Beschluss gefasst, in einer an die Regierung gerichteten Repräsentanz die Genehmigung der Verlängerung dieser Linie bis zur Akademie im Anschlusse an die zum Stadtwäldchen führende gesellschaftliche Linie zu erbitten.

Budapester Stadtbahn - Actiengesellschaft für Strassenbahnen mit elektrischem Betriebe. (Technisch-polizeiliche Begehung neugelegter Doppelgeleise.) Am 20. Juni fand unter Führung des Ministerialsecretärs Josef Stettina und mit Beiziehung der Vertreter der interessirten Staats-, Comitats- und Municipalbehörden die technisch-polizeiliche Begehung jener Strecken des gesellschaftlichen Betriebsnetzes statt, innerhalb welcher neuester Zeit ein zweiter Geleisestrang gelegt wurde. Die Commission constatirte, dass die mit Canalleitung neu gebauten Linien in vollkommen betriebsfähigem Zustande sind, und wurden dieselben sofort dem Verkehr übergeben.

Eine elektrische Anlage in Buccari bei Fiume.

Das kleine nur 3000 Einwohner zählende, an der, einen prächtigen natürlichen Hafen bildenden Bucht gelegene Städtchen Buccari bei Fiume, welches sich innerhalb kurzer Zeit aus eigener Kraft zu der Höhe eines klimatischen Curortes und Seebades erhoben hat, hat Dank der Thatkraft seines Bürgermeisters seit Kurzem eine bemerkenswerthe Kraftübertragungsanlage, sowie auch die elektrische Beleuchtung erhalten. Das Municipium von Buccari führt nämlich in eigener Regie ein Mühlwerk, welches in altbergebrachter Weise primitiv mit Mühlrädern betrieben wurde. Die Gemeinde projectirte nun eine vollständige Umwandlung des alten Mühlwerkes, ein Project, welches gleichzeitig mit der Umgestaltung auch eine Erweiterung der Anlage im Gefolge hatte. Das Municipium beauftragte die Internationale Elektricitäts-Gesellschaft in Wien, welche bekanntlich das Elektricitätswerk in Fiume eingerichtet hat, mit der Durchführung des Projectes, welches seiner Wesenheit nach die folgenden Herstellungen umfasst. Zunächst wurde die Betriebsweise geändert, indem die Mühlräder durch eine Turbine ersetzt wurden, dann wurde für jene Zeit, wo auf die Wasserkraft nicht zuversichtlich gerechnet werden kann, zur Reserve eine Dampfanlage eingerichtet, und endlich ist in Verbindung mit diesem Mühlwerke eine elektrische Einzelanlage installirt worden, welche für die Zwecke der öffentlichen und privaten Beleuchtung benützt . . Die Turbi[illegible] Ganz & Co.) besitzt eine Leistungsfähigkeit von 20 *HP* und betreibt allein das gesammte Werk, sowohl für die Mahlzwecke als auch für die Beleuchtung. Die Turbine betreibt fünf Mahlgänge und eine Roll- und Schälmaschine für die verschiedenartigsten Getreidesorten. Die Reserve-Dampfanlage besteht aus einer stabilen Dampfmaschine von 20 *HP* nebst entsprechender Kesselstärke. Für die Zwecke der elektrischen Beleuchtung ist eine Gleichstromdynamo für 6500 Watt aufgestellt. Die Stromspannung beträgt 100 Volt. Die Beleuchtungsanlage umfasst 50 Glühlampen für die Beleuchtung der Strassen der Stadt, welche auf zierlichen Kandelabern montirt sind, und 120 Glühlampen, welche privaten Beleuchtungszwecken dienen. Die Internationale Elektricitäts-Gesellschaft hat binnen ganz kurzer Zeit die gesammten Einrichtungen für die Mühle und die elektrische Beleuchtung ausgeführt und vollendet, und hat am 16. Juni l. J. die Inauguration des Betriebes stattgefunden, welche die tadellose und zufriedenstellendste Function sämmtlicher Einrichtungen ergab. Die Stadt Buccari feierte in festlicher Weise speciell die Einführung der elektrischen Beleuchtung und gab ihrer Anerkennung für die Internationale-Elektricitäts-Gesellschaft und den Betriebsleiter des Fiumaner Elektricitätswerkes, Herrn Ingenieur Carlo Centurione, welcher die Arbeiten in Buccari in bewährter Weise leitete, in schmeichelhaftester Weise Ausdruck. Schr.

Die elektrischen Bahnen in Berlin.

1. Die elektrische Hochbahn.

Die Pessimisten, die da annahmen, dass trotz der gegentheiligen Versicherungen aus dem Rathhause in Berlin die Angelegenheit der elektrischen Hochbahn auf die lange Bank verschoben werde, haben nicht Recht behalten. Das „Berl. Tageb!." schreibt hierüber: Der Stadtverordneten-Versammlung ist soeben die Vorlage zugegangen, welche den Bau der Bahn von der Warschauer Brücke nach dem Zoologischen Garten betrifft. Die Versammlung wird ersucht, der Abschliessung eines Vertrages mit der Firma Siemens & Halske zuzustimmen, der im Wesentlichen folgenden Inhalt haben soll:

§ 1. Hauptleistung der Stadtgemeinde. Die Stadtgemeinde Berlin ertheilt der Firma Siemens & Halske ihre Zustimmung zur Benutzung (zwecks Herstellung und Betriebes einer elektrischen Hochbahn) derjenigen städtischen öffentlichen Strassen, Wege und Plätze, welche, und soweit sie zur Herstellung der Bahn erforderlich sind. Zu gleichem Zwecke und in gleichem Umfange gestattet die Stadtgemeinde der genannten Firma die Benutzung derjenigen städtischen Grundstücke, welche nicht öffentliche Strassen, Wege oder Plätze sind, gleichgiltig, ob sie für die Zukunft zu diesem Zwecke bestimmt sind oder nicht.

§ 2. Benutzungsart. Die Benutzung wird im Wesentlichen darin bestehen, dass die Firma Siemens & Halske Stützen und Pfeiler aufstellt, welche bestimmt sind, den Bahnkörper zu tragen. Das Nähere zu bestimmen, bleibt der Prüfung des von der Firma vorzulegenden Projectes vorbehalten.

§ 3. Bahnlinie. Die Bahn wird vorbehaltlich der Feststellung im Einzelnen in folgendem Zuge hergestellt werden: Warschauer Brücke (Bahnhof der Stadtbahn), neu zu erbauende Oberbaum-Brücke, Communicationsweg am Schlesischen Thor, Skalitzerstrasse, am Kottbuser Thor, am Wasserthor, Gitschinerstrasse, am Halle'schen Thor, Halle'sches Ufer, unter gleichzeitiger Ueberschreitung des Canals und der Bahn nach der Luckenwalderstrasse und der Ueberschreitung der Potsdamer Bahn nach dem Dennewitzplatze, Bülowstrasse bis Weichbildgrenze an der Ziethenstrasse. In der Höhe der Luckenwalderstrasse wird im Wesentlichen unter der Benutzung des Bahnkörpers der Potsdamer Bahn und anderer nicht städtischer Grundstücke ein Abweg nach Norden bis in die Gegend des Vorplatzes vor dem Potsdamer Bahnhofe geführt werden.

§ 4. Dauer. Die Dauer dieser Zustimmung und Genehmigung beträgt 90 Jahre und beginnt mit dem Datum der staatlichen Genehmigung.

§ 5. Gegenlei
Siemens & Halsk
während der Dauer di
Genehmigung für die
ein Entgelt, welches
von der gesammten Bru
Beförderung von Perso
schliesslich des Abon
Findet eine Beförderun
statt, so kommt die
nahme aus der Beförc
einschliesslich der Abo
nung. Das Entgelt betr
Einnahme bis zu 6 Mill
6 bis 7 Millionen glei
8 Millionen gleich $2^{1}/_{2}$
lionen gleich $2^{3}/_{4}\%$, vo
gleich 3%, von 10 bis
$3^{1}/_{4}\%$, von 11 bis 12 M
von 12 bis 13 Millione
13 bis 14 Millionen gle
15 Millionen gleich
16 Millionen und dar
centsätze bilden die H
bahn-Gesellschaft geg

§ 6 spricht von
und Unterhaltung der

§ 7 von der Inb
spätestens vor Ablauf
der städtischen Genehn

§ 8. Fahrplan.
pflichtet, die Beförde
nach beiden Fahrrichtu
räumen von höch
nuten zu bewirken,
naten Mai bis October
bis Nachts $12^{1}/_{2}$ Uhr,
vember bis April von
Nachts 12 Uhr. Nur in
stunden und in den
stunden soll eine Verlän
räume zulässig sein.

Die §§ 9—11 spr
werb der Bahn se
gemeinde während
nehmigung,

die §§ 12—13
verhältnissen be
Zustimmung und
bezw. von dem Ueber
folger.

§ 14. Anschluss
Die Firma muss sich d
Bahnen gefallen lassen,
der Art, dass bautech
gestellt wird, sondern
sie verpflichtet ist, die
Züge im eigenen Bet
eigenen Beförderungs
weiter zuführen. Ein
kommen mit der fre
treffen, wird der Firma

§ 15. Als einmal
Kosten des Baues der
die Ueberführung der
bahn über diese Brück
die Stadt die Summe

§ 16. Sicherheitsbestellung. Die Firma hat in üblicher Weise Sicherheit zu bestellen, u. zw. in solcher Höhe, dass aus der bestellten Sicherheit derjenige Aufwand gedeckt werden kann, welcher im Falle einer Beseitigung der Anlage nothwendig werden würde. Nach der Bestimmung des § 17 trägt die Firma die zu entrichtende Stempelsteuer.

2. Die elektrische Niveaubahn „Gesundbrunnen-Pankow".

Die der Stadtverordneten-Versammlung zugegangene Vorlage des Magistrates über den Bau der elektrischen Hochbahn Warschauer Brücke-Zoologischer Garten enthält auch eine Mittheilung über den gegenwärtigen Stand der Verhandlungen betreffs des Baues der elektrischen Niveaubahn Gesundbrunnen-Pankow. Dieselbe lautet:

„Was die Anlage einer elektrischen Niveaubahn vom Gesundbrunnen durch die Prinzenallee bis zur Weichbildgrenze und weiter bis nach Pankow anbetrifft, so ist mit den Stellvertretern der Firma (Siemens & Halske) zwar auch hierüber verhandelt, jedoch sind die Verhandlungen noch nicht so weit vorgeschritten, dass bestimmte Vorschläge gemacht werden könnten. Mit Rücksicht jedoch darauf, dass die Nachbargemeinde sehr grosses Gewicht darauf legt, dass mit dem Baue der Bahn schon in diesem Jahre, wenn irgend thunlich, begonnen werden könne, haben die städtischen Commissarien in Uebereinstimmung mit den Vertretern der Firma vorgeschlagen:

Es soll der Firma Seitens der Baugemeinde Berlin gestattet werden, schon jetzt den Bau auf Berliner Gebiet zu beginnen; die Firma verpflichtet sich dagegen, bis zum Ablauf von zwei Jahren nach dem Beginne, falls bis dahin eine Einigung zwischen ihr und der Stadtgemeinde Berlin nicht herbeigeführt ist, entweder in dem durch das Gesetz vom 28. Juli 1892 vorgeschriebenen Verfahren die Herbeiführung der erforderlichen Zustimmung der Stadtgemeinde Berlin in den Weg zu leiten, oder unter Beseitigung der Bahnanlage den jetzigen Zustand der Berliner Strassen wieder herzustellen.

Da wir in diesem Vorschlage nirgends eine Gefährdung städtischer Interessen, wohl aber eine wesentliche Förderung des allzeit begehrten neuen Verkehrs-Unternehmens erblicken, haben wir beschlossen, dem Vorschlage gemäss zu verfahren, bringen dies auch hierdurch zur Kenntniss der Stadtverordneten-Versammlung und bemerken endlich, dass wir mit der Firma durch weiter zu führende Verhandlungen zu vereinbarende Zustimmung seinerzeit der Versammlung zur Beschlussfassung übersenden werden."

Der Magistrat theilt schliesslich noch mit, dass die Verhandlungen über die Einrichtung eines elektrischen Betriebes auf den schon vorhandenen Geleisen der Berliner Pferde-Eisenbahn-Gesellschaft J. Lestmann & Comp. durch den Tod des Directors Drewke ins Stocken gerathen sind.

3. Elektrische Bahnanlagen in den Vororten.

Der für die westlichen Vororte von der Firma Siemens & Halske geplante elektrische Bahnbetrieb wird fünf Linien umfassen. Die erste geht vom Anhalter Bahnhof in Gross-Lichterfelde über Lankwitz nach dem Steglitzer Bahnhofe; die zweite verbindet die schon bestehende elektrische Bahn in Gross-Lichterfelde, unter Benutzung der Schützenstrasse mit dem Bahnhofe Steglitz; die dritte führt vom Bahnhofe Südende bis zur Einmündung der Mariendorferstrasse in die Albrechtsstrasse in Steglitz und von hier aus nach dem Bahnhof des genannten Ortes; die vierte geht vom Bahnhof Steglitz nach dem Grunewald, und die fünfte betrifft die bereits bestehende Strecke in Gross-Lichterfelde. Die ersten drei Linien sollen spätestens 7 Monate nach erfolgter Genehmigung dem Verkehr übergeben werden, Linie 4 soll in Angriff genommen werden, sobald die Genehmigung zu ihrer Verlängerung bis Station Hundekehle ertheilt ist. Auf allen Linien soll 15 Minuten-Verkehr eingerichtet werden, die 10 Pfennig-Theilstrecke ist auf 2 *km* bemessen, Gepäckstücke, welche das Publikum belästigen, müssen beim Wagenführer gegen eine Gebühr von 10 Pfennige abgegeben werden, doch soll eine Verpflichtung zur Beförderung solcher Gepäckstücke nicht bestehen.

Aus Italien.*)

Die Abtheilung für den Telegraphendienst in der Ausstellung zu Mailand.

Wie bekannt, wurden die vereinigten Ausstellungen zu Mailand am 6. Mai l. J. durch König Humbert I. eröffnet.

Diese Abtheilung umfasst einen vierfachen Apparat Baudot, einen in duplo montirten und mit den diesbezüglichen Perforatoren versehenen Apparat Wheatstone, eine Maschine Hughes, einen Tisch mit der Gruppe Morse, einen Commutator für Linien und für Batterien, einen Kasten mit 150 italienischen Säulenelementen, 16 Accumulatoren mit Diaphragma Type Gaudini, sowie alle anderen dazugehörigen Apparate. Alle diese sind vollständig montirt und können sowohl local functioniren als auch mit der Centralstelle in Verbindung gesetzt werden.

Bei dieser Gelegenheit mag noch Folgendes erwähnt werden. Bei dem nach Er-

*) Aus „L'Elettricista". 7. 1894.

29*

öffnung der Ausstellung sofort unternommenen Rundgang verweilte der König mit sichtlichem Interesse in der Abtheilung für Telegraphie. Während er noch den Apparat Baudot einer genaueren Besichtigung unterzog, wurde von diesem ein an den König direct gerichtetes Telegramm abgegeben, das von den in der Centralstelle in Mailand Angestellten herrührte.

Elektrische Beleuchtung.

Novara.

Die Anlage dient sowohl für die öffentliche Beleuchtung als auch für Private und zur Kraftvertheilung. Zwei Turbinen übertragen die Bewegung auf eine Dynamo mit dreiphasigem Wechselstrom. Durch die 1500 *m* lange Linie mit drei Conductoren wird der Strom von 3000 V. in die Stadt geleitet, woselbst sich drei Transformatoren befinden, die ihn in einen Wechselstrom mit niedrigem Potential für die öffentliche Beleuchtung verwandeln.
leuchtung und zur K
der Wechselstrom durch
in einen Gleichstrom u

Verc

Die neue Tramwa
lich mit der elektrisc
sehen. Die Anlage best
motor von 40 *HP* un
abwechselnd die Glühla
Accumulatoren-Batterie

Mess

Nachdem das Gas v
und ziemlich kostspiel
einem Berichte des Co
Staaten Charles M. C
schaft die elektrische Bel
Auch die Tramway-Ge
Betriebslinie von über
die Elektricität als Betri

Kleine Mittheilungen aus Russland.

(Aus „Elektritschestwo.")

Dynamomaschinen für den Schulgebrauch. Im Auslande ist es möglich, nach dem Bekanntwerden irgend einer bedeutenden Erfindung auf dem Gebiete der Elektricität, wie z. B. die Versuche von Hertz, Tesla etc., der studirenden Jugend diese Versuche ad oculus zu demonstriren.

Bei uns (in Russland) ist dies sehr schwer möglich, da die zu diesem Zwecke unbedingt nothwendige Dynamomaschine sehr hoch zu stehen kommt und auch selten in so kleinem Maassstabe erzeugt wird. Erst vor Kurzem fing die Firma „Fürst Tenischew (Brege)" an ähnliche Apparate zu erzeugen; auch haben einige Niederlagen Petersburgs und Moskaus den Lehranstalten Dynamos offerirt, jedoch zu sehr hohen Preisen: 300—400 Rub. für eine Maschine von 50 Volt und 5—6 Amp. und Handbetrieb.

Darum ist es nicht überflüssig, eine allgemein unbekannte Thatsache zu erwähnen, dass man auch für den Preis von 129 bis 150 Rub. Dynamomaschinen bekömmt, welche von zwei Mann in Betrieb gesetzt, bei 1100 Touren des Ankers, 50 Volt und 5—10 Amp. geben. Eine derartige Dynamomaschine befindet sich im Mädchen-Gymnasium in der Stadt Kostroma und liefert den Strom für sieben Glühlampen und eine hellleuchtende Bogenlampe.

Erzeugt wurde diese Dynamomaschine in Kineschma (Gouvernement Kostroma) von der Fabrik für elektrotechnische Apparate des A. J. Büchsenmeister, und zeichnet sich durch ihre einfache Construction aus. Der Elektromagnet besteht aus einem horizontal liegenden Arm, von welchem nach links und rechts zwei Polerweiterungen abzweigen. Angeschraubt
ein starkes Brett, welch
eisernen Gestelle befest
Brette befindet sich ei
beiden Enden Kurbeln
einem Ende befindet si
rad. Unten im Gestelle
auf welcher wiederum
und ausserdem eine R
zwei Riemen ist die un
oberen und der Dynamo
Das Uebersetzungs-Verh
ist 1 : 25. Der Anker
messer hat 32 Sectione
ist aus einem ganzen S
eisens. Bei der erzeug
ist diese Dynamomaschi
einer Bunsenbatterie aus
solche Dynamomaschine

Viel besprochen
die elektrischen
Weltausstellung in Chi
besonders hervorgehobe
land, bei der grossen
und Seen, rathsam wi
als Verkehrsmittel zu
wähnte das Gute in de
doch so nahe! Man nah
wahrscheinlich
weisen werden und —
längst bewährt.

Die Pulverfabrik in
von Petersburg) besitzt
mit 42 Accumulator
Type T_{22}, mit dem Fa
145 Ampère-Stunden, b
bis 30 Amp. bei etwa
braucht der Gram
2250 Watt und entwick

Arbeit (mittelst der Schraubenwelle) von 2—2·25 *HP*. Während der ganzen Navigationszeit schleppt das Boot täglich 3—4 Waarenboote durch eine Strecke von 7 Werst zu den Pulvermagazinen.

Das Boot arbeitet vorzüglich auch gegen den Wind, jedoch ziemlich langsam und braucht für die 7 Werst etwa $1^1/_4$ Stunden. Ohne Waarenboote, jedoch mit 15 Mann belastet, legte das Boot diese Strecke in 50 Minuten zurück. Das Boot functionirt ununterbrochen seit drei Jahren und befindet sich jetzt noch — ohne jedwede Reparatur — im Betriebe. Die Anwendung eines Dampfers war in diesem Falle, wegen der grossen Feuergefahr beim Pulvertransporte ausgeschlossen. Ausserdem müsste beim Dampfer ein geschulter Heizer sein, während die Wartung der elektrischen Boote von einem intelligenten Taglöhner geschieht.

Erwähnenswerth ist der folgende, dem vorhergehenden ähnliche Fall. Auf der IV. Elektrischen Ausstellung in Petersburg exponirte ein gewisser M. N. Benardoss Zeichnungen, auf denen die Construction eines Apparates zum Zwecke des Verkupferns der Schiffskörper auf elektrolitischem Wege ersichtlich war. Die grosse Bedeutung dieser Erfindung ist ausser jedem Zweifel — das Publikum liess jedoch diese Arbeiten unbeachtet. Nun hat aber vor einiger Zeit der Amerikaner Thomas Creen dieselbe Erfindung gemacht, seine Apparate sollen denen Benardoss' „sehr ähnlich sein" — sofort haben die Amerikaner die „Ship Copper Coating Company" gegründet.

Eine neue Erscheinung bei der elektrischen Entladung. Vor Kurzem beobachtete N. D. Piltschikow Folgendes bei der elektrischen Entladung: Der positive Pol der Voss'schen Maschine verbindet sich mit der metallischen Spitze, die auf der Oberfläche eines mit Ricinusöl gefüllten Metallgefässes befestigt, welches Gefäss wiederum mit dem negativen Pol derselben Maschine verbunden ist; unter der Spitze bildet sich dann eine grössere Vertiefung, in deren Centrum eine neue Vertiefung erscheint, wenn die Metallspitze der Oeloberfläche genähert wird. Hält man zwischen der Spitze und der Oberfläche einen kleinen Schirm, so bildet sich unter dem letzten eine Erhöhung bis zur normalen Oberflächenhöhe; die Erhöhung hat die Form des Schattens, den der Schirm werfen würde, falls die Spitze ein leuchtender Punkt wäre. Die Aehnlichkeit mit dem Schatten ist besonders stark, wenn der Schirm aus Glimmer verschiedener Form ist. Dasselbe wird beobachtet, wenn die Spitze negativ geladen ist. Diese Versuche erinnern an die bekannten Versuche Crook's.

Apparat zur Verstärkung des elektrischen Stromes. Herr Burnowsky schlägt Folgendes vor: Der Ringanker hat drei Umwicklungen Gramm'scher Type, eine auf der anderen, dem Collector entsprechend, jede mit ein paar Bürsten. Der Strom von einigen Elementen wird durch die Bürsten und den Collector zur inneren Umwicklung geleitet und der Anker in Bewegung gesetzt. In der Seele des Ankers bilden sich Pole, welche die Induction des Stromes in der zweiten Umwicklung bewirken. Ein Theil dieses Stromes zweigt zur dritten Umwicklung ab, u. zw. derart, dass dadurch ein verstärktes magnetisches Feld entsteht, in Folge dessen wird der Strom in der zweiten, folglich auch in der ersten Spule verstärkt, und so weiter, bis zu gewissen Grenzen. A. B.

Neueste deutsche Patentanmeldungen.

Mitgetheilt vom Technischen- und Patentbureau, Ingenieure MONATH & EHRENFEST.

Wien, I. Jasomirgottstrasse 4.

Die Anmeldungen bleiben acht Wochen zur Einsichtnahme öffentlich ausgelegt. Nach § 24 des Patent-Gesetzes kann innerhalb dieser Zeit Einspruch gegen die Anmeldung wegen Mangel der Neuheit oder widerrechtlicher Entnahme erhoben werden. Das obige Bureau besorgt Abschriften der Anmeldungen und übernimmt die Vertretung in allen Einspruchs-Angelegenheiten.

Classe

21. M. 10.638. Aus mehreren Abtheilungen zusammengebauter Anker für Wechselstrom-Maschinen. — *Maschinenfabrik Oerlikon* in Oerlikon bei Zürich.

„ U. 822. Neuerung an gitterförmigen Elektroden. — *Eduard Preston Usher* in Grafton.

„ H. 14.146. Synchroner Wechselstrom-Motor mit nacktem, sternförmigem Eisenanker. — *„Helios", Actiengesellschaft für elektrisches Licht und Telegraphenbau* in Köln-Ehrenfeld.

Classe

21. P. 6876. Ankerkern für elektrische Maschinen. — *Harry Penn* in Upper-Norwood bei London.

„ Sch. 9580. Bogenlampe. — *Br. Schramm* in Erfurt.

„ A. 3409. Einrichtung, um an elektromagnetischen Apparaten die Einflüsse der Hysteresis zu beseitigen. — *Br. Abdank-Abakanowicz* in Paris.

„ W. 9661. Gleichlaufvorrichtung für Motoren, deren Drehungsgeschwindigkeit mittelst eines Elektromagneten geregelt wird. — *Jul. H. West* in Friedenau.

LITERATUR.

Einführung in die Maxwell'sche Theorie der Elektricität. Mit einem einleitenden Abschnitte über das Rechnen mit Vectorgrössen in der Physik. Von Dr. A. Föppl, Professor an der Universität Leipzig. Verlag von B. G. Teubner. Leipzig 1894. Geh. n. Mk. 10.—.

Bis vor einigen Jahren waren fast ausschliesslich nur englische Physiker überzeugte Anhänger der Maxwell'schen Elektricitätslehre. Wenn auch auf deutschem Boden diese Theorie grosse Beachtung fand, so war man doch zu sehr im Banne der Fernwirkungslehre befangen, um sich vollständig in sie einleben zu können. Erst als Hertz die Folgerungen der Maxwell'schen Theorie durch seine entscheidenden Versuche bestätigte und sich dieser grundsätzlich zuwandte, war der Wendepunkt gekommen. Heute denkt man auch in Deutschland kaum noch daran, in der Richtung des Weber'schen Elementargesetzes weiter zu arbeiten. Nicht nur der Physiker vom Fach, der Lehrer und Studirende der Physik, sondern namentlich auch der wissenschaftlich gebildete Elektrotechniker muss sich mit den Grundzügen dieser Theorie bekannt machen, in der man heute die bleibende Grundlage jeder physikalischen Forschung auf diesem Gebiete erblicken darf. Hiedurch entstand auch das Bedürfniss nach einer möglichst allgemein verständlichen, dabei aber doch wissenschaftlich strengen Darstellung der Maxwell'schen Theorie, und diesem Bedürfnisse hat der Autor des vorliegenden Buches in vorzüglicher Weise abgeholfen.

Professor Boltzmann's Vorlesungen über Maxwell's Theorie (Leipzig, Verlag von Barth) beweisen nur, dass das Bedürfniss nach Verallgemeinerung der hochwichtigen Lehren Maxwell's auch von maassgebendster Seite anerkannt wurde. Wir können das Werk Föppl's allen Jenen wärmstens empfehlen, welche mit den modernsten Anschauungen über das Wesen der Elektricität, besonders rücksichtlich derselben im Zusammenhang mit dem Wesen des Lichtes, bekannt werden wollen. Dass der Leser hiebei in die Vectoren eingeführt jenigen, der mit exac Lectüre sich befasst, Schaden. Föppl's D präcise und klare; Buches eine vortrefflich

Wirkungsweise Berechnung der We formatoren. Für die Clarence Paul Feldm städtischen Elektricitätsw I. Theil. Mit 103 A preis Mk. 6.—. Leipzig Leiner. 1894. (Der II. des Werkes — ersche dieses Jahres.)

Das vorliegende We aus dem Bestreben, das G torentechnik auch Demj dessen praktische Thäti Anlage das Studium re haltener Werke erschw unterscheidet sich von verbreiteten Werken technik wesentlich dad leitungen an möglichst ei anknüpfen und dass bei Rücksicht auf die pra keit der Schlüsse allein

Das Buch verdient zu werden.

Leitfaden zur Dynamomaschinen nung von elektrisch Dr. Max Corsepius. gedruckten Figuren und vermehrte Auflage 189 Verlagsbuchhandlung vo Berlin.

A. Hasselblatt. U burger Technologischen Material- und Maass 1 Tafel in Farbendruck. Typographie A. Böhn

KLEINE NACHRICHTEN.

Internationale Elektricitäts-Gesellschaft. Die vierte ordentliche Generalversammlung der Internationalen Elektricitäts-Gesellschaft wurde am 2. d. M. abgehalten. Der Präsident des Verwaltungsrathes, Hofrath Dr. Adalbert v. Waltenhofen eröffnete die Versammlung. Der leitende Director, Herr Max Déri, erstattete sodann den Geschäftsbericht pro 1893/94. Wir entnehmen demselben, was zunächst die Centralstation Wien anbelangt, dass die Anmeldungen für Beleuchtung um 28.900 zugenommen und bereit 82.000 Lampen der darunter 1059 Bogenlam Die Wiener Centralanlag vergrössert und ist di ihrer Leistungsfähigkeit stärken in Durchführu Kabelnetz, welches unt die Cottage-Anlagen un fortgesetzt wurde, ist ausgedehnt worden. D in Fiume hat die

Ungarische Elektricitäts - Actiengesellschaft in Budapest abgegeben, sie bleibt jedoch an diesem Werke mit 30 Percent betheiligt. Die Centralstation Bielitz-Biala ist in allerjüngster Zeit dem Betriebe übergeben worden. Das Installationsgeschäft der Gesellschaft erfreute sich eines befriedigenden Umsatzes. Anlässlich der Entstehung der Ungarischen Elektricitäts - Actiengesellschaft hat die Internationale Elektricitäts - Gesellschaft verschiedene Vertragsrechte an das neue ungarische Unternehmen überlassen; das Entgelt hierfür bilden 1800 Actien der ungarischen Gesellschaft zu Nominale 100 fl. Der Verwaltungsrath beantragt, von dem erzielten Reingewinn per 480.426 fl. 65 kr. 180.000 fl. in die Specialreserve zu hinterlegen, dann 240.000 fl. als 6percentige Dividende (12 fl. per Actie) zu vertheilen, dem Erneuerungsfond 5000 fl., dem Reservefond statutengemäss 9535 fl. 47 kr. zuzuführen und die nach Abzug der Tantièmen des Verwaltungsrathes verbleibenden 17.667 fl. 35 kr. auf neue Rechnung vorzutragen. Nach Entgegennahme des Revisionsberichtes genehmigt die Versammlung einstimmig und ohne Debatte die Bilanz und ertheilt dem Verwaltungsrath das Absolutorium.

Eisenbahn auf den Schneeberg. Der Wr. - Neustädter Gemeinderath hat beschlossen, zu dem projectirten Unternehmen einer Eisenbahn auf den Schneeberg einen Betrag von 50.000 fl. zu leisten. Die Bahn soll normalspurig mit elektrischem Betriebe vom Südbahnhofe in Wr.-Neustadt über Fischau, Grünbach, Buchberg zum Schneebergdörfel hergestellt werden; von da aus soll eine Zahnradbahn, System Rigi, auf den Wachsriegel führen, woselbst sich das Damböck-Schutzhaus befindet. Die Zahnradbahn soll gleichfalls elektrisch betrieben und ein Touristenhôtel auf dem Wachsriegel errichtet werden. Die Strecke Wr.-Neustadt - Wachsriegel ist 35 *km* lang. Von der Station Fischau ist auch noch eine Flügelbahn nach der Station Wöllersdorf projectirt.

Projectirte normalspurige Strassenbahn von Smichow nach Košiř. (Ergebniss der politischen Begehung.) Auf Grund des Ergebnisses der am 5. und 6. December 1893 durchgeführten politischen Begehung und Enteignungsverhandlung rücksichtlich des Projectes für eine normalspurige Strassenbahn mit elektrischem Betriebe von Smichov nach Košiř wurden die Commissionsanträge mit dem Beifügen genehmigt, dass die Bauinangriffnahme der genannten Strassenbahn von der erfolgten Concessionserwirkung abhängig gemacht und auch die Fällung der Enteignungserkenntnisse vorbehalten wird.

Projectirte schmalspurige Zahnradbahn von Urfahr auf den Pöstlingberg bei Linz. (Alternativproject für elektrischen Betrieb.) Das k. k. Handelsministerium hat unterm 14. Juni die k. k. Statthalterei in Linz angewiesen, das von der Bauunternehmung Ritschel & Co. in Wien, im Vereine mit dem Ingenieur Josef Urbánski in Linz, vorgelegte Alternativproject für die schmalspurige Zahnradbahn von Urfahr auf den Pöstlingberg, nach welchem diese Bahn mit einer Spurweite von 90 *cm* und für den elektrischen Betrieb eingerichtet werden soll, in die mit Erlass vom 19. Jänner 1894 angeordnete commissionelle Amtshandlung einzubeziehen und hierüber gleichzeitig einen gutächtlichen Bericht zu erstatten.

Elektrische Beleuchtung in Giesshübl-Puchstein. Ueber diese bereits in unserem Hefte VII, S. 199 erwähnte Anlage kommt uns von dort folgende Nachricht zu: 15. Juni. — In unserem wegen seiner romantischen und reizenden Lage beliebten und interessanten Badeorte, der Quelle des weltberühmten „Giesshübler", ist eine elektrische Beleuchtungsanlage in Betrieb gesetzt worden, welche in jeder Beziehung als gelungen bezeichnet werden darf. Der Besitzer des Curortes, Herr kais. Rath Heinrich Edler v. Mattoni, hat durch diese Einführung neuerdings den Beweis geliefert, wie sehr es ihm an der Verschönerung des Badeortes gelegen ist. Gleichzeitig ist aber auch die erfreuliche Thatsache zu verzeichnen, dass hier die Wasserkraft für die Elektricität ausgenützt wird, was jedenfalls nunmehr in Böhmen, wo so manche Wasserkraft noch zur Verfügung steht, Nachahmung finden wird. Die Lichtanlage selbst wurde von der bekannten Firma Waldeck & Wagner in Prag in kurzer Zeit installirt. Die ungefähr $2^1/_2$ *km* von dem eigentlichen Consumpunkte aufgestellten zwei Dynamomaschinen werden von Turbinen getrieben, welche ausserdem eine Säge und eine Mühle in Betrieb setzen. Es sind im Ganzen 6 Bogenlampen und circa 350 Glühlampen installirt, welche das Schloss und den Curpark mit den Restaurationen und Hôtels beleuchten. Sämmtliche angebrachten Beleuchtungskörper, wie Luster, Candelaber, Ausleger etc., sind sehr geschmackvoll und elegant ausgeführt. Herr v. Mattoni hat sich durch Adoptirung dieser rationellsten aller Beleuchtungsarten ein bleibendes Verdienst um den Curort erworben.

Entzündungsfähigkeit der Glühlampen.*) Bekanntlich kann eine brennende Glühlampe unter kalten brennbaren Stoffen, sogar solchen wie Pulver, zerbrochen werden, ohne dieselben zu entzünden, da die Kohlenfaser bei Luftzutritt sofort verbrennt. Es kann jedoch eine dauernde und unmittelbare Berührung der Lampe mit einer brennbaren Hülle ein Entzünden zur Folge haben, und

*) Wir finden in den „Berichten der kais. russ. technischen Gesellschaft" die vorstehende Mittheilung, welche auf die diesbezüglichen umfassenden Versuche unseres geschätzten Mitgliedes, des Herrn k. u. k. Hauptmannes K. Exler basiren, über welche wir bereits auf S. 487 des IX. Jahrganges ausführlich berichtet haben.

zwar um so eher, je schlechter diese Hülle Wärme und Luft durchlässt. Auf diese Weise fand Mascart, indem er mit einer Lampe von 32 Kerzen Versuche anstellte, dass mit Gummi imprägnirte Baumwolle in zwei Minuten sich entzündet, schwarzer Sammt in sechs Minuten, doppelt zusammengelegter Baumwollstoff in zwei Minuten. Leichte Stoffe oder Baumwolle ohne Gummi halten sich sehr gut ohne zu verbrennen.

„Revue du génie militaire" berichtet über Versuche des österreichischen Hauptmannes Exler, der sich mit demselben Gegenstand befasste, jedoch speciell vom Standpunkte der explosiblen Stoffe. Dieser Experimentator gewann vor Allem die Ueberzeugung, dass eine 16 Kerzen starke Lampe (100 Volt, 0·56 Ampère) in Paraffin getaucht, eine Temperatur von höchstens 94° C. erreicht; bei einer Lampe von 25 Kerzen (100 Volt, 0·8 Ampère) war die Temperatur nicht höher als 101° C.

Wird die Lampe mit einer Schichte von Pulverstaub, Ekrasit und pulverförmigem Pyroxilin bedeckt, so bemerkt man in dem Zustand dieser explosiblen Stoffe keine Veränderung.

Ekrasit in dickeren Schichten schmolz und Pulver verlor allmälig seinen Schwefel, jedoch entzündete sich keines von Beiden.

Die Wirkung verstärkte sich, wenn man den explosiblen Stoff auf eine Oberfläche streute, welche die Eigenschaft besass, die Wärmeausstrahlung hintanzuhalten, z. B. auf ein Holzbrettchen. War die Lampe ein oder zwei Millimeter von dieser Oberfläche entfernt, so nahm Pyroxilin eine dunkle Färbung an, Ekrasit schmolz und zerlegte sich und gleichzeitig begann die Verkohlung des Holzes. Schwarzes Schiesspulver verlor den Schwefel und Salpeter schmolz.

Somit ist es unstatthaft, ungeschützte Lampen brennbaren Stoffen zu nahe zu bringen.

Wird die Lampe von einer Hülle umgeben, so erhöht sich die Temperatur zwischen beiden Wandungen. Bei einem 50 Minuten dauernden Experiment erreichte sie 215° C., wobei die Hülle eine Holzschachtel war, und die Anzahl der Lampen zwei betrug. Es war somit eine Temperatur sogar höher als zum Zerlegen des Pyroxilin und Verkohlen des Holzes nothwendig. Schwarzes Schiesspulver verlor seinen ganzen Schwefel, entzündete sich jedoch nicht.

Ferner wurden Versuche mit einer Lampe von 16 Kerzen angestellt, die sich in einer Glasglocke von 4 mm Wandstärke befand. Nach Verlauf von 20 Minuten zerlegte sich Pyroxilin ebenso wie schwarzes Schiesspulver und Ekrasit.

Wurde der Zwischenraum mit Wasser gefüllt, so erreichte dasselbe nach Verlauf von 15 Minuten die Siedetemperatur. Das beweist, dass dieser Zwischenraum in Bezug auf die Wandstärke der Hülle zu gering war.

Beim Unterbrechen des Stromes in der Lampe zeigte sich ein kleiner Funke. Der

Experimen
dass ders
Entzünden
zuweilen
diese Entz
wenigstens
nicht vorh
Im G
schwachen
zwei Lamp
zur Folge,
brennbaren
Endli
Stoss, übe
ohne sicht
Entst
durch den
Verbrennu
oder wird
eine gross
entzünden,
Pyroxilin
Jeden
Unglücksfa
schlossen;
mit einer
sehen, we
starken Sc

Für
Fernspre
mussten
werden. S
versuchsw
unter Weg
wendung
sich in f
einer öffe
einem Th
anderen O
er dies au
mular bei
zumelden;
schlussnum
Wohnort
vermerken
erhebt die
wie bei
oder mit
werden k
blatt der A
ausgefertig
daselbst d
das Datum
sind, wird
wieder e
dann für
nutzung d
ist vor d
den mit
betrauten
die Herste
veranlasst.
Gespräche
mit dem ro
zu versehe

Verantwortlicher Redacteur: JOSEF KAREIS. — Selbstverla
In Commission bei LEHMANN & WENTZEL, Buchhand
Druck von R. SPIES & Co. in Wien, V., S

Zeitschrift für Elektrotechnik.

XII. Jahrg. | 1. August 1894. | Heft XV.

VEREINS-NACHRICHTEN.

Neue Mitglieder.

Auf Grund statutenmässiger Aufnahme traten dem Vereine die nachstehend genannten Herren als ordentliche Mitglieder bei:

Krützner Rudolf, k. k. Bau-Adjunct der Post- und Telegraphen-Direction, Wien.

Zencovich Richard, k. k. Bau-Adjunct und Linien-Revisor, Zara.

Majstrovic Alois, k. k. Bau-Adjunct, Zara.

Perelli, Josef Reichsritter v., k. k. Ingenieur, Stanislau.

Fügner Hermann, k. k. Bau-Adjunct der Post- und Telegraphen-Direction, Prag.

Kohn Leopold, k. k. Bau-Adjunct der Post- und Telegraphen-Direction, Lemberg.

Unger Franz, k. k. Bau-Adjunct und Telegraphenlinien-Revisor, Pisino.

Merlet Franz, k. k. Bau-Adjunct, Mährisch-Ostrau.

Umfer Vincenz, k. k. Bau-Adjunct und Bauleiter für das Stadt-Telephonnetz, Triest.

Müller Josef, k. k. Ingenieur, Tarnopol.

Urschitz Blasius, k. k. Bau-Adjunct und Telegraphenlinien-Revisor, Ragusa.

Stegu Anton, Ingenieur, k. k. Bau-Adjunct der Post- und Telegraphen-Direction, Triest.

Zink Anton, k. k. Ingenieur, Mostar.

Kupfer Eduard, Maschinen-Constr., Wien.

Schuler Josef, k. k. Ingenieur, Feldkirch.

Rossa Eduard, Ingenieur-Adjunct bei der Baudirection der Landesregierung, Sarajewo.

Luterotti, Alois v., Civil-Ingenieur, Podsused.

ABHANDLUNGEN.

Elektrische Bahnen mit oberirdischer Stromzuführung.

Von Dr. G. RASCH, Privatdocent an der technischen Hochschule zu Karlsruhe.

(Vorgetragen in der 187. Sitzung des Karlsruher Bezirksvereines.)

(Schluss.)

Anders verhält es sich mit dem Nebenschluss-Motor. Seine Magnetspule ist zwischen die beiden Leitungen geschaltet, deren Potentialdifferenz jene früher definirte Spannung v ist. Wird also an dem Widerstand der Magnetbewicklung nichts geändert, so ist die Stromstärke darin proportional mit v. Die Spannung v nimmt nun theoretisch beim Einschalten etwas ab; praktisch kann diese Abnahme Null sein; aber es ist jedenfalls keine Veranlassung zum Anwachsen der Spannung da. Die magnetisirende Stromstärke und somit auch der Magnetismus ist beim Anfahren kleiner als im Betrieb. Der Nebenschluss-Motor wird also zur Entwicklung einer gleichen elektromotorischen Gegenkraft mehr Zeit brauchen als der Hauptschluss-Motor. Daher ist in einem Betriebe, wo häufiges Aus- und Einschalten

30

erforderlich ist — also im Strassenbahnbetriebe — der Hauptstror vorzuziehen.

Eine andere interessante Eigenschaft der beiden Motoren verschiedenartige Verhalten der Umlaufzahl bei wechselnder Belastu trachten wir zuerst den Nebenschluss-Motor.

Aus Gleichung 2) folgt:

$$e = v - i \,.\, w$$

und aus Gleichung 1):

$$U = \frac{e}{M};$$

also liefert die Vereinigung der beiden Ausdrücke:

$$U = \frac{v - i\,w}{M}.$$

Nehmen wir hier v constant an, so bleibt auch M constant. i natürlich mit der Beanspruchung, aber es darf — je nach der G Maschine — $i\,w$ einen kleinen Procentsatz von v nicht überschreit haben oben angenommen 3%; so würde die Umlaufzahl U von 1 bis Vollauf um diese 3% abnehmen.

Beim Hauptstrom-Motor ist die Entwicklung weniger einfac nennen $P = e \,.\, i$ die „Belastung" des Motors; sie ist gleich der effect vermehrt um einige Effectverluste im Innern der Maschine, bedeutendste die Reibungsverluste sind. (Die Stromwärme ist 1 nicht mit inbegriffen.)

Multipliciren wir die Gleichung 2) beiderseitig mit e und setzen so lautet sie:

$$P = \frac{e\,v - e^2}{w}.$$

Diese Gleichung lässt erkennen, dass es für P einen höchsten gibt, nämlich für $e = \frac{v}{2}$. Ich führe den Satz hier an, weil er in versch Lehrbüchern steht. Praktischen Werth hat diese höchste Leistun da bei ihr der elektrische Wirkungsgrad nur 50%, der commercie noch geringer ist.*)

Um zwischen e, i und P diejenigen Beziehungen aufzustellen, später zur Entwicklung der Umlaufzahl führen sollen, bedienen praktisch eines graphischen Verfahrens. Wir schreiben zuerst die Gleic in folgender Form:

$$(v - e) : w = i : 1,$$

machen nun eine Senkrechte AB, Fig. 1, $= v$ in beliebigem Ma ebenso beliebig die Wagerechten $BC = w$ und $CD = 1$. Wir dann einen Punkt E auf AB so, dass $AE = e$ eine angenommen tromotorische Gegenkraft des Motors ist. BE ist dann $= v - e$. /

*) Der elektrische Wirkungsgrad ist nämlich:

$$\eta = \frac{\text{im Anker umgesetzter Effect}}{\text{aufgenommener Effect}} = \frac{e \,.\, i}{v \,.\, i} = \frac{e}{v};$$

für die höchste Leistung ist also $\eta = 1/2$.

ziehen wir die Geraden EC und DF, letztere senkrecht zu BC. DF bedeutet dann die Stromstärke i, denn es ist:

$$EB : BC = DF : DC$$

oder

$$(v - e) : w = i : 1.$$

Um nun auch P zu finden, benutzen wir den Ausdruck $P = e \cdot i$, als Proportion geschrieben:

$$P : e = i : 1.$$

Wir errichten in A eine senkrechte zu AB — die Abscissenachse für die Curven der e, i und U — und machen $AG = DF = i$. Ferner werde in AB die Strecke $AH = 1$ abgetragen. Diese neue Einheit hat nichts mit der bereits gewählten CD zu thun. Nur die Rücksicht auf einen vortheilhaften Maassstab soll bestimmend sein. Dann verbinden wir G mit H und ziehen EJ parallel zu GH; so ist AJ das gesuchte P; denn

$$AJ : AE = AG : AH$$

oder

$$P : e = i : 1.$$

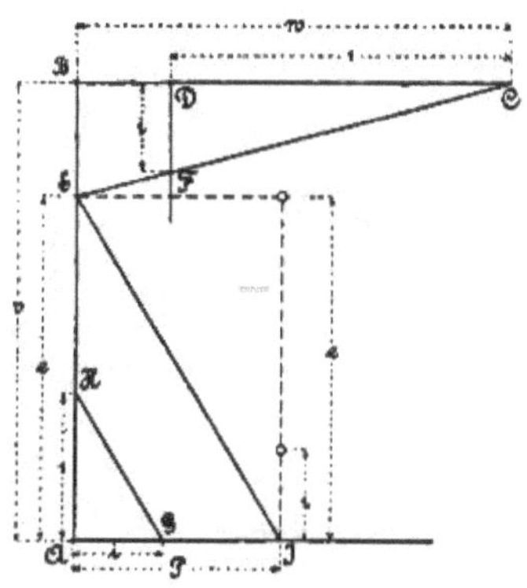

Fig. 1.

Indem wir nun in J eine Senkrechte errichten und auf dieser i und e auftragen, erhalten wir je einen Punkt der Curven, welche die Abhängigkeit der Stromstärke i und elektromotorischen Gegenkraft e von der Belastung P darstellen. Weitere Punkte dieser Curven ergeben sich, wenn man E auf AB verschiebt und die Construction wiederholt.

Man erkennt leicht, dass zu jedem P zwei e und i gehören, d. h. man kann die gleiche Belastung ebenso gut mit grosser elektromotorischer Gegenkraft und geringer Stromstärke, als umgekehrt, bewältigen. Da aber die Erwärmung der Leitungsdrähte, welche einen Energieverlust bedeutet, dem Quadrat der Stromstärke proportional ist, so ist klar, dass die Praxis nur Interesse haben kann an der Umsetzung mit hoher Gegenkraft und geringer Stromstärke. Wir wollen deshalb auch von der e-Curve nur den oberen, von der i-Curve nur den unteren Zweig betrachten.

In Fig. 2 sind links zunächst für zwei verschiedene Werthe des Widerstandes w_1 und w_2 die Werthe von e_1, e_2, i_1, i_2 als Functionen der Belastung P eingetragen. Die Construction ist nach der in Fig. 1 gezeigten Weise durchgeführt.

Zur Bestimmung der Umlaufzahl müssen wir auf die Bezieh zwischen Magnetismus und magnetisirender Kraft eingehen. Ein allg brauchbares analytisches Gesetz für diese Beziehungen besitzen wir Zur graphischen Behandlung bedürfen wir aber auch nur einer Curv brauchen nicht darnach zu fragen, welchem analytischen Ausdruck sie

Wir messen den Magnetismus in $\frac{\text{V}}{\text{Min.-Umdr.}}$ auf Grund der Gleichu

In Fig. 2 ist rechts die Magnetisirungs-Curve eingetragen, u entgegen der sonst üblichen Methode, mit wagerechtem Magnetismu senkrechten Ampère-Windungen.

Die Construction der U-Curve ist in Fig. 2 für einen Punkt der gehörigen e- und i-Curven durchgeführt. JK und JL sind zwei zusar gehörige Werthe von i_2 und e_2, ihr Product ist die durch AJ darge Belastung P. Es handelt sich nun darum, zunächst aus den Stroms die Ampère-Windungen zu bestimmen. Zu diesem Zweck mus Windungszahl bekannt sein. Man errichte MP_2 unter einem solchen V gegen MN, dass MQ die zu $JK = i_2$ gehörige Ampère-Windungsza Die Strecke MQ wird auf die Achse der Ampère-Windungen MN tragen, sodass $MQ = MR$ wird, dann wird RS senkrecht zu MN erri

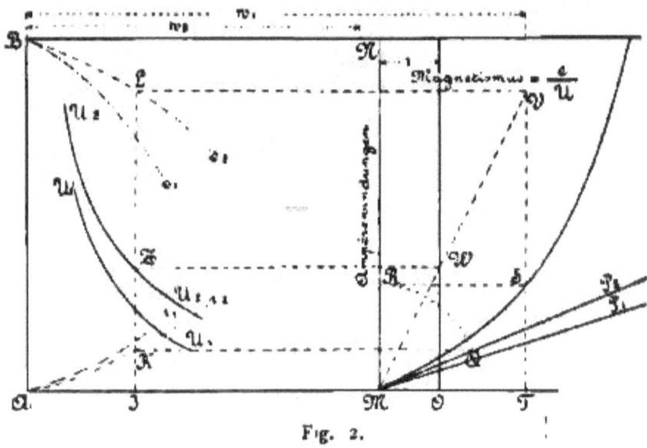

Fig. 2.

RS ist dann der der Stromstärke i_2 entsprechende Magnetismus $\frac{e}{U}$ nun auch $e_2 = LJ = VT$ gegeben ist, so ist die Bestimmung v leicht. In der Entfernung $MO = 1$ (abermals beliebig zu wählende E ist eine Parallele zu MN zu ziehen. Dann sind die Dreiecke MV MWO ähnlich, und es verhält sich:

$$WO : VT = MO : MT$$

oder

$$WO : e_2 = 1 : \frac{e_2}{U_2};$$

das heisst

$$WO = U_2 = JZ.$$

Auf diese Weise ist U_2 und ebenso U_1 construirt; bei letzter höherer Widerstand und höhere Windungszahl (sodass MP_1 an von MP_2 tritt) angenommen.*)

*) Die analytische Behandlung des Falles ist, selbst wenn man die einfachst der Magnetisirungsfunction — die Frühlich'sche — zu Grunde legen will, bedeute

Die n-Curven sind von hyperbelähnlicher Gestalt, d. h. die Umlaufzahl des Hauptschluss-Motors ändert sich — besonders in den geringeren Belastungen — sehr stark mit der Belastung, daher auch die bekannte Eigenschaft des Hauptstrom-Motors, bei plötzlicher Entlastung z. B. beim Abrutschen des Riemens, „durchzugehen“. Das ist auch der Grund, weshalb man als stationären Motor den Nebenschluss-Motor vorzieht; er braucht, wenn einmal in Betrieb gesetzt, keine Wartung, während der Hauptschluss-Motor bei jeder Aenderung der Belastung eines Eingriffes von Wärterhand bedarf. In solchen Betrieben, wo eine beständige Bedienung ohnehin erforderlich ist, wie bei elektrischen Bahnen, wird der Hauptstrom-Motor mit Erfolg verwendet.

Aus Fig. 2 erkennen wir, dass Verringerung des Widerstandes und der Windungszahl Erhöhung der Geschwindigkeit bewirken. Wenn wir also durch Umschaltungen im Motor erreichen können, dass Widerstand und Windungszahl stufenweise abgeändert werden können, so sind wir im Stande, den Motor bei wechselnder Belastung mit annähernd constanter Geschwindigkeit laufen zu lassen, und das ist das Ziel, dem man bei Motoren für Bahnbetrieb zustreben muss. Mit demselben Apparat ist man dann auch in der Lage, einmal mit höherer Geschwindigkeit fahren zu können.

Betrachten wir die Regelung des Sprague'schen Motors, so finden wir die Magnetbewicklung zerlegt in drei Spulen A, B, C, Fig. 3. Die grossen Buchstaben mögen im Folgenden gleichzeitig die Windungszahlen bezeichnen, während die kleinen Buchstaben a, b, c für die Widerstände stehen sollen; r sei der Widerstand des Ankers.

Wie wir gesehen haben, handelt es sich zunächst darum, beim Anfahren hohen Widerstand vorzuschalten. Den höchsten Widerstand erzielen wir durch Hintereinanderschaltung aller drei Spulen und des Ankers, Fig. 3. 1. Der gesammte Widerstand ist $a + b + c + r$. In den Magneten kommt zur Wirkung die Windungszahl $A + B + C$. (Die Nummer der

---

wickelter. Ist m die Windungszahl, und sind α und β zwei Constanten, so ist der Fröhlich'sche Ausdruck für den Magnetismus:

$$\frac{\alpha . m . i}{\beta + m . i},$$

also nach unserer Gleichung 1) die Umlaufzahl:

$$U = e \cdot \frac{\beta + m i}{\alpha m i} = e \cdot \frac{\beta e + m P}{\alpha m P}, \text{ da } P = e \cdot i.$$

Nach Gleichung 2) ist

$$v = e + i w$$

oder

$$v . e = e^2 + P w$$

und

$$e = \frac{v \pm \sqrt{v^2 - 4 P w}}{2},$$

in welchem Ausdruck für unsere Zwecke nur das positive Vorzeichen giltig sein kann, weil wir nur mit denjenigen Werthen von e rechnen, welche der Klemmspannung v nahe liegen. Aus demselben Grunde ist auch $\frac{4 P w}{v^2}$ klein gegen 1 und Reihenentwicklung zulässig; letztere ergibt:

$$e = v \left(1 - \frac{P w}{v^2} - \frac{P^2 w^2}{v^4} \ \ldots \right).$$

Dieser Ausdruck wäre also in den oben für U entwickelten einzusetzen; dann enthält letzterer nur noch constante Werthe und P. Will man aber die Krümmung der e-Curve nicht ganz vernachlässigen, so muss man in der Reihenentwicklung für e mindestens bis zum quadratischen Glied gehen, wodurch der Ausdruck für U sehr verwickelt wird.

Schaltung ist in Fig. 3 in den den Anker darstellenden Kreis ei schrieben.)

Es findet nun ein allmäliger Uebergang von der Hintereinan schaltung (Schaltung 1) bis zur vollständigen Parallelschaltung (Schaltun statt. Die Aufgabe ist nicht so ganz einfach, da nebenher die Bedingu zu erfüllen sind, dass niemals der Strom im Anker unterbrochen we und dass der Strom die Spulen stets nur in einer Richtung passiren

In Schaltung 2 schliesst sich die Spule A kurz; sie tritt ausser Wirksamkeit. Der Gesammtwiderstand ist $b + c + r$, die Windu zahl $B + C$; beide haben abgenommen, die Umlaufzahl muss — gleiche Belastung und Spannung vorausgesetzt — gewachsen sein

Die Schaltung 3 bildet den Uebergang zur Parallelschaltung der Spul und B, indem sich Spule A öffnet. Es ist dies nöthig, da ihr nega Pol, der bisher mit dem positiven von B $(+B)$ verbunden war, nu $-B$ wandern soll. Damit durch das Oeffnen der Spule A nicht der An strom unterbrochen wurde, war sie zuerst (in Schaltung 2) kurz geschlo worden, wodurch gleichzeitig $+A$ mit $+B$ in Verbindung kam.

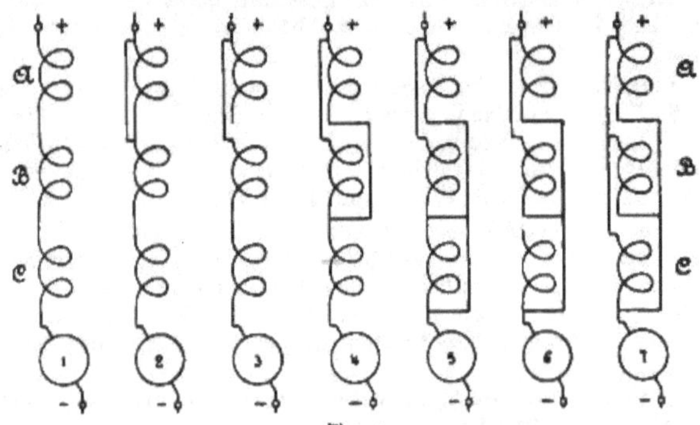

Fig. 3.

sichtlich der Wirkung sind die Schaltungen 2 und 3 identisch, da d das Oeffnen der vorher kurz geschlossenen Spule A sich weder Widers noch Windungszahl geändert haben.

In Schaltung 4 finden wir, wie bereits angedeutet, A und B pa geschaltet, d. h. $+A$ mit $+B$ und $-A$ mit $-B$ verbunden, C is der früheren Lage geblieben. Die Spule A möge den Strom J_a, die Spu den Strom J_b führen, dannn führt C den Strom $J = J_a + J_b$. Der W stand der Parallelschaltung von A und B sei zunächst $= w$ gesetzt, muss, da das Spannungsgefälle über parallel geschaltete Zweige dass sein muss, sein:

$$J \cdot w = J_a \cdot a$$

und

$$J \cdot w = J_b \cdot b.$$

Durch Multiplication mit b bezw. a und nachherige Addition sich bilden:

$$J(a + b) \cdot w = (J_a + J_b) \cdot a\,b$$

und, da $J = J_a + J_b$ ist:

$$w = \frac{a\,b}{a + b},$$

der Widerstand der Parallelschaltung. Hierzu kommt noch der Widerstand der zu A und B hintereinandergeschalteten Spule C und des Ankers, sodass der ganze Widerstand ist:

$$\frac{ab}{a+b}+c+r.$$

Ebenso ist die zur Geltung kommende Windungszahl W zu bestimmen. Die Gesammtzahl der Ampère-Windungen ist:

$$J.W = J_a.A + J_b.B + J.C.$$

$$\text{Da } J_a = \frac{J.w}{a} = \frac{J.b}{a+b} \text{ und } J_b = \frac{J.a}{a+b} \text{ ist:}$$

$$J.W = J.\frac{bA}{a+b} + J.\frac{aB}{a+b} + J.C,$$

also
$$W = \frac{bA+aB}{a+b} + C.$$

In Schaltung 5 erblicken wir A und B gegen Schaltung 4 unverändert, dagegen ist Spule C kurz geschlossen. Die Ausdrücke für Widerstand und Windungszahl unterscheiden sich also von den für Schaltung 4 entwickelten dadurch, dass c und C herausfallen; es wird demnach der Widerstand:

$$\frac{ab}{a+b}+r$$

und die Windungszahl:

$$\frac{bA+aB}{a+b}.$$

Schaltung 6 ist wie Schaltung 3 nur eine Uebergangsstufe, indem sich die vorher kurz geschlossene Spule öffnet. Diese Spule bleibt wie vorher wirkungslos, sodass also hinsichtlich der Windungszahl und des Widerstandes die Schaltungen 6 und 5 sich nicht von einander unterscheiden.

Schaltung 7 endlich zeigt uns die drei Spulen A, B, C parallel geschaltet; der in 6 offene positive Pol $+C$ hat sich mit $+A$ und $+B$ vereinigt. Die Berechnung des Widerstandes und der wirksamen Windungszahl kann auf dieselben Betrachtungen gegründet werden wie bei Schaltung 4. Es ergibt sich der Widerstand:

$$\frac{abc}{ab+ac+bc}+r$$

und die Windungszahl:

$$\frac{Abc+Bac+Cab}{ab+ac+bc}.$$

Im Folgenden seien noch einmal die Widerstände und Windungszahlen zusammengestellt und dann, um ihre Abnahme mit höherer Schaltung zu zeigen, angenommen, es verhielten sich die Widerstände:

$$r:c:b:a = 1:4:8:12,$$

während die Windungszahlen A, B, C einander gleich sein mögen:

Beispiel	3:	2:	2:	1:	1

Man erkennt, dass man es in der Hand hat, durch passende der 6 Grössen a, b, c, A, B, C die verschiedensten Verhältnisse stellen.

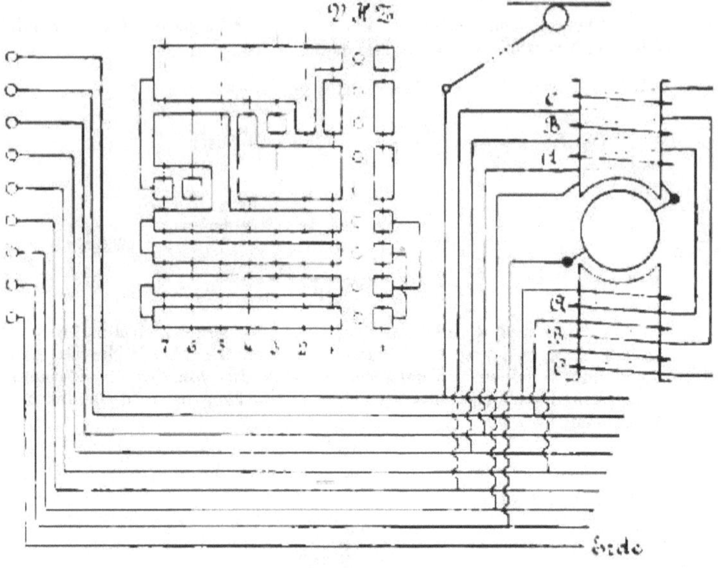

Fig. 4

Werfen wir nun noch einen Blick auf Fig. 4, welche uns de schalter des Wagens darstellen soll. Wir erblicken zur Linken der neun übereinander gelagerte Kreise, welche ebenso viele federnde tacte darstellen sollen und von oben nach unten gerechnet der Reih angeschlossen sind an: [illegible] A, [illegible] B, + A, — B, C, — C, erste zweite Bürste, Erde. Mit A ist auch der Rollenarm verbunden, v der Contactleitung den Strom entnimmt. Ausser den genannten P stehen auch noch die entsprechenden Federcontacte des zweiten anderen Perron angebrachten — Umschalters sowie die betreffende eines zweiten Motors mit den Leitungen in Verbindung. Beide sin weggelassen und nur die Weiterführung der Leitungen ist angedeu

Der mittlere Theil der Fig. 4 ist als abgewickelter Mantel drehbaren Cylinders aufzufassen. Der Cylinder besteht aus Holz, v im trockenen Zustand genügenden Isolationswiderstand bietet; nach ist der ganze Apparat natürlich gegen Nässe geschützt. Auf den cylinder sind eigenthümlich geformte Messingstücke aufgeschraub diesen können die Federcontacte 9 verschiedene Stellungen einnehmen: 1 bis 7 vorwärts, halt, 1 zurück.

Man erkennt die Schaltungen am besten, wenn man die Figur in senkrechte Streifen scheidet, welche man auf die die Federcontacte darstellenden Kreise der Reihe nach auflegt. Dabei sind aber auch die links von der Schaltung 7 sichtbaren Drahtverbindungen zu beachten, von denen die beiden unteren sämmtliche 7 Schaltungen beeinflussen. Die Schaltung 1 zurück unterscheidet sich von 1 vorwärts hinsichtlich der Schaltung der Magnetbewicklung gar nicht; der Anker wird aber vom Strom in der entgegengesetzten Richtung durchflossen. Bekanntlich läuft ein Hauptstrom-Motor beim Umkehren der Stromrichtung in derselben Drehrichtung weiter, weil Anker und Feldmagnet gleichzeitig umpolarisirt werden. Will man Aenderung der Drehrichtung erzielen, so muss man entweder den Ankerstrom wenden und die Stromrichtung in den Magnetspulen beibehalten, oder das Umgekehrte herbeiführen.

Verordnung des Handelsministeriums vom 3. Mai 1894

betreffend die Aichung und Stempelung von Elektricität-Verbrauchsmessern.*)

1. In Ausführung des Gesetzes vom 23. Juli 1871 (R. G. Bl. Nr. 16 ex 1872) wird angeordnet, dass die gewerblichen Elektricität-Verbrauchsmesser (Elektricitätsmesser, Elektricitätszähler), deren Angaben für die Verrechnung zwischen dem Elektricitätslieferanten und dem Elektricitätsconsumenten als Grundlage dienen, der Aichung und Stempelung unterliegen.

2. In Bezug auf die Einrichtung und sonstige Beschaffenheit solcher Elektricitätsmesser, sowie deren Aichung, Fehlergrenzen, Stempelung und die für die Aichung zu entrichtenden Gebühren haben die von der k. k. Normal-Aichungs-Commission erlassenen, nachfolgend veröffentlichten allgemeinen Vorschriften und die auf Grundlage der letzteren im Reichsgesetzblatte zu veröffentlichenden Kundmachungen zu gelten.

3. Die bereits im Gebrauche befindlichen Apparate dieser Art sind, soferne sie diesen Vorschriften nicht ohnedies entsprechen, längstens bis Ende des Jahres 1903 diesen Vorschriften gemäss einzurichten und in jedem Falle der Aichung zu unterziehen.

Vom 1. Jänner 1897 ab dürfen unter die Bestimmungen des Punktes 1 fallende Elektricitätszähler nur in geaichtem Zustande in die Leitungen eingeschaltet werden.

4. Von den zwei zu jedem geaichten Elektricitätszähler ausgegebenen „Befundscheinen" ist vom Elektricitätslieferanten bei Einschaltung des Zählers das für den Consumenten bestimmte Exemplar dem letzteren auszufolgen.

5. Die Beamtshandlung der Elektricitätszähler seitens der Normal-Aichungs-Commission in ihren Amtslocalitäten und den Localitäten der Privatparteien findet vom 1. Jänner 1895 bis zum 1. Jänner 1896 in dem durch die Dienstverhältnisse dieser Anstalt beschränkten Umfange, vom 1. Jän. 1896 an im vollen Umfange statt.

Wurmbrand m. p.

Vorschriften, betreffend die Aichung und Stempelung der Elektricität-Verbrauchsmesser.

I. Maasseinheiten.

1. Die zur Aichung und Stempelung zugelassenen Elektricitäts-Verbrauchsmesser (Elektricitätsmesser, Elektricitätszähler) können die Quantität der durchfliessenden Elektricität ohne Rücksicht auf die Spannung nach Ampère-Stunden oder mit Rücksicht auf die Spannung das Product aus Quantität in Spannung nach Watt-Stunden, Kilowatt-Stunden oder Pferdekraft-Stunden registriren.

2. Das Verhältniss der obgenannten in der Elektrotechnik dermalen üblichen Maasseinheiten zu den metrischen Einheiten wird festgesetzt, wie folgt:

a) Als Ampère gilt die Intensität jenes Stromes, welcher einen festen und einen darauf senkrechten beweglichen Stromkreis von je ein Meter Durchmesser durchfliessend,**) unter der Voraussetzung, dass die Ebene des zweiten Kreises durch den Mittelpunkt des ersten Kreises geht, dem beweglichen Stromkreise ein auf die Entfernung von ein Meter reducirtes Drehungsmoment ertheilt, welches gleich ist jenem Drehungsmomente, welches eine Masse von 0·0000001258024 *kg* an einem Hebelarme von der Länge eines Meter unter Einwirkung der Intensität der Schwere von 9·806652 Meter ausübt.***)

---

*) Reichsgesetzblatt für die im Reichsrathe vertretenen Königreiche und Länder. XXXI. Stück. Ausgegeben und versendet am 12. Mai 1894.

**) Hiebei wird die Entfernung der Mittelpunkte der beiden Kreise so gross vorausgesetzt, dass das Verhältniss ihrer Durchmesser zu dieser Entfernung vernachlässigt werden kann.

***) Diese Definition des Ampère ist mit der dermalen geläufigen: 1 Amp. = 0·1 C. G. S. identisch und wurde durch die obige Formulirung der Anschluss an die Bestimmungen des Gesetzes vom 12. Jänner 1893 (R. G. Bl. Nr. 10) herbeigeführt.

Die bei der Stromstärke von ein Ampère einen Leiter in einer Secunde mittlerer Sonnenzeit durchfliessende Elektricitätsmenge gilt als Coulomb.

Eine Ampère-Stunde entspricht 3600 Coulomb.

b) Die von einer legalen Pferdekraft in einer Stunde geleistete Arbeit gilt als legale Pferdekraft-Stunde. Eine Pferdekraft-Stunde beträgt 735.4989 legale Wattstunden. Eintausend Wattstunden bilden eine Kilowattstunde.

c) Insoferne bei der Aichung der Elektricitätsmesser für Gleichstrom und Wechselstrom noch weitere technisch-wissenschaftliche Maasseinheiten und Definitionen vorkommen, schliesst sich die Normal-Aichungs-Commission in ihren Arbeiten und documentarischen Ausfertigungen den Beschlüssen der Pariser internationalen Conferenzen 1884 April—Mai und 1889 August und des internationalen Congresses der Elektrotechniker in Chicago (August 1893) an.

II. Die Aichbehörde.

3. Aichung und Stempelung der Verkehrsinstrumente erfolgt bei der k. k. Normal-Aichungs-Commission in Wien.

4. Im Falle des Bedürfnisses werden fallweise zu bestimmende k. k. Aichämter für diesen Zweck ausgerüstet werden.

5. Jenen Privatparteien, welche sich mit den von der Normal-Aichungs-Commission von Fall zu Fall vorgeschriebenen unter ämtlichem Verschlusse gehaltenen technischen Einrichtungen versehen, können die Elektricitätsmesser in ihren Localitäten beamtshandelt werden.

Elektricitätsmesser, aus deren Aichung in den Amtslocalitäten der Normal-Aichungs-Commission der letzteren im Vergleiche zu den Aichgebühren unverhältnissmässig grosse Kosten erwachsen würden, werden nur in den Localitäten der Partei geaicht und beglaubigt.

6. In den sub 4 und 5 vorgesehenen Fällen findet die Beamtshandlung der Elektricitätsmesser ausschliesslich durch delegirte Organe der Normal-Aichungs-Commission statt.

III. Zulässige Systeme und deren Erprobung.

7. Zur Aichung und Stempelung werden nach Vorschrift des Absatzes I jede beliebige Stromgattung registrirende Elektricitätsmesser eines beliebigen Systems zugelassen, soferne das System den nachstehenden Bedingungen Genüge leistet:

a) Der Messapparat muss auf einem deutlich bezifferten und mit der gewählten Einheit „Ampère-Stunden", „Watt-Stunden", „Kilowatt-Stunden", „Pferdekraft-Stunden") bezeichneten Zifferblatte die gemessene Quantität in verläs[illegible] Weise direct abzulesen gestatten.*

b) Der Elektricitätsmesser muss verl[illegible] functioniren und so construirt sein die Constanz seiner Angaben inn[illegible] der zulässigen Aichtoleranz für zum zwei Jahre gewährleistet erscheint

c) Insbesondere dürfen die Angabe[illegible] Zählers bei aufsteigender und abst[illegible] der Belastung (Magnetisirung) fü[illegible] und dieselbe Belastung nicht um als die im Absatze IV angeführte toleranz wechseln.

d) Bei Wechselstromzählern darf di[illegible] hängigkeit ihrer Angaben von Polwe[illegible] zahl, Stromcurvenform und Spa[illegible] bei Gleichstromzählern die Ab[illegible] keit von der Spannung nicht so sein, um unter den praktischen Be[illegible] bedingungen systematische Abweich[illegible] von der mittleren Angabe im B[illegible] der halben Aichtoleranz zu beding[illegible]

Als mittlere Angabe gilt hier bei 50% der Maximalbelastung Zählers und den mittleren Betri[illegible] dingungen des Stromnetzes (verg[illegible] Absatz 12 *b*).

8. Die Erprobung der zur Aichun[illegible] Stempelung zuzulassenden Systeme [illegible] bei der k. k. Normal-Aichungs-Comm[illegible] welche über die Zulassung entscheidet.

9. Die Normal-Aichungs-Comm[illegible] wird sich bei der Erprobung den jew[illegible] praktischen Verhältnissen, unter welch[illegible] Elektricitätszähler gebraucht werden thunlichst anpassen.

10. Soferne jedoch der sub 9 c[illegible] terisirte Erprobungsvorgang unverhä[illegible] mässige Kosten involvirt, obliegt e[illegible] Partei, auch die Erprobung zur Gänz[illegible] zum Theile nach Maassgabe des Absa[illegible] zu veranlassen.

11. Wenn von Elektricitätsm[illegible] irgend eines Systems von der Anzahl Exemplare, deren Aichung auf zum 2 Jahre zurückdatirt, nicht wenigste[illegible] Hälfte mit unverletzter Plombe (verg[illegible] Absatz 13 und 14) zur Nachaichun[illegible] bracht wird, so wird die Zulassung d[illegible] treffenden Type zur ersten Aichung Stempelung wieder aufgehoben.

IV. Zulässige Verkehrsins[illegible] mente, deren Aichung und Fe[illegible] grenze.

12. Die für den öffentlichen V[illegible] bestimmten Elektricitätsmesser müssen, sie gestempelt werden sollen:

a) mit dem Namen und Wohnor[illegible] Verfertigers nebst der laufenden [illegible] kationsnummer und der grösste[illegible] lässigen Belastung bezeichnet sein.

* Elektricitätszähler mit einer sogen[illegible] [illegible] auf Grund der Ueber[illegible] [illegible] (vergleiche Absatz 21 und 2[illegible] [illegible]

b) Jene Elektricitätszähler, deren Angaben von der Spannung, Polwechselzahl oder Stromcurvenform abhängig sind, müssen ausserdem die genaue Bezeichnung jener Unternehmung tragen, in deren Leitungsnetz sie eingeschaltet werden sollen.

Für diese Art von Elektricitätsmessern wird ein Certificat (vergleiche Absatz VI) nur dann ausgestellt, wenn die Betriebsverhältnisse der genannten Unternehmung der Normal-Aichungs-Commission genau bekannt sind, und wenn sich dieselbe verpflichtet, alle Aenderungen des Betriebes, welche auf die Angaben der verwendeten Zähler Einfluss üben, der Normal-Aichungs-Commission anzuzeigen.

Die Aichung und Stempelung jener Elektricitätszähler, welche von der Spannung, Polwechselzahl und Stromcurvenform unabhängige Angaben geben, unterliegt den hier angeführten Beschränkungen nicht.

c) Alle Elektricitätszähler müssen in einem durch Plombenverschluss versicherbaren Gehäuse eingeschlossen sein, dessen Schauglas von innen eingesetzt ist.

d) Bei der Aichung, welche nach den in Absatz 9 und 5 angeführten Grundsätzen vollzogen wird, wird die Abweichung der Angaben des Zählers von den Sollangaben ermittelt.

Dieselbe darf bis auf weiteres, wenn der Zähler beglaubigt werden soll, im Mehr oder Weniger höchstens betragen:

	der grössten Belastung	der eigenen Angabe
Bei	100%	4·0%
„	50%	4·0%
„	10%	4 %

„ 2% muss der Zähler sicher angehen.

e) Die obgenannten Fehlergrenzen werden, insoferne es sich um erste Aichung handelt, vom 1. Jänner 1898 auf drei Viertel des obgenannten Betrages und vom 1. Jänner 1903 auf ein Halb des obgenannten Betrages reducirt und damit mit den Fehlergrenzen anderer Verbrauchsmesser in Einklang gebracht werden.

Für die Nachaichungen bleibt die jedesmalige Toleranz der ersten Aichung massgebend.

V. Stempelung.

13. Elektricitätsmesser, welche den obigen Bedingungen entsprechen, werden in der Weise gestempelt, dass auf der inneren Seite des Schauglases die ämtliche Protokollszahl und die Jahreszahl der ersten Aichung aufgeätzt und das Gehäuse mit einer Schnurplombe so verschlossen wird, dass eine Eröffnung desselben ohne Verletzung der Plombe nicht möglich erscheint.

Die Plombe trägt auf der einen Seite den Stempel der k. k. Normal-Aichungs-Commission, auf der anderen Seite die Jahres- und Monatszahl der ersten Aichung, bezw. Nachaichung.

VI. Befundschein.

14. Zu jedem gestempelten Elektricitätsmesser wird ein Befundschein in zwei gleichlautenden Exemplaren ausgefertigt, wovon ein Exemplar für den Erzeuger, das andere für den Consumenten der Elektricität bestimmt ist.

15. Der Befundschein, dessen Text der betreffenden Elektricitätsmessertype besonders angepasst wird, enthält ausser den das Messwerkzeug individuell charakterisirenden Daten bei den in Absatz 12 *b)* besprochenen Messwerkzeugen die Angabe jener Unternehmung, in deren Leitungsnetz der Elektricitätsmesser verwendet werden darf.

16. Der Befundschein enthält auch die Bestätigung der ämtlich eingehobenen Aichgebühren.

17. Die Giltigkeitsdauer des Befundscheines und der vollzogenen Aichung, deren Bestätigung er bildet, beträgt zwei Jahre und ein Monat vom Tage der Ausfertigung des Befundscheines an gerechnet.

VII. Aichgebühren.

18. Für die Ueberprüfung einer Elektricitätszählertype (Absatz 8 und ff.), welche zu diesem Zwecke in zumindest fünf Exemplaren vorzulegen ist, wovon eines bei der Normal-Aichungs-Commission als Muster zurückbehalten wird, ist eine Gebühr von 200 fl. ö. W. im vorhinein zu entrichten. Diese Gebühr beträgt blos 100 fl. ö. W. für jene Typen, von denen nachweislich in Oesterreich zumindest 100 Stück dermalen schon im Gebrauche sich befinden.

19. Für die Ueberprüfung der Verkehrsinstrumente ist, gleichgiltig, ob eine Stempelung stattgefunden hat oder nicht, zu entrichten:

a) Eine Grundtaxe von . . . . fl. 1.—

b) Für je 100 Amp. od. 10.000 Watt der zulässigen nominellen Maximalbelastung ein Zuschlag von . . . . „ 3.—

20. Für die Elektricitätszähler, welche wegen leicht ersichtlicher Constructionsmängel ohne besondere Prüfung zurückgewiesen werden, ist nur eine Manipulationsgebühr pro Stück von . . . . „ 0.70 zu entrichten.

21. Bei jenen Ueberprüfungsarbeiten, welche nach Maassgabe der Bestimmungen des Absatzes 5 und 10 ausgeführt werden, hat die Partei den elektrischen Strom und allfällig benöthigte Hilfsarbeiter beizustellen und die Kosten der Entsendung des Aichbeamten zu tragen.

Werden unter diesen Umständen mehr als 100 Stück Elektricitätsmesser gleicher Type zur Beamtshandlung vorgelegt und die Einrichtungen so getroffen, dass zumindest drei Apparate gleichzeitig geprüft werden können, so ist an Stelle der sub 19 b) vorgeschriebenen Gebühr nur der Betrag von fl. 1,50 für je 100 Amp. oder 10,000 Watt der Maximalbeanspruchung zu entrichten.

VIII. Uebergangs-Bestimmungen.

22. Elektricitätszähler, welche nicht direct (vergleiche Absatz 7 a) die zuzumessende Grösse registriren, sondern diese Grösse aus der registrirten Zahl durch Rechnung finden lassen, werden, wenn das betreffende System sich derzeit in Oesterreich schon in praktischer Verwendung befindet, bis zum 1. Jänner 1898 zur ersten A und bis zum 1. Jänner 1903 zur wiede Aichung zugelassen.

23. Bei Elektricitätsmessern die wird bei der Stempelung auf der Seite des Schauglases die Bemerkung „Der Elektricitätsverbrauch ist n Bestimmungen des Certificates aus d gaben dieses Zählers zu berechnen geätzt und werden die betreffende schriften in das Certificat aufgenomm

Wien, am 3. Mai 1894.

Die k. k. Normal-Aichungs-Commi
Arzberger m. p.

Kundmachung des Handelsministeriums vom 23. Juni 18

betreffend die Untersuchung elektrischer Maschinen und apparate durch die Normal-Aichungs-Commission.

1. Die k. k. Normal-Aichungs-Commission ist ermächtigt, elektrische Maschinen und Messapparate aller Art zu untersuchen, zu prüfen und in zulässig erachteten Fällen für dieselben Befundscheine auszustellen.

2. Diese Arbeiten finden nur in jenem Umfange statt, in welchem dies mit Rücksicht auf die jeweilige technische Ausrüstung der Normal-Aichungs-Commission möglich und ohne Behinderung der fortlaufenden Aichungen der Elektricitätsmesser (Verordnung des Handelsministeriums vom 3. Mai 1894 [R. G. Bl. Nr. 82]) und der hiezu nothwendigen Vorarbeiten thunlich erscheint.

3. Die zu entrichtende Gebühr wird bis auf weiteres von Fall zu Fall vom Handelsministerium festgesetzt werde wird der Partei bekannt zu geben Vorhinein zu entrichten sein.

Bei umfangreichen Arbeiten wi Partei nur der muthmassliche Höhe der Gebühr bekannt gegeben werden, unvorgreiflich der endgiltigen Gel bestimmung im Vorhinein zu erlegen

4. Nach den im Gegenstande gen Erfahrungen wird seinerzeit ein fixe für häufiger vorkommende Arbeiten gesetzt und kundgemacht werden

Wurmbrand m

(R.-G.-Bl. XLIX Stück Nr. 136.

Nachrichten aus Ungarn.

Projectirte Strasseneisenbahn mit elektrischem Betriebe von Budapest über Uj-Pest (Neu-Pest) nach Rakos-Palota. (Concessions-Bedingungen.). Die hauptstädtische Municipal-Verwaltung hat in Angelegenheit der von der Bauunternehmung Bodendorfer und Consorten vom fünften Bezirke Budapests aus über Uj-Pest und deren Fortsetzung bis Rákos-Palota projectirten Strasseneisenbahn mit elektrischem Betriebe festgestellt, dass die Betheiligung der Hauptstadt an dem Gewinne mit dem sechsten Jahre beginnt, wobei dieselben Gesichtspunkte maassgebend sind, welche in dem auf die elektrischen Eisenbahnen bezüglichen Vertrag niedergelegt sind, nämlich in den ersten 10 Jahren 2%, in den nächsten 10 Jahren 3%, im dritten Decennium 4% und für die folgende Zeit 5%. Im Falle der Einlösung oder des Besitzüberganges der Bahn an die Hauptstadt erhält die Gemeinde Neu-Pest 10% der Einkünfte als Entschädigung. Die Dauer der Concession wurde vorbehaltlich der oberbehördlichen Genehmigung auf die Dauer von 60 Jahren beantragt, wogegen ein Separatorium mit der Motivirung angemeldet wurde, dass es nicht g fertigt erscheine, für eine Strassenba oberirdischer elektrischer Stromleitun wohlfeil hergestellt werden könne, ei einzuräumen, während die Budapester bahn, welche zur Stromleitung ein kostspielige unterirdische Anlage her muss, sich mit einer so langen Conce dauer zufriedenstellt. Die endgiltige scheidung über diese Frage bleibt Handelsminister vorbehalten.

Am 17. Juli l. J. ist zwisch Ungarischen Bank für strie und Handel und de schinenfabriks-Actiengesellschaft und giesserei Ganz & Comp. einersei den Concessionären dieser Bahn, B dorfer & Comp. andererseits eine barung abgeschlossen worden, auf deren die Erstgenannten die Con dieser Bahn und den mit der Ha Budapest vereinbarten Vertrag er haben. Zum Zwecke der Durchführu Baues und des Betriebes dieser elekt

Bahn soll demnächst eine Actiengesellschaft gebildet werden. D.

Strassenbahn mit elektrischem Betriebe in Pressburg. (Baubeginn, Beschaffung des Schienenmateriales und der Bahneinrichtung.) Die Municipal-Verwaltung der königl. Freistadt Pressburg hat den Beschluss gefasst, das im Bereiche der Stadt zu erbauende Strassenbahnnetz auf elektrischen Betrieb einzurichten. Die Ausführung des vom königl. ungar. Handelsminister bereits genehmigten Baues wurde der Firma Werner, Ganz & Comp. und die Lieferung des Schienenmateriales und des sonstigen Oberbau-Zugehöres dem königl. ungar. Schienenwalzwerke in Diósgyör übertragen, welches die Bestellung bis November zu effectuiren hat, so dass die Eröffnung des Betriebes voraussichtlich noch im Laufe dieses Jahres stattfinden wird, da die Unterbau- und sonstigen Vorbereitungsarbeiten noch im Laufe des Sommers in Angriff zu nehmen und bis Ende October fertig zu stellen sind. Für die Anlage der Stromerzeugungs-Centralstation ist ein geeigneter Platz nächst dem Donauufer bestimmt worden. Der Betrieb der elektrischen Bahn, welche auch den Hauptbahnhof der königl. Ungarischen Staatsbahnen mit dem Frachtbahnhofe und der Station Pozsony-Ujváros der Linie Pozsony-Szombathely (Pressburg-Steinamanger) der Transdanubischen Localbahnen verbinden wird, ist sowohl für Personen- als auch Frachtenverkehr einzurichten.

Projectirte Untergrundbahn mit elektrischem Betrieb in Budapest. (Ministerial-Erlass.) Der königl. ungar. Handelsminister hat in einem an die Budapester Municipalverwaltung gerichteten Rescripte dieser mitgetheilt, dass er die in Angelegenheit des Ausbaues einer elektrisch zu betreibenden Untergrundbahn mit den Concessionswerbern, d. i. die Budapester Stadtbahn-Actiengesellschaft für Strassenbahnen mit elektrischem Betriebe im Vereine mit der Budapester Strassen-Eisenbahngesellschaft für Strassenbahnen mit Pferdebetrieb, gelegentlich der Concessionsverhandlungen festgesetzten Punktationen im Principe genehmigte, nachdem die Concessionswerber die bedungene Caution von 180.000 fl. bereits erlegten, dass die Ausfolgung der Concessionsurkunde jedoch erst nach Abschluss der von den Projectanten mit dem Finanzminister in der Frage der Gebühren- und Steuerfreiheit gepflogenen Verhandlungen erfolgen wird. Sobald aber diese Angelegenheit endgiltig ausgetragen sein wird, unterliege es keinem Anstande, den Bau sofort zu beginnen, nachdem die Baupläne sowohl von Seite der betheiligten Ministerien genehmigt wurden, als auch deren Ausführung von der hauptstädtischen Municipalbehörde als zulässig erkannt ist.

Budapester Stadtbahn-Gesellschaft für Strassenbahnen mit elektrischem Betriebe. (Einverleibung der neu zu erbauenden Linie längs dem Donauquai in das gesammte gesellschaftliche Betriebsnetz.) Die hauptstädtische Municipalbehörde hat vorbehaltlich der oberbehördlichen Genehmigung entschieden, dass die in Fortsetzung der Linie durch die grosse Ringstrasse längs dem Donauquai vorläufig bis zum Donaucorso von der Budapester Stadtbahn-Gesellschaft zu erbauende elektrisch betriebene Linie, in jeder Beziehung als integrirender Bestandtheil des gesellschaftlichen Betriebsnetzes zu betrachten sein wird, daher auch die Bedingungen des mit der Commune abgeschlossenen Unificirungsvertrages dafür zu gelten haben werden.

Kleine Mittheilungen aus Russland.

Telephon-Signalisirung für Eisenbahnzüge.*) Die Aufgabe des Fernsprechens von einem auf der Strecke stehen gebliebenen Eisenbahnzug mit der nächsten Station wird von M. G. Lebedinsky in nachstehender Weise zu lösen versucht.

Wird der Inductor eines Telephon-Apparates mit der Telegraphenleitung und der Erde verbunden, so verursacht er bei seiner Ingangsetzung ein derartiges Knallen in den in die betreffende Linie eingeschalteten Telegraphen-Apparaten, dass die eingeschalteten Stationen unbedingt aufmerksam gemacht werden. Hierauf, meint M. G. Lebedinsky, erübrigt nur, die Leitung zu den Telegraphen-Apparaten in die Telephonstation umzuschalten, um mit dem in Rede stehenden Eisenbahnzuge sprechen zu können.

Die etwaige Einwendung, dass hiedurch die telegraphische Correspondenz gestört wird, parirt M. G. Lebedinsky damit, dass ja diese ohnehin in derselben Zeit dazu benützt worden wäre, um den Unfall mit dem Eisenbahnzuge zu avisiren.

In dem Zuge wird eine complete Mikrotelephonstation fix angebracht.

Eine Klemme des Zugstelephons ist mit dem nächsten metallischen Theil des Waggons, und dieser ebenfalls metallisch mit den Schienen verbunden. Die andere Klemme befindet sich auf einer mit isolirtem Draht bewickelten Trommel; dieser Draht ist mit Hilfe eines an einem Stock befestigten

*) Wir machen darauf aufmerksam, dass die hier dargestellte Methode der Benützung von Telegraphenlinien zum Telephoniren im Princip dieselbe ist, wie sie Ober-Inspector Gattinger anwendete oder wie sie im Edison'schen Phonoplex benutzt ist; allein in der hier beschriebenen Form könnte dieselbe in anderen Betrieben als in jenen, wie er in Russland vorkommt, nicht verwerthet werden. D. Red.

Hakens mit der Telegraphenleitung in Contact zu bringen.

Während des Baues des Rjasan-Kasan-schen Zweiges der Moskau-Kasan'schen Eisenbahn stand für den Localverkehr eine ganze Reihe von telephonischen Apparaten mit einer der Telegraphenleitungen in stetiger Verbindung; die andere Leitung war für speciell telegraphische Zwecke reservirt, doch wurde ein Theil derselben auch zu telephonischen Mittheilungen für grössere Distanzen benützt; eine Station lud durch die Wirkung ihres Inductors auch die andere zur Einschaltung ihres Apparates ein, indem das Zeichen des Inductors sich auf allen Apparaten der Leitung bemerkbar machte. Dem Chef der Telegraphen-Section Ingenieur P. T. Anissimow kam die Idee sich dieser Signalisierungsart beim Bahnverkehr zu bedienen. Zu diesem Behufe beauftragte er Herrn M. G. Lebedinsky am 8. December v. J., Vorbereitungen zu solchen Experimenten zu treffen, welche den nächsten Tag in Anwesenheit des Chef-Stellvertreters des Moskauer Post- und Telegraphenkreises J. J. Schedling auf der Station Pitschkirjajewo stattfanden; dieselbe ist von den Bahnhöfen 2. Classe Sassowo 38 und Arapowo 102 *km* entfernt. Dieselben Versuche wurden am 13. Jänner l. J. im Beisein des Eisenbahn-Directors E. E. Noltein und des Regierungs-Inspectors Fürsten Chilkow auf der Station Schilowo, welche von Sassowo 70 *km* und Rjasan 102 *km* entfernt ist, wiederholt. In beiden Fällen wurden die günstigsten Resultate erreicht. Die Verbindung wurde rasch hergestellt, die Antworten folgten unmittelbar und das Gespräch zwischen beiden Bahn-

höfen wa… signal wirl… kreise Rj… 5 Apparat… Rjasan-Sar… wobei (in… wort erfol…

Somit… wie die… Systems…

Das Morse-Relais als T…

In der Vereinsversammlung vom 9. März 1892 (Heft IV, S. 164) besprach Herr Inspector Friedrich Bechtold die von ihm angestellten Versuche mit einem portativen Telephon-Apparate und erwähnte auch einer dabei vorgekommenen interessanten Erscheinung, dass nämlich die Beamten einer Nachbarstation, welche von diesen Versuchen keine Kenntniss hatten, zu ihrer grössten Ueberraschung aus dem Glockenlinien-Relais heraussprechen hörten, und zwar so deutlich, dass sie an der Klangfarbe die sprechenden Personen erkannten.

Die gleiche Erscheinung, aber in viel grösserem Umfange, beobachtete im vorigen Jahre der Revident der k. k. österr. Staatsbahnen, Herr Oscar Wehr, und berichtet derselbe hierüber in der „Ztg. d. Ver. deutscher Eisenb.-Verw." Nr. 51, 1894, wie folgt:

„Im Sommer v. J. wurde ich von meiner Verwaltung damit betraut, die Telegraphen- und Telephonanlagen auf der im Bau begriffenen 72 *km* langen Theilstrecke Laibach-Gottschee der Unterkrainer Bahn auszuführen.

aus Zink-Kupferelementen in Verwendung, und zwar sind für jede einzelne dieser 13 Stationen je vier solcher Elemente aufgestellt.

Die beim Sprechen mittelst der Telephon-Apparate erzeugten Ströme dagegen sind bekanntlich Wechselströme.

Nun ist es eine bekannte Thatsache, dass weiche Eisenstäbe bei Einwirkung von Wechselströmen zum Ertönen gebracht werden. In diesem Falle sind es die Eisenkerne von den Multiplicationen der in die Telegraphenleitung direct eingeschalteten Relais in den Telegraphenstationen, welche die genannte Eigenschaft zeigen, sobald auf einem der sechs vorhandenen Telephone gesprochen wird, und dadurch Wechselströme in die Leitung entsendet werden.

Eine andere, in Fachkreisen allgemein bekannte Thatsache ist es auch, dass die Schwingungen, welche diese Töne in den Eisenkernen erzeugen, genau den Wellenbewegungen gleichen, in welche die Membranen der in die gleiche Leitung eingeschalteten Telephone während eines Gespräches versetzt werden.

Es wurden auch auf diese Weise wiederholt in einzelnen Stationen wenigstens Bruchtheile einer, auf der gleichen Leitung abgewickelten telephonischen Correspondenz mittelst des Relais einer Zwischenstation abgehört. Immerhin waren die Resultate solcher Versuche so mangelhaft, und das beobachtete Auftreten dieser Erscheinungen so vereinzelt, dass der Gegenstand wenig Beachtung fand.

Von um so grösserem Interesse was es daher für mich, als mir bei einer dienstlichen Anwesenheit auf der eingangs genannten Strecke im April und Mai d. J. von verschiedenen Seiten die Mittheilung gemacht wurde, dass man alle auf irgend einem der sechs eingeschalteten Telephone geführten Gespräche auf dem Relais jeder beliebigen, in die gleiche Leitung eingebundenen Telegraphenstation ziemlich deutlich mithören könne, wovon ich mich natürlich sofort persönlich überzeugte und die Angaben voll bestätigt fand.

Die Lautwirkung und die Deutlichkeit der Sprache erhöht sich noch bedeutend, wenn man das Ohr anstatt an das Relais, direct auf die Tischplatte, auf welcher das Relais angeschraubt ist, legt.

Es scheint, dass in diesem Falle die Tischplatte durch Resonanz mittönt; die bei diesen Versuchen erzielten günstigen Resultate dürften hauptsächlich auf den Umstand zurückzuführen sein, dass sämmtliche zu den Telegraphentischen der 13 eingeschalteten Morsestationen verwendeten Tischplatten aus gut ausgetrocknetem massiven Eichenholze hergestellt sind, also auch den unendlich zarten Schwingungen der Eisenkerne der fest aufgeschraubten Relais viel besser folgen können, als dies beispielsweise bei den vielfach aus weichem Holze hergestellten fournirten, daher auch gegen die Luftfeuchtigkeit viel mehr empfindlichen und weniger schwingungsfähigen Tischplatten der Fall ist.

Jedenfalls bleibt die Thatsache, dass man telephonische Gespräche unter gewissen Umständen auch ohne Zuhilfenahme von Höhrtelephonen in, von den Sprechstellen viele Kilometer weit entlegenen Räumen mithören kann, eine interessante Erscheinung, wenn eine praktische Ausnützung derselben dermalen auch nicht zu erwarten ist.

Vielleicht bieten diese Zeilen aber die Anregung zu weiteren Versuchen in der angedeuteten Richtung, die auch für die Praxis verwendbare Resultate zu Tage fördern."

Das Arld'sche Drahtbundverfahren.

Von M. LINDENBERG, Berlin.

Bei der Einrichtung elektrischer Anlagen aller Art spielt die Installation der Leitungen stets eine Hauptrolle; sie muss mit ganz besonderer Sorgfalt vorgenommen werden, wenn die Gesammt-Anlage tadellos functioniren soll. Von grosser Wichtigkeit ist dabei namentlich die Herstellung von guten Verbindungen der einzelnen Drähte, da durch mangelhafte Contacte nicht unwesentliche Arbeitsverluste und bei Leitungen mit hoher Spannung ernstliche Gefahren entstehen können.

Bisher verband man in der Regel die blank gemachten Drahtenden bei schwächeren Leitungen durch eine Würgstelle, bei stärkeren durch einen Wickelbund und verlöthete hierauf die Verbindungsstelle auf der ganzen Länge.

Da dieses Verfahren aber viele Misslichkeiten im Gefolge hat, so bemühte man sich seit längerer Zeit, eine Methode zu finden, um Drähte ohne Löthung rasch und dauerhaft verbinden zu können.

Von den verschiedenen Verbindungsarten, die in den letzten Jahren angegeben wurden, erscheint aber nur eine vollkommen brauchbar und beachtenswerth, nämlich das durch Patent geschützte und in der neuesten Zeit von der Firma Dr. Schmidmer & Co. in Nürnberg erworbene Drahtbundverfahren von Heinrich Arld.

Ueber die Herstellung dieses Drahtbundes theilt die „Elektrochem. Zeitschr." mit.

Die blank gemachten Drahtenden werden von entgegengesetzten Seiten her so in eine Hülse geschoben, dass ihre Enden ein kleines Stück über die Hülse hinausragen.

Nachdem dies geschehen, werden die Hülsenenden durch 2 Hebelkluppen, knapp am Rande gefasst und spiralförmig verdreht.

Die über die Hülse hinausragenden Drahtenden kann man sodann noch etwas umbiegen, es ist dies jedoch nicht unbedingt nöthig. In derselben Zeit, welche die Herstellung einer guten Löthstelle benötigt, lassen sich zehn solcher Verbindungen ausführen.

Die erste Frage, die man sich bei der Beurtheilung dieses Drahtbundes vorlegen muss, ist die, ob in den gedrehten Hülsen keine Oxydation entstehen kann. Eingehende Versuche, die nach dieser Richtung hin angestellt wurden, ergaben, dass eine Oxydation im Innern der Verbindung nicht eintritt.

Die Hülse ist aus einer besonderen Kupferlegirung hergestellt und hat eine derartige Gestalt, dass sie zwei dicht neben einander liegende Drähte möglichst eng umschliesst. Infolge dessen schmiegt sich das Bronze-Röhrchen auch nach der Verdrehung vollständig an die Drahtenden an, welche selbst wieder direct fest aneinandergepresst werden, so dass das Röhrchen und die Drähte eine einzige metallische Masse von sehr vollkommener elektrischer Leitungsfähigkeit bilden. Flüssigkeiten, Gase und Dämpfe können nicht eindringen und die Verbindungsstellen sind daher selbst nach langer Zeit oxydfrei und bieten wegen der grossen metallischen Berührungsfläche dem elektrischen Strome keinen Widerstand.

Ferner ist bei der Beurtheilung in Betracht zu ziehen, ob das Verdrehen des Drahtes der Festigkeit der Leitung keinen Schaden thut. Viele Zerreissungsversuche haben gezeigt, dass die Verbindungen vollkommen sicher sind, denn bei zu grosser Belastung sind die Drähte oder Metallseile stets entweder hinter oder vor den Verbindungsstellen gerissen, nie aber haben diese selbst nachgegeben.

Das erwähnte Drahtbund-Verfahren ist auch bei der Herstellung von Abzweigungen sowohl bei blanken wie bei isolirten Leitungen anwendbar und leistet auch hier gute Dienste.

Sollen Abzweigungen von isolir tungen gemacht werden, so bedi sich ganz runder Verbindungsröhre lassen sich leicht über die isolirten schieben. An der Abzweigungsstel dann die Isolation entfernt und di breitgedrückt. Nach der Einführ Drahtendes der Abzweigung wird d mit den Kluppen wie gewöhnlich Es entsteht auf diese Weise eine Ver welche wenig dicker ist als die Drähte und leicht und sicher wied werden kann.

Das beschriebene Verfahren ha über dem Löthen manche Vortheil die neue Verbindung kann von je leicht und schnell hergestellt Es ist kein Löthmaterial un Feuer dabei nöthig, ein Umsta in vielen Fällen von grosser Wichti Ausserdem wird die Isolation nicht weitere Strecke beschädigt und d nicht durchgeglüht, zwei Moment Wichtigkeit und Bedeutung wohl vo Elektriker unterschätzt werden. Sc bieten die Verbindungsstellen de trischen Strome keinen grösseren stand als die Leitung selbst, ein Kr durch Wärmeentwickelung kann d geschlossen werden.

Alle diese Gründe lassen die Ver der neuen Verbindung bei Anla schwacher Stromspannung, also galvanoplastischen und galvanostegis stalten hauptsächlich vortheilhaft er da hier einem guten Contact der kuppelungen besondere Sorgfalt g werden muss, wenn Arbeitsverluste v werden sollen.

Herstellung von Starkstromanlagen in Frankreich.*)

In Frankreich ist die Herstellung elektrischer Anlagen seit mehreren Jahren im Verwaltungswege geordnet. Das erste Decret über die allgemeine Regelung der Anlage der zur Fortleitung elektrischer Energie erforderlichen Leitungen datirt vom 15. Mai 1888; im September 1893 ist ein Reglement über die Herstellung und den Betrieb von elektrischen Anlagen auf den grossen Staats-Verkehrsstrassen hinzugetreten. Sowohl das Decret als auch das Reglement enthalten eingehende Vorschriften zur Wahrung der öffentlichen Sicherheit und der zu Verkehrszwecken dienenden Telegraphen- und Fernsprechleitungen.

Das Decret vom 15. Mai 1888 bestimmt zunächst, dass die Errichtung elektrischer Anlagen beim Bezirks- oder Polizeipräfecten anzumelden ist, und dass der Telegraphenbehörde davon Kenntniss gegeben werden soll. Sogar Anlagen innerhalb der Grenzen eines Grundstücks unterliegen der Anmeldungspflicht, wenn bei Wechselstrom die Spannung 60 Volt und bei Gleichstrom die Spannung 500 Volt übersteigt.

Die Benützung der Erde, sc Verwendung von Gas- und Wasse röhren zur Rückleitung des Str nicht gestattet, auch müssen die L von anderen Leitermassen, insbeson Wasser- oder Gasröhren genügend fernt sein, damit keinerlei störende In erscheinungen auftreten können.

Diese Bestimmungen sind grössten Bedeutung für die dem öf Nachrichtenverkehr dienenden L die dadurch gegen das Eindringen störender Ströme so weit als mö schützt werden sollen.

Die Verwendung blanker Leitu erlaubt, jedoch müssen da, wo entstehen können, isolirte Drähte werden. Die Isolirung der Starkstrom ist an Kreuzungsstellen mit Tele oder Fernsprechleitungen stets zu b auch an solchen Stellen, wo Sta leitungen in geringerem Abstand als Schwachstromleitungen oder wenige von anderen Leitermassen verlaufen

*) Archiv f. Post u. Telegr. 9, 18

Die Ueberwachung der elektrischen Leitungen liegt nach Artikel 12 im Capitel III der Post- und Telegraphen-Verwaltung ob. Weitere Artikel behandeln die Sicherheitsvorkehrungen in Maschinenanlagen; Controlvorschriften können im Wege der Verfügung durch die Präfecten erlassen werden.

Das neue Reglement enthält Bestimmungen zur Sicherung des öffentlichen Verkehrs in Betreff derjenigen elektrischen Anlagen, die auf grossen Staats-Verkehrsstrassen angelegt werden sollen. Im Eingange wird hervorgehoben, dass ausser den Vorschriften des besprochenen Decrets und des Reglements die von der Strassen-Aufsichtsbehörde erlassenen bezüglichen Verordnungen, ferner die Reglements der Post- und Telegraphen-Verwaltung und die zusätzlichen Bestimmungen der Concessionsurkunden zu beachten, dass endlich für den Betrieb elektrischer Bahnen die Vorschriften der zuständigen Aufsichtsbehörde und der Post- und Telegraphen-Verwaltung anzuwenden sind. Eine Reihe Artikel behandelt Vorschriften, die bei Einreichung der Projecte behufs der Concessionirung der Anlage zu erfüllen sind, ferner die Abnahme und Prüfung der Anlagen, die regelmässige, während des ersten Betriebsjahres mindestens alle drei Monate zu wiederholende Controle des Leitungs- und Isolationswiderstandes, Aufgrabungen, Erweiterungen und Veränderungen von Anlagen u. s. w.

Das Capitel II des Reglements gibt technische Specialvorschriften für oberirdische Leitungen.

Zunächst wird bestimmt, dass durch Aufstellung der Stützpunkte auf öffentlichem Grund und Boden der Verkehr nicht behindert werden darf; die Stützpunkte müssen in Betreff ihrer Solidität jegliche Gewähr bieten.

Soll die Leitung mit Wechselstrom von mehr als 200 Volt Spannung oder mit Gleichstrom von mehr als 400 Volt Spannung betrieben werden, so liegt die Entscheidung über die Art der anzuwendenden Isolatoren dem Präfecten auf Grund des Berichtes des Ingenieurs der Brücken- und Wegebau-Verwaltung ob.

Ein grösseres Intervall zwischen zwei Stützpunkten als 100 *m* ist nicht gestattet. Wird Wechselstrom- oder Gleichstrom von mehr als 400 Volt Spannung verwendet, so müssen die Stützpunkte mit besonderen Vorrichtungen versehen werden, die eine Berührung der Leitungen durch die Passanten gänzlich ausschliessen. Bei Kreuzungen der Strasse sind die Leitungen mindestens 8 *m* vom Boden entfernt zu halten, beim Uebergang über schiffbare Flüsse und Canäle mindestens 17 *m* über dem höchsten Wasserspiegel. Längs der Strassen ist der geringste Abstand der Leitungen vom Boden auf 6 *m* festgesetzt.

Ueber die Führung in bewohnten Orten wird Folgendes bestimmt:

Die Hauptleitungen dürfen in der Regel nur an den Häusern, u. zw. mindestens 1 *m* von den Façaden und $1/_2$ *m* über den höchst gelegenen Fenstern, angebracht werden; auf flachen Dächern müssen sie von den höchsten Dachstellen mindestens $2^1/_2$ *m* Abstand besitzen.

Uebersteigt bei Wechselstrom die angewendete Spannung 120 Volt und bei Gleichstrom 400 Volt, so dürfen blanke Leitungen nicht angewendet werden. Abzweigungsleitungen sind von den Hauptleitungen ab bis zur Verwendungsstelle isolirt herzustellen. Die Isolationshülle muss mindestens $2^1/_2$ *mm* stark sein und genügende Widerstandsfähigkeit bieten.

Im Capitel III sind Vorschriften für unterirdische Leitungen enthalten. Hervorzuheben ist hieraus, dass die Einbettungstiefe im Bürgersteig, der allein als Lager zugelassen wird, mindestens 60 *cm* betragen muss, und dass sowohl Kabel in Röhren als auch bewehrte Kabel verwendet werden dürfen, dass ferner bei Kreuzungen von Strassen solche Vorkehrungen zu treffen sind, um eine Besichtigung und Auswechslung der Kabel ohne Aufgrabung des Fahrdammes zu ermöglichen, und dass, falls die elektrischen Leitungen in der Nähe von Gasrohren verlaufen, eine regelmässige Ventilation der Kabelrohre stattfinden muss. Ebenso müssen die Untersuchungsbrunnen ventilirt werden. Der Isolationswiderstand gegen Erde darf nirgends geringer sein als der Werth in Ohm, der sich ergibt, wenn man das Quadrat der Spannung mit der Zahl 5 multiplicirt.

Wie das Decret vom 15. Mai 1888, so verbietet auch das Reglement ausdrücklich die Benutzung der Erde als Rückleitung.

Bemerkenswerth ist noch, dass die Anwendung einer Spannung von mehr als 10.000 Volt der besonderen Entscheidung des Ministers der öffentlichen Arbeiten vorbehalten bleibt.

Für die Benutzung der Staatsstrassen zur Führung der Leitungen wird eine besonders zu bemessende Gebühr erhoben.

Durch die gegebenen Vorschriften ist den Bedingungen der Sicherheit und des Schutzes des öffentlichen Verkehrs vorläufig in ausreichendem Maass Rechnung getragen worden.

Die gesetzliche Regelung der Bedingungen für die Herstellung elektrischer Anlagen ist indessen nunmehr in Aussicht genommen und ein dahin zielender Gesetzentwurf im December v. J. der Deputirtenkammer vorgelegt worden.

Der Entwurf ist aus den Berathungen einer Commission von Gelehrten, Industriellen und Vertretern der Verwaltung hervorgegangen.

In den Motiven wird ausgeführt, dass das Decret vom 15. Mai 1888 in manchen Punkten zu enge Vorschriften enthalte, die einer gedeihlichen Fortentwickelung der elektrotechnischen Industrie entgegenständen. An der Hand der gesammelten Erfahrungen erscheine es angängig, erleichternde Bestimmungen im Interesse der Förderung dieses wichtigen Zweiges der nationalen Industrie zu treffen. Der Artikel 8 des Gesetzentwurfes spricht daher die Aufhebung des Decretes vom 15. Mai 1888 aus.

Eine der hauptsächlichsten Erleichterungen, welche der Gesetzentwurf im Artikel 1 gewährt, besteht darin, dass die Anlage elektrischer Leitungen ausserhalb der öffentlichen Wege weder einer vorgängigen Genehmigung noch Anmeldung bedarf, sofern die oberirdischen Starkstromleitungen mehr als 10 *m* von Telegraphen oder Fernsprechleitungen entfernt bleiben. Ist letzteres nicht der Fall, so bestimmt der Minister für Handel und Industrie die zum Schutz der Telegraphen- und Fernsprechleitungen zu treffenden Maassregeln.

Das Gleiche gilt in Betreff derjenigen Anlagen, die gegenwärtig bestehen und weniger als 10 *m* von Telegraphen- oder Fernsprechanlagen entfernt sind.

Dagegen darf ohne Genehmigung des Präfecten weder oberhalb noch unterhalb öffentlicher Wege eine Starkstromleitung verlegt werden; vor Ertheilung der Genehmigung wird die Post- und Telegraphen-Verwaltung gehört. Nur diejenigen elektrischen Anlagen der Eisenbahn-Gesellschaften im Bereich ihres Gebietes, die im Interesse des Betriebes zur Befriedigung allgemeiner oder örtlicher Bedürfnisse errichtet werden, z. B. Beleuchtungsanlagen auf Bahnhöfen, sind von diesen Vorschriften ausgenommen, weil derartige

Anlagen ohn
unterstehen.

Der wic
entwurfes ist
der Telegrap
gewährleisten
sonderer Bedi
Jede elektrisc
richtet und un
Störung des T
verkehrs, sei e
Stromübergan
handenen Lin

Zur Ausf
besonderes F
Handel, Indu
hörung des C
Telegraphenve

Für das S
fragen wird
diger Ausschu
treter der el
gehören werd
gleich dem M
und Colonien
Ermächtigung
cessionirung e

Falls der
werden die F
aus dem Se
trischer Anlag
strassen jeden
erlassende ne

Leonische Elemente

nennt der Inhaber eines Patentes seine unter der Verwendung von Harn zusammengestellten Elemente. Die Elemente werden in verschiedener Form gebaut u. zw. als Latrinen-Elemente zum Versenken in Latrinen oder Canälen, ferner mit Erde oder Torfmull gefüllt, als Träger der Erregungsflüssigkeit.*)

Der Erfinder, welcher sich schon seit einiger Zeit mit der Zusammenstellung solcher Elemente befasst und nicht ungünstige Ergebnisse nachweist, hebt die Kostenlosigkeit der Erregerflüssigkeit und den Gewinn durch die Nebenproducte hervor. In erster Linie soll

die Gewinnun
wandlung des
mittel erhebl
wenn die An
Grossen gelin

Da ausse
Werthen kein
kann ein ents
werden, wen
betheiligter S

Immerhin
und verdient
aufmerksam m

*) Ein ähnlicher Vorschlag ist schon vor Jahren gemacht worden. D. R.

*) Der
v. Leon in W
gerne bereit, Au
im Betriebe zu

Pariser Nachrichten.

Société des électriciens de Paris. In der Sitzung vom 4. Juli machte der Präsident Herrn Postel-Vinay Mittheilung von dem Ableben des Herrn P. Lemonnier, des früheren Präsidenten der Société, und besprach kurz dessen thatenreiches Leben. Hierauf berichtete Herrn L. Brunswick, Ingenieur der Firma Bréguet, über die Ausstellung in Anvers; derselbe machte einige Mittheilungen über die Gleichstrom-Dynamos von Pieper und Dulait, über die elektrische Beleuchtungsanlage, welche

400 *KW* erfo
von Schuc
von 1·50 *m* D
Strom erforde
Motoren; hie
elektrische T

Tod du
Am 5. Juli w
Canäle für d

Secteur des Champs Elysées zu untersuchen hatte, getödtet. Der Arbeiter hatte die Aufgabe, die Transformatoren bei den einzelnen Abonnenten zu untersuchen und die schadhaften Stellen mitzutheilen. Es ist unbekannt, wodurch er einen elektrischen Schlag erhalten hat; er war sehr vorsichtig und an diese Arbeit gewöhnt. Man glaubt, dass er ausgeglitten und auf die Kabel des Primärkreises in der Avenue des Champs Elysées gefallen ist.

Canäle für elektrische Leitungen in Paris. Die Elektricitäts-Gesellschaften in Paris benützen die gegenwärtige Zeit, wo sehr viele Abonnenten von Paris abwesend sind, um neue Canäle zu bauen. Die Cie. du secteur des Champs Elysées baut gegenwärtig einen Canal in der Strasse Largillière, die Cie. Edison einen Canal in der Strasse Faubourg Poissonière, die Abtheilung des Secteur de la place Clichy einen Canal in der Strasse d'Anjou.

Neueste deutsche Patentanmeldungen.

Mitgetheilt vom Technischen und Patentbureau, Ingenieure MONATH & EHRENFEST, Wien, I. Jasomirgottstrasse 4.

Die Anmeldungen bleiben acht Wochen zur Einsichtnahme öffentlich ausgelegt. Nach § 24 des Patent-Gesetzes kann innerhalb dieser Zeit Einspruch gegen die Anmeldung wegen Mangel der Neuheit oder widerrechtlicher Entnahme erhoben werden. Das obige Bureau besorgt Abschriften der Anmeldungen und übernimmt die Vertretung in allen Einspruchs-Angelegenheiten.

Classe

21. Sch. 9580. Bogenlampe. — *Bruno Schramm* in Erfurt.

„ 3409. Einrichtung, um an elektromagnetischen Apparaten die Einflüsse der Hysteresis zu beseitigen. — *Bruno Abdank-Abakanowicz* in Paris.

„ W. 9661. Gleichlaufvorrichtung für Motoren, deren Drehungsgeschwindigkeit mittelst eines Elektromagneten geregelt wird. — *J. H. West* in Friedenau bei Berlin.

„ A. 2654. System der Erzeugung, Regelung und Fernleitung für Wechselströme mit verschiedenen Phasen. — *Allgemeine Elektricitäts-Gesellschaft* Berlin.

„ M. 9282. Anordnung der Feldmagnetwicklung bei Wechselstromkraft-Maschinen. — *Maschinenfabrik Oerlikon* in Oerlikon bei Zürich.

Classe

21. Nr. 76.642. Verfahren zur Umsteuerung elektrischer Treibmaschinen. — *Elektricitäts-Actiengesellschaft vorm. Schuckert & Co.* in Nürnberg.

„ Nr. 76.674. Elektrische Treibmaschine mit hin- und hergehender Bewegung. — *H. S. Mc. Kay* in Boston.

„ Nr. 76.676. Neuerung an elektrischen Motoren und dynamo-elektrischer Maschinen. — *S. Bergmann* in Berlin.

„ Nr. 76.683 Verfahren zur Herstellung der Elektrodenplatten für elektrische Sammelbatterien. — *G. E. Heyl* in Berlin.

„ Nr. 76.698. Elektrodenplatte für Sammelbatterien. — *E. Franke* in Berlin.

„ Nr. 76.703. Elektrische Maschine mit Lüftungscanälen. — *H. Chitty* in Chiswick bei London.

„ Nr. 76.704. Poröse Zelle für elektrische Sammler und dergl. — *H. Riquelle* in St. Jose ten Noode, Belgien.

LITERATUR.

„I Motori elettrici a campo magnetico rotatorio." (Elektromotoren mit magnetischem Drehfelde.) Von Dr. Angelo Banti, Director der Zeitschrift „Elettricista", Rom, 1894.

Niemand ist besser in der Lage, ein Buch zu schreiben, als der Herausgeber einer Zeitschrift, welche in regem Verkehre mit allen Enunziationen auf dem von ihr occupirten Gebiete steht. Allerdings ist hiebei vorauszusetzen, dass der betreffende Schriftsteller nicht blos die ihm zugänglichen Journale und Werke für seine Publikation benützt, sondern dass er, auch weitere und mühsamere Forschungen nicht scheuend, Alles studirt, was den einschlägigen Gegenstand betrifft und auf die ersten Quellen zurückgeht. Dr. Banti hat nun der kürzeren Procedur den Vorzug gegeben und eine Reihe zerstreut erschienener Darstellungen der Drehstrom-Motoren systematisch geordnet und daraus ein wunderhübsch ausgestattetes Büchlein gemacht, in welchem die historische Entwicklung des in Rede stehenden Zweiges der Elektrotechnik Berücksichtigung fand.

Die Darstellung beginnt nämlich mit einem geschichtlichen Aperçu über die Drehströme und wird Professor Galileo Ferraris wieder einmal gegenüber den Verfechtern der Erfinderrechte Tesla's in Schutz genommen. Wir können jedoch nicht leugnen, dass die Argumente Dr. Banti's uns nicht sehr glücklich gewählt für den angedeuteten Zweck erscheinen. Es wird gesagt, dass weil das amerikanische Patent Tesla's später, als die Publikation Ferrari's erschien, die Prioritätsansprüche des Letzteren gegenüber jenen des Ersteren begründeter seien. Nun, das scheint uns wohl Sonne und Wind sehr ungleich vertheilen! Es wird dem Professor Ferraris kein Kundiger das Verdienst bestreiten, dass er es war, der schon 1885 einen für Schulzwecke bestimmten Apparat construirt hatte, dessen Thätigkeit auf der durch Wechselströme in geeigneter Anordnung erzeugtem magnetischen Drehfelde beruhte: es ist aber auch bekannt, dass der Gelehrte und wenig auf praktische Ausnützung seiner Ideen ausgehende Professor diesem seinem Apparate keinerlei industrielle Verwerthung zumuthete. Auf der anderen Seite sehen wir einen jungen, phantasievollen Ingenieur, einen begeisterten Seher, der alle Tiefen und Höhen der Schöpfung durchstreift, um die dort verwahrten Energien der Anwendung der Elektricität dienstbar zu machen, vor uns, der behauptet, ohne Ferrari's Arbeiten gekannt zu haben, das mehrgenannte Princip des Drehfeldes erforscht und erschaut und an seine praktische Benützung sofort gedacht habe. Tesla hat solche Beweise seines Könnens erbracht und eine solche Kühnheit und Kraft der Intuition in seinen Forschungen gezeigt, dass ihm wohl umsomehr Glauben im Falle des Drehstrom-Motors zuzuschreiben ist, als ja auch den anderen Bewerbern um die Priorität in dieser Sache — z. B. Marcel Desprez, welcher das Drehfeld schon 1881 erkannt zu haben vorgibt — das Gegentheil nicht nachgewiesen werden kann. Lassen wir daher Jedem sein Recht. Tesla kann ganz gut neben Ferraris stehen; es hat sich einer des anderen nicht zu schämen und — wie wir die beiden Herren kennen — so würden sie in liebenswürdiger Anerkennung der Bedeutung des Rivalen, einer dem andern den aus der Erfindung der Drehströme entspringenden Anspruch auf Ruhm und Ehre gönnen, weil sie glücklicherweise in der Lage sind, über andere Gründe zu verfügen, welche für ihre Verewigung geltend gemacht werden können. Wozu also der Streit?!

Die Sprache Dante's ist es werth, dass man ihren Gebrauch in einem modern gehaltenen elektrotechnischen Werke befestigen lerne; das Werkchen Banti's ist ungemein anziehend und klar geschrieben. Wir empfehlen dasselbe den des Italienischen auch nur halbwegs kundigen Lesern unseres Blattes auf's Beste! J. Kareis.

Universal-Index der internationalen Fachliteratur. Der gewaltige Aufschwung des internationalen Weltverkehres, das gemeinschaftliche Interesse, welches Gelehrte, Fachmänner und Industrielle eines und desselben Faches in aller Herren Länder unter einander verbindet, insbesondere aber [illegible] Fachmann zwingende Nothwendigkeit, von allem, was in seinem Fache in den [illegible]isirten Ländern geschrieben, [illegible] und erfunden wird, so rasch als [illegible] unterrichtet zu werden, haben [illegible]es Unternehmen gezeitigt, von [illegible]en die ersten Probenummern [illegible]angen sind. Der mit Juli d. J. in

Leipzig
dex de
literat
werthen A
eine ebens
schöpfend
die einzeln
vereinigt,
eine Inha
zeitsch
handel neu
befindliche
übersichtli
betischer
Uebersicht
zu Woche
Die beka
haus, b
gedruckt
übernomm
pro Vietel
für alle F
in deren
nützlichen
dürfte.

Lexi
und ihrer
mit Fachg
Lueger.
lungen. Pr
Verlags
Berlin, Wi
Wer
einen Ge
Gebiete d
schaften e
wird im v
Nachschlag

Grun
Eine geme
lagen der
Richard R
fessor. Er
Leipzig. V
Ladenpreis
erscheint
Die
trische K
technische
Tag gröss
für weite K
niss, Eins
technik zu
Für A
der Stark
soweit sie
liche Vorb
bestimmt
Behelf sei

Die
tische Da
wendungsw
schlusslam
genieur
Verlag vo

KLEINE NACHRICHTEN.

Ausstellung von Motoren, Hilfsmaschinen und Werkzeugen für das Kleingewerbe September 1894 in Graz. Diese, unter dem Protectorate Sr. Excellenz des k. k. Handelsministers Herrn Gundaker Grafen Wurmbrand stehende Ausstellung wird in der Industriehalle daselbst vom 1. bis einschliesslich 30. September 1894 stattfinden. Die Ausstellung hat den Zweck, den Gewerbestand, insbesondere das Kleingewerbe mit den modernen technischen Hilfsmitteln bekanntzumachen, den einzelnen Gewerbekategorien die Leistungen dieser Hilfsmittel durch belehrende, mit Demonstrationen verbundene Vorträge vorzuführen und ihnen Gelegenheit zu geben, auf Grund eigener Wahrnehmung über die Anschaffung der zur Vermehrung ihrer Concurrenzfähigkeit geeignetsten Hilfsmittel schlüssig zu werden, eventuell ihnen diese Anschaffung zu erleichtern.

Die Ausstellung gliedert sich demnach in folgende Gruppen:

1. Motoren für Benzin, Petroleum, Gas, Dampf und Elektricität bis einschliesslich 4 *HP*, dann Feuerung und Gebläse;
2. Gewerbliche Hilfsmaschinen für alle handwerksmässigen und freien Gewerbe;
3. Verbesserte oder neue Werkzeuge, Geräthe, Schutzvorrichtungen und sonstige Behelfe für alle handwerksmässigen und freien Gewerbe;
4. Roh- und Hilfsstoffe, Halb- und Ganz-Fabrikate für das Kleingewerbe.

Der VIII. internationale Congress für Hygiene und Demographie, welcher in Budapest vom 1—9. September 1894 abgehalten wird, verspricht ausserordentlich umfangreich zu werden.*)

Die Arbeiten des Congresses werden in zwei Gruppen getheilt: die hygienische und die demographische.

Die hygienische Gruppe gliedert sich in 19, die demographische in 7 Sectionen mit der folgenden Eintheilung:

Hygiene. I. Aetiologie der Infectionskrankheiten (Bacteriologie). — II. Prophylaxis der Epidemien. — III. Hygiene der Tropenländer. — IV. Hygiene der Gewerbe. — V. Hygiene des Kindesalters. — VI. Schulhygiene. — VII. Hygiene der Nahrungsmittel. — VIII. Hygiene der Städte. — IX. Hygiene der öffentlichen Gebäude. — X. Hygiene der Wohnungen. — XI. Communications- (Eisenbahn und Schiffahrt) Hygiene. — XII. Militär-Hygiene. — XIII. Lebensrettung. — XIV. Staatsarzneikunde. — XV. Hygiene des Sports (Pflege und Abhärtung des Körpers). — XVI. Hygiene der Curorte. — XVII. Veterinärwesen. — XVIII. Pharmacie. — XIX. Samariterwesen.

*) Vergl. Heft V, S. 152 und VII, S. 169 ex 1894.

Demographie. I. Geschichtliche Demographie. — II. Allgemeine Demographie und Anthropometrie. — III. Technik der Demographie. — IV. Demographie der Urproducenten. — V. Demographie der gewerblichen Arbeiterclasse. — VI. Demographie der Städte. — VII. Statistik der körperlichen und geistigen Defecte.

Das Executiv-Comité hat für jede einzelne Section jene wichtigeren Fragen festgesetzt, deren Erörterung es für nöthig hält; die letztere sicherte es dadurch, dass die Referate Fachautoritäten anvertraut wurden. Ausserdem wurde für jede Section eine Reihe von Fragen festgesetzt, deren Verhandlung gleichfalls sehr erwünscht schien. Durch diese Art der Vorbereitung gelang es, ein nicht gehofftes glänzendes Resultat zu erzielen, indem bis zum 31. März in der hygienischen Gruppe 437, in der demographischen 98, insgesammt somit 535 Vorträge für den Congress angemeldet wurden.

Ein ferneres Zeichen des dem Congress entgegengebrachten allgemeinen Interesses ist auch der Umstand, dass bis zum 31. März 1894 230 amtliche Vertretungen angemeldet wurden.

Der festlichen Eröffnungs-Sitzung des Congresses — am 2. September — wird Se. kais. und königl. Hoheit Erzherzog Carl Ludwig persönlich präsidiren; die Schluss-Sitzung wird am 9. September abgehalten werden.

In Verbindung mit dem Congresse wird auch eine Ausstellung veranstaltet, jedoch nur von solchen Gegenständen, welche in den Rahmen der Hygiene gehören und entweder auf die, in dem Programm des Congresses aufgenommenen und in den Sitzungen zur Verhandlung gelangenden Fragen Bezug haben, oder im Allgemeinen vom hygienischen Standpunkte wissenschaftliches oder praktisches Interesse beanspruchen und den Mitgliedern des Congresses vorgestellt und demonstrirt werden sollen.

Industrielle Concurrenz-Ausstellung ist ausgeschlossen. Auszeichnungen werden nicht geplant, doch wird in der Schluss-Sitzung protokollarisch der Würdigen Erwähnung gethan werden.

Mitglied des Congresses kann Jeder werden, der sich für Hygiene und Demographie interessirt und der in die Casse des Congresses als Mitglieds-Beitrag 10 fl. ö. W. erlegt. Die Mitglieder des Congresses erlangen hiedurch das Recht, an allen öffentlichen und Sections-Berathungen des Congresses theilzunehmen, sowie auch an allen Festlichkeiten, Veranstaltungen und Ausflügen u. s. w., welche durch den Congress veranstaltet werden, und für welche ein besonderer Beitrag nicht zu entrichten ist. Jedem Mitgliede des Congresses kommt 1 Exemplar der „Arbeiten des Congresses" zu.

Damen zahlen als Mitglieds-Beitr 5 fl. ö. W., sie können jedoch auf

„Arbeiten des Congresses“ keinen Anspruch erheben.

Die elektrische Bahn in Baden. Mitte vorigen Monates wurde auf der Bahnstrecke Baden-Helenenthal der bisherige Betrieb mittels Pferden eingestellt und der elektrische Betrieb eröffnet. Die Umwandlungsarbeiten hatte die Eisenbahnbau- und Betriebsunternehmung Leo Arnoldi im Verein mit der Elektricitäts-Actiengesellschaft vormals Schuckert & Comp. in Nürnberg ausgeführt. Die Eröffnung des elektrischen Betriebes gestaltete sich natürlich zu einem Ereigniss, an dem die ganze Bevölkerung von Baden lebhaften Antheil nahm. Die mit elektrischer Beleuchtung versehenen Waggons, von welchen im Ganzen 12 in Verwendung stehen, sind mit grosser Eleganz ausgestattet. Sie enthalten im Innern 12 Sitzplätze und 4 Stehplätze, auf der vorderen Plattform 3 Sitzplätze und 2 Stehplätze, auf der rückwärtigen 4 Stehplätze. Das Signal bringt der Leiter des Waggons durch einen Druck mit dem Fusse in Bewegung. Bei grossem Andrange werden die alten Tramwaywaggons an die neuen angehängt werden. Die Fahrzeit für die Länge der Linie ist auf 17 Minuten normirt. Die Einheitstaxe beträgt 12 kr. Die Waggons werden von 5 zu 5 Minuten von 5 Uhr Früh bis 11 Uhr Nachts verkehren.

Elektrische Bahn von Baden nach Vöslau. Seitens der Firma Arnoldi in Wien und der Actien-Gesellschaft vormals Schuckert & Co. in Nürnberg als Concessionäre der Localbahn mit elektrischem Betriebe von Baden nach Vöslau ist der Badener Tramway-Gesellschaft der Antrag gestellt worden auf käufliche Ueberlassung der gesellschaftlichen Pferdebahn, welche von Baden, beziehungsweise Leesdorf nach Rauhenstein führt, um diese Pferdebahn in die projectirte elektrische Localbahn einzuverleiben. Der Verwaltungsrath der Badener Tramway-Gesellschaft hat diesen Vorschlag acceptirt, mit Rücksicht darauf, dass die Betriebsüberschüsse des Pferdebahn-Unternehmens seit einer Reihe von Jahren nicht hingereicht haben, den vorhandenen Verlust-Saldo zu beseitigen, geschweige den Actionären eine Verzinsung ihres Capitales zu bieten. Nachdem auf eine Aenderung dieser letzterwähnten ungünstigen Verhältnisse in absehbarer Zeit nicht erwartet werden kann, ist die Badener Tramway-Gesellschaft über Veranlassung des Mutterinstitutes, u. sw. der österreichischen Südbahn-Gesellschaft, in [illegible] Verhandlungen über den Abverkauf der gesellschaftlichen Pferdebahnanlagen an die elektrische Localbahn eingetreten. Das Ergebniss dieser Verhandlungen [illegible] dahin, dass die Gesellschaft für [illegible]tragung der Pferdebahn an den [illegible]är oder den Rechtsnachfolger der [illegible] Localbahn Actien der elektrischen

Localbahn
Gesellschaf
Bahn über
160.000 fl.
Arnoldi
& Co. in
die Dauer
erträgn
Höhe von
Nominalbe
am 5. Juli
Generalver
way-Ge
trag des
Verkauf d
der Gener
die Genera
nehmigt u
nitiven A
ermächtigt.

Wien
Der Verw
lichen Gen
seinen Be
stehendes
der Centra
wesentliche
Anschlüsse
Gesammtca
lampen zu
14 751 des
Vorjahres;
vorigen Ja
beziffert sic
in welcher
Theaters
An d
die Strom
nennenswe
im Betrieb
zusammen
Es sind de
für die Z
aber 62 M
in Betrieb,
immer in
Verhältniss
lichkeiten,
bietet und
Parteien ja
könnten.
Der e
die Central
der Central
Betriebe.
Das V
für Licht-
dass nach
für Lichts
fallen würd
Verhältniss
Die d
einer Rech

im 1. Vierte
„ 2. „
„ 3. „
„ 4. „

Es ist also die jährliche Benützungsdauer, die Elektromotoren miteingerechnet, 519·2 Stunden. Im Vorjahre betrug dieselbe 582·8 Stunden. Wenn man die Lichtabgabe separat berechnet, so ergibt sich die durchschnittliche Brenndauer der Lampen mit 490 Stunden.

Was die technische Entwicklung des Unternehmens anbelangt, so ist vor Allem die Errichtung einer starken Accumulatoren-Station im Raimund-Theater zu nennen, welche den Theaterbetrieb von allen momentanen Zufälligkeiten unabhängig macht und die Beleuchtung eines so grossen Objectes gestattet, ohne die Centrale in den Abendstunden stark zu belasten.

Das Kabelnetz ist von 23·498 *km* auf 26·618 *km* gestiegen.

Der in der Gesammtanlage investirte Betrag ist ungeachtet der bis jetzt vorgenommenen Abschreibungen von total fl. 1,599.523·12, auf fl. 1,660.606·77, also um fl. 61.083·65 gestiegen.

Die Betriebs-Einnahmen sind von fl. 158.498·73 auf fl. 195.721·93 gestiegen und haben sich sonach um fl. 37.223·20 erhöht. Die Betriebsauslagen und Spesen haben sich hingegen nur um fl. 5611·73 vermehrt.

Der Reingewinn beträgt nach den statutenmässigen Dotirungen des Reserve- und Erneuerungsfondes und unter Zuziehung des vorjährigen Gewinnstvortrages von fl. 1869·01, fl. 33.137·18.

Elektrische Anlagen in Sarajevo. In einem „Briefe aus Sarajevo" im „Fremdenblatt" vom 22. v. M. finden wir die nachstehende interessante Mittheilung, welche wir wörtlich wiedergeben: „Wir kommen vom Bahnhofe in die Stadt und sehen neben dem Miljatschkaflüsschen, das, nebenbei gesagt, mit unserer duftigen Wien mancherlei Aehnlichkeiten aufzuweisen hat, zahlreiche Arbeiter, die mit Haue und Schaufel hantiren. Auf Befragen theilt man uns mit, dass hier der „Quai" erbaut wird, auf welchem später die elektrische Bahn, sowie die elektrische Station errichtet werden soll. Elektrische Bahn und elektrische Beleuchtung in — Sarajevo! Unser Wiener Localpatriotismus bäumt sich heftig dagegen, da er solcherart getreten wird, allein an der Thatsache lässt sich nicht rütteln, dass selbst Sarajevo voraussichtlich früher seine elektrische Bahn haben wird, als Wien, die Reichshaupt- und Residenzstadt am Donaustrande. Die Pläne für die Sarajevoer elektrische Bahn sind schon fix und fertig und auch das Anlehen ist negociirt.

Ueber Schwingungen bei Blitzentladungen und beim Nordlicht. Unter diesem Titel veröffentlicht John Trowbridge im „American Journal of Science" und im „Philosophical Magazine" einen Artikel, aus dem die „Meteor. Zeitschr." Folgendes wiedergibt.

Wenn Luft durch eine plötzliche Entladung durchbrochen wird, so verhält sie sich wie Glas oder ein anderer fester Körper, welcher in Zickzack-Linien zerbrochen wird.

Photographien von kräftigen elektrischen Funken lassen nun auch in der That darauf schliessen, dass die Blitzentladung zuerst einen Weg für ihre Schwingungen sich bilden muss, indem sie den Widerstand der Luft mittelst eines Funkens bricht. Durch das so in der Luft entstandene Loch hindurch finden die folgenden Entladungen statt.

Die letzteren folgen sehr rasch auf einander und haben eine sehr kurze Dauer, ebenso ist eine Blitzentladung in weniger als einer hunderttausendstel Secunde vorüber.

Man hat schon bemerkt, dass die elektrischen Entladungen auf demselben Wege in der Luft durch drei Hunderttausendstel einer Secunde hindurch stattfinden. In einer solchen Zeit kann die Wärme, welche der Funken hervorgerufen hat, wohl noch nicht durch Leitung weggeführt sein. Wenn dies der Fall wäre, würde der Widerstand der Luftstrecke wesentlich verändert worden sein, und der Weg der Entladung würde seine Form geändert haben. Wir haben hier eine Grenze für die Zeit, welche die Luft braucht, um die Erscheinung der Wärmeleitung zu zeigen. Die Schwingungen des Polarlichtes sind nun aber, nach der Meinung von Trowbridge, in keiner Weise mit dem Phänomen der oscillatorischen Entladungen verbunden; es haben schon viele Autoren behauptet, dass das Glühen von Geissler'schen Röhren und das Polarlicht durch Millionen von elektrischen Schwingungen in der Secunde hervorgerufen werde. Wie Trowbridge glaubt, ist diese Auffassung ganz unrichtig.

Der elektrische Luftballon in der Industrie-Ausstellung zu Antwerpen. In Ergänzung unserer diesbezüglichen Notiz im Hefte VII l. J., S. 200, theilen wir die nachstehenden Details dieses Ballon dirigeable „Belgique" mit.

Man hat es natürlich hier nicht mit einem wirklichen lenkbaren Luftballon zu thun, wie er von Professor Wellner in Brünn construirt wurde, und dessen Erfindung durch das zu erbauende Modell sich erst erproben muss. Der Ballon wird vom Ausstellungsplatz aus zur Börse, die eine halbe Stunde von demselben entfernt ist, und von da wieder zurück Fahrten zum Preise von 5 Francs per Person unternehmen. Auf einem grossen runden, von einer Bretterwand umschlossenen Platz, der einen Flächenraum von 12.000 m^2 aufweist, liegt die riesige Leinwandhülle des Ballons, der die langgestreckte Form einer Cigarre besitzt. Er ist $85\frac{1}{2}$ *m* lang und $17\frac{1}{2}$ *m* breit. Sein Volumen beträgt, wenn er mit Leuchtgas gefüllt wird, 13.373 m^3 und wird alsdann eine Tragfähigkeit von 9800 *kg* aufweisen, welche in folgender Weise ausgenützt wird: 4400 *kg* wiegen die Umhüllung des Ballons und die Gondel, 2210 *kg* die erforderlichen Maschinen und der restirende Theil von 3150 *kg* fällt auf die Passagiere, die Bedienungsmannschaft und den Ballast. Die

Gondel, welche 50 *m* lang und $2^1/_2$ *m* breit ist, ist vollständig geschlossen und im Innern so bequem wie der Salon eines Passagierdampfers eingerichtet; breite Fenster gestatten den Insassen, das schöne Panorama zu geniessen. Die Gondel besteht aus drei Abtheilungen, deren mittlere dem Capitän, der durch Handhabung verschiedener Hebel den Ballon dirigirt, zum Aufenthaltsorte dient; der vordere Theil dient als Salon für circa 25 Passagiere, das Hintertheil als Maschinenraum.

Vorwärtsgetrieben wird das Luftschiff mittelst Elektricität, welche auf der Erde erzeugt und mit Hilfe eines Leitungskabels in den Maschinenraum der Gondel zu dem daselbst befindlichen Elektromotor geleitet wird, welcher eine grosse Schraube in Bewegung setzt. Der Erfinder des Ballons, der Genielieutenant Le Clement de St.-Marcy, ging von der Anschauung aus, die zum Betriebe nothwendige Elektricität am Erdboden zu erzeugen und sie mittelst Drahtseilkabes dem die Schraube in Drehung setzenden Motor zuzuführen. Das Kabelende ist vermittelst beweglicher Rollen an einer elektrischen Hochleitung befestigt. Der Elektromotor ist 125 *HP* stark und treibt eine Schraube mit vier Flügeln von 8 *m* Durchmesser. Die elektrische Hochleitung besteht aus Drahtseilen von einer Gesammttragkraft von 75.000 *kg*, die in einer Höhe von 30 *m* durch die Stadt geleitet werden. Der Ballon wird am Ausstellungsplatz bis zu einer Höhe von 300 *m* emporsteigen und seine Rundfahrt nach der Börse antreten, was einem Wege von $3^1/_2$ *km* gleichkommt. Auf dieser Strecke sind in gleichen Intervallen eiserne Pfähle von je 30 *m* Höhe aufgestellt worden, welche die Stromleitungen tragen. Von einem wirklichen lenkbaren Luftballon im richtigen Sinne des Wortes kann also absolut keine Rede sein; es ist aber immerhin interessant und wird ein sehr fesselndes Schauspiel abgeben, den riesigen Ballon täglich über die Stadt streichen zu sehen. Diese neue Passagierbeförderung, welche in diesem Maasstab noch nirgends ausgeführt wurde, dürfte sich eines grossen Zuspruchs erfreuen.

Elektrisc[h]
ungen (Sachs
Salzungen hat v
gebot der Firn
Elektricitätswerk
beleuchtung in
genommen und
sprechende Con
Kraftstationen
in der Mitte de
station geleitet,
Accumulatoren,
mit diesen auf d
wird in der übl
leitersystem aus
mit Rücksicht a
die Speiseleitung
theilungsleitunge
dass sich die
stellen lassen. A
sind circa 10
Lampen angen
beleuchtung si
120 Glühlampe
respectable Bele
allerdings in s
grossen Werth
muss. — Mit
welche noch in
kommen soll,
Actiengesell
betraut worden.

Amerika
welcher Anzeig
ist von der C
New-York beför
allabendlich au
„New-York-Wo
erlaubt, in Thä

Zur Inbetri
erforderlich, da
bedeckt ist; de
Bild, welches
„Laterna magica
werden. Man h
künstliche Woll
erzeugen, doch
ein Effect noch

CORRESPONDENZ.

Wir erhielten folgende Zuschrift:

Wien, am 20. Juni 1894.

Sehr geehrte Redaction!

Mit Bezug auf den im XII. Hefte 1894 Ihrer geschätzten Zeitschrift gebrachten Artikel des Prof. Latschinow „Project der industriellen Wasserstoff- und Sauerstoffgewinnung auf elektrolytischem Wege" erlaube ich mir die geehrte Redaction auf einen ähnlichen Aufsatz, der auszugsweise in den „Mittheilungen über Gegenstände des Artillerie- und Genie-

wesens" Jahrg.
wurde, hinzuwe
selbst ist im De
d'artiglieria e g
In wie w
ministerium na
Rechnung fand,
geworden; jed
thoden und di
Hu, O die voll
I

Verantwortlicher Redacteur: JOSEF KAREIS. — Selbstverlag des
In Commission bei LEHMANN & WENTZEL, Buchhandlung
Druck von R. SPIES & Co. in Wien, V., Strause

Zeitschrift für Elektrotechnik.

XII. Jahrg. 15. August 1894. Heft XVI.

ABHANDLUNGEN.

Umschalter für interurbane Linien in Belgien.

In dem vortrefflichen Buche: „La téléphonie historique, technique, appareils et procédés actuels", welches in Liège bei Charles Desoer (1894) erschienen ist, hat der rühmlich bekannte Verfasser, der belgische Telegraphen-Ingenieur Piérard, ausser der historischen Entwicklung der Telephonie im Allgemeinen, vorerst jene Phasen dieses Dienstzweiges in Belgien beschrieben, welche zu seinem actuellen Stande in diesem verkehrs- und industriereichen Lande geführt haben.

Aus diesem Buche ist viel zu lernen.

In Belgien herrscht bezüglich der Telephonie ein einheitliches System; ein System nennen wir die vernünftige, nach vernünftigen Principien und nach gewonnenen Erfahrungen getroffene Anordnung von Einrichtungen zu bestimmten Zwecken und nirgend kann ein solches conciser organisirt werden, als dort, wo eine einheitliche Leitung aus der Anordnung hervorleuchtet. Dies ist, wie bereits erwähnt, in Belgien der Fall; in einer Verwaltung, wo der ebenso zielbewusste als intelligente, unterrichtete Mr. Banneux der Chef des Telegraphen- und Telephonwesens ist, der alles in diesen Fächern versteht und in dem kleinen Lande Grosses geschaffen hat.

Wir finden in diesem, jedem Fachmanne warm empfohlenen Buche die Beschreibung zweier Umschalter für interurbane Telephonie, welche — vom System van Rysselberghe ausgehend — Belgien ihr Mutterland nennen darf und daher dort — so sollte man glauben — die zweckmässigsten Apparate besitzt.

Wir führen nun die Beschreibung dieser Centralumschalter unseren Lesern vor und hoffen, dass dieselbe zur Beurtheilung der dargestellten Einrichtungen anregen wird. Die beiden Umschalter danken ihr Entstehen Beamten der königl. belgischen Staatstelegraphen-Verwaltung. Wir führen sie dem Alter ihrer Verwendung nach vor:

Interurbaner Umschalter in Brüssel.

Brüssel ist das Centrum der interurbanen Telephonie in Belgien und der Umschalter hat hier seine besondere Wichtigkeit; daher auch seine Ausbildung und Gestaltung Ergebnisse vieler Erfahrungen zu nennen sind. L_1 und L_2 kommen von den Separator-Condensatoren der interurbanen Linien, welche hier sowohl als in Frankreich gleichzeitig zur Telephonie und zur Telegraphie benützt werden; diese Linien gelangen zu den Federn der Stöpsellöcher G_1 und G_2 (Fig. 1), von denen dann wieder Verbindungen zu den Rollen der phonischen Signale A_1 und A_2 gehen.

Das phonische Signal ist dasselbe, wie es aus den Darstellungen des van Rysselberghe'schen Systems bekannt ist. Weiter unten beschreiben wir es im Zusammenhange mit dem Umschalter von Delvill

32

(Fig. 4.) Eine auf die Schonung der Batterie abzielende Aenderung c
Vorrichtung — des phonischen Anrufes — rührt von dem französis
Ingenieur de la Touanne her.

Von den Klemmen *r* und *e* (Fig. 1) gehen Schnüre einesthei
dem Stöpsel W_2 (für einfachen Draht) und zu dem Leiter, der mi
in Verbindung steht. Von *u v* geht eine Verbindung zum Taster H_1.
möge der Berührung der unteren Theile der Stöpsel W_1' und W_2'
der Metallfassung *ff*, stehen dieselben, wie die Figur 1 zeigt, mit
Umwindungen des Translators B_2 und B_1 in Contact; die anderen E
dieser Umwindungen sind unter sich und mit Erde *T* in Verbindung

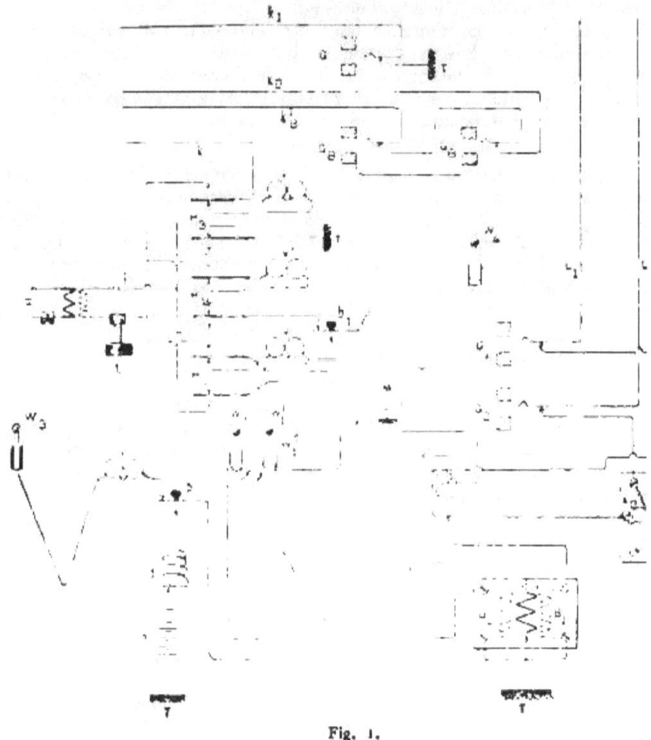

Fig. 1.

b und b_1 sind die Druckknöpfe für den Anruf in Verbindung ste
mit den Stöpseln W_3 und W_4; ihre unteren Contacte führen — bei
zu dem Vibrateur *d* und zur Batterie *P*, bei b_1 aber zum Magnetinduc
in beiden Fällen folgt dann Erde *T*. — H_1, H_2 und H_3 sind Umlege
nach dem System Dewar, wie sie weiter unten sub Fig. 5 und F
dargestellt und beschrieben sind, an welche die Annonciateure
und *V''*, welche gewöhnliche Fallklappen sind, angeschlossenársche
wird einer der Knöpfe gedrückt, so wird der betreffende Annonci
aus- und das Mikrotelephon des Manipulanten eingeschaltet, zu wel
Mikrophon: Batterie, Inductionsrolle, Element *p* und Telephon *t* geh

k ist ein Draht, welcher zu allen Tafeln des Localmultiple-Umschalters geht; durch ihn werden zum interurbanen Umschalter alle Mittheilungen entsendet. k_1 ist die Rückleitung eines mit Doppeldraht angeschlossenen Abonnenten. Wird im Stöpselloche G gestöpselt, so wird dieser Rückleitungsdraht, wie auf der Figur ersichtlich, an Erde gelegt. k_8 und k^1_8 sind zwei Rückleitungsdrähte, welche zu einer Tafel des Localmultiples führen; auch diese endigen an Stöpsellöchern G_8 und G'_8, welche von jedem der Beamten, die am interurbanen Umschalter beschäftigt sind, leicht erreicht werden können; auch hier werden durch Stöpselung die Rückleitungsdrähte an Erde gelegt.

Gehen wir nun an die Figuren 2 und 3, welche diejenigen Theile des Localmultiple-Umschalters darstellt, die wir zur Verständlichmachung der Functionen brauchen und am interurbanen Umschalter schildern wollen.

H' in Fig. 3 ist wieder ein Umlegehebel, System Dewar, welcher in den obgenannten gemeinsamen Rückleitungsdraht k eingeschaltet ist.

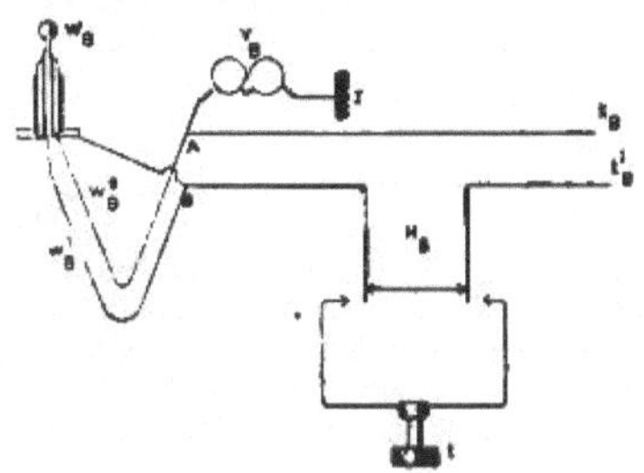

Fig. 2.

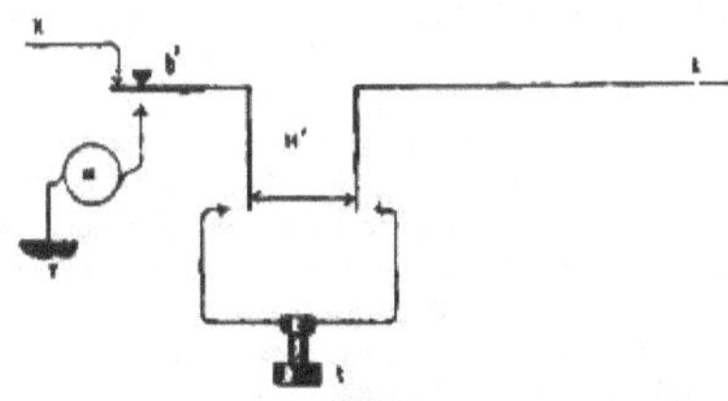

Fig. 3.

b' ist ein Druckknopf, der angedrückt, den Wechselstrom aus dem Inductor M an alle Schalttafeln des localen Multiples gelangen lassen kann.

In Fig. 2 ist H_8 ein Dewar, eingeschaltet in den Draht k^1_8.

V_8 ist ein Annonciateur, einerseits mit dem Drahte k_8, andererseits mit der Erde in Verbindung.

W_8 ist ein Stöpsel; der centrale Theil desselben steht mit dem Leitungsdraht k^1_8 in permanenter Verbindung, und der Mantel dieses Stöpsels steht mit dem Draht k_8 in Verbindung.

Nun können wir an die verschiedenen Fälle der Manipulation beschreibend herantreten.

1. Ein zweites interurbanes Centralbureau ruft.

Greifen wir auf Fig. 1 zurück. Der Strom wird durch die Linien L_1 L_2 zu den Stöpsellöchern G_1 G_2 geführt, gelangt an die Umwindungen des phonischen Anzeigers (in Fig. 4 dargestellt), zu den Drähten c r, zu den Stöpseln W'_1 und W_2, von hier zu den secundären Wicklungen

32*

Translators B_1 B_2, wo Stromschluss oder Erde den Lauf des Anr beendigen. Bei *c* und *r* findet eine Stromtheilung statt; der abgezw Stromtheil geht über den Dewarschlüssel H_1, welcher gewöhnlich he gedrückt ist, zum Annonciateur *V*, der einen Widerstand von 1000 (besitzt und auf den Anruf nicht anspricht.

Der Beamte wird daher nur durch den phonischen Anzeiger dessen in Fig. 4 ersichtlichen Fallklappe vom Anruf der entfernten ir urbanen Centrale benachrichtigt. Er braucht blos den Schlüssel H_1 ur legen, um mittelst seines Apparates nach der entfernten Centrale spre zu können.

2. Man ruft ein entferntes interurbanes Bureau an

Zu diesem Zwecke drückt man den Knopf *b* nieder. Der Ur brecher *d*, von der Batterie *p* in Thätigkeit gesetzt, wird hiebei mit primären Stromkreis *B* des Translators in Verbindung gesetzt. Die her gerufenen Inductionsströme im Translator treten in die Drähte L_1 L_2 es vollzieht sich der oben beschriebene Stromlauf in umgekehrter Richt

3. Ein mit einfacher Linie angeschlossener Abonn wünscht die interurbane Verbindung.

Er läutet vorerst seiner localen Centrale und drückt sein Verla aus: während dieser Zeit hat der Abonnent das Telephon am Ohr halten. Der Beamte (Fig. 1) des Localumschalters drückt den Knop nieder und sendet so auf die Linie *k* die Ströme des Magnet-Inductor welche an der interurbanen Umschaltetafel den Annonciateur (Fallklappe niederfallen machen. Hierauf legt der Beamte am interurbanen Umsch den Hebel H^1 um, wodurch sein Manipulations-Apparat mit dem An in Verbindung kommt.

Der Beamte der Local-Centrale steckt den Stöpsel W_8 ein (Fig und zwar in das Stöpselloch des Abonnenten. Wenn der Stromkreis *L* verlangt wird, so genügt die obbeschriebene Manipulation, um die bindung zu bewirken; man steckt den Stöpsel W_3 in eines der Löche ein und ruft: „Sprechen". Bei angebahnter Verständigung, die durch duction controlirt, d. h. mitgehört werden kann, wird der Schlüssel umgelegt und die Mission des Beamten ist diesfalls beendet. Wenn im fremden Netze angerufene Abonnent ebenfalls blos mittelst e Drahtes angeschlossen ist, so umfasst der Stromkreis der hergeste Verbindung folgende Elemente: Erde des Rufenden, seinen Apparat, s Linie, das Stöpselloch in der Local-Centrale, den Stöpsel W_8, die Sch die Verbindungsleitung k^1_8, ein oder zwei Stöpsellöcher G_8, den Stöpsel die Fallklappe *V'''*, den Drücker *b*, den Primärdraht des Translators, Erde Secundäre Wickelung des Translators, die Stöpsel W_1' W_2, den Recep des phonischen Anrufers, die Drähte L_1 L_2 des telegrapho-telephonis Stromkreises (früher noch die Separateur-Condensatoren) und dan umgekehrter Reihenfolge alle genannten Bestandtheile des anderen — gerufenen — Netzes.

Nach beendetem Gespräch hat jeder der Correspondirenden a läuten, wodurch in jeder der interurbanen Centralen die Klappe *V'''* (Fig fällt und die Verbindung gelöst werden kann.

Der Stöpsel W_8 kann mit seinem cylindrischen, äusseren Th der an die Schnur W_1 und an *A* angeknüpft ist, an den Draht k_8, an den Annonciateur von 1000 Ohm und an die Erde geführt wer woraus folgt, dass wenn die interurbane Verbindung hergestellt ist, Verschlusslinie des anrufenden Abonnenten mit dem Drahte k_8 verkn ist. Letzterer ist für den Moment isolirt und V_B liegt an Erde, d kann V_B bethätigt werden.

4. Ein mit Doppelleitung angeschlossener Abonnent verlangt eine interurbane Verbindung.

Hier muss in Erinnerung gebracht werden, dass einer von den zwei Drähten, mittelst deren der Abonnent angeschlossen ist, an dem localen Umschalter endet, während der zweite Draht über den interurbanen Umschalter an Erde geführt ist, u. zw. über ein Stöpselloch.

Es wäre beispielsweise der Abonnent 127, dessen Erdleitung in Fig. 1 mit k_1 bezeichnet ist. Bei seinem Anruf vollziehen sich dieselben, eben beschriebenen Vorgänge; es fällt also vorerst die Meldeklappe 127 am Localumschalter. Der Beamte setzt sich mit dem Anrufenden in Rapport, läutet sodann seinem Collegen von dem interurbanen Umschalter mittelst des vorhin erwähnten Verbindungsdrahtes k und zeigt ihm das Verlangen des Abonnenten 127, mit der durch die Linien L_1 L_2 verbundenen zweiten Stadt sprechen zu wollen, an. Mittelst des Drahtes k_8 und des Stöpselloches G_8 wird nun die Verbindung hergestellt. An dem localen Umschalter wird der Stöpsel W_8 in das Stöpselloch 127 eingesteckt, während am interurbanen W_1^1 in eines der Stöpsellöcher G_8 und W_2 in das Stöpselloch G eingesteckt wird, nachdem zuvor die verlangte interurbane Centrale avisirt worden ist.

Die hergestellte Verbindung umfasst: den Abonnentenposten 127, die Stöpsellöcher 127 am Localmultiple, das eigentliche mit Fallklappe verbundene Stöpselloch 127, Stöpsel W_8, Draht k^1_8, Stöpselloch G, Stöpsel W_2, Stöpselloch G_8, Stöpsel W_1^1, den Empfänger des phonischen Anrufes A_1 A_2, Stöpsellöcher G_1 G_2, die Leitungsdrähte L_1 L_2 u. s. w. — Ferner aber die analogen Organe der zweiten Station.

Wenn der Abonnent mit einem Einfachdraht angeschlossen ist, kommen die betreffenden Translatoren in den angedeuteten Stromweg.

Die Fallklappe V kommt in „Brücke" oder Nebenschluss zum phonischen Anruf und dient als Schlusszeichen-Apparat. Der Draht W_8^2 und Klappe V_B (Fig. 2) sichern die Function der Versuchslinie.

5. Der interurbane Umschalter soll mit dem Localmultiple in Verbindung gesetzt werden.

Der Stöpsel W_4 wird in das Stöpselloch G_8 eingesteckt, der mit dem Inductor M communicirende Druckknopf b_1 wird gedrückt.

Der Strom geht über k^1_8 nach B, Stöpsel W_8, Schnur W_8^2, Fallklappe V_B, zur Erde. Beim Localumschalter wird der Hebel H_1 umgelegt, während am interurbanen dasselbe mit H_8 geschieht und die Conversation zwischen beiden Centralen kann beginnen.

6. Eine Centrale verlangt Verbindung mit einer anderen.

Wenn es sich darum handelt, zwei interurbane Stromkreise zu verbinden, so werden die Stöpsel W_1^1 W_2 in die Stöpsellöcher eingesteckt, wo die zwei anderen interurbanen Leitungen enden und es sind dann die Stromkreise L_1 L_2 L^1_1 L^1_2 derart verbunden, dass nur V' als Schlussklappe „in Brücke" geschaltet bleibt.

Die Localmultiple in jeder Stadt haben die nöthigen Anrufmittel, Verbindungsleitungen und Meldevorrichtungen, um mit der interurbanen Centrale desselben Ortes in Communication zu treten.

Ein zweiter in Belgien in Gebrauch stehender interurbaner Umschalter, von M. T. Delville, wurde von uns bereits im Jahre 1891 (IX. Jhrgg., S. 94) eingehend dargestellt. Die Construction scheint sich vollkommen bewährt zu haben, denn ihre Beschreibung hat unverändert im Buche von Piérard Aufnahme gefunden. Behufs Vergleiches der vorhergehend dargestellten Einrichtung und für die neueren Mitgl des Vereines wiederholen wir die Schilderung dieser Einrichtung.

Der nachfolgend zur Anschauung gebrachte Umschaltehebel is oben beschriebene von Dewar, die Anrufvorrichtungen und Melde-A rate mit phonischem Charakter sind ebenfalls jene, welcher wir b oben Erwähnung gethan.

Beide Umschalter werden in Antwerpen in den Ateliers der „S du Téléphone Bell" angefertigt. Beginnen wir unter Hinweis auf F die Darstellung des Multiplegestelles Delville.

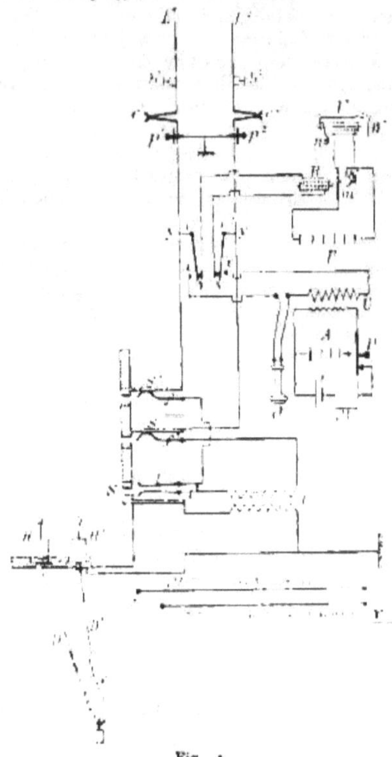

Fig. 4.

Die beiden Drähte der interurbanen Linie L_1 L_2 gelangen zu Klemmen b^1 b^2 des Umschalters (Fig. 4). Von hier gehen dies weiter zu den Versuchsklinken e^1 e^2 (Stöpsellöcher zur Untersuc ob die Luftleitung oder die Leitung im Umschalteraume schadhaft gen sei), von hier zur Blitzschutzklemme p^1 p^2, dann zum Umschalte für Doppelleitungen, welcher in Fig. 5 in perspectivischer, in Fig. 6 aber i Oberansicht dargestellt ist; von hier sind die erwähnten Drähte zu eigentlichen Stöpsellöchern, die zum Umschalten oder unmittelbaren stellen der Verbindungen dienen, geführt.

Die Oberansicht des Umschalthebels zeigt uns den Hebel A Ebonitstück E, die Ebonitwalzen B und B^1, die Federn C^1 und C^2 a Contacten N und N anliegend, und endlich die zwei Contactfedern x u

Wird der Hebel *A* gegen den Leser zu, in der Richtung des Pfeiles gedreht, so werden die beiden Ebonitwalzen *B* und B^1, welche in den Ausschnitten des Ebonitstückes *E* gelagert sind, aus ihrer Stellung nach aussen gedrängt und es werden die Federn C^1 C^2 von *N N* an die Contacte *x* und *x*

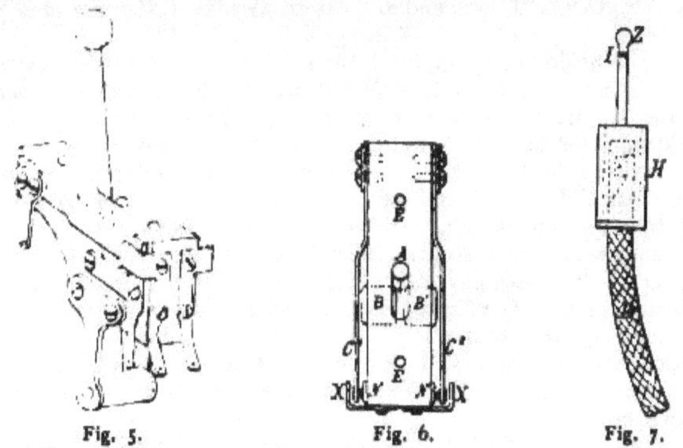

Fig. 5. Fig. 6. Fig. 7.

gedrückt. Es kommt also auf die Stellung des Umlegehebels, den man sich in die Fig. 4 an die Orte, wo die Buchstaben C^1 C^2 *N N* *x x* sind, versetzt zu denken hat, an, ob das phonische Relais *R* oder der Manipulationsapparat in die interurbane Leitung L^1 L^2 eingeschaltet ist.

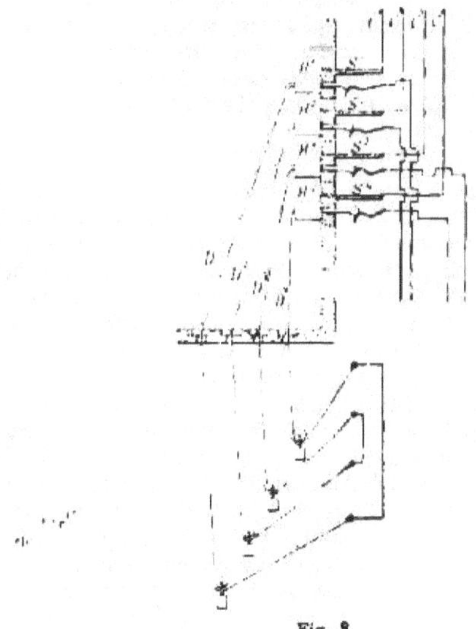

Fig. 8.

Aus Fig. 4 ist auch die innere Einrichtung des für die interurbanen Linien bestimmten Umschalters zu ersehen. Die Feder f^1 des Stöpselloches S^1 ist zu der federnden Hülse l^1 des Stöpselloches S^3 verbunden, während die Feder f^2 des Stöpselloches S^2 mit einem Ende der secundären Ro' des Translators *T* verbunden ist; das andere Ende dieser Rolle ist i der ebenfalls zum Stöpselloche S^3 gehörigen zweiten federnden I verbunden. Diese beiden Hülsen sind, wie die Abbildung zeigt, wöhnlichem Zustande von einander isolirt.

Das Massiv des Stöpselloches S^3 ist mit einem Ende der Pri des Translators T verbunden, deren zweites Ende ist aber zu geführt.

Die beiden obgenannten inneren Contacte des Umschaltehebels wie erwähnt, zum phonischen Aufruf, welcher allen Lesern aus der A anordnung des Systems van Rysselberghe bekannt sein dürft Elektromagnet hat eine Membrane m vor sich, die, wenn ein Wechs den ersteren durchfliesst, wie bei einem Fernsprecher in Schwingung den Klöppel k abwirft und hiedurch den Winkelhebel bei W vom K Elektromagneten anzieht, wobei die Nummernklappe n der betre interurbanen Leitung vorfällt. Beim Umlegen des Hebels wird, wie angeführt, der Manipulationsapparat des Beamten in der Centra geschaltet. Dieser fasst in sich: das Hörrohr O, das Mikrophon M mit Elemente t, die Anrufbatterie A sammt der Anruftaste P und end Inductionsrolle $\ddot{U}$, welche — je nach Umständen — sowohl für Umwa der Anrufströme, oder auch der Sprechströme des Mikroph dienen hat.

Die Umschalter für den localen Dienst des städtischen Fernsprec sind in gesonderten Räumen oder auch im selben Raume unterge es führen von den Schnüren D dieses interurbanen Umschalters, wel im Stöpsel H endigen, Verbindungen v dahin; bei diesem Stöpsel H Kopf Z vom Körper durch einen Ebonitring I isolirt (Fig. 7). Wird Stöpsel in das Stöpselloch S^3 eingeführt, so werden die beiden fe Hülsen l^1 und l^2 mit einander verbunden, wobei sie vom Massiv d schalters isolirt bleiben. Der zweite Stöpsel H^1 mit der Schnur D^1 bindung, führt zum zweiten Draht des Abonnenten, wenn wir es mi zu thun haben, der mittelst einer Doppelleitung an die Centrale ans

Betrieb.

Im gewöhnlichen Zustand ist durch die normale Stellung des U hebels der phonische Aufruf R eingeschaltet; ruft die Fernstelle, durch die hier leicht zu verfolgende und aus dem früher Gesagten be Stromwirkung die Klappe n vor. Hierauf wird der Umlegehebel du oben angedeutete Drehung mit den Contacten $x\,x$ in Berührung ge mit dem Vibrateur P das Rückmeldungssignal gegeben und das Ve der Fernsprechstelle des fremden Netzes erfragt (hiebei ist das Anr R schon ausgeschaltet). Wird nun der Stöpsel H in das Loch S^3 eing so wird der Umschalter des eigenen Netzes verbunden; ein Druck alarmirt den Beamten daselbst (es findet eigentlich bei $y\,y$ eine Stromt sowohl beim Anruf, als auch beim Sprechen statt), dem die Numn der Name des verlangten Abonnenten mitgetheilt wird. Ist die ve Verbindung einmal hergestellt, so wird der Hebel wieder umgelegt nach Beendigung des Gespräches mittelst des phonischen Anrufes ab werden kann. Dies war der Vorgang, um einen eindrähtigen Abon des eigenen Netzes mit der interurbanen Linie zu verbinden. We doppeldrähtiger Abonnent mit der interurbanen Linie zu verbinden wird der Stöpsel H in das Loch S^1 und der Stöpsel H^1, der mit dem z Draht des Abonnenten in Verbindung steht, in das Stöpselloch S^2 ein dann ist der Translator T ausgeschaltet und nur das phonische behufs des Abläutens eingeschaltet.

Sollen, wie eingangs angedeutet wurde, in der Centrale zwei N centralen durch Doppelleitungen verbunden werden, so bedient m zweier Paare von Schnüren; die Stöpsel (Fig. 8) H^1 H^2 werden in die Stöpsellöcher S^1 S^2, die Stöpsel H^3 H^4 in die Klinken (Stöpsellöcher) S^3 S^4 gesteckt.

Der Anruf der fremden Centrale geschieht, indem der Umlegehebel in Fig. 4 mit den Contacten *x x* in Berührung gebracht und hierauf der Knopf *P* mehrmals gedrückt wird. Dieser Knopf setzt eine Selbstunterbrechung in Thätigkeit, wodurch in *p* (Fig. 9) primäre, in *s* secundäre Wechselströme erzeugt werden, welche das phonische Relais der angerufenen Centrale ansprechen lassen; will man diese Anrufströme nicht durch das eigene Hörtele-

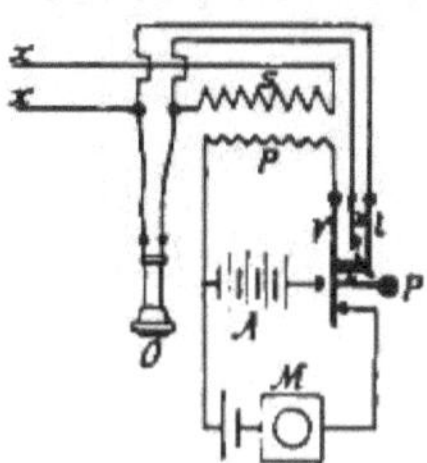

Fig. 9.

phon gehen lassen, so wird, wie in Fig. 6 angedeutet ist, eine Kurzschliessung desselben dadurch herbeigeführt, dass beim Druck auf *v* mittelst des Knopfes *P* die beiden Federn *k* und *l* aufeinander zu liegen kommen und somit der Weg des secundären Stromes mit Umgehung des Telephons sich vollzieht. Der Anruf mittelst Voltainductoren ist besonders dort nöthig, wo die interurbanen Drähte gleichzeitig für die Telegraphie dienen. Die in Magnetinductoren erzeugten Ströme gehen oft durch die Separatoren auf die Telegraphenapparate über. Wenn aber Specialdrähte zur Verfügung stehen, so wird der Anrufhebel *v* (Fig. 10) unmittelbar an die bei dem Umlegehebel (Fig. 4) erwähnten Contacte *x x* angeschlossen; es kann in diesem Falle auch ein Magnetinductor angewendet werden. Die Drähte, welche von den Contacten *N N* (Fig. 4) ausgehen, sind unmittelbar an den Avertisseur *V* angeschlossen.

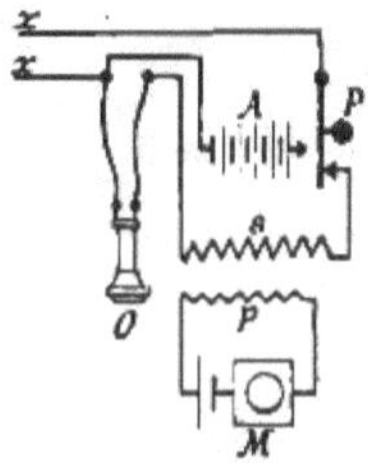

Fig. 10.

Wenn der Umschalter für den interurbanen Dienst sich in einem anderen Locale befindet, als die Umschalter für das interne Netz, so sind die Stöpsel *H* (Fig. 11) in eine mit dem Massiv des Umschalters verbundene metallische Hülse *Q* eingesenkt, von welchem aus die Verbindung mit der Fallklappe V^1 hergestellt ist, die den betreffenden Anruf meldet.

Die Localumschalter können somit die am interurbanen Wechsel beschäftigten Beamten anrufen; damit diese die reciproke Operation vornehmen können, genügt es, dass die interurbane Tafel mit einem Stöpselloch einem Metallblock, die beide mit einem Element verbunden sein müs versehen wird. Die Berührung dieses Stöpselloches oder Blockes mit d(zum Dienstapparat führenden Stöpsel genügt alsdann, den am localen U schalter Diensthabenden anzurufen.

Wenn das interne Netz durchwegs Abonnenten mit Doppelleitung einschliesst, dann haben die Schnüre D (Fig. 12) zwei Drähte 1 und 2, (Stöpselloch S_8 in Fig. 4 ist dann entbehrlich und statt der beiden Stöps löcher S^1 und S^2 existirt (Fig. 12) nur eines S, dessen Feder f im n(malen Zustande vom Massiv isolirt ist, und ebenso wie dieses zu den Dräht der interurbanen Leitung C_1 und C_2 geführt ist.

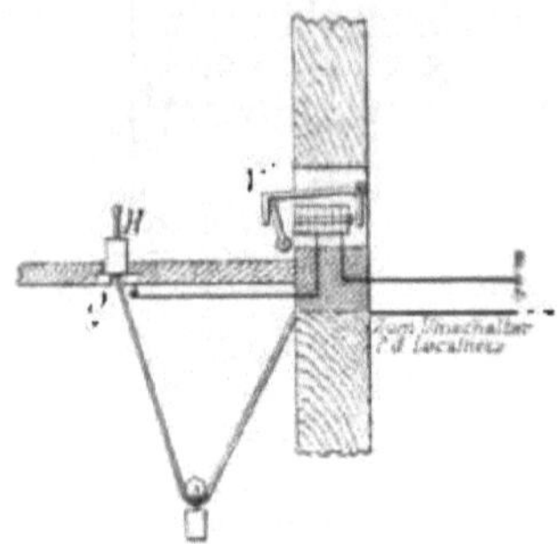

Fig. 11.

Die Einführung des Stöpsels $H\,H$ (Fig. 12) in das Stöpselloch genügt, um den Abonnenten mit Doppelleitung des localen Netzes mit (interurbanen Linie C_1 C_2 in Verbindung zu setzen.

Aus dieser kurzen Beschreibung ist zu entnehmen, dass diese E richtung äusserst einfach ist und folgende Vortheile gewährt:

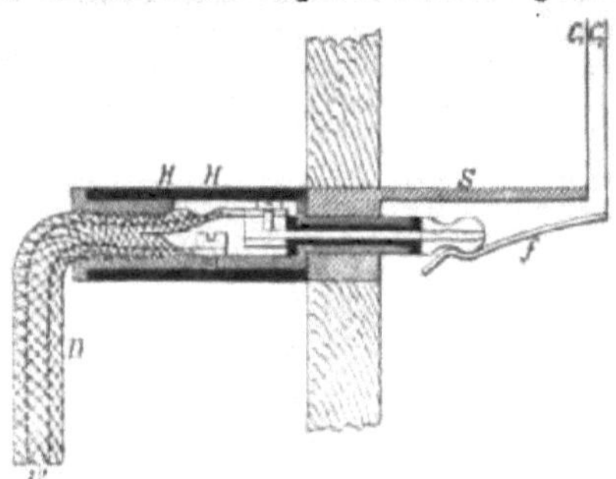

Fig. 12.

1. Die hauptsächlichsten Organe des Umschalters sind am Vertic rahmen desselben so angebracht, dass es leicht ist, die Verbindungen untersuchen, wenn man sich an die Rückseite des Umschalters begil die Aufsuchung der Fehler und Störungen ist ausserordentlich erleichte Da man von der rückwärtigen Seite an jeder Reconstruction des U schalters arbeiten kann, so ist der Diensthabende nicht gestört und ka seine Thätigkeit unausgesetzt vollziehen.

2. Wenn eine Centrale anruft, dann befinden sich nur jene Orga im Stromkreis, welche für den Anruf oder für die Meldung unentbehrli sind. Im ersteren Fall blos die secundäre Windung der Inductionsrol

im letzteren das phonische Relais; es können somit selbst sehr schwache Ströme zur Wirkung gelangen.

3. Wenn die Diensthabenden verschiedener Centralen miteinander sprechen, so sind nur ihre Telephon-Apparate im Stromkreis eingeschaltet, die Verständigung ist daher wesentlich erleichtert.

4. Der Inductions-Apparat, mittelst dessen hier angerufen wird, erzeugt nicht den störenden Lärm, wie die Rhumkorffs ihn hervorbringen; er reicht jedoch, was seine Stromstärke betrifft, für den phonischen Anruf immer aus.

5. Der Translator gelangt erst in jenem Momente zur Wirkung, wo der Abonnent mit einfacher Leitung an die interurbane Linie in Verbindung gebracht wird.

6. Das phonische Relais ist hier im Nebenschluss angebracht; da es einen Widerstand von 800 Ohms besitzt, so schwächt es die Lautstärke des Gespräches nicht, was jedenfalls stattfände, wenn dasselbe im directen Stromwege läge.

7. Jede interurbane Leitung hat ein Verticalfeld des Umschalters für sich; diese Eintheilung erleichtert die Installation und die Behandlung der Apparate, verringert die Möglichkeit der Irrthümer und der Vermengung zwischen den Organen und den Drähten. Hiebei beansprucht eine interurbane Leitung am Umschalter nur die Breite von 10 *cm*; diese kann jedoch, wo Raummangel vorherrscht, auf ein kleineres Maass eingeschränkt werden.

Erklärung des Ferranti'schen Phänomens.

Von J. SAHULKA.

(Aus dem Elektrotechnischen Institute der k. k. technischen Hochschule in Wien.)

Mit dem Namen Ferranti'sches Phänomen bezeichnet man eine Reihe von Erscheinungen, welche sich darbieten, wenn der secundäre Kreis eines Transformators, dessen primärer Kreis mit einer Wechselstrom-Maschine verbunden ist, durch einen Condensator geschlossen wird. Die merkwürdigste dieser Erscheinungen ist die, dass das Umsetzungsverhältniss des Transformators steigt. Gleichzeitig wird auch die primäre Spannungsdifferenz grösser und der primäre Strom schwächer. Der Condensator darf nicht eine zu grosse Capacität haben, da sehr grosse Condensatoren im Wechselstrombetriebe nur einen kleinen scheinbaren Widerstand haben und ein Condensator von unendlich grosser Capacität dieselbe Wirkung hätte, als ob der secundäre Kreis durch ein Drahtstück kurz geschlossen würde. Das Umsetzungsverhältniss kann durch Einschaltung des Condensators in den secundären Kreis grösser werden als das Verhältniss der Windungszahlen des Transformators.*) Eine richtige Erklärung dieser Erscheinung ist bisher nicht gegeben worden. Dieselbe hat, wie im Folgenden theoretisch gezeigt wird, nur in der sogenannten Streuung der magnetischen Kraftlinien im Transformator ihre Ursache; dies wurde auch durch das Experimemt bestätigt. Würden alle vom primären Kreise erzeugten magnetischen Kraftlinien sämmtliche Windungen des secundären Kreises durchsetzen und umgekehrt, so würde das Ferranti'sche Phänomen nicht auftreten.

*) Diese Erscheinung wurde in der Deptforter Centrale an Transformatoren beobachtet, welche einen Wechselstrom von 2500 auf 10.000 Volt transformirten, wenn an der secundären Kreis die Ferranti'schen concentrischen Kabel angeschlossen wurden, welc' in Folge ihrer Länge von 10 *km* eine beträchtliche Capacität hatten.

Theoretischer Nachweis.

Betrachten wir zunächst den Fall, wenn der secundäre Kr Transformators nicht durch einen Condensator, sondern durch irgen Widerstand r_2 geschlossen ist, der weder Selbstinduction, noch C hat. Die primäre Spannungsdifferenz sei $\Delta_1 \sin 2\pi n t$, wobei n der Perioden des Wechselstromes pro Secunde vorstellt. Der O Widerstand der primären Wickelung sei R_1, der Ohm'sche Widerst ganzen secundären Kreises R_2, die Coëfficienten der Selbstinduction seie der der gegenseitigen Induction M. Bezeichnet man mit i_1 i_2 die v lichen Werthe des primären und secundären Stromes, so müssen bek die Maxwell'schen Gleichungen erfüllt sein:

$$\left.\begin{aligned}\Delta_1 \sin 2\pi n t &= R_1 i_1 + L_1 \frac{di_1}{dt} + M \frac{di_2}{dt_2}\\ 0 &= R_2 i_2 + L_2 \frac{di_2}{dt} + M \frac{di_1}{dt}\end{aligned}\right\} \quad \ldots$$

Bezeichnet man mit

$$p = 2\pi n$$

$$k = \frac{Mp}{\sqrt{R_1^2 + p^2 L_1^2}}, \quad \ldots\ldots$$

so ergibt sich nach der Maxwell'schen Formel für die Amplitude der stärke im secundären Kreise der Werth:

$$J_2 = \frac{\Delta_1 k}{\sqrt{(R_2 + k^2 R_1)^2 + p^2 (L_2 - k^2 L_1)^2}}.$$

Die Amplitude der secundären Klemmenspannung ist $\Delta_2 = J_2$ Umsetzungsverhältniss ist

$$u = \frac{\Delta_2}{\Delta_1} = \frac{k r_2}{\sqrt{(R_2 + k^2 R_1)^2 + p^2 (L_2 - k^2 L_1)^2}} \quad \ldots$$

Die Grösse R_1 ist stets klein und kann vernachlässigt werd auch in der Regel der Ohm'sche Widerstand der secundären Wickelu klein ist, so kann man, wenn der secundäre Kreis durch einen Widerstand r_2 geschlossen ist, annähernd setzen: $r_2 = R_2$. Man erl den Formeln 2) und 3):

$$k = \frac{M}{L_1}$$

$$u = \frac{M}{L_1} \cdot \frac{r_2}{\sqrt{R_2^2 + p^2 \left(L_2 - \frac{M^2}{L_1}\right)^2}}. \quad \ldots$$

Ist der Transformator ein vollkommener, d. h. wenn keine S n Kraftlinien stattfindet, so ist:

$$M^2 = L_1 L_2$$

und daher

$$u = \frac{M}{L_1} \cdot \frac{r_2}{R_2}.$$

Die Werthe von L_1 und L_2 verhalten sich in diesem Falle Quadrate der Windungszahlen N_1 und N_2 der primären und sec Wickelung; daher ist:

$$u = \frac{N_2}{N_1} \cdot \frac{r_2}{R_2}.$$

Wenn r_2 sehr gross ist oder der secundäre Kreis unterbrochen ist, so erhält man:

$$u = \frac{N_2}{N_1}.$$

Findet im Transformator eine Streuung von magnetischen Kraftlinien statt, so ist $M^2 < L_1 L_2$. Es bleibt dann in der Formel 4) das zweite Glied im Nenner stehen und folglich ist

$$u < \frac{M}{L_1}.$$

Nun ist überdies in diesem Falle $\frac{M}{L_1} < \sqrt{\frac{L_2}{L_1}}$; daher folgt:

$$u < \frac{N_2}{N_1}.$$

Bei starker Streuung der Kraftlinien kann das Umsetzungsverhältniss beträchtlich kleiner sein als das Verhältniss der Windungszahlen.

Denken wir uns nun den secundären Kreis durch einen Condensator von der Capacität C geschlossen, so hat man in den Maxwell'schen Gleichungen nur an Stelle des L_2 zu setzen $L_2 - \frac{1}{p^2 C}$ weil, der Condensator den scheinbaren negativen Selbstinductions-Coëfficienten $\frac{1}{p^2 C}$ hat. Die Formel für J_2 ist in gleicher Weise zu ändern, der Ausdruck für k bleibt ungeändert. Unter R_2 hat man in diesem Falle nur den Drahtwiderstand der secundären Wickelung zu verstehen; es ist daher R_2 ebenso wie R_1 sehr klein. Die Amplitude Δ_2 der Klemmenspannung im secundären Kreise wird erhalten, wenn man J_2 mit dem scheinbaren Widerstande des Condensators multiplicirt; dieser ist $\frac{1}{p C}$. Daher erhält man:

$$\Delta_2 = \frac{\Delta_1 k}{p C \sqrt{(R_2 + k^2 R_1)^2 + p^2 \left(L_2 - \frac{1}{p^2 C} - k^2 L_1\right)^2}} \quad . \quad . \quad 5)$$

Wenn man R_1 und R_2 vernachlässigt und für k seinen Werth substituirt, so folgt:

$$u = \frac{\Delta_2}{\Delta_1} = \frac{M}{L_1 p^2 C \left[L_2 - \frac{M^2}{L_1} - \frac{1}{p^2 C}\right]} \quad . \quad . \quad . \quad . \quad . \quad 6)$$

Findet keine Streuung von Kraftlinien statt, so ist $M^2 = L_1 L_2$ zu setzen. Es ergibt sich, da das Vorzeichen nicht in Betracht kommt:

$$u = \frac{N_2}{N_1}.$$

Das Umsetzungsverhältniss bei einem vollkommenen Transformator bleibt dasselbe, ob der secundäre Kreis offen oder durch einen Conden' oder grossen Widerstand geschlossen ist.

Wenn aber Streuung von Kraftlinien stattfindet, so ist in der Form im Nenner die Grösse $L_2 - \frac{M^2}{L_1}$ von Null verschieden. Da der Nenner Differenz ist, gibt es für C passende Werthe, welche die Differenz klein machen; dann kann aber der Quotient gross sein. In diesem wird in Folge der Einschaltung des Condensators das Umsetzungsverhä bedeutend erhöht werden können und von der Capacität des Condens abhängen. Bei der Beurtheilung des Werthes von u aus der Form darf man jedoch nicht übersehen, dass in der Formel 5) die Grösse $R_2 +$ vernachlässigt wurde, und dass dies nur gestattet ist, wenn das z Glied einen grossen Werth hat.

Die zweite gleichzeitig beobachtete Erscheinung, dass die pr Spannungsdifferenz eines Transformators etwas grösser wird, wenn der secu Kreis durch einen Condensator geschlossen wird, und dass gleichzeit primäre Strom etwas schwächer wird, ist dadurch begründet, das scheinbare Widerstand des primären Kreises zunimmt. Ist nämlich secundäre Kreis offen, so hat der primäre Kreis den schein Widerstand

$$\sqrt{R_1^2 + p^2 L_1^2}.$$

Ist er durch einen Condensator geschlossen, so hat man an von R_1 und pL_1, zu setzen die sogenannten effectiven Widerständ und pL_1', welche von **Maxwell** berechnet wurden, nur hat man an von L_2 wieder zu schreiben $L_2 - \frac{1}{p^2 C}$; es ist:

$$R_1' = R_1 + \frac{M^2 p^2 R_2}{R_2^2 + p^2 \left(L_2 - \frac{1}{p^2 C}\right)^2}$$

$$L_1' = L_1 - \frac{M^2 p^2 \left(L_2 - \frac{1}{p^2 C}\right)}{R_2^2 + p^2 \left(L_2 - \frac{1}{p^2 C}\right)^2}$$

$$R_1'^2 + p^2 L_1'^2 = (R_1^2 + p^2 L_1^2 + \\ + \frac{M^2 p^2 \left(M^2 p^2 + 2 R_1 R_2 - 2 p^2 L_1 L_2 + \frac{2 L_1}{C}\right)}{R_2^2 + p^2 \left(L_2 - \frac{1}{p^2 C}\right)^2} \quad . \; .$$

In der Formel 7) hat der Nenner des zweiten Gliedes sicher positiven Werth, im Zähler steht eine Differenz. Wenn C klein ist, so is gross, dann ist das zweite Glied positiv und somit

$$R_1'^2 + p^2 L_1'^2 > R_1^2 + p^2 L_1^2.$$

Die Erhöhung des scheinbaren Widerstandes der primären Wick hat eine Erhöhung des Δ_1 und eine Abnahme des J_1 zur Folge.

Versuche:

Das Ergebniss der Berechnung, dass die Ursache des Ferranti' Phänomens in der Streuung der magnetischen Kraftlinien gelegen ist, auch durch den Versuch bestätigt. Es wurde zu diesem Zwecke ein besonderer Transformator verfertigt. Der cylindrische, gerade Kern bestand aus ungefähr 2000 gefirnissten Eisendrähten, welche 1 *mm* dick und 41 *cm* lang waren. Die ganze Länge wurde in zwei ungleiche Theile getheilt. In dem kleineren Theile, welcher ein Viertel der Länge einnahm, wurden zunächst drei Lagen isolirten Kupferdrahtes von je 73 Windungen gewickelt; darüber kam noch eine einfache Lage von 73 Windungen. In dem langen Theile wurden drei Lagen von je 219 Windungen gewickelt und darüber noch eine einfache Lage von 219 Windungen. Die einzelnen Lagen wurden von einander durch schellackirtes Papier gut isolirt. Die Drähte waren dünn, weil der Transformator nicht zur Abgabe von Strömen bestimmt war und jeder einzelne Versuch nur kurze Zeit dauerte. Wenn sämmtliche 292 Windungen in dem ersten Viertel der Transformatorlänge als primäre Wickelung verwendet wurden und alle anderen (876 Windungen) als secundäre Wickelung, so war eine sehr ungleichförmige Vertheilung der Windungen und daher starke Streuung vorhanden. Das Verhältniss der Windungszahlen ist 1 : 3. Wenn die beiden äusseren einfachen Lagen von zusammen 292 Windungen als primäre Wickelung, die beiden inneren Spulen von zusammen 876 Windungen als secundäre Wickelung verwendet wurden, so war eine gleichförmigere Vertheilung der Windungen und daher geringere Streuung vorhanden; das Verhältniss der Windungszahlen ist dasselbe.

Der zur Verfügung stehende Wechselstrom hatte 105 Volt Spannungsdifferenz und 5000 Richtungswechsel in der Minute. Dem Primärkreis des beschriebenen Transformators wurde noch ein Widerstand vorgeschaltet. Die primäre Spannungsdifferenz Δ_1 wurde mit einem Hitzdraht-Voltmeter, die secundäre Δ_2 beim ersten und dritten Versuche mit einem Elektrometer (Multicellular-Voltmeter von W. Thomson), beim zweiten Versuche mit einem Hitzdraht-Voltmeter (von Hartmann und Braun) gemessen.

1. Versuch bei ungleichförmiger Vertheilung der Windungen. Bei offenem secundären Kreise war $\Delta_1 = 74{\cdot}0$, $\Delta_2 = 102{\cdot}0$ Volt, $u = 1{\cdot}38$, $J_1 = 7{\cdot}6$ Amp. Schaltete man in den secundären Kreis einen Condensator von 5·15 Mikrofarad (Condensator mit paraffinirtem Papier), so war $\Delta_1 = 75{\cdot}3$, $\Delta_2 = 122{\cdot}7$, $u = 1{\cdot}63$, $J_1 = 7{\cdot}5$. Das Umsetzungsverhältniss u stieg demnach um 18%. Bei Einschaltung von Condensatoren mit kleinerer Capacität stieg u um weniger. Dass das Umsetzungsverhältniss beträchtlich kleiner ist als das Verhältniss der Windungszahlen, kann wegen der starken Streuung der Kraftlinien nicht überraschen.

2. Versuch bei ungleichförmiger Vertheilung der Windungen. Die Spannungsdifferenz Δ_2 wurde mit einem Hitzdraht-Voltmeter gemessen. Da der Widerstand desselben circa 550 Ohm war, floss im secundären Kreise ausser dem Ladestrom des Condensators noch der Strom im Hitzdraht-Voltmeter, wodurch die Erscheinungen des Ferranti'schen Phänomens etwas schwächer auftraten. Es ergab sich ohne Einschaltung eines Condensators: $\Delta_1 = 63{\cdot}1$, $\Delta_2 = 85$, $u = 1{\cdot}35$; nach Einschaltung des Condensators von 5·15 Mikrofarad war $\Delta_1 = 63{\cdot}7$, $\Delta_2 = 96$, $u = 1{\cdot}51$. Die Erhöhung des Umsetzungsverhältnisses ist in diesem Falle geringer, sie beträgt nur 11·9%. Dass das Umsetzungsverhältniss ohne Einschaltung des Condensators kleiner ist als beim ersten Versuche, kann nicht überraschen, weil das Hitzdraht-Voltmeter Strom braucht und der Widerstand der secundären Wickelung 5·45 Ohm betrug. Die primäre Stromstärke war 6·6 Amp.

3. Versuch bei gleichförmiger Vertheilung der Windungen. Es er sich ohne Condensator $\Delta_1 = 55{\cdot}6$, $\Delta_2 = 150$, $u = 2{\cdot}70$; nach Einschal

des Condensators von 5·15 Mikrofarad $\Delta_1 = 56{\cdot}6$, $\Delta_2 = 154{\cdot}9$, u =.
Die primäre Stromstärke nahm ab von 7·8 bis 7·7 Amp. Das Umsetz
verhältniss stieg bei Einschaltung des Condensators in diesem Falle nu
1·5%. Bei den drei Versuchen mussten der primären Wickelung
schiedene Widerstände vorgeschaltet werden, damit die primäre Stromst
resp. die Erwärmung der primären Wickelung nicht zu gross werde.

Zur Lösung der Aluminiumlöthfrage.

Seitdem durch die Elektrolyse die fabrikmässige Gewinnung des
miniums ermöglicht wurde und durch stete Verbesserung der Darstell
methoden der Preis des Metalles ein immer niedrigerer wird, hat die
wendung des Aluminius für industrielle Zwecke wie für die verschiede
Gegenstände des täglichen Lebens eine ausserordentliche Ausdehnung
wonnen.

Ein Blick auf die alljährlich ertheilten Patente und namentlich
brauchsmuster zeigt, dass die Zahl der aus Aluminium und seinen Legir
hergestellten Gegenständen bereits in die Hunderte geht. Bei der zunehm
Verwendung des Aluminius und der Aluminiumlegirungen hat sich je
ein Umstand unangenehm fühlbar gemacht: das Löthen des Aluminiums
seiner Legirungen mit einem billigen und leicht herzustellenden Loth sche
bisher an dem Mangel eines richtigen Flussmittels. Die fortschrei
Technik hat aber auch diese Schwierigkeiten zu überwinden verm
u. zw. durch das von Otto Nicolai in Wiesbaden erfundene und in
Industriestaaten patentirte Verfahren zum Löthen von Aluminium, Alumi
legirungen und anderen Metallen mittels eines Materiales, das gleichzeit
Fluss- und Löthmittel gebraucht werden kann und ganz vorzügliche Res
liefert. Bei Verwendung desselben als Flussmittel können als Löthmitte
hiefür allgemein verwendeten Metalle, Zinn, Zink etc. genommen werden
Löthung gelingt schnell und sicher und ist ausserordentlich dauerhaft,
richtiger Wahl des Löthmittels jeder harten Löthung ebenbürtig. E
auch gar nicht nöthig, wie bisher, das Aluminium vor dem Löthe
schaben oder zu feilen; es genügt, wenn das Metall sauber ist. Als F
mittel ermöglicht es jedoch, auch noch andere Metalle, Silber, K
Messing, Stahl und Eisen, mit Aluminium oder seinen Legirungen zu
löthen; diesen Vorzug der Universalität dürfte ein anderes Flussmittel
aufweisen können. Gleich gute Resultate werden bei der Verwendung
Materials als Loth erzielt.

Zieht man noch die ausserordentliche Einfachheit und Leichti
des Verfahrens in Betracht, den Umstand, dass ein vollständiges Erl
der zu löthenden Metalle nicht nöthig und die Löthung von der der
grössten Haltbarkeit ist, wozu noch der billige Preis des Fluss-, l
Löthmittels tritt, so wird es jedem Techniker klar, dass die Frage
Aluminiumlöthung durch die Erfindung Nicolai's ihre endgiltige Lö
in der vollkommensten Weise gefunden hat.

Nach Mittheilung des Erfinders wird sein Verfahren mit bestem E
von einigen Firmen angewendet, unter anderem auch von der Alumi
Industrie-Actiengesellschaft Neuhausen.

Zur Beurtheilung der Betriebskosten elektrischer Strassenbahnen mit oberirdischer Stromzuführung.

Wenngleich die Einführung des elektrischen Betriebes auf Strassenbahnen jetzt in weiten Kreisen als ein Fortschritt anerkannt worden ist und — ganz abgesehen von Amerika — in vielen Städten die Umwandlung des Pferdebahnbetriebes in elektrischen Betrieb vor sich geht, wenngleich neue elektrische Strassenbahnen in Städten gebaut werden, welche bereits Pferdebahnen besitzen und der elektrische Betrieb siegreich gegen den Pferdebahnbetrieb bleibt, so werden doch gelegentlich noch immer Zweifel laut, ob der wirthschaftliche Nutzen der neuen Betriebsweise wirklich so erheblich ist, wie die Fachleute behaupten.

Es kann daher nur nützlich sein, an der Hand eines bestimmten Beispiels eine ziffermässige Darstellung der für die Beurtheilung maassgebenden Factoren zu geben. Ein sehr geeignetes Beispiel ist die bekannte, im Jahre 1891 eingerichtete und betriebene elektrische Strassenbahn „Stadtbahn Halle", auf welcher der elektrische Betrieb demnächst 3 Jahre besteht und welche auch insofern Interesse bietet, als sie veranschaulicht, welchen Einfluss eine elektrische Bahn auf eine Pferdebahn derselben Stadt auszuüben vermag, selbst wenn die Linien der letzteren als der älteren Bahn durch die verkehrsreicheren Strassen führen.

Die jetzige elektrische Strassenbahn „Stadtbahn Halle" wurde im Jahre 1889 als Pferdebahn erbaut und vom September 1889 bis zum 1. Juli 1891 als solche betrieben. Sie erforderte innerhalb dieser Zeit einen Betriebszuschuss von 38.014·66 M., u. zw.:

für die 4 Mon. in 1889 4·1% d. Betriebscapit.
„ das Jahr 1890 .... 7·2 „ „ „
„ 1/2 Jahr 1891 ..... 4·1 „ „ „

wobei die Verluste, welche durch die Aufgabe der animalischen und Einführung der elektrischen Betriebskraft naturgemäss entstanden, nicht berücksichtigt sind.

Im Jahre 1891 wurde der elektrische Betrieb eingerichtet und war am 1. Juli 1891 auf allen Linien der Stadtbahn voll durchgeführt. Derselbe erbrachte im ersten Geschäftsjahre unter Anrechnung angemessener Rücklagen für Erneuerung und Tilgung einen Reingewinn von 47.842·96 M., das ist eine Verzinsung des Anlagecapitals von 5·1%.

Zum Beginne des Geschäftsjahres 1892/93 bestand die „Stadtbahn Halle" aus den ursprünglich vorhandenen 3 Linien mit 7·240 *km* Bau-, bezw. 7·740 *km* Betriebslänge, wozu im Laufe des Jahres eine neue Linie nach Wittekind-Trotha mit 3·255 *km* hinzutrat, welche am 20. October 1892 in Betrieb genommen wurde und während dieser 8 1/3 Monate an den Betriebsergebnissen betheiligt ist.

Die Bahn hat, wie die „Z. d. V. deutsch. Eisenb.-Verw." schreibt, zur Zeit eine Baulänge von 10·495 *km* mit 12·316 *km* Betriebslänge; sie leistete in der Zeit vom 1. Juli 1892 bis Juni 1893:

	1,098.782·31	Motorwagenkm.
und	13.231·02	Anhängewagenkm.
zusammen	1,112.013·33	Wagenkm.

und beförderte damit im Ganzen 2,753.760 Personen.

Die Fahrgeldeinnahme betrug	265.342·16 M.
oder für 1 Motorwagenkm. 24·15 Pfg.;	
sonstige Einnahmen waren	5.707·29 „
gesammte Betriebseinnahme	271.049·45 M.
An Ausgaben erforderte der Betrieb	159.800·37 „
oder für 1 Motorwagenkm. 14·55 Pfg.;	
dem Erneuerungsfonds wurden überwiesen	30.000·— „
dem Tilgungsfonds wurden überwiesen	13.000·— „
Gesammtausgabe somit	202.800·37 M.
oder für 1 Motorwagenkm. 18·46 Pfg.,	

wobei bemerkt werden mag, dass die Bahn einen Einheitstarif hat und das Zahlkastensystem in Geltung ist.

Von der Betriebsausgabe entfallen auf:

Kosten für den Fahrdienst, die Unterhaltung und Reparatur der Wagen einbegriffen . .	6·42 Pfg.
Kosten für den Stationsdienst .	4·13 „
„ „ die Unterhaltung und Beaufsichtigung der Bahnstrecke und der Stromzuführung	1·01 „
die allgemeine Verwaltung einschliesslich der städtischen Pacht und der an die Stadt zu zahlenden Entschädigung für Unterhaltung der durch den Ausbau des Unternehmens hinzugekommenen Geleise, sowie einschliesslich der Kosten für die Personalversicherung	2·99 „
zusammen	14·55 Pfg.

gegen 15·11 Pfg. im Vorjahre.

Die reinen Zugkosten berechnen sich einschliesslich Reparatur und Unterhaltung der Wagen und der Kraftstation auf 11·56 Pfg., während die Zugkraft allein 4·13 Pfg. für 1 Motorwagenkm. gekostet hat, wobei die gefahrenen Anhängewagenkm. nicht mit in Rechnung gezogen sind.

Auf der neu erbauten Linie nach Trotha wurden in der Zeit vom 20. October 1892 ab, das ist während 8 1/3 Monate:

	290.620·95	Motorwagenkm. gefahren
und	76.944·04	M. Einnahme erzielt,

welche im vorstehenden Ergebniss mit enthalten sind.

Für das Kalenderjahr stellt sich die Fahreinnahme in 1892 auf 210.467·23 M.
" " 1893 " 314.715·56 "
weist somit einen Zuwachs
auf von . . . . 104.248·33 M.

Welchen Einfluss die Einführung des elektrischen Betriebes auf die Stadtbahn und der Ausbau derselben nach Bad Wittekind, bezw. Trotha, auf die neben der Stadtbahn bestehende Pferdebahn „Halle'sche Strassenbahn" ausübt, lehrt untenstehende Zu stellung der Einnahmen beider Ba den letzten 2 Jahren. Während im regelmässigen Fortschreiten beg geht letztere in ihren Einnahmen zurück, was der beste Beweis d dürfte, dass das Publikum dem scl und regelrechteren Verkehr der ele Bahn dem Pferdebahnbetriebe gegen Vorzug gibt.

Einnahmen.

Monat	1892 M	1893 M	Differ M
der elektrischen Strassenbahn „Stadtbahn Halle"			
Jänner	13.319·20	18.650·15	+ 5.3
Februar	13.114·70	18.677·03	+ 5.5
März	13.663·15	24.153·33	+ 10.4
April	16.956·20	27.489·30	+ 10.5
Mai	17.201·87	29.840·64	+ 12.6
Juni	18.430·44	28.750·04	+ 10.3
Juli	18.672·45	32.867·14	+ 14.1
August	19.158·09	29.966·68	+ 10.8
September	16.351·69	30.507·10	+ 14·1
October	20.721·51	28.259·10	+ 7.5
November	20.960·41	22.419·98	+ 1.4
December	21.917·52	23.135·07	+ 1.2
	210.467·23	314.715·56	+104.2
der Pferdebahn „Halle'sche Strassenbahn"			
Jänner	14.308·10	11.870·70	— 2.4
Februar	13.692·90	11.457·10	— 2.2
März	14.236.50	13.071·20	— 1.1
April	16.916·90	15.450·40	— 1.4
Mai	19.435·40	17.312·10	— 2.1
Juni	22.259·80	16.438·10	— 5.8
Juli	23.119.40	18.067·00	— 5.0
August	21.958·50	16.247·00	— 5.7
September	17·733·60	13.995·20	— 3.7
October	17.089·10	14.577·70	— 2.5
November	12.928·50	10.967·20	— 1.9
December	12.713·30	12.228·20	— 4
	206.392·00	171.681·90	— 34.7

Die Kupferproduction der Welt.

Das bekannte Metallhaus Henry R. Merton & Co. in London hat auf Grund verlässlicher Angaben, die es in den kupferproducirenden Ländern aller Welttheile gesammelt, auch für das Jahr 1893 einen Ausweis über die Kupferprodu sammengestellt und demselben di der vorhergehenden Jahre beigef die „Oesterr. Ztschr. f. B. u. H. W." mittheilt, erzeugten in Tons à 101

	1893		1892		1891		1890	
Algerien	—		—		120		120	
Argentinien	160		200		210		150	
Australien	7.500		6.500		7.500		7.500	
Bolivia, Coro/coro	2.500		2.860		2.150		1.900	
Canada	*4.000		*3.500		3.500		3.050	
Chili	21.350		22.565		19.875		26.120	
Cap der guten Hoffnung								
Cape Co.	5.200		5.500		5.000		5.000	
Namaqua	890		450		900		1.450	
Deutschland, Mansfeld	14.150		15.360		14.250		15.800	
Andere Werke	*3.100		*2.600		*2.000		*2.000	
England	*400		495		720		935	
Italien	2.500		2.500		2.200		2.200	
Japan	18.000		18.000		17.000		15.000	
Mexico, Boleo	7.980		6.415		4.175		3.450	
Andere Werke	500		900		1.025		875	
Newfoundland								
Betts-Cove	240		450		540		735	
Tilt-Cove	1.800		1.940		1.500		1.000	
Norwegen, Vigsnaes	1.070		785		615		925	
Andere Werke	*670		625		632		465	
Oesterreich	1.215		1.100		965		1.210	
Ungarn	210		285		285		300	
Peru	460		290		280		150	
Russland	*5.000		4.900		4.800		4.800	
Schweden	*750		735		655		830	
Spanien und Portugal: Rio Tinto	31.100	54.270	31.500	56.170	32.000	53.915	30.000	51.700
Tharsis	11.000		*11.500		*10.500		*10.300	
Mason & Barry	*4.400		*4.400		*4.150		*5.600	
Sevilla	1.270		1.070		875		810	
Portugueza	*900		*900		890		565	
Andere Werke	*5.600		*6.800		*5.500		*4.425	
Vereinigte Staaten von Nordamerika: Calumet & H.	27.675	147.210	32.250	152.620	29.000	128.179	26.250	116.325
And. Lake-W.	22.835		22.210		22.505		18.200	
Anaconda	33.600		45.000		20.750		28.600	
And. W. i. Montana	35.700		27.000		29.786		20.960	
Arizona	19.600		17.160		17.723		15.945	
Andere Staaten	7.800		9.000		8.415		6.370	
Venezuela, Quebrada	2.850		3.100		6.500		5.640	
	303.975		310.845		279.491		269.630	
Durchschnittspreis von	£ 43 6/9,		£ 45 9/6,		£ 51 1/,		£ 54 1/.	

Kleine Mittheilungen aus Russland.

Elektrische Centrale in Odessa. Am 21. Juli wurde in Odessa die Vergrösserung der von Ganz & Co., Budapest im Jahre 1887 begonnenen elektrischen Lichtstation vollendet, seitens der städtischen und staatlichen technischen Organe überprüft und in das Eigenthum der Stadt Odessa übernommen.

Unternehmer dieser Vergrösserung war die Ingenieurs-Firma J. Margulis & Co. in Odessa, welche mit der Leitung der Installationsarbeiten den Ingenieur J. Novinsky betraute.

Die elektrische Anlage hätte ursprünglich durch die Union Elektricitäts-Gesellschaft, Berlin geliefert werden sollen. Die seit Abschluss des Vertrages mit dieser Gesellschaft zum Ausbruche gelangten deutsch-russischen Zollschwierigkeiten verzögerten die Fertigstellung um mehr als sechs Monate und bemüssigte die Union-Elektricitäts-Gesellschaft, Berlin, auf die Ausführung zu verzichten und dieselbe an die französische Thomson-Houston Electric Cie. in Paris zu übertragen. Diese letztere Firma liess nun für ihre Rechnung die gesammte elektrotechnische Installation von der General Electric Comp. in New-York ausführen. In der noch für weitere Vergrösserung genügend geräumig gehaltenen Maschinen-

*) Geschätzt.

halle wurden neu aufgestellt: drei Thomson-Houston-Wechselstrom-Maschinen, jede für 2080 resp. 2308 Volts, 60 Ampères und 1070 Touren pr. Min., welche im Bedarfsfalle parallel geschaltet werden können. Zur Erregung dienen Thomson-Houston-Dynamos für 110 Volts 30 Ampères.

Das grosse Schaltbrett ist auf einer Gallerie an der Ostseite der Halle montirt.

Zum Betriebe dieser neuen Anlage sind drei verticale Dampfmaschinen mit Condensation und Präcisionsregulirung, von je 175 *PS* (Tourenzahl 260) von der Firma F. Tosi & Cie. in Legnano beigestellt, welche auch die gesammten Rohrleitungen lieferte.

Das Kesselhaus wurde um zwei Kessel à 130 m^2 Heizfläche, welche bei 10 Atm. 2250 *kg* trockenen Dampfes per Stunde liefern, vermehrt, die in den Ateliers der Compagnie Generale des Chaudières Inexplosibles in Paris nach System Collet & Cie. angefertigt wurden.

Der Kühlapparat stammt von der Firma Chaligny & Cie. in Paris, und wird von einer kleinen verticalen Dampfmaschine eff. 10 *HP*, von J. Boulet & Cie. in Paris, bedient.

Zwei Worthington-Pumpen besorgen die Wasserbeschaffung.

Die
grösserte
gefüllten
Kegel i
werden,
Houston
Garantie
ihren Ma
Transfor
Die
Hochleit
Zuf
lage wi
betrieb i
und die
schlossen
Die
hafter g
eigener
auf 15
Werkes
& Co. u
sich in
vinsky
Bei
Stadt Od
wohl nu
neue be
trischen

Grossartiges Elmsfe

Die „Meteorolog. Ztschr." Heft I 1894 schreibt: Die „Archives de Médecine et de Pharmacie militaires" veröffentlichen folgende merkwürdige Beobachtung, die wir mit einiger Reserve mittheilen: Dr. Chenet, Militärarzt der Garnison Batna (Algerien), befand sich am 27. August 1889 auf dem Rückweg nach dieser Stadt in Begleitung eines Landsmannes und zweier Araber, welche den Franzosen als Führer dienten. Alle Vier waren zu Pferde. Es hatte während des Tags eine ungewöhnliche, erstickende Hitze geherrscht, und seit 7 Uhr Abends befanden sich die Reiter ungefähr 16½ *km* von Batna auf dem Gipfel eines kleinen unbewaldeten Hügels, 1300 *m* über dem Meeresspiegel. Plötzlich begann der Wind von Westen her mit grosser Heftigkeit zu wehen, und aus dem benachbarten Thal zog ein starkes Gewitter direct auf die Reisenden los. Die Blitze waren heller und leuchtender, die Donnerschläge lauter als früher, die Pausen betrugen kaum 2 bis 3 Sec., während allmälig einige Tropfen niederfielen. Der Wind hatte sich ein wenig gelegt, als plötzlich Chenet eine ungeheuere weisse, kugelförmige Flamme unter den Beinen seines Pferdes hervorbrechen sah, die ihn vollständig umhüllte. Er spürte eine heftige Erschütterung und merkte zugleich, dass sein Pferd von starken zitternden Bewegungen befallen war, so dass er einen Augenblick glaubte, es würde sich überschlagen. Dann fühlte der Arzt, wie aus seinen Fingern Funken sprühten, wie

sein Bart
endlich
Sehverm
um irge
weisse L
haut —
rief sein
denn, D
Werfen
Hand ha
Stab fall
Bewegun
den in
sprühten
auf, unv
eine zwe
meiden.
die Aug
mit dem
über die
zu vers
sah Ch
Augenlid
weisse F
erste, di
Inmitten
fühlte er
zeitig ei
ment bö
knatter
einen ku
bei der
aus sein
öffnete,
Im näc

eine dritte Entladung, die stärker war, als die beiden anderen, zu Boden. Er hatte die Augen geschlossen, sah aber dennoch klar etwa 50 *m* entlang eine feurige Zickzacklinie und zugleich hörte er ein kurzes, schrilles Geräusch. Dieser Blitz von röthlichweisser Farbe ging von Osten nach Westen, also in der dem Winde entgegengesetzten Richtung. Sofort begann ein starker Regen zu fallen, der jedoch nur kurze Zeit anhielt. Chenet hatte sich erhoben. Es gab noch einen vierten, kugelförmigen Blitz, der ihn wie die anderen elektrisirte, aber in geringerem Maasse als die früheren. Trotz der Betäubung, den Stössen und dem Kribbeln in der linken Körperseite konnte Chenet seinen Weg fortsetzen. An seinem Jagdcostüm waren die Stickereien vollständig schwarz geworden; dagegen hatte das elektrische Fluidum das Geld, das er im Portemonnaie bei sich trug, verschont. Am 28. Morgens konnte er sich in Batna entkleiden und folgende Erscheinungen constatiren: Blutergüsse, die sich in geschlängelter Linie dahinzogen, sowie bräunliche und dunkelrothe Flecken auf den linken Gliedern der äusseren Seite, besonders der Vorderarme. Diese Blutergüsse verschwanden vollständig erst nach 10 Tagen. Ferner eine Lähmung des linken Armes und Vorderarmes, sowie mit Unterbrechung auftretende Stösse und Zuckungen. Diese Symptome verloren sich erst nach einem Monate. 15 Tage hindurch verspürte Chenet noch eine bedeutende Verminderung der Gehörsschärfe, wozu sich noch die Wahrnehmung subjectiver Geräusche gesellte. Ausserdem hat dieses Ereigniss in besonderer Weise die Empfindlichkeit seines Nervensystems erhöht, die hauptsächlich während des Gewitters bemerkbar wird.

Neueste deutsche Patentanmeldungen.

Mitgetheilt vom Technischen und Patentbureau, Ingenieure MONATH & EHRENFEST.

Wien, I. Jasomirgottstrasse 4.

Die Anmeldungen bleiben acht Wochen zur Einsichtnahme öffentlich ausgelegt. Nach § 24 des Patent-Gesetzes kann innerhalb dieser Zeit Einspruch gegen die Anmeldung wegen Mangel der Neuheit oder widerrechtlicher Entnahme erhoben werden. Das obige Bureau besorgt Abschriften der Anmeldungen und übernimmt die Vertretung in allen Einspruchs-Angelegenheiten.

Classe

21. C. 4961. Selbstthätiger Umschalter für Bogenlampen. — *Arthur Chester & J. James Rathbonne*, London.

" H. 12.327. Elektromotor mit auf einem verschränkten Zapfen der Triebwelle drehbar gelagertem Scheibenanker. — *John M. Haffie* in Dalshannon.

" S. 7636. Hahnfassung für elektrische Glühlampen. — *Th. Seubel* in Berlin.

" Sch. 8389. Wechselstromtriebmaschine. — *Elektricitäts-Actien-Gesellschaft vorm. Schuckert & Co.* in Nürnberg.

Classe

21. B. 15.522. Fernsprechanlage ohne Vermittlungsamt. — *Clement Bonnard* in Paris.

" D. 5823. Elektricitätszähler für Wechselströme. — *Thomas Duncan* in Fort Wayne, State of Indiana.

" H. 13.796. Bogenlampe mit durch Ventil abgeschlossener luftdichter Glocke. — *Louis Emerson Howard* in Plainfield, V. St. A.

LITERATUR.

Vom rollenden Flügelrad. Darstellung der Technik des heutigen Eisenbahnwesens. Von A. v. Schweiger-Lerchenfeld. Mit 25 Vollbildern und 669 Abbildungen. In 25 Lieferungen zu 30 kr. In Original-Prachtband 9 fl. (A. Hartleben's Verlag in Wien.)

Mit den uns soeben zugegangenen Lieferungen 21 bis 25 des von uns wiederholt lobend hervorgehobenen Werkes, liegt dasselbe nunmehr complet vor. Die letzten Lieferungen beschäftigen sich mit den Betriebsstörungen, an welche ein besonders reicher Abschnitt über Kleinbahnen anschliesst. Es gereicht dem Verfasser zum besonderen Verdienste, sein Programm — die Technik des Eisenbahnwesens in möglichst entsprechender Form weiten Kreisen zu vermitteln — in ebenso geschickter als sachlich tadelloser Weise durchgeführt zu haben.

Wir freuen uns, die treffliche Leistung unseren Lesern nochmals warm empfehlen zu können.

Adressbuch der elektrischen Lichtanlagen. Enthaltend in möglichster Vollständigkeit und vielfach mit Angaben der Lampenzahl etc. die Adressen der Besitzer elektrischer Lichtanlagen in Deutschland, sowie zahlreiche nach Staaten geordnete Ausland-Adressen. Preis Mk. 12.—. Verlag der „Dampf-Post", Berlin N.

Hartmann & Braun. Bockenheim-Frankfurt a. M. Elektrische Messapparate. Ausgabe 1894.

Ein sehr hübsch ausgestattetes vollständiges Verzeichniss über Erzeugnisse der Firma Hartmann & Braun, Fabrik wissenschaftlicher und elektrotechnischer Messinstrumente und Apparate ist soeben erschienen.

Die Hausinstalla
sichtigung des System
Leitfaden für Monteure
welche die Herstellung
veranlassen haben. Von
Leipzig. Verlag von
Br. Mk. 2.—, geb. Mk.

KLEINE NACHRICHTEN.

Die elektrische Localbahn von der Station Gmunden in die Stadt Gmunden. Bezugnehmend auf unsere diesbezügliche Notiz im *Hefte* XII l. J. S. 344 theilen wir Folgendes mit:

Diese Bahn ist mit einer Spurweite von 1·0 *m* als Localbahn mit elektrischem Betriebe und für eine Maximal-Fahrgeschwindigkeit von 25 *km* per Stunde in den Strecken auf eigenem Unterbau, von 18 *km* per Stunde in den Strassenstrecken ausserhalb der Ortschaften und von 10 *km* per Stunde in den Strassenstrecken innerhalb der Ortschaften anzulegen.

Die circa 2·6 *km* lange eingeleisige Bahn beginnt nächst dem Vorplatze der Station Gmunden der k. k. Staatsbahnlinie Attnang-Steinach-Irding, zieht, theils auf eigenem Unterbau, theils die bestehenden Strassen benützend, entlang der Bahnhof-Zufahrtsstrasse, dann der von Pinsdorf nach Gmunden führenden Strasse, sowie entlang der Rosenkranz- und Parkstrasse in die sogenannte Kupferzeile und gelangt längs der Esplanade durch die Theatergasse auf den Stadtplatz, woselbst die Bahn ihren Endpunkt erreicht.

Die maschinelle Anlage der Centralstation wird für eine derartige Leistungsfähigkeit bemessen, dass die zur Abwicklung des stärksten Verkehres erforderliche Strommenge jederzeit zur Verfügung steht.

Die Zuführung des elektrischen Stromes zu den Motorwagen erfolgt durch eine oberirdische Stromzuleitung, welche in der Höhe von mindestens 5·5 *m* oberhalb der Strassenbahn derart geführt wird, dass dieselbe von den angrenzenden Gebäuden, Bäumen u. dgl. m. nicht erreicht werden kann. Die Rückleitung des Stromes erfolgt durch die Schienen und werden die Schienenstösse elektrisch überbrückt.

An Fahrbetriebsmitteln sind 3 Motorwagen in Aussicht genommen. Die Personenwagen, welche einen Fassungsraum für mindestens 25 Personen enthalten, haben Spindelbremsen.

Die Barmer elektrische Zahnradbahn. Seit vorigen Sommer ist die von Siemens & Halske erbaute Barmer Bergbahn, die erste elektrische Zahnradbahn der Welt, in Betrieb. Die Bahn führt aus dem Herzen der Stadt in deren Strassen entlang und durch den Barmer Wald auf

die Höhe der Bergischer
thurm, einem besuchten
hier stellt eine Schmalspu
betrieb die Verbindung
Müngstener Eisenbahn
suchtesten Ausflugs
rührt.

Die Bahn hat
ersteigt im ganzen
durchschnittlich
Steigung ist
messer 150 *m*.

Bei der Wahl der
Zahnrad- dem
in Erdgleiche zu kreuz
gezogen; der
dem Dampfbetrieb
und Rauch in
vermeiden.

Die Bahn ist
Spurweite. Die Z
bach ausgebildet
mitte. Sie ist
auf eisernen Quer
gelagert. Auf
Phönixschienen,
schienen angewendet
Schienen und der Z
stützen sich diese
gegen die Schwe
Oberbau gegen Ab
alle 30—40 *m*
gründeten Pfeile
Schienen haben
ruhenden Stössen
stange in Länge
benden Stössen
zuführung ist ein
mitte liegen in
kupferne Längsd
drähten angeh
von Stützen an
dämme getragen.
als reich verziert
rohr hergestellt
durch die Schien
Kupferdrähten
Die Stromspannu

Auf der Be
Personenwagen
enthalten 28
sind 8 *m* lang,
theilungen geth
beiden mittleren
zu den beiden

am Kopfende. Jeder Wagen ist mit zwei Zahnrädern und mit zwei unabhängig von einander arbeitenden Motoren von 36 *PS* ausgerüstet. Zwei an der Wagendecke angebrachte Contactwellen entnehmen den Strom aus der Leitung.

Die Bewegung der Motoren wird mittelst Zahngetriebe auf die in die Zahnstange eingreifenden Räder übertragen. Jedes Zahnrad ist mit selbstständiger Bremsvorrichtung ausgestattet, die mittelst Schraubenspindel von Hand, von jeder Plattform aus in Thätigkeit gesetzt werden kann. Ausser diesen beiden Bremsen ist unter dem Wagen noch eine selbstthätige Bremse angelegt, die in Wirkung tritt, sobald eine genau festgehaltene Geschwindigkeit von rund 3·2 *m* in der Secunde (11·5 Stundenkilometer) überschritten wird. Es wird in diesem Falle durch einen Centrifugalregulator eine gespannte Feder ausgelöst, die nun die Bremse anzieht. Schliesslich kann noch durch Umschaltung der Stromzuführung dem Motor eine rückläufige Bewegung gegeben und dadurch eine kräftige Bremswirkung erzielt werden.

Die Umsetzung der Wagen auf den beiden Endstationen erfolgt mittelst versenkter Schiebebühnen, die sich selbstthätig auf die Geleise einstellen und mittelst Elektromotoren bewegt werden.

Telegraphenlinien der Welt. Eine vom „Handels-Museum" angefertigte Aufstellung ergibt für das Telegraphennetz der Erde eine Ausdehnung von etwas über 1,710.000 *km*. Davon kommen auf Europa 612.700, auf Amerika 878.100, auf Asien 108.600, auf Afrika 34.700 und auf Australien 76.500 *km*. Von den einzelnen Ländern nehmen die Vereinigten Staaten von Amerika mit 650.000 *km* die erste Stelle ein. Es folgen: das europäische Russland mit 130.000, Deutschland mit 118.000, Frankreich mit 96.000, Oesterreich-Ungarn mit 69.200, Britisch-Ostindien mit 63.000, Mexico mit 61.000, Grossbritannien und Irland mit 55.000, Canada mit 52.000, Italien mit 39.000, die Türkei mit 33.000, Argentinien mit 30.000, Spanien mit 26.000, Chile mit 25.500 *km* etc. Ein ganz anderes Bild ergibt sich aber, wenn man die Dichtigkeit des Telegraphennetzes in Betracht zieht. Dann steht in erster Linie (auf 1000 km^2 berechnet) Belgien mit 254 *km*. Es folgen: Deutschland mit 217, die Niederlande mit 182, Frankreich, die Schweiz und die Türkei mit 180, Grossbritannien und Irland mit 174, Italien mit 136, Dänemark mit 126, Griechenland mit 117, Oesterreich-Ungarn mit 102, die Vereinigten Staaten mit 84, Spanien mit 52, Mexico mit 31, Russland (ohne Finnland) mit 26, Britisch-Indien mit 12, Argentinien mit 11, Canada mit 6·5 *km*.

Der Tod durch Elektricität.*) Professor Kratter hat einige Untersuchungen über den durch die Elektricität verursachten Tod an kleinen Thieren mittelst Wechselströmen von hoher Spannung angestellt und die dabei erzielten Resultate auf dem XI. internationalen medicinischen Congress in Rom mitgetheilt.

1. Der Tod der Thiere erfolgt in erster Linie in Folge plötzlicher Hemmung des Athmens, wodurch Scheintod und bei längerer Dauer dann der endgiltige Tod herbeigeführt wird. Während der Periode des Scheintodes sind die Herzbewegungen noch bemerkbar; sie hören jedoch nach zwei Minuten auf. Nichts destoweniger ereignet es sich nicht selten, dass das Thier wieder von neuem zu athmen anfängt, bis es sich vollständig erholt. Die Thiere werden auch nicht immer durch Ströme von hoher Spannung (1500—2000 V.) getödtet, was vom Nervensystem abhängt. Auf diese Weise erklärt es sich, wie Thiere einem Strome Widerstand geleistet haben, welcher fast ohne Ausnahme Menschen getödtet hat, obwohl er unter denselben Bedingungen angewendet wurde.

2. Ein anderesmal erfolgte der Tod durch plötzliches Aufhören der Bewegungen des Herzens; aber in keinem Falle lässt sich eine wenn auch noch so geringe anatomische Veränderung im Athmungs-, Circulations- und Ganglien-System beweisen.

3. Manchmal trifft man auf Verletzungen in Form von geborstenen Blutgefässen, welche immer Blutergüsse herbeiführten.

4. Die anatomische Diagnose kann sich durch besondere Verbrennungen und Versengungen an Berührungspunkten mit dem elektrischen Strome ergeben, die den Weg des Stromes durch den Körper selbst bezeichnen. St.

*) Vergl. Heft XIII, 1894, S. 350.

Actien der Elektricitäts-Gesellschaft vormals Schuckert & Co. in Nürnberg. Am 26. Juli l. J. hat die Subscription auf zwei Millionen Mark Actien der Nürnberger Elektricitäts-Gesellschaft vormals Schuckert & Co. stattgefunden. Der Erfolg dieser Zeichnung war ein so grossartiger, wie er selten bei der Verwerthung eines Industriepapieres verzeichnet worden ist, indem im Ganzen bei dem aufgelegten Betrage von zwei Millionen Mark nominell bei 85 Millionen Mark subscribirt worden sind, so dass also das aufgelegte Capital mehr als 40mal überzeichnet worden ist. Die Folge davon ist, dass nur der kleinste Theil der Zeichnungen überhaupt und auch dieser nur mit sehr geringfügigen Beträgen berücksichtigt werden kann. Aus dem Erfolge dieser Subscription kann man mit Recht den Schluss ziehen, dass die Zukunft thatsächlich der Elektricität gehört, und dass die Werthe der elektrotechnischen Industriegesellschaften sich bei dem Anlage suchenden Publikum einer fast stürmischen Beliebtheit erfreuen. Schr.

Projectirte Berliner elektrische Strassenbahn. In der Voraussetzung, dass während der Gewerbe-Ausstellung im Jahre 1896 die bestehenden Verkehrsmittel nach dem Treptower Parke nicht ausreichen dürften, will die Firma Siemens & Halske aus dem Mittelpunkte der Stadt heraus, nämlich von dem Platze hinter dem Opernhause ausgehend nach dem Treptower Ausstellungsparke eine elektrische Strassenbahn auf ihre Kosten anlegen und hat auch schon beim Magistrate einen diesbezüglichen Antrag zur Genehmigung eingereicht. Nach dem Entwurfe soll diese Bahn mit unterirdischer elektrischer Stromleitung nach dem Muster der elektrischen Strassenbahn in Budapest zur Ausführung gebracht werden.

Die Bahn soll durchwegs zweigeleisig ausgebaut und mit der zulässigen grössten Geschwindigkeit befahren werden. Sollte nach dem Vorbilde von Budapest eine Fahrgeschwindigkeit von durchschnittlich 12 *km* pro Stunde innerhalb der Stadt und 25 *km* ausserhalb des Weichbildes von Berlin gestattet werden, so würde die ganze Strecke vom Opernhause bis zum Treptower Parke in nur 30 Minuten zurückgelegt werden. Die Bahn soll mit grossen elektrischen Wagen für 50 Personen, erforderlichenfalls noch mit grossen Anhängewagen in beliebig kurzen Zwischenräumen in beiden Fahrtrichtungen befahren werden.

Das Telephon im deutschen Heere. Eine interessante militärische Uebung fand v. Mts. zwischen Berlin und Potsdam statt. Es handelte sich dabei um das Legen einer Telephonleitung im Trabe von Berlin nach Potsdam. Zu diesem Zwecke verliessen in frühester Morgenstunde zwei Cavallerie-Patrouillen, jede bestehend aus einem Uhlanenofficier und zwei Uhlanen-Unterofficieren, die eine Berlin, die andere zu gleicher Zeit Potsdam. Ausgerüstet war jede Patrouille mit einem completen Telephon-Apparat, den der eine Unterofficier in einem Lederüberzug auf der Brust trug, und einem Vorrath von ganz dünnem Stahldraht auf Rollen, jede Rolle mit 1000 *m*. Das Legen der Leitung begann in Berlin vom Wachgebäude auf dem Pionnierübungsplatze an der Hasenhaide aus, in folgender Weise: Nachdem das Ende des Leitungsdrahtes mit der im Wachhause bereits befindlichen Stadtleitung in Verbindung gebracht war, nahm der gleichzeitig mit dem Fernsprecher ausgerüstete Unterofficier die Rolle, sie in eine Art Klammer mit Handgriff steckend, so dass sie sich leicht in seiner Hand um sich selbst drehte, ritt er vielleicht dreissig Schritte voraus und machte dann Halt. Inzwischen hatte der zweite Unterofficier seine Lanze durch eine mit einer Gabel am Ende versehene Stange um die Hälfte verlängert. Der von der Rolle des ersten Unterofficiers ausgehende Draht wurde mit der Gabel gefasst, beziehungsweise durch dieselbe geleitet und dann von dem zweiten Unterofficier mit der verlängerten Lanze in

die Krone
stehenden
commandi
an, nur so
die zur S
versehen
Unteroffic
der zweit
in die Gi
Rolle gan
Leitung g
Unteroffic
gesteckte
Drahtes
dem App
und die
stelle wu
letzteren
der Unter
Horn ein
beiden an
Er brauch
holen; de
als auch
gangsort
Die mün
ebenfalls
Apparat a
Rolle mit
weiter gin
meter wie
phons ur
Bei Telt
sammen;
bei den
Drähte
Apparate
Führer be
thuung, n
Potsdam
höheren
schnelle
dieser ne
aussprach
der Leit
machten
zurück, d
Das Lege
dürfte k
nommen

Das
von dem
geschrieb
Kursem
nommen
des Berl
Sachse
„Schnells
und And
jedoch ei
der Vorfü
während
verschied
das Auge
ganze Sc
aufeinand
Wesen d

Verantwortlicher Redacteur: JOSEF KAREIS. — Selbstver
In Commission bei LEHMANN & WENTZEL, Buchhan
Druck von R. SPIES & Co. in Wien, V.,

Zeitschrift für Elektrotechnik.

XII. Jahrg. 1. September 1894. Heft XVII.

ABHANDLUNGEN.

Kraftübertragung mit mehrphasigem Wechselstrom.

Von CHARLES F. SCOTT.*)

Die Kraftübertragung mit zweiphasigem oder dreiphasigem Wechselstrom bietet jede für sich gewisse Vortheile. Beim Dreiphasen-System braucht man zur Uebertragung einer gewissen Energiemenge bei Anwendung der gleichen maximalen E. M. K. um 25% weniger Kupfer für die Leitungen als beim Zweiphasen-System; die Selbstinduction der Stromleitungen ist unter denselben Umständen um 57% kleiner, und daher ist auch der durch die Selbstinduction verursachte Spannungsabfall kleiner.

Ein Nachtheil des Dreiphasen-Systemes liegt aber darin, dass man nicht die Stromzweige beliebig belasten kann, während dies beim Zweiphasen-System möglich ist. Aus diesem Grunde wurde das letztere System für die Kraftübertragungs-Anlage am Niagara angenommen. Das Zweiphasen-System ist auch einfacher für die Stromvertheilung, weil man nur zwei Stromzweige hat. Zur Transformation der Ströme braucht man nur zwei, beim Dreiphasen-System drei Transformatoren oder einen dreischenkeligen Transformator, welcher mehr Kosten und einen grösseren Arbeitsverlust bewirkt. Der letztere Umstand kommt namentlich bei Anwendung von kleineren Motoren sehr in Betracht. Das Zweiphasen-System bietet demnach wesentliche Vortheile für die Stromvertheilung, während das Dreiphasen-System sich für die Fernleitung besser eignet.

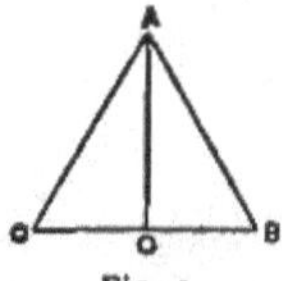

Fig. 1.

Charles Scott hat eine einfache und sehr sinnreiche Methode ersonnen, um die Vortheile beider Systeme zu vereinigen. Es ist wohl bekannt, dass die Resultirende zweier Elektromotorischer Kräfte, welche in Serie wirken und in der Phase verschieden sind, sowohl dem Werthe als auch der Phase nach von den beiden Componenten im Allgemeinen verschieden ist. Wenn zwei Elektromotorische Kräfte, welche einen Phasenunterschied von 90° haben, in Serie wirken, so ist die resultirende E. M. K. der Grösse und Richtung nach durch die Hypothenuse eines rechtwinkeligen Dreieckes dargestellt, dessen Katheten die beiden Componenten vorstellen.

Wenn daher in der Fig. 1 die Strecken *A O* und *O B* die Componenten der E. M. K. vorstellen, welche in Serie wirken, so ist die Resultirende dargestellt durch die Linie *A B*, welche im Vergleiche mit jeder Componente einen Phasenunterschied hat.

*) Auszug aus „The Electrical Engineer", New-York, 1894, pag. 254.

34

Man kann die Componenten so wählen, dass *O B* halb so ist wie *A B*, wie dies in der Figur dargestellt ist. Es ist leicht einzus dass dieselbe E. M. K. *O A* sich mit der Componente *O C*, welche Phasenunterschied von 90⁰ hat, aber entgegengesetzt gerichtet und gross ist wie *O B*, zu einer Resultirenden *A C* zusammengesetzt, w ebenso gross wie *A B*, aber in der Phase verschieden ist. *B O* und geben zusammen *B C*. Die E. M. K. *B C* lässt sich daher mit der i Phase um 90⁰ verschiedenen E. M. K. *A O* in solcher Art zusam setzen, dass die Elektromotorischen Kräfte *A B* und *C A* entstehen, w im Vereine mit *B C* drei gleich grosse, aber in der Phase um je verschiedene E. M. K. bilden, wie sie beim Dreiphasen-System angew werden.

Die Anwendung dieser Schaltung bei den Transformatoren i den Figuren 2 und 3 dargestellt. Die Primärspulen von zwei Tra matoren sind mit einem Zweiphasen-Generator verbunden; die in Secundärspulen inducirten Elektromotorischen Kräfte haben daher Phasenunterschied von 90⁰. Die Secundärspule des einen Transform hat 100 Windungen; von der Mitte derselben ist eine Abzweigun macht. Die Secundärspule des zweiten Transformators hat 87 Windu

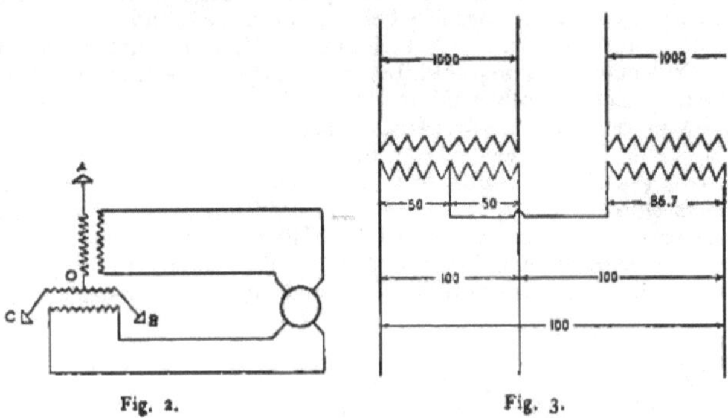

Fig. 2. Fig. 3.

welche Zahl ungefähr gleich ist $50 \cdot \sqrt{3}$. Ein Ende dieser Secundär ist mit der Mitte der Secundärspule des ersten Transformators verbun zwischen den freien Wickelungsenden bestehen Elektromotorische K welche paarweise einen Phasenunterschied von 120⁰ haben. Wen primären Elektromotorischen Kräfte je 1000 V. betragen, so sind den Secundärkreisen der Transformatoren inducirten, respective 10 87 V., die Spannungsdifferenz zwischen je zwei der freien Wickel enden beträgt 100 V. Man erhält Dreiphasenstrom und kann mit selben Dreiphasen-Motoren betreiben. Das System der Kraftübertr kann so durchgeführt sein, dass die von einem Zweiphasen-Gen erzeugten Ströme in Dreiphasenstrom umgeformt werden, wie dies i Figur 4 dargestellt ist. Die Windungszahlen der Transformatoren k so gewählt werden, dass die Elektromotorischen Kräfte durch die T formation erhöht werden. Die Fernleitungen führen Dreiphasenstrom, durch ein Ersparniss an Kupfer erzielt wird. In der Secundärstation man den Dreiphasenstrom durch zwei Transformatoren wieder in phasenstrom umwandeln. Dieser kann zum Betriebe von Zweiph Motoren verwendet werden; man kann auch jeden der beiden S zweige mit Lampen in unabhängigerweise belasten. Wenn man d der Figur links gezeichneten Transformator mit Lampen belastet, so nur ein Stromkreis des Generators belastet, denn der Primärkreis des Transformators, welcher die betrachteten Lampen mit Strom versorgt, ist direct mit zwei Fernleitungen verbunden, welche in der Primärstation mit den Secundär-Klemmen des unteren Transformators verbunden sind, dessen Primärkreis mit dem einen Stromkreise des Generators unmittelbar verbunden ist.

Wenn man den in der Figur rechts gezeichneten Transformator mit Lampen belastet, so fliesst der entsprechende Strom des Primärkreises dieses Transformators einerseits durch die oberste der Dreiphasen-Leitungen, andererseits zur Mitte der Primärwickelung des links gezeichneten Transformators, durchfliesst die beiden Wickelungshälften in entgegengesetzter Richtung, fliesst dann durch die beiden parallel geschalteten unteren Fernleitungen in die Primärstation, daselbst durch die beiden Wickelungshälften des unteren Transformators in verkehrter Richtung und dann zur Klemme des oberen Transformators. Werden die beiden Hälften der einen Bewickelung eines Transformators in entgegengesetzter Richtung durchflossen, so ist der Spannungsverlust in Folge der Selbstinduction sehr gering; in der anderen Bewickelung wird kein Strom inducirt. Für die zuletzt betrachteten Lampen liefert daher nur der obere Transformator

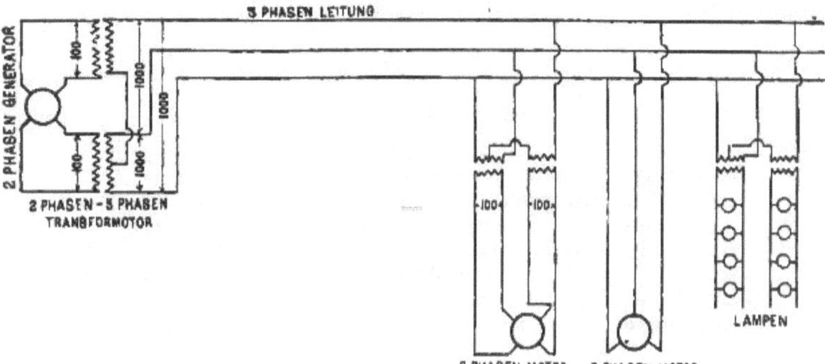

Fig. 4.

der Primärstation Strom, und daher ist auch nur der zweite Stromkreis des Generators allein belastet. Der geringe Spannungsverlust, welcher dadurch bewirkt wird, dass der Strom den unteren Transformator der Primärstation und den linken Transformator der Secundärstation in zwei Wickelungshälften in entgegengesetzter Richtung durchfliesst, wird dadurch compensirt, dass in diesem Falle für die eine Stromleitung zwei parallel geschaltete Fernleitungen dienen, wodurch der Widerstand des Stromkreises verringert wird. In der Secundärstation können die beiden Transformatoren auch gleichzeitig den Strom für die Lampen und die Zweiphasen-Motoren liefern. Man kann auch Dreiphasen-Motoren unmittelbar oder nach Einschaltung von Transformatoren betreiben. Bezüglich der Regulirung verhält sich der Generator, welcher mit der beschriebenen Dreiphasenstrom-Fernleitung verbunden ist, ebenso, als ob die beiden Stromkreise des Generators unmittelbar belastet würden.

Das System kann auch so abgeändert werden, dass ein Dreiphasen-Generator mit einer Dreiphasenstrom-Fernleitung verbunden wird; in der Secundärstation wird der Strom mit Hilfe von zwei Transformatoren in Zweiphasenstrom umgeformt. Jeder der entstehenden beiden Stromkreise kann unabhängig belastet werden. Man kann in dieser Weise einen

Dreiphasen-Generator mit Lampen belasten, die in zwei, anstatt in Kreise geschaltet sind und kann dadurch die complicirte Regulirung Generators vermeiden, welche sonst bei ungleicher Belastung n wendig ist.

Man kann auch die beschriebene Schaltung dazu benützen, um Hilfe von zwei Transformatoren einen Dreiphasenstrom von gegeb Spannungsdifferenz in einen Dreiphasenstrom von anderer Spannu lifferenz umzuformen; die Anordnung ist in der Fig. 5 dargestellt.

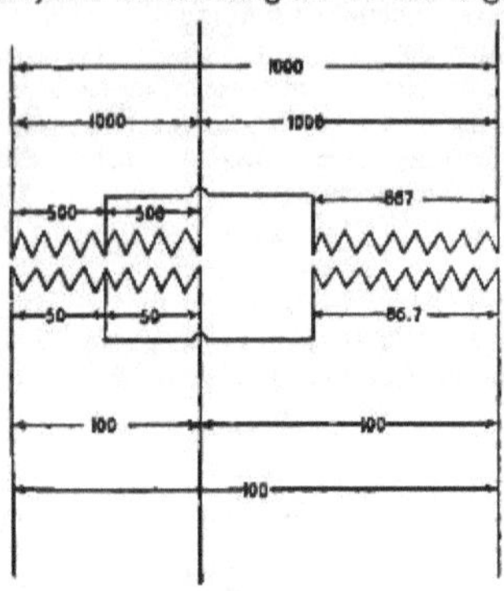

Fig. 5.

Der Wirkungsgrad der beiden Transformatoren, welche Zweipha strom in Dreiphasenstrom umformen, ist ebenso hoch, als wenn beiden Transformatoren zwei unabhängige Wechselströme umfor würden. Die Vortheile des Tesla'schen Systems, welches gegenw in Amerika immer mehr an Ausbreitung gewinnt, werden durch beschriebene Schaltung noch erhöht, da für die Fernleitung der Str noch günstigere Verhältnisse geschaffen werden.

Messung der Capacität von Condensatoren mit Wechselstrom.*)

Von J. SAHULKA.

(Aus dem Elektrotechnischen Institute der k. k. technischen Hochschule in Wien.)

Der Zweck der vorliegenden Arbeit war, zu untersuchen, wie die Condensatoren im Wechselstrombetriebe verhalten, und insbeson zu prüfen, ob sie dieselbe Capacität haben, wie sie mit einer Gleichstr quelle gemessen wird oder nicht. Die Capacität von Condensatoren, we in einen Wechselstromkreis eingeschaltet sind, könnte in der W gefunden werden, dass man die Stärke des Ladungsstromes und Spannungsdifferenz am Condensator misst. Zur Untersuchung verschied Condensatoren würde man mehrere Strom- und Spannungsmesser benöthi Nach den Versuchen von Steinmetz**) verbrauchen die Condensat mit festem Dielektricum im Wechselstrombetriebe eine Arbeit, we innerhalb eines weiten Bereiches dem Quadrate der Spannungsdiffe

---

*) Diese Abhandlung und die im Hefte XVI, 1894, S. 427, veröffentlichte „Erklä es Ferranti'schen Phänomens" erschienen im Vorjahre in den Sitz. Ber. der k. Akad. d. in Wien.

**) Dielektrische Hysteresis, von Ch. Steinmetz. „Elektrotechnische Zeitsch Berlin 1892, S. 227.

proportional ist. Da ich nicht blos die Capacität, sondern auch die Arbeitsverluste der Condensatoren ermitteln wollte, wählte ich zur Messung eine Methode, welche analog ist der Joubert'schen Methode zur Bestimmung der Selbstinductions-Coëfficienten. Das Resultat meiner Untersuchungen ist, dass die Capacität der Condensatoren mit festem Dielektricum im Wechselstrombetriebe beträchtlich kleiner ist als die mit einer Gleichstromquelle gemessene Capacität.

Als Messinstrument verwendete ich ein Elektrometer, und zwar ein Multicellular-Voltmeter von W. Thomson, mit welchem Spannungsdifferenzen von 80 bis 400 Volt gemessen werden konnten. Das Instrument enthält in gleichen Abständen übereinander eine Reihe von Quadrantenpaaren *A A* (Fig. 1), welche untereinander leitend verbunden sind, diese bilden das feste System. In den einzelnen so entstehenden Zellen befinden sich Aluminiumnadeln *B*, welche untereinander in fester Weise leitend verbunden sind und von einem feinen Platindrahte und einer Spirale getragen werden. Das Instrument hat zwei Klemmen, von welchen die eine mit dem festen System, die andere mit den Nadeln und einem das Instrument einschliessenden Metallgehäuse *C* leitend verbunden ist. Wenn zwischen den Klemmen des Instrumentes keine Spannungsdifferenz besteht, so nehmen die Nadeln eine Stellung zwischen den Quadranten ein. Wird das Instrument an zwei Punkte angeschlossen, welche eine Spannungsdifferenz haben, so

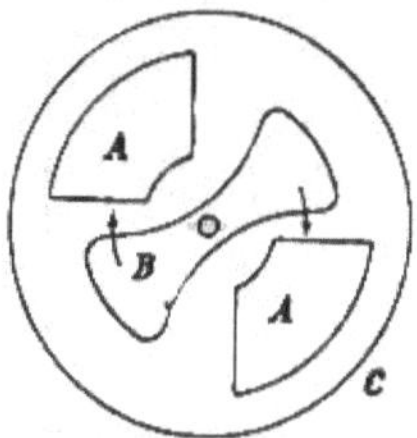

Fig. 1.

werden die Nadeln in der Richtung der Pfeile zu den Quadranten bewegt. Die Drehung ist stets kleiner als 90°. Die Ablesung erfolgt mit Hilfe eines Zeigers, welcher auf einer Scala einspielt. Bei dem verwendeten Instrumente waren nur die Intervalle zwischen 120 und 220 Volt hinreichend gross, um eine genaue Ablesung zu ermöglichen. Um nun zu wissen, ob in jedem Falle die Capacität und der Ladestrom des Instrumentes vernachlässigt werden kann, wollte ich zunächst diese beiden Grössen bestimmen. Dies war mit keiner der bekannten Methoden ausführbar, da sowohl der Ladestrom, als auch die Capacität ausserordentlich klein sind. Die Bestimmung geschah in folgender Weise: Um eine passende Spannungsdifferenz zu haben, wurde der zur Verfügung stehende Wechselstrom von circa 100 Volt Spannungsdifferenz mit Hilfe eines Transformators, dessen Umsetzungsverhältniss 1 : 2 war, transformirt. Es wurde hierauf die Spannungsdifferenz E zwischen den Klemmen des Secundärkreises des Transformators gemessen, wenn derselbe nur durch das Multicellular-Voltmeter geschlossen war. Hierauf wurde zu dem Voltmeter ein bekannter grosser Graphitwiderstand in Serie geschaltet. Das Voltmeter zeigte nun eine kleinere Spannungsdifferenz E^v an. Da das Voltmeter als ein kleiner Luftcondensator angesehen werden kann, muss die auf dasselbe entfallende Spannungsdifferenz E^v (Fig. 2) im Vergleich zu dem Ladestrom J in der Phase um 90° nachfolgen, während die gleichzeitig auf den Graphitwiderstand entfallende Spannungsdifferenz E'' mit dem Strome J i Phase übereinstimmt.*) Es ist daher:

$$E = \sqrt{E'^2 + E''^2}.$$

Da E und E' beobachtet wurde, ist E'' bekannt; nun kenn auch den Ladestrom

$$J = \frac{E''}{R}.$$

Ist n die Periodenzahl des Wechselstromes, welche als b vorausgesetzt ist, so hat man:

$$J = 2\pi n E' C .$$

Der verwendete Wechselstrom hatte 5000 Polwechsel in der Min dass $p = 2\pi n = 262$ ist. In der folgenden Tabelle sind die Resultate Versuchsreihe zusammengestellt. Die Grössen R sind in Megohm Grössen E, E', E'' in Volt, J in Milliontel-Ampère, C in Mi Mikrofarad ausgedrückt. Die letzte Reihe enthält den scheinbaren Wid des Voltmeters in Megohm.

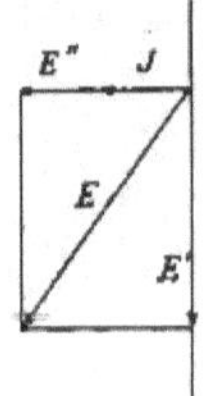

Fig. 2.

R	E	E'	E''	J	C	
11·05	207·2	195·3	69·2	6·26	122	3
20·78	207·6	177·1	108·3	5·21	112	3
33·16	207·6	154·6	138·6	4·18	103	3
41·90	207·9	140·3	153·4	3·66	99·6	3
52·40	208·0	124·4	166·7	3·18	97·6	3

In Fig. 3 sind die Versuchsresultate graphisch dargestellt. Die der Abscissen bedeutet ein Volt, die Einheit der Ordinaten bedeu die Curve C: $\frac{1}{10^6}$ Mikrofarad, für die Curve J: $\frac{1}{10^7}$ Ampère. Wie ersi ist, wächst die Capacität des Instrumentes mit zunehmender Voltzahl musste sich ergeben, weil bei zunehmender Spannungsdifferenz si Nadeln zu den Quadranten bewegen. Würde man bei der Messu bewegliche System stets mit Hilfe eines Torsionsknopfes in die Nulls zurückdrehen, so wäre die Capacität constant; dann könnte au Scala über die ganze Peripherie reichen. Es wäre dann die Span differenz E' und der Ladungsstrom J proportional der Quadratwur

*) Unter E, J sind die Quadratwurzeln aus dem mittleren Quadrate der v lichen Spannungsdifferenz, respective des Stromes verstanden.

dem Torsionswinkel. Wie aus der Tabelle ersichtlich ist, verbraucht das Instrument nicht mehr Strom als ein Spiegelgalvanometer. Wenn für ein Instrument die Curve J (Fig. 3) aufgenommen ist, so kann man umgekehrt mit dem Instrumente grosse Widerstände messen, welche frei sind von Capacität und Selbstinduction.

Um die Capacität eines Condensators im Wechselstrombetriebe zu messen, schaltete ich zu demselben einen inductionslosen Widerstand R in Serie, der von derselben Grössenordnung sein muss wie der scheinbare Widerstand des Condensators; zu jedem Condensator gibt es einen solchen geeigneten Widerstand. Mit dem Multicellular-Voltmeter wurde die gesammte Spannungsdifferenz E, die am Condensator E' und die am Widerstande herrschende E'' gemessen. Ist der Condensator ein Luftcondensator, so

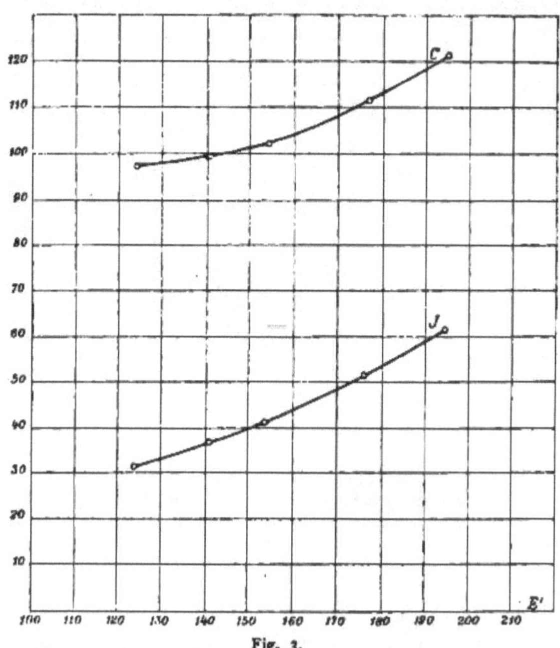

Fig. 3.

kann E als Hypotenuse eines rechtwinkeligen Dreieckes dargestellt werden, dessen Katheten E' E'' sind (Fig. 2). Hat er jedoch ein festes Dielektricum, so ist E' im Vergleich mit dem Ladestrome J und daher auch im Vergleich mit E'' um einen Winkel φ in der Phase verschoben, welcher kleiner ist als 90^0, wie dies im Polardiagramm (Fig. 4) dargestellt ist. Die Componente E' überwindet den inductiven Widerstand des Condensators. Da das Dielektricum des Condensators im Wechselstrombetriebe Arbeit verbraucht, was auch an der Erwärmung desselben kenntlich ist, so folgt, dass die Capacität des Condensators in jedem Zeitmomente eine andere ist. Sowie nun die Stromstärke oder Spannungsdifferenz im Wechselstrombetriebe definirt wird als die Quadratwurzel aus dem mittleren Quadrate der veränderlichen Stromstärke, respective Spannungsdifferenz, so muss auch für die Capacität C' eines Condensators im Wechselstrombetriebe eine Definition gewählt werden. Die Definition könnte mit Rücksicht auf die For lauten:

Der inductive Widerstand eines in einen Wechselstromkreis geschalteten Condensators ist gleich dem Quotienten aus der dur Ladung des Condensators hervorgerufenen Spannungsdifferenz E' un Stromstärke J.

Die Capacität C' des Condensators ist gleich dem reciproken W des Productes aus dem inductiven Widerstande und $2\pi n$.

In der folgenden Tabelle sind einige Versuchsresultate zusar gestellt, welche an Condensatoren angestellt wurden, die paraffinirtes l als Dielektricum hatten. C ist die mit einer Gleichstromquelle in beka Art gemessene Capacität in Mikrofarad, der vorgeschaltete Widerst ist in Ohm, E, E' E'' in Volt, J in Ampère ausgedrückt, $C'' = \frac{}{E'}$, ist die Capacität des Condensators im Wechselstrombetriebe ur ebenfalls in Mikrofarad ausgedrückt. Es wurde ferner noch die Pl verschiebung φ und der Arbeitsverbrauch A im Condensator in ausgedrückt berechnet gemäss den Formeln:*)

$$\cos\varphi = \frac{E^2 - E'^2 - E''^2}{2\,E'\,E''}$$

$$A = E'\,J\cos\varphi.$$

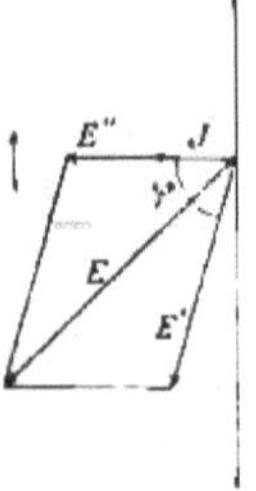

Fig. 4.

Endlich wurden noch gerechnet die Grössen:

$$\rho = \frac{E'}{J}\cos\varphi \quad \text{und} \quad \frac{1}{2\pi n C''} = \frac{E'}{J}\sin\varphi.$$

Der untersuchte Condensator verhält sich wie Luftcondensator von der constanten Capacität C'', ein Ohm'scher Widerstand ρ vorgeschaltet ist. Die Grös welche durch die obige Formel definirt ist, könnte man die effective (citât des Condensators nennen; diese ist ein wenig grösser al

Nr.	C	[illegible]	E	E'	E''	J	C''	φ	A	ρ	$\frac{1}{2\pi n C''}$	[illegible]
1	1·004	4000	206·9	147·8	135·2	0·0338	0·873	86° 9'	0·336	293·7	4505	[illegible]
2	1·004	5000	206·8	132·0	149·2	0·0298	0·862	85°31'	0·308	340·0	4410	6
3	1·004	6000	207·5	120·1	161·1	0·0269	0·855	86° 2'	0·224	309·1	4454	0
4	1·004	7000	207·4	107·5	170·0	0·0243	0·863	85°50'	0·183	309·7	4413	[illegible]
5	0·514	9000	207·6	130·7	145·3	0·0161	0·440	86°30'	0·137	527·0	8061	[illegible]
6	2·618	2000	207·1	129·8	152·5	0·0703	2·244	85°58'	0·697	110·7	1697	2

*) Die Bestimmung der in einem Wechselstromapparate verbrauchten Energ Hilfe der Beobachtung von drei Spannungsdifferenzen wurde zuerst von Ayrto Sumpner ausgeführt. Phil. Mag., Bd. 32, p. 204, 1891.

Es scheint mir am vortheilhaftesten zu sein, bei einem Condensator die effective Capacität C'', sowie den Arbeitsverlust, der in ihm bei einer bestimmten Spannungsdifferenz und Periodenzahl stattfindet, anzugeben. Da sich die Grösse cos φ als eine Differenz von grossen Zahlen ergibt, ist die Bestimmung von φ etwas unsicher. Dadurch ist auch ρ und der Arbeitsverbrauch etwas unsicher bestimmt, so dass sich namentlich bei Spannungsvariationen leicht Abweichungen ergeben können, wie dies bei dem mit Nr. 2 bezeichneten Versuche der Fall war. Will man φ, ρ und den Arbeitsverbrauch genau ermitteln, so muss man jeden Versuch mehrmals wiederholen und die Mittelwerthe nehmen. Die Werthe des C'' differiren bei ruhigem Gange der Maschine nur um 1%.

Nimmt man aus den ersten vier Versuchen, welche sich auf denselben Condensator beziehen, das Mittel, so ersieht man, dass das Verhältniss der C'' der drei Condensatoren (1 : 0·510 : 2·600) übereinstimmt mit dem Verhältnisse der Werthe C (1 : 0·512 : 2·608). Es ergaben sich aber die Werthe C'' um 14% kleiner als die Werthe C. Man ersieht daraus, dass die Condensatoren im Wechselstrombetriebe eine kleinere Capacität haben als die, welche sich bei einer Messung mit einer Gleichstromquelle ergibt; nur bei den Luftcondensatoren kann dies nicht der Fall sein. Die Ursache dieser Erscheinung liegt in der Beschaffenheit des Dielektricums. Wenn auch dasselbe einen sehr grossen Widerstand hat, nimmt es bei der Ladung doch elektrische Energie auf. Bei der Entladung wird ein Theil dieser Energie wieder zurückgegeben, während ein anderer Theil in Wärme umgewandelt wurde. Aus diesem Grunde beobachtet man bei der Verwendung einer Gleichstromquelle sowohl einen zu grossen Ladungs-, als auch einen zu grossen Entladungsausschlag am Spiegelgalvanometer, weil dasselbe nicht blos die Elektricitätsmenge anzeigt, welche die Belegungen aufgenommen haben, sondern auch die, welche vom Dielektricum aufgenommen, respective bei der Entladung theilweise zurückgegeben wurde. Im Wechselstrombetriebe erfolgt Ladung und Entladung in sehr kurzer Zeit, indem sich während der Dauer einer Viertelperiode die Spannungsdifferenz vom Nullwerthe bis zum Maximalwerthe ändert. Daher hat das Dielektricum bei jeder einzelnen Ladung nicht hinreichend Zeit, so viel elektrische Energie aufzunehmen, wie sie bei gleicher Spannungsdifferenz von einer Gleichstromquelle aufnehmen würde; ebenso gibt es bei der Entladung weniger Energie ab. Aus diesem Grunde ist es erklärlich, dass die Capacität der Condensatoren im Wechselstrombetriebe viel kleiner ist als bei Verwendung von Gleichstrom. Man muss daher für den Wechselstrombetrieb eine besondere Definition der Capacität geben, wie dies zuvor gemacht wurde.

Betrachtet man die Werthe für die Verluste A in dem ersten Condensator, so sieht man, dass sie mit dem von Steinmetz an der citirten Stelle angegebenen Gesetze, dass die Verluste dem Quadrate des E' proportional sind, annähernd übereinstimmen. Sollte das Gesetz genau erfüllt sein, so müssten die Zahlen lauten 0·352, 0·281, 0·232, 0·186.

Ich habe in gleicher Weise auch die Capacität von Leydnerflaschen untersucht, es war aber dann nothwendig, zu den Flaschen einen Widerstand von ein Megohm in Serie zu schalten. Da das Multicellular-Voltmeter je nach der Ablenkung einen Widerstand von 30 bis 40 Megohm hätte, durfte man, wenn genaue Messungen ausgeführt werden sollten, den durch das Voltmeter fliessenden Strom nicht mehr vernachlässigen. Die Berechnung gestaltet sich dann etwas complicirter.

Bei zwei cylindrischen Leydnerflaschen von 14 *cm* Durchmesser, deren Belegungen 14 *cm* hoch waren, und deren Glasdicke im Mittel 3·60 *mm* war, ergab sich, wenn man den durch das Multicellular-Voltmeter fl Strom vernachlässigte, eine Capacität von $\frac{3370}{10^6}$ Mikrofarad, welcl Flaschen zusammen zukommt.

Eine ganz kleine Leydnerflasche schaltete ich mit dem Mul Voltmeter direct in Serie. Man kann angenähert annehmen, Spannungsdifferenz E' an der Leydnerflasche mit der Spannungsdifl am Voltmeter in der Phase übereinstimmt. Dann verhalten si Grössen verkehrt wie die Capacitäten. Die verwendete Flasche hat Durchmesser, die Höhe der Belegung war 11 *cm*. Es wurde be $E = 207·6$, $E' = 190·6$; daher ist $E'' = 17·0$. Da das Multicellular-' bei der Spannungsdifferenz von 190·6 Volt eine Capacität von $\frac{11}{10}$ farad hat, wie aus der Fig. 3 ersichtlich ist, so ergibt sich Capacität der Leydnerflasche der Werth:

$$C'' = \frac{119}{10^6} \cdot \frac{190·6}{17} = 0·00133 \text{ Mikrofarad.}$$

Eine Taschen-Boussole für Telegraphen-Aufsichts(

Von W. MIXA.

Die gewöhnlichen Taschen-Boussolen, recte Taschen-Galv zeigen durch ihre Nadelablenkung an, dass ein Strom durch sie über die Grösse dieses Stromes geben sie keine Auskunft.

Die Stromverhältnisse in Telegraphenlinien und überhaupt in galvanischen Batterien betriebenen Stromkreisen können in Ern eines geeigneten Strommessers nur nach der Anzahl der einge galvanischen Elemente und nach dem entweder gemessenen oder angenommenen Widerstande der Stromkreise abgeschätzt werden.

Das Bestreben, eine genauere Information über die Stromst Telegraphenlinien und über das Verhalten galvanischer Batterien i Schlusse zu gewinnen, führte mich zur Construction der in der „ für Elektrotechnik" vom Jahre 1893, Heft XIII u. XIV besc Boussole, welche dem angestrebten Zwecke entspricht.

Da jedoch diese Boussole, wenn sie auf Streckenbereisun geführt werden soll, immer noch zu wenig handlich ist, so versuct eine handlichere möglichst einfache Taschen-Boussole herzustel Resultat der diesfälligen Versuche ist in nachstehender Figur al Es ist eine Boussole, welche die Grösse eines mässig starken buches hat, und, in einem Futteral verwahrt, bequem in der R getragen werden kann. Der Einfachheit wegen hat die Nadel keine A sondern wird abgehoben und in einem Gehäuse verwahrt, das obe Boussolenscala Platz findet.

Die Ablenkungen der Nadel werden nicht in Graden, sonder père-Theilen angegeben. Die Ampère-Theilung ist mit Hilfe d erwähnten Tangenten-Boussole empirisch ermittelt. Es sind zweier plicationen angebracht: eine für Ampère-Tausendtel, die in die zweite Drahtklemme mündet, und eine für Ampère Hundertel, di zweite und dritte Klemme mündet; erstere hat 72 Umwindungen u Widerstand; letztere 7 Umwindungen und 0·15 Ohm Widerstand.

Wenn die erste und zweite Klemme mit einem Ausschaltestö bunden sind (wie in der Figur), so ist die Multiplication für Tausendtel ausgeschaltet und die für Ampère-Hundertel eingeschalt der Ausschaltestöpsel nach rechts versetzt wird, so ist die Multiplication für Ampère-Hundertel ausgeschaltet und die für Ampère-Tausendtel eingeschaltet. Wenn der Strom nicht durch eine der beiden Multiplicationen, sondern nur durch den beigegebenen, in die Einkerbung der Seitentheile des Boussolengehäuses einzulegenden metallischen Stab geführt wird (in der Figur unterhalb des Grundrisses der Boussole gezeichnet), zeigt die Nadel Ampère-Zehntel an.

Vom Theilstrich 0 bis zum Theilstrich 30 enthält die Scala Einheiten; vom Theilstrich 30 bis 50 ist die Scala von 5 zu 5 Einheiten eingetheilt; vom Theilstrich 50 bis 100 von 10 zu 10 Einheiten.

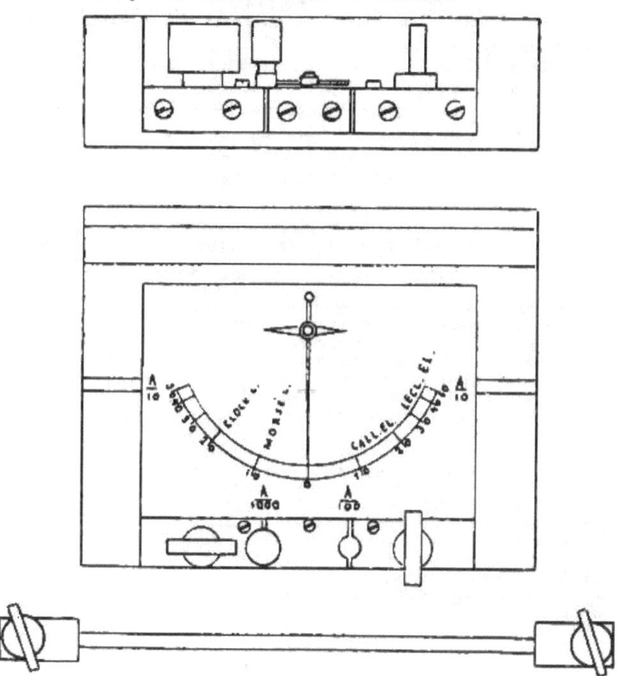

Fig. 1. (2/3 nat. Grösse.)

Da derlei Taschen-Boussolen zunächst zum Gebrauche für die Telegraphenmeister des k. k. Eisenbahn-Betriebs-Directions-Bezirkes Prag hergestellt wurden, so sind die daselbst vorkommenden normalen Stromstärken der Morsélinie, der Glockenlinie und der Controllinie, so wie die Stromstärken der in Verwendung stehenden Calland- und Leclanché-Elemente bei kurzem Schluss auf der Scala notirt.

Die Anwendung der Boussole ist die gleiche, wie sie im oben citirten Artikel ausführlich beschrieben ist; sie kann sonach als B a t t e r i e p r ü f e r und als L i n i e n p r ü f e r verwendet werden.

Um bei Ermittlung der Polspannung eines Elementes in einem äusseren Widerstande von 100 Ohm einen Widerstandskasten entbehrlich zu machen, ist dem Instrumente eine bifilar gewickelte Widerstandsspule von 97 Ohm beigegeben, welche den Widerstand der Boussolenmultiplication auf 100 Ohm ergänzt.

Wird das Element mit der für $\frac{A}{1000}$ eingestellten Boussole un[illegible] Widerstandsspule zusammengeschaltet, so kann die Polspannung un[illegible] von der Scala abgelesen werden; denn die Anzahl der $\frac{A}{1000}$ multipl[illegible] der Anzahl Ohm des äusseren Widerstandes (100) gibt die Span[illegible] Zehntel-Volt an. Wo der Widerstand der Elemente gegen den Widerstand von 100 Ohm vernachlässigt werden kann (in der R[illegible] Leclanché- und Trocken-Elementen), kann die Polspannung zugl[illegible] Werth der elektromotorischen Kraft angesehen werden.

Der Boussole wird eine ihrem Zwecke entsprechende Anleit[illegible] Gebrauche beigegeben.

Ich halte dafür, dass ein derartiger Strommesser, wenn er a[illegible] geeignet ist, Messungen mit jener Genauigkeit vorzunehmen, wie einem für wissenschaftliche Zwecke gearbeiteten Messinstrumente wird, jedem, der galvanische Elemente zu behandeln hat, gute leisten kann, und auch als Hilfsmittel des Unterrichtes in den gründen der Lehre vom Galvanismus brauchbar wäre.

---

66. Versammlung deutscher Naturforscher und Aerzte in [illegible]

24. bis 30. September 189[illegible]

Auf der zu Nürnberg 1893 abgehaltenen 65. Versammlung deutscher Naturforscher und Aerzte wurde als nächster Versammlungsort Wien bestimmt. Die Versammlung wird vom 24. bis 30. September 1894 stattfinden.

Theilnehmer an derselben kann jeder werden, der sich für Naturwissenschaft oder Medicin interessirt.

Für die Theilnehmerkarte ist ein Betrag von 10 fl. ö. W. zu entrichten; die Karte berechtigt zum Bezuge des Festabzeichens, des Tagblattes und der anderen für die Theilnehmer bestimmten Drucksorten, zum Besuche der Ausstellung und zur Theilnahme an Festlichkeiten; sie ist zu diesem Zwecke mit Coupons versehen, gegen welche die entsprechenden Karten ausgegeben werden. Weiterhin berechtigt die Theilnehmerkarte zum Bezuge von Damenkarten à 5 fl. Letztere legitimiren die Besitzerinnen bei den veranstalteten Festlichkeiten, Ausflügen u. s. w., sowie bei den vom Damen-Ausschuss vorbereiteten Unternehmungen.

Die Theilnehmerkarten sind bis 22. September durch die Verlagsbuchhandlung des Herrn Franz Deuticke, I. Schottengasse 6, gegen Einsendung des Betrages, vom 23. September an in der Kanzlei der 66. Versammlung deutscher Naturforscher und Aerzte, Universität, I. Franzensring zu beziehen. Ebendaselbst werden Anmeldungen für den Beitritt zur Gesellschaft deutscher Naturforscher und Aerzte angenommen.

Das Tagblatt wird täglich von 9 Uhr an in dem dazu bestimmten Bureau der Universität gegen Vorweisung der Theilnehmerkarte und Abgabe des betreffenden Coupons ausgefolgt. Dasselbe wird das Programm jedes Tages, die kurzen Sitzungsberichte des vorhergehenden Tages, anderweitige Mittheilungen an die Th[illegible] sowie die Liste derselben und [illegible] nungen enthalten. Um die Voll[illegible] dieser letzteren zu ermöglichen, [illegible] Theilnehmer gebeten, beim Lösen [illegible] nehmerkarte seine Wohnung und [illegible] spätere Aenderungen derselben a[illegible]

Mit der Versammlung ist eine [illegible] versitätsgebäude untergebrachte A[illegible] verbunden, zu deren Besichtigung [illegible] nehmer vom 24. bis 30. Septem[illegible] laden sind. Dieselbe zerfällt in [illegible] theilungen:

1. Allgemeine medicinisch-[illegible] schaftliche Gegenstände;

2. historische Ausstellung [illegible] cinischen und naturhistorischen Ob[illegible]

3. Ausstellung naturwissens[illegible] Lehrmittel der österreichischen Mit[illegible]

Die Vorträge finden in 40 Ab[illegible] statt u. zw.: 1. Mathematik, 2. A[illegible] 3. Geodäsie und Kartographie, 4. [illegible] logie, 5. Physik, 6. Mineralogie u[illegible] graphie, 7. Chemie, 8. Pflanzenp[illegible] und Pflan[illegible] 9. Systemat[illegible] tanik und [illegible] 10. Zoologie, [illegible] mologie, 12. [illegible] und Anth[illegible] 13. Geologie und Palaeontologie, [illegible] sische Geographie, 15. Anatomie, [illegible] siologie, 17. [illegible] und me[illegible] Chemie, 18. [illegible] und mikr[illegible] Untersuchung der Nahrungsmittel, [illegible] meine Pathologie [illegible] pathologische [illegible] 20. Phar[illegible] und Pharm[illegible] 21. Pharm[illegible] 22. Interne Medicin, [illegible] rurgie, 24. [illegible] und Ge[illegible] 25. Kinder[illegible] 26. Psych[illegible] Neurologie, 27. Augenheilkunde, 2[illegible] heilkunde, [illegible] und K[illegible] 30. Derm[illegible] Syphilis, 31. [illegible]

32. Medicinalpolizei, 33. Gerichtliche Medicin, 34. Medicinische Geographie, Statistik und Geschichte, 35. Balneologie und Klimatotherapie, 36. Militärsanitätswesen, 37. Zahnheilkunde, 38. Veterinärmedicin, 39. Agriculturchemie und landwirthschaftliches Versuchswesen, 40. Mathematischer und naturwissenschaftlicher Unterricht.

Die Theilnehmer und deren Damen erhalten als allgemeines Festabzeichen eine weiss-rothe Rosette mit goldenem Adler auf schwarzem Mittelfelde. Als besondere Kennzeichen tragen:

Der Vorstand der Gesellschaft: Weisse Rosetten mit Schleifen.

Sämmtliche Mitglieder von Ausschüssen: Weiss-rothe Rosetten mit Schleifen.

Die auf den Bahnhöfen functionirenden Ordner tragen weisse Schärpen mit der Aufschrift: „66. Versammlung deutscher Naturforscher und Aerzte."

Aus dem sehr reichhaltigen wissenschaftlichen und allgemeinen Programm seien hier nur aus ersterem die Vorträge angeführt, welche für Elektrotechniker von Interesse sind.

4. Abtheilung: Meteorologie. Sitzungslocale: U., Hörsaal des geographischen Institutes. Professor R. Börnstein; Luftelektrische Beobachtungen bei Ballonfahrten. Director Professor Wittwer: Ueber Luftelektricität.

5. Abtheilung: Physik. Sitzungslocale: Hörsaal des physikalischen Institutes, IX. Bez., Türkenstrasse 3. Professor H. Hammerl (Innsbruck): Demonstration eines Modells einer dynamo-elektrischen Maschine, das gestattet, mittelst wandernder Lichtpunkte den Verlauf der Ströme in Gramme's Ring bei Gleichstrom, Wechselstrom und Drehstrom zu zeigen. — Dr. P. Bachmetjew (Sophia): Ueber die elektrischen Erdströme Bulgariens. — Professor J. Klemenčič (Graz): Ueber die Selbstinduction in Eisendrähten. — Professor K. Zickler (Brünn): Ueber das Universal-Elektrodynamometer. — Professor A. Wassmuth (Graz): Die Anwendung des Gauss'schen Principes vom kleinsten Zwange auf die Physik und insbesondere Elektrodynamik. — Professor O. Simony (Wien): Ueber periodische Aufnahmen des Sonnenspectrums vom Gipfel des Pik von Teneriffa (3711 *m*) mit Demonstration von im Sommer 1888 von dem Vortragenden daselbst aufgenommenen ultravioletten Spectren. — Dr. J. Tuma (Wien): Demonstration Tesla'scher Experimente mit Strömen von hoher Frequenz. — Professor R. Börnstein (Berlin): Luftelektrische Beobachtungen bei Ballonfahrten. — Dr. J. Sahulka (Wien): Neue Untersuchungen über den elektrischen Lichtbogen. — Hermann Eisler (Wien): Thema vorbehalten. — Professor P. Neesen (Berlin): *a)* Ueber Messung von Verdampfungswärmen. *b)* Ueber den mit verschiedenen Quecksilberluftpumpen erreichten Verdünnungsgrad. — J. Kessler (Kremsier): Der menschliche Körper als Elektricitätsquelle und Elektricitätsleiter.

Professor Stricker (Wien) wird Montag den 24. September, Abends 5 Uhr, im Hörsaal für experimentelle Pathologie, IX. Allgemeines Krankenhaus (Leichenhof), Folgendes demonstriren: *a)* Das Potential eines Metalles in Flüssigkeit. *b)* Der Volta'sche Grundversuch ohne Contact. *c)* Das Galvanometer bei einseitiger Ableitung als Elektrometer. *d)* Wirkung des negativen und positiven Poles auf den Menschen.

Die Vorstände folgender Anstalten laden zu deren Besichtigung ein:

K. k. Sternwarte; für einen später zu bestimmenden Tag.

Elektrische Abtheilung der „Imperial Continental Gas-Association", I. Schenkenstrasse 10; für Freitag den 28. September, 2 bis 3 Uhr Nachmittags.

Firma Siemens & Halske, I. Augustinerstrasse 8; Tag: nach Beschluss der Abtheilung; Zeit: zwischen 8 und 12 Uhr Vormittags oder 1 bis 5 Uhr Nachmittags. Zeitdauer der oberflächlichen Besichtigung des Etablissements $2^1/_2$ Stunden.

Internationale Elektricitäts-Gesellschaft, II., Engerthstrasse 199; Tag: nach Beschluss der Abtheilung, Zeit: bis 3 Uhr Nachmittags.

Elektrische Bahn Mödling—Hinterbrühl; für Donnerstag den 27. September, 4 bis 6 Uhr Nachmittags.

7. Abtheilung: Chemie. Sitzungslocale: Hörsaal des chemischen Universitäts-Laboratoriums, IX. Währingerstrasse 10. Ad. Jolles (Wien): Ueber Kesselspeisewasser und über die Ursache der Corrosionen in Dampfkesseln. — J. Oser (Wien): Ueber Elementaranalyse auf elektrothermischem Wege (mit Demonstrationen). — J. M. Eder (Wien): Ueber ultraviolette Absorptions- und Emissionsspectren, mit Demonstrationen. — E. Valenta (Wien): Ueber die Photographie in natürlichen Farben nach der Interferenzmethode, mit Demonstrationen.

Installations-Material für Schiffsanlagen.

I. Allgemeines.

Auf keinem Gebiete des Beleuchtungswesens hat sich das elektrische Licht so schnell und unbedingt die Herrschaft erworben, als auf dem Gebiete der Schiffsbeleuchtung.

Die zweifellose Anerkennung, welche die Verwendung des elektrischen Lichtes auf Schiffen sowohl von Seiten des Schiffsbaues, wegen der leichten und bequemen Montage, als auch von Seiten der Schiffsführung, wegen des hellen und ruhig brennenden Lichtes, gefunden hat, ist der Grund, weshalb alle grösseren Dampfer der Neuzeit mit einer derartigen Beleuchtung versehen werden.

Die Erzeugung der elektrischen Energie geschieht durch eine oder mehrere Dampf-Dynamo-Maschinen, die in der Nähe der Maschinen- und Kesselräume ihre Aufstellung erhalten und ihren Strom an eine in möglichster Nähe der Dynamomaschine angebrachte Schalttafel abgeben, von welcher die einzelnen Stromkreise abzweigen. Die Anzahl dieser Stromkreise richtet sich nach der Grösse des Schiffes; doch wird im Allgemeinen folgende Eintheilung eingehalten werden können:

1. Oberdeck, ein Stromkreis.

2. Vorderschiff, ein bis zwei Stromkreise.

3. Maschinen- und Kesselräume, zwei Stromkreise.

4. Achterschiff, ein bis zwei Stromkreise.

Hierzu kommen noch gegebenen Falls die nöthigen Stromkreise für die Scheinwerfer.

Die Lampen in den Maschinen- und Kesselräumen (unter 3) werden an zwei Stromkreise so vertheilt, dass die betreffenden Räume noch gleichmässig mit halber Lampenzahl beleuchtet werden, falls einer der Stromkreise versagen sollte.

Sämmliche Leitungen werden als Hin- und Rückleitungen verlegt, da es nicht statthaft ist, den Schiffskörper als Rückleitung zu verwenden. Um jede magnetische Beeinflussung zu vermeiden, wird Hin- und Rückleitung nebeneinander verlegt und eine Entfernung von mindestens einem Meter von allen Compassen eingehalten.

Als Leitungsmaterial wird hauptsächlich Kupferdraht mit besonders sorgfältiger Isolirung, in Holzleisten verlegt, verwendet. Die Holzleisten, aus in Firniss gesottenem Fichtenholz, sind mit sauber in Nuten eineingepassten Deckleisten versehen. (Fig. 1.)

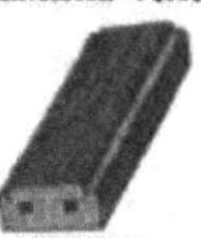

Holzleiste.

Fig. 1.

In den Kessel- und Heizräumen, sowie in anderen Schiffsräumen, welche aussergewöhnlich feucht sind, wird asphaltirtes Bleikabel verlegt. Bei der geringen Anzahl Lampen, welche hier meist angebracht werden, dürften Abzweigungen von diesem Kabel innerhalb der feuchten Räume sich leicht vermeiden lassen dadurch, dass man von der ausserhalb geführten Hauptleitung für jede Lampe eine besondere Abzweigung einrichtet. An Oberdeck, für Positionslaternen und Oberdecksbeleuchtung, findet eisendrahtarmirtes oder eisenbandarmirtes Bleikabel Verwendung.

II. (

Von all den
lampen Systemen
Allgemeine
sellschaft in
Verbreitung gef
windesystem.

Es war zu
jenigen Installat
Gewindeanschlus
sonders Glühlar
für Schiff
denn einer Ver
lichen Weise
dass die
schwächeren
der grossen
trieb befindliche
Schiffen
Gewin
heben
der

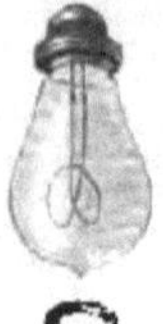

welche
innen
wie der
auf diesen
zeitig
ein sicheres
ermöglichen.

Zunäch
weit
ein be
Fassung
lampe,
so ziel
durch
löslichen
gesamm
sicher

Befest
heitschaltern,
auf der Schaltta

III. Sich

Die Sicherl
rung der einzeln
tung und sind d
Construction (F
dass die Haupt
durchgeführt m
draht auf ein k
befreit ist, in
schrauben die

heitsstöpsel und mit der Abzweigleitung hergestellt wird, so dass also auf diese Weise jede Löthstelle vermieden wird. Die eigentliche Sicherung selbst besteht in einem Bleifaden, welcher je nach der grössten zulässigen Stromstärke verschieden dimensionirt ist. Dieser Bleifaden ist in einem Stöpsel aus feuersicherem Material montirt, welcher aussen Gewinde trägt, mit dem er in dem

Sicherheitsschalter.

Sicherheitsschalter nach Abnahme der Kappe.

Fig. 3 und 3 *a*.

Sicherheitsschalter befestigt wird. Bei den Bleistöpseln wird ebenso wie bei den Glühlampen zum Einsetzen und Befestigen im Schalter der Gegenring verwendet, so dass auch hier, selbst bei den stärksten Erschütterungen, ein dauernd guter und unlöslicher Contact gebildet wird.

Um das Einsetzen falscher Bleifäden für grössere als die erforderliche Stromstärke unmöglich zu machen, sind die Bleistöpsel für die grösseren Stromstärken stufenweise kürzer gehalten, als diejenigen für niedrigere Stromstärke, während der Contact durch Schrauben mit verschieden hohen Köpfen gebildet wird. Da letztere dauernd in der Fassung bleibt, so ist es hiedurch in der That unmöglich, einen Bleistöpsel für eine grössere Stromstärke, als durch die Schraube bestimmt ist, in den Schalter einzusetzen.

Gegenüber den Sicherungen mit federnden Klemmen und Bleistreifen haben diese Schalter den Vorzug, dass der Contact, da es ein Gewinde-Contact ist, nie mit der Zeit abnehmen und schwächer werden kann, wie es bei Federcontacten unvermeidlich ist, und dass man eine Verbindung nur durch den Bleistöpsel selbst herstellen kann, während man bei den Sicherungen mit Bleistreifen, statt dieser letzteren, aus Bequemlichkeit, wenn nicht gleich ein neuer Streifen zur Hand ist, jedes beliebige Stück Draht oder Blech einsetzen kann, wie es thatsächlich oft beobachtet wird. Der Sicherheitsschalter ist mit einer Kappe versehen, welche den Apparat gegen Feuchtigkeit gut abdichtet und welche nur mittelst eines besonderen Steckschlüssels abgenommen werden kann.

IV. Deck- und Schottdurchführungen.

Die Deck- und Schottdurchführungen dienen dazu, die Leitungen derartig durch Decks- und Schottwände zu führen, dass dieselben wasserdicht bleiben.

Die Deckdurchführungen (Fig. 4) bestehen aus zwei nebeneinander liegenden Rohren, jedes für eine der beiden Leitungen, welche durch einen gemeinsamen Flansch so verbunden sind, dass der grössere Theil der Rohre über dem Deck hervorsteht, wenn die Durchführung mittelst des Flansches und einer untergelegten Gummiplatte wasserdicht auf dem Deck befestigt ist. Das Abdichten der Leitungen in den Rohren selbst

Deckdurchführung.

Fig. 4.

geschieht entweder durch stopfbüchsenartige Muttern oder durch Ausgiessen der Rohre mit Chatterton-Compound etc.

Jede Schottdurchführung besteht aus zwei gleichartigen runden Scheiben mit conisch gestalteten Rändern (Fig. 5),

Schottdurchführung.

Fig. 5.

welche in einem entsprechend grossen Loch der Schottwand so befestigt werden, dass auf jeder Seite derselben ein Theil sich befindet. Nachdem ein Gummiring in das Loch der Schottwand gelegt worden ist, werden beide Theile durch Bolzen und Mutter fest zusammengezogen, so dass hierdurch der äussere Rand der Schottdurchführung wasserdicht abgeschlossen ist. Wird jetzt durch Beschädigung des Schiffskörpers der Raum auf der einen Seite des Schotters mit Wasser gefüllt, so drückt dieses auf den betreffenden Theil der Schottdurchführung und vermöge des conischen Randes derselben verstärkt es selbstthätig die abdichtende Wirkung des Apparates. Der Leitungsdraht wird mittelst isolirender Holz- oder Hartgummibüchsen durch stopfbüchsenartige Muttern mit Gummischeiben hindurchgeführt, so dass auch hier ein einseitiger Wasserdruck die abdichtende Wirkung selbstthätig verstärkt.

V. Anschlussdosen.

Die Anschlussdosen dienen zum Anschlusse der beweglichen Handlampen am Oberdeck oder in den Schiffsräumen. Im ersteren Falle sind sie stets vollständig dicht gegen überkommendes Wasser abgeschlossen (Fig. 6), während im zweiten Falle (Fig. 7) dieser Abschluss durch einen Deckel mit Gummiring nur dann bewerkstelligt wird,

Anschlussdose.
Fig. 6.

Anschlussdose.

Anschlussdose m Stöpsel.

Fig. 7.

wenn die zugehörige Lampe ausser Betrieb ist.

Die Contactstöpsel (Fig. 8) für beide Arten in jedoch gleich und reichen aus bis zu Stromstärken von 10 Amp.

Contactstöpsel.
Fig. 8.

Die Anschlussdose mit wasserdichtem Abschluss besteht aus einem Gehäuse, welches innen die Contacttheile zum Anschluss an die Zuführungsleitungen enthält und an dessen oberen Rande aussen Gewinde eingeschnitten ist, in welches eine Ueberwurfmutter eingreift, während zugleich zwischen dieser Mutter und dem Gehäuse ein kräftiger Ring aus weichem Gummi eingelegt wird. Ist nun der Contactstöpsel fest eingesetzt, so wird die Ueberwurfmutter angezogen und presst dadurch den weichen Gummiring zusammen, so dass er sich fest um den Contactstöpsel legt und so einen durchaus wasserdichten Abschluss bildet. Bei ausgeschaltetem Beleuchtungskörper tritt an Stelle des Contactstöpsels ein blinder Holzstöpsel, an welchen sich nunmehr der Gummiring anlegt und welcher durch eine kleine Kette stets mit seiner Anschlussdose verbunden ist. Damit die Ueberwurfmutter bei der Manipulation des Ein- und Ausschaltens nicht gänzlich losgedreht werden kann, ist sie mit einer Nase versehen, welche rechtzeitig an einen Stift im Gehäuse anschlägt. Diese Anschlussdosen finden Verwendung für Oberdecks-Arbeitslampen, Positions- und Staglaternen, Fallreeplampen u. s. w., wie überhaupt für solche Beleuchtungskörper, welche einer directen Berührung mit Seewasser durch überkommende Wellen ausgesetzt sind.

Die zweite Art von Anschlussdosen (Fig. 9) ist genau ebenso gebaut, wie die

bisher bes
der Abdicht
welcher ein
diesen die
schliesst, w
Diese Ansc
Verwendun
räumen, den

besteht aus
kräftiges G
ist. Der u
sehen, mit
jedem Unt
befestigt w
selbe Gewi
Hierdurch
man die
wechseln k
welche als
nur klein z

Der Untertheil für die Zwischendeckslampe (Fig. 11) besteht aus einer Holzrosette, welche den Gewindering und die Glühlampenfassung trägt.

Zwischendeckslampe.
Fig. 11.

Maschinen- und Kesselraumlampe.
Fig. 12.

Der Untertheil für die Maschinen- und Kesselraumlampen (Fig. 12) besteht aus einem Metallstück, welches an seinem unteren Ende so mit Gewinde versehen ist, dass man hier Gasrohr einschrauben kann. Letzteres wird dann beliebig gebogen, so dass es auch zwischen den bewegten Theilen der Maschine hindurchgeführt werden kann, um die Lampe in der Nähe desjenigen Maschinentheiles festzuhalten, welcher beleuchtet werden soll, während gleichzeitig innerhalb des Gasrohres die Zuleitung geführt wird.

Handlampe.
Fig. 13.

Für die Handlampen (Fig. 13) findet derselbe Untertheil Verwendung, wie für die Maschinen- und Kesselraumlampen, nur wird statt des Gasrohres der entsprechende Handgriff eingeschraubt. Als bewegliche Zuleitung für diese letztgenannten Lampen wird ein gut isolirtes Doppelkabel verwendet, wobei die Verbindung mit dem Handgriff durch eine Lederkappe, die mittelst Bindedrahtes wasserdicht aufgesetzt ist, Schutz erhält.

Die elektrische Anlage in Weiz bei Graz.

In dem lieblich gelegenen Markte Weiz bei Graz mit ungefähr 2000 Einwohnern besteht schon seit mehr als 100 Jahren eine bedeutende Sichelfabrikation; ausserdem sind daselbst andere Schmiedewerkstätten, seit neuerer Zeit auch eine Fourniersäge, eine Kunstmühle und eine Maschinenfabrik im Betriebe. Die verschiedenen Hammerwerke und Werkstätten liegen sehr zerstreut an grösseren Mühlgängen des im Sommer sehr wasserreichen Weizbaches. Die Ausnützung der Wasserkraft zu industriellen Zwecken in altbergebrachter Weise mit Mühlrädern datirt, in Weiz seit mehr als 250 Jahren.

Erst seit ungefähr zwei Jahren ist nun auch ein Elektricitätswerk mit Turbinenbetrieb eröffnet für private und öffentliche elektrische Beleuchtung und Kraftübertragung.

Das Elektricitätswerk, sowie die ganze Beleuchtungsanlage, hat Herr Franz Pichler mit selbst construirten und aus der dortigen Maschinenfabrik gebauten Maschinen und Apparaten hergestellt.

Ein Mühlgang von 1·3 *km* Länge, unweit des Einganges der in Touristenkreisen bekannten und theilweise sehr interessanten „Weizklamm" beginnend, führt das dem Weizbache entnommene Betriebswasser bis knapp oberhalb des Elektricitätswerkes; von hier wird das Wasser — 700 Liter per Secunde — durch eine Röhre von 80 *cm* Durchmesser mit $17\frac{1}{2}$ *m* Gefälle auf das horizontale Rad einer Turbine geleitet, welche einer Maximalleistung von 120 *HP* fähig ist. Das in wasserreichen Zeiten in grosser Menge vom Mühlgange zugeführte überschüssige Wasser stürzt südlich vom Werke zum Abflusse ab, um dann der weiteren Ausnützung für die Hämmer und Werke im Markte Weiz wieder zugeführt zu werden.

Nachdem aber in wasserarmer Zeit auf den beanspruchten Wasserzufluss nicht mit Zuversicht gerechnet werden kann, musste Herr Pichler in seiner Centrale eine kleine Dampfkraftanlage als Reserve vorsehen; eine stehende Dampfmaschine mit Meyer-Steuerung und Strahl-Condensator von 35 *HP* nebst dem entsprechenden Dampfkessel genügt diesem Zwecke. Die Turbine betreibt vorläufig eine Wechselstrom-Dynamo mit Trommelinductor, welche zwei in der Phase um $\frac{1}{4}$ Periode verschiedene Ströme von je 350 Ampère und 80 Volt liefert; eine zweite ganz gleiche Dynamo wird noch zur Aufstellung gelangen, wenn das Bedürfniss hiezu vorliegt.

Die Hauptleitungen führen von der Dynamo zu zwei primären Transformatoren in der Centrale, von welchen der inducirte secundäre Strom von 2000 Volt durch die Fernleitungen zu den secundären Transformatoren geleitet wird, deren 16 an der Zahl möglichst nahe an den Verbrauchsstellen mit Rücksicht auf den weiten Umkreis des Beleuchtungsnetzes vorgesehen sind.

Die Leitungen sind durchwegs, auch im Markte, auf hohem Gestänge geführt, an welchen zugleich auch die Glühlampen für die öffentliche Beleuchtung und die secundären Transformatoren angebracht sind. Alle Stangen, an welchen der inducirte hochgespannte Strom von 2000 Volt geführt wird, sind mit Warnungstafeln versehen; es wird zu diesen Fernleitungen $4^1/_2$ *mm* Kupferdraht verwendet, während zu den Leitungen für den primären Stromkreis bei abseits liegenden kleineren Transformatoren theilweise auch 5 *mm* Eisendraht versuchsweise in Benützung kommt, welcher Versuch sich bis jetzt sehr gut bewährt hat, nachdem bei diesen Leitungen nicht so sehr die Leitungsfähigkeit als vielmehr die Bruchfestigkeit in Betracht zu ziehen kommt. Die Centrale liegt in nördlicher Richtung, 2·2 *km* von der Mitte des Marktes Weiz und 4·7 *km* von der weitesten Verbrauchsstelle entfernt.

Eine kleine Gleichstrom-Maschine dient zur Erregung der Wechselstrom-Dynamo; im Uebrigen ist die Centrale mit den nöthigen Nebenapparaten sehr einfach und zweckmässig ausgerüstet.

Es wird gegenwärtig Strom für 800 Glühlampen von je 16 Kerzen geliefert; Bogenlampen sind nicht im Betriebe.

Hundert Lampen, darunter auch einige von 32 und 50 Kerzen am Hauptplatze des Marktes und besonders exponirten Punkten, dienen zur öffentlichen und ungefähr 900 Lampen, wovon auch mehrere von 10 Kerzen, zur privaten Beleuchtung, sowohl in den Wohnungen und Geschäftslocalen, als auch in den verschiedenen Hämmern und Werkstätten der Sichelgewerke, Handwerker und Industriellen in Weiz.

Man sieht heute in Weiz jeden Familien- und Gasthaustisch elektrisch beleuchtet, jeder Schuster, Schneider, Tischler u. dgl. arbeitet bei elektrischem Glühlichte, ebenso der Essmeister im Sichelhammer.

Die Gemeinde zahlt, sowie der Private, für eine 16kerzige Glühlampe per Monat 72 kr.; Strom[illegible] brauche.

Die Glühla[illegible] Pichler bezog[illegible] bezahlt werden.

Die Bewoh[illegible] daher nicht bel[illegible] leuchtung ein th[illegible]

Was die e[illegible] betrifft, so steht[illegible] allerdings heute [illegible] bis jetzt nur zw[illegible] 6 und $^1/_2$ *HP* im [illegible] mit 6 *HP* in der [illegible] der mechanische[illegible] machers.

Der [illegible] liche Paus[illegible] der Bedingung[illegible] der elektrischen [illegible] motor [illegible]

Bionen [illegible] kleine K[illegible] zur Einrichtung [illegible] stehenden [illegible] die volle [illegible]

Die [illegible] in den [illegible] Fernleitungen [illegible] ist, wird eine [illegible] gespannten Stro[illegible] Leitung erhalten [illegible] kannt, beim El[illegible] bache in Mühla[illegible] nehme Erfahrun[illegible] war die Teleph[illegible] Innsbruck oberh[illegible] bracht und mus[illegible] nung nach dem [illegible] werden.

Uebrigens [illegible] Zeiten vergebens [illegible] treffen, welche d[illegible] Etablissements, [illegible] Zwecke immer [illegible] zu gestalten, so[illegible] denkbar mögli[illegible] begnügen müsse[illegible]

Nachrichten aus Ungarn.

Budapester elektrische Untergrundbahn. Die Budapester elektrische Stadtbahn-Gesellschaft und die Budapester Strassenbahn-Gesellschaft haben als Concessionäre der elektrischen Untergrundbahn eine neue Actien-Gesellschaft unter dem Titel: „Budapester elektrische Untergrundbahn-Actien-Gesellschaft" gebildet. Am 10. v. Mts. fand die Constituirung der neuen Actien-Gesellschaft statt. Zum Präsidenten wurde Josef Lukacs gewählt, ausserdem in die Direction Moriz Balasz, Joseph Hüvös, Heinrich Jellinek, Leo Lanczy und Alexander Orszag.

Projectirte Strassenbahn mit elektrischem Betriebe von Budapest nach Budafok. (Polit[illegible] Der kgl. unga[illegible] politisch-adminis[illegible] Brückenkopfe ei[illegible] Donaubrücken [illegible] ausgehenden, mi[illegible] Salzbäder bis B[illegible] den Strassenbah[illegible] für den 17. Se[illegible] Budapester Co[illegible] fordert, an die[illegible] Nach Ausbau [illegible] projectirte Linie [illegible] Budapester Stadt[illegible] bahnen mit ele[illegible] über die Brück[illegible] letzteren verbun[illegible]

Projectirte Strassenbahn von Budapest nach Rákos-Palota. (Bauausführung.) Die Projectanten einer von einem geeigneten Punkte an der nordwestlichen Peripherie der Landeshaupt- und Residenzstadt Budapest abzweigenden und mit theilweiser Benützung bereits vorhandener Strassenzüge, mit Berührung des Angyalföld (Engelsfeld), über Ujpest (Neupest) nach Rákos-Palota zu erbauenden Strassenbahn mit elektrischem Betriebe (vergl. Heft XV, S. 404) haben bezüglich des Anbaues und der Ausrüstung dieser Linie ein Uebereinkommen mit der Firma Ganz & Co. im Vereine mit der Ungarischen Industrie- und Handelsbank getroffen. Das genannte Bau- und Finanzirungs-Consortium hat nun im Einvernehmen mit den Concessionswerbern die hauptstädtische Communalverwaltung ersucht, den ursprünglich in Aussicht genommenen Ausgangspunkt der neuen Linie derart abzuändern, um schon vom Anbeginne eine directe Abzweigung von einem geeigneten Punkte der Linie Rudolfsquai—Podmaniczkygasse—Stadtwäldchen der Budapester Stadtbahn-Unternehmung für Strassenbahnen mit elektrischem Betriebe zu ermöglichen und derart die projectirte Linie mit dem Betriebsnetze der genannten Gesellschaft zu verbinden.

Elektrische Bergbahn-Actien-Gesellschaft in Budapest. (Constituirung der projectirten Unternehmung als Actiengesellschaft.) Unter Führung eines hervorragenden Budapester Finanzinstitutes ist die Gründung einer neuen Budapester Verkehrsunternehmung unter der Firma „Budapester Bergbahn-Actiengesellschaft" im Zuge. Die zu erbauende Strassenbahn, bezw. Bergbahn mit elektrischem Betriebe, wird von einem geeigneten Punkte des rechtsuferseitigen Donauquai vom II. Stadtbezirke ausgehen, mit Berührung des „Leopoldifeldes" (im Ofner Gebirge), des „tiefen Thales" bis Budakesz, mit Berührung der dortigen Villeggiatur über eine von dort abzweigende Flügelbahn bis Maria-Remete und weiterhin bis Hidegkut führen. Die Linie wird theilweise als Adhäsions-, theilweise als Zahnradbahn hergestellt werden.

Aus Italien.

Elektrische Bahnen. Livorno. Der Vertreter der Internationalen Elektricitäts-Gesellschaft Thomson Houston, hatte bei der Stadtvertretung in Livorno die Concession zum Baue und Betriebe einer elektrischen Tramlinie ab Livorno nach der Cappella von Montenero und von Ardenzo nach Artignano, zusammen rund 8 *km*, im September 1893 beantragt und auch erhalten. Sowohl Erzeuger und Träger der Triebkraft wie die Wagen werden nach dem System genannter Gesellschaft gebaut.

Elektrische Tramway Mailand-Locate-Landriano-Villanterio. Durch eine Versammlung von Vertretern der diesbezüglichen Ortschaften und sonstigen Interessenten wurde die vorgeschlagene Linie bereits im Herbst vorigen Jahres als völlig zweckentsprechend anerkannt und zur Feststellung der genaueren Einzelnheiten ein Ausschuss gewählt. Letzterer brachte auf mehrseitige Anregung noch eine Verlängerung über Inveruno-Corteleona und die Becca-Brücke über den Po nach Stradella in Vorschlag. Dieser fand in einer weiteren Versammlung der Betheiligten günstige Aufnahme, und sind seither die Vorarbeiten im Gange. Es ist zu bemerken, dass die ganze Linie einerseits deshalb eine gute Zukunft verspricht, weil sie die Verbindung von mehreren Ortschaften mit dem Verkehrsmittelpunkt Mailand bewirkt, welcher einer bequemen und regelmässigen Anschlusslinie entbehrte, andererseits, weil der Strom sehr billig erzeugt werden kann. Durch den Wasserdruck des Lambro wird nämlich ständig und gewissermassen umsonst eine elektrische Kraft von — gering berechnet — mindestens 300 *HP* erzeugt. Abgesehen von der billigen Betriebskraft für die Tramway, welche ohne Zuhilfenahme von Kohle oder sonstigem Brennmateriale kaum 150 *HP* in Anspruch nehmen würde, bleibt der Rest verwendbar für elektrische Beleuchtung in den betheiligten Orten und als Betriebskraft für gewerbliche Anlagen. Die Gemeindevertretung Villanterio hat einen Zuschuss von 10.000 Lire, zahlbar in zehn Jahresbeiträgen, dem Unternehmen zugesichert.

Elektrische Tramway Varese-Prima Cappella. Die Firma Schuckert & Co. in Nürnberg hatte einen sorgfältig gearbeiteten und mit genauen Einzelnheiten versehenen Entwurf vorgelegt, welcher den ursprünglichen Vorschlag insoferne verbesserte, als an keiner Stelle die Neigung 6% überschreitet. Der frühere Kostenanschlag betrug 365.000 Lire, hat sich jedoch bedeutend ermässigt. In der Ende December 1893 stattgehabten Versammlung der Betheiligten, welche das erforderliche Capital gezeichnet haben, war nur die kleinere Hälfte der letzteren vertreten, weshalb die Versammlung sich als beschlussunfähig erklärte, jedoch behufs Vermeidung von Zeitverlust bis zu einer neuen Berathung die fachmännische Prüfung der Vorlage anordnete. Aus dem Berichte über den Anlageentwurf ist ersichtlich, dass die Bahnlinie, beim Nordbahnhof zu Varese beginnend, einen Theil der städtischen Strassen durchzieht, demnächst die Provincial- und die Gemeindestrasse ab Selva piana bis zu deren Abzweigung nach Velate, alsdann die Privatstrasse Foscarini verfolgt und schliesslich bis zum Endpunkte der Haltestelle Prima

35*

Cappella auf eigenem Unterbau läuft. Die Gesammtlänge beträgt 6·3 *km*. Die Länge des eigenen Bahnkörpers von 1·2 *km* wird einschliesslich des Landankaufes auf 20.000 Lire veranschlagt. Die auf Grund der statistischen Ermmittlungen aufgestellte Berechnung stellt rund 54.000 Lire Roheinnahme, 35.000 Lire an Betriebs- und allgemeine Kosten somit 17.800 Lire Betriebsüberschuss in Aussicht. Es ist ein viertelstündiger Verkehr mit einer Durchschnitts-Geschwindigkeit von 14 *km* in

der Stunde vo
lage kann in
und soll geeig
Stunde zu b
sammlung am
Entwurf und F
giltige Bildung
Sitze in Vares
derselben wur
bestimmt, da
à 100 Lire.

Die elektrische Küche.

In Amerika, das für alle Neuerungen die Versuchsstation zu sein scheint, hat die Elektricität auch schon Eingang in die Küche gefunden. Unsere jungen Damen mögen sich daher darauf gefasst machen, dass sie später, anstatt mit Steinkohlen und Holz, elektrisch kochen werden. Das mag sich auf den ersten Blick etwas befremdlich ansehen, es bietet aber, wie die auf der Weltausstellung von Chicago angestellten Versuche und Proben beweisen, gar keine Schwierigkeiten oder Gefahren. Versetzen wir uns einmal auf diese Ausstellung zurück und betreten den Pavillon des Bostoner Elektricitätswerkes. Da sehen wir in einer der Abtheilungen auf einem mit Linnen belegten gewöhnlichen Tisch einen würfelförmigen schwarzen Kasten; auf einem andern stehen einige Blechtöpfe und verschiedene kreisrunde schwarze Platten, deren jede, ebenso wie auch die Töpfe, und jener schwarze Kasten mittelst Drahtes an eine elektrische Leitung angeschlossen sind. Auf den ersten Blick glaubt man sich in einem chemischen Laboratorium zu befinden, bald aber bemerkt man, dass es sich um eine Küche handelt. Da sieht man einen Neger in dem bekannten Kochcostüm mit Fleisch, Fett, Mehl und Wasser hantiren, auch der weibliche Apostel der Elektricität in der Haushaltung, Miss Johnson, hat sich eingefunden, bereit, alle an sie gestellten Fragen zu beantworten.

Solche Platten wie die vorstehend erwähnten werden übrigens, wie die dort liegenden Exemplare beweisen, besonders hergestellt, bezw. verwendet, indem man darauf einen gewöhnlichen Topf oder eine Pfanne stellt, denen sich die Hitze der Platte unmittelbar mittheilt, so dass man auch auf diese Weise elektrisch kochen kann. Der erwähnte schwarze Kasten ist nichts anderes als eine freistehende Bratröhre. Für den gewöhnlichen Hausbedarf hat er 50 *cm* in der Länge bei etwas geringerer Breite und Höhe, für Gasthofsküchen hat er eine Länge bis zu 1·50 *m*. Er ist mit einem Futteral von Holz und Asbest umgeben, so dass er sich während des Gebrauches nur mässig warm anfühlt. In einer der Seitenwände ist ein Guckloch angebracht, durch das man, ohne dass der Kasten geöffnet zu werden braucht, den Back- oder Bratprocess überwachen kann. Ein an dem Kasten ange-

brachtes The
Wärme im In
regeln. Sobal
ist, was durch
so ist die Plat
binnen zwei M
Bügeleisen erhi
Liter Wasser z
wird also durc
die jetzige sel
diesem Vorthe
nicht zu unter
sacht weder S
und man kann
Handhabung
kochen, wo ei
fügung steht.

Ausser die
apparate, (Pfan
maschinen etc.
Bodeneinsatz
förmiges Syst
die der elektri
Zwischen den
hitzenden Th
Glimmerplättc
Function oblie
die Ueberleitu
fässwände zu
lage aus einer
befindet sich
denjenigen Th
nicht erhitzt
zwecklose Ver
mieden wird.
sich Klemmer
Stromkreis.*)

Ein elekt
eine solche
kostbarste Mö
selben, gestell
auf den zum
erfolgt.

Man stell
Heizvorrichtun
auf demselben
Mehrere Platt
und mit feiner
mit der elektri

---

*) Derarti
Elektrischen A
Jahre 1883 von
Ober-Ing. Max J

gebracht, die Stubenwärme liefern. Da die elektrische Heizung, wie gesagt, keinen Staub, keinen Rauch und keine Gase verursacht, so ist sie zweifellos gesünder als die Steinkohlen- und Holzheizung. Da sie ausserdem, wie aus unserer Beschreibung hervorgeht, auch weit bequemer ist und bei allgemeiner Einführung auch wohlfeiler sein wird, so ist nicht daran zu zweifeln, dass man, wenigstens in grossen Städten, in nicht langer Zeit elektrisch heizen und kochen wird.

Neueste deutsche Patentanmeldungen.

Mitgetheilt vom Technischen und Patentbureau, Ingenieure MONATH & EHRENFEST. Wien, I. Jasomirgottstrasse 4.

Die Anmeldungen bleiben acht Wochen zur Einsichtnahme öffentlich ausgelegt. Nach § 24 des Patent-Gesetzes kann innerhalb dieser Zeit Einspruch gegen die Anmeldung wegen Mangel der Neuheit oder widerrechtlicher Entnahme erhoben werden. Das obige Bureau besorgt Abschriften der Anmeldungen und übernimmt die Vertretung in allen Einspruchs-Angelegenheiten.

Classe

21. F. 6922. Aus einem Halbseil bestehender elektrischer Leiter. — *Felten & Guilleaume* in Carlswerk bei Mülheim am Rhein.

„ M. 10,343. Mikrophon. — *B. Münsberg* in Berlin.

„ M. 10.930. Schaltwerk für zeitweise elektrische Treppenbeleuchtung. — *Fr. Müller* in Berlin.

Classe

21. R. 8252. Fernsprechanlage. — *G. Ritter* in Stuttgart.

„ S. 7685. Anordnung eines inductionsfreien Zusatzwiderstandes bei Nebenschluss-Bogenlampen für Wechselstrom. — *Siemens & Halske* in Berlin.

„ Sch. 8817. Wechselstrom-Bogenlampen mit Nachstellung der Kohlenstifte. — *Elektricitäts-Gesellschaft vorm. Schuckert & Co.*, Nürnberg.

LITERATUR.

Bergmann'sches Installations-System. Die Firma S. Bergmann & Co. in Berlin hat soeben eine neue reich illustrirte Preisliste veröffentlicht über die Bergmann'schen Rohre und das Installations-System dieser Firma. Wir haben darüber bereits im Hefte V, 1894, S. 115, ausführlich berichtet und wollen nur noch bemerken, dass der beste Beweis für die Güte dieses Systemes durch die Thatsache erbracht ist, dass dasselbe sowohl in Europa, als auch in Amerika eine grosse Verbreitung gefunden hat; in den amerikanischen Städten ist in sehr vielen Palästen und Monumentalbauten das Bergmann'sche Installations-System angewendet. Vertreter der Firma in Oesterreich ist Herr Ernst Jordan, Wien.

Die Elektricität im Dienste der Menschheit. Eine populäre Darstellung der magnetischen und elektrischen Naturkräfte und ihrer praktischen Anwendungen. Nach dem gegenwärtigen Standpunkte der Wissenschaft bearbeitet von Dr. A. Ritter von Urbanitzky. Mit ca. 1000 Abbildungen. Zweite vollständig neu bearbeitete Auflage. In 25 Lieferungen zu 30 kr. Bisher 20 Lieferungen ausgegeben.

Die vorliegenden Hefte (16—20) enthalten die wichtigsten praktischen Anwendungen der Starkströme, nämlich die elektrische Beleuchtung, die Galvanoplastik, Elektrochemie, Metallurgie und die elektrische Kraftübertragung.

KLEINE NACHRICHTEN.

Elektrische Bahnen in Wien. Allem Anscheine nach soll die Erledigung der Frage des Baues elektrischer Bahnen in Wien nunmehr beschleunigt werden, da das vom Stadtrathe zum Studium derselben eingesetzte Comité Ende des Monates Juli l. J. zur Berathung des Programmes für die Ausschreibung einer Concurrenz zur Erlangung von Offerten für das in Wien anzulegende elektrische Bahnnetz zusammentreten soll. Wie das „Fremden-Bl." mittheilt, ist den Mitgliedern des Comités der Entwurf des Programmes bereits zugegangen. Nach demselben wünscht die Commune ein einheitliches elektrisches Bahnnetz, welches die Innere Stadt mit den Bahnhöfen, Sommerfrischen und anderen Orten nächst Wien und die Bahnhöfe untereinander verbinden soll. Die elektrische Bahn soll wegen der erwünschten grösseren Fahrgeschwindigkeit in der Inneren Stadt und dem dicht verbauten Theile der Vorstadtbezirke unterirdisch, in dem freien, weniger verbauten Territorium im Niveau der Strasse, u. zw. hier beliebig mit oberirdischer oder unterirdischer Stromleitung geführt werden. Demjenigen Offerenten, welcher den Intentionen der Gemeinde am meisten gerecht wird und ihr die günstigsten Bedingungen zu stellen in der Lage ist, wird sie das Strassenbenützungsrecht und ihre Unterstützung bei der Concessionswerbung zutheil werden lassen.

Interurbanes Telephonnetz in Böhmen. Am 20. v. M. ist der Verkehr zwischen dem neuerrichteten Staatstelephonnetze in Schlan und den interurban verbundenen Staatstelephonnetzen in Asch, Eger, Franzensbad, Karlsbad, Saaz, Kladno, Aussig, Teplitz, Dux, Brüx, Prag und mit dem Staatstelephonnetze in Wien eröffnet worden. Die Sprechgebühr für ein gewöhnliches Gespräch in der Dauer von drei Minuten beträgt zwischen Wien und Schlan 1 fl. 30 kr.

Elektricitätswerke in Steyr. Am 4. v. Mts. fand in Steyr die constituirende Generalversammlung der Actien-Gesellschaft „Elektricitätswerke in Steyr" statt. Es waren 38 Actionäre erschienen, durch welche 1097 Stimmen vertreten waren. Den Vorsitz führte der Obmann des Interessenten-Ausschusses, Herr Dr. Angermann. In der Versammlung wurde bekanntgegeben, dass das Elektricitätswerk in Steyr mit einem Kostenaufwande von rund 150.000 fl. hergestellt wurde und gegenwärtig bereits 3000 Glühlampen installirt sind. In den Verwaltungsrath wurden gewählt: die Actionäre Dr. Franz Angermann, Andreas Ecker, Otto Sander, Johann Strachowsky und Johann Scholz. Bei der hierauf erfolgten Constituirung des Verwaltungsrathes wurden Dr. Franz Angermann zum Präsidenten und Andreas Ecker zum Vice-Präsidenten gewählt.

Elektrische Bahnen der westlichen Berliner Vororte. Die Veröffentlichung der Genehmigung für die elektrische Strassenbahn Gross-Lichterfelde-Lankwitz-Steglitz-Mariendorf (Colonie Südende) ist nunmehr im Amtsblatte des Teltower Kreises erfolgt. Die Genehmigung erstreckt sich auf folgende Linien: erstens vom Anhalter Bahnhof in Gross-Lichterfelde nach Bahnhof Steglitz, ausgehend von dem östlichen Ende der bestehenden elektrischen Bahn durch den Jungfernstieg, die Boothstrasse, die Berlinerstrasse und die Albrechtsstrasse; zweitens von Gross-Lichterfelde nach Steglitz, ausgehend von der bestehenden elektrischen Eisenbahn bei der Chaussée- und Schützenstrasse bis zur Einmündung in die obengenannte Linie, der Albrechtsstrasse; drittens vom Bahnhof Südende-Lankwitz nach Bahnhof Steglitz, durch die Steglitzer- und Mariendorfer Strasse bis zur Einmündung in die erstgenannte Linie, sowie auf den Betrieb der bereits bestehenden elektrischen Strassenbahn. Die Genehmigung ist auf 50 Jahre ertheilt, die Herstellung und Inbetriebnahme der Bahn muss innerhalb sieben zum Bau geeigneter Monate nach der Veröffentlichung der Genehmigung erfolgen; für den Fall der Nichterfüllung dieser Bedingung

ist eine C
festgesetzt.
triebe der
von 2000
darf 25 *km*
übersteigen
reichen St
Stunde zu
ende-Stegli
15-Minuten

Elek
brück (S
vor Kurze
baut word
zwei Gle
Siemens
den Strom
einige Mo
sind zwei
mulatorenf
vertheilung
system mit
lage wurd
Siemens
Oscar Be

Das
man uns n
eine interu
u. zw. ist
Königreich
hergestellt
Hauptstadt
Residenz d
Diese Tele
250 *km* h
3 *mm* Sili
Werk ein
wurde von
phonfabrik
welche au
ist diese
für die all
sondern n
der Minist
Nisch und
bestimmt.
Zwischenst
bildet übri
Telephonn
erstrecken
beschlossen
Belgrad m
präfecturen
sämmtliche
zu verbin
Telephonn
präliminirt
dem Staat
der teleph
meinde-Bu
nur die Ko
mit den
Dem Baut
gebührt d
auf dem
geführt z
noch, das

sammte Leitung in der kurzen Zeit von nicht ganz 5 Wochen hergestellt wurden, und dass die Verständigung eine tadellose ist.

Elektrische Beleuchtung und Eisenbahn in Belgrad. Seit vorigem Jahre bereits besitzt die serbische Hauptstadt statt der alten kümmerlichen Stadtbeleuchtung mit Petroleum-Lampen eine ganz modern eingerichtete elektrische Beleuchtungs-Anlage, welche in vollkommen befriedigender Weise fungirt. Die Hauptstrassen und Hauptplätze sind mit Bogenlampen, die Seitenstrassen dagegen mit Glühlampen beleuchtet. In letzter Zeit hat die Einleitung der elektrischen Beleuchtung in die öffentlichen Locale und in die Privatwohnungen begonnen. Seit Kurzem wird die Elektricität auch als motorische Kraft zum Betriebe einer kleinen schmalspurigen Bahn von Belgrad nach dem etwas mehr als $5^1/_2$ Kilometer entfernten Toptschider benützt, und diese zweite elektrische Unternehmung arbeitet ebenfalls in ganz tadelloser Weise. Von Viertelstunde zu Viertelstunde geht ein aus zwei Waggons, einem geschlossenen und einem offenen, bestehender Zug von der Belgrader Terazia nächst dem Konak ab, und binnen einer kleinen halben Stunde hält er unter den prachtvollen Bäumen des Toptschiderer Naturparkes und in unmittelbarer Nähe einer wohleingerichteten Restauration.

Eine Umwälzung im Eisenbahnwesen. (Mittheilung des Berliner Patentbureau Gerson & Sachse.)*) Voraussichtlich schon im November d. J. wird die erste Strecke der Chicago mit St. Louis verbindenden elektrischen Bahn dem Betriebe übergeben werden. — Die Gesellschaft, welche den Bau ausführt, hat das Recht erworben, die Hauptlinie mit wichtigen, zu beiden Seiten liegenden Ortschaften durch Nebenlinien zu verbinden und die an der Strecke liegenden Städte auch mit Elektricität für Beleuchtungs- und andere Zwecke zu versorgen. Der Betrieb erfolgt von vier Maschinenhäusern aus, welche in unmittelbarer Nähe von Kohlenminen, die der Gesellschaft gehören, errichtet werden. Die Fahrgeschwindigkeit wird 100 englische Meilen in der Stunde erreichen, so dass man die Entfernung der beiden Endstationen in drei Stunden zurücklegen kann, während bisher ein ganzer Tag erforderlich war. Die Wagen sind sehr niedrig gebaut und so eingerichtet, dass ihr Schwerpunkt möglichst nahe der Geleiseebene liegt. Die Vorderwand ist keilförmig gestaltet, um den Luftwiderstand leichter überwinden zu können. Der ganze Bau wird so ausgeführt, dass der Betrieb auch nöthigenfalls mit gewöhnlichen Dampflocomotiven stattfinden kann. Das Anlagecapital beträgt 10 Mill. Dollars.

*) Obiges Bureau ertheilt Abonnenten dieser Zeitung Auskunft über Patent- etc. Angelegenheiten gratis.

Tod durch Elektricität.*) In einem Münchener Privat-Elektricitätswerk hat dieser Tage ein erfahrener Monteur den Tod gefunden, weil er aus Unvorsichtigkeit in Berührung mit dem Strom gekommen ist. Der „Bayerische Courier" theilt nun folgenden Sectionsbefund mit: Der elektrische Strom war dem Manne am Oberarme in der Nähe des Ansatzes vom musculus deltoidens, dem hauptsächlichsten Heber der oberen Extremität, in den Körper eingedrungen. Den Eintritt des elektrischen Stromes bezeichneten fünf Brandwundflecke. Der Strom ging von da aus am Thorax entlang und am processus ensiformis; am oberen Theile des Brustbeines zeigten sich wiederum drei durch die Elektricität hervorgerufene Brandwunden. Von hier aus wandte sich der Strom rein in dorsaler Richtung und verliess an der Wirbelsäule den Körper. Es fanden geradezu Zerreissungen der immerhin sehr elastischen und starken Muskel- und Nervengebilde statt. Einen grossen Druck musste der elektrische Strom auch auf sämmtliche Blutbahnen und Blutgefässe des Körpers ausgeübt haben, indem sich zahlreiche Blutextravasate zeigten. Es muss also förmliche Blutstauung stattgefunden haben, die sich in Berstung der Leitungen äusserte. Auch einen Erguss ins Gehirn hatte der furchtbare Schlag zur Folge. Bemerkenswerth ist auch die Thatsache, dass es nahezu zehn Minuten dauerte, bis der Tod des Mannes eintrat.

Die epochemachenden amerikanischen Erfindungen. In seiner Rede zur Feier des hundertjährigen Bestandes des amerikanischen Patentgesetzes bemerkte Robert S. Taylor — wie der New-Y. „Techn." berichtet — dass die Quelle des wirklichen und bleibenden Reichthums der Welt unsere Gedanken sind. Es ist gerade ein Jahrhundert, seit durch den Kopf eines jungen Schullehrers in Georgia der Gedanke blitzte, dass man eine Maschine machen könnte, welche vermittelst einer Säge die Baumwollfaser von dem Samen trennen könnte. Mit diesem Gedanken dämmerte die Epoche der billigen Baumwollstoffe auf. Sechs Jahre später erschien die Nähmaschine, um den Stoff zu nähen, und die Epoche billiger Kleider war geschaffen. Robert Fulton sagte einst, dass Arkwright, Watt und Whitney die drei Menschen sind, welche ihren Brüdern das meiste Gute erwiesen haben. Fulton selbst ist der vierte. Er eröffnete die Epoche des Reisens mit Dampf durch seine Dampfschiffe; darauf folgte die Eisenbahn und die Locomotive. Seit Franklin begann die grosse Epoche auf dem Felde der Elektricität. Zunächst hat Morse diese mysteriöse Kraft zur Uebertragung der Sprache benützt. Die Dampfmaschine ist der Athem und die Muskel, der Telegraph das Nervensystem des modernen Systems. In der Hervorbringung des elek-

*) Vergl. Heft XVI, 1894, S. 439.

[illegible] der Schöpfung [illegible] irgend einem [illegible] auf der Erde das [illegible] ein wahres Stück [illegible] die segensreichste [illegible] phon. Die Epoche [illegible] Hoe's Cylinder- [illegible] Nahrung mit [illegible] chine! Und gibt [illegible] ng als die der [illegible] kanische Patent- [illegible] zwanzig Worten [illegible] jemals zweiund- [illegible] der geschriebene [illegible] Früchte für die [illegible]

[illegible] Strafe [illegible] ter dieser Spitz- [illegible] „Arch. f. P. u. Tel.": [illegible] nnt sich eine neue [illegible] Nervenkrankheit, [illegible] teter Ansicht ein [illegible] nserer von Dampf [illegible] vorwärts getrie- [illegible] besondere Form [illegible] Fernsprech-Abon- [illegible] s einmal versagt [illegible] nisse den glatten [illegible] en. Leider lassen [illegible] digenden Zornes- [illegible] der Sprechdraht [illegible] en Beamten ge- [illegible] ber nicht unge- [illegible] nicht der im [illegible] wie in jedem [illegible] che gute Ton [illegible]. Als s. Z. die [illegible] weibliche ersetzt [illegible], dass diese Aus- [illegible] gegenüber ver- [illegible] scheint sich die [illegible] rklicht zu haben; [illegible] einem Berliner [illegible] solcher der Be- [illegible] er. Wie der Auf- [illegible] n Amtes vor Ge- [illegible] Angeklagte den [illegible] ngeduldiger und [illegible] gender Herr be- [illegible] v. J. befand er [illegible] er in einem Zu- [illegible] Er hatte längere [illegible], Anschluss zu [illegible] das Amt meldete, [illegible] tende Fernsprech- [illegible] n Beleidigungen. [illegible] war durch einen [illegible] bestätigen, dass [illegible] lang vergebliche [illegible] he, das Amt zu [illegible] onnte aber darin [illegible] gung für diese, [illegible] er ganz unge- [illegible] r Sitte erblicken [illegible] Geldbusse. Der [illegible] 100 Mark, in- [illegible] lich erklärte, in

dieser V[illegible] bestem [illegible] fallend [illegible]

Gr[illegible] schule [illegible] jahr 18[illegible] Grossher[illegible] gemäss [illegible] wiederh[illegible] Hochsch[illegible] treter [illegible] Dr. He[illegible] Vo[illegible] sind für [illegible] genannt[illegible] Marx, [illegible] berg, [illegible] für Elek[illegible] Dr. Ki[illegible] Elektroc[illegible] Dr. St[illegible] wissensc[illegible] Professo[illegible] vertre[illegible] Vorstän[illegible] Wagne[illegible] und Dr. [illegible] Da[illegible] technisch[illegible] Hofrath [illegible] tragen v[illegible]

Ei[illegible] durch [illegible] mittheilt[illegible] einem d[illegible] seln der [illegible] der Ni[illegible] waren, [illegible] Es [illegible] wolkenk[illegible] Wjasnik[illegible] eine Tel[illegible] festigen. [illegible] wie vor [illegible] schrei [illegible] heraus, [illegible] troffen [illegible] Erde ([illegible] so, jedo[illegible] Me[illegible] Todes [illegible] so wolk[illegible] von Sen[illegible] gungen, [illegible] wurden, [illegible] Todes [illegible] 107 We[illegible] mit un[illegible] Dieses [illegible] Nowgor[illegible] Bogoljub[illegible] erschlug [illegible] ergab [illegible] den Füs[illegible]

[illegible]: JOSEF KAREIS. — Selbstve[illegible]
[illegible] EHMANN & WENTZEL, Buchh[illegible]
[illegible] R. SPIES & Co. in Wien, V., [illegible]

Zeitschrift für Elektrotechnik.

XII. Jahrg. 15. September 1894. Heft XVIII.

ABHANDLUNGEN.

Ueber magnetische Verzögerungen in Eisenkernen in Folge periodisch wechselnder magnetisirender Kräfte.

Von J. DECHANT, Professor an der k. k. Staats-Oberrealschule im II. Bezirke in Wien.*)

Aus den Sitzungsberichten der kaiserl. Akademie der Wissenschaften in Wien.

Von den zahlreichen Rotationserscheinungen im periodisch wechselnden Magnetfelde, wie sie namentlich von E. Thomson**) bekannt gemacht wurden, lässt sich eine Gruppe dadurch in einheitlicher Weise erklären, dass man die Wirkung in Betracht zieht, welche zwei periodisch wechselnde magnetisirende Kräfte, deren Phasendifferenz zwischen 0^0 und 180^0 gelegen ist, in einem Eisenkerne hervorbringen.

Leitet man um einen langen derartigen Stab durch eine kurze Drahtspule einen Strom, so pflanzt sich von der direct magnetisirten Stelle aus die Magnetisirung so fort, dass die magnetischen Momente der einzelnen Schichten oder die Intensitäten ihrer Magnetisirung abnehmen. Als Gesetz dieser Abnahme wird bei Anwendung von Gleichströmen das einer geometrischen Progression angenommen.***) Wenn wir vorläufig dasselbe auch für Wechselströme als giltig annehmen, und wenn M_1 das Maximum des magnetischen Momentes an der direct magnetisirten Stelle ist, so wird das Moment in der Entfernung x von dieser Stelle gleich $M_1 q^{-x}$ zu setzen sein, wobei $q > 1$ ist.

Der Vorstellung entsprechend, dass eine Schichte durch Vertheilung die folgende magnetisirt, muss ferner eine gewisse Zeit vergehen, bis die Veränderungen des magnetischen Zustandes von einer Stelle bis zu einer entfernten fortschreiten, und in der That bestätigen die Versuche verschiedener Forscher †) das Vorhandensein solcher Verzögerungen. Allein dieselben sind bei Eisenkernen, die der Länge nach untertheilt sind, so geringfügig, dass wir vorläufig davon absehen und im Gegentheil annehmen können, dass alle Schichten unseres Stabes gleichzeitig ihren Magnetismus ändern. Nehmen wir noch diesen Wechsel als sinusartig an, so ist das durch diese erste Kraft (I) an irgend einer Stelle erzeugte wechselnde Moment

$$m_1 = M_1 q^{-x} \sin \frac{2\pi t}{T}.$$

In ähnlicher Weise wird eine zweite periodisch wechselnde Kraft (II), die an einer von I um die Länge l entfernten Stelle einwirkt und deren Phasenwechsel um $\vartheta < \frac{T}{2}$ später erfolgt, für einen zwischen I und II gelegenen Punkt ein veränderliches Moment erzeugen:

$$m_2 = M_2 q^{-(l-x)} \sin \frac{2\pi}{T}(t - \vartheta).$$

*) Vergl. Heft IV ex 1894, S. 83.

**) Lum. électr., 30, 1888, p. 341 und Beibl., 13, S. 243.

***) G. Wiedemann, Elektr., III, S. 541.

†) G. Wiedemann, Elektr., IV, S. 262.

36

Wenn nun die Intensität der Magnetisirung mit der magneti Kraft proportional angenommen wird, so ergibt sich als beiläufig druck für das resultirende Moment

$$m_1 + m_2 = M \sin\left(\frac{2\pi t}{T} - \varphi\right),$$

wobei

$$M^2 = M_1^2 q^{-2x} + M_2^2 q^{-2(l-x)} + 2 M_1 M_2 q^{-l} \cos\frac{2\pi\vartheta}{T}$$

und

$$\cot\varphi = \cot\frac{2\pi\vartheta}{T} + \frac{M_1 q^{-x}}{M_2 q^{-(l-x)} \sin\frac{2\pi\vartheta}{T}} =$$

$$= \cot\frac{2\pi\vartheta}{T} + \frac{M_1}{M_2} \cdot \frac{q^{l}}{\sin\frac{2\pi\vartheta}{T}}.$$

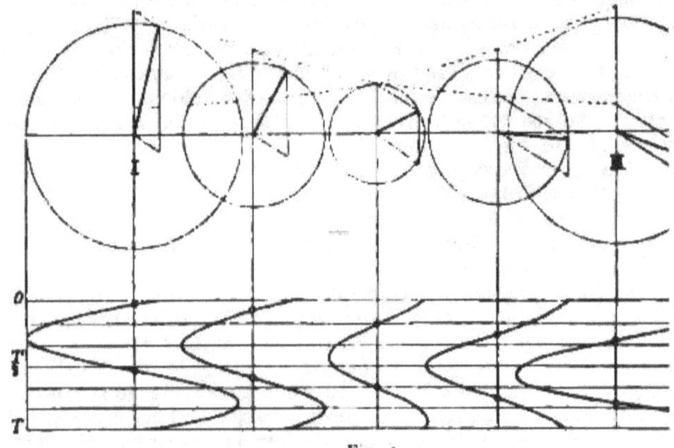

Fig. 1.

Aus der letzten Formel ist unmittelbar zu ersehen, da wachsende x auch die Verzögerung φ zunimmt. D auch dann noch, wenn die Abnahme der magnetischen Momen nach einer geometrischen Progression erfolgt, sondern wenn nur üb der Factor von M_1 eine mit x abnehmende und der von M_2 ein zunehmende Function bedeutet.

Ueber die durch diese Verzögerung bedingten Magnetisir hältnisse des Stabes kann man sich passend auf graphischen eine Uebersicht verschaffen. Die Gerade I—II (Fig. 1) bedeutet de theilten Eisenstab, auf den bei I und II die beiden magnetisirende von gleicher Stärke und von einer Phasendifferenz $= 120^0 = \frac{T}{3}$ ein Die punktirten Linien stellen die Abnahme der magnetischen M längs des Stabes vor. Construirt man aus denselben und der angenor Phasendifferenz für verschiedene Stellen des Stabes Parallelogran geben die Diagonalen derselben die Grösse und Phase des resul Momentes an. Aus der Lage derselben erkennt man wieder die von I gegen II hin wachsende Phasenverzögerung. Darunter ist verschiedene Punkte der Wechsel der Magnetisirung während einer Periode längs einer zum Stabe Normalen abgewickelt, um daraus auch die Richtung der Magnetisirung, die ja eine longitudinale ist, zu ersehen. Der Anblick der Figur lehrt, dass die Maxima der Magnetisirung von I gegen II vorrücken, und zwar in der Zeit der zwischen den Stellen I und II bestehenden Phasendifferenz $= \vartheta'$. Nach $\frac{T}{2} - \vartheta'$ beginnt das entgegengesetzte Maximum bei I, um wieder während der Zeit ϑ' von I bis II zu wandern. Noch besser kann man dieses Vorrücken an den Minimis der Magnetisirung, d. i. an den Stellen, wo die Curven die Normalen durchschneiden, beobachten. Diese Minima stellen gewissermaassen Folgepunkte vor, da zu beiden Seiten derselben die Magnetisirungsrichtung entgegengesetzt ist, mithin die Elementarmagnete sich die gleichnamigen Pole zuwenden werden. Da ferner von einem solchen Folgepunkte aus nach beiden Seiten hin die magnetischen Momente zunehmen, so herrscht auf der ganzen Länge des Stabes zwischen I und II gleichzeitig derselbe freie Magnetismus. Nehmen wir an, dass in den Phasen, wo die Curven sich aneinander drängen, Nordmagnetismus herrscht, so findet dort, wo sie auseinander weichen, südmagnetischer Zustand statt. Kurz, wir haben hier Verhältnisse, die den fortschreitenden longitudinalen Wellen ähnlich sind.

Es ergibt sich hieraus, dass zwei periodisch wechselnde magnetisirende Kräfte von einer gewissen Phasendifferenz, die auf verschiedene Stellen eines Eisenstabes einwirken, fortschreitende magnetische Wellen von veränderlicher Amplitude aber verhältnissmässig geringer Fortpflanzungsgeschwindigkeit erzeugen. Wir finden die letztere, wenn wir die Distanz der Stellen, wo die Kräfte einwirken, durch die Phasendifferenz dividiren. Wächst ϑ', oder auch T, so nimmt daher die Fortpflanzungsgeschwindigkeit ab. Für $T = \frac{1}{43}$ Sec., $\vartheta' = \frac{T}{4}$ und $l = 10\,cm$ ist $c = 17\,m$.

Ich habe nun diesen Fall folgendermaassen experimentell verwirklicht: Auf einen aus $^1/_2\,mm$ dicken Lamellen bestehenden Eisenstab von $45\,cm$ Länge und von rechteckigem Querschnitt ($4 \times 3{\cdot}5\,cm^2$) werden zwei Drahtspiralen von je 150 Windungen und $2\,cm$ Länge geschoben. Dieselben werden von den Zweigströmen eines Wechselstromes durchflossen, von denen der eine durch einen Kupfervitriolwiderstand, der andere durch Selbstinduction auf gleiche Stärke (3 Amp.) gebracht ist. Der letztere, der durch eine Spule von 500 Windungen mit einem untertheilten Eisenkerne geht, wird in seiner Phase gegenüber dem ersten nahezu um 90^0 verzögert. Die in den gleichen Spulen I und II stattfindende Selbstinduction hat auf den Unterschied der Phasen keinen Einfluss, wohl aber wird er durch die gegenseitige Induction der beiden Spulen noch etwas vergrössert. Werden beide Spiralen in demselben Sinne durchflossen, u. zw. die Spirale I von dem nicht verzögerten Strome, so wird nach dem Früheren die Verzögerung von I gegen II zunehmen, oder die magnetische Welle wird in dem angegebenen Sinne fortschreiten. Wechselt man in einer Spule die Stromesrichtung, so wird die Phasendifferenz um $\frac{T}{2}$ geändert, sie ist also $\vartheta' - \frac{T}{2} = -\left(\frac{T}{2} - \vartheta'\right)$, d. h. der Phasenwechsel des Stromes in II erfolgt um $\frac{T}{2} - \vartheta'$ früher, und die Welle wird die entgegengesetzte F pflanzungsrichtung haben.

Die Mittel zum Nachweise dieser Verzögerungen im Allgemeinen dieselben wie diejenigen, welche bei Ferraris' ma tischem Drehfelde zur Anwendung kommen.

Man kann also zunächst eine auf einer Spitze schwebende Mag nadel anwenden. Dieselbe wird im allmälig verzögerten Magnet wohl nicht immer in Drehung versetzt werden, es kommt dabei ihre anfängliche Lage zum Eisenstabe an. Allein ertheilt man ihr im S der Fortpflanzung der magnetischen Wellen einen Stoss, so dass si Folge desselben eine Umdrehung macht, so wird sie bei jedem folge Vorübergang am Eisenstabe einen neuen Antrieb im Sinne ihrer Bewe erfahren, der ihre Geschwindigkeit steigert, bis die Widerstände mit treibenden Kraft in's Gleichgewicht kommen.

Man könnte auch eine um ihren Mittelpunkt drehbare Kup scheibe anwenden, indem man sie so aufstellt, dass der Stab pa einer Sehne ist, die beiläufig um den halben Radius der Scheibe Mittelpunkte entfernt ist. Allein da man die Scheibe nicht zu dünn wä darf, damit die in derselben inducirten Ströme nicht zu schwach wer so wird sie im Allgemeinen schwerer in Bewegung zu setzen sein.

Das empfindlichste Prüfungsmittel ist aber eine Eisenscheibe, entweder auf einer Spitze schwebt oder um eine horizontale A drehbar ist und so aufgestellt wird, dass der Stab tangential zum Rande Scheibe liegt. Ich verwendete Eisenscheiben von 0·15 *mm* Dicke, die mi nur ein geringes Trägheitsmoment hatten und daher bald die grö mögliche Rotationsgeschwindigkeit annahmen. Dieses Maximum h nicht nur von der Stärke des Magnetfeldes ab, sondern auch von Dauer der Einwirkung der vorbeiziehenden Welle. Bei sehr grosser F pflanzungsgeschwindigkeit kann die Scheibe einen geringeren Antrieb fahren als bei einer mässigen.

Eine solche Scheibe nimmt nun nicht nur zwischen den Spul und II eine der Fortpflanzungsrichtung der magnetischen Wellen sprechende Rotationsrichtung an, sondern sie rotirt auch — allerd langsamer —, wenn sie ausserhalb derselben dem Stabe gegen aufgestellt wird, u. zw. stets im selben Sinne wie zwischen den Spu Würde die Abnahme der magnetischen Momente nach einer geometris Progression erfolgen, so könnte für die Punkte ausserhalb der be Spulen keine weitere Phasenverzögerung mehr stattfinden. Denn für Punkte ausserhalb der Spule II wäre

$$\cot\varphi = \cot\frac{2\pi\vartheta}{T} + \frac{M_1 q^{-x}}{M_2 q^{-(x-l)} \sin\frac{2\pi\vartheta}{T}} = \cot\frac{2\pi\vartheta}{T} + \frac{M_1}{M_2}\cdot\frac{q^{-l}}{\sin\frac{2\pi\vartheta}{T}}$$

also constant. Um die vorhandene Verzögerung zu erklären, müsste daher annehmen, dass der Quotient der Abnahme pro Längeneinhei der Nähe der magnetisirenden Spulen kleiner sei als in grösserer fernung von denselben. Aehnlich verhält es sich vor der Spule I. I wäre

$$\cot\varphi = \cot\frac{2\pi\vartheta}{T} + \frac{M_1 q^{-x}}{M_2 q^{-(x+l)} \sin\frac{2\pi\vartheta}{T}} = \cot\frac{2\pi\vartheta}{T} + \frac{M_1}{M_2}\frac{q^l}{\sin\frac{2\pi\vartheta}{T}}.$$

Wenn man hier eine langsamere Rotation der Scheibe beobac als nach der Spule II, so erklärt sich dies wohl daraus, dass das Anwach der Stärke des Magnetfeldes im Sinne der Fortpflanzung der Drehung hinderlich ist, während die Abnahme die entgegengesetzte Wirkung hat.

Während hier magnetische Verzögerungen längs des Eisenstabes durch eine etwas umständliche Stromtheilung bewirkt wurden, die aber den Vortheil bot, die Verhältnisse symmetrisch zu gestalten und die Fortpflanzungsrichtung der Wellen umzukehren, hat E. Thomson einfacher solche Verzögerungen hervorgebracht, indem er ausser der primären, von einem Wechselstrom durchflossenen Spirale eine in sich geschlossene secundäre Spirale von wenig Windungen auf einen Eisenstab aufschob. Da die in der letzteren inducirten Ströme eine zwischen 90° und 180° gelegene Phasendifferenz besitzen, so erzeugen sie durch ihr Zusammenwirken mit dem primären Strome ähnliche von I gegen II hin zunehmende Verzögerungen. Die secundäre Spirale kann man auch in vortheilhafter Weise durch einen Kupferring oder eine Metallröhre ersetzen. Auch den Fall, dass man Verzögerungen durch Aufsetzen eines massiven Eisenstabes auf den untertheilten und direct magnetisirten Eisenkern hervorbringt, kann man als hieher gehörig betrachten, indem die in der Eisenmasse auftretenden Wirbelströme nicht nur die Phase der Magnetisirung längs des massiven Stabes verzögern, sondern auch verzögernd auf den untertheilten Eisenstab zurückwirken.

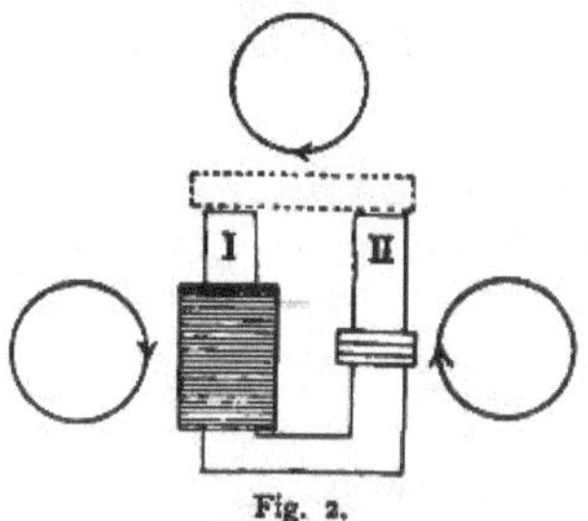

Fig. 2.

Schiebt man die primäre Spirale auf die Mitte unseres Eisenkernes und bringt man auf beiden Seiten secundäre Stromkreise an, so werden natürlich nach beiden Enden hin Verzögerungen auftreten, und die Eisenscheibe wird zu beiden Seiten der Magnetisirungsspirale entgegengesetzte Rotationsrichtungen annehmen. Gegenüber der primären Spirale selbst wird sie in Ruhe bleiben, wenn die Rückwirkung der secundären Ströme beiderseits gleich ist. Sie wird sich hingegen nach jener Richtung bewegen, wo die verzögernde Kraft bedeutender ist. Aehnlich verhält es sich, wenn ein massiver Eisenstab in seiner Mitte wechselnd magnetisirt wird. Die Eisenscheibe wird wieder auf beiden Seiten nicht nur entgegengesetzt rotiren, sondern sie wird gegenüber der magnetisirenden Spirale nur dann in Ruhe sein, wenn der Stab symmetrisch bezüglich derselben ist. Sonst dreht sie sich nach jener Seite hin, wo der Stab mehr hervorragt.

Zum Schlusse sollen noch zwei Versuche beschrieben werden, welche beweisen sollen, dass ausser den zwei magnetisirenden Kräften mit einer zwischen 0° und 180° gelegenen Phasendifferenz auch die Abnahme der Intensität der Magnetisirung längs des Stabes eine nothwendige Bedingung zum Zustandekommen dieser Verzögerungen ist.

Wenn man ein hufeisenförmiges, lamellirtes Eisenstück mit primärem und secundärem Stromkreise umgibt (Fig. 2), so rotirt die Eisenscheibe gegenüber beiden Schenkeln wie früher von I gegen II hin. Nebenbei sei bemerkt, dass sich auch gegenüber den beiden Polen Rotation einstellt, un von II gegen I. Diese Drehungsrichtung erklärt sich leicht, wer bedenkt, dass die Pole ungleichnamig sind, was einer Veränderun Phasenunterschiedes um 180° gleichkommt, so dass der von der dären Spirale umgebene Pol in seinem Phasenwechsel dem andern ist. Setzt man nun ein lamellirtes Eisenstück auf die Pole, so nim Rotationsgeschwindigkeit der Scheibe ab oder wird bei schwäche gnetisirung Null. Denn in dem geschlossenen magnetischen Krei die magnetischen Momente von den direct magnetisirten Stellen la ab als im offenen, und daher sind auch die Phasenänderungen g

Ein zweiter Versuch ist folgender: Wenn man um die S desselben hufeisenförmigen Eisenstückes Wechselströme in en gesetztem Sinne herumleitet, so dass an den Enden entgegeng Phasen der Magnetisirung auftreten, und wenn man ein massives stück als Anker vorlegt, so zeigt eine über demselben aufgestellte scheibe keine Rotation. Denn trotz der Wirbelströme, die in dem auftreten, findet keine Phasenverzögerung statt, da derselbe nahez stark in allen Theilen magnetisirt ist. Sobald man aber den Anker zurückzieht, dass er nur mehr den Rand des einen Poles berührt, sofort Rotation ein nach der Richtung, als die magnetischen M abnehmen. Die Drehungsrichtung geht in die entgegengesetzte übe man den Anker so weit vorschiebt, dass er nur den Rand des Poles berührt.

Ueber die specifische Leitungsfähigkeit des Kupfer Vorschlag zur Einführung einer einheitlichen Be nungsweise.

Vortrag von J. TEICHMÜLLER, Elektro-Ingenieur der Firma Felten & Gui in Mülheim am Rhein, gehalten in der Jahresversammlung des Verbandes der techniker Deutschlands in Leipzig 1894.

M. H.! Ich habe die Absicht, Ihnen vorzuschlagen, die sp Leitungsfähigkeit des Kupfers unter Vermeidung der bisher üblich heiten, nur noch in Einheiten des praktischen elektromagnetischen systemes auszudrücken. Dieser Vorschlag scheint mir so einfach dass ich glaube mich auf wenige Worte zu seiner Begründung besc zu können. Dabei bitte ich zu entschuldigen, wenn ich dem Inha in der Hauptsache das wiederhole, was ich in einem kurzen Aufsatze „E. T. Z." 1894, Heft 13, S. 177, über denselben Gegenstand gesag erst nach Veröffentlichung dieses Aufsatzes bin ich zu der Ueber gekommen, dass eine Frage wie die vorliegende vor das Forum d bandes der Elektrotechniker Deutschlands gehört.

Wenn ich in der folgenden Erörterung nur über das Kupfer obwohl die Frage sich in ihrem Kernpunkte auf alle Metalle bez thue ich das hauptsächlich, um mich um so kürzer fassen zu könn in dem Bewusstsein, dass die vorliegende Frage, wenn sie für diese tigste Metall der Elektrotechnik entschieden ist, auch ganz allge ledigt ist.

Eine Aenderung des gegenwärtigen Zustandes ist, meiner Ansic dringend nöthig wegen der Mannigfaltigkeit der jetzt gebräuchlich heiten und der daraus entstehenden Unklarheit und Verwirrung und der Unzulänglichkeit der am meisten verbreiteten Einheiten. Man heutzutage die specifische Leitungsfähigkeit des Kupfers entweder Procenten von der des chemisch reinen Kupfers oder in Vielfach der des Quecksilbers oder in Reciproken eines Ohm.

Die Mannigfaltigkeit, welche hiernach eine dreifache zu sein scheint, ist in Wirklichkeit viel grösser, denn bei der ersten Art des Ausdruckes, nämlich der Bezeichnung der specifischen Leitungsfähigkeit in Procenten von der des chemisch reinen Kupfers, wird selbst wieder eine ganze Reihe von Grundzahlen gebraucht. Einige von diesen Zahlen, welche den specifischen Widerstand des chemisch reinen Kupfers angeben sollen, habe ich in dem vorhin erwähnten Aufsatze angeführt; sie weichen etwa um 3·5% von einander ab und gerade die am meisten gebräuchlichen Zahlen haben den Nachtheil, dass sie zweifellos zu kleine Werthe angeben, sodass man sich gefallen lassen muss, von einer Kupfersorte von über 100% Leitungsfähigkeit zu hören.

Eine andere Quelle für die Vervielfachung dieser Einheiten ist durch die Thatsache gegeben, dass die am weitesten verbreitete Zahl, die Angabe von Matthiessen, in Maassen gegeben ist, die dem absoluten Maasssystem fremd sind. Matthiessen gibt bekanntlich an, dass ein Draht aus weichem chemisch reinen Kupfer von 100" Länge und 100 grains Gewicht bei 60° Fahrenheit einen Widerstand von 0,1516 Ω (B. A.) habe. Will man diese Zahl auf legale oder internationale Ohm, 0° C., Länge und Querschnitt beide in Centimeter und Quadrat-Centimeter oder Meter und Quadrat-Millimeter umrechnen, so muss man nicht nur die Verhältnisszahlen zwischen den einzelnen Maasseinheiten, sondern auch den Temperatur-Coëfficienten und das specifische Gewicht des Kupfers in Rechnung ziehen, und durch die Unbestimmtheit eines Theiles dieser Zahlen ist es erklärlich, dass die Zahlen, welche den Widerstand des Matthiessen-Kupfers in den letztgenannten Maassen ausdrücken, so häufig und oft so weit von einander abweichen.

Und keine von allen Angaben der specifischen Leitungsfähigkeit des chemisch reinen Kupfers ist die richtige; das kann mit Bestimmtheit behauptet werden. Auch die neueste Messung, die von Lagarde, nach der der specifische Widerstand 1·538 legale Mikrohm-Centimeter beträgt, ist hiervon nicht ausgenommen. Es ist dabei noch ein anderer, wichtiger Punkt ins Auge zu fassen, dass es nämlich überhaupt unmöglich ist, eine bestimmte Zahl für die specifische Leitungsfähigkeit des chemisch reinen Kupfers anzugeben, weil diese — stets dieselbe Temperatur vorausgesetzt — nicht nur von den Verunreinigungen, sondern auch ganz wesentlich von der mechanischen und molekularen Beschaffenheit des Kupfers abhängt, sodass sich also stets zwei Sorten Kupfer finden lassen würden, von denen die erste chemisch rein, die zweite verunreinigt ist, während trotzdem diese eine bessere specifische Leitungsfähigkeit besitzt als jene. Matthiessen hat versucht, diesem Umstande dadurch Rechnung zu tragen, dass er zwei Zahlen, die eine für hart gezogenes, die andere für geglühtes Kupfer, angab; diese beiden Epitheta genügen aber bei weitem nicht, um die wahre mechanische Beschaffenheit des Materiales zu kennzeichnen.

Aus alledem ist zu schliessen, dass die specifische Leitungsfähigkeit des chemisch reinen Kupfers nicht nur im besonderen des von Matthiessen so genannten, sondern ganz allgemein, eine durchaus unpassende Grundlage für die Bezeichnung der specifischen Leitungsfähigkeit der verschiedenen Kupfersorten bildet. Und selbst wenn wir hierunter das absolute Maximum der specifischen Leitungsfähigkeit verstehen und annehmen wollten, dass dieses Maximum mit derselben Genauigkeit wie die Leitungsfähigkeit des Quecksilbers bestimmbar und bestimmt wäre, so dürfte diese Angabe doch nicht als Einheit gebraucht werden; aus mehreren Gründen nicht, mit deren Erörterung ich mich jedoch hier nicht aufzuhalten brauche, weil wir von der Erfüllung der vorausgesetzten Bedingung noch sehr weit entfernt sind.

Dieser Art der Bezeichnung gegenüber hat die specifische Leitungsfähigkeit in V Quecksilbers auszudrücken, grosse Vorzüge. wenn man die Widerstände beider Metalle auf allerdings in der gewöhnlichen Ausdrucksweis 58fachen Leitungsfähigkeit des Quecksilbers) n Ein grosser Nachtheil dagegen, der diese Queck unannehmbar macht, liegt darin, dass sie nicht systeme in directer Beziehung steht.

Diese Bedingung, die mir unerlässlich ersc heit, das Reciproke eines Ohm. Sie wird gebraucht, und ich glaube den Grund hierfür z zu können, dass diese Einheit bisher keinen man beim Gebrauche derselben genöthigt, zu de verständlichen Umschreibung „Leitungsfähigkeit zu greifen, bei der man ganz vergisst, dass m bestimmten Dimensionen zu thun hat. Der letzt nun diesen Mangel beseitigt, indem er für das Namen Mho einführte, und damit sind wir den specifische Leitungsfähigkeit des Kupfers in Ein trischen Maasssystemes in einfachster Weise au

Das Mho selbst, die Einheit der Leitungsf nicht. Wir brauchen eine Einheit für die spe und wenn wir diese messen und bezeichnen woll Kubik-Centimeter beziehen und dann, dem Meg standes entsprechend, das Megamho-Centi die Einheit, die ich zum allgemeinen und allei möchte.

Die Einwände, die etwa gegen sie erhoben Erachtens bedeutungslos gegenüber ihren Vorz unzweideutige Ausdrucksweise ermöglicht und Uebereinstimmung mit dem absoluten Maasssyst

Zu den Nachtheilen gehört, dass der Nam dass die für das Kupfer in Betracht kommend liegen; wir müssen uns beim Gebrauche der n 0·58 oder 0·595 gewöhnen. Aber so sehr es a correcten Zahlen in der Schrift zu gebrauchen, wenn man sie sich beim Aussprechen bequemer in der Weise, wie es bei langen Fernsprechnum Zahl 0·595 mit den Worten neunundfünfzig-fü dann in Zahlen, die in Uebereinstimmung mit den sind (also Mho, bezogen auf 1 *m* Länge und 1 und deshalb geläufig genug sind, um den Uebe Bezeichnungsweise sehr zu erleichtern.

Ein anderer Einwand, der gegen das M Gunsten der Quecksilbereinheit erhoben werden für immer feststeht, während jene von der Gena Ohm abhängig ist. Nun ist aber wohl anzune mindestens einige Jahrzehnte unverändert in Kr dann wieder eine Aenderung nothwendig wird, klein sein, dass sie Angaben von praktischen überhaupt nicht mehr berührt. Schlimmsten Fa solchen neuen Festsetzung die Angaben über die dieselbe Aenderung mitzumachen haben, der c Maasszahlen in der Elektrotechnik und vor al instrumente, mit denen die Leitungsfähigkeit gemessen wird, unterworfen werden müssen. Sicher ist, dass beim Gebrauche des Mho niemals die alten Ohmbestimmungen in Frage kommen können, da dieser Name vor dem Chicagoer Congresse fast gar nicht, der Name Megamho-Centimeter wohl überhaupt noch nicht gebraucht worden ist.

Wenn ich nun zum Schlusse das Ergebniss meiner Betrachtungen noch einmal in kurzen Worten zusammenfassen soll, so behaupte ich:

1. Der gegenwärtige Zustand in der Bezeichnung der specifischen Leitungsfähigkeit des Kupfers bedarf dringend der Verbesserung.

2. Statt der zahlreichen Bezeichnungsweisen darf nur eine einzige gebraucht werden.

3. Die specifische Leitungsfähigkeit ist in Megamho-Centimeter, die Leitungsfähigkeit in Mho auszudrücken.

Eine Frage, wie die vorliegende, bei der es sich darum handelt, tief eingewurzelte Gewohnheiten auszurotten, kann zu einem dauerhaften Abschlusse nur gebracht werden, wenn man bei dem Gebrauche der neuen Bezeichnungsweise sich auf eine Autorität wie die des Verbandes der Elektrotechniker Deutschlands berufen kann. Und da ich glaube, dass die Frage wichtig genug ist, dass sie das Interesse dieses Verbandes verdient, so erlaube ich mir vorzuschlagen:

> eine Commission zu ernennen, welche über die Einführung einer einheitlichen Bezeichnungsweise für die specifische Leitungsfähigkeit des Kupfers (und der anderen Metalle), im Besonderen über die Brauchbarkeit des Megamho-Centimeters hierfür berathen und ihre Entscheidung dem Verbande der Elektrotechniker Deutschlands sobald als möglich vorlegen soll.

Ein hierauf folgender Beschluss des Verbandes würde sicherlich Kraft genug besitzen, um wenigstens in Deutschland mit den alten Einheiten schnell aufzuräumen und die ersehnte Einheitlichkeit und Eindeutigkeit herbeizuführen.

An diesen Vortrag schloss sich folgende Discussion:

Herr Dr. Feussner erklärte die Einführung der vorgeschlagenen Bezeichnungsweise deshalb für unnöthig, weil man mit der Angabe des specifischen Widerstandes auskomme. Nach dieser Anschauung werde auch von der phys.-techn. Reichsanstalt verfahren, welche als Ergebnisse ihrer Untersuchungen nicht die Leitungsfähigkeit, sondern den Widerstand, bezw. specifischen Widerstand in Ohm oder Mikrohm-Centimeter angebe. Das Wort Mho sei überdies ihm ausserordentlich unsympatisch, da es eine Verzerrung eines geachteten Namens darstelle.

Herr v. Dolivo-Dobrowolsky ist ebenfalls der Ansicht, dass das Ohm vollständig ausreiche; in der Allgemeinen Elektricitäts-Gesellschaft werde schon seit langer Zeit nur noch mit auf Ohm bezogenen specifischen Widerständen der Metalle gerechnet.

Der Vortragende erblickt in den Aeusserungen der Vorredner eine grundsätzliche Zustimmung zu seinen unter Punkt 1 und 2 aufgestellten Behauptungen und erklärt, dass auch er mit dem Vorschlage dieser Herren einverstanden sein würde, wenn er nicht aus der Praxis die Ueberzeugung gewonnen hätte, dass in der Leitungstechnik der Begriff der Leitungsfähigkeit nicht mehr entbehrt werden könne, nachdem derselbe sich einmal so fest eingebürgert hätte. Wenigstens habe ihm seine Erfahrung abgerathen, dem reinen Praktiker oder dem Kaufmanne einen so grossen Sprung zuzumuthen, wie er in dem Uebergange von der Bezeichnung in procentualer Leitungsfähigkeit zu der in Widerständen zu erblicken sei, womit auch das eingewurzelte Gefühl aufgegeben werden müsse, dass einem besseren, werthvolleren Kupfer eine höhere Zahl zugehöre. Gerade für den kaufm Verkehr, in welchem die falschen Bezeichnungen üblich wären, sei führung einer neuen correcten Bezeichnungsweise ein besonders Bedürfniss. Er gebe zu, dass der Name Mho nicht schön sei, jedo man sich bei Anwendung desselben auf die Autorität Lord Kelv ihn vorgeschlagen und die des Chicagoer Congresses, der ihn ang habe, berufen. Im Grunde aber liege ihm weniger die Einführung und Megambo-Centimeter, als vielmer die Festsetzung einer bestim correcten Bezeichnungsweise am Herzen. Welche dies sein solle, getrost der Commission überlassen.

Der Antrag wird hierauf einer Commission überwiesen und Vorschlag des Vorsitzenden Herrn Geh. Regierungsrathes Prof. Dr einer der bestehenden technischen Commissionen.

(Auf dem Chicagoer Congresse wurde nur die Bezeichnung h die Einheit der Inductionscoëfficienten angenommen; alle andere schlagenen neuen Bezeichnungen wurden fallen gelassen. D. R.)

Das städtische Elektricitätswerk Temesvár.

Die Stadt Temesvár war bekanntlich die erste Stadt des C deren Strassen durchwegs mit elektrischer Beleuchtung versehen Die hiezu dienende Anlage wurde von der International E Company, Limited erbaut und am 1. November 1884 in gesetzt. Im Jahre 1887 ging dieselbe an die Anglo-American Electric Light Corporation, Limited und 1891 an die Electrical-Engineering Company, Limited über. Am 1. Jän wurde dieselbe von der Stadt Temesvár selbst um den Preis von 2 angekauft und wird nun unter dem Titel „Städtisches Elektricitä Temesvár in eigener Regie betrieben.

Das Werk diente bis 1888 ausschliesslich den Zwecken der beleuchtung; von diesem Jahre an aber wurden auch Privat-Con mit Beleuchtung und Kraft versehen.

In Folge der Einführung der Privatbeleuchtung nun, sowi wichtiger, auf grössere Oekonomie hinzielender Aenderungen hat eine von der ursprünglichen Anordnung, welche in früheren Artike Zeitschrift beschrieben wurde, wesentlich verschiedene Ausgestal halten, welche in Folgendem kurz skizzirt werden möge.

Das beleuchtete Gebiet, mit einer Gesammt-Strassenlänge von c hat eine Fläche von ca. 10 km^2, vertheilt sich aber in Folge de Entfernung zwischen den drei Stadttheilen: Festung, Fabrik und J Meierhöfe auf ein Rechteck von ca. 6 *km* Länge und 2·5 *km* Breite die Luftlinie zwischen der äussersten Strassenlampe und der Central in der Vorstadt Fabrik gelegen ist, ca. 4 *km*, die Leitungsläng derselben ca 8 *km* beträgt.

Da die erste Anlage nur der Strassenbeleuchtung zu dienen war für die Stromvertheilung ein System gewählt worden, welche Speisung einer relativ kleinen, auf eine grosse Fläche vertheilte Lampen die grösste Oekonomie und Gleichheit des Lichtes gew und auch jetzt wieder in Amerika, hauptsächlich zur Strassenbe mit Bogenlampen, vielfach verwendet wird.*) Es ist dies das Sy Serienschaltung bei constanter Stromstärke, welches den Vortheil

*) Siehe unter Anderem: „Bogenlicht-Dynamos auf der Weltausstellung von Dr. Sahulka". „Z. f. E.", Wien, 1894, VIII, IX oder: „Die elektrische l der Weltausstellung in Chicago", von Geo. H. Mayer „E. T. Z.", Berlin 189

Anwendung der geringsten Drahtquerschnitte auch der weitesten Lampe die gleiche Stromstärke und Spannung zukommen zu lassen, wie der nächsten.

Die vollständige Unabhängigkeit dieses Theiles der Anlage von dem sogleich zu besprechenden System der Privatbeleuchtung bietet ausserdem die Möglichkeit, sämmtliche Lampen auf einmal in und ausser Betrieb zu setzen, sowie auch dieselben, etwa nach Mitternacht, leicht in der Lichtstärke zu reduciren.

Die Versorgung der Privat-Consumenten mit Licht wurde nach dem Ganz'schen Fernleitungsystem (Wechselstrom mit Transformatoren) durchgeführt, welches sich in Folge der grossen Ausdehnung des zu beleuchtenden Rayons ebenfalls sehr gut bewährt.

Die Leitungen sind ausnahmslos oberirdisch geführt, theils auf Holzsäulen, theils auf Trägern unter den Dach-Gesimsen der Häuser, da bei der grossen Ausdehnung der Stadt eine unterirdische Leitung eine zu bedeutende Erhöhung des Strompreises bedingt hätte. Die oberirdische Führung der Leitung bringt wohl in Folge der Verwendung hochgespannter Ströme Gefahren mit sich, die sich jedoch durch sorgsame Ausführung und Ueberwachung sowie entsprechende Sicherheits-Vorkehrungen auf ein Minimum reduciren lassen.

Die Centrale nimmt einen Flächenraum von ca. 2000 m^2 ein und besteht aus dem Kesselhaus, dem daran stossenden Maschinenraum, einem kleinen Tracte für Bureaus einem Magazin und Stallung.

Die Kesselanlage besteht gegenwärtig aus zwei Lancashire-Kesseln mit Galloway-Rohren von je ca. 86 m^2 und zwei Babcock-Wilcox-Kesseln von je ca. 160 m^2 Heizfläche; es ist jedoch noch Raum für weitere zwei Babcock-Wilcox-Kessel vorgesehen. Wegen der in Folge der unvorhergesehenen Ausdehnung der Anlage etwas zu geringen Dimensionirung des Schornsteines ist durch Aufstellung eines 4 *HP* Ventilators eine Verstärkung des Zuges durch Unterwind ermöglicht worden, welche jedoch vorläufig nur ausnahmsweise nothwendig wird.

Die Dampfmaschinen-Anlage besteht aus einer liegenden eincylinderigen ca. 160 *HP* Dampfmaschine von Ganz & Co. und vier stehenden ca. 150 *HP* Compound-Dampfmaschinen der Brush Electrical Engineering Co. Ld. London (Falcon-Type); eine fünfte solche Maschine ist soeben in Aufstellung begriffen.*)

Weiters ist eine grosse Worthington-Pumpe zur Lieferung des für die Central-Condensation (Syphon-Condensator) nöthigen Wassers, sowie zwei Speisepumpen und zwei Injectoren vorhanden, welche das Wasser entweder der Condensations-Wasser-Cysterne, dem Bega-Canale oder einer Reserve-Cysterne von ca. 38 m^3 Inhalt entnehmen können. Das Speisewasser wird durch den Auspuff der Pumpen vorgewärmt.

Was die Dynamomaschinen-Anlage betrifft, so theilt sich dieselbe entsprechend den zwei verwendeten Stromleitungs-Systemen in zwei Gruppen.

Zur Strassenbeleuchtung dienen vier Brush-Gleichstrom-Serien-Maschinen 8 L., jede für 10 Ampère und 2000 bis 3000 Volt gebaut, von welchen jedoch immer nur je zwei zum Betriebe nöthig sind, während die beiden anderen in Reserve stehen.**) Jede dieser beiden Maschinen versorgt

*) Ursprünglich war nur eine 300 *HP* Tandem-Maschine zum Betriebe vorhanden, welche jedoch durch mehrere kleinere Maschinen ersetzt wurde, da sie eine zu grosse Einheit bildete, und bei einer Störung an derselben nur eine nicht ausreichende Sigl'sche Maschine als Reserve zur Verfügung stand.

**) Anfangs wurden vier Brush-Maschinen zum Betriebe verwendet; erst später wurden, freilich unter wesentlicher Erhöhung der Betriebsspannung, zuerst nur drei, dann sogar nur zwei derselben zum Speisen derselben Anzahl Lampen herangezogen, was nach sorgfältiger Isolation der Leitungen und Beleuchtungskörper sich ohne weiteres durchführen liess und selbstverständlich eine viel günstigere Ausnützung der Maschinen ermöglichte.

einen separaten Serien-Stromkreis, welcher theils hintereinander gesch 10 Ampère-Bogenlampen, theils 10 Ampère-Serien-Motoren, hauptsä aber 47 hintereinander geschaltete Glühlampen-Gruppen speist, derer aus acht unter sich parallel geschalteten 16 *NK*-Lampen von 36 Vol 1·25 Ampère besteht,*) so dass dieselben zusammen ebenfalls 10 A consumiren.

Um eine Störung des Betriebes durch Unterbrechung des Stromk in Folge Ausbrennens mehrerer Glühlampen oder irgend welcher Stör an Bogenlampen oder Motoren zu verhindern, sind bei jeder Glühla Gruppe, respective jeder Bogenlampe und jedem Motor automatische schluss-Apparate angebracht, welche bei zu hohem Anwachsen der Spa an den Klemmen dieser Objecte durch Kurzschliessung der Zuleit ausserhalb derselben die Continuität des Stromkreises aufrecht erhalt

Die Privat-Beleuchtungs-Anlage, welche 1888 geschaffen wurd besteht gegenwärtig aus drei Wechselstrom-Dynamos der Type *W6* einer solchen der Type *A 6.* von Ganz & Co., Budapest (letztere s in Aufstellung begriffen), sämmtliche für 2000 Volt und 40 Ampèr 5000 Polwechsel gebaut; für zwei weitere solche Maschinen ist noch gen Platz vorhanden.

Als Erreger-Maschinen sind Gleichstrom-Compound-Maschinen Kremenezky, Mayer & Co., Wien in Verwendung.

Weiters sind noch zwei Mordey-Victoria-Wechselstrom-Mas von je 40.000 Watt als Reserve vorhanden, von je einer Brush-Vic Gleichstrom-Maschine erregt.

Sämmtliche Haupt-Dynamo-Maschinen mit Ausnahme einer Dynamo, welche mit der liegenden 160 *HP* Maschine von Ganz & direct gekuppelt ist, werden durch Seile angetrieben, u. zw. is Ganz-Dynamo von je einer separaten Dampfmaschine und je zwei I Serien-Maschinen mit je einer Mordey-Maschine gemeinsam von einer D maschine betrieben. Die Erreger-Maschinen sind durch Riemen vo entsprechenden Dynamos angetrieben. Die Ganz'schen - Wechsels Maschinen speisen zur Zeit des grössten Consums jede einen sep Stromkreis, können aber auch während des Betriebes gewechselt we bei geringerem Consum kann auch eine Maschine allein zwei oder me Stromkreise zugleich versorgen, was alles durch ein sehr interessante dem früheren Director Herrn F. W. Clements erdachtes Schal ermöglicht wird.

Von einem dauernden Parallel-Laufen der Maschinen wurde, d Maschinen solche älterer Type und von verschiedenen Dampfmascl Typen angetrieben sind, abgesehen, jedoch findet zum Zwecke der In Ausser-Betriebsetzung von Maschinen ein solches für kurze Zeit Schwierigkeiten statt.

Es dürfte nicht uninteressant sein, dass bis zum August dieses J das Parallelschalten der Maschinen ohne den gebräuchlichen Belast Rheostaten durchgeführt wurde, was bei genügender Schulung und merksamkeit des Personales ohne Hinderniss von statten ging; erst wurde, um eine grössere Unabhängigkeit von der Geschicklichkei Manipulanten zu erzielen, ein Lampen-Rheostat aufgestellt.

---

*) Bei der ersten Einrichtung waren weniger ökonomische Lampen von 5 1·25 Ampère in Verwendung gewesen.

**) Die seinerzeit in dieser Zeitschrift beschriebenen Doppellampen mit autom Umschalt-Vorrichtung wurden, wegen der zu grossen Anzahl von mechanischen App welche zu viel Controle und Reparatur erheischten, aufgelassen und durch einfache

***) Zum Betriebe der Privat-Beleuchtung war Anfangs das Strassen-Beleuchtu verwendet worden, indem bei den einzelnen Consumenten entweder ebenfalls Grupp je acht Lampen, oder einzelne „Bernstein-Glühlampen" für 10 Ampère aufgestellt w

Die zum Betriebe nöthigen Transformatoren, welche gegenwärtig in der Gesammtsumme eine Leistung von ca. 600.000 Watt repräsentiren, sind theils in kleinen gemauerten Annoncen-Säulen, theils in Gebäuden in feuersicheren Kästen oder gemauerten Räumen untergebracht und versorgen gewöhnlich eine grössere Anzahl Consumenten mit Strom von 100 Volt Spannung.

Es ist hiebei hervorzuheben, dass die secundären Wickelungen der Transformatoren nicht nur innerhalb derselben Station, sondern in einigen Fällen auch in der Weise verbunden werden, dass zwei räumlich durch mehrere Gassen getrennte Stationen parallel geschaltet sind, so dass hiedurch eine gleichförmigere Vertheilung der Spannung (ähnlich wie bei Speisepunkten von Ringleitungen) erreicht werden kann.

Die Anzahl der installirten Strassenlampen beträgt gegenwärtig 753 Glühlampen und 1 Bogenlampe, es ist jedoch eine Vermehrung derselben in Aussicht genommen. Bei Privat-Consumenten und im städtischen Theater sind ein Aequivalent von ca. 8000 16 *NK*-Glühlampen sowie 17 Bogenlampen und 10 Motoren von zusammen 10·25 *HP*, die letzteren bis jetzt ausschliesslich zum Betriebe von Pumpenanlagen für Wohnhäuser, installirt.

Die Bogenlampen werden theils mit Gleichstrom aus dem Strassen-Beleuchtungsnetz betrieben, theils mit Benutzung der 50 Volt-Klemmen der Transformatoren an das Privat-Beleuchtungsnetz angeschlossen.

Auch die Motoren sind zum grössten Theile Serien-Motoren und in die Strassenbeleuchtungs-Stromkreise eingeschaltet; es sind jedoch im Laufe dieser Jahre auch mehrere Anlagen mit synchronen Wechselstrom-Motoren von Ganz & Co. in Betrieb gekommen.

Der Strom-Consum wird zum grössten Theile mittelst des Wechselstrom-Zählers von Shallenberger (von der Westinghouse Electric Co. Pittsburgh) gemessen, jedoch sind bei einzelnen Glühlampen, Bogenlampen und Motoren auch Zeitzähler in Verwendung.

Der Preis der gelieferten Elektricität stellt sich für die communalen Gebäude auf 3 kr, für Privat-Consumenten auf 3·625 kr. per Hektowatt-Stunde, wobei der Austausch der ausgebrannten Lampen (es werden solche von 3 Watt pro *NK* verwendet) vom Werke unentgeltlich besorgt wird. Ausserdem sind vom 1. Jänner 1894 an Rabatte von 6—20%, dem totalen Jahres-Consum entsprechend, in Wirksamkeit getreten.

Für Bogenlampen wird inclusive Miethe der Lampe, Bedienung und Kohlenersatz 30 kr. per Stunde, bei Motoren ebenfalls 30 kr. per 1 *HP*-Stunde berechnet.

Für die Strassenbeleuchtung ist eine Pauschalsumme von 30.000 fl. festgesetzt.

Das Elektricitätswerk hat eine vollkommen selbstständige Geschäftsgebahrung, welche durch den Magistrat unter Mithilfe einer Commission überwacht wird.

Das Beamten-Personale des Werkes besteht aus dem Director, Buchhalter, Incassanten und einem Magazineur, der zugleich Buchhaltungs-Hilfsarbeiter ist, sowie zwei Werkführern, denen ca. 20 Arbeiter unterstehen, welche theils zum Betriebe, theils zur Installation der Beleuchtungs-Anlagen bei den Consumenten verwendet werden.

Das Werk rentirt sich, seitdem der Consum mittelst Zählern, und nicht, wie anfangs, auf Grund von Pauschalen berechnet wird, verhältnissmässig sehr gut, und sind Störungen in Folge fortgesetzter Vervollkommnung und Vorsorge für genügende Reserven sehr selten geworden, was eine fortwährende Vermehrung der Consumenten-Zahl zur Folge hat.

H. v. Billing.

Bericht über die Industrie, den Handel und die Verkehrsv hältnisse in Nieder-Oesterreich während des Jahres 1893.

Die **Handels- und Gewerbekammer in Wien** hat an das k. k. Handelsministerium den vorstehend erwähnten Bericht erstattet. Wir entnehmen demselben jene Daten, welche auf die Elektrotechnik Bezug haben und von unserem Vereine zum Theile beigestellt wurden.

Elektrotechnische Arbeiten.

Elektrische Beleuchtung und Kraftübertragung.

Der Betrieb der Wiener Centralstation der **Internationalen Elektricitäts-Gesellschaft** hat sich im Laufe des Berichtsjahres in günstiger Weise fortentwickelt, und haben die Anschlüsse an das Kabelnetz dieser Gesellschaft einen erfreulichen Zuwachs erhalten. Die Zahl der Anmeldungen zum Strombezuge war bereits im Jahre 1892 so angewachsen, dass mit Beginn des Jahres 1893 an eine Vergrösserung der Wiener Centralstation, Engerthstrasse, geschritten werden musste. Diese Vergrösserung umfasst sowohl die bauliche als maschinelle Anlage und ist dieselbe bis zum Herbste 1893 beendet und mit Beginn der Herbstcampagne in den regelmässigen Betrieb übernommen worden. Nach Vollendung dieses Erweiterungsbaues besitzt die Centralstation nunmehr eine Ausdehnung von 3200 m^2 bebauter Fläche. Die maschinelle Anlage ist auf 4000 *HP* nebst entsprechender Kesselstärke gestiegen. Das Kabelnetz dieses Werkes hat mit Ende des Berichtsjahres eine Ausdehnung von 115 *km* erreicht. Die Zahl der an dieses Kabelnetz behufs Stromversorgung angeschlossenen Lampen hat 70.000 Stück überschritten, welche sich auf 1500 Abnehmer vertheilen. Die Zahl der Bogenlampen, welche von der Gesellschaft versorgt werden, beträgt rund 800 Stück.

Die von der Wiener Centralstation versorgten Verbrauchsstellen betreffend, ist bemerkenswerth, dass die Lichtanlage in der k. k. Hofburg zu Wien auch im Berichtsjahre eine beträchtliche Erweiterung erfahren hat, indem der gegen den Michaelerplatz zu neuerbaute Tract gleichfalls elektrisch beleuchtet wird. Die im Sommer des Jahres 1893 neueröffnete Durchfahrt durch die Burg, welche mit ihrem Kuppelbau eine architektonische Sehenswürdigkeit der Stadt bildet, hat eine vielbesprochene Beleuchtung durch einen reichen Kranz von elektrichen Glühlampen erhalten.

Zu den verschiedenen, an die Centrale der Internationalen Elektricitäts-Gesellschaft angeschlossenen Bauten sind in Berichtsjahre neu hinzugekommen; das Gebäude des k. k. Finanzministeriums, die k. k. Theresianische Akademie, eine Reihe anderer Unterrichtsanstalten, das Krankenhaus Wieden, das k. k. Postpacket-Bestellamt, die Postämter am Staatsbahnhofe und Südbahnhofe, der Staatsbahnhof selbst, das k. k. Technologische Gewerbemuseum, das Vereins der k. k. Gesellschaft der Aerzte, das K männische Vereinshaus, das Haus des S vereines für Beamtentöchter, das Adelsca der Jockeyclub, die Synagoge der poln jüdischen Gemeinde im II. Bezirke, Palais etc. etc.

Desgleichen hat die Verbreitung elektrischen Beleuchtung in den sonst Verbrauchsobjecten, wie Wohngebäuden stituten, Bureaux, Geschäftslocalitäten, G Kaffeehäusern u. s. w., in den verschieden Theilen der Stadt zugenommen.

Bemerkenswerth ist ferner, dass, geregt durch eine Action des Wiener Cott vereines, die Gesellschaft ihre Kabelleitu mit Bewilligung der Gemeinde bis in Gebiet des XVIII. und XIX. Geme bezirkes, somit über das eigentliche Vert gebiet verlegt hat und zahlreiche Fami häuser in den Anlagen des Wiener Cott vereines mit elektrischer Beleuchtung sieht.

Die Gemeinde Wien, welche der breitung der elektrischen Beleuchtung v Interesse entgegenbringt, erwägt auch Einführung derselben auf einzelnen öf lichen Plätzen in Wien, und wird durch Verwirklichung dieses Vorhabens wünschenswerthe Entwicklung auch auf di Gebiete befördet sein.

Im Berichtsjahre hat die Nach nach elektrischer Kraft für motorische Zw und auch die Anwendung dieses Kraftbetri eine merkliche Steigerung erfahren in der elektromotorische Betrieb nicht nu verschiedene Zwecke gewerblicher Thäti eine steigende Benützung gefunden hat, son auch für häusliche Zwecke, wie insbeson für den Betrieb von Aufzügen (Lifts) zahlreichen Gebäuden vielfach einge wurde. Die Gesellschaft versorgte im richtsjahre 31 Elektromotoren von 1 10 *HP* mit Elektricität.

Die mit der steigenden Productio der Wiener Centralstation vortheilhafter wordenen Betriebsverhältnisse haben die sellschaft in den Stand gesetzt, ihren für die Stromlieferung herabzusetzen. besondere hat die Gesellschaft auch Grundtaxe vollständig aufgelassen, wa die Einbürgerung der elektrischen Bele tung, speciell in Wohnungen von be Einflusse war.

Die Internationale Elektricitäts-Ge schaft hat im Berichtsjahre auch an Zustandekommen einer ungarischen E tricitäts-Gesellschaft mitgewirkt, deren Th keit sich hauptsächlich auf das Gebiet Länder der ungarischen Krone erstre soll. Dieses Unternehmen wird auch gesellschaftliche Centralanlage in F übernehmen.

Im Laufe des Jahres 1893 ist Elektricitätswerk der Gesellschaft zur sorgung der beiden Industriestädte B und Biala vollendet und dem Betriebe übergeben worden, und wird auch in diesen Städten ein erfreuliches Interesse für die Benützung der Elektricität wahrgenommen. Dieses Werk besitzt gegenwärtig eine Leistungsfähigkeit von 300 *HP*.

Die allgemeine österreichische Elektricitäts-Gesellschaft, welche Gleichstrom von 4 × 110 Volt Spannung zur Vertheilung bringt, war in Folge des günstigen Umstandes, dass das von ihr adoptirte Fünfleitersystem die rationelle Vertheilung von Gleichstrom auf grössere Entfernungen ermöglicht und eine besondere Betriebssicherung durch die Verwendung von grossen Accumulatorenbatterien gewährleistet, sowie des weiteren Vortheiles, dass eine ökonomische Beleuchtung und weitgehende Lichttheilung durch Bogenlampen, die dank der hohen Vollkommenheit der heutigen Regulatoren auch in Innenräumen mehr und mehr Boden gewinnen, nur mit Gleichstrom durchführbar ist, auch im Berichtsjahre in der Lage, ihren Betrieb wesentlich zu erweitern, und konnte schon zu Anfang desselben eine wesentliche Reduction der Strompreise eintreten lassen. Letztere ist aber auch zum Theile durch die vortheilhaften Einrichtungen der neuen Centralstation im II. Bezirke ermöglicht worden, welche vorläufig eine Maschinenanlage von 2000 *HP* enthält und mit Benützung der neuesten Errungenschaften auf dem Gebiete der Maschinentechnik erbaut wurde.

Von diesen letzteren ist insbesondere anzuführen, dass für den jetzt bestehenden Complex von vier Maschinen à 500 *HP* ein Central-Condensator — System Weiss — mit separaten Pumpmaschinen aufgestellt wurde, weiter die rauchlosen Kesselfeuerungen nach Dürr-Gehre in Mödling und nach Schomburg.

Das Kabelnetz der Gesellschaft, welches im Vorjahre eine Tracenlänge von 32.730 *km* erreichte und 614 Abnehmer mit 31.159 Lampen (reducirt auf 16 *NK*-Glühlampen), darunter 2.750 Glüh-, 1243 Bogenlampen und 42 Motoren mit Stromvorrath umfasste, vergrösserte sich im Laufe des Jahres 1893 auf 35.985 *km* und speiste 789 Abnehmer mit 44.193 Lampen zu 16 *NK*, darunter 32.718 Glüh-, 1778 Bogenlampen und 57 Motoren, welche zusammen 44.200 Lampen repräsentiren; der Gesammtanschluss repräsentirt 2519 Kilowatt. Die Jahresleistung betrug 1,230.000 Kilowattstunden, bezw. circa 22 Millionen abgegebene Lampenbrennstunden. Mit der Erweiterung des nur auf den II. und VIII. Bezirk ausgedehnten Kabelnetzes wurde im Berichtsjahr begonnen und soll dieselbe den Anmeldungen entsprechend fortgesetzt werden.

Im Jahre 1893 wurden folgende grössere Anlagen dem Netze der Gesellschaft angefügt:

Das Künstlerhaus, das Hauptpostamt, die Marine-Section des Kriegsministeriums, die Gebäude der Bodencredit-Anstalt, der Depositenbank und der Niederösterreichischen Escompte-Gesellschaft, das Pathologisch-anatomische Institut, das Gebäude der Papierfabriks-Actien-Gesellschaft Steyrermühl.

Von angeschlossenen Motorenanlagen werden noch erwähnt: 12 Motoren für Pumpen zum billigeren Betriebe hydraulischer Aufzüge, 3 Motoren zum directen Antriebe von Aufzügen, vier zum Betriebe von Druckereien, 35 Ventilatoren etc.

Bei der Wiener Elektricitäts-Gesellschaft, der zweiten in Wien mit Gleichstrom arbeitenden Unternehmung, erfolgten die Kundenanmeldungen in der Berichtsperiode zahlreicher, als in den Vorjahren. Erwähnenswerth ist der Abschluss der Unternehmung mit dem Raimundtheater, weil dasselbe nicht nur vom Kabelnetze aus, sondern auch ganz unabhängig davon aus der im Theatergebäude aufgestellten Accumulatoren-Anlage mit Strom gespeist werden kann, somit die Möglichkeit gegeben ist, das Theater aus beiden Stromquellen gleichzeitig zu beleuchten, wodurch noch eine erhöhte Betriebssicherheit geboten wird.

Das Kabelnetz der Gesellschaft hatte mit Ende December 1893 eine Länge von 26·4 *km* (gegen 23·9 *km* im Vorjahre) mit einer Kabellänge von 112 *km*. Die Totalleistungsfähigkeit der Dampf-Dynamomaschinen betrug Ende 1893 1300 *HP*, jene der Accumulatoren-Batterien 223 Kilowatt. An das Kabelnetz waren am 31. December 1893 angeschlossen: 21.678 Glühlampen à 16 *NK* bei 418 Consumenten, gegen 13.972 Glühlampen à 16 *NK* bei 274 Consumenten mit Ende December 1892. Hiebei erscheinen die Bogenlampen und Elektromotoren auf Glühlampen à 16 *NK* umgerechnet.

Erfreulicherweise haben die Elektromotoren im Berichtsjahre grössere Nachfrage erfahren, und ist bei vielen Gewerbetreibenden die ursprünglich vorhandene Antipathie einer besseren Einsicht gewichen. Mit Ende December 1893 waren 50 Elektromotoren mit 239·7 *HP* an das Gesellschaftsnetz angeschlossen, wovon 9 Elektromotoren mit 127·6 *HP* im Dienste der Gesellschaft selbst standen und zum Betriebe von Gleichstrom-Transformatoren, Ventilatoren eines Aufzuges u. s. w. Verwendung fanden, während die übrigen 41 Motoren mit zusammen 112 *HP* in den verschiedensten gewerblichen Betrieben Anwendung fanden.

Nachdem die vorhandene Betriebsanlage, einschliesslich der nöthigen Reserve, nur für die bis Ende December 1893 angeschlossenen Lampen und Elektromotoren ausreicht, so muss dieselbe im laufenden Jahre (1894) schon, entsprechend dem Zuwachse, vergrössert werden, und ist hiefür in erster Linie die Aufstellung einer Accumulatoren-Batterie in Aussicht genommen, während die weitere Ausgestaltung durch Aufstellung von Dampfdynamos und Kesseln erfolgen soll, für welche die nöthigen Räumlichkeiten im Centralstationsgebäude bereits vorhanden sind. Es wird hiebei auch berücksichtigt werden, dass die aufzustellenden Dampfmaschinen für den Betrieb elektrischer Strassenbahnen geeignet sind.

Die allerwärts eingetretene Steigerung in der Verbreitung der elektrischen Beleuchtung ist um so beachtenswerther als gleichzeitig auf dem Gebiete der Gasbeleuchtung namhafte Fortschritte erzielt wurden. Es mögen diesbezüglich nur die neuen Gas-Regenerativ-Beleuchtungs-Apparate und die verbesserten Auer-Brenner Erwähnung finden, welche bekanntlich die Ausnutzung des Leuchtgases in weit höherem Maasse ermöglichen, als dies bisher der Fall war. Trotzdem haben sämmtliche Wiener Centralen für elektrische Stromerzeugung im abgelaufenen Jahre einen nicht unbedeutenden Zuwachs an Consumenten erhalten.

Insbesondere war es das k. k. Handelsministerium, welches der Entwicklung der elektrischen Beleuchtung eine besondere Förderung zutheil werden liess, indem in den diesem Ministerium unterstehenden Instituten (Post- und Telegraphen-Aemter etc.) die elektrische Beleuchtung in stetig wachsendem Ausmasse eingeführt wurde.

Auch die Gemeinde Wien bringt der Verbreitung der elektrischen Beleuchtung [illegible] entgegen, und wurde im Berichtsjahre bereits ein Versuch mit elektrischer Strassenbeleuchtung, und zwar im Centrum der Stadt am „Kohlmarkt", durchgeführt und ein zweiter eingeleitet.

[illegible] Wien gehörige elektrische Anlage im neuen Rathhause wurde im Be[illegible] eine neue Accumulatoren-[illegible] 40 Kilowatt verstärkt; [illegible] Zahl der angeschlossenen [illegible] Elektromotoren einen Zuwachs, [illegible] Gesammtzahl der Lampen [illegible] Jahres 1893 auf 2990 Glüh- [illegible] Bogenlampen gebracht wurde. [illegible] 8 Elektromotoren, haupt- [illegible] onszwecke, in Thätigkeit. [illegible] elektrische Anlage im Rath- [illegible] Vereinsorgan („Zeitschrift [illegible]") in periodischen Auf- [illegible]

[illegible] ung elektrischer Kraft für [illegible] ien ist auch im Berichts- [illegible] tadium der Vorerwägung [illegible] getreten. Hervorragende [illegible] diesem Gebiete sind in [illegible] Vorträgen für die Ein- [illegible] rischen Betriebes auf der [illegible] Stadtbahn und auf den [illegible] strecken nachdrücklichst [illegible] haben diese Bestrebungen [illegible] Erfolg gehabt, dass sich [illegible] officiellen und sonst be- [illegible] den elektrischen Bahn- [illegible] interessiren begannen. [illegible] laufenden Jahre (1894) [illegible] rreichischen Statthalterei [illegible] e über den Wiener Tram- [illegible] ausgesprochen, dass die [illegible] ktrischen Betriebes vor- [illegible] inien der Wiener Tram-

way sich
Communica
und ist di
auch damit
solche, mi
Probestreck
Vorbedingu
elektrischen
gegeben, u
in den näc
Gebiete de
praktische
theil werde
Ausser
von Wiener
elektrische
jene für d
wähnung ve
tricitätswerk
der Stadt B
elektrischen
wird.

In leg
Elektro
Wien die
einen Entw
gesetze
ausgearbeite
gebenden K
In Bez
hördlichen
ströme is
werther We
gewesen, in
ausgearbeite
Vereines di
nicht gefun

Telegraph

Was di
in Niederöst
graphenstati
Privattelegr

Jahr
1892 .
1893 .

Die Te
der (auf ve
zogenen) D

Jahr
1892 .
1893 .

Von d
bührenpflich
entfallenden
kommen a
von Wie
1,602.809
Die Pr
Wien und

*) Ist

12 Stationen im Betrieb; die Länge der Linien betrug in dem genannten Jahre 9·5 *km*, jene der Drähte 31·5 *km*.

Die Zahl der bei den Privat-Telegraphenstationen aufgegebenen und angekommenen Telegramme betrug 77.025 Stück (gegen 66.290 Stück im Vorjahre).

Das Telephonwesen anlangend, weisen in Niederösterreich mit Jahresende nach:

	Staats-		Privat-	
	Telephonbetrieb			
	1892	1893	1892	1893
Netze	10	14	1	1
Interurbane Linien	15	23	—	—
Drähte, Kilometer	2.883	3.016	41.393	42.210
Centralen und Sprechstellen	56	82	12	16
Theilnehmer (Abonnenten)	204	261	6.039	6 919
Telephone	272	365	6.183	7.071
Verbindungen	276.737	336.355	14,989.407	30,182.504
Telegramme u. Phonogramme	16.821	24.707	—	—
	fl.	fl.	fl.	fl.
Einnahmen	114.887	149.376	595.147	724.410
Errichtungskosten	88.739	57.111	1,581.989	142.292
Betriebskosten	23.683	23.982	336.775	443.802

Die Telephonanlage im Arlbergtunnel.*)

Von O. WEHR, Wien.

Bald nach der im Jahre 1884 erfolgten Eröffnung der Bergstrecke der Arlbergbahn machte sich das dringende Bedürfniss nach einem Hilfsmittel fühlbar, welches eine schnelle, einfache und dabei doch vollkommen sichere Verständigung zwischen den beiden Tunnelstationen St. Anton und Langen und den im Tunnel befindlichen Personen möglich machen sollte.

Durch die in die Glockensignallinie zwischen St. Anton und Langen eingeschalteten Glockensignal-Apparate, von welchen neun Stück in den vorhandenen neun Tunnelkammern in der Entfernung von etwa 1 *km* von einander aufgestellt sind, war zwar gleich anfangs die Möglichkeit geboten, im Nothfalle Hilfssignale geben zu können, aber diese Einrichtung, welche auf offener Bahnstrecke zur Noth ihren Platz ausfüllt, reichte bei den im Tunnel herrschenden ganz abnormen Verhältnissen nicht aus.

In erster Linie musste man darauf bedacht sein, bei etwa eintretenden Unglücksfällen, die in langen Tunnels in Folge der dort herrschenden Dunkelheit und des häufig sehr dichten Rauches weit complicirtere Hilfsactionen erfordern, als dies auf freier Bahnstrecke der Fall ist, ein Mittel zur Hand zu haben, um von der Unfallsstelle aus auch von nicht speciell geschultem Personale jede erforderliche Mittheilung und Disposition rasch, einfach und verlässlich an die Nachbarstation gelangen zu lassen. Dann aber ist eine solche Einrichtung auch in ökonomischer Hinsicht von grosser Wichtigkeit, weil die beinahe ständig im Tunnel beschäftigten Arbeiterpartien durch dieselbe über etwaige Zugsverspätungen und Unregelmässigkeiten im Zugsverkehr zeitgerecht unterrichtet werden können, und die Arbeit nicht in unnöthiger Weise früher als nöthig einstellen müssen.

Als einfachstes, sicherstes und in der Handhabung bequemstes Mittel wurde schon damals das Telephon erkannt, obwohl dasselbe, speciell was die Herstellung der zugehörigen Mikrophone anbelangt, lange nicht jene Vollkommenheit erreicht hatte, die es heute besitzt. Aber so naheliegend auch die Idee war, das Telephon für die genannten Zwecke zu benutzen, so grosse Schwierigkeiten stellten sich der praktischen Ausführung derselben in den Weg, weil das in grossen Mengen vorhandene Tropfwasser in den einzelnen Tunnelkammern, in denen die Apparate aufgestellt werden mussten, sowie die durch die Verbrennung des Feuerungsmateriales der Locomotiven erzeugten Gase und die im ganzen Tunnel angehäuften Kohlen-, Russ- und Staubpartikelchen einen im hohen Grade zerstörenden Einfluss auf die feinen Eisen- und Stahlbestandtheile der probeweise aufgestellten Telephon-Apparate erkennen liessen.

Die angestellten Versuche liessen daher aus diesen Gründen die Verwendung bekannter Constructionen von Telephonen unthunlich erscheinen. Es musste zur Construction von ganz eigenartigen, gegen die

*) „Ztg. d. Vereines deutsch. Eisenb. Verw." Nr. 52, 1894.

genannten Einflüsse möglichst unempfindlichen Apparaten geschritten werden, was um so schwieriger war, als hiefür gar keine Erfahrungen aus der Praxis vorlagen.

Man entschloss sich, jeden nur halbwegs entbehrlichen Eisen- oder Stahlbestandtheil zu vermeiden und als Material für die Aussenbekleidung der Telephone, Mikrophone und sonstigen Hilfsapparate Hartgummi, das als gut isolirend bekannt ist und sich gegen Feuchtigkeit und Verbrennungsgase als ziemlich widerstandsfähig erwiesen hatte, zu verwenden. So wurden die Hülsen zur Aufnahme der Telephonmagnete, sowie die Schalen zur Unterbringung der Elektromagnetspulen und der Membrane der Telephone aus Hartgummi hergestellt. Bei den Mikrophonen, die nach System Ader construirt waren, weil man das Zusammenkleben des Kohlenkleins bei den allerdings noch exacter arbeitenden Kohlenklein-Mikrophonen in Folge der vorhandenen Feuchtigkeit befürchtete, wurden nicht blos die Kästchen, sondern auch die Membrane selbst aus diesem Material hergestellt. Die gesammten zu einer Sprechstation gehörigen, so ausgeführten Apparate wurden in einem gusseisernen Kasten von 40 *cm* Höhe und 30 *cm* Breite, dessen Thüre mit Gummistreifen abgedichtet war, einmontirt und dieser in einem aus Lärchenholz hergestellten, mit einem Schutzdache gegen das Tropfwasser versehenen Schutzkasten befestigt. Dabei war die Einrichtung so getroffen, dass mit dem Oeffnen der Thür des Eisenkastens durch einen automatischen, ebenfalls aus Hartgummi hergestellten und mit Contacten aus Hartbronze versehenen Wechsel die Mikrophonbatterie ein- und durch das Schliessen der Thür wieder ausgeschaltet wurde. Diese Einrichtung wurde deshalb gewählt, damit die Mikrophonbatterien, welche bei gewöhnlichen Telephonanlagen durch das Einhängen, bezw. Aushängen des einen Hörtelephons ein- oder ausgeschaltet werden, nicht unnöthiger Weise im Schluss bleiben, wenn die Telephone von einem Personal verwendet werden, das mit der Handhabung solcher Apparate weniger vertraut ist.

Zum Aufruf wurden Wecker verwendet, die durch Zinkblechkästchen vor äusseren Einflüssen geschützt, sammt den zugehörigen Tastern an der Innenseite des Holzschutzkastens angebracht sind.

Zum Betriebe dieser Wecker sind 36 Zink-Kupferelemente verwendet, welche in der Station St. Anton zur Aufstellung gelangten.

Die so ausgestatteten Apparate sind in den neun im Tunnel befindlichen Kammern, in denen auch die Glockensignal-Apparate stehen, untergebracht. Ausserdem sind in den beiden Portalwächterhäusern je ein so construirter Apparat und in den Stationen St. Anton und Langen je eine gewöhnliche Mikrotelephonstation aufgestellt.

Sowohl die Telephone als auch die Wecker sind in einem eigenen Schliessungskreis für sich hintereinander geschaltet, und ist eine von den vorhandenen drei Leitungen bei beiden Schliessungskreisen gemeinsam in Verwendung genommen worden.

Zur Herstellung der metallischen Verbindung zwischen den einzelnen Stationen im Tunnel wurden dreilitzige Bleikabel mit Doppelbleimantel aus der Fabrik von Chodoir & Comp. in Wien verwendet, welche an der Tunnelwand auf etwa 1·5 *m* von einander entfernten Stützpunkten frei geführt sind, und in den Tunnelkammern in die in den Holzschutzkästchen der Telephonstationen untergebrachten Kabelkästchen aus Hartgummi einmünden. Von diesen Kabelkästchen führen gut isolirte und übersponnene Guttaperchadrähte zu den einzelnen Apparaten.

Die Kabelkästchen wurden nach der zwischen Kabellitzen und Verbindungsdrähten mittelst Klemmen aus Hartbronze fertiggestellten Verbindung bis zum Rande mit Paraffin vergossen und dadurch die Verbindungsstellen vor Oxydation und Ableitungen möglichst geschützt. Von den Tunnelportalen beiderseits bis zu den Stationen St. Anton und Langen führen offene, auf eigenem Gestänge gespannte Drahtleitungen von der ungefähren Gesammtlänge von 1 *km*.

Die nach längeren eingehenden Vorversuchen und Studien im Jänner 1887 fertiggestellte Anlage functionirte anfangs zur vollsten Zufriedenheit und war während der grossen Lawinenstürze in Langen im Winter 1888/89 das einzige noch vorhandene Verständigungsmittel zwischen den Stationen St. Anton und Langen, weil die Lawinen alle bestehenden anderen Leitungen vollkommen demolirt hatten.

Auch bei den grösseren Reconstructionsarbeiten und Geleiseauswechselungen im Tunnel hat sich diese Einrichtung stets auf's beste bewährt.

Aber trotzdem man bei der Herstellung dieser Telephonanlage mit grösster Gewissenhaftigkeit zu Werke gegangen war, zeigte es sich doch gar bald, dass alle angewendete Vorsicht noch immer nicht genügt hatte, die Apparate vollständig vor den schädlichen Einflüssen im Tunnel zu schützen. Es mussten nachträglich noch die Multiplicationen der Telephone, die Inductionsspulen der Mikrophone, sowie die Elektromagnetspulen der Wecker ebenfalls mit Paraffin vergossen werden, das sich für diese Bestandtheile als bester Schutz gegen die im Tunnel vorhandene Nässe erwiesen hatte.

Auch die Bleikabel, welche ursprünglich ihrer ganzen Länge nach frei geführt waren, mussten in den ersten zwei Kilometern von den beiden Tunnelportalen aus in Holzschläuchen gebettet werden, da die Vereisungen, welche im Winter in sehr beträchtlichen Mengen bis zu diesen Grenzen vorkommen, und in noch weit höherem Maasse die Beschädigungen der Kabel zu Folge hatte.

Die so verbesserte Anlage functionirte trotz der äusserst ungünstigen Tunnelverhältnisse bis zum Jahre 1893 vollkommen anstandslos, was um so mehr zu verwundern ist, als z. B. der eiserne Oberbau des Tunnels innerhalb neun Jahren derart vom Roste angegriffen war, dass eine Auswechselung desselben gegen imprägnirte Holzschwellen unvermeidlich wurde, die heute auch schon beinahe vollständig durchgeführt ist.

Um die erwähnte Zeit machten sich in der Telephonanlage wiederholt Störungen bemerkbar und konnte die Correspondenz nur bei grösster Gewissenhaftigkeit in der Instandhaltung und durch sehr häufiges Auswechseln der einzelnen Apparatsbestandtheile aufrecht erhalten werden.

Eine genaue Untersuchung der Apparate und des Kabels ergab folgendes Resultat:

Der Isolationswiderstand der einzelnen, etwa kilometerlangen Kabelstücke, welcher ursprünglich 6000 bis 8000 Megohm betragen hatte, war in Folge der bei den Reconstructionsarbeiten unvermeidlichen öfteren Beschädigungen, welche in der feuchten Atmosphäre des Tunnels ausgebessert werden mussten, bei einzelnen Kabelstücken bis auf 0·5 Megohm herabgesunken und erreichte bei keinem derselben mehr als 8 Megohm.

Bei den Telephon-Apparaten bildeten sich in den Eisenschutzkästchen trotz der vorhandenen guten Gummidichtung bedeutende Mengen von Condensationswasser, das zerstörend auf die einzelnen Apparate wirkte und eine Quelle fortwährender Ableitungen war.

Dagegen wurde bei einer, nur in einem geräumigen einfachen, mit seitlichen Ventilationsöffnungen versehenen Holzkasten einmontirten Telephonstation, die seit etwa einem Jahre probeweise in der nässesten Tunnelkammer aufgestellt war, gar kein Condensationswasser vorgefunden.

Da die Aufrechthaltung der telephonischen Correspondenz unter allen Umständen durchgeführt werden musste, die sofortige Auswechselung der Kabel aber aus budgetären Gründen unmöglich war, entschloss man sich wenigstens vorerst die Apparate selbst zu erneuern und die während des sechsjährigen Telephonbetriebes auf diesem Gebiete gesammelten Erfahrungen dabei nach Möglichkeit zu verwerthen.

Vor Allem wurde von der Verwendung der schon eingangs erwähnten Eisenschutzkästen ganz abgesehen und die Apparate in geräumige, aus gut ausgetrocknetem und getheerten Lärchenholz hergestellten Kästen von 120 *cm* Höhe und 65 *cm* Breite einmontirt.

Als Mikrophone wurden dieses Mal solche mit sehr groben Kohlenklein gewählt weil die angestellten Proben ergeben hatten, dass bei entsprechend solider Construction und guter Dichtung aller Fugen mittelst Parafin mit diesen Mikrophonen, bei gleicher Haltbarkeit wie die früheren, bedeutend günstigere Lautwirkungen in der Sprache erzielt werden konnten.

Die einzelnen Apparate wurden durch Porzellanfüsse vor der directen Berührung mit den Holzwänden des Schutzkastens geschützt und die ganze Anlage so angeordnet, dass jeder Apparat leicht ausgewechselt werden kann. Dieser Umstand ist besonders für die Instandhaltung von sehr grossem Werthe, weil dadurch jede Arbeit an den Apparaten im Tunnel selbst entfällt und schadhaft gewordene Apparate vom Instandhaltungsorgane im Tunnel gegen fehlerlose schnell und leicht ausgewechselt werden können.

Die Holzschutzkasten wurden dieses Mal auf gemauerten Steinsockeln so aufgestellt, dass sie durch grosse Porzellanisolatoren sowohl vor der directen Berührung mit dem Sockel, als auch mit der Tunnelkammerwand vollkommen geschützt sind. Ebenso sind dieselben durch ein entsprechend angebrachtes Schutzdach vor dem von der Decke der Tunnelkammern abfliessenden Tropfwasser gesichert.

Die einzelnen Apparate sind wie bei der ersten Anlage in Hartgummi ausgeführt und die dabei unvermeidlichen Eisenbestandtheile, sowie die Inductionsspulen und Elektromagnetspulen mit Parafin vergossen.

Die Schaltung ist insofern geändert, dass die eine gemeinschaftliche Leitung ganz fallen gelassen wurde und die Telephone einen von der Rufanlage vollkommen getrennten Schliessungskreis mit metallischer Hin- und Rückleitung besitzen, während für die Weckerleitung eine Drahtleitung und Erdleitung in Verwendung steht. Es ist dies von besonderer Wichtigkeit, weil die in den Rufleitungen entsprechend der ganze Einrichtung am leichtesten auftretenden Ableitungen dadurch auf die Telephonanlage ohne jeden schädlichen Einfluss bleiben.

Die Luftleitung auf der durch Lawinen sehr gefährdeten Westseite zwischen der Station Langen und dem angrenzenden Tunnelportal wurde als Doppelleitung hergestellt und als Endstation nicht Langen, sondern die im Portalwächterhaus dieser Station untergebrachte Telephonstation, bis zu welcher das Kabel geführt ist, eingeschaltet. Durch eine einfache Umschaltevorrichtung ist die Möglichkeit geboten, bei zerstörter Luftleitung die telephonische Correspondenz auf der ganzen Anlage mit Ausnahme der Station Langen, welche in diesem Falle ausgeschaltet ist, aufrecht zu erhalten.

Die nach Fertigstellung dieser neuen Anlage mit derselben angestellten Proben ergaben ganz überraschend günstige Resultate.

Die Sprache war trotz des sehr geringen Isolationswiderstandes der Kabel vollkommen deutlich und sehr laut, das Condensationswasser, welches bei der ersten Anlage ganz bedeutende Zerstörungen angerichtet hatte, ist bei der jetzigen Anordnung gänzlich geschwunden, und haben sich seit dem halben Jahre des Bestehens derselben keine auch nur irgend nennenswerthen Anstände ergeben.

Dabei ist die ganze Anordnung derart getroffen, dass sowohl die Handhabung der Apparate selbst durch das Arbeiterpersonal, als auch die Instandhaltung derselben durch das damit betraute Aufsichtspersonal keinerlei Schwierigkeiten bietet.

Wenn auch die schadhaften Kabel einmal durch neue ersetzt werden, was jedenfalls binnen Jahresfrist durchgeführt sein dürfte, dann kann die Telephonanlage am Arlbergtunnel wohl das Recht für sich in Anspruch nehmen, als Musteranlage zu gelten.

Verbesserungen an elektrolytischen Zellen.

Von THOMAS CRANEY in Bay City, Michigan, V. St. A.

Privilegium vom 31. October 1893.

Die vorliegende Erfindung bezieht sich auf jene Art elektrolytischer Zellen, bei welchen Kohlenanoden zur Anwendung kommen und betrifft die Vereinigung der Kohlenanode mit einem elektrolytischen Diaphragma in der nachstehend beschriebenen und durch die folgende Zeichnung erläuterten Weise.

Die Zeichnung stellt den senkrechten Mittelschnitt der neuartigen elektrolytischen Zelle dar. *A* ist das Gefäss, *B* die elektrolytisch zu behandelnde Flüssigkeit und *C* die Kathode.

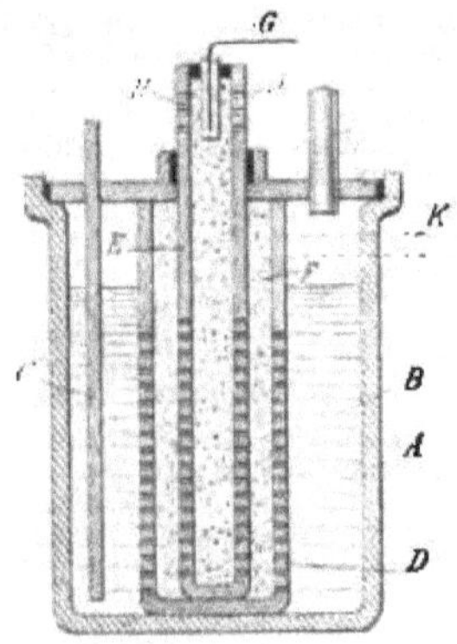

Fig. 1.

D und *E* sind zwei ineinander gesteckte Behälter mit gelochten Wandungen, zwischen welchen ein Hohlraum *F* gebildet wird, welcher mit einem sich bei der Elektrolyse nicht zersetzenden, porösen Materiale, wie es zur Herstellung elektrolytischer Diaphragmen in Gebrauch steht — etwa Asbest — gefüllt wird. Der Innenraum des Mittelbehälters *E* wird mit verhältnissmässig groben Kohlenstücken gefüllt, so dass zwischen diesen die zu elektrolysirende Flüssigkeit durchtreten kann.

Diese im Innenbehälter befindliche Kohle bildet die Anode und ist in irgend welcher bekannter Weise mit dem Ende einer elektrischen Leitung *G* leitend verbunden. Dies geschieht am leichtesten durch Einlassen des Drahtendes in einen festen Kohlenstift *H*, welcher in die, die Anode bildende Kohle eingebettet wird.

Um das Entweichen der sich etwa bildenden Gase zu ermöglichen, ordnet man den Anodenbehälter *E* derart an, dass er den Deckel *I* der Zelle überragt und versieht das herausstehende Stück mit Durchbohrungen *J*, durch welche die Gase entweichen können. Dies kann auch durch einen an passender Stelle angebrachten seitlichen Rohransatz *K* geschehen, wie in punktirten Linien auf der Zeichnung angedeutet.

L ist ein den Deckel durchdringendes Rohr, durch welches die Gase aus dem Kathodenraum entweichen können.

Wird der Apparat praktisch, etwa zur Elektrolyse einer Metallsalzlösung verwendet, so wird diese in das Gefäss *A* ungefähr bis zu der in der Zeichnung angedeuteten Höhe eingefüllt, so dass sie über den Durchbohrungen der beiden Behälterwandungen steht. Die Flüssigkeit dringt durch diese Bohrungen leicht durch das poröse Material des Diaphragmas und füllt die Zwischenräume zwischen den Kohlenstückchen aus.

Der innere Behälter bildet die Anodenkammer; die in ihr etwa entstehenden Gase können, da die Füllung aus verhältnissmässig grösseren Kohlenstücken besteht, in den Zwischenräumen derselben zum Deckel des Anodenraumes aufsteigen und durch die Bohrungen *J* entweichen, während der Kohlenstift *H*, in welchem das Drahtende *G* steckt, dieses schützt.

Es ist bekannt, dass bei der elektrolytischen Zerlegung mancher Metallsalze, wie beispielsweise Chlornatriums, hauptsächlich aus Kohle bestehende Anoden dem Zerfallen ausgesetzt sind und hiedurch die Gebrauchsdauer des Apparates verkürzen.

Bei der vorbeschriebenen Zelle ist die Kohlenanode mit dem Diaphragma vereinigt, dessen poröses Material die sich ablösenden Kohlentheilchen verhindert, sich dem in der Kathodenzelle befindlichen Producte der Zerlegung beizumischen. Da durch die beschriebene Gestaltung des Diaphragmas die die Anode umschliessende Wandung oder der Anodenbehälter gleichzeitig eine der Diaphragmawandungen bildet, wird Raum erspart und die Gesammtanordnung der Zelle zu einer sehr billigen und äusserst wirksamen.

Elektrische Bleiche nach Gebauer-Knoefler.

Das Verfahren besteht darin, dass durch Elektrolyse aus verdünnter Kochsalzlösung die sogenannte „Bleichlauge" (unterchlorigsaures Natron) erzeugt wird.

Nach der „Elektrochemischen Zeitschrift" ist der Apparat der gebräuchlichen Filterpresse ähnlich construirt und besteht aus einer Reihe plattenförmiger Elektroden, welche durch isolirende Rahmen getrennt sind und ebenso wie diese selbst auf den beiden seitlichen Führungsstangen des Gestells aufruhend, durch eine Spindel fest aufeinander gepresst werden, so dass eine Reihe getrennter Kammern entsteht, welche bei der filterpressenartigen Anordnung leicht zugänglich sind; in jede einzelne dieser Kammern fliesst durch ein Vertheilungsrohr, u. zw. aus einem gemeinsamen Sammelgefäss Kochsalzlösung zu. Dieselbe wird durch Einwirkung des elektrischen Stromes in Bleichlauge umgewandelt und fliesst alsdann in eine gemeinsame Rinne ab, u. zw. entweder in ein Sammelgefäss oder direct in die Bleichkufen der betreffenden Arbeitsmaschinen.

Die Ausführung des Verfahrens: Durch Stellung eines Ventils und Beobachtung eines Thermometers, was durch einen Arbeiter nebenbei geschehen kann, lässt sich der Zufluss so reguliren, dass der Apparat Lauge von stets gleich bleibender Concentration und Bleichkraft erzeugt.

Eine besondere Eigenthümlichkeit des Apparates liegt noch in der Schaltung, und zwar sind nur die Endelektroden mit je einem Pole der Dynamomaschine verbunden, während die dazwischen liegenden Elektroden nur durch die in den Kammern befindliche Kochsalzlösung miteinander in leitender Verbindung stehen und somit auf Spannung geschaltet sind. Auf diese Weise wird erreicht, dass der Apparat ohne weiteres mit jeder beliebigen Dynamomaschine verbunden werden kann und dass dieselbe Maschine, welche Abends zur Beleuchtung dient, tagsüber elektrische Bleichlauge produciren, ebenso aber auch gleichzeitig beleuchten und elektrolysiren kann.

Die Anwendung der elektrischen Bleichlauge geschieht in derselben Weise wie die von Chlorkalklösung, nur dass sie in bedeutend schwächeren Concentrationen zur Verwendung kommt, wodurch sich die grosse Schonung des Bleichgutes begründet.

Die elektrische Bleichlauge hat sich gleich gut für alle Textilfasern, insbesondere für Baumwolle und Leinen in Garn und Gewebe ebenso wie auch bei Halbstoffen (Cellulose) für Papierfabrikation bewährt.

Eine zjährige Erfahrung im Betriebe hat gezeigt, dass die erreichte Bleichkraft höher als bei der gewöhnlichen Chlorkalkbleiche ist; dabei behalten die Stoffe ihre Haltbarkeit und wird, wegen Wegfall der Kalksalze, die sonst häufig vorkommende Bildung von Flecken bei Marktbleiche wie bei vorgebleichten Färbe- und Druckwaaren vermieden. Der Bleichprocess ist einfacher; das Absäuern der Waare fällt weg, womit auch die Entstehung schädlicher, unlöslicher Kalksalze auf der Faser aufhört. Von Wichtigkeit ist auch die stets gleichbleibende Concentration der Bleichflüssigkeit und die Unabhängigkeit des Bleichers von den Preisschwankungen des Chlorkalks.

Die Ersparniss gegenüber Chlorkalk hängt natürlich vom Salzpreise ab. Für Berlin stellt sich z. B. eine Ersparniss von circa 45% heraus:

Für eine Production von 10.000 *kg* Baumwollwaaren wurden gebraucht circa

100 *kg* Kochsalz	1·60 M.
für Kohlen	3·— „
Amortisation	2·— „
also zusammen	6·60 M.
pro Tag, während früher in derselben Bleicherei circa 80 *kg* Chlorkalk à 18 M., also	14·40 „
(mithin jetzt weniger	7·80 M.)

gebraucht wurden. Nicht einbegriffen ist die erwähnte Ersparniss an Säure, die früher zum Absäuren der gechlorten Waare benutzt wurde, jetzt aber wegfällt, weil das gebildete unterchlorigsaure Natron sehr leicht in Wasser löslich ist.

Das auf elektrolytischem Wege hergestellte unterchlorigsaure Natron besitzt überhaupt ein besseres Durchdringungsvermögen als Chlorkalk. Es ist bei Chlorkalkanwendung anzunehmen, dass in den mikroskopisch kleinen Poren kohlensaurer Kalk sich niederschlägt, weil in der Faser wie auch in der Lösung des Chlorkalkes Luft enthalten ist. Die Einwirkung des Chlorkalks ist eine wesentlich langsamere und die Gefahr des Gelbwerdens ein bekannter Uebelstand, der darauf zurückzuführen ist, dass Chlorkalk nur die äusseren Schichten der Faser bleicht, während der Kern der Faser wegen der Verstopfung der Poren nicht genügend durchgebleicht wird.

Aus Italien.

Elektrische Beleuchtung. Da die Commune Verona den von der Gasgesellschaft angestrengten Process verloren hat, wird die elektrische Beleuchtung nicht eingeführt werden. Demzufolge hört auch die Concession der „Società Anonima Cooperativa Veronese" auf, die liquidirt und die Anlage verkauft.

Die elektrische Beleuchtung von Reggio d'Emilia erscheint gleichfalls bedroht, da die die Anlage ausführende Firma Ruosi & Comp. fallit erklärt wurde.

In Lodi schwebt die Beleuchtungsanlage mit Diaphragma-Accumulatoren in Gefahr, da die Accumulatoren-Unternehmung sich in Liquidation befindet.

In Venedig hat die „Società Lionese" für die elektrische Beleuchtung dieser Stadt wie fast des ganzen venezianischen Gebietes die Gemeindeverwaltung aufgefordert, die vor einiger Zeit der Firma Walter, Mendel & Comp. gewährte Concession zur elektrischen Beleuchtung für Private zurückzuziehen. Gemäss dem Vertrage, der bis zum Jahre 1927 obgenannter Lyoner Firma das Monopol für die öffentliche elektrische Beleuchtung zusichert, konnte die Gemeinde nicht gestatten, dass eine andere Unternehmung Beleuchtungssysteme einführe. Da sie es aber dennoch zuliess, wird sie entweder die Concession zurückziehen oder sich in einen Process einlassen müssen, den sie verlieren wird, wie ihn schon zehn andere Städte verloren haben, da der Cassationsgerichtshof in jedem Falle der französischen Gesellschaft Recht zusprach.

Telegraphenwesen. Vor einiger Zeit wurde aus Rom berichtet, dass der Minister für Postwesen einige Reformen im Telegraphen- und Telephondienste anstrebe, die eine grössere Bequemlichkeit für das Publikum bieten und weniger kostspielig wären.

Eine derselben, die der Minister zu verwirklichen trachtet, ist jene der telegraphischen Karten für Depeschen mit acht Worten zum Preise von nur 50 Cent. Diese Karten bilden eine grosse Bequemlichkeit für den Verkehr besonders zur Zeit einer lebhaften commerciellen und industriellen Thätigkeit. Die Taxe wird zwar anfangs eine dementsprechende Verminderung der Einnahmen im Gefolge haben, aber der Staatsschatz wird bald durch einen vermehrten Gebrauch dieser Karten entschädigt werden.

Eine andere Neueinführung betrifft die Herabsetzung auf die Hälfte des Tarifes für die directen Depeschen an die Journale. Wenn dies im Anfange auch etwas gewagt erscheint, so wird man doch bald wahrnehmen, dass durch eine so grosse Tarifherabsetzung sich die Anzahl der telegraphischen Correspondenzen der Zeitungen vermehren wird. Auch die kleineren Journale werden hiedurch in die Lage versetzt werden, einen eigenen Correspondenzdienst einzurichten oder den etwa bereits bestehenden zu erweitern. Auf diese Weise kann der Verlust, den der Staatssäckel auf der einen Seite in Folge der Tarifherabsetzung erleidet, auf der anderen durch eine sichere Vermehrung der Einkünfte compensirt werden.

Telephon. Der Plan des Ministers Ferraris, sehr viele interurbane Telephonlinien zu verwirklichen, ist eines derjenigen Projecte, die, so vortrefflich sie auch im allgemeinen sein mögen, bei schlechter Anwendung von Nachtheil sind. Diese Linien können nur dann von Vortheil sein, wenn sie zwischen aussergewöhnlich wichtigen Handelscentren bestehen. In jedem anderen Falle dürften die aus denselben erzielten Einnahmen von keiner grossen Bedeutung sein. St.

Neueste deutsche Patentanmeldungen.

Mitgetheilt vom Technischen und Patentbureau, Ingenieure MONATH & EHRENFEST.

Wien, I. Jasomirgottstrasse 4.

Die Anmeldungen bleiben acht Wochen zur Einsichtnahme öffentlich ausgelegt. Nach § 24 des Patent-Gesetzes kann innerhalb dieser Zeit Einspruch gegen die Anmeldung wegen Mangel der Neuheit oder widerrechtlicher Entnahme erhoben werden. Das obige Bureau besorgt Abschriften der Anmeldungen und übernimmt die Vertretung in allen Einspruchs-Angelegenheiten.

Classe

21. F. 7170. Träger für die untere Kohle von Bogenlampen. — *P. Firchow* in Grabow bei Stettin.

" S. 7891. Wechselstrom-Vertheilungs-Anlage für elektrische Beleuchtung mit selbstthätiger Einschaltung von Ersatzlampen. — *Siemens & Halske* in Berlin.

Classe

21. P. 6560. Neuerung in der Herstellung und Befestigung isolirter elektrischer Leitungen. — *Perci & Schacherer* in Budapest.

" W. 9793. Neuerung an galvanischen Elementen. — *W. Walker jun.* in Birmingham, *F. Wilkens* in Handsworth & *J. Lones* in Smethwick in England.

KLEINE NACHRICHTEN.

Elektrische Bahn von Bielitz nach Ober-Ohlisch. Das Handelsministerium hat das von Alois Bernaczik, Fabriksbesitzer in Bielitz, und Ingenieur Max Déri in Wien für den Bau der schmalspurigen Localbahn von Bielitz nach Ober-Ohlisch mit elektrischem Betriebe vorgelegte Operat der Landesregierung in Troppau mit der Aufforderung übermittelt, bezüglich dieses Projectes die Tracenrevision einzuleiten.

Diese elektrische Strassenbahn soll vorerst nur dem Personenverkehre dienen. Die Gesammtkosten für die Bauarbeiten der 5 km langen Strecke sind mit rund fl. 166.800 und jene für die elektrische Einrichtung mit fl. 75.600 präliminirt.

Elektrische Localbahn von Predazzo nach Moena. Das k. k. Handelsministerium hat dem Stadtmagistrate von Trient die Bewilligung zur Vornahme technischer Vorarbeiten für eine schmalspurige Localbahn mit elektrischem Betriebe von Predazzo nach Moena als Fortsetzung der intendirten Localbahnstrecke Castello-Predazzo ertheilt.

Eine elektrische Beleuchtungsanlage in Bruck a. d. Mur. Im Einklange mit dem in jüngster Zeit sehr bemerkbaren Fortschreiten und Aufblühen der Stadt hat sich ein Consortium, an dessen Spitze Herr Baumeister Andreas Torabosco steht, behufs Herstellung einer elektrischen Beleuchtungsanlage gebildet. Wie der „E. Anz." hierüber mittheilt, soll dieselbe in nächster Nähe Brucks gebaut, als Kraft hiezu das grosse Gefälle (3 *m*) der Mur, über 200 bis 400 *PS*, je nach dem Wasserstande, verwendet und mit zwei Turbinen, mit zwei Dynamos und Accumulatoren eingerichtet werden.

Die elektrische Beleuchtung auf der Messe zu Nischni - Nowgorod. Vor allem muss darauf hingewiesen werden, dass laut Polizeiverordnung in dem Bezirke, in welchem die Messe abgehalten wird, kein anderes Licht benützt werden darf als elektrisches Licht. Wir finden daher das elektrische Licht, in Gestalt von Glüh- und Bogenlampen, sowohl in der winzigsten Bude als auch dem gouvernementalen Palais und in dem Theater.

Nach der „E. T. Z." befindet sich die Centralstelle für das elektrische Licht an einem Nebenflüsschen der Oka in einem einstöckigen Gebäude. Das Erdgeschoss beherbergt die Kessel, Dampf- und Dynamomaschinen, und das Stockwerk die Regulir- und Messapparate. Das Ganze wäre würdig, als elektrotechnisches Museum zu gelten, denn abgesehen von den Kesseln und Dampfmaschinen, welche von der Moskauer Firma Dobrowich & Nabgoltz beigestellt sind, finden wir hier die Erzeugnisse von Schuckert, Ganz & Co., der Allgemeinen Elektricitäts-Gesellschaft und vieler anderer deutscher und österreichischer Firmen. Hintereinander geschaltet sind nur die Glühlampen, denn die Dynamos arbeiten mit 230 Volt, von welchen bis an die Peripherie des Lichtconsums circa 30 Volt verloren gehen, weshalb auch zwei Glühlampen à 10, 16, 25 oder 32 *NK* zu 100 Volt stets hintereinander geschaltet sind. Die Speisung der Bogenlampen erfolgt von einer Specialmaschine, und zu deren Controlirung und Regulirung ist ein gesondertes Schaltbrett mit Messapparaten und Widerständen vorhanden.

Als Monstruositäten müssen die Widerstände charakterisirt werden. Wenn man aber bedenkt, dass dieselben von einem schlichten Mechaniker, der aus der ältesten Montagezeit hier zurückgeblieben, construirt werden mussten — weil der Eingangszoll auf solche Vorrichtungen ein unerschwinglicher war — und exact gearbeitet sind, so wird man auch dieser Installation das Lob nicht vorenthalten.

Die Leitungen sind oberirdische. Um bei eintretenden Beschädigungen und plötzlichem Versagen der Beleuchtung zur Hand zu sein, sind drei Leute unter Leitung eines tüchtigen Obermonteurs angestellt, welche sofort mit Drähten, Isolirmaterialien, Glühlampen, Kohlenstiften etc. zur Stelle sind, wenn man sie telephonisch zur Hilfeleistung requirirt.

Die Seele des gesammten elektrotechnischen Getriebes Nischni - Nowgorods, und zwar sowohl jenes im Bezirk der Messe und in der Stadt, als auch des elektrotechnischen Getriebes, welches sich auf der Wolga auf den Regierungs- und Handelsschiffen entfaltet, ist Herr Rjumin, ein ehemaliger Marineofficier, der mit Stolz darauf hinzuweisen liebt, aus wie vielen aneinander geketteten Gliedern die heutige Messebeleuchtung von 8000 Glüh- und 150 Bogenlampen entstanden ist. Betriebsleiter der Centralstation ist Herr Professor Popoff, welcher in der Zeit ausserhalb der Messe in der marinetechnischen Schule zu Kronstadt als Instructeur für Maschinen- und insbesondere für elektrische Beleuchtungsbetriebe thätig ist.

Nach Schluss der Messe, also nach dem 25. September wird alles Demontirbare aus den unteren Räumlichkeiten der Centralstation in die höchstgelegenen und hinüber in die Stadt transportirt; denn die austretenden Gewässer der Wolga und Oka erreichen an dieser Stelle zuweilen die Höhe von 15 Fuss, verschlammen die Maschinenanlage und machen jedesmal zum Frühjahr deren gründliche Reinigung und Renovirung nothwendig.

Die Centralstation genügt schon heute nicht mehr dem Lichtbedarfe, und es wird eifrig nach einem neuen Platze für die Errichtung einer grossen Anlage, welche im Jahre 1896 auch die hier stattfindende Ausstellung mit Licht versehen soll, gesucht.

Gewinnung von Blattgold durch Elektrolyse. Dem bekanntlich bisher durch Schlagen gewonnenen Blattgold, welches man zum Vergolden von Gegenständen aller Art benutzt, droht in elektrisch niedergeschlagenen, äusserst dünnen Goldhäuten eine Concurrenz zu entstehen. Der Erfinder des bekannten Glühlampensystems Swan hat, wie das Patentbureau Gerson & Sachse mittheilt, durch Elektrolyse derartige dünne Niederschläge von Gold, die sich ursprünglich auf einer später zerstörten Kupferunterlage befanden, gewonnen. Es ist bekannt, wie dünn schon das geschlagene Blattgold ist. Die nach dem neuen Verfahren gewonnenen Blätter haben jedoch nur den fünften bis zehnten Theil jener Stärke.

Unfall durch atmosphärische Elektricität. Arbeiter, welche mit der Reparatur eines aus Stahlblech gebauten Kreuzers in einem Trockendock des Hafens von Norfolk in England beschäftigt waren, hatten bei einem Unwetter sich unter den Schiffsrumpf geflüchtet, um Schutz vor dem Regen zu finden. Es trat aber dabei die merkwürdige Erscheinung elektrischer Condensation ein, wobei die Theile des Metallkörpers elektrische Ladungen aufnahmen und in einem gewissen Moment ihre Entladung durch die Körper der in der Nähe befindlichen Menschen sendeten, welche die Rolle eines Entladers zu übernehmen hatten. Zwei der Arbeiter wurden dadurch getödtet und die anderen zu Boden geworfen, ohne dass ihnen aber dabei Schaden gethan wurde.

Zur Geschichte des Begriffes der „Pferdestärke". James Watt führte bekanntlich als praktische Maasseinheit für mechanische Kraft die Pferdekraft (Horsepower) ein, u. zw. bezeichnet man damit eine Kraft von 75 Secundenkilogrammeter, d. h. eine Kraft, die im Stande ist, in einer Secunde 75 *kg* einen Meter hoch zu heben. Thatsächlich ist aber die mittlere Kraft des Pferdes zu dieser Leistung nicht ausreichend, denn sie ist, wie neuere an 250 Pferden ausgeführte Versuche ergaben, nur im Stande, 30 *kg* in einer Secunde einen Meter hoch zu heben. Die falsche Bezeichnung entstand auf folgende Weise: Eine der ersten von Watt construirten Dampfmaschinen sollte in der Brauerei von Wiltbread in England ein bis dahin von Pferden getriebenes Pumpwerk in Bewegung setzen. Um nun, nachdem vereinbart worden war, dass die Maschine dasselbe leisten sollte, wie ein starkes Pferd, eine möglichst kräftige Maschine zu erhalten, stellte der Brauer die von einem Pferde geförderte Wassermenge in der Weise fest, dass er ein kräftiges Thier unter Peitschenhieben unausgesetzt volle acht Stunden bis zur äussersten Erschöpfung arbeiten liess, und es gelang ihm so, zwei Millionen Kilogramm Wasser fördern zu lassen. Mit Berücksichtigung der Hubhöhe ergab dies allerdings eine Arbeit, die dem Heben von 75 *kg* um einen Meter in der Sekunde gleichkommt, aber diess Ergebnis ist eben unter ganz ungewöhnlichen Verhältnissen erreicht und hätte eigentlich nicht als Grundlage einer technischen Maassbezeichnung gelten sollen; dennoch ist es in dieser Weise verwendet und als Grundlage des Begriffes „Pferdekraft" angesehen worden. („Elektr. Echo".)

Zur praktischen Beleuchtung von Werkstätten scheint die umgekehrte Bogenlampe, das heisst eine Bogenlampe, bei welcher die den Lichtkrater bildende und sehr viel Licht ausstrahlende positive Kohle nicht wie gewöhnlich nach unten zur Beleuchtung der Bodenfläche, sondern nach oben gekehrt ist, besonders geeignet. Es wird auf diese Weise das blendende Licht beseitigt und ein zerstreutes, eine mildere, gleichmässige Beleuchtung des Raumes ergebendes Licht erhalten. Glühlampenlicht ist zwar weniger blendend, aber auch weniger intensiv, so dass in diesem Falle entsprechend mehr Glühlampen, vielleicht sogar eine für jeden Arbeitsplatz, angebracht werden müssen, wodurch dieses Licht sehr kostspielig wird. Bezüglich der Kosten von Bogenlicht und Glühlicht hat man gefunden, dass eine 10 Ampère 45·5 Volt Bogenlampe eine Maximalkerzenkraft von 2070 entwickelte und eine mittlere sphärische Kerzenkraft von 750 ergab, wovon 690 unter die durch den Lichtbogen gelegt gedachte Horizontalebene fielen. Indem durch die erwähnte Methode der Umkehrung der Lampe bei Anwendung von Reflectoren fast die gesammte sphärische Kerzenkraft ausgenützt werden kann, so würde die damit erzielte Beleuchtung gleichwerthig sein dem Lichte von 46—47 sechzehnkerzigen Glühlampen, welche bei 50 Watt per Lampe zum Betriebe 2300 Watt erfordern, während die bezeichnete Bogenlampe nur 455 Watt braucht. Es würde somit die Beleuchtung mit Bogenlicht gegenüber der Beleuchtung mit Glühlicht eine Ersparniss von etwa 400% ergeben, welche Ersparniss sich nur insofern etwas vermindern würde, als durch das Bogenlicht der ganze Raum gleichmässig erhellt wird, so dass vielleicht an manchen Stellen des Raumes, wo eine zeitweise hellere Beleuchtung erwünscht ist, noch eine Glühlampe zu Hilfe genommen oder auch überhaupt eine etwas stärkere Bogenlampe verwendet werden müsste. Aber wenn man auch eine doppelt so starke Bogenlampe, wie die hier erwähnte, benutzen wollte, so würde die Ersparniss gegenüber der Glühlichtbeleuchtung doch eine ganz beträchtliche sein, und dabei würde man auch noch als Vortheil zu rechnen haben, dass das nach obiger Methode benutzte Bogenlicht ein sehr angenehmes ist.

Indigodarstellung auf elektrischem Wege. Der werthvolle blaue Farbstoff ist bekanntlich nicht direct in der in Ostindien heimischen Pflanze enthalten, sondern entwickelt sich erst bei der Gährung des gelblichen Saftes. Viel schneller und mit noch viel schönerer Farbe soll der Farbstoff jedoch auf elektrischem Wege ausgeschieden werden, indem die Poldrähte einer Batterie in die Kufe geleitet werden. Es wäre der Beachtung werth, ob sich nicht vielleicht auf diese Weise eine Ausbeute des im Mittelalter als Indigopflanze benutzten Färberwaids mit Vortheil erzielen liesse.

Verantwortlicher Redacteur: JOSEF KAREIS. — Selbstverlag des Elektrotechnischen Vereins.
In Commission bei LEHMANN & WENTZEL, Buchhandlung für Technik und Kunst.
Druck von R. SPIES & Co. in Wien, V., Straussengasse 16.

Zeitschrift für Elektrotechnik.

XII. Jahrg. | 1. October 1894. | Heft XIX.

VEREINS-NACHRICHTEN.

Vorschläge

für die Verbesserung der Verkehrseinrichtungen in Wien durch Einführung des elektrischen Betriebes.

VORWORT.

Der Elektrotechnische Verein hat im Laufe der letzten Jahre mehrfach Gelegenheit gehabt, sich mit der Frage des elektrischen Betriebes zu beschäftigen, und im vergangenen Winter, in Anbetracht der seit Einbeziehung der Vororte sehr dringlich gewordenen Verbesserung der Verkehrseinrichtungen in Wien, ein Comité zum speciellen und eingehenden Studium dieser Frage bestellt.

Das Ergebniss dieser Studien ist in dem vorliegenden Schriftchen niedergelegt, welches zu dem Zwecke der Oeffentlichkeit übergeben wird, auch weitere Kreise über die Vortheile des elektrischen Betriebes aufzuklären, und zu zeigen, dass derselbe geeignet ist, im Vereine mit einer entsprechenden Ausgestaltung des Strassenbahnnetzes eine derartige Verbesserung und Erhöhung der Leistungsfähigkeit unserer Verkehrseinrichtungen herbeizuführen, dass den Bedürfnissen der Bevölkerung unserer Grossstadt im vollen Ausmaasse Rechnung getragen werden kann.

Wien, im September 1894.

Der elektrotechnische Verein in Wien.

Das Anwachsen der Bevölkerung, die Vergrösserung der verbauten Flächen und die daraus folgende Zunahme der Entfernungen des Mittelpunktes der Stadt von den einzelnen Theilen und der Peripherie derselben machen die Verkehrsfrage zu einer der wichtigsten und schwierigsten Angelegenheiten in allen Grossstädten.

In jenen Städten, wo von vorneherein auf die Abwicklung des Verkehres bei der Anlage der Strassenzüge und Feststellung des Verbauungsplanes Rücksicht genommen werden konnte, wie dies z. B. bei den erst in der jüngsten Zeit entstandenen amerikanischen Städten und zum Theil auch in Berlin der Fall war, konnte dem wachsenden Verkehrsbedürfniss der Bevölkerung auch immer leicht entsprochen werden. In dieser günstigen Lage sind aber leider die meisten eine grosse historische Vergangenheit aufweisenden alten Hauptstädte Europas nicht, welche in ihren ältesten Theilen häufig enge, gewundene Strassen mit einer sehr geringen Aufnahmsfähigkeit besitzen, deren Grenze umso eher erreicht werden musste, als gerade in diesen Stadttheilen sich meistens der Geschäftsverkehr und damit auch der dichteste Wagen- und Fussgängerverkehr concentrirt. Während also in diesen alten Handels- und Culturcentren dem steigenden Verkehrsbedürfniss in den neueren Stadt-

38

theilen durch die Anlage von Strassenbahnen abgeholfen werden konnte, war es meist nicht möglich, diese gegenüber dem Omnibusverkehr wesentliche Vortheile bietenden Bahnen auch in die alten Stadtviertel zu führen, und so blieben diese nach wie vor auf ein minderwerthiges Verkehrsmittel angewiesen.

Dieser Uebelstand besteht auch in Wien und die Klagen über die Unzulänglichkeit und die Mängel der Verkehrsmittel, welche hier schon seit Jahren auf der Tagesordnung stehen, berechtigen wohl zu dem Schlusse, dass die vorhandenen Beförderungsmittel dem Bewegungsbedürfnisse der Bevölkerung nicht entsprechen, und dass weder die Anlagen der Verkehrslinien noch die Verkehrsmittel selbst auf der Höhe der Zeit stehen.

Vergleichen wir die Zahl der im localen Verkehr, also von den Strassenbahnen, Stadtbahnen und Omnibussen beförderten Fahrgäste in einigen Städten und entnehmen daraus die Anzahl der Fahrten, die jeder Bewohner im Laufe eines Jahres macht,*) so zeigt sich, dass der Verkehr in Wien ein weitaus geringerer ist als in allen übrigen in den Vergleich einbezogenen Grossstädten.

Ausserdem stehen dem Publikum in Wien überhaupt weit weniger Verkehrsmittel zur Verfügung, als in den in den Vergleich einbezogenen Städten, und wenn man weiters berücksichtigt, dass gerade die wichtigsten dieser Verkehrsmittel überlastet sind, wie die fortwährenden Klagen über die Ueberfüllung beweisen, so muss zugegeben werden, dass der geringe Verkehr in Wien zum Theil auch durch die nicht genügende Anzahl der Verkehrsmittel verursacht ist.

Das Wiener Miethfuhrwerk erfreut sich mit Recht eines guten Rufes, allein es braucht wohl nicht hervorgehoben zu werden, dass dasselbe nicht von der Masse der Bevölkerung benützt werden kann, am allerwenigsten aber von jenem Theil derselben, der auf gewerblichem und industriellem Gebiete thätig ist. Somit kann gegenwärtig für die Bewältigung des Massenverkehrs nur der Omnibus und die Strassenbahn in Betracht kommen, zu welchen Verkehrsmitteln sich nach ihrer Vollendung noch die Stadtbahn gesellen wird. Es unterliegt nun wohl keinem Zweifel, dass die gross angelegte Stadtbahn die Abwicklung des Verkehres in Wien wesentlich erleichtern wird, und zwar namentlich den Verkehr zwischen der Stadt selbst und den an der Süd-, West- und Franz Josefbahn gelegenen Bezirken und Ortschaften, ebenso den Verkehr der ehemaligen Vororte untereinander in gewissen Richtungen.

Aber erwarten zu wollen, dass die Stadtbahn auch in hervorragender

*)

Name der Stadt	Jahr	Einwohner-Zahl	Beförderte Personen	Anzahl der Fahrten pro Jahr und Einwohner	Anmerkung
Berlin	1891	1,600,000	224,368.704	140	inclusive Stadtbahn
Budapest	"	502.244	29,392,088	59	—
Hamburg	"	578.200	52,080.823	90	—
London	"	4,211,056	490,000,000	116	incl. Untergrundbahn
New-York ...	"	1,515.301	404,657.149	267	inclusive Hochbahn
Paris	"	2,423,000	203,369.295	84	incl. Gürtelbahn
Wien	"	1,370,000	63,553.441	46	mit Hauptzollamts-Linie

Weise den Aufgaben des localen Verkehres im engsten Sinne des Wortes, dem Verkehr von Bezirk zu Bezirk, von Strasse zu Strasse dienen wird, wäre gewiss unrichtig, denn für eine solche Aufgabe kann eine Eisenbahn, die als Vollbahn gebaut wird, nicht herangezogen werden, schon deshalb, weil selbe gar nicht so angelegt werden kann, dass sie sich den Hauptrichtungen dieses Verkehrs anschmiegt. Dieser Punkt soll übrigens später noch näher beleuchtet werden. Die Abwicklung des Localverkehres im engsten Sinne des Wortes wird daher nach wie vor dem Omnibus und den Strassenbahnen zufallen und wenn berücksichtigt wird, dass der Omnibus in Wien weder leistungsfähig noch beliebt ist, trotzdem er den grossen Vorzug geniesst, in die innere Stadt dringen zu dürfen, was wohl am besten dadurch zum Ausdrucke kommt, dass die Anzahl der Stellwagen seit dem Jahre 1883 von 798 auf 580 im Jahre 1892 gesunken ist, so kann wohl behauptet werden, dass die Hauptmasse des Wiener Verkehrs wie bisher von den Strassenbahnen wird bewältigt werden müssen. Es dürfte kaum bestritten werden, dass die heute in Wien vorhandenen Strassenbahnen gegenwärtig dieser Aufgabe nicht mehr gewachsen sind; ganz abgesehen von gewissen ausserordentlichen Gelegenheiten, welche einen aussergewöhnlichen Massenverkehr zur Folge haben, der sich nicht voraus berechnen lässt und für den daher die Verkehrsmittel auch in solchen Städten nicht ausreichen, in denen sonst ein bedeutender Verkehr leicht abgewickelt werden kann, genügen erfahrungsgemäss unsere Strassenbahnen schon den normalen Anforderungen des Geschäftsverkehrs nicht, und muss dieser Umstand im Interesse der Bevölkerung umsomehr beklagt werden, als er schon seit vielen Jahren besteht, ohne dass versucht worden wäre, den Hauptübelständen in wirksamer Weise abzuhelfen.

Die bestehenden Dampftrambahnen sind im Wiener Localverkehre nur von secundärem Interesse, weil sie nur ein beschränktes Verkehrsgebiet beherrschen, auch sind die Erfahrungen, die man in Wien und in anderen Städten gemacht hat, nicht geeignet, eine Vermehrung solcher Dampftrambahnen im Inneren der Städte wünschenswerth erscheinen zu lassen, sie dürften im Gegentheil Veranlassung geben, dass diese Bahnen nach und nach durch andere, dem Publikum zusagendere Verkehrsmittel ersetzt werden. Dagegen besitzen wir in Wien ein weitverzweigtes Pferdebahnnetz, welches im Jahre 1891 von dem in der Tabelle I angeführten Gesammtverkehr von 63·5 Millionen 52·7 Millionen, also 83% entfallen. Schon aus dieser Ziffer ergibt sich, dass die Strassenbahnen das wichtigste Verkehrsmittel unserer Stadt sind, und dass dasselbe auch von der Masse des Publikums, trotz der grossen Mängel, ausschliesslich benützt wird.

Es würde sich also zunächst darum handeln, diese Mängel zu beseitigen und zu versuchen, dadurch ein Verkehrsmittel zu schaffen, welches allen Anforderungen des localen Verkehrs zu genügen im Stande ist, wobei aber berücksichtigt werden muss, dass nicht allein den gegenwärtigen Bedürfnissen genügt werden soll, sondern dass Maassregeln zu treffen sind, durch welche die Strassenbahnen im Vereine mit der Stadtbahn so ausgestaltet und verbessert werden, dass die Verkehrsfrage für die nächsten Jahrzehnte als gelöst betrachtet werden darf.

Wenn man aber verbessern will, muss man sich vorerst über die Mängel klar sein, um deren Beseitigung es sich handelt, und in dieser Beziehung ist es wohl nothwendig, sich zunächst mit dem Netze selbst zu befassen.

Da unsere Pferdebahnen in einem Zeitpunkte entstanden sind, in welchem die erste Stadterweiterung bereits im vollen Zuge war, ist es ganz erklärlich, dass die einzelnen Linien des Strassenbahnnetzes durch die Hauptstrassenzüge gelegt wurden, die bei

38*

dieser Gelegenheit entstanden sind. Mit Rücksicht auf den weiteren Umstand aber, dass die Regulirung der inneren Stadt in absehbarer Zeit nicht zu erwarten war, hat man von einer Durchquerung derselben abgesehen und unerklärlicher Weise auch die Möglichkeit, einzelne Linien in den ersten Bezirk zu führen, unausgenützt gelassen; es sind deshalb sämmtliche Radiallinien nur bis zur Ringstrasse geführt, um mit Hilfe dieser Peripherielinie dem Mittelpunkte der Stadt am nächsten zu kommen und die einzelnen Bezirke mit einander zu verbinden.

Es ist also gegenwärtig dem Publikum die Möglichkeit verschlossen, mit dem Strassenbahnwagen direct in das Innere der Stadt zu gelangen, und verdanken wir diesem Umstande eine stellenweise, heute schon sehr störende Ueberlastung der Ringstrasse mit Pferdebahnwagen, welche mit Recht schliesslich den Gedanken anregte, den Radial- vom Ringverkehr vollständig zu trennen.

Es ergab sich aber aus dieser Linienführung der weitere Nachtheil, dass einzelne Radiallinien, und darunter gerade sehr wichtige, nur mit bedeutenden Umwegen erreicht werden können, dass somit der Radialverkehr, welcher gerade in Wien eine ausserordentliche Wichtigkeit besitzt, geschädigt wurde.

Werden noch weiters die ungünstigen Neigungsverhältnisse in Betracht gezogen, welche bei der topographischen Beschaffenheit unserer Stadt gerade auf stark belasteten Radiallinien unvermeidlich werden und die ohnehin beschränkte Liestungsfähigkeit des thierischen Motors noch bedeutend herabmindern, so ist es ganz erklärlich, dass die dadurch bedingte geringe Fahrgeschwindigkeit, im Vereine mit diesen Umwegen, sich sehr fühlbar macht und Diejenigen, deren Zeit kostbar ist, schon aus dem Grunde, weil sie zu Fusse rascher an's Ziel gelangen können, abhielt, die Pferdebahn zu benützen. Es kann daher für den Geschäftsmann in Wien mit vollem Recht das geflügelte Wort gelten, er habe keine Zeit, um mit der Pferdebahn zu fahren; Derjenige, der die Zeit aber zur Verfügung hätte, vermeidet den Pferdebahnwagen aus dem Grunde, weil er keine Lust hat, ein Verkehrsmittel zu benützen, in welchem die doppelte Anzahl von Personen befördert wird, als in demselben Raum haben und auch Raum finden sollen, und dieser Mangel, die so oft beklagte Ueberfüllung, entsteht einerseits dadurch, dass auf einzelnen Linien die Intervalle, in denen die Wagen verkehren, viel zu gross sind, und dass andererseits ein vollkommen steifer Fahrplan eingeführt ist, welcher unmöglich macht, den nicht zu vermeidenden Schwankungen des Verkehrs dadurch zu folgen, dass auf jenen Strecken, auf denen sich das Bedürfniss hiefür zeigt, eine grössere Anzahl von Wagen dirigirt wird.

Der steife Fahrplan aber ist theilweise durch den animalischen Betrieb bedingt, weil die Pferde in ihre Stallungen zurückkehren müssen, theils aber auch durch den Umstand, dass alle Wagen von den Radiallinien über die Ringstrasse geleitet werden. Jede Abweichung vom Fahrplan muss in Folge dieser Einführung sofort Unregelmässigkeiten zur Folge haben, welche sich in besonders unangenehmer Weise auf den Radiallinien äussern. Auch aus diesem Grunde wäre also die Trennung des Radial- vom Ringverkehr wünschenswerth, und fasst man die bisher erwähnten Hauptmängel kurz zusammen, so sind dieselben:

1. Unrichtige Ausbildung des Netzes, weil die Radiallinien nicht die innere Stadt durchqueren und alle directen Wagen über die Ringstrasse geführt werden.

2. Zu geringe Fahrgeschwindigkeit.

3. Zu grosse Intervalle und zu steifer Fahrplan, daher die Ueberfüllung der Wagen.

Es ist nicht der Zweck dieser Auseinandersetzungen, auf die Frage der Ausbildung und Erweiterung des

Strassenbahnnetzes näher einzugehen; aber es sei gestattet, darauf hinzuweisen, dass in einzelnen der prämiirten Generalbaulinien-Pläne die Durchführung von Parallelstrassen zu den Haupt-Verkehrsadern der inneren Stadt in sehr glücklicher Weise gezeigt wurde, dass also die Möglichkeit besteht, auch in der inneren Stadt Strassen zu schaffen, in welchen Strassenbahnen ohne Anstand geführt werden könnten.

Würde dieser Gedanke zur Ausführung gelangen, so wäre die Durchführung der wichtigsten Radiallinien durch die innere Stadt und damit auch die Trennung des Ring- vom Radialverkehr möglich, ohne dass es nothwendig wäre, die directen Wagen aufzugeben, welche die Bevölkerung schwer vermissen würde. Dadurch würden schon einige der Hauptübelstände im Strassenbahnverkehr beseitigt; bis zur vollständigen Durchführung dieser Regulirung sollte aber wenigstens die theilweise Einführung des Strassenbahnverkehrs in die innere Stadt angestrebt werden, soweit dort nämlich, wo dieselbe mit Rücksicht auf die Breite der Strassen schon jetzt zulässig ist. Einer der fühlbarsten Mängel aber ist die geringe Fahrgeschwindigkeit, deren Ursache zunächst durch die Grenze gegeben ist, welche die Natur festgesetzt hat, weshalb eine Beseitigung derselben so lange nicht erwartet werden kann, bis der thierische Motor nicht durch einen anderen leistungsfähigeren ersetzt wird. Die langsame Fahrt macht sich umso fühlbarer, je grösser die Entfernungen in einer Stadt werden und schon dieser Umstand allein erfordert gebieterisch den Ersatz des Pferdebetriebes durch den motorischen, besonders mit Rücksicht darauf, dass die Einführung eines den Bedürfnissen entsprechenden Verkehrsmittels die Ausbildung der Wohnviertel möglich machen wird, welche für jede Grossstadt ein dringendes Bedürfniss sind. Bei dem heutigen Stande der Technik kann nun gar kein Zweifel darüber bestehen, dass für die Strassenbahnen in Wien nur der elektrische Betrieb in Betracht kommen kann und es muss an dieser Stelle mit Bedauern constatirt werden, dass Wien sich in dieser Beziehung nicht nur von anderen Grossstädten, sondern sogar von unbedeutenden Provinzstädten hat überholen lassen, welche heute schon auf glänzende Erfahrungen mit ihren elektrischen Bahnen hinweisen können.

Es ist nicht beabsichtigt, in den folgenden Auseinandersetzungen eine ausführliche Darlegung des Wesens der elektrischen Strassenbahn zu geben, dagegen sollen kurz die charakteristischen Merkmale derselben, besonders mit Hinblick auf die verschiedenen zur Ausführung gelangten Systeme dargelegt werden.

Allen elektrischen Bahnen gemeinsam ist die Anbringung eines oder mehrerer Elektro-Motoren an Wagengestelle selbst. Das geringe Gewicht dieser Motoren im Verhältniss zur entwickelten Leistung, ebenso der geringe Raum, den sie beanspruchen, machen den elektrischen Motor für derartige Betriebe besser geeignet wie den Dampf- oder den Gas-Motor.

Es ist leicht möglich, unter dem normalen Wagengestelle Elektro-Motoren für eine dauernde Leistung von 30 Pferden unterzubringen und dadurch gegenüber dem Pferdebahnwagen einen wesentlichen Vorzug zu erreichen, da die grosse Leistungsfähigkeit der Motoren es gestattet, beim Betriebe jeden Moment entsprechend auszunützen.

Die Aufmerksamkeit des Wagenlenkers ist bei diesem Betriebe nicht durch die Pferde theilweise von der Strecke abgelenkt. Er ist auch nicht mit Rücksicht auf die Schonung des Pferdematerials genöthigt, von den Haltestellen langsamer anzufahren, sondern kann vielmehr unter Ausnützung des grossen Kraftüberschusses sofort vom Platze weg beinahe die volle Geschwindigkeit anwenden und jede freie Strecke voll ausnützen.

Die bedeutende Erhöhung Fahrgeschwindigkeit hat aber

kein Bedenken, da die Elektro-Motoren es gestatten, den Wagen in der raschesten Fahrt innerhalb einer Wagenlänge zum Stillstande zu bringen.

Gemeinsam ist allen Systemen die Centrale zur Erzeugung des elektrischen Stromes, welche sich in keinem Punkte wesentlich von einer grossen Dampfmaschinen-Anlage unterscheidet, weshalb auch bei Ausführung derselben ähnliche Rücksichten geboten sind, wie man solche bei jeder grösseren maschinellen Anlage innerhalb des Stadtgebietes zu beobachten gewohnt ist.

Ein Unterschied zwischen den verschiedenen Systemen macht sich erst bemerkbar, wenn es sich um das Mittel des Transportes der Elektricität von der Erzeugungsstelle zum Motor handelt. Diejenige Lösung, bei welcher eine Inanspruchnahme der öffentlichen Strassen nicht eintritt und welche deshalb vom allgemeinen Verkehrsstandpunkte aus als die vollkommenste anzusehen ist, besteht darin, den Strom an der Erzeugungsstelle aufzuspeichern und selben dann in geeigneten Sammlern (Accumulatoren) unterhalb der Sitze der Wagen unterzubringen. Diese Lösung ist vom idealen Verkehrsstandpunkte gewiss die vollkommenste.

Naturgemäss reicht die Füllung des Sammlers nur für eine bestimmte Zahl von Wagenkilometern aus. Es erscheint nun wünschenswerth, diese Leistung so zu wählen, dass eine zu grosse Belastung des Wagens mit dem bedeutenden todten Gewicht des Sammlers vermieden wird, welch' letztere sich besonders bei Ueberwindung von Steigungen unangenehm bemerkbar machen würde. Es muss deshalb dafür Sorge getragen werden, dass nach einer bestimmten Fahrzeit mindestens zweimal im Tage jeder Wagen zu der Centrale oder den Ladestellen behufs Erneuerung seines Sammlers gebracht wird.

Dies bedingt aber in ähnlicher Weise, wie beim Pferdebetrieb gezeigt wurde, einen steifen Fahrplan und muss daher durch entsprechende Vertheilung der Ladestationen Sorge getragen werden, dass dieser Nachtheil nicht zu fühlbar wird und es möglich bleibt, dem plötzlich gesteigerten Verkehrsbedürfnisse auf irgend einer Linie leicht Rechnung tragen zu können.

Bisher besitzen wir nur Daten von kleinen Versuchsstrecken mit Accumulatoren, welche uns nicht genügend Anhaltspunkte darüber geben, ob die Anwendung derselben in technischer und finanzieller Beziehung so befriedigende Resultate ergibt, dass dieses System für ein gross angelegtes Netz etwa vorgeschlagen werden könnte. In Anbetracht der grossen Vortheile aber, welche dasselbe bietet, wäre die weitere Ausbildung dieses Systemes sehr wünschenswerth und kann daher die Durchführung von ernsten Versuchen mit Sammlern nur lebhaft begrüsst werden.

Die zweite Lösung der Frage des Transportes der elektrischen Energie von der Centrale bis zum Motor ist die directe Zuleitung des Stromes zu den Motoren mittelst unterirdischer Stromzuführung.

Dieses System ist bekanntlich in Budapest mit gutem Erfolge zur Anwendung gekommen und bestehen über dasselbe ausreichende Erfahrungen. Diese Art der Leitungsführung wird daher für neue Strassenbahnen in solchen Stadttheilen, wo eine andere Art der Stromzuführung aus ästhetischen Gründen absolut unzulässig wäre, in erster Linie in Betracht gezogen werden müssen, weil sie den Vortheil bietet, dass das Strassenbild in keiner Weise beeinträchtigt wird. Aus diesem Grunde wird die Einführung dieses Systems wohl auch auf einem Theile des bestehenden Strassenbahnnetzes in Frage kommen.

Gegen die allgemeine Einführung desselben auf den bestehenden Pferdebahnen in Wien spricht aber der Umstand, dass der gegenwärtige Oberbau, welcher bei Einführung des elektrischen Betriebes mit oberirdischer Stromleitung belassen werden könnte, bei Ausführung der unterirdischen Stromzuführung umgebaut werden müsste, wodurch sehr erhebliche Mehrkosten entstehen würden.

Eine dritte Lösung, und zwar wie hier gleich betont wird, diejenige, welche im grossen Maassstabe zur Einführung gelangt ist, und welche bei mindestens 95% der ausgeführten elektrischen Bahnen in Benützung steht, ist die Zuführung der Elektricität in den Wagen mittelst Luftleitung und der Rückleitung durch die Schienen.

Durch diese Art der Leitungsführung wird der äussere Eindruck der Strassen kaum mehr beeinträchtigt, als durch andere, als unentbehrlich geltende, dem Verkehr dienende Einrichtungen, z. B. Gas-Candelaber, Annoncen-Säulen, Telegraphen- und Telephonleitungen.

Jedenfalls kann diese geringfügige Beeinträchtigung gegenüber den grossen Vortheilen, die erreicht werden können, nicht in Betracht kommen, wenn es sich darum handelt, die Einführung eines billigen, schnellen und verlässlichen Verkehrsmittels zu ermöglichen.

Thatsächlich hat auch diese Erwägung eine grosse Zahl von Stadtverwaltungen in unserem Nachbarstaate Deutschland, so in Hamburg, Bremen, Hannover, Leipzig, Dresden, Breslau, Gotha, Halle etc., veranlasst, trotz der geäusserten Bedenken, der uneingeschränkten Anwendung des elektrischen Betriebes mit Luftleitung ihre Zustimmung zu geben, und sind diesem Beispiele in unserem Vaterlande die Städte Prag, Lemberg, Baden, Pressburg bereits gefolgt.

Es darf auch nicht ausser Acht gelassen werden, dass im Gegensatz zu den älteren Ausführungen, wie z. B. die der Strecke Mödling-Brühl, die Techniker heute wohl in der Lage sind, die Führung der oberirdischen Leitung in den Strassen in einer das Auge nicht beleidigenden Weise auszuführen.

Der Umstand, dass man bei Anwendung des elektrischen Betriebes in der Lage ist, unabhängig von der Leistungsfähigkeit des Motors, die den Verhältnissen angepasst werden kann, das Wagengewicht zu erhöhen, gestattet die Anwendung von weit grösseren Wagen als beim Pferdebetrieb und wendet man heute thatsächlich in vielen Städten, die einen bedeutenden Verkehr besitzen, Wagen mit einem Fassungsraum von 60 bis 80 Personen an. Die Möglichkeit, grössere Wagen einzuführen, erleichtert die Abwickelung des Verkehrs, besonders auf solchen Linien, die erfahrungsgemäss eine constant starke Frequenz aufweisen, die mit kleineren Wagen nicht mehr bewältigt werden könnten.

Man findet auch im Strassenbahnbetrieb schon sehr häufig Drehgestellwagen, welche den Vortheil besitzen, auch die schärfsten Bögen leicht zu durchfahren und daher nicht nur die Anwendung von aussergewöhnlich kleinen Krümmungshalbmessern gestatten, sondern auch eine äusserst ruhige, stossfreie und geräuschlose Fahrt ermöglichen.

Die Geschwindigkeit der elektrischen Züge beträgt im Durchschnitt 16—20 *km* pro Stunde, und kann noch in Strassen mit einem dichten Verkehr auf ca. 15 *km* festgesetzt werden. Ausserhalb des Rayons der dichten Verbauung sind auch bedeutend grössere Geschwindigkeiten zulässig, besonders auf solchen Bahnen, die ein eigenes Planum besitzen, daher den übrigen Verkehr nicht tangiren. Der elektrische Motorwagen überwindet Steigungen, welche beim animalischen Betriebe unzulässig sind. Rampen von 10% und darüber sind auf elektrischen Strassenbahnen nicht selten, und werden seit Jahren anstandslos befahren; sehr instructive Beispiele sind in dieser Beziehung die elektrischen Strassenbahnen in Lemberg und Remscheid, auf welchen lange Rampen mit Steigungen von 60—100‰ mit sehr scharfen Bögen vorkommen, welche ohne Schwierigkeiten von den Motorwagen passirt werden.

Man hat die Frage vielfach erörtert, ob es zweckmässiger ist, den Motor auf dem Personenwagen untzubringen oder eigene Remorqueurwagen anzuwenden. Die Praxis hat dahin entschieden, bei Strassenbahnen ausschliesslich den Motorwagen, welcher gleichzeitig Personen befördert, anzuwenden, welchem Motorwagen man in Fällen eines stärkeren Andranges einen, ausnahmsweise auch zwei Beiwagen zufügt; nur auf Bahnen, auf welchen grössere Züge regelmässig vorkommen, wie z. B. der Süd-London-Bahn, werden diese Züge durch eine elektrische Locomotive befördert.

Die Leistungsfähigkeit der elektrischen Bahnen ist nach den diesbezüglich gemachten Erfahrungen eine ausserordentlich grosse; wenn in der Centralanstalt für die erforderlichen Reserven gesorgt ist, kann dieselbe sogar in einer geradezu staunenswerthen Weise gesteigert werden, wobei noch besonders berücksichtigt werden muss, dass man wegen der Möglichkeit, den Wagen auf sehr geringe Entfernungen anzuhalten, ohne Gefährdung der Sicherheit auf Intervalle von einer Minute und sogar noch weniger heruntergehen kann.

Es unterliegt daher keinem Anstande auf einer elektrischen Bahn, wenn die Wagen einen Fassungsraum für 60 Personen besitzen und sich in Intervallen von einer Minute folgen, 3600 Personen in einer Stunde von einem Punkte nach einer Richtung zu befördern; sind die Motoren leistungsfähig genug, um auch einen Beiwagen ziehen zu können, so erhöht sich diese Leistungsfähigkeit auf 7200 Personen und kann bei Reducirung des Intervalles bis auf $^1/_2$ Minute, auf das Doppelte gesteigert werden. Solche Leistungen sind bereits bewirkt worden und kann daher wohl mit Recht behauptet werden, dass die elektrischen Bahnen in dieser Richtung jeder Anforderung zu genügen im Stande sind, weil es ohne weiteres möglich ist, die Anlage dem zu erwartenden Verkehre anzupassen. Als Beispiel möge angeführt werden, dass die Columet Electric Railway in Chicago, eine Linie mit einer Betriebslänge von 8 *km* und einem Fahrparke von 14 Wagen, am 10. October v. J. in 10 Stunden 78.000 Menschen, also pro Stunde 7800 und pro Wagen und Tag 5571 Menschen beförderte.

Die Chicago City Railway, welche 1893 ein Netz von 21·2 *km* elektrischer Bahnen, 28 *km* Kabelbahnen und 74 *km* Pferdebahnen besass, beförderte an demselben Tage 757.660 Menschen in 12 Stunden, also 63.138 Personen pro Stunde, wobei berücksichtigt werden muss, dass nur die Kabel- und die elektrischen Linien bis zur Ausstellung führten, also mindestens 75% des Gesammtverkehrs von diesen motorischen Bahnen geleistet werden mussten. Ja, auf der New-Yorker und Brooklyn-Bridge-Bahn wurden auf den zwei Geleisen am 12. October 1892 innerhalb 18 Stunden nicht weniger als 2,231.625, also pro Stunde 12.424 Personen befördert.

Auch die während der columbischen Ausstellung gemachten Erfahrungen mit der elektrischen Ausstellungsbahn haben den Beweis erbracht, dass gerade die elektrischen Bahnen eine ausserordentliche Leistungsfähigkeit besitzen, und in dieser Beziehung allen übrigen Verkehrsmitteln überlegen sind. Es sei nun gestattet, die Vortheile, welche der elektrische Betrieb bietet, kurz zusammenzufassen:

Die Leichtigkeit des Stillstandes und der Umkehrung der Elektromotoren und damit der Fahrtrichtung und als Consequenz davon die grössere Geschwindigkeit und die geringeren Fahrt-Intervalle bei einer weit grösseren Sicherheit.

Die Möglichkeit, Rampen zu befahren, welche für Pferde unüberwindlich sind und auch mit Dampflocomotiven nicht befahren werden können.

Die grosse Elasticität und Leitungsfähigkeit des elektrischen Betriebes im Vergleiche mit jedem anderen Betriebe.

Die elektrischen Motoren verursachen keinen Rauch, keinen Auspuffdampf und keinerlei andere Belästigungen und Verunreinigungen, sind also vom hygienischen Standpunkte und in Beziehung auf Ruhe in den Strassen das vorzüglichste Betriebsmittel.

Gegenüber dem Pferdebahnbetriebe fällt aber besonders in Betracht: die Möglichkeit, Strassen mit grösseren Steigungen mit einer entsprechenden Geschwindigkeit zu befahren, die Fahrgeschwindigkeit überhaupt mindestens verdoppeln zu können.

Die ungleich grössere Leistungsfähigkeit der elektrischen Bahn, welche schon dadurch gewährleistet ist, dass grosse Wagen angewendet werden können.

Die bedeutend grössere Sicherheit für die Fussgeher, welche daraus folgt, dass die Wagen auf weitaus geringere Entfernungen angehalten werden können, als bei jedem anderen Betriebe; schon dieser Umstand gestattet es, dass man mit dem elektrisch angetriebenen Wagen auch enge Strassen passiren kann, in denen der Pferdebahnbetrieb nicht mehr zulässig wäre.

In Grossstädten ist auch der Umstand von Wichtigkeit, dass die Pflasterabnützung eine ganz unbedeutende ist, die Verunreinigung der Strassen aber ganz vermieden wird und durch den Wegfall der Stallungen weitere sehr bedeutende sanitäre Vortheile erreicht werden.

Wie günstig aber die Einführung des elektrischen Betriebes sich auf die Belebung des Verkehres äusserte, zeigt sich aus der unten angeführten Tabelle,*) in welcher die elektrischen und die Pferdeeisenbahnen von Halle und Pest einander gegenüber gestellt sind.

Der Verkehr auf der erst im Jahre 1889 eröffneten elektrischen Bahn in Pest, welche heute eine Betriebslänge von 17·9 *km* besitzt, gegenüber jener der Pferdebahnen von 45·8 *km* ist innerhalb vier Jahren von 4·4 auf 12·5 Millionen gestiegen, während die Zahl der beförderten Personen auf der Pferdebahn, deren Netz bedeutend umfangreicher ist, in demselben Zeitraum sich nur unwesentlich vergrössert hat.

Ganz ähnlich stellt sich das Verhältniss in Halle und liessen sich noch viele solche Beweise dafür erbringen, dass die Einführung des elektrischen Betriebes sofort eine bedeutende Erhöhung des Verkehres zur Folge hat, ein Umstand, der wohl in erster Linie darauf zurück-

*)

Name der Gesellschaft	Jahr	Beförderte Personen	Einnahmen in fl.
Pester Pferdebahn	1890	18,107.543	1,485.180
	1891	17,972.869	1,528.058
	1892	18,638.586	1,585.000
	1893	19,900.457	1,700.000
Pester elektrische Bahn	1890	4,459.234	275.351
	1891	8,619.214	544.032
	1892	10,989.172	766.117
	1893	12,499.274	919.274
Pferdebahn in Halle	1892	2,063.920	123.836
	1893	1,716.819	103.009
Elektrische Bahn in Halle	1892	1,838.141	126.280
	1893	2,753.760	188.829

zuführen ist, dass das Publikum die ihm durch den motorischen Betrieb gebotenen Vortheile rasch erkennt und sich des neuen Verkehrsmittels mit Vorliebe bedient.

Bei einer allgemeinen Einführung des elektrischen Betriebes in Wien wird sich im Verkehr mit den Vororten eine mittlere Geschwindigkeit von 15 *km* in der Stunde erzielen lassen.

Dies ist eine Geschwindigkeit, bei welcher die unvermeidlichen Umwege bis zur vollständigen Durch... der Stadt nur mehr einen verschwindenden Einfluss ausüben können, und wird selbe in Folge der dadurch bedingten ganz bedeutenden ...ersparniss gewiss eine ausser... Steigerung des Verkehrs zur Folge haben.

...langen wir durch eine der... Verbesserung unseres Strassen... Verkehres nur auf 200 Millionen Passagiere im Jahre, eine durchaus ... Ziffer, nehmen wir weiter an, dass jeder Fahrgast nur 3 *km* per ... zurücklegt, so gibt uns die ...ng des elektrischen Betriebes ... Möglichkeit einer Zeitersparniss, ... bei einem Durchschnitts... des die Pferdebahn be... Publikums von nur 30 kr. ...de mit mindestens 9 Millionen ... im Jahre veranschlagen

...er derartigen Ersparniss ge... erscheint es nicht erfor... eingehend die Frage zu venti... inwieweit der elektrische Be... Reduction der Fahrpreise ... wird.

... ist ja unzweifelhaft, dass ...örderungskosten beim elek... Betrieb wesentlich geringer ... wie beim Pferdebetrieb, ...ts bedingt aber dieser Be... der ganz bedeutende Capitals...ngen; so viel kann man aber ...ch den jetzt vorliegenden ...gen annehmen, dass insbe... Verkehr mit der Peripherie ... der elektrische Betrieb das billigste Beförderungs-

mittel ist ...
verfügen.

Tri...
ersparnis...
Regulirui...
kann ge...
nahme ...
wartet w...
auch au...
anderseit...
Pferdebe...
trischen ...
bildung ...
heit die ...
bahnen ...
Publikum...
klagten ...

Es ...
dass di...
Zeitgeist...
Strassenl...
bedürfnis...
viele Jah...
genügen ...
ausnahm...
Ausführu...
oder Un...
gens al...
kehrsmit...
werden ...

Es ...
wo ein...
schaffen ...
Gelegenl...
Strassen...
weitere ...
bahnnetz...
die Stad...
dann w...
für die ...
gegenwä...
brennen...

Es ...
Stelle au...
wie sich ...
Verkehr ...
wickeln ...
die diese...
einige A...
besonde...
bei Bew...
Stadtbah...

Wi...
über di...

einer Stadtbahn für den Stadtverkehr vorausschicken.

Wie die Erfahrung zeigt, können wir auf eigentliche Stadtbahnen mit mittleren Geschwindigkeiten über 20 *km* in der Stunde n i c h t rechnen; die Entfernung der Mitte der Stadt von der Peripherie beträgt in Wien rund 10 *km* und können wir deshalb wohl 7·5 *km* als die durchschnittliche Maximal-Weglänge im Verkehr zwischen der Peripherie und der Stadt annehmen.

Kommen wir, wie früher gezeigt, mit der elektrischen Strassenbahn auf eine mittlere Geschwindigkeit von 15 *km*, so wird, wenn in einem gegebenen Falle eine Stadtbahn hier direct mit einer parallel laufenden Strassenbahn concurrirt, erstere eine Zeitersparniss von sieben Minuten gewähren.

Diese Zeitersparniss ist aber nur eine sehr bedingte, da zu dem mit der Bahn selbst zurückgelegten Wege noch der Weg von und zur Station kommt.

Wird nun selbst, wie in Wien in Aussicht genommen ist, der Abstand der Stationen der Stadtbahn 1 *km* reducirt gegenüber 250 *m* bei der Strassenbahn, so zeigt eine einfache Ueberlegung, dass, angenommen, es werden selbst auf der Stadtbahn die Züge in Fünf-Minuten-Zeit-Intervallen verkehren, die Benutzbarkeit der Stadtbahn im Vergleich mit der Strassenbahn nur höchstens für einen Streifen von etwa 250 *m* Breite nach jeder Seite, gegenüber einem Streifen von etwa 200 *m* Breite bei der Strassenbahn in Frage kommen kann.

Von diesem Gesichtspunkte aus ist in dem anliegenden Plan das von den jetzigen Strassenbahnlinien beherrschte Gebiet einerseits und das Gebiet der zukünftigen Stadtbahn andererseits durch entsprechende Farbentöne unterschieden.

Die Betrachtung dieses Planes lehrt nun, dass das jetzige Strassenbahnnetz sich der derzeitigen Verbauung der Stadt im hohen Grade anpasst, während dies bei der Stadtbahn naturgemäss in sehr beschränktem Maasse der Fall sein wird.

Der Plan zeigt weiter, wie schon früher betont, dass für den eigentlichen Localverkehr die Stadtbahn kaum in Frage kommen kann, dass vielmehr in dieser Beziehung nur die ausserhalb Wien liegenden Ortschaften an der Westbahn, Südbahn und Franz Josef-Bahn und einige wenige aus dem Plane ersichtlichen schmalen Streifen einzelner Bezirke Vortheile erlangen.

Nun liegt es aber sicher ganz besonders im Interesse der Stadtverwaltung, bei der weiteren baulichen Entwickelung der Stadt auf die Schaffung eigener Wohnviertel Rücksicht zu nehmen. Ist doch in dieser Beziehung Wien von der Natur mehr begünstigt wie irgend eine andere Stadt der Welt und bieten besonders die Abhänge des Wienerwaldes zwischen der Westbahn und Franz Josef-Bahn ja vorzügliche Gelegenheit zur Schaffung von Wohnvierteln.

Wenn solche Wohnviertel bisher nicht im grösseren Maassstabe entstanden sind, so muss dies lediglich den durchaus ungenügenden Beförderungsmitteln zugeschrieben werden. Die Steigungs-Verhältnisse in den hier in Frage kommenden Verkehrsrichtungen sind derart, dass eine rasche Beförderung bei animalischem Betriebe ausgeschlossen erscheint. und ist deshalb jetzt die Bevölkerung Wiens gezwungen, anstatt die im Gemeindegebiete in gesunder Lage sich befindenden Abhänge des Wienerwaldes zu bewohnen, theils das feuchte und in hygienischer Beziehung ganz ungeeignete Thal der Wien oberhalb Hütteldorf, theils die wohl gesunden, aber in Folge ihrer grossen Entfernung von der Bahn schwierig zu erreichenden Abhänge gegen die Südbahn hin aufzusuchen.

Wir dürfen, wie schon hervorgehoben, nicht erwarten, dass das Stadtbahnnetz in diesem Verhältniss etwas zu Gunsten von Wien ändert weil die Vollbahn noch mehr an

Terrain gebunden ist, wie die Pferdebahn und es vollständig ausgeschlossen erscheint, dass uns etwa durch den Ausbau weiterer Stadtbahnlinien in radialer Richtung das Terrain zwischen Westbahn und Franz Josefs-Bahn zugänglich gemacht wird. Ohne irgend welche Schwierigkeiten bietet gerade hier die Strassenbahn mit elektrischem Betriebe die vollkommenste Lösung.

Durch einen gross angelegten Verbauungs-Plan für die unverbauten Flächen, wie er ja geplant ist, liesse sich auch der Verkehr in die richtige Bahn lenken und würde es möglich sein, wenn gleichzeitig unsere Verkehrsmittel entsprechend verbessert werden, Wien mit gesunden Wohnvierteln für Jedermann zu versehen, wie sich ähnliche keine andere Stadt der Erde schaffen kann.

Eine derartige Einwirkung auf die Entwicklung der Stadt liegt ja aber auch im Interesse einer möglichst günstigen Ausgestaltung der Steuerkraft und der gesammten socialen Verhältnisse.

Selbstverständlich darf, wenn eine Umgestaltung unserer Verkehrsmittel beabsichtigt wird, dieselbe wie schon hervorgehoben nur vom grossen einheitlichen Gesichtspunkte aus erfolgen und ist mit der Concessionirung einzelner Linien eine Abänderung der herrschenden Uebelstände nicht zu erreichen.

Ein Blick auf die Karte zeigt uns, dass eine Regulirung des Verkehres ohne Mitwirkung der bestehenden Strassenbahn-Gesellschaften nicht möglich ist, bestehen doch kaum in Wien Verkehrsadern von irgend welcher Bedeutung, welche nicht schon mit Schienen belegt sind.

Die Anbringung weiterer Geleise in derartigen Strassen ist ja mit Rücksicht auf den Verkehr vollständig ausgeschlossen, aber auch angenommen, es könnten Mittel und Wege gefunden werden, die Strassenbahn-Gesellschaften zu veranlassen auf ihren Strecken den Peageverkehr zu gestatten, so würden wir damit

auch nc
kommen.

Den
der Pfer
theilweis
Erhöhung
welche,
wesentlic
reicht w

Müs
hältnisse
auch die
Schritte
bestehend
anlassen,
Betrieb
zeitig a
Netzes.

Es
Gesellsch
bedeuten
Einführu
mit sich
wenn nic
Abänder
erfolgt. I
die Stad
den ge
Ausdehn
zur Stras
wird, o
rücksicht
zustehend

Zur
stehende
welche de
Stadt, S
schaft zu
zur Kla
für die A
der Stra
Schaffung
bahn-Ges
und kan
frage nic
nicht d
besteht.

Es
zweifelt
Umgestal
triebes i
grösster
und ersc

bei der Lösung dieser Frage die finanziellen Interessen der Stadt in erster Linie hervorzukehren.

Die Stadt Wien hat vor allen Dingen die Pflicht, den Verkehr in solcher Weise zu regeln, dass ihre Einwohner bequem, rasch und mit mässigen Kosten von einem Punkte der Stadt zum andern gelangen können.

Die Frage, inwieweit die Verkehrsmittel eine Einnahmsquelle für die Stadtcasse abgeben können, darf erst in zweiter Linie von Bedeutung sein.

Dass die Stadt eine Entschädigung für die Benützung ihrer Strassen von Unternehmungen verlangt, welche dadurch pecuniäre Vortheile erzielen, ist vollständig gerechtfertigt; aber die Höhe dieser Entschädigung soll so gewählt werden, dass eine drückende Belastung der Strassenbahn-Gesellschaft, welche sich dann auch in den Fahrpreisen äussert, thunlichst vermieden wird.

Werden einer derartigen Unternehmung im Vorhinein unangemessene Belastungen, sei es in der Form directer Abgaben an die Stadt, sei es, weil man derselben die Kosten von Häuser-Einlösungen aufbürdet, welche eigentlich der Stadt selbst zur Last fallen sollten, oder durch übermässige Heranziehung der Unternehmung zu den Kosten der Strassen-Instandhaltung über jenes Maass hinaus, welches der naturgemässen Abnützung der Strassen durch die Unternehmung selbst entspricht, aufgebürdet, so muss dem Capital die Lust zu grossen Investirungen vergehen, deren Erträgniss durch derartige Belastungen mehr als fraglich gemacht wird, wenn andererseits der Verkehr durch billige Fahrpreise gefördert werden soll, und man mit Recht von der Unternehmung verlangt, dass selbe auch nicht lucrative Strecken aus Verkehrsrücksichten baut.

Wir kommen nunmehr zu den Schlussfolgerungen aus vorstehenden Darstellungen und ergeben sich selbe für uns wie folgt:

Eine entsprechende Entwicklung des Verkehrs in Wien ist zunächst nur durch die allgemeine Einführung des elektrischen Betriebes auf den Strassenbahnlinien zu erreichen, und zwar in Verbindung mit einer angemessenen Erweiterung und Ergänzung des Strassenbahnnetzes. Für das ganze Strassenbahnnetz ist ein einheitlicher Tarif und die allgemeine Einführung des Correspondenzdienstes anzustreben.

Jeden zweckmässigen Vorschlag, welchen die Lösung vorstehender Bedingungen gewährleistet, zu unterstützen, ist die Pflicht der Stadt-Verwaltung, welche dadurch die Interessen der Bevölkerung sowohl wie der Stadt selbst fördert.

Die vorstehende kleine Schrift soll dazu beitragen, weitere Schichten der Wiener Bevölkerung über die Mittel und Wege aufzuklären, welche zur gedeihlichen Gestaltung unserer Verkehrsverhältnisse einzuschlagen sind.

Trägt selbe dazu bei nur in dem einen oder andern Punkte ein Vorurtheil zu beseitigen oder eine irrige Anschauung zu beheben, so wäre ihr Zweck erreicht, der nämlich, als kleiner Beitrag zur gedeihlichen Entwicklung unseres grossen Gemeindewesens zu dienen, dessen Blühen und Gedeihen uns Allen an die Seele gewachsen ist.

† Hermann Helmholtz.

Eine der hellsten Leuchten, die je dem Wissende suchenden erstrahlt, ist erloschen; eine jener Persö Helmholtz am 8. September ins Grab gesunken, w aller Nationalitäten ihre Huldigung bereitwillig dargeb als Pfadfinder zu jenen unerforschlich scheinenden G das Stoffliche und das Geistige aneinander grenzen! Regionen der Forschung hat seiner Zeit der gross strebende des grösseren Todten, hat Dubois-Rey gewordene „Ignorabimus" ausgesprochen. Helmhol Warnungsruf vor dem „Betreten des Unbetretenen, das Unerbetene und nicht zu Erbittende" nicht zur grosse Forscher hat die Entstehung der Begriffe: „Rau Kant als dem Erkenntnissvermögen des Menschen g erklärt, analysirt und die Anschauungen des grossen sophen an der Hand naturwissenschaftlich festgestellte unserer Sinne und Erkenntnissorgane berichtigt.

Bei aller Erfurcht für die Leistungen des grosse die Grenzpfähle, welche Jener im Reiche des reinsten Vermögen gesteckt, selbstständig weiter gerückt u Erfahrung das gegeben, was er als ihm zugehör gefunden hat.

Dass Helmholtz bei diesem Gange in das Denkvorgänge sich mehr der Auffassungsweise Goe in so mannigfachen Aeusserungen in seinen „Populär Vorträgen" hervor, und wirkt so ermunternd für Jen nehmste Weise über die Räthsel des Erkennens bele wir gut thun, auf diese unerschöpflichen Quellen des S hinzuweisen.*)

Hermann Ludwig Ferdinand v. Helmholtz wurd zu Potsdam geboren. Er absolvirte seine medicinisch wurde im Jahre 1842 Assistent an der Charité daselb arzt in Potsdam. Im Jahre 1848 wurde er in Berlin L für Künstler und Assistent am anatomischen Museu ging er als Professor der Physiologie nach Königsberg und Heidelberg, um 1871 die Professur für Physik a versität zu übernehmen. Auf mathematischem und ph ist die Zahl der von ihm gelösten Probleme Legion. Abhandlungen war der Feststellung und Definition d Erhaltung der Kraft gewidmet. Er war der Erste, der weis dafür erbrachte, dass im arbeitenden Muskel che stattfinden und Wärme entwickelt wird. Er unternah über die Geschwindigkeit der Fortpflanzung des N den Augenspiegel und brachte die Lehre von den Farb subjectiven Lichterscheinungen zu ungeahnter Klarheit. räumlichen Anschauung durch den Gesichtssinn und hörsinn verdanken ihm ihre heutige Ausgestaltung. den Tonempfindungen" hat Helmholtz seine akustisc

*) Vorträge und Reden von Helmholtz bei Vieweg.

zusammenhängend dargestellt und zur wissenschaftlichen Begründung der musikalischen Harmonielehre verwerthet. Die fruchtbringendste Thätigkeit entwickelte er auf dem Gebiete der Elektrotechnik.

Auch uns in Wien ist er von dem Besuche der internationalen elektrischen Ausstellung im Jahre 1883 her in Erinnerung. Er war damals der Mittelpunkt von Ovationen, die ihm die Mitglieder unserer kaiserlichen Akademie der Wissenschaften bereiteten, deren Ehrenmitglied er war. Mit den Collegen von der Akademie erschien er damals in der Ausstellung. Es führte ihn überhaupt häufig der Weg nach Oesterreich. Sei es, dass er seinen Schwager, den gegenwärtigen Landes-Präsidenten von Kärnten, Herrn Schmidt v. Zabierow, besuchte, sei es, dass er manchmal Erholung in unseren Bergen fand. Vor zwei Jahren war er während des Sommers in Madonna di Campiglio, im letzten Frühling weilte er während der Anwesenheit Kaiser Wilhelm's in Abbazia.

Schon in Paris, im Jahre 1881 bei der ersten elektrischen Ausstellung vertrat er im Elektriker-Congress die Einführung der elektrischen Maasseinheiten, wie sie dann später in der, von allen Regierungen der Culturwelt beschickten Conferenz im Jahre 1882 als „Internationales Maasssystem der elektrischen Einheiten" in den Gebrauch der Elektricitätslehren und der Praxis übergingen. Dieser Congress vernahm mit Staunen und Ehrerbietung die im fliessenden Französisch gehaltenen Reden des grossen Begründers des „Gesetzes der Erhaltung der Kraft", denn er sprach das Französische ebensogut wie das Englische, in welchem er in der Royal society und zuletzt auf dem Congresse zu Chicago, dessen Ehrenpräsident er war, die fesselndsten Vorträge, besonders jenen über „Faraday und seine Entdeckungen" hielt. Die Leistungen auf dem Gebiete der Elektricitätslehre, welche Helmholtz zu danken sind, können in einem kurzen Ueberblick über sein unerschöpflich reiches Wirken nicht erschöpfend geschildert werden. In einer wissenschaftlichen Lebensbeschreibung wird zweifellos das alles gewürdigt werden, allein das muss gesagt werden, dass er auch immer der Verlebendigung der wissenschaftlichen Begriffe, wie kein zweiter, seine herrliche Gabe, zu lehren, lieh! Im Elektrotechnischen Verein zu Berlin hat Helmholtz bald nach Creirung der Internationalen Maasseinheiten eine in seinen „Vorträgen" abgedruckte Vorlesung gehalten.

Ausser der Allmutter Natur, in deren Schosse er so gerne Erholung von dem „Suchen nach dem ruhenden Pol in der Erscheinungen Flucht" Labung fand, bot ihm, so scheint es, nichts so sehr Anregung, als der grosse Priester der Natur: Goethe, dessen Schriften ihm wie kaum einem Andern geläufig waren.

Anlässlich der 1892er Goethe-Versammlung in Weimar hielt Helmholtz die Festrede. An der geweihten Stätte der Classicität, über welcher der Geist der Dioskuren Goethe und Schiller schwebt, rief der grosse Physiker den Deutschen in Erinnerung, dass die naturwissenschaftlichen Ideen der Jetztzeit bereits zu Anfang des Jahrhunderts von dem Sehergeiste Goethe's vorausgeahnt worden seien. Dabei sprach Helmholtz den Wunsch aus, es möchte dem deutschen Volke nie an Männern fehlen, die gleich Goethe die gesammten Bildungselemente ihrer Zeit in sich aufgenommen haben, „ohne dadurch in der Frische und natürlichen Selbstständigkeit ihres Empfindens eingeengt zu werden, und die als sittlich Freie im edelsten Sinne des Wortes nur ihrer warmen und angeborenen Theilnahme für alle Angelegenheiten des menschlichen Gemüthes zu folgen brauchen, um den Weg zwischen den Klippen des Lebens zu finden".

Ein Mann, der so sprach, konnte nicht anders als mit Abnei; ler antisemitischen Strömung in der Berliner Studentenschaft gegenü stehen. Jenes Manifest der Notabeln Berlins, das um das Jahr 1880 schien, gegen die antisemitischen Ausschreitungen gerichtet und len erlauchtesten Gelehrtennamen der Berliner Universität unterzeic war, trug auch den Namen Helmholtz.

Wie nur wenige Gelehrte in unseren Tagen, hat Helmholtz Vaterland auch vor dem Auslande als Incarnation deutscher Gründlich und deutscher Denkerkraft repräsentirt. Als die Universität Montpe vor einigen Jahren das Jubiläum ihres siebenhundertjährigen Bestandes ging, da war Helmholtz der Gefeierteste von Allen. Montpellier eine altberühmte medicinische Schule und diese erging sich in Ovatic für den Erfinder des Augenspiegels. Angesichts des Denkers verga lie Franzosen allen Deutschenhass. In Italien war er wiederholt Gegenstand der grössten Auszeichnungen. Man sah in ihm als Phys len Fortsetzer Galvani's und Volta's. Als er zu Ostern 1891 Florenz weilte, da fand ihm zu Ehren in dem historischen Prunksaale Pallazo Vecchio, in der Sala dei Cinquecento, dem einstigen Sitzungss des italienischen Parlaments, eine Matinée statt. Die Spitzen der Bür schaft und der Wissenschaft brachten dem Fürsten der Wissens Ovationen dar, wie sie die Italiener, die ein demokratisches Volk heute nicht mehr den Fürsten von Geblüt darbringen.

Das Helmholtz'sche Haus hing durch seine Familienverbindu nicht mit dem grossen deutschen Namen Mohl allein zusammen. He holtz' Tochter ist an den jungen Siemens, den Erben des gro Werner Siemens, demnach an einen der reichsten Männer Berlins, mählt. Die respectvollste Freundschaft verband den grossen Theore mit dem grossen Erfinder. Als Siemens, der Sohn, das Frä Helmholtz ehelichte, da toastirte Dubois-Reymond bei Hochzeitsmahle auf das neue Paar. Er wollte die neue Firma Siem & Helmholtz hochleben lassen, da aber sagte er aus langer Gew heit: „Es lebe die neue Firma Siemens & — Halske!"

Helmholtz war in seinem Aeussern ein Mann von militäris Strammheit. Er hat auch in hohem Alter die Allüren des einst Militär-Arztes nicht verleugnet. Fast war er auch ein Schweiger von der Moltke's. Wie an Moltke, Bismarck, Mommsen und Döllin so haben sich auch an Helmholtz' Conterfei manche von den e deutschen Künstlern versucht. Welchen Maler oder Bildhauer hätt nicht reizen sollen, die Gesichtszüge dieses stets arbeitenden und stets marmorne Ruhe verrathenden Kopfes darzustellen? Knaus Lenbach haben Porträts von ihm gemalt. Dem in Florenz lebe Bildhauer Hildebrandt ist der grosse Gelehrte während des F lings 1891 bei seiner Anwesenheit in der Arno-Stadt wiederholt zu Büste gesessen. Wie kräftig Helmholtz auch war, so litt er doch manc an Ohnmachtsanfällen. Solche chronische Zustände der Bewusstlosi scheinen über ihn auch in den letzten Wochen seines Lebens gekon zu sein. Seit seiner Amerikareise im vorigen Jahre, bei der er auf Schiffe unglücklich fiel, scheint seine Gesundheit gelitten zu haben. S Amerikareise war mit einem Besuche Edison's verbunden, de Helmholtz gleich Werner Siemens in dem freundschaftlichen hältnisse des Erfinders zum Theoretiker stand. Dieser Besuch war ei lich ein Gegenbesuch. Edison hatte nämlich zuvor bei Helmh und Siemens in Berlin auf seiner Europareise vorgesprochen, welcher Gelegenheit der Amerikaner den beiden deutschen Mitstr len den Phonographen demonstrirte.

Helmholtz hatte manche schwere Schicksalsschläge zu erfahren. Seine erste Frau starb ihm. Mohl's Tochter war seine zweite Frau. Auch seine älteste Tochter, Professor Branco's Gemahlin, begrub er früh. Einen seiner drei Söhne, Robert, hatte die Natur etwas stiefmütterlich ausgestattet.

Nun ist seinem hoffnungsvollen Sohne Robert auch der grosse Vater in den Tod gefolgt. Hermann Helmholtz ist an demselben Tage wie der Graf von Paris gestorben. Der Letztere nichts als ein prunkvoller Name — der Erstere der Träger der höchsten Leistungen. Was ist der Purpurgeborne, der die Herrschaft über sein Vaterland prätendirte, im Vergleiche zu dem Genius, der die geringsten Ansprüche machte und die höchsten zu erfüllen bis an sein Lebensende beflissen war!

Fruchtbar wie in seinen Schriften, war sein Wirken durch seine Lehre, durch seinen unvergleichlich lebendigen Vortrag; am meisten aber wirkte er durch seine Anleitung im physikalischen Cabinete. In der strengen Schule Magnus', Johannes v. Müller's und anderer grosser Physiker erwachsen, hat er dem Experimentiren einen bedeutenden, ja den bedeutendsten Platz in der Forschung eingeräumt. Auf dem Naturforschertag in Innsbruck (1870) hat er die Mühen und Leiden, die Arbeit und Drangsal, denen der Experimentator ausgesetzt ist, in meisterlicher Rede dargelegt. Dort ist er auch einmal der Ansicht seines Lieblingsdichters entgegengetreten, welcher — allerdings durch den Mund seines „Faust" — sagt:

„Geheimnisvoll am lichten Tag,
Lässt sich Natur des Schleiers nicht berauben;
Und was sie Dir nicht offenbaren mag —
Das zwingst Du ihr nicht ab mit Hebeln und mit Schrauben."

Seit Goethe dies geschrieben, haben die Faraday, die Liebig, die Joule und, wie so viel, Helmholtz selbst und seine Schüler der Unerforschlichen gar Manches abgezwungen, was sie, die Spröde, in unendliches Geheimniss Gehüllte, freiwillig nicht sich hätte aus dem blossen Ablauf ihrer Erscheinungen abgucken lassen.

Einer der vorzüglichsten Schüler Helmholtz' war der am 1. Jänner d. J. verstorbene Bonner Physiker Heinrich Hertz. Ihm war es vorbehalten, die Arbeiten Faraday's, Maxwell's und Helmholtz' selbst durch schlagende Versuche dahin zur Evidenz zu bringen, dass er die Identität von Licht und Elektricität als unwiderlegliche Wahrheit nachwies. Das Verhältniss von Lehrer und Schüler scheint ein inniges gewesen zu sein. Helmholtz schrieb für das posthume Werk seines grossen Schülers: „Die Principien der Mechanik" eine Vorrede, dem vor ihm Geschiedenen zum Ruhm, sich — dem grossen Meister — zur höchsten Ehre.

Ob man Helmholtz nach seinen grossen Geistesgaben oder aber nach dem Gebrauche, den er davon gemacht, beurtheilt, er bleibt gleich verehrungswürdig. Wie eine Säule ragt seine Gestalt über seine Zeitgenossen empor. Wenn es auch heute, in dem Sinne, wie sich Humboldt so nennen durfte, Universalisten nicht mehr gibt, da jede Wissenschaft fast ihren eigenen Mann und ihn ganz braucht, so gehört doch Helmholtz zu jenen, welche von dem hohen Streben beseelt, zu erkennen, „was die Welt im Innersten zusammenhält", bei aller gewissenhaften Hingabe an Fachstudien specieller Art, den Blick ins Universum tauchte, aus dessen unendlichen Weiten er unumstössliche Naturgesetze zur Belehrung und zum Nutzen der Menschheit hervorgeholt hat. Sein Andenken wird so lange geehrt bleiben, so lange Wissenschaft bestehen wird.

J. K.

ABHANDLUNGEN.

Untersuchung der Stromcurve von Wechselströmen Hilfe der Resonanz.

Von J. PUPIN.*)

Sowie sich ein Ton im Allgemeinen aus mehreren einfachen ' zusammensetzt, deren Schwingungszahlen ganze Vielfache der Schwing zahl n des Grundtones, d. i. des Tones mit der kleinsten Schwing zahl sind, so ist auch ein alternirender Strom oder eine altern elektromotorische Kraft im Allgemeinen aus mehreren einfachen alternir Strömen oder elektromotorischen Kräften zusammengesetzt, welch Sinusgesetz befolgen und Periodenzahlen haben, welche ganze Vie der Periodenzahl n des Wechselstromes, respective der elektromotor Kraft sind, welche die kleinste Periodenzahl hat. Die mathematische F für einen Wechselstrom lautet demnach allgemein:

$$i = J_1 \sin(\omega t - \varphi_1) + J_2 \sin(2\omega t - \varphi_2) + J_3 \sin(3\omega t - \varphi_3) + $$

Dabei ist ω gleich $2\pi n$. Sowie bei einem zusammengesetzten To einfachen Töne mit höherer Schwingungszahl im Allgemeinen eine Intensität haben, so sind auch die Amplituden J_2 J_3 . . . im Allgen klein im Vergleich zur Amplitude J_1 des Wechselstromes mit der kle Periodenzahl. Einzelne Glieder der Reihe können fehlen; die sp Glieder kommen wegen der Kleinheit der Amplituden J nicht in Be

Einen zusammengesetzten Ton kann man mit Hilfe von Resona welche auf die Tonhöhen n, $2n$, $3n$ . . . abgestimmt sind, analy da der Resonator nur dann mittönt, wenn der Ton mit der entsprech Schwingungszahl in dem zusammengesetzten Tone enthalten ist. In an Weise kann man einen Wechselstrom analysiren. Der Resonator diesem Falle gebildet von einem Stromkreise, der aus einer Spul Selbstinduction und einem in Serie geschalteten Condensator besteht Ohm'sche Widerstand der Spule, die kein Eisen enthalten möge, sei der Selbstinductions-Coëfficient mit L, die Capacität mit C bezei Wenn die Bedingung

$$L = \frac{1}{\omega^2 C}$$

erfüllt ist, so ist für eine im Stromkreise wirkende alternirende el motorische Kraft von der Periodenzahl n die Selbstinduction dur Capacität compensirt. Der Stromkreis verhält sich in diesem Falle w einfacher Stromleiter von dem Ohm'schen Widerstande R; daher tr starkes Anwachsen des Stromes ein, während in jedem anderen Fal Stromkreis einen grossen scheinbaren Widerstand hat, und dah Stromstärke schwach ist. Würde die Periodenzahl der wirksamen el motorischen Kraft allmälig verändert, so tritt erst in unmittelbarer der Periodenzahl n das starke Anwachsen des Stromes ein. Dies scheinung wird elektrische Resonanz genannt. Wenn in dem betrac Stromkreise die Selbstinduction unverändert bleibt, dagegen die Ca des Condensators 4, 9, 16mal kleiner gewählt wird, so tritt die Res auf, wenn die im Stromkreise wirkende elektromotorische Kra Periodenzahl $2n$, $3n$, $4n$ . . . hat.

*) Auszug aus den „Transactions of the American Institute of Electrical Engineers New-York.

Die Versuchsanordnung, welche Pupin anwendet, um die einzelnen einfachen Wechselströme zu finden, aus denen ein Wechselstrom zusammengesetzt ist, ist in der Figur dargestellt. Dabei ist angenommen, dass der Primärstrom eines Transformators untersucht werden soll. In den Stromkreis wird ein inductionsloser Widerstand *ab* eingeschaltet; derselbe sei mit *r* bezeichnet. Die Spannungsdifferenz zwischen den Enden desselben variirt genau nach demselben Gesetze wie der Strom. Zu *ab* ist ein Nebenschluss angebracht, bestehend aus einer Spule *c* ohne Eisen mit hoher Selbstinduction und ungefähr 10 Ω Widerstand, zu welcher ein Condensator *d* in Serie geschaltet ist, dessen Capacität in Stufen von 0·001 *mf* verändert werden kann. Mit *f* ist ein Rheostat bezeichnet, welcher dazu dient, den Widerstand des Stromkreises eventuell zu verändern. An die Klemmen des Condensators ist ein elektrostatisches Voltmeter *e* angeschlossen. Solange die Capacität und Selbstinduction in dem Zweigstrom sich nicht compensiren, zeigt das elektrostatische Voltmeter eine sehr kleine Spannungsdifferenz an. Wenn jedoch die obige Bedingungsgleichung für die Compensation erfüllt ist, zeigt es eine grosse Spannungsdifferenz an. Verringert man allmälig die Capacität des Condensators von einem grossen Anfangswerthe an, so tritt die Resonanz das erstemal ein, wenn

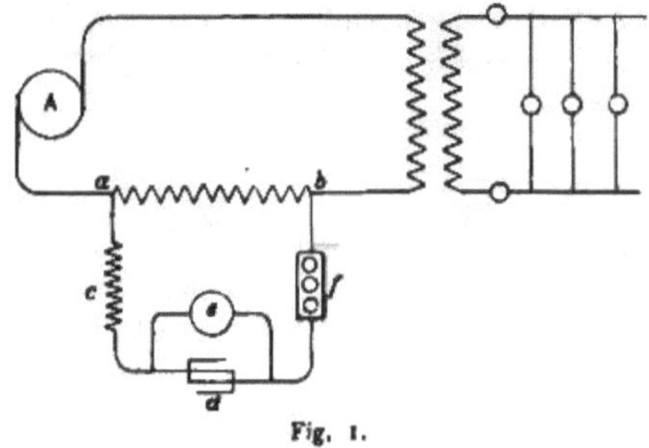

Fig. 1.

die obige Bedingungsgleichung erfüllt ist. Aus den Angaben des elektrostatischen Voltmeters kann man unmittelbar die Intensität J_1 ermitteln. Es hat nämlich die entsprechende, zwischen den Punkten *ab* herrschende alternirende Spannungsdifferenz die Intensität $J_1 r$. Die Intensität i_1 des Stromes im Zweige *cd* ist gleich dem Quotienten aus $J_1 r$ und dem Ohmschen Widerstande des Zweiges. Die am Condensator gemessene Spannungsdifferenz ist gleich dem Quotienten aus i_1 und ωC; aus der beobachteten Spannungsdifferenz kann man umgekehrt J_1 berechnen. Schaltet man hierauf am Condensator eine viermal kleinere Capacität ein, und tritt dabei keine Resonanz auf, so ist ein einfacher Wechselstrom mit der Periodenzahl $2n$ im Stromkreise nicht vorhanden. Man schaltet die Capacitäten $\frac{C}{4}$, $\frac{C}{9}$, etc. ein. Aus den Ablesungen des elektrostatischen Voltmeters findet man unmittelbar die entsprechenden Intensitäten J_1, J_2, J_3 ... und kann daher die Formel für den untersuchten Wechselstrom aufschreiben. Entsprechend der Formel kann man auch die Stromcurve aufzeichnen. Zu bemerken ist noch, dass durch den in den Stromkreis eingeschalteten Widerstand *r* die Stromcurve des zu untersuchenden Stromes wenig verändert wird, weil der Widerstand *r* nicht gross zu sein braucht. J. S.

Pupin's System der Multiplex-Telegraphie mit Hilfe elektrischen Resonanz*)

Bei den verschiedenen Systemen der Multiplex-Telegraphie, w
in Anwendung sind, muss sich stets in der Empfangsstation eine St
gabel, ein Rad oder ein anderer Apparat synchron mit einem App
der Aufgabestation bewegen. Die Erzielung des Synchronismus erf
stets eine sehr sorgfältige Justirung und verursacht oft grosse Schw
keit. Nach dem von Pupin vorgeschlagenen Systeme braucht ma
den beiden Stationen keine synchron laufenden Apparate zu haben.
Methode beruht darauf, dass man in einen Stromkreis gleichzeitig We
ströme von verschiedener Periodenzahl entsendet. In der Empfangs
verzweigt sich der Stromkreis in mehrere Zweige. In jedem Z
befindet sich eine Spule, welche Selbstinduction hat, ein in Serie ge
teter Condensator und ein Relais oder Telephon. Die Capacität der
densatoren ist so gewählt, dass in den einzelnen Zweigen die Selbstind
der Spule für verschiedene Periodenzahlen n_1 n_2 n_3 . . compensirt i
den einzelnen Zweigen herrscht daher nur dann eine merkliche S
stärke, wenn in die Linie ein Wechselstrom von der entsprech
Periodenzahl entsendet wird. Dabei verwirren sich die Zeichen nicht,
die einzelnen Wechselströme unabhängig von einander bestehen. F
hier an das System von Gray erinnert. Bei diesem werden mit

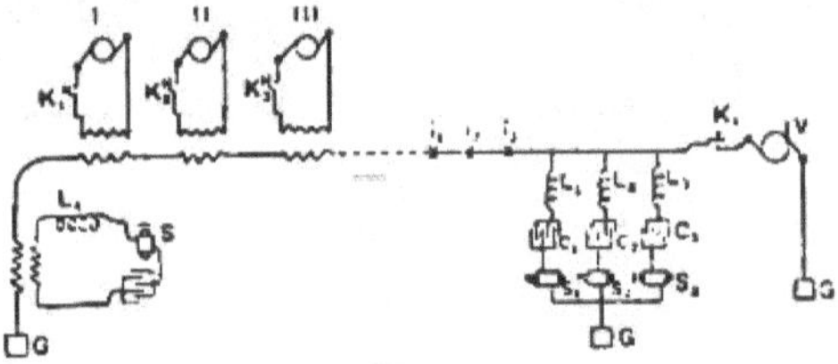

Fig. 1.

von Stimmgabeln, welche verschiedene Schwingungszahlen haben, g
zeitig Stromimpulse in die Linie entsendet. In der Empfangsstation w
durch diese Impulse Stimmgabeln, welche auf die gleichen Schwing
zahlen abgestimmt sind wie die in der Aufgabestation, in Bew
gesetzt; dadurch erfolgt die Zeichengebung. In der Fig. 1 ist die Ver
nordnung dargestellt, welche Pupin bei der Demonstration
Systemes im Columbia College in New-York anwendete In der
station waren drei Alternatoren I II III aufgestellt, welche mit Hilf
eingeschalteten Transformatoren Wechselströme in die Linie entsen
die respective die Periodenzahlen 70, 130 und 250 hatten. In den Pr
kreis eines jeden Transformators war ein Morse-Schlüssel eingescl
Die Linie war an beiden Enden an Erde geschlossen; der Wider
der Linie war durch drei in Serie geschaltete Lampen l_1 l_2 l_3 v
350 Ω Widerstand ersetzt. In der Empfangsstation waren an die
drei Zweige angeschlossen. Jeder enthielt eine Spule *L*, die Selbstind
hatte, einen Condensator *C*, einen Elektromagnet *S* mit bewegl
Anker und war dann an Erde geschlossen. Die Capacität der Co
satoren war so gewählt, dass in den drei Zweigen die Selbstind
der Spule respective für die Periodenzahlen 70, 130 und 250 comp

*) Auszug aus „The Electrical Engineer" New-York 1894, pag. 509. Fig
derselben Hefte pag. 510.

war. Jeder Elektromagnet tönte nur dann, wenn in die Linie ein Wechselstrom von der entsprechenden Periodenzahl entsendet wurde; dabei konnte die Zeichengebung auch gleichzeitig mit zwei oder mit allen drei Elektromagneten erfolgen. Wird die Capacität in einem Zweige verändert, so hört der Elektromagnet auf zu tönen. Jeder Zweig braucht für eine bestimmte Periodenzahl nur einmal justirt zu werden. In der Figur sieht man noch bei IV einen Alternator von anderer Periodenzahl und in der ersten Station einen Empfangsapparat, welche dazu dienen, gleichzeitig eine Nachricht in entgegengesetzter Richtung in die erste Station zu senden. Pupin glaubt, dass man gleichzeitig vierzig Telegramme durch einen Draht senden kann, wobei man Wechselströme verwenden könnte, deren Periodenzahlen von 25 bis 1000 in Stufen von 25 ansteigen.

J. S.

Die Entstehung elektrischer Erdströme.

Von P. BACHMETJEW.*)

Was ist ein elektrischer Erdstrom? Diese Frage hat eine historische Vergangenheit und findet ihren Anfang schon zur Zeit Ampères. Nachdem Ampère seine Theorie des Magnetismus aufgestellt hatte, die darin besteht, dass ein jeder Magnet ein Solenoid ist und dass die sogenannten Ampère-Ströme den Nordpol, der sich vor uns befindet, entgegengesetzt dem Sinne des Uhrzeigers umkreisen, begannen verschiedene Physiker diese Ströme auf der Erde zu suchen, weil dieselbe alle Eigenschaften des Magnetes besitzt. Eines vergassen sie jedoch zu berücksichtigen, nämlich, dass wenn auch der Magnet nach der Theorie Ampère's ein Solenoid ist, darin die Ampère-Ströme nicht unmittelbar zu finden sind. Wenn wir, in der That, zwei diametral entgegengesetzte Punkte desselben Magnetes, von einem beliebigen Querschnitt, mittelst Drähten mit einem empfindlichen Galvanometer verbinden, bekommen wir keinen Strom; wenn wir aber zwei Punkte eines Solenoids verbinden, erhalten wir sofort einen Strom. Daraus folgt, dass zwischen einem Magnet und einem Solenoid ein Unterschied existirt. In einem Magnet sind die Ampère-Ströme geschlossen und ohne Elektroden, d. h. sie haben keinen Anfang und kein Ende, der künstliche Solenoid jedoch besitzt Ströme, die von den Elektroden ausgehen, folglich eine Potential-Differenz haben.

Ungeachtet dessen, dass man, wie gesagt, die Existenz der Ampère-Ströme in einem Magnet nicht unmittelbar nachweisen kann, versuchten viele Forscher, diese Ströme in der Erde, als einem Magnet, zu finden.

Der Erste war Fox (Phil. Trans. p. 399. 1830), dann Phillips, Becquerel (C. R. 19 p. 1052) und Andere: sie befestigten eine Metallplatte an einer, eine andere Metallplatte an einer anderen Erdstelle, und bei der Verbindung dieser Platten mit einem Galvanometer bekamen sie einen Strom. Dieser Strom jedoch war nicht, wie es sich nachträglich herausgestellt hatte, ein Ampère-Strom, sondern ein thermo-elektrischer Strom, weil die Temperatur der einen Platte wesentlich verschieden von der der anderen Platte war (bei Becquerel z. B. war die eine Platte mit Schnee bedeckt, die andere tauchte in eine warme Quelle).

*) In der 66. Versammlung deutscher Naturforscher und Aerzte in Wien, deren Programm im Hefte XVII. S. 452 d. Ztsch. enthalten ist, hielt Herr P. Bachmetjew, Professor der Physik an der höheren Schule in Sofia, einen Vortrag: „Ueber die elektrischen Erdströme Bulgariens." Wir finden dieses Thema in der „Elektritschestwo" behandelt und glauben, dass die Wiedergabe unseren Lesern willkommen sein wird.

D. R.

Die nachträglichen Versuche unternahm man mit langen Teleg Drähten, in denen, nach Berechnung, der thermo-elektrische Strom i des grossen Widerstandes sehr schwach werden oder ganz versc musste; man vergass jedoch die chemischen Ströme, welche sich i der Wirkung der nassen Erde auf die Metallplatten bilden mussten, Erdplatten dienten und meist aus Zink waren; es kamen dabei verständlich auch ziemlich starke Polarisations-Ströme zum Vorsche

Daher können die Versuche von Barlow (Phil. Trans. I. p. 61. Blavier (Etudes d. courants tellur. Paris 1884), G. B. Air Trans. p. 465, 1862; p. 215, 1870), von Stephan (Sitzb. d. preu Akad. d. Wissensch. 39. p. 787, 1886) und Anderer nicht als gelten und berücksichtigt werden.

Der erste Versuch in der wahren Richtung wurde von I Wild gemacht. (Ern. Rep. 20. p. 167, 1884. Mém. de l'Aca St. Petersburg 31. 1883; p. 32, 1885.) Wild vergrub die Zinkp in Zwischenräumen von je 1 *km* von einander in die Erde und sie mit einem Galvanometer, wobei die Linie, welche das erste P mit dem zweiten verband, von West nach Ost, und die, welche d Plättchen mit dem dritten verband, von Süd nach Nord ging. Auf lage der Ströme, die er vom ersten und zweiten Paar bekam, w die vorhin erwähnten Nebenströme berechnen, erreichte jedoch n friedigendes, wie er es selbst nachträglich eingestand. (A. Wild, l'Acad. Imp. des sc. 7. Serie, p. 32, 1885. C. Schering, Nachr. p. 81, 1884.)

Im Jahre 1888 veröffentlichte Brander seine Dissertation: zur Untersuchung elektrischer Erdströme" *) an der Universität zu fors; derselbe hatte zur Messung der Erdströme bei St. Gotard Schweiz besondere Elektroden verwendet, die keine bemerkbaren ströme lieferten. Diese Elektroden bestanden aus porösen Thon-C gefüllt mit der wässerigen Lösung von Zinkvitriol, in welche die m Galvanometer verbundenen amalgamisirten Zinkplättchen eingetaucht Die einzige Linie war 9 *km* lang; die Versuche, welche sieben dauerten, ergaben das Vorhandensein wirklicher Erdströme.

(Schluss folgt.)

Nachtrettungsapparat mit elektrischem Lichte für See- Flussschiffe.

D. R. G. M. Nr. 20.460 und 23.341.

Der abgebildete Nachtrettungsapparat vermag drei im Wasser liegende Leute mit Ueberschuss an Auftrieb zu tragen.

Ueber seinem eigentlichen Schwimmkörper steht auf einem starken Drahtgerüst ein Glühlicht, welches das Erkennen des Apparates auf eine Entfernung von etwa 2000 *m* ermöglicht. Dieses Glühlicht wird durch eine in dem Apparat untergebrachte Sammlerbatterie gespeist und entzündet sich selbstthätig, sobald der an einer geeigneten Vorrichtung aufgehängte Apparat ins Wasser fällt. Die Fallhöhe kann hiebei eine ganz beliebige sein, ohne dass eine Beschädigung des Apparates oder einzelner T selben zu befürchten wäre.

Da die Sammelbatterie d speicherte elektrische Kraft zwe lang ungeschwächt bewahrt und Ablauf dieser Zeit neu geladen we so ist die Verwendung des Appa auf diejenigen Schiffe beschränk Dynamomaschinen an Bord haben. für alle Schiffe möglich und v

Der Schwimmkörper des Ap aus einer doppelten Lage wasserdic wand hergestellt und mit Renntl gefüllt; er kann ausser der in der

*) Diese seltene Broschüre bekam ich direct vom Autor, da sie in k wissenschaftlichen Zeitschriften abgedruckt wurde.

dargestellten jede andere beliebige Form und Tragfähigkeit erhalten, z. B. auch so gestaltet werden, dass die zu Rettenden in einer sackartigen Vertiefung des Apparates von diesem getragen werden. In einer mit Holz ausgekleideten Kammer des Schwimmkörpers ist in einem doppelten Kasten eine Sammelbatterie mit Gelatine-Füllung untergebracht, welche die Glühlampe 6 Stunden lang speist und an jeder Gleichstrom-Dynamomaschine wieder geladen werden kann. Besondere Verschlüsse verhindern einerseits willkürliche Verschiebungen des Sammlers innerhalb der Kammer, selbst wenn der Rettungsapparat sich bei den Schwankungen des Schiffes noch so heftig bewegt, und gestattet andererseits, denselben zum Laden leicht aus der Kammer herauszuheben.

Wenn in einzelnen Fällen auf eine Erleichterung des jetzt rund 50 *kg* betragenden Gewichtes des Apparates besonderer Werth gelegt werden muss, so würde sich dies durch eine Verkleinerung der Batterie unter entsprechender Verminderung der Leuchtdauer der Lampe erschwer erreichen lassen.

Derartige Sammelbatterien mit Gelatinefüllung leiden weder durch die Erschütterungen des Schiffes, noch durch das Fallen des Apparates, wie durch fast zweijährige Versuche festgestellt wurde.

Die Glühlampe hat 16 Normalkerzen Lichtstärke und wird auf einem Metallteller durch ein Gerippe von verzinnten Stahldrähten getragen, welches auch den Schwimmkörper umfasst und dadurch eine kräftige und sichere Verbindung desselben mit der Lampe herstellt. Eine geschliffene Linsenglocke aus starkem Glase vermehrt die Leuchtkraft der Lampe bis zu der angegebenen Leuchtweite und schützt dieselbe im Verein mit einem Stahldrahtkorbe gegen Wellenschlag und Stösse.

Innerhalb dieser Glocke sind auch die Verbindungen der Zuleitungsdrähte mit der Lampe und die sehr einfach gestaltete, selbstthätige Ausschaltung dieser Verbindung angeordnet, so dass auch diese wichtigen Theile vollständig gesichert sind. Die Ausschaltung des Stromes wird bei dem hängenden Apparat durch das Gewicht des Schwimmkörpers bewirkt, während bei dem freifallenden und schwimmenden Rettungsapparat vier kräftige Federn die Lampe selbstthätig in den Strom einschalten.

Fig. 1.

Die Durchführung der Stromleitung durch den wasserdichten Deckelverschluss der Kammer für den Sammler ist so angeordnet, dass sie über und unter diesem Deckel leicht gelöst werden kann; es ist dadurch möglich, die Spannung des Sammlers jederzeit festzustellen, ohne diesen aus dem Schwimmkörper oder den Apparat aus seiner Aufhängevorrichtung herausnehmen zu müssen.

Alle stromführenden Theile sind sorgfältig isolirt, wobei aber Gummi, Guttapercha und ähnliche Materialien, welche unter dem Einfluss der Witterung spröde und brüchig werden, nur da verwendet sind, wo sie durch besondere Einhüllung in Leder gegen diesen Einfluss geschützt werden können.

Zu den Dichtungen ist aus dem gleichen Grunde mit Fett getränktes Leder verwendet worden, das sich im Bedarfsfalle leicht auswechseln lässt.

Die Metalltheile haben einen schützenden Ueberzug erhalten. Die Holztheile wurden, um ein Rissigwerden oder Werfen zu verhindern, den Witterungseinflüssen ganz entzogen.

An dem Schwimmkörper
Greifringe befestigt, welch
Rettungsapparat schwimmend
den das Erfassen desselben
eines oder mehrerer dieser
können auch grosse Rettung
angeordnet werden, von den
stehend und gegen den A
gesichert getragen werden
festhalten zu müssen.

Eine Aufhängevorricht
Rettungsapparat wird auf Wu
sie ist so gestaltet, dass die
selben von beliebig vielen St
elektrisch oder am Aufhänge
Handgriff erfolgen kann.

Das Eisenbahnprogramm der Stadt Wien.

An leitender Stelle haben wir unsere „Vorschläge für die Verbesserung der Verkehrseinrichtungen in Wien durch Einführung des elektrischen Betriebes" publicirt. Nun scheint den leitenden Personen der Stadtverwaltung die Frage der elektrischen Bahnen endlich eine brennende zu werden und bestreben sich dieselben, die Action in Fluss zu bringen.

Im Stadtbauamte wird seit einiger Zeit an einem Programme gearbeitet, welches alle elektrischen Linien enthalten soll, deren Ausführung sich für die nächste Zeit vom Standpunkte des öffentlichen Interesses als wünschenswerth erweist. Dem Magistrate liegen aus sämmtlichen neunzehn Bezirken die verschiedenartigsten Vorschläge und Wünsche vor; unter den oft sehr weitgehenden Desiderien muss eine sorgfältige Auswahl getroffen werden, weil man vorwiegend solche Linien herstellen will, deren Bauführung einem möglichst grossen Interessentenkreise zugute kommt und die doch eine ausreichende Rentabilität versprechen. Hiebei wird natürlich besonders auf jene Bezirke, Gegenden oder Strassen Rücksicht genommen werden, welche bisher noch keine Bahn- oder Tramwayverbindung besitzen und doch durch ihren lebhaften Verkehr einer derartigen Communication dringend bedürftig sind. Besondere Wichtigkeit hat auch die Frage, ob die neuen Bahnen im Strassengrunde oder oberirdisch zu bauen sind. Die Entscheidung soll dem einzelnen Falle überlassen bleiben; in der inneren Stadt würden die Strassenbahnen selbstverständlich unterirdisch geführt werden, während in den äusseren Bezirken einzelne Linien als Hochbauten errichtet werden könnten. Die Ausarbeitung des Programms erfordert aus allen diesen Gründen besondere Sorgfalt und Vorsicht und dürfte einen beträchtlichen Theil des heurigen Herbstes in Anspruch nehmen. Der Programm-Entwurf des Stadtbauamtes muss vom Stadtrathe überprüft werden, und die endgiltige Beschlussfassung über die zu erbauenden Linien steht dem Gemeinderathe zu. Auch für die Action der Wiener Gemeinde

ist das vorbereitete Locall
wesentliche Vorbedingung.
Strassenbahnen soll nämlich
wurfe dieses Gesetzes da
werden, dass sich die Reg
mächtigung ertheilen lässt,
geschlossenen Städten auf da
zu Gunsten des Staates zu
diesem Falle würde das H
die Gemeinde übergehen,
Stadtverwaltung könnte lei
gungen für den Eisenbahn
da die zu errichtenden Bahn
einer gewissen Zeit in das Ei
würden. Bevor das Localb
ist, kann also die Gemeind
Entscheidung über die
schreiten. Der heurige S
aber trotzdem nicht ungenü
weil in dieser Zeit das Pro
Bahnbau ausgearbeitet und
wählenden Linien Beschluss
soll. Dem Stadtbauamte li
von Projecten für den B
Strassenbahnen in Wien v
Siemens & Halske hat der
Strassenbahn - Project über
wesentlichen Inhalt wir seine
haben. Das Project ist insofer
vorgerückt, als bereits säm
pläne ausgearbeitet sind.

Ferner liegt ein Proje
die Länderbank im Vereine
Tramway - Gesellschaft über
Project beschränkt sich zu
zwei neue Linien: eine Unt
der inneren Stadt und ein
Verbindungslinie nach Penzi
handelt es sich aber um ein
gestaltung des Netzes der W
welches eventuell mit elektri
ausgestattet werden soll. All
anderen Projecte bedeuten je
Offerten, sondern vollständig
Vorschläge, und werden vo
lediglich als schätzenswerthe
das auszuarbeitende Program
Auch die Thatsache, dass b

dieser Projectanten seitens der Regierung Vorconcessionen ertheilt worden sind, ist an sich ohne Bedeutung, da solche Vorconcessionen völlig unpräjudicierlich sind und in der Regel keinem vertrauenswürdigen Bewerber vorenthalten werden. Im Kreise der Stadtverwaltung besteht die Absicht, zu Ende des jetzigen oder zu Anfang des folgenden Jahres einen Concurs für die vom Gemeinderathe approbirten Bahnlinien auszuschreiben und entweder allgemein oder an eine beschränkte Anzahl von Reflectanten die Aufforderung zur Stellung von Offerten zu richten. In den Kreisen der Stadtvertretung werden selbstverständlich die Chancen der bestehenden Projecte besprochen. Die bisherigen Prüfungen haben zu der Ueberzeugung geführt, dass keines der überreichten Projecte in der vorgeschlagenen Form sich zur Ausführung eigne und dass die Bewerber unter allen Umständen sich zu Abänderungen und Ergänzungen entschliessen müssten. Was speciell den Plan der Tramway betrifft, so verweist man auf das äusserst ungünstige Verhältniss zu der Commune, sowie auf die berechtigten Beschwerden, welche sich gerade in letzter Zeit gegen die Betriebsführung dieser Gesellschaft gesteigert haben. Die Gemeinde würde für diejenigen Linien, deren Bau sie ausschreibt, verschiedene Begünstigungen gewähren und namentlich den Strassengrund für den Bahnbau zu billigeren Bedingungen abtreten, als dies sonst in normaler Weise bei Bauführungen zu geschehen pflegt. Auch in anderen Richtungen kann die Gemeinde das Entstehen von Strassenbahnen wesentlich fördern, da ihr ja eine weitgehende Ingerenz auf alle Bauführungen zusteht. Es wäre die höchste Zeit, dass der Bau neuer Strassenbahnen, welche namentlich die Communication in und mit den Vororten erleichtern, endlich in Angriff genommen würde. Diese Bahnen würden nicht nur den Verkehr in verschiedenen Bezirken heben, sondern auch den Haupt- und Localliniea der Wiener Stadtbahn Anregung und Alimentation bringen. Speciell für die Vororte werden die zu erbauenden Strassenbahnen von besonderer Bedeutung sein, weil sie die Tendenz der Bevölkerung, ihre Wohnung dem Centrum näherzurücken, abschwächen, und auch solche Personen zum Wohnen in den Vororten bewegen würden, denen dies bisher wegen der weiten Entfernung und der mangelnden Verbindung mit den inneren Bezirken unmöglich war.

In der Gemeinderathssitzung vom 21. September l. J. stellte GR. Herold folgende Interpellation: Die Entscheidung des Gemeinderathes über die Errichtung elektrischer Bahnen in Wien ist bekanntlich vertagt worden, weil der Gemeinderath vorher Gewissheit haben wollte, dass in dem neuen Localbahngesetz das Heimfallsrecht für städtische Bahnen den Gemeinden zugesprochen werden wird. Unter einem wurde, als diese Vertagung genehmigt wurde, von einem einheitlichen Project für elektrische Bahnen gesprochen. Wenn ich nun auch nach wie vor der Meinung bin, dass elektrische Bahnen in Wien hätten gebaut werden können und sollen, auch wenn über das Heimfallsrecht keine endgiltige Entscheidung getroffen und ein einheitliches Project nicht ausgearbeitet ist, so anerkenne ich doch, dass eine der Stadt günstige Lösung der Frage und eine systematische Ausführung elektrischer Bahnen nach einheitlichem Programme von Vortheil sind.

Ich richte nun an den Herrn Bürgermeister die Anfrage:

1. Hat er sich Gewissheit verschafft, ob in den Gesetzentwurf für Localbahnen, der dem im October zusammentretenden Reichsrathe vorgelegt werden soll, die Bestimmung aufgenommen wurde, dass das Heimfallsrecht den Gemeinden zugesprochen wird?

2. Wenn der Herr Bürgermeister hierüber noch keine Kenntniss hat, ist er geneigt, sich baldigst vom hohen Handelsministerium über den Inhalt des neuen Gesetzentwurfes über Localbahnen Kenntniss zu verschaffen und auf Grund derselben die Vorarbeiten für den Bau elektrischer Bahnen in Wien mit aller Energie fortzusetzen?

3. Sind vom Stadtbauamte irgend welche Vorarbeiten für ein einheitliches elektrisches Bahnnetz ausgeführt worden? Und wenn dies nicht der Fall wäre, ist der Herr Bürgermeister geneigt, dahin zu wirken, dass diese Vorarbeiten mit aller Beschleunigung ausgeführt werden, damit nicht wieder Baujahr um Baujahr verloren gehe?

Vorsitzender Bürgermeister Dr. Grübl erwidert, dass nach seinen Informationen die Regierung eine Vorlage vorbereite, durch welche sie ermächtigt werden soll, in einzelnen Fällen auf das Heimfallsrecht zu Gunsten der Gemeinden zu verzichten. Diese Vorlage dürfte dem Reichsrathe im Herbste unterbreitet werden. Bezüglich der elektrischen Bahnen habe das Stadtbauamt ein Programm ausgearbeitet, das dem vom Gemeinderathe eingesetzten Comité, betreffend die elektrischen Bahnen, zugewiesen worden sei. Dieses Comité werde schon demnächst wieder eine Sitzung abhalten.

Ausstellung von Kleinmotoren in Prag.

Die gewerbliche Section unseres Handelsamtes fasst ihre Aufgabe, dem Kleingewerbe mit allen ihr zu Gebote stehenden Mitteln das unter der Concurrenz der Fabriken und unter dem Einfluss anderer ungünstiger Zeitverhältnisse so sehr erschwerte Fortkommen zu erleichtern, sehr ernst an. Die mit Hilfe des vom Staate subventionirten k. k. Technologischen Gewerbe-Museums veranstalteten Ausstellungen von Wien, Graz und Prag sind solche Mittel der Behörde, den Gewerbsmann mit den Fortschritten der Technil vertraut zu machen; ein Mittel, das, wie der Handelsminister bei Eröffnung der Ausstellung in Graz am 1. September sich ausdrückte, dazu leiten soll, den Motor als hilfreichen Bestandtheil der Productions-Einrichtungen und nicht etwa als Feind des Kleingewerbes ansehen zu lernen.

Während in Graz die Eröffnung der Ausstellung durch die erwähnte Anwesenheit des Handelsministers und einer Reihe anderer öffentlicher Functionäre, worunter wir mit Vergnügen auch den Professor der Elektrotechnik, Herrn Dr. A. v. Ettingshausen anführen können, eines würdigen, ja splendiden Exterieurs nicht entbehrte, musste sich Prag bei diesem Anlasse damit begnügen, dass der Präsident der Handels- und Gewerbekammer und der Regierungsvertreter bei dieser Behörde, nebst einer nicht sehr reichen Anzahl von Functionären der Gemeinde und des Landesausschusses die Ausstellung eröffnete. Dieselbe ist jedoch viel reicher beschickt, als jene zu Graz und mit Freude können wir constatiren, dass die Elektrotechnik an der ebenso gehaltvollen, wie schönen Veranstaltung einen hervorragenden, ja den ersten Antheil hat.

Es sind bei dieser Exposition vertreten die Firmen: Duffek & Com. aus Prag, Siemens & Halske aus Wien und Ganz & Comp. aus Budapest und Leobersdorf. Die erstgenannte Firma hat Klingelwerke, Haustelephone und Haustelegraphen in sehr eleganter Ausstattung und ziemlich reich vorgeführt.

Die Firma S
bisher mit ihre
Die Firma Gan
sehr interessan
Wechselstrom-Ap
viel zu lernen ist
formatoren von
strom, zwei syncl
und eine gröss
Exemplificationen
Wechselstrom-Mo
werbliche Zweck
gewöhnliche Wä
Manchetten; V
Bürsten, Stiefel-
Bohr-, Fraise- u
Art, werden du
Motoren betrieb
Darstellung der
strom-Maschinen
ohne jeden An
Dieses seiner 2
Problem hat di
auf elegante We
so dass ein je
wärter — und v
so ursprünglich
struction — di
zigen Handgriff
Wahrnehmung d
übereinstimmung
ordnung ungem
auf die ganze
rück. Die Ga
mehr als ein D
in Anspruch.

Nachrichten aus Ungarn.

Projectirte Untergrundbahn mit elektrischem Betriebe in Budapest. (Baukosten.) Die effectiven Baukosten der in Budapest zu erbauenden Untergrundbahn mit elektrischem Betriebe sind mit rund fl. 3,600.000 bemessen; es kommt daher je 1 *km* doppelgeleisiger Bahn auf ca. fl. 1,000 000 zu stehen. Die Concessionäre sind verpflichtet, die Linie unter der Andrássystrasse bis Ende 1895 herzustellen und den Betrieb der gesammten Linie vom Giselaplatze bis zum Thiergarten, wo selbe in das Stadtwäldchen-Niveau heraustritt, am 1. April 1896 dem öffentlichen Verkehre zu übergeben. Im Interesse der Ueberwachung der vorschriftsmässigen Ausführung des Bahnbaues, Controlirung der Einhaltung der Bautermine und Ueberwachung der Qualität und Quantität der Baumaterialien wurde ein unter Vorsitz des Ministerialrathes Ladislaus Vörös des königl. ungarischen Handelsministeriums tagendes gemischtes Executivcomité eingesetzt, in welchem die interessirten Staats-, Comitats- und Communalbehörden, sowie der hauptstädtische Baurath durch Delegirte vertreten sind. Dieses Comité, zu dessen Sitzungen nach Maassgabe auch die Vertreter der Concessionäre und der Bauunternehmung beizuziehen sind, ist ermächtigt,

Zwischenfragen
täten etc., wenn
zu erledigen und

Projectirt
trischem Bet
Budapests na
tisch-administrati
tember fand unte
Stettina des
ministeriums die
gehung der von
im Vereine mit
Industrie und H
pests (Leopoldst
Rákos-Palota p
mit elektrische
Commission wa
der interessirte
Communal-Behö
auch jene der
bahnen, deren
Bahn theilweise
Budapester Stadt
bahnen mit elek
sumtiver Anschl
dem bezüglich d
ein Uebereinko
tretern der be

läufig nicht erzielt werden konnte und insbesondere die Frage des in Aussicht genommenen Frachtenverkehres auf der projectirten neuen Linie auf von der Stadtbahn-Gesellschaft geltend gemachte, statutarisch motivirte Hindernisse stiess, musste bis zur Ausarbeitung eines neuen Entwurfes eine diesbezügliche Ergänzungs-Begehung angeordnet werden, und konnte nur der im Bereiche des Extravillans gelegene Theil der projectirten Linie begangen werden.

Die elektrische Beleuchtung in S. A. Ujhely. Bei der am 5. v. M. abgehaltenen Offerten-Verhandlung, betreffend die Einführung der elektrischen Beleuchtung, wurde das günstigste Angebot der Wiener Firma Kremenezky, Mayer & Co. angenommen. Dieselbe erhielt unter der Bedingung die Concession zur Einführung der elektrischen Beleuchtung, dass sie für die zur Beleuchtung der Stadt nöthigen 200 Flammen einen jährlichen Betrag von 2700 fl. erhält. Nach 40 Jahren geht die ganze Einrichtung in das Eigenthum der Stadt über.

Telephonie. Wie wir hören, trägt sich der ungarische Handelsminister mit dem Plane, jede grössere Stadt Ungarns mit der Hauptstadt, sowie auch untereinander telephonisch zu verbinden. Diese Telephonverbindung soll in erster Reihe administrativen Zwecken, dann aber auch dem öffentlichen Verkehre dienen. Handelsminister Lukács wird noch in diesem Jahre hiezu vom Reichstage einen grösseren Credit verlangen. Das bereits vollkommen ausgearbeitete Project, soll innerhalb 2—3 Jahren ausgeführt werden.

Die Arad-Csanáder Eisenbahn-Gesellschaft hat sämmtliche Stationen ihrer Eisenbahnlinien mittelst Telephons verbunden. Auch einzelne Ortschaften des Comitats werden jetzt mit dem Comitatssitze verbunden, so dass in drei Monaten das Telephon fast in sämmtlichen Ortschaften des Arader Comitats eingeführt sein wird.

Aus Italien.

Elektrische Kraftübertragung. In Folge der grossen Zunahme der Kraftübertragungs-Anlagen in Italien hat das Parlament im verflossenen Juni die rechtlichen Bedingungen durch ein Gesetz festgestellt, das die Uebertragung der elektrischen Ströme auf grössere Entfernung regelt, die zur Vertheilung der Energie für industrielle Zwecke bestimmt sind.

Dieses Gesetz genügt nicht. Es ist wahrscheinlich, dass man in kurzer Zeit die Wasserkräfte des Landes in grossem Maasse für elektrische Kraftübertragungs-Anlagen ausnützen wird. Es dürften nicht blos die grossen Bahnen elektrischen Betrieb erhalten, sondern auch die Localbahnen. Mit Rücksicht auf die Leichtigkeit der Fernleitungen der Energie durch elektrische Ströme ist es beinahe gewiss, dass mit der Zeit die Regierung und die Provinzen Subventionen für Localbahnen mit Dampfbetrieb nicht mehr in der entsprechenden Weise gewähren werden.

Die Spannungen, welche bei der elektrischen Kraftübertragung angewendet werden, müssen ebenfalls gesetzlich geregelt werden. Die elektrische Spannung wird das erste Thema sein, über welches der „Congresso Economico" in Mailand am 25. September d. J. verhandeln wird, ein Thema, welches nur eine Folge der Debatten in der Deputirtenkammer am 28. April und im Senate am 5. Juni l. J. ist und die gleichfalls darauf hinzielten, diesbezüglich ein Gesetz zu schaffen.

Das Thema wird folgendermassen lauten: „Die Verwerthung der hydraulischen Kräfte mit Bezug auf die nationale Oekonomie und eventuelle Vorschläge hinsichtlich eines Gesetzes, welches die Uebertragung auf grössere Entfernung und die Vertheilung der Energie für industrielle Zwecke regelt."

Telephonanlagen zwischen den grösseren Städten Italiens. Nach einer dem Minister für Post- und Telegraphenwesen gegebenen Versicherung ist bereits ein Gesetzentwurf für eine Anlage von Telephonlinien zwischen den bedeutenderen Städten des Königreiches in Vorbereitung.

Die Anzahl dieser Linien beträgt 8, nämlich:

Rom-Neapel, Rom-Genua-Turin, Rom-Florenz-Mailand, Turin-Mailand, Turin Genua, Genua-Mailand, Mailand-Venedig, Rom-Florenz-Venedig.

In der Folge werden nach Uebereinkunft mit Frankreich, mit der Schweiz, mit Deutschland und Oesterreich Verbindungen mit Paris, Bern, Berlin, Wien und Triest errichtet.

Elektrische Tramway Benevento-Candinathal. Um die Linie Benevento-Neapel um 37 *km* abzukürzen, haben die Ingenieure Niseo, Civita und Caneva ein Project für eine normalspurige elektrische Tramway von Benevento und Cancello nach dem Candinathal aufgestellt. Dieses Project ist im Principe schon vom Oberen Rathe für öffentliche Arbeiten genehmigt worden. Die Linie hat eine Länge von 38.5 *km* und berührt die Orte San Felice a Cancello, Arienzo, Arpaia, Airala, Montesarchio, Arpaise und Apollosa. Die Kosten werden auf 2,400,000 Lire veranschlagt. St.

Neueste deutsche Patentanmeldungen.

Mitgetheilt vom Technischen und Patentbureau, Ingenieure MONATH &
Wien, I. Jasomirgottstrasse 4.

Die Anmeldungen bleiben acht Wochen zur Einsichtnahme öffentlich ausgel Patent-Gesetzes kann innerhalb dieser Zeit Einspruch gegen die Anmeldung wegen oder widerrechtlicher Entnahme erhoben werden. Das obige Bureau besorgt Abschrifte und übernimmt die Vertretung in allen Einspruchs-Angelegenheiten.

Classe

21. S. 7857. Vielfach-Umschalter für Fernsprechanlagen. — *Siemens & Halske* in Berlin.

" C. 4918. Füllmasse für Braunstein-Elemente. — *Chemnitzer Haustelegraphen-Telephon- und Blitzableiter-Bauanstalt A. A. Tranitz* in Chemnitz.

" K. 11.796. Schaltungsweise zur Kuppelung und Entkuppelung von Nebenschluss-Elektromotoren unter Benützung der Extraströme. — *Fr. Klingelfuss* in St. Ludwig, Els.

" L. 8435. Ausführungsform der durch Patent 19.026 geschützten elektr. Sammler. — *L. Lambotte* in Brüssel.

" S. 7705. Elektr.-Maschine, bei welcher die Verbindungsdrähte zwischen Ankerwindungen und Stromwenderstegen einer Inductionswirkung unterliegen. — *W. Br. Sayers, H. A. Mavor, W. A. Coulson & Sam. Mavor*, sämmtliche in Glasgow.

" G. 8322. Vorrichtung zum Anrufen einer beliebigen Stelle in Telegraphen- und Fernsprechanlagen. — *Fr. Trinks, Natalis & Co.*, Commandit-Gesellschaft auf Actien in Braunschweig.

Classe

21. H. 13.772. Anordnung Elektromotors behufs Ventilations-Canälen. - in London.

" Sch. 9512. Einrichtun der Lichtstärke von Bo sprechend dem jeweilige Firma *Schoeller & Jah*

" W. 10.168. Fernspre *Jul. H. West* in Fried

" E. 4206. Isolator mit Drahtbefestigung. — *El Gesellschaft vormals S* Nürnberg.

" Sch. 9077. Verfahren von Elektroden für sammler. — *Accumulato wald, Schäfer & Hein*

" K. 11.530. Schaltvorric lung der Umlaufzahl v motoren. — *O. L. Kum* den-Niedersedlitz, und Niedersedlitz b. Dresde

" W. 11.584. Wechselstr mit durch magnetische zeugtem Drehfeld. — *A* furt a./M.

KLEINE NACHRICHTEN.

Die elektrische Beleuchtung in der k. k. Hofburg ist erweitert worden, indem nunmehr auch die Appartements Ihrer kaiserl. Hoheit der Frau Kronprinzessin Stephanie und der Frau Erzherzogin Elisabeth mit elektrischem Lichte eingerichtet werden. Die Gesammtzahl der in der Hofburg installirten Lampen beträgt derzeit incl. der Redoutensäle über 6000 Stück. Mit der obigen Arbeit wurde die Firma B. Egger & Co. betraut, welche auch die früheren Einrichtungen hergestellt hat. Die Stromlieferung besorgt die Centrale der Internationalen Elektricitäts-Gesellschaft.

Die elektrische Beleuchtungs-Anlage im Wiener Rathhause wird beträchtlich ausgestaltet, indem in zwei weiteren Tracten die elektrische Beleuchtung mit einem Kostenaufwande von circa 23.000 fl. eingerichtet wird. Die in den Sitzungssälen des Stadtrathes und des Magistrats-Gremiums noch bestehende Gasbeleuchtung soll entfernt werden. Nach Durchführung dieser Arbeiten wird das Rathhaus durcha leuchtet sein.

Elektrische Beleuch städter Theaters. Mit jährigen Theatersaison hat in der Josefstadt, welches unter allen Wiener Theater beleuchtet war, die elektri eingeführt. Das Theater neuen Direction in allen keiten elegant adaptirt, un wie Bühne elektrisch inst sind über 600 Glühlampen von Bogenlampen, letzte Bühnenzwecke installirt w sammte Einrichtung wurde nationalen Elektr sellschaft ausgeführt, netz auch die Stromliefer leuchtungsanlage besorgt abgehaltene Beleuchtungspr wie ungemein stark das Jo durch die elektrische Beleu hat, insbesondere im Vergleich zu früher, wo das Theater in eine für ein Vergnügungs-Etablissement ganz unpassende Dämmerung gehüllt war, und man nur mit Mühe selbst bei voller Beleuchtung das Auditorium überschauen konnte. Es ist zweifellos, das durch diese modernisirte Umgestaltung auch der Zuspruch dieser Volksbühne eine lebhafte Steigerung erfahren wird.

Elektrische Untergrundbahn in Wien. Das Handelsministerium hat der Oesterreichischen Länderbank in Wien die Bewilligung zur Vornahme technischer Vorarbeiten für nachfolgende als Untergrundbahnen herzustellende Localbahnlinien mit elektrischem Betriebe in Wien auf die Dauer eines Jahres ertheilt, und zwar: 1. für eine Linie von der Ferdinandsbrücke unter der Dominikanerbastei, der Wollzeile, dem Stefansplatz und der Kärntnerstrasse zur Elisabethbrücke; 2. für eine Linie von der Elisabethbrücke unter der Operngasse, dem Opern-, Burg- und Franzensring, der Schottengasse, Freiung, Renngasse, dem Concordiaplatz und der Heinrichsgasse zum Franz Josef-Quai und 3. für eine von der sub 2 beschriebenen Linie beim Opernring ausgehende Abzweigung unter der Babenberger- und Mariahilferstrasse zum Westbahnhof.

Eine elektrische Bahn in Bielitz. Die Errichtung einer elektrischen Centralstation in Bielitz durch die Internationale Elektricitäts-Gesellschaft hat bei der Bevölkerung von Bielitz den lang gehegten Gedanken der Schaffung einer elektrischen Localbahn der Verwirklichung nahegerückt. Wie wir bereits berichteten, haben die Herren Alois Bernacik und Max Déri beim Handelsministerium die Vorconcession für eine solche elektrische Localbahn erlangt, und ist nun die Errichtung dieser Bahn schon für die allernächste Zeit gesichert. Die Bahn hat den Zweck, einerseits eine bequeme Verbindung vom Bahnhofe in Bielitz nach der Stadt und andererseits den insbesondere im Sommer starken Verkehr von Bielitz nach dem Zigeunerwalde, einer Sommerfrische in der Umgebung von Bielitz, zu vermitteln.

Für die Rentabilität des Bahnunternehmens ist vor Allem maassgebend, dass die Gesammtzahl der in der Bahnstation Bielitz ankommenden und abreisenden Personen allein jährlich über 600,000 beträgt. Es ist beabsichtigt, zur Exploitirung des Bahnunternehmens eine locale Actien-Gesellschaft zu gründen mit einem Capitale von fl. 250,000 und hat sich zur Vorbereitung und Durchführung der weiteren Schritte ein eigenes Actionscomité gebildet, welches aus angesehenen Industriellen des Bezirkes Bielitz besteht. Dieses Actionscomité erlässt eben einen Aufruf an die Bielitzer Bürgerschaft mit der Einladung, sich an der zu gründenden localen Actien-Gesellschaft zu betheiligen, und ist an den Sympathien, mit welchen die Action des Comités unter den Bewohnern allseitig begrüsst wird, zu schliessen, dass die veranstaltete Subscription zur Aufbringung des zu investirenden Capitales von dem besten Erfolge begleitet sein wird. Die Anlage und der Betrieb der Bahn soll nach dem von dem Actionscomité aufgestellten Programme durch die Internationale Elektricitäts-Gesellschaft geschehen, und soll die Kraftlieferung aus der vorerwähnten Centralstation dieser Gesellschaft in Bielitz besorgt werden. Schr.

Interurbane Telephon-Linie Brünn-Olmütz. Am 15. September d. J. wurde die interurbane Telephon-Linie Brünn-Olmütz in Betrieb gesetzt und mit diesem Zeitpunkte auch der interurbane Verkehr mit dem bestehenden Staatstelephon-Netze in Olmütz eröffnet.

Der interurbane Telephonverkehr mit dem Staatstelephon-Netze in Olmütz wird sich auf die Staatstelephon-Netze in Brünn, Iglau und Wien erstrecken.

Als Sprechzeit-Einheit sind drei Minuten festgesetzt, in welche jedoch die zur Manipulation erforderliche Zeit nicht inbegriffen ist.

Die Sprechgebühr für ein gewöhnliches Gespräch in der Dauer von drei Minuten beträgt zwischen Wien und Olmütz Einen Gulden.

Zu den Projecten der Berliner elektrischen Hochbahn. Bevor die Firma Siemens & Halske mit ihrem Project zur Anlegung der elektrischen Hochbahn Warschauer-Brücke-Zoologischer Garten an die Oeffentlichkeit trat, hatten der Unternehmer Schweder und andere schon vor einigen Jahren dem Magistrat ein dasselbe Ziel verfolgendes Hochbahn-Project für den Süden Berlins mit einer Zweiglinie Schlossplatz-Halle'sches Thor zur Genehmigung unterbreitet; letzteres wurde jedoch seiner Zeit vom Magistrate abgelehnt. Kürzlich hat der genannte Unternehmer sein Project dem Magistrat abermals vorgelegt und dabei hervorgehoben, dass demselben vor dem der Stadtverordneten-Versammlung zur Annahme empfohlenen Siemens & Halske'schen Project der Vorzug zu geben sei, weil es den Verkehrsbedürfnissen des Südens der Stadt besser Rechnung trage. Der Hauptvorzug seines Projectes sei insbesondere darin zu suchen, dass der grösste Theil der Hauptstrasse dieser Bahn in die Mittellinie des zu überbrückenden Landwehrcanales zu liegen komme, wodurch jede Störung des Strassenverkehrs längs des Canals vermieden würde, ohne dadurch die Schifffahrt zu beeinträchtigen. Die von ihm projectirte Hochbahn nehme ferner in dem verkehrsreichen Stadttheil am Schlesischen Bahnhof ihren Anfang, überschreite im Zuge der Fruchtstrasse die Spree, werde über die Köpnikerstrasse hinweg in die Manteufelstrasse bis zum Lausitzer Platz und am Görlitzer Bahnhof vorbei durch die Grünauerstrasse bis zum Landwehrcanal geleitet, den sie mit einer Abzweigung vom projectirten Bahnhof bis zum Zoologischen Garten ununterbrochen verfolge. Durch diese Abweichung der Trace von der Siemens'schen würde den Reisenden, welche die Görlitzer und Anhalter Eisenbahn benützen, eine billige und schnelle Fahrgelegenheit nach den im Süden und Südwesten gelegenen Stadttheilen erschlossen. Wichtiger als alle Abweichungen von der Siemens & Halske'schen Linie sei die Abweichung vom Halle'schen Thor nach dem Schlossplatz. Diese Zweiglinie soll ihren Anfang oberhalb der Belle Alliance-Brücke nehmen, über die Gitschinerstrasse hinweg, durch das Grundstück Gitschinerstrasse 109 und durch die südlich des Belle Alliance-Platzes gelegenen Grundstücke geführt werden, wo sie sodann beim Grundstücke Lindenstrasse 2 in die Lindenstrasse treten, diese bis zur Commandantenstrasse verfolgen, das Grundstück Commandantenstrasse 81 durchqueren und ihren Lauf weiter auf dem Terrain des zugeschütteten Grünen Grabens bei Ueberschreitung der Beuth-, Seydel- und Wallstrasse bis zur Spree nehmen soll. Die Mittellinie dieses zu überbrückenden Stromes soll die Fortsetzung der Bahn bis nahe zur Schleuse aufnehmen und weiter in der Mittellinie des sich abzweigenden Spreearmes bis zu ihrem Ausgangspunkt vor dem Rothen Schloss in der Stechbahn geführt werden. Der Unternehmer will der Stadt die Bahn bereits nach 10 Jahren überlassen. Zugleich theilt er dem Magistrat mit, dass die dem Vorsitzenden des Ausschusses der Stadtverordneten-Versammlung für elektrische Hochbahnen überreichte Denkschrift weiteren Aufschluss über die technischen Einrichtungen der Bahn, über Fahrzeiten, Tarife u.s.w. gebe.

Projectirte Berliner elektrische Strassenbahn. Dem Berliner Magistrat ist jetzt der umfangreiche Entwurf eines Spree-Tunnelbaues zur Verbindung der Vororte Treptow und Stralau, sowie für die sich anschliessenden elektrischen Strassenbahnlinien Treptow-Görlitzer Bahnhof und Stralau-Oberbaumbrücke unterbreitet worden. Der Unternehmer (Ingenieur P e i n e) ersucht um baldige Genehmigung, damit die Bahn zu Anfang des Jahres 1896, also noch vor Eröffnung der Berliner Gewerbe-Ausstellung, in Betrieb gesetzt werden könne. Ferner theilt er mit, dass das ihm zur Seite stehende Consortium bereit sei, zum Bau der Brücke über den Schifffahrts-Canal im Zuge der Wienerstrasse einen von der Stadt zu bestimmenden Beitrag zu leisten. Gleichzeitig plant der Unternehmer die Weiterführung der Bahn von der Wienerstrasse durch die Grünauer-, Reichenberger-, Ritter-, Junker- und Markgrafenstrasse bis zum Treffpunkt derselben mit der Behrenstrasse. Der Fahrpreis auf der ganzen 13·6 *km* langen Strecke, und selbst wenn sich dieses Bahnnetz noch erweitern sollte, ist auf 10 Pf. berechnet, wodurch der Einheitspreis zur Anwendung kommen würde. Nach dem Project soll die

elektriscl
dem Gör
strasse e
mittelst
schreiten
strasse e
werden i
der Kö
Parkallee
einfahrt
mittelst
tritt die
fahrtstel
um diese
Von hie
dem Str
soll be
Warscha
punkt e
eventuell
durch d
zum Kü
Die
das Au
wagen h
12 Stehp
je zwei
gerüstet,
vermittel
treibt. D
Tagen e
falls 32
3 oder 5
in solch
folgen.
für die I
werden.
soll den
sein. De
die Hau
führung,
irdischer
Bauausfü
mit einer
beim Ba
beabsicht
das im v
dem Tun
cylinder
wärts ge
für den
Errichtun
die Erwe
von etwa

Elel
ist ein ne
bahn den
unterbrei
„Schwebe
Langen
beförderu
gender W
dieses S
unterbrei
lungen: D
einem in
gestellten
in entspr

oder Stützen getragen wird. Innerhalb des Gitterwerks sind die Schienen befestigt, welche das Bahngeleise bilden. Auf dem Geleise laufen wagenartige, zweckentsprechend construirte niedere Gestelle von je zwei Achsen; an je zwei solchen Gestellen, also an vier Achsen, hängt in Federn der Personenwagen. Einer der Hauptvorzüge der Schwebebahn gegenüber den gewöhnlichen Hochbahnen soll in der sehr viel grösseren Fahrsicherheit beruhen. Entgleisungen, die grösste Unfallgefahr im Hochbahnbetriebe, sollen bei der Schwebebahn absolut ausgeschlossen sein, weil die Schienen nicht nur von oben, sondern auch von unten durch Gegenrollen, welche bei Gefahr in Betrieb treten, gefasst werden, was bei Bahnen gewöhnlichen Systems bekanntermassen nicht möglich ist. Auch im Uebrigen soll die Schwebebahn weitgehende Sicherungen besitzen, welche nur bei ihr durch ihr eigenartiges und neues System möglich sind. Die Elasticität der Eisenconstruction der Bahn gewährleiste ferner eine ausserordentlich ruhige Fahrt. Die Federung in den Aufhänge-Organen soll eine rationellere sein als bei Bahnen gewöhnlichen Systems. Weitere Vorzüge sollen in der Möglichkeit, sehr kleine Krümmungen zu durchfahren, liegen, ferner in der sehr einfachen Anlage von Weichen und Kreuzungen und in der Leichtigkeit, sich den verschiedensten örtlichen Verhältnissen anzupassen, so dass sie selbst in engen Strassen noch ausführbar seien und ihre eigenartige Construction fast kein nennenswerthes Geräusch verursache. Ein Hauptvorzug soll endlich der Umstand sein, dass der Wagenverkehr auf den Strassen nicht behindert wird, weil die Tragpfeiler auf den Bordschwellen ruhen werden, von wo aus sie sich nach oben hin bogenartig vereinigen und den Bahnkörper tragen. Der Betrieb der Schwebebahnlinie soll so eingerichtet werden, dass die grösstmögliche Beförderungs-Geschwindigkeit und Billigkeit geboten wird. In letzterer Beziehung wird beabsichtigt, einen Einheitssatz von 10 Pfennigen für beliebige Entfernungen in der Richtung einer Durchquerung des Stadtweichbildes, also auch für die ganze Linie Zoologischer Garten-Treptow einzuführen. Alle Wagen sollen nach Art der Pferdebahn nur eine Classe führen und die Beförderung soll in Zügen von etwa drei Wagen oder zur Zeit schwächeren Verkehrs in einzelnen Wagen, welche je 40 Personen fassen, in rascher Folge bewirkt werden.

Elektrische Traction in Paris. Die „Compagnie des omnibus“ in Paris macht gegenwärtig verschiedene Versuche über die Traction mit comprimirter Luft. Seit mehr als einem Monate hat man Versuche auf der Linie St. Augustin—Cours de Vincennes gemacht und dabei, wie es scheint, zahlreiche unangenehme Erfahrungen gemacht. Trotzdem hat man diese Betriebsart seit 18. September eingeführt. Es wird sich darum handeln, mehrere Linien mit elektrischem Betrieb bei Ausnützung der Druckluftanlagen einzurichten; dazu ist aber die Zustimmung des Conseil municipal de Paris nöthig.

Einnahmen der „Compagnie Edison“. Seit 1. Jänner bis 31. August 1894 betrugen die Einnahmen der „Compagnie Edison“ in Paris 1,795.747 Francs; im Jahre 1893 war die Summe für die gleiche Zeitperiode 1,745.115 Francs. Die Mehreinnahme beträgt daher 50.632 Francs. Bemerkenswerth ist, dass in jedem Monate, selbst im Sommer, eine Mehreinnahme erzielt wurde.

Internationale Elektricitäts-Gesellschaft. Während des heurigen Sommers haben die Anmeldungen für elektrische Beleuchtung bei der Internationalen Elektricitäts-Gesellschaft einen Zuwachs erhalten, wie ein solcher noch in keinem Jahre erreicht worden ist. Die Zahl der zum Anschlusse an das Kabelnetz angemeldeten Lampen hat die Höhe von 92.000 überschritten, und täglich nimmt die Nachfrage nach elektrischer Beleuchtung und auch nach elektromotorischer Kraft für verschiedene Verwendungen zu. Die von der Gesellschaft mit Strom versorgten Objecte vertheilen sich auf alle alten Wiener Gemeindebezirke und sogar über deren Gebiet hinaus bis auf das Cottage-Viertel. Das gesellschaftliche Kabelnetz besitzt gegenwärtig eine Ausdehnung von mehr als 130 *km*. Wie wir erfahren, ist die Internationale Elektricitäts-Gesellschaft in letzter Zeit auch einigen Projecten für elektrische Localbahnen erfolgreich näher getreten, so dem Unternehmen einer elektrischen Trambahn vom Bahnhofe Bielitz durch die Stadt, den Zigeunerwald nach Ohlisch — wir berichten hierüber an anderer Stelle —, ferner einer elektrischen Localbahn von Teplitz nach Eichwald, welch' letztere Bahn nebst der Personen-Beförderung auch den Frachtenverkehr der umliegenden hervorragenden Industriebezirke vermitteln wird.

Eine neue Elektricitäts-Gesellschaft in Berlin. Unter Mitwirkung eines Finanz-Consortiums, bestehend aus der Disconto-Gesellschaft, der Dresdner Bank, der Darmstädter Bank, sowie den Häusern Bleichröder und Born & Busse wird die Gründung einer Actien-Gesellschaft behufs Ausführung von Unternehmungen auf dem Gebiete der Elektricität beabsichtigt. Eine Actien-Emission soll vorläufig nicht stattfinden.

Verein europäischer Glühlampen-Fabrikanten. Die Mitglieder des „Vereines europäischer Glühlampen-Fabrikanten“ hielten vom 10.—12. September a. c. ihre usuelle Vierteljahrs-Versammlung in Frankfurt a./Main ab. Die betheiligten Fabriken waren vollständig ohne Ausnahme vertreten und acceptirten einstimmig die auf die Durchführung der bisherigen Beschlüsse sich beziehenden Detailbestimmungen.

Die Meldung des Präsidiums v
officiell kundgegebenen Absicht mehrer

Verein bisher ferngebliebener Fabriken, der Convention beizutreten, erregte lebhafte Befriedigung und es wurde beschlossen, für demnächst in Gemeinschaft mit den Vertretern dieser Fabriken eine Conferenz anzuberaumen.

„Oekonometer“ wird die Arndt'sche **Gaswaage** (Patent Nr. 70.829) genannt, welche von der Maschinenfabrik Ww. Johann Schabmacher in Köln am Rhein fabricirt wird. Der Zweck dieser Gaswaage, welche als Ausrüstungsstück dem Dampfkessel beizugeben ist, lässt die Zusammensetzung der Rauchgase jederzeit erkennen, um durch Berücksichtigung dieser Erkenntniss die grösstmögliche Kohlenersparniss erzielen zu lassen. Wie das Patentbureau Gerson & Sachse, Berlin schreibt, zeigt auf einer Scala die Waage, welche sich unter Glasverschluss befindet, beständig den Bestand der Rauchgase an Kohlensäure an. Ist dieser Bestand zu gering, so ist auf eine zu reichliche Luftzuführung zu schliessen, und letztere zu vermindern. Es kann aber auch die Luftzuführung zu gering sein, in welchem Falle sich Kohlenoxyd bildet auf Kosten sich sonst entwickelnder Kohlensäure, oder es kann durch unrichtige Bedienung des Feuers der Kohlensäuregehalt herabgedrückt werden, was alles am Zeiger der Waage erkenntlich ist. Es sind durch Benutzung dieses Oekonometers in der kurzen Zeit seines Bestehens schon in vielen Fabriken erhebliche Ersparnisse an Kohlen erzielt und zweckmässige Aenderungen der Feuerungsanlagen getroffen worden.

Bühnentechnik und Elektricität. Durch die Presse läuft gegenwärtig die Nachricht, dass Edison sich neuerdings für die Bühnentechnik interessire, um diese mit Hilfe der Elektricität einfacher und besser zu gestalten. Nun hat aber der bekannte Bühnentechniker Karl Lautenschläger in München, der sich schon seit Jahren mit dem Project eines elektrischen Bühnenbetriebes befasste, und unablässig an Neuerungen arbeitete, seine Versuche so weit ausgedehnt, dass schon in einigen Wochen im Hoftheater zu München Theile des elektrischen Betriebes praktisch zur Vorführung gebracht werden können. In Verbindung mit einem grossen süddeutschen Etablissement, welches die elektrotechnische Ausführung übernommen hat, wird Lautenschläger die Verwandlungen der gesammten Maschinerie auf elektrischem Wege selbstthätig vornehmen; es werden Prospectzüge, Flugwerke, Cassettenaufzüge, das Oeffnen der Cassettenklappen, das Drehen der Bühne, die Versenkungen, kurz Alles, was bisher mit der Hand gemacht werden musste und ein grosses Arbeitspersonal erforderte, Lärm erzeugte und doch nicht immer tadellos functioniren konnte, elektromotorisch bewegt werden, und zwar kann mit Hilfe des im Hause vorhandenen elektrischen Stromes von einem oder von mehreren beliebigen Punkten aus die

ganze M
werden k
mehr zur I
der Decor
durch nich
sondern a
im Betrieb
Hoftheater
Vorbereitu
wartete gü
blem ist g
lich auch
zuerst in
langt (188

100jä
graphie.
100jährige
Depesche.
den franzö
(geb. 176
graphenlin
vollendet.
nicht um
dern, um
bei dem
grössere Z
und Lille
jede Statio
nächstnach
Station bes
einem hoch
Signalmaste
vom Innern
mit welche
verabredete
um den F
staben und
Wörter, S
weitertelegr
mittheilt, w
linie Paris-
mittelung d
benützt, in
die Einnah
durch die T
meldete. D
laufen der
langen Lini
malige Ve
Geschwindi
dem Conve
Condé soll
und die I
Nordarmee
land verdi
Erklärung
den Chap
und von d
befördert w
merksamkei
gannen die
Pariser Auf
spielen, un
Chappe
seines Corr
dass die D
der Eilbote

Verantwortlicher Redacteur: JOSEF KAREIS. — Selbstverlag
in Commission bei LEHMANN & WENTZEL, Buchhandl
Druck von R. SPIES & Co. in Wien. V., St

Zeitschrift für Elektrotechnik.

XII. Jahrg. 15. October 1894. Heft XX.

ABHANDLUNGEN.

Methode der graphischen Darstellung der Stromcurve veränderlicher Ströme.

Von ALBERT CREHORE.*)

Die Schwierigkeit, einen Apparat zu construiren, welcher die veränderliche Intensität von Wechselströmen graphisch darstellt, liegt darin, dass die beweglichen Theile wegen ihrer Trägheit sich nicht hinreichend rasch entsprechend den Stromveränderungen bewegen können. Crehore verwendet, um diese Schwierigkeit zu umgehen, in seinem Apparate die Drehung der Polarisations-Ebene des Lichtes durch ein von dem veränderlichen Strome erzeugtes magnetisches Feld. Die Methode stützt sich auf zwei Gesetze. Nach dem Satze von Verdet ist die Verdrehung der Polarisationsebene eines monochromatischen Lichtes proportional der Intensität des magnetischen Feldes. Nach dem Satze von Blondlot ist die Zeit, welche verfliesst, bis ein entstandenes magnetisches Feld die entsprechende Drehung der Polarisationsebene des Lichtes hervorbringt, verschwindend klein. Der Apparat besteht aus einer Glasröhre, welche einen inneren Durchmesser von 1·4 *cm* und eine Länge von 70·15 *cm* hat. Diese mit Schwefelkohlenstoff gefüllte Röhre ist mit einer 61·5 *cm* langen Spule umgeben, welche 2900 Windungen eines isolirten Kupferdrahtes enthält. Vor der Röhre befindet sich eine senkrecht zur Achse geschnittene Quarzplatte, ein Nicol als Polariseur und ein Heliostat, welcher die auffallenden Lichtstrahlen parallel zur Achse der Röhre reflectirt. Hinter der Röhre befindet sich ein Nicol als Analyseur, ein Spectroskop und ein lichtempfindlicher Papierstreifen, welcher sich in einer Richtung, die senkrecht zum erzeugten Spectrum ist, mit entsprechender Geschwindigkeit bewegt. Das Sonnenlicht wird durch den ersten Nicol polarisirt; die Lage der Polarisationsebene hängt von der Stellung des Nicol ab. Die Quarzplatte verdreht die Polarisationsebene der einzelnen Lichtsorten um einen Winkel, dessen Werth der Wellenlänge des betreffenden Lichtes verkehrt proportional ist. Die Polarisationsebene des violetten Lichtes wird daher stärker gedreht als die des rothen. Wenn durch die Spule kein Strom fliesst, so erleidet das Licht beim Durchgange durch den Schwefelkohlenstoff keine Veränderung, respective die Lage der Polarisationsebene der einzelnen Lichtsorten wird nicht verändert. Bei irgend einer Stellung des Analyseurs ist im Spectrum stets ein dunkler Streifen vorhanden, welcher der Lichtsorte entspricht, die wegen der Lage ihrer Polarisationsebene nicht durch den Analyseur durchgehen kann. Dreht man den Analyseur, so wandert der dunkle Streifen je nach der Rotationsrichtung gegen das rothe oder gegen das violette Ende des Spectrums. Man kann dem Analyseur eine solche Stellung geben, dass sich der dunkle Streifen in der Mitte des Spectrums befindet. Lässt man die Spule von einem Strome von constanter Stärke durchfliessen, so erscheint der dunkle Streifen an einer anderen Stelle des Spectrums; es werden nämlich die Polarisationsebenen der einzelnen Lichtsorten während des Durchganges derselben durch den

*) Aus „Electrical Power" A. VI, pag. 233—236.

hlenstoff gedreht. Die Richtung, nach welcher der di
gelenkt wird, und die Grösse der Ablenkung hängen voi
und Stärke des Stromes ab. Aus der Grösse der Ablen
die Stärke des Stromes ermitteln. Am einfachsten ist es,
ipirisch zu aichen, indem man einen Strom von beka
h die Spule sendet und die Ablenkung des dunklen Stre
Wird durch die Spule ein Wechselstrom gesendet, so ä
zeugte magnetische Feld genau der Stromstärke entsprech
Ablenkung des dunklen Streifens (Punktes) im Spectrum ei
Stromstärke entsprechend. Auf dem sich senkrecht zum Spec
n lichtempfindlichen Papierstreifen wird die Stromcurve pl
in Nachtheil der Methode besteht darin, dass durch die in
eingeschaltete Spule des Apparates der zu untersuchende S
wird. J.

Die Entstehung elektrischer Erdströme.

Von P. BACHMETJEW.*)

(Schluss.)

iese Weise ist es ersichtlich, dass Erdströme wirklich exis
auch, nach dem vorhin Erwähnten, keine Ampère-Ströme
uf welche Weise entstehen aber diese Ströme in der Erde?

er Absicht, diese Frage, wenn auch nur wenig, zu beleuc
im vorigen Herbst geeignete Versuche in der Tiefebene
n einem vollkommenen Flachlande, das mit sehr niederem
weit von Dorf und Stadt entfernt ist. Die Zeit war gü
hen vor dem Versuche und auch zur Zeit des Versuches
geregnet noch geschneit. Bei den Versuchen wurden die v
n und geprobten Brander'schen Elektroden verwendet.

Gegend wurde vorher nivellirt und zur Untersuchung ein
Quadrant, dessen Radius $= 80\,m$ war, genommen. Längs
rden in gleichen Zwischenräumen sieben Gruben gegraben,
lche man die genannten Elektroden steckte und mit San
ausserdem wurde im Mittelpunkte eine achte Elektrode vergr
den waren mittelst isolirter Drähte mit einem Commutato
nem Galvanometer von Widemann, der in einem beson
ufgestellt war, verbunden. Die Central-Elektrode war imme
pherie vertheilten abwechselnd mit dem Galvanometer verbu
te man die Erdströme in verschiedenen Richtungen, die
nt-Radien bestimmt waren, messen. Die Beobachtungen m
halbe Stunde während 36 Stunden.

r dem Strome wurden noch die Lufttemperatur und der W
verschiedenen Linien (mit der Erde) beobachtet.

tellte sich nun heraus, dass der Strom in den verschie
t gleich stark war. Der stärkste Strom wurde in der Lini
agnetischen Meridian einen Winkel von 30^0 bildete, beobac
n Süd-West gegen Nord-Ost gerichtet. In anderen Linien
er mit der Vergrösserung des genannten Winkels gegen
Verkleinerung gegen Norden. In der West-Ostlinie wa
r negativ, d. h. er ging von Ost nach West. Ausserdem
ärke auch von der Zeit ab, änderte sich jedoch gleichzeiti
rom-Minimum wurde um 3 Uhr Nachmittags, Strom-Maximu
h beobachtet.

Die nachfolgenden Versuche im Hofe der höheren Schule in Sofia zeigten mit einer Linie dasselbe — sie währten einen Monat.

Leider kann ich nicht meine Resultate mit denen anderer Beobachter vergleichen, da es unbekannt ist, was für Ströme sie als negativ und welche als positiv bezeichnet haben; sonst könnte mein negatives Minimum bei ihnen das positive Maximum sein, und umgekehrt. Wir können nur die extremen Werthe im Laufe der Erdstrom-Veränderung vergleichen. Solche Extreme beobachteten: Brander, Barlow, Airy, Tromholt,*) Lamont**) und Stephan.

Die Extreme wurden von den verschiedenen Gelehrten in verschiedenen Ländern stets in der Früh oder gleich nach Mittag beobachtet, was auch mit meinen Beobachtungen zusammenfällt.

Was die Richtung des Stromes anbelangt, so fanden:

Blavier	von	SW	nach	NO
Wild......... ..	„	SW	„	NO
Walker***)...	„	SW	„	NO
Palmieri†)....	„	SW	„	NO
Airy..........	„	SW	„	NO
Lemström††)..	„	W	„	O (annähernd).

Diese Resultate stimmen wiederum mit den meinigen überein.

Hier muss ich bemerken, dass, wie die Berechnung zeigt, die Hauptrichtung des Stromes nicht immer constant blieb, sondern im Laufe von 24 Stunden in den Grenzen von 9^0 schwankte.

Kehren wir wieder zur Frage zurück: wie entstehen die Erdströme? Auf diese Frage antworten verschiedene Beobachter verschieden, nämlich: Barlow betrachtet den Strom als in der Erde entstanden und glaubt, dass derselbe nichts gemein hat mit der atmosphärischen Elektricität.

De la Rive kommt mit Hilfe theoretischer Betrachtungen zum Schlusse, dass die durch verschiedene Gründe in der Erde erregte Elektricität mit den Wasserdämpfen in die Atmosphäre (hauptsächlich am Aequator), von da durch die Windströmung zum Nordpol gelangt, sich als Polar-Licht entladet, in die Erde zurückgeht und von da wieder zum Aequator kommt. Wir können jedoch an diese Muthmassung nicht glauben, weil darnach die Winde eine constante Richtung vom Aequator gegen Norden und Süden haben müssten.

Lamont, bekannt durch seine Untersuchungen über Magnetismus und Elektricität, denkt sich den Erdball mit negativer Elektricität geladen, welche von der Witterung und von der 24stündigen Bewegung der Erde abhängt. Die elektrische Ladung wird durch die Anziehungskraft anderer geladener Himmelskörper, insbesondere der Sonne, in Bewegung gesetzt, weshalb sich elektrische Flut und Ebbe und folglich Erdströme bilden.

Blavier erklärt die Erscheinung der Ströme in den Telegraphendrähten folgendermassen: in den oberen Schichten der Atmosphäre fliesst ein elektrischer Strom, der die täglichen Variationen und Perturbationen der Magnet-Elemente bewirkt; und dieser Strom verursacht in den niederen Luftschichten den elektrischen Strom entgegengesetzter Richtung, der auch in den Telegraphendrähten zum Vorschein kommt. Der erste Strom kann

*) S. Tromholt. Nature. 28. Mai 1885, p. 88.

**) Lamont. Der Erdstrom. Leipzig 1862.

***) C. V. Walker. Phil. Trans. 1. p. 203, 1862, p. 89. 1861.

†) L. Palmieri. Rend. dell' Acad. delle Sc. Napoli IV., pag. 164, 1890. Lum. électr. 38, p. 51, 1890.

††) S. Lemström. Om Polar juset. 1886. Stockholm.

sich durch die Uebertragung der elektrischen Massen durch die '
die in den oberen Luftschichten von Südost gegen, Nordwest gehen

Preece*) meint, dass in Anbetracht der gleichzeitigen Ersch
des Polarlichtes und der Sonnenflecken die Revolutionen in der S
Atmosphäre die magnetischen und elektrischen Bewegungen auf de
oberfläche bewirken.

Wild betrachtet die Sonne auch als die Ursache der Perturb
und in den von ihnen hervorgerufenen Inductionsströmen sieht er
störende Kraft, welche sich gleichzeitig und gleichartig über die
Erde ausbreitet; die vielen Revolutionen, welche nur auf einen beschr
Theil der Erdoberfläche magnetisirend wirken, ebenso das Polarlicht
sich seiner Ansicht nach durch verschiedene Entladungen der in de
angehäuften Luft- und Erdelektricität erklären.

Ungeachtet der scheinbaren Glaubwürdigkeit, dass die Son
Magnet oder elektrischer Körper die Ursache der Magnetstürme, wi
der in der Erde entstehenden Erdströme ist — dafür soll das Zusa
fallen der Sonnenflecken-Periode mit der Periode der Magnet- und der
tricitäts-Revolutionen auf der Erde sprechen**) — können wir doch
mit einer derartigen Erklärung der Erdströme einverstanden sein, unc
aus dem Nachfolgenden:***)

W. Thomson†) (Lord Kelvin), der berühmte Physiker a
Liverpooler Universität, hielt bei der Eröffnung der Jahresversammlu
königlichen Gesellschaft am 30. November 1892 eine Rede, in
beweist, dass die Sonne als Magnet oder elektrischer Körper auf der
keine elektrischen und magnetischen Revolutionen verursachen
weil — wie die Berechnung nachweist — die Sonne nicht über jene
Kraft verfügt, die sich auf diese enorme Entfernung (20 Millionen
ausbreiten könnte. Der berühmte Gelehrte schliesst seine Rede folg
massen:

„Auf diese Art, in diesen acht Stunden des nicht allzu kr
Magnetsturmes müsste dieselbe Arbeit für die Ausbreitung der magnet
Wellen in allen Richtungen geleistet werden, welche Arbeit die
während ihrer viermonatlichen, regelmässigen Wärme- und Lichtausstr
leistet! Dieses Resultat, scheint mir, widerspricht vollständig der An
dass die Stürme des Erdmagnetismus von der magnetischen Wirku
Sonne abhängen, oder von irgend einem anderen dynamischen Facto
sich in der Sonne oder ihrer Atmosphäre befindet. Wie es scheint,
wir annehmen, dass die erwähnte Abhängigkeit der magnetischen
von den Sonnenflecken nicht wirklich ist, und dass das scheinbare Zusa
fallen der zwei Perioden ein nur zufälliges Zusammenfallen ist."

Nach einer derartigen Rede Thomson's müssen wir zuge
dass die Sonne nicht unmittelbar mit Hilfe ihrer magnetischen und
trischen Inductionsfähigkeit eine merkbare Aenderung in den magne
und elektrischen Elementen der Erde hervorzurufen im Stande ist,
Wild, Preece, Lamont und Andere angenommen haben.

Aus dem Vorhergehenden ist es klar, dass man die Ursach
Erdströme auf der Erde oder in ihrer Atmosphäre zu suchen hat.
schon gesagt wurde, sahen viele Gelehrte ihre Ursache in der atmosphä
Elektricität und nahmen zu diesem Zwecke Luftströmungen in den
Luftschichten an, die jedoch bis jetzt noch nicht bewiesen wurde

*) W. H. Preece, Report of the 62 Meeting of the British Association
burgh. p. 656. 1892.

**) W. Ellis. Proc. Roy. Soc. 52, p. 191, 1892.

***) Siehe „Elektritschestwo" 1893, pag. 303.

†) Lord Kelvin. Proc. Roy. Soc. 52, p. 317. 1892.

Gegentheil, der Akademiker Wild theilte mir in einem Privatschreiben mit, dass die von ihm systematisch vorgenommenen Messungen der atmosphärischen Elektricität zu keinem Analogon bezüglich ihres Verhältnisses zu den Erdströmen führten.

Somit kann auch unsere Atmosphäre nicht als die Quelle der Erdströme betrachtet werden.

Wenn man den 24stündigen Gang des Erdstromes in der Sofianer Tiefebene mit demselben Gange der Temperatur vergleicht, so bemerkt man ein verblüffendes Uebereinstimmen dieser beiden Erscheinungen. Ich führe hier keine Zahlen und Curven an, weil Daten von mir an einer anderen Stelle*) mitgetheilt wurden; ich erwähne nur, dass Strom-Maximum in der Zeit mit Temperatur-Minimum zusammenfällt und umgekehrt. Wenn wir die Curve des 24stündigen Erdstromganges mit der Curve, gezeichnet von Thermograph (auf der meteorologischen Central-Station in Sofia) vergleichen, so ist die Uebereinstimmung nicht nur allgemein, sondern auch partiell. Es muss hier das eine bemerkt werden, nämlich: Strom-Minimum (nach Mittag) trifft bezüglich des Temperatur-Maximums um circa $1^1/_2$ Stunden später ein, und Strom-Maximum trifft aber um beiläufig so viel früher als das Temperatur-Minimum ein.

In Anbetracht derartiger Anologien darf man, ohne nachzugrübeln, die Temperatur als die unmittelbare Ursache der Erdstromentstehung betrachten, d. h. die Erdströme durch thermo-elektrische Kräfte entstanden denken. In der That, zur Bildung der thermo-elektrischen Ströme ist das Eintreffen zweier Hauptumstände nothwendig: eine Temperatur-Differenz und ein Unterschied in der Beschaffenheit der Leiter. Wollen wir sehen, ob diese Umstände auf der Erdkugel eintreffen.

Die Erdoberfläche besteht zum Theil aus Erde, theilweise aus Wasser, wobei die Erde nicht überall gleichartig ist. Was die Temperatur der Erdkugeloberfläche anbelangt, so ist sie nicht überall gleich, was von verschiedenen Ursachen abhängt: Erstens der Wechsel der Jahreszeiten, z. B. wenn wir auf unserer Hemisphäre Sommer haben, so ist auf der südlichen Hemisphäre Winter und umgekehrt; zweitens von ganz localen Verhältnissen: Wolken, Winde, Berge, Thäler u. s. w., z. B. neben einer hohen Temperatur eines Thales kann eine niedere Temperatur irgend eines mit ewigem Schnee bedeckten Berges bestehen.

All das zusammengenommen ist auch die Bildungsursache der Erdströme. Die „localen" thermo-elektrischen Ströme wirken einander verstärkend oder schwächend, sie müssen stets eine Resultirende geben, die wegen leicht einleuchtender Gründe (Tag bei uns, Nacht auf der südlichen Hemisphäre) nie Null werden kann.

Wo die Verhältnisse, welche die Entstehung der thermo-elektrischen Ströme verursachen, günstiger sind, werden auch die Erdströme stärker sein, z. B. gebirgige Gegenden, Meeresküste etc. Die Beweise hiezu finden wir in den Beobachtungen von Wild. Bei ihm haben bei magnetischruhiger Zeit die stärksten Erdstrom-Schwankungen die Grösse von 0·008 Volt angenommen, bei der Elektroden-Entfernung von 1 *km*; wenn wir aber in seinen Strömen noch das Vorhandensein von chemischen Strömen berücksichtigen, so ist die Potential-Differenz in Pawlowsk noch geringer. Bei mir ist die Potential - Differenz, bei einer Elektroden - Entfernung von 1 *km*, im Maximum 0·0650 Volt. Bei denselben Bedingungen bekam Brander in der Schweiz 0·0526. Daraus folgt, wie auch zu erwarten war, dass auf grossen Ebenen (Russland) der Erdstrom schwächer ist als in Berggegenden (Bulgarien, Schweiz).

*) „Zeitschrift der Physik.-Chemischen Gesellschaft", Petersburg.

Die Thermo-Elektricität ist jedoch nicht die alleinige Ursacl Erdstrom-Entstehung. Es existirt noch eine wenig bekannte Ersch welche den elektrischen Strom auf der Erde hervorruft.

G. Quincke,*) Professor an der Heidelberger Universität, ent im Jahre 1859, dass beim Durchsickern des Wassers durch eine gel Thonplatte sich ein ziemlich starker Strom bildet; die Spannung err wenn das Wasser unter einem Drucke von 3 Atmosphären durchsi den Werth von 1 Volt.

Die Dicke und Oberfläche der Platte übten keinen Einfluss Stromspannung aus; und nur die Beschaffenheit der Platte und die Flü selbst beeinflussten den Strom. Bei reinem Wasser, welches durch verscl Gegenstände bei 1 Atmosphäre Druck durchsickerte, bekam er fo Grössen (wobei die elektromotorische Kraft des Daniell-Elementes angenommen wurde):

Schwefel	977·07
Quarz-Sand	620·49
Schellack-Pulver	330·01
Seide.............	115·45
Gebrannter Thon ...	36·15
Asbest...	22·15
Porzellan	19·86
Elfenbein..........	3·10
Thier-Membrane	1·51

Beim Mengen des Wassers mit Säuren oder Salzlösungen Stromspannung geringer, beim Mengen mit Alkohol oder Seifen grösser.

Wie aus der Tabelle ersichtlich, entsteht ein besonders starker bei einem uns am meisten interessirenden Gegenstand, beim Quar Wenn wir die elektromotorische Kraft Daniell = 1·1 Volt annehm wird die elektromotorische Kraft beim Durchsickern des reinen V durch Quarz-Sand, bei einem Druck von 1 Atmosphäre gleich 6·825 Vo

Ich will hier nicht die Versuche anderer Physiker mit gl Capillar-Röhrchen zum Zwecke der Gesetzbestimmungen dieser neue trischen Ströme, welche Quincke diaphragmatische Ströme nennt, erv

Im Allgemeinen fand man, dass die elektromotorische Kraft nic der Länge und Dicke der Röhre abhängt, sondern nur von ihrer M beschaffenheit, und dass sie dem Drucke gerade und dem Reibungs-Coëff und der Leitungsfähigkeit umgekehrt proportional ist.

Helmholtz**) gibt die mathematische Theorie dieser Ersch indem er sie mit der umgekehrten Erscheinung der „elektrischen Endos entdeckt von Reuss***) in Moskau im Jahre 1807, verbindet.

Weil bis jetzt noch die constanten Grössen des diaphragma Stromes der Schwarzerde, des gewöhnlichen Sandes und des Schne wie auch ihre Abhängigkeit von der Temperatur, unbekannt waren, ich im Verein mit Herrn P. Pentschew, Student an der höheren in Sofia, die nothwendigen Versuche und Messungen an.

Das zu untersuchende Material kam in einen hohen und gerä Glascylinder mit Boden ($h = 104$ *cm*, $2r = 9{\cdot}5$ *cm*), das Wasser g in das Gefäss entweder von oben oder von unten. Die dabei elektromotorische Kraft wurde mittelst Platin-Elektroden, die sic und unter dem gegebenen Körper befanden, gemessen. Zur Entfernu

*) G. Quincke. Pogg. Ann. 107, p. 1, 1859; 110, p. 38, 1860.
**) Helmholtz. Wied. Ann. 7, p. 351, 1879.
***) Reuss. Mém. de la soc. imp. des natural. à Moscou. 2, p. 327, 1809.

dabei entstehenden Polarisations-Ströme wurde die Compensations-Methode angewendet.

Diese Versuche führten zu folgenden Resultaten:

Die elektromotorische Kraft, die beim Durchsickern des gewöhnlichen Wassers durch einen gewöhnlichen Sand bei einer Temperatur von 120° C. und beim Drucke der Quecksilbersäule von 760 *mm* entsteht, ist gleich 0·301 Volt; für die Schwarzerde war sie 0·207 und für Schnee — immer unter denselben Bedingungen — etwa 0·2 Volt.

Die elektromotorische Kraft wächst mit der Temperatur; so war das Anwachsen beim Gebrauche von gewöhnlichem Wasser und weissem, gebranntem Thon (als Diaphragma) circa 5%, bei einer Temperaturerhöhung von 1°.

Aus diesen Zahlen ist ersichtlich, dass diese Ströme eine ziemlich hohe Spannung erreichen können.

Somit sind neben der Thermo-Elektricität auch die „Durchsickerungs-Ströme" als Ursache der Erdstrom-Entstehung zu betrachten. Die atmosphärischen Niederschläge dringen in die Erde und bilden sogenannte Grundwässer, welche — wie die Beobachtungen der Wiscounsin-Station (Nordamerika) zeigen — in steter Bewegung sich befinden und nach dem Eindringen in die Erde elektrische Ströme bilden.

In dieser Beziehung ist der Zusammenhang interessant, den die genannte Station zwischen der Temperatur und der Bewegung des Grundwassers gefunden hat: Die Krümmungs-Punkte der Wasserhöhen-Curven fallen mit den Krümmungs-Punkten der Boden-Temperatur zusammen.

Da die Boden-Temperatur, wenigstens die der oberen Schichten, niemals constant bleibt, so kann man daraus schliessen, dass, wenn auch im gegebenen Momente keine Niederschläge stattfinden, die elektrischen Durchsickerungs-Ströme trotzdem vorhanden sein müssen, weil die Bewegung des Grundwassers vorhanden ist.

Somit muss der Erdstrom, hauptsächlich aus thermo-elektrischen und Durchsickerungs-Strömen bestehend, denselben Gang haben wie die Temperatur, was auch meine Versuche in der Tiefebene von Sofia beweisen.

Wenn auch die Durchsickerungs-Ströme auf der Erdkugel noch nicht unmittelbar untersucht wurden, d. h. nicht von anderen Strömen, die den Erdstrom bilden, gesondert untersucht wurden (was ich nächstens zu thun beabsichtige), so sind doch einige Thatsachen, die ihr Vorhandensein bestätigen, bekannt.

So hat Lamont, indem er eine Elektrode in die Erde vergrub und die andere in einen Brunnen senkte, einen Strom erhalten, den er den Erdstrom nannte. Die Variation dieses Stromes war stärker als bei dem Fall, wo beide Elektroden gleich tief in die Erde vergraben waren.

Vom erwähnten Gesichtspunkte aus betrachtet, war die Strom-Variation deshalb stärker, weil Lamont, als er die beiden Elektroden nicht zu tief in die Erde vergrub, mit einer bestimmten Stromspannung zu thun hatte; als jedoch ein Plättchen tiefer vergraben wurde als die anderen, oder in einen Brunnen versenkt wurde, so ist diese Spannung grösser geworden, da auch der Durchsickerungs-Strom, wegen der hydrostatischen Druckdifferenz, dazu getreten ist.

Derselbe Gelehrte stellte fest, dass während des Regens oder des Schneiens der Erdstrom stärker wird. Diese Thatsache spricht auch für das Vorhandensein der Durchsickerungs-Ströme. Dieselbe Erscheinung wurde auch von Wild constatirt, welcher behauptet, dass im Herbst und Frühling (d. h. zur Zeit der grössten Niederschläge) die Erdströme kräftiger sind als im Winter und Sommer.

Palmieri*) sagt direct, dass der Regen die Erdströme hervo wenn er auch ihre Entstehung auf die atmospärische Elektricität be welche Elektricität wir nach den vorhin angeführten Beobachtungen W nicht berücksichtigen können.

Der wichtigste Umstand jedoch, der zu Gunsten des Vorhande der Durchsickerungs-Ströme spricht, besteht darin, dass Palmieri zwi Resina und Vesuv, und Brander zwischen Airolo und St. Gotard Erdstrom beobachteten, der immer von weniger hohen zur höheren Stelle Das erklärt sich vom Gesichtspunkte der Durchsickerungs-Ströme die Differenz des hydrostatischen Druckes auf dem Berge und bei s Fusse. Beim Fusse muss die Feuchtigkeit (Grundwasser), unter hö hydrostatischen Drucke als auf dem Berge stehend, nach dem Gesetz Durchsickerungs-Ströme auch ein höheres elektrisches Potential gebe auf dem Berge, und der Strom muss deshalb ohne Zweifel von unten l gehen.

Somit, alles Gesagte resumirend, schliesse ich: Die Erdstr entstehen in Folge zweier Hauptursachen: der the elektrischen Ströme und der elektrischen Durchsickeru Ströme.

Ich berühre hier nicht die nicht erforschten Einflüsse anderer N ströme auf den Erdstrom, wie: das Verwesen der Organismen, das Wa der Pflanzen, Flut und Ebbe im Ocean, Eisschichte etc.; ohne Zweife einflussen auch diese Ursachen die Erdströme.

Die Bedeutung der Erdströme kann nicht nur in der Wissen (wie z. B. bei der Erklärung des Erdmagnetismus), sondern auch in Praxis, beim Anwachsen des Materials, sehr gross werden. Wenn ma bedenkt, dass durch die Sonnen-Energie auf der Erde (unter And eine grosse Menge Wasser verdunstet,**) so ist das schon genügend den Technikern neue Gesichtspunkte für's Ausbeuten der Naturkräfte i Art des Erdstromes zu eröffnen.

Wollen wir hoffen, dass die Zeit nicht mehr ferne ist, wo auc Erdströme der Menschheit nützlich sein werden.***) A.

In der „Meteor. Ztscht.“ finden wir unter der Spitzmarke „ ströme“ folgende Nachricht:

„Nature“ bringt (Bd. 49, S. 554) die folgende Mittheilung von W. H. Preece: Der königl. Astronom hatte die Freundlichkeit, mi continuirlichen photographischen Aufzeichnungen über die Erdströme, w während der grossen magnetischen Störung am 20. und 21. Februar traten, zu zeigen, und dieselben wiesen so heftige und plötzliche Aender auf, dass ich unsere Hauptstationen mit Telephonen versah und sie veranl dieselben zu beobachten, sobald sich Anzeichen einer Störung zeigten. geschah denn auch am 30. und 31. März. Herr Donnithorne in Llanfain Anglesea, berichtet: „Samstag um 2ª zeigte das Telephon Krachen und

*) L. Palmieri. Lum. électr. 38, p. 51, 1890.

**) Nach den Berechnungen des Prof. A. U. Wojejkow verdunsten pro S 2,400,000 m^3, was in einem Jahre die immense Summe von 67.200 km^3 ausmacht. klimatischen Verhältnisse der Erde“, p. 109, 1884.)

***) Interessant ist, dass C. Flamarion in seinem letzten Roman: „Das En Welt“ auf das Grundwasser als eine Energie-Quelle hinweist, welche von der Men nach dem Vereisen der Ströme und der Abschwächung der Sonnenausstrahlung ver wird. Vielleicht ist es nur Zufall, aber bald darauf (18. December 1893) schrieb die Akademie der Wissenschaften einen Preis (von 2500 Frcs.) auf das Thema aus: Untersuchung der Grundwässer, ihre Entstehung, Richtung, die Erdschichten, die von durchdrungen werden und deren Beschaffenheit.“

Art pfeifendes Geräusch. Der stärkste der Erdströme hatte 17·7 Milliampères." Herr Miles in Lowestoft berichtet: „Lärm auf der Linie 408 (Liverpool-Hamburg), derselbe glich dem eines stark rotirenden Schwungrades." „Das Krachen war so, als ob schweres Fuhrwerk in der Entfernung vorbeifahre." „Am 31. März $2^1/_2$" Erdströme auf allen Linien. Ganz eigenthümliche, zauberische Töne; einige hohe musikalische Grundtöne. Letztere glichen jenen von Sirenen, welche zuerst langsam bewegt werden. Die Dauer betrug über 20 Sec." Es beobachteten somit ganz unabhängig drei verschiedene Beobachter Störungsgeräusche im Telephon, welche gleichzeitig mit Sonnenflecken, Erdströmen und Nordlicht auftraten. Die Redaction.

Ueber die Induction in Fernsprechleitungen.

In einem Vortrage, den der Ober-Postrath und ständige Hilfsarbeiter im Reichs-Postamt, Herr Münch, im Elektrotechnischen Verein in Berlin über die Entwickelung des Fernsprechwesens in der Reichs-Telegraphenverwaltung gehalten hat und dessen Abdruck derselbe uns freundlichst gestattete, verbreitete sich der Vortragende in längerer Ausführung auch über die vielumstrittene Frage, auf welche Ursachen die in den Fernsprechleitungen auftretenden Inductionserscheinungen zurückzuführen und durch welche Mittel letztere für den Betrieb möglichst unschädlich zu machen sind. Wir lassen den betreffenden Theil des Vortrages nachstehend folgen.

„Ein hervorragender Theil der von der Reichs-Telegraphenverwaltung dem Fernsprecher gewidmeten Fürsorge entfällt auf die Herstellung und den Betrieb der Fernsprech-Verbindungsanlagen. Dieser Zweig des Fernsprechwesens, welcher bezweckt, den Sprechverkehr zwischen mehr oder weniger weit von einander entfernten Orten zu vermitteln, hat sich aus sehr kleinen Anfängen entwickelt. Die ersten derartigen Anlagen verbanden Berlin mit Charlottenburg, Hamburg mit Altona, Barmen mit Elberfeld, Cöln mit Deutz. Heute sprechen wir mit spielender Leichtigkeit von Berlin nach Elbing und Thorn, nach Cöln, Breslau, Hamburg. Eine Linie Berlin-Frankfurt (Main) ist in der Ausführung begriffen. Das Jahr 1893 hat abgeschlossen mit 432 solcher Anlagen mit einer Linienlänge von zusammen 38.079 *km* Leitung. Die längste Linie verläuft von Berlin über Posen, Gnesen, Bromberg, Danzig und Elbing bis Königsberg — die letztgenannte Stadt hat allerdings Umstände halber noch nicht in den Verkehr einbezogen werden können — auf eine Entfernung von 765 *km*. Die mit zwei Schleifleitungen ausgerüstete Linie Berlin-Cöln hat eine Länge von 631 *km*; es folgen die Linien Hamburg-Schwerin-Stettin mit 363 *km*, Berlin-Breslau mit 352 *km*, Berlin-Hannover mit 329 *km*, Berlin-Hamburg mit 295 *km* u. s. w.

Die ersten Verbindungsanlagen waren als Einzelleitungen hergestellt. Sobald indess dazu übergegangen wurde, derartige Anlagen von grösserer Ausdehnung auszuführen, ergab sich eine Beeinträchtigung der Verständigung, indem in den Einzelleitungen störende Erdgeräusche in Folge der Verschiedenheit des elektrischen Potentials an den Erdplatten auftraten. Wurden gemeinsame Erdleitungen für Telegraphen- und Fernsprechleitungen benutzt, so hörte man in den Sprechleitungen starke Morse-, bezw. Hughes-Geräusche. Dasselbe ergab sich, wenn die Sprechleitungen an dem nämlichen Gestänge mit Telegraphenleitungen oder auch nur in der Nähe solcher Anlagen geführt wurden. Endlich, wenn zwei oder mehr Leitungen an demselben Gestänge angebracht waren, beobachtete man in den Leitungen ein starkes Mitsprechen, d. h. man verstand deutlich in einer Leitung, was in einer anderen gesprochen wurde. Die Versuche, das Mitsprechen in den Einzelleitungen zu beseitigen, schlugen fehl. Dahin gehört der Vorschlag von Preece, die Lage der verschiedenen Drähte von Stützpunkt zu Stützpunkt zu ändern. Da die Entfernung der Leitungen unter einander nur einen geringen Einfluss auf die Induction ausübt, so liess sich durch eine solche Anordnung eine Besserung nicht erzielen. Nach Vorschlägen von Wilson in Chicago und von Hughes sollten in die Leitungen entgegengesetzt gewickelte Inductionsrollen geschaltet werden, so dass dieselben den Inductionswirkungen der betreffenden Leitungen auf einander das Gleichgewicht hielten. Wegen des wechselnden Zustandes der Leitungen ist dieses Mittel selbst für nur zwei Leitungen ohne Erfolg; ausserdem würden bei einer grösseren Anzahl von Leitungen die letzteren mit grossen Widerständen belastet werden. Bei zehn Leitungen z. B. würden schon 45 Drahtrollenpaare nothwendig werden. Von anderen Seiten wurde die Einschaltung von Elektromagneten, Ableitungen unter Verwendung von Condensatoren u. s. w. in Vorschlag gebracht. Den besten Erfolg erzielte man noch durch Anbringung eines zu den Sprechleitungen parallel geführten Drahtes aus gut leitendem Material, der an seinen Enden mit guten Erdleitungen verbunden wird. Ein solcher Draht verhindert einerseits die unmittelbare Ueberleitung der Sprechströme von Leitung zu Leitung, indem er wegen seines geringen Widerstandes die über die Isolatoren abgeleiteten Stromtheile aufnimmt und abführt, andererseits schwächt er das Mitsprechen, indem in ihm kräftige entgegengesetzt gerichtete Inductionsströme erzeugt werden, so dass auf die benachbarten Sprechleitungen nur die Differenzen der inducirten Ströme einzuwirken vermögen. Auch dieses Mittel schwächte also wohl, beseitigte aber nicht das Mitsprechen.

Die Reichs-Verwaltung entschloss sich daher sehr bald, Verbindungsleitungen für grössere Entfernungen nur als Doppelleitungen, und zwar an besonderen Gestängen herzustellen. Es zeigte sich aber, dass auch solche Leitungen von störendem Mitsprechen nicht frei waren, sobald zwei oder mehr Leitungen auf grössere Entfernungen an demselben Gestänge verliefen. Als Ursachen konnte man gelten lassen mangelhafte Isolation, also Ueberleitungen von einer Schleifleitung auf die andere, ferner elektromagnetische und elektrostatische Induction. Die Meinungen gingen freilich darüber aus einander, welcher dieser Störungsursachen der wichtigste Einfluss zuzuschreiben sei, und diese Frage, in wie hohem Grade sie auch die betheiligten Kreise beschäftigte, blieb unentschieden, da es nicht gelang, eine Methode zu finden, vermöge deren die verschiedenen Einflüsse getrennt sicher zur Beobachtung gebracht werden konnten.

Der durch die ungleiche Entfernung der Leitungen unter einander bedingten elektrischen Einwirkungen suchte man sich nun, so gut es ging, zu erwehren.

In England, wo die Verbindungsleitungen zumeist an gewöhnlichen Telegraphengestängen angebracht wurden, führte man seit dem Jahr 1881 die Schleifleitungsdrähte derart, dass sie in je vier Stangenintervallen einen ganzen Schraubengang bildeten. Diese Methode wird auch jetzt noch vielfach angewendet. Die Isolatoren sind zu dem Zweck an Querträgern versetzt angebracht, und die beiden Leitungszweige der Schleife nähern sich auf diese Weise den inducirenden Leitungen und entfernen sich von denselben in symmetrischer Folge. Die in den Schleifendrähten inducirten elektromotorischen Kräfte sind dann gleich und entgegengesetzt gerichtet, ihre algebraische Summe ist also gleich Null. Sind zwei Sprechleitungen anzubringen, so werden beide Schleifendrahtpaare um einander gedreht. Sie sind dann nicht nur gegen die Telegraphirleitungen, sondern auch gegen einander geschützt.

Diese Leitungsconstruction erfüllt den angestrebten Zweck, so lange es sich um die Anbringung von höchstens zwei Schleifleitungen handelt; die Ausführung ist indess unbequem; auch bietet die Construction Gelegenheit zu Leitungsstörungen, deren Aufsuchung dadurch, dass die Leitungen in den Feldern sich kreuzen, erschwert wird. Sind mehr als zwei Sprechleitungen anzubringen, so versagt die Construction.

Im Februar 1885 habe ich eine einfache Construction angegeben, bei welcher eine beliebige Anzahl von Schleifleitungen eine Verbindung mit der Erde hergestellt wird, oder dass die isolirten Drähte der Zimmerleitung bei einer Betriebsstelle an feuchten Wänden geführt werden u. s. w., so tritt sofort ein Mitsprechen zwischen dieser Leitung und allen übrigen Leitungen auf.

Eine Leitungsconstruction, welche das Mitsprechen verhindern soll, darf daher in den benachbarten Leitungen überhaupt keine elektromotorischen Kräfte, weder elektromagnetische noch elektrostatische, erzeugen. Dieser Forderung entspricht theoretisch nur eine Construction, und zwar diejenige, in der die Ebenen zweier Schleifleitungen senkrecht auf einander stehen und der Abstand des einen Zweiges der einen Schleife von jedem der beiden Zweige der anderen Schleife überall gleich gross ist. Denn, da die inducirenden Kräfte zweier Schleifendrähte entgegengesetzt gerichtet sind, so ist unter diesen Umständen die Summe der inducirten Kräfte in jedem Massentheilchen des inducirten Leiters gleich Null.

Die Reichs-Telegraphenverwaltung entschloss sich daher, für Fernsprechverbindungs-Leitungen grundsätzlich besondere Gestänge an Landwegen zu errichten und diese höchstens mit zwei Schleifleitungen, in senkrecht gekreuzten Ebenen, zu belasten. Bei normalen Verhältnissen sind die so geschalteten Leitungen fast gänzlich frei, sowohl von Geräuschen als auch von gegenseitigem Mitsprechen, und die Verständigung ist daher auch eine sehr gute. Nach diesen Grundsätzen ist bis in die neueste Zeit verfahren worden. Es ist aber klar, dass der Ausbau der Verbindungsleitungen in der angegebenen Weise nur so lange möglich ist, als zur Aufstellung von Gestängen geeignete Strassen zur Verfügung stehen. Die intensive Entwickelung des Reichs-Telegraphennetzes, die vielen Anschlüsse an Stadt-Fernsprecheinrichtungen und die grosse Zahl der Verbindungsanlagen haben aber namentlich in den verkehrsreicheren Gegenden dahin geführt, dass die wichtigeren Strassen bereits zu beiden Seiten mit Gestängen haben besetzt werden müssen. Es ist daher schon jetzt vielfach äusserst schwierig und nur unter grossem Kostenaufwand möglich, neue Gestänge für Fernsprech-Verbindungsanlagen durchzubringen. Es ist also nur eine Frage der Zeit, dass die Verwaltung auf dem beschrittenen Weg entweder einzuhalten oder andere Hilfsmittel zu ergreifen genöthigt sein wird, wenn nicht die weitere Entwickelung dieses wichtigen Verkehrsmittels gänzlich in Frage gestellt sein soll.

Ich muss hier bemerken, dass die Erfahrungen, welche zu dem angegebenen Constructionsprincip geführt haben, zurückdatiren auf die Zeit, als für die Fernsprechleitungen noch allgemein Eisendraht verwendet wurde. Nach dem Uebergange vom Eisen zur Bronze lag zunächst kein Anlass vor, von dem bisherigen Principe der Leitungsconstruction abzuweichen. Allerdings war es der Aufmerksamkeit der Verwaltung nicht entgangen, dass das Mitsprechen zwischen Einzelleitungen aus Bronzedraht sich weniger geltend machte als früher, und es war auch in einzelnen Fällen bereits mit Erfolg der Versuch gemacht worden, für kürzere Entfernungen drei aus Bronzedraht hergestellte Schleifleitungen an demselben Gestänge anzubringen. Es befestigte sich so allmälig die Meinung, dass die Bronzeleitungen in weniger hohem Maasse als die Eisenleitungen der gegenseitigen inductorischen Einwirkung ausgesetzt seien. Die in vorhandenen Leitungen angestellten Versuche liessen es angezeigt erscheinen, zur Klärung dieser wichtigen Frage mit einem grösseren Versuche vorzugehen. Der Herr Staatssecretär des Reichs-Postamts genehmigte daher, dass aus Anlass eines hervorgetretenen Bedürfnisses zwischen Frankfurt (Main) und Mannheim, also auf eine Entfernung von rund 88 *km*, neben zwei Doppelleitungen eine dritte Doppelleitung an demselben Gestänge hergestellt würde. Das Ergebniss dieses Versuchs ist ein ausserordentlich günstiges zu nennen, alle drei Leitungen sind seit einigen Monaten im Betriebe und in so hohem Grade frei von Mitsprechen, dass nur bei gespannter Aufmerksamkeit wahrgenommen werden kann, dass, aber nicht, was gesprochen wird. Bei Schleifleitungen von sehr grossen Längen haben die Versuche kein ganz so günstiges Ergebniss geliefert. Schaltet man z. B. die beiden Schleifleitungen Berlin-Cöln statt in senkrechten Ebenen in parallelen Ebenen, so kann man wohl das in der anderen Leitung Gesprochene verstehen; aber auch hier ist die Stärke des Mitsprechens so unbedeutend, dass ich es für unbedenklich halten würde, auch neben diesen Leitungen eine dritte und mehr Leitungen anzubringen. Es kommt hinzu, dass die inductorischen Verhältnisse um so günstiger sich für die Praxis gestalten, je mehr Leitungen sich an dem Gestänge befinden, weil dann Inductionsströme höherer Ordnung entstehen, in Folge deren die in den einzelnen Leitungen pulsirenden Stromwellen sich zum Theile gegenseitig vernichten. Ich darf noch erwähnen, dass auf Anordnung des Herrn Staatssecretärs gegenwärtig umfangreiche Versuche auf den neuerdings in besonderer Construction ausgeführten Fernsprech-Verbindungsanlagen Hannover-Hamburg und Hannover-Bremen angestellt werden, welche voraussichtlich in der besprochenen Frage weitere Klarheit schaffen werden. Auch wird dabei versucht werden, die Frage zur Entscheidung zu bringen, inwieweit das in längeren Leitungen noch beobachtete Mitsprechen auf Induction oder auf Ueberleitungen zurückzuführen ist. Vielleicht wird sich Gelegenheit bieten, über die Ergebnisse an dieser Stelle noch zu berichten.

Ich habe bereits darauf hingewiesen, dass z. B. zwei Schleifleitungen aus Eisendraht, welche in parallelen Ebenen geschaltet sind, starkes Mitsprechen zeigen. Zwei derartige Leitungen, welche wie die Berlin-Cölner Leitungen auf 650 *km* zusammenlaufen, würden — vorausgesetzt, dass auf eine so grosse Entfernung in Eisenleitungen eine Verständigung überhaupt zu erzielen wäre — gleichzeitig nicht betrieben werden können, weil das Mitsprechen so stark sein würde, dass man oft nicht wüsste, in welcher der beiden Leitungen gesprochen wird. Es entsteht nun die Frage, auf welche Umstände das abweichende Verhalten der Bronzeleitungen gegenüber den Eisenleitungen zurückzuführen ist.

Dass ein unmittelbarer Stromübergang von einer Schleifleitung auf die andere hierbei keine bedeutende Rolle spielen k... leicht einzusehen. Für beide Leitun... sind stets dieselben Isolationsvorrich... — Porzellandoppelglocken — ver... worden; ihr Widerstand ist also d... geblieben; auch die Abmessungen hins... der Anbringung der Isolationsvorrich... haben eine Aenderung nicht erfahr... bleibt also keine andere Erklärung, a... das abweichende Verhalten der beide... tungsarten auf das für die Leiter verw... Material zurückzuführen ist.

(Schluss folgt.)

Ankerbewegung für elektrische Apparate, bei welchen bewegende Kraft während des ganzen Weges dieselbe blei...

Von Carl Ferd. SCHOELLER und Rud. Herm. JAHR. („Oesterr.-ungar. Uhrm.-Ztg.“*)

Bei den gebräuchlichen Einrichtungen zur Erzeugung einer hin und her gehenden Bewegung eines Ankers zum Betriebe elektrischer Apparate muss dieser Anker eine entsprechende Strecke von den die bewegende Kraft ausübenden Elektromagnetpolen entfernt liegen. Da nun die magnetische Kraft mit dem Quadrate der Entfernung abnimmt, so ist es mit Rücksicht auf die Anfangsbewegung, in welcher die magnetiche Kraft auf eine verhältnissmassig grosse Entfernung wirken muss, nothwendig, dem Elektromagneten grosse Dimensionen zu geben. Daraus entspringt dann wieder der Uebelstand, dass bei der Annäherung des Ankers an die Pole die magnetische Kraft übergross wird und aus dieser Ursache ein sehr starker Schlag gegen die Anschlagstifte erfolgt, der unter Umständen die Zwecke des Apparates ver-

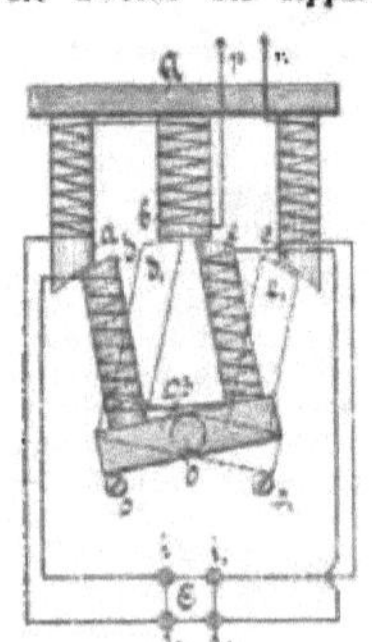

Fig. 1.

eiteln kann. In der durch Fig. 1 schematisch veranschaulichten Anordnung eines Elektromagnets sind diese Uebelstände vermieden, d. h. die Kraftäusserung auf den Anker ist hier auf dem ganzen Wege der Bewegung gleich, und der Elektromagnet kann deshalb zugleich in kleineren Dimensionen für einen bestimmten Zweck ausgeführt werden. Im Wesentlichen besteht die neue Anordnung aus der Combinatio... Elektromagnets von gerader Polzal... einem solchen von ungerader Polzahl, ... der Betrieb durch ein Comutiren der ... richtung und des dadurch bedingten W... der Polarität in dem einen Elektron... erzielt wird. Der feststehende E... magnet A hat die drei Pole a, b ... von welchen bei Stromschluss die ... äusseren, a und c, gleich polarisirt si... mittlere, b, aber die entgegengesetz... larität hat. Der bewegliche Anker ist ... einen um die Achse o drehbaren, m... Polen d und e versehenen Elektro... ersetzt. Die Anschlagstifte s und s^1 ... gesetzt, dass die beweglichen Po... Ankers B stets nur ungefähr mit ... Drittel ihrer Breite unter die entsprec... Pole des Elektromagnets A eintreten ... Batteriepole sind mit den Drähten p ... verbunden. Wie man aus der Dar... ersieht, führen die Drähte p und ... Strom über die Bewicklung der drei ... des Elektromagnets A zum Stromwen... dessen Construction beliebiger Art sein ... Die Enden der Bewicklung des bewe... Elektromagnets B sind gleichfalls ... Stromwender C geschaltet. In A wi... dieser Anordnung die Polarität ste... selbe bleiben, dagegen wird dieselb... wechseln, je nachdem am Stromwende... i_1 und i_2 mit i_3 oder i mit i_3 und i_1 ... verbunden ist. Bei der ersteren Sc... des Stromwenders (durch gestricheltpu... Linien angedeutet) nimmt der bei ... tretende positive Strom der Batterie ... den Weg: p, Bewicklung der Ke... und a, Stromwender C (über i_3 i_2 ... wicklung der Kerne e und d des E... magnets B, Stromwender C (über i i ... wicklung des Kernes c und über ... negativen Pol der Batterie. Ist dageg... Stromwender auf die zweitangeführte ... tung (durch punktirte Linien ange... gestellt, so hat man folgenden Weg ... p eintretenden positiven Stromes: ...

*) Im Bilde ist der Stromlauf um den ... irrthümlich verkehrt angedeutet.

wicklung der Kerne *b* und *a*, Stromwender *C* (über i_2 i), Bewicklung der Kerne *d* und *e* (umgekehrt gegen früher), Stromwender *C* (über i_2 i_1), Bewicklung des Kernes *c* und über *n* zum Nordpol der Batterie. Bei diesem Stromlaufe wird bei *a* und *c* immer ein Südpol*), bei *b* aber ein Nordpol sein. Befindet sich nun der Stromwender in solcher Stellung, dass in *B d* ein Südpol, *e* ein Nordpol ist, so wirkt wegen der gleichen Polarität *a* auf *d* und *b* auf *e* kräftig abstossend, und es wird der nur mit etwa einem Drittel seiner Polflächen vor den betreffenden Polflächen des Magnets *A* liegende Anker *B* daher nach rechts bewegt. Gleichzeitig wirkt aber auch der Nordpol *b* auf den Südpol *d*, und der Südpol *c* auf den Nordpol *e* anziehend, wodurch der Anker *B* gleichfalls einen Antrieb nach rechts erhält. Es ist leicht einzusehen, dass bei dieser Einrichtung die Anziehungskraft auf der einen Seite in demselben Maasse wachsen wird, als die Kraft der Abstossung von der anderen Seite abnimmt, und dass somit der Anker *B* während des ganzen Weges einer gleichbleibenden Kraftwirkung unterliegt. Wenn der Anker die punktirt gezeichnete Stellung d_1 e_1 einnimmt, so wird durch die Umstellung des Stromwenders die Polarität seiner Kerne umgewechselt, und es wiederholt sich das geschilderte Spiel in der entgegengesetzten Richtung. An dem Wesen der Erfindung wird natürlich nichts geändert, wenn man etwa *A* beweglich und *B* fest oder die Polarität von *B* constant und die von *A* veränderlich macht. Man kann also statt des einen Elektromagnets mit constanter Polarität einen permanenten Magnet verwenden oder auch die ganze Anordnung durch Vermehrung der Pole vervielfachen.

Die elektrische Bahn von Baden nach Vöslau.

In Ergänzung unserer diesbezüglichen Mittheilungen auf S. 31, 263, 287, 366 und 414, 1894 dieser Ztsch. bringen wir die nachstehenden Details über diese elektrische Bahn.

Diese verdankt ihre Entstehung dem vor Jahren rege gewordenen Wunsche, den an der Südbahn und in der Nähe von Wien liegenden Curort Baden, sowie den mit diesem eng verbundenen Markt Weikersdorf elektrisch zu beleuchten. Da sich aber zu Folge der durchgeführten Berechnungen die Anlagekosten für die elektrische Beleuchtung im Vergleiche zu den erreichbaren Vortheilen zu hoch stellten, so war man darauf bedacht, durch eine weitergehende, intensive Ausnützung der nothwendigen elektrischen Centralstation nicht nur eine leichtere Beschaffung der hierfür erforderlichen Capitalien, sondern auch eine bessere Verzinsung dieser selbst zu ermöglichen. So wurde man fast naturgemäss und ohne jeglichen Zwang auf den Gedanken geleitet, die in Baden bestehende 4 *km* lange Pferdebahn, welche von dem Südbahnhofe in das wegen seiner Schönheit bekannte Helenenthal führt, in eine Bahn mit elektrischem Betriebe umzugestalten, an sie eine Zweigbahn nach dem etwa 5 *km* entfernten Curort Vöslau, der ebenfalls an der Südbahnlinie Wien-Triest liegt und wegen seiner schönen Lage und milden Vollbäder viel besucht wird, anzuschliessen und beide Curorte nebst dem Markte Weikersdorf elektrisch zu beleuchten. Das Project einer Ringbahn um den Curort Baden musste wegen der ablehnenden Haltung des Gemeinderathes aufgegeben werden; dagegen ist eine Zweiglinie zu dem am Wiener-Neustädter Canal liegenden Communalbade zu Leesdorf in Aussicht genommen.

Am 16. Juli d. J. wurde die Bahn Baden-Helenenthal — also die ehemalige Pferdebahn — als elektrische Bahn dem Betriebe übergeben; die Linie Baden-Vöslau, welche vom Kleppersteig im Curort Baden ausgeht und über Goldegg vorläufig bis zum Vollbade in Vöslau führt, soll in der allernächsten Zeit eröffnet werden; dem baldigen Ausbaue des geplanten Netzes scheinen sich manche Schwierigkeiten entgegenzustellen; doch darf mit Rücksicht auf die frische Thatkraft des Concessionärs, des Ingenieurs Fr. Fischer, eine endliche glückliche Behebung derselben erwartet werden.

Mit Rücksicht darauf, dass die Pferdebahn in Baden normalspurig ist und ein Umbau derselben nicht möglich war, da eine Einstellung ihres Verkehres unzulässig erschien, musste die ganze Bahnanlage mit der normalen Spur ausgeführt werden. Ober- und Unterbau der Pferdebahnlinie blieben unverändert. Die Linie Baden-Vöslau ist 5·1 *km* lang; die Neigungs- und Richtungsverhältnisse sind sehr günstige; von den Kunstbauten, welche hergestellt werden mussten, wäre nur die Eisenbrücke über den Schwechatfluss, welche eine Spannweite von 17 *m* und abgesonderte Fahr- und Gehwege erhält, speciell zu erwähnen; ausser ihr war nur eine Reihe kleinerer, in sehr bescheidenem Maasse construirter Durchlässe auszuführen.

Die Bahn wird eingeleisig mit drei Ausweichen, zum Theil auf eigenem Unterbaue hergestellt; in der Haltestelle Soos und in der Station Vöslau werden je eine Wartehalle errichtet. Der Oberbau besteht auf Strassengrund aus Rillenschienen, auf eigenem Unterbau aus breitfüssigen Schienen auf hölzernen Querschwellen. Die Zuleitung des Stromes erfolgt für das ganze Netz oberirdisch. Die Anwendung dieses Systems war mit Rücksicht auf den Umstand geboten, dass die Bahn vorwiegend ungepflasterte Strassen durchzieht und wie erwähnt, zum Theil auf eigenem Unterbaue liegt. Hierbei würde im Weichbilde des Curortes allen

…tischen Anforderungen vollkommen Rechnung getragen. An der Kante eines der beiden Bürgersteige stehen in Entfernung von durchschnittlich 40 m schön geformte und verzierte eiserne Säulen von nahezu … Höhe mit 2·25 m langen Auslegearmen; an jenen Stellen, wo die Mitte des Geleises mehr als 2·25 m von den Säulen entfernt liegt, sind zu beiden Seiten der Fahrstrasse solche Säulen angeordnet und wird deren Verbindung durch dünne Spannseile aus Flussstahldraht bewirkt, an denen die Contactleitung isolirt aufgehängt ist; in engen Strassen, wo der Verkehr die Aufstellung von Säulen verbot, hat man diese zuletzt erwähnten Spannseile unmittelbar an den Häusern beiderseits der Fahrstrasse befestigt. Wir können aus eigener Anschauung und Erfahrung bestätigen, dass diese durch die oberirdische Stromzuleitung bedingten Anlagen das fast durchwegs freundliche, anmuthige Strassenbild nirgends beeinträchtigen und auch den Verkehr in keiner Weise behindern.

Ausserhalb der genannten Curorte dienen einfache hölzerne Maste als Träger der Contactleitung. Diese selbst läuft in einer Höhe von 4·5 bis 5 m und besteht aus einem 7 mm starken Kupferbronzedraht; sie ist in mehrere Sectionen getheilt, deren jede durch eine besondere, entweder unter- oder oberirdisch geführte Leitung der elektrische Strom zugeführt wird. Die Abnahme des letzteren erfolgt durch eine Contactrolle, die sich an einem auf dem Wagendache befestigten dünnen Stahlrohre befindet. Die Centralstation erhebt sich an Stelle der früheren Pferdebahnremisen in Leesdorf; sie umfasst drei Dampfmaschinen, die zusammen 360 *HP* liefern, und drei Dynamomaschinen aus den Werkstätten der **Elektricitäts-Gesellschaft, vormals Schuckert & Comp.** in **Nürnberg**, welche überhaupt die ganzen elektrischen Installationen besorgt hat. Die Motorwagen enthalten 18 Sitz- und 14 Stehplätze, sind mit Schutzvorrichtungen an den … Signal- und War… Spindelbremse au… fünf Glühlichtlam… beleuchtet werd… zwei Petroleumla… tung vorgesorgt.

Jeder Wage… von einander ur… 550 Umdrehunge… Leistung von 8 … Untergestelle de… beiden Wagenac… ihre Bewegung … wird. Die Rück… durch die Schien…

Die Fahrge… der Ortschaften … am Tage 25 k… in der Stunde … wird also vom … Vollbädern in … gelangen, währe… Pferdebahn in B… Omnibus vom … Bädern daselbst … und sich die K… schiedenen Verk… müssen, verhältn… Wenn man erwi… gäste, die Vösla… herbergen, mind… die an der neue… den Orte zu… 20.000 Einwohn… berücksichtigt, … den beiden C… 1,000.000 Reiser… bahn in Baden … 220.000 Person… man der eben … Bahn wohl eine… sagen und vo… Emporblühen d… durchzieht und … warten.

Nachrichten aus Ungarn.

Projectirter Bau einer Strassenbahn mit elektrischem Betriebe vom Ufer des Balaton (Plattensee) aus über Keszthely nach dem Badeorte Hévisz. Die Interessenten des Comitates Zala und insbesondere der Stadt Keszthely und des Badeortes Hévisz haben den Bau einer vom Ufer des Balaton, und zwar vom Badeplatze aus in die vom See noch ziemlich entfernt liegende Stadt Keszthely und nach Durchquerung derselben bis zum Schlammbade Hévisz führenden Strassenbahn mit elektrischem Betriebe beschlossen. Die Endstation der projectirten Linie wird gegenüber dem Landungsplatze der Seedampfer gelegen sein, sie wird die kürzeste Verbindung zwischen der Localbahn Balaton-Szent-György-Keszthely und weiterhin Keszthely-Sümeg-U… dampfer-Course…

Budapest… schaft für St… trischem Bet… eines Statu… transport … Friedhofba… arbeiten an der… triebenen, vom … Köbánya (Steinb… hofe nächst K… lich zum Tra… stimmten Linie … Gesellschaft sic… schritten, dass … die elektrische…

langen wird. Der königl. ungar. Handelsminister hat aus diesem Anlasse die Budapester hauptstädtische Municipal-Verwaltung aufgefordert, ihm bis spätestens 1. Nov. 1894 ein Statut vorzulegen, in welchem sowohl die Betriebsmodalitäten für ausschliesslich zum Leichentransporte und deren Begleitung verwendete Sammel- und Extrazüge, als auch für jene Züge festgestellt sind, welche für die von Leichentransporte getrennte Beförderung von sonstigen Passagieren und Frachten bestimmt sind.

Budapester Strasseneisenbahn-Gesellschaft für Strassenbahnen mit Pferdebetrieb. (Projectirte Umgestaltung der Linien für elektrischen Betrieb.) Diese Gesellschaft ist bei der Budapester hauptstädtischen Communalbehörde um Anordnung der politisch-administrativen Begehung ihres gesammten Betriebsnetzes im Interesse der projectirten Umgestaltung desselben für elektrischen Betrieb eingeschritten. Die Communalbehörde hat hierüber, obzwar die Finanzirungsfrage dieser Transaction noch nicht in bindender Weise geregelt ist, dennoch beschlossen, nach erfolgter ministerieller Genehmigung die gewünschte Begehung ehestens zu veranlassen, damit die projectirte Transformation noch vor Beginn der Millenniums-Ausstellung ausgeführt werden könne. Die, wenn auch vorläufig nur principielle, Erledigung dieser Frage ist für die Gesellschaft von umso grösserer Wichtigkeit, als hievon die Möglichkeit einer baldigen Ausführung mehrerer in Aussicht genommener Linien abhängig ist, bei deren Anlage und Bau sie a priori auf die, wenn auch nachträgliche, Einführung des elektrischen Betriebes Rücksicht zu nehmen gedenkt, sobald die Einführung desselben gleichzeitig auf allen Linien des Gesammt-Betriebsnetzes stattfinden wird.

Strassenbahn mit elektrischem Betriebe in Fiume. (Ertheilung der Vorconcession von Seiten der städtischen Communalbehörde.) Die Communalbehörde der Stadt Fiume hat, vorbehaltlich der ministeriellen Genehmigung, der Ungarischen Elektricitäts-Actien-Gesellschaft die Bewilligung zur Vornahme technischer Vorarbeiten für eine im Bereiche der Stadt Fiume zu erbauende, vom Scoglietto-Platze ausgehende und vorläufig bis zur Westgrenze des städtischen Gebietes führende Strassenbahn mit elektrischem Betriebe ertheilt.

Aus Italien.

Die Elektricität in Rom. Die Allgemeine Gesellschaft für die elektrische Beleuchtung von Rom wird binnen Kurzem einen Entwurf für die elektrische Beleuchtung der ganzen Stadt vorlegen. Hiedurch veranlasst, beabsichtigt die Tramway-Gesellschaft anstatt der Pferdebetriebskraft auf ihren Linien jene mittelst Elektricität einzuführen.

Reformen im Post- und Telegraphenwesen. Die Herren Maggiorino Ferraris und Luigi Rava beschäftigen sich gegenwärtig mit einer Personalorganisation im Post- und Telegraphenwesen. Weiters wurden neue Verordnungen für die Errichtung von 300 neuen Landespostämtern, die gleichzeitig den Vorzug besitzen, an Telegraphenlinien zu liegen, erlassen. Die an diesen Linien gelegenen Gemeinden haben hiebei die Verpflichtung übernommen, sich bei diesen neuen Einrichtungen mit einem Betrage von je 150 Lire zu betheiligen.

St.

Die elektrische Beleuchtung von Neapel. Ingenieur De Benedetti aus Mailand hat dem Syndicus von Neapel, Grafen Del Pezzo, ein Gesuch um eine Concession für die elektrische Beleuchtung dieser Stadt überreicht, worin er einen bedeutenden Kostennachlass gegenüber dem von der Gasgesellschaft und der Allgemeinen Gesellschaft für elektrische Beleuchtung aufgestellten Preise anbietet.

Die Verwaltung hat die Empfangnahme der Caution von 30.000 Fr., die als Garantie [illegible] für dieses Unternehmen dienen sollten, abgelehnt, nachdem nur der Stadtrath die Befugniss hat, der Gasgesellschaft im Annahmsfalle, wenn er es für angemessen findet, neue Bedingungen aufzuerlegen.

Vom Syndicus einberufen, ernannte der Stadtrath im verflossenen Juni eine Commission von 18 Mitgliedern, die den Zweck hatte, diese Angelegenheit einem genauern Studium zu unterziehen.

Dieser Commission nun hat der Syndicus die am 19. Juli vom Ingenieur De Benedetti formulirten Vorschläge mitgetheilt.

1. Wird die Dauer der Concession auf 18 Jahre festgesetzt, nach welchem Zeitpunkte das gesammte Material in das Eigenthum der Stadt übergeht.

2. Die Energie wird der Stadt zu einem Preise von 70 Cent. per Kilowattstunde überlassen mit einer Reduction von 5 % für die Lampen, bei denen die jährliche Brenndauer 2000 Stunden übersteigt.

3. Den Privaten wird das Kilowatt zu L. 1.20 abgegeben mit einer Reduction von 10—30 %, je nach der Grösse des Consums.

4. Den Privaten wird vollkommene Freiheit in Bezug auf die Errichtung von Elektricitätswerken gelassen.

5. Aufhebung der Cautionen der Abonnenten und Feststellung des Verbrauches auf 14 Tage.

6. Einzahlung eines Garantiefondes von L. 30.000 gegenwärtig oder einer höheren Summe, wenn der Stadtrath es für angemessen hält.

In einem am 23. Juli an das Journal „Il Paese" gerichteten Briefe vertheidigt sich De Benedetti gegen gewisse Einwendungen. Dass er beispielsweise den Verkaufspreis von L. 0·70 per Kilowattstunde zu dem Zwecke festgestellt habe, um die Gasgesellschaft zu einer Herabminderung des Preises von L. 0·80 zu veranlassen. Die einzige Thatsache, dass er öffentlich dem Stadtrathe eine Caution von Frcs. 30.000 angeboten habe, beweise gerade die Ernsthaftigkeit seiner Vorschläge.

De Benedetti meint weiters, dass die Anlage des Netzes, wie es der Concessionsvertrag vorhersieht, sich ungefähr auf Frcs. 200.000 belaufen würde, und dass nach den Kosten der Grundfläche die jährliche Ausgabe für Brennmaterial nicht Francs 10.000 übersteige. Wen Rechnung über jede Ausga rung des Materiales führte duction der Kilowattstunde geren Betrag als L. 0·70 z

In Frankreich, wo meh gesellschaften über Werkst betrieb und nicht über hy verfügen, stellen sich die sogar nur auf L. 0·32.

Die Vorschläge De B wahrscheinlich abgelehnt w der Gasgesellschaft zu acc sehr grosse Anzahl von gemeinen Gesellschaft für leuchtung besitzt, den Prei wattstunde mit L. 0·72 fest grössere Sicherheit bietet.

Neueste deutsche Patentanmeldungen.

Mitgetheilt vom Technischen und Patentbureau, Ingenieure MONATH &
Wien, I. Jasomirgottstrasse 4.

Die Anmeldungen bleiben acht Wochen zur Einsichtnahme öffentlich ausgel Patent-Gesetzes kann innerhalb dieser Zeit Einspruch gegen die Anmeldung wegen oder widerrechtlicher Entnahme erhoben werden. Das obige Bureau besorgt Abschrifte und übernimmt die Vertretung in allen Einspruchs-Angelegenheiten.

Classe

20. A. 3865. Vorrichtung zum Anzeigen der Fahrrichtung und Abfahrtszeit für Eisenbahnzüge, Schiffe u. s. w. — *Allgemeine Elektricitäts-Gesellschaft*. 30./4. 1894.

42. L. 8528. Phonogramm-Cylinder mit die Schallschwingungen aufnehmenden Gewinde. — *Henri Jules Lioret*. 7./12. 1893.

45. Z. 1830. Elektrisch betriebener Kipppflug. — *F. Zimmermann & Co.* 10./2. 1894.

75. K. 11.678. Seifen-Diaphragma für elektrolytische Zwecke. — *Carl Kellner*. 18./4. 1894.

20. J. 3374. Selbstthätige Läutevorrichtung für Strassenbahnwagen u. dergl. — *Emil Jacobitz*. 11./6. 1894.

„ S. 7694. Federnde Lagerung bei Stromabnehmern für elektrische Bahnen mit oberirdischer Zuleitung. — *Siemens & Halske*. 23./12. 1893.

Classe

21. S. 8053. Selbstunterbre mit drehbar gelagert feder. — *S. Siedle* 1894.

Neueste deutsc ertheilung

Classe

15. 77.781. Typenschreibm kehrter Schaltung. — & *Benedict* vom 10./8

„ 77.782. Elektrische schine mit Einrichtung z — *A. D. Neal* und *I* 30./12. 1892 ab.

21. 77.615. Stromschluss mehrere Stromkreise. *Hermes* vom 5./7. 18

„ 77.677. Widerstands- tung. — *F. Jordan* v

LITERATUR.

Elektrische Wechselströme von Gisbert Kapp. Autorisirte deutsche Ausgabe von Herman Kaufmann. Mit zahlreichen in den Text gedruckten Figuren. Verlag von Oscar Leiner in Leipzig, 1894.

In der aus früheren Werken bekannten leichtfasslichen Art behandelt der Verfasser das schwierige Gebiet der Wechselströme und macht die zum Verständniss der Wirkung von Transformatoren, Wechselstrom-Dynamos und Motoren nöthigen Grundbegriffe klar. Der Aufwand an mathematischen Formeln ist dabei gering. Für jene, welche mit den Lehren der Mathematik weniger vertraut sind, hat der erläuternde Abschnitte b Buche findet man auch z grossen praktischen Erfahr gemachte Mittheilungen. D schnitte behandeln die Me der Spannungsdifferenz u die Bedingung für die leistung im äusseren S Wechselstrom-Dynamo. In Abschnitten sind die Wech behandelt; im siebenten A Transformatoren beschrieb neunten die Centralstatio

Abschnitte ist die Parallelschaltung der Wechselstrom-Dynamos erörtert; die drei letzten Abschnitte enthalten die Beschreibung der Wechselstrom-Motoren. In diesem Theile des Buches wird bei der Besprechung der Mehrphasen-Motoren die Anwendung der Drei- und Mehrphasenströme zum Betriebe von Motoren für vortheilhafter erklärt als die Anwendung von Zweiphasenstrom; es sei hier bemerkt, dass die günstigen Erfahrungen, welche man in Amerika an den neuen T e s l a'schen Zweiphasen-Motoren machte, die Unrichtigkeit der seit dem Jahre 1891 verbreiteten Ansicht erwiesen haben, dass ein Zweiphasen-Motor einen schlechteren Wirkungsgrad haben müsse als ein Dreiphasen-Motor. Der auf Seite 133 beschriebene Wechselstrom-Motor, welcher der Form nach eine Gleichstrom-Dynamo mit untertheiltem Feldmagnet ist, wurde bereits von Elihu T h o m s o n lange vor dem Jahre 1891 construirt.

Grundriss der Elektrotechnik. Für den praktischen Gebrauch für Studierende der Elektrotechnik und zum Selbststudium. Verfasst von Heinrich K r a t z e r t, Ingenieur und Lehrer der Elektrotechnik an der k. k. Staatsgewerbeschule in Wien, X. II. Theil. Transformatoren, Accumulatoren, Elektrische Beleuchtung und Kraftübertragung mit besonderer Berücksichtigung der elektrischen Eisenbahnen. Mit 281 Abbildungen. Leipzig und Wien. Franz D e u t i c k e. 1894. Preis broschirt 4 fl. 80 kr.

Mit dem II. Theile seines Grundrisses der Elektrotechnik hat der Verfasser ein Werk fertig gestellt, das sowie der I. Theil derselben Arbeit allgemeine Anerkennung finden dürfte; in demselben sind die wichtigsten Gegenstände aus dem Gebiete der Starkstrom-Elektrotechnik zum Abschlusse gebracht.

Der erste Abschnitt behandelt die wesentlichsten Lehren und die zumeist angewendeten praktischen Ausführungen von Wechsel-, Mehrphasen-, Gleichstrom- und gemischten Transformatoren. Der nächste Abschnitt behandelt die Accumulatoren. Nach den Grundlehren sind solche praktische Constructionen beschrieben, welche sich in der elektrotechnischen Industrie nach vieljährigem Gebrauche als leistungsfähig erwiesen haben. Der dritte Abschnitt bietet in erschöpfender Weise alles über die elektrische Beleuchtung, was die Einrichtung elektrischer Beleuchtungsanlagen und Centralstationen erfordert. Dieser Abschnitt bespricht: Allgemeine Lehren, Lampenregulatoren, Glüh- und Bogenlicht, Hilfsapparate, Automaten, Controlapparate, Schaltbretter, Stromvertheilung, Leitungen, Beschreibung von Centralstationen und Vortheile der elektrischen Beleuchtung. Der letzte Abschnitt bringt die elektrische Beleuchtung in zweckmässig gewählter Form. In diesem Abschnitte ist die Beleuchtung elektrischer Bahnen besonders berücksichtigt.

In den Kosten der elektrischen Licht- und Kraftanlagen sind Durchschnittspreise von Dynamos, Elektromotoren, Apparaten u. s. w. zusammengestellt. Praktische Regeln des Verfassers, welche zu augenblicklichen Schätzungswerthen elektrischer Anlagen führen, schliessen diesen reichhaltigen Abschnitt.

Das ganze Werk entspricht den neuesten Anforderungen und den praktischen Bedürfnissen, die an einen Grundriss der Elektrotechnik gestellt werden können und ist daher bestens zu empfehlen.

Elektrische Kraftübertragung und Kraftvertheilung. Nach Ausführungen durch die Allgemeine Elektricitäts-Gesellschaft. Berlin 1894. Verlag von Julius S p r i n g e r.

Der ausserordentliche Bedarf an elektrischen Beleuchtungs-Einrichtungen hat die elektrotechnische Industrie in wenigen Jahren aus kleinen Anfängen zu einer ansehnlichen Grossindustrie entwickelt. Indessen ist diese Entwickelung, so bedeutend sie auch sein mag, nur klein im Vergleiche zu derjenigen, welche mit Sicherheit noch vor Ende dieses Jahrhunderts zu erwarten ist. Durch die elektrische Kraftübertragung und Kraftvertheilung hat sich die elektrotechnische Industrie Absatzgebiete von ungeahnter Ausdehnung erschlossen. Sehen wir von dem elektrischen Betriebe der Trambahnen, welcher zweifellos in der Zukunft überall eingeführt werden wird, ab, so bleibt noch ein weites Gebiet der elektrischen Kraftübertragung übrig, welches für die zukünftige Entwickelung der Elektrotechnik bestimmend ist. Alle Zweige der Industrie, und voran der Maschinenbau, haben ein grosses Interesse daran, kennen zu lernen, was die elektrische Kraftübertragung zu leisten vermag. Dies zu zeigen und gleichzeitig eine Anleitung zur Projectirung und annähernden Veranschlagung zu geben, ist der Zweck des vorliegenden Buches. Dasselbe behandelt systematisch das ganze Gebiet der Kraftübertragung und Kraftvertheilung. Die Behandlung des Stoffes ist so gehalten, dass jeder gebildete Laie der Darstellung vollständig zu folgen vermag.

Der 1. Abschnitt behandelt das Wesen der elektrischen Kraftübertragung, die Gleichstrom- und Drehstrom-Dynamos und Motoren sowie die Fernleitung der Ströme.

Im Abschnitte 2 wird zunächst die elektrische Kraftübertragung mit den mechanischen Transmissionen in Parallele gestellt und an der Hand von genauen Beobachtungresultaten nachgewiesen, dass durch Ersatz der mechanischen Transmissionen durch elektrische 30—70% an Kraft erspart werden kann. Diese Zahlen allein dürften hinreichend sein, das Interesse eines jeden Industriellen für die elektrische Kraftvertheilung wachzurufen. Als Resultat der kritischen Vergleichung mit anderen Kraftübertragungsarbeiten ergibt sich, dass hinsichtlich der Oekonomie nur Druckwasser mit der Elektricität concurriren kann, [illegible] aber die Elektricität vor [illegible] Druckwasser noch mancherlei Vor[illegible]

Im Abschnitt 3 werden der Antrieb mit den verschiedenen Gleichstrom- und Drehstrom-Motoren, die dazu erforderlichen Schaltungen und Regulirvorrichtungen näher besprochen.

Abschnitt 4 enthält gewissermassen die Nutzanwendung des Vorhergegangenen, indem er an zahlreichen Beispielen die Vortheile des Elektromotorenbetriebes erläutert. So beschreibt Capitel 14 die direct betriebenen Ventilatoren; Capitel 15 enthält Beschreibungen von elektrisch betriebenen Kreiselpumpen und Kolbenpumpen; Capitel 16 behandelt elektrisch betriebene Aufzüge für Personen und Waaren; Capitel 17 zeigt die Anwendung des Elektromotors auf Laufkrähne; Capitel 18 auf Drehkrähne; Capitel 19 behandelt Bohrmaschinen; Capitel 20 Drehbänke mit elektrischem Antriebe.

Von besonderem Interesse für die Zuckerfabrikanten und Textilindustriellen dürfte das Capitel 21 sein, welches die Vorzüge des Elektromotors für Centrifugenbetriebe illustrirt. Capitel 22 dürfte das Interesse des Technikers für Kälteanlagen erregen. Es behandelt den elektrischen Betrieb von Eismaschinen, welche nunmehr auch dort installirt werden können, wo die Aufstellung von Dampfmaschinen oder Gasmotoren unthunlich ist. Der Eisenbahn-Ingenieur findet in Capitel 23 elektrisch betriebene Drehscheiben und Schiebebühnen. Der Bergbau- und Hütten-Ingenieur findet im nächsten Capitel Anwendungen des Elekmotors für seine Zwecke. Schliesslich wird auch der Marine-Ingenieur im letzten Capitel vieles finden, was sein Interesse erregen dürfte, so z. B. elektrisch betriebene Hilfsmaschinen an Bord, elektrisch betriebene Boote und schliesslich einen elektrisch betriebenen Wagen zur Ermittelung der Wasserreibung von Schiffsmodellen.

Abschnitt 5 enthält als Anhang Preistabellen der Dynamomaschinen, Elektromotoren sowie der Zubehörtheile.

Die vorstehende Inhaltsübersicht lässt erkennen, dass das Buch nicht nur dazu bestimmt ist, den Leser mit den Fabrikaten der Allgemeinen Elektricitäts-Gesellschaft vertraut zu machen, sondern dass diese Aufgabe zurücktritt gegenüber der Darstellung der wissenschaftlichen Principien der elektrischen Kraftübertragung und Kraftvertheilung, dem rechnerischen Nachweise der hervorragenden Oekonomie des Elektromotorenbetriebes, sowie der Vorführung derjenigen Anwendungen des Elektromotors, welche aus dem Stadium des Experimentes herausgelangt sind in den Bereich der modernen kritisch abwägenden Praxis.

Anleitung zum Baue elektrischer Haustelegraphen-, Telephon- und Blitzableiter-Anlagen. Herausgegeben von der Actien-Gesellschaft Mix & Genest, Telephon-, Telegraphen- und Blitzableiter-Fabrik in Berlin, Hamburg und London.

theilungen über die in Amerika gegenwärtig schon ziemlich verbreiteten Stöpsellampen, welche, um einen Conflict mit den Inhabern der Edison Patente zu vermeiden, von der Westinghouse Co. und anderen Firmen verfertigt werden; über die in Europa gebräuchlichen Lampen wird aber jedermann die gewünschten Aufschlüsse finden.

Seydel's Führer durch die technische Literatur 1894. Polytechnische Buchhandlung A. Seydel, Berlin W.

KLEINE NACHRICHTEN.

Elektrische Bahnen. In der am 27. v. M. stattgehabten Sitzung des Sub-Comités für elektrische Bahnanlagen referirte Dr. Hackenberg über die Grundzüge des Programms für elektrische Bahnanlagen. Nach eingehender Debatte wurden folgende Punkte des Programms angenommen:

1. Soll der directe Verkehr aus dem ersten Bezirke in die entfernteren Stadtbezirke und in die Sommerfrischen ermöglicht werden, wobei die Stationen der Stadtbahn und die Bahnhöfe der Hauptbahnen in Anschluss zu bringen sind. 2. Der erste Bezirk ist entweder von zwei sich schneidenden Linien zu durchqueren oder mit geschlossenen oder offenen Ringen zu durchfahren. 3. Unter Berücksichtigung obiger Grundsätze ist auf eine Linienführung *a*) in den Prater und in die Donaustadt, *b*) zum Central-Friedhofe mit eventueller Fortsetzung bis Schwechat und Kaiser-Ebersdorf, *c*) durch den zehnten Bezirk, *d*) nach Penzing, *e*) nach Ottakring, *f*) nach Dornbach und Neuwaldegg, *g*) nach Gersthof und Pötzleinsdorf, *h*) nach Grinzing und Sievering Bedacht zu nehmen.

Bei diesem Punkte wurde die Berathung abgebrochen. In der nächsten Sitzung gelangen die übrigen Punkte zur Berathung. Der wichtigste betrifft die Frage, ob Untergrund-, Hoch- oder Niveaubahnen gebaut werden sollen.

Wiener Tramway-Gesellschaft. In den letzten Tagen haben hier Berathungen mit Herrn Isidor Löwe, dem Vorstande der Actien-Gesellschaft Ludw. Löwe & Co., stattgefunden. Dieselben hatten die Frage des elektrischen Betriebes zum Gegenstande. Bekanntlich ist die Actien-Gesellschaft Löwe bei der Elektricitäts-Gesellschaft in Hamburg, sowie bei der Union Elektricitäts-Gesellschaft in Berlin interessirt. Es würde sich demnach um die Lieferung der elektrischen Maschinen handeln. In Anbetracht des gegenwärtigen Standes der Tramway-Frage im Allgemeinen und des Baues elektrischer Linien insbesondere hatten jene Besprechungen indess blos einen instructiven Charakter, so dass irgend welches positive Resultat von vorneherein nicht in Aussicht zu nehmen gewesen ist.

Elektrische Beleuchtung der Wiener Universität. Das Unterrichtsministerium hat die Vervollständigung der elektrischen Lichtinstallation im Gebäude der Wiener Universität genehmigt und angeordnet, dass noch im laufenden Jahre die Einführung der elektrischen Beleuchtung in den beiden grossen Turnsälen der Universität bewerkstelligt werde. Nach Maassgabe der verfügbaren Geldmittel sollen nach und nach auch die bisher noch mit Gas beleuchteten Universitäts-Institute die elektrische Beleuchtung erhalten. „E. T. Z."

Elektrische Beleuchtung in Prag. Mit der elektrische Beleuchtung des Wenzelsplatzes und zwar der Anbringung der grossen Křižík'schen Bogenlampen, deren Gesammtzahl 42 beträgt, wurde bereits begonnen.

Der städtische Elektrotechniker Herr Franz Pelikán legte dem Stadtrathe ein ausführliches Elaborat, die Versorgung Prags mit elektrischem Lichte betreffend, vor. Das Elaborat enthält fünf verschiedene Projecte. Der Stadtrath beschloss, das Elaborat in Anbetracht der Wichtigkeit der Sache vervielfältigen zu lassen und allen Mitgliedern des Stadtrathes und des Stadtverordneten-Collegiums zu übermitteln. „El. Anz."

Das interurbane Telephonnetz in Böhmen. Sonntag den 30. v. M. wurde der Verkehr zwischen dem neu errichteten Staats-Telephonnetze in Beraun und den interurban verbundenen Staats-Telephonnetzen in Prag, Pilsen und mit dem Staats-Telephonnetze in Wien eröffnet. Der interurbane Verkehr zwischen dem neu errichteten Staats-Telephonnetze in Beraun einerseits und der Telephon-Centrale in Wien andererseits beschränkt sich hinsichtlich der letzteren auf die an dieselbe angeschlossenen öffentlichen Sprechstellen (Staats-Telephon-Stationen), sowie auf die Wiener Staats-Abonnenten-Stationen. Die Sprechgebühr für ein gewöhnliches Gespräch in der Dauer von drei Minuten beträgt zwischen Wien und Beraun 1 fl. 30 kr.

Elektrische Centralstation in St. Wolfgang. Das Elektricitätswerk, welches die Wiener Bauunternehmerfirma Stern & Hafferl dort errichtete, besteht aus zwei Dynamomaschinen mit rund 200.000 V. Leistungsfähigkeit, der hiezu gehörigen Westinghouse-Dampfmaschine und einem Cornwall-Dampfkessel. Die maschinellen Einrichtungen liefern die Fürst Salm'schen Werke in Blansko, die elektrische Einrichtung die Firma Egger & Co. in Wien. Von der Centralstation aus wird eine Anzahl Bogenlampen und ein auf der Schafbergspitze aufgestellter Motor in einem Stromkreise betrieben. Der Motor ist mit einer Dynamo gekuppelt. Diese letztere Einrichtung dient als Transformator des hochgespannten Stromes in Niederstrom, da die Beleuchtung im Schafberghôtel mit Glühlampen von 110 V. Spannung bewirkt wird. Sowohl in der Centrale in St. Wolfgang, als auch auf der Schafbergspitze sind Automaten aufgestellt, welche bestimmt sind, falls irgend ein Kurzschluss eintreten sollte, sofort automatisch die Maschine auszuschalten.

Die Telephonie im Dienste der österr.-ungar. Armee. In dem gemeinsamen Budget, welches den Delegationen der österreichischen und ungarischen Reichsvertretung vorgelegt wurde, findet sich als ein bemerkenswerthes Erforderniss ein Posten von 25,000 fl., welche für die Anschaffung und Ausrüstung von 14 vollständigen Telephonabtheilungen beansprucht werden, die der Verbindung der Corpscommanden mit ihren Corpstraincommanden dienen sollen. Mit diesem Posten wird eine Ueberschreitung des früher in Aussicht genommenen Gesammtpräliminares angekündigt, weil sich die Nothwendigkeit ergeben hat, ein verbessertes, kostspieligeres Telephonkabel zu beschaffen. In der Motivirung wird auf die grossen Vortheile hingewiesen, welche die Verwendung und Ausnützung des Telephons im Kriegsfalle, sowie für militärische Zwecke im Felde überhaupt darbietet. „E. T. Z.“

Zu den Projecten der Berliner elektrischen Hochbahn. Der Ausschuss der Berliner Stadtverordneten-Versammlung zur Vorberathung der Magistratsvorlage hinsichtlich der Anlage einer von der Firma Siemens & Halke beabsichtigten elektrischen Hochbahn innerhalb des städtischen Weichbildes (vergl. Heft XIV, 1894, S. 386), hielt am 10. und 13. v. M. eine mehrstündige Sitzung ab. Der Ausschuss beschloss zwei Lesungen vorzunehmen, und einigte sich in der ersten Lesung dahin, der genannten Firma die Zustimmung zu ertheilen zur Benutzung derjenigen städtischen öffentlichen Strassen, Wege und Plätze, welche und soweit sie zur Herstellung der Bahn erforderlich sind. Die Bahn soll, vorbehaltlich der Feststellung im Einzelnen, in folgendem Zuge hergestellt werden: Warschauerstrassen-Brücke (Bahnhof der Staatsbahn), neu zu erbauende Oberbaumbrücke, Communikationsweg, am Schlesischen Thor, Skalitzerstrasse, am Kottbuser Thor, am Wasserthor, Gitschinerstrasse, am Halle'schen Thor, Halle'sches Ufer, unter gleichzeitiger Ueberschreitung des Canals und der Bahn nach der Luckenwalderstrasse und der Ueberschreitung der Potsdamer Bahn nach dem Dennewitzplatz, Bülowstrasse bis Weichbildgrenze an der Zietenstrasse. In der Höhe der Luckenwalderstrasse soll im wesentlichen unter der Benutzung des Bahnkörpers der Potsdamer Bahn und anderer nicht städti-

scher Gr
Norden
vor dem
Die Daue
migung
Datum d
ginnen.
30 Jahre
Mehrheit
Die
die Geg
der Ta
Folgende
für die
Theilstrec
in der II.
in der II.
lauf der
Rücksicht
10 Pfg.
II. Classe
tragsentw
30. Jahre
Genehmig
der Stadtg
und erst
von 10
können.
beschlosse
lauf des
§ 11 des
Grundsätz
werbsp
nahme
gemeind
enthält, la
preises fü
Eisenbah
und § 31
sinngemäs
Grunde
welches
letzten 5
tage an
kommen
als Actien
werden u
zur Tilgu
capitals,
erweiterun
neuerungs
Beträge.
wird beim
der 25fac
den letzte
ab rückw.
sein solle
aus dem
ihr noch
dachten E
setzt, so
aus Jahr
ist. Als
diejenigen
Betriebs a
von 5%
aus dem
nach sch
Stadtgem

nehmung, wogegen auf sie alle etwa vorhandenen Activforderungen, sowie die Erneuerungsfonds, nicht aber auch etwa vorhandene Reservefonds übergehen. Ueber das Verhältniss der Dotirung von Reservefonds zur Dotirung von Erneuerungsfonds, steht der Stadtgemeinde ein Controlrecht zu; bei mangelndem Einverständnisse entscheidet ein Schiedsgericht. *d*) Die Stadtgemeinde tritt nicht ohne weiteres in die Verträge mit den Beamten und Arbeitern des Unternehmens ein. Ueber diesen Eintritt bleibt beim Erwerbe besonderes Abkommen vorbehalten; mangels Zustandekommens eines solchen unterbleibt der Eintritt."

Nach eingehender Berathung entschied sich der Ausschuss dahin, die Bestimmungen unter *b*) ganz fallen zu lassen, im übrigen aber den Paragraphen mit einigen unwesentlichen Aenderungen anzunehmen.

Bei der hierauf folgenden zweiten Lesung wurde die Bestimmung wegen der Gegenleistung der Firma Siemens & Halske dahin festgesetzt, dass bei einer jährlichen Roheinnahme bis zu 6 Millionen Mark 2% und für jede Million Mark mehr 0·25% mehr, mindestens aber vom 4. Jahre ab 20.000 M. jährlich zu zahlen sind. Damit ist die Durchberathung des Vertragsentwurfes im Ausschuss beendet.

Die elektrische Bogenlampe (Patent Nr. 76.994) von Paul Schmidt in Berlin, Müllerstrasse 25, besitzt, wie das Berliner Patentbureau Gerson & Sachse mittheilt, eine Vorrichtung an dem für die Regulirung des Kohlenabstandes bestimmten Uhrwerke, durch welche die sich während des Betriebes beständig ändernde Gewichtsdifferenz zwischen der oberen und unteren Kohlenkerze unschädlich gemacht wird. Dabei kann diese Vorrichtung unabhängig von dem Regulirwerk eingestellt werden und ohne Einfluss auf die ebenfalls von Hand vorzunehmende Aenderung der Lage der Kohlen zu einander.

Durch Erkenntniss des ersten Civilsenats des Reichsgerichtes vom 22. September ist das D. R. P. Nr. 68.121, Schleifmaschine für parabolische Flächen, für nichtig erklärt worden, und zwar weil es gegenüber dem Schuckert'schen Patente auf Parabolschleifmaschine keine patentfähige Erfindung enthalte.

Steuerung von Schiffen durch Elektricität. Der Franzose Bersier hat einen Apparat construirt, durch den der Compass die Arbeit des Steuermannes verrichtet, und zwar vermöge der Anwendung des elektrischen Stromes. Weicht das Schiff von seinem Curse ab, für den das elektrische Instrument eingestellt worden war, so bethätigt ein frei werdender elektrischer Strom einen kleinen Motor, der das Steuer dreht, und zwar so lange, bis das Schiff in seinen alten Lauf zurückgekehrt ist. Der Motor hört dann von selbst zu arbeiten auf, bis wieder eine Abweichung vorkommt. Zwei Monate lang hat der sehr empfindliche Apparat sehr gut und ohne jemals zu stocken gesteuert. Seine Hauptvortheile sind: Grössere Genauigkeit und kein Wegverlust durch Abweichung vom Laufe, wie es gewöhnlich durch das Steuern mit der Hand verzeichnet wird.

Probeversuche mit Accumulatorwagen wurden vor Kurzem von der Grossen Berliner Pferdebahn-Gesellschaft in Moabit angestellt, die bisher befriedigend unter grosser Theilnahme von Fachleuten und Angehörigen der Sicherheitsorgane verlaufen sein sollen. Die Accumulatorwagen unterscheiden sich fast durch nichts von den gewöhnlichen Pferdebahnwagen, nur dass die Sitze breiter, der Mittelgang aber schmäler ist, und dass auf den beiden Perrons halbkreisförmige, mit Platten bekleidete Ausbuchtungen vorhanden sind, die oben auf ihrem horizontalen Abschluss ein kleines Speichenrad zeigen, durch dessen Drehung der Kutscher die Aus- oder Einschaltung des Stromes bewirken kann. Die von der Accumulatorenfabrik A.-G. in Hagen gelieferten Accumulatoren stellen ein erhebliches Gewicht dar — sie bestehen aus 88 Zellen, von denen jede 32 *kg* wiegt, so dass ein Gesammt - Gewicht von über 66 Centnern herauskommt. Jede Zelle besteht aus 21 Elektroden. Diese 88 Zellen sind unter den Sitzen eines jeden Wagens, die eben aus diesem Grunde breiter gemacht sind, aufgestellt und für die Fahrgäste unsichtbar. Sollen die Zellen, die zu vier Gruppen von je 22 Stück vereinigt sind, geladen werden, so werden seitlich des Wagens Klappen hochgehoben, und jede Gruppe mittelst Rollen, die auf Schienen laufen, auf die ausserhalb stehenden Böcke geschoben. Innerhalb $2^1/_2$ Stunden ist der Ladeprocess beendet. Jeder Wagen ist für 31 Fahrgäste bestimmt und vermag mit der in seinen Accumulatoren aufgespeicherten Kraft vier Stunden zu fahren. Die Geschwindigkeit darf auf polizeiliche Anordnung nicht grösser als die der gewöhnlichen Pferdebahnwagen sein, nämlich zwölf Kilometer in einer Stunde. Die Schnelligkeit könnte selbstverständlich eine höhere sein, wenn die polizeiliche Beschränkung fortfiele. Schwierigkeiten haben sich bei den bisherigen Proben nur an den Steigungen ergeben. Hier war der Gang etwas langsamer. Das Halten vollzieht sich ungemein schnell, jedoch ohne Ruck, wie denn auch beim Anzug von einer plötzlichen Erschütterung nichts zu merken ist. Ausser der gewöhnlichen Bremse kann noch eine elektrische Nothbremse in Wirksamkeit gesetzt werden, die den rollenden Wagen zum sofortigen Halten zwingt. Wie der „Elektr. Anz." schreibt, dürften die Accumulatorwagen mit beginnendem Winterfahrplan auf der Linie „Criminalgericht (Alt-Moabit)-Grossgörschenstrasse (Schöneberg)" in ständigen Betrieb gesetzt werden. Zwei Accumulatorwagen werden fahren, während der dritte geladen wird. Der übrige Verkehr auf der gedachten Strecke wird durch Pferdekraft bewältigt. Augenblicklich wird mit dem Proben der Wagen, die sich zu bewähren scheinen, noch fortgefahren.

Wagenheizung mittelst Elektricität. Ein eben so originelles als praktisches Heizungssystem ist während der kalten Jahreszeit für die Wagen der elektrischen Zahnradbahn auf dem Mont Salève in Anwendung. Da während des Winters der Betrieb gewöhnlich auf den Verkehr von vier Wagen beschränkt ist, so wird ein Theil elektrischer Energie verfügbar; diese überschüssige Elektricität — 10 *PS.* pro Wagen — dient dazu, um die Heizung der Wagen zu bewerkstelligen. Der Heizungsapparat besteht aus zwei Widerstandsrahmen, die im Innern des Wagens unter den Sitzbänken hart an den Kastenwänden der Wagenkopfseite untergebracht sind. Ihr Umfang ist in der Länge [illegible] *m*, in der Höhe 0·300 *m*, in der Breite [illegible] *m*. Jeder Rahmen enthält 42 aus galvanisirtem Eisendrahte von 1·5 *mm* Durchmesser hergestellte Spiralen, während die Länge aller Spiralen in einem Rahmen [illegible] bei 24 *mm* Durchmesser beträgt. Die Gesammtlänge der zur Heizung eines Wagens erforderlichen Spiraldrähte beläuft sich auf [illegible] *m*. Der Strom geht direct aus dem mit der Leitungsschiene in Contact stehenden Schlitten in die Spiralen. Die durch den eingeschalteten Widerstand absorbirte Stromstärke beträgt 15 Amp. bei 500 Volt und repräsentirt eine Energie von etwa 10 *PS.* Da die Temperatur des Eisendrahts 100° erreicht, wird die Luft rasch erwärmt. Sogar in Tagen eisigster Kälte genügen 10 bis 15 Minuten Stromcirculation, um eine behagliche Wärme im Innern des Wagens ([illegible] 20°) herzustellen. Die Regulirung der Heizung geschieht durch den Conducteur mittelst eines [illegible] befindlichen Str[illegible] Werkstätten d[illegible] gestellte Heizei[illegible] währt und bish[illegible] friedenheit der [illegible] Der Selbstkoste[illegible] läuft sich auf [illegible] Wagen.

Der Schw[illegible]niker-Verein [illegible] VII. Jahresversa[illegible] Programm wei[illegible] Vereinsgeschäft[illegible] handlungsgegen[illegible] gende allgemeine[illegible] Bericht und An[illegible] Jahrbuch und d[illegible] Vorstandes übe[illegible] Prüfstation (A[illegible] treffend Starkstr[illegible] spannungsleitung[illegible] Hôtel du Lac [illegible] fing nach Zug z[illegible] Elektricitätswerk[illegible] formation und [illegible]

Elektrisch[illegible] Ausgabe. In [illegible] ein Banquier au[illegible] bahn von der [illegible] sitz bauen lass[illegible] einem Motorwag[illegible] je 5 Fuss Läng[illegible] weite 14 Zoll. [illegible] dient eine dri[illegible] Station" besteh[illegible] Petroleum - Mot[illegible] Dynamomaschin[illegible] kurze Steigunge[illegible] sie ist 550 Fus[illegible] fördert sechs P[illegible]

CORRESPONDENZ.

[illegible]kungen zu den „Untersuchungen über [illegible] Wirkungsgrad von Motoren und Dynamo[illegible]inen ohne Anwendung von Bremszaun und Dynamometer."

Unter diesem Titel wurde auf Seite 352 [illegible] Heftes der „Zeitschrift für Elektro[illegible]", Jahrgang 1894, vom Ingenieur Carl [illegible] ein Aufsatz veröffentlicht, der mehrere [illegible]htigkeiten enthält, welche mich nöthigen, [illegible]ner Besprechung zu unterziehen.

In dem erwähnten Artikel werden als [illegible]tung die Messverfahren von Hopkinson, [illegible]el und Cardew kurz erläutert und die [illegible]theile dieser Untersuchungsmethode her[illegible]hoben, um den Vortheil der hier neu [illegible]benen Methode klarer vor Augen [illegible] zu können.

Es ist da [illegible] bemerkt, dass [illegible] Voraussetzung [illegible] grad der Masch[illegible] dung als Gener[illegible]

Es ist a[illegible] Cardew'sche [illegible] setzung vollständ[illegible] jede der drei v[illegible] als Motor und [illegible] so kann gegen [illegible] wurf eines grös[illegible] aber der einer [illegible] Herr Lenz bem[illegible]

Die Auflö[illegible] mit sechs Unb[illegible] Richtung hin [illegible] fechtbare Resul[illegible]

Was die Beschreibung der eigenen Methode betrifft, so geht Herr Lenz auf folgende Weise vor:

Der mit M bezeichnete Motor wird bei einer bestimmten Tourenzahl leer laufen gelassen und die dazu nothwendige Arbeit L_m bestimmt.

Dann wird der Motor mit der unbelasteten Dynamo gekuppelt und die im Motor M verbrauchte Arbeit A gemessen.

Von dieser Arbeit A wird L_m abgezogen, und diese Differenz gibt die im Motor M für den Leerlauf der Dynamo D verbrauchte Arbeit $L_D = A - L_M$.

Auf Seite 354, Zeile 5 heisst es: „Auch ist L_m = Constante". Dieses L_m, die Leerlaufsarbeit des Motors, welche äquivalent ist der Summe aus dem Effectverlust durch Wirbelströme, plus dem Verlust durch Hysteresis, plus dem Verlust durch die Lagerreibung und Luftwiderstand und durch den Kurzschluss der Spulen durch die Bürsten, ist nur dann eine Constante, wenn der Motor immer unbelastet bei derselben Tourenzahl liefe. Wird der Motor belastet, so ändert sich L_m u. zw. umsomehr, je grösser die Belastung ist.

Denn bei grösserer Belastung des Motors ist der seiner Armatur zugeführte Strom bedeutend stärker, somit auch die Einwirkung dieses Armaturstroms auf das magnetische Feld intensiver als beim Leerlauf. Dadurch wird das magnetische Feld ein anderes sein als das beim Leerlauf. Wenn aber die magnetischen Felder verschieden sind, so werden auch die Leerlaufsarbeiten bei diesen verschiedenen Feldern einen verschiedenen Werth besitzen, d. h. L_m wird keine Constante sein.

Folgen wir den Ausführungen weiter:

Die Dynamo wird belastet und leistet inclusive des Ankerverlustes ($J^2 W$) die Arbeit L_e bei derselben Tourenzahl.

Die für diese Arbeit L_e dem Motor zugeführte Energie sei L_x. Es werden dann für verschiedene Belastungen die Bruchwerthe $\frac{L_e}{L_x} = E$ gebildet; $L_m + L_x + L_D$ wird auf der Abscissenaxe, $\frac{L_e}{L_x}$ auf der Ordinatenaxe eines rechtwinkligen Coordinatensystems aufgetragen und mit Hilfe der dadurch erhaltenen Curve der Werth $E = E_0$ für $L_e = 0$ bestimmt.

Dieses E_0 und die einzelnen Curvenpunkte sind nun nach den Ausführungen des Herrn Lenz falsch bestimmt. Denn L_e setzt sich nicht nur aus der thatsächlich geleisteten Arbeit der Dynamo und aus dem Energieverlust in der Armatur derselben zusammen, sondern enthält auch noch den Energieverlust durch den Kurzschluss der Armaturspulen durch die Bürsten.

Dieser, in der Abhandlung des Herrn Lenz unberücksichtigt gelassene Werth bestimmt sich nach der Formel $\frac{n\,l\,i^2}{4}$, wobei n Tourenzahl pro Secunde, l Selbstinductions-Coëfficient der Armatur und i die Stromstärke bedeutet.

Durch diesen von Herrn Lenz nicht gekannten oder unberücksichtigt gelassenen Betrag werden die Curvenpunkte eine andere Lage bekommen und somit auch der angenäherte Werth E_0.

Ich sage der angenährte Werth E_0, denn selbst bei Berücksichtigung oben angeführter Bemerkung ist E_0 niemals genau auf exacte Weise, sondern nur durch ein graphisches Näherungsverfahren bestimmt.

In der Formel für den Wirkungsgrad $\eta = \frac{L_D E_0 + L_e}{L_m + L_D + L_x}$ kommt auch L_D vor, die Arbeit, welche dem Motor für die leerlaufende Dynamo zugeführt werden muss.

Auch diese hat der Verfasser als Constante erklärt.

Dies ist wieder eine Unrichtigkeit.

Denn nehmen wir an, a wäre die nothwendige mechanische an der Welle der Dynamo zu leistende Arbeit, um die Armatur derselben ohne Belastung (also stromlos) mit der betreffenden Tourenzahl zu drehen, so wird diese Arbeit a, welche also nur zur Ueberwindung der passiven Widerstände und Hysteresisverluste etc. verwendet wird, sofort einen andern Werth erreichen, wenn wir die Dynamo belasten, da der in der Armatur jetzt vorhandene Strom auf das Feld zurückwirkt und eine Aenderung desselben, somit auch eine Aenderung der Leerlaufsarbeit bewirkt. Dies wäre in der Dynamo. Wenn sich nun das a ändert, so muss sich selbstverständlich auch die zur Leistung der Arbeit a dem Motor zugeführte Energie L_D ändern. Der Vorgang wird aber noch verwickelter durch den Umstand, dass auch im Motor mit steigender Belastung das magnetische Feld sich ändert und schon aus diesem Grunde, bei Annahme eines constanten a, sich das L_D ändern müsste. Da aber das a selbst variirt, so muss umsomehr das L_D bei verschiedener Belastung verschieden sein, woraus folgt, dass es niemals einer Constanten gleichgesetzt werden kann, wenn man nur irgendwie auf Genauigkeit und Weglassung falscher Voraussetzungen Anspruch machen will.

Als Schlussbetrachtung ergibt sich:

Da L_m, E_0 und L_D niemals Constante sind und nach dem vorliegenden Elaborat nicht genau bestimmbar sind, so wird die Methode des Herrn Lenz nicht viel genauere Werthe wie die dynamometrischen Methoden, jedenfalls aber viel ungenauere als das von ihm angefochtene Verfahren Cardew's ergeben. A. Grau.

Wien, den 13. August 1894.

Entgegnung zu den Bemerkungen des Herrn August Grau über den von mir im Hefte 13, Seite 352 der „Z. f. E.", Jahrgang 1894 veröffentlichten Artikel.

Den ersten Angriff wendet Herr Grau gegen meine Behauptung, dass L_m (somit ich die Leerlaufsarbeit bei einer bestimmten Tourenzahl bezeichnet habe) eine Constante sei und motivirt diese Behauptung mit den Worten:

„Dieses L_m, die Leerlaufsarbeit des Motors" u. s. w. bis: „Wird der Motor belastet, so ändert sich L_m u. sw. umsomehr, je grösser die Belastung ist."

Hiezu erlaube ich mir zu bemerken, dass man von einer Leerlaufsarbeit nur bei vollkommen unbelasteter Dynamo sprechen kann, wie schon das Wort Leerlaufsarbeit hier jeden Laien in unverkennbarer Weise ausdrückt.

In den nächsten Worten von: „Denn bei grösserer Belastung" bis „d. h. L_m wird keine Constante sein" erklärt Herr Grau, dass die Verluste in einem Motor mit wachsender Belastung wachsen, und schliesst daraus auf die Inconstanz von L_m in einem total unrichtigen Schlusse, da die Verluste einer belasteten Dynamo nie als ihre Leerlaufsarbeit angesehen werden können und auf letztere ganz ohne Einfluss sind, woraus folgt, dass L_m, weil in keiner Weise von diesen veränderlichen Verlusten beeinflusst, eine absolute Constante sein muss.

Im weiteren will ich noch hinzufügen, dass ich die Veränderungen der Verluste im Motor bei steigender Belastung, welche besonders bei einem Serien-Motor nicht zu vernachlässigen sind, in meiner Abhandlung vollständig berücksichtigt habe.

Die Werthe $\frac{L_e}{L_x}$ stellen uns gewissermassen ein Umsetzungsverhältniss dar, und die Curve, die wir bilden, die Veränderung dieses Verhältnisses. Wenn nun das Umsetzungsverhältniss der mit Fremdstrom erregten Dynamo mit der entsprechenden Correctur (bezüglich des Ankerverlustes und des Zuschlages für die Leerlaufsarbeit der Dynamo), wie ich dies gethan habe, gleich der Einheit ist, so ist auch der Wirkungsgrad des Motors berechenbar.

Weiters bestreitet Herr Grau, dass der Werth E_0 richtig bestimmt sei wegen des Nichtberücksichtigens des Kurzschlusses an den Armaturspulen und zweitens, dass E_0 nicht genau bestimmbar sei.

Der erstere Einwand wird für praktische Messungen ohne jede Bedeutung, denn besagter Verlust beträgt rund 0·4% des totalen Effectes bei gut construirten Dynamos. Dadurch konnte in der Berechnung des Wirkungsgrades ein kleiner Fehler entstehen. Diese kleine Uncorrectheit, eine Folge der Vernachlässigung des Spulenkurzschlusses, wird aber noch kleiner, worauf ich gleich zurückkommen werde.

Bezüglich der Bestimmung des Werthes von E_0 ist zu bemerken, dass E_0 mit jedem beliebigen Grad der Annäherung ermittelt werden kann; wir müssen nur die Stromstärke der Dynamo weit genug ver-

kleinern, [illegible]
werden k[illegible]

Da [illegible]

aber nahe
grösster S
behauptet,
werden.

Auch

erklärt H
seiner A
Dynamo
wie frühe
Begriffe
dem Wo
nun folge
den Schl
leistete A
der Nic
arbeit in
Die
handlung
strom err
rung der
stehen, da
windunge
trägt der
maschine
lastung
Ampèrew
bei stark
der Feld
zahl änd
ja fast a
Magnetis
Theil de
ist. Der
als die K
ruft, so
auch die
Eine fal
ohne Bel
ergibt.
Der
der abge
die Mas
kann nu
arbeit un

der total

Fehler,
Fehler v
den Kur
mit zun
Verlust
während
kann da
in der
Ich
Ueberze
Theoreti
welche b
und nich
hat, als

Bro

Verantwortlicher Redacteur: JOSEF KAREIS. — Selbstve[illegible]
In Commission bei LEHMANN & WENTZEL, Buchha[illegible]
Druck von R. SPIES & Co. in Wien, V., [illegible]

Zeitschrift für Elektrotechnik.

XII. Jahrg. 1. November 1894. Heft XXI.

VEREINS-NACHRICHTEN.

Chronik des Vereines.

30. Mai. — Sitzung des Eisenbahn-Comités.

22. Juni. — Sitzung des Eisenbahn-Comités.

14. Juli. — Ausschusssitzung.

In dieser Sitzung ist der Bericht und die Antragstellung des Eisenbahn-Comités bezüglich des von demselben ausgearbeiteten Referates „Vorschläge für die Verbesserung der Verkehrs-Einrichtungen in Wien durch Einführung des elektrischen Betriebes" vorgelegt worden.

Es wurde beschlossen, dass dieses Referat mit Beischluss eines Planes von Wien nicht nur im Vereins-Organe veröffentlicht, sondern auch als Broschüre, im Verlage des Elektrotechnischen Vereines und in Commission bei Lehmann und Wentzel, herausgegeben und zum Selbstkostenpreise von 60 kr. bezogen werden kann. Weiters wurden der Vereinspräsident, Herr Hofrath Ottomar Volkmer und der Obmann des Eisenbahn-Comités, Herr Ingenieur Fr. Fischer ersucht, diese Broschüre den hohen k. k. Ministerien des Innern, des Handels und der Finanzen, der hohen k. k. Statthalterei für Oesterreich u. d. Enns, der k. k. General-Inspection, dem Herrn Bürgermeister der Stadt Wien und noch anderen Behörden und Functionären persönlich zu überreichen, was auch seither geschehen ist.

Der Elektrotechnische Verein kann mit Befriedigung auf diese Action zurückblicken, mit der er seinen Theil beigetragen hat zur Klärung und Förderung dieser für Wien so ausserordentlich wichtigen und dringenden Angelegenheit.

Es erfüllt uns auch mit Genugthuung, dass die gesammte Wiener Tagespresse, sowie auch verschiedene Fachjournale, unsere Vorschläge durchaus sympathisch begrüsst und eingehendst besprochen haben, wofür wir an dieser Stelle unserem Danke Ausdruck verleihen.

Den Mitgliedern des „Eisenbahn-Comités", welche sich in selbstloser Weise ihrer Aufgabe unterzogen haben, sei hiemit nochmals der wärmste Dank ausgesprochen.

24. September. — 36. Excursion.

Montag den 24. September wohnten die Mitglieder des Elektrotechnischen Vereines, einer Einladung Professor Stricker's folgend, einer Demonstration elektrischer Versuche in dessen Hörsaale bei. Herr Professor Stricker war leider durch ein Unwohlsein verhindert zu erscheinen, und wurden die Versuche von dessen Assistenten, Dr. Max Reiner, vorgeführt.

Gezeigt wurde zunächst, dass bei Ausführung des Volta'schen Grundversuches das Plattenpaar elektrische Energie aufweise, nicht nur, wenn die Platten, wie es gewöhnlich geschieht, aus dem unmittelbaren Contacte gerissen werden, sondern auch dann noch, wenn sie, nur auf eine gewisse Distanz einander genähert, jetzt plötzlich entfernt werden — wenn sich also eine isolirende Luftschicht zwischen beiden befunden hat.

Die Ausschläge des Elektrometers nehmen allerdings in dem Maasse ab, als die Distanz beider Platten, i. e. die Höhe der isolirenden Luftschicht, wächst; die factische Berührung der beiden Platten ist also zwar quantitativ von Bedeutung, kann aber nicht das Wesen jener von Volta aufgedeckten Erscheinung ausmachen.

Dass die Luftschicht in unserem Falle thatsächlich als **Isolator** wirke, und nicht etwa als **feuchter Leiter** zwischen beiden Metallen — ein Einwurf, der an den Vortragenden nach Beendigung jener Demonstrationen thatsächlich gerichtet wurde — erhellt aus Folgendem: Würde die Luftschicht zwischen beiden Platten in der That als feuchter Leiter fungiren, so wäre die Anordnung eines galvanischen Elementes gegeben. Dann müsste Zink naturgemäss (an dessen freiem Pole) **negativ** elektrisch geladen sein, es erweist sich aber beim Volta'schen Versuche **positiv** elektrisch, u. zw. gleichgiltig, ob sich die beiden Platten wirklich berührt hatten, oder eine Luftschicht zwischen ihnen eingeschaltet war.

Dass der Contact an sich nicht das Wesen jener von Volta aufgedeckten Erscheinung ausmache, beweist **Stricker** noch aus der folgenden zweiten, von ihm ausgeführten Variation des Grundversuches: Wird die Bewegung der Platten gegensinnig, d. h. bringt man die Platten, anstatt sie von einander zu entfernen, jetzt aus einer gewissen Distanz (etwa 20 *cm*) einander plötzlich nahe, lassen sie gleichfalls elektrische Energie nachweisen, aber nun Energien von geändertem Vorzeichen. Jetzt, beim Annähern, ist Zink **negativ**, Kupfer **positiv** elektrisch geladen.

Dann bestimmte R. nach der Methode **Stricker's** das Potential eines Metalles in Flüssigkeit. Zu diesem Zwecke war die Flüssigkeit, $ZnSO_4$, resp. $CuSO_4$, durch eine Flüssigkeitssäule mit dem feuchten Erdreiche verbunden. Es war nämlich ein mit Wasser durchfeuchteter Docht in Glas- und Kautschukröhren bei sorgfältiger Vermeidung jedes metallischen Contactes, wohlisolirt vom Experimentirtische zu einer Kaserlache, die sich unweit des Hörsaales befindet, geführt worden, während ein Draht die Verbindung zwischen dem Metalle und [...] Quadranten-Paare des Elektrome[...] herstellte. Im gegebenen Mom[...] wurde die Flüssigkeit durch e[...] feuchten Bausch mit der feuc[...] Erdleitung verbunden. Dabei erw[...] sich Zn in $ZnSO_4$ **negativ**, dag[...] Cu in $CuSO_4$ **positiv** elektri[...]

Weiters[*] demonstrirte R. [...] Nullpunkt der Spannung nach [...] Ermann. Es wurde von einem na[...] Faden **einseitig** zu dem Quadran[...] Paare abgeleitet und dann nach [...] Methode **Stricker's**, von dem na[...] Faden gleichfalls **einseitig** d[...] ein **Galvanometer zur Er**[...] Uebereinstimmend liessen beide [...] suchs-Anordnungen einen Nullp[...] in der Mitte des Fadens erken[...] während beiderseits von diesem N[...] punkte wachsende Ausschläge [...] halten werden konnten, die an [...] beiden Enden des Fadens Max[...] u. zw. Maxima von entgeger[...] setztem Vorzeichen wurden.

Der nasse Faden wurde [...] nach dem Vorgange **Strick**[...] durch eine Reihe von hintereina[...] geschalteten Glühlampen ersetzt [...] von blanken Stellen, welche [...] Leitung zwischen je zwei Glühla[...] aufwies, in gleicher Weise die [...] seitig messbare Spannung bestin[...] Es ergab sich, dass die mitt[...] Glühlampe den Nullpunkt enth[...] trotzdem sie genau so hell leuc[...] wie die übrigen.

Es bleibt also für keine an[...] Annahme Raum, als diejenige, we[...] **Stricker** in seiner Monogra[...] „Ueber strömende Elektricitä[...] vertritt: dass sich von beiden P[...] der Stromquelle aus, Ströme [...] entgegengesetztem Vorzeichen, j[...] Strom aber mit allmäliger Abn[...] seiner Gesammt-Energie in den [...] aren Leiter ergiesse. Beide St[...] **summiren** sich, wenn sie in [...] **gegengesetzter** Richtung d[...] denselben Leiter fliessen, wie si[...] der Regel zur Umsetzung in [...]

*) Wien u. Leipzig, bei Fr. D[...]ticke 18[illegible] u. 1884.

mische, optische, magnetische oder chemische Energie verwendet werden.

Leitet man einseitig ab, so fliessen durch den Ableitungsdraht aliquote Theile beider Ströme in derselben Richtung zum Elektrometer oder zur Erde — dann kommt nur die Differenz beider Ströme zur Wirkung, daher in der Mitte der linearen Strombahn ein Nullpunkt.

Als letzter Versuch endlich diente der am Menschen ausgeführte Nachweis, dass der Strom negativer Elektricität in physiologischer Beziehung, insbesondere in seiner Wirkung auf den Muskelnerven, eine erheblichere Wirkung ausübt, als der Strom positiver Elektricität.

17. October. — Sitzung des Vortrags- und Excursions-Comités.

19. October. — Ausschuss-Sitzung.

In derselben wurde der Beginn der Vortrags-Saison 1894/95 mit dem 21. November l. J. festgesetzt.

Das Vortrags-Programm wird später verlautbart werden.

Neue Mitglieder.

Auf Grund statutenmässiger Aufnahme traten dem Vereine als Mitglieder bei:

Als Stifter:

Der Fabriken-Versicherungs-Theilungs-Verband in Wien.

Als ordentliche Mitglieder die Herren:

Hauber J. B., Optiker und Mechaniker, Innsbruck.

Wolf Carl, k. k. Bau-Eleve, Wien.

Všetečka Franz, k. k. Bau-Eleve, Prag.

Deckert & Homolka, Etablissement für Elektrotechnik, Prag.

Norberg-Schulz Thomas, Director des Elektricitätswerkes, Christiania.

Bauer Carl, Berg- und Hütten-Director a. D., Innsbruck.

Bernaczik Alois, Fabriksbesitzer, Bielitz.

Heitzinger Josef, Elektriker der Südbahn, Wien.

Köstler Hugo, Ober-Ingenieur der k. k. Staatsbahnen, Wien.

ABHANDLUNGEN.

Untersuchungen über den elektrischen Lichtbogen.*)

Von J. SAHULKA.

Im elektrischen Lichtbogen, welcher mit Gleichstrom zwischen gleichartigen Elektroden erzeugt wird, besteht bekanntlich zwischen der positiven Elektrode und dem Lichtbogen eine grosse, zwischen dem Lichtbogen und der negativen Elektrode eine kleine Spannungsdifferenz; diese Erscheinung lässt sich am einfachsten unter der Annahme von elektromotorischen Kräften erklären, welche im Lichtbogen auftreten. Bei dem mit Wechselstrom erzeugten Lichtbogen beobachtet man mit einem zur Messung alternirender Spannungs-Differenzen dienenden Voltmeter zwischen jeder Elektrode und dem Lichtbogen einen gleichen Spannungsunterschied. Das Vorhandensein von elektromotorischen Kräften im Lichtbogen wurde von vielen Physikern bestritten, welche die Erscheinungen nur unter der Annahme von Uebergangswiderständen erklären wollen. Um direct elektromotorische Kräfte beobachten zu können, welche im Lichtbogen auftreten, ist es vortheilhaft, denselben mit Wechselstrom zu erzeugen, weil in diesem Falle

*) Der Inhalt dieses Aufsatzes ist ein Auszug aus der in der kais. Akad. d. Wiss. in diesem Jahre veröffentlichten Abhandlung und bildet den Inhalt eines Vortrages, welcher vor der Versammlung der Naturforscher und Aerzte in Wien gehalten wurde.

die durch Uebergangswiderstände oder andere Widerstände von c stantem Werthe hervorgerufenen Spannungsverluste periodisch veränder sind, während die auftretenden elektromotorischen Kräfte das Zeicl nicht zu ändern brauchen und daher getrennt von den ersten Spannun verlusten beobachtet werden können. Es ist auch naheliegend, in dies Falle Elektroden aus ungleichem Materiale zu verwenden, weil zu v muthen ist, dass in diesem Falle elektromotorische Kräfte in analo Weise wie bei einem Thermo-Elemente auftreten. Man beobachtet tl sächlich, dass sich ein Wechselstrom-Lichtbogen, welch zwischen ungleichartigen Elektroden erzeugt wird, w die Quelle einer gleichgerichteten elektromotorisch Kraft verhält; im Stromkreise fliesst ein Gleichstrom Erzeugt man den Wechselstrom-Lichtbogen zwischen ho zontal gestellten gleichartigen Elektroden, so fliesst im Strc kreise kein Gleichstrom. Man findet jedoch, dass der Lichtbogen ne tiv elektrisch ist im Vergleich zu jeder der beiden Elektrod Bringt man zwischen dem Lichtbogen und einer Elektrode einen Neb schluss an, so fliesst in diesem ein Gleichstrom. Die merkwürdigen I sultate, welche man erhält, wenn man die Spannungsdifferenzen zwiscl dem Lichtbogen und den Elektroden misst, sprechen dafür, dass im Lic bogen thatsächlich elektromotorische Kräfte auftreten, weil man diese scheinungen nicht unter der Annahme von periodisch veränderlichen o constanten Widerständen erklären kann. Die Resultate der Versuche mö nun mitgetheilt werden; dieselben wurden in Gemeinschaft mit Herren H. Eisler, Dr. M. Reithoffer und Ober-Ingenieur Böh Raffay ausgeführt.

Wechselstrom-Lichtbogen zwischen Eisen und Kohle

Der zu den Versuchen verwendete Wechselstrom wurde aus d Kabelnetze der Internationalen Elektricitäts-Gesellschaft in Wien entnomn und mit Hilfe eines Transformators auf 100 *V* transformirt; die Period zahl ist 2500 pro Minute. Die eine Elektrode bestand aus einem 4 dicken Stäbchen aus weichem Eisen, die andere aus einer 10 *mm* dicl Dochtkohle. Eine homogene Kohle erwies sich für die Versuche als geeignet, weil sich der Lichtbogen dann nur sehr schwer bilden liess nur kurze Zeit andauerte. Die leichte Zerstäubbarkeit der Kohle sch eine nothwendige Bedingung zu sein, dass der Lichtbogen dauernd halten bleibe. Die Elektroden wurden in verticaler Stellung verwen das Eisenstäbchen als obere Elektrode; an demselben bildet sich Tropfen von flüssigem Eisen. Von demselben gehen Dämpfe in der Fc eines blauen Kegels aus, welcher die Spitze an der Oberfläche Tropfens hat; der Kegel ist von rothen Dämpfen umgeben. Legt n an die Elektroden ein Galvanometer an, so wird die Magnetnadel ab lenkt; eine in den Stromkreis eingeschaltete Tangentenboussole z

*) Am Schlusse des Vortrages bemerkte Herr v. Luggin, dass bereits Jan und Maneuvrier im Jahre 1882 diese Thatsache beobachtet haben; die Resultate Versuche sind im Bande 94 der Comptes rendus pag. 1015 mitgetheilt. Der Lichtbo wurde zwischen einem dünnen Kohlenstifte und einem Metallklotze oder Quecksilber zeugt. Im Stromkreise trat ein Gleichstrom auf; die elektromotorische Kraft wurde d Vergleich mit einer Bunsen-Batterie gefunden. Bei dem zwischen Eisen und Kohle zeugten Lichtbogen wurde der Werth der elektromotorischen Kraft gleich dem von Bunsen-Elementen gefunden, während er sich in den im Folgenden beschriebenen Versuc zu [illegible] Volt ergab. Die in diesem Aufsatze gemachten Berechnungen sind in der Abha lung von Jamin nicht enthalten, ebenso auch nicht die sehr merkwürdigen Resul welche bei der Messung der Spannungsdifferenzen erhalten wurden, welche zwischen Elektroden und dem Lichtbogen bestehen.

ebenfalls an, dass im Stromkreise ein Gleichstrom oder gleichgerichteter Strom fliesst, welcher eine Componente des gesammten Stromes bildet. Der Gleichstrom fliesst im Lichtbogen vom Eisen zur Kohle. Für die in der Secundär-Wickelung des Transformators *T* (Fig. 1) erzeugte periodisch veränderliche elektromotorische Kraft bildet der Lichtbogen und der demselben vorgeschaltete Regulirwiderstand *R* den äusseren Kreis, während für die im Lichtbogen erzeugte elektromotorische Kraft von constantem Vorzeichen der Widerstand *R* und die Secundär-Wickelung des Transformators den äusseren Kreis bilden. Das Schema der Versuchsanordnung ist aus der Figur ersichtlich: *E K* ist der Lichtbogen; *D* ist ein Elektrodynamometer von Siemens & Halske zur Messung der gesammten Stromstärke *J*; ρ ist ein in den Stromkreis eingeschalteter inductionsloser Widerstand von 0·1 Ω, an dessen Enden ein Torsions-Galvanometer G_2 von Siemens & Halske von 1 Ω Widerstand nebst Vorschaltwiderstand 9 Ω angeschlossen war; *W* ist die dickdrahtige Spule eines Wattmeters von Ganz & Co., dessen dünne Spule nebst Vorschaltwiderstand (zusammen 1000 Ω) zwischen die Punkte *A B* geschaltet war;

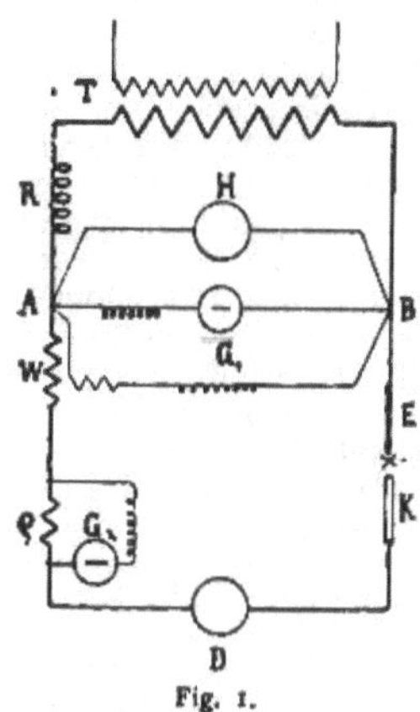

Fig. 1.

mit *H* ist ein Hitzdraht-Voltmeter von Hartmann & Braun bezeichnet, mit welchem die gesammte zwischen den Punkten *A B* herrschende Spannungsdifferenz Δ gemessen wurde; G_1 ist ein Torsions-Galvanometer von 1 Ω Widerstand, welchem ein Widerstand von 999 Ω vorgeschaltet war. Mit dem Galvanometer G_1 wird die zwischen den Punkten *A B* herrschende gleichgerichtete Spannungsdifferenz Δ_1 gemessen. Aus den Angaben des Galvanometers G_2 findet man die Stärke J_1 des im Stromkreise fliessenden gleichgerichteten Stromes.

Zwischen den Punkten *A B* besteht ausser Δ_1 noch eine periodisch veränderliche Spannungsdifferenz; wenn dieselbe allein gemessen den Werth Δ_2 hätte, so ist, wie sich durch Rechnung nachweisen lässt:

$$\Delta = \sqrt{\Delta_1^2 + \Delta_2^2} \quad . \quad . \quad . \quad . \quad . \quad . \quad . \quad . \quad . \quad 1)$$

Der Strom setzt sich in analoger Weise aus J_1 und einer periodisch veränderlichen Componente zusammen; wenn diese allein gemessen den Werth J_2 hätte, so ist in analoger Weise:

$$J = \sqrt{J_1^2 + J_2^2} \quad . \quad . \quad . \quad . \quad . \quad . \quad . \quad . \quad . \quad 2)$$

Zwischen der alternirenden Stromcomponente und der zwischen Punkten $A B$ bestehenden alternirenden Spannungscomponente be eine Phasenverschiebung φ. Das Wattmeter gibt, wie sich durch Rechı zeigen lässt, den Werth an:

$$W = J_2 \Delta_2 \cos \varphi - J_1 \Delta_1 \quad . \quad . \quad . \quad . \quad . \quad . \quad . \quad .$$

Die Grösse:

$$W_2 = J_2 \Delta_2 \cos \varphi$$

stellt die Arbeit vor, welche dem Wechselstrom entspricht und zwis den Punkten $A B$ auf Seite des Lichtbogens verbraucht wird, d. i. Wechselstromarbeit im Lichtbogen. Die Grösse

$$W_1 = J_1 \Delta_1$$

stellt die Arbeit vor, welche dem Gleichstrom J_1 entspricht und zwis den Punkten $A B$ auf Seite des Transformators verbraucht wird. Das V meter gibt die Differenz dieser Grössen an. Da nun die Arbeit W Kosten der Arbeit W_2 entsteht, stellt die Differenz den Arbeitsverlus Lichtbogen dar.

In der folgenden Tabelle sind die Resultate einer Versuchsı mitgetheilt, welche dadurch erhalten wurde, dass der Vorschaltwidersta und somit auch die Stromstärke geändert wurde. Die einzelnen Grö sind in den Einheiten Ampère, Volt, Ohm und Watt ausgedrückt.

Die Grössen J_2 Δ_2 W_2 sind entsprechend den Formeln 1, 2, 3, (Rechnung gefunden. Jeder einzelne Werth ist ein Mittelwerth von 3—5 lesungen; dieselben differirten gewöhnlich nur in den Zehnteln. Bemerk werth ist, dass der Werth des Δ während der ganzen Versuchsreihe zwischen den Grenzen 74·5 und 75·5 schwankte. Nur dann, wenn die Elektroden sehr weit von einander entfernte, so dass der Lichtb abriss, stieg Δ bis 80 V, während Δ_1 bis 23 V sank. Bei sehr kurzer I bogenlänge war Δ_1 etwas grösser als der in der Tabelle stehende W Die Kohle war während der Versuche in einer Holzzwinge befe welche ohne Anwendung einer Mikrometer-Schraube mit der Hand ir entsprechende Distanz gezogen wurde.

Nr.	Δ_1	Δ	Δ_2	J	J_1	J_2	W	W_1	W_2	$\cos\varphi$	r	
1	28·8	75·0	69·3	5·64	2·76	4·92	91·5	79·5	171·0	0·501	2·89	3
2	28·9	75·0	69·2	6·38	3·12	5·56	117·7	90·2	207·9	0·540	2·89	3
3	28·6	75·3	69·7	9·08	4·64	7·80	168·2	132·7	300·9	0·554	2·04	3
4	28·3	75·5	70·0	9·50	4·93	8·12	183·7	139·5	323·2	0 569	2·04	3
5	28·7	75·2	69·5	10·78	5·45	9·30	190·2	156·4	346·6	0·536	1·64	3
6	27·5	75·8	70·6	11·65	5·71	10·15	222·9	157·1	380·0	0·530	1·64	3
7	29·9	74·5	68·2	13·67	6·94	11·78	214·3	207·5	421·8	0·525	1·15	3

Der im Stromkreise fliessende Gleichstrom variirte, wie aus Tabelle ersichtlich ist, zwischen 2·76 und 6·94 A; über diesen V konnte man nicht hinausgehen, weil sonst eine zu grosse Menge Eisenstäbchens schmolz und abtropfte. Die beobachtete gleichgeric Spannungsdifferenz variirte innerhalb der Grenzen 27·5 bis 29·9 V. Werth für den Cosinus der Phasenverschiebung ist berechnet nach Formel:

$$\cos\varphi = \frac{W_2}{J_2 \Delta_2}.$$

Der effective Widerstand r des Lichtbogens ist in der Weise gerechnet, dass der Arbeitsverlust W im Lichtbogen durch das Quadrat der gesammten Stromstärke J dividirt wurde. In dem Werthe r ist aber auch der Widerstand $\rho = 0{\cdot}1\ \Omega$, sowie der Widerstand des Elektrodynamometers, der dicken Spule des Wattmeters und der Zuleitungen enthalten; die letzteren Widerstände betragen zusammen auch circa $0{\cdot}1\ \Omega$, so dass der effective Widerstand des Lichtbogens um circa $0{\cdot}2\ \Omega$ kleiner ist als der in der Tabelle stehende Werth. Das Güteverhältniss der Umsetzung des Wechselstromes in Gleichstrom würde sich daher günstiger ergeben als aus den in der Tabelle stehenden Werthen; ebenso würde sich die Phasenverschiebung im Lichtbogen allein etwas grösser ergeben. In der Tabelle sind noch die Werthe für die Grösse E angegeben, welche nach der Formel:

$$E = \Delta_1 + r J_1$$

berechnet ist. Die Grösse E könnte man als die im Lichtbogen erzeugte gleichgerichtete elektromotorische Kraft ansehen; die einzelnen Werthe weichen nicht viel von dem Mittelwerthe $37{\cdot}7\ V$ ab.

Das Auftreten des gleichgerichteten Stromes J_1 und der gleichgerichteten Spannungsdifferenz Δ_1 könnte auch durch die Annahme von Widerstandsänderungen im Lichtbogen erklärt werden. Es wird nämlich während der einen halben Periode hauptsächlich das Eisen, während der nächsten halben Periode hauptsächlich die Kohle zerstäubt. Dies kann zur Folge haben, dass der Widerstand in den aufeinander folgenden halben Perioden ungleich gross ist. Man müsste annehmen, dass der Widerstand des Lichtbogens abnimmt, wenn die Kohle die Kathode ist, damit der entstehende gleichgerichtete Strom die beobachtete Richtung hat.*)

(Schluss folgt.)

Accumulatoren in der Central-Station „Sawitzky und Strauss" in Kijew.

Von O. E. STRAUSS.

(Aus „Elektritschestwo".)

Die Abonnenten der Station in Kijew sind in fünf Gruppen eingetheilt; eine jede Gruppe bekommt ihren Strom von einem Knotenpunkte. Die Spannung auf der Station wird auf 130 Volt erhalten, in den Knotenpunkten jedoch übersteigt die Spannung nicht 110 Volt. Von hier zweigt sich der Strom zu den verschiedenen Abonnenten ab; der Spannungsverlust beträgt etwa 8 bis 9 Volt, so dass die Abonnenten-Lampen 100 Volt Spannung erhalten. Bei der Berechnung der Stärke der Drähte vom Knotenpunkte zu den einzelnen Abonnenten wurden immer die Maximal-Anzahl der gleichzeitig brennenden Lampen und die Entfernung der Abonnenten vom Knotenpunkte berücksichtigt.

Nur ein Abonnent, und zwar der wichtigste, nämlich das Kijewer Stadt-Theater, ist unter besonderen Bedingungen. Das Theater befindet sich in der nächsten Nähe der Station (ca. 55 m), und bei dieser relativ geringen Entfernung (andere Knotenpunkte sind ca. 750, 860, 900 und 1200 m von der Station entfernt) muss man die Spannung um 25 Volt reduciren.

*) Jamin und Maneuvrier haben den Widerstand des Lichtbogens ermittelt, welcher zwischen Eisen und Kohle durch Gleichstrom erzeugt wird, und konnten keinen Unterschied finden, wenn die Stromrichtung gewechselt wurde. Dies spricht dafür, dass der bei Anwendung von Wechselstrom entstehende gleichgerichtete Strom durch eine gleichgerichtete elektromotorische Kraft erzeugt wird.

In das Theater gelangt der Strom durch ein Kabel, bestehend vier 6 *mm* Drähten, deren gesammte Querschnittsfläche = 113 mm^2

Im Theater befinden sich 1185 Lampen; gleichzeitig brennen je nicht mehr als 500; die übrigen werden nur zu Lichteffecten und färt Bühnenbeleuchtung verwendet. Ursprünglich hat man auf der Station e grossen Rheostat aufgestellt, der aus 36 parallel gespannten Eisendräl jeder von 2 *mm* Durchmesser, gebildet war. Dieser Rheostat war d berechnet, dass er 6250 Watt in Wärme verwandelte und dieser un zeihliche Verlust an elektrischer Energie dauerte fast täglich während Vorstellungen, d. h. von 7 Uhr bis 11 Uhr Abends, was allabendlich 40 Pferdestunden ausmacht. Der Rheostat wurde nur wegen der schleunigung, mit der der Bau ausgeführt wurde, aufgestellt.

Die Installirungs-Arbeiten begannen im Mai 1891, am 30. Au desselben Jahres (der Beginn der Oper-Saison) musste das Stadt-The schon elektrisch beleuchtet werden. Jetzt aber ist der grosse Rhe ausser Thätigkeit und statt desselben ist auf der Station eine Accu latoren-Batterie aufgestellt, deren Aufgabe darin besteht: erstens Stromspannung zu verringern, und zweitens die Stadt mit St — während der Zeit des geringsten Verbrauches, das ist bei Tag — versehen.

Die Accumulatoren-Batterie wurde von der Firma Paul Wahl & in Wyborg geliefert, System E. P. S., Type *L* 17. Es sind im Ga 72 Elemente aufgestellt; für diese Batterie ist ein Theil des Kesselrau durch eine Glaswand abgetheilt, hinter welcher sich die genannte Bat befindet. Zum Zwecke einer besseren Ventilation ist auf dem Dache Rohr mit einem Wulpert'schen Aufsatze angebracht. Ein jeder Accumu steht auf vier isolirenden Gefässen. Damit man in das Innere der Accu latoren sehen kann, sind deren Holzdeckel in der diagonalen Rich entzwei geschnitten; der Schnitt geht durch Löcher, durch welche Drähte gehen; deshalb kann man beide Deckeltheile leicht auseina nehmen, ohne die Accumulatorentheile irgendwie zu berühren.

Anfangs wurde gesagt, dass von der Station bis zum Theater 25 verloren gehen. Es wäre freilich einfacher, im Theater Glühlampen 120 Volt anzubringen, aber es stellte sich heraus, dass im Handel k Lampen von verschiedener Lichtstärke und dieser Spannung vorha waren.*) Da man 5 Volt bei der Leitung zum Theater und im In desselben 3 Volt Spannungsverlust annahm, musste man auf der St eine derartige Accumulatoren-Batterie aufstellen, welche noch die weit 20 Volt consumirt. Die Potential-Differenz bei den Klemmen de ladenden Accumulatoren ist = 2·5 Volt, folglich musste man zur gleichung eine Reihe von acht Accumulatoren haben, und weil Type *L* 17 beim Laden nicht mehr als 30 Ampère aushält, musste bei einem Strom von 250 Ampère (soviel geht gewöhnlich ins S Theater) neun solche Reihen nehmen und alle parallel verbinden.

Das Verbindungs-Schema ist in der Fig. 1 dargestellt.

Mit *s* sind die positiven und die negativen Leiter bezeichnet, automatisch mit den Polen der Dynamo-Maschine verbunden sind; die automatische Vorrichtung: wenn ihre Zunge in die Bürste *a* fällt, gelangt der Strom aus + *s* durch die Ausschalter *k*, *k* . . . . direct Theater. Wenn aber die Zunge von *R* in der Bürste *b* steckt (wie der Zeichnung angedeutet), so geht der Strom erst durch die neun A

*) Die Spannung kann in der Centrale nicht auf 130 Volt constant gehalten we sondern muss je nach der Belastung variirt werden, daher konnte man im Theater 120 oder 125 Volt Lampen anwenden. D.

mulatoren-Reihen und dann erst ins Theater. Mit Hilfe der Ausschalter *k, k, k* . . . . und der an denselben angebrachten Rheostaten kann man die Stromspannung im Theater reguliren. Ausserdem kann man mittelst *R* (indem man *R* mit *a* verbindet) den Strom nicht durch die Accumulatoren, sondern durch den eisernen Rheostat gehen lassen.

Am = Ampèremeter, *V* = Voltmeter und *P* = Bleisicherungen.

Eine derartige Verbindung der Accumulatoren, wie sie auf der Zeichnung dargestellt ist, dauert nur während des Ladens. Ein besonderer Quecksilber-Commutator verbindet alle Elemente in eine Reihe; bei dieser Verbindung sind sie im Stande, einen Strom von 140 Volt Spannung und 30 Ampère Stärke durch 10 Stunden zu liefern.

Somit wird die Batterie, in neun Reihen aufgestellt, zu acht Elementen in jeder Reihe, mit einem Strom von 200 bis 250 Ampère geladen; durch jeden Accumulator geht ein Strom von 22 bis 27 Ampère; das Laden dauert $4^1/_2$ Stunden während eines Abends (so lange währt ge-

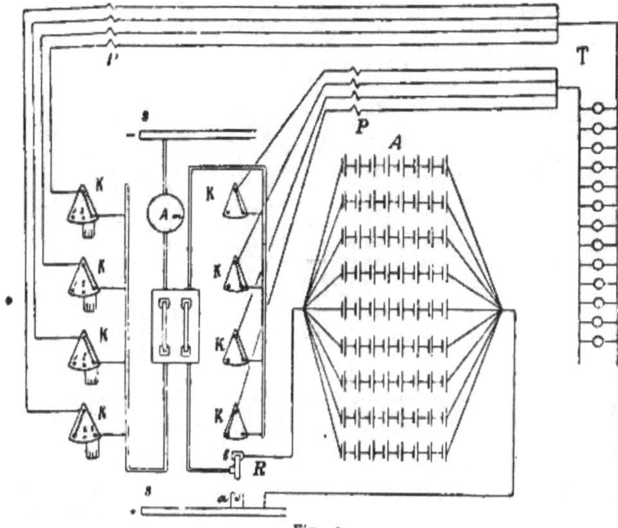

Fig. 1.

wöhnlich die Vorstellung im Theater). Entladen werden die Accumulatoren von Früh bis zum Ingangsetzen der Maschine am Abend, wobei die Stromstärke 30 Ampère nicht übersteigt.

In der nachfolgenden Tabelle sind einige Daten mitgetheilt, die einen Begriff von der Arbeit der Accumulatoren-Batterie während der vergangenen Periode geben.

In der Colonne I dieser Tabelle sind die Jahre und Monate verzeichnet, während welcher die Accumulatoren thätig waren. Die Zahlen der folgenden vier Colonnen sind nach den Aufzeichnungen der Stations-Journale berechnet, in welche jede halbe Stunde die Resultate aller auf der Station befindlichen Messapparate eingetragen werden. Die zweite und dritte Colonne enthalten Daten, die sich auf das Laden, die vierte und fünfte Colonne Daten, die sich auf das Entladen der Accumulatoren beziehen. Die sechste Colonne gibt an, wie oft die Tages-Beleuchtung mit Hilfe der Accumulatoren bewirkt wurde. Die Zahlen der

siebenten Colonne bezeichnen den Nutzeffect der Accumulatoren
centen ausgedrückt. Es wurden die Ampère-Stunden der vierten (
durch die respectiven Zahlen der zweiten Colonne dividirt und 1
multiplicirt. Die Colonne VIII enthält den Nutzeffect in Procenten,
sich beim Vergleiche der respectiven Kilowatt-Stunden ergibt.

Wollen wir diese Tabelle näher betrachten:

I. Zeit	Laden		Entladen		VI.	Arbeits-L in % be
	II. Ampère-Stunden	III. Kilowatt-Stunden	IV. Ampère-Stunden	V. Kilowatt-Stunden	Die Anzahl der Entladungen	VII. Ampère-Stunden
1891 October	1.726	248	1.010	121	20	58
November	2.068	287	1.699	204	30	82
December	2.521	363	2.207	265	31	87
1892 Jänner	2.673	385	2.413	287	31	90
Februar	1.788	267	1.102	131	21	61
März	168	24	85	11	4	51
April	396	56	333	39	3	84
Mai	960	138	682	82	7	71
Juni	3.510	505	2.870	344	30	82
Juli	4.048	582	2.594	316	31	64
August	3.686	530	2.637	329	31	73
September	3.654	525	2.988	362	30	82
October	5.842	841	4.706	565	31	81
November	3.539	509	3.045	356	30	86
December	3.506	504	3.436	402	31	98
1893 Jänner	4.218	605	3.683	426	31	87
Februar	4.589	659	4.085	482	28	89
März	6.051	869	5.187	602	31	85
April	5.586	802	5.055	592	30	90
Mai	6.112	880	5.469	640	31	90
Juni	6.105	879	5.258	665	30	86
Juli	3.906	562	2.952	345	20	75
	76.652	11.020	63.532	7.516	562	83

Die Arbeitsleistung während des October 1891 (58%) is
dem Normalen. Es kam daher, weil bei der Aufstellung der
Accumulatoren-Batterie man dieselbe wiederholt laden muss. Bei
fänglichen Benützung der Batterie ist ein derartiger unzweckmässig
lust an elektrischer Energie unvermeidlich und deshalb sollte man
lich bei der Frage der ökonomischen Ausnützung der Batterie di
Monate unberücksichtigt lassen. Die geringe Leistung im Febru
(61%) rührte davon, dass man unbedingt mehr laden musste, als g
lich: Der Fasching fiel in die erste Hälfte dieses Monats, es w
Theater bei Tag und Abend gespielt, die Accumulatoren wurde
mal im Laufe von 24 Stunden geladen und entluden sich nur i
kurzen Spanne Zeit. Am 17. Februar begannen die grossen
die Vorstellungen wurden eingestellt und damit hörte auch das
Laden der Accumulatoren auf. Die Daten vom März, April u
dürfen nicht zu sehr ins Gewicht fallen, weil die Benützung der A
latoren in diesen Monaten eine sporadische war, indem im The
selten gespielt wurde. Während dieser drei Monate wurde bei Ta
mit Hilfe der kleinen Dynamo-Maschine beleuchtet, und waren die
kessel ununterbrochen in Thätigkeit. Es war nicht rationell, die

mit einer Heizfläche von 120 m^2, für einen Strom meist unter 30 Ampère zu heizen; deshalb wurde an die Accumulatoren eine Leitung angeschlossen, die es ermöglichte, die 72 Elemente rasch in zwei parallelen Reihen zu verbinden. In einer jeden dieser beiden Reihen ist ein Zusatz-Rheostat und ein Ampère-Meter vorhanden. Ein derartiges unmittelbares Laden (und nicht durch das Theater) der Accumulatoren begann Ende Mai 1892; geladen wurden sie gewöhnlich bei Nacht, wo die Abonnenten die Beleuchtung unterbrechen und die allgemeine Belastung sich verringerte; es dauerte gewöhnlich von 10 Uhr Abends bis 3 Uhr Nachts. Besonders stark wurden die Accumulatoren im October 1892 mitgenommen, weil der Accumulatorenstrom hie und da für die Lieferung des Erregerstromes für drei Dynamo-Maschinen (für die Strassen-Beleuchtung) benützt wurde und zeitweise die Batterie auch parallel zur Dynamo angeschlossen wurde, um das zu liefernde Stromquantum zu vergrössern.

In der ersten Hälfte des Jahres 1893 mussten die Accumulatoren ziemlich stark arbeiten und da haben sie gezeigt, dass ihr Nutz-Coëfficient, was die Grösse anbelangt, vollständig befriedigend sei. Indem wir die Resultate der 22 Monate vergleichen, finden wir, dass die mittlere Arbeitsleistung der Accumulatoren bezüglich der Ampère-Stunden 83% ausmacht, bezüglich der Kilowatt-Stunden jedoch 68%. Der grösste Theil der von den Accumulatoren herrührenden Elektricitäts-Energie würde unzweckmässig verloren gehen, wenn in die Theater-Leitungen der Rheostat und nicht die Accumulatoren eingeschaltet würde. Vom Juli 1893 ist die Zahl der Abonnenten derart gewachsen, dass auch die Tages-Beleuchtung von der Batterie nicht mehr bewirkt werden kann, und dieselbe deshalb ausser Thätigkeit gesetzt wurde. Von Zeit zu Zeit wird die Dichte der Flüssigkeit gemessen, verdünnte Schwefelsäure dazu gegossen und die Batterie ein wenig geladen, um sie immer leistungsfähig zu erhalten.

Während fast dreijähriger Thätigkeit wurden an den Accumulatoren (ausser Reinigung) keine namhaften Reparaturen gemacht. Nach der vor Kurzem stattgefundenen Untersuchung kann behauptet werden, dass die Batterie in vorzüglichem Zustande sich befindet. A. B.

Fahrversuche mit den Waddel-Entz-Accumulatoren in Wien.*)

Wie bekannt, beabsichtigte die Accumulatorenfabrik-Actien-Gesellschaft, Generalrepräsentanz Wien, auf der Strecke der alten Wiener Tramway-Gesellschaft, u. zw. von Penzing nach Rudolfsheim Versuchsfahrten mit Accumulatorenwagen vorzunehmen, u. zw. derart, dass der Trambahn-Betrieb auf der Strecke Rudolfsheim-Penzing und zurück ausschliesslich mit Accumulatorenwagen durchgeführt werden sollte.

Ein weiterer Wagen sollte zwischen den Pferdebahnwagen von Rudolfsheim im regelmässigen Turnus nach dem Praterstern, u. zw. über die Mariahilferstrasse, Burggasse, Ring, Praterstern, zurück über den Ring, Babenbergerstrasse, Mariahilferstrasse geleitet werden.

Die Absicht, auf der obenbezeichneten Strecke die Fahrversuche vorzunehmen, wurde aus technischen Gründen geändert, u. zw. werden die Versuche auf der Strecke Hütteldorf-Mariahilfergürtel in nächster Zeit eröffnet werden.

Diese Linie hat den grossen Vortheil, da auf derselben die Dampftramway verkehrt, dass man auf derselben mit grosser Geschwindigkeit

*) Vergl. Heft XIV, 1894, S. 377.

fahren kann. Man findet somit auf dieser Strecke mit 1, resp. 2 (1 Wagen steht in Reserve) sein Auslangen, während auf der S Penzing-Rudolfsheim, um dort ausschliesslich mit Accumulatoren zu mindestens 4 Wagen nothwendig geworden wären.

Im Interesse der Vorführung der dauernd möglichen höhere schwindigkeit, wie sie dem elektrischem Betriebe im Vergleiche zu den bahnen eigen ist, ist es aber unerlässlich, dass sämmtliche auf einer S verkehrende Wagen mit gleicher Geschwindigkeit müssen fahren l Ausserdem führt diese Strecke in einer Entfernung von circa 30 der Fabrik der Accumulatoren-Fabrik-Actien-Gesellschaft vorbei, w zur Zeit eine Ladestation errichtet wird.

Von der Fabrik aus wird zur Ladestation eine Freileitung gele Zwecke der Ladung der Accumulatoren, und entfällt mit dieser Ano die Nothwendigkeit, die geladenen und entladenen Accumulatoren v Fabrik nach Penzing, resp. umgekehrt per Achse zu transportiren, c Penzing eine, für Versuchszwecke immerhin theuere maschinelle Anl schaffen.

Um die Versuchsfahrten in kürzester Zeit zu ermöglichen, l Accumulatoren-Fabrik-Actien-Gesellschaft zwei Wagen aus New kommen lassen, die dortselbst bereits 9 Monate lang auf der Second-A in Betrieb waren.

Es ist eine bekannte Thatsache und von allen Seiten anerkann die technische Möglichkeit vorliegt, mit Accumulatoren zu fahren. Vo competenten Seiten wird der Accumulatoren-Betrieb als der ideale elek Betrieb hingestellt, doch ebenso einstimmig ist auch die Meinung ver dass der Accumulatoren-Betrieb heute noch nicht wirthschaftlich sei.

Die Accumulatoren-Fabrik-Actien-Gesellschaft Grund der Untersuchungen, die sie in Amerika angestellt hat, u Grund der dort gewonnenen Resultate, vom Gegentheile überzeugt, neuen Kupfer-Zink-Accumulatoren der Waddel-Entz-Compan jene Eigenschaften besitzen sollen, die für die Traction nothwend und die den Blei-Accumulatoren, die bis jetzt nur für derlei Zwe Frage kamen, fehlen.

Die hiesigen Fahrversuche sollen dem Zwecke dienen, in die der Wirthschaftlichkeit dieser neuen Kupfer-Zink-Accumulatoren für Tra zwecke Klarheit zu bringen.

Damit die Zahlen der Betriebskosten, die aus diesen Versuch wonnen werden, als möglichst unanfechtbar betrachtet werden könn die Accumulatoren-Fabrik-Actien-Gesellschaft eine Commission gebet Versuche, resp. die Zahlen-Ergebnisse dieser Versuche zu überprüfe

Den Eintritt in diese Commission haben folgende Herren zuge

1. Herr Stadtbau-Director Berger, k. k. Ober-Baurath im Stadtbauamte;
Ober-Inspector Glück der k. k. General-Inspection der Eisenbahnen;
3. Hofrath Kargl der k. k. Staatsbahnen;
4. „ Ingenieur Klose, Elektrotechniker im Wiener Stadtba
5. Ober-Ingenieur Köstler der k. k. Staatsbahnen;
6. „ Ingenieur Ross, Elektrotechniker;
7. Central-Inspector Rotter der k. k. pr. Kaiser Ferdi Nordbahn;
„ Professor Schlenk vom Technologischen Gewerbe-M

9. Herr Hauptmann Schmidt-Altherr, Vertreter von Fr. Krupp in Essen;
10. „ Ober-Ingenieur Ullmann der Neuen Wiener Tramway-Gesellschaft.

Die Fahrversuche werden voraussichtlich Mitte bis Ende November beginnen und darf man auf die Resultate die dabei gewonnen werden, begierig sein. Wir werden hierüber seinerzeit berichten.

Ueber die Induction in Fernsprechleitungen.

(Schluss.)

Dass das elektrische Verhalten von Eisen- und Kupferdrähten nicht genau übereinstimmt, ist lange bekannt. Man weiss, dass die in Eisendrähten auftretende Selbstinduction erheblich grösser ist als in Kupferdrähten, und dass dieser Umstand mit der Magnetisirbarkeit des Eisens im Zusammenhang steht. Wie ein in einem Draht entstehender oder verschwindender Strom in einem zweiten benachbarten Draht einen Inductionsstrom hervorrufen kann, so inducirt er auch beim Entstehen und Vergehen einen Strom in sich selbst, den sogenannten Extrastrom, der beim Schliessen des Stromkreises dem primären Strom entgegengesetzt, beim Oeffnen des Stromkreises gleichgerichtet ist. Wenn nun auch die elektromotorische Kraft der Extraströme ebenso wie die elektromotorische Kraft der übrigen Inductionsströme im Allgemeinen von dem Stoff der Drähte unabhängig ist, in denen sie erzeugt werden, so treten doch wesentliche Verstärkungen der Extraströme auf, wenn der Draht aus einem magnetischen Metall, also z. B. aus Eisen besteht. Indem beim Durchleiten eines Stromes durch einen solchen Draht die magnetischen Moleküle sich um die Achse desselben im Kreise herum transversal lagern, induciren sie einen dem hindurchgeleiteten entgegengesetzten Strom, welcher sich zu dem Schliessungsextrastrom addirt. Beim Oeffnen des Stromes kehren die Moleküle mehr oder weniger in ihre unmagnetischen Lagen zurück und erzeugen dadurch einen dem Öffnungsextrastrom gleichgerichteten Strom. Während nun an geradlinigen Drähten von unmagnetischem Metall die Extraströme kaum wahrnehmbar sind, treten sie in Folge der transversalen Magnetisirung an Eisendrähten stark hervor und verzögern das Zustandekommen des primären Stroms. Dies ist bekanntlich eine der Ursachen, warum mittels Eisenleitungen auf grössere Entfernungen nicht gesprochen werden kann. Während für einen nichtmagnetisirbaren Draht von der Länge l und dem Radius ρ die Selbstinduction

$$Q = 2\,l\left(\lg\frac{2\,l}{\rho} - 0{\cdot}75\right)J$$

ist, ist das Potential eines Eisendrahtes auf sich selbst

$$Q = 2\,l\left(\lg\frac{2\,l}{\rho} - 0{\cdot}75 + \pi\,k\right)J,$$

in welchem Ausdruck k die Magnetisirungsconstante des Eisens bedeutet.

Dieser Umstand ist in Bezug auf die Induction zwischen Eisendrähten bisher nicht genügend gewürdigt worden; die transversale Magnetisirung eines Eisendrahtes bewirkt in einem parallel zu demselben gespannten Eisendraht ebenfalls eine Magnetisirung und in Folge dessen Extraströme, die dem eigentlichen Inductionsstrom an Stärke bedeutend überlegen sind und sich in den Hörapparaten der Fernsprechleitungen als Mitsprechen zu erkennen geben. Ich bin daher auch geneigt, das in Bronzedoppelleitungen, welche in parallelen Ebenen geschaltet sind, auftretende geringe Mitsprechen wenigstens zum Theil auf das nicht zu vermeidende Vorkommen von Eisenmolekülen in der Bronze zurückzuführen.

Ich werde mir gestatten, am Schlusse meines Vortrages durch ein einfaches Experiment den Nachweis zu erbringen, dass in der That zwischen zwei Eisendrähten eine stärkere Induction stattfindet als zwischen zwei Kupferdrähten.

Während die Fernsprech-Verbindungsleitungen aus Hin- und Rückleitungen bestehen, finden für die Anschlussleitungen der Theilnehmer bekanntlich Einzelleitungen Verwendung. Es ist daher, um eine Theilnehmerleitung mit einer Fernleitung in Verbindung zu bringen, nothwendig, einen Zwischenapparat einzuschalten, welcher die Sprechströme aus der Einzelleitung in die Schleifleitung und aus dieser in die Einzelleitung überträgt. In der ersten Zeit wurde von gewöhnlichen Inductionsrollen Gebrauch gemacht; die Uebertragung war aber so schwach, dass über Verbindungsleitungen von auch nur wenigen Kilometern Länge eine Verständigung nicht zu erzielen war. Es war daher als ein bedeutender Fortschritt zu begrüssen als Herr Postrath Landrath im Jahre 1884 dem Reichs-Postamt einen Uebertrager vorlegte, dessen Wirkung den bis dahin verwendeten Inductionsrollen weit überlegen war. Dieser Uebertrager, welcher noch heute allgemein selbst für die ausgedehntesten Verbindungsanlagen mit gutem Erfolge Verwendung findet, besteht aus einem geschlossenen Hufeisen, welches mit zwei bifilar gewickelten Drahtrollen ausgerüstet ist, von denen der eine Draht als primäre, der andere als secundäre Rolle zu dienen bestimmt ist. Die Spulen haben eine Länge von 15 *cm*, besitzen einen inneren Durchmesser von 16 *mm* und einen äusseren von 28 *mm*; auf jede Spule sind 2 Drähte in je 2260 Windungen mit einander aufgewickelt. Die Hohlräume der Spulen sind mit lackirten Eisendrähten von je 1 *mm* Durchmesser ausgefüllt. Die beiden so gebildeten Eisenkerne sind an ihren Enden durch massive Eisenplatten von 7 *mm* Dicke mit einander verbunden, so dass die magnetischen Kraftlinien eine geschlossene Bahn in Eisen finden. Herr L a n d r a t h wurde zur Wahl der angegebenen Form durch die Ueberlegung geführt, dass eine starke Inductionswirkung nur durch Verwendung bedeutender Eisenmassen, deren Anordnung in geschlossener Hufeisenform die grösste Wirkung versprach, sich erzielen lasse, und dass eine gleich starke Uebertragung aus der Einzelleitung in die Schleife und umgekehrt durch die bifilare Wickelung am sichersten erreicht werden könne.

Mit den Vorzügen, welche der Landrath'sche Uebertrager besitzt, sind aber gewisse Nachtheile verbunden. Zunächst veranlasst der Hufeisenkern, dass das Maximum der Magnetisirung nicht schnell genug erreicht wird, und dass andererseits zum Verschwinden des Magnetismus eine gewisse Zeit erforderlich ist. Die Verzögerung des Entstehens und Vergehens des Magnetismus übt aber auf die Bildung der Inductionsströme einen verzögernden Einfluss aus, indem dieselben so lange andauern, als der Magnetismus des Eisens sich ändert. Ferner bilden die bifilar gewickelten Drähte einen kräftigen Condensator; seine Capacität ist bedeutend, gleich 0·12 Mikrofarad, und ebenso seine Selbstinduction, welche für jeden Draht 0·80 Quadranten beträgt. Es liegt auf der Hand, dass alle diese Umstände einerseits eine erhebliche Schwächung, andererseits eine Veränderung der Schwingungscurve zur Folge haben müssen. Ich habe daher seit längerer Zeit umfassende Versuche angestellt, um eine Form des Uebertragers zu finden, die mit den angeführten Fehlern in möglichst geringem Grade behaftet ist, und ich habe gefunden, dass alle Umstände, welche complicirte magnetische und elektrische Erscheinungen hervorzurufen geeignet sind, vermieden werden müssen. Ich bin daher zu der einfachsten Form der Inductionsrolle zurückgekehrt. Ein aus sehr fein vertheiltem Eisen gebildeter Stab von 15 *cm* Länge und 28 *mm* Durchmesser ist mit einer primären Rolle aus 0·2 *mm* Draht umgeben, welche 2350 Umwindungen enthält und einen Widerstand von 155 Ω besitzt. Die über die primäre Rolle geschobene secundäre Rolle hat ebenfalls 2350 Umwindungen und einen Widerstand von 256 Ω. Die Selbstinduction eines primären Drahtes beträgt 0·085 Quadranten, die des secundären 0·130 Quadranten, während die des Landrath'schen Uebertragers, wie bereits erwähnt, 0·80 Quadranten, also durchschnittlich das Achtfache beträgt. Die Capacität meines Uebertragers ist fast unmessbar.

Der
dem bish
Kraft der
aus, dass
heit und
besitzt er
vorhanden
beseitigen.
selbst Gel
verhältnis
Urtheil zu
Nach
bis zu
Länge fü
und in Ar
mehr, w
Chicago,
bestem E
wohl auss
Anlagen i
Unterneh
Schranken
allerdings
Finanzfrag
menschlic
Es wird
deutenden
artige Anl
günstigen
Ande
handelt,
Gewässer
bietet sic
struiren,
Schwingu
fortzuleite
ein Zeich
sich auf
Regungen
Ideen, w
son auf
über dies
entwickelt
suche, w
& Hals
gleichen
Endli
bungen a
die Uebert
tzung des
durch die
Wort: ob
Ich
welche v
in dieser
(vergl. „
von Brist
Leitung v
angebrach
der Insel
ein isolir
ausgelegt.
lande bef
strom ge
Unterbre
der isolirt
wahrgeno
Weise ei
die genüg

lande nach der Insel zu befördern. Herr Preece ist nun zwar der Meinung, dass dieser Versuch nicht geeignet sei, beispielsweise die Frage wegen telegraphischer Verbindung von Inseln oder von Leuchtthürmen mit dem Festlande ohne Verwendung von directen metallischen Leitern zu lösen; gleichwohl möchte ich glauben, dass es möglich sei, auf dem beschrittenen Wege zu einem befriedigenden Ergebniss zu gelangen. Allerdings müsste man davon absehen, als Geber und Empfänger in gewöhnlicher Weise gespannte oder sonst isolirte Leitungen zu verwenden; man müsste sich vielmehr als Geber solcher Apparate bedienen, welche starke elektromagnetische Kräfte entsenden, und zu Empfängern solche Einrichtungen wählen, die die ausgestrahlten Kraftlinien in grosser Anzahl aufzufangen vermögen. Man würde also als Geber und Empfänger zweckmässig spiralig gewundene starke Drähte, und zwar aus den oben entwickelten Gründen Eisendrähte verwenden müssen.

Ich habe hier zwei Bretter von je 75 *cm* im Quadrat, auf welchen je eine Spirale aus 3 *mm* starkem Eisendraht angeordnet ist, deren Enden auf der Rückseite an Klemmen befestigt sind. Wird nun in die eine Spirale eine starke Stromquelle und eine Morsetaste, in die andere Spirale ein Fernhörer eingeschaltet, und werden beide Spiralen parallel zu einander aufgestellt, so hört man in den Fernsprechern die durch die Taste gegebenen Morsezeichen, selbst wenn die Spiralen 6 m weit aus einander stehen. Die von dem Geber entsendeten magnetischen Kraftlinien sind übrigens so kräftig, dass sie Fernhörer ohne jede leitende Verbindung zum Ansprechen bringen, sobald man sie der sendenden Spirale nähert. Macht man dagegen denselben Versuch mit zwei ganz gleich angeordneten Spiralen aus Kupferdraht von ebenfalls 3 *mm* Durchmesser, so ist die Inductionswirkung eine ungleich geringere. Der mit der Empfängerspirale verbundene Fernhörer gibt die Morsezeichen nur bis auf eine Entfernung von etwa 3 *m* wieder.

Bei Verwendung von Eisendraht und Spiralen von zweckmässiger Anordnung sowie von entsprechend grossem Durchmesser wird man also wohl in der Lage sein, auch über grössere Entfernungen hinweg ohne Leitung telegraphische Zeichen zu befördern. Im Uebrigen bestätigt dieser Versuch, dass die Inductionswirkungen zwischen Eisendrahtleitungen, wie oben ausgeführt worden ist, denjenigen zwischen Kupferdrähten erheblich überlegen sind.**)

Elektrischer Alarmapparat für Thüren, Geldschränke, Fenster und dergleichen.

Von FRIEDRICH SAUER, Schlossermeister und CARL HENTZSCHEL, Tischlermeister, beide in Berlin. (Ö.-u. Uhrm. Z.)

Eine Contactvorrichtung, welche mit dem Schlosse einer Thüre derart in Verbindung gebracht wird, dass der Riegel des Schlosses den Contact öffnet, wenn das Schloss zugesperrt, und schliesst, wenn das letztere geöffnet wird. Fig. 1 zeigt die Vorrichtung mit geschlossenem, Fig. 2 mit geöffnetem Contacte. In Fig. 3 ist die Vorrichtung im Grundrisse zur Anschauung gebracht. Fig. 4 und 5 zeigen ein Detail, den Contactschuber, im Auf- und Kreuzrisse. *a a* ist eine winkelförmige Platte, auf welcher der Contacthammer b b_1 in zwei Winkelklöben drehbar und unter der Einwirkung der Drahtfeder *f* stehend montirt ist. Ein Prisma aus isolirendem Material, der Contactschube *m*, ist von zwei Metallwinkeln z z_1 derart eingeklemmt, dass er mit ziemlicher Reibung auf und ab bewegt werden kann. Die Metallwinkel z z_1 sind mittelst der Schrauben *o o* an den senkrecht stehenden Theil der Platte *a* geschraubt, jedoch durch die Isolirplatte *r* und eine isolirende Schraubenverkleidung von dieser Platte *a* isolirt. An den Schrauben i i_1 der Metallwinkel z z_1 werden die Leitungsdrähte eingeschaltet. Zwei Contactfedern c c_1 sind an dem Prisma *m* befestigt und legen sich mit ihren abgerundeten, federnden Enden innen an die Metallwinkel an, wodurch die sichere leitende Verbindung dieser Federn zu den bei i i_1 eingeschalteten Drähten

Fig. 1. Fig. 3.

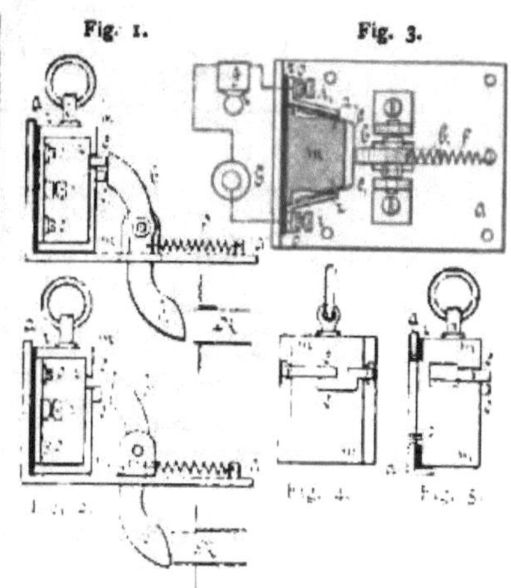

Fig. 2. Fig. 4. Fig. 5.

**) Versuche über Telegraphie ohne Verbindungsdraht wurden auch von Edison gemacht, indem er in zwei entfernten Stationen grosse, mit Draht bewickelte Rahmen aufstellte. Die Strom[illegible] [illegible]seitige Induction auf ein- D. R.

hergestellt ist. Die Leitungsverbindung des Apparates mit der Glocke und der Batterie ist beim Grundriss (Fig. 3) schematisch dargestellt. Die Wirkungsweise veranschaulichen Fig. 1 und 2. Wird der Riegel *R* des Schlosses vorgeschoben, also das Schloss gesperrt (Fig. 2), ist also der Contacthammer *b* b_1 von den Contactfedern *c* c_1 abgehoben und der Stromkreis daher unterbrochen; sobald jedoch der Riegel beim Aufsperren des Schlosses zurückgezogen wird

(Fig. 1), legt sich der Contacthar der Einwirkung der Feder *f* an d federn *i* i_1 und stellt dadurch ei Verbindung derselben, mithin Co ber. Die Glocke läutet dann so der Schuber *m* aufgezogen wird die Federn *i* i_1 ausser Verbindu Metallring *z* z_1 kommen. Die Be Schubers *m* nach aufwärts ist d einem Schlitze der Platte *r* und Stift *s* (Fig. 5) des Schubers beg

Elektrische Vorrichtung, mittelst welcher jede Uhr in eine oder Weckuhr umgestaltet werden kann.

Von FRANZ CZIKE und ANDREAS PALLER in Kőszegh. (Ö.-u. Uhrm. Z.)

Fig. 1, 2 und 3 zeigt die Vorrichtung in drei Ansichten, Fig. 4 ihre Verbindung mit einer Uhr. Auf einer Platte *A* aus isolirendem Material ist auf der einen Seite, welche dem Zifferblatte zugekehrt wird und also die untere Seite genannt werden kann (Fig. 1 und Fig. 2 rechts), ein von einer Drahtfeder bethätigter Kluppenhebel angebracht, mit welchem die Platte an den Rahmen des Zifferplattes der Uhr geklemmt wird. Auf der oberen Seite dieser Platte (Fig. 3 und Fig. 2 links) befinden sich vier Schraubenklemmen *s* s_1 und

Minutenwelle aufliegt. Bei *s* und man die Leitungsdrähte ein, v der eine direct, der andere über zur Batterie führt. Der Minute Uhr ist entweder ganz aus isolir terial hergestellt oder nur mit ei den Spitze versehen, er wird al einmal über die leicht ausweiche feder i_1 streichen, ohne eine le bindung von der Feder i_1 zur L zu bewirken, dagegen ist diese le bindung und damit Stromschluss

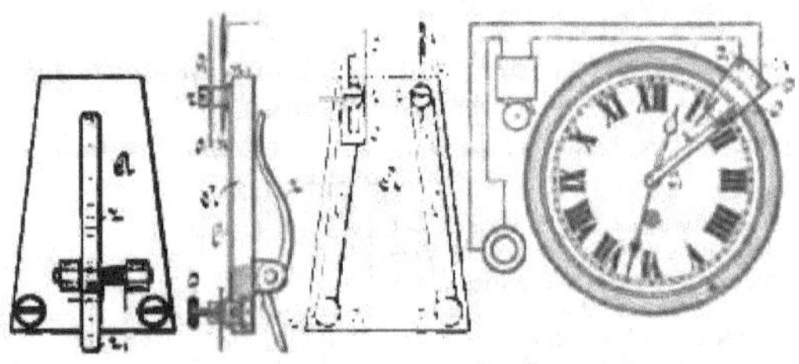

Fig. 1. Fig. 2. Fig. 3. Fig. 4.

r r_1, von welchen je zwei (*s* mit *r* und s_1 mit r_1) durch Metallamellen, *l* und l_1, leitend mit einander verbunden sind. Mit der Klemmschraube *r* wird eine Metallwelle *n* n_1 befestigt, um welche eine feine Drahtfeder *i* gewunden ist, deren senkrecht von der Welle abstehendes Ende i_1 (Fig. 2) gegen das Zifferblatt gerichtet wird, so zwar, dass es in der vom Stundenzeiger der Uhr bestrichenen Kreisfläche liegt. Mit der Schraube r_1 wird dagegen eine Federlamelle *o* o_1 derart festgestellt, dass das Ende derselben auf der

gestellt, wenn der Stundenzeiger berührt. Es läutet dann die Glock bis die erwähnte Berührung a entweder selbstthätig beim Weite Stundenzeigers oder durch Vers Platte *A* geschieht. Nachdem m der eingangs geschilderten Ano Befestigung mittelst des Kluppe Platte auf jedem beliebigen Pun Zifferblatt herum verschieben ka möglich, das Signal auf jeden Z einen gewöhnlichen Wecker ein

Zur Ausbreitung der elektrischen Beleuchtung und Kra tragung in Oesterreich-Ungarn.

I. Elektrische Beleuchtung.

a) *Nieder-Oesterreich.*

In Frlach: Die Spinnerei der Firma L. Abeles & Söhne wird gegenwärtig durch die Firma B. Egger & Co. in Wien mit

einer elektrischen Beleuchtungs sehen.

In Harland bei St. P Harlander Spinnerei der Actien- vorm. Math. Salcher & Söhne, vorgenannte Firma, als Vergrö bestehenden Anlage, eine weitere Maschine für 250 Glühlampen.

In Wien: Trotz der sehr verbilligten Tarife der hiesigen Centralstationen finden es besonders Fabriksbesitzer noch lohnend, sich eigene Beleuchtungsanlagen aufzustellen. Eben jetzt wird die Aufzugsfabrik von A. Freissler hier, durch die Firma B. Egger & Co. in Wien mit einer elektrischen Anlage für 200 Glühlampen versehen.

b) Böhmen und Mähren.

Der gegenwärtige günstige Stand der Industrieverhältnisse dieser Kronländer äussert sich auch in der regen Zunahme, welche die elektrischen Beleuchtungsanlagen der dortigen Fabriks-Etablissements in der jüngsten Zeit wieder erfahren haben. So werden z. B. gegenwärtig durch die Firma B. Egger & Co. in Wien nachstehende Installationen ausgeführt, und zwar:

	Glühlampen	Bogenlampen
in Iglau (Mähren):		
Tuchfabrik E. Kern & Sohn	300	8
Teppichfabrik D. Kohn & Sohn	150	—
Spiritusfabrik Weiss & Feldmann	60	4
in Teplitz (Böhmen):		
Band-Fabrik Brüder Ungerleider	50	—
Schirmbestandtheile-Fabrik Stein & Nettel	180	—
Spitzen-Fabrik S. Rindskopf	60	—
Tischlerei G. Streit	60	—
in Salmthal (Böhmen):		
Holzschleiferei H. Dubsky	50	—
in Reichenau (Böhmen):		
Weberei H. Stiassny's Söhne	300	2
in Leitmeritz (Böhmen):		
Lederfabrik Brüder Taussig	100	2
in B. Kamnitz (Böhmen):		
Weberei, Hôtel und Maschinenfabrik Flor. Hübel.	500 m. Acc.-Betr.	—
in Zwickau (Böhmen):		
Weberei I. Niessner	400	—
in Bensen (Böhmen):		
Spinnerei Gebr. Grohmann	200	30
in Rothkostelets (Böhmen):		
Weberei L. Abeles & Söhne	100	—
in Neutitschein (Mähren):		
Maschinen-Fabrik C. Drössler	200	2

Schon aus dieser kurzen Zusammenstellung, welche nur einen Theil der Anlage angibt, welche die genannte Firma eben in Böhmen und Mähren ausführt, kann man das erfreuliche Moment constatiren, dass auch kleine Etablissements den Vortheil der elektrischen Beleuchtung nunmehr zu erkennen beginnen, und sich deren Benützung angelegen sein lassen. Besonders auffallend sind die dadurch gebotenen Vorzüge in kleinen, abgelegen situirten Fabriken, welche mit Wasserkraft arbeiten, und die bis jetzt mit Petroleum beleuchten mussten. Durch die hohen Preise und Transportkosten desselben kam die letztere Beleuchtungsart z. B. in einer der vorangeführten Fabriken so theuer zu stehen, dass sie jährlich die Hälfte der Anschaffungskosten der elektrischen Anlage an Ausgaben erforderte. Es steht zu hoffen, dass solche Umstände der Einführung der Elektricität ausserordentlich förderlich sein werden, und verdienen deshalb, bekanntgegeben zu werden.

c) Ungarn.

Der ungemein rapide Aufschwung der Industrie in Ungarn hat im Gefolge auch ein entsprechendes Bedürfniss nach Licht. Die Budapester Fabrik der Firma B. Egger & Co. hat eine sehr grosse Zahl von Beleuchtungs-Anlagen in Ausführung, und seien hievon nur hervorgehoben:

	Glühlampen	Bogenlampen
Maschinen-Fabrik F. Walser Budapest	400	15
Palais, Theater und Hôtel F. Dunyerszky, Neusatz	600	2
Zucker-Fabrik M. Vasarhely	200	8
Ilona-Bad, Fiume	400	—
Druckerei K. Romwalter & Sohn, Oedenburg	50	—

d) Bosnien.

Die ökonomische Selbstständigkeit der Reichsländer äussert sich auch in den daselbst emporblühenden grossen Unternehmungen. Zu den bedeutendsten derselben zählt wohl die „Erste bosnische Ammoniaksoda-Fabrik" in Dolni-Tuzla. Dieselbe erhält auch eine elektrische Beleuchtungs-Anlage im Umfange von 350 Glühlampen und 25 Bogenlampen, deren Ausführung der Budapester Fabrik der Firma B. Egger & Co. übertragen ist.

2. Elektrische Kraftübertragung.

a) Oesterreich.

Es ist eine Thatsache, dass die ausserordentlichen Vortheile der elektrischen Kraftübertragung, welche bisher wohl ziemlich vernachlässigt worden war, nunmehr bei uns doch allmälig anerkannt werden. Besonders Fabriken beginnen dieselbe anzuwenden. Die Firma B. Egger & Co. in Wien, welche dieses Gebiet der Elektrotechnik mit besonderer Vorliebe pflegt, hat momentan mehrere interessante Anlagen dieser Art in Bau. So erhält die Aufzugs-Fabrik von A. Freissler in Wien eine, mit einem 6pferdigen Elektromotor betriebene Tischlerei.

In den Werkstätten der Südbahn-Gesellschaft in Marburg wird eben auch ein neuer Tract mit einem 12pferdigen Motor versehen.

b) Ungarn.

Die Maschinen-Fabrik F. Walser in Budapest wird mehrere ihrer Arbeitssäle ganz mit elektrischer Kraftübertragung betreiben, und gelangen hiefür zwei Elektromotoren von je 16 *HP* Leistung zur Verwendung. Die Ausführung dieser Anlage erfolgt durch B. Egger & Co.

c) Elektrische Aufzüge in Oesterreich-Ungarn

Die ausserordentliche Bequemlichk[eit], Sicherheit und Billigkeit des trischer Personen- und Lasten-Aufzüge im Anschlusse an städtische Centralen, hat deren Einführung mächtig gefördert, und haben sich unsere ersten Aufzugsfirmen, z. B. F. Wertheim & Co. in Wien, A. Freissler in Wien u. a. m. daher veranlasst gefunden, durch entsprechende Special-Constructionen dieselben mit Elektromotoren zu combiniren. Es gelangen eben jetzt über 30 solcher Aufzüge in Wien und Budapest in verschiedenen Neubauten, u. zw. sowohl Hôtels, als Wohnhäusern, zur Aufstellung, und wird die Lieferung des elektrischen Theiles derselben durch B. Egger & Co., Wien, besorgt. Diese Firma hat sich längere Zeit mit der Herstellung eines entsprechenden Elektromotors und Reversirapparates für diesen Zweck befasst, und ist es ihr gelungen, einen 3·5pferdigen Motor für 220 Volt Spannung zu construiren, der blos 600 T. p. M. macht und einen wirklichen Nutzeffect von über 80% ergibt. Derselbe wird mit einer Schraube ohne Ende direct gekuppelt, welche mittels Wurmrad die Aufzugstrommel betreibt. Dieser Reversirapparat arbeitet sehr zufriedenstellend, da er keiner Wartung bedarf, und jeweder Ungeübte die Bedienung des Aufzuges vornehmen kann. In Folge

der Funkenlosigkeit des App
auch Auswechselungen und R

d) Elektrische Kraftübertrag
baue.

Der Firma B. Egger &
welche bereits mehrere, de
Staate, sowie Privaten gehör
mit elektrisch betriebenen Fö
Pumpen und Steinbrechern e
wurde kürzlich auch der Auft
die diesbezüglichen Einricht
Goldgruben von Stantien & B
Almás (Kolozo'er Comitat) u
(Weissenburger Comitat) ausz
dürften mit unter die grös
bis jetzt bestehenden Anlag
gelangen ungefähr 150 *HP*
von Fördermaschinen, Pump
latoren zur Vertheilung. Vorl
sechs Elektromotoren zur Auf
mit einer Spannung von 500
und werden diese, sowie au
widerstände und sonstigen
jenen Special-Constructionen au
B. Egger & Co. für Be
ausgearbeitet haben, und di
ihrer Zweckmässigkeit rasch

Vortrag über Tesla'sche und Hertz'sche Versuche, von F. Dähne in Prag.

Der Vortragende beschäftigte sich hauptsächlich mit einer Frage, die trotz der hohen Entwicklung, welche derzeit die Verwendung der Elektricität als technisches Hilfsmittel erreicht hat, zu den dunkelsten Partien der Naturwissenschaft gehört. Es ist dies die Frage nach dem eigentlichen Wesen der elektrischen Erscheinungen und ihrem Zusammenhange mit den übrigen Naturkräften, insbesondere mit Wärme und Licht. Die Beantwortung dieser Frage knüpft merkwürdigerweise an eine Erscheinung an, welche zu den bereits in frühester Zeit bekannten gehört, nämlich an den elektrischen Funken. Herr Dähne zeigte zunächst mit Hilfe eines kräftigen Ruhmkorff'schen Inductors die Erscheinung des elektrischen Funkens in der Luft, sodann im luftverdünnten Raume und demonstrirte in schlagender Weise die intermittirende Natur des dem Auge scheinbar ununterbrochen entstehenden Funkens im Gegensatze zu der constanten Lichtwirkung der Glühlampe. [illegible] Apparat zur Funkenanalyse [illegible] Publikum die Zerlegung des Funkens in eine Gruppe von Theilentladungen mittelst äusserst rasch rotirender Funkenspiegel. Zu den brillantesten Experimenten des Vortragsabends gehörten die Tesla'schen Versuche über Wechselströme hoher Spannung und Frequenz. Nachdem der Vortragende die Unempfindlichkeit des menschlichen Körpers für diese äusserst stark gespannten Ströme demonstrirt hatte, zeigte derselbe die merkwürdigen Fern-

wirkungen des elektrischen
in die Nähe der mit dem
bundenen Metallplatte gebrac
luftverdünntem Raume zeigte
Lichterscheinungen, welche
traten, als der Vortragende
selbst in den Strom einschalt
logie der elektrischen Ersc
denen des Schalles führte
nachdem er mittelst einig
Demonstrationen die Knot
Wellen, das Mitklingen g
tönender Körper und das
Resonanz bei Beschwerung der
(Stimmgabel) mit einem
Verlängerung und Verkürzu
tönenden Luftsäule gezeigt
einer Reihe äusserst gelun
strationen vor, aus denen w
das elektrische Abstimmen
flaschen auf Resonanz, die
der elektrischen Wellen und
punkte in Drähten und di
dieser Knoten durch Ver
Apparatendimensionen, herv
Bei dem ersteren Experimen
Leydnerflasche in den Stro
ductors eingeschaltet und in
Entfernung von derselben e
veränderlicher Leitungslänge
oft nun der Demonstrator d
dieser letzteren Flasche den
gleichstellte, zeigten sich a
Flasche, ohne dass die gering
zwischen den beiden Flasc

hätte, Funkenerscheinungen, während die geringste Veränderung in der Leitungslänge der isolirten Flasche diese „elektrische Resonanz" zum Aufhören brachte. Hiebei zeigte Herr Dähne in schlagender Weise die merkwürdige Thatsache, dass Metalle, welche doch für directe Elektricitätsübertragungen die besten Leiter abgeben, sich in diesem Falle als Nichtleiter erweisen, während die gewöhnlichen Isolatoren als gute Leiter für elektrische Schwingungen erschienen. Eine zwischen die beiden Leydnerflaschen gebrachte Holz- oder Kautschukplatte zeigte nämlich nicht den geringsten Einfluss auf den Fortgang des Experimentes, während eine in gleicher Weise verwendete Metallplatte die Resonanzerscheinungen sofort zum Aufhören brachte. In gleich anschaulicher Weise gelang es Herrn Dähne, die Knotenpunkte, sowie die Länge der elektrischen Wellen nachzuweisen, und auf Grund dieses Experimentes den Zuhörern die Art der Berechnung der Geschwindigkeit des elektrischen Funkens klar zu machen. Es folgten äusserst interessante Experimente über die Reflexion der elektrischen Wellenbewegung mittels cylindrisch-parabolischer Metallspiegel, wobei die elektrische Fernwirkung mit Hilfe eines Projections-Elektroskopes vergrössert und so dem ganzen Publikum zur Anschauung gebracht wurde. Den Abschluss der elektrischen Experimente bildeten Versuche über die entladenden Wirkungen von Licht auf elektrische Körper, indem gewisse Metalle ihre elektrische Ladung lediglich durch Belichtung verloren. Gleichsam als Zugabe machte uns der Experimentator noch mit einer Reihe äusserst gelungener akustischer Experimente bekannt, betreffend die objective Darstellung des durch Ansprechen erzeugten Schwingungszustandes einer elastischen Membrane. Mit Hilfe eines Seifenbläschens als Membrane und des Projectionsapparates veranschaulichte Herr Dähne dem Publikum eine vollkommene optische Abbildung des Sprechens und Singens, wobei die wechselnde Configuration der Membrantheilchen bei den verschiedenen Vocalen und Tönen auf das Klarste in die Erscheinung trat.

Neueste Patentnachrichten.

Mitgetheilt vom Technischen und Patentbureau, Ingenieur MONATH.

Wien, I. Jasomirgottstrasse 4.

Die Anmeldungen bleiben acht Wochen zur Einsichtnahme öffentlich ausgelegt. Nach § 24 des Patent-Gesetzes kann innerhalb dieser Zeit Einspruch gegen die Anmeldung wegen Mangel der Neuheit oder widerrechtlicher Entnahme erhoben werden. Das obige Bureau besorgt Abschriften der Anmeldungen und übernimmt die Vertretung in allen Einspruchs-Angelegenheiten.

Oesterreichische Patent-Anmeldungen.

Classe

20. Zustimmungseinrichtung für Blockapparate. — *Siemens & Halske* 24./8.

„ Unterirdische Stromzuführung für elektrische Eisenbahnen. — *Oscar A. Enholm.* 6./9.

„ Automatischer Stationsanzeiger für Fahrzeuge. — *Moriz Treitl.* 12./9.

21. Neue Fernsprechanlage. — *Georg Ritter.* 10./8.

„ Entdeckung der Mächtigkeit der Contactwirkung zweierlei Metalle. — *Johann Littke.* 23./8.

„ Elektrische Löth- und Schweiss-Apparate. — Dr. *H. Zerener.* 23./8.

„ Elektrischer Universal-Zeichen-Indicateur. — *Pierre Lacombe* und *L. Boudet.* 24./8.

„ Neuerungen an Vorrichtungen zum Schliessen elektrischer Leitungen. — *Herbert V. Kecsen.* 10./9.

„ Neuerungen an Mikrophonen. — *Josef Silowsky & Johann Čapek.* 24./9.

45. Elektrischer Temperatur - Melder für Futtertristen. — *Julius Erdélyi.* 10./6.

Deutsche Patentanmeldungen.

Classe

21. D. 6246. Typendrucktelegraph zum versandtfähigen Bedrucken von Formularen u. s. w. — *Wilhelm Drewell* 28./3. 1894.

21. H. 13.388. Isolirring mit Klemmvorrichtung für zwei elektrische Leitungen. — *Hartmann & Braun.* 17./4. 1893.

„ G. 8845. Verfahren zur Entluftung von Glühlampenbirnen und ähnlichen Gefässen. — *Franz Guilleaume* und *Ewald Goltstein.* 7./6. 1894.

„ D. 5887. Verfahren zum Betriebe synchroner Wechselstrom-Motoren. — *Olof Dahl* und *Simeon Lee Philips.* 8./8. 1893.

„ H. 14.739. Haltevorrichtung für in Ringisolatoren verlegte Leitungen. — *Hartmann & Braun.* 23./5. 1894.

„ P. 6845. Lüftungseinrichtung für elektrische Maschinen. — *Pöschmann & Co.* 14./2. 1894.

„ S. 7996. Vermöge magnetischer Schirmwirkung belastet anlaufender Einphasenwechselstrom-Motor. — *Société Anonyme pour la transmission de la Force par l'electricité.* 26./5. 1894.

20. M. 9962. Flüssigkeitsbremse mit elektrischer und mechanischer Steuerung. — *Denis Philippe Martin, Emile Hervais & François Loppè.* 14./7. 1893.

„ G. 9164. Antrieb für Signale, Weichen und dergl. mit Ausgleich der durch Temperaturschwankungen im Doppeldrahtzuge hervorgerufenen Längenänderungen. — *J. Gast.* 20./8. 1894.

Classe

20. L. 9046. Schrankenkurbel mit Vorläutezwang. — *Locomotivfabrik Krauss & Comp.* 16./8. 1894.

„ W. 9711. — Stationsanzeiger. — *Gustav Wehe.* 12./1. 1894.

35. U. 927. Steuerung für elektrisch betriebene Dreh- oder Laufkrähne. — *Union Elektricitäts-Gesellschaft.* 17./1. 1894.

49. B. 15.347. Gravirmaschine mit elektrischer Stichelbethätigung. — *Charles Clifford Bruckner.* 31./10. 1893.

20. H. 14.071. Brems- und Läutevorrichtung für Fuhrwerk. — *Ernst Helmich.* 1./5. 1894.

„ L. 8062. Stromzuleitungs-Canal für elektrische Bahnen. — *Eduard Lachmann.* 9./2. 1894.

„ S. 7003. Elektrische Bahn mit Transformatorenbetrieb. — *Siemens & Halske.* 5./12. 1892.

21. H. 14.345. Influenzmaschine, deren Erregerscheibe durch die Antriebscheibe gebildet wird. — *Hermann Hurwitz & Co.* 6./2. 1894.

„ N. 3190. Mikrophon. — *Wasili Alexandrowicz Nikolajczuk.* 4./6. 1894.

„ O. 2118. Kabelvertheilungskasten mit Dampfraum. — *J. Obermayer.* 6./6. 1894.

53. H. 2011. Einrichtung zur elektrolytischen Reinigung von Wasser. — *Gustav Oppermann.* 17./11. 1893.

20. H. 14.155. Durch elektrische Treibmaschine bewegtes Signalstellwerk. — *Hall Signal-Company.* 11./12. 1893.

„ J. 3437. Eine an Weichenverriegelungen in der Signalleitung angebrachte Drahtscheere. — *Max Judel & Co.* 29./8. 1894.

„ S. 7832. Einrichtung zur Verhütung von Unfällen bei stromdurchflossenen Kabeln. — *Siemens & Halske.* 3./3. 1894.

21. A. 3610. Elektrische Bogenlampe. — *Arthur S. Munter.* 19./9. 1893.

A. 4001. Antriebsvorrichtungen für das Zeigerwerk bei Elektricitätszählern, die auf dem Gangunterschied von Uhr- und Laufwerken beruhen. — Dr. *H. Aron.* 14./8. 1894.

M. 6840. Vorrichtung zur Uebermittelung von Druckzeichen auf elektrischem Wege. — *Donald Murray.* 29./5. 1893.

„ M. 10.086. Einführungsglocke mit Doppelisolirraum für Kabelleitungen. — *Fritz Meyer.* 4./4. 1894.

„ S. 7009. Wellensortirer für das Vielfach-Fernsprechen und das Vielfach-Telegraphiren mittelst einer einzigen Leitung. — *Société Anonyme pour la transmission de la force par l'électricité.* 28./12. 1893.

74. L. [illegible] Elektrische Anrufvorrichtung. — *[illegible] Selector & Signal Company.* [illegible] 1893.

O[illegible] Patentertheilungen.

Classe

[illegible] Elektricität geheizte [illegible] für Appreturzwecke. — [illegible] 25./5. 1893 ab.

Classe
21. 78.06
eines
lyten
elektri
vom
„ 78.07
sche v
„ 78.08
schine
1893
„ 78.08
elektr
strom.
1893
„ 78.08
wicklu
betrie
L. Sc
„ 78.10
schine
42. 78.08
— *E*
1893
57. 77.99
Erzeu
Blitzli
J. A.
83. 78.11
Wisen
4. 77.80
vorric
rich v
21. 77.92
zeitige
— *E.*
39. 77.81
Isolir
hielm
40. 77.88
ner v
„ 77.89
vom
„ 77.90
F. M.
42. 77.84
Contr
von *A*
E. A.
74. 77.81
Renne
„ 77.82
West
12. 78.14
Speisu
setzun
1893
20. 78.19
bahnw
hauser
„ 78.22
mit el
Culin
„ 78.25
schluss
richtu
Karr
„ 78.30
latern

Classe

21. 78.136. Leitungskuppelung mit ventilartigen Stromschlussstücken. — *V. Edler v. Pebal*, *J. Schachl* und *W. Schulze* vom 8./4. 1893 ab.

„ 78.151. Controleinrichtung für selbstthätige Fernsprech-Umschalter. — *F. Nissl* vom 19./12. 1893 ab.

„ 78.154. Gleichlaufvorrichtung für Motoren, deren Drehungsgeschwindigkeit mittelst eines Elektromagneten geregelt wird. — *J. H. West* vom 23./12. 1893 ab.

Classe

21. 78.195. Motor-Elektricitätszähler. — *C. Raab* vom 28./6. 1892 ab.

„ 78.299. Elektricitätszähler als Ladungs- und Entladungszeiger bei Accumulatoren. — *L. Schröder* vom 23./1. 1894 ab.

40. 78.237. Verfahren und Vorrichtung zum Erhitzen von Tiegeln mittelst eines elektrischen Lichtbogens. — *A. Ch. Girard* & *E. A. Street* vom 13./5. 1894 ab.

74. 78.131. Leitungsanordnung zum Schutze gegen unbefugte Unterbrechung bei elektrischen Alarmvorrichtungen. — *St. v. Romocki* vom 21./6. 1892 ab.

LITERATUR.

R. Boulvin. Traité élémentaire d'électricité pratique, 2. édition, Bruxelles, A. Manceaux éditeur, Paris, Bernard & Cie. éditeurs. 1894.

In diesem 488 Seiten starken, mit zahlreichen schematischen Illustrationen versehenen Buche ist die Lehre von der statischen Elektricität, vom Magnetismus und Galvanismus in elementarer Weise behandelt; ferner ist daselbst das Wichtigste aus der Starkstromtechnik, Telegraphie und Telephonie zusammengestellt. In jedem Abschnitte sind die Grundversuche und die Gesetze, welche man aus denselben ableitet, in sehr klarer Weise dargestellt; das Verständniss wird noch durch zahlreiche, aus der Praxis entnommene Beispiele erleichtert. Bei der schematischen Anordnung des Stoffes ist es auch dem Anfänger leicht gemacht, das Buch zu verstehen und sich einen guten Ueberblick über das behandelte Gebiet zu verschaffen. Die einzelnen Abschnitte behandeln: 1.—6. Statische Elektricität, 7. Magnetismus, 8. Elektrische Ströme, 9. Elektromagnetismus, 10. Maasssystem, 11. Batterien und Thermosäulen, 12. Galvanometer, 13.—16. Messungen, 17. Induction, 18.—23. Starkstromtechnik, 24. Telegraphie und Telephonie, 25. Atmosphärische Elektricität.

Annuaire de l'Association Suisse des Electriciens. Jahrbuch des schweizerischen elekrotechnischen Vereines. 5. Jahrgang 1894. Redigirt von Dr. A. Denzler, Zürich. Buchdruckerei von Jacques Bollmann, 1894.

Das Jahrbuch enthält im I. Theile die Vereinsmittheilungen und den Abdruck der Norm zur Berechnung des Honorars für Ingenieure des allgemeinen Maschinenbaues, der Elektrotechnik und des Heizungs-, Beleuchtungs- und Ventilationsfaches, angenommen vom schweizerischen Ingenieur- und Architekten-Verein und vom schweizerischen elektrotechnischen Verein. Der II. Theil enthält einen Bericht über den Bau und Betrieb des Elektricitäts-Werkes der Stadt Zürich. Der III. Theil enthält die Statistik der elektrischen Anlagen in der Schweiz im Jahre 1893, die Uebersicht der schweizerischen Centralstationen, den Extrait statistique du Rapport de l'Administration fédérale de télégraphes sur sa gestion en 1893, und die Liste des brevets suisses concernant l'électricité, pris en 1893. Der vierte Theil enthält Adressen.

Elektrische Wechselströme von Gisbert Kapp. Bei Besprechung dieses Buches im vorigen Hefte, pag. 537, wurde irrthümlich behauptet, dass der auf pag. 133 beschriebene Wechselstrom-Motor mit einem von Elihu Thomson construirten identisch ist.

Einrichtung und Betrieb der für landwirthschaftliche und der als Motoren der Klein- und Grossindustrie, sowie elektrischer Lichtmaschinen dienenden „Locomobilen" für Landwirthe, Baumeister, Industrielle, Culturingenieure, Maschinenwärter, Gewerbeschulen leichtfasslich dargestellt von Georg Kosak. Vierte neubearbeitete Auflage, gr. 8°, 137 Seiten mit 66 Abbildungen. Preis geheftet 1 fl. 50 kr., eleg. in Leinwand gebunden 1 fl. 80 kr. Wien. Verlag von Spielhagen & Schurich.

Das uns vorliegende Buch enthält im engsten Rahmen alles in Bezug auf Locomobilen für den Besitzer und Wärter solcher Motoren Wissenswerthe und steht auch in Bezug auf neueste Constructionen auf der Höhe der Zeit.

Wir wollen hier nur erwähnen, dass in dem Buche die derzeit als mustergiltig bewährten neuesten Locomobilsysteme der Weltfirmen C. Wolf in Buckau-Magdeburg, Clayton & Shuttleworth etc. durch treffliche Abbildungen und eingehende Erklärung vorgeführt werden und selbst die für den Betrieb kleinerer landwirthschaftlicher Arbeitsmaschinen bereits vielfach eingeführten neuesten „Petroleumgas-Locomobilen" volle Berücksichtigung gefunden haben.

Der Werth des Buches wird aber für den Praktiker besonders dadurch erhöht, dass alle auf die sichere und zweckmässige Wartung solcher Motoren bezüglichen Erfahrungsregeln vollständig enthalten sind.

Wir können daher dieses, auch vom Verleger durch gefällige Ausstattung bedachte Buch auf's beste empfehlen.

KLEINE NACHRICHTEN.

Elektrische Bahnen in Wien. Bezugnehmend auf unsere Mittheilungen in den Heften XVII S. 461 und XX S. 539 berichten wir, dass das Comité zur Behandlung elektrischer Verkehrsanlagen in Wien am 17. v. Mts. eine Sitzung abhielt, in welcher die Berathung über das von Dr. H a c k e n b e r g erstattete Referat, betreffend die Grundsätze für die Schaffung eines Bahnnetzes mit elektrischem Betriebe in Wien fortgesetzt wurde. Die Punkte 1 bis 3, welche die herzustellenden Bahnlinien betreffen, wurden bereits in der Sitzung vom 27. September erledigt. Punkt 4 der Vorlage wurde in der vom Referenten beantragten Fassung angenommen und lautet nunmehr:

Die Bahnlinie sind in dem vom Ringe umschlossenen Gebiete der inneren Stadt, sowie in den verkehrsreichen Strassen der äusseren Bezirke unterirdisch (eventuell als Hochbahnen), in den übrigen Theilen der Bezirke im Strassenplanum mit unterirdischer oder oberirdischer Stromzuführung und Stromleitung zu projectiren.

Die übrigen Punkte lauten nach den Beschlüssen der Commission folgendermassen:

5. Ueber die Wahl der Spurweite, der Krümmungsradien und der Gefällsverhältnisse haben die Projectanten Vorschläge zu erstatten, ebenso über die Art der Anlage der Stationen und über die Wagentypen. Normale Spurweite wird vorgezogen. — 6. Die Ausführung kann in mehreren Bauperioden geschehen und hat der Projectant diesfalls Anträge zu stellen. — 7. Der V e r k e h r ist im ganzen Stadtgebiete e i n h e i t l i c h zu gestalten mit einem im Projecte anzugebenden Tarifsatze. — 8. Der Projectant hat Vorschläge über die Dauer der Benützung des städtischen Grundes und über die Art und Höhe der hiefür an die Gemeinde zu leistenden Abgabe zu erstatten. [illegible] Heimfallsrecht an die Gemeinde Wien hinsichtlich der ganzen Anlage des [illegible] Bahnnetzes sammt Betriebs-[illegible] und Stromerzeugungs-Anlagen, sowie der Fahrbetriebsmittel in Aussicht zu nehmen. — 9. Der Projectant hat die Art und Höhe der zu bietenden Sicherstellung [illegible]. Die Gemeinde wird die ein[illegible] Projecte prüfen und mit den [illegible] der zur Durchführung geeignet [illegible] Projecte behufs Festsetzung eines [illegible] weitere Verhandlung treten.

[illegible] Bestimmung der ursprünglichen [illegible] nach auf die bestehenden Tram-[illegible] entsprechend Rücksicht zu [illegible], sowie Vorschläge, welche einen [illegible] Verkehr des elektrischen Bahn-[illegible] Tramwaynetzes mit einheitlichen [illegible] und voller freier Uebergangs-[illegible] Passagiere sichern, als wünschens[illegible] werden, wurde fallen gelassen.

Der Staatsvoran
für das Telegrapher
Fülle von Daten, welc
schritt dieser Verkehrs
kennen lassen. Bei den T
resultirt eine Einnahme
also gegen das vorang
um 418.000 fl. Die
war innerhalb der letzt
fachen Schwankungen u
durch die Cholera herb
des Verkehres und de
tarif vom Jahre 1892
Sehr bedeutend ist die
phons, seine Einnahme
nahme begriffen. Auc
Vierteljahre 1894 zeig
Steigerung dieses Ertr
Für das Jahr 1895 i
kräftigen Fürsorge uns
graphenverwaltung für
Telephonnetzes die Te
990.000 fl., also um
heuer präliminirt. Den
Telegraphennetz im h
nationalen Verkehre d
neuer Verbindungsleitun
Hamburg, Leipzig) un
Röhrennetz in Wien au
ist die umfangreiche E
urbanen Telephonverke
einer grösseren Anzahl
in Aussicht genommen,
Ausgabe sind 240.000

Elektrische Cen
Arbeiten in der elektri
welche wir im Hefte X
bereits berichtet haben
auf die Rohrleitungen
dass die Eröffnung d
im Laufe des nächst
kann. Die Mauerung
grossen gusseisernen
Herrengasse wird Ende
nächster Woche in
werden. Die Kandela
trächtliche Höhe von 7
die Bogenlampe, welc
von 600 Normalkerze
kunstvoll verzierten
die Strasse. Die Kand
ihrem geschmackvollen
santes grossstädtisches
Herrengasse kommen
Kandelaber zur Aufstel
jeder Seite in eine
70 Metern, aber derart
Lampen auf der einen
anderen Seite der Stra

Allgemeine Oest
tricitäts-Gesellscha
rath der Allgemein
Elektricitäts-Gesellschaf
19. v. M. eine Kundm

behufs Erhöhung des Gesellschafts-Capitals von vier auf fünf Millionen Gulden 5000 neue Actien zu 200 fl. ausgegeben und den Actionären zum Curse von 235 fl. angeboten werden. Die neuen Actien participiren ab 1. Jänner 1895 an den Geschäftserträgnissen, dagegen werden auf die früheren Einzahlungen fünf Percent Zinsen bis Ende 1894 vergütet. Das auf die neuen Actien eingezahlte Capital ist dazu bestimmt, jene Investitionen zu decken, welche mit Rücksicht auf den namhaft gestiegenen Strombedarf zur Erweiterung der gesellschaftlichen Betriebsanlagen und des Kabelnetzes erforderlich sind.

Elektrische Bahnen in Budapest. Aus Budapest wird berichtet: In der Sitzung der Stadtvertretung am 18. October l. J. wurde das Ansuchen der Pferdebahn-Gesellschaft, ihre sämmtlichen Linien auf elektrischen Betrieb einzurichten, im Principe genehmigt. Zugleich wurden die von der Gesellschaft vorbereiteten Pläne als Grundlage der weiteren Verhandlungen acceptirt. Mit Rücksicht auf die grossen Kosten dieser Umgestaltungs-Arbeiten wird die Pferdebahn-Gesellschaft genöthigt sein, ihr Actien-Capital wesentlich zu erhöhen.

Telephon Wien-Berlin. Die Eröffnung der Telephonlinie Wien-Berlin (vergl. Heft XIII, 1894, S. 366), welche für Anfang November projectirt war, wird sich einige Zeit verzögern. Die Ursache liegt in den grossen Schwierigkeiten, die sich bei der Herstellung der Linie auf österreichischem Gebiete ergeben, und durch ungünstige Terrain- und Witterungsverhältnisse, sowie durch den Unterbau hervorgerufen wurden. Die Fertigstellung der Verbindung wird deshalb erst gegen Mitte dieses Monats erfolgen, und in der zweiten Hälfte des November soll dann die Eröffnung stattfinden.

Elektrische Beleuchtung in Budapest. In Betreff der elektrischen Beleuchtung des Generalversammlungs-Saales im neuen Stadthause haben die Budapester Allgemeine Elektricitätsgesellschaft (Gasgesellschaft) und die Ungarische Elektricitätsgesellschaft (Ganz & Comp.) Offerte gestellt. Die erstere der beiden Gesellschaften fordert für die Installation 3830 fl. und für die Beleuchtung selbst 60 Percent des Einheitspreises, die letztere Gesellschaft für die Installation 6933 fl. 17 kr. und für die Beleuchtung selbst 90 Percent des Einheitspreises. Die Offerte der Budapester Allgemeinen Elektricitätsgesellschaft stellt sich sonach für die Installation um 3103 fl. 17 kr. und für die Beleuchtung um 30 Percent wohlfeiler dar. Das Ingenieuramt, zur Begutachtung der beiden Offerten aufgefordert, empfiehlt die vortheilhaftere Offerte der Budapester Allgemeinen Elektricitätsgesellschaft zur Annahme.

Elektrische Eisenbahn in Aussee. Die Besitzer des dortigen elektrischen Werkes beabsichtigen eine elektrische Eisenbahn vom Bahnhofe Aussee in den Markt Aussee nach Alt-Aussee zum Fusse des Loser zu erbauen und haben die erforderlichen Schritte zur Erlangung der Vorconcession unternommen.

Berliner elektrische Hochbahn. Die Firma Siemens & Halske ist bei der Stadt Berlin vorstellig geworden, den auf Grund der Beschlüsse der Stadtverordneten abzuschliessenden Vertrag über die elektrische Hochbahn so viel als möglich zu beschleunigen und vorläufig schon eine grundsätzliche Erklärung über die Geneigtheit der Stadt zur Hergabe der Strassen für Zwecke der elektrischen Hochbahn herauszugeben, damit auf Grund dieser Erklärung seitens des Polizeipräsidiums die erforderlichen Concessions-Verhandlungen schon vor erfolgtem Vertragsabschlusse mit der Stadt eingeleitet werden können. Die Firma Siemens & Halske glaubt, dass bei sehr beschleunigter Herausgabe der Concession wenigstens der weniger schwierige Theil der elektrischen Hochbahn, nämlich der von der Möckernstrasse bezw. vom Halle'schen Thor bis zur Warschauerstrasse bezw. bis zum Schlesischen Thor zur Gewerbe-Ausstellung im Jahre 1896 fertiggestellt werden kann.

Die Berliner Elektricitätswerke erzielten einen Bruttogewinn von 2,880.320 Mk. (gegen 2,592.099 Mk. im Vorjahre). Der Reingewinn beträgt 1,293.057 Mk. (gegen 1,089.375 Mk. im Vorjahre). Die Dividende wurde mit $10^1/_2$% (gegen $8^1/_2$% im Vorjahre) bemessen. Die Stadt Berlin erhält 367.762 Mk. als Abgabe und 133.292 Mk. als Gewinnantheil. Der Geschäftsbericht betont, dass die Gesellschaft das elektrische Licht zum Gebrauchslicht, zum Licht der Minderbegüterten machen will. Dem städtischen Gaswerke werde das Heizungswesen überlassen bleiben. Grosse Tarif-Erleichterungen seien für das elektrische Licht geplant; zunächst gehe die Grundtaxe für jede Lampe ab Jänner 1895 auf eine Mark zurück. Im Laufe des Jahres 1895 soll diese Grundtaxe ganz fallen. — Da steht also ein scharfer Concurrenzkampf zwischen Elektricität und Gasglühlicht bevor.

Telephon Berlin-Kopenhagen. Von der deutschen und dänischen Telegraphenverwaltung wird über die Anlage einer telephonischen Verbindung zwischen Berlin-Kopenhagen verhandelt. Die Leitung soll über Hamburg, Kolding, Odense gehen. In dem diesjährigen Finanzgesetze sind 217.000 Kronen für die Anlage der Leitung vorgeschlagen.

II. Congress der „Società economiche" in Mailand. Derselbe wurde am 25. September l. J. eröffnet. Das erste Thema,

...elches auf Vorschlag von Luigi ... die Discussion eröffnet wurde, war: ...rtheilung der hydraulischen Kräfte ...ig auf die nationale Oekonomie und ...e Vorschläge hinsichtlich eines Ge-...das die Uebertragung der Energie ...sere Entfernung und deren Verthei-...industrielle Zwecke regelt."

...der am 26. stattgefundenen Sitzung ...Sacheri, dass die Commission in ...stimmung mit den verschiedenen ...nten in der Lage sei, dem Congresse ...itiven Beschlüsse über das in der ...Sitzung verhandelte Thema vorzu-...

...selben lauten folgendermassen:

... Der Artikel 14 des Gesetzes vom ...gust 1884, inwieweit er die Re-... und Gemeindeverordnungen, wie ...den Gemeinden für die zu den Do-... nicht gehörigen Wasserläufe ange-... werden, betrifft, ist in eine ver-...re Form zu bringen.

...e Verordnungen, obwohl sie im ... Verhältnisse zur Anzahl der Pferde-...die man von dem zum Gebrauche ...riebskraft zur Verfügung stehenden ...olumen und Gefälle erhält, stehen, ...ich mit der Feststellung einer Steuer-...per Pferdekraft abgestuft sein, die ... der Vergrösserung der Kraft, die ...affen will, vermindert.

... Es möge die Gefahr vermieden ... dass die gewährten Concessionen ...nd einer Speculation werden, und ...opol für hydraulische Kräfte entstehe.

...soll bei Concessionen für Eisenbahnen ...mways die Anwendung der Elektri-...tattet werden, und auf diese allein ...günstigungen des Gesetzes vom ...ember 1879 Anwendung finden. Die ...gungen des Gesetzes vom 25. Juni ...treffs der Expropriationen und auch ... Gesetzes vom 7. April 1891 über ...nnetze sollen auf Kraftübertragungs-...zum Betriebe der Privateisenbahnen, ...ys, Bergwerke und anderer Unter-...gen von öffentlicher Nützlichkeit aus-... werden.

...as Gesetz vom 10. August 1884 für die ...ng des Wassers und das Regulativ ... November 1893 sind dergestalt ...ciren, dass alle Gesuchsangelegen-...on Concessionen für die Wasser-...g vereinfacht und beschleunigt ... indem diese Concessionen dem ... für Industrie und Handel oder einem ...der wahrscheinlichen administrativen ...sirung zu errichtenden Departement ...läufe zugewiesen werden.

...nd bei den Verordnungen für die ...ng des Gesetzes vom 7. Juni 1894 ... Bestimmungen zu entfernen, die in ...dnungen über den Telephonbetrieb ... und diesbezüglich denen vom 25. Juli 1892 beigefügt sind, welc... Widersprüche mit dem neuen Gesetze ... und dem Fortschritte der Wissenschaft entsprechen.

6. Im Falle solcher Verordnung... gelegentlich einer Gesetzesänderung ... folgende Bestimmungen beigefügt we...

Wenn bei Auslegung des Artikels ... Gesetzes über die Leitung der elektri... Kraft eine gerichtliche Hilfe in Ans... zu nehmen wäre, soll der Präsiden... Gerichtshofes zur unmittelbaren Ent... dung über die Ausführung der elektri... Kraftübertragung ermächtigt werden, ... schadet aller dem Expropriirten aus de... finitiven Entscheidung zustehenden R...

7. Legislative Bestimmungen für ... elektrischen Anlagen sollen immer im ... der grössten Freiheitsprincipien er... werden, indem sie in Betreff der öffent... Sicherheit vermeiden, solche Anlagen ... stehenden Normen zu unterwerfen. ... Beschlüsse wurden alle acceptirt.

Eiserne Telegraphenstangen... Auftrage des Reichs-Postamtes hat die ... postdirection zu Oppeln einen Versuch ... stellen, der, wenn er befriedigende Re... liefert, im ganzen Reiche zur Durchf... gelangen soll. Es wird nämlich be... tigt, die hölzernen Telegraphenstangen ... eiserne zu ersetzen. Die Kosten werde... allerdings wesentlich höher stellen ... den jetzt in Gebrauch befindlichen höl... Telegraphenstangen; jedoch glaubt ... dass sich durch die Dauerhaftigkei... Materiales die Mehrkosten mindesten... gleichen werden.

Eine Betriebs-Gesellschaf... elektrische Kraft. Aus Frankfur... berichtet: Die Verhandlung wegen Erri... einer neuen Betriebs-Gesellschaft für e... sche Kraft in Anlehnung an die El... täts-Gesellschaft Schuckert werden i... nächsten Tagen zur Constituirung de... sellschaft führen. Das Actiencapita... trägt 16 Millionen Mark mit eine... zahlung von 25 Percent. An der Gr... sind ausser der Schuckert-Gesellsch... Schaaffhausen'sche Bankverein in Köl... Hamburger Commerzbank, die Bank ... Ladenburg in Mannheim u. a. m. bet...

Die elektrotechnische Fabri... & E. Fein, Stuttgart, hat auf der der ... Bäckerei-, Conditorei- und Kochkuns... stellung zu Stuttgart eine kleine elek... Centrale mit einer Leistung von u... 20.000 Watt für Abgabe von elektr... Strome für Beleuchtungs-, Kraftübertra... und Heizzwecke aufgestellt. Es wurde ... Firma die goldene Medaille mit Diplo... einer Ehrengabe zuerkannt.

...wortlicher Redacteur: JOSEF KAREIS. — Selbstverlag des Elektrotechnischen Vere...
...n Commission bei LEHMANN & WENTZEL, Buchhandlung für Technik und Kunst.
Druck von R. SPIES & Co. in Wien, V., Straussengasse 16.

Zeitschrift für Elektrotechnik.

XII. Jahrg. 15. November 1894. Heft XXII.

VEREINS-NACHRICHTEN.

Programm

für die Vereinsversammlungen im Monate November 1894. (Beginn der Vortrags-Saison 1894/95.)

(Im Vortragssaale des Wissenschaftlichen Club, I. Eschenbachgasse 9, 7 Uhr Abends.)

21. November. — Discussion: „Zur Frage der Einführung elektrischer Bahnen in Wien", eingeleitet von Herrn Hugo Köstler, Ober-Ingenieur der k. k. Staatsbahnen.

28. November. — Vortrag des Herrn J. Kessler, k. k. Professor a. d. Staats-Gewerbeschule in Wien X., : „Ueber die Abhängigkeit der elektromotorischen Kraft galvanischer Elemente von der Temperaturdifferenz der Pole. (Mit Demonstration der Messapparate von Czeija & Nissl in Wien.)

Die Vereinsleitung.

ABHANDLUNGEN.

Untersuchungen über den elektrischen Lichtbogen.

Von J. ŠAHULKA.

(Schluss.)

An dem Lichtbogen wurden auch die Spannungsdifferenzen zwischen den Elektroden und dem Lichtbogen mit Hilfe eines aperiodischen Spiegel-Galvanometers von Siemens & Halske gemessen, welchem ein Widerstand von $10^7\,\Omega$ vorgeschaltet war; die Spulen des Galvanometers hatten circa 31.000 Windungen. Das in den Lichtbogen eingeführte Kohlenstäbchen war 3 *mm* dick. Bei den Versuchen wurde der Lichtbogen als positiv elektrisch im Vergleich zu beiden Elektroden gefunden. Bei einem Versuch (Fig. 2) waren die Spannungsdifferenzen in Volt ausgedrückt:

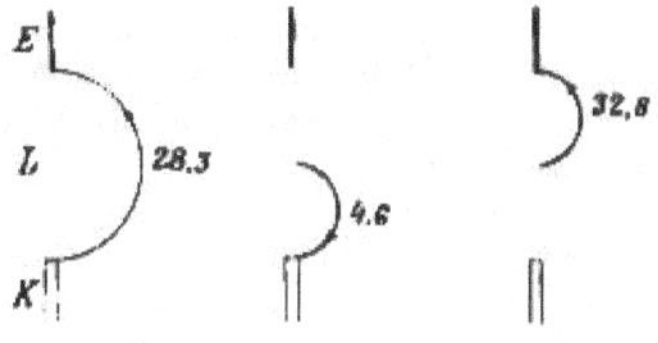

Fig. 2.

$LE = 32\cdot8$, $LK = 4\cdot6$, $KE = 28\cdot3$. Bei einem anderen Versuche mit sehr kurzem Lichtbogen war $LE = 34\cdot5$, $LK = 3\cdot9$, $KE = 30\cdot6$. Wenn der Lichtbogen nicht sehr kurz war, hatte die Spannungsdifferenz KE immer die in der früheren Tabelle angegebenen Werthe. Die Ablesungen wurden nur gemacht, wenn das in den Lichtbogen eingeführte Stäbchen selbst weiss-

44

glühend war. Wenn sich während der Dauer des Versuches die bogenlänge beträchtlich änderte, so war die Beziehung

$$KE = LE - LK$$

nicht ganz genau erfüllt.

An dem Lichtbogen wurden einige sehr merkwürdige Erschei beobachtet, die theilweise nicht erklärt werden konnten. Beobacht die Spannungsdifferenzen zwischen den Elektroden und dem Lich mit Hilfe der früher erwähnten Torsions-Galvanometer von 1 Ω stand, welchen ein Widerstand von 999 Ω vorgeschaltet war, so find ganz andere Spannungsdifferenzen als in dem Falle, wenn der Galvanc kreis einen Widerstand von 10^7 Ω hatte. Die bei einer Versuchsreihe erh Resultate sind in der Fig. 3 dargestellt. Zu den Versuchen wurden drei Tc

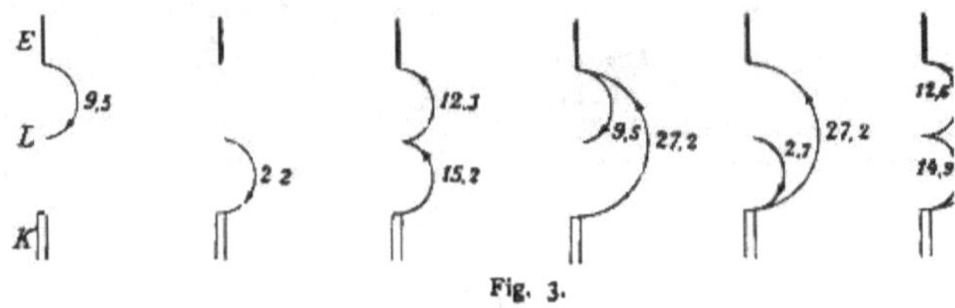

Fig. 3.

Galvanometer verwendet; die Richtungen der Spannungsdifferenze ihre Werthe, in Volt ausgedrückt, sind in der Figur angegeben. V die Spannungsdifferenzen *KL* und *LE* gleichzeitig gemessen, so sich die gesammte Spannungsdifferenz *KE* als Summe der beiden Misst man aber eine der Spannungsdifferenzen *EL* oder *LK* alleir eventuell gleichzeitig mit *KE*, so hat jede der beobachteten Span differenzen *EL* oder *LK* das entgegengesetzte Zeichen im Verglei Spannungsdifferenz *KE*. Die bei mehreren Versuchen für die Span differenz *EL* gefundenen Werthe variirten von 5·4 bis 10·7 *V*; die \ für *LK* variirten zwischen 2·2 und 3·8 *V*. Schaltet man zwischen *E* gleichzeitig das Torsions-Galvanometer und das Spiegel-Galvanomete den entsprechenden Vorschaltwiderständen und zwischen *LK* kein G meter ein, so beobachtet man, im Falle der Zweig des Torsions-G meters geschlossen ist, dass beide Galvanometer eine gleiche Span differenz von 5·4 bis 10·7 *V* anzeigen, die vom Eisen zum Lich gerichtet ist. Sobald man den Zweig des Torsions-Galvanometers, auch aus einem einfachen Widerstande von 1000 Ω bestehen kann, bricht, zeigt das Spiegel-Galvanometer augenblicklich eine entgegen gerichtete Spannungsdifferenz an, die circa 32 *V* beträgt, wie dies Fig. 2 dargestellt ist. Schaltet man zwischen *EL* das Torsions-G meter oder einen einfachen Widerstand von 1000 Ω, zwischen *L* Spiegel-Galvanometer, so zeigt das letztere, wenn der Zweig des To Galvanometers geschlossen ist, eine von der Kohle zum Lichtbogen ge grosse Spannungsdifferenz von circa 35 *V* an, während das Torsions-G meter eine entgegengesetzt gerichtete Spannungsdifferenz von 5·4 bis anzeigt. Die Differenz der Angaben beider Instrumente ist stets gle zwischen den Elektroden gemessenen Spannungsdifferenz von circa Unterbricht man den Zweig des Torsions-Galvanometers, so zei Spiegel-Galvanometer augenblicklich eine vom Lichtbogen zur Ko richtete Spannungsdifferenz von 3 bis 4 *V* an, wie dies in der Fig.

gestellt ist. Man kann den Zweig des Torsions-Galvanometers sehr rasch schliessen und unterbrechen; die Aenderung des Ausschlages des Spiegel-Galvanometers erfolgt sofort.

Diese Resultate kann man unter der Annahme von elektromotorischen Kräften, welche an den Elektroden des Lichtbogens allein auftreten, nicht erklären; man müsste annehmen, dass schon durch die schwachen Ströme, welche durch den Zweig des Torsions-Galvanometers fliessen, elektromotorische Kräfte am Mittelstäbchen erregt werden.

Ein merkwürdiges Verhalten zeigte der Lichtbogen, wenn der Versuch gemacht wurde, die in ihm entstehende gleichgerichtete elektromotorische Kraft zu compensiren, um dadurch ihren Werth direct zu beobachten. Der Versuch wurde mit Hilfe einer Accumulatoren - Batterie von 60 *V* Klemmenspannung gemacht; es gelang nicht, den Gleichstrom zum Verschwinden zu bringen, da der Lichtbogen stets sehr klein wurde und verlöschte.

Auf Vorschlag des Herrn Böhm-Raffay wurde hierauf der Wechselstrom auf 200 *V* transformirt, und in den Stromkreis zwei Lichtbögen Eisen-Kohle geschaltet, damit sich ihre gleichgerichteten elektromotorischen Kräfte gegenseitig compensiren. Auch in dieser Weise konnte die Compensation nicht erreicht werden. Die Stärke des im Stromkreise fliessenden gleichgerichteten Stromes J_1 und die an einem Lichtbogen gemessene gleichgerichtete Spannungsdifferenz Δ_1 waren in einem labilen Zustande. Je schwächer J_1 war, desto kleiner wurde Δ_1; der kleinste beobachtete Werth war 9 *V*. Wenn die in einem der Lichtbögen erzeugte gleichgerichtete elektromotorische Kraft das Uebergewicht erlangte, dann stieg Δ_1 rasch auf 20, 40, ja selbst 65 *V*, wobei dann der Versuch in Folge Abtropfens der Eisenelektrode ein Ende hatte. Der Lichtbogen zeigt demnach das merkwürdige Verhalten, dass die beobachtete gleichgerichtete Spannungsdifferenz desto kleiner wird, je mehr der Gleichstrom zum Verschwinden gebracht wird. Wenn der Gleichstrom sehr schwach war, so war auch die gesammte Spannungsdifferenz Δ an dem Lichtbogen beträchtlich kleiner, als die in der Tabelle angegebenen Werthe; der kleinste beobachtete Werth war 40 *V*.

An dem Lichtbogen wurde noch eine Beobachtung gemacht, welche dafür spricht, dass derselbe aus disruptiven Entladungen besteht, wie schon G. Wiedemann*) annahm und E. Lecher**) an dem mit Gleichstrom zwischen Eisenelektroden erzeugten Lichtbogen experimentell bewies. An die Elektroden wurde ein Telephon angelegt, welchem ein Condensator von $2^1/_2$ *mf* vorgeschaltet war. Zieht man die Elektroden auseinander, so dass der Lichtbogen unterbrochen wird, so hört man im Telephon einen Ton, welcher der Periodenzahl des verwendeten Stromes entspricht. Wird der Lichtbogen gebildet, so hört man einen stärkeren und höheren Ton, der vielleicht durch disruptive Entladungen bedingt ist. Wenn man den Lichtbogen mit Gleichstrom bildet, so hört man im Telephon ein starkes Sausen.

Wechselstrom-Lichtbogen zwischen Kohlenelektroden.

Die zu den Versuchen verwendeten Kohlen waren 7 *mm* dicke Dochtkohlen, das in den Lichtbogen eingeführte Kohlenstäbchen war 3 *mm* dick. Wurde der Lichtbogen zwischen den vertical gestellten Elektroden erzeugt, so war die obere Kohle negativ elektrisch im Ver-

*) G. Wiedemann. Elektricität 1885, Bd. 4, S. 835 u. 855.
**) E. Lecher. Neue Versuche über den galv. Lichtbogen. Sitz.-Ber. d. k. Akad. d. Wiss. 1887. II. 1007.

gleich zur unteren, gleichgiltig welche Kohle
wendet wurde. Der mit einem Torsions-Galvanom
unterschied war von der Stromstärke abhän
Wurden die beiden Kohlen horizontal angeo
sions - Galvanometer keinen Spannungsuntersc
fliesst auch kein Gleichstrom. Um zu prüfen,
eingeführte Kohlenstäbchen die zu messenden S
flusst, wurde dasselbe und eine der dicken Kol
Lichtbogen verwendet. In diesem Falle war
positiv elektrisch im Vergleich zur dicken K
messene Spannungsdifferenz im Maximum 3 V.
im Folgenden beschriebene Erscheinung nicht v
Bei den Versuchen waren die Elektroden hori
stäbchen war von oben in den Lichtbogen e
einem Galvanometer die Spannungsdifferenz
swischen dem Lichtbogen und den Elektr
Spannungsdifferenz besteht. Der Lichtbogen i
im Vergleich zu den Kohlenelektroden. Die
wenn das Mittelstäbchen in den Kern des L
Maximum 7 V; es ist dabei gleichgiltig, ob ma
oder ein Torsions-Galvanometer verwendet.
scheinung, dass das Mittelstäbchen bei Stromd
ist im Vergleich zu den dicken Kohlen, ka
Lichtbogen und den Elektroden gemessene S
kleinernd eingewirkt haben; man kann daher
differenz von 7 V nicht der Beschaffenheit des M
Bringt man zwischen dem Lichtbogen und ein
schluss an, so fliesst in diesem eine gleichgeri
die Nadel einer eingeschalteten Tangenten-
Wurde der Widerstand des Nebenschlusses se
es sich häufig, dass der gesammte Strom vo
den Nebenschluss zum Mittelstäbchen und von
bogen zur zweiten Kohle floss, so dass zwisc
dem Mittelstäbchen kein Lichtbogen bestand. I
Mittelstäbchen zur Elektrode, und da dasselbe
Kohle schwach positiv elektrisch wird, so ände
Boussole angezeigte gleichgerichtete Strom die

Dass zwischen den Elektroden und de
gerichtete Spannungsdifferenz besteht, kann ni
einer halben Periode des Wechselstromes ist
positive Elektrode, in der nächsten halben Pe
Elektrode; nun ist in der ersten halben Period
zwischen der Kohlenelektrode und dem Lich
zweiten; daher muss sich eine resultirende
differenz ergeben. Dieselbe kann jedoch m
constanten Werth haben, welcher von den auf
Wechselstromperioden gar nicht beeinflusst wi
gemacht wurden, wenn das Mittelstäbchen nic
bogens hineinragte, konnte geschlossen werd
schwacher Ströme, welche durch einen zwis
und dem Mittelstäbchen eingeschalteten Wid
selbst einigen 100.000 Ω flossen, an dem Mitte
Kräfte entstehen; bei Anwendung eines Wide
diese Erscheinung nicht mehr beobachtet. Di
nachträglich mitgetheilt werden. Es ist daher

dass auch an den Elektroden selbst elektromotorische Kräfte auftreten, welche die Ursache der bei den beschriebenen Versuchen beobachteten gleichgerichteten Ströme und Spannungsdifferenzen sind. Auch die Resultate, welche bei dem zwischen Eisen und Kohle erzeugten Wechselstrom-Lichtbogen erhalten wurden, namentlich die Constanz des berechneten Werthes E und die Unveränderlichkeit des Widerstandes des Lichtbogens, welche Jamin und Maneuvrier durch Versuche constatirten, wenn sie Gleichstrom anwendeten und denselben comutirten, sprechen dafür, dass in dem Lichtbogen thatsächlich elektromotorische Kräfte auftreten. Man muss dies selbstverständlich dann auch beim Gleichstrom-Lichtbogen voraussetzen. Dadurch wird die Richtigkeit der Ansicht, welche Edlund, Hofrath von Lang und Andere über den Lichtbogen hatten, bestätigt, obwohl dieselbe nach den Versuchsresultaten, welche von Lang*) erhielt, eigentlich keiner Bestätigung bedarf. Dass andere Physiker, welche die auftretenden elektromotorischen Kräfte nach dem Aufhören des Lichtbogens finden wollten, zu einem negativen Resultate gelangten, kann nicht überraschen. Die elektromotorischen Kräfte müssen ja nicht durch Polarisation bedingt sein. Wenn dieselben z. B. thermo-elektrischer Art sind, so können sie nicht beobachtet werden, wenn man zwischen zwei Kohlenelektroden einen Gleichstrom-Lichtbogen erzeugt, den Stromkreis unterbricht und die zur Berührung gebrachten Kohlen mit einem Galvanometer verbindet. Auch in dem Falle, wenn die Kohlen nicht zur Berührung gebracht werden und sich zwischen denselben nach der Unterbrechung des Stromes noch eine leitende Gasschichte befindet, können bereits andere Verhältnisse bestehen, als während der Zeit des Stromdurchganges durch den Lichtbogen. Es ist ja möglich, dass die elektromotorischen Kräfte nur während und in Folge der Zerstäubung der Elektroden auftreten.**)

Zur Frage der elektrischen Strassenbahnen.

Die Frage des elektrischen Betriebes der Strassenbahnen ist nicht nur in Wien, sondern im Allgemeinen eine acute geworden.

Im In- und Auslande wird diese brennendste aller Verkehrsfragen in Fachvereinen, in Wort und Schrift behandelt, denn die rapide Entwickelung der Elektrotechnik und die grossen Erfolge die in den letzten Jahren die Anwendung der Elektricität zur Fortbewegung von Fahrzeugen errungen hat, macht es allen Jenen, die neue Verkehrsunternehmungen ins Leben rufen oder die Schaffung neuer Communicationsmittel fördern wollen oder sollen, zur Pflicht, ein eingehendes Studium darüber zu pflegen, ob der elektrische Betrieb nicht geeignet erscheint, sowohl die bereits bestehende Betriebsweise zu verdrängen, als auch bei neuen Anlagen von vorneherein den Sieg davon zu tragen.

Der Elektrotechnische Verein in Wien hat ein gewichtiges Votum in seiner Publication: „Vorschläge für die Verbesserung der Verkehrseinrichtungen in Wien durch Einführung des

---

*) Sitz.-Ber. d. kais. Akad. d. Wiss. Bd. 91, pag. 844 und Bd. 95 pag. 84.

**) Während des Vortrages, welcher vor der Versammlng der Naturforscher und Aerzte in Wien gehalten wurde, bediente sich der Vortragende zum Nachweise der auftretenden Gleichströme der Tangenten-Boussolen. Herr Prof. Lecher bemerkte hiezu, dass nach seinen Beobachtungen die Nadel jeder Tangenten-Boussole von Wechselstrom abgelenkt werde, und dass man nur mit einer besonders construirten Boussole einen Gleichstrom in diesem Falle nachweisen könnte! Der Vortragende hat dies niemals bemerkt, da die von ihm verwendeten Tangenten-Boussolen stets magnetisirte Stahlnadeln und keine Weicheisen-Nadeln hatten.

elektrischen Betriebes" abgegeben, und ist zu hoffen, da
darin dargelegten Vortheile dieses Systemes bei den massgebenden
Würdigung finden werden.

Der hiesige Verein für die Förderung des Local-
Strassenbahnwesens hat sich in den letzten Tagen ebenfalls mit
Frage beschäftigt, indem Ingenieur Ziffer über den Bericht des
Paul van Vloten referirte, welchen dieser in der VIII. Genera
sammlung des Internationalen permanenten Strassenl
Vereines (Union internationale permanente de Tram
— vom 20. bis 25. August 1894 zu Köln a. Rh. abgehalten — erst
Dieser Bericht bietet so viel interessante und werthvolle Daten, da
Auszug desselben unseren Lesern gewiss willkommen sein wird.

Punkt VI der Tagesordnung der vorstehend genannten Gene
sammlung lautete: Berathung der Frage, betreffend den
trischen Betrieb. Der Referent hierüber, Herr Paul van Vl
Ingenieur in Brüssel, hat auf Kosten des Vereines die bedeutenderen I
mit elektrischem Betriebe in Deutschland, Frankreich, Italien und der S
besucht und das Ergebniss seiner Studien in einem umfangreichen un
werthvollen Berichte niedergelegt. Wenn die Abhandlung hinsichtli
Kosten und der Rentabilität nicht alle Gesichtspunkte völlig erschöp
ist dies damit begründet, dass manche Gesellschaften die Ergebnisse
Betriebe vorläufig noch geheim halten, und andere sogar baten, d
zur Verfügung gestellten Daten nicht zu veröffentlichen.

Aus diesem Berichte geht hervor, dass der elektrische Strasse
betrieb seit einigen Jahren eine grosse Bedeutung gewonnen hat; die
Entwickelung desselben ist aus nachfolgender Tabelle zu ersehen:

	1. Jänner 1891		1. Februar 1894	
Verein. Staaten v. Nordam.	4000 *km*	6000 Wag.	12.029 *km**)	18.20(
Europa	71 „	140 „	309·9 „	70(

In den verschiedenen Ländern Europas sind die Ende 1893
triebe oder im Baue befindlichen elektrischen Bahnen folgenderweise ve

	Im Betriebe	Im Baue	Zusan
	Länge in Kilometer		
Belgien	3·2	18·5	2
Deutschland	102·0	66·1	16
England	71·4	21·4	9
Frankreich	41·4	29·0	7
Italien	13·0	—	1
Niederlande	4·9	—	
Oesterreich-Ungarn	33·4	—	3
Rumänien	—	5·5	
Russland	3·0	7·0	1
Schweden und Norwegen . . .	—	6·5	
Schweiz	23·6	10·6	3
Serbien	—	10·0	1
Spanien	14·0	—	1
Zusammen .	309·9	174·6	48

In den Vereinigten Staaten sind fast sämmtliche elektrische
nach dem Trolley-Systeme (Luftleitung und Rückleitung durch die Sc

*) Die officielle Strassenbahn-Statistik gibt für Amerika am 1. Jänner 18
Gesammtbahnlänge von 19.326 *km* und zwar: elektrischer Betrieb 12.029 *km*, Pferd
5327 *km*, Kabelbetrieb 1059 *km* und Dampfbetrieb 911 *km*.

**) Die Wagenzahl bezieht sich auf die Motor- und die Anhängewagen. E
am 1. Jänner 1894 552 Motor- und 154 Anhängewagen, zusammen 706 Wagen im

eingerichtet, während in Europa von den 44 Linien, die am 1. Jänner im Betriebe waren,

3 mit Accumulatoren betrieben wurden,

mit Luftleitung u. zw. { 3 mit doppelter Rohrleitung, 1 mit Rohrleitung u. Rückleit. durch die Schienen, 27 mit Trolley-System, }

8 mit Centralleitung oder Schiene,

2 mit unterirdischer Stromzuführung.

Wie in Amerika, weist auch in Europa das Trolley-System zur Zeit die grösste Ausbreitung auf. Hier hat sich die kilometrische Ausdehnung der elektrischen Bahnen in drei Jahren vervierfacht. Trotzdem ist die Bedeutung des europäischen elektrischen Strassenbahnnetzes verhältnissmässig noch sehr gering, wenn man bedenkt, dass in einer einzigen Stadt Nordamerikas und zwar in Boston die elektrischen Bahnen eine namhaft grössere Ausdehnung besitzen, wie sämmtliche elektrische Bahnen Europas zusammen gerechnet.

Obgleich der elektrische Strassenbahnbetrieb zuerst in Europa versucht und angewendet worden ist, so hat sich derselbe doch besonders in Amerika vervollkommnet und ausgebreitet. Kein einziges von den ursprünglich angewendeten Verfahren (Accumulatoren, Stromleitung im Strassenniveau, oberirdische oder unterirdische Doppelleitung) hat auch nur annähernd die Verbreitung gefunden, wie das sogenannte Trolley-System, und man kann wohl sagen, dass die ausgedehnte Anwendung und der industrielle Erfolg des elektrischen Strassenbahnbetriebes der Einführung dieses Systemes zuzuschreiben ist.

Dieses System wurde zum erstenmale — gegen 1888 — in Minneapolis und darauf in Richmond angewendet. Trotz der Uebelstände, welche sich anfangs einstellten, gestaltete sich die Richmonder Anlage zu einem grossartigen Erfolge für den elektrischen Betrieb; von dieser Zeit an entstanden allerorts neue Anlagen und hat der elektrische Betrieb die eingangs angeführte Entwickelung genommen.

Es ist unzweifelhaft, dass in Folge dieses grossartigen Aufschwunges, den das System mit Luftleitung in Amerika genommen hat, dasselbe mehr wie jedes andere zur Verbesserung aller Details der speciellen Ausrüstung der elektrischen Strassenbahnen beigetragen hat. Es ist schwer, vorauszusagen, ob auch in Zukunft dieses System den Vorrang beibehalten wird; jedenfalls aber können die meisten Verbesserungen auch bei den mittelst Accumulatoren oder mittelst unterirdischer Stromzuleitung betriebenen Wagen angebracht werden.

Die Vortheile des elektrischen Betriebes

gegenüber dem Pferdebetriebe lassen sich wie folgt zusammenfassen:

Eine grösser Fahrgeschwindigkeit der Wagen und Verminderung der Haltezeit in den Endstationen; eine bessere Ausnützung des Betriebsmateriales, weil jeder Wagen täglich eine grössere Strecke durchfahren kann; die Möglichkeit, Strecken mit starken Steigungen — bis 1 : 10 — zu betreiben; eine beträchtliche Fahrgeschwindigkeit; das Anhängen von einem oder mehreren Beiwagen, wodurch bei starkem Andrange die Bewältigung des Verkehres bedeutend erleichtert und damit eine grosse Elasticität des Betriebes bedingt wird; eine erhöhte Betriebssicherheit, weil die Wagen trotz ihrer grösseren Fahrgeschwindigkeit im Nothfalle durch Umschalten des Motors sofort zum Stehen gebracht werden können; die Möglichkeit, in Gegenden, wo starke Schneefälle eintreten können, die Betriebsunterbrechungen durch elektrisch bethätigte Schneepflüge und Salzwagen fast gänzlich . meiden.

Auch die Ermässigung der Tractionskosten, der Wegfall de Pferdekrankheiten und hohe Futterpreise entstehenden Verluste, die Beleuchtung der Wagen, sowie die Möglichkeit, Wasserkräfte zur erzeugung zu verwenden, fallen ins Gewicht.

In Folge dieser Vortheile, welche dem Publikum durch den elek Betrieb geboten werden, und daher eine wesentliche Vermehrung d kehres bedingen, erzielen auch die Gesellschaften eine entsprechend einnahme, was überall constatirt wurde, wo der elektrische Be Stelle des Pferdebetriebes eingeführt worden ist.

Als Vortheile des elektrischen Betriebes gege dem Dampfbetriebe sind anzuführen:

Die Verminderung des Zugsgewichtes durch das Entfallen der locomotiven und dadurch eine Ersparniss in den Anlagekosten der Ba der Oberbau und die Kunstbauten leichter und daher billiger he werden können; der Wegfall des mindestens lästigen Rauches, Städten besonders zu berücksichtigen ist; die Einführung eines E mit häufigem Wagenverkehre. Im Vergleiche zu den Dampfmaschinen e die elektrischen Motoren weniger Aufsicht und Unterhaltung. Die Loc selbst kann zur Beförderung von Passagieren nicht benutzt werden, fahren und Anhalten kann nicht so rasch erfolgen wie bei den elek Motorwagen; ausserdem ist bei diesen die Uebertragung der Beweg Motors auf die Räder sanft und verursacht keine Stösse, wie sol den Locomotiven der Fall ist und wodurch leicht ein Gleiten de räder veranlasst wird; daher können elektrische Bahnen mit Steigu zu 10% ohne Zahnstange anstandslos betrieben werden.

Wenn auch das sogenannte Trolley-System zur Zeit die weitg Verbeitung gefunden hat, ist es dennoch interessant,

die Vor- und Nachtheile der verschiedenen System

zu erwähnen, weil die Vorliebe, welche einem gegebenen Verfahren e gebracht wird, in Folge gewisser Verbesserungen, welche an den A vorgenommen werden, auf ein anderes übertragen werden kann. Es um so wahrscheinlicher, weil die Luftleitung in manchen Städten dungen begegnet, welche sich namentlich auf das Aussehen des und die Störungen, welche dasselbe veranlassen kann, beziehen.

Bei dem Accumulatorenbetriebe findet keine Verunzier Strassen statt, und, was noch wichtiger ist, kann dieses Verfahre Unfälle oder Störungen an den Telephonanlagen verursachen, noch ein liche Wirkung auf die Wasser- und Gasleitungen ausüben.

Bei diesem Systeme ist jeder Wagen von dem andern vo unabhängig; kommt ein Unfall bei einem Wagen oder in der Kr vor, so hat dies für den Betrieb im grossen Ganzen keine erhebliche zur Folge, hingegen ist jeder einzelne Wagen, weil er ein besondere die Accumulatoren-Batterie, mit sich führt, desto mehr einem Unf gesetzt.

Nimmt man zwei ganz gleiche Betriebe an, d. h. mit derselben S länge, gleicher Wagenzahl u. s. w., wovon der eine mittelst Accum der andere mit directer Stromleitung eingerichtet ist, so werden d die Accumulatoren einerseits, durch die Leitung andererseits un verursachten eventuellen Unfälle im ersten Falle im Verhältnisse zur zahl, im zweiten im Verhältnisse zur Linienlänge stehen.

Die Dampfmaschinen und Dynamos einer Kraftstation, wor mulatoren geladen werden, sind nicht den plötzlichen Sprüngen fortwährenden Aenderungen in der Kraftproduction ausgesetzt, welche bei dem Betriebe mit unmittelbarer Stromzuleitung beobachtet werden und arbeiten daher in Bezug auf Leistung und Kohlenverbrauch unter viel günstigeren Bedingungen.

Da ferner die Ladezeit der Accumulatoren nicht unbedingt der Betriebsdauer entsprechen muss, sondern länger sein darf, kann unter sonst gleichen Betriebsverhältnissen bei dem Accumulatorenbetriebe die maschinelle Anlage der Kraftstation kleiner sein als bei den directen Stromzuführungs-Systemen.

Im Vergleiche zu den Betrieben mit directer Stromzuführung stellt sich der Accumulatorenbetrieb um so günstiger, je länger die Linie ist, weil die Leitungskosten mit der Linienlänge im unmittelbaren Verhältnisse stehen und letztere in der Praxis bei der Berechnung des Gewichtes der Batterien wenig oder gar nicht in Betracht gezogen wird.

Bei den in den verschiedenen Betrieben angewendeten Accumulatoren können die Wagen mit einer Ladung 40 bis 50 *km* durchlaufen und es können daher Linien von 20 bis 25 *km* Länge betrieben werden.

Die Anwendung des Accumulatorenbetriebes ist zur Zeit durch den hohen Anschaffungspreis und die bedeutenden Unterhaltungskosten der Batterien beschränkt; die unaufhörliche peinliche Ueberwachung, welche dieselben benöthigen, steht der Verbreitung dieses Verfahrens, besonders bei grösseren Betrieben, ebenfalls im Wege.*)

Die Verfahren der unmittelbaren Stromzuführung, welche in Europa angewendet sind, können folgenderweise eingetheilt werden:

- Luftleitungen
  - Doppelte Rohrleitung
  - Rückleitung durch die Schienen
    - Rohrleitung
    - Trolley-Contactrolle
      - Directe Zuführung
      - Mit einer Batterie in der Kraftstation.
- Unterirdische Leitungen
  - Doppelleitung in einem Canale
  - Einfache Leitung und Rückleitung durch die Schienen.
- Leitung im Bahn-Niveau und Rückleitung durch die Schienen
  - Der Stromleiter ist fortwährend mit der Kraftstation verbunden.
  - Der Stromleiter ist in Sectionen eingetheilt und nur während er von dem Wagen befahren wird, mit der Kraftstation verbunden.

1. *Doppelte oberirdische Rohrleitung.* Zu Gunsten dieses Systemes kann erwähnt werden, dass dasselbe auf die Telephon- und Telegraphenleitungen keinen Einfluss ausübt, weil die Hin- und Rückleitung in geringer Entfernung von einander angebracht sind und mit der Erde nicht in Verbindung stehen. Dagegen bietet dasselbe folgende Nachtheile: Unvortheilhaftes Aussehen der Rohrleitung, complicirte Weicheneinrichtung und hohe Anlage- und Unterhaltungskosten der Leitung. Bei den bestehenden Betrieben ist wenig darauf Bedacht genommen worden, die Hauptleitung in Theilstrecken mit Speiseleitungen einzutheilen, wodurch, wenn eine Störung in irgend einem Theile der Leitung eintritt, der ganze Betrieb zum Stocken gebracht werden kann. Die nach diesem Systeme ausgeführten Anlagen in Frankfurt, Magdeburg, Vevey und Mödling-Brühl stammen noch

*) Wir machen hier auf die einschlägige Nachricht im Hefte XXI, 1894, S. 555 d. Ztsch. aufmerksam.

aus der ersten Zeit der Anwendung des elektrischen Betriebes her dasselbe keine weitere Verbreitung gefunden.

2. *Einfache Rohrleitung und Rückleitung durch die Schienen.* gleiche zu dem vorstehenden Systeme gestattet dieses Verfahren e minderung der Anlagekosten der Luftleitung. Die Anwendung eine isolirten Rückleitung bringt jedoch alle jene Umstände mit sich, der Rückleitung durch die Schienen anhaften. Dieses System ist mal, u. zw. in Clermont-Ferrand, angewendet worden.

3. *Luftleitung (Trolley) und Rückleitung durch die Schienen.* Be Verfahren ist die Einrichtung vereinfacht, das Aussehen der Leitu befriedigender, die Anlage billiger und die Unterhaltung leichter. ist die Stromleitung in Theilstrecken eingetheilt worden und wird de durch Speiseleitungen (Feeders) zugeführt. Hiedurch verursacht ei welcher auf einem Punkte der Linie eintritt, keine unmittelbare des ganzen Betriebes; die Spannung bleibt in der ganzen Leitung p gleich und kann daher für den Leitungsdraht ein geringer co Querschnitt angenommen werden, wie immer auch die Stärke d kehres sei.

Wenn auch zugegeben werden muss, dass die Vorurtheile, diesem Systeme allgemein entgegen gebracht worden sind und n gegengebracht werden, und auf dem unschönen Aussehen, sowie geblichen Gefahren einer solchen Anlage in grossen Städten beruhe trieben waren, so hat doch diese Meinung die Verbreitung des Systemes in Europa verzögert. Die Vortheile, welche das Publ dem elektrischen Betriebe findet, lassen jedoch diese Einwendungen verschwinden.

Ein bedeutenderer Uebelstand besteht in den Störungen, dieses System in Folge der unter gewissen Umständen zwischen d leitung und den Telephonleitungen eintretenden Induction und nicht isolirten Rückleitungen unvermeidlichen Stromverlustes in dem T und Telegraphendienst verursachen kann, wie nicht minder in Fällen in den schädlichen elektrolytischen Erscheinungen bei den G Wasserleitungen. Es können jedoch durch gewisse Vorsichtsmaassre der Anlage der Luft- und Rückleitungen, deren einfachste und wirksamste die ist, dass der elektrische Widerstand der Rückl durch alle möglichen Mittel vermindert werde, die schädlichen Einwi so bedeutend abgeschwächt werden, dass dieselben in der Praxis n Gewicht fallen.

4. *Luft- und Rückleitung durch die Schienen in Verbindung in der Kraftstation aufgestellten Accumulatoren-Batterie.* Durch die fahren werden einige Uebelstände des zuletzt beschriebenen Systems besonders bei Strecken mit starken Steigungen und geringem V hervortreten, vermindert oder gar vollständig gemieden. Bei sol trieben kommen nämlich die bedeutendsten Schwankungen in der leistung vor. Es gibt Bahnanlagen, bei welchem die Maximalleist Maschinen das vier- oder fünffache der durchschnittlichen Norma beträgt, wo die Stromstärke plötzlich von o bis zum Maximum üb und welche daher unter ungünstigen Bedingungen arbeiten.

Diesem Uebelstande kann in sehr einfacher Weise durch ein Kraftstation aufgestellte Accumulatoren-Batterie abgeholfen werden Batterie, welche von den Dynamos der Centralstelle fortwährend Ladung gehalten wird, gibt in den Augenblicken, wo starke Anford an die Kraftstation gestellt werden, den nöthigen Strom an die Lei

Bei zahlreichen Beleuchtungs-Anlagen hat eine solche Com von Dynamos und Accumulatoren sich in Bezug auf die Betriebsko bewährt. Die Maschinen und Dynamos arbeiten ohne Stösse und immer mit voller Belastung und wird der durch die Anwendung der Accumulatoren bedingte Arbeitsverlust durch die Ersparnisse, welche sich auh dem regelmässigen Gang der Maschine ergibt, reichlich aufgewogen. Endlich können langsam laufende Maschinen gewählt werden, wodurch ebenfalls ein Vortheil in Bezug auf die Unterhaltung der maschinellen Anlage und die Sparsamkeit des Betriebes erzielt wird.

Es sprechen aber noch andere Erwägungen zu Gunsten dieses Systems. Die Spannung bleibt constant, der Betrieb ist für eine gewisse Zeit gesichert, selbst wenn an der Betriebsmaschine ein Unfall eintreten sollte; steht eine Wasserkraft zur Verfügung, selbst eine solche, welche zu schwach ist, um unmittelbar die Maximalleistung zu verrichten, so kann sie vollständig ausgenützt werden, indem man sie während 24 Stunden arbeiten lässt und die aufgespeicherte Kraft in einer kürzeren Zeit verbraucht.

Dort, wo eine grosse Anzahl Wagen in Betrieb ist, fallen jedoch die meisten Vortheile, welche wir zu Gunsten dieses combinirten Systems angeführt haben, weg, weil sich die an die Kraftstation gestellten Anforderungen gewissermassen ausgleichen. In Europa hat dieses System eine einzige Anwendung und zwar in Zürich gefunden.

5. *Unterirdische Doppelleitung mit offenem Canal.* Dieses System bedingt in den Strassen keine sichtbaren Anlagen; es bildet daher, neben dem Accumulatoren-Betriebe, die eleganteste Lösung der Frage des elektrischen Betriebes in den Städten; dasselbe verursacht ausserdem keine Störungen bei dem Telegraphen- und Telephonbetrieb, und übt auf die Gas- und Wasserleitungen keinen schädlichen Einfluss aus. Jedoch sind bisher die hohen Anlagekasten der unterirdischen Leitungen und die Schwierigkeiten, welche deren Unterhaltung bietet, der Verbreitung dieses Systems im Wege gestanden. Eine der Hauptschwierigkeiten, welche sich bei diesem Verfahren in seiner jetzigen Form gezeigt haben, besteht darin, dass die Leitungen nicht ordentlich vor dem Schmutze und Staube geschützt werden können, welche durch den Schlitz in den Canal eindringen und dass in Folge dessen Störungen und Stromverluste entstehen, welche eine geringere Betriebssicherheit und eine kostspieligere Unterhaltung als bei den Luftleitungen bedingen. Eine grossartige Anlage nach diesem Systeme besteht in Budapest.

6. *Unterirdische Stromleitung mit offenem Canal und Rückleitung durch die Schienen.* Wie das vorbeschriebene System bietet dieses Verfahren den Vortheil, dass dasselbe in dem Ansehen der Strassen keine Veränderung hervorbringt. Jedoch gibt die Rückleitung durch die Schienen zu Stromverlusten und den übrigen bereits angeführten Uebelständen Veranlassung. Eine einzige Anwendung dieses Systems besteht in Blackpoel.

7. *Leitung im Bahn-Niveau, wobei die Leitung ununterbrochen mit der Kraftstation in Verbindung steht.* Dieses sehr einfache Verfahren, welches übrigens keine besondere Eigenheit aufweist, kann nur dort Verwendung finden, wo die Bahn auf eigenem Planum liegt und der Bahnkörper dem Publikum unzugänglich ist. Es darf nicht daran gedacht werden, ein solches System in den Strassen einer Stadt anzuwenden, wegen der Gefahr, welche die im Pflaster liegende Leitung verursachen würde. Dieses Verfahren findet bei Localbahnen und Hoch- und Untergrundbahnen Verwendung, woselbst die Hin- und Rückleitung durch die Schienen im Allgemeinen unbeanständet erfolgen kann.

Das System hat sich übrigens gut bewährt, die Unterhaltung und Beaufsichtigung der Leitung bietet keine Schwierigkeiten, die Isolirung ist eine genügende und die Anlagekosten sind verhältnissmässig gering. Die bekanntesten Anwendungen auf Vicinalbahnen sind die von Leesbroek, Ne--

und Portrush, und auf Stadtbahnen die Li
Londoner Untergrundbahn.

8. *Leitung im Bahn-Niveau, wobei die S*
dem Wagen befahren werden, mit der Kraf
sehen von den der Rückleitung durch die
ständen kann man diesem Systeme noch de
vorwerfen, welcher zwischen der ungenügend
Schienen entstehen muss, ferner die Complicat
die Störungen, welchen die unter der St
Apparate und die Gefahren, welchen die Pas
Augenblicke, wo eine solche Störung eintrit
sowie endlich die bedeutenden Anlagekosten.

Obgleich die ganze Einrichtung sehr
reich erdacht ist, hat dieses neue Verfahren
erprobt werden können, um zu gestatten, ein
Bisher ist dieses System nur in Lyon angew

Was die Einführung des elekt
haupt anbelangt, so bezeichnet Herr P. van
tische und Vorortebahnen mit starken Stei
am vortheilhaftesten. Bei allen Betrieben, d
bei welchen der Pferdebetrieb durch den
worden war, betrug die Mehreinnahme bei
40%, in einigen Fällen sogar 80% und dar

Der Referent bespricht sodann die z
die Geleise, die elektrische Ver
Schienen, die Luftleitung und dere
stationen, die Kessel, Dampfmaschi
tungen.

Es würde uns zu weit führen, hierau
wir nur eine uns besonders interessant sc
jene über die nöthige Betriebskraft.

Die für jeden in Betrieb zu stellenden
kann nur dann genau bestimmt werden, wen
die Fahrgeschwindigkeit, das Längenprofil u
Verkehr u. s. w. kennt; man kann jedoch a

Für horizontale Strecken, für
Wagen am Schaltbrett ungefähr 8—10 *PS*
was ungefähr 12—15 *PS*, am Dampfcylind
ein Beiwagen angehängt werden, so kann
Wagen erforderliche Betriebskraft 15—20 *P*

Auf Linien mit Steigungen b
Motorwagen 16—20 *PS* und jeder Wagen m

Auf Linien mit starken Steigu
wagen 20—30 *PS* und mit dem Beiwagen 3

Es ergibt sich daraus annähernd die f
von der Reserve, vorzusehende Betriebskraft.

Hinsichtlich *der Dynamos und Apparat*
einer Maschine und einer Dynamo bestehende
angewendet werden. Es folgt daraus, dass
deren Construction unmittelbar von der Stärk
maschine abhängt. Im Allgemeinen wird
600 Volt, an den Klemmen der Dynamo gem

Was die Construction der Dynamos an
fältig genug darauf geachtet werden, dass d
welche bei hoher Spannung einen durch die

erzeugen und ausserdem ganz ungeheuren Stromschwankungen ausgesetzt sind, so vollkommen wie nur immer möglich hergestellt werden.

Ausser den gewöhnlichen Mess-, Regulir- und Sicherheits-Vorrichtungen, welche bei allen elektrischen Anlagen nöthig sind, empfiehlt es sich, für jede Dynamo einen selbstthätigen Ausschalter vorzusehen, welcher dazu bestimmt ist, den Strom zu unterbrechen, sobald die Stromstärke in einer solchen Weise zunimmt, dass sie die Isolirung der Dynamos gefährden könnte.

In den meisten europäischen Betrieben haben die Wagen die gewöhnliche Strassenbahnwagenform mit Längssitzen, 12 bis 20 Sitzplätze und 10 bis 20 Stehplätze auf den Perrons. Bei starkem Verkehre sind die grossen Wagen vortheilhafter, weil die Tractionskosten derselben nicht viel bedeutender sind, als bei kleineren Wagen.

Im Allgemeinen ist es als vortheilhaft anerkannt worden, den Bewegungsmechanismus an das Untergestell zu befestigen und dieses so anzuordnen, dass es leicht von dem Wagenkasten getrennt werden kann. Fast immer ist die Aufhängung des Kastens eine doppelte und zwar ruht zunächst das Untergestell in der gewöhnlichen Weise federnd auf den Achsbüchsen, und ist ferner der Kasten selbst mittelst anderen Federn auf dem Untergestelle befestigt.

Die Uebertragung. Zur Zeit wird fast allgemein die Bewegung des Motors mittelst in Oel laufender Zahnräder auf die Achsen übertragen. Das Getriebe des Motors greift unmittelbar mit einem auf die Achse aufgekeilten Zahnrad ein; in diesem Falle schwankt das Verhältniss der Umdrehungsgeschwindigkeit des Getriebes und des Zahnrades gewöhnlich zwischen 4 und 5.

Die doppelte Uebertragung mit Mittelwelle, welche zwar gewisse Vortheile, namentlich in Bezug auf das geringere Gewicht der Motoren bietet, wird immer seltener angewendet und bald nirgends mehr anzutreffen sein.

Die Zahnradübertragung bietet einen einzigen Uebelstande, d. i. das unangenehme Geräusch, welches sie verursacht; diesem Uebelstand kann jedoch in der Praxis durch verschiedene Mittel bedeutend abgeholfen werden.

Kettenübertragung wird noch in einigen Betrieben angewendet; dieses System, welches ursprünglich bei den ersten Betriebseinrichtungen versuchsweise eingeführt war, ist seitdem nach und nach aufgegeben worden, weil die Kettenglieder sich rasch abnützten, die Kette in Folge dessen sich verlängerte und schliesslich riss.

Obgleich die Schneckenübertragung ohne jeden Stoss und geräuschlos läuft, hat man dieselbe doch, wegen der bedeutenden Kraftverluste, welche sie mit sich bringt, gänzlich aufgegeben.

Dasselbe ist mit der Stangenübertragung der Fall.

Motoren ohne jede Uebertragung sind bisher in Europa, wenigstens für Strassenbahnen, nicht in Anwendung gebracht worden. Dieses System, bei welchem der Anker direct auf die Achse oder auf einen mit der Achse fest verbundenen Muff aufgekeilt wird, ist bisher nur bei sehr starken elektrischen Locomotiven angewendet worden. Trotz seiner grossen Einfachheit hat dieses Verfahren doch seine Fehler, worunter namentlich das kolossale Gewicht der langsam laufenden Motoren und die zu grosse Solidarität zwischen Motor und Achse zu erwähnen sind.

In den meisten Fällen, und besonderes dort, wo starke Steigungen auf den Strecken vorkommen, sind die Wagen mit zwei Motoren ausgerüstet; diese Anordung gewährt eine grössere Sicherheit, weil im Falle, dass ein Motor beschädigt werden sollte, der Wagen immer anstandslos nach der Remise zurückfahren kann. Das System bedingt jedoch höhere

Anlage- und Unterhaltungskosten als dasjenige, bei welchem nur ein starker Motor vorhanden ist.

Motoren. Die Strassenbahn-Motoren charakterisiren sich dur schiedene Eigenthümlichkeiten, worunter folgende eine besondere Erw verdienen: Die eigenartige Anordnung der Bürsten, welche, ob de vor- oder rückwärts läuft, in derselben Stellung verbleiben, ferner wendung von Kohlenbürsten, welche weniger Aufsicht beding Collectoren nicht so scharf abnützen und weniger Funken erzeu die Metallbürsten, endlich sind die Motoren mit einem Schutzkast versehen, welcher zur Besichtigung geöffnet werden kann. Was letzt ... anbelangt, werden neuerdings die Magnete so construirt, ... die Schutzvorrichtung bilden (bei den sogenannten Wat Motoren). Ringförmige Anker sind allgemeiner verbreitet als die t ...ringen, weil letztere schwerer zu repariren sind.

In den neuesten Einrichtungen werden jetzt auch mehrpolige verwendet, welche langsamer rotiren und deren specifische Leistun keit bei gleichem Gewichte grösser ist.

Die Steuerung des oder der Motoren kann auf verschieden hervorgebracht werden. Das einfachste Verfahren besteht darin, da Anfahren ein todter Widerstand eingeschaltet wird, welchen man der Wagen im Gange ist, wieder ausschaltet. Dieses Verfahre keinen Nachtheil, wenn der Widerstand nur bei dem Anfahren eing und nicht dazu benützt werden braucht, um die Fahrgeschwindig Wagens während der eigentlichen Fahrt zu reguliren.

Wenn jedoch die Fahrgeschwindigkeit auf bestimmten Strecl schieden sein muss, oder wenn auf ebener Strecke und auf Steigur derselben Geschwindigkeit gefahren werden soll, würde dieses V einen bedeutenden Kraftverlust verursachen. In diesem Falle n Fahrgeschwindigkeit auf eine rationellere Art regulirt werden, u. zv auf die Magnetspulen eingewirkt wird, welche entweder hintereinan parallel geschaltet oder auch mit einem Shunt verbunden werden oder, wenn der Wagen mit zwei Motoren ausgerüstet ist, indem man dem noch die Motoren selbst hintereinander oder parallel verbindet. Verfahren auch angewendet wird, so wird doch stets bei dem A sowie beim Uebergange von der Hintereinander- zur Parallelschalt Motoren ein todter Widerstand eingeschaltet.

Die Umsteuerung für das Vor- und Rückwärtsfahren wird s fach durch Umschaltung des Stromes im Anker bewirkt, währ Stromrichtung in den Magneten unverändert bleibt. Es ist vorth die Umschaltung im Anker vorzunehmen, weil dessen magnetisch kleiner ist, als diejenige der Magnete.

Eine elektrische Nothbremsvorrichtung kann auf zwei vers Arten hergestellt werden, u. zw. entweder durch Umsteuerung des was ungefähr dem Bremsen mit Gegendampf bei den Locomoti spricht, oder indem die von dem als Dynamo wirkenden Motor elektrische Energie von einem Widerstand aufgenommen und absorb

Im Allgemeinen wird der Wagen sehr schnell zum Stehen g u. zw. auf 3—4 *m*. Die Möglichkeit, augenblicklich anzuhalten Leichtigkeit, mit welcher der Stillstand hervorgebracht wird, bilden Vortheile des elektrischen Betriebes im Innern der Städte. Diese ene Mittel dürfen jedoch nur dann angewendet werden, wenn es sic handelt, einen Unfall zu verhüten, weil die Motoren, durch die u elektrische Energie, welche in einem Augenblicke in dem Anker wird, Gefahr laufen, beschädigt zu werden.

Was die Handhabung der Steuerungen betrifft, so haben die einen nur eine Kurbel, welche zugleich für das Vor- und für das Rückwärtsfahren dient, während für die Bremse eine besondere Stellvorrichtung vorhanden ist; in gewissen Fällen haben diese Apparate einen einzigen Griff für die Umsteuerung und die Bremse und eine Kurbel für die Fahrgeschwindigkeits-Regulirung. Die Handhabung ist bei allen Systemen in der Regel sehr leicht.

Die Wagen sind ausserdem noch mit verschiedenen Neben-Apparaten ausgerüstet, wie Blitzableiter, Bleisicherungen, Sicherheitsausschalter, welche den Wagen, während derselbe an den Endstationen stillsteht, von der Leitung trennen, Schaltvorrichtungen für die Lampen u. s. w.

(Schluss folgt.)

Elektrodenplatten für Sammelbatterien.

Von HENRY HERBERT LLOYD, Elektrotechniker in Philadelphia, Pa., V. St. v. A.

Oesterr.-ungar. Privilegium vom 5. Februar 1894.

Vorliegende Erfindung betrifft die Herstellung von Elektrodenplatten hauptsächlich für solche Batterien, welche plötzlichen Stössen bezw. einer rauhen Behandlung, wie beispielsweise auf Eisenbahnen, ausgesetzt sind. In diesen wird oft ein Kurzschluss durch die von den in den Elektrodenplatten eingefügten, aus wirksamem Material bestehenden Einsätzen sich ablösenden Theile hervorgerufen, welche sich am Boden der Batterie, indem sie ihren Weg durch die in den Isolationsplatten vorgesehenen Leitungscanäle für den Elektrolyt gefunden haben, ablagern, und hier schliesslich durch ihr Anwachsen einen Kurzschluss herbeiführen. Um

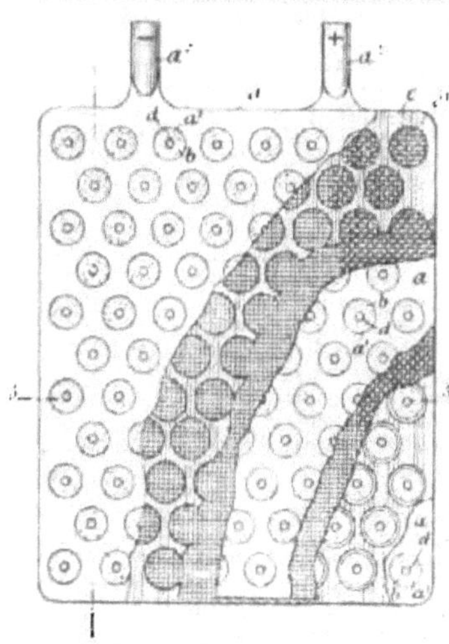

Fig. 1.

diesen Uebelstand zu beseitigen, sind die Leitungscanäle für den Elektrolyt auf beiden Seiten der Isolationsplatte versetzt gegeneinander, sowie die in den Platten vorgesehenen Aussparungen gegenüber den Platten angeordnet und grösser als diese ausgebildet. Die sich bei der Zersetzung der Einsätze ablösenden Theile fallen in die Aussparungen der Isolationsplatten und lagern sich hier ab. Die wenigen Theile dagegen, welche durch die Leitungscanäle zum Boden der Zelle gelangen, lagern sich hier nicht in einer geraden Linie wie bisher, sondern in einer unterbrochenen zickzackförmigen Linie ab, die eine Vereinigung der losgelösten Theile, wie dies bei den jetzigen sich gegenüber-

Fig. 2.

liegenden Canälen eintrat, ausschliesst. Zur grösseren Sicherheit gegen Kurzschluss ist dabei das die positive Elektrodenplatte einhüllende Asbestgewebe über die untere, bisher freie Fläche der Platte hinweggeführt.

Auf nachstehender Zeichnung zeigt:

Fig. 1 in theilweisem Schnitt und Ansicht eine mit Gewebe geschützte bezw. überzogene positive Elektrodenplatte und an jeder Seite derselben angeordnete negative Elektrodenplatten, die von einander durch Isolationsplatten getrennt sind.

Fig. 2 ist ein Schnitt nach der Linie 2—2 der Fig. 1, in welchem Theile einer elektrolytischen Zelle veranschaulicht sind, und

Fig. 3 ist ein Schnitt nach der Linie 3—3 der Fig. 1.

Fig. 3.

In der Zeichnung ist *a* eine mit Löchern a^1 und Ansätzen a^2 versehene Platte. *b* sind in den Löchern a^1 derselben angeordnete, aus wirksamem Material wie Bleichlorid mit oder ohne eine Beimischung von Zinkchlorid bestehende Einsätze, deren freie Flächen in einer Ebene mit der Platte *a* liegen. Diese Einsätze *b* werden am Herausfallen aus der Platte durch ihre Form (bei b^1) Fig. 3 verhindert. Bei Herstellung der Elektrodenplatten wird um die Einsätze *a* passendes Material von stärkerem Querschnitt gegossen, worauf beide durch Zusammenpressen der Platte unter hohem Druck und die dadurch erfolgte Ausdehnung derselben innig mit einander verbunden werden. Die Vorderflächen der Platten *a* sind durch mit Längsrinnen und Oeffnungen c^1 versehene, aus Celluloid, Hartgummi, Holz oder anderem Material bestehende Isolationsplatten *c* geschützt, deren Löcher bezw. Aussparungen c^1 mit der Anzahl der Einsätze übereinstimmen. Die Längsrinnen oder Canäle c^2 von zweckmässig V-förmigem Querschnitt verbinden die Aussparungen c^1 untereinander und ermöglichen dadurch eine ungehinderte Circulation des Elektrolyts. Die Canäle c^2 sind, um die Isolationsplatten nicht zu schwächen, auf beiden Seiten derselben versetzt gegeneinander angeordnet. *d* sind durch die Einsätze *b* führende Löcher, um dem Elektrolyt freien Zutritt zu den inneren Theilen der Einsätze zu gewähren. *e* ist ein säurebeständiges, aus Asbest oder anderem Material bestehendes Gewebe bezw. Stoff, in welchem die positiven Elektrodenplatten eingehüllt werden, wobei dasselbe gleichzeitig die der Elektrode zugekehrten Seitenflächen der Isolationsplatten überdeckt. Oben beschriebene Elektrodenplatten können zum Gebrauch in Secundärbatterien hergerichtet werden, in welchem Falle die positive Elektrodenplatte in eine elektrolytische Zelle gesetzt wird, in welcher die negative Elektrodenplatte aus Blei oder anderem geeigneten Material be-

steht, u
Einsätze
Elektrol
Reihen
können,
Secundä
setzt we
die Flä
durch
die Isol
und neg
werden
mit den
stimmen
hierbei
freien Z
Material
platten,
entlader
die Isol
die Ei
bezw. g
wird da
dation
wirksam

Da
Flächen
trodenp
des wir
dadurch
setzung
Platten
wo die
bahnen
Behand

W
die An
grösser
platten
dazu,
Einwirk
Theile
zum Be
Die we
zum Be
lagern
zeitig
vermei
einer
ab. E
Stösse,
Canäle
tritt, s
dass ei
herbei
Anordn

Z
schluss
platte
untere,
Fläche

D
Leitun
wird g
bei g
Isolati
troden

Elektrische Bahnen in Wien.*)

In der am 8. d. M. abgehaltenen Sitzung des Comités für die elektrischen Bahnen in Wien hielt Magistratsrath Linsbauer einen Vortrag über die Regierungsvorlage für die Localbahnen und die Wünsche, welche die Gemeinde in Bezug auf dieses Gesetz dem Reichsrath bekannt geben soll. Es wurde beschlossen, über diese Angelegenheit noch eine Sitzung abzuhalten und den Gegenstand mit Rücksicht auf die Kürze der Zeit sofort in den Stadtrath zu verhandeln. Von den Offerenten, welche den Bau elektrischer Bahnen in Wien vorgeschlagen haben, sind folgende Linien in Aussicht genommen: Die Oesterreichische Länderbank: 1. Von der Station Ferdinandsbrücke der Stadtbahn unter der Dominicanerbastei, Wollzeile, dem Stephansplatz und der Kärntnerstrasse zur Station Elisabethbrücke der Stadtbahn; 2. von der Elisabethbrücke unter der Friedrichsstrasse, Operngasse, dem Opern-, Burg- und Franzensring, der Schottengasse, Freyung und Renngasse, dem Concordiaplatz und der Heinrichsgasse zur Station Franz Josefs Quai der Stadtbahn; 3. von einem Punkte der Linie auf dem Burgring unter der Babenbergerstrasse und Mariahilferstrasse nach dem Westbahnhof. Die Anglobank: 1. Praterstrasse-Franzensbrückenstrasse Franzensbrücke - Pragerstrasse-Obere Weissgärberstrasse-Vordere Zollamtsgasse - Am Heumarkt - Technikerstrasse - Obstmarkt - neben der Schikanederbrücke-Getreidemarkt - Museumstrasse - Lastenstrasse - Landesgerichtsstrasse - Schwarzspanierstrasse, oder 2. durch die Berggasse und Rossauerlände zur Brigittabrücke; 3. Grillparzerstrasse - Franzensring - Mölkerbastei - Schottenbastei - Helferstorferstrasse - Rockhgasse - Börseplatz-Börsegasse - Concordiaplatz - Salzgries - Kohlmessergasse - Adlergasse - Ferdinandsbrücke; 4. Stephaniebrücke-Obere Donaustrasse, oder Ferdinandsstrasse - Untere Donaustrasse - Am Schüttel-Schüttelstrasse-Sophienbrücke; Stephaniebrücke-Stephaniestrasse-Leopoldsgasse bis zur Malzgasse, oder durch die Leopoldsgasse - Obere Augartenstrasse-Klosterneuburgerstrasse bis zur Wenzelsgasse; 5. Wallfischgasse - Seilerstätte - Schwarzenbergstrasse-Canovagasse-Heugasse - Wiedener Gürtel-Laxenburgerstrasse - Quellenplatz - Quellengasse; 6. Ferdinandsbrücke-Franz Josefs-Quai-Morzinplatz - Marc Aurelstrasse - Tuchlauben - Kohlmarkt - Michaelerplatz - Reitschulgasse-Augustinerstrasse - Operngasse - Getreidemarkt-Mariahilferstrasse - Neubaugürtel - Westbahnhof-Felberstrasse bis zur Rudolfstrasse in Rudolfsheim. Ferner haben ähnliche Projecte überreicht: die Allgemeine Elektricitäts-Gesellschaft in Berlin und Rietschl & Comp., dann die Kahlenberg-Eisenbahn-Gesellschaft: Von der Döblinger-Hauptstrasse-Hirschengasse-Grinzingerstrasse-Wienstrasse-Nussdorferstrasse - Langackerweg zum Anschlusse an die Zahnradbahn, Obkirchergasse - Siveringer Hauptstrasse-Wiesendorfergasse in Unter-Sievering. Die Neue Wiener Tramway-Gesellschaft: Liechtensteinstrasse-Schottenring-Wipplingerstrasse-Börseplatz-Börsegasse -Concordiaplatz-Salzgries-Morzinplatz-Kohlmessergasse-Adlergasse-Ferdinandsbrücke; weiter ein Project von Hermann Frühe: Währingerlinie-Gürtelstrasse-Anastasius Grüngasse-Friedhofstrasse-Gymnasiumstrasse-Parkstrasse-Türkenschanzpark - Neuer Döblinger Friedhof-Pötzleinsdorf-Neustift am Walde-Salmannsdorf-Neuwaldegg.

Die elektrischen Anlagen in Spital a. d. Drau.

Von Victor Otto Keller.

Im Kronlande Kärnten sind bereits zwei Gemeinden, deren Strassen elektrisch beleuchtet sind, nämlich die Stadt Wolfsberg im Lavantthale (vergl. Heft V, 1894, S. 132) und der freundliche Markt Spital a. d. Drau, welcher seit dem Aufschwunge des Seebades Millstadt — als letzte Bahnstation und Ausgangspunkt des Verkehrs nach Millstadt — an Bedeutung gewonnen hat.

Während die elektrische Centrale in Wolfsberg erst gegen Ende des Jahres 1893 in's Leben gerufen wurde, hat in Spital bereits im März 1892 der Gemeinderath und Besitzer des dortigen Brauhauses, Herr Josef Sorgo, in richtiger Erkennung der Vortheile einer billigen Wasserkraft, mit dem Baue einer Centralstation für elektrische Beleuchtung begonnen, welche schon im Juli desselben Jahres vollendet war. Die Stromabgabe erstreckt sich nicht nur auf die Strassenbeleuchtung, vielmehr ist die Zahl der bei Privatconsumenten installirten Lampen bedeutend überwiegend.

Die Centrale liegt am linksseitigen Canale der Spitaler Wasserwerke in der Nähe der eisernen Gitterbrücke über die Lieser. In der Centrale befinden sich die Turbinen, die Dynamos und die zum Betriebe erforderlichen Nebenapparate.

Von den zwei Jonval-Turbinen erfordert die grössere bei einem Gefälle von 1·2 *m* 2·9 m^3 Wasser per Secunde. Dieselbe macht 28 Touren und beträgt ihre Leistung 36 *HP*. Die zweite kleinere leistet bei 50 Touren 25 *HP* und beansprucht bei einem Gefälle von 2 *m* 1·25 m^3 Wasser pro Secunde. Die beiden Turbinen arbeiten auf eine Transmission und von dieser auf die Lichtmaschinen. — Die Maschinenanlage besteht zur Zeit aus zwei parallelgeschalteten Siemens'schen Nebenschlussmaschinen (Type

*) Vrgl. Heft XXI 1894 S. 566.

n H 8), welche für eine Maximalleistung von je 100 Ampère bei circa 110 Volt gebaut sind. — Das Schaltbrett trägt ausser zwei, automatischen Ausschaltern und den Regulirwiderständen je 2 Ampère- und Voltmeter, ferner einen Erdschlussprüfer und endlich ein Alarmklingelwerk für den Fall, dass die Spannung 104 Volt übersteigen sollte.

Die Stromabgabe nach den Verbrauchsstellen geschieht in zwei Stromkreisen, von denen der eine zum Hauptplatze mit den anstossenden Strassen, der andere in die sogenannte Vorstadt geführt ist. Die Leitungen sind durchwegs oberirdisch und freiliegend und dürfte die gesammte Länge des Leitungsnetzes ungefähr 12 *km* betragen. Die öffentliche Beleuchtung besteht gegenwärtig in 36 Glühlampen zu 10 und 16 *NK*. Dieselben werden zum Theile von Candelabern und Consolen, zum Theile von hölzernen Masten getragen. Die Maschinen werden mit eintretender Dunkelheit in Betrieb gesetzt und bei Sonnenaufgang abgestellt. Mit Berücksichtigung der daraus resultirenden Brenndauer zahlt die Gemeinde einen Pauschalbetrag von 300 fl. jährlich für die gesammte öffentliche Beleuchtung. Unter gleichen Modalitäten zahlen die Privatconsumenten pro Lampe und Jahr:

Für eine 10 *NK*-Glühlampe 8 fl.
„ „ 16 „ „ 10 „

Die Zahl der in Wohnhäusern schaftsgebänden und Geschäftslocal lirten Glühlampen beträgt nahezu zwar sind dies gleichfalls Lampen 16 *NK*. Die Maschinen, welche während des Tages stille stand von nun an auch tagsüber zu Zw elektrischen Kraftübertragung i kommen und wird in allernächster einer Kraftübertragung in das Bra Anfang gemacht.

Ausser dieser grösseren Anl den sich in der Umgebung von S eine Anzahl kleinerer Lichtanlage hauptsächlich zur Beleuchtung i Etablissements dienen und die kurz angeführt werden mögen. V elektrisch beleuchteten Fabriken erwähnen: Die Holzstoff-Fabrik mit circa 200 Glühlampen, di Kunstmühle mit 70—80 Lampen, säge der Gebrüder Feltrinelli mit und 30 Glühlampen und die M von Prosper Waltl mit 17 Glühla hiezu erforderlichen Dynamomaschin sämmtlich durch Turbinen getrieb Mauthmühle dient als Motor ein Wasserrad ältester Constructio Dynamomaschine in der Holzwa von Eliomelly in Oberaich, welche Glühlampen speist, ist die einzige mit Dampf betrieben wird.

Der deutsche Verein zur Förderung des Wohles und d dung der Frauen

eröffnete am 7. d. M. den heurigen Cyklus der von ihm alljährlich veranstalteten wissenschaftlichen Vorträge, deren Ertrag bekanntlich zur Gründung eines deutschen Lehrerinnenheims in Prag verwendet wird, mit einem Vortrage des Dr. Johann Puluj, k. k. Professors an der deutschen technischen Hochschule, „Ueber die elektrische Induction". So wissenschaftlich auch dieses Thema dem äusseren Anscheine nach und so wenig anziehend es für ein zum grösseren Theile aus Damen bestehendes Auditorium zu sein scheint, so populär und leichtfasslich wusste es Prof. Puluj zu gestalten. In geschickter Erfassung der gegebenen Verhältnisse erklärte der Vortragende von vorneherein, er werde auf weitschweifige theoretische Erörterungen verzichten und sein Auditorium lieber an der Hand von Demonstrationen in das Wesen der elektrischen Induction einweihen. So hielt er denn auch keinen Vortrag im eigentlichen Sinne des Wortes, der dann durch Experimente ergänzt wurde, sondern seine Vorlesung setzte sich aus einer Reihe von Experimenten zusammen, die durch nebenbei gegebene Erläuterungen verständlich gemacht wurden. Nach einigen einleitenden Worten über das Wesen der Elektricität zeigte Prof. Puluj, wie Ströme durch geeignete Bewegung eines geschlossenen Leiters im magnetischen Felde der Erde entstehen und wies solch einer auf einen Wandschirm projicirt nadel nach; die elektrodynamisc kungen der Inductionsströme und schiedenartige Verwendung darunter Erglühen und Phosphoresciren ver Gegenstände in Vacuumröhren, die des Transformators, das Schm Drähten, die Regulirung der Lic bei den elektrischen Glühlampen zeigte der Vortragende ebenso ge die schönen Erscheinungen in den Puluj'schen Radiometern und ga lich eine kurze Erklärung der des Telephons. Speciell die hie nommenen Demonstrationen wa interessant: Der Nachweis des U von einer Telephonleitung auf d in Folge der gegenseitigen Indu deutliche Uebertragung des Sing fens, Violinspielens und Trompe aus einer ziemlich entlegenen des Hauses — der Vortrag Hörsaale des Prof. Puluj in nischen Hochschule statt — wo sondere das Schlussexperiment gr resse erregte, nämlich die „sichtb übertragung", indem durch ein Telephon befestigte Seifenlamelle wellen auf einen Wandschirm pro die Trompetentöne auf demselben massen angezeichnet wurden. Prof. Puluj schloss seinen Vortrag mit etwa folgenden Worten: „Wir haben heute Gelegenheit gehabt, viele Erscheinungen zu sehen. Wie ein rothes Band zieht sich durch dieselben das Gesetz der Erhaltung der Energie. Wir sind im Stande, eine Energie umzuwandeln, z. B. mechanische in elektrische, wir können verschiedene Aenderungen mit ihr vornehmen aber wir können sie nicht zerstören. Und das ist das grosse Princip, welches erst in unserem Jahrhunderte erkannt wurde und welches jetzt so vielfach angewendet wird. Aber schon im Jahre 1636 hat Cartesius dieses Princip ausgesprochen: „Gott hat in der Welt eine bestimmte Menge von Materien erschaffen und eine bestimmte Menge Energie und der Mensch ist ebensowenig im Stande, die Materie zu vernichten, wie er nicht im Stande ist, die Energie zu zerstören." Man kann, wie gesagt, Materie wohl umwandeln, z. B. 1 *kg* Eis in 1 *kg* Wasser, dieses in 1 *kg* Dampf, diesen in Knallgas, Sauerstoff und Wasserstoff u. s. w., und wenn man einen elektrischen Funken durchgehen lässt, so kann man wieder die Rückverwandlung vornehmen und wieder bis auf's Eis kommen. Aber vernichten kann man die Materie nicht und ebensowenig jene Bewegungsformen. Ich schliesse mit dieser kurzen Bemerkung, um die Bedeutung dieses grossen Gesetzes nochmals hervorzuheben." Lebhafter Beifall lohnte Prof. Puluj nach seinen anregenden, nahezu zwei Stunden währenden Demonstrationen, die durchwegs tadellos gelangen.

Nachrichten aus Ungarn.

Projectirter Bau einer Strasseneisenbahn mit elektrischem Betriebe im Bereiche der Stadt Pressburg. (Concessions-Urkunde.) Der „Vasuti és közlekedési közlöny" Nr. 118 und 119 vom 3. und 5. October l. J. verlautbart den Wortlaut der der „Ganz'schen Eisenguss- und Maschinenfabriks-Actiengesellschaft" in Budapest (Filiale Leobersdorf bei Wien) und der Firma Lindheim & Comp. ertheilten Concessionsurkunde für ein im Bereiche der Stadt Pozsony (Pressburg) zu erbauendes Strasseneisenbahnnetz mit elektrischem Betriebe, und zwar für:

a) eine vom unteren Ende der Vitéz-utcza (Rittergasse) ausgehende, durch die Dunasor (Donauzeile) über den Haltér (Fischplatz), den Sétatér (Promenadeplatz), die Rósza-utcza (Rosengasse), den Vásártér (Marktplatz), den Nagy-Lajos-Platz, die Frigyes-föherczeg-utcza (Erzherzog Friedrichgasse), die Stefaniegasse und die Marczalgasse bis zum Hauptbahnhofe der Station Pozsony der Linien (Wien-) Marchegg—Pozsony—Budapest und Pozsony—Nagy-Szombat — (Tyrnau) — Galgócz — Lipótvár (Freistadtl)—Leopoldstadt)—Zsolna (Sillein) der kgl. Ungarischen Staatsbahnen, sowie der in deren Betrieb stehenden Marchthalbahn, das ist der Linie Pozsony—Dévény—Ujfalu (Theben—Neudorf)—Szakolcza (Skalitz) führende Linie;

b) für eine von der Linie *a*) am Vásártér abzweigende, über die Korház-utcza (Spitalgasse) und die Kereszt-utcza (Kreuzgasse) bis zum Bahnhofe der im Betriebe der kgl. Ungarischen Staatsbahnen stehenden Linie Pozsony—Szombathely (Pressburg—Steinamanger) führende Linie;

c) für eine von der Linie *a*) vom Vásártér abzweigende, über die Barossgasse und Jostigasse bis zur Donau-Dampfschifffahrts-Station führende Linie;

d) für die als Fortsetzung der Linie *a*) von der Vitéz-utcza bis zur Patronenfabrik führende Linie.

Die Linien sind mit einer Spurweite von 1 *m* auszuführen und der Oberbau mit 20 *kg* schweren Vignol-Stahlschienen herzustellen. Die Central-Stromerzeugungs-Station ist mit Trolley-Motoren einzurichten; die höchst zulässige Stromspannung ist mit 500 Volt bemessen. Die Dauer der Gesellschaft, mit dem Sitze in Pozsony, ist auf 50 Jahre bestimmt.

Die elektrische Untergrundbahn in Budapest macht grosse Fortschritte. In dem vom Oktogon bis zum Ende der Andrassystrasse reichenden Theile ist der Tunnel, in welchem die Waggons verkehren werden, bereits fertiggestellt, obwohl die Arbeiten erst Anfangs September begonnen haben. Es leidet keinen Zweifel, dass man die Bahn bis zur Millenniums-Ausstellung dem Verkehre wird übergeben können.

Budapester Strasseneisenbahn-Gesellschaft für Strassenbahnen mit Pferdebetrieb. (Umwandlung des gesellschaftlichen Betriebsnetzes für elektrischen Betrieb.*) Die Direction der Budapester Strasseneisenbahn-Gesellschaft ist bei der hauptstädtischen Communal-Verwaltung um Abhaltung einer politisch-administrativen Begehung ihrer Linien anlässlich der projectirten Einführung des elektrischen Betriebes, im Bereiche des gesammten gesellschaftlichen Betriebsnetzes eingeschritten und hat das diesbezügliche technische Elaborat bereits vorgelegt. Die hauptstädtische Municipalbehörde hat ferner beschlossen, mit der Direction der Gesellschaft im Interesse der Lösung der finanziellen Fragen, sowie auch zur Erledigung der Frage des Heimfallsrechtes in Verhandlungen zu treten und im Falle eines günstigen Resultates die im gegenseitigen Einvernehmen getroffenen Vereinbarungen der Generalversammlung des hauptstädtischen Municipiums (Gemeinderath) zur Ratificirung vorzulegen. Die Gesellschaft

*) Vergl. Heft XX 1894 S. 534.

des continuirlich gegenwärtigen Be-wandlung des Mo-eitungs- und Um-durchzuführen, ung der elektrische samtnetzes gleich-kann.

enbahn mit elek-von Budapest itisch - administra-chlusse an unsere 1894, S. 458 be-tember fand die chung einer von Ofen-Tabán) bis Strassenbahn mit t. Die von der begriffenen Staats-tér (Zollamtsplatz) ntegrirendes Glied stadtbahn - Gesell-mit elektrischem rungslinien ihres vom Vámháztér er im Anschlusse der grossen Ring-ailinie mit dem eitigen Betriebs-rbunden werden, für den II. und rten donaurechts-Promontorer Linie Personenverkehr, se der Approvi-für den Frachten-

(Ertheilung von ungar. Handels-anten im Sinne die Bewilligung Vorarbeiten für enbahnlinien er-

12. September, gy, dem Ale-Eugen Knebel on der Station ger) ausgehendes, yer'schen Eisen-m Bereiche der ptplatze aus sich verzweigendes elektrischem Be-Jahres. October Z. 60230, ektricitäts-in Budapest im nen die Bewilli-her Vorarbeiten dt Fiume zu mit elektrischem Jahres ertheilt. vom Scoglietto-Fiumaragasse,

dem Sca Via Adan Allesandr und weit strasse b Gemarku

Elel Wie die garische des Bu Julius Ja trische U zu betre schlusse elektrisch den; es betrieben Strassen den Tele Geschäfts Abonnem cessionär willigung ject zu gung — nächst Verwirkli auf sich

Elel mark. ortes Iglo berichtet leuchtung Nachbars eines El wurden d und rasch Stadt ber beleuchte leuchtung zahlreiche die sofor lichen In Die Erric trischen Kosten u

Ung Gesellsc eine Direc stattgefun Director im ersten zu verzeic Centrale stattete. „E. T. werthen 12. Octo verlegt, schlossen stallatione 1,822.300 Anzahl gleichkom

Die Zahl der angeschlossenen Bogenlampen beträgt 685, die der Motoren 37 Stück von zusammen 58 *PS.* Im Vergleiche zu der Entwicklung von elektrischen Centralstationen in anderen in- und ausländischen Hauptstädten, sofern dieselben gleichfalls nach dem Stande ihres erstjährigen Betriebsjahres beurtheilt werden, sind diese Daten sehr bemerkenswerth.

Neueste Patentnachrichten.

Mitgetheilt vom Technischen und Patentbureau, Ingenieur MONATH.

Wien, I. Jasomirgottstrasse 4.

Die Anmeldungen bleiben acht Wochen zur Einsichtnahme öffentlich ausgelegt. Nach § 24 des Patent-Gesetzes kann innerhalb dieser Zeit Einspruch gegen die Anmeldung wegen Mangel der Neuheit oder widerrechtlicher Entnahme erhoben werden. Das obige Bureau besorgt Abschriften der Anmeldungen und übernimmt die Vertretung in allen Einspruchs-Angelegenheiten.

Deutsche Patentanmeldungen.

Classe

21. E. 4214. Verfahren zur Veränderung der Umlaufsgeschwindigkeit mehrpoliger Elektromotoren. — *J. A. Essberger* Berlin. 9./6. 1894.

39. J. 3248. Verfahren zur Herstellung eines zur Bereitung von Fahrstrassen-Asphaltpflaster und als Umkleidung isolirter Drähte für Kabel etc. geeigneten Materiales. — *Carl Jost*, Frankfurt a. M. 15./1. 1894.

48. S. 8063. Elektrolytisches Verfahren zur Herstellung von Metallpulver. — *Joseph Sachs*, New-York. 26./6. 1894.

14. D. 6190. Elektromagnetisch beeinflusste Ventilsteuerung für Kraftmaschinen. — *Annuthe Décombe*, Bordeaux und *Pierre Lamena*, Panillac. 26./2. 1894.

21. H. 14.849. Maschine zum Einbringen der wirksamen Masse in Elektrodengitter für elektrische Sammler. — *Paul Höfchen*, Berlin. 18./6. 1894.

" J. 3252. Bogenlampe. — *William Jandus*, Cleveland. 22./1. 1894.

" W. 9925. Elektrodenplatte für elektrische Sammler mit Schutzdecke zur Verhinderung des Abfallens der wirksamen Masse. — Dr. *Jacob Wershoven*, Neumühl-Hamborn. 2./4. 1894.

31. G. 9162. Vorrichtung zur Herstellung von Blei- oder Zinkstreifen. — *Carl Günther*, Kaiserslautern. 17./8. 1894.

21. D. 6180. Selbstthätiger Gesprächszähler für Fernsprechanlagen. — *Aug. Deidesheimer*, Neustadt. 21./2. 1894.

" K. 12.106. Stromschliesser mit zwei Druckknöpfen. — *Herbert Vivian Keeson*, London. 10./9. 1894.

" L. 8914. Verfahren, die Gangunterschiede von Pendelpaaren an Elektricitätszählern festzustellen. — *Carl Liebenow*, Hagen. 2./6. 1894.

" M. 10.518. Verfahren zur Erzeugung eines vollkommen luftleeren Raumes in Glühlampen. — *Arturo Malignani*, Udine. 10./2. 1894.

" R. 8750. Aufzugswinde für elektrische Bogenlampen. — *Hermann Rentzsch*, Meissen. 30./4. 1894.

40. Rotirende Elektrode. — *Henry, Alonzo House sen.* & *Henry Alonzo House jr.*, *East Cowes* und *Robert Rintoul Simon*, London 20./8. 1894.

Classe

83. A. 3975. Elektrische Uhrenaufziehvorrichtung mit Stromschliesser und Stromunterbrecher. — *C. Arnold*, Hamburg. 23./7. 1894.

21. A. 3975. Ausführungsform der in der Patentschrift 45.217 beschriebenen Pendelregelungsvorrichtung bei Elektricitätszählern. — Dr. *H. Aron*, Berlin. 24./7. 1894.

" A. 4000. Vorrichtung zur Verhütung falscher Angaben an Elektricitätszählern mit Differentialwerk. — Dr. *H. Aron*, Berlin. 14./8. 1894.

" C. 5048. Thermo-elektrische Säule. — *Harry Barringer Cox*, Hartford. 17./4. 1894.

" T. 7737. Typendrucktelegraph. — *Robert Ashworth Fowden*, Philadelphia. 21./8. 1894.

" J. 3224. Fernsprechstelle mit selbstthätiger Gebührenerhebung. — *N. Jacobsen*, Christiania. 11./12. 1893.

" K. 12.015. Selbstthätiger Wecker für Fernsprechanlagen. — *Chr. Hugo Krützfeldt*, Kiel. 13./8. 1894.

" L. 9066. Trockenelement. — *V. Ludvigsen*, Copenhagen. 30./8. 1894.

" N. 3227. Kohlenstab für elektrische Bogenlampen. — *Niewerth & Cie.*, Berlin. 9./7. 1894.

" S. 7971. Hilfsausschalter an Unterbrechungsvorrichtungen für elektrische Ströme. — *Siemens & Halske*. 18./5. 1894.

" Sch. 9036. Elektrische Bogenlampe. — *Carl Schleyder*, Tabor. 31./7. 1893.

45. P. 6964. Elektrische Anzeigevorrichtung für Fischangeln. — *Edward Poppowitsch*, Brooklyn. 3./7. 1894.

Deutsche Patentertheilungen.

Classe

20. 78.350. Elektrisch betriebenes Signalstellwerk. — *W. Fiedler*, Charlottenburg, vom 7./2. 1894 ab.

" 78.427. Schaltvorrichtung bei elektrischen Bahnen mit Theilleiterbetrieb. — *E. Langen*, Köln a. Rh., vom 11./3. 1894 ab.

21. 78.311. Elektromotor mit auf einem verschränkten Zapfen der Triebwelle drehbar gelagertem Scheibenanker. — *J. M. Haffie*, Dalshannon-Cottage, vom 26./5. 1892 ab.

Classe

21. 78.313. Wechselstromtriebmaschine. — *Elektricitäts-Actien-Gesellschaft vorm. Schuckert & Co.*, Nünberg, vom 11./11. 1892 ab.

„ 78.338. Hahnfassung für elektrische Glühlampen. — *Ph. Seubel*, Berlin vom 30./11. 1893 ab.

„ 78.354. Selbstthätiger Umschalter für Bogenlampen. — *A. Chesler & J. J. Rathbone*, London, vom 25./2. 1894 ab.

„ 78.456. Fernsprechanlage ohne Vermittelungsamt. — *C. Bonnard* & Dr. *F. A. Pial*, vom 17./12. 1893 ab.

42. 78.320. Phonograph mit Einrichtung, die Membranspannung verändern zu

Classe

können. — *Ch. A*
vom 1./8. 1893 ab.

48. 78.361. Elektrolyti
Erzeugung von Dra
Sanders, Eastbourne

49. 78.445. Vorrichtung
Metall überkleideter
trische Leitungen. —
Berlin, vom 22./4.

74. 78.326. Einrichtun
Fernübertragung v
— *J. Calten*, An
1893 ab.

LITERATUR.

Polytechnische Bibliothek III. Severin Weiler-Dynamomaschine. Magdeburg 1894. Faber'sche Buchdruckerei. In dem Buche beschreibt Herr Clem. Severin eine Dynamomaschine zu 45 Glühlampen, welche er nach den von Herrn Professor Weiler gegebenen Regeln und Anweisungen verfertigte, und die dazu gehörige Lichtanlage. Im Anhange fügte Prof. Weiler die Berechnung zweier kleiner Dynamomaschinen und eines Elektromotors zu 10 *mkg* hinzu.

Der praktische Elektriker. Populäre Anleitung zur Selbstanfertigung elektrischer Apparate und zur Anstellung zugehöriger Versuche nebst Schlussfolgerungen, Regeln und Gesetzen. Mit 350 in den Text gedruckten Abbildungen von Professor W. Weiler. Zweite vermehrte und verbesserte Auflage. Leipzig 1893. Verlag von Moritz Schäfer.

Das Buch enthält eine Anleitung wie man sich elektrotechnische Apparate mit einfachen Hilfsmitteln verfertigen kann; dabei ist das ganze Gebiet der Elektrotechnik berücksichtigt. Bei den Erläuterungen finden sich jedoch häufig Stellen, welche der Fachmann nicht billigen kann, und welche den Anfänger irreführen. So wird z. B. bei der Beschreibung des Kupfer-Voltameters pag. 116 von einer elektromotorischen Kraft der Polarisation gesprochen. Bei Besprechung der Spannungsmesser findet man auf pag. 155 die Stelle: „Füllt man den beschriebenen Tangenten-Ring (1 Amp. bei 45° Ausschlag) mit sehr feinem, seideisolirtem Kupferdraht so auf, dass der Widerstand des Ringes 100 Ohm beträgt, so entspricht einem

Nadelausschlag von 45°
von 10 Volt." Wie vi
wählen soll, ist nicht g
Nach keiner der N
„Eichung" der Voltme
geben sind, könnte
aichen, dessen Bereich
hydroelektrischen Eleme
Capitel über Beleuchtun
im Abschnitte e, welche
handelt, findet sich
welcher Lampen in
zeichnet sind, wobei ne
Rheostat angebracht ist
Umschalters anstatt der
werden kann. In der
pag. 209 und 210 gesa
in einer Beleuchtungsan
nur einige Lampen an
Elektricitätsquelle nicht
ändern, so lässt man ei
Leitung fliessen, der imst
zu speisen, schaltet ab
Lampe einen Rheostate
ein Stromwender mit
Strom entweder in die
Widerstand schickt. .
verzehren zwar den St
allein sie sind anumg
ohne ihre Verwendung
an den Lampen, infol
Stromstärke, noch viel b
gesehen von der Ungl
leuchtung." Bei Bespr
schaltung der Glühlampe
behauptet, dass alle l
werden, wenn nur einer
Verfasser hätte sich auf
Theil allein beschränke

KLEINE NACHRICHTEN.

Elektrische Beleuchtung in Laibach. Die Frage der Einführung der elektrischen Beleuchtung wird demnächst im Gemeinderathe zur Entscheidung gebracht

werden, da der Vertr
Gasgesellschaft am 1. J
Zum Betriebe der Centr
kraft der Save in Aussich

diesem Zwecke eine etwa 22 km lange Leitung von Krainburg nach Laibach mit einem Kostenaufwande von 800.000 bis 900.000 fl. projectirt.

Elektrische Stadtbahn in Olmütz. Die Firma Lindheim & Comp. in Wien bewirbt sich seit längerer Zeit bei der Stadtgemeinde Olmütz um die Concession zur Anlage einer elektrischen Stadtbahn. Noch ehe dieses Ansuchen der Erledigung zugeführt wurde, hat sich eine zweite Baufirma gemeldet, welche gleichfalls die Errichtung einer elektrischen Stadtbahn in Olmütz anstrebt. Die Stadtgemeinde Olmütz ist daher in der Lage, zwischen zwei concurrirenden Baufirmen wählen zu können. Wie der „Elektro-T." mittheilt, soll der Firma Lindheim & Comp. von Seite der Stadtgemeinde eröffnet werden, dass dieselbe gegen die Anlage einer elektrischen Stadtbahn, welche vom Beamtenviertel, bezw. vom Stadtparke aus zum Bahnhofe führen soll, im Principe nichts einzuwenden hat, dass sie auch behufs Anlage der Bahn den öffentlichen Strassengrund zur unentgeltlichen Benützung für eine Reihe von Jahren einräumen will, dass sie aber mit Rücksicht darauf, dass das Erträgniss der Mauthgebühren auf der neuen Bahnhofstrasse bei Errichtung einer elektrischen Stadtbahn geschmälert werden wird, als Entschädigung für den Entgang der Mauthgebühren den jährlichen Betrag von fl. 2500 ansprechen werde. Was die Errichtung einer elektrischen Central-Anlage betrifft, soll der vorerwähnten Firma, welche auch diese Errichtung anstrebt, bekannt gegeben werden, dass die Stadtgemeinde nach Ablauf des Vertrages mit der Elektricitäts-Firma H. & M. Passinger sich die Errichtung einer elektrischen Centralstation selbst vorbehält.

Elektrische Localbahn Gmunden. (Betriebseröffnung.) Im Nachhange zu unserer diesbezüglichen Mittheilung im Hefte XVI 1894, S. 438 berichten wir, dass am 13. August l. J. die schmalspurige Localbahn mit elektrischem Betriebe von der Station Gmunden der Salzkammergutbahn in die Stadt Gmunden mit den Stationen Gmunden (Staatsbahnhof) und Stadtplatz Gmunden und den dazwischen gelegenen Haltestellen zum grünen Wald, Kraftstation, Rosenkranz, Stadtpark (Ausweiche), Parkstrasse, Hotel Bellevue und Postgebäude, dem öffentlichen Verkehre übergeben wurde. Den Betrieb auf dieser nur für den Personen- und Gepäcksverkehr eingerichteten Localbahn führt die Firma Stern & Hafferl in Wien.

Prager Tramway. Aus Prag wird berichtet: Bekanntlich strebt ein österreichisch-deutsches Banken-Consortium, an dessen Spitze die Oesterreichische Länderbank und die Zivnostenska Banka stehen, eine Transformation der Prager Tramway an, welche einer belgischen Gesellschaft gehört. Die Prager Tramway soll in ein rein österreichisches Unternehmen umgewandelt werden, wobei der Ausbau des Netzes unter gleichzeitiger Einführung des elektrischen Betriebes ins Auge gefasst wird.

Die Angelegenheit soll schon in der nächsten Sitzung des Stadtrathes in Verhandlung kommen.

Neue Telephonlinien. Am 1. d. Mts. wurde im Anschlusse an die bereits bestehende Telephonleitung Wien-St. Pölten eine neue interurbane Telephonlinie St. Pölten-Wilhelmsburg-Lilienfeld-Hainfeld in Betrieb gesetzt. Nebst den bei den Post- und Telegraphen-Aemtern Wilhelmsburg, Lilienfeld und Hainfeld errichteten Telephon-Centralen und den an dieselben angeschlossenen Abonnenten-Stationen wurden auch die bei dem Post- und Telegraphen-Amte in Traisen errichtete Telephonstelle, sowie die anlässlich des Ausbaues des Telephonnetzes in St. Pölten an die daselbst neu errichtete Centrale angeschlossenen Abonnenten-Stationen dem Verkehr übergeben. Die Sprechgebühr für die Stationen untereinander beträgt für ein Gespräch in der Dauer von drei Minuten 30 kr., die Sprechgebühr für den Verkehr dieser Stationen mit Wien für dieselbe Sprechzeiteinheit 50 kr. Zur selben Zeit wurde auch die interurbane Telephon-Linie Oedenburg-Wien und Oedenburg-Budapest eröffnet.

Bewilligung zur Vornahme technischer Vorarbeiten für eine Localbahn mit elektrischem Betriebe eventuell für eine Dampftramway vom Bahnhofe Königgrätz einerseits in die Stadt gleichen Namens und andererseits zu den Ziegelöfen bei Freihöfen. Das k. k. Handelsministerium hat dem Reichsraths- und Landtagsabgeordneten Wenzel Formánek in Königgrätz die Bewilligung zur Vornahme technischer Vorarbeiten für eine Localbahn mit elektrischem Betriebe eventuell für eine Dampftramway vom Bahnhofe Königgrätz einerseits in die Stadt gleichen Namens und andererseits zu den Ziegelöfen bei Freihöfen im Sinne der bestehenden Normen auf die Dauer von 6 Monaten ertheilt.

Laboratoire central d'électricité, 12 et 14, rue de Staël, à Paris. Organisation der daselbst errichteten Unterrichtsanstalt für angewandte Elektrotechnik. Das Laboratoire central hat zwei verschiedene Zwecke zu erfüllen: 1. Die Aichung und Prüfung von Apparaten auszuführen. 2. Eine Unterrichtsanstalt für angewandte Elektrotechnik zu sein. In ersterer Beziehung behält das Laboratoire die bisherige Organisation. In den Unterrichts-Cursen sollen die Ingenieure jene praktischen Kenntnisse erlangen können, welche sie bei dem gegenwärtigen Stande der Elektrotechnik bedürfen.

Zöglinge jeder Nationalität und beliebigen Alters können aufgenommen werden. Wenn sich dieselben aber nicht durch ein Zeugniss über die nöthigen Vorkenntnisse ausweisen, so haben sie eine Prüfung aus den folgenden Gegenständen zu bestehen: Elektricitätslehre, Mathematik, Mechanik und allgemeine Physik. Das Unterrichtsgeld beträgt 200 Frcs.; die Hälfte ist beim Eintritt, der Rest am 1. März zu entrichten.

Der Unterricht umfasst: einen Curs von 30—35 Vorträgen über Elektrotechnik, einen Curs von 20—25 Vorträgen über Messkunde, eine Reihe von Besprechungen über specielle Capitel, praktische Uebungen in der Elektrotechnik, Uebungen in der Werkstätte, Ausarbeitung von Projecten für elektrische Anlagen, Besuch von Fabriken und Centralstationen. Die Vorträge finden von 9—12, die Uebungen von 2—6 Uhr statt. Nach Beendigung des Unterrichts-Curses wird den Zöglingen eine Frist von 1—2 Monaten zur Ausarbeitung der ihnen gestellten Probleme gewährt. Die Prüfung wird im Sommer abgehalten und besteht aus zwei Theilen. Zunächst halten die Professoren eine Prüfung ab, hierauf eine vom Directions-Comité des [illegible] erwählte Commission, welche aus Mitgliedern der Société Internationale des [illegible] besteht. Die Zöglinge, welche die Prüfung bestehen, erhalten ein Diplom; die zu entrichtenden Taxen werden später [illegible] werden.

Die Vorlesungen können mit Zustimmung der Direction auch von anderen Personen gegen Erlag eines Unterrichtsgeldes von [illegible] Frcs. besucht werden. Die Mitglieder der [illegible] haben zu den Besprechungen Zutritt. Die Vorträge für das Jahr 1894/95 beginnen am [illegible], den 3. December.

Sprengungen mit elektrischer Zündung. Die General-Bau-Unternehmung der [illegible]-Regierung vollführt beim [illegible] ausgedehnte Sprengungen im [illegible] der [illegible] zur Herstellung von [illegible]. Nachdem sich bei diesen [illegible], welche mit elektrischer Zündung [illegible] werden, Schwierigkeiten [illegible], wurde die Firma **Siemens** [illegible] und der Professor der Elektro[illegible], Carl **Zickler**, mit der [illegible] an Ort und Stelle die zur [illegible] der [illegible] Schwierigkeiten er[illegible] Sprengungen zu pflegen.

Gesellschaft zum Baue von Unter[grund]bahnen in Berlin. Unter Führung [illegible] Elektricitäts-[illegible] und der Firma Ph. Holtz[mann] [illegible] in Frankfurt a. M. ist [illegible] Bank, Berliner Handels-[illegible] Bank für Deutschland [illegible] Landau, Delbrück, [illegible] eine Ge-

sellsch
(mit
gründ
I
600.0
absich
den B
zu ne
Erfah
striell
dense
biete
Direc
Baura
Eisen
Ober-
Holtz
I
wird
in de
such
die C
Ausst
Gewe
werd
Gesel
hatte,
hofe
Spree
grund
vorzu

I
liche
Stah
sch
tek
arbeit
1894,
Erlas
28.
sämm
Priva
Verk
I

züge
Ress
einer
entsp
wodu
abgel
I
veran
Vorg
welch
zeich
politi
men
Verfa
bahn
nach
gelad
den
geme
reich

[illegible] KARKIS. — Selbs[tverlag]
[illegible] & WENZEL, Buc[hdrucker]
[illegible] & Co. in Wien.

Zeitschrift für Elektrotechnik.

XII. Jahrg. 1. December 1894. Heft XXIII.

VEREINS-NACHRICHTEN.

Chronik des Vereines.

21. November. — Beginn der Vortrags-Saison 1894—1895. Discussion: „Zur Frage der Einführung elektrischer Bahnen in Wien“ eingeleitet von Herrn Hugo Koestler, Ober-Ingenieur der k. k. österr. Staatsbahnen.

Präsident Volkmer übernimmt den Vorsitz und heisst die Anwesenden Vereinsmitglieder anlässlich des Saisonbeginnes willkommen. Nach einer Aufforderung an jene Herren, welche während des Sommers Gelegenheit hatten, Neues und Interessantes auf elektrotechnischem Gebiete zu sehen, recht lebhaft und activ an den Vereinsvorträgen oder Discussionen theilzunehmen, frägt der Vorsitzende, ob Jemand diesbezüglich eine Mittheilung zu machen wünscht. Herr Ingenieur Ross bemerkt, dass es sehr wünschenswerth wäre, wenn regelmässig Referate über interessante elektrotechnische Neuheiten aus den deutschen, englischen, französischen und italienischen Fachjournalen hier stattfänden und stellt den Antrag, es möge dahin gewirkt werden, dass mehrere Herren sich in diese Aufgabe theilen; er für seine Person erklärt sich gerne bereit, ein solches Referat hinsichtlich der englischen Blätter zu übernehmen.

Der Vorsitzende dankt wärmstens Herrn Ingenieur Ross für diese mit Beifall aufgenommene Anregung und bemerkt, dass er diese Angelegenheit in der demnächst stattfindenden Ausschusssitzung auf die Tagesordnung setzen werde.

Hierauf ertheilt der Präsident Herrn Koestler das Wort zu seinem eingangs erwähnten Vortrage.

Nachdem der Vortragende kurz die neuesten Erfahrungen auf dem Gebiete des elektrischen Betriebes angeführt hatte, erinnert er an die Denkschrift, in welcher das vom Vereine zum Studium der Verkehrsfrage in Wien eingesetzte Comité sich für die schleunige Einführung des elektrischen Betriebes auf den bestehenden Strassenbahnen ausgesprochen hat; er erwähnte sodann des Umschwunges in der Meinung der Strassenbachfachleute, welche die Anwendung des elektrischen Betriebes als entschieden im öffentlichen Interesse liegend erklären, weil durch denselben nicht nur eine grössere Geschwindigkeit, sondern auch eine weit grössere Leistungsfähigkeit erreicht werden kann.

Als besonders erfreulich bezeichnete es der Vortragende, dass nunmehr auch der vom Stadtrathe zum Studium des elektrischen Betriebes bestellte Ausschuss sich rückhaltlos für denselben entschieden habe; den wegen Schaffung eines elektrischen Bahnnetzes in Wien gefassten Beschlüssen dieses Ausschusses müsse, so weit es sich um die Bestimmung der Verkehrslinien selbst, ferner die Verbindung der neuen Linien mit der Stadtbahn und den Hauptbahnhöfen, sowie die Einführung eines einheitlichen Betriebes und Tarifsatzes handelt, vollständig beigepflichtet werden.

Dagegen glaubt der Vortragende, dass gegenwärtig die Nothwendigkeit, die Radiallinien durch die innere Stadt und die verkehrsreichen Strassen der übrigen Bezirke unterirdisch oder als Hochbahnen zu führen, nicht besteht; in einzelnen der Generalregulirungsprojecte, besonders in jenem der Gebrüder Mayreder, ist in sehr glücklicher Weise gezeigt, dass die Durchführung von Parallelstrassen zu den heutigen Verkehrsadern in der inneren Stadt ganz gut möglich ist, und spricht Ober-Ingenieur Koestler die Ansicht aus, dass durch diese Parallelstrassen Bahnen im Strassen-Niveau geführt werden können, und dadurch nicht nur die Durchführung des Verkehrs durch die innere Stadt in einer billigen und dem Publikum zusagenden Weise, sondern auch die rasche Regulirung gerade der engsten und finstersten Stadttheile und eine bedeutende Werthserhöhung der Baugründe in denselben erreichbar wäre.

Dagegen sei zu fürchten, dass die Unterpflasterbahnen, welche wohl allein in Betracht kommen können, wegen ihrer Kostspieligkeit nicht so rasch zustande kommen werden, als dies im Interesse der dringend erforderlichen Verbesserung der Verkehrsverhältnisse in Wien nothwendig wäre; überdies ist auch die Verbindung dieser Unterpflasterbahnen mit den bestehenden Strassenbahnen eine schwierige Aufgabe, und schliesslich würde zweifellos das Publikum Niveaubahnen vorziehen, und es den Untergrundbahnen nicht leicht werden die Bevölkerung zu gewinnen.

Es müsse auffallen, dass in den in Rede stehenden Ausschuss-Beschlüssen keine Bestimmung über die für die elektrischen Bahnen zulässige Fahrgeschwindigkeit enthalten sei, und dass ferner der betreffenden Pferdebahnen keinerlei Erwähnung geschehe. Die Absicht, bei der Reorganisirung des localen Verkehres in Wien auf diese vorhandenen Verkehrsmittel keine Rücksicht zu nehmen, lasse sich durch das gegenwärtige Stadium des erbitterten Kampfes zwischen Pferdebahn und Gemeinde-Verwaltung erklären; da aber die Concession der Wiener Pferdebahn-Gesellschaft bis zum Jahre 1925 dauert und diese ihre Geleise dermalen in allen wichtigen Radialstrassen bereits liegen hat, müsse im Interesse der Bevölkerung gewünscht werden, dass diese Verkehrs-Unternehmung ihren nicht zu

rechtfer
verlasse
einen l
Stadt
die D
Commu
Verkeh
Vi
bahn-G
Grundl
freudig
nach s
den Ge
einer Re
es ist
suche
die den
einen g
die Un
Pferdeb
lich erl
Je
den Jal
frage
und m
kerung
nächste
endlich
richtun
in Wi
Bedürf
chende
In
beklag
das st
handlu
in Wie
lage
nomme
dem v
biete
den v
andere
(eventu
zu proj

*)
Entschei
präsidiu
treffend
Pferdeba
merksam
Heftes
**)
befindlic
Sitzung
das neu
***)

damit, dass unterirdische oder Hochbahnen unrentabel und unbeliebt sind und führt einschlägige Daten als Beweise seiner Ansicht an.

Ingenieur Klose gibt seiner subjectiven Meinung hierüber dahin Ausdruck, dass diese Entscheidung des Stadtrathes wohl darauf zurückzuführen sein dürfte, dass Projecte über derartige Anlagen bereits vorliegen.

Nachdem sich Niemand weiter zum Worte meldete, spricht der Vorsitzende dem Herrn Ober-Ingenieur Koestler, unter lebhaftem Beifalle der Anwesenden, für dessen interessante Mittheilung den Dank aus und schliesst hierauf die Versammlung.

ABHANDLUNGEN.

Ueber die mit vielplattigen Influenzmaschinen erzeugten elektrischen Condensatorschwingungen in ihrer Anwendung auf die sogenannten Tesla'schen Versuche.

Nach den Experimentalvorträgen des Geh. Hofrath Dr. A. TOEPLER in Dresden, berichtet von Dr. M. TOEPLER.*)

In der Sitzung der physikalischen Abtheilung der Naturforscher-Versammlung vom 27. September hat Prof. Dr. Toepler aus Dresden eine in verschiedenen Richtungen interessante Reihe von Experimenten mit einer 20plattigen Influenzmaschine vorgeführt, um den anwesenden Fachmännern die vielseitige Anwendbarkeit dieses Hilfsmittels und dessen besondere Eignung zu Beobachtungen auf dem Gebiete der sehr raschen elektrischen Schwingungen zu zeigen. Das Grundschema der Maschine, bekanntlich einer Erfindung des Vortragenden, ist schon im Jahre 1865 durch Abbildung und Beschreibung veröffentlicht, in der Fachliteratur aber lange Zeit wenig beachtet worden. Die späteren Ausführungen des Grundgedankes haben zu denjenigen Constructionsdetails geführt, welche seit den Beschreibungen vom Jahre 1879 und 1880 als bekannt vorausgesetzt werden können.**) Es ist neuerdings noch, um gewisse Störungen im Angehen der Maschine zu beseitigen, die Anordnung der sogenannten Vertheiler zweckentsprechend modificirt worden, auch sind alle Zwischenscheiben der Maschine mit Nebenconductoren (nach Holtz) versehen worden, wodurch die Intensität des Maschinenstromes für sehr hohe Polspannungen, die zuweilen erwünscht sind, erhöht wird. Die Trockenhaltung des Luftraumes im Maschinengehäuse geschieht nicht durch Erwärmung, sondern wie bei den ältesten Maschinen auf chemischem Wege, nämlich mittelst Schwefelsäure.

Begonnen wurden die Demonstrationen mit der Vorführung Hertzscher Versuche in neuer Form. Ein einfacher, gerader Resonanzstab, an dessen Ende sich ein vom Vortragenden construirtes ballistisches Elektroskop anschloss, wurde als Secundärleiter durch die im freien Raume (ohne Hohlspiegel) fortgepflanzten Wellen erregt; die Elektroskopwirkungen, welche weder der Beihilfe einer Zambonischen Säule noch der Spiegelablenkung bedurften, wurden durch Projection sichtbar gemacht. Mittelst

*) Der Berichterstatter, welcher an der Ausführung der mitgetheilten Experimente, in Gemeinschaft mit Herrn Dr. J. Freyberg in Dresden, betheiligt war, hat auf Wunsch der Redaction und mit Zustimmung des Vortragenden, seines Vaters, das Referat für die Zeitschrift für Elektrotechnik übernommen.

**) Vergl. Berl. Akad. Ber. Dec. 1879, pag. 961; insbesondere Elektrotechn. Zeitschr. Febr. 1880 und Oct. 1882; auch das Lehrbuch von Müller-Pouillet-Pfaundler, 9. Aufl. und G. Wiedemann, Lehre von der Elektricität 1893.

dieses einfachen und höchst übersichtlichen
tragende u. A., dass die Influenzmaschine k
Arten wirksamer Primärfunken liefert, welc
Verhalten gegen Luftströme und andere Einfl
nachgewiesen, dass Primärfunkenströme exis
sich völlig ausblasen lässt.

Da diese Experimente nebst den ang
physikalisches als elektrotechnisches Interesse
tragende ihre Mittheilung und Erörterung sic
von einer näheren Besprechung abgesehen.
Art von Experimenten, auf welche der Vo
Elektrotechniker von Interesse sein. Der
dass sich mit der 20plattigen Influenzmasc
Grunderscheinungen der sogenannt
demonstriren lassen, obwohl diese Maschine
beitsaufwand von etwa $\frac{1}{16}$ bis $\frac{1}{8}$ *HP* erfor
stration jedoch mit Benützung einer noch
sechzigplattigen Maschine, deren Arbeit
hatte der Vortragende bereits am 12. Juli der
„Isis" in Dresden vorgeführt. Da die Erörter
suche mehrfach zurückkamen und da diese le
Vollständigkeit in praktischer Hinsicht woh
dienen, so soll über sie im Nachfolgenden
berichtet werden, u. zw. unter Anlehnung a
Gesellschaft „Isis" bereits vorliegende Mitthei
einer technischen Fachschrift um so mehr
Naturforscher-Versammlung am 26. Septembe
suche in grosser Vollendung, allerdings mit
Wiener städtischen Elektricitätswerkes, von
worden sind. Vom praktischen Standpunkt
sein, zu wissen, wie sich die auf den bekann
schwingungen beruhenden sogenannten Te
zwar der Physik keine neuen Entdeckungen
aber Ausblicke auf neue Anwendungen de
gestalten, wenn man an Stelle der magn
maschine die bis jetzt technisch so wenig
beitsverwandlung benutzt.

Das Schema der von Prof. Toep
anordnung ist das folgende. (Vergl. nachsteh

Die von dem Influenzmaschinenstron
belegungen A^1 B^1 zweier Leydner Flaschen er
strecke *F* viele Mal in der Secunde. Bei der
mit Flaschen mittlerer Grösse leicht gegen 1
weite in der Secunde. Der dabei entstehen
Aussenbelegungen *A B* wird durch den Tran
Einrichtung später beschrieben wird. Theore
ansehen, als ob in dem nur durch die Glasc
unterbrochenen Leitercyklus *F a b D e d F* w
eines jeden Funkens ein Wechselstrom mit a
angebbarer Frequenzzahl circulirt.

Ein Hauptvortheil der Anwendung d
Demonstration besteht nun darin, dass sie
hochgespannten Hochfrequenz-Wechselstrom
sowohl auf niedrigere als auf viel höhere S
kann.

Weitere Vorzüge liegen in den Symmetrieverhältnissen, die gerade hier leicht nachweisbar sind. Man erkennt sofort, dass bei der gleichmässigen Elektricitätszufuhr von $\pm El$ zu den Innenbelegungen A^1 B^1, wie sie der vielplattigen Influenzmaschine eigen ist, in der Aussenleitung *c D b* die Influenzelektricitäten (2. Art) der Aussenbelege fortwährend neutralisirt werden, so dass der Spannungszustand dieser Aussenleitung fast Null bleibt. Erst beim Ausbruch des Funkens in *F* entstehen starke Potentialdifferenzen in *c D b*, den oscillatorischen Bewegungen entsprechend.

Bei unsymmetrischer Anordnung entstehen, wie man leicht einsieht, einseitige statische Ladungen, welche erhebliche Störungen veranlassen können.

Der Funkenstrom *F* der Influenzmaschine bedarf übrigens, weil ihm die Aureolenbildung fehlt, der Beihilfe eines Luftgebläses oder der Zerreissung durch Einwirkung eines Magnetfeldes n i c h t. Vielleicht ist dieser Umstand an dem verhältnissmässig guten Gelingen der Versuche mit der Influenzmaschine wesentlich mitbetheiligt.

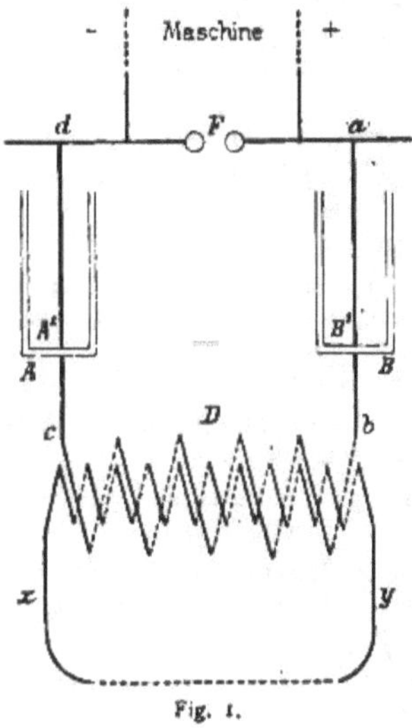

Fig. 1.

Dass der Ausgleich im Schliessungsbogen zwischen *A* und *B* in der That ein oscillirender ist, lässt sich folgendermassen zeigen. Wird in diesen Schliessungsbogen ein Geisslerrohr geschaltet, so zeigt dasselbe das sogenannte Kathodenlicht an b e i d e n Polen; dies erklärt sich daraus, dass bei rasch wechselndem Kathoden- und Anodenlicht an derselben Elektrode schliesslich nur das lichtstärkere und ausgeprägtere Kathodenlicht scheinbar continuirlich sichtbar wird.*) Im Gegensatze hierzu zeigt natürlich die einfache Rhumkorff-Entladung bei denselben Röhren einseitig Kathoden- und Anodenlicht getrennt.

Die im Folgenden zunächst beschriebenen Experimente beziehen sich auf gewisse Eigenthümlichkeiten, welche nur den hochgespannten, sehr rasch wechselnden Strömen eigen sind, welche übrigens nach den theoretischen oder praktischen Untersuchungen verschiedener Physiker schon

*) Diese Erscheinung bei Oscillationen ist bekanntlich von E. W i e d e m a n n und E b e r t genauer untersucht worden.

früher theils bekannt, theils vorherzusehen waren. Eine besonders tante Eigenschaft rasch wechselnder Ströme besteht z. B. darin, das selben häufig den Weg durch schlechte Leiter oder gar Nichtleiter jenigen durch sehr gute Leiter anscheinend vorziehen; dies zeigt folg Versuch, der sich den analogen Tesla'schen und E. Thomson' Experimenten anschliesst.

(Schluss folgt.)

Zur Frage der elektrischen Strassenbahnen.

(Schluss.)

Die Oekonomie des Systemes und die Kostenaufstellun

Hierüber kann der Referent — wie schon Eingangs erwähnt wu nur in beschränktem Maasse Mittheilungen machen.

Die bei dem elektrischen Betriebe angewendeten Geleise, kos der Regel 25.000 bis 30.000 Frcs. pro Kilometer einfachen Geleises je dem Schienenprofile und der Art der Verlegung des Oberbaues. die Wagen schwer sind und bei starkem Verkehre, kann der Preis 32.000 bis 33.000 Frcs. pro Kilometer betragen.

Bei den Luft- und Rückleitungen im Allgemeinen kann nommen werden, dass:

1 *km* einfachen Geleises mit Holzmasten und Querdrähten, irdischer Speiseleitungen, mit einem Leitungsdrahte von 8 *mm* I messer, Verbindungsdrähten von 9 *mm* an den Stössen, inclusive Auf und Wiederherstellen des Pflasters zwischen 6750 bis 11.100 Frcs.

1 *km* doppelgeleisiger Strecke würde unter denselben Beding 11.050 bis 18.600 Frcs. kosten.

1 *km* Luftleitung mit Holzmasten und eisernen Armauslegern fertig gestellt 6150 bis 9600 Frcs.

1 *km* Leitung mit Rosetten und Querträgern kostet 5900 bis 930 für eine eingeleisige und 10.950 Frcs. für eine doppelgeleisige Bahn

1 *km* Leitung mit eisernen Masten aus Gitterwerk und Querd kostet 12.200 bis 14.700 Frcs. für ein einfaches und 17.200 Fr ein doppeltes Geleise.

1 *km* Leitung mit Masten aus Stahlröhren und Querdrähten 15.500 bis 18.000 Frcs. für eine eingeleisige und 20.500 bis 23.50 für eine doppelgeleisige Bahn.

1 *km* Leitung mit Masten aus Stahlröhren und Armauslegern 12.500 bis 15.000 Frcs. für das einfache und 17.500 bis 22.00 für das Doppelgeleise.

Demgemäss betragen beispielsweise die wirklichen Anlagekoster eingeleisigen Linie mit zwei Ausweichungen pro Kilometer für das Le materiale und Schutzvorrichtungen 2700, Weichen und Kreuzunger Masten 7200, Speiseleitungen 2500, Stossverbindungen 1500, schiedenes 100, in Summa 14.300 Frcs.

Für eine doppelgeleisige Bahn in West-Europa mit Masten aus röhren und Armauslegern bei unterirdischer Speiseleitung hat das meter Doppelgeleise 41.950 Frcs. gekostet.

Bei einer gleichen Anlage in Süd-Europa mit Masten aus Stahlröhren, Querdrähten und oberirdischer Speiseleitung hat die Leitungsanlage pro Kilometer 40.800 Frcs. gekostet.

Diesen Angaben können wir folgende Anlagekosten von unterirdischen Leitungsanlagen gegenüberstellen:

Blackpool: 43.750 Frcs. pro Kilometer einfachen Geleises. (Unterirdische Leitung und Rückleitung durch die Schienen.)

Budapest: Ueber 100.000 Frcs. pro Kilometer. (Unterirdische Doppelleitung.)

Auf die Kosten der Maschinen und Apparate der Centralstationen können wir nicht näher eingehen, weil die Preise je nach der Art der Maschinen und Neben-Apparate und auch je nach den Firmen, welche dieselben bauen oder verkaufen, sehr verschieden sind.

Motorwagen-Untergestelle mit Radsätzen und Bremsen, jedoch ohne Motor und Transmissionen kosten ungefähr 1000—1200 Frcs. Motoren von 15 *PS* kosten mit der Uebertragung 2500—3000 Frcs.

Die „Controller" oder Regulatoren und die verschiedenen Neben-Apparate inclusive der Beleuchtungs-Vorrichtung kosten 1200—2200 Frcs.

Hinsichtlich der

Anlagekosten

führen wir das Folgende an:

Ueber den *Accumulatorenbetrieb* dürften genaue Angaben hinsichtlich der zur Zeit bestehenden Einrichtungen nur einen relativen Werth haben. Die Kosten der mechanischen Ladevorrichtungen schwanken je nach der Anzahl und Grösse der Batterien zwischen 500 und 1000 Frcs. Abgesehen von den Batterien kostet die elektrische Ausrüstung der Wagen ungefähr denselben Preis wie bei den Systemen mit ober- oder unterirdischer Stromzuführung.

Der Preis der Accumulatoren selbst schwankt zwischen 1·50 und 2 Frcs. pro Kilogramm inclusive Behälter, Isolatoren etc.

In Bezug auf die Anlagekosten sind die Vortheile des Accumulatorenbetriebes um so bedeutender, je länger die Linien und um so geringer, je stärker der Verkehr.

Wir kommen nun zu den Anlagen mit

Luftleitungen.

Anlagekosten einer doppelgeleisigen Bahn in West-Europa.

8·8 *km* Länge, wovon 800 *m* eingeleisig sind. Die gesammte Geleiselänge inclusive Zufahrtsgeleise zur Kraftstation beträgt circa 18 *km*. Die Speiseleitungen sind unterirdisch angelegt. Die Stromleitung wird durch Masten aus Stahlrohren mit Armauslegern und Rosetten getragen. Die Gesammtleistungsfähigkeit der Maschinen der Centralstation beträgt 750 *PS*. Die Anlage gestattet einen jährlichen Betrieb von 1,000.000 Motorwagen- und 1,000.000 Beiwagen-Kilometer.

	Frcs.
Kraftstation incl. Fundamente der Maschinen und Apparate, incl. Gebäude	355.000
Sämmtliche Leitungen	352.600
Betriebsmaterial, 23 Untergestelle mit je 2 Motoren, Beleuchtungsvorrichtung für 21 Beiwagen, Beleuchtungsanlage des Depôts	466.000
Verschiedenes	10.000
Zusammen	1,183.600

Hiezu kommen noch: Grunderwerb, Gebäude, Erneuerung der Geleise etc.

Anlagekosten der elektrischen Strassenbahn in Marseil

Die Anlage ist für 700.000 bis 800.000 Wagen-Kilometer pro J berechnet. (Beiwagen werden nicht verwendet.)

	Frcs.
Geleise	360.000
Gebäude, Hof der Kraftstation, Kessel und Kamin	175.000
Dampfmaschinen und Dynamos (3 à 100 *PS*)	100.000
Luft-, Remisen- und Zufahrtleitungen	226.000
Betriebsmateriale, 18 Untergestelle mit zwei 15 *PS*-Motoren	220.000
Auslagen zum Schutze der Telephonleitungen	70.000
18 Wagenkasten, Werkstätte	149.000
Generalunkosten, Verwaltungsgebäude	145.000
Zusammen..	1,445.000

Kostenanschlag für eine Linie im südlichen Europa,

für welche die Einführung des elektrischen Betriebes beschlossen ist.

Länge der Bahn 10·100 *km*; Länge des einfachen Geleises 16·450 *k* Luftleitung; unterirdische Speiseleitungen; 2 Röhrenkesseln von 242 Heizfläche; 2 direct gekuppelte horizontale Verbundmaschinen mit Cond sation von 250—330 *PS*; 2 Mehrpolige Dynamos zu 215 Kilowatt; 27 schlossene und 27 Sommerwagen; Einrichtung von 27 Beiwagen; V richtung zur elektrischen Beleuchtung sämmlicher Wagen.

Die Einrichtung ist für 1,000.000 Motorwagen-Kilometer (Beiwa nicht inbegriffen) berechnet.

	Frcs.
Kraftstation	330.200
Leitung	167.550
Betriebsmaterial und Beleuchtung der Remisen	615.500
Sicherheitsvorrichtung zum Schutze der Telephonleitungen	18.750
Werkstätteneinrichtung, Generalunkosten, Bauleitung	183.240
Zusammen..	1,315.240

Anlagekosten der Züricher Trambahn.

Bahnlänge 4·6 *km*. Einfaches Geleise mit Ausweichungen.

Die Anlage ist für 470.000 Wagen-Kilometer pro Jahr berechnet.

	Frcs.
Kraftstation (Maschinen, Kessel, Dynamos und Accumulatoren-Batterie)	124.300
Luftleitung und Rückleitung (in der Stadt eiserne Masten, ausserhalb Holzmasten)	45.000
Rollendes Material, 12 Wagen mit je einem Motor von 15 Kilowatt	136.800
Verschiedenes	10.700
Zusammen..	316.800

Oberirdische Doppelrohr-Leitung.

Anlagekosten einer Bahn mit oberirdischer doppelte Rohrleitung (Frankfurt-Offenbach).

Die Anlage ist für 525.000 Wagen-Kilometer berechnet.

	1892—1893 Frcs.
Grunderwerb und Gebäude	190.000
Geleise und Concession, 6617 *m* einfaches Geleise mit 3 Ausweichungen	212.500
Stromleitung	72.500
Dampfmaschinen und Dynamos: 1 Maschine von 115 *PS*, 1 von 120 *PS* ohne Condensation, 4 Dynamos zu 150 Kilowatt	111.500
Betriebsmaterial: Wagenkasten, Motoren, Uebertragung u. s. w.	111.500
Betriebs-Utensilien	6.370
Bureau-Utensilien	2.520
Gesammtwerth.	706.890

Anlagekosten einer Bahn mit oberirdischer doppelter Rohrleitung (Vevey-Montreux).

Länge der Bahn 10·414 *km* eingeleisig mit Ausweichungen. Die Anlage ist für 550.000 Wagen-Kilometer berechnet.

	Frcs.
Grunderwerb und Verschiedenes	20.328·84
a) Bahnanlage: Geleise, Schwellen, Schienen u. s. w.	228.230·96
b) Leitungsanlage: Masten, Consolen, Röhren, Befestigungsmittel, Montirung der Leitung	128.957·92
c) Gebäude der Bahn: Depôt, Werkstätte u. s. w.	19.574·48
d) Telephon- und Signal-Vorrichtungen	1.005·60
e) Rollendes Material (12 Wagen)	94.000·00
f) Mobilar und Utensilien	5.462·95
Gesammt-Anlagekosten am 1. Jänner 1889	497.560·75

In Folge von Aenderungen, die an der Bahn vorgenommen wurden, Vermehrung des Betriebsmateriales u. s. w., betrugen die Anlagekasten am 1. Jänner 1894:

	Frcs.
Bahnanlage u. s. w.	543.118·92
Rollendes Material (23 Wagen)	167.805·59
Mobilar und Utensilien	7.661·72
	718.586·23

Tractions-Kosten.

Accumulatoren-Betrieb.

Trambahn von dem Haag nach Scheveningen. 10—12 Wagen, welche zusammen 36.000 *km* monatlich durchfahren. Fast ganz ebenes Terrain, wo die stärksten Steigungen 10 und 17 *mm* pro Meter betragen, aber viele Curven. Kohlenpreis 19 bis 20 Frcs. pro Tonne.

	Pro Wagen-Kilometer Centimes
Personal	8·74
Materialverbrauch: Kohlen, Oel, Fett, Putzbaumwolle u. s. w.	5·11
Unterhaltung und Erneuerung des Mechanismus der Wagen	2·15
der Maschinen und Kessel	0·67
der Ladevorrichtung	0·10
der Dynamos und des Schaltbrettes	0·28
der Accumulatoren	5·50
Zusammen	22·55

Diese Tractions-Kosten von 22·55 Centimes pro Wagen-Kilometer sind anscheinend ziemlich bedeutend; es muss jedoch berücksichtigt werden, dass es sich hier um 14 bis 16 Tonnen schwere Wagen handelt.

Betrieb mit Luftleitung.

In den im Norden Europas gelegenen Betrieben schwankt der Kohlenpreis (in die Kraftstation geliefert) zwischen 10 und 20 Frcs. pro Tonne; der Kohlenverbrauch pro Wagen-Kilometer zwischen 1·2 *kg* und 5 *kg* und die betreffenden Auslagen zwischen 1·68 und 6·5 Centimes, einer mittleren Ausgabe von 3·17 Centimes pro Wagen-Kilometer entsprechend.

Das zur Krafterzeugung und zur Unterhaltung der Kraftstation nöthige Personal kostet ungefähr 1·25 bis 2 Centimes pro Wagen-Kilometer; den gleichen Betrag kostet das Personal in den Remisen und den Werkstätten.

Die Unterhaltung der Luft- und Rückleitungen kostet im Allgemeinen zwischen 0·25 und 0·45 Centimes pro Wagen-Kilometer.

Betriebskosten von drei in Central-Europa gelegenen Ba

A. Bahn auf ebenem Terrain, 1500—1600 Motorwagen-Kil pro Tag.

B. Bahn auf ebenem Terrain und mit schwachen Steigungen 2000 wagen-Kilometer pro Tag.

C. Bahn mit hügeligem Terrain, Steigungen bis zu 4%, 3000 V Kilometer pro Tag.

	Pro Wagen-Kilometer		
	A.	*B.*	*C.*
		Centimes	
Unterhaltung der Gebäude und Remisen	0·3500	0·0000	0·037
" und Reinigung der Geleise	0·5050	0·7000	1·020
" der Luft- und Rückleitungen	0·3300	0·3425	0·310
" und Erneuerung der Maschinen und Dynamos	0·0800	0·0870	0·120
" und Erneuerung der Wagen (Löhne und Material)	4·4600	4·5310	5·150
Technische Leitung	1·2500	0·8350	1·170
Kohlen, Oel, Fett	2·7100	3·2200	3·310
Löhne der Maschinisten und Heizer	1·3750	1·3900	1·750
Beleuchtung und Heizung der Remise	0·0900	0·2800	0·100
Verschiedenes	0·9500	0·1650	0·000
	12·1000	11·5505	12·968

In diesen Zahlen sind die Löhne der Kutscher und Schaffner, sicherungen, Steuern, Abschreibungen und Unfälle nicht einbegriffen.

Betriebskosten einer Bahn im Norden Europas

fast vollständig auf ebenem Terrain, 2000 Wagen-Kilometer pro Ta zwar 1850 Motorwagen- und 150 Beiwagen-Kilometer. Kohlenpreis 19·5 pro 1000 *kg*. Schnellrotirende Maschinen mit Condensation.

Pro Wagen-Kilometer .... 13·679 Centimes

Die reinen Tractionskosten, d. h. die technische Leitung, die für die Kraftstation und die Remise und sämmtliche Reparaturen be ungefähr 9·35 Centimes pro Motorenwagen-Kilometer und 11·85 Ce pro Zug von zwei Wagen (ungefähr 1/4 mehr).

Betriebskosten der Tramway von Marseille.

55.000 bis 60.000 *km* pro Monat. Kohlenpreis 31·75 Frcs. pro

	April 1894	März 1894
Pro Wagen-Kilometer	31·65	33·80 Centimes.

Obgleich diese Angaben sich nur auf zwei Monate beziehen sprechen dieselben doch den durchschnittlichen Ausgaben bei Betriebe.

Betriebskosten der Tramway in Genua.

6000 Wagen-Kilometer pro Monat. Kohlenpreis 30 Frcs. die

	Pro Wagen-K
	Centim
Personal	12·6
Betrieb	12·7
Werkstätten und Remise	6·6
Materialien-Verbrauch	26·4
Zusammen.	58·5

Elektrische Bahn von Florenz nach Fiesole.

13.800 Wagen-Kilometer pro Monat. Kohlenpreis 30 Frcs. die Tonne. Sehr schwierige Terrainverhältnisse; Kohlenverbrauch $5^1/_2$ *kg* pro Wagen-Kilometer.

	Pro Wagen-Kilometer Centimes
a) Unterhaltung der Geleise, Material und Verschiedenes	6·00
b) „ der Luft- und Rückleitungen	1·80
c) „ der Wagen	12·80
d) Generalunkosten	30·59
e) Betrieb und Beleuchtung	7·10
Zusammen..	58·29

Kostenanschlag von der Elektricitäts-Gesellschaft für den Betrieb des im südlichen Europa gelegenen Bahnnetzes aufgestellt und garantirt, dessen Anlagekosten Seite 600 angegeben worden sind.

Die Bahn liegt in hügeligem Terrain; es kommen Steigungen von 15 bis zu 60 *mm* pro Meter vor. Tägliche Anzahl von Wagen-Kilometern 2000. Kohlenpreis 28 bis 30 Frcs. pro Tonne. Direct gekuppelte Maschinen mit Condensation.

		Centimes
Direction		1·115
Erzeugung der Betriebskraft	*a*) Löhne	1·312
	b) Materialverbrauch	4·899
Zugkosten der Wagen		0·831
Unterhaltung und Reparatur des rollenden Materials	*a*) Löhne	2·411
	b) Material	1·815
Unterhaltung der Maschinen und Kessel		0·590
„ der Luft- und Rückleitungen		0·432
Unvorhergesehene Auslagen		0·582
Zusammen..		13·987

In den Preis sind nicht inbegriffen: die Unterhaltung und Reinigung der Wagenkasten, die Löhne der Kutscher und Schaffner, der Verwaltungsrath, die Steuern, Taxen und Versicherungen, die Fahrscheine, die Unterhaltung der Gebäude, Unfälle und Schäden und die Kosten der Beiwagen.

Betriebskosten der elektrischen Bahn in Zürich.

Luftleitung mit einer Accumulatoren-Batterie in der Kraftstation. 1260 Wagen-Kilometer pro Tag, Kohlenverbrauch 1·4 Kilo pro Wagen-Kilometer, Kohlenpreis 30 Frcs. pro Tonne. Schwieriges Terrain.

	Centimes
Verwaltung und Direction	2·78
Erzeugung der Betriebskraft: Kohlen und Löhne	8·42
Tractionskosten	5·25
Unterhaltungskosten	7·60
Verschiedenes und Abschreibung	3·26
Zusammen..	27·31

Tractionskosten-Garantie, welche für den im westlichen Europa gelegenen Betrieb

dessen Anlagekosten Seite 599 angegeben wurden, von der Baugesellschaft gewährt worden ist. Kohlenpreis 15 Frcs. pro Tonne.

	Jährliche Leistung der Motorwagen in Kilometer.				
	800.000	850.000	900.000	950.000	1,000.000
Pro Wagen-Km. rund Centimes	12·40	12·00	11·75	11·45	11·25

Doppelte oberirdische Rohrleitung. Betriebsk der elektrischen Bahn von Frankfurt nach Offe

Betriebskosten pro Wagen-Kilometer.

	1889—1890	1890—1891	1891—1892	1892
Centimes	30·568	30·762	30·772	30
Anzahl der durchfahrenen Kilom.	519.770	522.360	523.430	516

Betriebskosten der elektrischen Bahn von Vevey Montreux.

Oberirdische Doppelleitung. Die elektrische Betriebskraft wird Turbinen erzeugt. Mässige Steigungen. Jährliche Leistung 545.406 Kilometer.

Geschäftsjahr 1893.	Pro Wagenki Centime
I. Generalunkosten.	
a) Personal	2·555
b) Diverse Auslagen	0·377
II. Unterhaltung und Beaufsichtigung der Geleise.	
a) Personal	1·477
b) Unterhaltung und Erneuerung	4·424
c) Diverse Ausgaben	0·251
III. Betrieb.	
a) Personal	5·692
b) Diverse Ausgaben	0·424
IV. Zugdienst und Unterhaltung des Betriebs-Materiales.	
a) Personal	6·568
b) Unterhaltung und Erneuerung des rollenden Materiales	5·310
c) Material-Verbrauch	6·062
d) Diverse Auslagen	0·598
V. Diverse Ausgaben	1·457
Zusammen..	35·195

Betriebskosten der elektrischen Bahn von Montferrand Royat. Oberirdische Rohrleitung und Rückleitung durch die Schi Jährliche Leistung in Wagen-Kilometer 425,000. Sehr sch Terrain-Verhältnisse. Kohlenpreis 19 Frcs. pro Tonne.

Pro Wagen-Kilometer .... 51·950 Centim

Bevor wir schliessen, wollen wir noch einer sehr interessan blication des Herrn Rob. v. Reckenschuss über Strassenba Amerika erwähnen und speciell jenen Theil hervorheben, welc Concessionirung solcher Bahnen behandelt. Wenn wir hierüber uns vor Augen halten, so hat das seinen Grund darin, dass das Tem welchem dort von der Concessionirung an bis zur Inbetriebsetzu Strassenbahn vorgegangen wird, so sehr gegen jenes, wie man es liebt, verschieden ist. Man weiss jenseits des Oceans die Wic vollendeter städtischer Verkehrsmittel in hohem Grade zu schätz finden die Unternehmungen stets allseits grosses Entgegenkomme Formalitäten bei der Concessionirung einer Strassenbahn werden ordentlich rasch erledigt, und meist ist in einer amerikanischen St neue Bahn vollendet, ehe sie in Europa über das Stadium des Vorp hinausgekommen ist.

Die Gesellschaft, welche sich um die Erlaubniss zum Bau und E einer Strassenbahn bewerben will, muss vor Allem die notariell begl schriftliche Zustimmung der Eigenthümer von — dem Werthe n

*) In diesem Betriebe beträgt die Einnahme pro Wagen-Kilometer 41 Cen

mindestens der Hälfte jener Grundstücke erlangen, welche an die von der geplanten Linie durchzogenen Strassen grenzen. Gelingt es nicht, diese Erklärungen zu bekommen, was jedoch nur selten der Fall ist, so kann sich die Gesellschaft an das Obergericht, the Supreme Court, wenden, welches eine Commission ernennt, deren Aufgabe es ist, mit den Parteien zu verhandeln und ein endgiltiges Urtheil über die Zulässigkeit der neuen Bahn zu fällen. Das Concessions-Gesuch muss nebst den eben genannten Einverständniss-Erklärungen, bezw. der gerichtlichen Entscheidung, eine genaue technische Beschreibung der Bahn, die Namen der Gründer und jene der Directoren für das erste Jahr enthalten. Ferner ist die Höhe des Gesellschafts-Capitals anzugeben, und es ist der Nachweis zu erbringen, dass 10% des Capitales gezeichnet sind. — Die Dauer der Concession ist verschieden; sie ist entweder unbeschränkt oder erstreckt sich auf einen bestimmten Zeitraum. In manchen Staaten wird der Strassenbahn-Gesellschaft die Concession für eine Zeit von zwanzig Jahren ertheilt, nach deren Ablauf die betreffende Stadtverwaltung das Recht hat, die Bahn sammt allen zum Betriebe nöthigen Anlagen zu einem von unparteiischen Sachverständigen festzusetzenden Preise zu übernehmen; kauft die Gemeinde nach Ablauf der bestimmten Frist die Bahn nicht, so läuft die Concession weitere fünf Jahre, nach welchen die Stadt abermals das Uebernahmsrecht besitzt.

Amerika ist eben in diesem Zweige der Transporttechnik der alten Welt weit vorangeeilt. Sowie die Eisenbahnen im Laufe der zweiten Hälfte dieses Jahrhunderts eine grossartige Ausbildung und stets wachsende Bedeutung erlangten, so werden sich während der nächsten Jahrzehnte die Strassenbahnen, u. zw. jene mit elektrischem Betriebe, in den europäischen Städten entwickeln müssen. Die Erleichterung des Verkehres in den Städten ist für deren Aufschwung von derselben Wichtigkeit wie die Anlage von Eisenbahnen für das Wohl des Landes. Und wie sehr dies insbesondere für Wien gilt, wissen wir Alle.

Wien, im October 1894. Maximilian Zinner.

Telephon Wien-Berlin.

Die Arbeiten behufs definitiver Fertigstellung der Telephonlinie Wien-Berlin (Vergl. Heft XXI, 1894, S. 567) sind beendigt und fanden am 22. v. M. zwischen den staatlichen Organen in Wien und Berlin die ersten Sprechversuche statt, welche ein ziemlich gutes Resultat ergaben. Es wird bald gelingen, die kleinen Mängel zu beheben, so dass diese wichtige interurbane Linie in kürzester Zeit dem öffentlichen Verkehre wird übergeben werden können. Von informirter Seite kommen uns über diese grosse telephonische Anlage die nachstehenden Mittheilungen zu: Nachdem schon durch mehrere Jahre einzelne Grenztelephonverbindungen zwischen böhmischen und sächsischen Orten bestanden hatten, wurde seitens des deutschen Reichspostamtes im Frühjahre 1894 die Errichtung einer directen Verbindung zwischen den Hauptstädten beider Reiche in Antrag gebracht. Man ging hier sehr bereitwillig auf diesen Vorschlag ein und im August d. J. wurden in einer Conferenz, welche in Prag zwischen dem Staatssecretär Dr. v. Stephan und den Vertretern des österreichischen Handelsministeriums stattgefunden hat, die näheren Modalitäten dieser Verbindung vereinbart. Die geringen, für Telephonleitungsarbeiten hierzulande zur Verfügung stehenden Mittel haben die österreichische Verwaltung veranlasst, zunächst nur die Herstellung eines Stromkreises in Aussicht zu nehmen und diesen in möglichst billiger Weise herzustellen. Die Ausführung erfolgte demgemäss durch Zuspannen einer Leitung auf dem bestehenden Gestänge zwischen Wien und Aussig. Mit dieser Zuspannungsarbeit wurde im September d. J. begonnen. Man wird zugestehen müssen, dass diese Arbeiten verhältnissmässig sehr rasch durchgeführt worden sind, namentlich wenn man erwägt, dass dieselben mit namhaften Schwierigkeiten verbunden waren. Diese lagen namentlich darin, dass in der Strecke Wien-Prag bereits vier Drähte gespannt waren, daher die neu zu spannenden Drähte so tief zu liegen kamen, dass vielfach Auswechslungen von niederen Säulen gegen höhere erfolgen mussten, und zwar in einer Weise, dass hiedurch auch nicht die geringste Störung des bestehenden regen Telephonbetriebes erfolgte. Für die Zuspannung wurde, wie für alle längeren Leitungen, 4 *mm* starker Silicium-Bronzedraht verwendet. Der Anschluss der beiderseitigen Leitungstheile erfolgt in Peterswalde (Sachsen). Die Leitungslänge beträgt auf österreichischem Gebiete circa 430 km, auf deutschem Gebiete etwas über 200 km. Bezüglich des Betriebes wurde zwischen den beiden Staatsverwaltungen vereinbart, dass derselbe ganz so wie auf den österreichischen interurbanen Linien erfolgt. Für eine Gesprächszeiteinheit in der Dauer von drei Minuten wurde eine Gebühr von drei Mark = 1 fl. 80 kr. festgesetzt. Dringende Gespräche sind ebenso wie auf anderen interurbanen Linien zulässig und kosten gleichfalls das Dreifache der normalen Gebühr. Man darf wohl annehmen, dass sich in nicht allzuferner Zeit die Nothwendigkeit der Etablirung einer **zweiten directen Linie** herausstellen [illegible] denn bei dem regen Verkehre, der zwi[illegible] Wien und Berlin besteht, dürfte mit [illegible] einen Linie kaum das Auslangen gefu[illegible] werden. Der Sprechverkehr wird vorl[illegible] von Wien aus von der Centrale, den F[illegible] telephonämtern und den Theilnehmern [illegible] Staatstelephon, von Berlin aus von [illegible] Centrale und den staatlichen Filialär[illegible] stattfinden. In einem späteren Zeitpu[illegible] wenn erst das **Wiener Privatte[illegible] phon**, wie zu erwarten steht, in den B[illegible] der Staatsverwaltung übergegangen sein [illegible] dürfte auch der Anschluss des Privattelep[illegible] an die interurbane Linie Wien-Berlin a[illegible] werden.

Ueber Kugelblitze.

Herr F. Sauter, Professor am königl. Realgymnasium in Ulm a. d. Donau, hat seine beiden Abhandlungen zum Programme dieser Unterrichtsanstalt für das „Archiv für Post und Telegraphie" umgearbeitet. Unter Hinweis auf unsere einschlägigen Mittheilungen im Hefte III 1894, S. 73, entnehmen wir diesem Aufsatze das Nachfolgende.

Eine der merkwürdigsten und interessantesten Erscheinungen, die man in der Atmosphäre beobachten kann, ist zweifellos die Erscheinung eines Kugelblitzes, d. h. eines Blitzes, der in Gestalt einer feurigen Kugel wahrgenommen wird.

Der charakteristische Unterschied der Kugelblitze von den Zickzack- und Flächenblitzen besteht in ihrer Dauer, ihrer Geschwindigkeit und ihrer Form. Während, wie allgemein bekannt ist, der zickzackförmige, schmale, scharf gezeichnete Blitz und ebenso der oberflächlich mit unbestimmten Umrissen erscheinende Blitz nur einen Augenblick, und zwar meist weniger als $^1/_{1000}$ Secunde dauert, sind die Kugelblitze oft 1, 2, bis 10 u. s. w. Secunden, ja oft verschiedene Minuten lang sichtbar. Sie bewegen sich ziemlich langsam von den Wolken zur Erde, so dass das Auge deutlich ihren Lauf zu verfolgen und ihre Geschwindigkeit zu schätzen vermag. Ihre Bewegung kann mit dem Flug eines Vogels, dem Laufen eines Thieres oder dem Rollen einer Kegelkugel verglichen werden, und fast stets zeigten sie sich dem Beobachter in kugel- oder eiförmiger Gestalt. Gewöhnlich sind mit der Erscheinung der Kugelblitze starke elektrische Entladungen der Atmosphäre verbunden; nur selten wird von einem einzelnen Kugelblitz berichtet, dem andere Blitze weder folgten, noch vorangingen, [illegible] Begleiterscheinungen der Atmosphäre stets gewitterähnliche. Die übrigen Kennzeichen sind nicht stichhaltig. [illegible] die Kugelblitze vor einer Entladung, [illegible] nach einer solchen, zuweilen verschwinden sie spurlos, zuweilen explodiren sie unter starkem Knallen, das mit dem Geräusch eines [illegible] Flinten- oder Kanonenschusses, eines Schusses aus e[illegible] grossen Mörser oder aus 20, ja sogar [illegible] gleichzeitig abgefeuerten Kanonen vergli[illegible] oder von dem behauptet wird, dass noch ni[illegible] ein solch' schreckliches Krachen gehört w[illegible] sei. Oft folgen Kugelblitze den Dachkante[illegible] Häuser, manchmal dem Blitzableiter, [illegible] so oft, fast öfter, verzichten sie auf [illegible] artige Wegweiser und irren umher [illegible] jedes erkennbare Gesetz und Ziel. [illegible] Lichtstärke wird verschieden angegeben [illegible] scheint bisweilen nicht gross zu sein; [illegible] erscheinen sie mit einer rothen Fla[illegible] wie der Zünder einer Bombe, bald h[illegible] lassen sie einen Streifen hellen Lichtes [illegible] eine bei Nacht abgefeuerte Rakete. [illegible] Grösse wird mit einem Kinderball, [illegible] Hühnerei, der Grösse der Faust, [illegible] kleinen Kanonenkugel, einem Kinder[illegible] einem Mannskopf, einem Cricket-Ball, [illegible] Kanonenkugel grössten Kalibers, [illegible] Bombe, mit der Mondscheibe, der So[illegible] scheibe, einem kleinen Fässchen, einer T[illegible] sogar mit einem grossen Mahlstein [illegible] glichen. Bald drehen sich die Kugel[illegible] mit grösserer oder geringerer Geschwi[illegible] keit um sich selbst, bald schleudern [illegible] Flammen oder Funken nach allen Seiten [illegible] von sich, bald theilen sie sich in mehrere [illegible] Kugeln, sowohl in der Atmosphäre [illegible] als auch erst, nachdem sie auf dem [illegible] boden angelangt sind. Beim Durchs[illegible] der Atmosphäre sind sie oft von [illegible] starken Zischen begleitet, vielfach verb[illegible] sie in der Atmosphäre, in der Nähe [illegible] Erdbodens und besonders in den Hä[illegible] einen Schwefelgeruch, der zuweilen so [illegible] ist, dass den Menschen der Tod durc[illegible] sticken droht. Die Kugelblitze bewegen [illegible] in gerader, krummer oder wellenför[illegible] Linie, mitunter steigen sie wieder, nac[illegible] sie sich gegen den Erdboden hin ge[illegible] haben, in die Atmosphäre zurück, ohne [illegible] Erdboden erreicht zu haben, auch bew[illegible] sie sich in schräger Richtung in der [illegible] des Bodens über die Erdoberfläche [illegible] oder sie scheinen aus der Erde em[illegible] zusteigen. Eine der merkwürdigsten scheinungen, die man bei Kugelblitzen sehen kann, besteht darin, dass, nachdem die Kugelblitze den Erdboden erreicht haben, sie manchmal wie ein Gummiball mehrere Male auf- und abhüpfen. Manchmal dringen die Kugelblitze, trotz ihres Volumens, in sehr enge Oeffnungen ein und nehmen bei ihrem Austritte wieder ihr ursprüngliches Volumen an. Durch Thüren, Fenster, den Kamin, oder indem sie eine Mauer oder das Dach durchbrechen, dringen die Kugelblitze in die Wohnungen der Menschen ein, durchlaufen zuweilen mehrere Zimmer, um entweder zu zerplatzen, ganz geräuschlos zu verschwinden oder endlich wieder durch den Kamin, ein Fenster oder eine Thür ins Freie zu gelangen. Auf freiem Felde verschwinden die Kugelblitze oft in einem Bach, einem Sumpf oder in einer Schwemme. Manchmal scheinen die Kugelblitze einfach vom Wind davongetragen zu werden, in anderen Fällen stehen sie auf ihrer Bahn einige Augenblicke still. Die Wirkungen der Kugelblitze auf dem Erdboden und in den Häusern sind im Allgemeinen dieselben, wie die der gewöhnlichen Blitze, doch sind sie zuweilen von enormer Heftigkeit. Es kommt vor, dass der Boden von Kugelblitzen ganz durchfurcht und ausgehöhlt wird, und sehr oft werden die von ihnen getroffenen Gegenstände ausgebohrt oder durchlöchert, ohne dass jedoch immer die getroffenen Körper, Häuser, Thürme, Schiffe u. s. w. in Brand versetzt werden. Die Wirkungen der Kugelblitze auf den Menschen sind verschiedener Art: bald laufen die Kugelblitze unter Personen umher, ohne diese auch nur im Geringsten zu verletzen, bald versetzen sie ihnen, ohne sie zu berühren und ohne zu explodiren, mehr oder weniger heftige Schläge, zuweilen erzeugen sie leichte Verwundungen und haben in manchen Fällen schon den Tod von Personen herbeigeführt. Auch ein bestimmtes Land scheinen sie nicht zu bevorzugen; man besitzt eine Reihe von Beispielen von den verschiedensten Ländern, wie auch von hoher See. Sie scheinen auch an keine Jahreszeit gebunden zu sein; im Sommer, d. h. zur Zeit der Gewitter, sind sie etwas häufiger als in anderen Jahreszeiten, doch ist auch die Anzahl der im Winter aufgetretenen Kugelblitze relativ sehr gross. Am Tage scheinen sie häufiger vorzukommen als bei Nacht; doch mögen bei Nacht die nicht in die Häuser eindringenden Kugelblitze der Beobachtung vielfach entgehen.

Nach Allnard, dem Director des Observatoriums am Puy de Dôme, kann man nicht selten zur Zeit eines Gewitters Mengen kleiner Feuerkugeln auf den Rücken des Berges auffallen sehen.

Für alle aufrichtigen theoretischen Meteorologen wurde die Verlegenheit, in welcher sie sich der Erscheinung der Kugelblitze gegenüber befanden, um so grösser, je mehr die Meteorologie in den letzten Jahrzehnten bemüht war, den Forderungen einer exacten Wissenschaft gerecht zu werden. Da es weder in der Natur noch unter den physikalischen Experimenten analoge Erscheinungen gab, welche zur Erklärung der Kugelblitze hätten herangezogen werden können, so war die wissenschaftliche Untersuchung zunächst darauf beschränkt, überhaupt die Glaubwürdigkeit und den objectiven Thatbestand des Berichteten zu prüfen. Da jedoch die Glaubwürdigkeit der berichtenden Autoren, eines Arago, Babinet, Tait, Jamin u. A., meist über allen Zweifel erhaben war, so konnte nur die Frage entstehen, ob die unmittelbaren Beobachter, welche in der Regel keine berufsmässigen Forscher waren, vielleicht subjectiven Täuschungen anheimgefallen seien, d. h. ob die beobachteten Feuerkugeln nicht etwa das Ergebniss einer optischen Täuschung und vielleicht nur Nachbilder blendender Blitze waren. So sagt Prof. Dr. W. G. Hankel, der Herausgeber von Aragos Werk, in einer im IV. Bande, S. 45 gemachten Anmerkung, dass nach seiner Meinung die Kugelblitze, d. h. die feurigen Kugeln mit langsamer Bewegung, in Wirklichkeit nicht existiren, sondern nichts weiter als subjective Lichterscheinungen, als Blendungsbilder, sind, welche der vorhergehende Blitz im Auge zurückgelassen hat. Diese Ansicht scheint sich zum Theil noch bis in die neueste Zeit hinein bei einigen Gelehrten erhalten zu haben, hat doch Sir William Thomson in der Versammlung der British Association zu Bath im Jahre 1888 geäussert, dass er die Berichte über Kugelblitze für übertrieben und vielleicht nur für eine Folge optischer Täuschung halte. Gewiss wären diese Zweifel berechtigt, wenn die Beobachtungen immer nur von einer Person gemacht worden wären. Allein in den meisten Fällen wurden die Kugelblitze gleichzeitig von mehreren Personen gesehen, und es würde mindestens zu einem grossen psychologischen Räthsel führen, wenn man einfach alle Berichte damit beseitigen wollte, dass man sie für unglaubwürdig erklärte. „Wohin würden wir denn kommen," fragt Arago, „wenn wir alles leugnen wollten, was wir nicht leicht erklären können?" In der That ist auch von den meisten Meteorologen die Thatsache der Kugelblitze auf Grund der zahlreichen Berichte zugegeben und gelehrt worden, wenn gleichwohl sie alle bei dem Mangel einer endgiltigen Erklärung sich eines Gefühls der Unsicherheit und Verlegenheit nicht erwehren konnten.

Arago hat eine Reihe sehr anschaulicher Berichte über Kugelblitze gesammelt, denen von späteren Beobachtern weitere Beispiele hinzugefügt worden sind. Da es jedoch an einer vollständigen, sämmtliche bekannten Beispiele über Kugelblitze umfassenden Sammlung bisher fehlte, so hat der Verfasser es unternommen, eine solche aufzustellen. Die Sammlung enthält 213 möglichst ausführlich beschriebene Beispiele von Kugelblitzen; sie ist vom Verfasser als II. Theil der Programm-Abhandlung des Ulmer Realgymnasiums (1892) herausgegeben.

Die von verschiedenen Forschern, wie Arago, Du Moncel, De Tes-

…an, Abbé **Moigno**, **Hildebrandsson**, Graf **Pfeil**, **Suchsland**, aufgestellten Erklärungsversuche reichen viel zu sehr in das Gebiet der reinen Hypothese, als dass man näher darauf eingehen könnte. Dagegen scheint es dem französischen Physiker Gaston **Planté** in Paris (gest. am 24. Mai 1889 in Paris) gelungen zu sein, auf experimentellem Wege Erscheinungen hervorzurufen, welche in gewisser Weise als Analogon zu Kugelblitzen aufzufassen sind. **Planté** hat durch Versuche gezeigt, dass die ponderable Materie unter dem Einfluss einer mächtigen dynamischen Elektricitätsquelle die Kugelgestalt anzunehmen bestrebt ist. Diese Eigenschaft wurde zuerst an Flüssigkeiten nachgewiesen, indem dort leuchtende Flüssigkeitskugeln beobachtet wurden. Durch Vermehrung der Spannung ergaben sich sogar in der Luft, welche mit Wasserdampf vermischt ist, wirkliche Feuerkugeln.

Planté glaubte daher aus diesen Versuchen schliessen zu dürfen, dass auch die in der Natur vorkommenden Kugelblitze durch Elektricitätsströme erzeugt werden. Bei heftigen Gewittern, sagt **Planté**, bei denen in der Atmosphäre grosse Elektricitätsmengen vorhanden sind, können die Entladungen wie die eines mächtigen elektrischen Stromes von sehr hoher Spannung vor sich gehen, so dass der Blitz in Kugelgestalt erscheint, während bei weniger heftigen Gewittern der Blitz die geradlinige oder geschlängelte Form annimmt und mit den Funken einer gewöhnlichen Elektrisirmaschine verglichen werden kann.

Die Natur der Kugelblitze scheint dieselbe zu sein, wie diejenige, der in den oben erwähnten Versuchen erzeugten Feuerkugeln. Die Kugeln scheinen, nach **Planté**, aus glühender, verdünnter Luft und aus den bei der Zersetzung des Wasserdampfes gebildeten Gasen zu bestehen, welch' letztere sich ebenfalls in glühendem, verdünntem Zustande befinden.

Wenn auch eine Wasseroberfläche zur Erzeugung leuchtender elektrischer Kugeln nicht unbedingt nothwendig ist, da sich solche auch oberhalb einer metallischen Oberfläche ergaben, so erleichtert doch das Vorhandensein von Wasser oder Wasserdampf die Bildung oder ist bestrebt, ihnen ein grösseres Volumen zu geben, und zwar entsprechend der Anwesenheit der Gase, welche bei der Dissociation des Wassers in hoher Temperatur entstehen.

Auch scheint die feuchte Luft zur Erzeugung der Kugelblitze günstiger zu sein, und man hat sie oft theils auf überschwemmtem Boden (in Folge eines starken Regengusses), theils in einer mit Feuchtigkeit gesättigten Atmospäre beobachtet.

Die Farbe der Kugelblitze, welche wie diejenige der gewöhnlichen Blitze äusserst verschiedenartig ist, hängt, nach **Planté**, von dem Wassergehalte der Atmosphäre und von der in Betracht kommenden Elektricitätsmenge ab.

Wen…
Menge vo…
die Zers…
und der I…
Färbung …
stoff in v…
fliessen ei…
charakteri…
Wen…
eine verbi…
findet in g…
und Zers…
nimmt da…
verdünnte…
Die …
Nüancen …
verschied…
den verd…
Wasserda…
Durc…
oben erw…
Resultate…
Schlussfol…
Die…
entweder…
fluenz vo…
Elektricit…
diese Ele…
Menge vo…
selbst od…
säule, we…
sich dem…
gestalt, …
reicht od…
Luftschic…
Eine…
Kugelblit…
kranzblitz…
Punkt- od…
Erscheinu…
Lichtstral…
oder klei…
zackblitz…
Funken.
Planté …
gewöhnli…
linigen F…
blitze zu…
Da…
von Pla…
Secundär…
jedem ph…
stehen, …
übrigen…
ladungen…
so stellte…
auch die…
der Inf…
Lösung …
gelungen, …
kräftigen…
den Plant…
wandernd…
(Eine ein…
schen Ve…
schrift, V…
bis 490.)…
dass die…
den bishe…

ist, Analoga der Kugelblitze im Kleinen zu liefern. Diese Versuche dürften vielleicht geeignet sein, das Studium der Kugelblitze leichter verfolgen zu lassen, als es mit den grossartigen Planté'schen Vorkehrungen möglich ist.

Wenn auch eine endgiltige, unantastbare Erklärung der eben so merkwürdigen als seltenen Erscheinung der Kugelblitze bis jetzt nicht gefunden ist, so kann man jedenfalls dem Prof. Dr. L. Weber (Zeitschrift der deutschen meteor. Ges., 1885, S. 125) beistimmen, wenn er sagt, dass man sich vor der Hand damit begnügen müsse, die Existenzfrage der Kugelblitze auf Grund der Planté'schen (und neuerdings der v. Lepel'schen) Versuche sowie der zahlreichen Berichte zu bejahen und die speciellere Erklärung einzelner Formen der Erscheinung von weiteren Untersuchungen zu erwarten.

Schlussbemerkung.

Bei Berichten über Kugelblitzbeobachtungen, für deren Einsendung der Verfasser sehr dankbar sein würde, sollten womöglich folgende Punkte genau beachtet werden:

I. Genaue Zeitangabe der Erscheinung nach Eintritt und Dauer. Bei Kugelblitzen mit sehr langsamer Bewegung wird man die Bahn Secunde für Secunde angeben können. Die Angabe der Zeit, wann das Phänomen eintrat, dient dazu, um festzustellen, ob an anderen Orten etwa wahrgenommene ähnliche Erscheinungen zeitlich mit jener zusammenfielen, also eine allgemein verbreitete Neigung zum Eintreten von Kugelblitzen angenommen werden kann.

II. Beschreibung der Oertlichkeit. Wurde die Erscheinung im Freien oder in Gebäuden bemerkt? Befinden sich sumpfige Stellen oder Gewässer in der Nähe? Schien die Kugel dort herzukommen? Ist der Boden eisenhaltig? Wurden an derselben Stelle früher schon Kugelblitze wahrgenommen?

III. Der Weg des Kugelblitzes. Sah man ihn deutlich von der Wolke herabkommen? Hatte er eine horizontale Bahn und zog niedrig über den Boden hin? Ging er von der Erde aus nach oben? Welchen Weg schlug er etwa in Gebäuden ein? Welche Spuren hinterliess er und welche Zerstörungen wurden etwa angerichtet? Ging der Kugelblitz Metallen nach oder wurde seine Bahn nicht merklich dadurch beeinflusst?

IV. Aussehen des Kugelblitzes. Welche Form und Grösse hatte er? (Hier sind Zeichnungen sehr erwünscht.) Wie war seine Farbe? Hatte er eine Dunsthülle um sich? Verbreitete er fühlbare Wärme oder einen bestimmten Geruch? In welcher Weise verschwand er?

V. Witterungsverhältniss. Trat der Kugelblitz während eines Gewitters auf? Zeigte letzteres sonst Eigenthümlichkeiten? Wurde er am Beginn während der grössten Intensität oder gegen Ende des Gewitters wahrgenommen? Wurden mehrere Kugelblitze während des Gewitters gesehen, oder etwa auch Funkenblitze? Wie verhielt sich der Kugelblitz zum Donner? Wurden bei einem plötzlichen Donnerschlag (also nach einem gewöhnlichen Blitz) plötzlich Kugeln gesehen, oder donnerte es (kanonenschussartig?), als das Phänomen verschwand? Falls ein gleichzeitiges Gewitter nicht stattfand, ereignete sich ein solches vorher oder nachher und wie lange? War die elektrische Spannung der Luft bedeutend, und wodurch gelangte man zu dieser Ansicht? Wie waren der Luftdruck und die Temperatur? Welche Wolkenformen wurden wahrgenommen? Fiel Regen Schnee, Graupeln, Hagel, herrschte Nebel? Wurden St. Elmsfeuer gesehen und verschwanden diese mit dem Auftreten des Kugelblitzes oder begannen sie nun erst?

VI. Von welchen Personen wurde der Kugelblitz wahrgenommen? Hatten diese schon von solchen Erscheinungen gehört oder nicht? Erleichterte ein kurz vorhergegangener greller Blitz die Möglichkeit einer optischen Täuschung oder nicht? Wie lange nach dem Vorfall wurde zur wissenschaftlichen Prüfung des Thatbestandes geschritten?

Wirkung eines magnetischen Feldes auf den menschlichen Organismus.

Die industrielle Verwerthung der elektrischen Kraft gewinnt eine so weite Ausdehnung, dass eine Unzahl von Menschen, Arbeiter wie Ingenieure, immer wieder in die Wirkungssphäre eines mehr oder minder mächtigen magnetischen Feldes geräth, oder in dem Bereiche irgend eines Apparates zur Hervorbringung elektrischer Energie auch längere Zeit in einem solchen Felde verweilen muss. Können hieraus besondere Wirkungen auf den menschlichen Organismus entstehen und welcher Art mögen diese Wirkungen sein?

Die gründliche Beantwortung dieser Frage war das Ziel einer Reihe von durch die Herren Peterson und Kennelly durchgeführten Experimente, über deren Ergebniss ein Bericht in der Zeitschrift „L'Electricité vorliegt."

Die Resultate dieser Versuche sind für die in der Industrie thätigen Arbeitskräfte überaus beruhigend, denn sie gipfeln in der Erkenntniss der Wirkungslosigkeit magnetischer Felder auf den Organismus. Einige interessante Details der einschlägigen Untersuchungen mögen hier angeführt werden.

Die Experimentirenden unterwarfen auf dem Objectträger des Mikroskops gebrachte pulverisirte Blutkörperchen der Einwirkung eines magnetischen Feldes von 5000 Einheiten und constatirten, dass keinerlei Polarisation erfolgte. Auch frisches Blut zeigte im magnetischen Felde nicht die geringste Erscheinung von Polarisation, Bewegung oder Schwingung. Ein in einem Cylinder eingeschlossener Hund, welcher während fünf Stunden der Einwirkung eines magnetischen Feldes mit der Intensität von ein- bis zweitausend Einheiten ausgesetzt war, erschien nicht im geringsten angegriffen, ganz ebenso ein Kind unter den gleichen äusseren Bedingungen.

Bemerkenswerth war der Versuch mit der Einführung des Kopfes eines Menschen in ein mächtiges magnetisches Feld. Man konnte den Strom hemmen und wieder freigeben, ohne dass das betreffende Individuum

dies gewa
Empfindu
noch in
oder Seh
Wirkung
Serie der
stromfelde
ergab nur

Aus [illegible]
perimenti
den berec
liche Org
gegen die
dass die m
ströme we
haltene E
Blutes, d
Bewegung
wegungsn
einen wah

Aus Italien.

Die elektrische Beleuchtung von Toscanella. Am 8. August l. J. wurde die Anlage für die elektrische Beleuchtung von Toscanella der Oeffentlichkeit übergeben. Der Strom von [illegible]o *V* Klemmenspannung, der von einer Wechselstrom-Maschine der neuen Type Oerlikon erzeugt wird, wird zum Vertheilungspunkt durch eine ca. 1400 m lange Leitung geleitet.

Ein einziger Transformator wandelt die Spannung zu einer für die Glühlampen geeigneten um. Die Zahl der Primärleiter, welche zum Transformator gehen, beträgt zwei, die der Secundärleiter, welche vom Transformator weggehen, beträgt drei; die Stromvertheilung im secundären Kreise findet nach dem Dreileitersysteme statt; dadurch wird eine Ersparniss an Kupfer erzielt.

Die Potentialdifferenzen, die man an den Klemmen der beiden Secundärspulen erhält, sind annähernd gleich gross, wenn man dafür Sorge getragen hat, die Lampen in einer [illegible] Spule annähernd gleichen Zahl zu vertheilen.

[illegible] Anlage wird eine bedeutende Ersparniss [illegible] doppelten Thatsache erzielt, dass man über relativ schwache [illegible] und nur über einen Transformator [illegible].

Die für [illegible] Dynamo nothwendige Betriebskraft [illegible] em Flusse Marta, einem [illegible] von Bolsena, entnommen. [illegible] Turbine mit Verticalachse von der [illegible] aus Bologna setzt die Wechselstrom-Maschine Oerlikon von 33 *KW* mittelst [illegible]sriemen in Bewegung.

[illegible]ungsstation befinden sich [illegible] Transformatoren, welche für die [illegible]ung nothwendigen Lampen [illegible]arat bestimmt sind, auch ein Ausgleichstransformator, mittelst dessen das Voltmeter die Spannungsdifferenz im

Centrum [illegible]
immer die
Leitung se
Durch
Schiebers
das Sec
Centrum
Die Anlage
ausgeführt
tung wird
stelligt; d
kurzem a
leuchten a

Das
Infolge U
dem von
hängig ge
für die B
Gemeinde
sellschaft
für die el
ertheilt ha
Gesellscha
schlossen.
Sache
gewesen,
Lyoner G
zu halten.
in dieser A
schaftliche
Von a
gelegenhei
Società
zione ele
einzustelle
lungen mi
da diese e
Beleuchtun

*) Va

mit Gas herzustellen. Auch wurde derselben zu geringen Kosten eine hydraulische Kraft von 400 *HP* zur Verfügung gestellt. Die Gasgesellschaft hat das Monopol für die öffentliche Beleuchtung bis 31. December 1922 und nützt diese Begünstigung mit aller Kraft aus. Es ist daher wahrscheinlich, dass die Unterhandlungen zu keinem guten Resultate führen werden.

Die locale Presse spricht bereits von der Aufstellung strenger Vorschriften über das zu liefernde Gas und von anderen Repressalien, welche eventuell die Gasgesellschaft zu günstigeren Forderungen veranlassen könnten. St.

Die elektrische Beleuchtung und die elektrische Tramway in Brescia. Dem Gemeinderathe wurde ein Vorschlag über die Anlage von Tramwaylinien mit elektrischem Betriebe vorgelegt, welche verschiedene Punkte der Peripherie mit dem Centrum der Stadt verbinden sollen.

Die Einführung der elektrischen Beleuchtung wird sich wegen einiger bei dem Baue der Centralstation eingetretenen Schwierigkeiten verzögern. Auch wird an Stelle der alten mangelhaften Anlage eine neue ausgeführt werden. St.

Elektrische Tramway. Ingenieur G. Ferrando hat dem Syndicus von Palermo ein Gesuch um die Concession zur Anlage eines vollständigen Tramwaynetzes mit elektrischem Betriebe in dieser Stadt überreicht. Obgenannter übernimmt den Betrieb auf eigene Rechnung ohne weitere Belastung für die Gemeinde.

In Varese hat die Firma Thomson-Houston einen Vertrag für den Bau einer elektrischen Tramway unterzeichnet, welche die dortige Eisenbahnstation mit Santa Maria Montana über das Dorf St. Ambrogio verbinden soll. Diese Linie wird eingeleisig und normalspurig sein. Der Fahrpark wird aus vier Motorwagen mit je zwei Motoren zu 25 *HP* mit einem Fassungsraume für 50 Passagiere und aus vier anderen gewöhnlichen Wagen bestehen. St.

Elektrische Tramway Varese-Santa Maria Montana. Die Firma Thomson-Houston hat den Baucontract, betreffend eine elektrische Tramway, welche Varese mit S. Maria Montana verbinden soll, unterzeichnet. Die über S. Ambrogio führende Linie ist eingeleisig und schmalspurig. Das rollende Materiale wird bestehen aus vier Motorwagen à 25 *PS* mit einem Fassungsraume für 50 Personen, und vier gewöhnlichen Wagen.

Guyer-Zeller'sches Jungfrau-Bahnproject.

Der Schweizerische Bundesrath beantragte in seiner diesbezüglichen Botschaft an die Bundesversammlung die Ertheilung der Concession für genanntes Project an Herrn Ad. Guyer-Zeller, zu Handen einer zu bildenden Actiengesellschaft.

Herr Guyer-Zeller führt in seinem Berichte aus, dass die bereits bestehenden Jungfrau-Bahnprojecte Köchlin, Locher und Trautweiler, welche den Ausgangspunkt im oberen Lauterbrunnenthal wählen, schon aus technischen Gründen kaum jemals zur Ausführung gelangen könnten. Durch die Eröffnung der Wengernalpbahn sei nunmehr die Basis zu einem neuen Projecte, dem vorliegenden, geschaffen worden, für welches in verkehrswissenschaftlicher Beziehung die gleichen Gründe, wie bei den früheren Projecten, geltend gemacht werden könnten.

Die Bahn geht von der Station Scheidegg der Wengernalpbahn westlich am Fallbodenhubel vorbei, direct bis vor den Fuss des Eigergletschers, wendet sich hier in östlicher Richtung und nachher in südlicher im Tunnel um das Eigermassiv herum zur Station Eiger (etwa 3200 *m* über dem Meeresspiegel), welcher Tunnel ähnlich der Axenstrasse durch Galerien offen gelegt werden soll, zieht sich dann in gerader Linie ganz im Tunnel zur Station Mönch hinauf, von hier nach dem Jungfraujoch hinunter, 77 *m* unter demselben durch und gelangt hierauf, spiralenförmig um das oberste Massiv des Berges sich herumziehend, auf das jedem Führer bekannte, im Sommer schneefreie Plateau, von wo aus die Jungfrauspitze mittelst eines senkrechten Tunnels und Elevators erreicht wird.

Die Länge der Bahn beträgt total 12·3 *km*, die Maximalsteigung 260‰, die Spurweite 0·80 *m*, der Minimalradius 60 *m*. Zwischenstationen sind projectirt am Eigergletscher, am Eiger und am Mönch, Haltestellen bei der Grindelwald- und Guggigletschergalerie.

Als Betriebskraft ist Elektricität vorgesehen, wozu die nöthige Wasserkraft am Tümmelbach, eventuell an der Lauterbrunnen- oder Grindelwaldlütschine, gewonnen würde.

Die Tunnels sollen in angemessenen Intervallen, jedenfalls an den Ausweichstellen, elektrisch beleuchtet werden. Wo es angeht, sollen behufs Ventilation und Verkürzung des Materialtransports beim Baue aus dem Gebirge herausführende Querschläge gemacht werden.

Der summarische Kostenvoranschlag beträgt 8,000.000 Frcs. oder 650.400 Frcs. für 1 *km* der Baulänge; 350.000 Frcs. sind für elektrische Installationen und Rollmaterial eingestellt.

Die Rentabilitätsberechnung des Concessionsgesuches nimmt eine Frequenz der Station Eiger von 10.000 Personen und derjenigen auf der Jungfrau von 7000 Personen an und veranschlagt die bezüglichen

Einnahmen auf............. 530.000 Frcs.
Die Betriebsausgaben auf zusammen ...... 60.000 Frcs.
Die Einlage in den Erneuerungs- u. Reservefond auf 82.000 „ 142.500 „
was einen Betriebsüebersch. von . 387.500 Frcs. ergäbe.

In einer zweiten Eingabe ist diese Rechnung in der Weise modificirt, dass die Rendite auf total 300,000 Frcs. veranschlagt und das Baucapital in 4 Millionen Actien und 4 Millionen Obligationen eingetheilt wird, sodass für erstere 5% Dividende und für letztere 4% Zinsen berechnet werden können.

Das Concessionsgesuch kommt zu dem Schlusse, dass keine aussergewöhnlichen Bauschwierigkeiten zu überwinden sein werden. Der ursprünglich gehegten Befürchtung, dass die anfänglich 105 *m* unter dem Schneescheitel des Jungfraujoches projectirte Tunnellage auf Eis stossen könnte und deshalb noch tiefer gelegt werden müsste, wird in der letzten Eingabe kein Raum mehr gegeben, weil es sich gezeigt habe, dass die oberhalb des Guggigletschers vorspringende Felspartie ganz nahe an das Jungfraujoch heranreiche, sodass die dortige Firndecke kaum die Dicke von 50 *m* haben könne.

Was endlich die wohl von neuem auftauchende Frage betreffe, ob bei einer raschen Abnahme des atmosphärischen Druckes die Gesundheit der Reisenden gefährdet sei, so habe der Concessionspetent hierüb[er den] Luftschiffer Spelterini interpellirt, [der] seinerseits diese Befürchtung für unbe[gründet] hält, da er schon mit Personen versc[hiedener] ster Constitution im Ballon über 400[0 m ge]stiegen sei, ohne dass dieselben be[sondere] Beschwerden verspürt hätten, welch[er Um]stand sich dadurch erklärt, dass [die Be]treffenden auf jene Höhe gebracht [werden,] ohne dass das Herz dabei mehr als i[m Ruhe]zustand arbeiten müsse.

Der Bundesrath übermittelte das [Gesuch] zur Vernehmlassung den Regierung[en von] Bern und Wallis. Dieselben erhobe[n keine] Einwendungen.

Der Concessionsentwurf entspri[cht im] allgemeinen den für die früheren [Hoch]gebirgsbahnen aufgestellten Bedin[gungen.] Die Baufrist ist auf 5 Jahre erhöht [...]

Für die letzte Strecke vom En[de] der Zahnradbahn bis auf den Gip[fel der] Jungfrau bleibt die Fortsetzung, be[ziehungsweise Ge]nehmigung des Betriebssystemes dur[ch den] Bundesrath bis nach Einreichung der [...]pläne vorbehalten.

Neu ist der auf Antrag der Conc[essions]petenten aufgenommene Artikel, wel[cher die] Jungfraubahn der Wissenschaft d[ienstbar] machen soll, indem er die Gesellsch[aft ver]pflichtet, ein ständiges Observatori[um für] meteorologische und anderweitige te[llurische und] physikalische Zwecke einzurichten [und zu] unterhalten.

Die Hin- und Rückfahrt soll 4[...] kosten.

Neueste Patentnachrichten.

Mitgetheilt vom Technischen und Patentbureau, Ingenieur MONATH.

Wien, I. Jasomirgottstrasse 4.

Die Anmeldungen bleiben acht Wochen zur Einsichtnahme öffentlich ausgelegt. Nach [...] Patent-Gesetzes kann innerhalb dieser Zeit Einspruch gegen die Anmeldung wegen Mangel der [...] oder widerrechtlicher Entnahme erhoben werden. Das obige Bureau besorgt Abschriften der Anm[eldungen] und übernimmt die Vertretung in allen Einspruchs-Angelegenheiten.

Deutsche Patentanmeldungen.

Classe

8\. S. 8111. Warmpressen von Geweben mittelst als Elektricitätsleiter ausgebildeter und durch den elektrischen Strom erhitzter Pressspäne. — *Julius Seyfert*, Reichenbach. 23./7. 1894.

20\. N. 2030. Neuerungen an Blockeinrichtungen. — *Fr. Natalis*, Braunschweig. 3./7. 1893.

21\. H. 14.607. Einrichtung zur Verlängerung der Brenndauer des oberen Kohlenstabes bei elektrischen Bogenlampen. — *F. Hardtmuth & Co.*, Wien. 10./4. 1894.

„ P. 6900. Aufhängevorrichtung für Bogenlampen mit Vermeidung des Herabhängens der Leiter. — *Willy Pope*, Moskau. 5./6. 1894.

40\. C. 4894. Reinigung von Zinksalzlösungen auf elektrolytischem Wege. — *Parker Cogswell Choate*, New-York. 8./1. 1894.

47\. F. 7003. Kugellager mit einer durch Klemmung nachstellbaren Lauffläche. — *Fries & Höpflinger*, Schweinfurt [...] 1894.

Classe

20\. H. 14.782. Oberbau für ele[ktrische] Eisenbahnen. — *Hoerder Ber[gwerks-] und Hüttenverein*, Hoerde. 5./6. [...]

15\. E. 4193. Masse zum Hintergiess[en gal]vanischer Niederschläge. — *Electr[o]ganoplastische Anstalt, H. Fei[...] Flock*, Köln. 17./5. 1894.

21\. G. 8003. Verfahren zur Herstell[ung von] Elektroden für elektrische Samm[ler. —] *Hermann Heinze*, Berlin. 22./5. [...]

„ T. 4206. Umschalter für Vermi[ttlungs]ämter von Fernsprechleitungen. — [*Tele*]*phon-Apparat-Fabrik Fr. Welles*, [...] 10./7. 1894.

20\. P. 6825. Deckenlampe für Gl[ühlicht]beleuchtung. — *Julius Pintsch*, [...] 19./4. 1894.

37\. H. 14.827. Blitzableiter mit bew[eglicher] Auffangspitze. — *Eduard H[...]*, Koburg. 14./6. 1894.

Classe

40\. K. 10.820. Elektrolytisches Verfahren zur Darstellung von reinem Chrom und Mangan und deren Legirungen. — Firma *Friedrich Krupp*, Essen. 31./5. 1893.

63\. K. 12.111 Elektrische Glocke für Fahrräder. — *Carl Kahn*, Oschatz. 11./9. 1894.

74\. A. 4068. Stromschlussvorrichtung für Thüren. — *Actien-Gesellschaft Mix & Genest*, Berlin. 5./10. 1894.

75\. K. 12.227. Apparat zur Elektrolyse, mittelst ruhender Quecksilber-Kathode. — Dr. *Carl Kellner*, Wien und Hallein. 22./10. 1894.

83\. P. 7010. Uhrstellvorrichtung mit selbstthätiger Auslösung des gesperrten Pendels beim Versagen des Elektromagnetes. — *La Precision, Société Anonyme de Mecanique et d'electricité*, Brüssel. 31./7. 1894.

Deutsche Patentertheilungen.

Classe

20\. 78.665. Pyrotechnisches Nothsignal für Eisenbahnen. — *F. A. Fox* und *D. H. Roberts*, New-York, vom 29./5. 1894 ab.

20\. Streckenstromschliesser. — *F. Natalis*, Braunschweig, vom 6./2. 1894 ab.

21\. 78.626. Elektricitätszähler für Wechselströme. — *Th. Duncan*, Fort Wayne, vom 21./6. 1893 ab.

" 78.677. Aus einem Hohlseil bestehender, elektrischer Leiter. — *Felten & Guilleaume*, Carlswerk b. Mühlheim, vom 9./7. 1893 ab.

" 78.701. Schaltapparat zum Vergleiche von Spannung und Stromphase parallel zu schaltender Wechselstrommaschinen. — *Elektricitäts-Actien-Gesellschaft vorm. Schuckert & Co.*, Nürnberg, vom 22./3. 1894 ab.

" 78.728. Wechselstrombogenlampe mit stetiger Nachstellung der Kohlenstifte. — *Elektricitäts-Actien-Gesellschaft vorm. Schuckert & Co.*, Nürnberg, vom 3./5. 1893 ab.

75\. 78.732. Diaphragmenkasten für elektrolytische Zwecke. — *Carl Pieper*, Berlin, vom 20./1. 1894 ab.

83\. 78.719. Elektrische Aufziehvorrichtung für Uhren und andere Triebwerke. — Dr. *H. Aron*, Berlin, vom 19./5. 1894 ab.

3\. 78.763 Stoffschneidevorrichtung mit elektrischem Antrieb. — *J. Smith*, New-York, vom 8./12. 1893 ab.

20\. 78.813. Stromzuführungsvorrichtung bei elektrischen Bahnen mit unterirdisch verlegten Haupt- und Theilleitern. — *Lawrence electric Company*, New-York, vom 14./3. 1894 ab.

Classe

20\. 78.838. Neuerung an Stations- und Haltestellenanzeigern. — *O. Schmidt*, Berlin, vom 18./11. 1893 ab.

21\. 78.755. Fernsprechanlage. — *G. Ritter*, Stuttgart, vom 31./8. 1893 ab.

" 78.761. Träger für die untere Kohle von Bogenlampen. — *P. Firchow*, Grabow, vom 18./11. 1893 ab.

" 78.764. Anordnung eines inductionsfreien Zusatzwiderstandes bei Nebenschlussbogenlampen für Wechselstrom. — *Siemens & Halske*, Berlin, vom 17./12. 1893 ab.

" 78.775. Wechselstrom-Vertheilungsanlage für elektrische Beleuchtung mit selbstthätiger Einschaltung von Ersatzlampen. — *Siemens & Halske*, Berlin, vom 4./4. 1894 ab.

" 78.787. Schaltwerk für zeitweise elektrische Treppenbeleuchtung. — *F. Müller*, Berlin, vom 26./6. 1894 ab.

" 78.789. Regelungseinrichtung für elektrische Treibmaschinen, bei welcher bei Aus- bezw. Einschaltung von Ankerwicklungen auf die Stärke des magnetischen Feldes geändert wird. — *Berliner Maschinenbau-Actien-Gesellschaft vormals L. Schwartzkopff*, Berlin, vom 28./2. 1893 ab.

" 78.796. Stromschlusswerk mit Einrichtung zur Vermeidung des Unterbrechungsfunkens. — *H. Grau*, Kassel, vom 4./8. 1893 ab.

" 78.804. Mikrophon. — *B. Münsberg*, Berlin, vom 30./12. 1893 ab.

" 78.825. Verfahren zur Umwandlung von Wechselströmen beliebiger Spannung in Gleichströme von ebenfalls beliebiger Spannung und umgekehrt. — *M. Hutin*, Paris, und *M. Leblanc*, Raincy, vom 6./10. 1892 ab.

" 78.833. Wechselstrom-Maschine mit Stromwender, in deren einzelne Ankerspulen Nutzwiderstände geschaltet sind. — *M. Hutin*, Paris, und *M. Leblanc*, Raincy, vom 29./6. 1893 ab.

" 78.837. Elektrische Leitungen mit eingeklöppelten Isolirkörpern. — *Perci & Schacherer*, Budapest, vom 16./11. 1893 ab.

" 78.841. Neuerung an galvanischen Elementen. — *W. Walker jun.*, Birmingham, vom 15./2. 1894 ab.

" 78.865. Verfahren zur Herstellung von Accumulatorenplatten. — *W. A. Boese*, Berlin, vom 20./9. 1892 ab.

85\. 78.766. Anode für die elektrolytische Wasserreinigung. — *E. Hermite*, *E. J. Paterson* und *Ch. F. Cooper*, London, vom 12./1. 1894 ab.

LITERATUR.

Die Elektricität im Dienste der Menschheit. Eine populäre Darstellung der magnetischen und elektrischen Naturkräfte und ihrer praktischen Anwendungen Nach dem gegenwärtigen Standpunkte der Wissenschaft bearbeitet von Dr. A. Ritt von Urbanitzky. Mit 1000 Abbildungen. Zweite, vollständig neu bearbeitete Auflage. Vollständig in 25 Lieferungen zu 30 kr. In Original-Prachtband 9 fl. A. Hartleben's Verlag in Wien.

Die Bedeutung, welche die Elektrotechnik fast in allen Zweigen menschlichen Schaffens errungen hat, macht es erklärlich, dass man überall, wohin nur überhaupt menschliche Cultur gedrungen ist, darnach strebt, sich mit den hervorragendsten Errungenschaften der modernen Elektrotechnik bekannt zu machen. Obwohl nun gute Fachzeitschriften bereits zu Gebote standen, machte sich doch bald der Wunsch nach einem zwar umfassenden, aber auch jedem Gebildeten verständlichen Werke geltend. Diese Aufgabe hat als Erster der Verfasser der „Elektricität im Dienste der Menschheit" gelöst, und wie die allgemein günstige Aufnahme bewies, mit vollem Erfolge. Der Inhalt des gesammten Werkes zerfällt in die drei Hauptabtheilungen: Magnetismus und Elektricität, Erzeugung, Umwandlung und Leitung elektrischer Ströme und die praktischen Anwendungen der Elektricität. Die I. Hauptabtheilung bringt als Einleitung eine geschichtliche Darstellung der Forschungen über Magnetismus und Elektricität; hieran reihen sich die magnetischen und elektrischen Grunderscheinungen, die atmosphärische Elektricität, der Erdstrom, das Nordlicht, die galvanische Elektricität, Induction und Elektricität im Thier- und Pflanzenreiche. In der II. Hauptabtheilung wird die Erzeugung der elektrischen Ströme dargestellt,

dann werden die Umw
lirungsmethoden erläut
finden die Leitungen ei
führliche Schilderung.
abtheilung umfasst sämi
der elektrischen Strö
Unterabtheilungen: 1.
2. Galvanoplastik, Elekt
metallurgie, 3. Die el
tragung, 4. Die Telep
graphie und Signalwese

**Zur Frage der e
senbahnen.** Vortrag,
schen Elektrotechniker
Krüger, C. F. W. V
lung in Hannover, 189
Für und Wider für di
Strassenbahnen wird
den Pferde-, Dampf- u
gehend besprochen; da
die Bahnen mit oberi
rücksichtigt. Die Urthei
Gera, Halle, Breslau
zwei Tabellen beigege
dürfte allgemeines Inte

Der Prospect N
liste der Elektrotechnis
Fein in Stuttgar
dem Drucke gekommen
Er umfasst Feuermelde-
sprech-Apparate, Cen
und Einrichtungen, ele
Apparate, Leitungsmater
besteht seit dem Jahre

KLEINE NACHRICHTEN.

Das Localbahn-Gesetz. In der am 22. v. M. beim Bürgermeister Dr. Grübl abgehaltenen Sitzung des Comités für elektrische Bahnanlagen in Wien referirte Stadtrath Dr. Hackenberg über den von der Regierung dem Abgeordnetenhause vorgelegten Gesetzentwurf, betreffend die Anlage und den Betrieb von Local- und Kleinbahnen, und stellte nach eingehender Begründung den Antrag, an die Regierung und die beiden Häuser des Reichsrathes eine Petition zu richten, mit welcher um Abänderung der genannten Regierungsvorlage in nachstehender Weise gebeten wird:

1. Die im Artikel 5, lit. d) enthaltene Beschränkung der Steuerbefreiung auf die Zeit, als die eigenen Erträgnisse der Localbahn nach Abrechnung der gesetzlich zu entrichtenden Steuern sammt Zuschlägen ausreichend sind, um das gesammte genehmigte Anlage-Capital, und zwar die Anlehen mit höchstens vier, das Actien-Capital mit höchstens fünf Percent zu verzinsen und planmässig zurückzuzahlen, habe dann zu entfallen, wenn eine autonome Körperschaft die Concession erworben hat. Wenn dies unter keiner Bedingung möglich wäre, wird gebeten, in dem Falle, als eine

autonome Körperschaft
worben hat, die Steuer
bis zur Grenze einer
zinsung des gesamm
zu gewähren. 2. Die
Königreichen und Länd
freiung von den Stem
sei auch den Bezirken
zuräumen. 3. Im Artil
stimmen, dass auch d
von Bezirken od
mit staatlicher Genehmig
Anlehen die Pupillar-Si
werde. 4. Das im Artik
betriebe befindlichen
Péagerecht ist au
der Königreiche, Lände
meinden stehenden B
Darüber, ob und unter w
Privatunternehmungen g
Péage einzuräumen hat
Falle des Nichtzustandek
einkunft das k. k. Hande
Artikel 16 welcher f
Kleinbahnen jene für d
kehr bestimmten Local
untergeordneter Bedeutu
sind, welche „ohne Ve

Eisenbahn höherer Ordnung oder lediglich mit einseitigem Anschlusse an eine solche Eisenbahn" ausschliesslich den örtlichen Verkehr in einer oder zwischen benachbarten Gemeinden vermitteln, seien die unter Anführungszeichen stehenden Worte auszulassen. Dagegen wäre als neue Bestimmung in diesen Artikel aufzunehmen, dass die Concessionsdauer einer Local- als Kleinbahn ausnahmsweise, wenn dieselbe von einzelnen Königreichen oder Ländern, Bezirken oder Gemeinden erworben wird, bis zu 90 Jahren verlängert werden kann. 6. Artikel 19, welcher von der Festsetzung der Fahr- und Frachtpreise handelt, sei dahin zu ergänzen, dass in dem Falle, als zur Anlage und zum Betriebe der Kleinbahn eine öffentliche Strasse benützt wird, vor Feststellung der Fahr- und Frachtpreise die Zustimmung jener autonomen Körperschaft zu denselben einzuholen ist, in deren Verwaltung sich die betreffende Strasse befindet. Das der Staatsverwaltung vorbehaltene Recht zur Festsetzung ermässigter Maximaltarife, im Falle die Bahn in zwei auf einander folgenden Jahren das Anlage-Capital nicht mit 6% verzinst, soll entfallen, wenn der Betrieb der Kleinbahn durch eine autonome Körperschaft stattfindet. 7. Es sei eine Bestimmung in das Gesetz aufzunehmen, durch welche normirt wird: Alle jene nach den bestehenden Gesetzen der Staatsverwaltung zustehenden Befugnisse öffentlich-rechtlicher Natur, die nach dem Gesetze der staatlichen Einflussnahme entzogen sind, werden der Competenz jener autonomen Körperschaft (Königreiche, Länder, Bezirke, Gemeinden) zugewiesen, in deren Gebiete sich die Bahn befindet. Durchzieht die Bahn mehrere Bezirke oder Gemeinden, so stehen diese Befugnisse dem Landesausschusse zu. Im Falle eine solche Bahn das Gemeindegebiet von Wien berührt, so stehen diese Befugnisse der Gemeinde Wien zu. 8. Im Artikel 20 möge die Bestimmung Aufnahme finden, dass auch den Kleinbahnen die im Artikel 5 normirte Steuerbefreiung von 30 Jahren gewährt werde. Weiters möge eine dem Gesetze vom 11. Mai 1871 und vom 30. März 1875 analoge Bestimmung für sämmtliche Arten von Kleinbahnen ohne Beschränkung auf die Höhe des Fahrpreises festgesetzt werden. 9. Im Artikel 23 sei die weitere Beschränkung aufzunehmen, dass die Bestimmungen dieses Gesetzes nur dann auf bestehende Bahnen der im Artikel 1 dieses Gesetzes bezeichneten Art angewendet werden können, wenn jene autonomen Körperschaften, in deren Verwaltung sich die öffentlichen Strassen befinden, welche für die Anlage und den Betrieb der betreffenden Bahnen verwendet werden, ihre Zustimmung ertheilen. Ausserdem werden noch einige minder wesentliche Aenderungen beantragt.

Der Referenten-Antrag wurde vollinhaltlich genehmigt.

Interurbaner Telephonverkehr. Am 20. v. M. ist der Verkehr auf der interurbanen Staatstelephon-Linie Reichenberg-Friedland im Anschlusse an die interurbane Staatstelephon-Linien Reichenberg-Tannwald, Reichenberg-Grottau und Reichenberg-Prag-Wien eröffnet worden. Der interurbane Verkehr zwischen dem neu errichteten Stadttelephon-Netze in Friedland einerseits und der Telephon-Centrale in Wien andererseits beschränkt sich hinsichtlich der letzteren auf die an dieselbe angeschlossenen öffentlichen Sprechstellen (Staatstelephon-Stationen), sowie auf die Wiener Staatsabonnenten-Stationen.

Elektrische Strassenbahn Wien-Kagran. Ueber dieses Schmerzenskind der Unternehmungslust auf elektrischem Gebiete in Wien, worüber wir schon im Mai-Hefte 1893 S. 210 und im Hefte XII l. J., S. 102 schrieben, verlautbart nun, dass die Vorconcessionäre für diese projectirte elektrische Strassenbahn, die Bau-Unternehmung Ritschl & Comp., mit der Berliner Union-Elektricitäts-Gesellschaft in Verbindung getreten sind. Dieselben beabsichtigen in Gemeinschaft mit der genannten Firma die Concession zum Bau und Betrieb der projectirten elektrischen Strassenbahn Wien-Kagran zu erwirken. Die Concessionsverhandlungen sollen, wie verlautet, dem Abschlusse nahe sein.

Elektrische Waggon-Beleuchtung. Auf der Strecke Wien-Salzburg fand am 20. v. M. eine probeweise Beleuchtung der Waggons mittelst Accumulatoren statt. Diese officielle Schlussprobe hat in Gegenwart mehrerer Beamten der k. k. österreichischen Staatsbahnen, u. zw. der Herren: Ober-Inspector Altenburger, Revident Siebel, Inspector Carmine aus Linz und von der General-Direction die Ingenieure v. Grobois und Haagen, stattgefunden und es soll dabei — nach der „N. Fr. Pr." — constatirt worden sein, dass es mit Hilfe des Systems M. Engl möglich sei, einen Waggon durch 40 Stunden mit drei Glühlampen zu je 16 *NK* Lichtstärke bei einer Belastung von 130 *kg*, wovon 54 *kg* active Masse sind, bei voller Lichtstärke zu beleuchten. Alle Lampen brennen unabhängig von einander, wodurch ein Verlöschen der gesammten Waggonbeleuchtung unmöglich ist; ferner werden die Accumulatorenkasten an Stelle der bisherigen Gas- oder Oellampen vom Dache aus eingeschaltet und die Reisenden sind im Stande, die Lichtstärke von der inneren Waggondecke aus in ähnlicher Weise durch eine einfache Vorrichtung zu reguliren, wie die Waggonbeheizung. Die Beleuchtung mit diesen Austria-Accumulatoren soll sich drei- bis viermal billiger als die bisherige stellen.

Bewilligung zur Vornahme technischer Vorarbeiten für eine mit Dampf- oder elektrischer Kraft zu betreibende Localbahn von der Station Bozen der k. k. priv. Südbahn-Gesellschaft über Ober-Bozen und

Klobenstein auf das Rittnerhorn. Das k. k. Handelsministerium hat dem Präsidenten der Handels- und Gewerbekammer in Bozen, Johann Kofler im Vereine mit Dr. Edmund Zallinger-Thurn, Advocat in Bozen und Curvorstand in Gries, die Bewilligung zur Vornahme technischer Vorarbeiten für eine mit Dampf- oder elektrischer Kraft zu betreibende Localbahn von der Station Bozen der k. k. priv. Südbahn-Gesellschaft über Ober-Bozen und Klobenstein auf das Rittnerhorn im Sinne der bestehenden Normen auf die Dauer eines Jahres ertheilt.

Umwandlung der Berliner Pferdebahnen in elektrische Niveaubahnen. Nach längeren Verhandlungen zwischen Vertretern des Berliner Magistrats und des Polizeipräsidiums hat der Magistrat folgenden Beschluss gefasst: Polizeipräsidium und Magistrat sehen die Umwandlung der Pferdebahn in elektrische Niveaubahnen als nächst zu erstrebendes und nachdrücklich zu forderndes Ziel an. Ob hierbei das System der oberirdischen oder unterirdischen Kabelleitung, oder das der Accumulatoren zu wählen sein wird, soll einstweilen vorbehalten bleiben.

Erleuchtung des Berliner Reichshauses. Die Innenräume des Reichshauses erstrahlten am 29. October l. J. in elektrischem Lichtglanz. Es wurde nämlich von dem Baurath Heger und dem Baumeister Wittig unter Zuziehung von Collegen und Elektrotechnikern eine Probe der Beleuchtung vorgenommen. Dieselbe fiel zu grosser Zufriedenheit aus, nur in den verschiedenen Lesesälen fand man noch eine Verstärkung des Lichtes nothwendig und wurden dazu die erforderlichen Anordnungen getroffen. In der hellen Beleuchtung kam überall die vornehme Wirkung der architektonischen Gestaltung und des bildhauerischen Schmucks zu hoher Geltung. Zu dem elektrischen Glühlichte liefern die „Berliner Elektricitätswerke“ den Strom; die Anlagen sind unter Leitung des Herrn Inspectors Otto, welcher zu der Prüfung zugezogen worden war, von der „Allgemeinen Elektricitäts-Gesellschaft“ ausgeführt worden. Die Zuführung des Stromes geschieht durch neun Kabel, die sich zu je drei nach dem Süden, Osten und Norden vertheilen. Drei Kabel führen jedesmal zu einem Hauptvertheilungs-Schalterfelde, von dem dann einzelne Abzweigungen nach den einzelnen Stockwerken gehen. Den Verbrauch des Stromes zeigen Aron'sche Elektricitätszähler an. Die für die Lampen nothwendigen Drahtleitungen belaufen sich auf 40.000 *m* und auf 6000 *m* asphaltirte Kabel, bilden somit eine Gesammtlänge von über sechs deutschen Meilen. In

dem Gel
von de
15.000
saal ent
leuchtun
geleitete
pères u
360 *H*
Beleuch
die dur
einziehe
3900 A
entstehe
die Stu
drei Sc

El
in Ma
pagni
d'Esp
Belgien
lion Fr
tion el
schlosse
Gesellsc
letztgen
Nach d
nannte
ihre K
anlage
Betrieb,
der Bet
für die
hält als
bis zu
für das
kehr v
Kilomet
von 1,2
meter c
1,500,0
0·366 I
mehr
0·356 I
Vo
triebsen
erhält
350.000
Ertrag
35.000
tungs-
fernere
thümeri
110.000
Verkeh
160.00
65% u
als 260
Ar
führerin
10% d
Die Ha
bahn-G
trage e
hat ihn

Verantwortlicher Redacteur: JOSEF KARRIS. — Selbstv
In Commission bei LEHMANN & WENTZEL, Buchh
Druck von R. SPIES & Co. in Wien, V.

Zeitschrift für Elektrotechnik.

XII. Jahrg. 15. December 1894. Heft XXIV.

ABHANDLUNGEN.

Ueber die mit vielplattigen Influenzmaschinen erzeugten elektrischen Condensatorschwingungen in ihrer Anwendung auf die sogenannten Tesla'schen Versuche.

Nach den Experimentalvorträgen des Geh. Hofrath Dr. A. TOEPLER in Dresden, berichtet von Dr. M. TOEPLER.

(Schluss.)

Ein sehr dicker massiver Kupferbügel *a b* in Fig. 2 von 8 *mm* Dicke und 40 *cm* Länge, setzt den raschen Schwingungen so erheblichen Widerstand entgegen, dass eine bei *g* als Nebenschluss eingeschaltete Glühlampe, deren Widerstand etwa 100.000 Mal grösser ist als der des Kupferbügels, in lebhaftes Glühen kommt.

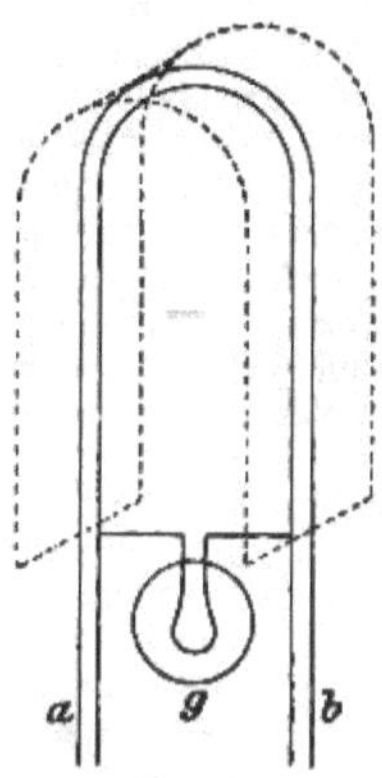

Fig. 2.

Dieses merkwürdige Verhalten erklärt sich aus der bei sehr raschem Stromwechsel ungeheuer anwachsenden Intensität der sogenannten Extraströme (Selbstinduction), welche wie eine verzögernde Kraft (Impedanz) auf die Schwingungen im Bügel wirkt. Diese hat zur Folge, dass, wie insbesondere Stefan mathematisch erwiesen hat, Hochfrequenzströme nicht im ganzen Querschnitt, sondern in einer sehr dünnen Schicht längs der Oberfläche der Leiter fliessen. Letzterer Umstand ist der wesentliche bei obigem Experiment; dies lässt sich dadurch zeigen, dass ein nach innen federndes, sehr dünnes Kupferblechband (von nur 0·1 *mm* Dicke) in der aus Fig. 2 ersichtlichen Weise auf den dicken Kupferbügel geschoben, die Helligkeit der Lampe sofort sehr auffallend herabsetzt. Der leitende Querschnitt wird durch die Hinzufügung des Blechbügels nicht wesentlich vergrössert, wohl aber die Leiteroberfläche; dieser muss daher im Sinne der Stefan'schen Resultate der hauptsächliche Einfluss zugeschrieben werden. Fliessen die Hochfrequenzströme nur in einer

48

...t dünnen Oberflächenschicht, so leitet d
...lechstreifens viel besser; die durch die (
... müssen sehr geschwächt werden, was
Eine zweite nicht minder merkwürdige E
...nz-Wechselströme besteht in ihrem Ver
...kannt, dass langsam verlaufende W
...kungen überhaupt) in ihren Induction
...Induction) durch benachbarte Eisenmasse
...märspirale eines gewöhnlichen Rhumkorff-I
...s Eisendrahtbündel verstärkt das Leucl
...geschalteten Geisslerröhre ganz auffallend
... zeigen gerade die umgekehrte Ersch
...durch Eisenmassen herabgesetzt. Um dies
... Primärspirale mit nur 10 Windungen (4
...ercha gehüllten Kupferdrahtes von 2 mm
...r 3 Windungen desselben Drahtes gesch
... eine 5 Kerzenlampe eingeschaltet ist. L
...der Condensator-Oscillationen durch die
... Achse der letzteren ein Eisenbündel de
...hierdurch das Glühen fast bis zum Er
...n ein Bündel isolirter Kupferdrähte ein
...chung. Dass natürlich auch durch Inducti
...) die Wirkung auf die äusseren Windu
...lässt sich in einfacher Weise dadurch
...mit einem Stanniolstreifen umklebten G
... die Lampe auch fast erlischt.

Es ist zweckmässig, bei diesen Versuche
... für 6 bis 10 Volt Spannung angefertig
...dem Einflusse der rapiden Condensator
...heren Potentialdifferenzen beansprucht, a
...tzt.

Zur Ausführung der beschriebenen Vers
...anstatt der drei secundären Windungen
...breiten, starken Kupferbande.

Bei den im Folgenden zu beschreibenden
...ormatoren wurde eine Reihe verschiede
... waren folgendermassen hergestellt. Au
...cm oder 31 cm Durchmesser und 18
...s, welche paarweise in einandergeschobe
...spiralen aufgewickelt. Einige dieser Spiral
...nten, parallel-geschalteten Lagen, zur V
...lbstinduction. Der Kupferdraht war $1^1/_2$
...n für Höchstspannung nur 1 mm stark
...t. Vor seinem Aufwickeln wurden die G
Nach beendigtem Wickeln wurden alle
...n umgossen. Die Zuleitungsdrähte ware
...ngen nach den Windungslagen bestan
...

Es wurden verwendet (bei der grossen
...e I, 26 cm Durchm., 2 mm starker Dr
II, 31 „ „ 2 „ „
III, 26 „ „ 2 „ „
IV, 31 „ „ 1 „ „

Natürlich sind zum Gelingen der beschri
...n Dimensionen nur im Grossen und G

Es lässt sich zunächst zeigen, dass zwischen den Windungen der inducirenden und inducirten Spirale eine merkliche mechanische Wechselwirkung, nämlich eine Abstossung besteht. Schwebt über dem oberen Ende der verticalen Spule IV conaxial ein geschlossener Aluminiumring, mittelst Seidenfäden von der elastischen Spirale einer Jolly'schen Federwaage getragen, so wird derselbe beim Spiel der Condensator-Oscillationen sehr merklich gehoben; er kann durch rhythmische Unterbrechung des Maschinenstromes in sehr lebhafte Schwingungen versetzt werden. Der Vortragende schreibt diese Abstossung der Mitwirkung der Dämpfung zu.

Die zunächst beschriebenen Versuche sind besonders interessant, da es sich bei ihnen um Stromwirkungen handelt, wie sie mit elektrostatischen Maschinen wohl noch nicht beobachtet worden waren. Es handelt sich nämlich um die Hinuntertransformation auf niedrigere Spannung mit entsprechend vermehrter Stromintensität, was ja bei den an sich schon hohen Spannungen des Influenzmaschinenstromes keine Schwierigkeit hat. Es ist hierzu nur nöthig, im Transformator den Primärdraht aus vielen, den Secundärdraht aus wenigen Windungen bestehen zu lassen.

Wird über Spule III ein einfacher Kupferring von 8 *mm* Dicke gehalten, in den eine 5 Kerzenlampe eingeschaltet ist, so leuchtet dieselbe schon auf, wenn der Ring noch 10 *cm* oberhalb der Primärspule sich befindet. Wird er über die Spule geschoben, so wird die Lampe weissglühend bis zum Durchbrennen.

Benützt man als Secundärleitung ein starkes Kupferband und schliesst dieses mittelst eines Stückes dünnen Eisendrahtes, so wird letzteres alsbald durchgeschmolzen; eine Eisenfeile an den Kupferbandenden gestrichen gibt Sprühfunken wie bei einer vielplattigen Accumulatorbatterie; selbst wenn man das Kupferband nur neben die Primärspule hält, bekommt man schon lebhaftes Funkensprühen.

Wird Spule III als primäre, Spule II als secundäre benutzt, so ist der Secundärstrom absolut unfühlbar, eine Schlagweite kaum vorhanden. Geht ein Secundärstrom zwischen zwei Graphitstäben hindurch, deren unterer ein ebenes Ende besitzt, auf das der obere sich mit einer Spitze durch sein eigenes Gewicht stützt, so entsteht eine Art kleines Bogenlicht. Ein zugespitzter Eisenstift, auf dem ebenen Graphitstiftende aufstehend zeigt dieselbe Erscheinung unter sehr lebhaftem Funkensprühen. Dieselbe Anordnung der Spulen genügt auch, um eine grössere Glühlampe mit 12 *cm* langem Kohlefaden zu vollem Leuchten zu bringen. Alle diese Erscheinungen zeigen sich durchaus den Wirkungen starker, aber niedrig gespannter Ströme analog.

Derselbe Transformator lieferte auch einen blendend hellen Arons-schen Quecksilberlichtbogen. (Vergl. Berl. phys. Ges. 21. Oct. 1892.) Der Apparat hierzu bestand nach Angabe des Vortragenden aus zwei concentrischen Barometerrohren, mit gemeinsamem, ballonartig erweitertem Vacuum. Zwischen den oberen Enden der beiden von einander isolirten Quecksilbersäulen, deren Höhe sich leicht, selbst während des Versuches, reguliren lässt, geht dann der niedrig gespannte Strom unter Bildung der genannten Lichterscheinung über.

Wesentlich interessantere Erscheinungen ergeben sich jedoch, falls der schon hochgespannte Strom des Maschinencondensators auf noch viel höhere Spannung transformirt wird.

Wendet man Spule II als primäre, Spule III als secundäre an, so ist die hierdurch erhaltene Spannung, besonders falls man schon an und für sich hochgespannte Condensatorentladungen benutzt, recht bedeutend. Mit dieser Anordnung lassen sich elektrische Büschel in der Tesla'schen

Weise zeigen, indem bei einer rückwärts belegten und mit dem einen
verbundenen Glasplatte durch Verbindung des anderen Poles mit
auf der Vorderseite aufgeklebten Stanniolfigur, diese sich mit einem K
von Büschelentladungen umgibt, welche die unbedeckten Theile
Glasscheibe in zahllosen Strahlen laden und entladen.

Für eine Reihe weiterer Versuche ist folgende Spulencombir
zweckmässig: primär III, secundär IV. Wird der eine Pol der Secu
spule zur Erde abgeleitet, und nun der andere Pol von einer
stehenden Person angefasst, welche in der zweiten Hand einen Pol
Geisslerröhre hält, so leuchtet diese auf; besonders hell, falls der a
Pol des Rohres noch mit einer kleinen Leiterfläche (hier eine aufge
Kupferblechscheibe von 8 *cm* Durchmesser verbunden wird. Es sch
dann die Elektricität aus der Secundärspule durch den Menschen un
Geisslerrohr in deren äusseres Polende und zurück im Rhythmus des
raschen Wechselstromes.

Mit der grossen Maschine und der oben angegebenen Anor
(III, IV) lässt sich weiter einer der interessantesten Versuche Te
zeigen, nämlich das Leuchten einer einpoligen Glühlampe, das heisst
Lampe mit frei endigendem Kohlefaden, welcher einpolig an den T
formator angeschlossen ist. Dabei kann die Zuleitung vom einen
der Hochspannungsspule direct oder durch eine isolirt aufgestellte P
erfolgen, während das andere Ende der Spule mit der Erde verbund
Hierbei ist es nun eine störende Eigenschaft des Hochspannungs-We
stromes, dass er an der Glaswand, gegenüber dem Kohlefadenende (oder
haupt gegenüber jeder ihn ausstrahlenden Spitze), grosse Wärmewirk
erzeugt. Es wird daher die Glasbirne rasch sehr heiss. Dies zu
hindern, kann die den Versuch anstellende Person mit Erfolg jenen
der Glasbirne in ein grösseres Gefäss mit Wasser tauchen, wodurch
selbe zugleich die für das Gelingen erforderliche Capacität erlangt.
einzige unangenehme Empfindung beim Durchgange des hochgespa
Wechselstromes durch den Körper ist die Wärmewirkung an der
und Austrittsstelle. Bei der Stromintensität der 60plattigen Maschin
es freilich nur möglich, den Kohlefaden auf etwas mehr als Rothgl
erwärmen.*) Die Ergiebigkeit der angewandten Maschine scheint
vollen Gelingen des Versuches nicht auszureichen. Dass die mit c
Spiralen erhaltenen Wechselströme ungeachtet der Spannungserh
noch merkliche Zündkraft besitzen, zeigt sich, indem ein zwisch
beiden Pole gehaltenes Stück Baumwolle sofort in Brand geräth.

Eine noch erheblich höhere Spannung gibt die Combination: I p
IV secundär. Die Spannung im secundären Kreise wird hierbei s
deutend, dass die ganze Spule trotz der Guttapercha- und Paraf
kleidung von Büschellicht wie mit leuchtendem Spinngewebe umsp
erscheint, mehr noch die freien Enddrähte. Wird die Primärschla
auf 1·5 *cm* erhöht, so versagt der Transformator den Dienst, inde
der ganzen Länge der Paraffinhülle ein Funkenspiel übergeht.**)
über das die Transformatorfunken in der Faserrichtung gehen, wi
splittert; über eine benetzte Gypsplatte schlagen bis zu 15 *cm* lange Fu

*) Das Glühen ist von eigenthümlichen Erscheinungen begleitet, die auch
beobachtet hat. Der Kohlefaden ist wie mit einer leuchtenden Gashaut überzog
welcher zuweilen blendende Partikel des Fadens hervorsprühen.

**) Bei dem benützten Spiralenpaar war das Transformationsverhältniss etw
gefunden worden. Die obige maximale Beanspruchung der Secundärspirale entspr
her etwa 500,000 Volt; man sieht, zu welch' enormen Spannungen die Influenzm
mit genügend isolirtem Transformator führen würde, wenn das volle Maschinenp
mit Flaschenfunken von 12 bis 15 *cm* Schlagweite hätte angewandt werden können.

zugleich zeigen die Polenden die bekannten Funkenverästelungen. Dass es hierbei trotz der grossen Feuchtigkeit, also Leitfähigkeit der Gypsplatte zu derartigen Funkenentladungen kommt, spricht wieder für den oscillatorischen Charakter der Funken. Der Versuch erklärt sich nämlich durch die Beschränkung der Leitung auf die Oberfläche. Durch Ueberführen über mit Graphitpulver ganz schwach bestäubtes Papier lassen sich Funkenströme von 30 *cm* Länge erhalten.

Bekanntlich haben die Experimente mit Hochfrequenz-Wechselströmen auch zu merkwürdigen physiologischen Ergebnissen geführt, welche wohl noch näher zu untersuchen sind. Schon durch die Versuche von D'Arsonval ist bekannt, dass rasch schwingende Ströme auffallenderweise von dem menschlichen Körper beim Durchgange gar nicht (oder bei kleinen Ein- und Austrittsstellen nur an diesen) unangenehm empfunden werden. Eine kleine Glühlampe mit sehr dünnem, 2 *cm* langem Kohlefaden geräth unter Anwendung des letzteren Transformators in lebhaftes Glühen, falls sich zwei Personen in den Hochspannungsstromkreis des letztgenannten Transformators parallel einschalten, und zwar durch Eintauchen der Hände in mit Salzwasser gefüllte Tröge, in die der Strom durch grossplattige Elektroden eintritt. Erschütterungen werden bei dem Experimente nicht empfunden. Selbst bei Einschaltung nur einer Person ist die physiologische Wirkung kaum merklich. Die Thatsache erscheint vom physikalischen Standpunkte auf den ersten Blick paradox. Man könnte nämlich die Transformation auf hohe Spannung mittelst des Influenzmaschinenstromes auch ohne Inductionsspiralen ausführen, indem man entsprechend kleinere Condensatoren wählt, diese aber mit entsprechend grösserer Funkenlänge entladet. Man würde hierdurch sogar zu noch rascheren Schwingungen gelangen, sicherlich würde aber die Entladung schmerzhaft empfunden werden. Der Widerspruch löst sich durch die Erwägung, dass es sich in beiden Fällen um zwei keineswegs analoge Processe handelt.

Eine andere bemerkenswerthe Eigenschaft besitzen gewisse oscillatorische Funkenströme von sehr hoher Schwingungszahl. Sie geben an die Nachbarschaft trotz grosser Intensität wenig Wärme ab. Am bequemsten lässt sich dies mit den sogenannten Extrastromfunken zeigen, welche im Nebenschlusse einer in den Schliessungskreis des Doppelcondensators eingeschalteten Spirale entstehen, falls kleine Leydener Flaschen angewendet werden. Wird im Schema Fig 1. der Transformator *D* beseitigt, und an seine Stelle eine Spule von 5 *cm* Durchmesser mit 20 Windungen 2 *mm* starken isolirten Kupferdrahtes eingesetzt, so erhält man in einer Funkenstrecke, welche zwischen *c* und *b* zur Spule parallel geschaltet wird, Extrastromfunken, welche dem erzeugenden Funken bei *F* an Länge und Helligkeit gleichkommen. Diese Extrastromfunken haben nun die Eigenthümlichkeit, dass sie, so lange die Funkenlänge nicht mehr als 0·3 *cm* beträgt, angefasst, ja längere Zeit fest zwischen zwei Finger genommen werden können, so dass man den Funkenstrom hell durch die Muskel- und Gewebetheile scheinen sieht, ohne andere als mässige Wärmeempfindung. (Der Funkenstrom zeigt dabei keine Veränderung, die Elektricität geht nicht durch den Finger, sondern über ihn hin, wie gewöhnliche Funkenströme über einen Isolator.) Am Ende zweier paralleler Drähte überspringend, lässt sich der intensive Funkenstrom z. B. bequem zur Beleuchtung der Mundhöhle etc. benützen, ohne Gefahr der Verbrennung. Man kann bei den letzteren Experimenten die Spirale auch durch einen passenden Flüssigkeitswiderstand ersetzen.

Zur Erklärung sei bemerkt, dass der Extrastromfunken eine Brücke für die Condensator-Oscillationen bildet, deren Frequenz dann nicht mehr

der Selbstinduction der Spirale, sondern derjen
hergestellten Kurzschlusses entspricht; es e
ungeheuer rasche Oscillationen.

Mittelst solcher durch Selbstinduction erh
der Vortragende auch den Einfluss des Eise
in einer neuen Form; ein in die Spirale e
verkleinerte sehr wesentlich die Schlagweite d

Von Tesla's sämmtlichen Versuchen ha
an der einpoligen Glühlampe, auf das Laienpub
Eindruck gemacht, als das selbstständige Leuc
Experimentirraume, welcher von den elektrisc
wird, die von den ausserhalb des Raumes a
Transformatorleitung ausgehen. *)

Bei Anwendung der Influenzmaschine k
grössten Maassstabe ausgeführten Experimente
gegeben werden. Hierbei ist wieder Spule
secundäre zu benützen. Zwei quadratische, v
Zinkplatten von 60 *cm* Seitenlänge, getrennt d
ein würfelförmiges, seitlich offenes Gehäuse, i
findet sich ein hölzernes Tischchen und auf d
rohre mit und ohne Elektroden, deren Ende
8 *cm* Durchmesser tragen. Stehen die Röh
läuft ihre Achse normal zu den Zinkflächen,
der Oscillationen sofort sehr intensiv auf, c
platten in keinerlei Verbindung stehen. **) W
doch auf das Tischchen im Gehäuse hingele
da jetzt ihre Achsen parallel zu den Zinkplatt
nügt ein einfaches Wiederaufstellen der Geissle
wieder anzuzünden. Doch auch ausserhalb
leuchten empfindliche Jodröhren bis auf 2 *m* A
gleich in diesem Falle bei dem geringen A
die Differenz der Einwirkungen beider wirksa
liche Jodröhren erhält man, falls man als E
drähte wählt, die im Geisslerrohre auf 8 bis 1
Entfernung parallel nebeneinander laufen.)

Auch alle Erscheinungen in sogenannte
Phosphorescenz, Fluorescenz etc. lassen
Wechselströme brillant zeigen, wobei natürli
beiden Polen sichtbar wird.

Wie aus dem Gesagten hervorgeht, sind
Maschine die sogenannten Tesla-Versuche so zie
theilweise sogar mit sehr gutem Erfolge, *) we

---

*) Gerade diese Versuche bieten für den mit hoh
wenig Neues. Bei der vom Vortragenden im Jahre 1
spannungs-Influenzmaschine, welche 70 *cm* lange Funken
maschine und Inductorium", Elektrotechn. Zeitschr. Oct.
Vacuumröhren schon auf mehrere Meter Entfernung stossw
Conductor rasch genähert wurden. Tesla's Beobachtun
leicht ansprechen, wenn sie vorher schon erregt waren, i
mann ausführlich beschrieben worden.

**) Das Leuchten ist so intensiv, dass es bei Tage

***) Diese Möglichkeit haben übrigens schon Himst
dem letzteren verdanken wir auch eine wissenschaftlich
in der „Naturwissenschaftlichen Rundschau", Jahrg. XI.
Vereine mit E. Wiedemann seit einer Reihe von Jahr
Gebiete Untersuchungen angestellt.

als unter Anwendung mehrpferdiger Magnetinductionsmaschinen. Der Unterschied ist aber dem Anscheine nach nicht so gross, als man nach dem Verhältnisse der aufgewandten mechanischen Arbeiten wohl erwarten sollte.

Was nun die Demonstration der Tesla-Erscheinungen mit der kleineren Maschine betrifft, welche Prof. Dr. Toepler in Wien benutzte, so gelingt dieselbe natürlich nur in entsprechend beschränkterem Maassstabe, jedoch mit zu Vorlesungszwecken vollkommen ausreichender Deutlichkeit der physikalischen Grunderscheinungen. Als Transformator wurde benutzt eine Spule von 12 *cm* Durchmesser mit 3 Windungen, dreifach aus 2 *mm* starkem, isolirtem Kupferdrahte gewickelt, und eine zweite von 14 *cm* Durchmesser mit 20 Windungen, einfach gewickelt aus 1 *mm* starkem Drahte. Die Herstellung geschah in der schon für die grossen Spulen beschriebenen Weise. Auch hier gelang gut die Demonstration des Impedanzversuches, des Arons'schen Quecksilberlichtbogens, überhaupt der Experimente mit niedrig gespanntem Strome, ebenso der Versuch mit dem Extrastromfunken. Auch konnte bei Hochspannungstransformation das endständige Leuchten einer in der Hand gehaltenen, sehr empfindlichen Geissler'schen Jodröhre gezeigt werden. Zur Anstellung des Versuches mit der einpoligen Glühlampe, sowie des D'Arsonval'schen Experimentes, reicht die Leistungsfähigkeit der kleinen Maschine freilich bei weitem nicht aus. Der Vortragende äusserte nach Alledem in Uebereinstimmung mit Tesla die Ansicht, dass die Technik, wenn sie jemals in die Lage käme, von hochgespannten Condensatorschwingungen in grösserem Maassstabe Gebrauch zu machen, hierzu voraussichtlich die Arbeitsverwandlung durch elektrostatische Kräfte in Anwendung bringen werde. Man werde geeignete Influenzmaschinen bauen, zwar nicht in der jetzt üblichen, für physikalische Zwecke freilich vortrefflichen Weise mit Spitzenkämmen und Isolatorflächen, sondern man werde auf solche Formen der Maschine zurückgreifen, bei denen die Influenz auf gute Leiter in Anwendung kommt.

Zum Schlusse wurde noch gezeigt, dass die vielplattigen Influenzmaschinen zu Experimenten mit grossen Leydnerbatterien unzweifelhaft das beste Hilfsmittel sind.

Ueber Relaisbau.

Um für die vorliegende Arbeit eine Basis zu finden, habe ich Experimente mit Platincontacten angestellt deren Resultat hier im ersten Theile behandelt wird.

I.

Die bei einem gewöhnlichen Linien-Relais benützten runden Platincontacte haben einen Durchmesser von 2 *mm* und berühren sich mit ihrer ganzen ebenen Fläche von ca. 3 mm^2. Wenn diese Flächen vollkommen metallisch rein sind, so ist das Minimum des nöthigen Druckes behufs Herstellung eines Stromüberganges (für telegraphische Zwecke) durch die Contacte hindurch, mittelst einer leichten, aus Aluminium hergestellten empfindlichen Waage nicht zu ermitteln, indem theils die Adhäsion, theils die Massenanziehung einen Contactschluss nach erfolgter Berührung der Platinflächen auch ohne Gegengewicht bewirken und daher eine Messung der hierzu erforderlichen Kraft vereiteln.

Zur Trennung dieser Contacte ist eine Kraft von 3—5 *mg* und nach einem gegen dieselben [illegible] Druck von 100 *g* sogar eine solche von ca. 10 *mg* zur [illegible] derselben erforderlich.

Wird ein elektrischer Strom von 0·016 *A*, in welchem ein Scl apparat mit ca. 300 Ohm Widerstand eingeschaltet ist, durch diese tacte hindurch geleitet, so ist sogar eine Kraft von 5—25 *mg* zur Tre derselben nothwendig. Es ist daher wahrscheinlich, dass der bei Stromunterbrechung entstehende Inductionsstrom, mit dem gleich abfliessenden galvanischen Strome vereint, eine Verschmelzung ein Partikelchen der beiden Contacte bewirkt, zu deren Trennung alsdann grössere Kraft gebraucht wird.

Mit Rücksicht auf das verhältnissmässig ungenaue Resultat, hinsic des zur Lösung der Contacte erforderlichen Kraftaufwandes von 5—2 verwendete ich zu meinen weiteren Versuchen Contacte aus einem dicken Platindraht, von denen der obere kegelförmig in eine stumpfe ! (in eine ebene Fläche von ca. 0·2 mm^2 auslaufend) zugefeilt, der ι jedoch mit einer ebenen Fläche versehen und dem oberen symme gegenüber gestellt wurde. Nach erfolgter Berührung beider Contacte trotz der Verkleinerung der sich berührenden Flächen, noch 1—3 *n* ihrer Trennung im stromlosen Zustande nothwendig; während des S durchganges sind jedoch merkwürdigerweise wieder 5—25 *mg* zur Tre derselben erforderlich.

Es ist somit augenscheinlich, dass die spitzige Form der Contac stromlosen Zustande wohl ein günstigeres Resultat ergibt, dass jedoc sogenannte Klebenbleiben derselben im geschlossenen Stromkreise deren Form nicht verändert wird. Bringt man indessen einen Nebens von etwa 1200 Ohm an die Contacte derart an, dass nach erfolgter nung derselben der Inductionsstrom über den Nebenschluss abfliessen so wird sowohl das Klebenbleiben, als auch die sonst bei jeder S unterbrechung auftretende Funkenbildung vollständig behoben, inden Entladung durch den Nebenschluss erfolgt. Hierbei wird natürlich auc zur sicheren Trennung der Contacte erforderliche Kraft auf 3 *mg* (D herabgesetzt.

II.

Es ist nun die Frage am Platze: „Welche Kraft braucht ein I zur Bewegung des Ankerhebels resp. zur Schliessung und Oeffnung Contacte?"

Bei der Ruhestromschaltung, welche in der Eisenbahntelegraphie herrscht, arbeitet ein Relais von 300 Ohm Widerstand normal mit 0 oder $(0{\cdot}01 \,.\, 10^{-1}\, cm^{1/2} g^{1/2} sec^{-1})^2 \,.\, (300 \,.\, 10^9\, g\ sec^{-1}) = 300.000$ Ergs

Bei ungünstiger Witterung ist wegen Ableitung des Stromes, in geringeren Isolationswiderstandes, eine Verständigung zwischen zwei tionen noch möglich, wenn nach erfolgter Stromunterbrechung in der Station, eine Stromdifferenz (Schwächung) von 0·0005 *A* in der an erzielt wird; die elektrische Energie ergibt in diesem Falle:

$$(0{\cdot}0005 \,.\, 10^{-1}\, cm^{1/2} g^{1/2} sec^{-1})^2 \,.\, (300 \,.\, 10^9\, g\ sec^{-1}) = 750 \text{ Ergs.}$$

Nachdem aber zur Schliessung und Oeffnung der Contacte b 3 Ergs. resp. Dynen genügen, so ist sofort zu ersehen, wie unökono die gegenwärtig in Verwendung stehenden Relais arbeiten, indem die selbst bei der empfindlichsten Einstellung, mittelst welcher es noch m ist, sich zu verständigen, 750 Dynen, oder $\frac{750}{3} = 250$, d. i. das 25 der zu diesem Zwecke absolut nothwendigen Kraft brauchen.

Um die Ursachen dieser Kraftvergeudung zu erforschen, habe i Egger'sches Relais einer Analyse unterworfen. Zum besseren Verstä der dabei erzielten Resultate werde ich hier einige Dimensionen Rede stehenden Relais anführen:

Gewicht des Elektromagnetes	97	g
Länge der Elektromagnetschenkel	7·12	cm
Durchmesser „ „	0·86	„
Querschnitt „ „	0·594	cm^2
Mittlerer Abstand der „	4·28	cm
Länge des Joches	6·26	„
Breite „ „	1·22	„
Höhe „ „	0·45	„
Gewicht des Ankers	16	g
Länge „ „	5·4	cm
Breite „ „	1	„
Querschnitt des Ankers $\left(\frac{0·5^2 . \pi}{2}\right)$	0·392	cm^2
Gewicht des completen Ankerhebels	50	g
Entfernung des Ankers von der Achse ...	3·1	cm
„ der Contacte „ „ „ ...	5·9	„
„ „ Spiralfeder „ „ „ ...	3·6	„
Windungszahl der Drahtspulen	8000	
Spulenwiderstand	300	Ohm

Bei der als normal angenommenen Stromstärke von 0·01 A wurde die Tragkraft des Elektromagnetes mit 3378 g befunden.

Nach Maxwell ergibt dieses Gewicht:

$$P\ (\text{Gramm}) = \frac{\text{Magnetische Linien}^2 . \text{Polflächen}}{8 . \pi . 981} = \frac{B^2 A}{8 . \pi . 981}$$

oder

$$B = \sqrt{\frac{3378 . 8 . 3·1416 . 981}{1·189}} = 8372 \text{ magnetische Linien.}$$

Die magnetisirende Kraft (H) beträgt:

$$H = \frac{4 . \pi \text{ Windungen}}{\text{Länge des magnetischen Kreises}} . \frac{\text{Stromstärke}}{10} = \frac{4 . \pi . S . i}{26·76 . 10} =$$

$$= \frac{4 . 3·1416 . 8000 . 0·01}{26·76 . 10} = 3·76.$$

Die Durchlässigkeit (μ) des zur Construction des Elektromagnetes verwendeten Eisens im Verhältniss zur Luft ist daher:

$$\mu = \frac{B}{H} = \frac{8372}{3·76} = 2226.$$

Hopkinson fand bei gut ausgeglühtem Schmiedeisen:

$$\frac{B}{H} = \frac{9000}{4} = 2250$$

womit der von mir gefundene Werth der Durchlässigkeit fast identisch ist. Aus dieser Uebereinstimmung kann man den Schluss ziehen, dass das zu den Elektromagneten verwendete Eisen den besten englischen Sorten entspricht.

Trotzdem sind die englischen Relais den unserigen weit überlegen; in Oesterreich hat sich nämlich das Princip eingebürgert, die Relais so massiv als möglich zu bauen, um dieselben gegen Beschädigungen zu sichern: die englische Telegraphenverwaltung legt dagegen den grössten Werth — u. zw. mit Recht — auf die grösste Leistungsfähigkeit der

Apparate bei dem geringsten Verbrauch an elektrischer Energie und s dieselben vor Beschädigungen durch Gehäuse.

Unsere Relais müssen daher — im Vergleiche zu den englisch als plump bezeichnet werden. Der Elektromagnet eines Egger'schen hat eine Länge von 18·5 *cm* gegen 5·9 *cm* eines englischen Normal-Muster *A*, welcher allerdings doppelt vorhanden ist; durch diese doppelung wird indessen nur die Wirkung auf den Ankerhebel ver der schädliche Einfluss langer Elektromagnetkerne auf die Entstehur magnetischen Rückstandes jedoch fast ganz beseitigt. In dem El magnete des von mir untersuchten Relais beträgt der magnetische stand 20% nach einer Magnetisirung durch 0·01 *A*: die englischen El magnetkerne dürfen bei der Uebernahme vom Fabrikanten keine magnetischen Rückstandes zeigen, nachdem ein Strom von 0·1 durch den Spulendraht von 400 Ohm geleitet worden ist.

Der Ankerhebel eines Egger'schen Relais wiegt 50 *g*, jene kleinsten englischen Apparates nur 5 *g*.

In Folge der unpraktischen horizontalen Lagerung der Ach Ankerhebels, üben die Zapfen derselben bei normaler Einstellung folg Druck auf die Lager aus:

Gewicht des Ankerhebels	50 *g*
magnetische Zugkraft	20 „
Zugkraft der Spiralfeder	48 „
Zusammen	118 *g*

Von der letzteren Zugkraft werden 28 *g* zur Compensation d der Ankerseite des Hebels befindlichen Mehrgewichtes gebraucht, wä die restliche Kraft von 29 *g* zum Abreissen des Anherhebels verwendet

Die Reibungsgrösse der Zapfen in den Lagerlöchern wurd 0·4 *g*, der Reibungscoëfficient mit

$$\frac{118}{0{\cdot}4} = \frac{1}{295} = 0{\cdot}33\% \text{ befunden.}$$

Anstatt der eingangs ermittelten Kraft von 3 Dynen, braucht nach das Relais mindestens:

Reibungsgrösse	0·4 *g*
Zugkraft zur Trennung der Contacte	0·025 „
Druckkraft	0·02 „
Zusammen	0·445 *g*

oder $0{\cdot}445 \, . \, 981 = 437$ Dynen, d. i. das 146fache $\left(\frac{437}{3}\right)$ an Kraft.

Die zuletzt angeführte Druckkraft ist zur Paralysirung der vorbeifahrende Eisenbahnzüge oder schwer belastete Wagen entsteh Erschütterungen nothwendig, weil sich sonst die Contacte locker unleserliche Schrift hervorrufen würden.

Nachdem man zur Erregung dieser geringen Kraft von 437 I mittelst welcher das Relais noch arbeiten kann, 750 Ergs verbrauc werden von der Stromarbeit

$$100 \, . \sqrt{\frac{437}{750}} = 76\%$$

in nutzbare magnetische Arbeit umgesetzt.

Unter Beibehaltung desselben Güteverhältnisses sollte man dab Erregung der minimalen Kraft von 3 Dynen nur

$$\sqrt{3} : \sqrt{437} = x : 0{\cdot}0005, \text{ d. i. } 0{\cdot}000043 \; A$$

oder $0{\cdot}000043^2 \, . \, 300 \, . \, 10^7 = 5{\cdot}5$ Ergs. benöthigen.

Die Spielweite des Ankerhebels kann äusserst kurz bemessen werden; die Contact-(Stell-)Schrauben, deren Ganghöhe 0·9 *mm* beträgt, brauchen blos um einen Grad auseinander gedreht zu werden, um zwischen denselben einen Spielraum für die Bewegung des Ankerhebels zu bilden und Schliessung und Trennung der Contacte zu bewirken. Wegen der Unebenheiten der Platinflächen bleiben jedoch die Contacte bei dieser Einstellung zuweilen auch nach dem Stromschluss in Berührung, folglich müssen die Contactschrauben mindestens um 2^0 gedreht werden, damit eine sichere Schliessung und Oeffnung derselben erfolgen kann.

Nachdem der Anker ungefähr in der Mitte zwischen der Achse und den Contacten am Ankerhebel befestigt ist, so bewegt sich derselbe zwischen den Stellschrauben nur um

$$\frac{2^0 \cdot 0{\cdot}9}{2 \cdot 360^0} = 0{\cdot}0025 \; mm$$

Auf diesem kurzen Wege von 0·0025 *mm* kann man das magnetische Kraftfeld als gleichförmig annehmen. Unter der Einwirkung der Kraft von 437 Dynen wird die Arbeit, welche an dem Ankerhebel zwischen den beiden, durch die Stellschrauben auf 0·00025 *cm* begrenzten Niveauflächen geleistet wird, nur ca. 437 . 0·00025 = 0·1 Erg. betragen.

Gewöhnlich beträgt die Spielweite des Ankerhebels 0·1—0·5 *mm*. Bei dieser Einstellung ist der Anschlag an die Contacte so kräftig, dass die Contactflächen durch denselben einerseits ziemlich rein erhalten werden, andererseits geringere Ablagerungen sich in Folge des grösseren Druckes gar nicht fühlbar machen. Erst wenn es wegen feuchten Wetters nothwendig ist, das Relais empfindlich einzustellen, müssen gewöhnlich auch die Contacte mit Schmirgelpapier gereinigt werden. In der vorliegenden Arbeit handelt es sich jedoch nur um die empfindlichste Einstellung des Relais, wobei der Ankerhebel bei jeder Bewegung nur etwa 0·1 Erg verbraucht, welcher Werth daher im Folgenden unberücksichtigt bleibt.

In der Ruhestromschaltung arbeitet ein Relais zwischen 0·01 und 0·01—0 0005 *A*; hieraus ergibt sich ein Güteverhältniss des Apparates von

$$\frac{0{\cdot}01}{0{\cdot}0005} = 20.$$

Wollte man dasselbe Güteverhältniss in der vorliegenden Berechnung der Minimalkraft, welche zum Betriebe eines Relais absolut nothwendig ist, beibehalten, so könnte man mit

$$0{\cdot}000043 \cdot 20 = 0{\cdot}00086 \; A, \text{ oder } \frac{0{\cdot}00086}{0{\cdot}01} = \frac{10}{116}$$

oder rund mit 0·1 der gegenwärtig für ein Relais nöthigen Stromstärke auskommen. Da es indessen praktischer ist, die Stromstärke von 0·01 *A* unverändert beizubehalten, dagegen den Widerstand so viel als möglich zu reduciren, so dürfte man mit

$$300 \cdot \left(\frac{0{\cdot}001}{0{\cdot}01}\right)^2 = 3 \text{ Ohm}$$

per Apparat auskommen und anstatt des einen Relais mit 300 Ohm Widerstand, könnten 100 Apparate à 3 Ohm Widerstand mit derselben elektrischen Energie betrieben werden.

Der Elektromagnet des Egger'schen Relais wird bei normaler Stromstärke nur mit

$$\frac{3378}{1{\cdot}189} = 2841 \; g$$

beansprucht. Trotzdem würde für ein Relais zu 3 Ohm schon ei
schnitt von

$$\frac{\frac{0{\cdot}01^2 \,.\, 3 \,.\, 10^7}{2 \,.\, 981}}{2841} = 0{\cdot}05 \; mm^2$$

genügen; man kann daher sowohl den Elektromagnet, als auch die zum Relais gehörigen Bestandtheile so klein und zart herstellen, als Anforderung an deren Dauerhaftigkeit gestattet.

Aus den hier gegebenen Erläuterungen lässt sich auch der ziehen, dass die elektrische Energie um so besser ausgenützt wird je die Dimensionen des Relais, insbesondere aber des Ankerhebels sind; ein Relais, welches man in einem Taschenuhrgehäuse unte könnte, wäre daher — wenigstens nach meiner Ansicht — das be

Die Zapfenreibung, zu deren Ueberwindung der grösste Th Stromarbeit verbraucht wird, könnte durch sachgemässe Lager Ankerhebels auf prismaförmige Schneiden oder auf Spitzen fast ga mieden werden; auch in Lochsteinen (Rubinen) wäre durch senkre ordnung der Ankerhebelwelle, welche unten mit einer Spitze au sogenannten Decksteine aufruhen würde, die Zapfenreibung eine und würde bei zarter Ausführung des Apparates kaum 1—2 Dy tragen.

Die Spiralfeder — für normale Arbeit eingestellt — gen ungünstiger Witterung nicht mehr, um den Anker abzureissen; vermag nämlich nur ca. 30 g der magnetischen Zugkraft zu übe Nachdem aber sowohl durch Ableitung als auch in Folge Ausschalte grösseren Anzahl von Stationen wegen Gewitter (Blitzgefahr), w Batterien der betreffenden Stationen eingeschaltet bleiben und s Stromstärke mitunter bedeutend erhöhen, wodurch die magnetisc kraft auf 50 g (unter ungünstigen Umständen sogar noch höher) kann, so ist der Telegraphist oft bemüssigt, den Ankerhebel mitt Stellschrauben höher zu stellen, um die Zugkraft des Elektromag vermindern.

III.

Um den geschilderten Uebelständen abzuhelfen, möchte ich sog Dosenrelais, welche sowohl in Deutschland als auch in England sc Jahrzehnten im Gebrauche stehen und sich gut bewährt haben - Benützung des von mir hier bereits beschriebenen Nebenschlusses auch der übrigen Andeutungen — in Vorschlag bringen. Ein de Relais wäre durch das Gehäuse gegen Staub und Beschädigun schützt; durch die Unterdrückung der Funken würden auch die stets rein bleiben; die Contact-(Stell-)Schrauben — einmal in der Tele werkstätte richtig eingestellt — wären im Betriebe nicht mehr zu v und brauchten daher auch nicht aus dem Gehäuse nach Aussen ge werden; die Schraube zur Justirung der Spannfeder, welche allein Gehäuse hervorstünde, würde eine tadellose Justirung und Function Apparates ohneweiters ermöglichen.

In Folge des Nebenschlusses würde durch die Drahtspule Schreibapparates mit einem Widerstand von 300 Ohm — dessen durch 6 Elemente oder $\frac{6 \,.\, 0{\cdot}98}{300} = 0{\cdot}0196 \; A$ unterhalten wird — thätigen Zustande ein Strom von $\frac{6 \,.\, 0{\cdot}98}{300 + 1200} = 0{\cdot}0039 \; A$ fliess durch die wirksame Stromarbeit auf 0·0196 — 0·0039 = 0·0157 *A* oder um $\frac{0·0039}{0·0196} = \frac{1}{5}$ reducirt werden möchte.

Obwohl der Apparat auch mit dieser elektrischen Energie gut functioniren würde, so könnte man auch diese scheinbar schwache Seite dieses Vorschlages zum Vortheile des hier entwickelten Systems ausnützen, indem man durch Aufwicklung des Nebenschlussdrahtes auf die Drahtspulen des Schreibapparates mit entgegengesetzt gerichtetem Stromlauf nicht allein diese Schwächung ganz beseitigen, sondern auch den Inductionsstrom reduciren könnte. Ebenso wenig wäre hierbei eine raschere Erschöpfung der Batterie (Callaud-Elemente) zu befürchten, da die Stromentnahme ohnehin so gering ist, dass dieselbe die durch Diffusion in den Elementen aufsteigende Kupfervitriollösung nicht verbraucht, wodurch die letztere bis zu den Zinkringen aufsteigt und durch Zersetzung und Ablagerung an den Zinkpolen die elektromotorische Kraft schwächt, welcher Uebelstand durch die vorgeschlagene Anordnung zum Theile behoben werden könnte.

Den Werth dieses Relais würde man aber ganz besonders bei ungünstiger Witterung beurtheilen und schätzen lernen, da dessen Ueberlegenheit hierbei eigentlich erst zur Geltung käme. Eine Telegraphenlinie ist nämlich umso schlechter, je grösser ihr Widerstand ist. Ein Beispiel über die Correspondenzfähigkeit einer längeren Telegraphenlinie während einer Ableitung wird das Gesagte besser illustriren:

Widerstand eines Relais ca.	350 Ohm
„ einer Boussole	60 „
„ „ Batterie à 6 Elemente à 0·98 Volt	60 „
Widerstand einer completen Station	470 Ohm

Länge der Linie	200 *km* à	8 Ohm
Widerstand der Linie (8 . 200)		1600 „
Anzahl der Stationen........................		22 „
Totaler Widerstand der Linie (8 . 200 + 22 . 470)		11940 Ohm

Es werden hier die Folgen einer partiellen Ableitung von etwa 400 Ohm in der Entfernung von 30 *km* von Anfangspunkte der Linie in Betracht gezogen; ausserdem wird vorausgesetzt dass in diesem Linientheile 4 Stationen eingeschaltet sind.

Die Stromstärke (J_1), welche vom Anfangspunkt bis zur Ableitungsstelle herrscht, ist:

$$J_1 = \frac{E_1(w + w_2) + E_2 w}{w w_1 + w w_2 + w_1 w_2} =$$

$$= \frac{23·52\,(400 + 9820) + 105·84 \,.\, 400}{400 \,.\, 2120 + 400 \,.\, 9820 + 2120 \,.\, 9820} = 0·01104\ A$$

und zwischen der Ableitungsstelle und der Endstation:

$$J_2 = \frac{E_2(w + w_1) + E_1 w}{w w_1 + w w_2 + w_1 w_2} =$$

$$= \frac{105·84\,(400 + 2120) + 23·52 \,.\, 400}{400 \,.\, 2120 + 400 \,.\, 9820 + 2120 \,.\, 9820} = 0·010788\ A.$$

Unterbricht nun der Telegraphist in der Endstation den Strom durch Niederdrücken des Tasters, so wird die Stromstärke im ersteren Linientheile

auf $\frac{23{\cdot}52}{400+2120} = 0{\cdot}00933\,A$ reducirt und somit eine Stromdiffere
$0{\cdot}01104 - 0{\cdot}00933 = 0{\cdot}00171\,A$ oder $\frac{0{\cdot}00171}{0{\cdot}01104} = \frac{1}{6}$ erzielt und
auch eine gute Arbeit auf den Apparaten ermöglicht; wenn dagege
selbe in der Anfangsstation geschieht, so wird der Strom zwischen d
leitungsstelle und der Endstation nur auf $\frac{105{\cdot}84}{400+9820} = 0{\cdot}010356\,A$
gedrückt und folglich nur eine Stromdifferenz von $0{\cdot}010788 - 0{\cdot}010$
$= 0{\cdot}000432\,A$ oder $\frac{0{\cdot}000432}{0{\cdot}010788} = \frac{1}{25}$ erreicht. Nachdem aber das Rel
mit einer Stromdifferenz von $\frac{1}{20}$ noch zu arbeiten vermag, so ist
diesen Umständen eine Verständigung über die Ableitungsstelle (ohne
legen) unmöglich.

Wenn es nun gelingen sollte, ein Relais mit einem Widersta
10 Ohm bei sonst gleicher Leistungsfähigkeit herzustellen, so würd
folgendes Resultat erzielen:

Widerstand eines Relais	10 Oh
" einer Boussole	60 "
" " Batterie à 2 Elemente à 0·98 Volt.	20 "
Widerstand einer Telegraphenstation..............	90 Oh

Die Besprechung des kürzeren Linientheiles ist, mit Rücksi
die in diesem Falle noch günstigeren Verhältnisse, ohne Interesse un
daher unterbleiben.

Zwischen der Ableitungsstelle und der Endstation würde f
Stromstärke herrschen:

$$J_2 = \frac{E_2(w+w_1)+E_1 w}{w w_1 + w w_2 + w_1 w_2} =$$

$$= \frac{35{\cdot}28\,(400+600)+7{\cdot}84\,.\,400}{400\,.\,600+400\,.\,2980+600\,.\,2980} = 0{\cdot}01$$

Nach einer Stromunterbrechung seitens der Anfangsstation würde die
stärke zwischen der Ableitungsstelle und der Endstation $\frac{2\,.\,18\,.}{400+2}$
$= 0{\cdot}01044\,A$ betragen. Es würde also eine Stromdifferenz von 0·01
$- 0{\cdot}01044 = 0{\cdot}00149\,A$ oder $\frac{0{\cdot}00149}{0{\cdot}01193} = \frac{1}{8}$ entstehen und eine
liche Correspondenz über die Ableitungsstelle nach beiden Seiten
lichen.

Wegen der auf manchen Bahnen oft allzugrossen Anzahl von
Linie eingeschalteten Stationen, ist die Abwicklung der Correspond
den gegenwärtig im Gebrauche stehenden Apparaten von der Wi
abhängig, indem während eines Landregens oder dichten Nebels n
soeben geschilderten analoge Störungen eintreten und eine direct
ständigung auf solchen Linien zwischen weit von einander ent
Stationen oft tagelang unmöglich machen.

Nachdem man durch Einführung empfindlicherer Apparate nich
etwa 4 Elemente per Station ersparen würde, deren Erhaltungskos

Neuanschaffung neuer Relais in wenigen Jahren decken dürften, sondern auch eine namentlich für den Eisenbahnverkehr nicht zu unterschätzende höhere Betriebssicherheit erzielen könnte, so glaube ich, dass die vorliegende Arbeit geeignet sein dürfte, competente Kreise zum Studium dieser schwachen Seite der Telegraphie anzuregen. F. Schebesta.

Einbau der Zellen elektrischer Sammler (Accumulatoren).

Von W. A. BOESE in Berlin.

Oesterr.-ungar. Privilegium vom 27. Juni 1894.

Die Erfindung bezweckt, die Zellen einer elektrischen Sammelbatterie (Accumulator) in einem sie umschliessenden Kasten so einzubauen, dass die Erschütterungen, denen die Batterie auf längeren Eisenbahn-, Trambahn- oder überhaupt Wagenfahrten, auf Schiffen u. s. w. ausgesetzt ist, die Verbindung der Zellen untereinander nicht lösen.

Der neue Einbau besteht darin, dass die Zellen *B* (die z. B. aus Glas bestehen können) in einem Kasten *A* von beliebiger Höhe angeordnet und dann mit einer Masse umgossen werden, die nach dem Erkalten fest wird, aber in sich doch eine gewisse Elasticität besitzt. Diese Masse füllt die Zwischenräume zwischen den Zellen und den Kastenwänden, sowie zwischen je zwei Zellen aus; auch kann die Masse den Boden des Kastens bedecken, oder es kann eine Filzplatte auf den Kastenboden gelegt werden.

Zum Umgiessen der Accumulatorzellen werden angewandt:

1. Harzige Körper, wie: gemeines Fichtenharz, Terpentin, Colophonium, Damarmastix, Elemi, Schellak, Copal.
2. Asphaltartige Körper wie: natürlich vorkommender Asphalt, künstliche Asphalte (Pecharten), Steinkohlentheer — Asphalt, Braunkohlenpech, Torfpech, Schusterpech, Schiffspech.
3. Wachsartige Körper, wie: Bienenwachs, Walrat, Stearin.
4. Paraffin.
5. Gemische der sub 1—4 angegebenen Stoffe.

Fig. 1 zeigt einen Accumulator, dessen Zellen *B* in den Kasten *A* auf die beschriebene Art eingebaut sind;

Fig. 2 ist ein Horizontalschnitt und

Fig. 3 ein Querschnitt durch die Batterie.

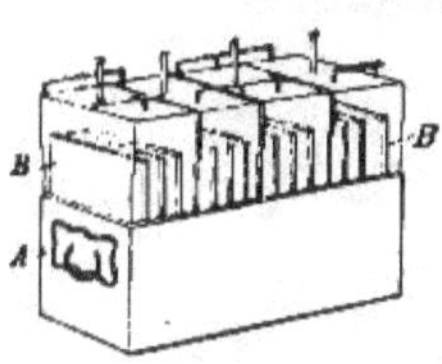

Fig 1.

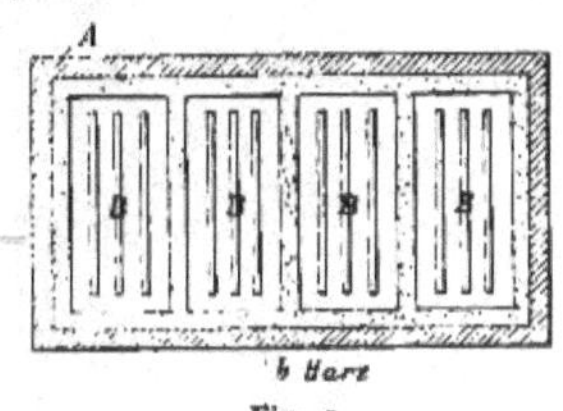

Fig. 2.

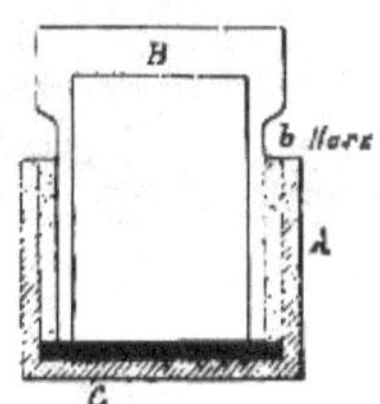

Fig. 3.

Die erstarrte Masse *b* bettet die Zellen *B* unverrückbar fest ein, besitzt aber doch soviel Elasticität, um das Zerspringen der Glaswände der Zelle zu verhüten, was eintreten würde, wenn die Zellen in eine harte Masse wie Metall oder Stein starr eingebaut wären.

Kommt einmal durch Stoss oder dergl. ein Bruch vor, so verhütet die Masse *b*, die die Zellen dicht umschliesst, ein Ausfliessen des Elektrolyts, so dass die Function der Batterie durch das Zerspringen einer Zelle nicht unterbrochen wird.

Elektrisch betriebene Centrifugen.

Die Centrifugen eignen sich wegen ihres intermittirenden Betriebes und ihrer hohen Umdrehungszahl besonders gut und wirthschaftlich vortheilhaft für directen elektrischen Antrieb.

So gut wie unbrauchbar erwies sich jedoch hiefür der Gleichstrommotor, da einerseits durch die Vibrationen der Centrifugenwelle ein funkenloses Laufen desselben kaum zu erreichen war, andererseits aber die fortdauernde Ueberwachung und Bedienung des Commutators und Bürstenapparates durch die Anordnung des Motors unterhalb der Centrifugenwelle ausserordentlich erschwert wurde.

Des weiteren ist aber d
motor noch im Stande, m
grösseren Ueberlastung anzula
bei einem entsprechenden Gl
möglich ist. Dies ist gerade f
fugen-Betrieb, bei welchem
in Bewegung zu setzen sind, n
wendig und wird durch eine l
struction des Ankers erreicht.

Besteht die Anlage, wie
Fall zu sein pflegt, aus einer
zahl von Centrifugen, so wir
lassen einer derselben die
triebe befindlichen, ebenso w
missions-Antrieb, durch ihre

Fig. 1.

Alle diese Uebelstände fallen bei dem A. E. G.-Drehstrommotor D. R. P. Nr. 51083 weg, da er weder Commutator noch Bürstenapparat besitzt. Er erfüllt vielmehr infolge dieses Umstandes und seiner übrigen günstigen Eigenschaften alle Bedingungen für einen sicheren und zweckmässigen Centrifugen-Betrieb.

Er behält nämlich seine Geschwindigkeit in noch höherem Maasse als der Gleichstrommotor unter allen Umständen bei, indem seine Umdrehungszahl nur entsprechend einer Aenderung der antreibenden Dampfmaschine wechselt, so dass also nur für deren gute Regulirung, wie bei Transmissionsbetrieb üblich, Sorge zu tragen ist.

mit und unterstützen dadur
lassenden Motor. Tritt näm
mehrung in der Belastung d
station ein, so wird zunächs
maschine und mithin auch die Dy
das Bestreben haben, etwas in de
zahl nachzugeben. Die Centri
mit ihnen verbundenen Elektr
jedoch in Folge der Schwungm
fugen zunächst noch an ihre
drehungszahl gebunden und w
hierdurch als Dynamomaschinen
maschinen unterstützend.

Die Centrifugen-Drehstro
den von der Allgemeinen E
sellschaft bisher in folgenden C

Bezeichnung des Motors	Umdrehungen in der Minute circa	Pferdestärken bei voller Geschwindigkeit circa
DRC_{20}	1000	1
DRC_{50}	1000	2·5
DRC_{80}	700	4
DRC_{90}	700	7
DRC_{100}	500	5

Jede Centrifuge besteht im Allgemeinen aus einem Gehäuse, in welchem sich um eine senkrechte Welle die Schleudertrommel zwischen Anker und Polring aber nur wenige Millimeter betragen darf, so ist dieser letztere so befestigt, dass er gemeinsam mit Anker und Welle an den Schwingungen theilnehmen kann. Zu diesem Zwecke ist der Polring mit beiden Lagern oben und unten durch Arme verbunden.

Diese Anordnung hat Verwendung gefunden unter anderem in der Textilindustrie für Zeug-Centrifugen, Fig. 1, deren mechanischen Theil der Firma Alb. Fesca & Co., Berlin, hergestellt hat.

Eine grosse Bedeutung hat ferner der Centrifugen-Betrieb für Zuckerfabriken, und hier wurde denn auch die Wichtigkeit des elektrischen Antriebes schnell erkannt.

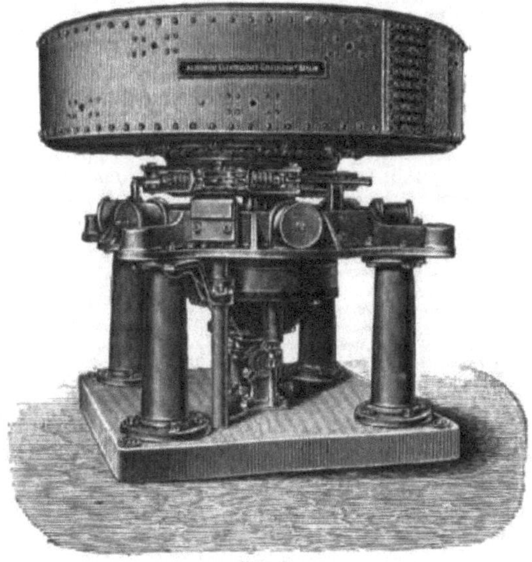

Fig. 2.

bewegt. Jedoch scheiden sich die einzelnen Centrifugen-Constructionen nach der Aufstellungsart ihrer Gehäuse und der Befestigung der Wellenlager in demselben in vier Gruppen.

Bei der ersten Gruppe ist das obere Wellenlager durch Spannstangen zwischen Gummipuffern mit dem festen Gehäuse verbunden, während das untere Spurlager mit Kugelgelenk etc. versehen ist, um den während des Ganges auftretenden Schwankungen der Welle um die Gleichgewichtsachse folgen zu können. Es ist also hierbei das Centrifugen-Gehäuse fest, während die Trommel mit ihrer Welle elastisch gelagert ist.

Da der Anker des Elektromotors direct auf der Welle sitzt, der Zwischenraum

Die A. E. G. hat zunächst für Zuckerfabriken die nach der bisher beschriebenen ersten Art der Anordnung hergestellten Brod-Centrifugen, Fig. 2, mit elektrischem Antriebe versehen.

Bei einer zweiten Art von Centrifugen, den Adant-Centrifugen, sind die Lager der Welle mit dem Gehäuse fest verbunden und ruht die ganze Construction auf dem unteren Kugellager, während das Gehäuse selbst oben elastisch befestigt ist. Dieselben stammen in ihren mechanischen Theilen von der Maschinenfabrik Grevenbroich, vormals Langen & Hundhausen. Bei anderen Centrifugen einer dritten Art, welche in ihrem mechanischen Theile von Selwig & Lange, Braunschweig, gebaut sind, ist sowohl das Gehäuse als auch die Lagerur der Welle eine feste, wobei der Polring direct in das Centrifugen-Gehäuse eingesetzt ist.

Eine vierte Construction hat die Weston-Centrifuge. Dieselbe besteht aus einer frei nach unten hängenden, sich nicht drehenden Stange, welche an ihrem oberen Ende mit einer Kugellagerung versehen ist. Ueber diese Stange ist die hohle Centrifugenwelle geschoben, welche oben den Anker des Elektromotors trägt. Der mechanische Theil dieser Centrifugen wird hergestellt von Watson & Laidlaw, Glasgow, und von Orthwein, Karasinki & Co., Warschau.

Welche Bedeutung gerade für die Zuckerfabrication die neue Verwendung der Elektricität hat, geht aus dem Umstande hervor, dass sofort nach dem Bekanntwerden der oben genannten Veröffentlichung drei grosse derartige Fabriken die A. E. G. mit der Aufstellung elektrisch betrieb fugen beauftragten. Es sind dies P. Schwenger's Söhne in a. Rh., Fr. Meyer's Sohn münde und Czakowitzer Zuckerf eller & Co. (Böhmen).

Die oben genannten Zu entschlossen sich bei dieser gleichzeitig zur Einführung der Kraftübertragung mittelst Dreh für andere Theile ihrer Betriebe dere beschloss die Firma P. Sc Söhne bei dem Neubaue ihrer elektrischen Betrieb vollkomm führen und sämtliche Maschinen t durch Drehstrommotoren zu bet diese Anlage sind dazu 91 Mot sammen circa 490 Pferdestärken welche zum grossen Theil in origineller Weise mit den an Maschinen direct gekuppelt sind

Die Ausnützung der Wasserkraft des Wurmbaches in bei Innsbruck.

Vor ungefähr 10 Jahren wusste man in Innsbruck vom Wurmbache nicht viel mehr als heute der im weltabgelegenen Hochthale hausende Aepler von dem bei ihm in wilden Cascaden vorbeirauschenden Gebirgsbache.

Der einzige Unterschied bestand nur darin, dass der alle Kennzeichen eines steil abstürzenden Gebirgswassers in sich tragende Wurmbach in Mühlau schon lange Jahre zum Betriebe einiger grösserer Mühlen und Fabriken diente, während der vielleicht nicht so wasserreiche Hochgebirgsbach nur für einige kleinere Mühlen oder Holzsägewerke die Wasserkraft lieferte.

Es war im Jahr 1886, als Schreiber dieses unter Hinweis auf die dazumal in Ausführung begriffene elektrische Anlage zur Ausnützung der Emme in Dorenberg, einige Stadtväter der Landeshauptstadt Innsbruck aufmerksam machte, dass der Wurmbach zu gleichen Zwecken dienstbar gemacht werden konnte. — Antwort darauf war: die Gemeinde habe zu solchen Anlagen kein Geld; die Elektrotechnik stehe noch auf schwachen Füssen.

Wie sieht die Sache heute aus? Ein grosses Elektricitätswerk und zwei Kraftübertragungs-Anlagen entnehmen bis jetzt dem Wurmbache ihre Betriebskräfte; es gibt keinen Platz mehr am Wurmbache, der noch nicht zur Ausnützung für elektrische Zwecke in Betracht gezogen ist.

Das Wasserrecht am Wurmbache ist nunmehr kostbar geworden.

Die elektrische Beleuchtung ist übrigens in Mühlau schon seit 1886 in einer dortigen Kunstmühle eingerichtet; diese erste elektrische Anlage ist um so interessanter, wenn erwähnt wird, dass hiezu keine specielle Turbinenanlage nöthig war; dasselbe oberschlächtige Wasserrad, welches die Mühle betreibt, besorgt auch den Betrieb der Lichtmaschine.

Die frühere elektrische Ab österr. Waffenfabriks-Gesellscha hatte diese Anlage eingerichtet u Glühlampen beigestellt, welche waren.

Nach Verlauf von mehr als Anfang 1889, stellte sich die keit heraus, die Betriebskraft i zu erhöhen. Eine neue Wass Turbinenanlage in der Mühle s man aber nicht ausführen un der Mühlenbesitzer nicht, die wä Zeit gemachten neuesten Fort dem Gebiete der elektrischen tragung sich zu diesem Zwec zu machen. — Die Maschinenfab bei Zürich, welche bekanntlich da die Kraftübertragungs-Anlagen Solothurn, Dorenberg-Luzern in in Piovene und Pordenone in I führt hatte, richtete auch di Kraftübertragung am Wurmbach lau ein.

Es werden hier 50 *HP* primäre Anlage gewonnen un Entfernung in die Mühle zum Betriebe derselben übertragen.

Mittlerweile war das Proje einer Centrale für Innsbruck am aufgetaucht; die Gemeinde Inn jedoch diesem Projecte fern. — Ganz & Co. in Budapest war es mit ihrem Transformatoren- Landeshauptstadt Innsbruck z dass man die Wasserkraft des mit Vortheil ausnützen könne.

Im Vereine mit dem Gasw burger Gesellschaft) in Innsbruc Bau durchgeführt und am 17. zur Vorfeier des Kaisers Geb neue Elektricitätswerk mit glü leuchtung einzelner Strassen u Innsbruck's eröffnet.

Die Entfernung des am Wurmbache gelegenen Elektricitätswerkes von der Stadt beträgt 3 *km*.

Vorläufig waren 2 Turbinen à 160 *HP* in der neuen Centrale zur Aufstellung gelangt; seit ungefähr $1^1/_2$ Jahren ist eine gleiche dritte dazu gekommen; eine vierte kann noch von dem verfügbaren Wasser betrieben werden.

Anfänglich hatte man mit Schwierigkeiten zu kämpfen, technischen und anderen. Die ungleichmässige Tourenzahl der Turbinen wurde durch die Verwendung des neuen Präcisions-Regulators von Ganz vollständig behoben.

Andere Schwierigkeiten verursachte der anfänglich sehr geringe Stromconsum, wohl hauptsächlich begründet durch den im Anfange fixirten hohen Lichtpreis nebst einer Grundtaxe und verweigerter Aufstellung von Elektricitätsmessern; viele Bewohner Innsbrucks zeigten sich der neuen Centrale ungünstig gesinnt und es wurde Propaganda für ein Concurrenz-Unternehmen gemacht.

Die grösseren Lichtconsumenten verpflichteten sich dieser geplanten Centrale, welche auf Dampfbetrieb mit Gleichstrom und Fünfleitersystem eingerichtet und mit Ende Juli 1891 eröffnet werden sollte.*)

Wir glauben, dass heute die Gemeindeverwaltung von Innsbruck wohl zur Einsicht gekommen ist, dass die „brennende Frage“ im Jahre 1890 nicht die richtige Lösung gefunden hat. Die weitmöglichste Ausnützung einer so günstig gelegenen Wasserkraft, als welche der Wurmbach in Mühlau für die aufstrebende Fremdenstadt Innsbruck von Jahr zu Jahr mehr zur Geltung kommt, kann nur Vortheile und Gewinn einbringen.

Das geplante Concurrenzwerk war und hätte nie die Unterstützung der Gemeinde finden sollen, da es keine Aussicht auf Erfolg hatte.

So ist es nun gekommen, dass das Gaswerk jetzt im Vereine mit dem Elektricitätswerke am Wurmbache die gewonnenen Wasserkräfte vortheilhaft verwerthen kann trotz der durch die drohende Concurrenz bedeutend ermässigten Lichtpreise.

Zur Zeit der vorjährigen (1893) Landesausstellung in Innsbruck, welche eine reichliche elektrische Beleuchtung hatte, wurde in der Centrale am Wurmbache mit einem Maximum von 110—112 Ampères gearbeitet, so dass die benützten drei Wechselstrommaschinen à 40 Ampères beinahe voll belastet waren.

Wir kommen nun zur weiteren Ausnützung des Wurmbaches, welche als die jüngste und vorläufig letzte zu verzeichnen ist.

Im Jahre 1892 wurde nämlich eine zweite selbstständige Kraftübertragungsanlage von 120 *HP* auf 1 *km* Entfernung für die Lodenfabrik Weyrer's Söhne eröffnet. Sowie die erste für die Kunstmühle liegt auch diese zweite Anlage im tiefen Einschnitte des Wurmbaches und musste der Platz hiefür entsprechend den Terrainverhältnissen förmlich abgezwungen werden.

Eine Anlage reiht sich unmittelbar an die andere und wurde auch die zweite von der Maschinenfabrik Oerlikon in Zürich ausgeführt. Die 150 *m* langen Zuführungsrohre haben einen Durchmesser von 900 *mm* und bringen 750 *l* Wasser per Secunde dem horizontalen Rade einer Girard-Turbine mit 22 *m* Gefälle zu. Die verwendete 6polige Compound-Dynamo mit horizontalem rotirenden Inductor ist direct gekuppelt und hat eine Leistungsfähigkeit von 650 Volt und 160 Ampères; der Strom dient zum Betriebe von zwei Elektromotoren von zusammen 120 *PS* in der Lodenfabrik.

Recapituliren wir also, so sehen wir, dass heute dem Wurmbache ungefähr 600 *HP* im Ganzen zur elektrischen Beleuchtung und Kraftübertragung entnommen werden, wobei man aber allen Anscheine nach nicht mehr lange stehen bleiben wird.

Nachdem aber der Wurmbach einen verhältnissmässig sehr kurzen Lauf von seinem Ursprunge ober der sogenannten Mühlauer Klamm bis zur Einmündung in den Inn unter der Reichsstrasse zwischen Innsbruck und Hall besitzt, so wird der zu weiteren selbstständigen elektrischen Anlagen mangelnde Platz am Wurmbache einer weiteren Ausnützung desselben die naturgemässe Grenze stecken.

Dies vorausgehend, haben daher in jüngster Zeit zwischen den das Wasserrecht am Wurmbache besitzenden Gemeinden und Privat-Interessenten Verhandlungen stattgefunden, die als Resultat ergaben, dass heute nur mehr eine kleine Strecke unterhalb der bestehenden Centrale frei erscheint, welche die Gemeinde Mühlau ausnützen will.

Der Landeshauptstadt Innsbruck verbleibt somit zu einer etwaigen selbstständigen Anlage der ungünstige Platz oberhalb der Mühlauer Klamm von der Wehranlage für die bestehende Centrale bis zum Ursprunge des Wurmbaches; allerdings ist dieser zu jenen eigenthümlichen Gebirgsbächen zu zählen, welche schon beim Ursprunge eine bedeutende Wassermenge besitzen.

Es sollen schon Vorstudien gemacht und auch das Wasserrecht des Wurmbaches für diesen Theil von der Gemeindeverwaltung Innsbruck gekauft worden sein.

Im Allgemeinen findet die elektrische Beleuchtung in Innsbruck nicht eine solche rasche Verbreitung, wie in anderen Städten welche Elektricitätswerke haben; es stehen gegenwärtig rund 3000 Glüh- und 20—30 Bogenlampen im Betriebe; auch die elektrische Kraftübertragung für Zwecke des Kleingewerbbetriebes findet nicht die Theilnahme der dabei Interessirten.

*) Siehe „Z. f. E.“ 1890, Seite 297, und 1892 Seite 475.

Die Würdigung dieser Umstände scheint Ursache zu sein, dass der Lichtpreis besonders für Grossconsumenten in allerjüngster Zeit weiter ermässigt, nämlich die Grundtaxe völlig aufgelassen, die Rabatte bei mehr als 500 Stunden Brenndauer erhöht, und die Elektricitätsmessermiethen von 20 Glühlampen angefangen, erniedrigt wurden.

Hans v. Hellrigl.

Telephon Wien-Berlin.

Ueber diesen Gegenstand haben wir — unsere Mittheilungen im vorigen Hefte ergänzend — noch Folgendes nachzutragen. Am 1. December um 7 Uhr Früh wurde die internationale Telephonlinie Wien-Berlin in Betrieb gesetzt. Der durch diese Linie zu vermittelnde Verkehr erstreckt sich vorläufig auf die Telephon-Centrale Wien nebst den an dieselbe im Localverkehre angeschlossenen öffentlichen Sprechstellen und staatlichen Theilnehmern einerseits und das in Berlin sammt Vororten bestehende Telephonnetz andererseits. Die Sprechgebühr für ein einfaches Gespräch in der Dauer von drei Minuten beträgt 1 fl. 80 kr., während für dringende Gespräche die dreifache Gebühr erhoben wird. Die Sprechgebühr wird fällig, sobald die Anmeldung dem aufgerufenen Amte übermittelt worden ist, und eine Rückerstattung der Sprechgebühr findet nur dann statt, wenn ein angemeldetes Gespräch durch ein im Betriebsdienste vorfallendes Verschulden unausgeführt geblieben ist, während die im internen Verkehre geltende Bestimmung, wonach für durch Verschulden der Partei nicht zu Stande gekommene Gespräche nur eine Inhibirungsgebühr berechnet wird, auf den Verkehr Wien-Berlin vorläufig nicht Anwendung findet. Die Gebühr für nicht zu Stande gekommene Gespräche ist sohin namentlich auch dann zu entrichten, wenn der gewünschte Theilnehmer im fernen Orte bei betriebsfähiger Leitung den Anruf nicht beantwortet oder es ablehnt, in ein Gespräch einzutreten, und wenn derjenige Theilnehmer von welchem die Anmeldung herrührt, auf die Unterredung verzichtet, beziehungsweise nicht mehr antwortet, nachdem die Verbindungsleitung für ihn zur Benützung bereitgestellt worden ist. Die Ausdehnung eines Gespräches über drei Minuten hinaus ist nur in dem Falle zugelassen, wenn anderweitige Gesprächsanmeldungen nicht vorliegen. Die Dienststunden für den in Rede stehenden Verkehr sind (nach mitteleuropäischer Zeit) bis auf Weiteres für die Telephon-Centralen Wien und Berlin auf die Zeit von 7 Uhr Früh bis 10 Uhr Nachts festgesetzt.

In der Geschichte der Entwicklung des modernen Verkehrs wird der 28. November 1894 als ein bedeutungsvoller Tag verzeichnet sein, denn an diesem Tage sind die ersten telephonischen Gespräche zwischen Wien und Berlin geführt worden. Vom technischen Standpunkte bietet die neue 630 *km* lange Fernsprechleitung wohl nichts besonders Bemerkenswerthes, denn wir haben in Oesterreich schon auf längeren Strecken gesprochen. Die Strecke Wien-Triest ist nicht viel kürzer, und die Sprechversuche auf der 1100 *km* langen Leitung Bodenbach-Triest haben die glänzendsten Resultate ergeben. Auch hat man schon mit gutem Erfolge versucht, eine telephonische Verständigung zwischen Hamburg und Triest herbeizuführen. Die Bedeutung der neuen Telephon-Verbindung liegt darin, dass zum erstenmale die Hauptstädte zweier grosser Reiche durch eine Fernsprechstelle mit einander verbunden wurden.

Einer Einladung der hiesigen Post- und Telegraphen-Direction folgend, fanden sich am vorstehend genannten Tage Vertreter der Wiener Presse und Correspondenten Berliner Blätter in der Central-Telephon-Station in der Wipplingerstrasse ein, um die neue Verbindung zu erproben. Die Station wurde in der letzten Zeit mit Rücksicht auf die colossale Ausdehnung, welche der Telephonverkehr genommen, räumlich vergrössert; den bisher aufgestellten Zellen wurden fünf neue angereiht, welche mit ausgezeichneten Apparaten versehen sind. Der Vorstand der Post- und Telegraphen-Direction, Hofrath von Kamler, und der Vorstand der Telegraphen-Central-Station, Regierungsrath Pilz, waren anwesend, um im Vereine mit den Beamten der Telephon-Centrale die ersten Sprechversuche zu leiten.

Alle, welche Gelegenheit hatten, sich daran zu betheiligen, waren hoch befriedigt.

Die Stimme des in Berlin Sprechenden war klar und deutlich vernehmbar und ohne störendes Nebengeräusch.

Man kann nicht anders sagen, als dass diese Einführung einen sensationellen Erfolg errang. Schon am Morgen des 1. December meldeten sich so viele Personen, die sich mit der deutschen Reichshauptstadt in telephonischen Verkehr setzen wollten, dass den Beamten in Wien sofort klar wurde, es sei unmöglich, auch nur die Hälfte der angemeldeten Gespräche zu absolviren. Nicht nur, dass auf der Hauptcentrale der Verkehr ein ungewöhnlich reger war, auch viele Abonnenten bei der Staats-Telephonleitung meldeten sich und was speciell die Börse betrifft, die man bei der Schaffung der neuen Telephonverbindung in erster Reihe berücksichtigte, so war der Andrang dort ein derartiger, dass von vornherein die Ausführung aller Anmeldungen ausgeschlossen erschien. Es blieb daher bei der Telephon-Centrale an der Börse kein anderer Ausweg übrig als die Reihenfolge der Parteien, die sich gemeldet hatten, durch das Los zu entscheiden. Während der beiden Börsestunden wurden im Ganzen 36 Gespräche absolvirt gegenüber einer mehr als doppelt so grossen Zahl von Vormerkungen. Unter allen Umständen aber haben die Wahrnehmungen des „ersten Tages bereits Ein Resultat zur Folge gehabt: die Telegraphen-Direction weiss bereits, dass die eine Telephonlinie, die gegenwärtig nach Berlin führt, völlig unzureichend erscheint und dass mit aller Raschheit an die Errichtung einer zweiten Linie geschritten werden muss.

Wie wir hören, soll nicht blos der Bau einer zweiten, sondern auch der einer dritten Linie in Aussicht genommen werden. Vermuthlich dürfte aber auch schon in der allernächsten Zeit von Wien aus der Vorschlag an das Berliner Amt ergehen, die Sprechzeit bis über die zehnte Abendstunde hinaus auszudehnen.

Aus Börsen-Kreisen kommt uns folgende Mittheilung zu:

„Die Eröffnung des Telephons zwischen den Börsen Wien und Berlin hat am 1. d. M. eine Wirkung hervorgerufen, welche nicht den Zwecken dieser Verbindung entspricht. Anstatt das Geschäft zu beleben, hat es die Operationen der Arbitrage fast unmöglich gemacht und den Verkehr sehr beeinträchtigt. Die Ursache liegt in dem Umstande, dass vorläufig blos eine Zelle zur Disposition steht, welche fortwährend belagert war. Dieser eine Sprechraum stand natürlich in keinem Verhältnisse zu der grossen Zahl von Firmen, die denselben benützen wollten. War aber eine Firma so glücklich, zum Apparate zu gelangen, und wollte dieselbe hierauf die praktischen Consequenzen ihres Gespräches ziehen, so erregte dies sofort allgemeine Aufmerksamkeit und der Effect war vereitelt. Der Telegrammverkehr, auch der „dringende", hatte beinahe vollständig aufgehört, weil derselbe durch das Telephon überholt wird. Unter solchen Umständen erscheint das Arbitragegeschäft mit Berlin, insolange nicht eine erhebliche Vermehrung der Sprechzellen erfolgt, geradezu in Frage gestellt."

Für diesen letzteren Umstand kann jedoch die Telegraphen-Verwaltung nicht verantwortlich gemacht werden, die Schwierigkeit, die hier vorliegt, haftet dem börslichen Geschäftsverkehre an, dessen Eigenthümlichkeiten gerecht zu werden, nicht Sache der Staatsverwaltung, wenigstens nicht in dieser angedeuteten Richtung sein kann.

Technisch und physikalisch genommen bedeutet die Herstellung der Linie Wien-Berlin einen grossen Erfolg. Trotzdem der Draht auf Hunderte von Kilometern parallel mit den bereits am selben Gestänge gespannten ältern Stromkreisen läuft, trotzdem derselbe — oft nur durch einige Meter oder die Strassenbreite getrennt, auch mit Telegraphenleitungen parallel geht, solche auch vielfach kreuzt und übersetzt, trotzdem er in grosser Anzahl innerhalb der Städte, die er passirt, sehr nahe an andere Drähte auf dem Dachgestänge heranrückt, ist auf der Linie Wien-Berlin keine Spur telegraphischer oder telephonischer Induction wahrnehmbar. Allfälliges Ueberhören rührt nur aus den Localnetzen Wien oder Berlin her.

Die Lautübertragung ist — Dank den vortrefflichen österreichischen sonorklingenden Mikrophonen — eine vorzügliche, wogegen die von Berlin ausgehende zwar rein, aber schwächer als die von Wien aus bewirkte ist. Die Berliner somit sind — als Empfänger — im Vortheil. J. K.

Neueste Patentnachrichten.

Mitgetheilt vom Technischen- und Patentbureau, Ingenieur MONATH.

Wien, I. Jasomirgottstrasse 4.

Die Anmeldungen bleiben acht Wochen zur Einsichtnahme öffentlich ausgelegt. Nach § 24 des Patent-Gesetzes kann innerhalb dieser Zeit Einspruch gegen die Anmeldung wegen Mangel der Neuheit oder widerrechtlicher Entnahme erhoben werden. Das obige Bureau besorgt Abschriften der Anmeldungen und übernimmt die Vertretung in allen Einspruchs-Angelegenheiten.

Deutsche Patentanmeldungen.

Classe

20. E. 3918. Motorwagen mit vereinigter elektrischer und mechanischer Regelung. — *Ernst Egger, Ferd. Aug. Wessel* und *Aaron Naumburg*, New-York. 26./8. 1893.

„ E. 4205. Kupplung mit regelbarer Gewichtsübertragung des Tenders auf den Motorwagen. — *Elektricitäts-Actiengesellschaft vorm. Schuckert & Co.*, Nürnberg. 1./6. 1894.

„ R. 8949. Stromzuführung für elektrische Bahnen mit Theilleiterbetrieb. — *August Rast* in Nürnberg. 7./8. 1894.

21. A. 3876. Einrichtung zum selbstthätigen Einklinken ausgeklinkter Meldeklappen an Schaltvorrichtungen für Fernsprechnetze. — *Antwerp Telephone and electrical Works*, Anvers. 7./5. 1894.

Classe

21. H. 14.968. Anordnung der Eisenkerne für elektrische Messinstrumente. — *Hartmann & Braun*, Bockenheim. 16./7. 1894.

„ O. 2180. Aufzugsvorrichtung für elektrische Lampen. — *Wilhelm Osenberg*, Hagen. 4./10. 1894.

„ S. 7615. Wechselklappe für Fernsprechämter. — *Siemens & Halske*, Berlin. 20./11. 1893.

„ S. 7906. Vorrichtung zur Veränderung der Leuchtstärke einer Anzahl verschiedener Lampengruppen für Bühnenzwecke. — *Siemens & Halske* Berlin. 12./4. 1894.

26. M. 10.861. Einrichtung an elektrischen Gas-, Zünd- und Löschvorrichtungen zum selbstthätigen Umschalten der Elektromagneten. — *Oscar von Morstein* Berlin. 2./6. 1894.

Classe

36. St. 3974. Elektrische Wasserheizvorrichtung. — *Paul Stolz* in Stuttgart und *Friedrich Wilhelm Schindler-Jenny*, Kennelbach. 1./8. 1894.

42. K. 12.100. Halter für das Schreib- und Sprechwerkzeug von Phonografen. — *A. Köllzow*, Berlin. 8./9. 1894.

20. F. 7641. Ein Doppeldrahtzug-Antrieb zum Stellen bezw. Verriegeln von Weichen, Signalen oder dergl. — *C. Fiebrandt*, Bromberg. 5./7. 1894.

" L. 8756. Unterirdische Stromzuführung für elektrischen Bahnbetrieb. — *Paul Lucas*, Berlin. 22./3. 1894.

" L. 8970. Geschwindigkeitsregler für Eisenbahn- und andere Fahrzeuge. — *Emil Lachmann*, Berlin. 27./6. 1894.

" M. 11.144. Merkzeichen mit Beleuchtung für Eisenbahngeleise. — *Robert Ehlert* und *Paul Moedebeck*, Berlin. 19./9. 1894.

21. G. 8717. Kohlengries-Mikrophon. — *Richard Galle*, Berlin. 30./1. 1894.

" L. 9067. Verfahren, die Gangunterschiede sich drehender Räder oder dergl. an Uhrwerken für Elektricitätszähler festzustellen. — *Carl Liebenow*, Hagen. 1./9. 1894.

" P. 6917. Elektrische Bogenlampe. — *Rudolf Perl* und *Georg Puntschart*, Wien. 11./6. 1894.

" S. 8028. Steuerungsvorrichtung für elektrische Treibmaschinen. — *Siemens & Halske*, Berlin. 12./6. 1894.

" V. 2182. Feststellvorrichtung für Messgeräthe zur bequemen Scalenablesung. — *John van Vlek* in New-York und *Edward Weston*, Newark. 30./4. 1894.

" W. 9962. Einrichtung zum Messen, Umschalten und Regeln elektrischer Ströme. — *Addison Goodyear Waterhouse*, Hartford. 17./4. 1894.

75. B. 16.106. Elektrolytische Herstellung von Alkali und Erdalkali-Halogenaten. — *Henry Blumenberg jun.* South Mt. Vernon, New-York. 7./5. 1894.

68. P. 7000. Thürschloss mit elektrischer Auslösung des Fallenkopfes. — *E. Jander*, Posen. 27./7. 1894.

21. F. 7068. Ein elektrisches Kabel, welches durch Anwendung einer Sicherheitsleitung die Funkenbildung im Falle einer Kabelbeschädigung verhindert. — *Felten & Guilleaume*, Carlswerk, Mülheim a./R. 19./9. 1893.

21. K. 11.727. Anlassverfahren für Drehfeldtriebmaschinen, deren Betriebsströme durch eine Stromwende-Vorrichtung von einer Gleichstrom-Maschine abgenommen werden. — *Adolf Kolbe*, Frankfurt a./M. 4./5. 1894.

75. R. 8905. Elektrolytisches Diaphragma. — *Adolph Rickmann* in London. 16./7. 1894.

Deutsche Patentertheilungen.

Classe

20. 78.933 Zustimmungseinrichtung für elektrische Blockapparate. — *Siemens & Halske*, Berlin, vom 17./4. 1894 ab.

21. 78.954. Elektrische Maschine, bei welcher die Verbindungsdrähte zwischen Ankerwindungen und Stromwenderstegen einer Inductionswirkung unterliegen. — *W. B. Sayers, H. A. Mavor, W. A. Coulson* und *S. Mavor*, Glasgow, vom 31./12. 1893 ab.

42. 78.920. Elektrischer Fahrpreisanzeiger für Fuhrwerke aller Art. — *W. A. Nikolajczuk*, vom 23./5. 1894 ab.

75. 78.906. Verfahren und Vorrichtung zur Elektrolyse mit Quecksilber-Kathode. — *A. Sinding-Larsen*, Christiania, vom 16./12. 1893 ab.

21. 78.973. Füllmasse für Braunstein-Elemente. — *Chemnitzer Haustelegraphen-, Telephon- und Blitzableiter-Bauanstalt, A. A. Thranitz*, Chemnitz, vom 21./1. 1894 ab.

" 79.010. Bogenlampe. — *B. Schramm*, Erfurt, vom 18./3. 1894 ab.

" 79.018. Vorrichtung mit getrennten magnetischen Kreisen zur Umformung von Mehrphasenstrom. — *Elektricitäts-Actien-Gesellschaft vorm. Schuckert & Co.*, Nürnberg, vom 13./2. 1894 ab.

" 79.034. Vorrichtung zum Anrufen einer beliebigen Stelle in Telegraphen- und Fernsprechanlagen. — *F. Trinks*, Braunschweig, vom 12./7. 1893 ab.

" 79.037. Einrichtung zur Regelung der Lichtstärke von Bogenlampen, entsprechend dem jeweiligen Bedürfniss. — *Schöller & Jahr*, Opladen, vom 16./2. 1894 ab.

KLEINE NACHRICHTEN.

Ein Tramway-Erlass der k. k. Statthalterei. Grosses Aufsehen erregte in der Wiener Gemeinderathssitzung vom 27. v. M. die Mittheilung Dr. Lueger's, dass in der am selben Tage stattgehabten Sitzung des Stadtrathes ein Statthalterei-Erlass ddto. 25. November 1894, in Sachen des Tramwaybetriebes zur Verlesung gelangte, worin der Gemeinde die Schuld an dem Fortbestande der Uebelstände im Tramwayverkehre aufgebürdet wurde.

Uns interessirt hauptsächlich jene Stelle dieses Erlasses, worin der Vorwurf erhoben wird, dass „die Ausgestaltung des Netzes der Wiener Tramway-Gesellschaft, insbesondere aber die Einführung des elektrischen Betriebes, beziehungsweise die vorläufige versuchsweise Activirung dieses Betriebes auf der

Transversallinie, trotz der vor langer Zeit in dieser Beziehung seitens der Tramway-Gesellschaft vorgelegten Projecte, respective an die Gemeinde gerichteten Gesuche, noch immer der Verwirklichung harren".

Dies verdient festgenagelt zu werden! Dann heisst es weiter:

„Wenngleich die Statthalterei die Schwierigkeiten nicht verkennt, welche der raschen Lösung dieser wichtigen Fragen entgegenstehen, so kann sie doch nicht umhin, zumal namentlich die ehebaldigste Einführung des elektrischen Betriebes im eminentesten öffentlichen Interesse gelegen ist, neuerlich auf das nachdrücklichste darauf hinzuweisen, dass eine erspriessliche Lösung der ganzen Tramway-Frage nur von einem zielbewussten und einheitlichen Zusammenwirken aller betheiligten Factoren, insbesondere aber der Staatsverwaltung und der Gemeinde, zu erwarten steht.

Die Statthalterei hat diesen Standpunkt bis nun in allen ihren Verfügungen eingenommen und wird auch in Zukunft an den Ergebnissen der Enquête-Verhandlung getreu festhalten."

Wie schon erwähnt, hat dieser Statthalterei-Erlass in Gemeinderathskreisen grosse Erregung hervorgerufen und soll schon in den nächsten Tagen den Gegenstand eingehender Erörterungen bilden, deren Ergebniss dieser Behörde vorgelegt werden wird.

Man erklärte im Gemeinderathe, speciell über die vorstehende Angelegenheit, ungefähr Folgendes: Wenn man die Thätigkeit der Gemeindevertretung von Budapest lobend hervorhebe, dann möge man auch der Unterstützung gedenken, welche dieser Körperschaft von Seite der ungarischen Regierung zu Theil werde, während in Wien das gerade Gegentheil der Fall sei. In jedem Falle lehne der Gemeinderath die ihm aufgelastete Verantwortung auf das Entschiedenste ab. Der Gemeinderath habe nur den Willen, die Regierung aber die Macht, den heutigen Tramwayzuständen ein Ende zu machen. Zeige die Regierung den Ernst, Verkehrsverhältnisse zu schaffen, wie sie anderwärts längst bestehen, dann werde gewiss auch der Gemeinderath nicht zaudern, im Vertrauen auf die Unterstützung der Regierung, den Bau elektrischer Bahnen möglichst zu fördern.

Hier streiten sich zwei, der dritte aber — das Publikum — lacht nicht, sondern leidet!

Die Umwandlung der Budapester Pferdebahn in eine elektrische Bahn.*) Aus Budapest wird unterm 2. d. M. berichtet: Im Laufe eines Vormittags wurde gestern eine Action begonnen und nahezu durchgeführt, welche bestimmt ist, im Verkehrsleben der mit Riesenschritten vorwärtsstrebenden Metropole Ungarns eine grosse Umwandlung herbeizuführen. Es handelt sich nämlich um die Umgestaltung des beiläufig achtzig Kilometer umfassendem Netzes der Budapester Pferdebahn in eine elektrische Bahn. Bei der bezüglichen Verhandlung waren sämmtliche betheiligten Behörden und Unternehmungen vertreten. Eingeleitet wurde die Berathung durch den Präsidenten der Commission Ministerialrath Vörös. Die Commission beschloss, in Bezug auf die Richtung der Linien und auf die Trace die vorgelegten Pläne und das dazugehörige Programm der Gesellschaft im Allgemeinen zur Grundlage der Begehung zu nehmen. Es wurde bezüglich sämmtlicher aufgetauchten Detailfragen — zumeist technischer Natur — vollständige Uebereinstimmung erzielt. Die Centralstromanlage für das Pester Netz wird vorerst mit 2000, später mit 4000 *HP* errichtet werden. Für das Ofner Netz ist eine zweite Station zu erbauen. Nach etwa fünfstündiger Berathung constatirte der Vertreter des Handelsministeriums die volle Uebereinstimmung aller vertretenen Behörden der Hauptstadt und der betheiligten Bahnen.

*) Vergl. Heft II, S. 49; XIII, S. 360; XX, S. 535, und XXII, S. 587.

Elektrische Tramway in Pilsen. (Politische Begehung.) Von der k. k. Statthalterei in Prag war die politische Begehung hinsichtlich des vom Bürgermeisteramte Pilsen vorgelegten Projectes für eine elektrische Tramway in der Stadt Pilsen unter Leitung des bei der k. k. Statthalterei für Böhmen in Dienstesverwendung stehenden Bezirkcommissärs Heinrich Mahling auf den 23. November anberaumt.

Elektrische Strassenbahn in München. Laut Beschlusses des Gemeindecollegiums wird der elektrische Betrieb auf der Linie Färbergraben-Isarthal-Bahnhof entsprechend den Beschlüssen des Magistrats eingeführt.

Elektrische Beleuchtung in Warnsdorf. Die Frage dieser elektrischen Beleuchtung, worüber wir bereits im Hefte X d. J. S. 287 berichtet haben, scheint nun doch der Verwirklichung näher zu kommen. Die Firma Siemens & Halske lässt nämlich jetzt ein vollständiges Project ausarbeiten, welches auf deren eigene Gefahr ausgeführt wird, falls sich dortige Interessenten mit einem Theile des Anlagecapitals an der Unternehmung betheiligen.

Das städtische Elektricitätswerk in Sarajevo,*) das sich jetzt im Baue befindet und im Frühjahre vollendet sein wird, ist nach dem Dreileitersysteme eingerichtet. Damit dieses Elektricitätswerk auch am Tage voll ausgenutzt werden kann, ist eine Unter-

*) Vergl. Heft XI, 1894, S. 310 u. Heft S. 415.

station in der Stadt eingerichtet, etwa 1·5 *km* von der Centrale, wo während des Tages Accumulatoren geladen werden, die dann Abends zur Abgabe von Strom für den Lichtbedarf verwendet werden können. Auch wird tagsüber der Strom zu motorischen Zwecken abgegeben werden und ausserdem wird dieses Elektricitätswerk zum Betriebe der elektrischen Strassenbahn den nöthigen Strombedarf liefern. Diese Strassenbahn zieht sich vom Bosnabahnhofe an der Tabakfabrik bei dem Elektricitätswerke vorüber auf dem neuerbauten Quai bis zur Lateinerbrücke, von hier wird sie später zum Magistratsgebäude verlängert werden, wobei sie in dieser Ausdehnung etwa 4·5 *km* lang sein wird. Die Zuleitung wird überall eine oberirdische sein, wodurch die Anlage sehr verbilligt wird. Die Bahn hat nirgends sehr scharfe Curven zu überwinden; die Spurweite ist mit 76 *cm* bemessen, doch ist der Verkehr von Wagen mit grossem Fassungsraume geplant. Dieselben sind über 8 *m* lang, 2·50 *m* breit und haben 48 Sitzplätze. Für spätere Zeiten ist der Bau einer Strecke, welche von der obigen abzweigend nach dem neuerbauten Landesspitale führen soll, in Aussicht genommen. Im Laufe der Zeit ist es auch möglich, dass die ursprüngliche, bis zum Bosnabahnhofe führende Strecke bis nach dem etwa 9 *km* entfernten Curorte und Schwefelbade Hidze verlängert wird, da der Verkehr zwischen diesen zwei Orten, namentlich zur Zeit der Cursaison, ein äusserst lebhafter ist. In denjenigen Gassen und Strassen, wo die Häuserflucht voll ausgebaut ist, hat man unterirdische Kabel gelegt, so wie die meisten Hauptzuleitungen mit Kabel eingerichtet wurden. Wo dagegen örtliche Verhältnisse es zuliessen, wurde die oberirdische Zuleitung gewählt, welche aus Kupferdrähten auf imprägnirten Holzmasten besteht. Dass sich das zu erwartende Licht einer regen Theilnahme erfreut, ist daraus ersichtlich, dass man nicht im Stande ist, allen Aufträgen von Installationen Genüge zu leisten. Um das Publikum über die nöthigen Wandarme, Lustres und Beleuchtungskörper informiren zu können, hat die Firma Siemens & Halske eine Ausstellung dieser Objecte veranstaltet.

Die elektrische Beleuchtung in Feldkirchen (Kärnten) von deren Einführung wir bereits im Maihefte d. J., Seite 281 berichtet haben, wurde am 25. v. M. in Betrieb gesetzt. Unternehmer der Beleuchtungsanlage, die zwei Central-Stationen mit 800 Glühlampen umfasst, ist der dortige Mühlenbesitzer Franz Gross, welcher den Betrieb vereint mit seinem Mühlenbetriebe führt. Hiedurch und begünstigt durch den Umstand, dass die Anlage mit Wasserkraft betrieben wird, war Herr Gross imstande, die Anlage auszuführen und den Consumenten sehr mässige Preise zu berechnen. Die ganze Anlage wurde von der Firma B. Egger & Co. in Wien ausgeführt.

Deutscher polytechnischer Verein in Böhmen. In der Wochenversammlung vom 30. November l. J. hielt Herr k. k. Ingenieur Emil Müller einen Vortrag über „Neuere Ansichten über Elektricität". In einer kurzen Einleitung hob der Vortragende zunächst hervor, dass man in neuerer Zeit die Erscheinungen des Magnetismus, der Elektricität und Optik durch die Annahme von Substanzen, auf welche die Schwere nicht wirkt, von sogenannten Imponderabilien, zu erklären versucht hat. Zwischen den Erscheinungen dieser Hauptgebiete der Physik wurden nämlich Beziehungen constatirt, die es sehr wahrscheinlich machen, dass dieselben auf Aeusserungen eines und desselben imponderablen Mediums, des sogenannten Lichtäthers, zurückzuführen sind. Der Vortragende erwähnte weiters des Unterschiedes zwischen den alten Anschauungen, welche in der Annahme sogenannter Fernkräfte bestanden, und der neueren von Faraday und Maxwell aufgestellten Theorie, welche die verschiedenen Wirkungen auf sogenannte Nahekräfte zurückführt. Beim Studium der neueren Anschauungen ist es daher nothwendig, sich mit den erwähnten Nahekräften, deren consequente Annahme in letzter Zeit einen grossen Fortschritt in der Erforschung magnetischer und elektrischer Erscheinungen zur Folge hatte, vertraut zu machen. Hierauf folgte eine kurze Zusammenfassung der Faraday-Maxwell'schen Ideen, wobei als Beispiel die Erscheinungen der elektrostatischen Induction unter Annahme der sogenannten dielektrischen Polarisation in sehr klarer Weise erklärt wurden. Nach einer Erläuterung der sogenannten elektromagnetischen Theorie des Lichtes wurden einige Wechselwirkungen zwischen elektrischen, resp. magnetischen und optischen Erscheinungen beschrieben, welche die Annahme bestätigen, dass dieselben auf Zustandsänderungen derselben Substanz, des mehrfach erwähnten Aethers, zurückzuführen sind. Zum Schlusse erklärte noch der Vortragende das Wesen der Hertz'schen Versuche, welche wohl als die glänzendste Bestätigung der Faraday-Maxwell'schen Theorie angesehen werden können.

Ingenieur Müller, welcher mit Recht in Prager technischen Kreisen als ein eifriger Verbreiter der Fortschritte der reinen und angewandten Elektricitätslehren bezeichnet wird, erntete reichen und wohlverdienten Beifall von der Versammlung, welcher unter anderen auch Oberbaurath Kareis, Prof. Puluj sowie andere hervorragende Techniker anwohnten.

Verantwortlicher Redacteur: JOSEF KAREIS. — Selbstverlag des Elektrotechnischen Vereins.
In Commission bei LEHMANN & WENTZEL, Buchhandlung für Technik und Kunst.
Druck von R. SPIES & Co. in Wien, V., Straussengasse 16.

Zeitfracht Medien GmbH
Ferdinand-Jühlke-Straße 7
99095 Erfurt, Deutschland
produktsicherheit@kolibri360.de